Moeller/Fricke/Frohne/Vaske

Grundlagen der Elektrotechnik

Bearbeitet von

Professor Dr.-Ing. Hans Fricke
Technische Universität Braunschweig

Professor Dr.-Ing. Heinrich Frohne
Technische Universität Hannover

Professor Dr.-Ing. Paul Vaske †

17., neubearbeitete Auflage
Mit 417 teils mehrfarbigen Abbildungen,
27 Tafeln und 251 Beispielen

B. G. Teubner Stuttgart 1986

CIP-Kurztitelaufnahme der Deutschen Bibliothek

Fricke, Hans:
Grundlagen der Elektrotechnik / Bearb. von Hans Fricke;
Heinrich Frohne; Paul Vaske. Moeller ... –
17., neubearb. Aufl.
Stuttgart: Teubner, 1986
 Bis 16. Aufl. u. d. T.: Leitfaden der Elektrotechnik; Bd. 1
 ISBN 3-519-36400-X

NE: Frohne, Heinrich:; Vaske, Paul:; Moeller, Franz (Begr.)

Das Werk einschließlich aller seiner Teile ist urheberrechtlich geschützt. Jede Verwertung außerhalb der engen Grenzen des Urheberrechtsgesetzes ist ohne Zustimmung des Verlages unzulässig und strafbar. Das gilt besonders für Vervielfältigungen, Übersetzungen, Mikroverfilmungen und die Einspeicherung und Verarbeitung in elektronischen Systemen.

© B. G. Teubner Stuttgart 1986
Printed in Germany
Gesamtherstellung: Zechnersche Buchdruckerei GmbH, Speyer
Umschlaggestaltung: M. Koch, Reutlingen

Vorwort zur 17. Auflage

Vor über fünfzig Jahren entstand mit ‚Moeller, Grundlagen der Elektrotechnik' ein Lehrbuch, das viele Studenten während ihres Studiums begleitete, sie in das notwendige Grundwissen einführte und das in sechzehn Auflagen, die immer wieder entsprechend den Fortschritten der Lehre überarbeitet wurden, Anerkennung fand. Es wurde zu einem Standardwerk für die Ausbildung von Elektroingenieuren und zum Fundament für die Lehrbuchreihe ‚Leitfaden der Elektrotechnik', die heute zwölf Bände umfaßt.

Als Herausgeber und Verfasser erkannten, daß die Lehre von den ‚Grundlagen der Elektrotechnik' immer umfangreicher und wichtiger wurde, entschlossen sie sich, das bewährte Lehrbuch in drei Teile aufzufächern. So erschien 1982 zunächst Teil 1 ‚Elektrische Netzwerke'. Teil 2 ‚Elektrische und magnetische Felder' sowie Teil 3 ‚Elektrische und magnetische Eigenschaften der Materie' sind in Vorbereitung.

Gleichzeitig zeigte sich, daß daneben weiterhin ein großer Bedarf nach einer zusammenhängenden, knappen Darstellung der ‚Grundlagen der Elektrotechnik' besteht. Dem wird nun in einer vollständig überarbeiteten 17. Auflage, die allerdings zukünftig als selbständiges Werk außerhalb der Reihe ‚Leitfaden der Elektrotechnik' erscheinen soll, Rechnung getragen. Gegenüber der dreibändigen Ausgabe mußte der Stoffumfang natürlich erheblich eingeschränkt und die Darstellung gestrafft werden. Es werden jedoch weiterhin die notwendigen Grundkenntnisse mit vielen Beispielen praxisnah, anschaulich und hinreichend behandelt. Wert gelegt wird auf eine gute physikalische Erklärung der betrachteten Phänomene, eine möglichst einfache mathematische Behandlung der vorliegenden Aufgaben und eine didaktisch aufbereitete Anleitung zur selbständigen Anwendung der dargestellten Verfahren. Auf diese Weise soll die Motivation zum Lernen gefördert, dem Anfänger ein Gefühl für praktische Gegebenheiten vermittelt und das Arbeiten mit der Theorie erleichtert werden. Daher eignet sich dieses Buch auch für das Selbststudium und für den in der Praxis tätigen Ingenieur als Nachschlagewerk. Demjenigen, der noch besser und tiefer in die Grundlagen der Elektrotechnik und die sich anschließenden Fachgebiete vordringen möchte, wird ausdrücklich die seit vielen Jahrzehnten bewährte Lehrbuchreihe ‚Leitfaden der Elektrotechnik' empfohlen; die Titel der einzelnen Bände sind im Schrifttumsverzeichnis im Anhang besonders gekennzeichnet.

Abschnitt 1 und 2 von Moeller ‚Grundlagen der Elektrotechnik' erläutern die wichtigsten Begriffe elektrischer Vorgänge und behandeln die wesentlichen Gesetze und Berechnungsverfahren für Gleichstrom-Netzwerke wie auch die mit der elektrischen Strömung verbundenen Energieumwandlungen und -übertragungen. Abschnitt 3 und 4 sind völlig neu geschrieben, um dem Anfänger die abstrakte Feldlehre über bildhafte geometrische Deutungen der Feldbegriffe und durch auf diese abgestimmte charakteristische Beispiele nahezubringen. Daher beginnt auch anders als in früheren Auflagen Abschnitt 3 mit noch an gegenständliche Modellvorstellungen anzulehnende Erläuterungen des elektrischen Strömungsfeldes und leitet über das elektrische Feld in Nichtleitern auf das in Abschnitt 4 behandelte magnetische Feld über. Der in Abschnitt 5 erklärte elektrische Leitungsmechanismus ist schwerpunktmäßig auf die Bauelemente der Halbleitertechnik abgestimmt. Abschnitt 6 führt in die Sinusstromtechnik und die komplexe Rechnung ein und legt so die Grundlagen für die in Abschnitt 7 erläuterten Berechnungsverfahren für Sinusstrom-Netzwerke. Die durch Ortskurven ermöglichte übersichtliche Darstellung parameterabhängiger Schaltungseigenschaften sowie die charakteristischen Eigenschaften von Schwingkreisen sind in Abschnitt 8 behandelt. In Abschnitt 9 ist hauptsächlich Drehstrom dargestellt. Während in Abschnitt 10 der allgemeine Wechselstrom anhand der Fourier-Reihe sowie der Mischstrom untersucht werden, befaßt sich Abschnitt 11 mit einfachen Übergangsvorgängen – z.B. beim Schalten.

Der Anhang enthält noch u.a. ein umfangreiches Schrifttumsverzeichnis, eine Auswahl wichtiger Normen, eine Zusammenstellung der SI-Einheiten und ihrer Vorsätze, einige für die Elektrotechnik wichtige Werkstoffdaten, eine Zusammenstellung der eingesetzten Schaltzeichen und die Formelzeichenliste.

Gegenüber der 16. Auflage wurde insbesondere die Definition des Phasenwinkels nach DIN 40110 neu berücksichtigt. Für die verschiedenen Wechselstromarten wurden die neuen genormten Namen eingeführt. Alle Gleichungen, Bilder, Tafeln und Beispiele sind jetzt abschnittsweise durchnumeriert. Die mehrfarbige Darstellung der Bilder, die dieses Buch seit seinem Bestehen auszeichnet, ist beibehalten worden.

Die Verfasser danken den Fachkollegen für viele kritische Bemerkungen, die bis heute die Entwicklung dieses Lehrbuchs begleiteten und unterstützten, und bitten auch um weitere konstruktive Hinweise. Dem Verlag danken sie wieder vielmals für seine verständnisvolle Mithilfe zum Gelingen des Werks.

Wolfenbüttel, Hannover, Hamburg,
im Winter 1985   Hans Fricke, Heinrich Frohne, Paul Vaske

Prof. Dr.-Ing. Paul Vaske ist kurz vor dem Abschluß der Herstellung dieses Bandes verstorben. Prof. Vaske hat unermüdlich und mit großem Sachverstand über viele Jahre das vorliegende Werk im Rahmen der Leitfadenreihe gefördert und maßgebend an seiner Weiterführung in Form eines eigenständigen Bandes gearbeitet.

Wolfenbüttel, Hannover,
Februar 1986   Hans Fricke, Heinrich Frohne

Inhalt

1 Grundgesetze des Gleichstromkreises (Paul Vaske)

1.1 Grundbegriffe 1
    1.1.1 Mechanismus der elektrischen Strömung 1
        1.1.1.1 Stromkreis. 1.1.1.2 Wesen der elektrischen Strömung. 1.1.1.3 Leiter und Nichtleiter. 1.1.1.4 Wirkungen des Stromes
    1.1.2 Größe der elektrischen Strömung 5
        1.1.2.1 Elektrizitätsmenge, Stromstärke, Stromdichte. 1.1.2.2 Einheiten und Maßsystem. 1.1.2.3 Schreibweise der Gleichungen. 1.1.2.4 Stromarten. 1.1.2.5 Messung der Stromstärke
    1.1.3 Elektrische Spannung 9
        1.1.3.1 Ursache der Elektronenbewegung. 1.1.3.2 Eigenschaften der Spannung

1.2 Strömungsgesetze im einfachen Stromkreis 11
    1.2.1 Ohmsches Gesetz 11
        1.2.1.1 Stromstärke. 1.2.1.2 Leitwert und Widerstand. 1.2.1.3 Einheiten. 1.2.1.4 Anwendungen
    1.2.2 Elektrischer Widerstand 14
        1.2.2.1 Spezifischer Widerstand und Leitfähigkeit. 1.2.2.2 Lineare und nichtlineare Widerstände. 1.2.2.3 Temperatureinfluß. 1.2.2.4 Weitere Einflüsse

1.3 Kirchhoffsche Gesetze 21
    1.3.1 Begriffe 21
        1.3.1.1 Zweipol und Zweitor. 1.3.1.2 Kenngrößen elektrischer Netzwerke. 1.3.1.3 Zählrichtungen. 1.3.1.4 Zählpfeilsysteme
    1.3.2 Erstes Kirchhoffsches Gesetz 25
        1.3.2.1 Ladungserhaltungssatz. 1.3.2.2 Knotenpunktsatz
    1.3.3 Zweites Kirchhoffsches Gesetz 26
        1.3.3.1 Spannungsgleichgewicht. 1.3.3.2 Maschensatz

1.4 Zusammenwirken von Quelle und Verbraucher 28
    1.4.1 Eigenschaften von Quellen 28
        1.4.1.1 Spannungsquelle. 1.4.1.2 Stromquelle. 1.4.1.3 Vergleich
    1.4.2 Kennlinienfelder 33
        1.4.2.1 Verbraucherkennlinie. 1.4.2.2 Arbeitspunkt. 1.4.2.3 Einfluß der Kenngrößen. 1.4.2.4 Nichtlineare Quellen und Verbraucher

1.5 Einfache Reihen- und Parallelschaltungen 38
   1.5.1 Reihenschaltungen 38
      1.5.1.1 Gesamtwiderstand von in Reihe geschalteten Widerständen. 1.5.1.2 Ersatzschaltung und Teilspannungen. 1.5.1.3 Spannungsteilerregel
   1.5.2 Parallelschaltungen 43
      1.5.2.1 Gesamtleitwert von parallel geschalteten Leitwerten. 1.5.2.2 Ersatzschaltung und Teilströme. 1.5.2.3 Stromteilerregel
   1.5.3 Duale Zusammenhänge 47
   1.5.4 Zusammengesetzte Schaltungen 48
      1.5.4.1 Einfache Widerstandsnetzwerke. 1.5.4.2 Annahme des Ergebnisses. 1.5.4.3 Schaltungen der Meßtechnik

1.6 Berechnungsverfahren für Netzwerke 54
   1.6.1 Netzumformung 54
      1.6.1.1 Notwendige Voraussetzungen. 1.6.1.2 Regeln. 1.6.1.3 Vereinfachung der Schaltung. 1.6.1.4 Stern-Dreieck-Umwandlung
   1.6.2 Unmittelbare Anwendung der Kirchhoffschen Gesetze 60
      1.6.2.1 Topologie. 1.6.2.2 Regeln
   1.6.3 Überlagerungsgesetz 65
   1.6.4 Ersatzquellen 68
      1.6.4.1 Ersatz-Spannungsquelle. 1.6.4.2 Ersatz-Stromquelle
   1.6.5 Maschenstrom-Verfahren 72
      1.6.5.1 Vorgehen. 1.6.5.2 Aufstellen der Matrizengleichung
   1.6.6 Knotenpunktpotential-Verfahren 75
      1.6.6.1 Vorgehen. 1.6.6.2 Aufstellen der Matrizengleichung
   1.6.7 Vergleich der Berechnungsverfahren 79

2 Energie der elektrischen Strömung (Paul Vaske)

2.1 Erzeugung elektrischer Energie 83
   2.1.1 Arbeit und Leistung 83
      2.1.1.1 Arbeitsvermögen der Spannung. 2.1.1.2 Leistung. 2.1.1.3 Verluste und Wirkungsgrad
   2.1.2 Elektrische Energiequellen 86
      2.1.2.1 Elektrodynamische Generatoren. 2.1.2.2 Elektrochemische Quellen. 2.1.2.3 Weitere Energie-Direktumwandlungs-Quellen

2.2 Nutzung elektrischer Energie 88
   2.2.1 Übertragung von Energie und Signalen 88
      2.2.1.1 Energieversorgung. 2.2.1.2 Energieübertragung. 2.2.1.3 Übertragung von Nachrichten
   2.2.2 Umwandlung elektrischer Energie 93
      2.2.2.1 Gleichwertige Energiearten. 2.2.2.2 Joulesche Stromwärme
   2.2.3 Leistungsanpassung 97
      2.2.3.1 Anpassungsbedingung. 2.2.3.2 Wirkungsgrad. 2.2.3.3 Ausnutzungsgrad

3 Elektrisches Potentialfeld (Heinrich Frohne)

- 3.1 Elektrisches Feld in Leitern 103
  - 3.1.1 Wesen und Darstellung des elektrischen Strömungsfeldes 103
  - 3.1.2 Stromdichte und Strom 105
  - 3.1.3 Elektrische Feldstärke und Spannung 109
  - 3.1.4 Elektrisches Potential 113
  - 3.1.5 Leistungsdichte im elektrischen Strömungsfeld 117
- 3.2 Elektrisches Feld in Nichtleitern 118
  - 3.2.1 Wesen und Darstellung des elektrischen Feldes in Nichtleitern 119
  - 3.2.2 Elektrische Feldstärke und Spannung 120
  - 3.2.3 Elektrisches Potential 123
  - 3.2.4 Elektrische Flußdichte und elektrischer Fluß 124
  - 3.2.5 Zusammenhang zwischen elektrischer Flußdichte und elektrischer Feldstärke 129
    - 3.2.5.1 Permittivität. 3.2.5.2 Kapazität. 3.2.5.3 Schaltung von Kondensatoren. 3.2.5.4 Verlustleistung im elektrischen Feld
  - 3.2.6 Energie und Kräfte im elektrischen Feld 138
    - 3.2.6.1 Gespeicherte Energie im elektrischen Feld. 3.2.6.2 Kräfte auf Grenzflächen im elektrischen Feld

4 Magnetisches Feld (Heinrich Frohne)

- 4.1 Beschreibung und Berechnung des magnetischen Feldes 143
  - 4.1.1 Wesen und Darstellung des magnetischen Feldes 143
    - 4.1.1.1 Wirkungen und Ursachen des magnetischen Feldes. 4.1.1.2 Feldbilder und Feldlinien. 4.1.1.3 Feldrichtung und Polarität
  - 4.1.2 Vektorielle Feldgrößen des magnetischen Feldes 146
    - 4.1.2.1 Induktion (Intensität des magnetischen Feldes). 4.1.2.2 Durchflutung, Zusammenhang zwischen Feldgrößen und erregendem Strom. 4.1.2.3 Magnetische Feldstärke (magnetische Erregung). 4.1.2.4 Einheiten der magnetischen Feldgrößen
  - 4.1.3 Integrale Größen des magnetischen Feldes 153
    - 4.1.3.1 Magnetische Spannung. 4.1.3.2 Durchflutungssatz. 4.1.3.3 Magnetischer Fluß. 4.1.3.4 Ohmsches Gesetz des magnetischen Kreises
  - 4.1.4 Überlagerung magnetischer Felder 168
  - 4.1.5 Magnetisches Feld in Materie 170
    - 4.1.5.1 Typisches Verhalten der Materie im Magnetfeld. 4.1.5.2 Brechung magnetischer Feldlinien
- 4.2 Magnetisches Feld in Eisen 173
  - 4.2.1 Ferromagnetische Eigenschaften 173
    - 4.2.1.1 Hystereseschleife. 4.2.1.2 Magnetisierungskurve. 4.2.1.3 Permeabilität und Suszeptibilität. 4.2.1.4 Dauermagnete
  - 4.2.2 Berechnung des magnetischen Feldes im Eisenkreis 180
    - 4.2.2.1 Magnetische Streuung und Randverzerrung. 4.2.2.2 Ermittlung der Durchflutung

4.3 Wirkungen im magnetischen Feld 186
    4.3.1 Spannungserzeugung im magnetischen Feld, elektrisches Wirbelfeld 187
        4.3.1.2 Induktionswirkung im bewegten Leiter. 4.3.1.2 Induktionswirkung im zeitlich veränderlichen Magnetfeld. 4.3.1.3 Induktionsgesetz in allgemeiner Form. 4.3.1.4 Selbstinduktionsspannung. 4.3.1.5 Selbst- und Gegeninduktivität. 4.3.1.6 Selbst- und Gegeninduktionsspannung im Verbraucherzählpfeilsystem. 4.3.1.7 Wirbelströme
    4.3.2 Energie und Kräfte im magnetischen Feld 208
        4.3.2.1 Energie des magnetischen Feldes. 4.3.2.2 Kraftwirkung auf Grenzflächen. 4.3.2.3 Kraftwirkung auf stromdurchflossene Leiter im Magnetfeld. 4.3.2.4 Kraftwirkung zwischen stromdurchflossenen Leitern

4.4 Vergleich elektrischer und magnetischer Felder 220

5 Elektrischer Leitungsmechanismus (Hans Fricke)

5.1 Leitung in metallischen Körpern 223
    5.1.1 Vereinfachte Darstellung 223
    5.1.2 Bändermodell 223
        5.1.2.1 Energiewerte des Atoms. 5.1.2.2 Energiewerte mehrerer gleichartiger Atome in Festkörpern
    5.1.3 Leitungsmechanismus, Leitfähigkeit 226

5.2 Halbleitung 228
    5.2.1 Kennzeichen der Halbleiter 228
    5.2.2 Leitungsmechanismus 229
        5.2.2.1 Bändermodell. 5.2.2.2 Eigenleitung. 5.2.2.3 Störstellenleitfähigkeit
    5.2.3 Übergang zwischen zwei Halbleiterzonen verschiedenen Leitungstyps . . . 237
        5.2.3.1 PN-Übergang. 5.2.3.2 Spannung in Sperrichtung. 5.2.3.3 Spannung in Durchlaßrichtung. 5.2.3.4 Kennlinie des PN-Übergangs (Diode, Gleichrichter). 5.2.3.5 Hochdotierter PN-Übergang (Tunneldiode). 5.2.3.6 Übergang zwischen Halbleiter und metallischem Leiter
    5.2.4 Kombination von mehreren Halbleiterzonen unterschiedlicher Dotierung . 248
        5.2.4.1 Backward-Diode. 5.2.4.2 Hot-carrier-Diode. 5.2.4.3 Step-recovery-Diode. 5.2.4.4 PIN-Diode. 5.2.4.5 Impatt-Diode. 5.2.4.6 Gunn-Diode
    5.2.5 Gesteuerter PN-Übergang 253
        5.2.5.1 Bipolartransistor. 5.2.5.2 Thyristor
    5.2.6 Feldeffekttransistor 261
        5.2.6.1 Sperrschicht-Feldeffekttransistor PN-FET. 5.2.6.2 Isolierschicht-Feldeffekttransistor IG-FET (MOS-FET). 5.2.6.3 Dünnschicht-Feldeffekttransistor TF-FET. 5.2.6.4 Grundschaltungen von Feldeffekttransistoren
    5.2.7 Optoelektronische Halbleiterbauelemente 267
        5.2.7.1 Lichtdetektor (Lichtempfänger). 5.2.7.2 Lichtemitter (Lichtsender). 5.2.7.3 Opto-elektronischer Koppler
    5.2.8 Galvanomagnetische Halbleiterbauelemente 270
        5.2.8.1 Hall-Generator. 5.2.8.2 Feldplatte
    5.2.9 Integrierte Schaltungen 272
        5.2.9.1 Ziel der Integration. 5.2.9.2 Bipolar-Technik (TTL, ECL, I^2L). 5.2.9.3 MOS-Technik (CMOS)

5.3 Elektrische Strömung in Elektrolyten 274
    5.3.1 Elektrochemische Vorgänge 274
        5.3.1.1 Mechanismus der elektrolytischen Leitung. 5.3.1.2 Polarisation und Spannungsbedarf
    5.3.2 Elektrochemische Stromerzeuger 279
        5.3.2.1 Elektrolytische Spannung galvanischer Zellen. 5.3.2.2 Primärzellen. 5.3.2.3 Sekundärzellen

5.4 Elektrische Leitung im Vakuum 283
    5.4.1 Bewegung der Elektronen 284
        5.4.1.1 Bewegungsgleichungen. 5.4.1.2 Elektronen-Geschwindigkeit. 5.4.1.3 Ablenkung durch ein elektrisches Feld. 5.4.1.4 Ablenkung durch ein magnetisches Feld
    5.4.2 Emission aus der Kathode 288
    5.4.3 Anwendungen 289
        5.4.3.1 Elektronenstrahl-Röhren. 5.4.3.2 Elektronenröhren. 5.4.3.3 Elektronenröhren mit Gitter. 5.4.3.4 Röntgenröhren

5.5 Elektrische Leitung in Gasen 292
    5.5.1 Erzeugung von Ladungsträgern durch Ionisierung von Gasen 292
    5.5.2 Umwandlung und Verschwinden von Ladungsträgern 293
    5.5.3 Entladungsformen 294
        5.5.3.1 Unselbständige Entladung. 5.5.3.2 Selbständige Entladung. 5.5.3.3 Erscheinungsformen der Gasentladungen
    5.5.4 Elektrische Festigkeit 296
    5.5.5 Gasentladungslampen 297

6 Einfacher Sinusstromkreis (Paul Vaske)

6.1 Eigenschaften von Sinusgrößen 298
    6.1.1 Erzeugung von Sinusspannungen 299
        6.1.1.1 Anwendung des Induktionsgesetzes. 6.1.1.2 Phasenlage. 6.1.1.3 Periodendauer und Frequenz
    6.1.2 Kennwerte von Wechselstromgrößen 304
        6.1.2.1 Mittelwerte. 6.1.2.2 Messung der Kennwerte
    6.1.3 Zeigerdiagramm 308
        6.1.3.1 Zeiger. 6.1.3.2 Zählpfeile. 6.1.3.3 Addition und Subtraktion von Sinusgrößen

6.2 Passive Zweipole bei Sinusstrom 316
    6.2.1 Wirkwiderstand 316
        6.2.1.1 Spannung, Strom und Phasenwinkel. 6.2.1.2 Wirkleistung
    6.2.2 Induktivität 319
        6.2.2.1 Spannung, Strom und Phasenwinkel. 6.2.2.2 Induktiver Blindwiderstand. 6.2.2.3 Induktive Blindleistung
    6.2.3 Kapazität 322
        6.2.3.1 Spannung, Strom und Phasenwinkel. 6.2.3.2 Kapazitiver Blindwiderstand. 6.2.3.3 Kapazitive Blindleistung

6.2.4 Allgemeiner passiver Sinusstrom-Zweipol 325
   6.2.4.1 Spannung, Strom und Phasenwinkel. 6.2.4.2 Leistungen. 6.2.4.3 Zusammenhängende Betrachtung der Eigenschaften von passiven Sinusstrom-Zweipolen

6.3 Komplexe Rechnung 330
 6.3.1 Begriffe und Rechenregeln 330
   6.3.1.1 Darstellung komplexer Zahlen. 6.3.1.2 Rechenregeln für komplexe Zahlen. 6.3.1.3 Komplexe Gleichungssysteme
 6.3.2 Komplexe Größen der Sinusstromtechnik 336
   6.3.2.1 Komplexe Drehzeiger. 6.3.2.2 Komplexe Festzeiger. 6.3.2.3 Bezugsgröße. 6.3.2.4 Symbolische Methode. 6.3.2.5 Allgemeiner Sinusstromkreis. 6.3.2.6 Komplexe Widerstands- und Leitwertsebenen

7 Sinusstrom-Netzwerke (Paul Vaske)

7.1 Einfache Reihen- und Parallelschaltungen 344
 7.1.1 Reihenschaltung 344
   7.1.1.1 Komplexer Maschensatz. 7.1.1.2 Reihenschaltung von zwei Grundzweipolen. 7.1.1.3 Allgemeine Reihenschaltung
 7.1.2 Parallelschaltung 352
   7.1.2.1 Komplexer Knotenpunktsatz. 7.1.2.2 Parallelschaltung von zwei Grundzweipolen. 7.1.2.3 Allgemeine Parallelschaltung

7.2 Netzumformung 359
 7.2.1 Ersatzschaltungen 360
   7.2.1.1 Reihen-Ersatzschaltung. 7.2.1.2 Parallel-Ersatzschaltung. 7.2.1.3 Bedingt gleichwertige Schaltungen. 7.2.1.4 Komplexe Stern-Dreieck-Umwandlung
 7.2.2 Magnetische Kopplung 371
   7.2.2.1 Idealer Übertrager. 7.2.2.2 Ersatzschaltung für gekoppelte Spulen
 7.2.3 Ersatzquellen 378
 7.2.4 Leistungsanpassung 381
   7.2.4.1 Zusammenwirken von Sinusstrom-Quellen und -Zweipolen. 7.2.4.2 Anpassungsbedingungen

7.3 Sinusstrom-Netzwerke 385
 7.3.1 Gemischte Schaltungen 385
   7.3.1.1 Komplexe Spannungs- und Stromteilerregel. 7.3.1.2 Anwendung des Zeigerdiagramms. 7.3.1.3 Anwendung der komplexen Rechnung
 7.3.2 Lineare Maschennetze 396
   7.3.2.1 Überlagerungsgesetz. 7.3.2.2 Anwendung der Kirchhoffschen Gesetze. 7.3.2.3 Maschenstrom-Verfahren. 7.3.2.4 Knotenpunktpotential-Verfahren
 7.3.3 Anwendungen 405
   7.3.3.1 Wechselstrombrücken. 7.3.3.2 Blindstromkompensation

8 Ortskurven und Schwingkreise (Heinrich Frohne)

8.1 Ortskurven 410
    8.1.1 Erläuterung und Konstruktion von Ortskurven 410
        8.1.1.1 Ortskurven für Spannung und Widerstand. 8.1.1.2 Ortskurven für Strom und Leitwert
    8.1.2 Inversion komplexer Größen und Ortskurven 416
    8.1.3 Amplituden- und Phasenwinkeldiagramme 418

8.2 Schwingkreise 420
    8.2.1 Freie Schwingungen 421
    8.2.2 Erzwungene Schwingungen 422
        8.2.2.1 Reihenschwingkreise. 8.2.2.2 Parallelschwingkreise. 8.2.2.3 Vergleich von Reihen- und Parallelschwingkreisen
    8.2.3 Kenngrößen für Schwingkreise 431
    8.2.4 Schwingkreise mit mehreren Freiheitsgraden 434

9 Mehrphasen-Sinusstrom (Paul Vaske)

9.1 Mehrphasensysteme 436
    9.1.1 Begriffe 436
        9.1.1.1 Dreiphasengenerator. 9.1.1.2 Sternschaltung. 9.1.1.3 Dreieckschaltung. 9.1.1.4 Benennungen
    9.1.2 Symmetrische Mehrphasensysteme 439
        9.1.2.1 Phasenzahl. 9.1.2.2 Schaltungen

9.2 Symmetrisches Dreiphasensystem 440
    9.2.1 Spannungen und Ströme 441
        9.2.1.1 Sternschaltung. 9.2.1.2 Dreieckschaltung
    9.2.2 Leistung und Drehfeld 444
        9.2.2.1 Leistungen. 9.2.2.2 Drehfelderzeugung

9.3 Unsymmetrische Dreiphasenbelastung 447
    9.3.1 Vierleiternetz 447
        9.3.1.1 Elektrische Energieverteilung. 9.3.1.2 Allgemeine Belastung
    9.3.2 Dreileiternetz 449
        9.3.2.1 Dreieckschaltung. 9.3.2.2 Sternschaltung

10 Wechselstrom und Mischstrom (Paul Vaske)

10.1 Darstellung nichtsinusförmiger Vorgänge 452
    10.1.1 Fourier-Reihe 452
        10.1.1.1 Zeitfunktion. 10.1.1.2 Fourier-Analyse. 10.1.1.3 Sonderfälle
    10.1.2 Kenngrößen 457

10.2 Nichtsinusförmige Vorgänge in linearen Netzwerken 460
    10.2.1 Einfluß der Wechselstrom-Zweipole 460
    10.2.2 Leistungen 463

10.3 Nichtlineare Wechselstromkreise 464
    10.3.1 Nichtlineare Verzerrungen 464
    10.3.2 Gleichrichterschaltungen 465
    10.3.3 Eisendrossel 468
        10.3.3.1 Magnetisierungsstrom. 10.3.3.2 Leistung

11 Schaltvorgänge (Paul Vaske)

11.1 Berechnungsverfahren 470
    11.1.1 Begriffe 471
        11.1.1.1 Verhalten der Energiespeicher. 11.1.1.2 Zustandsgrößen
    11.1.2 Exponentialansatz 472
        11.1.2.1 Aufstellen der Differentialgleichung. 11.1.2.2 Lösung der Differentialgleichung. 11.1.2.3 Anwendung des Energiesatzes

11.2 Netzwerke mit gleichartigen Speichern 477
    11.2.1 Schalten von Gleichstrom 478
        11.2.1.1 Idealisiertes Einschalten. 11.2.1.2 Idealisiertes Ausschalten. 11.2.1.3 Umschalten von Netzwerken
    11.2.2 Schalten von Sinusstrom 485
        11.2.2.1 Einschalten einer Luftdrossel. 11.2.2.2 Einschalten eines RC-Gliedes. 11.2.2.3 Ausschalten

11.3 Schwingkreise 490
    11.3.1 Schalten von Gleichstrom 490
        11.3.1.1 Schwingfall. 11.3.1.2 Kriechfall. 11.3.1.3 Aperiodischer Grenzfall. 11.3.1.4 Entladen
    11.3.2 Schalten von Sinusstrom 497

Anhang

1 Ergänzende Bücher 418
2 DIN-Normen (Auswahl) 501
3 Griechisches Alphabet 502
4 Einheiten 502
5 Werkstoffeigenschaften 504
6 Schaltzeichen 505
7 Formelzeichen 506

Sachverzeichnis 510

Hinweise auf DIN-Normen in diesem Werk entsprechen dem Stand der Normung bei Abschluß des Manuskriptes. Maßgebend sind die jeweils neuesten Ausgaben der Normblätter des DIN Deutsches Institut für Normung e.V. im Format A4, die durch die Beuth-Verlag GmbH, Berlin und Köln, zu beziehen sind. – Sinngemäß gilt das gleiche für alle in diesem Buche angezogenen amtlichen Richtlinien, Bestimmungen, Verordnungen usw.

1 Grundgesetze des Gleichstromkreises

1.1 Grundbegriffe

In der Elektrotechnik unterscheidet man heute die Aufgabenbereiche:

a) **Energietechnik**, die sich mit der Verteilung der elektrischen Energie mit der Umformung der elektrischen in andere Energieformen, wie z. B. Wärme, Licht, mechanische usw. – kurz Verbraucher genannt –, oder mit der Umformung von mechanischer, thermischer, usw. in elektrische Energie befaßt.

b) **Nachrichtentechnik**, die die elektrische Energie zur Übertragung von Nachrichten (Signalen), wie beim Fernsprecher, Fernschreiber, Rundfunk- und Fernsehgerät, verwendet. Neuerdings bezieht man dieses Gebiet in das noch größere der Informationstechnik ein, die alles Erzeugen, Verteilen, Aufnehmen und Verarbeiten von Informationen jeder Art umfaßt, also beispielsweise auch von Meßwerten oder biologischen Vorgängen. Diese können dann als Nachricht auch verbreitet, aufgezeichnet und weiter verwendet werden (Datenverarbeitung). Schutz-, Steuerungs- und Regelungstechnik verbinden beide Bereiche.

Bei der Energietechnik kommt es darauf an, Energie zu übertragen sowie umzuformen, und zwar möglichst wirtschaftlich, also mit geringen Energieverlusten, während in der Nachrichtentechnik zu fordern ist, ein Signal fehlerfrei zu übertragen. Es sollte dabei also möglichst kein Verlust an Information entstehen.

Hier soll nun zunächst das Wesen des elektrischen Stromes geklärt und die ihn bestimmenden Größen sollen betrachtet werden.

1.1.1 Mechanismus der elektrischen Strömung

1.1.1.1 Stromkreis. Die wichtigsten Teile jeder elektrischen Anlage sind Quellen, Übertragungsteile (überwiegend Leitungen), Schalter, Meß- und Schutzeinrichtungen und Verbraucher. Beispiele für Quellen sind galvanische Elemente (Trockenelemente) und Akkumulatoren sowie die in Elektrizitätswerken eingesetzten umlaufenden Generatoren. In den Verbrauchern wird die elektrische Energie in die erwünschten anderen Energieformen, wie Wärme, Licht und mechanische Energie, umgesetzt. Die Leitungen stellen die Verbindung vom Erzeuger zum Verbraucher her. Schalter sollen Anlagenteile zu- und abschalten, Meßgeräte die auftretenden Zustandsgrößen bestimmen und Schutzeinrichtungen, wie Sicherungen u. ä., die elektrischen Anlagen und ihre Benutzer vor Schäden bewahren.

1.1 Grundbegriffe

Zur übersichtlichen Darstellung der Anordnung von Geräten und Verbindungsleitungen verwendet man Schaltbilder. In diesen wird jede Quelle, jedes Gerät usw. durch ein besonders verabredetes Kurzzeichen, Schaltzeichen genannt, wiedergegeben. Die Leitungen zeichnet man dann möglichst in senkrechten und waagerechten Linienzügen zwischen den einzelnen Anlageteilen (Bild 1.1). Einige Schaltzeichen sind im Anhang 6 zusammengestellt.

1.1.1.2 Wesen der elektrischen Strömung. In einer Schaltung nach Bild 1.1 liegt ein geschlossener Kreis vor: vom Generator G über die Leitungen, den Schalter 2 und die Glühlampe 1 zum Generator zurück und durch diesen hindurch. Hervorgerufen wird die Strömung in der Quelle. Derartige Kreisläufe gibt es in der Natur an vielen Stellen. So macht auch das Wasser immer wieder denselben Weg: Wolke – Regen – Flußlauf – Meer – Verdunstung – Wolkenbildung. Auch sonst hat der Lauf des Wassers, z. B. in Rohrleitungen, manche Ähnlichkeit mit dem Fließen des elektrischen Stromes. Jedoch bestehen zwischen beiden Erscheinungen auch wesentliche Unterschiede, so daß man mit diesem Vergleich vorsichtig sein muß. Da zur genauen Behandlung der Vorgänge bei der elektrischen Strömung bereits eine Reihe von Grundbegriffen des Gleichstromkreises bekannt sein müssen, wird diese bis zum Abschn. 5 zurückgestellt. Hier wollen wir zunächst nur die physikalischen Zusammenhänge insoweit betrachten, als sie zum Verständnis des Wesens der elektrischen Strömung und damit zur Ableitung der Grundgesetze des Gleichstromkreises erforderlich sind.

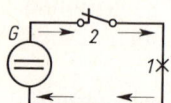

1.1
Einfachster Stromkreis mit Quelle (Generator G), Verbrauchsgerät (Glühlampe 1), Schalter 2 und Leitungen.
Zur Bedeutung der Schaltzeichen s. Anhang 6

Träger der elektrischen Eigenschaften des Stromes sind in metallischen elektrischen Leitungen die die Hülle des Atoms bildenden als Elektronen bekannten Elementarteilchen der Materie, die den ebenfalls aus Elementarteilchen, den Protonen und Neutronen, zusammengesetzten Atomkern umgeben. Jedes Elektron hat die sehr kleine Masse $m = 0{,}91 \cdot 10^{-27}$ g und die negative Elektrizitätsmenge $-e = -0{,}160 \cdot 10^{-18}$ Coulomb (abgekürzt C) (vgl. a. Abschn. 1.1.2.1 und 5.3.1.1). Die Elektrizitätsmenge e der Elementarteilchen wird als Elementarladung bezeichnet; sie ist die positive Ladung $+e$ der im Atomkern befindlichen Protonen, deren Masse annähernd 1836mal so groß ist wie die der Elektronen. Das ebenfalls im Atomkern befindliche Neutron hat keine elektrische Ladung.

Während die gebundenen oder Kernelektronen nicht ohne weiteres aus dem Atomverband zu lösen sind, können die freien Elektronen (s. Abschn. 5.1.3) dagegen leicht vom Atom getrennt, auf andere Atome übertragen oder auch vorübergehend frei bestehen bleiben.

Es sind verschiedene Formen der Strömung zu unterscheiden. Im einen Fall wandern nur Elektronen. Man stellt sich vor, daß die freien Elektronen im neutralen Zustand zwischen den Atomen etwa eines Metalls oder eines anderen festen Leiters ständig unregelmäßige Bewegungen ausführen, ähnlich wie das bei den Molekülen eines Gases der Fall ist. Daher bezeichnet man die Gesamtheit der freien Elektronen auch als **Elektronengas**. Im Falle einer Strömung überlagert sich der unregelmäßigen Bewegung die translatorisch in Strömungsrichtung fortschreitende Bewegung. Eine reine **Elektronenströmung** liegt ferner beim Durchgang einer Ladung durch das **Vakuum** vor (s. Abschn. 5.4). In Halbleitern (s. Abschn. 5.2.2.2) löst das Freiwerden von Elektronen im Kristallgitter das Wandern von als positive Ladung anzusehenden Löchern aus, so daß man hier auch von einem **Löcherstrom** spricht.

Ionenströmung oder Trägerströmung liegt vor, wenn die elektrische Ladung zusammen mit Atomen oder Molekülen befördert wird. In diesem Fall haben die stofflichen Träger ein Elektron **mehr oder weniger**, als ihrem neutralen Zustand entspricht. Da die Elektronen selbst negativ elektrisch sind, ist das als **Ion** bezeichnete geladene Atom oder Molekül negativ bei mehr und positiv bei weniger Elektronen, da in diesem letzteren Fall die positive Kernladung überwiegt. Ionenströmung kommt besonders bei elektrolytischer Leitung (s. Abschn. 5.3.1) und bei elektrischen Entladungen in Gasen (s. Abschn. 5.5) vor.

Die Kennzeichnungen **positiv** und **negativ** wurden zu einer Zeit festgelegt, als die heutigen Vorstellungen über Atome und Elektronen noch unbekannt waren. Die damals als positiv angenommene Stromrichtung stimmt überein mit der Bewegungsrichtung von ausgeschiedenen Metallen bei der elektrolytischen Zersetzung von Salzlösungen (s. Abschn. 5.3.1.1). Da die in metallischen Leitern fließenden Elektronen negativ geladen sind, stimmt die im Sprachgebrauch übliche Angabe der **Stromrichtung** nicht mit der wahren Bewegungsrichtung der Elektronen überein. Während man sagt, daß der **elektrische Strom** im Verbraucher von dessen positiver Klemme (+) zur negativen (−) fließt, bewegt sich der **Elektronenstrom** gerade entgegengesetzt (Bild **1**.2). Dennoch hat man die ursprünglichen Bezeichnungen beibehalten, um Irrtümer in den Angaben zu vermeiden. Bild **1**.2 klärt diese Richtungsfragen.

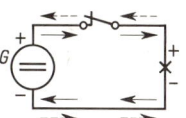

1.2
Polarität, Stromrichtung und Bewegungsrichtung der Elektronen
→ Richtung des elektrischen Stroms (nach dem Sprachgebrauch)
--→ Richtung des Elektronenstroms (wahre Bewegung)

Nach dem Sprachgebrauch fließt somit der Strom im Verbraucher von Plus nach Minus, in der **Quelle** jedoch von Minus nach Plus. Dies ist die Richtung des Löcherstroms.

Der Name Elektrizität kommt aus dem Griechischen: Elektron heißt Bernstein. Durch Reiben wird Bernstein in einen besonderen Zustand versetzt, den man elektrisch nennt und der an seinen Kraftwirkungen auf kleine Körper erkannt werden kann (s. Abschn. 3.2.1).

1.1.1.3 Leiter und Nichtleiter. In den verschiedenen Stoffen sind die Elektronen mehr oder weniger leicht beweglich, die Stoffe leiten den Strom also besser oder schlechter. Man teilt sie bezüglich ihres elektrischen Verhaltens in zwei Hauptgruppen ein: die **Leiter** und die **Nichtleiter** oder **Isolierstoffe**. Zwischen beiden stehen die **Halbleiter**, die sich gegenüber den (guten) Leitern in mancherlei Beziehung anders verhalten (s. Abschn. 5.2). Bei den Leitern hat man wieder zu unterscheiden zwischen solchen, die beim Stromdurchgang keine chemische Änderung erfahren (Leiter 1. Klasse), und solchen, die vom Strom chemisch verändert werden (Leiter 2. Klasse). Zu den Leitern 1. Klasse gehören insbesondere alle Metalle und die Kohle, zu den Leitern 2. Klasse die Säuren, Basen, Salzlösungen und hiervon durchsetzte Stoffe (z. B. menschliche und tierische Körper). Die chemischen Zersetzungen und den Mechanismus der Elektronenbewegung in Leitern 2. Klasse sowie den Elektrizitätsdurchgang durch Gase behandelt Abschn. 5.

Von der außerordentlich großen Zahl der technisch benutzten Isolierstoffe seien nur einige genannt. Gummi, getränktes Papier, Baumwolle, Seide, Lack und in steigendem Maße Kunststoffe werden zur Isolation bei Installationsleitungen und Kabeln, an Hausgeräten sowie in Spulen eingesetzt. Porzellan, Hartpapier (mit Kunstharz getränkte und zusammengeklebte Papierbahnen), Preßspan und Mikanit (mit Kunstharz zusammengeklebter Glimmer) und Gießharze finden vorwiegend bei hohen Spannungen Anwendung. Außerdem verwendet man Glimmer, Porzellan und andere Keramiken auch bei höheren Temperaturen. Für Installationsgeräte (z. B. Dosenschalter, Steckdosen) haben die Isolierpreßstoffe eine große Bedeutung erlangt; sie bestehen in ihren Hauptgruppen aus einem Kunstharz, zusammengepreßt mit Faserstoffen (z. B. Holzmehl) und mineralischen Füllstoffen (z. B. Schwerspat, Kreide).

Auch Isolierstoffe enthalten noch eine gewisse, wenn auch im Vergleich zu den guten Leitern außerordentlich kleine Anzahl von freien Elektronen, so daß sie sehr schlechte Leiter sind. Ihr Leitvermögen ist so gering, daß ein Kupferdraht, der von einer Gummihülle umgeben ist, praktisch allein zum Fließen des elektrischen Stromes beiträgt.

1.1.1.4 Wirkungen des Stromes. Die elektrische Strömung läßt sich mit keinem menschlichen Sinn unmittelbar wahrnehmen. Daß in einem Metalldraht Elektronen in Bewegung sind, ist nur aus den Veränderungen, die im Leiter oder in seiner Umgebung hervorgerufen werden, zu folgern. Technisch wichtig sind hauptsächlich folgende Wirkungen des elektrischen Stromes: das Erzeugen von Wärme und Licht, von magnetischen Vorgängen und von chemischen Zersetzungen. Außerdem treten im menschlichen und tierischen Körper bei Stromdurchgang physiologische Wirkungen auf, die sich durch Muskel- und Nervenreaktionen, gegebenenfalls auch durch größere organische Störungen und durch Eintritt des „elektrischen Todes" äußern (s. Abschn. 1.2.1.4). Die Wirkungen kommen entweder in der Strombahn (bei den Wärme-, chemischen, magnetischen und physiologischen Erscheinungen) oder außerhalb der Strombahn (bei den elektromagnetischen Feldern) vor. Die Wärmewirkung tritt in allen Leitern, Halbleitern und Isolierstoffen auf. Die chemische Wirkung kommt nur in Leitern 2. Klasse vor und besteht in einer chemischen Zersetzung der hierin enthaltenen Moleküle. Die magnetische Wirkung äußert sich in mechanischen Kräften, die auf benachbarte Eisenteile oder Strombahnen ausgeübt werden; auch können mit ihnen neue Elektronenbewegungen verursacht werden (Anwendung in den Generatoren). Für weitere Einzelheiten s. Abschn. 2 bis 5.

1.1.2 Größe der elektrischen Strömung

1.1.2.1 Elektrizitätsmenge, Stromstärke, Stromdichte. Die Wirkungen des elektrischen Stromes können im Leiter oder in seiner Umgebung verschieden stark sein. So kann etwa ein und derselbe Draht einmal stärker, einmal schwächer erwärmt werden. Maßgebend ist, wie viele Leitungselektronen an einer bestimmten Stelle des Drahtes durch seinen Querschnitt strömen. Der Leiter enthält eine bestimmte Anzahl von freien oder Leitungs-Elektronen, z. B. bei Metallen meist rund $n \approx 10^{23}$ je cm³. Da jedes einzelne Elektron die Elektrizitätsmenge $-e$ aufweist, enthält jeder cm³ des Metalls eine frei bewegliche (also eine volumenbezogene) Elektrizitätsmenge $-ne$, die aber im stromlosen Zustand des Leiters im Mittel ruht (die unregelmäßigen Bewegungen im Elektronengas nach Abschn. 1.1.1.2 bleiben nach außen hin unwirksam).

Fließt nun ein Strom, so bewegt sich in einem Leiter, z. B. einem Draht von der Länge l und dem Querschnitt A, eine Elektrizitätsmenge $Q = -nelA$ [1]). Dauert es weiter eine Zeit t, bis diese Menge einen bestimmten Querschnitt A durchströmt hat, so bezeichnet man

$$I = Q/t = neAl/t \qquad (1.1)$$

als die im Leiter auftretende **elektrische Stromstärke**, kurz auch **Strom** genannt. In Gl. (1.1) bis (1.4) wird das Vorzeichen der Ladung ne bzw. Q und des Stromes außer acht gelassen. Die Stromrichtung müßte also z. B. gemäß Abschn. 1.1.1.2 aus der Anschauung gedeutet werden. Da für die Leitererwärmung jedoch nicht der Strom I, sondern der pro Querschnitt A auftretende Strom maßgebend ist, hat man noch eine spezifische Strömungsgröße, die **Stromdichte S**, definiert. Sie ist im einfachsten Fall, daß sich die Elektronenströmung gleichmäßig und senkrecht über den Leiterquerschnitt A verteilt, also homogen ist,

$$S = I/A = nel/t. \qquad (1.2)$$

Der in den Gl. (1.1) und (1.2) auftretende Quotient l/t ist die **Strömungsgeschwindigkeit** der Elektronen

$$v = l/t = S/(ne). \qquad (1.3)$$

Bei dieser Betrachtung werden zwei Voraussetzungen gemacht: Einmal ist angenommen, daß der Strom in dem unverzweigten Leiter konstanten Querschnitts A über die ganze Leiterlänge l hin dieselbe Größe I hat. Das trifft zu, solange keine Ladungsansammlungen wie bei Kondensatoren auftreten (s. Abschn. 3.2.5.2). Die andere Voraussetzung für Gl. (1.1) ist, daß die Stromstärke I über eine längere Zeit t konstant bleibt. Bei einem veränderlichen oder wechselnden Strom liefert Gl. (1.1) nur einen mittleren Wert. Ist die resultierende Ladungsgeschwindigkeit v in dem Leiter zeitabhängig, so ist auch der Strom zeitabhängig und mit der durch den Querschnitt A strömenden Ladungsmenge Q in einem beliebigen Querschnitt A des Leiters senkrecht zur Strömungsrichtung

$$i = nevA = dQ/dt. \qquad (1.4)$$

---
[1]) Die verwendeten Formelzeichen sind im Anhang 7 zusammengestellt.

1.1 Grundbegriffe

Diese allgemeine Definition des Stromes wird für zeitabhängige Ströme benötigt. Diese einfachen Gleichungen gelten nur für den Fall paralleler, im Mittel gleich langer Elektronenbahnen einer homogenen Strömung.

Zur Erläuterung von Gl. (1.1) bis (1.3) sollen noch einige Zahlenangaben gemacht werden. Es ist zunächst notwendig, für Elektrizitätsmenge und Stromstärke Einheiten einzuführen. Als Einheit der Elektrizitätsmenge Q hat man aus praktischen Gründen nicht die sehr kleine Elementarladung e des Elektrons, sondern eine viel größere Einheit, das Coulomb (C), gewählt. Daher beträgt die Ladung des Elektrons $-e = -0{,}160 \cdot 10^{-18}$ C, so daß also 1 C dann $6{,}24 \cdot 10^{18}$ Elementarladungen (Elektronen) enthält. Nach Gl. (1.3) ergibt sich hieraus die Einheit der Stromstärke: C/s oder Ampere (A).

Somit ist die Elektronenladung (Elektrizitätsmenge), die frei beweglich, d.h. für den Strom in 1 cm³ eines metallischen Leiters zur Verfügung steht,

$$-ne = -10^{23} \text{ cm}^{-3} \cdot 0{,}16 \cdot 10^{-18} \text{ As} = -16\,000 \text{ As/cm}^3.$$

In Leitern der Starkstromtechnik treten Stromdichten von etwa $S = 1$ A/mm² bis 100 A/mm² auf, so daß sich nach Gl. (1.3) Bewegungsgeschwindigkeiten der Elektronen um etwa $v = 0{,}01$ cm/s bis 1 cm/s ergeben. Diese recht kleinen Geschwindigkeiten sind erheblich kleiner als die Lichtgeschwindigkeit. Mit Lichtgeschwindigkeit pflanzt sich nicht das einzelne Elektron, sondern der Bewegungsimpuls im Leiter fort (s. Abschn. 1.1.3.2).

1.1.2.2 Einheiten und Maßsystem. Man führt also die spezifisch elektrische Einheit Ampere ein und benutzt sie neben den Einheiten der Mechanik m (Meter) und s (Sekunde). Die Amperesekunde (As) tritt als abgeleitete Einheit auf. Abgeleitet von der Grundeinheit A arbeitet man auch mit dekadischen Teilen oder Vielfachen, wie das Milliampere (1 mA = 10^{-3} A), das Mikroampere (1 μA = 10^{-6} A) oder das Kiloampere (1 kA = 10^3 A).

Für das Bilden von Vielfachen und Teilen einer Einheit sind allgemein die im Anhang 4.2 aufgeführten Vorsätze zu verwenden. Kombinationen von Vorsätzen sind unzulässig, also für 10^{-6} A gibt man nicht mmA, sondern μA an. Die Buchstaben für die Vorsätze werden ebenso wie die Buchstaben für die Einheiten steil gesetzt, also mA, im Gegensatz zu den Formelzeichen, die man, um Mißverständnisse zu vermeiden, kursiv (schräg) schreibt.

SI-Einheiten, MKSA-System. Als Grundsystem der gesamten Technik und Physik hat sich das seit 1. 1. 1948 international eingeführte Einheitensystem mit den sechs Grundeinheiten

Meter (m) für Länge   Ampere (A) für elektrische Stromstärke
Kilogramm (kg) für Masse   Kelvin (K) für Temperatur
Sekunde (s) für Zeit   Candela (cd) für Lichtstärke

durchgesetzt. Diese und die hiervon abgeleiteten Einheiten heißen seit 1960 SI-Einheiten (Système International). Durch ein „Gesetz über Einheiten im Meßwesen" wurde 1970 festgelegt, daß im innerdeutschen amtlichen und geschäftlichen Verkehr nur noch SI-Einheiten verwendet werden dürfen. Sie sind für das gesamte

Gebiet der Physik in DIN 1301[1]) mit ihren Kurzzeichen festgelegt (s. Anhang 4). Nach den Anfangsbuchstaben der ersten vier, bei elektrischen und magnetischen Erscheinungen grundsätzlich nur benötigten Einheiten (alle übrigen sind von diesen Grundeinheiten abgeleitet) wird dieses System auch MKSA-System genannt. (In DIN 1357 sind die Einheiten für elektrische Größen zusammengestellt.)

Weitere abgeleitete elektrische Einheiten ergeben sich aus der Energiegleichung (2.1)

$$1 \text{ VAs} (=1 \text{ Ws}) = 1 \text{ kg m}^2/\text{s}^2 . \qquad (1.5)$$

Hieraus erhält man die abgeleitete Einheit Watt (W) mit den mechanischen Grundeinheiten zu $1 \text{ W} = 1 \text{ kg m}^2/\text{s}^3$ und aus ihr weiter die abgeleitete Einheit Volt (V) zu $1 \text{ V} = 1 \text{ W}/1 \text{ A} = 1 \text{ kg m}^2/(\text{s}^3 \text{A})$. Über die so definierte Einheit Volt (V) der elektrischen Spannung (s. Abschn. 1.1.3.2) erhält man SI-Einheiten aller wichtigen elektrischen und magnetischen Größen. Das Kilogramm (kg) ist die Einheit der Masse. Für die abgeleitete Krafteinheit Newton (N) gilt $1 \text{ N} = 1 \text{ kg m s}^{-2}$ (Kraft = Masse mal Beschleunigung).

Die elektrische Grundeinheit Ampere ist definiert als der Strom, der in 2 parallelen, geradlinigen, unendlich langen, in 1 m Abstand befindlichen Leitern von vernachlässigbar kleinem, kreisrundem Querschnitt fließt und zwischen ihnen im Vakuum die Kraft $2 \cdot 10^{-7}$ N je m Länge ausübt.

1.1.2.3 Schreibweise der Gleichungen. In diesem Buch werden nur Größengleichungen eingesetzt, d.h., jeder in der Gleichung verwendete Buchstabe stellt eine physikalische Größe $A = \{A\} \cdot [A]$, also das Produkt aus dem Zahlenwert $\{A\}$ und der Einheit $[A]$ dar (s. DIN 1313). Der Strom $I = 3$ A hat also den Zahlenwert 3 und die Einheit A. Beim Einsetzen in Gleichungen werden dann nicht nur die Zahlen, sondern auch die Einheiten durchgerechnet.

Beispiel 1.1. Aus Gl. (1.1) sollen die Elektrizitätsmengen Q berechnet werden, die bei dem Strom $I = 3$ A während der Zeiten a) $t = 60$ s und b) $t = 7$ h fließen.

Zu a): Wir haben zu setzen

$$Q = It = 3 \text{ A} \cdot 60 \text{ s} = 180 \text{ As} .$$

Zu b): In diesem Fall erhält man die Elektrizitätsmenge

$$Q = It = 3 \text{ A} \cdot 7 \text{ h} = 21 \text{ Ah} .$$

Die Elektrizitätsmenge wird also in As (Amperesekunden) oder in Ah (Amperestunden) erhalten – je nachdem welche Zeiteinheit vorgegeben ist. Beim Anwenden von Größengleichungen brauchen daher keine besonderen Vorschriften für die Wahl der Einheiten gemacht zu werden, sondern jede Gleichung liefert vielmehr entsprechend der durch sie vorgeschriebenen Rechenoperation sowohl den richtigen Zahlenwert als auch die richtige Einheit für das Ergebnis.

---

[1]) Verzeichnis wichtiger DIN-Normen im Anhang 2.

8 1.1 Grundbegriffe

Nach DIN 1301 sollen die Zahlenangaben zwischen 0,1 und 1000 liegen; also soll z. B. der Strom $I = 0,01$ A mit $I = 10$ mA angegeben werden. In den Beispielen streben wir in diesem Buch entsprechend den in der Elektrotechnik üblichen Meßgenauigkeiten vierziffrige, in der letzten Stelle nach DIN 1333 gerundete Ergebnisse an, wie sie mit Taschenrechnern leicht zu bestimmen sind [88], [89][1]).

1.1.2.4 Stromarten. Man unterscheidet hauptsächlich zwei Stromarten: Gleichstrom mit stets gleicher Stromrichtung und Wechselstrom mit wechselnder Stromrichtung. Trägt man die Stromstärke über der Zeit t auf, so erhält man beim Gleichstrom konstanter Stärke die in Bild 1.3a wiedergegebene waagerechte Gerade. Ein Gleichstrom kann sich aber auch zeitlich ändern. Als Wechselgrößen bezeichnet man Zeitfunktionen, deren linearer Mittelwert (auch Gleichwert genannt – s. Abschn. 6.1.2.1) Null ist. Eine Wechselgröße kann wie in Bild 1.3b sinusförmig sein (nach DIN 5488 heißt der Strom dann Sinusstrom) oder einen anderen periodischen Verlauf etwa nach Bild 1.3c haben. Die Überlagerung von Gleich- und Wechselstrom ergibt den Mischstrom $i = i_- + i_\sim$ (Bild 1.3d). Dabei kann die Wechselstromkomponente auch andere Formen als die in Bild 1.3d gewählte Sinusform haben. Ein Sonderfall des Mischstroms, bei dem der Strom im Minimum der Kurve jedesmal bis auf Null heruntergeht, gelegentlich auch eine Zeitlang beim Werte Null verbleibt, ist der pulsierende oder intermittierende Gleichstrom.

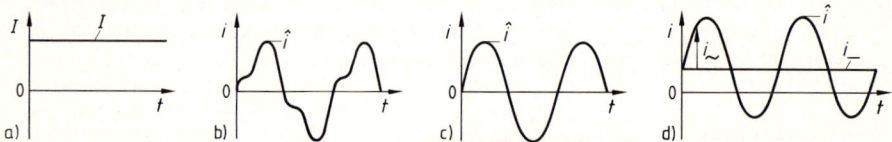

1.3 Stromarten
a) Gleichstrom I, b) Sinusstrom i mit Scheitelwert $\hat{i}$, c) allgemeiner periodischer Wechselstrom i, d) Mischstrom $i = i_- + i_\sim$ mit Gleichstromkomponente i_- und überlagertem Sinusstrom $i_\sim$

Abschn. 1 bis 5 befassen sich überwiegend mit den Gleichströmen, ihren Gesetzen und den von ihnen hervorgerufenen Wirkungen. Der Sinusstromtechnik sind Abschn. 6 bis 9 gewidmet; viele Erscheinungen und Gesetze (z. B. die Erwärmung durch den Strom oder die magnetische Anziehung von Eisen) sind bei Gleich- und Wechselstrom grundsätzlich gleich.

1.1.2.5 Messung der Stromstärke. Einheiten sind nur brauchbar, wenn man die betreffende Größe auch in ihr messen, d. h. zählen kann, wie viele Einheiten in einer bestimmten Größe vorhanden sind. Zur Messung der Stromstärke in der Einheit Ampere könnte grundsätzlich die Definition nach Abschn. 1.1.2.2 herangezogen werden, d. h., sie könnte über die Messung der Kraft zwischen stromdurchflossenen Leitern ermittelt werden. Für bestimmte Fälle wird dieses Verfahren auch ange-

---
[1]) Verzeichnis ergänzender Bücher im Anhang 1.

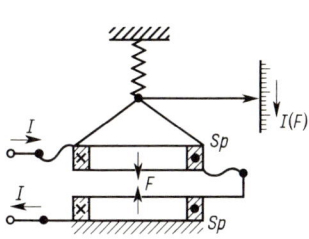
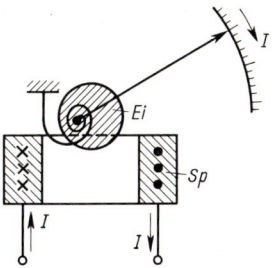

1.4 Kraft F zwischen den Spulen Sp einer Stromwaage

1.5 Kraftwirkung auf einen Eisenkörper Ei im Magnetfeld der Spule Sp

wandt, allerdings werden die Leiter zu Spulen aufgewickelt, und es wird die Kraft zwischen diesen Spulen mit einer Stromwaage gemessen (Bild **1.4**). Selbstverständlich kann dann die Skala statt in einer Krafteinheit auch gleich in Ampere kalibriert werden. Viele Strommesser arbeiten nach dem Prinzip der im Magnetfeld auf ferromagnetische Stoffe ausgeübten Kraftwirkungen. Sie bestehen z. B. nur aus einer Spule, die von dem zu messenden Strom durchflossen wird, in die ein Eisenkörper entgegen einer Federkraft hineingezogen wird (Bild **1.5**). Die Größe des Eintauchgrads, die proportional der Größe der Federkraft ist, ist dann ein Maß für die Stromstärke, von dem die magnetische Kraftwirkung abhängt. Die Schaltung des Strommessers im Stromkreis geht aus Bild **1.6** hervor. Man führt den zum Verbraucher R fließenden Strom durch das Meßgerät **hindurch**.

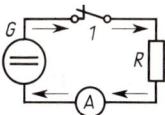

1.6 Stromkreis mit Schalter *1*, Verbraucher R und Strommesser A

Kleinste Ströme im Bereich pA und nA kommen als Steuerströme von Halbleiterbauelementen (s. Abschn. 5) und Verstärkern vor, Ströme im Bereich μA und mA sind in der Nachrichtentechnik [20], [25] üblich (daher früher auch als Schwachstromtechnik bezeichnet), Ströme in A haben kleine Geräte, Maschinen [56] und Anlagen der Energietechnik (z. B. Hausinstallationen und -geräte), Ströme im Bereich kA kennt man in den größeren Anlagen [19] und Verbrauchern der Energietechnik (die daher auch Starkstromtechnik heißt), und Ströme in GA findet man in den Anlagen der chemischen Industrie und bei Kurzschlüssen.

1.1.3 Elektrische Spannung

1.1.3.1 Ursache der Elektronenbewegung. Jetzt muß besprochen werden, welche Ursache man für die Ladungsbewegung angeben kann und von welchen Größen diese letztlich abhängig ist. Jedes Elektron bewegt sich nach Abschn. 1.1.1.2 in einem leitenden Stoff unregelmäßig, behält aber im Mittel seinen Platz innerhalb des

Leiters bei. Zu einer fortschreitenden Bewegung mit der in Abschn. 1.1.2.1 berechneten Strömungsgeschwindigkeit kommt es erst, wenn eine einseitig gerichtete Kraft auf die Elektronen einwirkt. Hervorgerufen wird diese elektrisch wirksame Kraft durch die Quelle.

Ohne auf das Entstehen der elektrisch wirksamen Kraft schon hier einzugehen, soll diese wie allgemein üblich durch eine elektrische Größe beschrieben werden, die als elektrische Spannung U bezeichnet wird. Innerhalb der Quelle sorgt sie dafür, daß die freien Elektronen nach der einen (negativen) Klemme hinstreben. Es findet also eine Ladungstrennung statt, deren Entstehung und Größe in Abschn. 4.3.1 und 5.3.2 behandelt werden.

In dem in Bild **1.7** dargestellten Stromkreis aus Quelle G und Verbraucher R ist außer der Stromrichtung I auch die Spannungsrichtung U eingetragen. Die Richtung der Spannung wird bei Gleichstrom üblicherweise als von + nach − wirkend angenommen. Die Spannung wird im Inneren der Quelle verursacht, aber als von ihren Klemmen auf den Stromkreis wirkend und den Strom in der eingezeichneten Richtung treibend angenommen. Sie wird als Klemmenspannung bezeichnet, da sie zwischen den Klemmen der Quelle herrscht.

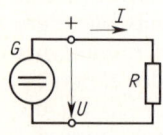

1.7
Zuordnung von Spannung U und Strom I.
G Generator, R Verbraucher

Im geschlossenen Stromkreis bewirkt also die Klemmenspannung U, daß der Strom I durch die Zuleitungen und den Verbraucher R fließt. Damit wirkt die Spannung auch außerhalb der Quelle im ganzen Stromkreis und hat zwischen irgend zwei Punkten des Kreises eine ganz bestimmte, für die Elektronenbewegung zwischen diesen Punkten maßgebende Größe.

1.1.3.2 Eigenschaften der Spannung. Die elektrische Spannung ist also die Ursache für die Bewegung der Elektronen. Der von ihr ausgehende und bei einem Einschalten freigegebene Spannungsimpuls durcheilt die Drähte mit einer sehr großen Geschwindigkeit, die etwa Lichtgeschwindigkeit ($3 \cdot 10^{10}$ cm/s) ist. Demgegenüber wandern die Elektronen selbst nur recht langsam (s. Abschn. 1.1.2.1), so daß es ziemlich lange dauert, bis ein bestimmtes Elektron den ganzen Stromkreis durchlaufen hat. Dennoch läßt sich zeigen, daß die Stromstärke in einem einfachen Stromkreis (z. B. nach Bild **1.1** oder **1.7**) überall dieselbe ist, daß die Elektronen also wegen des sich äußerst schnell ausbreitenden Spannungsimpulses überall praktisch gleichzeitig in Bewegung kommen. An jeder Stelle des Stromkreises fließt pro Zeit eine gleich große Ladungsmenge durch den Leiterquerschnitt. In geschlossenen Stromkreisen treten daher auch keine merklichen, örtlich unterschiedlichen Ansammlungen (Stauungen) von Elektronen auf, so daß die Elektronen für gewöhnlich nicht zusammenpreßbar erscheinen. Ist der Stromkreis nicht geschlossen, sondern offen, so können die Elektronen keine resultierende Bewegung ausführen. Sie stehen aber, solange die Spannung wirkt, unter ihrem Einfluß, so daß sie ihren Weg sofort beginnen können, wenn irgendeine Bahn zur Verfügung gestellt wird. An einer Quelle angeschlossene Leitungen „stehen unter Spannung"; wird ein Verbraucher eingeschaltet, beginnen die Elektronen unmittelbar zu fließen. Das heißt allerdings nicht, daß der Strom sofort seine volle endgültige Stärke erreicht (s. Abschn. 11).

Die Einheit der Spannung ist nach Gl. (1.5) das Volt (V), also $1\,V = 1\,kg\,m^2/(A\,s^3)$. Als kleinere Einheiten kommen Millivolt (mV) und Mikrovolt (µV), als größere Kilovolt (kV) und Megavolt (MV) vor (für die Wahl der Vorsätze s. Anhang 4.2). Spannungen werden i. allg. nicht unmittelbar, sondern mit Strommeßgeräten gemessen, wobei aber die Skala unter Anwendung des Ohmschen Gesetzes in Volt kalibriert werden kann.

Spannungen sind **genormt**, um die Netze einheitlich zu gestalten und die Geräte leicht austauschen und preiswert herstellen zu können. Für Spannungen unter 100 V gilt DIN 40001, für Spannungen ab 100 V gilt DIN 40002. Häufig angewandte Spannungswerte sind beispielsweise 2 V, 4 V, 6 V, 12 V, 24 V, 40 V, 60 V und 80 V für Fernmelde- und Kleinverbrauchszwecke, ferner 220 V, 380 V, 500 V und 660 V als **Niederspannungen** für den allgemeinen Verbrauch aus Starkstromnetzen und schließlich 6 kV, 10 kV, 20 kV, 30 kV, 110 kV, 220 kV, 380 kV als **Hochspannungen** für die Verteilung der elektrischen Energie. Diese Hochspannungen gelten nicht für Gleichstrom, sondern bisher nur für Wechselstrom. Die höchste in der Energietechnik eingesetzte Spannung beträgt zur Zeit etwa 10 MV. Im Bereich der Gebrauchsspannungen unter 1000 V gelten nach VDE 0100 unterschiedliche Schutzvorschriften für Spannungen bis 50 V, bis 250 V und darüber[1]).

1.2 Strömungsgesetze im einfachen Stromkreis

1.2.1 Ohmsches Gesetz

1.2.1.1 Stromstärke. Es ist nun notwendig, den zahlenmäßigen Zusammenhang zwischen Spannung U und Stromstärke I etwa in einer Schaltung wie Bild 1.7 kennenzulernen. Die Geschwindigkeit der Elektronen und die damit an irgendeiner Stelle eines gegebenen geschlossenen Stromkreises vorbeifließende Elektrizitätsmenge ist um so größer, je höher die Spannung ist. Die den Leiterquerschnitt in der Zeiteinheit passierende Elektrizitätsmenge stellt die **Stromstärke** dar, so daß man in dem geschlossenen Stromkreis **um so größere Ströme erhält, je höher die Spannungen sind**. Eine lineare Abhängigkeit des Stromes von der Spannung findet man in sehr guter Näherung bei metallischen Leitern, sofern der Stromkreis durch die Wirkung des Stromes keine Veränderungen, z. B. durch Erwärmung, erfährt (s. Abschn. 1.2.2.3). Bei der Stromstärke I und der Spannung U gilt daher

$$I = GU . \qquad (1.6)$$

Ist der Proportionalitätsfaktor G eine **Konstante**, nimmt der Strom I mit der Spannung U **linear** zu.

---

[1]) Die VDE-Bestimmungen sind in den VDE-Vorschriftenbüchern enthalten, die auch über die bestehenden DIN-Normen Auskunft geben.

1.2.1.2 Leitwert und Widerstand. Der Strom ist nach Gl. (1.6) nicht allein von der Spannung, sondern auch davon abhängig, wie gut der Stromkreis zu leiten vermag. Das Leitvermögen bezeichnet man als Leitwert G des Stromkreises. Je besser die Drähte leiten, desto größer ist der Leitwert, desto größer ist dann nach Gl. (1.6) auch der von der Spannung U verursachte Strom I. In der Praxis benutzt man i. allg. anstelle des Leitwerts G seinen reziproken Wert

$$R = 1/G . \tag{1.7}$$

Er heißt Leitungswiderstand oder kurz Widerstand, weil durch ihn angegeben wird, einen wie großen Widerstand der Stromkreis dem Strom entgegensetzt. Je größer der Widerstand R ist, desto kleiner wird bei gleicher Spannung der Strom. Mit Gl. (1.6) und (1.7) erhält man dann für den Strom

$$I = U/R . \tag{1.8}$$

Dies ist das Ohmsche Gesetz. Es besagt allgemein, daß eine zwischen den Enden eines Leiters mit dem Widerstand R bestehende Spannung U in dem Widerstand R einen Strom $I = U/R$ bewirkt. Das Ohmsche Gesetz ist die erste und wichtigste Beziehung für die elektrische Strömung in Leitern. Es stellt den auf die elektrische Strömung bezogenen Fall des überall in der Natur gültigen Zusammenhangs zwischen Ursache und Wirkung dar. Dabei wird die Wirkung (hier der Strom) immer von einer treibenden, den Vorgang veranlassenden Ursache (hier der Spannung) hervorgerufen, wobei die Größe der entstehenden Wirkung durch Widerstände beeinflußt wird, die sich dem Entstehen der Wirkung entgegensetzen.

1.2.1.3 Einheiten. Im SI-System (s. Abschn. 1.1.2.2) sind die Einheiten von Widerstand und Leitwert abgeleitete Einheiten. Man erhält sie, indem man entsprechend der in Abschn. 1.1.2.3 angegebenen Handhabung der Größengleichungen die Einheiten in Gl. (1.6) und (1.7) einsetzt. Man findet aus $G = I/U$ als Einheit des Leitwerts A/V. Hierfür ist der kürzere Einheitenname Siemens (S) eingeführt, so daß S = A/V ist. Entsprechend ergibt sich für den Widerstand aus $R = U/I$ die Einheit V/A, die Ohm (Ω) genannt wird. Mit den im Anhang 4.2 angegebenen Vorsätzen für größere Einheiten werden besonders kΩ und MΩ gebildet.

1.2.1.4 Anwendungen. Das Ohmsche Gesetz wird bei fast jeder Berechnung einer elektrischen Schaltung und daher in den folgenden Beispielen vielfältig angewandt. Hier sollen nun zunächst einige einfache Fälle betrachtet werden.

Berechnung von Strömen einfacher Stromkreise. Es werden einfachste Schaltungen nach Bild **1.**7 vorausgesetzt.

Beispiel 1.2. Eine Taschenlampenbatterie hat bei Anschluß eines Verbrauchers (z. B. Glühlampe) mit dem Widerstand $R = 6{,}5\,\Omega$ die Klemmenspannung $U = 3{,}8$ V. Wie groß ist der Strom I?
Nach dem Ohmschen Gesetz in Gl. (1.8) ist der Strom

$$I = U/R = 3{,}8\text{ V}/(6{,}5\,\Omega) = 0{,}5846\text{ A} .$$

1.2.1 Ohmsches Gesetz 13

Beispiel 1.3. An die konstante Klemmenspannung $U = 24$ V ist ein zwischen 0 und 6 kΩ veränderbarer Widerstand R angeschlossen. Es ist der Stromverlauf I abhängig vom Widerstand R zu berechnen und kurvenmäßig darzustellen.

Wir ermitteln mit dem Ohmschen Gesetz in Tafel **1.8** einige Stromwerte und tragen sie in Bild **1.9** ein. Man erhält einen hyperbolischen Verlauf $I = f(R)$.

Tafel **1.8** Berechnung der Ströme für Beispiel 1.3

R in kΩ	1	2	3	4	5	6
$I = U/R$ in mA	24	12	8	6	4,8	4

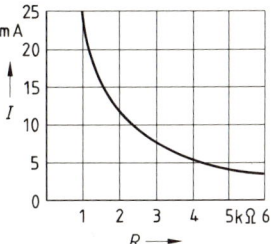

1.9 Stromverlauf $I = f(R)$ für Beispiel 1.3

Messung der Spannung. Vom Ohmschen Gesetz macht auch die Meßtechnik vielfältigen Gebrauch. In Abschn. 1.1.2.5 werden Einrichtungen zum Messen des elektrischen Stromes beschrieben. Durch Anwenden des Ohmschen Gesetzes kann man mit solchen Strommessern aber auch Spannungen und Widerstände messen [80].

Legt man z. B. einen Strommesser nicht wie in Bild **1.**6 oder wie bei A in Bild **1.**10 vor den Verbraucher R, sondern schließt man ihn unmittelbar an die Klemmen der Quelle G an, so hängt der im Meßgerät V entstehende Strom außer von der Spannung der Quelle nur vom (in Bild **1.**10 nicht getrennt dargestellten) Widerstand R_M

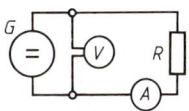

1.10
Anschluß von Meßgeräten im Stromkreis
A Strommesser, V Spannungsmesser, G Generator, R Verbraucher

des Meßgeräts ab. Kennt man diesen Widerstand, so kann die herrschende Spannung nach dem Ohmschen Gesetz unmittelbar aus diesem Widerstand R_M und den vom Meßgerät V angezeigten Strom I_M errechnet werden. Soll ein bestimmtes Meßgerät ausschließlich für solche Spannungsmessungen Verwendung finden, so kann man sich die jedesmalige Ausrechnung ersparen, indem man die Meßgerätskala nicht in Ampere (A), sondern in Volt (V) kalibriert, wobei sich die Spannungswerte aus der Multiplikation des Stromes I_M mit dem (konstanten) Meßgerätwiderstand R_M ergeben. Aus dem Strommesser wird ein Spannungsmesser (praktisch anwendbar nur bei Drehspulmeßgeräten [80] und in Meßbereichen für kleine Ströme).

Beispiel 1.4. Ein Strommesser habe eine Skala mit dem Endwert des Meßbereichs 5 mA. Der Widerstand der Meßwerkspule betrage $R_M = 50$ Ω. Welche Spannungswerte müssen bei Verwendung als Spannungsmesser an den Skalenstrichen 1 mA, 2 mA, 3 mA, 4 mA und 5 mA angeschrieben werden?

Nach dem Ohmschen Gesetz gilt für die Spannungswerte $U_M = R_M I_M = 50$ Ω I_M. An den genannten Stellen der Skala sind also einzutragen die Spannungswerte 50 mV, 100 mV, 150 mV, 200 mV und 250 mV. Mit diesem Spannungsmesser können dann Spannungen bis 250 mV gemessen werden.

Beispiel 1.5. Ein Spannungsmesser soll bei Endausschlag die Spannung $U_M = 150$ V anzeigen und dann den Strom $I_M = 7{,}5$ mA aufnehmen. Welchen Widerstand R_M muß er aufweisen?
Nach dem Ohmschen Gesetz ist erforderlich der Widerstand

$$R_M = U_M / I_M = 150 \text{ V}/(7{,}5 \text{ mA}) = 20 \text{ k}\Omega \,.$$

Gefährdung durch elektrischen Strom. Vielfach wird angenommen, daß der Mensch in den elektrischen Anlagen ausschließlich durch die Spannung gefährdet werde. Dies trifft aber nur bedingt zu; der Grad der Einwirkung ergibt sich vielmehr ausschließlich durch den Strom, der durch den Menschen, insbesondere durch das Herz, hindurchgeht. Schon verhältnismäßig kleine Ströme zwischen 20 mA und 80 mA sind recht gefährlich. Ströme von 100 mA an aufwärts sind als unbedingt lebensgefährlich anzusehen – besonders wenn sie längere Zeit fließen. Die Körperwiderstände schwanken etwa zwischen 100 Ω und 100 kΩ und hängen insbesondere davon ab, ob bei der Berührung mit den spannungsführenden Leitungen die Haut feucht oder trocken ist. Sehr gering ist der Widerstand beispielsweise bei im Wasser befindlichen Personen, so daß hier schon von kleinen Spannungen gefährliche Ströme verursacht werden können. Daher gelten für Baderäume besonders scharfe Installationsvorschriften. Aus den angegebenen Werten und aus Beispiel 1.6 geht hervor, daß schon eine Spannung um 100 V lebensgefährlich sein kann. Im einzelnen enthalten VDE 0100, 0101 und 0141 nähere Angaben über die Gefährlichkeit und über die zu treffenden Schutzmaßnahmen.

Beispiel 1.6. An welcher Spannung führt ein menschlicher Körper mit dem (vereinfachend angenommenen) Widerstand $R = 2$ kΩ den gefährlichen Strom $I = 50$ mA?
Nach dem Ohmschen Gesetz erhält man die Spannung

$$U = R I = 2 \text{ k}\Omega \cdot 50 \text{ mA} = 100 \text{ V} \,.$$

1.2.2 Elektrischer Widerstand

1.2.2.1 Spezifischer Widerstand und Leitfähigkeit. Der Widerstand ist nach Abschn. 1.2.1.2 vom Aufbau des Stromkreises abhängig. Der Strom findet in einem bestimmten Leiterstück einen um so größeren Widerstand, je länger der Leiter und je kleiner sein Querschnitt ist. Bei einem längeren Leiter muß die Spannung über eine größere Strecke wirken, und der kleinere Querschnitt hat eine größere Stromdichte zur Folge. Außerdem ist der Werkstoff, aus dem der Leiter besteht, von Einfluß. Die Werkstoffeigenschaft kann beschrieben werden durch die Leitfähigkeit γ, die um so größer ist, je besser der Strom geleitet wird, oder durch den spezifischen Widerstand ϱ, der um so kleiner ist, je besser der Strom geleitet wird. Bei der Leiterlänge l und dem Querschnitt A ergibt sich für den Widerstand

$$R = \frac{\varrho l}{A} = \frac{l}{\gamma A} \quad \text{mit} \quad \varrho = \frac{1}{\gamma} \,. \tag{1.9}$$

Spezifischer Widerstand und Leitfähigkeit können angegeben werden in den Einheiten (nach DIN 1313 wird die Einheit durch das Formelzeichen in [ ] bezeichnet).

1.2.2 Elektrischer Widerstand

$$[\varrho] = 1\,\Omega\,\frac{1\,\text{cm}^2}{1\,\text{cm}} = 1\,\Omega\,\text{cm}$$

und

$$[\gamma] = 1\,\text{S}\,\frac{1\,\text{cm}}{1\,\text{cm}^2} = 1\,\frac{\text{S}}{\text{cm}}.$$

Dabei ist ϱ zahlenmäßig der Widerstand und γ der Leitwert eines Würfels der Kantenlänge 1 cm.

Hat man es mit Leitern großen Querschnitts und geringer Länge zu tun (z. B. bei Isolationswiderständen), so sind Ω cm und S/cm auch bequeme Einheiten. Meist liegen aber lange Leiter geringen Querschnitts (Drähte) vor, so daß man dann in der Praxis mit der Länge in m und dem Querschnitt in mm² arbeitet. In diesem Fall ergeben sich für den spezifischen Widerstand ϱ und für die Leitfähigkeit γ nach Gl. (1.9) die Einheiten

$$[\varrho] = \Omega\,\frac{1\,\text{mm}^2}{1\,\text{m}} = \Omega\,\frac{\text{mm}^2}{\text{m}}$$

und

$$[\gamma] = \text{S}\,\frac{1\,\text{m}}{1\,\text{mm}^2} = \text{S}\,\frac{\text{m}}{\text{mm}^2}.$$

Für die beiden Einheitenpaare gilt

$$1\,\Omega\,\text{mm}^2/\text{m} = 10^{-4}\,\Omega\,\text{cm} \quad \text{oder} \quad 1\,\Omega\,\text{cm} = 10^4\,\Omega\,\text{mm}^2/\text{m},$$
$$1\,\text{Sm}/\text{mm}^2 = 10^4\,\text{S}/\text{cm} \quad \text{oder} \quad 1\,\text{S}/\text{cm} = 10^{-4}\,\text{Sm}/\text{mm}^2.$$

Die Werte für die Größen ϱ und γ der wichtigsten elektrotechnischen Leiter sind im Anhang 5 zusammengestellt; sie gelten bei der Normaltemperatur $\vartheta = 20°\text{C}$. Über die elektrischen und mechanischen Eigenschaften von Leitern aus Kupfer und Aluminium sind nähere Angaben enthalten in den VDE-Bestimmungen VDE 0201 (Leitungskupfer), VDE 0210 (Freileitungen), VDE 0250 (isolierte Leitungen), VDE 0252 (umhüllte Leitungen), VDE 0255 (Bleikabel), VDE 0810 (isolierte Fernmeldeleitungen) und in mehreren DIN-Blättern.

Entsprechend ihrem spezifischen Widerstand ϱ lassen sich die Festkörper wie in Bild **1.**11 in Leiter, Halbleiter und Isolierstoffe unterteilen.

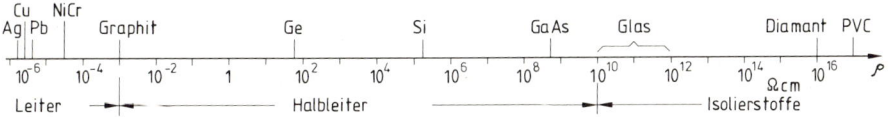

1.11 Spezifischer Widerstand ϱ von Leitern, Halbleitern und Isolatoren

Bei einer leitenden Verbindung zwischen Erzeuger und Verbraucher muß man beachten, daß wegen der erforderlichen 2 Leitungen die Leitungslänge l doppelt so groß ist wie die Entfernung zwischen Erzeuger und Verbraucher.

Beispiel 1.7. Eine Leitung zu einem 1 km entfernten Verbraucher hat den Kupferquerschnitt $A = 70\,\text{mm}^2$. Wie groß ist der Leiterwiderstand R bei 20°C?

1.2 Strömungsgesetze im einfachen Stromkreis

Man erhält für den Stromkreis mit der Leitfähigkeit $\gamma=56$ Sm/mm^2 und der Leiterlänge $l=2\cdot 1$ km $=2$ km nach Gl. (1.9) den Widerstand

$$R = \frac{l}{\gamma A} = \frac{2\text{ km}}{(56\text{ Sm/mm}^2)\,70\text{ mm}^2} = 501{,}2\text{ m}\Omega\,.$$

Beispiel 1.8. Welche Länge muß der Heizdraht eines Kochgeräts mit dem Widerstand $R=55$ Ω haben, wenn er aus Chromnickel mit der Leitfähigkeit $\gamma=0{,}91$ Sm/mm^2 bestehen und den Durchmesser $d=0{,}45$ mm aufweisen soll?
Bei dem Durchmesser $d=0{,}45$ mm ist der Querschnitt $A=\pi d^2/4 = \pi\cdot 0{,}45^2$ mm$^2/4 = 0{,}159$ mm^2. Nach Gl. (1.9) wird dann die Leiterlänge

$$l = R\gamma A = 55\text{ }\Omega\cdot 0{,}91\text{ (Sm/mm}^2)\,0{,}159\text{ mm}^2 = 7{,}96\text{ m}\,.$$

Beispiel 1.9. Welchen elektrischen Widerstand hat eine Eisenbahnschiene der Länge $l=1$ km mit der relativen Masse $m/l=35$ kg/m, der Leitfähigkeit $\gamma=8$ Sm/mm^2 und der Dichte $\varrho_d = m/(lA) = 7{,}8$ kg/dm^3?
Die Dichte ist die auf das Volumen lA bezogene Masse m, so daß hier der Querschnitt

$$A = m/\varrho_d = 35\text{ (kg/m)}/(7{,}8\text{ kg/dm}^3) = 4487\text{ mm}^2$$

beträgt. Man findet daher mit Gl. (1.9) den Widerstand

$$R = \frac{l}{\gamma A} = \frac{1\text{ km}}{8\text{ (Sm/mm}^2)\,4487\text{ mm}^2} = 27{,}7\text{ m}\Omega\,.$$

Beispiel 1.10. Eine Kupferleitung mit der Leitfähigkeit $\gamma_{Cu}=56$ Sm/mm^2 und dem Querschnitt $A=10$ mm^2 soll durch eine widerstandsgleiche Aluminiumleitung mit der Leitfähigkeit $\gamma_{Al}=35$ Sm/mm^2 ersetzt werden. Welchen Querschnitt muß die Aluminiumleitung erhalten, und wie verhalten sich die Leitungsmassen, wenn die Dichten von Kupfer $\varrho_{dCu}=8{,}9$ kg/dm^3 und von Aluminium $\varrho_{dAl}=2{,}7$ kg/dm^3 betragen.
Da beide Leitungen bei gleicher Länge widerstandsgleich sein sollen, müssen ihre Widerstände

$$R_{Cu} = \frac{l}{\gamma_{Cu} A_{Cu}} \quad\text{und}\quad R_{Al} = \frac{l}{\gamma_{Al} A_{Al}}$$

gleich sein, also $\gamma_{Cu} A_{Cu} = \gamma_{Al} A_{Al}$, d.h., das Produkt aus Leitfähigkeit γ und Querschnitt A darf sich nicht ändern. Man erhält den erforderlichen Aluminiumquerschnitt

$$A_{Al} = \frac{\gamma_{Cu}}{\gamma_{Al}} A_{Cu} = \frac{56\text{ Sm/mm}^2}{35\text{ Sm/mm}^2}\,10\text{ mm}^2 = 16\text{ mm}^2\,.$$

In der Masse ist die Aluminiumleitung günstiger, da Aluminium nur das $2{,}7/8{,}9=0{,}3034$fache des Kupfers wiegt. Die widerstandsgleiche Aluminiumleitung hat die $(\gamma_{Cu}/\gamma_{Al})\cdot(\varrho_{dAl}/\varrho_{dCu})=(56/35)\cdot(2{,}7/8{,}9)=0{,}4854$fache, also rund die halbe Masse wie das Kupfer.

Beispiel 1.11. Auf den beiden Seiten einer 6 mm dicken Glasplatte befinde sich je eine 1 m × 2 m = 2 m^2 große Metallbelegung. Das Glas habe den spezifischen Widerstand $\varrho = 1$ TΩcm. Welcher Strom I fließt durch das Glas, wenn zwischen den Belägen die Spannung $U=3$ kV herrscht?

Die Leiterlänge l ist hier durch die Dicke der Glasplatte gegeben; der Leitungsquerschnitt kann mit guter Näherung gleich der Größe der Beläge angesetzt werden. Der Widerstand beträgt daher nach Gl. (1.9)

$$R = \frac{\varrho l}{A} = \frac{1\,\text{T}\Omega\,\text{cm} \cdot 6\,\text{mm}}{2\,\text{m}^2} = 30\,\text{M}\Omega\,.$$

Das Ohmsche Gesetz liefert den Strom

$$I = U/R = 3\,\text{kV}/(30\,\text{M}\Omega) = 0{,}1\,\text{mA}\,.$$

Wegen des geringen Abstands l der beiden Metallbeläge und der großen Durchtrittsfläche A fließt durch den Isolator der durchaus meßbare Strom $I = 0{,}1$ mA!

1.2.2.2 Lineare und nichtlineare Widerstände. Wenn alle Größen in Gl. (1.9) unabhängig von der angelegten Spannung U (oder von den durch den Strom I verursachten Wirkungen) sind, erhält man den in Bild **1**.12 mit der Kennlinie *1* dargestellten Zusammenhang zwischen Strom I und Spannung U. Da sich hier nach Gl. (1.8) mit dem konstanten Widerstand R eine lineare Funktion $I = U/R$ ergibt, spricht man auch von einem linearen Widerstand. Für die folgenden Betrachtungen wird stets ein solcher linearer Widerstand vorausgesetzt, wenn nicht ausdrücklich etwas anderes festgelegt ist.

Die Kennlinie *2* in Bild **1**.12 zeigt demgegenüber einen in etwa kubischen Verlauf der Funktion $I = f(U) \approx k\,U^3$, wie er z.B. mit Varistoren (oder VDR-Widerstand gleich Voltage-Dependent-Resistor) verwirklicht wird. (Ein Varistor ist ein Widerstand, der aus feinen, unter großem Druck aufeinander gepreßten Kristallen aus Siliciumkarbid besteht – s. [81].) Eine derartige Stromkennlinie ist nichtlinear. Daher nennt man Bauelemente, die dieses Verhalten verursachen, nichtlineare Widerstände.

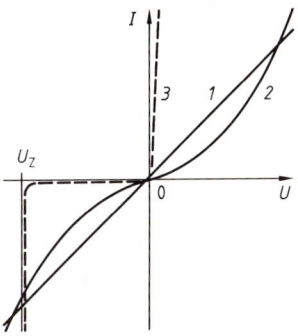

1.12 Einfluß des Widerstands R auf die Stromkennlinie $I = f(U)$
1 linearer, *2* nichtlinearer Widerstand, *3* zusätzlich mit Richtungsabhängigkeit

Während die Kennlinien *1* und *2* in Bild **1**.12 noch für positive und negative Spannungswerte den gleichen, also einen von der Stromrichtung unabhängigen Verlauf zeigen, weist die Kennlinie *3* deutliche Unterschiede im positiven und negativen Verlauf auf. Dies ist das typische Verhalten einer Diode, die insbesondere in Stromrichtern eingesetzt wird: Bei positiver Spannung erreicht der Strom wegen des kleinen Widerstands schon bei kleinen Spannungen große Werte, während bei negativen Spannungswerten zunächst der Strom gesperrt bzw. nur sehr geringe Ströme durchgelassen werden, bis dann bei der Zenerspannung U_Z ein Durchbruch eintritt. Diese elektrischen Ventile sind also durch eine Sperr- und eine Durchlaßrichtung gekennzeichnet, die z.B. bei den Halbleiterbauelementen durch einen PN-Übergang in einer Sperrschicht hervorgerufen werden. Für weitere Einzelheiten s. Abschn. 5 und [81].

Beispiel 1.12. In einem Widerstand R wird bei der Spannung $U_1 = 30$ V der Strom $I_1 = 20$ mA und bei der Spannung $U_2 = 50$ V der Strom $I_2 = 25$ mA gemessen. Handelt es sich hier um einen linearen oder einen nichtlinearen Widerstand?
Das Ohmsche Gesetz ergibt mit Gl. (1.8) die Widerstandswerte

und
$$R_1 = U_1/I_1 = 30 \text{ V}/(20 \text{ mA}) = 1{,}5 \text{ k}\Omega$$
$$R_2 = U_2/I_2 = 50 \text{ V}/(25 \text{ mA}) = 2 \text{ k}\Omega \, .$$

Es liegt also ein nichtlineares Bauelement vor, dessen Widerstandswert R mit wachsender Spannung U zunimmt.

Die Annahme eines streng linearen Widerstands R für die meisten folgenden Betrachtungen stellt eine idealisierende Vereinfachung dar. Um abschätzen zu können, ob dies zulässig ist, sollen nun noch die verschiedenen Einflüsse auf den Widerstandswert behandelt werden.

1.2.2.3 Temperatureinfluß. In jedem Stoff sind die Atome und Moleküle in ständiger Bewegung, deren Intensität von der Temperatur abhängt (Wärmebewegung). Ist sie größer, so wird bei den meisten Stoffen wegen der Zunahme der statistischen Wahrscheinlichkeit eines Zusammenstoßes von Elektronen der Durchgang freier Elektronen erschwert, also der elektrische Widerstand vergrößert. Bei einigen Stoffen wird die Elektronenleitung aber auch durch Freiwerden weiterer Ladungsträger verbessert. Außer von Länge l, Querschnitt A und Leiterwerkstoff hängt daher der Widerstand R auch noch von der Temperatur ϑ ab.
Bei den Metallen kann man den in Bild 1.13 dargestellten charakteristischen Verlauf des Widerstands $R = f(\vartheta)$ – und somit auch des spezifischen Widerstands ϱ – in Abhängigkeit von der Temperatur ϑ feststellen.

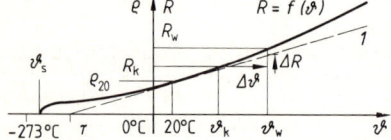

1.13
Abhängigkeit des Widerstands R und des spezifischen Widerstands ϱ von der Temperatur ϑ
1 Näherungsgerade, ϑ_S Sprungtemperatur

Wenn man wie in Bild 1.13 die zur größeren Temperatur gehörenden Werte durch den Index w und die zur niederen Temperatur gehörenden mit dem Index k kennzeichnet, kann man den gemessenen Verlauf in dem interessierenden Bereich in ausreichender Weise durch das Polynom für den Widerstand

$$R_w = R_k [1 + \alpha (\vartheta_w - \vartheta_k) + \beta (\vartheta_w - \vartheta_k)^2] \tag{1.10}$$

annähern. Die Temperaturbeiwerte α und β hängen ebenfalls von der Temperatur ab und werden meist als α_{20} und β_{20} auf die Temperatur $\vartheta = 20°\text{C}$ bezogen mitgeteilt (s. Tafel **A 5.1** im Anhang). In Gl. (1.10) können sowohl thermodynamische (also absolute) Temperaturen in der Einheit K als auch die auf den Tripelpunkt (s. DIN 1301) des Wassers bezogenen Celsius-Temperaturen (in °C) eingesetzt werden. Da Temperaturdifferenzen $\Delta\vartheta = \vartheta_w - \vartheta_k$ in der Einheit K angegeben werden, haben die Temperaturbeiwerte α und β die Einheit K^{-1} bzw. K^{-2}.

Der Temperaturbeiwert $\alpha \approx \Delta R/(R\Delta\vartheta) = \Delta\varrho/(\varrho\Delta\vartheta)$ (s. Bild **1**.13) kann auch negative Werte annehmen (z. B. bei Kohle $\alpha_{20} = -2\,\text{kK}^{-1}$ bis $0{,}8\,\text{kK}^{-1}$), so daß der Widerstand hier mit steigender Temperatur abnimmt (Kohlefadenlampe). Meßwiderstandsgeräte [23], [80] sollen ihre Widerstandswerte möglichst unabhängig von Temperaturschwankungen behalten, so daß für sie nur Werkstoffe mit sehr kleinen Temperaturbeiwerten infrage kommen (z. B. Manganin, Konstantan, Novikonstant).

Da die Temperaturbeiwerte β nach Tafel **A 5**.1 (s. Anhang) klein sind, brauchen sie erst für größere Temperaturänderungen berücksichtigt zu werden. Für übliche Temperaturen bis etwa 200°C genügt es, den Widerstand für von 20°C abweichende Temperaturen ϑ_w mit den Kennwerten aus Tafel **A 5**.1 über

$$R_w = \frac{l}{\varrho_{20} A}[1 + \alpha_{20}(\vartheta_w - 20°\text{C})] \qquad (1.11)$$

zu berechnen. Die meisten in der Elektrotechnik häufig eingesetzten Metalle haben einen Temperaturbeiwert in der Nähe von $\alpha = 0{,}004\,\text{K}^{-1}$. Man sollte sich daher merken, daß Widerstände bei einer Temperaturänderung um je 1 K ihren Wert gleichsinnig um etwa 0,4% ändern.

Einige Halbleiter, insbesondere Metalloxide (z. B. Titanoxid – s. [81]), haben so große negative Temperaturbeiwerte, daß sie im kalten Zustand praktisch Isolatoren, bei Temperaturen von einigen 100°C aber leidliche Leiter sind. Man nennt diese Stoffe daher **Heißleiter** (oder **NTC-Widerstände** – von negative temperature coefficient). Ihr Temperaturbeiwert hängt von der Temperatur ab und ist etwa 10mal so groß wie der der Metalle, also $\alpha \approx -40\,\text{kK}^{-1}$. Ausgenutzt wird der mit der Temperatur abnehmende Widerstand z. B. zur Begrenzung von Einschaltströmen, für Verzögerungsschaltungen oder zur Kompensation des Temperaturverhaltens von Leitern mit positivem Temperaturbeiwert. Auch verwendet man sie wegen ihres großen Temperaturbeiwerts zur Temperaturmessung [80].

Im Gegensatz zu den Heißleitern nennt man die Stoffe mit positivem Temperaturbeiwert, bei denen der elektrische Widerstand mit zunehmender Temperatur steigt, **Kaltleiter** (oder **PTC-Widerstände** – von positive temperature coefficient). Sie bestehen z. B. aus Titanit-Keramik und werden als Überstromsicherung oder Ölstandsfühler bzw. zur Temperaturstabilisierung eingesetzt [81]. Ganz allgemein bezeichnet man solche stark temperaturabhängigen Widerstände auch als **Thermistor**.

Bei **sehr niedrigen** Temperaturen in der Nähe des absoluten Nullpunkts (0 K = $-273{,}16°\text{C}$) sinkt der Widerstand einiger Elemente und Verbindungen sehr plötzlich auf einen unmeßbar kleinen Wert (s. Bild **1**.13). Man bezeichnet dies als **Supraleitung** und die zugehörige Temperatur als Sprungtemperatur ϑ_S. Es ist z. B. bei Aluminium $\vartheta_S = 1{,}14$ K, Zinn $\vartheta_S = 3{,}69$ K, Quecksilber $\vartheta_S = 4{,}17$ K, Blei $\vartheta_S = 7{,}26$ K und Niob $\vartheta_S = 9{,}2$ K. Bei einigen Verbindungen kommen noch höhere Temperaturen vor, z. B. bei Karbiden und Nitriden von Schwermetallen (über 20 K bei Niobnitrid). Die Sprungtemperatur selbst wird durch magnetische Felder, durch die Stromstärke und elastische Verformungen beeinflußt. Da bei sehr geringem Widerstand nur sehr kleine Stromwärmeverluste (s. Abschn. 2.2.2.2) auftreten, bleibt ein einmal zum Fließen gebrachter Strom sehr lange bestehen.

Beispiel 1.13. Der in Beispiel 1.4 behandelte Spannungsmesser habe bei der Temperatur $\vartheta_k = 20°\text{C}$ den Widerstand $R_k = 50\,\Omega$ aus Kupfer. Welchen Temperaturfehler hat dieses Gerät bei der Temperatur $\vartheta_w = 35°\text{C}$?

1.2 Strömungsgesetze – 1.3 Kirchhoffsche Gesetze

Nach Gl. (1.11) ist mit $\alpha_{20} = 3{,}93 \text{ kK}^{-1}$ (s. Tafel **A 5**.1) der Widerstand bei $\vartheta_w = 35°C$ im Verhältnis

$$R_w/R_k = 1 + \alpha_{20}(\vartheta_w - 20°C) = 1 + 3{,}93 \text{ kK}^{-1}(35°C - 20°C) = 1{,}05895$$

größer geworden. Bei gleichbleibender Spannung muß dann nach dem Ohmschen Gesetz der Strom und somit auch der dem Strom proportionale Zeigerausschlag im gleichen Verhältnis kleiner werden. Der Temperaturfehler beträgt daher $F_\vartheta = 1{,}05895 - 1 = 0{,}05895 = 5{,}895\%$, was natürlich nicht mehr zulässig ist. Für Maßnahmen zur Vermeidung des Temperaturfehlers s. [23], [80].

Beispiel 1.14. Eine Glühlampe enthält einen Wolframdraht mit dem Durchmesser $d = 24$ µm und der Länge $l = 62$ cm. Es soll der Widerstand R des Drahtes zwischen der Temperatur $\vartheta_k = 20°C$ im kalten Einschaltzustand und der Betriebstemperatur $\vartheta_w = 2200°C$ ermittelt und in einem Diagramm als $R = f(\vartheta)$ dargestellt werden.
Die in Gl. (1.10) vorkommenden Temperaturbeiwerte $\alpha = 4{,}1 \text{ kK}^{-1}$ und $\beta = 1 \text{ kK}^{-2}$ und der spezifische Widerstand $\varrho = 55 \text{ m}\Omega \text{ mm}^2/\text{m}$ werden Tafel **A 5**.1 im Anhang entnommen. Der Leiterquerschnitt ist $A = \pi d^2/4 = \pi \cdot 24 \text{ µm}^2/4 = 452{,}4 \text{ µm}^2$, so daß man bei der Temperatur $\vartheta_k = 20°C$ nach Gl. (1.9) den Kaltwiderstand $R_k = \varrho l/A = 55 \text{ (m}\Omega \text{ mm}^2/\text{m}) \, 0{,}62 \text{ m}/(452{,}4 \text{ µm}^2) = 75{,}38 \, \Omega$ erhält. Gl. (1.10) liefert dann die Widerstände

$$R_w = R_k[1 + \alpha(\vartheta_w - \vartheta_k) + \beta(\vartheta_w - \vartheta_k)^2]$$
$$= 75{,}38 \, \Omega[1 + 4{,}1 \text{ kK}^{-1}(\vartheta_w - 20°C) + 1 \text{ kK}^{-2}(\vartheta_w - 20°C)^2].$$

Mit dieser Gleichung sind einige Werte zwischen den Temperaturen $\vartheta_k = 20°C$ und $\vartheta_w = 2200°C$ berechnet worden und in Bild **1**.14 aufgetragen. Bei der Betriebstemperatur $\vartheta_w = 2200°C$ beträgt der Widerstand $R_w = 1107 \, \Omega$.

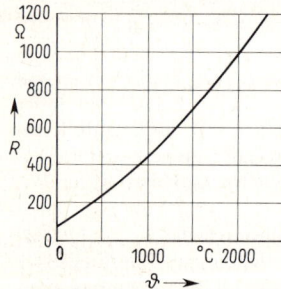

1.14 Widerstand R einer Glühlampe abhängig von der Temperatur ϑ

Beispiel 1.15. Welche Ströme werden von der Glühlampe nach Beispiel 1.14 im warmen und kalten Zustand an der Spannung $U = 220$ V aufgenommen?

Nach dem Ohmschen Gesetz betragen die Ströme im kalten (Index k) und warmen (Index w) Zustand

$$I_k = U/R_k = 220 \text{ V}/(75{,}38 \, \Omega) = 2{,}919 \text{ A}$$

und

$$I_w = U/R_w = 220 \text{ V}/(1107 \, \Omega) = 0{,}1987 \text{ A}.$$

Wenn eine Metalldrahtlampe eingeschaltet wird, ist ihr Wolframdraht i. allg. noch kalt, und es fließt rund das 15fache des normalen Betriebsstroms. Solche Einschaltstromstöße sind u. U. für andere Verbraucher schädlich. Außerdem rüttelt jedes Einschalten durch den großen Stromstoß wegen der dabei auftretenden magnetischen Kräfte (s. Abschn. 4.3.2) am dünnen Wolframdraht. (Glühlampen „brennen" daher i. allg. beim Einschalten durch.)

1.2.2.4 Weitere Einflüsse. Außer der Temperatur haben noch einige andere Einflußgrößen technische Bedeutung erlangt. So hängt der Widerstand mancher Stoffe, z. B. Kadmiumsulfid (CdS) von der Lichtbestrahlung ab. Diese Halbleiterbauelemente werden daher als Photowiderstand bezeichnet [81]. Widerstandsänderungen unter dem Einfluß magnetischer Felder werden bei Wismut und bei als Feldplatten bezeichneten Halbleiterbauelementen (s. Abschn. 5) für die Messung magnetischer Größen [80] und kontaktlose Schalter ausgenutzt. Zur Messung mechanischer Dehnungen wird ein Draht mit möglichst linearer Abhängigkeit der Widerstandsänderung von der Dehnung auf die Stelle geklebt, an der die Dehnung gemessen werden soll. Legierungen für solche Dehnungsmeßstreifen zeigen bei Dehnungen von einigen Promille relative Widerstandsänderungen von etwa 1% [80].

Beachten muß man oft auch den Widerstand beim Übergang des Stromes von einem zu einem anderen Leiter, wie er z.B. an Kontakten auftritt. Dieser Übergangswiderstand hängt besonders von den Kontakt-Werkstoffen und vom mechanischen Druck zwischen den Kontakten ab. Die durch den Übergangswiderstand verursachte Erwärmung muß z.B. beim Bemessen von Schaltern berücksichtigt werden.

1.3 Kirchhoffsche Gesetze

Neben dem Ohmschen Gesetz (s. Abschn. 1.2.1) bilden die beiden Kirchhoffschen Gesetze die Grundlage zur Berechnung elektrischer Stromkreise. Es sollen nun zunächst die notwendigen Begriffe geklärt, die erforderlichen Vereinbarungen getroffen und schließlich anhand der physikalischen Grundlagen die beiden Kirchhoffschen Gesetze, nämlich Knotenpunkt- und Maschensatz, abgeleitet werden.

1.3.1 Begriffe

Eine elektrische Schaltung bzw. allgemeiner ein elektrisches Netzwerk kann aus mehreren Stromverzweigungen bestehen und wird meist verschiedene der in Abschn. 1.1.1.4 besprochenen Wirkungen zeigen. Um solche Netzwerke unmißverständlich beschreiben und berechnen zu können, bedient man sich zweckmäßig einiger vereinbarter Begriffe.

1.3.1.1 Zweipol und Zweitor. Teile einer Schaltung, die nur zwei Anschlußklemmen haben, werden allgemein als Zweipol (s. DIN 1323) oder Eintor bezeichnet. Wir arbeiten in diesem Buch vorzugsweise mit Ersatzschaltungen, deren Schaltungselemente idealisiert sind, also jeweils nur bestimmte Wirkungen des elektrischen Stromes wiedergeben. Die meisten Schaltzeichen im Anhang 6 gehören zu derartigen Zweipolen, die jeweils nur eine einzige Wirkung des elektrischen Stromes verkörpern. Ganz allgemein können aber Zweipole beliebige Stromwirkungen enthalten, und man kann sie auch wie in Bild **1.**15a darstellen.

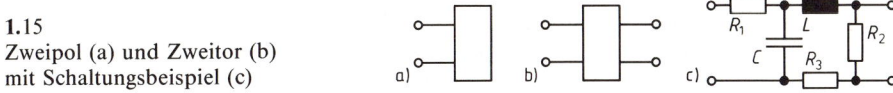

1.15
Zweipol (a) und Zweitor (b)
mit Schaltungsbeispiel (c)

Bedeutung haben außerdem Vierpole, die man heute nach DIN 40124 als Zweitor bezeichnet. Sie haben nicht nur 2 Eingänge, sondern auch 2 Ausgänge und werden z.B. als Transformator, Verbindungsleitungen, Verstärker und Übertragungsglieder zwischen Quelle und Verbraucher bzw. Sender und Empfänger geschaltet. Eine mögliche innere Schaltung eines Zweitors aus den im Anhang 6 dargestellten Schaltungselementen ist in Bild **1.**15c wiedergegeben; für allgemeinere Betrachtungen genügt das in Bild **1.**15b angegebene Schaltzeichen.

Der in Abschn. 1.2.2 eingeführte Widerstand R kann keine elektrische Spannung oder elektrische Energie erzeugen; er nimmt vielmehr nur elektrische Energie auf und wandelt sie in Wärmeenergie um. Daher ist er ein passiver Zweipol. Eine Quelle G erzeugt dagegen eine Quellenspannung U_q und, wenn Strom I fließt, elektrische Energie W; sie ist daher ein aktiver Zweipol. Ein Akkumulator kann elektrische Energie abgeben – dann ist er ein aktiv wirkender Zweipol. Wird er dagegen aufgeladen, ist er ein passiv wirkender Zweipol. Die Zweitore kann man in gleicher Weise kennzeichnen. Wenn sie nur die Bauelemente Widerstand R, Induktivität L und Kapazität C enthalten, sind sie passiv – ein Verstärker (s. Abschn. 2.2.2.1) ist aber z. B. ein aktives Zweitor.

1.3.1.2 Kenngrößen elektrischer Netzwerke. Ein elektrisches Netzwerk, das Zweipole oder Zweitore nach Abschn. 1.3.1.1 enthält, wird meist zweidimensional betrachtet und daher wie in Bild **1.**16 in der Ebene ausgebreitet. Die Schaltung enthält im Anhang 6 zusammengestellte Schaltzeichen, die die in Abschn. 1.2.2, 6.2.2 und 6.2.3 eingeführten idealisierten Bauelemente verkörpern. Ein Netzwerk besteht aus einzelnen Zweigen, die an den Knotenpunkten miteinander verbunden sind und auf diese Weise Maschen bilden.

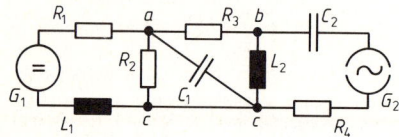

1.16
Netzwerk
Für die Schaltzeichen s. Anhang 6

Die einzelnen Schaltungselemente sind durch Linien miteinander verbunden. Diese Verbindungsleitungen werden für die hier meist zu untersuchenden Ersatzschaltungen als widerstandslos und ohne jede andere Wirkung des elektrischen Stromes angesehen. Zeigt die in der praktischen Schaltung benutzte Verbindungsleitung irgendwelche Wirkungen, müssen sie in der Ersatzschaltung durch das Einführen entsprechender Schaltzeichen berücksichtigt werden (s. Abschn. 7.1.1).

Im Knotenpunkt sollen i. allg. mindestens 3 Verbindungsleitungen zusammentreffen. Knotenpunkte, die ohne einen zwischengeschalteten Zweipol, also mit einer als widerstandslos gedachten Leitung miteinander verbunden sind, werden zu einem Knotenpunkt zusammengefaßt (z. B. Knoten c in Bild **1.**16). Die Schaltung in Bild **1.**16 enthält also die 3 Knotenpunkte a, b und c.

Ein Zweig verbindet zwei Knotenpunkte durch eine Kettenschaltung von Zweipolen und Verbindungsleitungen, die alle vom gleichen Zweigstrom durchflossen werden. Im linken Zweig von Bild **1.**16 sind beispielsweise die Zweipole Widerstand R_1, Gleichspannungsquelle G_1 und Induktivität L_1 (s. Abschn. 4.3.1.5) in Reihe geschaltet und bilden so nur einen Zweig. Dagegen gehören die Zweipole Widerstand R_2 und Kapazität C_1 (s. Abschn. 3.2.5.2) zu zwei parallelen Zweigen. Bild **1.**16 enthält insgesamt 6 Zweige.

Unter einer **Masche** versteht man einen in sich geschlossenen Kettenzug (also eine Ringschaltung) von Zweigen und Knotenpunkten. Geht man von irgendeinem Knotenpunkt aus, so durchwandert man eine Masche, wenn man, ohne irgendeinen Zweig mehrfach zu durchlaufen, zum Ausgangspunkt zurückkehrt. In der Schaltung von Bild **1.**16 kann man viele Maschen bilden – z. B. die Masche aus den Bauelementen R_3, L_2 und C_1, aber auch eine Masche aus R_3, L_2 und R_2 oder ebenso aus R_3, L_2, L_1, G_1 und R_1 usw.

1.3.1.3 Zählrichtungen. In Bild **1.**17 ist die Ersatzschaltung der elektrischen Anlage eines Kraftfahrzeuges dargestellt. Sie besteht aus der Lichtmaschine, die in der Quelle G_G eine Quellenspannung erzeugt, aber auch einen inneren Widerstand R_{iG} aufweist, der Akkumulatorbatterie, die mit G_B und R_{iB} eine grundsätzlich gleiche Ersatzschaltung hat, und den an den beiden Spannungsquellen parallel angeschlossenen Verbrauchern (z. B. Beleuchtung, Wischer u. ä.), die in dem Widerstand R_a (Index a für außen) zusammengefaßt sein sollen. Beim Starten wird die elektrische Energie nur dem Akkumulator entnommen; während der Fahrt soll dagegen der Akkumulator durch die Lichtmaschine wieder aufgeladen werden. Je nach Betriebsart kann daher z. B. der Strom im Widerstand R_{iB} unterschiedliche Richtungen annehmen.

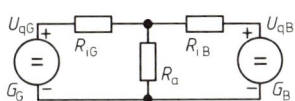

1.17 Ersatzschaltung der elektrischen Anlage eines Kraftfahrzeugs

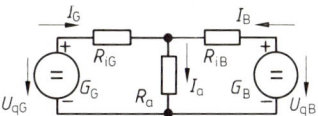

1.18 Ersatzschaltung von Bild **1.**17 mit Zählpfeilen

Ganz allgemein werden die Stromrichtungen in der Schaltung von Bild **1.**17 durch den Wert (und die Richtung) der Quellenspannungen U_{qG} und U_{qB} in den Quellen G_G und G_B und den Wert der Widerstände R_{iG}, R_{iB} und R_a beeinflußt. Bei der **allgemeinen Untersuchung** von Schaltungen muß man daher den Wechsel der Stromrichtung zulassen und eine Betrachtungsweise wählen, die die jeweils zutreffende Stromrichtung als Ergebnis der Rechnung liefert. Um dies zu erreichen, **nimmt man zunächst für alle Zweige Stromrichtungen an** und kennzeichnet diese Richtungen durch Pfeile. Wenn die folgende Berechnung einen positiven Stromwert ergibt, fließt der Strom tatsächlich in der angenommenen Richtung; liefert sie einen negativen Wert, fließt er entgegengesetzt zur Pfeilrichtung. Die eingetragenen Pfeile können also nicht in jedem Fall die Stromrichtung wiedergeben; sie sind vielmehr nur **Zählpfeile**, die kennzeichnen, in welcher Richtung der Strom positiv gezählt wird.

Derartige angenommene Richtungen nennt man allgemein **Zählrichtungen** oder **Bezugsrichtungen** (nach DIN 5489). Sie werden nicht nur für die Ströme, sondern auch für die Spannungen gewählt und in die Ersatzschaltungen eingetragen. Die Zählpfeile (bzw. Bezugspfeile) für die Ströme werden in diesem Buch neben die Verbindungsleitungen oder das Bauelement (nach DIN 5489 auch in die Leitung) und die Zählpfeile für die Spannungen parallel zu den betroffenen Bauelementen oder zwischen den zugehörigen Klemmen oder Knotenpunkten der Schaltung eingetragen, wie dies Bild **1.**18 für die Schaltung von Bild **1.**17 zeigt.

24   1.3 Kirchhoffsche Gesetze

Wenn die positiven Richtungen bekannt sind – wie etwa meist die Spannungsrichtungen von Gleichstromquellen (s. Bild **1**.2 mit + und −) – ist es zweckmäßig, die gleiche Zählrichtung zu wählen. Wechselstrom und Wechselspannung ändern nach Bild **1**.3 jedoch ständig ihre Richtung, so daß hier die Zählrichtung nur festgelegt werden kann (s. Abschn. 6.1.2.2). In den folgenden Schaltbildern sind daher alle eingetragenen Pfeile nur Zählpfeile im Sinne der Definition, daß Strom und Spannung in dieser Richtung positiv gezählt werden.

1.3.1.4 Zählpfeilsysteme. Nach Bild **1**.19 kann man die Zählpfeile für Strom und Spannung bei den Zweipolen auf zweierlei Art eintragen – bei den Zweitoren sogar auf viererlei Art; in Bild **1**.19 sind nur die beiden üblichen angegeben.

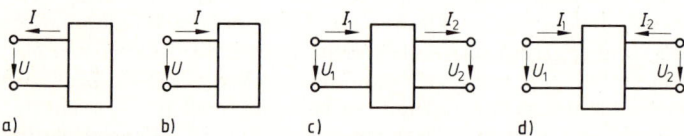

a)   b)   c)   d)

1.19 Allgemeiner Zweipol mit Erzeuger-Zählpfeilsystem (EZS) (a) und Verbraucher-Zählpfeilsystem (VZS) (b) sowie allgemeines Zweitor mit Ketten-Zählpfeilsystem (KZS) (c) und symmetrischem Zählpfeilsystem (SZS) (d)

In Bild **1**.19a lehnt sich die Strom-Zählpfeilspitze beim Ende des Spannungs-Zählpfeils an die tatsächlichen Verhältnisse eines Erzeugers an, wobei Strom- und Spannungs-Zählpfeil im Zweipol eine entgegengesetzte Richtung haben. Diese Zuordnung nennt man daher Erzeuger-Zählpfeilsystem (EZS).

In einem Verbraucher würde dagegen, wenn er an die Gleichspannung U wie in Bild **1**.19b angeschlossen ist, auch tatsächlich der Strom in die dort eingetragene Richtung des Strom-Zählpfeils fließen, so daß man diese Zählpfeilzuordnung Verbraucher-Zählpfeilsystem (VZS) nennt. Wenn nichts anderes gesagt ist, wird in diesem Buch bei den Zweipolen dieses Verbraucher-Zählpfeilsystem angewandt. Da im VZS die Zählpfeile für Strom und Spannung in jedem Zweipol die gleiche Richtung haben, genügt es dann auch, nur einen Zählpfeil anzugeben, der für beide Größen gilt.

Bei den Zweitoren werden die in Bild **1**.19c und d dargestellten Zählpfeilsysteme angewandt. Das Ketten-Zählpfeilsystem (KZS) hat bei der Berechnung der Kettenschaltungen von Zweitoren Vorteile, da sich diese Schaltungen dann mathematisch einfacher behandeln lassen [20]. Wenn dagegen Ein- und Ausgang des Zweitors in gleicher und umkehrbarer Weise betrachtet werden sollen, liefert das symmetrische Zählpfeilsystem (SZS) einfachere Gleichungen und Kenngrößen ohne negative Vorzeichen.

Die anschließend zu besprechenden Kirchhoffschen Gesetze können nur sinnvoll angewandt werden, wenn man durch Eintragen von Zählpfeilen in die zugehörige Ersatzschaltung von vornherein eindeutige Zählrichtungen festlegt. Erst mit ihnen können die Vorzeichen der Ergebnisse unmißverständlich gedeutet und die Gleichungen für das Spannungsgleichgewicht (s. Abschn. 1.3.3.1), die Leistungsbilanz (s. Abschn. 2.1.1.3) oder den Energieumsatz (s. Abschn. 2.2.2) aufgestellt werden. Um ein elektrisches Netzwerk untersuchen zu können, ist daher eine Ersatzschaltung mit vollständig eingetragenen Zählpfeilen unabdingbar.

1.3.2 Erstes Kirchhoffsches Gesetz

Es soll jetzt das 1. Kirchhoffsche Gesetz, das sich mit der Stromsumme in einem Knotenpunkt befaßt, physikalisch abgeleitet werden.

1.3.2.1 Ladungserhaltungssatz. Nach Abschn. 1.1.1.2 ist der elektrische Strom ein Trägerstrom, d.h., Elektronen oder Ionen befördern elektrische Ladungen. Abgesehen von einigen Vorgängen in der Atomphysik, wo Masse in Energie und umgekehrt umgesetzt wird, können in der hier zu betrachtenden Makrophysik keine elektrischen Ladungen verloren gehen oder gewonnen werden – sie können nur nach Abschn. 3.2.6.1 in einer Kapazität C gespeichert werden.

Es gilt daher das allein durch Messungen zu beweisende Gesetz von der Erhaltung der elektrischen Ladung bzw. der Elektrizität: In einem abgeschlossenen System ist die resultierende Elektrizitätsmenge konstant. Die hier zu betrachtenden Schaltungen sind abgeschlossene Systeme; in ihnen bleibt die Anzahl der Elektronen somit konstant.

Für ein räumliches Strömungsfeld darf man diesen Satz erweitern: Die Summe aller in eine Hüllfläche (s. Bild **1.**20) hinein- und herausfließenden Ströme ist gleich Null. Die elektrischen Ströme dürfen innerhalb der Hüllfläche beliebige Wege nehmen, also z.B. auch wie in Bild **1.**20 durch drei angedeutete Widerstände fließen.

1.20
Hüllfläche A mit zu- und abfließenden Strömen I_1 bis I_3

1.3.2.2 Knotenpunktsatz. Da in einem Knotenpunkt nach Abschn. 1.1.3.2 Elektronen oder Ionen weder gespeichert noch erzeugt werden können, muß die dem Knotenpunkt in einem bestimmten Zeitpunkt zugeführte Elektrizitätsmenge auch sofort wieder abfließen. Die auf die Zeit t bezogenen Elektrizitätsmengen Q sind nach Gl. (1.1) die zu- und abfließenden Ströme. Daher muß die Summe der Ströme, die dem Knotenpunkt zufließen, in jedem Augenblick ebenso groß sein wie die Summe der abfließenden Ströme.

Ordnet man allen Strömen, wie in Abschn. 1.3.1.3 erläutert, Zählpfeile zu und läßt man gleichzeitig für die Stromwerte beliebige Vorzeichen zu, so darf man bei n zum Knotenpunkt führenden Zweigen für die Zeitwerte der durchnumerierten n Ströme i_μ auch ganz allgemein setzen

$$\sum_{\mu=1}^{\mu=n} i_\mu = 0 \,. \qquad (1.12)$$

Das 1. Kirchhoffsche Gesetz, das auch als Knotenpunktsatz oder als Gesetz von der Stromsumme bezeichnet wird, besagt somit in seiner allgemeinsten Form: An jedem Knotenpunkt ist die Summe aller zu- und abfließenden Ströme unter Beachtung der durch die Zählpfeile gegebenen Vorzeichen in jedem Zeitpunkt Null. Hierbei werden in die allgemeine Stromgleichung die Formelzeichen der Ströme, deren Zählpfeile auf den Knotenpunkt hin zeigen, mit dem Pluszeichen und die Ströme, deren Zählpfeile vom Knotenpunkt weg weisen, dagegen mit dem Minuszeichen eingesetzt.

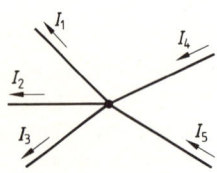

Für den Knotenpunkt in Bild **1.21** gilt daher in Anwendung von Gl. (1.12) unter Berücksichtigung der durch die Zählpfeile vorgegebenen mathematischen Zeichen die Stromgleichung, also die Strombilanz

$$-I_1 - I_2 - I_3 + I_4 + I_5 = 0 \,. \qquad (1.13)$$

1.21 Knotenpunkt mit Strömen I_μ

Dieser Knotenpunktsatz darf entsprechend Bild **1.20** auch auf beliebige Schaltungsteile und Netzwerkausschnitte angewendet werden.

Beispiel 1.16. An dem Knotenpunkt in Bild **1.21** werden die Ströme $I_1 = 4$ A, $I_2 = -5$ A, $I_4 = 7$ A, $I_5 = -10$ A gemessen. Der Strom I_3 ist zu bestimmen.
Nach Gl. (1.13) gilt für den gesuchten Strom

$$I_3 = -I_1 - I_2 + I_4 + I_5 = -4\text{ A} - (-5\text{ A}) + 7\text{ A} + (-10\text{ A}) = -2\text{ A}\,.$$

Es ist also zu beachten, daß man zwischen den Vorzeichen der gemessenen Ströme und den mathematischen Operationszeichen + und − in Gl. (1.13) zu unterscheiden hat.

1.3.3 Zweites Kirchhoffsches Gesetz

Dieser wichtige Satz befaßt sich mit der Spannungssumme in einer **Masche**, in der sich beliebig viele Quellen, Verbraucher oder Speicher befinden dürfen. Es soll hier nun gezeigt werden, daß sich hier analog zur Mechanik, die das Gleichgewicht der Kräfte kennt, ein Gleichgewicht der Spannungen einstellt, das im Maschensatz seinen Ausdruck findet.

1.3.3.1 Spannungsgleichgewicht. In der allgemeinen Masche von Bild **1.22** sollen die **Potentiale** (s. Abschn. 3.1.4) der 4 Knotenpunkte a, b, c und d mit φ_a, φ_b, φ_c und φ_d gegeben sein. Dann gilt für die Spannungen der 4 Zweige

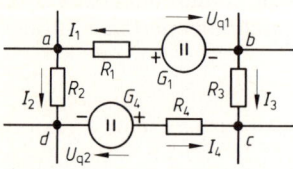

$$U_{ab} = \varphi_a - \varphi_b$$
$$U_{bc} = \varphi_b - \varphi_c$$
$$U_{cd} = \varphi_c - \varphi_d$$
$$U_{da} = \varphi_d - \varphi_a$$

und für ihre Summe
$$U_{ab} + U_{bc} + U_{cd} + U_{da} = 0\,.$$

1.22 Masche mit Strömen I_μ und Quellenspannungen $U_{q\mu}$

In diesem allgemeinen Fall wird also die Summe der Teilspannungen einer Masche, die man auch **Umlaufspannung** nennt, Null.

1.3.3 Zweites Kirchhoffsches Gesetz

1.3.3.2 Maschensatz. Das in Abschn. 1.3.3.1 abgeleitete Gleichgewicht der Spannungen in einer Masche kann man einfach und allgemein mit dem 2. Kirchhoffschen Gesetz, das auch Maschensatz oder Gesetz von der Spannungssumme genannt wird, beschreiben. Ordnet man allen Teilspannungen – auch den Quellenspannungen – wie in Abschn. 1.3.1.3 erläutert, Zählpfeile zu und läßt man gleichzeitig für die Spannungswerte beliebige Vorzeichen zu, so gilt bei n Teilspannungen in der Masche für die Zeitwerte der durchnumerierten Spannungen u_μ, also für die Spannungsbilanz, ganz allgemein

$$\sum_{\mu=1}^{\mu=n} u_\mu = 0. \tag{1.14}$$

Es ist also die Summe der Zeitwerte der Teilspannungen – bzw. der Zeitwert der Umlaufspannung – stets Null.

Beim Aufstellen der Spannungsgleichung nach Gl. (1.14) hat man streng auf die Vorzeichen zu achten. Man muß daher die Masche in einem bestimmten Umlaufsinn durchlaufen; wir werden hier, um Verwechslungen zu vermeiden, stets den Umlaufsinn der Uhr – also rechtsherum – anwenden. Größen, deren Zählpfeile in dieser Masche dem Uhrzeigersinn folgen, werden dann mit dem Pluszeichen und Spannungen, deren Zählpfeile dem Uhrzeigersinn entgegengerichtet sind, mit einem Minuszeichen in die Spannungsgleichung (1.14) eingeführt. Für die in Bild 1.22 dargestellte Masche findet man daher unter Anwendung des Ohmschen Gesetzes Gl. (1.8) die Spannungsgleichung, also die Spannungsbilanz

$$-R_1 I_1 + U_{q1} + R_3 I_3 - R_4 I_4 + U_{q2} - R_2 I_2 = 0. \tag{1.15}$$

Die Vorschriften, die man beim Anwenden der Kirchhoffschen Gesetze auf elektrische Netzwerke beachten muß, sind in Abschn. 1.6.2.2 nochmals zusammengestellt.

Beispiel 1.17. Die Masche in Bild **1.22** enthält die Widerstände $R_1 = 2\,\Omega$, $R_2 = 30\,\Omega$, $R_3 = 20\,\Omega$, $R_4 = 5\,\Omega$; es herrschen die Quellenspannungen $U_{q1} = 24$ V, $U_{q2} = 12$ V, und es fließen die Ströme $I_1 = 5$ A, $I_2 = 0{,}2$ A, $I_4 = 4$ A. Der Strom I_3 soll bestimmt werden.
Nach Gl. (1.15) erhält man den Strom

$$I_3 = \frac{1}{R_3}(R_1 I_1 - U_{q1} + R_4 I_4 - U_{q2} + R_2 I_2)$$

$$= \frac{1}{20\,\Omega}(2\,\Omega \cdot 5\,\text{A} - 24\,\text{V} + 5\,\Omega \cdot 4\,\text{A} - 12\,\text{V} + 30\,\Omega \cdot 0{,}2\,\text{A}) = 0.$$

Im betrachteten Fall fließt also über den Widerstand R_3 kein Strom. Dies braucht nicht zu verwundern; denn die Knotenpunkte b und c haben das gleiche Potential $\varphi_b = \varphi_c$, und die übrigen Ströme finden den notwendigen Rückschluß über andere Zweige des in Bild **1.22** nicht dargestellten, sondern nur mit Abgängen angedeuteten übrigen Netzwerks.

1.4 Zusammenwirken von Quelle und Verbraucher

Der einfachste Stromkreis besteht nach Bild **1.**23 aus Quelle bzw. aktivem Zweipol (oder Sender) G und Verbraucher bzw. passivem Zweipol (oder Empfänger) V, wobei der Verbraucher ein reiner Widerstand R_a bzw. Leitwert $G_a = 1/R_a$ (Index a für außen) ist. Daher herrscht an ihm die Klemmenspannung U_a, und es fließt im Stromkreis der Strom I_a. Man sagt auch: Quelle G und Verbraucher V sind in Reihe geschaltet. Die Verbindungsleitungen sind wie in allen Ersatzschaltungen als widerstandslos vorausgesetzt.

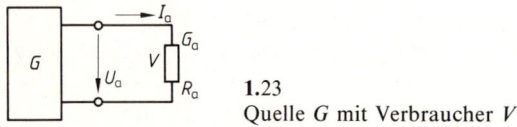

1.23
Quelle G mit Verbraucher V

Es sollen nun zunächst die Eigenschaften von Quellen allgemein betrachtet und anschließend soll das Verhalten des Stromkreises bei Änderung der verschiedenen Parameter anhand von Kennlinienfeldern behandelt werden.

1.4.1 Eigenschaften von Quellen

In der Elektrotechnik betrachtet man, wenn man ganz allgemein das Verhalten bei Belastungsänderungen erkunden will, gern zuerst zwei Grenzfälle der Belastung: Im Leerlauf nach Bild **1.**24a ist z. B. an die Klemmen kein Widerstand angeschlossen, oder es ist – übertragen auf Bild **1.**23 – der äußere Widerstand $R_a = \infty$ und der Leerlaufstrom ebenfalls $I_{al} = 0$; an den Klemmen der Quelle herrscht die Leerlaufspannung U_{al} (Index l für Leerlauf). Im Kurzschluß nach Bild **1.**24b sind dagegen die beiden Klemmen widerstandslos überbrückt, oder entsprechend Bild **1.**23 ist der äußere Widerstand $R_a = 0$ und somit auch nach dem Ohmschen Gesetz die Klemmenspannung $U_{ak} = 0$; es fließt der Kurzschlußstrom I_{ak} (Index k für Kurzschluß).

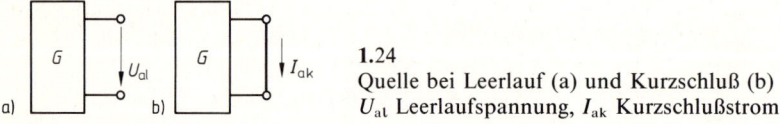

1.24
Quelle bei Leerlauf (a) und Kurzschluß (b)
U_{al} Leerlaufspannung, I_{ak} Kurzschlußstrom

Es soll jetzt untersucht werden, mit welchen Ersatzschaltungen das geschilderte Verhalten nachgeahmt, welche Ersatzschaltungen man also allgemein für Quellen angeben kann. Wenn sie gleichwertig sind, müssen sie auch ineinander überführt werden können.

1.4.1.1 Spannungsquelle. Nach Abschn. 2.1.2 werden in den wichtigsten elektrischen Energiequellen elektrische Quellenspannungen U_q über das magnetische Feld oder über chemische Prozesse erzeugt. Außerdem enthält die Quelle noch widerstandsbehaftete Leitungen (z. B. Wicklungsdrähte oder Elektrolyte), durch die der Strom I_a fließen muß und so in diesem **inneren Widerstand** R_i (Index i für innen) nach dem Ohmschen Gesetz die **innere Teilspannung**

$$U_i = R_i I_a \qquad (1.16)$$

verursacht. Es liegt nahe, den aktiven Zweipol G in Bild **1.**23 bzw. **1.**24, also die Quelle G, als **Spannungsquelle** nach Bild **1.**25 aufzufassen. Sie besteht aus einer Reihenschaltung einer idealen Spannungsquelle, die die Quellenspannung U_q erzeugt, aber keinen Widerstand aufweisen soll, mit dem inneren Widerstand R_i und wird Ersatzschaltung der Spannungsquelle genannt.

Für den Stromkreis in Bild **1.**25 gilt dann nach dem Maschensatz (s. Abschn. 1.3.3.2) bei Anwendung des Ohmschen Gesetzes (s. Abschn. 1.2.1) mit den Widerständen R_i und R_a sowie den Teilspannungen $U_i = R_i I_a$ und $U_a = R_a I_a$ die Spannungsgleichung

$$U_q = U_i + U_a = R_i I_a + R_a I_a = (R_i + R_a) I_a \ . \qquad (1.17)$$

Es fließt also der Strom

$$I_a = \frac{U_q}{R_i + R_a}, \qquad (1.18)$$

1.25 Spannungsquelle G mit Verbraucher V

und es ist mit Gl. (1.17) bzw. (1.18) die Klemmenspannung

$$U_a = R_a I_a = \frac{R_a}{R_i + R_a} U_q = U_q - R_i I_a \ . \qquad (1.19)$$

Wenn man eine vom Belastungsstrom I_a unabhängige Quellenspannung U_q und einen ebenso festen, also konstanten inneren Widerstand R_i voraussetzt, ergibt sich mit Gl. (1.19) die in Bild **1.**26 dargestellte lineare **Quellenkennlinie** $U_a = f(I_a)$. Die Klemmenspannung erreicht im **Leerlauf** mit der **Leerlaufspannung** $U_{al} = U_q$ ihren größten Wert; Leerlaufspannung U_{al} und Quellenspannung U_q sind dann identisch. Der Strom I_a wird dagegen im **Kurzschluß** als **Kurzschlußstrom** $I_{ak} = U_q/R_i$ am größten. Bei Vorliegen der linearen Verhältnisse von Bild **1.**26 gilt daher auch für den **inneren Widerstand** der Quelle

$$R_i = U_q/I_{ak} = U_{al}/I_{ak} \ . \qquad (1.20)$$

Normale Generatoren werden nur in einem Bereich in der Nähe des Leerlaufpunkts betrieben und zeigen dann auch nur eine geringe Änderung der Klemmenspannung U_a bei Belastungsschwankungen. Sie sind erwärmungsmäßig für die durch den Nennstrom I_{aN} verursachten Stromwärmeverluste (s. Abschn. 2.2.2.2) bemessen, und der Kurzschlußstrom I_{ak} beträgt meist ein Vielfaches des Nennstroms I_{aN}. Gegen die im Kurzschluß zu großen Stromkräfte (s. Abschn. 4.3.2) und Stromwärmeverluste muß man Generatoren durch Überlastungsschutzeinrichtungen [19] wirksam schützen. Der Kurzschlußpunkt darf daher meist auch nicht einmal versuchsweise eingestellt werden.

1.4 Zusammenwirken von Quelle und Verbraucher

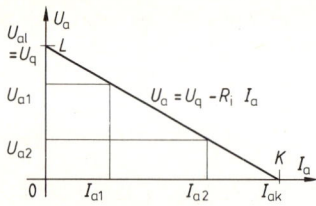

1.26 Quellenkennlinie $U_a = f(I_a)$ für konstante Werte der Quellenspannung U_q und des Innenwiderstands R_i

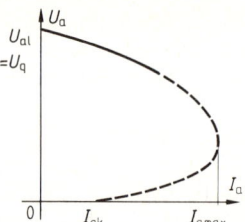

1.27 Nichtlineare Quellenkennlinie $U_a = f(I_a)$ (——) linearer Bereich

Häufig kann man den in Bild **1.26** dargestellten linearen Zusammenhang nur für einen begrenzten Betriebsbereich voraussetzen, wie dies Bild **1.27** für einen selbsterregten Gleichstrom-Nebenschlußgenerator [56] zeigt. (Diese Quelle entlastet sich also in zu wünschender Weise zum Kurzschluß hin, so daß der tatsächliche Kurzschlußstrom nur in der Größenordnung des Nennstroms liegt.) Wenn in dem gekennzeichneten linearen Bereich bei dem Strom I_{a1} die Klemmenspannung U_{a1} und bei dem Strom I_{a2} die Klemmenspannung U_{a2} (s. Bild **1.26**) gemessen werden, gilt nach Gl. (1.19) für die Klemmenspannungen $U_{a1} = U_q - R_i I_{a1}$ und $U_{a2} = U_q - R_i I_{a2}$. Löst man beide Gleichungen nach der Quellenspannung U_q auf, erhält man $U_{a1} + R_i I_{a1} = U_{a2} + R_i I_{a2}$, und man findet schließlich den **fiktiven inneren Widerstand**

$$R_i = \frac{U_{a1} - U_{a2}}{I_{a2} - I_{a1}}. \tag{1.21}$$

Darüber hinaus verändern sich die Quellenspannungen von Akkumulatoren mit dem Lade- bzw. Entladezustand. Dies darf in der Praxis (z. B. beim Bemessen der Ladeeinrichtungen und der Auswahl des Nennspannungsbereichs der angeschlossenen Verbraucher) natürlich nicht vernachlässigt werden, soll aber hier unberücksichtigt bleiben.

Beispiel 1.18. Eine Akkumulatorbatterie zeigt im Leerlauf die Spannung $U_{al} = 24{,}5$ V und bei Belastung mit dem Nennstrom $I_{aN} = 80$ A die Nennklemmenspannung $U_{aN} = 23{,}6$ V. Es sind innerer Widerstand R_i, Quellenspannung U_q und Kurzschlußstrom I_{ak} zu bestimmen.
Nach Gl. (1.21) beträgt der innere Widerstand

$$R_i = (U_{al} - U_{aN})/I_{aN} = (24{,}5\text{ V} - 23{,}6\text{ V})/(80\text{ A}) = 11{,}25\text{ m}\Omega.$$

Die Quellenspannung ist $U_q = U_{al} = 24{,}5$ V, so daß man mit Gl. (1.20) den Kurzschlußstrom

$$I_{ak} = U_q/R_i = 24{,}5\text{ V}/(11{,}25\text{ m}\Omega) = 2178\text{ A}$$

erhält, der mit $I_{ak}/I_{aN} = 2178\text{ A}/(80\text{ A}) = 27{,}22$ so groß ist, daß sein Fließen unbedingt verhindert werden muß.

1.4.1.2 Stromquelle. Eine Quelle elektrischer Energie nach Bild **1.23** bzw. **1.24** und einer Quellenkennlinie nach Bild **1.26** kann nicht nur durch die Ersatzschaltung einer Spannungsquelle nach Bild **1.25**, deren idealisierte Spannungsquelle unmittelbar die Leerlaufspannung U_{al} als Quellenspannung U_q erzeugt, verwirklicht werden. Man kann auch von Bild **1.24b** ausgehen und mit Bild **1.28** eine Ersatzschaltung angeben, die bei Kurzschluß der Klemmen den Kurzschlußstrom I_{ak} als Quellenstrom I_q liefert. Auch in dieser Schaltung muß ein innerer Widerstand vorhanden sein, der aber in Reihe zur idealen Stromquelle unwirksam sein würde, da diese, um unabhängig von der Belastung einen konstanten Strom abgeben zu können, einen unendlich großen Widerstand aufweisen muß. (Um diese Eigenschaft hervorzuheben, ist der Kreis des Schaltzeichens für eine ideale Stromquelle an zwei Stellen unterbrochen.) Daher wird parallel zur idealen Stromquelle, die also den **Quellenstrom** I_q liefert und den Leitwert Null hat, ein **innerer Leitwert** G_i geschaltet. Es sollen nun die Eigenschaften dieser Ersatzschaltung abgeleitet werden.

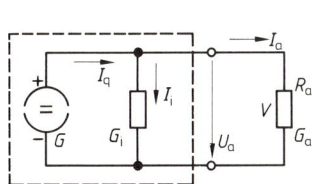
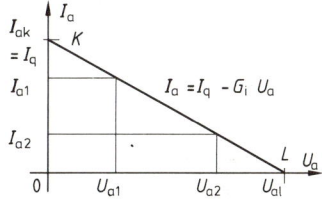

1.28 Stromquelle G mit Verbraucher V

1.29 Quellenstrom $I_a = f(U_a)$ für konstante Werte des Quellenstroms I_q und des inneren Leitwerts G_i

Für den Stromkreis in Bild **1.28** gilt nach dem Knotenpunktsatz bei Anwendung des Ohmschen Gesetzes mit den Leitwerten G_i und G_a sowie den Teilströmen $I_i = G_i U_a$ und $I_a = G_a U_a$ die Stromgleichung

$$I_q = I_i + I_a = G_i U_a + G_a U_a = (G_i + G_a) U_a . \tag{1.22}$$

Es herrscht also die Klemmenspannung

$$U_a = I_q / (G_i + G_a) , \tag{1.23}$$

und es fließt nach Gl. (1.22) und (1.23) der Verbraucherstrom

$$I_a = G_a U_a = \frac{G_a}{G_i + G_a} I_q = I_q - G_i U_a . \tag{1.24}$$

Wenn man wieder mit festen Werten für Quellenstrom I_q und inneren Leitwert G_i lineare Verhältnisse voraussetzt, erhält man die in Bild **1.29** dargestellte Quellenkennlinie $I_a = f(U_a)$, die in ihren Kennwerten U_{al} und I_{ak} und ihrem Verlauf mit der Quellenkennlinie von Bild **1.26** übereinstimmt; es sind lediglich die Achsen vertauscht. Hiermit ist bewiesen, daß sich die Ersatzschaltungen von Bild **1.25** und **1.28** völlig gleichartig verhalten. Für den **inneren Leitwert** findet man daher auch analog zu Gl. (1.20) und (1.21)

$$G_i = \frac{1}{R_i} = \frac{I_{ak}}{U_{al}} = \frac{I_{a1} - I_{a2}}{U_{a2} - U_{a1}} . \tag{1.25}$$

1.4 Zusammenwirken von Quelle und Verbraucher

Die Vorstellung, daß einem Verbraucher ein Strom aufgezwungen wird, drängt sich auf, wenn sich dieser Strom trotz Belastungsschwankungen nur wenig ändert, der Stromkreis also in der Nähe des Kurzschlußpunkts betrieben wird. Dies trifft z. B. zu für Konstantstromquellen [81], die aus Transistoren aufgebaut sein können, und Stromwandler [80], die für Meßzwecke eingesetzt werden.

Beispiel 1.19. Eine Konstantstromquelle soll ein lineares Verhalten nach Bild 1.29 haben. Wenn man ihr den Strom $I_{a1} = 60$ mA entnimmt, zeigt sie an den Klemmen die Spannung $U_{a1} = 2{,}0$ V und bei dem Strom $I_{a2} = 50$ mA die Klemmenspannung $U_{a2} = 3{,}5$ V. Die Kenngrößen der Stromquelle nach Bild 1.28 sind zu bestimmen.

Gl. (1.25) liefert den inneren Leitwert

$$G_i = \frac{I_{a1} - I_{a2}}{U_{a2} - U_{a1}} = \frac{60 \text{ mA} - 50 \text{ mA}}{3{,}5 \text{ V} - 2{,}0 \text{ V}} = 6{,}667 \text{ mS}$$

und Gl. (1.24) den Quellenstrom

$$I_q = I_{a1} + G_i U_{a1} = 60 \text{ mA} + 6{,}667 \text{ mS} \cdot 2{,}0 \text{ V} = 73{,}33 \text{ mA}.$$

Daher beträgt nach Gl. (1.25) die Leerlaufspannung

$$U_{al} = I_q / G_i = 73{,}33 \text{ mA} / (6{,}667 \text{ mS}) = 11{,}0 \text{ V}.$$

1.4.1.3 Vergleich. Wenn U_{al} die Leerlaufspannung und I_{ak} der Kurzschlußstrom einer Quelle sind und sie eine lineare Quellenkennlinie nach Bild 1.26 oder 1.29 aufweist, kann man sie offenbar sowohl als **Spannungsquelle** mit einer Ersatzschaltung nach Bild 1.25 und der Quellenspannung $U_q = U_{al}$ als auch als **Stromquelle** mit einer Ersatzschaltung nach Bild 1.28 und dem Quellenstrom $I_q = I_{ak}$ auffassen. In beiden Schaltungen tritt der gleiche **innere Widerstand** R_i bzw. **innere Leitwert** $G_i = 1/R_i$ auf. Beide Schaltungen verhalten sich bei Anschluß eines Verbrauchers R_a bzw. $G_a = 1/R_a$ völlig gleich, sind also äquivalent.

Eine lineare Quelle ist daher durch die **drei Bestimmungsstücke** Leerlaufspannung U_{al}, Kurzschlußstrom I_{ak} und innerer Widerstand R_i eindeutig gekennzeichnet. Mit zwei dieser drei Größen kann sofort die Quellenkennlinie berechnet werden. Die Ersatzschaltung darf man entsprechend Bild 1.25 oder 1.28 frei wählen. Man darf also Quellen elektrischer Energie beliebig als Spannungs- oder als Stromquellen auffassen.

Generatoren, Akkumulatoren, Trockenelemente und ähnliche Erzeuger liefern ebenso wie die Steckdosenanschlüsse oder die an ein Wechselstromnetz angeschlossenen Gleichrichter (s. Abschn. 10.3.2) eine nur wenig mit der Belastung oder aus anderen Gründen sich ändernde Spannung. Man sagt daher, daß man Verbraucher normalerweise an ein **Konstantspannungssystem** anschließt. Es wird daher auch der Ausgangspunkt für die meisten folgenden Betrachtungen sein. In diesem Fall arbeitet man mit der Quellenkennlinie in der Nähe des Leerlaufpunkts, und es ist sinnvoll, die Quelle als **Spannungsquelle** nach Bild 1.25 anzusehen.

Wenn dagegen Konstantstromquellen oder Stromwandler eingesetzt werden oder bei elektrischen Antrieben versucht wird, durch Regelung des Stromes besondere Wirkungen zu erzielen, arbeitet man mit einem **Konstantstromsystem** und nutzt die Quellenkennlinie in der Nähe des Kurzschlußpunkts. Unter dieser Voraussetzung faßt man die Quelle zweckmäßig als **Stromquelle** nach Bild 1.28 auf.

Für viele Aufgaben in den folgenden Abschnitten werden wir voraussetzen, daß die am Eingang herrschende Spannung U oder der in sie hineinfließende Strom I konstant sind. Man spricht dann von eingeprägten Spannungen und Strömen und nimmt hiermit an, daß die zu den speisenden Quellen gehörenden inneren Widerstände R_i bzw. Leitwerte G_i vernachlässigbar klein sind, arbeitet also mit idealen Quellen.

In Abschn. 1.5 wird sich weiterhin zeigen, daß man in Reihenschaltungen leichter mit Spannungsquellen und in Parallelschaltungen besser mit Stromquellen rechnen kann. (Außerdem haben, wie schon in Abschn. 1.4.1.2 angewandt, Leitwerte G bei der Behandlung von Parallelschaltungen Vorteile.)

Ein Vergleich der Bestimmungsgleichungen (1.17) bis (1.25) zeigt, daß z.B. Gl. (1.17) und (1.22) oder (1.19) und (1.24) gleichartig aufgebaut sind und die Gleichungen von Abschn. 1.4.1.2 auch dadurch gefunden werden können, daß man in den Gleichungen von Abschn. 1.4.1.1 alle Spannungen U durch die entsprechenden Ströme I und alle Ströme I durch die entsprechenden Spannungen U sowie die Widerstände R durch die entsprechenden Leitwerte G ersetzt. Diese Eigenschaften kennzeichnet man mit dem Begriff dual und sagt daher: Spannungs- und Stromquelle verhalten sich dual bzw. sie sind duale Schaltungen. Daher braucht man sich auch nur die gleichungsmäßigen Zusammenhänge für eine Schaltung zu merken und kann dann jeweils durch Anwendung der dualen Zuordnung die andere Schaltung in analoger Weise betrachten.

1.4.2 Kennlinienfelder

Nachdem in Abschn. 1.4.1 die Quellenkennlinie abgeleitet werden konnte, soll jetzt noch die Verbraucherkennlinie eingeführt und mit beiden Kennlinien der Arbeitspunkt, der sich beim Zusammenwirken von Quelle und Verbraucher einstellt, ermittelt werden. Anschließend ist der Einfluß einer Änderung der verschiedenen Größen zu untersuchen, und es sollen nichtlineare Quellen und Verbraucher behandelt werden.

1.4.2.1 Verbraucherkennlinie. Für den Verbraucher V in Bild **1.**25 bzw. **1.**28 gilt das Ohmsche Gesetz und somit mit seinem Widerstand R_a bzw. Leitwert $G_a = 1/R_a$ und der an ihm herrschenden Spannung U_a für seine Stromkennlinie

$$I_a = G_a U_a = U_a / R_a . \qquad (1.26)$$

Diese Verbraucherkennlinie wird auch als Widerstandskennlinie bezeichnet; sie ist, wenn R_a bzw. G_a feste Werte haben, also für lineare Verhältnisse, die hier zunächst vorausgesetzt werden sollen, eine Gerade durch den Nullpunkt. Bild **1.**30 zeigt die durch eine solche Verbraucherkennlinie und einige andere Angaben ergänzte Quellenkennlinie, deren Verlauf Gl. (1.18) und (1.24) folgt. Wenn für den Strom I der Maßstab m_I (z. B. in A/mm) und für die Spannung U der Maßstab m_U (z. B. in V/mm) verwirklicht ist, gilt mit Gl. (1.25) für die durch den (mathematisch

34 1.4 Zusammenwirken von Quelle und Verbraucher

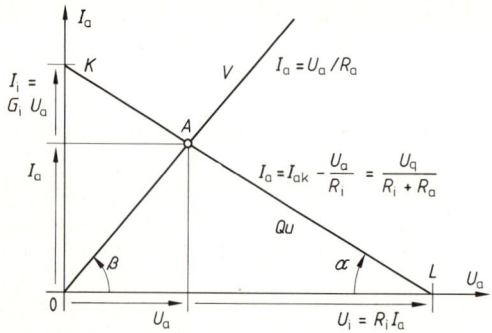

1.30
Zusammenwirken von Quelle und Verbraucher mit Quellenkennlinie Qu. Verbraucherkennlinie V, Arbeitspunkt A, Verbraucherspannung U_a und Verbraucherstrom I_a

negativen) Winkel α festgelegte (negative) Neigung der Quellenkennlinie

$$\tan\alpha = -\frac{I_{ak}}{U_{aL}}\cdot\frac{m_U}{m_I} = -\frac{1}{R_i}\cdot\frac{m_U}{m_I} = -G_i\frac{m_U}{m_I} \tag{1.27}$$

und in analoger Weise nach Gl. (1.26) für die durch den Winkel β bestimmte Steigung der Verbraucherkennlinie

$$\tan\beta = \frac{I_{a1}}{U_{a1}}\cdot\frac{m_U}{m_I} = \frac{1}{R_a}\cdot\frac{m_U}{m_I} = G_a\frac{m_U}{m_I}, \tag{1.28}$$

wobei I_{a1} und U_{a1} einander zugeordnete Werte von Strom und Spannung sind. Während die lineare Quellenkennlinie durch die beiden Werte I_{ak} und U_{aL} auf den Koordinatenachsen oder durch einen dieser Werte mit dem $\tan\alpha$ nach Gl. (1.27) festgelegt ist, genügt es bei der Widerstandskennlinie, eine Gerade mit der Steigung $\tan\beta$ nach Gl. (1.28) durch den Koordinatennullpunkt zu zeichnen. Meist ist es allerdings einfacher, für eine bestimmte Spannung U_{a1} den zugehörigen Strom I_{a1} nach Gl. (1.26) zu berechnen und durch diesen Punkt und den Koordinatennullpunkt eine Gerade zu ziehen.

1.4.2.2 Arbeitspunkt. Quelle und Verbraucher können entsprechend Bild **1**.23 nur dann zusammenarbeiten, wenn ihre Klemmenspannungen U_a gleich groß sind und sie den gleichen Strom I_a führen. In Bild **1**.30 stimmen diese Betriebsbedingungen von Quelle und Verbraucher nur im Schnittpunkt von Quellen- und Verbraucherkennlinie überein. Diesen Punkt nennt man daher den Arbeitspunkt A.

Im Normalfall, wenn also lineare Verhältnisse gegeben sind, kann man die Werte des Arbeitspunkts natürlich einfacher mit Gl. (1.18) und (1.19) bzw. (1.23) und (1.24) berechnen. Die graphische Lösung in Bild **1**.30 liefert demgegenüber eine anschauliche Darstellung der Zusammenhänge und Abhängigkeiten. Man kann noch den inneren Spannungsabfall $U_i = R_i I_a$ der Spannungsquelle und den inneren Teilstrom $I_i = G_i U_a$ der Stromquelle abgreifen und den Einfluß der verschiedenen Größen (s. Abschn. 1.4.2.3) untersuchen. Besondere Vorteile hat dieses graphische Lösungsverfahren, wenn Quelle oder Verbraucher oder beide ein nichtlineares Verhalten zeigen und die zugehörigen Kennlinien nur meßtechnisch vorliegen – z. B. bei den Halbleiterbauelementen nach Abschn. 5.

Beispiel 1.20. Für eine Spannungsquelle mit der Quellenspannung $U_q = 9{,}1$ V und dem Innenwiderstand $R_i = 4{,}82\ \Omega$, die entsprechend der Schaltung in Bild **1.25** auf den Verbraucherwiderstand $R_a = 8\ \Omega$ arbeitet, sind Verbraucherstrom I_a und Klemmenspannung U_a durch Darstellung des Zusammenarbeitens von Quelle und Verbraucher im Kennlinienfeld graphisch zu bestimmen. Wie groß werden Verbraucherstrom I_a und Klemmenspannung U_a, wenn der Verbraucherwiderstand geändert wird auf $R_a = 20\ \Omega$, $4\ \Omega$ und $1\ \Omega$?

Zum maßstäblichen Aufzeichnen des Kennlinienfelds $I_a = f(U_a)$ (Bild **1.31**) wird zunächst die Quellenkennlinie eingezeichnet, die festgelegt ist durch den Punkt L auf der Abszissenachse bei $U_q = U_{al} = 9{,}1$ V und mit $R_i = 4{,}82\ \Omega$ durch den Punkt K auf der Ordinatenachse bei $I_{ak} = U_q/R_i = 9{,}1\ \text{V}/(4{,}82\ \Omega) = 1{,}888$ A verläuft. Die gesuchten Werte für I_a und U_a ergeben sich aus der Lage des Arbeitspunkts als Schnittpunkt zwischen der Quellenkennlinie und der Verbraucherkennlinie. Für $R_a = 8\ \Omega$ wird beispielsweise die Widerstandsgerade eingezeichnet durch den Ursprung des Koordinatensystems und durch den Hilfspunkt $H[U_{al} = 8$ V, $I_{al} = U_{al}/R_a = 8\ \text{V}/(8\ \Omega) = 1$ A]; die gesuchten Koordinaten des Arbeitspunkts A lassen sich aus dem Kennlinienfeld ablesen: $I_a = 0{,}71$ A, $U_a = 5{,}68$ V.

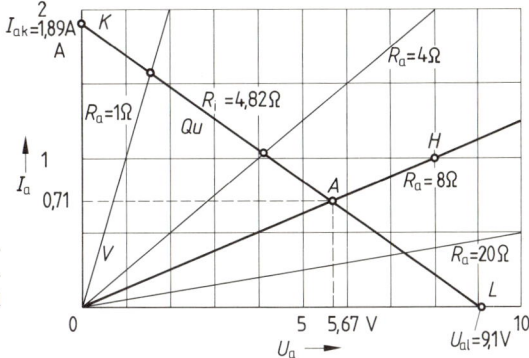

1.31 Quellenkennlinie Qu und Verbraucherkennlinien V für die Verbraucherwiderstände $R_a = 1\ \Omega$, $4\ \Omega$, $8\ \Omega$ und $20\ \Omega$ (Beispiel 1.20)

In entsprechender Weise werden die Widerstandsgeraden für $R_a = 20\ \Omega$, $4\ \Omega$ und $1\ \Omega$ eingezeichnet. Aus der jeweiligen Lage der Arbeitspunkte lassen sich die gesuchten Größen angeben. Die berechneten Werte sind in Tafel **1.32** zusammengestellt.

Tafel **1.32** Ergebnisse für Beispiel 1.20

R_a in Ω	I_a in A	U_a in V
1	1,564	1,564
4	1,025	4,127
8	0,7098	5,679
20	0,3666	7,333

1.4.2.3 Einfluß der Kenngrößen. Mit Beispiel 1.20 und Bild **1.31** ist schon für verschiedene äußere Widerstände R_a untersucht worden, wie sich eine Änderung des Verbraucherwiderstands R_a auf den Arbeitspunkt A auswirkt. Wie erwartet führen kleinere Widerstände R_a zu größeren Verbraucherströmen I_a und kleineren Klemmenspannungen U_a und entsprechend größere Widerstände R_a zu kleineren Strömen I_a und größeren Klemmenspannungen U_a. Der größte erreichbare Strom ist der Kurzschlußstrom I_{ak}, die größte einstellbare Spannung die Leerlaufspannung U_{al}, und die zueinander gehörenden Werte I_a und U_a liegen stets auf der Quellenkennlinie Qu.

Änderungen des äußeren Widerstands R_a bewirken also entsprechend Gl. (1.26) (s. Bild **1.33** a) eine Drehung der Widerstandsgeraden V um den Koordinatennullpunkt, wobei die Pfeilrichtung das Wachsen des Widerstands kennzeichnet. Das Verändern der Quellenspannung $U_q = U_{al}$ oder des Quellenstroms $I_q = I_{ak}$ bei festem inneren Widerstand R_i bzw. Leitwert G_i verursacht nach Gl. (1.20) eine proportionale Änderung der anderen Größe und somit auch nach Gl. (1.19) oder (1.24) eine Parallelverschiebung der Quellenkennlinie Qu wie in Bild **1.33** b.

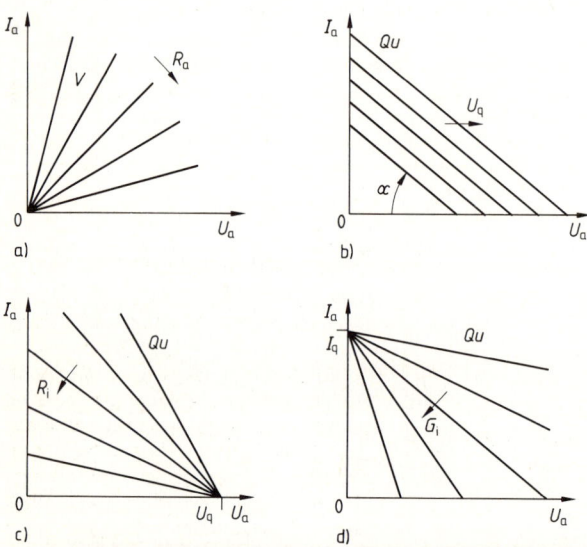

1.33 Einfluß auf die Widerstands- und Quellenkennlinien durch die Parameter Verbraucherwiderstand R_a (a), Quellenspannung U_q und Quellenstrom I_q (b), innerer Widerstand R_i (c) und innerer Leitwert G_i (d). (Die Parameter wachsen in Pfeilrichtung; die übrigen Parameter sind jeweils konstant)

Wenn sich bei konstanter Quellenspannung U_q der **innere Widerstand** R_i ändert, verschiebt sich nach Gl. (1.20) der Kurzschlußpunkt K und nach Gl. (1.19) schwenkt die Quellenkennlinie Qu wie in Bild **1.33** c um den Koordinatenpunkt U_q. Entsprechend verdreht sich die Quellenkennlinie Qu nach Gl. (1.24) und Bild **1.33** d um den Koordinatenpunkt I_q, wenn man bei festem Quellenstrom den **inneren Leitwert** G_i ändert.

1.4.2.4 Nichtlineare Quellen und Verbraucher. Während die Arbeitspunkte eines Stromkreises aus linearen Quellen und Verbrauchern noch, wie Beispiel 1.20 zeigt, einfach berechnet werden können, bereitet ihre rein analytische Bestimmung bei Auftreten nichtlinearer Schaltungselemente Schwierigkeiten; sie ist aber, wenn die nichtlinearen Kennlinien durch mathematische Funktionen ausreichend angenähert werden können, grundsätzlich möglich. Es ist jedoch leichter und durchsichtiger, in diesen Fällen mit Kennlinienfeldern zu arbeiten.

Bild 1.34 zeigt z. B. die Quellenkennlinie Qu eines Photoelements [81], die in der Nähe des Kurzschlußpunkts durch eine Gerade und in der Nähe des Leerlaufpunkts durch eine Parabel angenähert werden könnte, und die Verbraucherkennlinie V eines Heißleiters [81], die in guter Näherung einer Potenzfunktion folgt. Wenn man diese Funktionen bestimmt hat, könnte man grundsätzlich mit dem Ohmschen Gesetz den Arbeitspunkt A finden. Es ist aber sehr viel einfacher, die Kennlinien graphisch darzustellen und wie in Bild 1.34 ihren Schnittpunkt A zu suchen. Ganz allgemein zeigen Halbleiterbauelemente (s. Abschn. 5.2) ein nichtlineares Verhalten, so daß ihre Arbeitspunkte meist mit Kennlinienfeldern bestimmt werden.

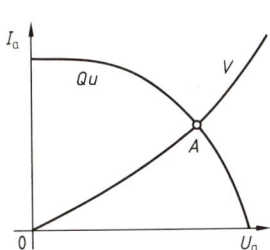
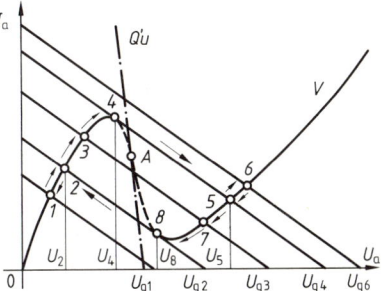

1.34 Nichtlineare Quellenkennlinie Qu eines Photoelements und nichtlineare Verbraucherkennlinie V eines Heißleiters mit dem Arbeitspunkt A

1.35 Verbraucherkennlinie V einer Tunneldiode im Zusammenwirken mit einer im Quellenspannungsbereich U_{q1} bis U_{q6} veränderbaren linearen Quelle
1 bis *8* und *A* Arbeitspunkte, Qu Quellenkennlinien

Einen anschaulichen Überblick über das Verhalten einer Tunneldiode [81] zusammen mit einer linearen Spannungsquelle vermittelt Bild 1.35 mit der nichtlinearen Verbraucherkennlinie V. Die Quellenspannung soll sich im Bereich U_{q1} bis U_{q6} ändern können, was nach Bild 1.33b ein paralleles Verschieben der Quellenkennlinien bedeutet.

Mit der Quellenspannung U_{q1} stellt sich der Arbeitspunkt *1* ein. Wenn anschließend die Quellenspannung von U_{q1} bis auf U_{q4} vergrößert wird, werden nacheinander die Arbeitspunkte *2*, *3*, *4* und *5* erreicht; die Klemmenspannung springt also von U_4 auf U_5. Nach der Vergrößerung der Quellenspannung auf U_{q6} und dem Einstellen des Arbeitspunktes *6* soll die Quellenspannung wieder auf U_{q2} verkleinert werden, wobei die Arbeitspunkte *5* und *7* überlaufen und von *8* auf *2* springen, die Klemmenspannung U_8 also sprunghaft auf U_2 wechselt.

Die Kennlinien werden in den eingezeichneten Pfeilrichtungen durchlaufen. Die Verbraucherkennlinie V bleibt demnach im gestrichelt eingezeichneten Bereich ungenutzt. (Dieser Bereich ist nur für Quellenkennlinien Qu' – s. strichlinierte Gerade in Bild 1.35 – mit wesentlich steilerem Verlauf, also größerem Winkel und somit geringerem Innenwiderstand R_i meß- und nutzbar.) Man sagt: Der ausgezogene Kennlinienbereich ist stabil, der gestrichelt dargestellte dagegen für die Quellenkennlinien Qu labil. Dieses Verhalten der Tunneldiode (s. Abschn. 5.2.3) wird beispielsweise in Impulsgeneratoren und Oszillatoren angewandt [81].

Ganz allgemein sind Arbeitspunkte nur für Bereiche stabil, in denen $(dI_a/dU_a) < (dI_a/dU_a)_V$ gilt, die Quellenkennlinie $Qu = f(U_a)$ also eine kleinere (unter Beachtung der Vorzeichen) Steigung dI_a/dU_a als die Verbraucherkennlinie $V = f(U_a)$ zeigt.

Beispiel 1.21. Eine Tunneldiode hat entsprechend Bild **1.**35 folgende Punkte der Verbraucherkennlinie:

Diodenspannung $U_{a4} = 60$ mV $\quad U_{a5} = 180$ mV $\quad U_{a8} = 120$ mV
Diodenstrom $\quad I_{a4} = 1{,}2$ mA $\quad I_{a5} = 0{,}6$ mA $\quad I_{a8} = 0{,}4$ mA.

Die Quellenkennlinie soll bei der größten Quellenspannung die Arbeitspunkte *4* und *5* und bei der kleinsten Quellenspannung den Arbeitspunkt *8* enthalten. Es ist eine geeignete Stromquelle und der Steuerbereich für den Quellenstrom I_q zu bestimmen.
Nach Gl. (1.25) muß die Stromquelle den inneren Leitwert

$$G_i = \frac{I_{a4} - I_{a5}}{U_{a5} - U_{a4}} = \frac{1{,}2 \text{ mA} - 0{,}6 \text{ mA}}{180 \text{ mV} - 60 \text{ mV}} = 5 \text{ mS}$$

aufweisen. Es müssen dann nach Gl. (1.24) der Größtwert des Quellenstroms

$$I_{q\,max} = I_{a4} + G_i U_{a4} = 1{,}2 \text{ mA} + 5 \text{ mS} \cdot 60 \text{ mV} = 1{,}5 \text{ mA}$$

und sein Kleinstwert

$$I_{q\,min} = I_{a8} + G_i U_{a8} = 0{,}4 \text{ mA} + 5 \text{ mS} \cdot 120 \text{ mV} = 1{,}0 \text{ mA}$$

einstellbar sein. Durch diese Kennwerte ist die Stromquelle eindeutig bestimmt.

1.5 Einfache Reihen- und Parallelschaltungen

Reihenschaltungen und Parallelschaltungen von Widerständen R finden in der Elektrotechnik vielfältige Anwendungen. Es können hier nur einige wichtige betrachtet und ihre Eigenschaften abgeleitet werden. Hierbei sollen die **dualen** Zusammenhänge herausgestellt und schließlich soll auf einfache gemischte Schaltungen übergegangen werden.

1.5.1 Reihenschaltungen

Betrachtet werden im folgenden die Reihenschaltungen von Widerständen und Quellen, ihre Darstellung in Ersatzschaltungen, ihre Zusammenfassung zu Gesamtwiderständen, das Auftreten von Teilspannungen und ihre Anwendung in der **Spannungsteilerregel**.

1.5.1.1 Gesamtwiderstand von in Reihe geschalteten Widerständen. Die Reihenschaltung von Bild **1.**36a liegt an der Klemmenspannung U, und alle Widerstände werden vom gleichen Strom I durchflossen. Sie soll in die Ersatzschaltung von Bild **1.**36b umgeformt, es soll also für die drei in Reihe liegenden Widerstände R_1 bis R_3 ein äquivalenter Gesamtwiderstand R_g gefunden werden.
Der Maschensatz (s. Abschn. 1.3.3.2) liefert für die Schaltung in Bild **1.**36a mit den Teilspannungen U_1 bis U_3 die **Spannungsgleichung**

$$U = U_1 + U_2 + U_3 . \tag{1.29}$$

1.36
Reihenschaltung (a) von drei Widerständen R_1 bis R_3 mit Gesamtwiderstand R_g der Ersatzschaltung (b)

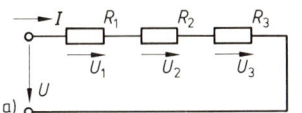
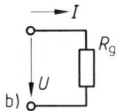

Für die Teilspannungen darf man das Ohmsche Gesetz anwenden; daher gilt, wenn man für die Ersatzschaltung in Bild **1.36**b die gleiche Klemmenspannung und den gleichen Strom I voraussetzt, auch die umgeformte Spannungsgleichung

$$R_g I = R_1 I + R_2 I + R_3 I . \tag{1.30}$$

Wenn jetzt Gl. (1.30) noch durch den Strom I dividiert wird, erhält man den Gesamtwiderstand

$$R_g = R_1 + R_2 + R_3 . \tag{1.31}$$

Für die Reihenschaltung einer beliebigen Anzahl n von Widerständen R_μ darf man Gl. (1.31) allgemein erweitern auf

$$R_g = \sum_{\mu=1}^{\mu=n} R_\mu . \tag{1.32}$$

Bei n gleichen Teilwiderständen R_μ ist dann der Gesamtwiderstand

$$R_g = n R_\mu . \tag{1.33}$$

Für Teile einer Schaltung nennt man den Gesamtwiderstand auch **Ersatzwiderstand**.

Beispiel 1.22. Die Schaltung in Bild **1.36**a enthält die in Reihe geschalteten Widerstände $R_1 = 10\ \Omega$, $R_2 = 20\ \Omega$, $R_3 = 30\ \Omega$ und liegt an der Spannung $U = 60$ V. Der Strom I soll berechnet werden.
Nach Gl. (1.31) beträgt der Gesamtwiderstand

$$R_g = R_1 + R_2 + R_3 = 10\ \Omega + 20\ \Omega + 30\ \Omega = 60\ \Omega .$$

Daher fließt nach dem Ohmschen Gesetz der Strom

$$I = U/R_g = 60\ \text{V}/(60\ \Omega) = 1\ \text{A} .$$

1.5.1.2 Ersatzschaltung und Teilspannungen. Der Stromkreis nach Bild **1.37**a ist eine Reihenschaltung der Widerstände R_i innerhalb der Quelle Qu, R_L auf den Ver-

1.37
Stromkreis (a) und Ersatzschaltung (b)
Qu Quelle als idealisierte widerstandslose Spannungsquelle G mit innerem Widerstand R_i

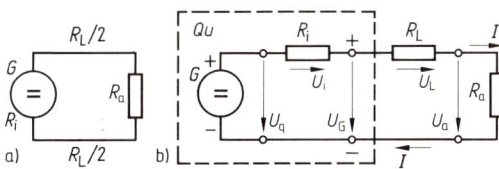

1.5 Einfache Reihen- und Parallelschaltungen

bindungsleitungen und R_V im Verbraucher. Dabei gehört der Widerstand R_L zu den beiden Verbindungsleitungen. Man kann diese beiden zu einem Widerstand R_L mit der Teilspannung U_L zusammenfassen, so daß sich für den Stromkreis nach Bild **1.37**a die Ersatzschaltung in Bild **1.37**b ergibt.

Hierin ist U_G die Klemmenspannung des Generators (Quelle Qu), der als idealisierte widerstandslose Spannungsquelle durch das Schaltzeichen G und den getrennt gezeichneten inneren Widerstand R_i wiedergegeben ist. Schließlich ist U_a die Netzspannung an den Klemmen des Netzes dort, wo der Verbraucherwiderstand R_a angeschlossen wird, also z. B. am Verbrauchsgerät oder sehr angenähert auch an den Steckdosen. In Anlagen der Nachrichtentechnik ist R_a das Anzeige- oder Empfangsgerät für die ankommende Nachricht.

In der Ersatzschaltung von Bild **1.37**b teilt sich die den Strom treibende Quellenspannung entsprechend dem Maschensatz und der Spannungsgleichung

$$U_q = U_i + U_L + U_a = U_i + U_G \tag{1.34}$$

auf. Während U_i die innere Teilspannung der Quelle Qu ist, wird der Rest $U_G = U_L + U_a$ auch als äußere Spannung bezeichnet.

Beispiel 1.23. Die Nachrichtentechnik soll Signale übertragen und anzeigen. Dabei ist die Anzeigevorrichtung etwa der Verbraucher R_a in Bild **1.37**. Sind nur 2 Signale zu unterscheiden, so können diese durch 2 verschiedene Betriebszustände der Schaltung, z. B. durch Einschalten und Ausschalten des Stromkreises, also durch Stromfluß und Stromlosigkeit dargestellt werden.

Die Anzeigevorrichtung mit dem Widerstand R_a sei über eine Leitung mit dem Widerstand R_L an die Stromquelle angeschlossen. Gemessen werden an Generator und Verbraucher im eingeschalteten Zustand die Spannungen $U_G = 11{,}6$ V und $U_a = 9$ V bei dem Strom $I = 0{,}2$ A. Im ausgeschalteten Zustand hat die Stromquelle die Leerlaufspannung $U_{Gl} = 12$ V. Wie groß sind innere Teilspannung U_i, Teilspannung U_L am Leitungswiderstand R_L und der Widerstand R_a des Anzeigegeräts?

Wegen $U_{Gl} = U_q$ ist im Leerlauf $U_i = 0$. Bei Belastung erhält man nach dem Maschensatz die innere Teilspannung

$$U_i = U_q - U_G = U_{Gl} - U_G = 12 \text{ V} - 11{,}6 \text{ V} = 0{,}4 \text{ V}.$$

In analoger Weise ist die Teilspannung über der Signalleitung

$$U_L = U_q - (U_i + U_a) = 12 \text{ V} - (0{,}4 + 9) \text{ V} = 2{,}6 \text{ V}.$$

Schließlich ergibt sich mit dem Ohmschen Gesetz der Verbraucherwiderstand

$$R_a = U_a / I = 9 \text{ V} / (0{,}2 \text{ A}) = 45 \text{ }\Omega.$$

Beispiel 1.24. Für die Schaltung nach Bild **1.38** sind Strom I und die 6 Teilspannungen U_i, U_a, U_b, U_c, U_1, U_2 zu ermitteln. Der innere Widerstand des Generators ist $R_i = 1{,}4$ Ω, die Widerstände der beiden Verbrauchsgeräte sind $R_1 = 10{,}3$ Ω, $R_2 = 15{,}9$ Ω. Die Verbindungsleitungen bestehen aus Kupferdraht mit dem Querschnitt $A = 1{,}5$ mm², wobei die Längen $l_a = l_c = 30$ m, $l_b = 2$ m betragen. Im Generator wird die Quellenspannung $U_q = 119$ V erzeugt. Die Widerstände R_a, R_b und R_c der drei Verbindungsleitungen der Längen l_a, l_b und l_c betra-

1.5.1 Reihenschaltungen

1.38
Reihenschaltung von zwei Verbrauchern R_1 und R_2 mit Quelle G und Verbindungsleitungen l_a, l_b und l_c
(a) und Ersatzschaltung (b)

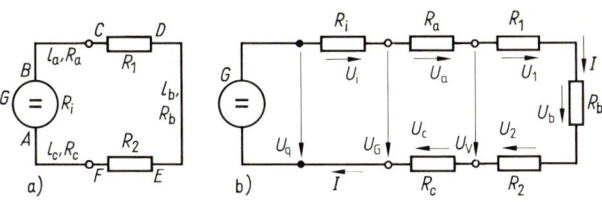

gen nach Gl. (1.9) mit der Leitfähigkeit $\gamma = 56$ Sm/mm² für Kupfer

$$R_a = R_c = \frac{l_a}{\gamma A} = \frac{30 \text{ m}}{56 \text{ (Sm/mm}^2\text{) } 1{,}5 \text{ mm}^2} = 0{,}3571 \text{ }\Omega,$$

$$R_b = \frac{l_b}{\gamma A} = \frac{2 \text{ m}}{56 \text{ (Sm/mm}^2\text{) } 1{,}5 \text{ mm}^2} = 0{,}02381 \text{ }\Omega.$$

Somit ist der Gesamtwiderstand des Stromkreises nach Gl. (1.32)

$$R_g = R_i + R_a + R_1 + R_b + R_2 + R_c$$
$$= 1{,}4 \text{ }\Omega + 0{,}3571 \text{ }\Omega + 10{,}3 \text{ }\Omega + 0{,}02381 \text{ }\Omega + 15{,}9 \text{ }\Omega + 0{,}3571 \text{ }\Omega = 28{,}34 \text{ }\Omega.$$

Man erhält nach dem Ohmschen Gesetz den Strom

$$I = U_q/R_g = 119 \text{ V}/(28{,}34 \text{ }\Omega) = 4{,}2 \text{ A}.$$

Die Teilspannungen, für die wir die gleichen Indizes wie für die Widerstände verwenden, betragen nach dem Ohmschen Gesetz

$U_i = I R_i = 4{,}2 \text{ A} \cdot 1{,}4 \text{ }\Omega = 5{,}879 \text{ V},$ $\quad U_a = U_c = I R_a = 4{,}2 \text{ A} \cdot 0{,}3571 \text{ }\Omega = 1{,}5 \text{ V},$

$U_1 = I R_1 = 4{,}2 \text{ A} \cdot 10{,}3 \text{ }\Omega = 43{,}25 \text{ V},$ $\quad U_b = I R_b = 4{,}2 \text{ A} \cdot 0{,}02381 \text{ }\Omega = 0{,}09999 \text{ V},$

$U_2 = I R_2 = 4{,}2 \text{ A} \cdot 15{,}9 \text{ }\Omega = 66{,}77 \text{ V}.$

Daher können Widerstand und Teilspannungen kurzer Leitungsstücke i. allg. vernachlässigt werden. Das geht besonders deutlich aus Bild **1.39** hervor, in dem die Spannungen graphisch

1.39
Spannungsverteilung in der Schaltung nach Bild 1.38 (zu Beispiel 1.24)
a) Spannungszeigerdiagramm, b) Spannungsverlauf $U = f(R)$ A bis F entsprechen den Potentialen in Bild 1.38a.

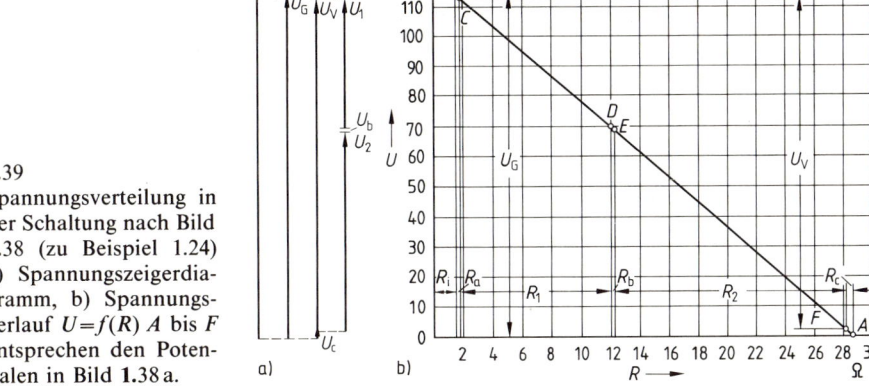

1.5 Einfache Reihen- und Parallelschaltungen

aufgetragen sind. Im Bild **1.39**b gibt die senkrechte Achse die Teilspannungen, die waagerechte die Widerstände maßstäblich an. Da die Spannung mit den Widerständen linear abnimmt, wird ihre Abhängigkeit durch eine Gerade beschrieben.

Das Entstehen der beiden Klemmenspannungen U_G am Generator und U_V an den Verbrauchern ist an der Darstellung mit Spannungspfeilen in Bild **1.39**a zu erkennen. Alle Spannungen sind hier mit Pfeilspitzen nach oben gezeichnet, da U_q der Summe der übrigen Spannungen nach Gl. (1.29) entspricht.

Aus der graphischen Darstellung von Bild **1.39**b läßt sich die Spannung zwischen beliebigen Punkten des ganzen Kreises abgreifen. Die Klemmenspannung zwischen den Generatorklemmen ergibt sich aus Bild **1.39** oder auch rechnerisch mit Anwendung des Maschensatzes

$$U_G = U_q - U_i = 119\text{ V} - 5{,}9\text{ V} = 113{,}1\text{ V}.$$

Entsprechend erhält man für die Klemmenspannung an den Verbrauchern, d.h., die für die Verbraucher zwischen den Punkten C und F der Schaltung in Bild **1.38**a übrigbleibende Spannungsdifferenz

$$U_V = U_G - U_a - U_c = 113{,}1\text{ V} - 1{,}5\text{ V} - 1{,}5\text{ V} = 110{,}1\text{ V}.$$

An den Verbrauchern sind also von der Quellenspannung 119 V nur noch 110,1 V verfügbar; die Teilspannungen bis zu den Verbrauchsgeräten betragen 119 V − 110,1 V = 8,9 V, also rund 8% der Quellenspannung. Nach Bild **1.39** stehen wieder Quellenspannung U_q und die Summe der anderen Teilspannungen im Gleichgewicht.

1.5.1.3 Spannungsteilerregel. Ein Widerstandsgerät nach Bild **1.40**a wird Spannungsteiler oder Potentiometer genannt. Es hat meist 2 feste Anschlüsse, zwischen denen der Gesamtwiderstand R_S liegt, und eine 3. Klemme, die zu einem verstellbaren Schleifer führt. Auf diese Weise kann man einen veränderbaren Widerstand R_1 bzw. eine einstellbare Teilspannung U_1 abgreifen. Es soll jetzt die Teilspannung U_1 für Leerlauf, also für einen unbelasteten Spannungsteiler, bestimmt werden.

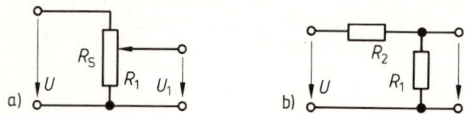

1.40 Spannungsteiler (a) mit Ersatzschaltung (b)

In einer Reihenschaltung nach Bild **1.36** gilt nach dem Ohmschen Gesetz für den überall gleichen Strom

$$I = U/R_S = U_1/R_1 = U_2/R_2 = U_3/R_3. \tag{1.35}$$

Hieraus ergibt sich für mehrere in Reihe geschaltete Widerstände $R_1, R_2, R_3 \ldots$ und die an ihnen herrschenden Teilspannungen $U_1, U_2, U_3 \ldots$ das Verhältnis

$$U_1 : U_2 : U_3 : \ldots = R_1 : R_2 : R_3 : \ldots . \tag{1.36}$$

Die Teilspannungen U_μ verhalten sich also in einer Reihenschaltung wie die zugehörigen Teilwiderstände R_μ.

Für den Spannungsteiler in Bild **1.40**a mit der Ersatzschaltung in Bild **1.40**b gilt daher die **Spannungsteilerregel**

$$\frac{U_1}{U} = \frac{R_1}{R_S} = \frac{R_1}{R_1 + R_2} = \frac{1}{1 + (R_2/R_1)}. \qquad (1.37)$$

(Die letzte Gleichung ist taschenrechnerfreundlich [88], [89].)

Beispiel 1.25. Ein Spannungsteiler nach Bild **1.40**a hat den Gesamtwiderstand $R_S = 120\ \Omega$. Zur Verfügung steht die Netzspannung $U = 220$ V. Auf welchen Wert muß die Spannung U_1 eingestellt werden, wenn der Widerstand $R_1 = 50\ \Omega$ betragen soll?
Nach Gl. (1.37) erhält man sofort die Spannung

$$U_1 = U R_1/R_S = 220\ \text{V} \cdot 50\ \Omega/(120\ \Omega) = 91{,}67\ \text{V}.$$

1.5.2 Parallelschaltungen

Man kann die Bestimmungsgleichungen für eine Parallelschaltung meist in einfacherer Form angeben, wenn man nicht mit den Widerständen R, sondern ihren Kehrwerten, den **Leitwerten** $G = 1/R$ arbeitet. Daher sollte man bei parallelen Widerständen sofort mit ihren Leitwerten rechnen.

Behandelt werden im folgenden parallele Schaltungen von Leitwerten und Quellen, ihre Umwandlung in Ersatzschaltungen und Zusammenfassung zu Gesamtleitwerten, das Auftreten von Teilströmen und ihre Anwendung in der **Stromteilerregel** und beim **Nebenwiderstand**.

1.5.2.1 Gesamtleitwert von parallel geschalteten Leitwerten. Die Parallelschaltung von Bild **1.41**a liegt mit ihren Leitwerten G_1 bis G_3 jeweils an der Klemmenspannung U, und es fließt der Gesamtstrom I. Sie soll in die Ersatzschaltung von Bild **1.41**b umgewandelt, es soll also für die 3 parallel geschalteten Leitwerte ein gleichwertiger Gesamtleitwert G_g gefunden werden.

1.41
Parallelschaltung (a) von drei Leitwerten G_1 bis G_3 mit Gesamtleitwert G_g der Ersatzschaltung (b)

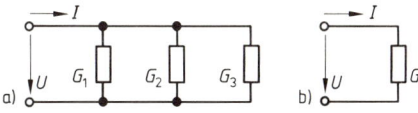

Der Knotenpunktsatz (s. Abschn. 1.3.2.2) liefert für die Schaltung in Bild **1.41**a mit den Teilströmen I_1 bis I_3 die **Stromgleichung**

$$I = I_1 + I_2 + I_3. \qquad (1.38)$$

Für die Teilströme darf man das Ohmsche Gesetz anwenden und erhält dann, wenn man für die Ersatzschaltung in Bild **1.41**b die gleiche Klemmenspannung U und den gleichen Strom I voraussetzt, die umgeformte Stromgleichung

$$G_g U = G_1 U + G_2 U + G_3 U. \qquad (1.39)$$

1.5 Einfache Reihen- und Parallelschaltungen

Indem jetzt noch Gl. (1.39) durch die Spannung U dividiert wird, ergibt sich der Gesamtleitwert

$$G_g = G_1 + G_2 + G_3 . \tag{1.40}$$

Für die Parallelschaltung einer beliebigen Anzahl n von Leitwerten G_μ darf man Gl. (1.40) allgemein erweitern auf

$$G_g = \sum_{\mu=1}^{\mu=n} G_\mu . \tag{1.41}$$

Bei n gleichen Widerständen R_μ bzw. Leitwerten G_μ gilt dann für den Gesamtleitwert

$$G_g = n G_\mu = n/R_\mu . \tag{1.42}$$

Da meist die Widerstände R_μ gegeben sind, gilt mit $R = 1/G$ analog zu Gl. (1.41) entsprechend für den Kehrwert des Gesamtwiderstands

$$\frac{1}{R_g} = \sum_{\mu=1}^{\mu=n} \frac{1}{R_\mu} = G_g . \tag{1.43}$$

Wenn ein Taschenrechner zur Hand ist, kann man hiermit durch mehrfaches Bilden der Kehrwerte sofort den Gesamtwiderstand

$$R_g = \frac{1}{\dfrac{1}{R_1} + \dfrac{1}{R_2} + \dfrac{1}{R_3} + \cdots + \dfrac{1}{R_n}} \tag{1.44}$$

finden [88], [89].

Entsprechend ist nach Gl. (1.42) bei n gleichen parallelen Widerständen R_μ der Gesamtwiderstand

$$R_g = R_\mu/n . \tag{1.45}$$

Den Gesamtleitwert eines Schaltungsteils nennt man auch Ersatzleitwert.

Beispiel 1.26. Die Schaltung in Bild **1.41**a enthält die parallel geschalteten Widerstände $R_1 = 10\,\Omega$, $R_2 = 20\,\Omega$, $R_3 = 30\,\Omega$ und liegt an der Spannung $U = 60\,\text{V}$. Der Strom I soll bestimmt werden.

Wir berechnen mit einem Taschenrechner durch Kehrwertbilden den Gesamtwiderstand

$$R_g = \frac{1}{\dfrac{1}{R_1} + \dfrac{1}{R_2} + \dfrac{1}{R_3}} = \frac{1}{\dfrac{1}{10\,\Omega} + \dfrac{1}{20\,\Omega} + \dfrac{1}{30\,\Omega}} = 5{,}455\,\Omega .$$

Es fließt daher nach dem Ohmschen Gesetz der Strom

$$I = U/R_g = 60\,\text{V}/(5{,}455\,\Omega) = 11\,\text{A} .$$

Er ist also erheblich größer als bei der Reihenschaltung der gleichen drei Widerstände in Beispiel 1.22.

1.5.2 Parallelschaltungen

Für einige Rechnungen, insbesondere wenn umfangreiche Zusammenhänge abgeleitet werden sollen, kann es gelegentlich vorteilhaft sein, nicht mit Leitwerten, sondern mit Widerständen zu arbeiten. Wenn 2 Widerstände R_1 und R_2 nach Bild 1.42a parallel geschaltet sind, gilt mit $G_1 = 1/R_1$ und $G_2 = 1/R_2$ nach Gl. (1.40) für den Gesamtleitwert

$$G_g = \frac{1}{R_g} = \frac{1}{R_1} + \frac{1}{R_2} = \frac{R_1 + R_2}{R_1 R_2} \tag{1.46}$$

und daher für den Gesamtwiderstand

$$R_g = \frac{R_1 R_2}{R_1 + R_2}. \tag{1.47}$$

Der Gesamtwiderstand R_g der Parallelschaltung ist also im Gegensatz zur Reihenschaltung stets kleiner als der kleinste Teilwiderstand.

Beispiel 1.27. Zwei parallele Widerstände nach Bild 1.42a nehmen an der Spannung $U = 100$ V den Gesamtstrom $I = 10$ mA auf. Der eine Widerstand $R_1 = 40$ kΩ ist bekannt; der zweite Widerstand R_2 soll bestimmt werden.

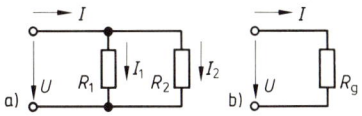

1.42
Parallelschaltung (a) von zwei Widerständen R_1 und R_2 mit Gesamtwiderstand R_g (b)

Nach dem Ohmschen Gesetz ist der Gesamtwiderstand $R_g = U/I = 100$ V/(10 mA) = 10 kΩ. Nach Gl. (1.44) gilt daher

$$R_2 = \frac{1}{\dfrac{1}{R_g} - \dfrac{1}{R_1}} = \frac{1}{\dfrac{1}{10 \text{ kΩ}} - \dfrac{1}{40 \text{ kΩ}}} = 13{,}33 \text{ kΩ}.$$

Mit einem Taschenrechner kann man daher durch entsprechendes Bilden der Kehrwerte sofort den Widerstand $R_2 = 13{,}33$ kΩ finden. Außerdem könnte man auch über Gl. (1.47) bilden

$$R_2 = \frac{R_1 R_g}{R_1 - R_g} = \frac{40 \text{ kΩ} \cdot 10 \text{ kΩ}}{40 \text{ kΩ} - 10 \text{ kΩ}} = 13{,}33 \text{ kΩ}.$$

Beispiel 1.28. Ein Schiebewiderstand nach Bild 1.43 hat den Gesamtwiderstand $R_g = R_1 + R_2 = 570$ Ω. Diese Schaltung eignet sich – vor einen Verbraucher oder eine Meßschaltung gelegt – zum Einstellen des Stromes. Die an der Spannung $U = 210$ V liegende Schaltung soll den Strom $I = 1{,}5$ A führen. Bei welchen Werten von R_1 und R_2 muß der Abgriff stehen?

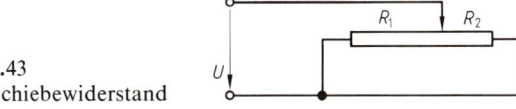

1.43
Schiebewiderstand

Die Parallelschaltung hat den Widerstand

$$R_p = \frac{R_1 R_2}{R_1 + R_2} = \frac{R_1(R_g - R_1)}{R_g} = \frac{U}{I} = \frac{210 \text{ V}}{1{,}5 \text{ A}} = 140 \text{ }\Omega.$$

Hieraus ergibt sich für den Widerstand R_1 die quadratische Gleichung

also $\quad R_p R_g = R_g R_1 - R_1^2 \quad$ oder $\quad R_1^2 - R_g R_1 + R_p R_g = 0$,

$$R_1 = 0{,}5 R_g \pm \sqrt{(0{,}5 R_g)^2 - R_p R_g} = 285 \text{ }\Omega \pm \sqrt{285^2 \text{ }\Omega^2 - 140 \text{ }\Omega \cdot 570 \text{ }\Omega}$$
$$= 285 \text{ }\Omega \pm 37{,}75 \text{ }\Omega.$$

Wegen der Symmetrie der Schaltung kann mit $R_1 = 322{,}7 \text{ }\Omega$, $R_2 = 247{,}3 \text{ }\Omega$ oder $R_1 = 247{,}3 \text{ }\Omega$, $R_2 = 322{,}7 \text{ }\Omega$ der größere Teilwiderstand also rechts oder links liegen.

1.5.2.2 Ersatzschaltung und Teilströme. Im normalen elektrischen Energieverteilungssystem wird dem Kunden eine (in relativ engen Grenzen) feste Netzspannung (Konstantspannungssystem) zur Verfügung gestellt, an die er seine Verbrauchsgeräte über fest installierte Schalter oder Steckdosen anschließen kann. Diese Geräte müssen die gleiche **Nennspannung** wie das Netz haben (üblicherweise z. B. $U_N = 220$ V) und werden dann grundsätzlich parallel angeschlossen. Es trifft also die in Bild **1.41**a dargestellte Schaltung mit der Ersatzschaltung von Bild **1.41**b zu. Die Teilströme lassen sich sofort mit dem Ohmschen Gesetz bestimmen.

Beispiel 1.29. An ein Netz mit der Klemmenspannung $U = 220$ V sind nach Bild **1.44** parallel angeschlossen: zwei Glühlampen *1* mit dem Widerstand von je $R_1 = 800$ Ω und ein Strahlungsofen *2* mit dem Widerstand $R_2 = 95$ Ω. Die Widerstände der Anschlußleitungen können als vernachlässigbar klein unberücksichtigt bleiben. Zu ermitteln sind die Einzelströme und der Gesamtstrom.

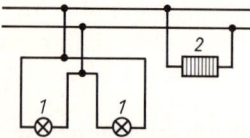

1.44
Schaltung zu Beispiel 1.29
1 je eine Glühlampe, *2* Wärmeverbraucher

Wir rechnen zunächst für jedes Verbrauchsgerät nach dem Ohmschen Gesetz den Einzelstrom; es ergibt sich für jede Lampe der Strom

$$I_1 = U/R_1 = 220 \text{ V}/(800 \text{ }\Omega) = 0{,}275 \text{ A}$$

und für den Strahlungsofen

$$I_2 = U/R_2 = 220 \text{ V}/(95 \text{ }\Omega) = 2{,}316 \text{ A}.$$

Der dem Netz entnommene Gesamtstrom ist nach dem 1. Kirchhoffschen Gesetz somit

$$I_g = 2 I_1 + I_2 = 2 \cdot 0{,}275 \text{ A} + 2{,}316 \text{ A} = 2{,}866 \text{ A}.$$

1.5.2.3 Stromteilerregel. In einer Schaltung nach Bild **1.41**a oder **1.42**a wird der Strom I in die Teilströme I_1, I_2, I_3, ... aufgeteilt. Man kann sie daher analog zu

Abschn. 1.5.1.3 auch als Stromteiler bezeichnen. In diesen Schaltungen gilt nach dem Ohmschen Gesetz für die überall gleiche Spannung

$$U = I/G_g = I_1/G_1 = I_2/G_2 = I_3/G_3 \ . \tag{1.48}$$

Hieraus ergibt sich für mehrere parallel geschaltete Leitwerte $G_1, G_2, G_3, \ldots$ und die in ihnen fließenden Teilströme $I_1, I_2, I_3, \ldots$ das Verhältnis

$$I_1 : I_2 : I_3 : \ldots = G_1 : G_2 : G_3 : \ldots \ . \tag{1.49}$$

Die **Teilströme** I_μ **verhalten sich also in einer Parallelschaltung wie die zugehörigen Teilleitwerte** G_μ.

Für den Stromteiler in Bild **1.42**a mit der Ersatzschaltung in Bild **1.42**b gilt daher mit $G_1 = 1/R_1$ und $G_2 = 1/R_2$ sowie nach Erweiterung mit $R_1 R_2$ die **Stromteilerregel**

$$\frac{I_1}{I} = \frac{G_1}{G_g} = \frac{G_1}{G_1 + G_2} = \frac{R_2}{R_1 + R_2} = \frac{1}{1 + (R_1/R_2)} \ . \tag{1.50}$$

Beim Rechnen mit den parallelen Widerständen R_1 und R_2 ist daher für den Zähler der dem gesuchten Strom I_1 **gegenüberliegende** Widerstand R_2 zu nehmen; die letzte Gleichung ist taschenrechnerfreundlich [88], [89].

Beispiel 1.30. Einer Parallelschaltung von drei Widerständen $R_1 = 10\text{ k}\Omega$, $R_2 = R_3 = 40\text{ k}\Omega$ nach Bild **1.41**a wird der Strom $I = 50\text{ mA}$ zugeführt. Es ist der Zweigstrom I_1 zu berechnen.

Wie fassen mit $G_2 = G_3 = 1/R_2 = 1/(40\text{ k}\Omega) = 25\text{ µS}$ nach Gl. (1.42) die beiden Leitwerte G_2 und G_3 zu einem Leitwert $G_{23} = 2 G_2 = 2 \cdot 25\text{ µS} = 50\text{ µS}$ zusammen, können jetzt sofort Gl. (1.50) anwenden und finden mit $G_1 = 1/R_1 = 1/(10\text{ k}\Omega) = 100\text{ µS}$ und der Stromteilerregel den Strom

$$I_1 = \frac{I}{1 + (G_{23}/G_1)} = \frac{50\text{ mA}}{1 + (50\text{ µS}/100\text{ µS})} = 33{,}33\text{ mA} \ .$$

1.5.3 Duale Zusammenhänge

Wenn man die Bestimmungsgleichungen für Reihen- und Parallelschaltungen miteinander vergleicht, stellt man fest, daß sie gleichartig aufgebaut sind und in ihnen nur Strom I und Spannung U sowie Widerstand R und Leitwert G gegeneinander vertauscht sind. Dieses **duale** Verhalten soll nun zur Betrachtung einiger Zusammenhänge herangezogen werden.

In Tafel **1.45** sind die in Abschn. 1.5.1 und 1.5.2 abgeleiteten Bestimmungsgleichungen einander gegenübergestellt. Man erkennt, daß die in der gleichen Zeile stehenden Gleichungen gleichartig aufgebaut sind und z. B. die Gleichungen für die Parallelschaltung aus den Gleichungen für die Reihenschaltung gewonnen werden können, wenn man die Formelzeichen U und I bzw. I und U sowie R und G gegeneinander austauscht. Gleiches gilt für Tafel **1.46**.

Tafel 1.45 Reihen- und Parallelschaltung von Widerständen

Reihenschaltung	Parallelschaltung
Schaltung nach Bild **1.36** Spannungsgleichung $$U = \sum_{\mu=1}^{\mu=n} U_\mu$$ Teilspannungen $U_\mu = R_\mu I = I/G_\mu$ Spannungsverhältnisse $U_1 : U_2 : U_3 : \ldots = R_1 : R_2 : R_3 : \ldots$ Gesamtwiderstand $$R_g = \sum_{\mu=1}^{\mu=n} R_\mu = \sum_{\mu=1}^{\mu=n} \frac{1}{G_\mu}$$ n gleiche Widerstände R_μ $R_g = n R_\mu = n/G_\mu$	Schaltung nach Bild **1.41** Stromgleichung $$I = \sum_{\mu=1}^{\mu=n} I_\mu$$ Teilströme $I_\mu = G_\mu U = U/R_\mu$ Stromverhältnisse $I_1 : I_2 : I_3 : \ldots = G_1 : G_2 : G_3 : \ldots$ Gesamtleitwert $$G_g = \sum_{\mu=1}^{\mu=n} G_\mu = \sum_{\mu=1}^{\mu=n} \frac{1}{R_\mu}$$ n gleiche Leitwerte G_μ $G_g = n G_\mu = n/R_\mu$

Tafel 1.46 Spannungs- und Stromteilerregel

Spannungsteiler	Stromteiler
Schaltung nach Bild **1.40b** $$\frac{U_1}{U_2} = \frac{R_1}{R_2} = \frac{G_2}{G_1}$$ $$\frac{U_1}{U} = \frac{R_1}{R_1 + R_2} = \frac{G_2}{G_1 + G_2} = \frac{1}{1 + (R_2/R_1)}$$	Schaltung nach Bild **1.42a** $$\frac{I_1}{I_2} = \frac{G_1}{G_2} = \frac{R_2}{R_1}$$ $$\frac{I_1}{I} = \frac{G_1}{G_1 + G_2} = \frac{R_2}{R_1 + R_2} = \frac{1}{1 + (R_1/R_2)}$$

Ferner zeigt sich, daß sich ganz allgemein für **Reihenschaltungen** die einfacheren Gleichungen ergeben, wenn man mit **Widerständen** R arbeitet. In **Parallelschaltungen** lohnt es sich dagegen, auf **Leitwerte** $G = 1/R$ umzurechnen.

1.5.4 Zusammengesetzte Schaltungen

Elektrische Schaltungen, die mehr als eine Masche (s. Abschn. 1.3.1.2) aufweisen, nennt man **Netzwerke**. Es sollen jetzt einige einfache Netzwerke, die sich auf Reihen- und Parallelschaltungen von Widerständen zurückführen bzw. mit den in Tafel **1.45** und **1.46** zusammengestellten Gleichungen berechnen lassen, untersucht und die Widerstandsbestimmung über Strom- und Spannungsmessungen behandelt werden.

1.5.4.1 Einfache Widerstandsnetzwerke. Mit den folgenden Beispielen soll das Anwenden der abgeleiteten Zusammenhänge exemplarisch geübt werden.

Beispiel 1.31. Die Schaltung in Bild **1.47** wird aus den Widerständen $R_1 = 1\,\text{k}\Omega$, $R_2 = 1{,}5\,\text{k}\Omega$, $R_3 = 2\,\text{k}\Omega$, $R_4 = 4\,\text{k}\Omega$ gebildet und nimmt den eingeprägten Strom $I = 50\,\text{mA}$ auf. Welche Spannung U_a herrscht am Ausgang?

Nach Gl. (1.44) können die Widerstände R_3 und R_4 durch den Widerstand R_{34} ersetzt werden, und es gilt

$$R_{34} = \frac{1}{\dfrac{1}{R_3} + \dfrac{1}{R_4}} = \frac{1}{\dfrac{1}{2\,\text{k}\Omega} + \dfrac{1}{4\,\text{k}\Omega}} = 1{,}333\,\text{k}\Omega\,.$$

Daher ist nach dem Maschensatz die Ausgangsspannung

$$U_a = U_2 + U_4 = (R_2 + R_{34})\,I = (1{,}5\,\text{k}\Omega + 1{,}333\,\text{k}\Omega)\,50\,\text{mA} = 141{,}7\,\text{V}\,.$$

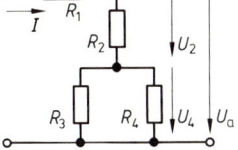

1.47 Netzwerk

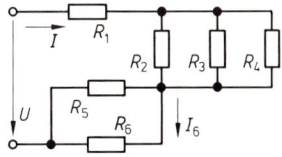

1.48 Netzwerk

Beispiel 1.32. Die Schaltung in Bild **1.48** enthält die Widerstände $R_1 = 1\,\text{k}\Omega$, $R_2 = 2\,\text{k}\Omega$, $R_3 = 3\,\text{k}\Omega$, $R_4 = 4\,\text{k}\Omega$, $R_5 = 500\,\Omega$, $R_6 = 600\,\Omega$ und liegt an der Spannung $U = 220\,\text{V}$. Gesamtstrom I und Teilstrom I_6 sollen berechnet werden.

Wir fassen zunächst nach Gl. (1.44) die 3 parallelen Widerstände R_2, R_3 und R_4 zusammen

$$R_{234} = \frac{1}{\dfrac{1}{R_2} + \dfrac{1}{R_3} + \dfrac{1}{R_4}} = \frac{1}{\dfrac{1}{2\,\text{k}\Omega} + \dfrac{1}{3\,\text{k}\Omega} + \dfrac{1}{4\,\text{k}\Omega}} = 923{,}1\,\Omega$$

sowie die 2 parallelen Widerstände R_5 und R_6

$$R_{56} = \frac{1}{\dfrac{1}{R_5} + \dfrac{1}{R_6}} = \frac{1}{\dfrac{1}{500\,\Omega} + \dfrac{1}{600\,\Omega}} = 272{,}7\,\Omega\,.$$

Daher beträgt nach Gl. (1.32) der Gesamtwiderstand

$$R_g = R_1 + R_{234} + R_{56} = 1\,\text{k}\Omega + 923{,}1\,\Omega + 272{,}7\,\Omega = 2{,}199\,\text{k}\Omega$$

und nach dem Ohmschen Gesetz der Gesamtstrom

$$I = U/R_g = 220\,\text{V}/(2{,}199\,\text{k}\Omega) = 100{,}1\,\text{mA}\,.$$

Über die Stromteilerregel, also Gl. (1.50) findet man den Teilstrom

$$I_6 = \frac{I}{1 + (R_6/R_5)} = \frac{100{,}1\,\text{mA}}{1 + (600\,\Omega/500\,\Omega)} = 45{,}48\,\text{mA}\,.$$

Beispiel 1.33. Die Brückenschaltung von Bild **1.49** hat die Widerstände $R_1 = R_2 = 48\,\Omega$; $R_3 = 60\,\Omega$ und $R_4 = 40\,\Omega$. Sie wird von der Spannungsquelle $U = 12\,\text{V}$ mit vernachlässigbar kleinem Innenwiderstand gespeist. Die Spannungen U_1, U_2, U_3, U_4 und U_{AB} sind zu berechnen.

Die Widerstände R_1 und R_2 bilden einen Spannungsteiler mit der Gesamtspannung $U = 12\,\text{V}$. Es gilt mit der Spannungsteilerregel von Tafel **1.46**

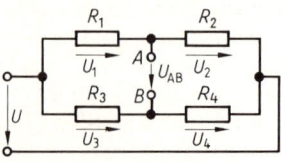

$$\frac{U}{R_1 + R_2} = \frac{U_1}{R_1} = \frac{U_2}{R_2}.$$

Hieraus folgen die Teilspannungen

1.49 Brückenschaltung

$$U_1 = U_2 = \frac{U}{1 + (R_2/R_1)} = \frac{12\,\text{V}}{1 + (48\,\Omega/48\,\Omega)} = 6\,\text{V}.$$

Die Widerstände R_3 und R_4 bilden ebenfalls einen Spannungsteiler mit der Gesamtspannung $U = 12\,\text{V}$, und man erhält für die Teilspannungen

$$U_3 = \frac{U}{1 + (R_4/R_3)} = \frac{12\,\text{V}}{1 + (40\,\Omega/60\,\Omega)} = 7{,}2\,\text{V},$$

$$U_4 = \frac{U}{1 + (R_3/R_4)} = \frac{12\,\text{V}}{1 + (60\,\Omega/40\,\Omega)} = 4{,}8\,\text{V}.$$

Die Spannung U_{AB} erhält man aus der Maschengleichung $U_1 + U_{AB} - U_3 = 0$, also

$$U_{AB} = U_3 - U_1 = 7{,}2\,\text{V} - 6\,\text{V} = 1{,}2\,\text{V}.$$

Beispiel 1.34. Die Schaltung in Bild **1.50** enthält die Widerstände $R_1 = 100\,\Omega$, $R_2 = 15\,\Omega$, $R_3 = 45\,\Omega$, $R_4 = 20\,\Omega$, $R_5 = 30\,\Omega$, $R_6 = 90\,\Omega$ und liegt an der Spannung $U = 100\,\text{V}$. Der Gesamtstrom I soll bestimmt werden.

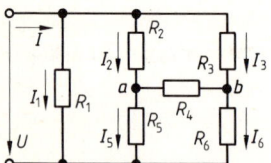

1.50 Netzwerk

Auf den ersten Blick scheint diese Aufgabe mit den bisher abgeleiteten Bestimmungsgleichungen nicht lösbar zu sein; denn die Widerstände R_2 und R_3 sowie R_5 und R_6 liegen nicht unmittelbar parallel. Da jedoch nach der Spannungsteilerregel (s. Tafel **1.46**) in diesem Sonderfall für die Teilspannungen gilt

$$\frac{U_2}{U_5} = \frac{R_2}{R_5} = \frac{15\,\Omega}{30\,\Omega} = \frac{U_3}{U_6} = \frac{R_3}{R_6} = \frac{45\,\Omega}{90\,\Omega} = \frac{1}{2},$$

haben die Widerstände R_2 und R_3 bzw. R_5 und R_6 die gleichen Teilspannungen U_{23} bzw. U_{56}, und im Widerstand R_4 fließt kein Strom. Der Leitungszug a–b dürfte daher auch unterbrochen werden. Die Teilströme sind somit $I_1 = U/R_1 = 100\,\text{V}/(100\,\Omega) = 1\,\text{A}$, $I_2 = U/(R_2 + R_5) = 100\,\text{V}/(15\,\Omega + 30\,\Omega) = 2{,}222\,\text{A}$ und $I_3 = U/(R_3 + R_6) = 100\,\text{V}/(45\,\Omega + 90\,\Omega) = 0{,}7407\,\text{A}$. Daher ist der Gesamtstrom $I = I_1 + I_2 + I_3 = 1\,\text{A} + 2{,}222\,\text{A} + 0{,}7407\,\text{A} = 3{,}963\,\text{A}$.

1.5.4.2 Annahme des Ergebnisses.

In umfangreichen Netzwerken, die nur eine Quelle und lineare Verbraucher enthalten, kann man sich das umständliche Zusammenfassen der Einzelwiderstände auch ersparen, wenn man umgekehrt vorgeht, nämlich das Ergebnis mit einem runden Wert annimmt, also sozusagen die Aufgabe umgekehrt auffaßt, indem man **von der gesuchten Ausgangsgröße zur Eingangsgröße zurückrechnet**. Die errechnete Eingangsgröße stimmt dann i. allg. natürlich nicht mit der vorgegebenen überein. Da aber **lineare** Verhältnisse vorliegen, darf man anschließend alle Zwischenwerte und das angenommene Ergebnis im Verhältnis der vorgegebenen zur errechneten Eingangsgröße umrechnen. Dieses **rekursive** Vorgehen wird am einfachsten an dem folgenden Beispiel 1.34 deutlich. Es kann besonders gut in Taschenrechnerprogrammen angewendet werden [88], [89].

Beispiel 1.35. In der Schaltung von Bild **1.51** sind bekannt die Spannung $U = 100$ V und die Widerstände $R_1 = 10\ \Omega$; $R_2 = 12\ \Omega$; $R_3 = 25\ \Omega$; $R_4 = \Omega$; $R_5 = 40\ \Omega$; $R_6 = 60\ \Omega$. Die Spannung U_6 ist zu berechnen.

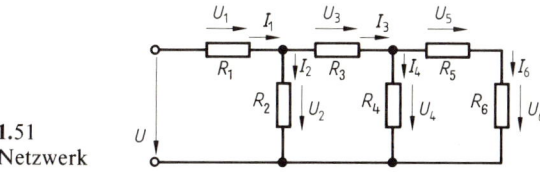

1.51 Netzwerk

Wir wählen, um den Strom $I_6' = 1$ A zu erhalten, die Spannung $U_6' = 60$ V und berechnen die Zwischenwerte schrittweise folgendermaßen

$I_6' = U_6'/R_6 = 60\ \text{V}/(60\ \Omega) = 1$ A,
$U_4' = U_5' + U_6' = 40$ V $+ 60$ V $= 100$ V,
$I_3' = I_4' + I_6' = 2{,}5$ A $+ 1$ A $= 3{,}5$ A,
$U_2' = U_3' + U_4' = 87{,}5$ V $+ 100$ V $= 187{,}5$ V,
$I_1' = I_2' + I_3' = 15{,}63$ A $+ 3{,}5$ A $= 19{,}13$ A,
$U' = U_1' + U_2' = 191{,}3$ V $+ 187{,}5$ V $= 378{,}8$ V,

$U_5' = I_6' R_5 = 1$ A $\cdot 40\ \Omega = 40$ V,
$I_4' = U_4'/R_4 = 100$ V$/(40\ \Omega) = 2{,}5$ A,
$U_3' = I_3' R_3 = 3{,}5$ A $\cdot 25\ \Omega = 87{,}5$ V,
$I_2' = U_2'/R_2 = 187{,}5$ V$/(12\ \Omega) = 15{,}63$ A,
$U_1' = I_1' R_1 = 19{,}13$ A $\cdot 10\ \Omega = 191{,}3$ V.

Nun wird noch proportional umgerechnet, und es ergibt sich schließlich die tatsächliche Spannung

$$U_6 = U\, U_6'/U' = 100\ \text{V} \cdot 60\ \text{V}/(378{,}8\ \text{V}) = 15{,}84\ \text{V}.$$

1.5.4.3 Schaltungen der Meßtechnik.

Hier werden drei Beispiele aus der elektrischen Meßtechnik behandelt.

Beispiel 1.36. Bild **1.52** zeigt eine Kompensationsschaltung, mit der z. B. Spannungen von Thermoelementen, Photoelementen u.ä. **leistungslos** gemessen werden können, wenn über das Nullgerät V der Strom $I_2 = 0$ eingestellt wird. Gemessen werden soll eine Thermospannung im Bereich $U_{q2} = 20$ mV bis 30 mV. Zur Verfügung stehen ein Spannungsmesser, der

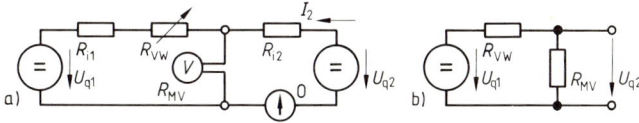

1.52 Kompensationsschaltung (a) mit Ersatzschaltung (b)

1.5 Einfache Reihen- und Parallelschaltungen

30 mV bei dem inneren Widerstand $R_{MV} = 200\,\Omega$ messen, und eine Akkuzelle, die maximal die Spannung $U_{q1} = 2{,}3$ V bei dem inneren Widerstand $R_{i1} = 0{,}2\,\Omega$ liefern kann. Es ist ein geeigneter verstellbarer Widerstand R_{VW} festzulegen.

Da der innere Widerstand R_{i1} vernachlässigbar klein ist, kann man die Ersatzschaltung in Bild 1.52b angeben. Es liegt ein einfacher Spannungsteiler vor, für den nach Tafel 1.46 gilt

$$U_{q2}/U_{q1} = R_{MV}/(R_{VW} + R_{MV})\,.$$

Daher muß der Vorwiderstand im Bereich

$$R_{VW1} = R_{MV}\left(\frac{U_{q1}}{U_{q2}} - 1\right) = 200\,\Omega\left(\frac{2{,}3\text{ V}}{20\text{ mV}} - 1\right) = 22{,}8\text{ k}\Omega$$

bis
$$R_{VW2} = 200\,\Omega\left(\frac{2{,}3\text{ V}}{30\text{ mV}} - 1\right) = 15{,}13\text{ k}\Omega$$

liegen.

Beispiel 1.37. Ein Vielfach-Strommesser [80] ist nach Bild 1.53 geschaltet und enthält ein Drehspulmeßwerk A für den Meßstrom $I_M = 0{,}3$ mA und die Meßspannung $U_M = 60$ mV. Um eine gute Dämpfung des Zeigers [80] zu erreichen, soll der Kreiswiderstand $R_K = R_1 + R_2 + R_3 + R_4 + R_5 + R_M = 600\,\Omega$ betragen. Über die angegebenen Klemmen sollen die Meßbereiche $I_1 = 150$ mA, $I_2 = 60$ mA, $I_3 = 15$ mA, $I_4 = 6$ mA eingestellt werden. Hierfür sind die Widerstände R_1 bis R_5 zu berechnen.

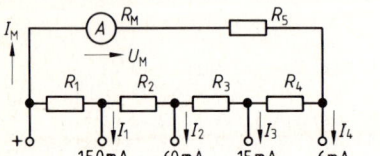

1.53 Schaltung für Vielfach-Strommesser

Zunächst bestimmen wir mit dem Ohmschen Gesetz den Meßwerkwiderstand $R_M = U_M/I_M = 60\text{ mV}/(0{,}3\text{ mA}) = 200\,\Omega$. Die Stromteilerregel von Tafel 1.46 ermöglicht mit $I_M/I_1 = R_1/R_K$ eine Gleichung für den Widerstand

$$R_1 = R_K I_M/I_1 = 600\,\Omega \cdot 0{,}3\text{ mA}/(150\text{ mA}) = 1{,}2\,\Omega\,.$$

Analog findet man mit dem Ansatz $I_M/I_2 = (R_1 + R_2)/R_K$ den Widerstand

$$R_2 = \frac{R_K I_M}{I_2} - R_1 = \frac{600\,\Omega \cdot 0{,}3\text{ mA}}{60\text{ mA}} - 1{,}2\,\Omega = 1{,}8\,\Omega$$

bzw. mit $I_M/I_3 = (R_1 + R_2 + R_3)/R_K$ den Widerstand

$$R_3 = \frac{R_K I_M}{I_3} - R_1 - R_2 = \frac{600\,\Omega \cdot 0{,}3\text{ mA}}{15\text{ mA}} - 1{,}2\,\Omega - 1{,}8\,\Omega = 9\,\Omega$$

und mit $I_M/I_4 = (R_1 + R_2 + R_3 + R_4)/R_K$ den Widerstand

$$R_4 = \frac{R_K I_M}{I_3} - R_1 - R_2 - R_3 = \frac{600\,\Omega \cdot 0{,}3\text{ mA}}{6\text{ mA}} - 1{,}2\,\Omega - 1{,}8\,\Omega - 9\,\Omega = 18\,\Omega\,.$$

1.5.4 Zusammengesetzte Schaltungen

Daher muß der fünfte Widerstand betragen

$$R_5 = R_K - R_1 - R_2 - R_3 - R_4 - R_M$$
$$= 600\,\Omega - 1{,}2\,\Omega - 1{,}8\,\Omega - 9\,\Omega - 18\,\Omega - 200\,\Omega = 370\,\Omega\,.$$

Widerstandsmessung. Will man den Widerstand des Verbrauchers R_a bestimmen, so können hierfür nach Bild **1.54** Strom und Spannung gleichzeitig gemessen werden. Dabei sind 2 Schaltungen möglich, von denen jede aber einen Fehler enthält: in Bild **1.54**a mißt der Spannungsmesser die Teilspannung $U_A = I_a R_{MA}$ des Strommessers mit; in Bild **1.54**b mißt der Strommesser den durch den Spannungsmesser fließenden Strom $I_V = U_a/R_{MV}$ mit [80]. Eine Schaltung, die beide Größen gleichzeitig richtig mißt, gibt es nicht. Praktisch verwendet man die Schaltung nach Bild **1.54**a bei der Messung großer Widerstände R_a, so daß dann die Widerstandsspannung an dem geringen Widerstand R_{MA} des Strommessers vernachlässigt werden kann. Entsprechend wird die Schaltung nach Bild **1.54**b für kleine Widerstände R_a benutzt, bei denen der Strom in dem großen Spannungsmesserwiderstand R_{MV} unberücksichtigt bleiben kann. Für mittlere Widerstände R_a ergeben beide Schaltungen meist nur geringe, vernachlässigbare Fehler. Gegebenenfalls sind die angezeigten Werte zu korrigieren: In der Schaltung nach Bild **1.54**a ist die Widerstandsspannung im Strommesser, nach **1.54**b der Strom im Spannungsmesser von der Anzeige des anderen Meßgerätes abzuziehen.

Beispiel 1.38. Bei einer Widerstandsmessung nach Bild **1.54**a zeigt der Spannungsmesser (mit Eigenwiderstand $R_{MV} = 9\,\text{k}\Omega$) die Spannung $U = 217\,\text{V}$, der Strommesser (mit Eigenwiderstand $R_{MA} = 0{,}1\,\Omega$) den Strom $I_a = 18{,}3\,\text{A}$ an. Wie groß ist der gemessene Widerstand R_a? Um wieviel wurde die Spannung zu groß gemessen? Wäre der Meßfehler bei der Schaltung nach Bild **1.54**b größer oder kleiner gewesen?

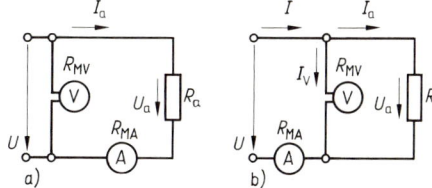

1.54
Indirekte Bestimmung von Widerständen
a) stromrichtig, b) spannungsrichtig

Durch unmittelbare Anwendung des Ohmschen Gesetzes erhält man den Widerstand

$$R_a = U/I_a = 217\,\text{V}/(18{,}3\,\text{A}) = 11{,}86\,\Omega\,.$$

Die Teilspannung im Strommesser ist $U_A = I_a R_{MA} = 18{,}3\,\text{A} \cdot 0{,}1\,\Omega = 1{,}83\,\text{V}$, so daß die Spannung am Widerstand R_a tatsächlich nur $U_a = U - U_A = 217\,\text{V} - 1{,}8\,\text{V} = 215{,}2\,\text{V}$ und der wahre Widerstand

$$R_a = U_a/I_a = 215{,}2\,\text{V}/(18{,}3\,\text{A}) = 11{,}76\,\Omega$$

ist. Der Fehler bei der Vernachlässigung der Teilspannung am Strommesser beträgt also $0{,}1\,\Omega$ oder $F = R_{MA}/R_a = 0{,}1\,\Omega/(11{,}76\,\Omega) = 0{,}008504 = 0{,}8504\%$. Das ist oft weniger als die Meßunsicherheit [23], [80] der Meßgeräte selbst, so daß man auf die Berücksichtigung des inneren Widerstands verzichten kann.
Bei der Schaltung nach Bild **1.54**b hätte der Strommesser den Strom im Spannungsmesser als Fehler mitgemessen. Beide Zweigströme verhalten sich umgekehrt wie die parallel liegenden Widerstände, also ist der Fehler $F = R_a/R_{MV} = 11{,}76\,\Omega/(9\,\text{k}\Omega) = 0{,}001307 = 0{,}1307\%$, so daß diese Messung einen geringeren Fehler ergibt und daher vorzuziehen ist.

1.6 Berechnungsverfahren für Netzwerke

Ohmsches Gesetz und Kirchhoffsche Gesetze müssen in jeder elektrischen Schaltung erfüllt sein. Daher kann man grundsätzlich auch jedes Netzwerk mit ihnen berechnen, also z. B. alle Ströme und Spannungen und die zugehörigen Leistungen bestimmen, wenn alle Widerstände und Quellen bekannt sind, oder auch Bedingungen für diese Größen einhalten, wenn die übrigen Größen festliegen oder richtig gewählt werden dürfen. In umfangreichen Netzwerken sind dann Gleichungssysteme höherer Ordnung zu lösen, was einigen Aufwand erfordert, grundsätzlich aber möglich ist. Nichtlineare Netzwerke verlangen iterative Verfahren, die einen Digitalrechner voraussetzen.

In den meisten Fällen brauchen die umfangreichen Gleichungssysteme, die sich mit den Kirchhoffschen Gesetzen ergeben, nicht aufgestellt zu werden. Häufig kann man mit Hilfssätzen einfachere Berechnungsverfahren angeben, die im folgenden abgeleitet und mit ihren Vor- und Nachteilen dargestellt werden sollen. Sie eignen sich also oft nur für bestimmte Anordnungen oder Fragen. Dies wird deutlich, wenn sie auf die gleichen Aufgaben angewandt werden.

Dieser Abschnitt stellt im folgenden nochmals ausführlich dar, was man beim Aufstellen der Strom- und Spannungsgleichungen eines Netzwerks zu beachten hat, wie man Netzwerke zweckmäßig umformen, also vereinfachen kann, was man beim Anwenden des Überlagerungsgesetzes zu beachten hat und welche große Bedeutung dem Satz von den Ersatzquellen zukommt. Schließlich sollen die mit den Kirchhoffschen Gesetzen sich ergebenden umfangreichen Gleichungssysteme durch Maschenstrom- und Knotenpunktpotential-Verfahren entscheidend verkleinert werden.

1.6.1 Netzumformung

Das in Abschn. 1.5 behandelte Zusammenfassen von in Reihe oder parallel liegenden Widerständen und Quellen zu Gesamtwiderständen und Gesamtquellen stellt bereits eine Netzumformung dar. Weitere teilweise für bestimmte Berechnungsschritte vorgenommene Netzumformungen werden in Abschn. 1.6.3 bis 1.6.6 besprochen.

Netzumformungen sollen ein der Berechnung nur schwer zugängliches, umfangreiches Netzwerk in eine gleichwertige (äquivalente), einfachere Schaltung umwandeln. Da das Anwenden der Kirchhoffschen Gesetze u. U. zu umfangreichen Gleichungssystemen führt, kann eine solche Vereinfachung den Rechenaufwand vermindern. Es sollen jetzt die für die Umformung notwendigen Voraussetzungen sowie die geltenden Regeln und Gesichtspunkte zusammengestellt und an Beispielen erläutert werden. Insbesondere sollen noch Sternschaltungen in äquivalente Dreieckschaltungen und umgekehrt umgeformt werden.

1.6.1.1 Notwendige Voraussetzungen. Die hier behandelten Beispiele führen zu Gleichungssystemen mit konstanten Koeffizienten, und die Unbekannten kommen nur mit ihrer 1. Potenz vor; daher sind es lineare Gleichungssysteme. Nach [6] dürfen die Gleichungen solcher linearen Systeme addiert, also überlagert oder mit konstanten Faktoren multipliziert werden, ohne daß ihre Lösungen andere Werte annehmen. Physikalisch gesehen bedeutet dies, daß von den einzelnen linearen Größen auch nur Teile betrachtet und erst hinterher summiert oder auch Schaltungsteile sofort zusammengefaßt werden dürfen, also vielfältige lineare Umformungen oder Teilbetrachtungen zulässig sind. Daher dürfen die anschließend zu erklärenden Berechnungsverfahren angewendet werden.

1.6.1.2 Regeln. Es werden zunächst nur Netzumformungen betrachtet, wobei folgende Regeln zu beachten sind:

a) Nach Bild **1.36** in Reihe geschaltete Widerstände dürfen zu einem **Ersatzwiderstand** nach Gl. (1.32) zusammengefaßt werden.

b) Nach Bild **1.41** parallel liegende Leitwerte können zu einem **Ersatzleitwert** nach Gl. (1.41) zusammengefaßt werden.

c) In Reihe oder parallel geschaltete Quellen darf man durch **Gesamtquellen** ersetzen.

d) Widerstände, die **unmittelbar parallel zu einer idealen Spannungsquelle oder unmittelbar in Reihe zu einer idealen Stromquelle** liegen, beeinflussen die Teilspannungen und -ströme der übrigen Schaltung nicht und dürfen daher für solche Betrachtungen unberücksichtigt bleiben (s. Beispiel 1.34, Bild **1.50** und **1.55**).

e) **Punkte gleichen Potentials** darf man durch Leitungen verbinden, ohne daß sich an der Strom- und Spannungsverteilung etwas ändert (s. Beispiel 1.34).

f) Ebenso darf man **Knotenpunkte auftrennen**, wenn sich hierdurch an der Strom- und Spannungsverteilung nichts verändert (s. Beispiel 1.40).

g) Häufig kann schon ein **Umzeichnen** der vorliegenden Schaltung den Überblick verbessern, eine Ähnlichkeit mit anderen schon behandelten Schaltungen erkennen lassen oder eine einfache Lösung nahelegen.

1.6.1.3 Vereinfachung der Schaltung. Auf den ersten Blick führt das Netzwerk in Bild **1.55**a, wenn alle Widerstände sowie Quellenspannung U_{q1} und Quellenstrom I_{q2} bekannt sind, sechs unbekannte Zweigströme, erfordert also ein Gleichungssystem mit 6 Unbekannten. Nach Abschn. 1.3.1.2 können jedoch die beiden unteren Knotenpunkte zu einem echten Knotenpunkt zusammengefaßt werden. Die parallelen Widerstände R_5 und R_6 dürfen durch einen Widerstand R_{56} ersetzt und die beiden in Reihe liegenden Widerstände R_1 und R_2 zum Widerstand R_{12} zusammen-

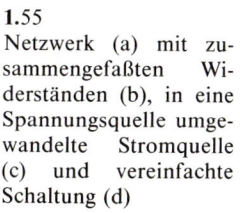

1.55
Netzwerk (a) mit zusammengefaßten Widerständen (b), in eine Spannungsquelle umgewandelte Stromquelle (c) und vereinfachte Schaltung (d)

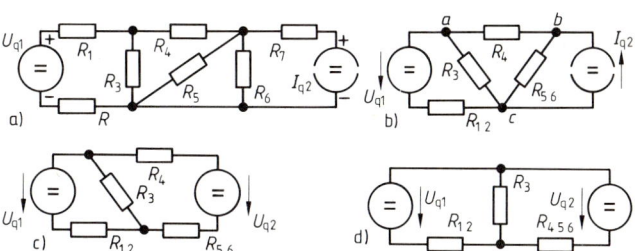

gefaßt werden. Der Widerstand R_7 liegt mit dem unendlich großen Widerstand der Stromquelle in Reihe und bleibt daher ohne Wirkung. Auf diese Weise findet man die Ersatzschaltung in Bild **1.55b**.

Man kann weiterhin die Stromquelle mit dem parallelen inneren Widerstand R_{56} nach Abschn. 1.4.1.3 in eine Spannungsquelle umwandeln und erhält so die Schaltung in Bild **1.55c**. Das Zusammenfassen der Widerstände R_4 und R_{56} zu R_{456} ergibt schließlich die sehr viel **einfachere Schaltung** in Bild **1.55d**, die nur noch 3 unbekannte Ströme enthält. Wenn diese 3 Ströme berechnet sind, kann man leicht durch Anwenden der Strom- und Spannungsteilerregel von Tafel **1.46** bzw. des Ohmschen Gesetzes die übrigen Ströme und Spannungen ermitteln.

In der Brückenschaltung von Bild **1.56** kann man wegen des fehlenden Innenleitwerts die Stromquelle nicht unmittelbar durch eine gleichwertige Spannungsquelle ersetzen, aber auch nicht für die linke Masche die Spannungsgleichung aufstellen, da die Spannung U_{12} ja unbekannt ist. Hier empfiehlt es sich, an den Knotenpunkten a und b den **eingeprägten Strom I_q** einzuführen.

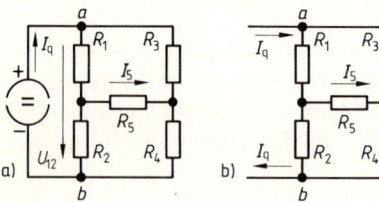

1.56
Brückenschaltung (a)
mit eingeprägtem Strom I_q (b)

Beispiel 1.39. Für die Schaltung in Bild **1.57a** ist die Gleichung für das Verhältnis der Spannungen U_a/U_e aufzustellen.

An der umgezeichneten Schaltung in Bild **1.57b** erkennt man sofort, daß hier die Spannungsteilerregel von Tafel **1.46** angewendet werden kann. Sie liefert die Teilspannungen

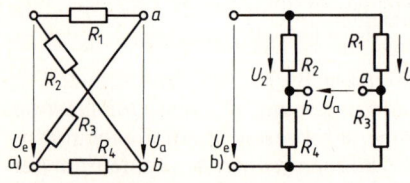

$$U_1 = U_e \frac{R_1}{R_1 + R_3} \quad \text{und} \quad U_2 = U_e \frac{R_2}{R_2 + R_4},$$

und nach dem Maschensatz ist

$$U_a = U_2 - U_1 = U_e \left(\frac{R_2}{R_2 + R_4} - \frac{R_1}{R_1 + R_3} \right)$$

1.57 Netzwerk (a), nach Umzeichnung (b)

bzw.

$$\frac{U_a}{U_e} = \frac{R_2}{R_2 + R_4} - \frac{R_1}{R_1 + R_3} = \frac{1}{1 + (R_4/R_2)} - \frac{1}{1 + (R_3/R_1)}. \tag{1.51}$$

Beispiel 1.40. Das Netzwerk in Bild **1.58a** besteht aus acht gleich großen Widerständen $R = 2\,\text{k}\Omega$ und liegt an der Spannung $U = 12\,\text{V}$. Wie groß ist der Strom I?

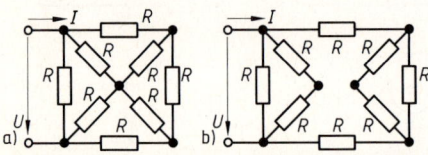

1.58
Netzwerk (a) mit Ersatzschaltung (b)

Da die Schaltung symmetrisch aufgebaut ist, darf sie am mittleren Knotenpunkt wie in Bild 1.58b aufgetrennt werden, ohne daß sich die Stromverteilung ändert. Dann gilt mit Gl. (1.32) und (1.43) für den Kehrwert des Gesamtwiderstands

$$\frac{1}{R_g} = \frac{1}{R} + \frac{1}{2R} + \frac{1}{2R + \frac{1}{\frac{1}{R} + \frac{1}{2R}}} = \frac{15}{8R}.$$

Also beträgt der Gesamtwiderstand

$$R_g = 8R/15 = 8 \cdot 2 \text{ k}\Omega/15 = 1{,}067 \text{ k}\Omega,$$

und nach Gl. (1.8) ist der Strom

$$I = U/R_g = 12 \text{ V}/(1067 \ \Omega) = 11{,}25 \text{ mA}.$$

Beispiel 1.41. Für das Netzwerk in Bild **1.59**a soll nur der Strom I_1 berechnet werden.

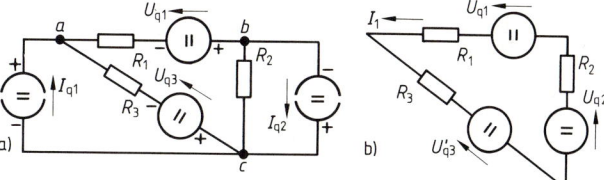

1.59
Netzmasche (a) und nach Umformung (b)

Man kann die Stromquellen in Spannungsquellen umwandeln. Um die Größen der Ersatzschaltung in Bild **1.59**b zu erhalten, wird zunächst die untere Spannungsquelle nach Gl. (1.25) in eine Stromquelle mit dem Quellenstrom $I_{q3} = U_{q3}/R_3 = 10 \text{ V}/(0{,}4 \ \Omega) = 25$ A umgewandelt, so daß die Quellenströme zu $I'_{q3} = I_{q3} - I_{q1} = 25 \text{ A} - 6{,}5 \text{ A} = 18{,}5$ A zusammengefaßt werden können. Gl. (1.25) ergibt dann die Quellenspannungen $U'_{q3} = R_3 I'_{q3} = 0{,}4 \ \Omega \cdot 18{,}5 \text{ A} = 7{,}4$ V und $U'_{q2} = R_2 I'_{q2} = 5 \ \Omega \cdot 4{,}8 \text{ A} = 24$ V. Daher findet man den Strom

$$I_1 = \frac{U'_{q3} - U_{q1} - U'_{q2}}{R_1 + R_2 + R_3} = \frac{7{,}4 \text{ V} - 16 \text{ V} - 24 \text{ V}}{2 \ \Omega + 5 \ \Omega + 0{,}4 \ \Omega} = -4{,}405 \text{ A}.$$

1.6.1.4 Stern-Dreieck-Umwandlung.
Der Gesamtwiderstand des Netzwerks in Bild **1.60** zwischen den Klemmen a und b läßt sich nicht mehr einfach mit den in Abschn. 1.5 für Reihen-Parallelschaltungen abgeleiteten Gleichungen bestimmen. (Mit den Kirchhoffschen Gesetzen ist auch diese Aufgabe grundsätzlich lösbar; dies wäre jedoch recht aufwendig.)

Das Netzwerk in Bild **1.60** ist aus mehreren Stern- und Dreieckschaltungen nach Bild **1.61** zusammengesetzt, die ineinander überführt werden können, wie nun

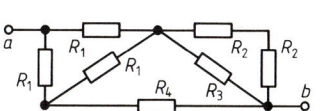
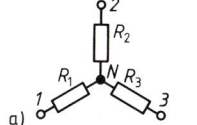
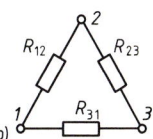

1.61 Sternschaltung (a) und Dreieckschaltung (b)

nachgewiesen werden soll. (Die Bezeichnungen Sternschaltung und Dreieckschaltung kann man mit ihrer Form erklären; die Dreieckschaltung ist eine Abart der Ringschaltung.)

Zwischen den Anschlußpunkten *1, 2* und *3* und dem Sternpunkt *N* der Sternschaltung liegen nach Bild **1.61**a die Widerstände R_1, R_2, R_3 und zwischen den Anschlußpunkten *1, 2* und *3* der Dreieckschaltung nach Bild **1.61**b die Widerstände R_{12}, R_{23}, R_{31}. Die Dreieckschaltung soll in die äquivalente Sternschaltung umgewandelt werden. Die Netzwerkumwandlung verlangt gleiche Widerstände zwischen den Anschlußpunkten

$$1, 2: \quad R_1 + R_2 = \frac{R_{12}(R_{23} + R_{31})}{R_{12} + R_{23} + R_{31}},$$

$$2, 3: \quad R_2 + R_3 = \frac{R_{23}(R_{31} + R_{12})}{R_{12} + R_{23} + R_{31}},$$

$$3, 1: \quad R_1 + R_3 = \frac{R_{31}(R_{12} + R_{23})}{R_{12} + R_{23} + R_{31}}.$$

Hieraus ergeben sich die äquivalenten Widerstände der **Sternschaltung**

$$R_1 = \frac{R_{12}R_{31}}{R_{12} + R_{23} + R_{31}}, \quad R_2 = \frac{R_{12}R_{23}}{R_{12} + R_{23} + R_{31}}, \quad R_3 = \frac{R_{23}R_{31}}{R_{12} + R_{23} + R_{31}}. \tag{1.52}$$

Es ist also stets das Produkt der am jeweils betrachteten Knoten der Dreieckschaltung liegenden Widerstände durch die Summe aller Widerstände der Dreieckschaltung zu dividieren. Für die zugehörigen Leitwerte gilt

$$G_1 = G_{12} + G_{31} + \frac{G_{12}G_{31}}{G_{23}}, \quad G_2 = G_{12} + G_{23} + \frac{G_{12}G_{23}}{G_{31}},$$

$$G_3 = G_{23} + G_{31} + \frac{G_{23}G_{31}}{G_{12}}. \tag{1.53}$$

Die folgende Gleichung entsteht also aus der vorhergehenden jeweils durch zyklisches Vertauschen der Indizes.

Aus den Ansatzgleichungen folgt nach entsprechender Auflösung für die Widerstände der äquivalenten **Dreieckschaltung**

$$R_{12} = R_1 + R_2 + \frac{R_1 R_2}{R_3}, \quad R_{23} = R_2 + R_3 + \frac{R_2 R_3}{R_1}, \quad R_{31} = R_3 + R_1 + \frac{R_3 R_1}{R_2}. \tag{1.54}$$

Daher gilt für die zugehörigen Leitwerte

$$G_{12} = \frac{G_1 G_2}{G_1 + G_2 + G_3}, \quad G_{23} = \frac{G_2 G_3}{G_1 + G_2 + G_3}, \quad G_{31} = \frac{G_3 G_1}{G_1 + G_2 + G_3}. \tag{1.55}$$

1.6.1 Netzumformung 59

Hier ist stets das Produkt der an den jeweils betrachteten Knoten liegenden Leitwerte durch die Summe aller Leitwerte der Sternschaltung zu dividieren.

In Gl. (1.52) und (1.55) sowie Gl. (1.53) und (1.54) sind bei jeweils gleichem Gleichungsaufbau Widerstand und Leitwert gegeneinander vertauscht. Bei der Netzwerkumwandlung Stern in Dreieck oder umgekehrt wird entweder ein Knotenpunkt durch eine Masche oder eine Masche durch einen Knotenpunkt ersetzt. Stern- und Dreieckschaltung zeigen also wieder **duales** Verhalten.

In der Schaltungstechnik treten Stern- und Dreieckschaltungen häufiger auf – insbesondere in Dreiphasensystemen, s. Abschn. 9. Dort sind dann meist alle in Stern geschalteten Widerstände R_λ bzw. die in Dreieck geschalteten Widerstände $R_\triangle$ jeweils untereinander gleich groß (d. i. eine symmetrische Widerstandsschaltung). Wenn für diesen Fall äquivalente Schaltungen gefordert werden, muß nach Gl. (1.52) bis (1.55) gefordert werden

$$R_\triangle = 3 R_\lambda \quad \text{oder} \quad G_\lambda = 3 G_\triangle \, . \tag{1.56}$$

Beispiel 1.42. Die Schaltung in Bild **1.60** enthält die Widerstände $R_1 = 30\,\Omega$, $R_2 = 10\,\Omega$, $R_3 = R_4 = 20\,\Omega$. Der Widerstand R_{ab} zwischen den Klemmen a und b soll berechnet werden. Die linke obere Dreieckschaltung in Bild **1.60** wird umgeformt in eine äquivalente Sternschaltung, deren Widerstände nach Gl. (1.50) $R_\lambda = R_\triangle/3 = 30\,\Omega/3 = 10\,\Omega$ (s. Bild **1.62**) betragen. Das rechte obere Dreieck wird nach Gl. (1.31) und (1.44) zusammengefaßt zu dem Widerstand

$$R_p = \cfrac{1}{\cfrac{1}{R_3} + \cfrac{1}{2R_2}} = \cfrac{1}{\cfrac{1}{20\,\Omega} + \cfrac{1}{2 \cdot 20\,\Omega}} = 13{,}33\,\Omega \, .$$

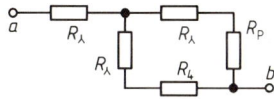

1.62 Umgeformtes Netzwerk von Bild **1.60**

Daher beträgt der Gesamtwiderstand

$$R_{ab} = R_\lambda + \frac{(R_\lambda + R_p)(R_\lambda + R_4)}{2R_\lambda + R_p + R_4} = 10\,\Omega + \frac{(10\,\Omega + 13{,}33\,\Omega)(10\,\Omega + 20\,\Omega)}{2 \cdot 10\,\Omega + 13{,}33\,\Omega + 20\,\Omega} = 23{,}12\,\Omega \, .$$

Beispiel 1.43. Die Brückenschaltung in Bild **1.63**a besteht aus den Widerständen $R_1 = R_3 = 6\,\Omega$, $R_2 = 4\,\Omega$, $R_4 = R_5 = 10\,\Omega$, $R_6 = 5\,\Omega$ und liegt an der Quellenspannung $U_q = 6$ V. Wie groß ist der Strom I_1?

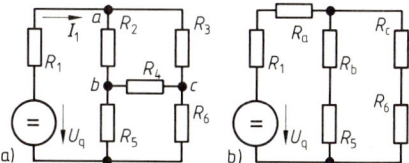

1.63 Brückenschaltung (a) und nach Umformung (b)

Wir formen das rechte obere Dreieck in eine äquivalente Sternschaltung um und finden mit Gl. (1.52) für die Widerstände in Bild **1.63**b

$$R_a = \frac{R_2 R_3}{R_2 + R_3 + R_4} = \frac{4\,\Omega \cdot 6\,\Omega}{4\,\Omega + 6\,\Omega + 10\,\Omega} = 1{,}2\,\Omega \, ,$$

$$R_\text{b} = \frac{R_2 R_4}{R_2+R_3+R_4} = \frac{4\,\Omega \cdot 10\,\Omega}{20\,\Omega} = 2\,\Omega, \quad R_\text{c} = \frac{R_3 R_4}{R_2+R_3+R_4} = \frac{6\,\Omega \cdot 10\,\Omega}{20\,\Omega} = 3\,\Omega.$$

Somit ist nach Gl. (1.31) und (1.47) der Gesamtwiderstand

$$R_\text{g} = R_1 + R_\text{a} + \frac{(R_\text{b}+R_5)(R_\text{c}+R_6)}{R_\text{b}+R_5+R_\text{c}+R_6}$$
$$= 6\,\Omega + 1{,}2\,\Omega + \frac{(2\,\Omega+10\,\Omega)(3\,\Omega+5\,\Omega)}{2\,\Omega+10\,\Omega+3\,\Omega+5\,\Omega} = 12\,\Omega,$$

und es fließt nach dem Ohmschen Gesetz der Strom $I_1 = U_\text{q}/R_\text{g} = 6\,\text{V}/(12\,\Omega) = 0{,}5\,\text{A}$.

1.6.2 Unmittelbare Anwendung der Kirchhoffschen Gesetze

Um den Knotenpunktsatz nach Abschn. 1.3.2.2 und den Maschensatz nach Abschn. 1.3.3.2 auf Netzwerke anwenden zu können, muß man die vorliegende Schaltung auf das Aufstellen der Strom- und Spannungsgleichungen vorbereiten und zur Einführung richtiger Vorzeichen und zum Finden einer hinreichenden Anzahl von Gleichungen einige Regeln beachten.

1.6.2.1 Topologie. Mit dem Begriff Topologie bezeichnet man die Lehre von der Anordnung geometrischer Gebilde im Raum. Elektrische Netzwerke, die sich aus Zweipolen zusammensetzen, werden meist zweidimensional betrachtet und dargestellt.

Das Netzwerk in Bild **1.64** enthält nach Abschn. 1.3.1.2 insgesamt $k=3$ **Knotenpunkte** und $z=5$ **Zweige**. Wenn die Aufgabe besteht, bei bekannten Widerständen R_μ und bekannten Quellenspannungen $U_{\text{q}\mu}$ die $z=5$ unbekannten Zweigströme I_μ zu bestimmen, benötigt man ein System von $z=5$ voneinander unabhängigen Gleichungen.

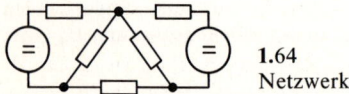

1.64 Netzwerk

Auf den ersten Blick scheint es möglich zu sein, mit k Knotenpunkten auch k Stromgleichungen entsprechend Abschn. 1.3.2.2 aufstellen zu können. Die k-te Gleichung ergibt sich aber auch, indem man die übrigen Stromgleichungen addiert oder subtrahiert; sie ist daher nicht unabhängig und somit nicht brauchbar. Ganz allgemein liefern k Knotenpunkte also nur

$$r = k - 1 \tag{1.57}$$

voneinander unabhängige **Knotenpunktgleichungen** für die z Zweigströme, so daß man außerdem noch

$$m = z - r = z - (k-1) = z + 1 - k \tag{1.58}$$

voneinander unabhängige **Maschengleichungen** für die Zweigspannungen suchen muß. Man muß also für ein Netzwerk stets r **Stromgleichungen** und m **Spannungsgleichungen** aufstellen.

Während es gleichgültig ist, welchen der k Knotenpunkte man **nicht** zum Aufstellen der Stromgleichungen heranzieht, ist es zweckmäßig, die Spannungsgleichungen entsprechend den m unabhängigen Zweigen zu bilden, also die Maschengleichungen so zu entwerfen, daß die m unabhängigen Zweige nacheinander in einer Masche enthalten sind. Um nicht zu vergessen, welche Masche schon berücksichtigt ist, lohnt es sich, wie in Bild **1.65** den schon benutzten unabhängigen Zweig anschließend zu unterbrechen.

1.65
Schaltungsschema für Bild **1.64** mit Masche I (a), Masche II (b) und Masche III (c)

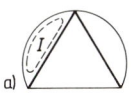
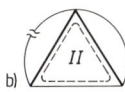

1.6.2.2 Regeln. Um Vorzeichenfehler bei der Anwendung der Kirchhoffschen Gesetze auf die Berechnung von Netzwerken zu vermeiden, müssen folgende Regeln beachtet werden:

a) Das Netzwerk muß **übersichtlich** als Schaltung aus Zweipolen, Zweigen und Knotenpunkten dargestellt werden. Die in Abschn. 1.6.2.3 angegebenen Richtlinien zum **Vereinfachen der Schaltung** sollten hierbei beachtet werden. Man arbeitet vorzugsweise mit Widerständen R und Spannungsquellen.

b) Alle **Spannungsquellen** werden mit im Formelzeichen durchnumerierten **Spannungs-Zählpfeilen** (s. Abschn. 1.3.1.4) versehen, die von + nach − weisen. Alle **Stromquellen** erhalten dagegen Strom-Zählpfeile, die von − nach + zeigen; sie werden zweckmäßig wie in Bild **1.56** durch **eingeprägte Ströme** ersetzt.

c) In alle **Zweige** sind **Strom-Zählpfeile** einzutragen, und ihre Formelzeichen sind durchzunumerieren.

d) Es werden entsprechend Gl. (1.57) alle r voneinander **unabhängigen Knotenpunktgleichungen** aufgestellt; für **einen** beliebig wählbaren Knotenpunkt braucht also keine Stromgleichung angegeben zu werden. Alle Formelzeichen für Ströme, deren Zählpfeile auf den betrachteten Knotenpunkt gerichtet sind, werden mit dem positiven Vorzeichen, die Formelzeichen der Ströme, deren Zählpfeile vom Knotenpunkt wegweisen, dagegen mit negativem Vorzeichen eingesetzt.

e) Für alle zu betrachtenden Maschen wählt man einen **Umlaufsinn**. (Wir setzen hier stets, um Mißverständnisse zu vermeiden, einen Umlauf im Uhrzeigersinn, also rechtsherum, voraus.)

f) Es werden entsprechend Gl. (1.58) alle m voneinander **unabhängigen Maschengleichungen** in der in Abschn. 1.6.3.1 geschilderten Reihenfolge aufgestellt. Die Formelzeichen der Quellenspannungen $U_{q\mu}$ und der Teilspannungen $U_\mu = R_\mu I_\mu$, deren Spannungs- oder Strom-Zählpfeile dem gewählten Umlaufsinn folgen, werden mit positivem Vorzeichen und alle Spannungen, deren Zählpfeile dem Umlaufsinn entgegengerichtet sind, mit negativen Vorzeichen eingeführt.

g) Wenn alle Widerstände R_μ und Quellenspannungen $U_{q\mu}$ bekannt sind, erhält man auf diese Weise für die z unbekannten Zweigströme I_μ ein System von z Gleichungen, das mit den bekannten Verfahren [6] gelöst werden kann. Alle Ströme, die sich mit positiven Werten ergeben, fließen dann in Richtung der in die Schaltung eingetragenen Strom-Zählpfeile – die Ströme, für die man negative Werte findet, dagegen entgegengesetzt zum gewählten Strom-Zählpfeil.

h) Nachdem Größe und Richtung der Ströme bestimmt sind, lassen sich auch die zugehörigen Spannungen $U_\mu = R_\mu I_\mu$ und Leistungen $P_\mu = U_\mu I_\mu = R_\mu I_\mu^2$ berechnen.

Beispiel 1.44. Ein Generator mit der Quellenspannung $U_{q1} = 300$ V und dem inneren Widerstand $R_{i1} = 0{,}25\,\Omega$ arbeitet mit einer Akkumulatorbatterie mit der Quellenspannung $U_{q2} = 270$ V und dem inneren Widerstand $R_{i2} = 0{,}12\,\Omega$ nach Bild **1.66** parallel auf einen Verbraucher R_a. Wie verteilt sich der insgesamt abgegebene Strom I_a auf die beiden Quellen, wenn sich der Verbraucherwiderstand im Bereich $0 < R_a < 10\,\Omega$ ändert? Die Einzelströme sind abhängig vom Verbraucherwiderstand darzustellen.

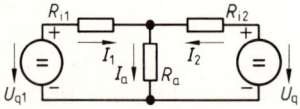

1.66 Parallele Spannungsquellen mit Verbraucher R_a

Da nur 3 Ströme gesucht werden, führt das Ansetzen der Knotenpunkt- und Maschengleichungen nach Kirchhoff schnell zum Ziel. In Bild **1.66** sind daher die erforderlichen Zählpfeile eingetragen. Man erhält für den oberen Knotenpunkt die Stromgleichung

$$I_1 + I_2 - I_a = 0 \tag{1.59}$$

sowie für die linke und die rechte Masche die Spannungsgleichungen

$$-U_{q1} + R_{i1} I_1 + R_a I_a = 0,$$
$$U_{q2} - R_a I_a - R_{i2} I_2 = 0.$$

Aus ihnen kann man die **Generatorströme**

$$I_1 = (U_{q1} - R_a I_a)/R_{i1} \tag{1.60}$$
$$I_2 = (U_{q2} - R_a I_a)/R_{i2} \tag{1.61}$$

und nach Einsetzen in Gl. (1.59) den **Verbraucherstrom**

$$I_a = I_1 + I_2 = \frac{U_{q1} - R_a I_a}{R_{i1}} + \frac{U_{q2} - R_a I_a}{R_{i2}} = \frac{R_{i1} U_{q2} + R_{i2} U_{q1}}{R_{i1} R_{i2} + R_{i2} R_a + R_a R_{i1}} \tag{1.62}$$

finden.

Die Ströme werden zweckmäßig in einer Tabelle bestimmt; ihr Verlauf ist abhängig vom Lastwiderstand R_a in Bild **1.67** dargestellt. Die Batterie ist bei $R_a = 2{,}25\,\Omega$ mit $I_2 = 0$ stromlos, da hierbei die Klemmenspannung U_a mit 270 V gerade gleich der Quellenspannung U_{q2} und ferner der Strom $I_a = I_1 = 120$ A ist. Bei $R_a > 2{,}25\,\Omega$ wird die Batterie geladen und bei $R_a < 2{,}25\,\Omega$ entladen.

Dieser Übergang vom Lade- in den Entladezustand tritt z. B in den elektrischen Anlagen von Kraftfahrzeugen auf. Während der Fahrt wird die Batterie aus der Lichtmaschine geladen, und gleichzeitig werden die Verbraucher gespeist. Die Ströme verteilen sich je nach dem Verbraucherwiderstand R_a, der Generator- und der Akkumulator-Quellenspannung, die von der

Motordrehzahl bzw. dem Ladezustand abhängen. Im Stillstand entnehmen die Verbraucher ihre Energie allein der Batterie.

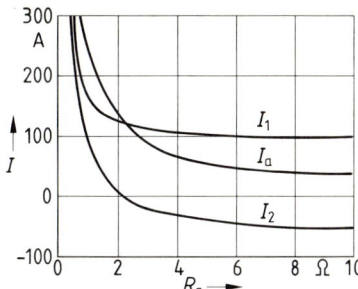

1.67
Ströme I_1, I_2, I_a für Beispiel 1.44 abhängig vom Verbraucherwiderstand R_a

Beispiel 1.45. Im Netzwerk nach Bild 1.68a betragen die Widerstände $R_1 = 2\,\Omega$, $R_2 = 5\,\Omega$, $R_3 = 0{,}4\,\Omega$, die Quellenspannungen $U_{q1} = 16$ V, $U_{q2} = 10$ V und die Quellenströme $I_{q1} = 6{,}5$ A, $I_{q2} = 4{,}8$ A. Es sollen die Ströme I_1, I_2 und I_3 bestimmt werden.

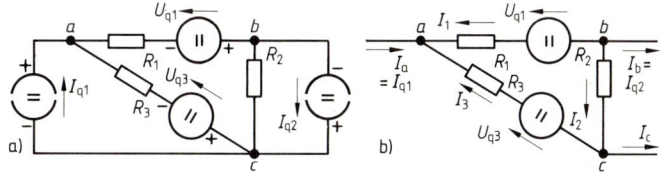

1.68 Netzwerk (a) mit Vereinfachung zur Masche (b)

Wir vereinfachen zunächst das Netzwerk in Bild 1.68a zur Masche in Bild 1.68b und tragen dort alle notwendigen Zählpfeile ein. Für die 3 unbekannten Ströme werden 3 Gleichungen benötigt, die z. B. für die beiden Knotenpunkte a und b und die Masche angegeben werden können. Es gelten daher die Stromgleichungen

$$I_1 + I_3 + I_a = 0, \quad -I_1 - I_2 - I_b = 0 \quad \text{bzw.} \quad I_1 + I_2 + I_b = 0$$

und die Maschengleichung

$$-R_1 I_1 - U_{q1} + R_2 I_2 + U_{q3} + R_3 I_3 = 0 \,.$$

Für das Gleichungssystem erhält man die geordnete Matrizengleichung [6]

$$\begin{bmatrix} 1 & 0 & 1 \\ 1 & 1 & 0 \\ -R_1 & R_2 & R_3 \end{bmatrix} \cdot \begin{bmatrix} I_1 \\ I_2 \\ I_3 \end{bmatrix} = \begin{bmatrix} -I_a \\ -I_b \\ U_{q1} - U_{q3} \end{bmatrix}.$$

Daher beträgt die Koeffizienten-Determinante [6]

$$D = \begin{vmatrix} 1 & 0 & 1 \\ 1 & 1 & 0 \\ -R_1 & R_2 & R_3 \end{vmatrix} = R_1 + R_2 + R_3$$

und die Zähler-Determinante [6]

$$D_1 = \begin{vmatrix} -I_a & 0 & 1 \\ -I_b & 1 & 0 \\ U_{q1} - U_{q3} & R_2 & R_3 \end{vmatrix} = -R_3 I_a - R_2 I_b - U_{q1} + U_{q3} \,.$$

1.6 Berechnungsverfahren für Netzwerke

Man findet den Strom

$$I_1 = \frac{D_1}{D} = \frac{U_{q3} - U_{q1} - R_2 I_b - R_3 I_a}{R_1 + R_2 + R_3} = \frac{10\text{ V} - 16\text{ V} - 50\,\Omega \cdot 4{,}8\text{ A} - 0{,}4\,\Omega \cdot 6{,}5\text{ A}}{2\,\Omega + 5\,\Omega + 0{,}4\,\Omega} = -4{,}405\text{ A}\,.$$

Aus den beiden Stromgleichungen folgt weiterhin

$$I_2 = -I_1 - I_b = 4{,}405\text{ A} - 4{,}8\text{ A} = -0{,}3946\text{ A}\,,$$
$$I_3 = -I_1 - I_a = 4{,}405\text{ A} - 6{,}5\text{ A} = -2{,}095\text{ A}\,.$$

Beispiel 1.46. Für die Schaltung in Bild **1.**69 sind die Ströme $I_a = 6$ A, $I_b = 15$ A, $I_c = 5$ A und die Widerstände $R_1 = 50\,\Omega$, $R_2 = R_4 = 30\,\Omega$, $R_3 = 10\,\Omega$ bekannt. Es sind die Ströme I_d, I_1, I_2, I_3 und I_4 bei $U_q = 0$ zu bestimmen.

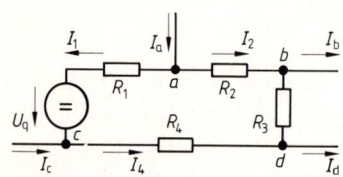

1.69 Netzmasche

Für die in die Masche hineinfließenden Ströme gilt nach dem Knotenpunktsatz $I_a - I_b + I_c - I_d = 0$. Also ist

$$I_d = I_a - I_b + I_c = 6\text{ A} - 15\text{ A} + 5\text{ A} = -4\text{ A}\,.$$

Die übrigen Ströme sollen nun durch Einsetzen gefunden werden; es müssen also nacheinander Gleichungen für die Ströme I_1, I_3, I_4 gesucht werden, die sonst nur noch die Unbekannte I_2 enthalten. Die Knotenpunkte liefern die Stromgleichungen

$$I_a - I_2 - I_1 = 0\,, \quad \text{also} \quad I_1 = I_a - I_2\,,$$
$$I_2 + I_3 - I_b = 0\,, \quad \text{oder} \quad I_3 = I_b - I_2\,,$$
$$I_4 - I_3 - I_d = 0\,, \quad \text{und} \quad I_4 = I_3 + I_d = I_b - I_2 + I_d\,.$$

Diese Stromgleichungen können ebenso wie $U_q = 0$ in die Maschengleichung

$$-U_q - R_1 I_1 + R_2 I_2 - R_3 I_3 - R_4 I_4 = 0$$

eingesetzt werden. Über die Umformungen

$$-R_1(I_a - I_2) + R_2 I_2 - R_3(I_b - I_2) - R_4(I_b - I_2 + I_d) = 0$$
$$R_1 I_a + (R_3 + R_4) I_b + R_4 I_d = (R_1 + R_2 + R_3 + R_4) I_2$$

findet man den Strom

$$I_2 = \frac{R_1 I_a + (R_3 + R_4) I_b + R_4 I_d}{R_1 + R_2 + R_3 + R_4} = \frac{50\,\Omega \cdot 6\text{ A} + (10\,\Omega + 30\,\Omega)\,15\text{ A} - 30\,\Omega \cdot 4\text{ A}}{50\,\Omega + 30\,\Omega + 10\,\Omega + 30\,\Omega} = 6{,}5\text{ A}\,.$$

Daher sind weiterhin die übrigen Ströme

$$I_1 = I_a - I_2 = 6\text{ A} - 6{,}5\text{ A} = -0{,}5\text{ A}\,,$$
$$I_3 = I_b - I_2 = 15\text{ A} - 6{,}5\text{ A} = 8{,}5\text{ A}\,,$$
$$I_4 = I_3 + I_d = 8{,}5\text{ A} - 4\text{ A} = 4{,}5\text{ A}\,.$$

1.6.3 Überlagerungsgesetz

Das in Abschn. 1.6.1 erklärte Aufstellen von Strom- und Spannungsgleichungen liefert für umfangreiche Netzwerke Gleichungssysteme mit vielen Unbekannten, und ihre Lösung erfordert einigen Aufwand. Wenn in solchen Netzwerken mehrere Quellen auftreten, kann man diese Gleichungssysteme vermeiden, wenn man jede Quelle einzeln auf das Netzwerk einwirken läßt, ihre Wirkungen berechnet und sie zu den Gesamtwirkungen überlagert. Es wird dann das Überlagerungsgesetz, das auch **Superpositionsverfahren** genannt wird, angewandt.

Die Elektrotechnik kennt vielerlei Netzwerke mit mehreren Quellen – beispielsweise in der Energietechnik bei der Parallelschaltung von Generatoren oder in vermaschten Verteilungsnetzen [19] sowie in der Nachrichtentechnik in Netzwerken mit vielen aktiven Zweitoren (z. B. Transistoren).

Das Überlagerungsgesetz darf nur auf Schaltungen, die die in Abschn. 1.6.1.1 zusammengestellten Bedingungen einhalten, angewendet werden. Es müssen daher alle Schaltungselemente konstante Werte aufweisen, also **linear**, d.h. unabhängig von Strom und Spannung, und die Quellen außerdem **rückwirkungsfrei** sein. Das Überlagerungsverfahren kann nur für Ströme und Spannungen, jedoch nicht für Leistungen benutzt werden. Wenn diese Voraussetzungen erfüllt sind, kann man das Netzwerk in folgender Reihenfolge berechnen:

a) Analog zu Abschn. 1.6.1.3, Punkt a) bis c) wird die Schaltung **übersichtlich** dargestellt und so weit wie möglich **vereinfacht**; alle Schaltungsglieder und Zweige erhalten im Formelzeichen durchnumerierte **Zählpfeile**.

b) Alle im Netzwerk befindlichen Quellen werden **bis auf eine als energiemäßig nicht vorhanden** angesehen. Bei einer Spannungsquelle nach Abschn. 1.4.1.1 wird daher die Quellenspannung $U_{q\mu} = 0$ und bei einer Stromquelle nach Abschn. 1.4.1.2 der Quellenstrom $I_{q\mu} = 0$ gesetzt. In jedem Fall bleibt der innere Widerstand R_i bzw. der innere Leitwert G_i weiterhin wirksam, während die **ideale Spannungsquelle widerstandslos überbrückt und die ideale Stromquelle unterbrochen** ist.

c) Für die Schaltung werden jeweils unter der Voraussetzung, daß nur eine einzige Quelle und alle Quellen nacheinander wirksam sind, die **Teilströme** (oder Teilspannungen) in den Zweigen des Netzwerks **berechnet**.

d) Die Teilströme der einzelnen Netzwerkzweige werden unter Beachtung der durch die **Zählpfeile** festgelegten Vorzeichen zu den wirklichen Zweigströmen addiert.

In den folgenden Abschnitten wird dieses Überlagerungsverfahren vielfältig angewendet, und hierbei werden die erreichbaren Vorteile für Rechnung und Anschauung deutlich. Es hat für die numerische Berechnung von Schaltungen nach der Einführung programmierbarer Taschenrechner an Bedeutung verloren, ist aber Grundlage für viele Betrachtungen von linearen Netzwerken (z. B. in Abschn. 1.6.4 bis 1.6.7, 6 bis 9 und 11) und für das Bestimmen allgemeiner Gleichungen weiterhin sehr wichtig.

1.6 Berechnungsverfahren für Netzwerke

Beispiel 1.47. Die in Beispiel 1.44 behandelte Schaltung nach Bild 1.66a soll jetzt mit dem Überlagerungsverfahren für den Verbraucherwiderstand $R_a = 4\,\Omega$ nachgerechnet, also der Verbraucherstrom I_a bestimmt werden.

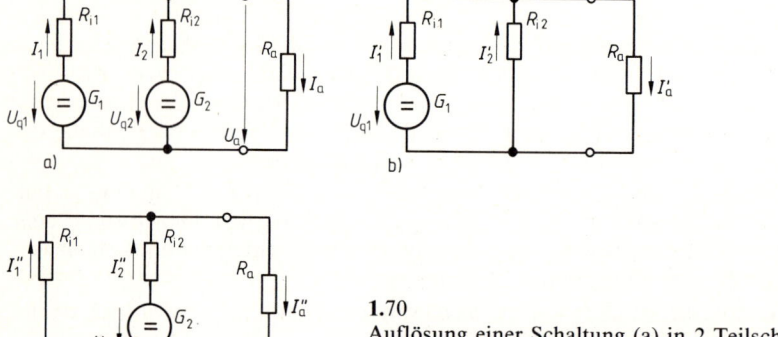

1.70
Auflösung einer Schaltung (a) in 2 Teilschaltungen (b, c) mit je einer wirksamen Spannungsquelle G_1 bzw. G_2 zur Anwendung des Überlagerungsgesetzes

Wir betrachten zunächst die Schaltung in Bild 1.70b. Mit dem Gesamtwiderstand nach Gl. (1.32) und (1.45)

$$R'_g = R_{i1} + \frac{1}{\frac{1}{R_a} + \frac{1}{R_{i2}}} = 0{,}25\,\Omega + \frac{1}{\frac{1}{4\,\Omega} + \frac{1}{0{,}12\,\Omega}} = 0{,}3665\,\Omega$$

erhält man nach dem Ohmschen Gesetz den Strom

$$I'_1 = U_{q1}/R'_g = 300\,\text{V}/(0{,}3665\,\Omega) = 818{,}5\,\text{A}$$

und mit der Stromteilerregel den Teilstrom

$$I'_a = \frac{I'_1}{1 + (R_a/R_{i2})} = \frac{818{,}5\,\text{A}}{1 + (4\,\Omega/0{,}12\,\Omega)} = 23{,}84\,\text{A}\,.$$

In entsprechender Weise ergibt sich für die Schaltung in Bild 1.70c der Gesamtwiderstand

$$R''_g = R_{i2} + \frac{1}{\frac{1}{R_a} + \frac{1}{R_{i1}}} = 0{,}12\,\Omega + \frac{1}{\frac{1}{4\,\Omega} + \frac{1}{0{,}25\,\Omega}} = 0{,}3553\,\Omega\,,$$

der Strom $I''_2 = U_{q2}/R''_g = 270\,\text{V}/(0{,}3553\,\Omega) = 759{,}9\,\text{A}$ und der Teilstrom

$$I''_a = \frac{I''_2}{1 + (R_a/R_{i1})} = \frac{759{,}9\,\text{A}}{1 + (4\,\Omega/0{,}25\,\Omega)} = 44{,}7\,\text{A}\,.$$

Durch Überlagerung findet man den wahren Strom $I_a = I'_a + I''_a = 23{,}84\,\text{A} + 44{,}7\,\text{A} = 68{,}54\,\text{A}$.

Beispiel 1.48. Die Ströme des Netzwerks in Bild 1.68, Beispiel 1.45 sollen jetzt mit dem Überlagerungsverfahren bestimmt werden.

1.6.3 Überlagerungsgesetz 67

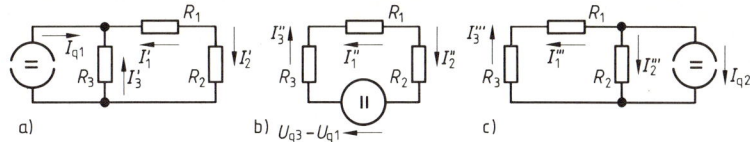

1.71 Teilschaltungen für die 3 Überlagerungsschritte des Netzwerks von Bild 1.68

Es werden nacheinander die in Bild **1.71** dargestellten Teilschaltungen betrachtet. Für die Schaltung in Bild **1.71**a findet man mit der Stromteilerregel den Strom

$$I_1' = -I_2' = \frac{-I_{q1} R_3}{R_1 + R_2 + R_3} = \frac{-6{,}5 \text{ A} \cdot 0{,}4 \text{ }\Omega}{2 \text{ }\Omega + 5 \text{ }\Omega + 0{,}4 \text{ }\Omega} = -0{,}3514 \text{ A},$$

und es ist

$$I_3' = -I_{q1} - I_1' = -6{,}5 \text{ A} + 0{,}3514 \text{ A} = -6{,}149 \text{ A}.$$

Die Schaltung in Bild **1.71**b führt den Strom

$$I_1'' = I_2'' = -I_3'' = \frac{U_{q3} - U_{q1}}{R_1 + R_2 + R_3} = \frac{10 \text{ V} - 16 \text{ V}}{7{,}4 \text{ }\Omega} = -0{,}8108 \text{ A}.$$

In der Schaltung von Bild **1.71**c fließen die Ströme

$$I_1''' = -I_3''' = \frac{-I_{q2} R_2}{R_1 + R_2 + R_3} = \frac{-4{,}8 \text{ A} \cdot 5 \text{ }\Omega}{7{,}4 \text{ }\Omega} = -3{,}343 \text{ A},$$

$$I_2''' = -I_{q2} - I_1''' = -4{,}8 \text{ A} + 3{,}243 \text{ A} = -1{,}557 \text{ A}.$$

Daher betragen in Übereinstimmung mit Beispiel 1.45 die wahren Ströme

$$I_1 = I_1' + I_1'' + I_1''' = -0{,}3514 \text{ A} - 0{,}8108 \text{ A} - 3{,}243 \text{ A} = -4{,}405 \text{ A},$$
$$I_2 = I_2' + I_2'' + I_2''' = 0{,}3514 \text{ A} + 0{,}8108 \text{ A} - 1{,}557 \text{ A} = -0{,}3948 \text{ A},$$
$$I_3 = I_3' + I_3'' + I_3''' = -6{,}149 \text{ A} + 0{,}8108 \text{ A} + 3{,}243 \text{ A} = -2{,}095 \text{ A}.$$

Beispiel 1.49. Es soll für die Spannung U_{ab} in Bild **1.72** die allgemeine Bestimmungsgleichung angegeben werden.

Für den 1. Fall, daß nur die Quellenspannung U_q wirksam ist, muß die Stromquelle für I_q als Unterbrechung angesehen werden, und es gilt

$$U_{ab}' = U_q.$$

Für den 2. Fall, daß nur der Quellenstrom I_q fließt, ist die Spannungsquelle für U_q wider-

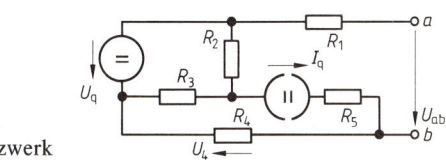

1.72 Netzwerk

standslos überbrückt, und es herrscht die Spannung

$$U_4 = R_4 I_q = -U''_{ab}.$$

Daher erhält man durch Überlagerung die Spannung

$$U_{ab} = U'_{ab} + U''_{ab} = U_q - R_4 I_q.$$

1.6.4 Ersatzquellen

Recht häufig braucht ein Netzwerk nur bezüglich des Einflusses eines Schaltungsteils, z. B. eines äußeren Widerstands R_a, wie dies Abschn. 2.2.3 bei der Leistungsanpassung oder Beispiel 1.44 und 1.47 für parallele Generatoren untersuchen, oder in einzelnen Zweigen betrachtet zu werden. Hierfür wäre es vorteilhaft, wenn der übrige Schaltungsteil in eine Schaltung, die insgesamt einfachere Betrachtungen ermöglicht, umgewandelt werden könnte.

Betrachtet werden wieder nur lineare Schaltungsteile, die also aus konstanten linearen Schaltungselementen bestehen und deren Quellen rückwirkungsfrei (s. Abschn. 1.6.1.1) sind. Es soll jetzt abgeleitet werden, daß ein Netzwerk, das aus beliebig vielen festen Widerständen R und Spannungsquellen G bestehen darf, bezüglich seiner beiden Ausgangsklemmen a und b durch eine einzige Spannungsquelle mit der Quellenspannung U_{qE} und dem inneren Widerstand R_{iE} ersetzt werden darf. Dann kann man es nach Abschn. 1.4 aber auch als eine einzige Stromquelle mit dem Quellenstrom I_{qE} und dem inneren Leitwert $G_{iE} = 1/R_{iE}$ auffassen.

1.6.4.1 Ersatz-Spannungsquelle. Es soll die Schaltung in Bild **1.73**a betrachtet und ihre Umwandlung in die Ersatz-Spannungsquelle in Bild **1.73**d hergeleitet werden. Die in Bild **1.73**a und b gestrichelt eingerahmten Schaltungsteile sind mit den Quellenspannungen U_{q1} und U_{q2}, den Widerständen R_1 bis R_4 sowie den Klemmen a und b ein aktiv wirkender Zweipol. Wenn an diese Klemmen kein Verbraucher angeschlossen ist, herrscht an ihnen die Leerlaufspannung U_{al}. Schaltet man nun wie in Bild **1.73**b eine weitere Spannungsquelle mit der Quellenspannung $U_{qE} = U_{al}$ so in den Stromkreis, daß sie der Klemmenspannung U_a entgegenwirkt, so kann man die Klemmenspannung auf $U_a = 0$ kompensieren.

Läßt man anschließend wie in Bild **1.73**c die ursprünglichen Spannungsquellen mit den Quellenspannungen U_{q1} und U_{q2} fort und kehrt die Richtung der neu eingeführten Quellenspannung U_{qE} um, so herrscht an den Klemmen a und b wieder die

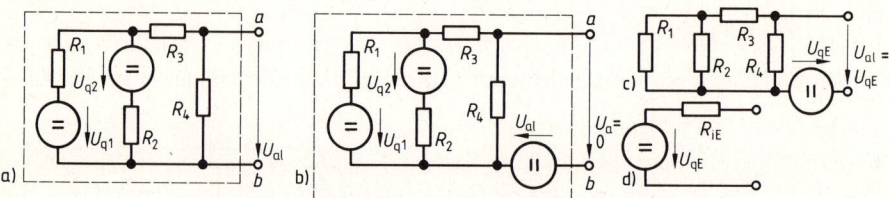

1.73 Aktiv wirkender Zweipol (a) mit den Ausgangsklemmen a und b nach dem Unwirksammachen der Spannungsquellen (b) und Einführen einer Ersatz-Quellenspannung U_{qE} (c) sowie endgültige Ersatz-Spannungsquelle (d) mit innerem Ersatzwiderstand R_{iE}

vorher vorhandene Klemmenspannung U_a. Auf diese Weise kann man die Quellenspannungen U_{q1} und U_{q2} durch eine **Ersatz-Quellenspannung** U_{qE} voll wirksam ablösen.

Um auch die Widerstände R_1 bis R_4 wie in Bild **1.**73 d durch einen einzigen **inneren Ersatzwiderstand** R_{iE} wiedergeben zu können, braucht man nur den Gesamtwiderstand dieser zusammengesetzten Schaltung zu kennen. Für die Schaltung in Bild **1.**73 c gilt beispielsweise mit Gl. (1.32), (1.43) und (1.46)

$$\frac{1}{R_{iE}} = \frac{1}{R_g} = \frac{1}{R_4} + \frac{1}{R_3 + \dfrac{R_1 R_2}{R_1 + R_2}}.$$

Die auf diese Weise ermittelte Ersatz-Spannungsquelle (bzw. Ersatz-Zweipolquelle) hat alle Eigenschaften der in Abschn. 1.4.1.1 ausführlich betrachteten Spannungsquelle. Im **Leerlauf** (Index l) tritt daher an den Klemmen *a* und *b* des aktiv wirkenden und im Innern beliebig geschalteten Zweipols stets die **Ersatz-Quellenspannung**

$$U_{qE} = U_{al} \tag{1.63}$$

der Ersatz-Spannungsquelle auf. Entsprechend fließt im **Kurzschluß** (Index k) der Klemmen *a* und *b* nach Abschn. 1.4.1 der **Ersatz-Quellenstrom**

$$I_{qE} = I_{ak} \tag{1.64}$$

einer Ersatz-Stromquelle. Es gilt dann entsprechend Gl. (1.25) allgemein für den **inneren Ersatzwiderstand**

$$R_{iE} = U_{qE}/I_{qE} = U_{al}/I_{ak} = 1/G_{iE}, \tag{1.65}$$

der gleich dem Kehrwert des **inneren Ersatzleitwerts** G_{iE} ist. Es brauchen also jeweils nur zwei dieser 3 Kenngrößen bekannt zu sein, um die dritte berechnen zu können.

Praktisch findet man die Kenngrößen der Ersatzquelle am einfachsten in der folgenden Weise: Die **Ersatz-Quellenspannung** U_{qE} läßt sich meist schnell ermitteln, wenn die betrachtete Schaltung Spannungsquellen enthält und somit die **Leerlaufspannung** U_{al} für die Klemmen *a* und *b* leicht angegeben werden kann. Der **Ersatz-Quellenstrom** I_{qE} kann oft bequem bestimmt werden, wenn die betrachtete Schaltung als Quellen nur Stromquellen aufweist und daher der Kurzschlußstrom I_{ak} an den Klemmen *a* und *b* einfach berechnet werden kann. Den **inneren Ersatzwiderstand** R_{iE} erhält man, indem man alle Spannungsquellen im aktiv wirkenden Zweipol widerstandslos überbrückt, also kurzschließt und alle Stromquellen unterbricht und den dann zwischen den Klemmen *a* und *b* noch wirksamen Widerstand R_{ab} ermittelt.

Für die gefundene Ersatz-Spannungsquelle gelten alle in Abschn. 1.4 abgeleitete Zusammenhänge. Es können also mit Gl. (1.18) und (1.19) Verbraucherstrom und Quellenkennlinie berechnet und nach Abschn. 2.2.3 die Anpassungsbedingung für den äußeren Widerstand R_a festgelegt, oder es kann auch nach Abschn. 1.4.2.4 das Zusammenarbeiten mit nichtlinearen Verbrauchern untersucht werden.

Beispiel 1.50. Es sind die Kennwerte der Ersatz-Spannungsquelle für die in Bild **1.74**a angegebene Schaltung zu ermitteln, bei der 2 Spannungsquellen G_1 und G_2 mit der Quellenspannung $U_{q1} = 13$ V, dem Innenwiderstand $R_{i1} = 2\,\Omega$, der Quellenspannung $U_{q2} = 10$ V, dem Innenwiderstand $R_{i2} = 3\,\Omega$ über einen Widerstand $R = 7\,\Omega$ parallelgeschaltet sind.

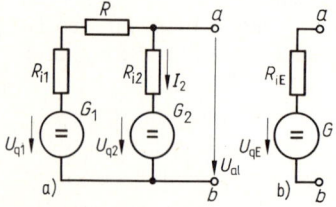

1.74
Umwandlung eines aktiven Zweipols (a) mit 2 über Widerstände zusammengeschalteten Spannungsquellen G_1 und G_2 zu einer Ersatz-Spannungsquelle (b)

Für den bei Kurzschluß aller Spannungsquellen zwischen den Klemmen a und b des aktiven Zweipols liegenden inneren Ersatzwiderstands gilt

$$\frac{1}{R_{iE}} = \frac{1}{R_{i2}} + \frac{1}{R_{i1} + R} = \frac{1}{3\,\Omega} + \frac{1}{2\,\Omega + 7\,\Omega} = \frac{1}{2{,}25\,\Omega}.$$

Im Leerlauf fließt der Strom

$$I_2 = \frac{U_{q1} - U_{q2}}{R_{i1} + R_{i2} + R} = \frac{13\,\text{V} - 10\,\text{V}}{2\,\Omega + 3\,\Omega + 7\,\Omega} = 0{,}25\,\text{A}\,.$$

Nach dem Maschensatz herrscht dann an den Klemmen a und b die Leerlaufspannung

$$U_{al} = R_{i2} I_2 + U_{q2} = 3\,\Omega \cdot 0{,}25\,\text{A} + 10\,\text{V} = 10{,}75\,\text{V}\,.$$

Die Ersatz-Spannungsquelle in Bild **1.74**b hat also die Kennwerte Ersatz-Quellenspannung $U_{qE} = 10{,}75$ V und innerer Ersatzwiderstand $R_{iE} = 2{,}25\,\Omega$.

1.6.4.2 Ersatz-Stromquelle.

Nach Abschn. 1.4.1 kann man jeden aktiven Zweipol sowohl als Spannungsquelle als auch als Stromquelle auffassen. Die mit Gl. (1.63) bis (1.65) berechenbaren Kenngrößen einer Ersatzquelle kann man daher ebensogut einer Ersatz-Stromquelle wie einer Ersatz-Spannungsquelle zuordnen. Beide sind gleichwertig. Welche Ersatzschaltung man wählt, hängt von den in Abschn. 1.4.1.3 dargestellten, gerade geltenden Gesichtspunkten ab. Mit Gl. (1.23) kann man die Klemmenspannung am Verbraucher, mit Gl. (1.24) die Quellenkennlinie berechnen.

Beispiel 1.51. Für die Schaltung in Bild **1.75**, die aus den Widerständen $R_1 = 1$ kΩ, $R_2 = 2$ kΩ, $R_3 = 3$ kΩ besteht und den Quellenstrom $I_q = 50$ mA führt, sollen die Kennwerte der Ersatz-Stromquelle in Bild **1.75**b bestimmt werden.

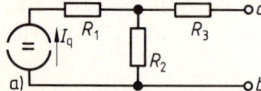 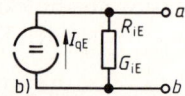

1.75
Aktiver Zweipol (a)
mit Ersatz-Stromquelle (b)

Die Stromteilerregel von Tafel **1.46** liefert sofort den Kurzschlußstrom

$$I_{ak} = \frac{I_q}{1 + (R_3/R_2)} = \frac{50\,\text{mA}}{1 + (3\,\text{k}\Omega/2\,\text{k}\Omega)} = 20\,\text{mA}\,,$$

also den Ersatz-Quellenstrom $I_{qE} = I_{ak} = 20$ mA. Um den inneren Ersatzleitwert zu ermitteln, wird die Stromquelle unterbrochen, so daß auch der Widerstand R_1 unwirksam bleibt, und es gilt für ihn

$$G_{iE} = \frac{1}{R_{ab}} = \frac{1}{R_2 + R_3} = \frac{1}{2 \text{ k}\Omega + 3 \text{ k}\Omega} = 0{,}2 \text{ mS} .$$

Beispiel 1.52. Das Netzwerk in Bild **1.76** a enthält die Widerstände $R_1 = 1\,\Omega$, $R_2 = 2\,\Omega$, $R_3 = 30\,\Omega$, $R_4 = 40\,\Omega$ und die Quellenspannungen $U_{q1} = 24$ V, $U_{q2} = 20$ V. Es sollen die Kenngrößen der Ersatz-Stromquelle bestimmt und der Verlauf des Stromes $I_5 = f(G_5)$ im Bereich $G_5 = 1/R_5 = 0$ bis 5 S dargestellt werden.

1.76
Netzwerk (a) mit
Stromverlauf $I_5 = f(G_5)$ (b)
für Beispiel 1.51

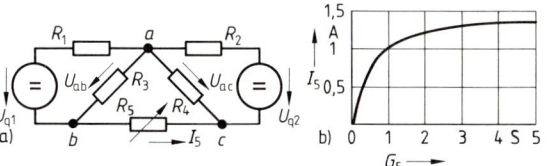

Wir betrachten zunächst die Schaltung in Bild **1.76** a für $R_5 = \infty$, also für Leerlauf. Hierfür ergibt die Spannungsteilerregel die Teilspannungen

$$U_{ab} = \frac{U_{q1}}{1 + (R_1/R_3)} = \frac{24 \text{ V}}{1 + (1\,\Omega/30\,\Omega)} = 23{,}23 \text{ V} ,$$

$$U_{ac} = \frac{U_{q2}}{1 + (R_2/R_4)} = \frac{20 \text{ V}}{1 + (2\,\Omega/40\,\Omega)} = 19{,}05 \text{ V} .$$

Der Maschensatz liefert also die Leerlaufspannung

$$U_{bcl} = U_{ab} - U_{ac} = 23{,}23 \text{ V} - 19{,}05 \text{ V} = 4{,}178 \text{ V} .$$

Der innere Ersatzwiderstand wird durch die parallelen Widerstände R_1 und R_3, die mit den parallelen Widerständen R_2 und R_4 in Reihe liegen, gebildet. Daher ist nach Gl. (1.32) und (1.44)

$$R_{iE} = \frac{1}{\frac{1}{R_1} + \frac{1}{R_3}} + \frac{1}{\frac{1}{R_2} + \frac{1}{R_4}} = \frac{1}{\frac{1}{1\,\Omega} + \frac{1}{30\,\Omega}} + \frac{1}{\frac{1}{2\,\Omega} + \frac{1}{40\,\Omega}} = 2{,}873\,\Omega ,$$

und somit beträgt der innere Ersatzleitwert $G_{iE} = 1/R_{iE} = 1/(2{,}873\,\Omega) = 0{,}3481$ S. Nach Gl. (1.63) ist ferner der Ersatz-Quellenstrom

$$I_{qE} = U_{al}/R_{iE} = 4{,}178 \text{ V}/(2{,}873\,\Omega) = 1{,}455 \text{ A} .$$

Mit Gl. (1.50) gilt für den gesuchten Strom

$$I_5 = \frac{I_{qE} G_5}{G_{iE} + G_5} = \frac{I_{qE}}{1 + (G_{iE}/G_5)} .$$

Sein Verlauf ist für den Leitwertbereich $G_5 = 0$ bis 5 S berechnet worden und in Bild **1.76** b dargestellt.

1.6.5 Maschenstrom-Verfahren

Wenn die z Zweigströme eines Netzwerks durch unmittelbares Anwenden der Kirchhoffschen Gesetze nach Abschn. 1.6.1 bestimmt werden sollen, benötigt man nach Abschn. 1.6.1.2 bei $k = r + 1$ Knotenpunkten $r = k - 1$ Stromgleichungen und $m = z - r$ Spannungsgleichungen, also ein System von $z = m + r$ Gleichungen, dessen Lösung bei $z > 3$ einigen Aufwand erfordert. Es soll nun ein Verfahren erklärt werden, daß nur m Gleichungen erfordert und daher schneller zu einfacheren Lösungen führt. Es kann auch in ein Schema gebracht werden, das Fehler vermeiden hilft.

1.6.5.1 Vorgehen. Es sollen für das Netzwerk von Bild **1**.76 die Zweigströme bestimmt werden. Daher ist das Netzwerk nochmals in Bild **1**.77a dargestellt. Eine Lösung mit den Kirchhoffschen Gesetzen nach Abschn. 1.6.1 würde das Aufstellen von $k = 2$ Knotenpunktgleichungen und $m = 3$ Maschengleichungen verlangen.

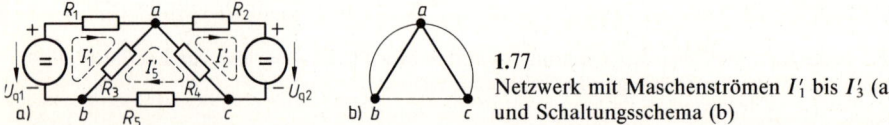

1.77
Netzwerk mit Maschenströmen I'_1 bis I'_3 (a) und Schaltungsschema (b)

Man kann aber auch, wie in Bild **1**.67a angedeutet, fiktive **Maschenströme** (oder **Kreisströme**) definieren, wobei sie teilweise mit den Zweigströmen $I_1 = I'_1$, $I_2 = -I'_2$ und $I_5 = -I'_5$ übereinstimmen und die übrigen Zweigströme $I_3 = I'_5 - I'_1$ und $I_4 = I'_2 - I'_5$ sich durch Überlagerung nach Abschn. 1.6.3 ergeben. Auf diese Weise kann man die vorher $z = 5$ unbekannten Zweigströme auf $m = 3$ unbekannte Maschenströme, also auch das zu lösende Gleichungssystem in erwünschter Weise reduzieren. Ganz allgemein schrumpft somit bei z Zweigströmen und k Knotenpunkten das Gleichungssystem auf

$$m = z + 1 - k \tag{1.66}$$

Maschengleichungen zusammen.

Für das Aufstellen der Maschengleichungen und das Bestimmen der Zweigströme empfiehlt sich analog zu Abschn. 1.6.1.3 das folgende Vorgehen:

a) Die zu untersuchende Schaltung soll wie in Abschn. 1.6.1.1 erläutert vereinfacht sein und nur **Widerstände** R_μ und **Quellenspannungen** $U_{q\mu}$ enthalten; Leitwerte und Stromquellen sind also entsprechend Abschn. 1.4.2 umzuwandeln. (Auf das unmittelbare Einführen von eingeprägten Strömen [84] wird hier nicht eingegangen.)

b) In die Schaltung werden die **Zählpfeile** für die **Quellenspannungen** $U_{q\mu}$ (von + nach −) und für die durchnumerierten **Zweigströme** (Richtung beliebig wählbar) eingetragen.

c) Mit jedem unabhängigen Zweig wird eine Masche gebildet und für sie ein durchnumerierter Maschenstrom I'_μ eingezeichnet (s. Bild **1**.77a). Der **Umlaufsinn** des Maschenstroms kann beliebig gewählt werden; wir werden aber in diesem

Buch, um Fehler zu vermindern, stets eine Zählrichtung im **Uhrzeigersinn** (also rechtsherum) voraussetzen.

d) Anschließend müssen unter Beachtung des Kirchhoffschen Maschensatzes (s. Abschn. 1.3.3.2) die m **Maschengleichungen** aufgestellt werden. Fließen durch einen Widerstand mehrere Maschenströme, so sind die durch jeden Maschenstrom verursachten Teilspannungen **vorzeichenrichtig** einzuführen. Maschenströme benachbarter Maschen, die im Widerstand den gleichen Zählsinn wie der eigentliche Maschenstrom haben, erhalten das positive Vorzeichen – bei entgegengesetztem Zählsinn dagegen das negative Vorzeichen.

e) Man kann das Aufstellen des Gleichungssystems auch schematisieren; dies wird in Abschn. 1.6.5.2 erklärt.

f) Es empfiehlt sich stets, das erhaltene Gleichungssystem als **Matrizengleichung** hinzuschreiben und die **Symmetrie der Widerstandsmatrix** durch Spiegelung an der Hauptdiagonalen zu überprüfen. Nur wenn für die Koeffizienten $a_{ik} = a_{ki}$ eingehalten ist, kann die Matrix richtig sein (s. Abschn. 1.6.5.2).

g) Das Gleichungssystem kann man heute am einfachsten unmittelbar mit einem Taschenrechnerprogramm lösen [88], [89]. Hier wird das Anwenden mit der Determinantenrechnung gezeigt [6]. Einzelne Zweigströme, die mit den gewählten Maschenströmen übereinstimmen, erhält man unmittelbar.

h) Die übrigen Zweigströme ergeben sich durch **Überlagern** der entsprechenden Maschenströme.

Beispiel 1.53. Das Netzwerk in Bild **1.77** a hat die Kennwerte von Beispiel 1.52. Es sind die Ströme I_1, I_2 und I_5 zu bestimmen.

Die unter a) bis d) beschriebenen Schritte sind in Bild **1.77** schon verwirklicht. Es werden jetzt die Maschengleichungen aufgestellt.

Masche ab: $(R_1 + R_3) I'_1 - R_3 I'_5 - U_{q1} = 0$,

Masche abc: $-R_3 I'_1 - R_4 I'_2 + (R_3 + R_4 + R_5) I'_5 = 0$,

Masche ac: $(R_2 + R_4) I'_2 - R_4 I'_5 + U_{q2} = 0$.

Wird ordnen dieses Gleichungssystem zur Matrizengleichung [6]

$$\begin{bmatrix} (R_1 + R_3) & 0 & -R_3 \\ 0 & (R_2 + R_4) & -R_4 \\ -R_3 & -R_4 & (R_3 + R_4 + R_5) \end{bmatrix} \cdot \begin{bmatrix} I'_1 \\ I'_2 \\ I'_5 \end{bmatrix} = \begin{bmatrix} U_{q1} \\ -U_{q2} \\ 0 \end{bmatrix}.$$

Die Nennerdeterminante [6] ist

$$D = \begin{vmatrix} (R_1 + R_3) & 0 & -R_3 \\ 0 & (R_2 + R_4) & -R_4 \\ -R_3 & -R_4 & (R_3 + R_4 + R_5) \end{vmatrix}$$
$$= (R_1 + R_3)(R_2 + R_4)(R_3 + R_4 + R_5) - R_3^2 (R_2 + R_4) - R_4^2 (R_1 + R_3)\,^1)$$
$$= (1\,\Omega + 30\,\Omega)(2\,\Omega + 40\,\Omega)(30\,\Omega + 40\,\Omega + 5\,\Omega) - 30^2\,\Omega^2 (2\,\Omega + 40\,\Omega)$$
$$- 40^2\,\Omega^2 (1\,\Omega + 30\,\Omega) = 10\,250\,\Omega^3.$$

---

[1]) Diese Gleichung könnte noch vereinfacht werden; meist lohnt sich dieser Aufwand aber nicht – das Umformen fördert eher Rechenfehler.

Außerdem erhält man die Zählerdeterminanten [6]

$$D_1' = \begin{vmatrix} U_{q1} & 0 & -R_3 \\ -U_{q2} & (R_2+R_4) & -R_4 \\ 0 & -R_4 & (R_3+R_4+R_5) \end{vmatrix}$$
$$= U_{q1}(R_2+R_4)(R_3+R_4+R_5) - U_{q2}R_3R_4 - U_{q1}R_4^2$$
$$= 24\,\text{V}(2\,\Omega+40\,\Omega)(30\,\Omega+40\,\Omega+5\,\Omega) - 20\,\text{V}\cdot 30\,\Omega\cdot 40\,\Omega - 24\,\text{V}\cdot 40^2\,\Omega^2 = 13\,200\,\text{V}\Omega^2\,,$$

$$D_2' = \begin{vmatrix} (R_1+R_3) & U_{q1} & -R_3 \\ 0 & -U_{q2} & -R_4 \\ -R_3 & 0 & (R_3+R_4+R_5) \end{vmatrix}$$
$$= -U_{q2}(R_1+R_3)(R_3+R_4+R_5) + U_{q1}R_3R_4 + U_{q2}R_3^2$$
$$= -20\,\text{V}(1\,\Omega+30\,\Omega)(30\,\Omega+40\,\Omega+5\,\Omega) + 24\,\text{V}\cdot 30\,\Omega\cdot 40\,\Omega + 20\,\text{V}\cdot 30^2\,\Omega^2 = 300\,\text{V}\Omega^2\,,$$

$$D_5' = \begin{vmatrix} (R_1+R_3) & 0 & U_{q1} \\ 0 & (R_2+R_4) & -U_{q2} \\ -R_3 & -R_4 & 0 \end{vmatrix}$$
$$= U_{q1}R_3(R_2+R_4) - U_{q2}R_4(R_1+R_3)$$
$$= 24\,\text{V}\cdot 30\,\Omega(2\,\Omega+40\,\Omega) - 20\,\text{V}\cdot 40\,\Omega(1\,\Omega+30\,\Omega) = 5440\,\text{V}\Omega^2\,.$$

Daher betragen die Ströme

$$I_1 = I_1' = D_1'/D = 13\,200\,\text{V}\Omega^2/(10\,250\,\Omega^3) = 1{,}288\,\text{A}\,,$$
$$I_2 = -I_2' = -D_2'/D = -300\,\text{V}\Omega^2/(10\,250\,\Omega^3) = -29{,}27\,\text{mA}\,,$$
$$I_5' = -I_5' = -D_5'/D = -5440\,\text{V}\Omega^2/(10\,250\,\Omega^3) = -0{,}5307\,\text{A}\,.$$

1.6.5.2 Aufstellen der Matrizengleichung. Wenn man das für Beispiel 1.53 aufgestellte Gleichungssystem und die zugehörige geordnete Matrizengleichung auf ihre Eigenschaften hin untersucht, erkennt man, daß die Maschengleichungen einem bestimmten Schema folgen, das man für das Aufstellen der Gleichungen nutzen kann. Es gilt nämlich ganz allgemein die **Matrizengleichung**

$$\begin{bmatrix} R_{11} & R_{12} & \ldots & R_{1n} \\ R_{21} & R_{22} & \ldots & R_{2n} \\ \vdots & \vdots & & \vdots \\ R_{n1} & R_{n2} & \ldots & R_{nn} \end{bmatrix} \cdot \begin{bmatrix} I_1' \\ I_2' \\ \vdots \\ I_n' \end{bmatrix} = \begin{bmatrix} -U_{q1}' \\ -U_{q2}' \\ \vdots \\ -U_{qn}' \end{bmatrix}. \tag{1.67}$$

Wenn der Spaltenvektor für die Maschenströme I_k' nach den Indizes geordnet ist, ergibt sich ein symmetrischer Aufbau der Koeffizienten-Matrix von Gl. (1.67). Jeder Maschenstrom I_k' ist in seiner Masche mit allen Widerständen, die er durchfließt, verknüpft. Die Hauptdiagonale der Widerstandsmatrix (Koeffizienten-Determinante s. [6]) ist mit den Summenwiderständen $R_{11}, R_{22} \ldots R_{nn}$ der gewählten Maschen besetzt.

Die Nebendiagonalen der Widerstandsmatrix enthalten die Widerstände R_{ki}, die von den Maschenströmen I_k' und I_i' durchflossen werden. Sind die Zählpfeile für diese Maschenströme I_k' und I_i' an diesen Koppelwiderständen R_{ki} gleichsinnig, so erhält dieser Widerstandswert das positive, anderenfalls das negative Vorzeichen. Spiegelbildlich zur Hauptdiagonale liegende Koppelwiderstände sind gleich, was eine einfache Überprüfung der Widerstandsmatrix ermöglicht.

Die Spannungen U'_{qk} stellen die **Summen der Quellenspannungen in den betrachteten Maschen** dar. Die Zahlenwerte der einzelnen Quellenspannungen $U_{q\mu}$ treten hierbei mit positivem Vorzeichen auf, wenn ihr Zählpfeil mit dem Umlaufsinn des zugehörigen Maschenstroms I'_k übereinstimmt; sie erhalten das negative Vorzeichen, wenn die Zählrichtungen entgegengesetzt sind. Man achte darauf, daß nach Gl. (1.67) die Vorzeichen des Spaltenvektors der Quellenspannungen dann insgesamt nochmals umzukehren sind, was in Gl. (1.67) durch die vorgesetzten Minuszeichen vorgeschrieben wird.

Beispiel 1.54. Für die Brückenschaltung von Bild **1.**78 werden die allgemeinen Gleichungen für die Ströme durch die Widerstände R_1, R_2 und R_3 gesucht. Man stelle die Matrizengleichung für eine Lösung nach dem Maschenstrom-Verfahren auf.

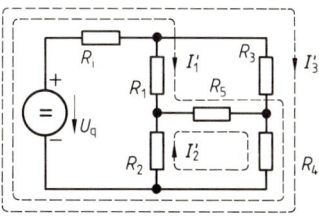

Wir benötigen $m=3$ Maschengleichungen. Da die Gleichungen für die Ströme I_1, I_2 und I_3 gesucht werden, sollen die Widerstände R_1, R_2 und R_3 nur von den Maschenströmen I'_1, I'_2 und I'_3 durchflossen werden. Hiermit ergeben sich die in Bild **1.**78 eingetragenen Maschen. Man kann sofort angeben

1.78 Brückenschaltung mit Maschenströmen

$$\begin{bmatrix} (R_i+R_1+R_5+R_4) & (R_5+R_4) & (R_i+R_4) \\ (R_5+R_4) & (R_2+R_5+R_4) & R_4 \\ (R_i+R_4) & R_4 & (R_i+R_3+R_4) \end{bmatrix} \cdot \begin{bmatrix} I'_1 \\ I'_2 \\ I'_3 \end{bmatrix} = \begin{bmatrix} U_q \\ 0 \\ U_q \end{bmatrix}.$$

1.6.6 Knotenpunktpotential-Verfahren

Wenn man in dem Netzwerk von Bild **1.**77 einem der $k=3$ Knotenpunkte, z. B. dem Punkt a, willkürlich das Potential $\varphi_a = U'_a = 0$ zuordnet, haben die beiden übrigen Knotenpunkte b und c gegenüber diesem **Bezugsknotenpunkt** a die Potentiale U'_{ab} und U'_{ac}. Gelingt es, diese Spannungen U'_{ab} und U'_{ac} zu bestimmen, so können auch alle übrigen Teilspannungen und die Zweigströme leicht berechnet werden.

Während also die ursprüngliche Aufgabe nach Abschn. 1.6.1 darin bestand, $z=6$ unbekannte Zweigströme in Anwendung der Kirchhoffschen Gesetze durch Ansetzen der $z=6$ Strom- und Spannungsgleichungen zu suchen, und diese Aufgabe in Abschn. 1.6.5 auf das Aufstellen von $m=3$ Maschengleichungen für $m=3$ unbekannte (fiktive) Maschenströme vereinfacht werden konnte, brauchen bei dem nun zu erläuternden Knotenpunktpotential-Verfahren im Fall des hier zu betrachtenden Netzwerks von Bild **1.**76 nur noch $r=2$ Knotenpunktsgleichungen für die $r=2$ Knotenpunktpotentiale angegeben zu werden. Bei k Knotenpunkten benötigt man also allgemein

$$r = k - 1 \tag{1.68}$$

Knotenpunktsgleichungen. Das Knotenpunktpotential-Verfahren hat daher Vorteile beim Aufsuchen der Lösung, wenn die Anzahl r der unabhängigen Knotenpunktgleichungen kleiner ist als die Anzahl m der unabhängigen Maschengleichungen.

Nachteilig ist, daß man, um ein übersichtliches Koeffizientenschema zu erhalten, vor dem Ansetzen der Gleichungen alle Spannungsquellen in gleichwertige Stromquellen mit den Quellenströmen I_{qu} umwandeln muß. (Auf die auch mögliche unmittelbare Berücksichtigung eingeprägter Spannungen [84] soll hier nicht eingegangen werden.) (In Bild **1.79** sind schon die Leitwerte $G_1 + G_3 = G_{13}$ und $G_2 + G_4 = G_{24}$ jeweils zusammengefaßt.)

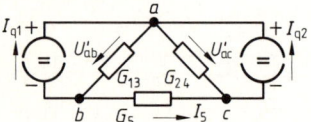

1.79
Netzwerk von Bild **1.77**a, umgeformt auf Stromquellen und Leitwerte

1.6.6.1 Vorgehen. Für das Aufstellen der Knotenpunktgleichungen und das Bestimmen der Teilspannungen bzw. Zweigströme empfiehlt sich analog zu Abschn. 1.6.5.1 das folgende systematische Vorgehen:

a) Alle Widerstände werden in Leitwerte und alle Spannungsquellen in Stromquellen umgerechnet. Parallele Leitwerte und Stromquellen werden zusammengefaßt.

b) Für einen beliebig wählbaren Bezugsknotenpunkt wird das Potential $\varphi = 0$ festgelegt. Wenn man den Knotenpunkt mit den meisten Zweiganschlüssen als Bezugsknotenpunkt wählt, erhält man das einfachste Gleichungssystem.

c) Vom Bezugsknotenpunkt aus werden strahlenförmig zu allen übrigen Knotenpunkten im Formelzeichen durchnumerierte Spannungs-Zählpfeile für die Knotenpunktpotentiale U'_k eingetragen. Dies sind gleichzeitig die Strom-Zählpfeil-Richtungen für die betreffenden Zweige. Die Zählpfeile für die Quellenströme müssen in der Quelle von − nach + weisen. Die Strom-Zählpfeile für die übrigen Zweige können beliebig gewählt werden.

d) Für die r Knotenpunkte nach Gl. (1.68) sind anschließend die r Stromgleichungen aufzustellen, wobei die durch die Zählpfeile festgelegten Vorzeichen zu beachten sind. (Für den Bezugsknotenpunkt wird keine Gleichung angegeben.)

e) Man kann auch sofort die Matrizengleichung nach Abschn. 1.6.6.2 bilden.

f) Man sollte stets das gefundene Gleichungssystem als Matrizengleichung hinschreiben und die notwendige Symmetrie der Leitwertmatrix durch Spiegeln an der Hauptdiagonale überprüfen. Es muß $a_{ik} = a_{ki}$ erfüllt sein (s. Abschn. 1.6.6.2).

g) Das Gleichungssystem läßt sich wieder am einfachsten mit einem Taschenrechnerprogramm [88], [89] sowie mit der Determinantenrechnung [6] lösen. Es liefert unmittelbar die Zweigspannungen, die mit den gewählten Knotenpunktpotentialen übereinstimmen.

h) Mit den gefundenen Knotenpunktpotentialen U'_k kann man durch Anwenden des Maschensatzes die übrigen Zweigspannungen und über das Ohmsche Gesetz schließlich alle Zweigströme ermitteln.

1.6.6 Knotenpunktpotential-Verfahren

Beispiel 1.55. Für das Netzwerk in Bild **1.77a** sind mit den Kennwerten von Beispiel **1.53** unter Anwendung des Knotenpunktpotential-Verfahrens die Ströme I_1, I_2 und I_5 zu berechnen. Wir benutzen die Schaltung in Bild **1.79** und bestimmen daher zunächst entsprechend Gl. (1.25) die Quellenströme

$$I_{q1} = U_{q1}/R_1 = 24\text{ V}/(1\text{ }\Omega) = 24\text{ A}, \qquad I_{q2} = U_{q2}/R_2 = 20\text{ V}/(2\text{ }\Omega) = 10\text{ A}$$

sowie die Leitwerte $G_1 = 1/R_1 = 1/(1\text{ }\Omega) = 1\text{ S}$, $G_2 = 1/R_2 = 1/(2\text{ }\Omega) = 0,5\text{ S}$, $G_3 = 1/R_3 = 1/(30\text{ }\Omega) = 0,03333\text{ S}$, $G_4 = 1/R_4 = 1/(40\text{ }\Omega) = 0,025\text{ S}$, $G_5 = 1/R_5 = 1/(5\text{ }\Omega) = 0,2\text{ S}$ und $G_{13} = G_1 + G_3 = 1\text{ S} + 0,03333\text{ S} = 1,033\text{ S}$, $G_{24} = G_2 + G_4 = 0,5\text{ S} + 0,025\text{ S} = 0,525\text{ S}$.

In Bild **1.79** sind schon strahlenförmig vom Knotenpunkt a aus die Spannungs-Zählpfeile U'_{ab} und U'_{ac} zu den Knotenpunkten b und c eingetragen. Dann gilt nach dem Knotenpunktsatz für

Knoten b: $\quad -I_{q1} + I_{13} - I_5 = 0$, $\qquad$ Knoten c: $\quad -I_{q2} + I_5 + I_{24} = 0$.

Wir setzen jetzt ein

$$I_{13} = G_{13}\, U'_{ab}, \qquad I_{24} = G_{24}\, U'_{ac}, \qquad I_5 = G_5(U'_{ac} - U'_{ab})$$

und erhalten

$$-I_{q1} + G_{13}\, U'_{ab} - G_5(U'_{ac} - U'_{ab}) = 0, \qquad -I_{q2} + G_5(U'_{ac} - U'_{ab}) + G_{24}\, U'_{ac} = 0$$

oder geordnet nach den beiden unbekannten Spannungen

$$(G_{13} + G_5)\, U'_{ab} - G_5\, U'_{ac} = I_{q1}, \qquad -G_5\, U'_{ab} + (G_5 + G_{24})\, U'_{ac} = I_{q2}.$$

Wir schreiben dieses Gleichungssystem wieder als Matrizengleichung

$$\begin{bmatrix} (G_{13} + G_5) & -G_5 \\ -G_5 & (G_5 + G_{24}) \end{bmatrix} \cdot \begin{bmatrix} U'_{ab} \\ U'_{ac} \end{bmatrix} = \begin{bmatrix} I_{q1} \\ I_{q2} \end{bmatrix}.$$

Die Leitwertmatrix ergibt die Koeffizienten-Determinante

$$D = \begin{vmatrix} (G_{13} + G_5) & -G_5 \\ -G_5 & (G_5 + G_{24}) \end{vmatrix} = (G_{13} + G_5)(G_5 + G_{24}) - G_5^2$$
$$= (1,033\text{ S} + 0,2\text{ S})(0,2\text{ S} + 0,525\text{ S}) - 0,2^2\text{ S}^2 = 0,8542\text{ S}^2.$$

Außerdem findet man die Zähler-Determinanten

$$D'_{ab} = \begin{vmatrix} I_{q1} & -G_5 \\ I_{q2} & (G_5 + G_{24}) \end{vmatrix} = (G_5 + G_{24})\, I_{q1} + G_5\, I_{q2}$$
$$= (0,2\text{ S} + 0,525\text{ S})\, 24\text{ A} + 0,2\text{ S} \cdot 10\text{ A} = 19,4\text{ SA},$$

$$D'_{ac} = \begin{vmatrix} (G_{13} + G_5) & I_{q1} \\ -G_5 & I_{q2} \end{vmatrix} = (G_{13} + G_5)\, I_{q2} + G_5\, I_{q1}$$
$$= (1,033\text{ S} + 0,2\text{ S})\, 10\text{ A} + 0,2\text{ S} \cdot 24\text{ A} = 17,13\text{ SA}.$$

Daher sind die Spannungen

$$U'_{ab} = D'_{ab}/D = 19,4\text{ SA}/(0,8542\text{ S}^2) = 22,71\text{ V},$$
$$U'_{ac} = D'_{ac}/D = 17,13\text{ SA}/(0,8542\text{ S}^2) = 20,06\text{ V}.$$

78 1.6 Berechnungsverfahren für Netzwerke

Nach Bild **1.76** und **1.77** gilt daher für die Ströme

$$I_1 = \frac{U_{q1} - U'_{ab}}{R_1} = \frac{24\,\text{V} - 22{,}72\,\text{V}}{1\,\Omega} = 1{,}288\,\text{A},$$

$$I_2 = \frac{U_{q2} - U'_{ac}}{R_2} = \frac{20\,\text{V} - 20{,}06\,\text{V}}{2\,\Omega} = -29{,}27\,\text{mA},$$

$$I_3 = \frac{U'_{ac} - U'_{ab}}{R_5} = \frac{20{,}06\,\text{V} - 22{,}72\,\text{V}}{5\,\Omega} = -0{,}5307\,\text{A}.$$

Man beachte, daß die Ergebnisse voll mit denen von Beispiel 1.53 übereinstimmen, weil hier die Genauigkeit des Taschenrechners genutzt wurde [88], [89].

1.6.6.2 Aufstellen der Matrizengleichung. Ebenso wie in Abschn. 1.6.5.2 für die Spannungsgleichungen kann man auch das Aufstellen der Stromgleichungen für das Knotenpunktpotential-Verfahren in ein einfaches Schema bringen und ganz allgemein die Matrizengleichung

$$\begin{bmatrix} +G_{11} & -G_{12} & \ldots & -G_{1n} \\ -G_{21} & +G_{22} & \ldots & -G_{2n} \\ \vdots & \vdots & & \vdots \\ -G_{n1} & -G_{n2} & \ldots & +G_{nn} \end{bmatrix} \cdot \begin{bmatrix} U'_1 \\ U'_2 \\ \vdots \\ U'_n \end{bmatrix} = \begin{bmatrix} -I'_{q1} \\ -I'_{q2} \\ \vdots \\ -I'_{qn} \end{bmatrix} \tag{1.68}$$

bilden. Wenn der Spaltenvektor für die Knotenpunktpotentiale U'_k nach den Indizes geordnet ist, ist auch die Matrix von Gl. (1.68) symmetrisch aufgebaut. Jedes Knotenpunktpotential U'_k ist mit allen Leitwerten, die mit dem betrachteten Knotenpunkt unmittelbar verbunden sind, verknüpft. Die **Hauptdiagonale** der Leitwertmatrix (also der Koeffizienten-Determinante) ist daher mit den Summenleitwerten G_μ der benachbarten (also der verbundenen) Zweige besetzt.

Die **Nebendiagonalen** der Leitwertmatrix enthalten die **stets negativen** Koppelleitwerte G_{ik}, die zwischen zwei Knotenpunkten liegen. Befindet sich zwischen zwei Knotenpunkten unmittelbar kein Leitwert, so wird an die entsprechende Stelle der Leitwertmatrix eine Null gesetzt. Spiegelbildlich zur Hauptdiagonale liegende Koppelleitwerte $G_{ik} = G_{ki}$ sind gleich. Dies ermöglicht wieder eine einfache Prüfung der Leitwertmatrix.

Die Ströme I'_{qk} stellen die Summe der den Knotenpunkten aufgeprägten Quellenströme dar. Ihre Zahlenwerte werden positiv gezählt, wenn sie zum Knotenpunkt zufließen, und negativ, wenn sie abfließen. Man beachte wieder, daß sie jedoch wegen der Minuszeichen im Spaltenvektor der Ströme in Gl. (1.68) endgültig das entgegengesetzte Vorzeichen erhalten.

Beispiel 1.56. Für die Brückenschaltung in Bild **1.80**a soll die Gleichung für den Strom I_5 aufgestellt werden. Wir bereiten zunächst das Netzwerk von Bild **1.80**a mit $G_\mu = 1/R_\mu$ entsprechend Bild **1.80**b für das rein schematische Aufstellen der Matrizengleichung vor und können dann sofort hinschreiben

$$\begin{bmatrix} (G_1+G_3) & -G_3 & 0 \\ -G_3 & (G_3+G_4+G_5) & -G_4 \\ 0 & -G_4 & (G_2+G_4) \end{bmatrix} \cdot \begin{bmatrix} U'_{ab} \\ U'_{ac} \\ U'_{ad} \end{bmatrix} = \begin{bmatrix} -I_q \\ 0 \\ I_q \end{bmatrix}.$$

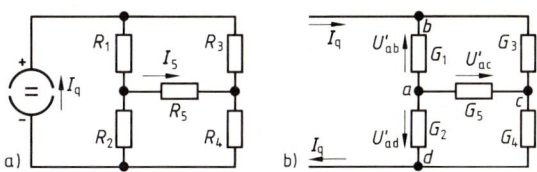

1.80 Brückenschaltung (a) mit Aufbereitung für das Knotenpunktpotential-Verfahren (b)

Somit gilt nach der Determinantenrechnung [6] für die Spannung

$$U'_{ac} = \frac{\begin{vmatrix} (G_1+G_3) & -I_q & 0 \\ -G_3 & 0 & -G_4 \\ 0 & I_q & (G_2+G_4) \end{vmatrix}}{\begin{vmatrix} (G_1+G_3) & -G_3 & 0 \\ -G_3 & (G_3+G_4+G_5) & -G_4 \\ 0 & -G_4 & (G_2+G_4) \end{vmatrix}}$$

$$= I_q \frac{G_4(G_1+G_3)-G_3(G_2+G_4)}{(G_1+G_3)(G_3+G_4+G_5)(G_2+G_4)-G_4^2(G_1+G_3)-G_3^2(G_2+G_4)}$$

bzw. für den Strom

$$I_5 = \frac{U'_{ac}}{R_5} = \frac{I_q}{R_5} \cdot \frac{G_1 G_4 - G_3 G_2}{G_5(G_2+G_4)(G_1+G_3)+G_2 G_4(G_1+G_3)+G_3 G_1(G_2+G_4)}$$

$$= I_q \frac{R_2 R_3 - R_4 R_1}{(R_1+R_3)(R_2+R_4)+R_5(R_1+R_2+R_3+R_4)}.$$

Beispiel 1.57. Für die Schaltung in Bild **1.81** soll die Matrizengleichung entsprechend Gl. (1.68) bei Annahme des Bezugsknotenpunkts d aufgestellt werden.

In Bild **1.81** sind schon die Zählpfeile für die unbekannten Teilspannungen eingetragen. Man kann daher sofort entsprechend Abschn. 1.6.6.2 angeben

$$\begin{bmatrix} (G_1+G_2) & -G_1 & 0 \\ -G_1 & (G_1+G_3+G_4) & -G_4 \\ 0 & -G_4 & (G_4+G_5) \end{bmatrix} \cdot \begin{bmatrix} U'_{da} \\ U'_{db} \\ U'_{dc} \end{bmatrix} = \begin{bmatrix} -I_a \\ -I_b \\ -I_c \end{bmatrix}$$

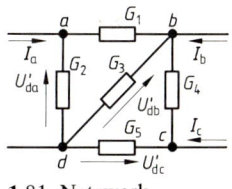

1.81 Netzwerk

1.6.7 Vergleich der Berechnungsverfahren

Die Kirchhoffschen Gesetze sind die Grundlage eines jeden Berechnungsverfahrens für elektrische Netzwerke. Durch Aufstellen der möglichen und hinreichenden unabhängigen Strom- und Spannungsgleichungen kann man jede Netzwerkaufgabe lösen – nicht nur für lineare, sondern mit den entsprechenden Rechenverfahren grundsätzlich auch für nichtlineare Schaltungen. Abschn. 1.6.1.3 beschreibt die zu beachtenden Regeln. Da z unbekannte Zweigströme ein System von z Gleichungen erfordern, ist der Rechenaufwand für umfangreiche Netzwerke groß.

1.6 Berechnungsverfahren für Netzwerke

Es lohnt sich immer, die vorliegenden Netzwerke, wie in Abschn. 1.6.1.1 dargestellt, so weit wie möglich zu **vereinfachen** – möglich ist dies aber nur für **lineare und rückwirkungsfreie** Schaltungsteile. Die für solche **Netzumformungen** zu beachtenden Regeln findet man in Abschn. 1.6.2.2 und 1.6.2.3. Wenn sich die Widerstände von Netzwerken nicht mit den in Abschn. 1.5 behandelten Gesetzen für Reihen- und Parallelschaltungen zusammenfassen lassen und somit der Gesamtwiderstand nicht einfach zu berechnen ist, kann man die **Stern-Dreieck-Umwandlung** nach Abschn. 1.6.2.4 anwenden.

Das **Überlagerungsverfahren** nach Abschn. 1.6.3 eignet sich besonders für die Berechnung von Netzwerken mit **linearen** Schaltungsgliedern und **mehreren rückwirkungsfreien** Spannungs- und Stromquellen, wenn die Wirkungen der einzelnen Quellen einfach zu bestimmen sind. Auf diese Weise können einzelne Zweigströme oder die Stromverteilung in einem vermaschten Netz ermittelt werden. Das Überlagerungsgesetz wird in der Elektrotechnik ganz allgemein auf viele allgemeine Überlegungen (s. Abschn. 1.6.4 bis 1.6.6, 6 bis 11) angewendet, hat aber nach Einführung der programmierbaren Taschenrechner für das Finden numerischer Lösungen nur noch eine geringe praktische Bedeutung.

Ersatzquellen nach Abschn. 1.6.4 können vorteilhaft eingeführt werden, wenn an zwei Klemmen einer Schaltung **veränderbare Widerstände** angeschlossen sind und ihre Wirkungen berechnet werden sollen. Sie sind unentbehrlich, wenn die **Leistungsanpassung** eines äußeren Widerstands entsprechend Abschn. 2.3 untersucht werden muß oder dieser äußere Widerstand **nichtlinear** ist. Ob zweckmäßig Ersatz-Spannungs- oder Ersatz-Stromquelle gewählt werden, richtet sich nach den in Abschn. 1.4.1.3 erläuterten Gesichtspunkten.

Das **Maschenstrom-Verfahren** nach Abschn. 1.6.5 liefert sofort gesuchte Ströme und auch die geringere Anzahl Gleichungen, wenn entsprechend Abschn. 1.6.2.1 die Anzahl m der unabhängigen Maschengleichungen kleiner ist als die Anzahl r der unabhängigen Knotenpunktgleichungen, und das **Knotenpunktpotential-Verfahren** nach Abschn. 1.6.6 für den umgekehrten Fall, aber auch unmittelbar gesuchte Spannungen. Beide Verfahren haben daher in umfangreichen Netzwerken große Vorteile gegenüber der unmittelbaren Anwendung der Kirchhoffschen Gesetze, die ein System von $z = m + r$ Gleichungen verlangen. Allerdings muß man, wenn die zugehörige **Matrizengleichung** ganz schematisch aufgestellt werden soll, beim Maschenstrom-Verfahren das Netzwerk auf das alleinige Verwenden von Widerständen und Spannungsquellen – beim Knotenpunktpotential-Verfahren dagegen auf Leitwerte und Stromquellen bzw. eingeprägte Ströme einrichten. Beide Verfahren erleichtern entscheidend die Analyse umfangreicher Netzwerke und ermöglichen ihre Berechnung durch **Digitalrechner** [45], [88], [89].

Ideale Spannungsquellen (ohne Innenwiderstand R_i) lassen sich nicht unmittelbar in Stromquellen umwandeln. Gleiches gilt für die Umwandlung idealer Stromquellen (ohne Innenleitwert G_i) in Spannungsquellen. In diesen Fällen müssen zunächst die Quellen verlegt oder vervielfacht werden, was beispielsweise in [21], [45], [84], [88] ausführlich behandelt wird. Für das in diesen Fällen auch mögliche Arbeiten mit eingeprägten Strömen beim Maschenstrom-Verfahren oder mit eingeprägten Spannungen beim Knotenpunktpotential-Verfahren wird ebenfalls auf [84] verwiesen.

1.6.7 Vergleich der Berechnungsverfahren

Die in Abschn. 1.5.4.2 und 1.6.4 bis 1.6.6 beschriebenen Verfahren eignen sich besonders gut zum Bestimmen numerischer Lösungen mit Digitalrechnern. Entsprechende Taschenrechnerprogramme findet man z. B. in [45], [88], und [89].

Hier soll noch mit dem folgenden (bewußt mit einfachen Zahlenwerten gewählten) Beispiel das unterschiedliche Vorgehen und der entsprechend abweichende Aufwand beim Einsatz der verschiedenen Verfahren gezeigt werden. Ferner werden diese Verfahren in Abschn. 7 auf Sinusstrom angewandt.

Beispiel 1.58. Für die Kettenschaltung in Bild **1**.82 soll das Spannungsverhältnis U_a/U_e bestimmt werden.

a) Der Widerstand R_1 kann für alle folgenden Betrachtungen unberücksichtigt bleiben, da in ihm kein Strom fließt und somit an ihm auch keine Teilspannung auftritt. Wir suchen zunächst die Lösung mit dem Maschenstrom-Verfahren. Daher sind in Bild **1**.82 auch schon die Maschenströme I'_1 und I'_2 eingetragen.

Nach Abschn. 1.6.5.2 kann man sofort die Matrizengleichung

$$\begin{bmatrix} 3R & -R \\ -R & 2R \end{bmatrix} \cdot \begin{bmatrix} I'_1 \\ I'_2 \end{bmatrix} = \begin{bmatrix} 0 \\ U_e \end{bmatrix}$$

und den Maschenstrom

$$I'_1 = \frac{\begin{vmatrix} 0 & -R \\ U_e & 2R \end{vmatrix}}{\begin{vmatrix} 3R & -R \\ -R & 2R \end{vmatrix}} = \frac{U_e R}{6R^2 - R^2} = \frac{U_e}{5R}$$

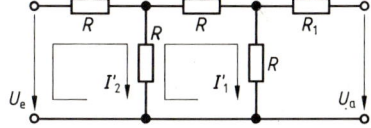

1.82 Brückenschaltung

angeben. Daher ist mit $U_a = R I'_1$ das gesuchte Spannungsverhältnis $U_a/U_e = 1/5 = 0{,}2$.

b) Für die Lösung mit dem Knotenpunktpotential-Verfahren wird der untere Knotenpunkt als Bezugsknotenpunkt gewählt und die Schaltung von Bild **1**.82 entsprechend Bild **1**.83 umgeformt. Der Eingang wird also als Spannungsquelle aufgefaßt und in eine Stromquelle mit dem Quellenstrom U_e/R umgewandelt. Für sie kann man nach Abschn. 1.6.6.2 die Matrizengleichung

$$\begin{bmatrix} \dfrac{1}{R} & -\dfrac{1}{R} \\ -\dfrac{1}{R} & \dfrac{2}{R} \end{bmatrix} \cdot \begin{bmatrix} U'_1 \\ U'_2 \end{bmatrix} = \begin{bmatrix} 0 \\ -\dfrac{U_e}{R} \end{bmatrix}$$

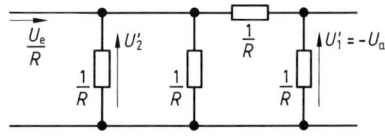

1.83 Umgeformte Kettenschaltung von Bild **1**.82

angeben. Daher ist die Ausgangsspannung

$$U_a = -U'_1 = -\frac{\begin{vmatrix} 0 & -1/R \\ -(U_e/R) & 3/R \end{vmatrix}}{\begin{vmatrix} 2/R & -1/R \\ -1/R & 3/R \end{vmatrix}} = -\frac{-U_e/R^2}{\dfrac{6}{R^2} - \dfrac{1}{R^2}} = U_e/5,$$

also wieder $U_a/U_e = 1/5 = 0{,}2$.

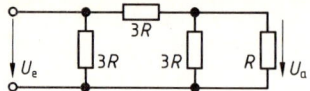

1.84
Schaltung von Bild **1.82**
nach Stern-Dreieck-Umwandlung

c) Man kann auch die linke Sternschaltung in Bild **1.82** entsprechend Gl. (1.56) einfach in eine Dreieckschaltung umwandeln und erhält dann die Schaltung in Bild **1.84**. Der linke Widerstand $3R$ ist dann ohne Einfluß auf das Spannungsverhältnis U_a/U_e. Man findet daher mit der Spannungsteilerregel nach Abschn. 1.5.1.3 und Gl. (1.47)

$$\frac{U_a}{U_e} = \frac{\dfrac{3R^2}{3R+R}}{3R + \dfrac{3R^2}{3R+R}} = \frac{1}{5} = 0{,}2 \ .$$

d) Wir können ferner auf die Schaltung in Bild **1.82** unmittelbar die Spannungsteilerregel anwenden – und zwar zweimal, indem wir zunächst die rechte Dreieckschaltung als einen Widerstand $2R^2/(3R) = (2/3)R$ auffassen, an dem die Spannung

$$\frac{(2/3)R}{R+(2/3)R} U_e = \frac{2}{5} U_e$$

auftritt, und indem wir weiter diese Spannung im Verhältnis $R/(2R) = 1/2$ teilen. Dann ist ebenfalls

$$\frac{U_a}{U_e} = \frac{2}{5} \cdot \frac{1}{2} = \frac{1}{5} = 0{,}2 \ .$$

e) Schließlich kann man noch eine allgemeine Lösung finden, wenn man die Widerstände mit $R = 1\,\Omega$ voraussetzt und nach Abschn. 1.5.4.2 die Ausgangsspannung mit $U_a = 1\,\text{V}$ annimmt.

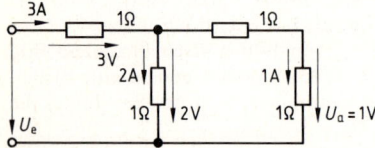

1.85
Schaltung von Bild **1.82**
mit Annahme der Ausgangsspannung U_a

Dann kann man von rechts aus durch abwechselndes Anwenden von Ohmschem Gesetz, Maschensatz und Knotenpunktsatz alle in Bild **1.85** eingetragenen Teilspannungen und Teilströme nacheinander berechnen und so zur zugehörigen Eingangsspannung $U_e = 3\,\text{V} + 2\,\text{V} = 5\,\text{V}$ gelangen. Somit darf man auch hier verallgemeinern und setzen $U_a/U_e = 1\,\text{V}/(5\,\text{V}) = 0{,}2$. Dieses ganz schematische rekursive Vorgehen ist für Rechnerprogramme [88], [89] hervorragend geeignet – allerdings weniger, weil zu langsam und zu umständlich, für eine normale Durchrechnung.

2 Energie der elektrischen Strömung

2.1 Erzeugung elektrischer Energie

2.1.1 Arbeit und Leistung

Eine **mechanische Arbeit** $W = Fl$ ist erforderlich, wenn unter dem Einfluß einer Kraft F ein Weg l zurückgelegt werden soll, z. B. wenn eine Masse m beschleunigt wird. Eine **elektrische Arbeit** wird geleistet, wenn sich infolge einer elektrischen Spannung U eine Elektrizitätsmenge Q bewegt. In beiden Fällen wird **Energie** umgesetzt.

2.1.1.1 Arbeitsvermögen der Spannung. Die **elektrische Energie** W hängt von der treibenden Spannung U und der beförderten Elektrizitätsmenge Q ab. Da nach Gl. (1.1) mit dem Strom I und der Zeit die Elektrizitätsmenge $Q = It$ ist, gilt

$$W = UQ = UIt .\qquad(2.1)$$

Mit den Einheiten A, V und s hat die Energie die Einheit VAs = Ws = J. Für das Produkt VA hat man die Einheitenbezeichnung Watt (W) und für die Energie die Einheit Wattsekunde (Ws), vorrangig Joule (J) genannt, eingeführt [s. a. Abschn. 1.1.2.2, Gl. (1.5)].

Zur Messung der verbrauchten elektrischen Arbeit verwendet man **Elektrizitätszähler**. Sie geben den Energieverbrauch meist in **Kilowattstunden (kWh)** an, wobei 1 kWh = 3,6 MWs ist. Nach kWh wird i. allg. auch die vom Elektrizitätswerk bezogene elektrische Arbeit verrechnet. Als **Arbeitspreis** oder **Strompreis** k bezeichnet man dann den je kWh zu entrichtenden Betrag.

Beispiel 2.1. Für die in Beispiel 1.29 behandelte Schaltung nach Bild **1.44** sollen die Kosten ermittelt werden, die zum Betrieb der beiden Glühlampen und der Heizsonne während der Zeit $t = 8$ h (Stunde) benötigt wird.
Die Glühlampen erfordern mit dem in Beispiel 1.29 errechneten Strom $I_1 = 0{,}275$ A bei der Spannung $U = 220$ V nach Gl. (2.1) jeweils die Energie

$$W = UI_1 t = 220 \text{ V} \cdot 0{,}275 \text{ A} \cdot 8 \text{ h} = 0{,}484 \text{ kWh} .$$

Die Heizsonne benötigt

$$W = UI_2 t = 220 \text{ V} \cdot 2{,}316 \text{ A} \cdot 8 \text{ h} = 4{,}076 \text{ kWh} .$$

2.1.1.2 Leistung. Verbraucher (z. B. Maschinen) werden meist weniger danach beurteilt, welche Arbeit W sie innerhalb irgendeiner Zeit t vollbringen, sondern was sie augenblicklich leisten oder leisten können. Diese auf die Zeit t bezogene Arbeit W nennt man allgemein Leistung P. Daher gilt nach Gl. (2.1) für die **elektrische Leistung** eines Geräts, das die feste Spannung U aufweist und den konstanten Strom I führt,

$$P = W/t = UI. \tag{2.2}$$

Wenn Spannung u und Strom i von der Zeit t abhängen, also zeitveränderlich sind, erhält man den **Zeitwert** der elektrischen Leistung

$$P_t = ui. \tag{2.3}$$

Entsprechend ist die im Zeitraum t_1 bis t_2 mit veränderlicher Leistung P_t umgesetzte **Arbeit** bzw. **Energie** nach Gl. (2.1) allgemein

$$W_{12} = \int_{t_1}^{t_2} P_t \, dt, \tag{2.4}$$

und für konstante Werte von Spannung U und Strom I bzw. der Leistung P in der Zeit t kann man vereinfachen in

$$W = Pt. \tag{2.5}$$

Für die Leistung in einem vom Strom I durchflossenen Widerstand R kann man die Spannung U durch die Widerstandsspannung IR ersetzen oder auch nach dem Ohmschen Gesetz $I = U/R$ einführen. Man erhält dann

$$P = I^2 R = U^2/R. \tag{2.6}$$

Um Fehler zu vermeiden, rechne man (insbesondere bei Wechselstrom) bei Reihenschaltungen stets mit dem Strom I und bei Parallelschaltungen mit der Spannung U.

Nach Gl. (2.2) und Abschn. 1.1.2.2 hat die Leistung die **Einheit**

$$[P] = [U][I] = VA = W = kg\,m^2/s^3. \tag{2.7}$$

Geringste Leistungen in W und mW werden in der Elektronik [81] und den Meßgeräten [80] umgesetzt. Wenige W benötigen z. B. Plattenspieler und Trockenrasierer, etwa 100 W Glühlampen, Hausgeräte (Kühlschrank, Fernseher), einige kW elektrische Geräte mit Heizungen (z. B. Waschmaschinen, Elektroherde, Heißwassergeräte) und bis zu etwa 20 MW elektrische Antriebe. Größte Transformatoren übertragen und Generatoren [83] leisten über 1 GW.

Beispiel 2.2. Ein Widerstand ist gekennzeichnet mit den Angaben 20 kΩ und 0,5 W. An welche Spannung darf er höchstens angeschlossen werden?
Nach Gl. (2.6) ist diese Spannung

$$U = \sqrt{PR} = \sqrt{0{,}5\text{ W} \cdot 20\text{ k}\Omega} = 100\text{ V}.$$

Beispiel 2.3. Ein Widerstand soll nur 50% seiner Nennleistung aufnehmen. In welchem Verhältnis muß die Spannung verringert werden?

Da nach Gl. (2.6) die Leistung P quadratisch von der Spannung U abhängt, muß diese entsprechend $U = \sqrt{PR}$ auf das $\sqrt{1/2} = 0{,}7071$fache herabgesetzt werden.

2.1.1.3 Verluste und Wirkungsgrad. Strömungsenergie erzeugt in jeder Leitung beim Hindurchfließen Wärme, und zwar in den Wärmegeräten als erwünschte Nutzwärme, in allen anderen Geräten aber als unerwünschte Verlustwärme. Diese Verluste vermindern einerseits die Wirksamkeit der Energieumwandlung oder -übertragung, ergeben also wirtschaftliche Nachteile und erwärmen außerdem die betroffenen Bauteile, deren Isolierstoffe meist nur bestimmten Grenztemperaturen standhalten bzw. deren Lebensdauer durch große Temperaturen beeinträchtigt wird [56].

Die Temperaturen, die sich aufgrund der Verlustwärme einstellen, sind abhängig von der pro Zeit t zugeführten Wärme W_{th}, also den Verlusten $V = W_{th}/t$, dem Zeitpunkt der Betrachtung (Temperaturen ändern sich nicht sprungartig, sondern nach Exponentialfunktionen – [9]) und der Güte der Wärmeabgabe. Die Wärme selbst wird durch Wärmeleitung, durch Wärmestrahlung oder durch natürliche oder künstliche Konvektion an die Umgebung abgegeben – was natürlich sehr unterschiedlich gut sein kann.

Verlustwärme tritt nicht nur in den Generatoren (s. Abschn. 2.1.2.1) und Transformatoren, in Freileitungen und Kabeln auf, sondern überall dort, wo Energie umgewandelt wird. Sie kann auch an Schalterkontakten, schlechten Lötstellen und in den winzigen Bauteilen der Elektronik ernste Probleme schaffen und verlangt daher sorgfältige Beachtung.

Durch Anwendung des Ohmschen Gesetzes bzw. Gl. (2.6) erhält man aus der Leistung $P = UI$ die Verluste

$$V = I^2 R = U^2 G. \qquad (2.8)$$

Es wird darauf hingewiesen, daß man in Reihenschaltungen zweckmäßig mit dem Widerstand R arbeitet, also die Verluste aus $V = I^2 R$ berechnet und in Parallelschaltungen möglichst auf den Leitwert G übergeht und daher die Verluste aus $V = U^2 G$ bestimmt. Man beachte, daß Leistungen und Verluste quadratisch von Spannung U bzw. Strom I abhängen, dies also nichtlineare Zusammenhänge sind.

Da die Verluste die Erwärmung und somit die Lebensdauer der Geräte bestimmen, dürfen nach Gl. (2.8) Strom I und Spannung U bestimmte, durch die Wärmeabgabe festgelegte Werte nicht übersteigen. Elektrische Anlagen und Geräte werden daher von vornherein für bestimmte Nennwerte (Index N), die auf dem Leistungsschild angegeben sind, ausgelegt. Nennspannung U_N, Nennstrom I_N, Nennleistung P_N usw. dürfen meist nur wenig überschritten werden.

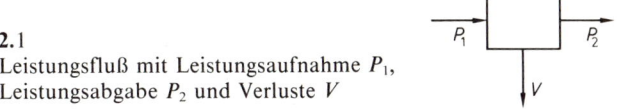

2.1
Leistungsfluß mit Leistungsaufnahme P_1,
Leistungsabgabe P_2 und Verluste V

Mit der Leistungsaufnahme P_1 eines Verbrauchers (oder der insgesamt erzeugten Leistung) und seiner Leistungsabgabe P_2 (bzw. der insgesamt genutzten Leistung) sind ganz allgemein entsprechend dem Schema in Bild **2.1** die auftretenden

2.1 Erzeugung elektrischer Energie

Verluste

$$V = P_1 - P_2, \qquad (2.9)$$

und man bezeichnet als **Wirkungsgrad** das Verhältnis

$$\eta = \frac{P_2}{P_1} = \frac{P_1 - V}{P_1} = 1 - \frac{V}{P_1} = 1 - \frac{V}{P_2 + V}. \qquad (2.10)$$

Gelegentlich (z. B. bei Akkumulatoren) arbeitet man auch, wenn W_1 die hineingesteckte und W_2 die herausgeholte Energie bezeichnen, mit dem **Energiewirkungsgrad**

$$\eta_W = W_2 / W_1. \qquad (2.11)$$

Während der Wirkungsgrad einer Rundfunkübertragung, also das Verhältnis von Empfangsleistung in der Antenne zur im Sender erzeugten elektrischen Leistung, mit $\eta = 10^{-14}$ oder weniger sehr schlecht ist und kleine Hausgeräte nur geringe Wirkungsgrade von etwa 10% zeigen, ist es ein besonderer Vorteil größerer elektrischer Maschinen, daß ihr Wirkungsgrad fast immer weit größer als der vergleichbarer anderer Kraftmaschinen ist. So haben große Generatoren Wirkungsgrade bis über 98% und große Transformatoren bis über 99%. Auch bei der Energieübertragung ist die elektrische Energie den meisten anderen Möglichkeiten eines Energietransports und der anschließenden Energieumwandlung bezüglich der geringen Verluste überlegen.

Beispiel 2.4. Welche elektrische Leistung P_1 muß ein Elektromotor aufnehmen, der den Wirkungsgrad $\eta = 88\%$ hat und eine Kreiselpumpe mit der Leistungsaufnahme $P_p = 3$ kW antreiben soll?
Da der Elektromotor $P_2 = 3,0$ kW mechanisch abgeben muß, ergibt sich die notwendige Leistungsaufnahme $P_1 = P_2/\eta = 3,0$ kW/0,88 = 3,409 kW. Im Motor treten die Verluste $V = P_1 - P_2 =$ 3,409 kW − 3,0 kW = 0,409 kW = 409 W auf.

2.1.2 Elektrische Energiequellen

Die im elektrischen Stromkreis nach Bild **1.**7 wirksame Spannung an den Verbraucher-Anschlußklemmen wird als **Klemmenspannung** U bezeichnet. Sie muß im Generator G als **Quellenspannung** U_q erzeugt werden. Außerdem muß dieser Generator nach dem Satz von der Erhaltung der Energie die in dem Verbraucher nach Gl. (2.1) umgesetzte elektrische Energie zur Verfügung stellen.

Generatoren, die in diesem Sinn elektrische Energie aus einer anderen Energieart umwandeln und Quellenspannungen (bzw. Quellenströme – s. Abschn. 1.3.1.2) erzeugen können, nennt man daher abgekürzt **Quellen**. (Nach Abschn. 1.3 kann man grundsätzlich Spannungs- und Stromquellen unterscheiden.) Die in den Ersatzschaltungen dieses Buches verwendeten und im Anhang 6 wiedergegebenen Schaltzeichen sollen nur diese Aufgabe der Quellen verkörpern, also z. B. nicht den Drahtwiderstand ihrer Spulen wiedergeben. Es sollen nur einige wichtige elektrische Energiequellen kurz beschrieben werden.

2.1.2.1 Elektrodynamische Generatoren. Der weitaus überwiegende Anteil (sicher über 90%) der elektrischen Energie wird aus elektrischen Maschinen mit drehenden Teilen [83] gewonnen. Primärenergie steht z. B. chemisch gebunden in Kohle, Öl oder Gas bzw. atomar im Uran zur Verfügung. Ihre Freisetzung führt in den Wärmekraftwerken über die Wärme- bzw. potentielle Dampfenergie zur mechanischen Drehenergie, die im Generator unter Ausnutzung des Induktionsgesetzes (s. Abschn. 4.3.1.3) in elektrische Energie umgewandelt wird. Wegen des relativ schlechten Wirkungsgrads der thermischen Kreisprozesse [9] können maximal etwa 40% der Primärenergie in elektrische Energie überführt werden.

Mit einem besseren Wirkungsgrad arbeiten Wasserkraftwerke, die die potentielle oder kinetische Energie des Wassers ohne größere Verluste über eine Turbine als Antrieb dem Generator zur Verfügung stellen. Nur relativ geringe elektrische Energien werden durch den Antrieb der Generatoren mit Verbrennungskraftmaschinen (z. B. in Notstromaggregaten oder in Fahrzeugen) gewonnen.

2.1.2.2 Elektrochemische Quellen. Galvanische Zellen (s. Abschn. 5.3.2) wandeln unmittelbar chemisch gespeicherte Energie in elektrische Energie um; sie können nur einmal entladen werden und liefern je Zelle etwa 0,8 V bis 2,0 V. Eingesetzt werden sie z. B. als Knopfzellen in Hörgeräten und Kameras oder als Taschenbatterien vorzugsweise in vielen Kleingeräten der Unterhaltungselektronik und Meßtechnik.

Demgegenüber kann man Akkumulatoren (s. Abschn. 5.3.2) laden und entladen, wobei man etwa 50% bis 70% der zugeführten Energie bei Quellenspannungen je Zelle von etwa 2,0 V beim Bleiakkumulator und von etwa 1,3 V beim Stahlakkumulator wieder entnehmen kann. Ihre hauptsächliche Anwendung finden die Akkumulatoren in den elektrischen Anlagen der Kraftfahrzeuge und in Notstromversorgungen.

2.1.2.3 Weitere Energie-Direktumwandlungs-Quellen. Schon die elektrochemischen Stromerzeuger wandeln chemische Energie unmittelbar in elektrische Energie um. Hierdurch können verlustreiche Zwischenprozesse eingespart werden, so daß sich die Forschung bemüht, weitere Wege der Direktumwandlung zu finden; diese sind jedoch bisher noch mit schlechten Wirkungsgraden verbunden.

Verschiedene Metalle haben unterschiedliche Elektronendichten n. Berühren sich nun zwei derartige Leiter, stellt sich entsprechend dem Konzentrationsgefälle an allen Grenzflächen durch Diffusion ein Austausch von Elektronen ein. Der Leiter mit der ursprünglich geringeren Elektronenkonzentration lädt sich dann negativ gegenüber dem anderen Leiter auf, so daß an der Berührungsfläche eine Kontaktspannung entsteht. In dem geschlossenen Leiterkreis von Bild **2.2** heben sich die Spannungen an den beiden Kontaktstellen zunächst gerade auf.

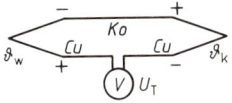

2.2
Erzeugung thermoelektrischer Spannungen U_T
Cu Kupferdrähte, *Ko* Konstantandraht,
ϑ_w warme, ϑ_k kalte Kontaktstelle

Erwärmt man jedoch eine Kontaktstelle (Temperatur ϑ_w) gegenüber der anderen (Temperatur ϑ_k), wirkt sich die Temperaturabhängigkeit der Elektronendichte n (s. Abschn. 5) aus, und es entsteht eine Thermospannung U_T. Auf diese Weise können temperaturabhängige Quellenspannungen von einigen mV/(100 K) erzeugt werden. Man benutzt diese **Thermoelemente** insbesondere zur Messung von Temperaturen – z. B. Thermopaare aus Platin-Platinrhodium bis etwa 1600°C [80].

Photoelemente bestehen heute meist aus Halbleitern (s. Abschn. 5). In ihnen können durch Zuführen von Lichtquanten Elektronen aus dem Valenzband (s. Abschn. 5) in das Leitungsband gehoben, und es kann auf diese Weise elektrische Energie freigemacht werden. Solche Lichtempfänger werden wegen ihrer geringen Leistungsfähigkeit meist nur für Meßzwecke eingesetzt [80], [81]. Mit **Solarzellen**, die sich z. B. in den Satelliten befinden, kann man die Strahlungsenergie der Sonne unmittelbar in elektrische Energie überführen; ihr Wirkungsgrad beträgt aber nur etwa 15% [81].

Es befinden sich noch weitere Quellen in der Entwicklung (z. B. Thermionik-Konverter und magneto-hydrodynamische Generatoren); die technische Anwendungsreife haben sie aber noch nicht erreicht.

2.2 Nutzung elektrischer Energie

Es soll jetzt an einigen Beispielen gezeigt werden, daß die verschiedenen Formen, in denen Energie auftritt, grundsätzlich **gleichwertig** sind, sie also ineinander überführt und entsprechend umgerechnet werden können. Hierbei soll auch die zweckmäßige Nutzung der elektrischen Energie betrachtet werden.

2.2.1 Übertragung von Energie und Signalen

Hier werden die Probleme der Versorgung mit elektrischer Energie und der Nutzung der Elektrotechnik in der Nachrichtentechnik angesprochen.

2.2.1.1 Energieversorgung. Ein einfaches Beispiel für die elektrische Energieversorgung zeigt Bild 2.3. Ein Generator G speist mit seiner Quellenspannung U_q über seinen inneren Widerstand R_i und den Widerstand R_L die parallelen Verbraucher R_1 bis R_3. Die Schaltung setzt sich also aus parallelen und in Reihe liegenden Widerständen zusammen. Wenn man alle Teilspannungen und Teilströme berechnen will, faßt man meist zunächst die parallelen Widerstände zu einem Ersatzwiderstand zusammen und summiert dann die in Reihe liegenden Teilwiderstände zum Gesamtwiderstand, wie dies Beispiel 2.5 zeigt. Anschließend kann man mit dem Ohmschen Gesetz bzw. den Kirchhoffschen Gesetzen die Teilspannungen und Teilströme bestimmen.

Beispiel 2.5. In einer Schaltung nach Bild 2.3 sind Glühlampen mit dem Widerstand $R_1 = 0{,}32\ \Omega$, Wärmegeräte mit dem Widerstand $R_2 = 0{,}93\ \Omega$ und einige weitere Verbraucher mit dem Widerstand $R_3 = 1{,}17\ \Omega$ über ein Kabel mit dem Leitungswiderstand $R_L = 0{,}0121\ \Omega$ angeschlossen. Der Generator hat den inneren Widerstand $R_i = 0{,}0174\ \Omega$ und die Quellenspannung $U_q = 240$ V. Zu ermitteln sind der dem Generator entnommene Strom I und die Klemmenspannungen U_G und U_a an Generator und Verbraucher.

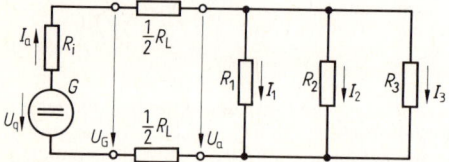

2.3
Energieversorgung paralleler Verbraucher R_1 bis R_3

2.2.1 Übertragung von Energie und Signalen

Man findet sofort mit Gl. (1.43) für den Ersatzwiderstand der Parallelschaltung der Widerstände R_1, R_2 und R_3

$$R_a = \frac{1}{\frac{1}{R_1}+\frac{1}{R_2}+\frac{1}{R_3}} = \frac{1}{\frac{1}{0{,}32\,\Omega}+\frac{1}{0{,}93\,\Omega}+\frac{1}{1{,}17\,\Omega}} = 197{,}8\ \mathrm{m\Omega}\,.$$

In der Reihenschaltung mit den Widerständen R_1 und R_L ist der Gesamtwiderstand des Stromkreises

$$R_g = R_a + R_L + R_i = 0{,}1978\ \Omega + 0{,}0121\ \Omega + 0{,}0174\ \Omega = 0{,}2273\ \Omega\,.$$

Hiermit ergibt sich nach dem Ohmschen Gesetz der Strom $I_a = U_q/R_g = 240\,\mathrm{V}/(0{,}2273\ \Omega) = 1056\,\mathrm{A}$. Die Klemmenspannungen sind

am Generator $\quad U_G = U_q - I_a R_i = 240\,\mathrm{V} - 1056\,\mathrm{A}\cdot 0{,}0174\ \Omega = 221{,}6\,\mathrm{V}$
und am Verbraucher $\quad U_a = U_G - I_a R_L = 221{,}6\,\mathrm{V} - 1056\,\mathrm{A}\cdot 0{,}0121\ \Omega = 208{,}8\,\mathrm{V}$.

Beispiel 2.6. Mit den Kennwerten von Beispiel 2.5 soll der Verlauf der Generatorklemmenspannung U_G und der Verbraucher-Klemmenspannung U_a in Abhängigkeit vom Netzstrom I_a im Bereich $0 \leq I_a \leq 1600\,\mathrm{A}$ berechnet und kurvenmäßig dargestellt werden.

Nach Beispiel 2.5 gilt für die gesuchten Spannungen $U_G = U_q - R_i I_a$ und $U_a = U_q - (R_i + R_L) I_a$. Die Spannungskennlinien können daher leicht berechnet werden; sie sind in Bild **2.4**a dargestellt.

Ein Betrieb mit Klemmenspannungen, die wie in Bild **2.4**a mit dem Belastungsstrom I_a stark schwanken, wäre für die angeschlossenen Verbrauchergeräte sehr ungünstig, da sie dann je nach der Spannung veränderliche Einzelströme aufnehmen und somit unterschiedliche Wirkungen zeigen würden. Jedes Gerät sollte daher bei der Spannung (auch **Nennspannung** genannt) betrieben werden, für die es gebaut wurde. Man muß dann die Generatorspannung nach der gerade herrschenden Belastung jeweils so groß einstellen, daß an den Verbrauchsgeräten stets dieselbe Spannung herrscht, daß also die Verbraucherspannung U_a wenigstens an-

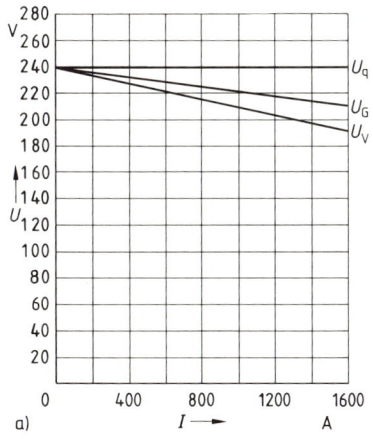
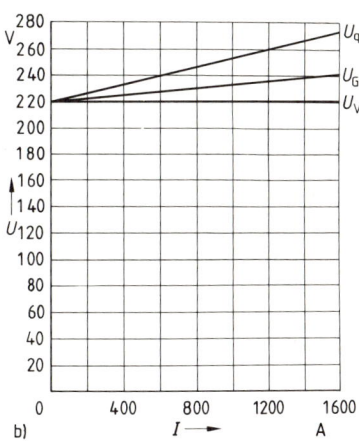

2.4 Spannungskennlinien bei konstanter Quellenspannung $U_q = 240\,\mathrm{V}$ (a) und konstanter Verbraucher-Klemmenspannung $U_a = 220\,\mathrm{V}$ (b)
U_G Generator-Klemmenspannung

nähernd konstant bleibt. Die sich aus dieser Forderung ergebenden Spannungen sind in Bild 2.4b unter Annahme der Verbraucherspannung $U_a = 220$ V aufgetragen. Für die Quellenspannung gilt hier $U_q = U_a + I_a(R_i + R_L)$ und für die Generator-Klemmenspannung $U_G = U_a + I_a R_L$. Während Bild 2.4a die **Betriebskennlinien** bei konstanter Generator-Quellenspannung U_q darstellt, enthält Bild 2.4b die **Einstellkennlinien** für den Betrieb mit konstanter Verbraucherspannung U_a.

2.2.1.2 Energieübertragung. Es sollen hier die bei der Fortleitung der Energie auftretenden Fragen angeschnitten werden. Vollständigere Darstellungen der in der elektrischen **Energieverteilung** vorherrschenden Aufgabenstellungen und Berechnungsverfahren bringt z. B. [19].

Leitungen. In der elektrischen Energietechnik müssen beim Bemessen einer Übertragungsleitung insbesondere 3 Gesichtspunkte beachtet werden: mechanische Festigkeit, Erwärmung (Temperaturzunahme) und Leistungsverlust bzw. Spannungsabfall [19].

Die im Leiter auftretenden **mechanischen Spannungen** brauchen i. allg. nur bei Freileitungen nachgerechnet zu werden, da Kabel und isolierte Leitungen (Installationsleitungen) fast immer im Erdboden, an Wänden usw. fest verlegt sind.

Die **Erwärmung** hängt von den Stromwärmeverlusten ab, die nach Gl. (2.8) mit dem Quadrat des Stromes steigen. Sie ist bei Kabeln und isolierten Leitungen zu beachten, da die Isolierstoffe nur bestimmte Höchsttemperaturen annehmen dürfen, wenn sie nicht in ihrer Lebensdauer (insbesondere in ihrem mechanischen Bestand und ihrer Isolierfähigkeit) beeinträchtigt werden sollen. Je nach Leiterquerschnitt, Isolierung und Verlegungsart sind durch VDE-Bestimmungen **zulässige Stromstärken** festgelegt, die im Betrieb nicht oder höchstens kurzzeitig überschritten werden dürfen.

Um unzulässige Ströme zu vermeiden, werden an allen erforderlichen Stellen, besonders an Abzweigen geringeren Leiterquerschnitts, **Schmelzsicherungen** oder selbsttätig wirkende Schalter, **Selbstschalter** oder Automaten eingebaut [19]. Sie müssen so bemessen sein, daß sie auch die maximal mögliche **Kurzschlußstromstärke** sicher abschalten können, ohne daß ein Lichtbogen stehen bleibt.

Beispiel 2.7. Für die Anlage nach Beispiel 2.5 ist der Strom zu ermitteln, der bei einem Kurzschluß der Verbraucher entsteht.

Da der Widerstand der Kurzschlußstelle sehr klein ist, kann ihm gegenüber der parallelgeschaltete Verbraucherwiderstand $R_a = 0{,}1978$ Ω vernachlässigt werden. Die Generatorspannung $U_q = 240$ V wirkt dann lediglich auf den Widerstand von Generator und Kabel $R_i + R_L = 0{,}0174$ Ω $+ 0{,}0121$ Ω $= 0{,}0295$ Ω. Es entsteht also der Strom $I_{ak} = U_q/(R_i + R_L) = 240$ V$/(0{,}0295$ Ω$) = 8136$ A. Das ist das 7,7fache des in Beispiel 2.5 errechneten Betriebsstroms $I_a = 1056$ A. Da die Wärmeerzeugung vom Quadrat der Stromstärke abhängt, entsteht in Generator und Kabel die $7{,}7^2 = 59$fache Verlustwärme. Die entstehende Übertemperatur erreicht erfahrungsgemäß nicht ganz diesen Wert. Gefährlicher als die Erwärmung sind die vom Kurzschlußstrom hervorgerufenen Kräfte [19].

Leistungsverlust. Dritter Gesichtspunkt der Leitungsbemessung sind der auftretende **Leistungsverlust** V_L und **Spannungsabfall** U_L auf der Leitung. Beide müssen aus Gründen der Wirtschaftlichkeit und, um eine von der Belastung möglichst wenig abhängige Verbraucherspannung zu haben (s. Bild 2.4), niedrig gehalten werden. Aus diesen Forderungen ergibt sich der notwendige Leiterquerschnitt und die zweckmäßige Übertragungsspannung.

2.2.1 Übertragung von Energie und Signalen

Mit der einfachen Leitungslänge l_L (also $2l_L$ für beide Leitungen), der Leitfähigkeit γ und dem Querschnitt A_L der Leiter, der Spannung U_a und der Leistung $P_a = I_a U_a$ am Verbraucher am Leitungsende ergibt sich für den Verlust auf der Leitung

$$V_L = I_a^2 R_L = I_a^2 \frac{2 l_L}{\gamma A_L} = \frac{P_a^2}{U_a^2} \cdot \frac{2 l_L}{\gamma A_L}. \tag{2.12}$$

Der Spannungsabfall $U_L = V_L/I_a$ ist ihm proportional.

Im allgemeinen sind bei einer vorliegenden Übertragungsaufgabe die verlangte Leistung P_a und die Entfernung l_L zwischen Speisestelle und Verbraucher vorgegeben. Auch die Leitfähigkeit γ liegt durch das zu wählende Leitermaterial (fast nur Kupfer oder Aluminium) fest. Schließlich ist der Leistungsverlust V_L durch die notwendige Wirtschaftlichkeit der Anlage bestimmt. Wählbar sind dann Spannung U_a und Querschnitt A_L, für die nach Gl. (2.12) gilt

$$A_L U_a^2 = 2 l_L P_a^2 / (\gamma V_L). \tag{2.13}$$

Beispiel 2.8. Welcher Leitungsquerschnitt A_L ist erforderlich, um zum Verbraucher die Leistung $P_a = 100$ kW bei der Spannung $U_a = 440$ V auf Kupferleitungen über die Entfernung $l_L = 1,2$ km zu übertragen, wenn 5% Leistungsverlust zugelassen werden?

Mit dem zugelassenen Leistungsverlust $V_L = 0,05\, P_a = 0,05 \cdot 100$ kW $= 5$ kW erhält man nach Gl. (2.13) den erforderlichen Querschnitt

$$A_L = \frac{2 l_L P_a^2}{\gamma V_L U_a^2} = \frac{2 \cdot 1,2 \text{ km} \cdot 100^2 \text{ kW}^2}{(56 \text{ Sm/mm}^2)\, 5 \text{ kW} \cdot 440^2 \text{ V}^2} = 442,7 \text{ mm}^2.$$

Zu wählen ist der nächsthöhere genormte Querschnitt 500 mm², der für Kabel oder isolierte Leitungen auch aus Erwärmungsgründen zulässig ist.

Übertragungsspannung. Um 100 kW bei 440 V auf die noch geringe Entfernung 1,2 km zu übertragen, ergibt sich in Beispiel 2.8 der erforderliche Leiterquerschnitt $A_L = 500$ mm². Sind zu übertragende Leistung P_a und Übertragungsentfernung l_L größer, so wird nach Gl. (2.13) bald eine Grenze erreicht, bei der eine Querschnittsvergrößerung etwa durch Parallelschalten mehrerer Kabel und eine Vergrößerung der Verluste wirtschaftlich nicht mehr tragbar ist. Man erhöht also die Übertragungsspannung U_a. Das ist sehr wirksam, da U_a in Gl. (2.13) quadratisch eingeht. In Bild 2.5 ist angegeben, welche Spannung erforderlich wäre, um die Leistung $P_a = 100$ kW auf Entfernungen bis $l_L = 50$ km bei sonst gleichen Daten zu übertragen. Energieübertragung

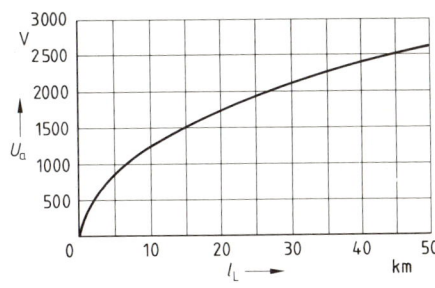

2.5
Erforderliche Spannung U_a zur Übertragung der Leistung $P_a = 100$ kW auf Kupferleitungen mit dem Querschnitt $A_L = 500$ mm² bei dem relativen Leitungsverlust $V_L/P_a = 5\%$ abhängig von der Leitungslänge l_L

2.2 Nutzung elektrischer Energie

mit Gleichstrom ist daher nicht üblich und hat nur über größere Entfernungen (z. B. 1000 km) mit hohen Spannungen technische Vorteile (Hochspannungs-Gleichstrom-Übertragung HGÜ [19]). Weitere Angaben zur Wahl der Spannung s. [19]. Die heutige Energieversorgung großer Gebiete wurde erst nach Einführung des Wechselstromsystems und Einsatz von Transformatoren möglich (s. Abschn. 6 und 7).

2.2.1.3 Übertragung von Nachrichten. Im Gegensatz zur Energietechnik spielt der Leistungsverlust in der Nachrichtentechnik wegen der dort andersartigen Aufgaben lediglich in Sonderfällen (z. B. innerhalb großer Sendeanlagen) eine Rolle. Es kommt in der Nachrichtentechnik entscheidend darauf an, daß die zu übermittelnde Nachricht am Leitungsende hinsichtlich ihres Informationsgehalts **so zur Verfügung steht**, wie sie am Anfang der Leitung **hineingegeben** wurde [20]. Verluste an **Nachrichteninhalt** (Informationsgehalt) etwa durch Störungen oder Verzerrungen können fast immer hinreichend klein gehalten werden, so daß der auf den Nachrichteninhalt bezogene Wirkungsgrad meist sehr groß ist. Demgegenüber ist der Energie-Wirkungsgrad oft äußerst gering (z. B. bei Funkübertragungen um 10^{-14}).

Quotienten von Eingangsleistung P_1 und Ausgangsleistung P_2 haben, z. B. bei Verstärkern (Beispiel 2.9) oder Funkübertragungen, häufig recht kleine bzw. große Zahlenwerte. Man arbeitet deswegen besonders in der Nachrichtentechnik gern mit **Logarithmen der Quotienten**. Überwiegend gebraucht wird dabei heute der Ansatz $P_1/P_2 = 10^p$, also

$$p = \lg(P_1/P_2) \text{ B} \quad \text{oder auch} \quad p = 10 \text{ dB} \lg(P_1/P_2) . \tag{2.14}$$

Die Einheiten B = Bel und dB = **Dezibel** kennzeichnen als Kurzzeichen das logarithmische Maß des Verhältnisses. Meist benutzt man Dezibel. Eine logarithmische Verhältnisgröße wird speziell als **Pegel** bezeichnet, wenn die Nennergröße – im Fall der Gl. (2.14) also P_2 – als festgelegte Bezugsgröße zu betrachten ist (s. DIN 5493).

Beispiel 2.9. Wie groß ist der Pegel in dB bei einem mehrstufigen **Verstärker**, der bei $P_1 = 1$ mW Eingangsleistung die Ausgangsleistung $P_2 = 10$ W liefert?

$$p = 10 \text{ dB} \lg(P_1/P_2) = 10 \text{ dB} \lg(1 \text{ mW}/10 \text{ W}) = -40 \text{ dB} .$$

Beispiel 2.10. Ein Verstärker kann eine konstante Leistungsverstärkung nur innerhalb eines bestimmten **Frequenzbereichs** einhalten. Man gibt meist den Bereich an, in dem die Leistung zu niederen und höheren Frequenzen hin bis auf 50% ihres Höchstwerts absinkt. Dies nennt man den **Leistungshalbwert**. Welcher Pegel ist ihm zuzuordnen?

Da das Leistungsverhältnis 2:1 ist, erhält man $p = 10$ dB $\lg 2 \approx 3$ dB. Dieser Wert 3 dB spielt in der Nachrichtentechnik bei der Festlegung von Frequenzbereichen eine große Rolle.

Anstelle des dekadischen Logarithmus kann auch der natürliche Logarithmus des Quotienten angegeben werden. Da der hierbei gebräuchliche Ansatz für den Pegel p vom Spannungs- oder Stromverhältnis ausgeht, gilt für das Leistungsverhältnis, in das die Quadrate von Spannung oder Strom eingehen, $e^{2p} = (P_1/P_2)$ und somit für den Pegel

$$p = \frac{1}{2} \text{ Np } \ln(P_1/P_2) . \tag{2.15}$$

2.2.2 Umwandlung elektrischer Energie

Er wird in der Einheit Neper (Np) angegeben. Der Zusammenhang zwischen den Dämpfungsangaben in Np und dB ergibt sich durch Koeffizientenvergleich aus Gl. (2.14) und (2.15) und führt zu den Umrechnungen

$$10 \text{ dB} \stackrel{\wedge}{=} 1{,}15 \text{ Np}, \quad 1 \text{ Np} \stackrel{\wedge}{=} 8{,}686 \text{ dB}.$$

2.2.2 Umwandlung elektrischer Energie

2.2.2.1 Gleichwertige Energiearten. Tafel 2.6 zeigt in einem Überblick mit kurzen Stichworten, welche wechselseitigen Umwandlungen der elektrischen in eine andere Energieart und umgekehrt heute eine wirtschaftliche Bedeutung erlangt haben. Bei der Umwandlung von elektrischer Energie in elektrische Energie anderer Erscheinungsformen handelt es sich insbesondere um das Transformieren auf andere Spannungs- und Stromwerte bei gleichbleibender Leistung (s. Abschn. 7.2.2), um das Verändern der Frequenz oder das Verstärken kleiner Eingangs- auf größere Ausgangswerte.

Tafel 2.6 Wirtschaftlich wichtige Beispiele für die Umwandlung elektrischer Energie in andere Energiearten und umgekehrt

Umwandlung elektrischer Energie	elektrische Energie	Wärmeenergie	optische Energie	chemische Energie	mechanische Energie
in →	Transformator Umrichter Verstärker	Widerstandsgerät Heizofen Glühlampe	Leuchtstofflampe Opto-Elektronik Laser	Elektrolyse Akkumulator	Elektromagnet Elektromotor Schreiber Drucker Lautsprecher
und umgekehrt ←		Thermoelement	Photoelement	galvanisches Element Akkumulator	elektrodynamischer Generator Mikrophon

Der Verstärker [25] nimmt hierbei nach Bild 2.7 nur eine sehr geringe Steuerleistung P_e auf und benötigt eine zusätzliche Leistung P_{Zus}, die eine um den Verstärkungsfaktor P_a/P_e größere Ausgangsleistung P_a ermöglicht, aber auch die Verluste V deckt. Bei den Verstärkern der Nachrichtentechnik wird die Zusatzleistung elektrisch zugeführt, während z. B. beim Generator, der über die kleine Erregerleistung gesteuert und daher ebenfalls als Verstärker aufgefaßt werden kann, weitere Leistung über den Antrieb mechanisch aufgebracht wird.

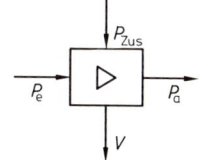

2.7
Leistungsfluß des Verstärkers
P_e Steuer-, P_a Ausgangs-, P_{Zus} Zusatzleistung, V Verluste

2.2 Nutzung elektrischer Energie

Elektrische Energie kann in vielfältiger Weise genutzt werden. In Tafel 2.6 ist die magnetische Energie nicht eigens aufgeführt, da sie als Abart der elektrischen Energie anzusehen ist. Auch wird dort bei der mechanischen Energie nicht zwischen potentieller und kinetischer Energie, die z.B. in geradliniger und drehender Bewegung auftritt, unterschieden.

Nach Abschn. 4.3.2 kann der elektrische Strom über sein magnetisches Feld Kräfte ausüben, die in Elektromagneten, Schützen [19], Relais und elektrodynamischen Lautsprechern meist Längsbewegungen veranlassen und in den Elektromotoren [56] Drehmomente und Drehbewegungen verursachen.

Wird mit der Masse m und der Beschleunigung a die Kraft

$$F = ma \tag{2.16}$$

bei der Geschwindigkeit v überwunden oder das Drehmoment M bei der Drehzahl n bzw. der Winkelgeschwindigkeit

$$\omega = 2\pi n \tag{2.17}$$

erzeugt, so tritt die mechanische Leistung

$$P_{\text{mech}} = Fv = M\omega \tag{2.18}$$

auf.

Tafel 2.8 Umrechnung der Energieeinheiten (s.a. DIN 1345)

	J, Ws, Nm	kWh	kcal	kpm
1 J, Ws, Nm =	1	$0{,}2778 \cdot 10^{-6}$	$0{,}2388 \cdot 10^{-3}$	0,102
1 kWh =	$3{,}6 \cdot 10^{6}$	1	859,8	$0{,}367 \cdot 10^{6}$
1 kcal =	4186,8	$1{,}163 \cdot 10^{-3}$	1	426,9
1 kpm =	9,81	$2{,}724 \cdot 10^{-6}$	$2{,}342 \cdot 10^{-3}$	1

In Tafel 2.8 sind einige gebräuchliche Energieeinheiten mit ihren für eine Umrechnung erforderlichen Zahlenwerten zusammengestellt. Für das Umrechnen von Leistungseinheiten gilt ferner

$$1\,\text{W} = 1\,\text{Nm/s} = 0{,}102\,\text{kpm/s} = 0{,}239\,\text{cal/s} = 1{,}36\,\text{mPS} \;. \tag{2.19}$$

Beispiel 2.11. Eine Talsperre faßt im Jahr die nutzbare Wassermenge $V = 20\,\text{Gm}^3$ bei der mittleren Fallhöhe $h = 30\,\text{m}$.

a) Welche nutzbare Energie ist in der Talsperre gespeichert?

Mit der Erdbeschleunigung $a = g = 9{,}81\,\text{m/s}^2$ und der Dichte des Wassers $\varrho_{\text{dW}} = 1\,\text{Mg/m}^3$ kann das Wasser bei der Masse $m = V\varrho_{\text{dW}}$ nach Gl. (2.16) die Kraft $F = ma = V\varrho_{\text{dW}}a$ ausüben und enthält die potentielle Energie

$$W_{\text{p}} = Fh = V\varrho_{\text{dW}}ah = 20\,\text{Gm}^3 \cdot 1(\text{Mg/m}^3)\,9{,}81\,(\text{m/s}^2)\,30\,\text{m} = 1{,}635\,\text{TWh} \;.$$

b) Welche Leistung kann ein Wasserkraftwerk bei 8000 h Betrieb pro Jahr in das elektrische Netz liefern, wenn der Wirkungsgrad der Wasserturbine $\eta_T=0{,}7$ und der des Generators $\eta_G=0{,}95$ beträgt?

Nach Gl. (2.5) und (2.10) findet man die elektrische Leistungsabgabe

$$P_2 = W_p\, \eta_T\, \eta_G / t = 1{,}635\ \text{TWh} \cdot 0{,}7 \cdot 0{,}95 / (8000\ \text{h}) = 307{,}3\ \text{MW}\,.$$

Beispiel 2.12. Ein Elektromotor kann mit einer mechanischen Bremse nach Bild 2.9 abgebremst und untersucht werden. Es braucht nur eine mit leichten Rändern versehene Scheibe *1* auf das Wellenende gesetzt und ein mit den Massen m_1 und m_2 (bzw. den Gewichtskräften F_1 und F_2) versehenes Stahlband auf die Scheibe aufgelegt zu werden. (Ein in Stahl und Leder unterteiltes Band stellt sich allerdings besser ein.) Da die vom Motor abgegebene mechanische Leistung voll in Reibungswärme umgesetzt wird, kann man nur Leistungen bis zu einigen kW abbremsen.

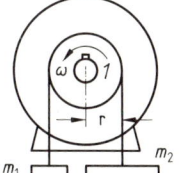

2.9
Abbremsen eines Elektromotors
m Masse, *r* Radius, ω Winkelgeschwindigkeit, *1* Scheibe

Bei einer derartigen Untersuchung nimmt ein Gleichstrommotor bei der Spannung $U=220$ V und der Drehzahl $n=650\ \text{min}^{-1}$ den Strom $I=5{,}4$ A auf. Die Scheibe *1* hat den Durchmesser $d=180$ mm, und es sind die Massen $m_1=8$ kg und $m_2=25$ kg wirksam. Es sollen das erzeugte Drehmoment M, die Leistungsabgabe des Motors P_2 und sein Wirkungsgrad η bestimmt werden.

Es gilt mit dem Radius $r=d/2=0{,}18$ m$/2=0{,}09$ m bei der Erdbeschleunigung $a=g=9{,}81\ \text{m/s}^2$ und mit den Gewichtskräften $F_1=m_1 a=8\ \text{kg}\cdot 9{,}81\ \text{m/s}^2=78{,}48$ N und $F_2=m_2 a=25\ \text{kg}\cdot 9{,}81\ \text{m/s}^2=245{,}3$ N nach [8] für das Drehmoment

$$M=(F_2-F_1)r=(245{,}3\ \text{N}-78{,}48\ \text{N})\,0{,}09\ \text{m}=15{,}01\ \text{Nm}\,.$$

Nach Gl. (2.17) herrscht die Winkelgeschwindigkeit $\omega=2\pi n=2\pi\cdot 650\ \text{min}^{-1}/(60\ \text{s/min})=68{,}07\ \text{s}^{-1}$, so daß nach Gl. (2.18) die mechanische Leistung

$$P_2 = M\omega = 15{,}01\ \text{Nm}\cdot 68{,}07\ \text{s}^{-1} = 1022\ \text{W}$$

an der Welle als Leistungsabgabe zur Verfügung steht. Mit der Leistungsaufnahme $P_1=UI=220\ \text{V}\cdot 5{,}4\ \text{A}=1188$ W erhält man daher nach Gl. (2.10) den Wirkungsgrad $\eta=P_2/P_1=1022\ \text{W}/(1188\ \text{W})=0{,}86$.

2.2.2.2 Joulesche Stromwärme. Nach dem Gesetz von der **Erhaltung der Energie** kann in einem geschlossenen System (z. B. einer elektrischen Anlage) keine Energie vernichtet oder neu geschaffen werden; es kann immer nur irgendeine zur Verfügung stehende Energie bestimmter Art in eine gleich große Energie anderer Form umgewandelt werden. So wird z. B. elektrische Energie in den elektrischen Wärme- oder Schweißgeräten in Wärmeenergie umgesetzt.

Wir werden hier stets als Bauelement, das elektrische Energie vollständig in Wärmeenergie umwandelt, den **Widerstand** R bzw. seinen Reziprokwert, den **Leitwert** G, ansehen. Die in diesem Buch benutzte physikalische Größe Widerstand R

2.2 Nutzung elektrischer Energie

soll mit dem Schaltzeichen in Bild 1.7 also nur eine einzige Stromwirkung, nämlich die Wärmewirkung, wiedergeben – obwohl ein ausgeführtes Widerstandsgerät auch z. B. ein magnetisches Feld ausbilden kann. Wir idealisieren daher den Widerstand R auf diese einzige thermische Wirkung.

Ein in diesem Sinn definierter Widerstand R nimmt nach Gl. (2.1), wenn er während der Zeit t an der festen Spannung U liegt und den Strom I führt, also die Leistung $P=UI$ umsetzt, die elektrische Energie

$$W_e = UIt = Pt = W_{th} \tag{2.20}$$

auf und wandelt sie in eine gleich große Wärmemenge W_{th} um. Elektrische Energie und Wärmeenergie haben daher die gleiche Einheit 1 J = 1 Ws. Früher wurde auch mit der Einheit Kalorie (1 cal = 4,187 Ws = 1,16 mWh – s. DIN 1345) gearbeitet.

Beispiel 2.13. Ein Heißwassergerät soll das Wasservolumen $V=0,05$ m³ (also 50 l) von der Temperatur $\vartheta_k = 12°C$ auf $\vartheta_w = 85°C$ erwärmen. Wie lange muß dieses Gerät eingeschaltet sein, wenn die gesamte Leistung $P=2$ kW zur Erwärmung des Wassers beiträgt und die spezifische Wärmekapazität von Wasser $c=1,16$ Wh/(kg K) ausmacht?

Da Wasser die Dichte $\varrho_{dW} = 1000$ kg/m³ aufweist, ist die Masse $m = \varrho_{dW} V = 1000$ (kg/m³) 0,05 m³ = 50 kg zu erwärmen, und es beträgt die erforderliche thermische Energie

$$W_{th} = cm(\vartheta_w - \vartheta_k) = 1{,}16 \text{ (Wh/kg K)} \cdot 50 \text{ kg} \cdot (85°C - 12°C) = 4{,}234 \text{ kWh} .$$

Nach Gl. (2.20) wird daher die Zeit

$$t = W_{th}/P = 4{,}234 \text{ kWh}/(2 \text{ kW}) = 2{,}117 \text{ h}$$

benötigt.

Beispiel 2.14. Das Heißwassergerät von Beispiel 2.13 soll nur 90% seiner elektrischen Energieaufnahme in Nutzwärme umwandeln können, und die Zuleitung zum Gerät soll bei unveränderter Klemmenspannung $U=220$ V am Gerät den Widerstand $R_L = 0{,}6$ Ω aufweisen. Wie lange muß jetzt das Gerät eingeschaltet sein, wenn die Bedingungen von Beispiel 2.13 weiterhin erfüllt werden sollen, und welcher Wirkungsgrad ergibt sich insgesamt?

Nach Gl. (2.11) und (2.20) muß wegen $W_1 = Pt = W_2/\eta_W = Pt/\eta_W$ bei dem Wirkungsgrad $\eta_W = 0{,}9$ die Zeit erhöht werden auf

$$t' = t/\eta_W = 2{,}117 \text{ h}/0{,}9 = 2{,}352 \text{ h} .$$

Es fließt nach Gl. (2.2) der Strom

$$I = P/U = 2 \text{ kW}/(220 \text{ V}) = 9{,}091 \text{ A} ,$$

der nach Gl. (2.8) in der Zuleitung die Verluste

$$V_L = I^2 R_L = 9{,}091^2 \text{ A}^2 \cdot 0{,}6 \text{ Ω} = 49{,}59 \text{ W}$$

hervorruft. Während die Leistungsabgabe $P_2 = \eta_W P = 0{,}9 \cdot 2$ kW = 1,8 kW in Nutzwärme überführt wird, beträgt die Leistungsaufnahme einschließlich der Leitungsverluste $P_1 = P + V_L = 2$ kW + 49,59 W = 2,05 kW, und der Gesamtverlust ist $V = P_1 - P_2 = 2{,}05$ kW − 1,8 kW = 0,25 kW. Man erhält also nach Gl. (2.10) den Gesamtwirkungsgrad

$$\eta = 1 - (V/P_1) = 1 - (0{,}25 \text{ kW}/2{,}05 \text{ kW}) = 0{,}878 .$$

2.2.3 Leistungsanpassung

In der **Energietechnik** soll meist die elektrische Energie möglichst verlustarm, d. h. mit **optimalem Wirkungsgrad**, von der Quelle auf den Verbraucher übertragen werden. Daher müssen hierfür alle Widerstände, die nur Verluste verursachen (z. B die Leitungswiderstände und die Innenwiderstände der Quellen), im Verhältnis zum Verbraucherwiderstand R_a so klein, wie wirtschaftlich möglich, gemacht werden.

In der **Nachrichtentechnik** muß dagegen die Information unverfälscht vom Sender zum Empfänger gelangen. Daher muß die **größtmögliche Leistung** übertragen werden. Man spricht dann von Leistungsanpassung, da hierfür Innen- und Außenwiderstand einer bestimmten Bedingung genügen müssen.

2.2.3.1 Anpassungsbedingung. In dem einfachen Stromkreis von Bild 2.10a fließt bei der Quellenspannung U_q, dem Innenwiderstand R_i der Quelle und dem (äußeren) Verbraucherwiderstand R_a nach dem Ohmschen Gesetz der Strom

$$I_a = \frac{U_q}{R_i + R_a}, \tag{2.21}$$

und es herrscht die Klemmenspannung

$$U_a = U_q - R_i I_a . \tag{2.22}$$

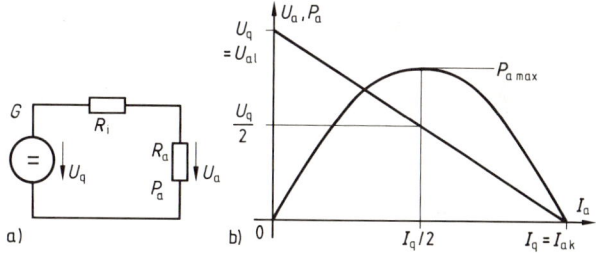

2.10 Einfacher Stromkreis (a) mit Spannungsquelle G (mit Quellenspannung U_q und Innenwiderstand R_i) sowie Verbraucherwiderstand R_a mit zugehöriger Quellenkennlinie $U_a = f(I_a)$ und Leistungskennlinie $P_a = f(I_a)$ des Verbrauchers (b)

Dem Verbraucher wird daher die **Nutzleistung**

$$P_a = U_a I_a = I_a^2 R_a = \frac{U_q^2 R_a}{(R_i + R_a)^2} \tag{2.23}$$

zugeführt. Sie verschwindet für $R_a = 0$, also den Kurzschluß der Quelle, und $R_a = \infty$, d. h. den Leerlauf der Quelle.
Nach Abschn. 1.4.1.1 ist dieser lineare Stromkreis durch die Quellenkennlinie $U_a = f(I_a)$ in Bild **2.10**b gekennzeichnet. Zu ihm gehört dann die in Bild **2.10**b

2.2 Nutzung elektrischer Energie

ebenfalls eingetragene Leistungskennlinie $P_a = f(U_a)$, die offensichtlich für $U_a = U_q/2$ und $I_a = I_{ak}/2$ die maximale Leistung

$$P_{a\,max} = \frac{U_q}{2} \cdot \frac{I_{ak}}{2} = \frac{U_q^2}{4 R_i} \qquad (2.24)$$

aufweist, die man auch als **verfügbare Leistung** bezeichnet. Sie wird somit erreicht, wenn für den Verbraucherwiderstand eingehalten ist

$$R_a = \frac{U_a}{I_a} = \frac{U_q/2}{U_q/(2 R_i)} = R_i. \qquad (2.25)$$

Ein Verbraucher R_a entnimmt daher einer Quelle die verfügbare Leistung $P_{a\,max}$, wenn die Anpassungsbedingung $R_a = R_i$ eingehalten ist, der Verbraucherwiderstand R_a also ebenso groß ist wie der Innenwiderstand R_i.

Man findet diese Anpassungsbedingung auch, indem man mit Gl. (2.23) den Differentialquotienten

$$\frac{dP_a}{dR_a} = U_q^2 \, \frac{(R_i + R_a)^2 - 2 R_a (R_i + R_a)}{(R_i + R_a)^4} \qquad (2.26)$$

bildet und gleich Null setzt. Mit $(R_i + R_a)^2 - 2 R_a (R_i + R_a) = 0$ erhält man ebenfalls $R_a = R_i$.

Die Darstellung in Bild **2.10** kann unmittelbar auf eine **Stromquelle** übertragen werden. Für sie ist bei der (identischen) Anpassungsbedingung

$$G_a = G_i \qquad (2.27)$$

die verfügbare Leistung

$$P_{a\,max} = \frac{I_q^2}{4 G_i}. \qquad (2.28)$$

2.2.3.2 Wirkungsgrad. In der Quelle muß die **Quellenleistung**

$$P_q = \frac{U_q^2}{R_i + R_a}$$

erzeugt werden, so daß man mit Gl. (2.23) den **Wirkungsgrad**

$$\eta = \frac{P_a}{P_q} = \frac{R_a}{R_i + R_a} = \frac{R_a/R_i}{1 + R_a/R_i} = \frac{U_a}{U_{a\,max}} \qquad (2.29)$$

findet. Er hängt also nur vom Widerstandsverhältnis R_a/R_i ab und ist in Bild **2.11** dargestellt. Für den Fall der Anpassung erhält man daher nur den Wirkungsgrad $\eta = 0{,}5$.

Im Leerlauf (also $R_a = \infty$) herrscht die größtmögliche Verbraucherspannung $U_{a\,max} = U_{aL} = U_q$, während allgemein die Spannungsteilerregel $U_a/U_q = R_a/(R_i + R_a)$ anzuwenden ist. Für dieses **Spannungsverhältnis** $U_a/U_{a\,max}$ gilt daher auch Gl. (2.29).

2.2.3.3 Ausnutzungsgrad. In der Quelle wird im Kurzschluß mit dem Kurzschlußstrom $I_{ak} = U_q/R_i$ die **Kurzschlußleistung**

$$P_k = U_q I_{ak} = U_q^2/R_i$$

als größtmögliche Quellenleistung erzeugt. Es ist daher sinnvoll, mit Gl. (2.23) den Ausnutzungsgrad

$$\varepsilon = \frac{P_a}{P_k} = \frac{R_a R_i}{(R_i + R_a)^2} = \frac{R_a/R_i}{(1 + R_a/R_i)^2} \qquad (2.30)$$

einzuführen. Er ist ebenfalls abhängig vom Widerstandsverhältnis R_a/R_i und in Bild 2.11 dargestellt.

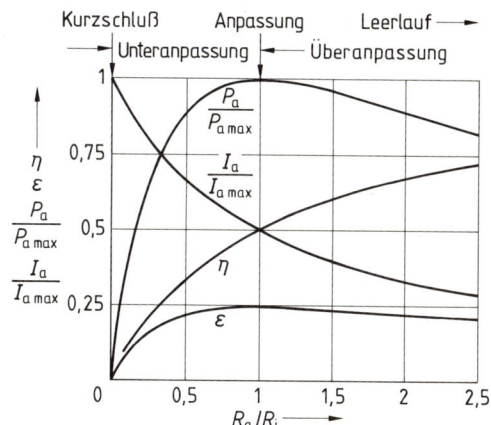

2.11
Wirkungsgrad η, Ausnutzungsgrad ε, Leistungsverhältnis $P_a/P_{a\,max}$ und Stromverhältnis $I_a/I_{a\,max}$ als Funktion des Widerstandsverhältnisses R_a/R_i

Mit der verfügbaren Leistung $P_{a\,max} = U_q^2/(4R_i) = P_k/4$ gilt daher für das **Leistungsverhältnis**

$$\frac{P_a}{P_{a\,max}} = 4\frac{P_a}{P_k} = 4\varepsilon. \qquad (2.31)$$

Wenn man für die Anpassung von der Stromquelle ausgeht, kann man für die dort geltenden Zusammenhänge durch Anwenden der Stromteilerregel auch das **Stromverhältnis**

$$\frac{I_a}{I_{a\,max}} = \frac{I_a}{I_q} = \frac{R_i}{R_i + R_a} = \frac{1}{1 + R_a/R_i} \qquad (2.32)$$

angeben.

Für $R_a \neq R_i$ spricht man von **Fehlanpassung**, für $R_a < R_i$ von **Unteranpassung** oder wegen des hier größeren Stromverhältnisses $I_a/I_{a\,max}$ von **Stromanpassung** und entsprechend für $R_a > R_i$ von **Überanpassung** oder **Spannungsanpassung**.

Nach Bild **2.**11 wächst der durch Fehlanpassung verursachte Leistungsverlust bei Überanpassung zunächst nur geringfügig, während er bei Unteranpassung schneller größer wird. Um noch $0,9\,P_{a\,max}$ zu erzielen, darf $0,5 \leq R_a/R_i \leq 2$ sein. Daher nimmt man in der Nachrichtentechnik meist eine gewisse Fehlanpassung in Kauf.

Wenn keine einfachen Stromkreise nach Bild **2.**10a vorliegen, muß man, wie in Abschn. 1.6.3 erläutert, das Netzwerk ohne den äußeren Widerstand R_a in eine **Ersatzquelle** umwandeln und dann, um Leistungsanpassung zu erreichen, diesen gleich dem gefundenen inneren Widerstand R_{iE} der Ersatzquelle machen (s. Beispiel 2.17).

Für nichtlineare Stromkreise gilt grundsätzlich auch die Anpassungsbedingung von Gl. (2.25). Hier ergeben sich dann allerdings die Schwierigkeiten, daß sie meist nicht bei gleichen Spannungen oder Strömen auftreten. Um einer nichtlinearen Quelle (z. B. einem Solargenerator) die verfügbare Leistung entnehmen zu können, kann man analog zu Bild **2.**10b aus der Quellenkennlinie die Leistungskennlinie berechnen und anschließend für die größte Leistungsabgabe den zugehörigen Verbraucherwiderstand bestimmen. Für weitere Einzelheiten s. [21].

Beispiel 2.15. Zwei Akkuzellen mit der Quellenspannung $U_{q1} = 2$ V und dem Innenwiderstand $R_{i1} = 0,05\,\Omega$ sollen auf zwei Widerstände $R_{a1} = 0,2\,\Omega$ a) die größtmögliche Leistung $P_{a\,max}$ übertragen bzw. b) mit dem besten Wirkungsgrad η_{max} arbeiten. Welche Schaltungen muß man hierfür vorsehen, und welche Verbraucherleistungen P_a werden dann mit welchem Wirkungsgrad η erzeugt?

Zu a): Die größtmögliche Verbraucherleistung $P_{a\,max}$ wird für Anpassung erreicht. Hierfür muß $R_a = R_i$ mit der Schaltung nach Bild **2.**12a verwirklicht werden. Infolge der Reihenschaltung der Quellen erhält man $U_q = 2\,U_{q1} = 2 \cdot 2$ V $= 4$ V und $R_i = 2\,R_{i1} = 2 \cdot 0,05\,\Omega = 0,1\,\Omega$. Der resultierende Außenwiderstand beträgt $R_a = R_{a1}/2 = 0,2\,\Omega/2 = 0,1\,\Omega$. Die Verbraucherleistung ist dann $P_{a\,max} = U_q^2/(4\,R_i) = 4^2\,V^2/(4 \cdot 0,1\,\Omega) = 40$ W und der Wirkungsgrad $\eta = 0,5$.

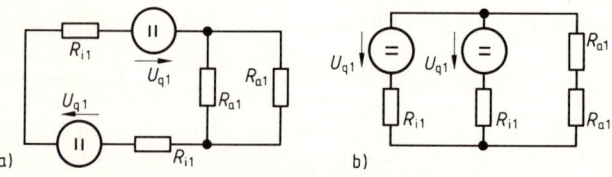

2.12 Schaltung von 2 Quellen und 2 Verbrauchern für Anpassung (a) und optimalen Wirkungsgrad (b)

Zu b): Den optimalen Wirkungsgrad η_{max} erzielt man nach Bild **2.**11, wenn $R_i \ll R_a$ ist, also mit einer Schaltung nach Bild **2.**12b. Hier sind resultierender Innenwiderstand $R_i = R_{i1}/2 = 0,05\,\Omega/2 = 0,025\,\Omega$ und resultierender Außenwiderstand $R_a = 2\,R_{a1} = 2 \cdot 0,2\,\Omega = 0,4\,\Omega$ sowie Quellenspannung $U_q = U_{q1} = 2$ V. Es fließt also der Verbraucherstrom $I_a = U_q/(R_i + R_a) = 2$ V$/(0,025\,\Omega + 0,4\,\Omega) = 4,706$ A. Daher wird in der Quelle die Leistung $P_q =$

$I_a U_q = 4{,}706\,\text{A} \cdot 2\,\text{V} = 9{,}412\,\text{W}$ erzeugt und an den Verbraucher die Leistung $P_a = I_a^2 R_a = 4{,}706^2\,\text{A}^2 \cdot 0{,}4\,\Omega = 8{,}84\,\text{W}$ abgegeben, so daß der Wirkungsgrad $\eta = P_a/P_q = 8{,}858\,\text{W}/(9{,}412\,\text{W}) = 0{,}9412$ auftritt.

Beispiel 2.16. Zwei Generatoren nach Bild 1.74a sollen auf einen äußeren Widerstand R_a die größtmögliche Leistung $P_{a\,max}$ übertragen. Wie groß muß dann der äußere Widerstand R_a sein? Welche Leistung $P_{a\,max}$ wird ihm zugeführt? Welche verfügbaren Leistungen könnten die beiden Spannungsquellen einzeln liefern?
Wir verwenden die Kennwerte der in Beispiel 1.50 berechneten Ersatz-Spannungsquelle und finden mit Gl. (2.25) die Anpassungsbedingung

$$R_a = R_{iE} = 2{,}25\,\Omega\,.$$

Hierfür beträgt nach Gl. (2.23) die Nutzleistung

$$P_{a\,max} = U_{qE}^2/(4\,R_{iE}) = 10{,}75^2\,\text{V}^2/(4 \cdot 2{,}25\,\Omega) = 12{,}84\,\text{W}\,.$$

Die Spannungsquellen hätten einzeln als Leistung verfügbar

$$P_{a1\,max} = U_{q1}^2/(4\,R_{i1}) = 13^2\,\text{V}^2/(4 \cdot 2\,\Omega) = 21{,}13\,\text{W}$$

und

$$P_{a2\,max} = U_{q2}^2/(4\,R_{i2}) = 10^2\,\text{V}^2/(4 \cdot 3\,\Omega) = 8{,}33\,\text{W}\,.$$

Es werden also nur $P_{a\,max}/(P_{a1\,max} + P_{a2\,max}) = 12{,}84\,\text{W}/(21{,}13\,\text{W} + 8{,}33\,\text{W}) = 0{,}4346 = 43{,}46\%$ ausgenutzt, was einmal auf den zusätzlichen Widerstand R, aber auch auf die Parallelschaltung, die wegen der unterschiedlichen Quellenspannungen Ausgleichsströme verursacht, zurückzuführen ist.

Beispiel 2.17. Die Schaltung in Bild 2.13 enthält den Leitwert $G_1 = 2\,\text{mS}$ und den Widerstand $R = 1\,\text{k}\Omega$. Es fließt der Quellenstrom $I_{q1} = 3\,\text{mA}$, und es herrscht die Quellenspannung $U_{q2} = 1{,}2\,\text{V}$. Auf welchen Widerstandswert R_3 kann welche verfügbare Leitung $P_{3\,max}$ übertragen werden?

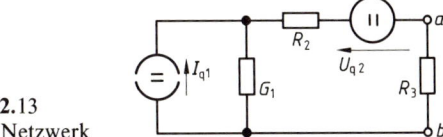

2.13
Netzwerk

Wir müssen zunächst den linken Teil des Netzwerks bezüglich der Klemmen a und b in eine Ersatzquelle umwandeln. Nach Abschn. 1.6.4 hat diese mit dem Widerstand $R_1 = 1/G_1 = 1/(2\,\text{mS}) = 500\,\Omega$ den inneren Widerstand $I_{iE} = R_2 + R_1 = 1\,\text{k}\Omega + 500\,\Omega = 1{,}5\,\text{k}\Omega$, so daß für Anpassung der Widerstand $R_3 = R_{iE} = 1{,}5\,\text{k}\Omega$ verwirklicht werden muß.
Im Leerlauf (offene Klemmen a und b) fließt der Quellenstrom I_{q1} nur über den Leitwert G_1 und verursacht an ihm die Spannung $U_1 = I_{q1}/G_1 = 3\,\text{mA}/(2\,\text{mS}) = 1{,}5\,\text{V}$. Daher erhält man die Quellenspannung der Ersatzquelle $U_{qE} = U_1 + U_{q2} = 1{,}5\,\text{V} + 1{,}2\,\text{V} = 2{,}7\,\text{V}$ und nach Gl. (2.24) die verfügbare Leistung

$$P_{a\,max} = \frac{U_q^2}{4\,R_{iE}} = \frac{2{,}7^2\,\text{V}^2}{4 \cdot 1{,}5\,\text{k}\Omega} = 1{,}215\,\text{mW}\,.$$

3 Elektrisches Potentialfeld

Zwischen elektrischen Ladungen treten ähnlich wie zwischen Massen Kräfte auf, die allerdings je nach Polarität anziehend oder abstoßend wirken können. Man erklärt dieses Phänomen der zwischen Körpern über den Raum hinweg wirkenden Kräfte über die Modellvorstellung eines Feldes, bei Massen als Gravitationsfeld und bei elektrischen Ladungen als elektrisches bzw. magnetisches Feld bezeichnet. Mit Hilfe des in Abschn. 4 behandelten magnetischen Feldes werden die Komponenten der Kraftwirkungen zwischen elektrischen Ladungen beschrieben, die ausschließlich auf deren Bewegungszustand zurückzuführen sind.

Hinsichtlich der Ursache unterscheidet man zwischen elektrischen Wirbelfeldern, welche durch die zeitliche Änderung eines Magnetfeldes erzeugt werden (s. Abschn. 4.3.1.2 und 4.3.1.3), und elektrischen Potentialfeldern, welche allein von den elektrischen Ladungen ausgehen, unabhängig von ihrem Bewegungszustand (s. Abschn. 3.2).

Hinsichtlich der Wirkung des elektrischen Feldes wird unterschieden, ob dieses in leitenden Räumen auftritt, in denen die Kraftwirkung eine Ladungsströmung zur Folge hat (s. Abschn. 3.1), oder in nichtleitenden Räumen, in denen zwar auch die Kraftwirkung, naturgemäß aber keine Ladungsströmung auftreten kann (s. Abschn. 3.2).

Hinsichtlich der Zeitabhängigkeit unterscheidet man zwischen elektrostatischen Feldern, die die zeitlich konstante Wechselwirkung zwischen ruhenden Ladungen beschreiben, den stationären elektrischen Strömungsfeldern, in denen eine Ladungsströmung mit konstanten Geschwindigkeiten (Gleichströme) auftritt, und den zeitlich veränderlichen Feldern, in denen die Feldgrößen als Zeitfunktionen beschrieben werden müssen.

In diesem Abschn. 3 werden die in elektrischen Leitern und Nichtleitern auftretenden wirbelfreien elektrischen Felder (Potentialfelder) erläutert. Das in elektrischen Leitern auftretende elektrische Strömungsfeld läßt sich über die modellmäßige Vorstellung strömender Ladungsträger relativ anschaulich beschreiben. Dagegen erfordert die Betrachtung des in Nichtleitern auftretenden elektrischen Feldes abstraktere Vorstellungen, die grundsätzlich nicht mehr an Materie gebunden sind. Dies folgt schon daraus, daß solche elektrischen Felder auch im Vakuum erklärt sind. Daher wird in Abschn. 3 zunächst das elektrische Strömungsfeld und erst danach das elektrische Feld in Nichtleitern erläutert.

3.1 Elektrisches Feld in Leitern

Wird an ein leitfähiges Gebiet eine elektrische Spannung angeschlossen, so bewirkt sie einseitig gerichtete Kräfte auf die Ladungsträger, so daß sich ihren unregelmäßigen thermischen Bewegungen eine gerichtete Bewegung überlagert, d.h., es stellt sich eine Ladungsströmung in Richtung der Kraftwirkung ein. Dieser Zustand wird als elektrisches Strömungsfeld bezeichnet, in dem die Kraftwirkung auf die Ladungsträger über die **elektrische Feldstärke** und die Ladungsströmung über die **elektrische Stromdichte** beschrieben werden. Elektrische Feldstärke und Stromdichte sind über den spezifischen Widerstand des Leitungsgebietes miteinander verknüpft.

3.1.1 Wesen und Darstellung des elektrischen Strömungsfeldes

In Abschn. 1 und 2 ist der Strom I als Ladungsströmung erklärt, d.h. als die gerichtete Bewegung der homogen im Leitervolumen verteilt angenommenen frei beweglichen Ladungsträger (Elektronen). Bei dem mit Gl. (1.3) beschriebenen Zusammenhang zwischen Stromdichte S und Strömungsgeschwindigkeit $v = S/(ne)$ der Ladung ist also unter der **Strömungsgeschwindigkeit** eine in Leiterlängsrichtung auftretende **Driftgeschwindigkeit** zu verstehen. Diese Driftgeschwindigkeit ist nur die in Leiterlängsrichtung wirkende Komponente der an sich komplizierten temperaturabhängigen absoluten Geschwindigkeit der Ladungsträger. Ist die Stromdichte Null – fließt also kein Strom –, ist lediglich die Driftgeschwindigkeit $v = S/(ne)$ Null. Dies heißt natürlich nicht, daß die Ladungsträger stillstehen, sondern daß ihre Bewegung völlig unregelmäßig ist.

Wie in der Strömungsmechanik üblich, läßt sich auch die Strömungsgeschwindigkeit der Ladung anschaulich durch „Strömungslinien" darstellen, die als **Feldlinien** bezeichnet werden. Im Falle eines geraden Leiters mit konstantem Querschnitt verteilt sich die Ladungsströmung gleichmäßig über den Leiterquerschnitt, d.h., an jedem Punkt innerhalb des Leitervolumens tritt die gleiche Strömungsgeschwindigkeit in Leiterlängsrichtung auf, die durch gleiche Vektoren $\vec{v}$[1]) gekennzeichnet werden kann (s. Bild 3.1). Zeichnet man in ein solches Richtungsfeld durchgehende Linienzüge, deren Tangentenrichtungen überall mit den Richtungen der Vektoren $\vec{v}$ der Strömungsgeschwindigkeit übereinstimmen, so vermittelt dieses Linienbild – Feldlinienbild – einen anschaulichen Eindruck von der räumlichen Verteilung der Ladungsströmung (s. Bild 3.1).

3.1
Feldlinienbild der Geschwindigkeit $\vec{v}$ einer Ladungsströmung in einem geraden Leiter konstanten Querschnitts

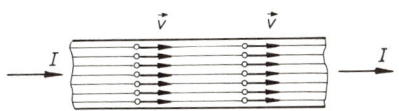

Die Zweckmäßigkeit der Feldliniendarstellung wird besonders deutlich, wenn nicht nur lange gerade Leiter konstanten Querschnitts, sondern solche mit gestuften Querschnitten betrachtet werden. In Bild 3.2 ist beispielsweise eine Leiterschiene

---
[1]) Formelzeichen für Vektoren werden hier überpfeilt geschrieben.

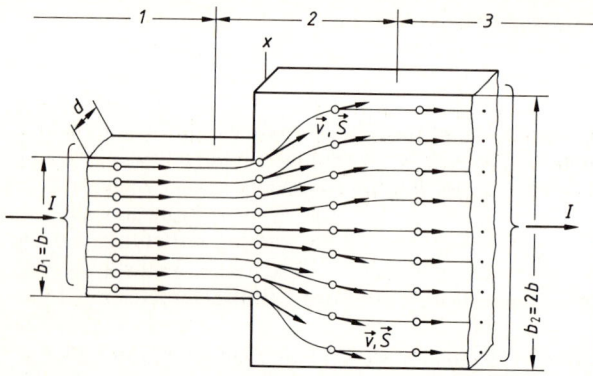

3.2
Feldlinienbild der Geschwindigkeit $\vec{v}$ einer Ladungsströmung bzw. der Stromdichte $\vec{S}$ in einem Leiter mit unstetiger Querschnittsänderung

der konstanten Dicke d skizziert, deren Breite sich aber an der Stelle x sprungartig von einem Wert $b_1 = b$ auf den doppelten Wert $b_2 = 2b$ ändert.

Damit sind nach Gl. (1.2) die Stromdichte $S = I/A$ und nach Gl. (1.3) die Strömungsgeschwindigkeit $v = S/(ne)$ in dem breiteren Abschnitt *3* des Leiters halb so groß wie im schmaleren *1*. Mit der Annahme, daß sich die Ladungsströmung ähnlich wie die Strömung von Flüssigkeiten beim unstetigen Übergang vom kleineren auf den größeren Leiterquerschnitt stetig in den größeren Querschnitt ausbreitet, ergibt sich eine Geschwindigkeitsverteilung, wie sie in Bild 3.2 durch die eingezeichneten Vektoren dargestellt ist.

Auch in dieses durch Vektoren in Richtung und Intensität (Betrag der Vektoren) graphisch dargestellte Feld der Strömungsgeschwindigkeit lassen sich Feldlinien einzeichnen, deren Tangentenrichtungen überall parallel zu den Vektoren $\vec{v}$ der Strömungsgeschwindigkeit liegen (s. Bild 3.2). Werden alle Feldlinien durchgehend gezeichnet, so tritt durch jeden Querschnitt des Leiters die gleiche Anzahl von Feldlinien. Kennzeichnet die in allen Querschnitten A **gleiche Anzahl** n der Feldlinien den in allen Querschnitten **gleichen Strom** I, so entspricht der Betrag der Stromdichte $S = I/A$ dem Kehrwert des Feldlinienabstandes, der aber wiederum der **Feldliniendichte** (n/A) proportional ist. Felder wie das nach Bild 3.2 werden durch das **ebene Feldlinienbild** vollständig beschrieben, da dieses dem Strömungsfeld in **allen Längsschnitten** der Leiterschiene entspricht, d.h., der Stromdichtevektor $\vec{S}$ ist in allen Punkten der Längsebene des Leiters jeweils über die Dicke d konstant. Damit sind für die Abschnitte *1* und *3* der Leiterschiene in Bild 3.2 mit $A_1 = b_1 d$ bzw. $A_2 = b_2 d$ die Stromdichte $S_1 = I/(b_1 d)$ bzw. $S_2 = I/(b_2 d)$ und die Feldliniendichte $n/(b_1 d)$ bzw. $n/(b_2 d)$. Mit $d = $ const ist also der Betrag der Stromdichte umgekehrt proportional dem ebenen Feldlinienabstand $[(b_1/n)^{-1} \sim S_1$ bzw. $(b_2/n)^{-1} \sim S_2]$ und proportional der Feldliniendichte $(n/b_1 \sim S_1$ bzw. $n/b_2 \sim S_2)$ in der Ebene. Die geometrische Deutung des ebenen Feldlinienbildes ist also besonders einfach, da sie eindimensional breitenbezogen erfolgen kann.

Allgemein läßt sich feststellen, daß bei der graphischen Darstellung der Ladungsströmung im Leiter, also des Strömungsfeldes, durch Feldlinien die **Strömungsgeschwindigkeit in allen Punkten des Gebietes tangential zu den Feldlinien gerichtet ist mit einem Betrag, der sich proportional der Dichte der Feldlinien, also umgekehrt proportional ihrem Abstand ergibt**. Die Anzahl der Feldlinien darf willkürlich gewählt werden. Sie können damit i. allg. nicht quantitativ ausgewertet werden – es sei denn, ein Maßstabsfaktor ist festgelegt. Die Feldlinien dürfen auch nicht allgemein als Bahnkurven der tatsächlichen Ladungsträgerbewegung angesehen werden. Trotz dieser Einschränkungen vermitteln sie aber einen anschaulichen Eindruck, wie sich die Strömungsgeschwindigkeit über das Leitungsgebiet verteilt. Insbesondere bei inhomogenen Strömungen werden die Gebiete hoher Strömungsgeschwindigkeit (Stromdichte) durch die sich hier zusammendrängenden Feldlinien (Dichte der Feldlinien ist groß) eindrucksvoll hervorgehoben.

3.1.2 Stromdichte und Strom

Nach Gl. (1.3) ist die Stromdichte S proportional der Strömungsgeschwindigkeit v und ist somit, wie in Abschn. 3.1.1 für die Strömungsgeschwindigkeit erläutert, eine Vektorgröße entsprechend der Gleichung

$$\vec{S} = (n\,e)\,\vec{v}\,. \tag{3.1}$$

Da die Vektoren der Stromdichte $\vec{S}$ und der Strömungsgeschwindigkeit $\vec{v}$ der Ladung die gleiche Richtung haben und sich nur betragsmäßig um den Faktor ne unterscheiden, ergibt sich für die Stromdichte $\vec{S}$ das gleiche Feldlinienbild wie für die Strömungsgeschwindigkeit $\vec{v}$ der Ladung. (Dies gilt allerdings nicht mehr für Leitungsgebiete inhomogener Materialverteilung, in denen der spezifische Widerstand ϱ und damit der Faktor ne nicht konstant, sondern ortsabhängig ist.) Beispielsweise gilt das in Bild 3.2 für die vom Strom I durchflossene Leiterschiene skizzierte Feldlinienbild nicht nur für die Strömungsgeschwindigkeit $\vec{v}$ der Ladung, sondern entsprechend Gl. (3.1) auch für die in diesem Leiter auftretende Stromdichte $\vec{S}$. Die Richtung der Vektoren $\vec{S}$ wird durch die Tangenten an die Feldlinien bestimmt, und der Betrag S der Vektoren ist umgekehrt proportional dem Abstand zwischen den Feldlinien.

In homogenen Strömungsfeldern, wie sie z. B. in geraden Leitern mit konstantem Querschnitt A_q auftreten, wird der Zusammenhang zwischen der Stromdichte S und dem Strom I vollständig durch die Gl. (1.2) beschrieben unter der Voraussetzung, daß in der Gleichung

$$I = S A_q \tag{3.2}$$

die Fläche A_q der **Leiterquerschnitt** ist, der **rechtwinklig** zur Richtung der gleichmäßig über den Querschnitt verteilten Strömungsgeschwindigkeit $\vec{v}$ bzw. der Stromdichte $\vec{S}$ liegt (s. Bild 3.3). Betrachtet man aber eine Fläche A_α, die, wie in Bild 3.3 skizziert, um den Winkel $0 < \alpha < \pi/2$ gegenüber der Querschnittsfläche A_q geneigt ist, so ist diese Fläche $A_\alpha = A_q/\cos\alpha$ abhängig vom Neigungswinkel α grö-

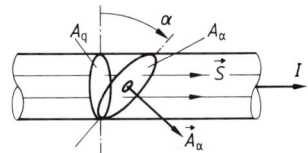

3.3
Strom I und Stromdichte $\vec{S}$ in einem geraden Leiter

106 3.1 Elektrisches Feld in Leitern

ßer als die Querschnittsfläche A_q. Der Strom I und die Stromdichte S sind aber in der geneigten Fläche A_α die gleichen wie in der Querschnittsfläche A_q. Man erkennt aus Bild 3.3, daß für den Zusammenhang zwischen dem Strom I und dem Betrag der Stromdichte S in einer Fläche A_α beliebiger Neigung zum Querschnitt sinngemäß die Gl. (3.2) gilt, wenn nicht die Fläche A_α selbst, sondern deren Projektion in eine Ebene senkrecht zur Leiterlängsachse, d.h. zur Richtung der Stromdichte S, eingesetzt wird, die also der Querschnittsfläche entspricht $[I = S(A_\alpha \cos\alpha) = S A_q]$.

Die Erläuterungen zu Bild 3.3 können allgemeingültig auf homogene Strömungsfelder der Stromdichte $\vec{S}$ in einer beliebigen um den Winkel $(\pi/2) - \alpha$ gegenüber dem Stromdichtevektor $\vec{S}$ geneigten ebenen Fläche A übertragen werden. Für den durch diese Fläche A fließenden Strom I gilt (s. Bild 3.4)

$$I = SA \cos\alpha. \tag{3.3}$$

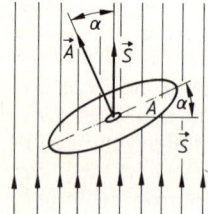
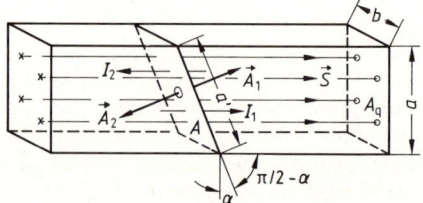

3.4 Beschreibung der Lage einer ebenen Fläche A im homogenen elektrischen Strömungsfeld

3.5 Zur Definition des Stromzählpfeiles I

Für eine zweckmäßige formale Beschreibung des Zusammenhangs zwischen Strom I und Stromdichte S sind folgende Festlegungen getroffen (s. Bild 3.5):

a) Die räumliche Lage einer ebenen Fläche A wird durch einen Vektor $\vec{A}$ beschrieben, der senkrecht auf dieser Fläche steht und willkürlich gewählt in eine der beiden möglichen Richtungen weist.

b) Die Größe der ebenen Fläche A wird durch den Betrag des Vektors $\vec{A}$ beschrieben.

c) Der Zählpfeil für den Strom I wird immer in Richtung des Flächenvektors A durch die Fläche A weisend angetragen. Dieser Stromzählpfeil beschreibt entsprechend Abschn. 1.3.1.3 im Zusammenhang mit dem Vorzeichen des nach Gl. (3.3) bzw. (3.4) berechneten Zahlenwertes für den Strom I die Richtung der positiven Ladungsströmung durch die Fläche A.

Mit diesen Vereinbarungen kann Gl. (3.3) als Vektorgleichung

$$I = \vec{S} \cdot \vec{A} \tag{3.4}$$

geschrieben werden. Die rechte Seite stellt das Skalarprodukt aus Stromdichtevektor $\vec{S}$ und Flächenvektor $\vec{A}$ dar, das nach den Regeln der Vektorrechnung $SA \cos\alpha$ ergibt [6]. Da die durch den Stromdichtevektor $\vec{S}$ gegebene Richtung der Ladungs-

3.1.2 Stromdichte und Strom

strömung in dem Skalarprodukt $\vec{S} \cdot \vec{A}$ nicht mehr zum Ausdruck kommt, muß sie mit der Vereinbarung nach c) durch einen Zählpfeil für I beschrieben werden.

Beispiel 3.1. In dem in Bild 3.5 skizzierten Leiter mit dem rechteckigen Querschnitt $A_q = ab = 2 \text{ cm} \cdot 1,5 \text{ cm}$ tritt ein homogenes elektrisches Strömungsfeld in Leiterlängsrichtung auf mit der gegebenen Stromdichte $S = 5 \text{ A/mm}^2$. Der Strom I durch die um $(\pi/2) - \alpha$ gegenüber der Leiterlängsachse geneigte Schnittfläche $A = a'b = 2,15 \text{ cm} \cdot 1,5 \text{ cm} = 3,22 \text{ cm}^2$ ist zu berechnen.

Mit der gegebenen Länge $a' = 2,15$ cm der Schnittfläche $A = a'b$ ergibt sich der Kosinus ihres Neigungswinkels α zur Querschnittsfläche $A_q = ab$ zu $\cos\alpha = a/a' = 2 \text{ cm}/(2,15 \text{ cm}) = 0,93$ und damit der Winkel $\alpha = 21,5°$.

Lösung 1. Der Flächenvektor $\vec{A}_1$ wird rechtwinklig zu der gegebenen Schnittfläche A in Bild 3.5 willkürlich gewählt nach rechts weisend angetragen. Dieser Flächenvektor $\vec{A}_1$ schließt mit dem Stromdichtevektor $\vec{S}$ des vorhandenen Strömungsfeldes den Winkel $\alpha = 21,5°$ ein. Für den Strom I_1 durch die Fläche A ist der Zählpfeil in Richtung des Flächenvektors $\vec{A}_1$, also in Bild 3.5 von links nach rechts durch die Fläche weisend einzutragen. Der Zahlenwert dieses Stromes $I = \vec{S} \cdot \vec{A}_1 = SA \cos\alpha = (5 \text{ A/mm}^2) \, 3,22 \text{ cm}^2 \cdot 0,93 = 150 \text{ kA}$ ist nach Gl. (3.4) positiv, d. h., die positive Ladung fließt in Richtung des Zählpfeiles I_1, was auch der Richtung des Stromdichtevektors $\vec{S}$ entspricht.

Lösung 2. Der Flächenvektor $\vec{A}_2$ wird rechtwinklig zur gegebenen Fläche A in Bild 3.5 willkürlich gewählt nach links weisend angetragen. Damit schließen die Vektoren $\vec{A}_2$ und $\vec{S}$ den Winkel $\pi - \alpha = 158,5°$ ein, und entsprechend bekommt man nach Gl. (3.4) für den Strom einen negativen Zahlenwert $I_2 = \vec{S} \cdot \vec{A}_2 = SA \cos(\pi - \alpha) = (5 \text{ A/mm}^2) \, 3,22 \text{ cm}^2 (-0,93) = -150 \text{ kA}$. Für diesen Strom I_2 ist der Zählpfeil in Richtung des Flächenvektors A_2, also in Bild 3.5 von rechts nach links durch die Fläche A weisend anzutragen. Da bei negativem Zahlenwert für den Strom die positive Ladungsströmung entgegen der Zählpfeilrichtung erfolgt, führen Lösung 2 wie Lösung 1 auf eine von links nach rechts strömende positive Ladung, was der gegebenen Stromdichterichtung $\vec{S}$ entspricht.

In einem **inhomogenen** Strömungsfeld, wie es z. B. im Bereich 2 der Leiterschiene nach Bild 3.2 auftritt, sind i. allg. weder der Betrag noch die Richtung der Stromdichte $\vec{S}$ über eine betrachtete Fläche A konstant. Ist eine Fläche nicht eben, kann sie nicht durch einen einzigen Flächenvektor gekennzeichnet werden. Um auch in solchen Fällen den Zusammenhang zwischen Strom I und Stromdichte S beschreiben zu können, wird die gegebene Fläche A in infinitesimale Flächenelemente dA unterteilt, für die dann naturgemäß angenommen werden kann, daß

a) ein solches Flächenelement dA auch bei gekrümmten Flächen eben und somit durch einen Flächenvektor $d\vec{A}$ eindeutig beschrieben ist und

b) die Stromdichte $\vec{S}$ in diesem Flächenelement dA nach Betrag und Richtung konstant ist.

Damit läßt sich entsprechend Gl. (3.4) der durch ein infinitesimales Flächenelement dA fließende infinitesimale Strom

$$dI = \vec{S} \cdot d\vec{A}$$

berechnen. Der gesamte Strom durch eine Fläche A ist die Summe aller Teilströme dI, die als Integral

$$I = \int_A \vec{S} \cdot d\vec{A} \tag{3.5}$$

geschrieben wird.

3.1 Elektrisches Feld in Leitern

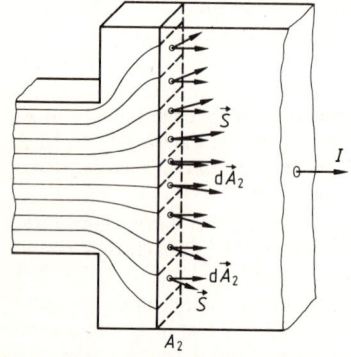

3.6 Stromdichtevektoren $\vec{S}$ und Flächenvektoren $d\vec{A}_2$ in einer Fläche A_2 im inhomogenen elektrischen Strömungsfeld

Zur näheren Erläuterung der Gl. (3.5) wird die in dem inhomogenen Strömungsfeld des Bereiches 2 der Leiterschiene nach Bild 3.2 liegende Querschnittsfläche A_2 betrachtet (s. Bild 3.6). Man stellt sich das Strömungsfeld in einzelne „Strömungsröhren" mit infinitesimal kleinen Querschnitten dA_q unterteilt vor, deren Mittellinien parallel zu den Feldlinien der Stromdichte verlaufen. Diese Strömungsröhren durchdringen die betrachtete Fläche A_2 unter einem bestimmten Winkel α zur Flächennormalen $d\vec{A}_2$ und begrenzen dabei das Flächenelement dA_2. Mit dem Stromdichtevektor $\vec{S}$ in Richtung der Längsachse der „Strömungsröhre", dem Flächenvektor $d\vec{A}_2$ in Richtung der Flächennormalen und dem Durchdringungswinkel α ergibt sich der Strom $dI = \vec{S} \cdot d\vec{A}_2$ in der „Strömungsröhre". Die Summation – Integration – der Ströme aller „Strömungsröhren" durch die Fläche A_2 ergibt den Strom $I = \int_A \vec{S} \cdot d\vec{A} = \int_A S \, dA_2 \cos\alpha$ durch die Fläche A_2.

Die Berechnung des Stromes I durch eine bekannte Fläche A ist bei bekannter Stromdichte $\vec{S}$ mit Gl. (3.5) ohne Schwierigkeiten möglich. Dagegen kann die Berechnung der Stromdichte $\vec{S}$ aus einem gegebenen Strom I zu erheblichen Schwierigkeiten führen, da die Stromdichte $\vec{S}$ nur implizit in Gl. (3.5) enthalten ist. Eine Berechnung der Stromdichte $\vec{S}$ als Ortsfunktion für inhomogene Strömungsfelder kann mit dem hier vorausgesetzten mathematischen Grundlagenwissen nur durchgeführt werden, wenn sich durch Symmetrieüberlegungen das Problem vereinfachen läßt, wie in Beispiel 3.2 gezeigt ist.

Beispiel 3.2. In einer galvanischen Zelle (s. Abschn. 5.3.2.1) entsprechend Bild 3.7a mit zylindrischen Elektroden A und K soll die Stromdichte $\vec{S}$ in dem Elektrolyt Y für einen Belastungsstrom $I = 1$ A berechnet werden. Der Elektrolyt habe in dem ganzen Raumgebiet zwischen Anode und Kathode den konstanten spezifischen Widerstand ϱ.

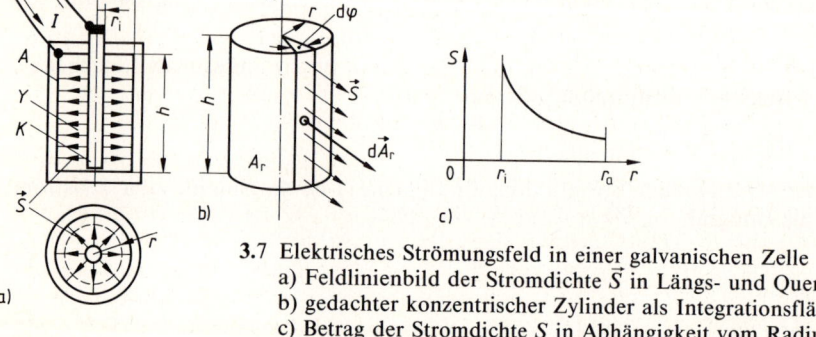

3.7 Elektrisches Strömungsfeld in einer galvanischen Zelle
a) Feldlinienbild der Stromdichte $\vec{S}$ in Längs- und Querschnitt,
b) gedachter konzentrischer Zylinder als Integrationsfläche,
c) Betrag der Stromdichte S in Abhängigkeit vom Radius r

Bei konstantem spezifischem Widerstand ϱ und konzentrisch zueinander liegenden Elektroden wird sich ein radialsymmetrisches elektrisches Strömungsfeld ausbilden, wie es in Bild **3.7** a skizziert ist. Die Stromdichte $\vec{S}$ ist radial nach außen gerichtet, ihr Betrag ist in allen Punkten mit dem gleichen Abstand r von der Mittellinie M konstant.

Für die Berechnung der Stromdichte nimmt man eine konzentrisch zwischen den Elektroden liegende Zylinderfläche A_r mit dem Radius r an (s. Bild **3.7** b). Da die Stromdichte $\vec{S}$ über die Höhe h der gewählten Zylinderfläche A_r den gleichen Betrag und die gleiche Richtung hat, kann die Unterteilung von A_r in infinitesimal kleine ebene Flächen dA_r als Streifen der Höhe h und der tangentialen Breite $r\,d\varphi$ erfolgen. Die Flächenvektoren $d\vec{A}_r$ dieser Flächenelemente $dA_r = h r\,d\varphi$ werden als Normale auf dem Zylindermantel nach außen weisend angetragen und liegen somit parallel zum Stromdichtevektor $\vec{S}$. Entsprechend Gl. (3.5) kann der durch die Zylinderfläche fließende Strom

$$I = \int_{A_r} \vec{S}\cdot d\vec{A}_r = \int_{A_r} S(h r\,d\varphi)\cos\alpha$$

durch Integration über dem Umfang

$$I = S h r \int_0^{2\pi} d\varphi = S h r \cdot 2\pi$$

berechnet werden. Diese Gleichung kann explizit nach der gesuchten Stromdichte

$$S = I/(2\pi h r)$$

aufgelöst werden. In Bild **3.7** c ist S als Funktion von r dargestellt. Für eine Zelle mit $h = 55$ mm ergibt die quantitative Auswertung $S = 1\,\text{A}/(2\pi\cdot 55\,\text{mm}\cdot r) = (2{,}9\,\text{mA/mm})/r$. Da die Stromdichte S umgekehrt proportional dem Radius r ist, strebt sie mit $r\to 0$ gegen Unendlich. Die innere Elektrode muß also einen Mindestdurchmesser $2 r_{min}$ haben, damit bei einem maximal zugelassenen Belastungsstrom I_{max} eine maximal zulässige Stromdichte S_{zul} in dem Elektrolyt nicht überschritten wird [$2 r_i > 2 r_{min} = I/(\pi h S_{zul})$].

3.1.3 Elektrische Feldstärke und Spannung

Ein elektrisches Strömungsfeld entsteht in einem elektrischen Leiter durch Anlegen einer Spannung, die gerichtete Kräfte $\vec{F}$ auf freie Ladungsträger ausübt. Da Richtung und Intensität der Ladungsströmung in inhomogenen elektrischen Strömungsfeldern örtlich sehr unterschiedlich sein können (s. Bild **3.2**), muß auch die sie verursachende Kraftwirkung in Betrag und Richtung als Funktion des Ortes beschrieben werden. Aus Gründen der Zweckmäßigkeit wird nicht die auf die Ladung ausgeübte Kraft $\vec{F}$ als solche, sondern die auf die Ladung bezogene Kraft $(\vec{F}/Q)$ als die das elektrische Strömungsfeld verursachende Feldgröße definiert und als elektrische Feldstärke $\vec{E} = \vec{F}/Q$ bezeichnet (s. Abschn. 3.2.1).

Zur Erklärung des Zusammenhanges zwischen der die Strömungsgeschwindigkeit $\vec{v}$ beschreibenden Feldgröße Stromdichte $\vec{S}$ und der diese verursachenden elektrischen Feldstärke $\vec{E}$ wird das homogene elektrische Strömungsfeld in einem geraden Leiter der Länge l, des konstanten Querschnittes A_q und des konstanten spezifischen Widerstandes ϱ entsprechend Bild **3.8** betrachtet. Durch entsprechende Kontaktierungen K soll sich der Strom I unmittelbar hinter den Stirnflächen des Leiters gleichmäßig über den Leiterquerschnitt A_q verteilen, so daß über die ganze Länge l

3.1 Elektrisches Feld in Leitern

die konstante Stromdichte $S = I/A_q$ parallel zur Leitermittellinie in Richtung des Stromes I auftritt. Dieser Strom I erfordert nach Gl. (1.8) die Spannung $U = IR$ über die Leiterlänge. Setzt man den Widerstand des Leiters $R = \varrho l/A_q$ entsprechend Gl. (1.9) in die Gleichung für U ein ($U = I\varrho l/A_q$), so enthält diese nach Umformung

$$U/l = \varrho I/A_q = \varrho S \tag{3.6}$$

die Feldgröße Stromdichte $S = I/A_q$ und eine längenbezogene Spannung U/l, die nach den Erläuterungen in Abschn. 3.2.1 und 3.2.2 als Kraft pro Ladung, also als elektrische Feldstärke $E = F/Q = U/l$, gedeutet werden kann. Die hier für das homogene Strömungsfeld mögliche skalare Betrachtung der Feldgrößen darf nicht davon ablenken, daß die elektrische Feldstärke $\vec{E} = \vec{F}/Q$ naturgemäß eine Vektorgröße ist, die die gleiche Richtung wie die Stromdichte $\vec{S}$ hat. Ersetzt man in Gl. (3.6) den Quotienten U/l durch die Feldgröße E und schreibt diese ihrer Natur entsprechend ebenso wie die Feldgröße Stromdichte $\vec{S}$ als Vektor $\vec{E}$, so bekommt man die Vektorgleichung

$$\vec{E} = \varrho \vec{S}, \tag{3.7}$$

die den Zusammenhang zwischen den beiden Feldgrößen $\vec{E}$ und $\vec{S}$ allgemeingültig beschreibt. Man erkennt aus Gl. (3.7), daß ein für die Stromdichte $\vec{S}$ gewonnenes Feldlinienbild auch als ein solches für die elektrische Feldstärke $\vec{E}$ gedeutet werden kann, sofern der spezifische Widerstand ϱ des Strömungsgebietes konstant ist.

Bei **homogenen Strömungsfeldern** wie in dem Leiter nach Bild 3.8 verteilen sich der Strom I gleichmäßig über den Querschnitt A_q und die Spannung U gleichmäßig über die Länge l. Damit ist in einfacher Weise der Zusammenhang zwischen Strom und Stromdichte ($I = SA_q$) entsprechend Gl. (3.2) und der zwischen Spannung und elektrischer Feldstärke mit

$$U = El \tag{3.8}$$

beschrieben.

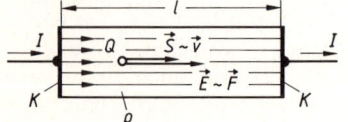

3.8
Feldlinienbild für Stromdichte $\vec{S}$ und elektrische Feldstärke $\vec{E}$ in einem geraden Leiter konstanten Querschnitts mit idealen Kontaktierungsflächen an den Stirnseiten

In **inhomogenen Strömungsfeldern** wie z. B. dem in Bild 3.2 ist die Stromdichte $\vec{S}$ und damit auch die elektrische Feldstärke $\vec{E} = \varrho \vec{S}$ weder in Betrag noch Richtung über die Länge des Leitungsgebietes konstant. Eine mittlere Feldstärke mit dem Betrag $E_{mi} = U/l$ hat wenig Bedeutung, zumal es fraglich ist, welcher Längenwert einzusetzen wäre. In inhomogenen Feldern muß die elektrische Feldstärke $\vec{E}$ daher als Ortsfunktion betrachtet werden. Dieses wird anschaulich anhand eines inhomogenen Strömungsfeldes entsprechend Bild 3.2 erläutert. Bei konstantem spezifischem Widerstand ϱ für die dargestellte Leiterschiene ist mit dem Feldlinienbild für die Stromdichte $\vec{S}$ (s. Bild 3.2) auch das für die elektrische Feldstärke

3.1.3 Elektrische Feldstärke und Spannung

$\vec{E} = \varrho \vec{S}$ gegeben (s. Bild 3.9). Man stellt sich nun eine Linie entlang einer Feldlinie der elektrischen Feldstärke $\vec{E}$ in diesem Feld in infinitesimal kleine Strecken $d\vec{l}$ unterteilt vor, über die die Feldstärke $\vec{E}$ jeweils als konstant angenommen werden kann (s. Bild 3.9, zweite Feldlinie von oben). Über jede dieser Elementarstrecken dl kann dann eine Elementarspannung $dU = E\, dl$ entsprechend Gl. (3.8) als Produkt aus elektrischer Feldstärke E und Weg dl berechnet werden, da jeweils entlang der Strecke dl die elektrische Feldstärke E mit konstantem Betrag parallel zu dl auftritt. Summiert, d. h. integriert man die Teilspannungen dU über alle Teilstrecken dl entlang einer Feldlinie, so stellt das Integral die über diese Feldlinie wirkende Spannung

$$U = \int_l dU = \int_l E\, dl \qquad (3.9)$$

dar.

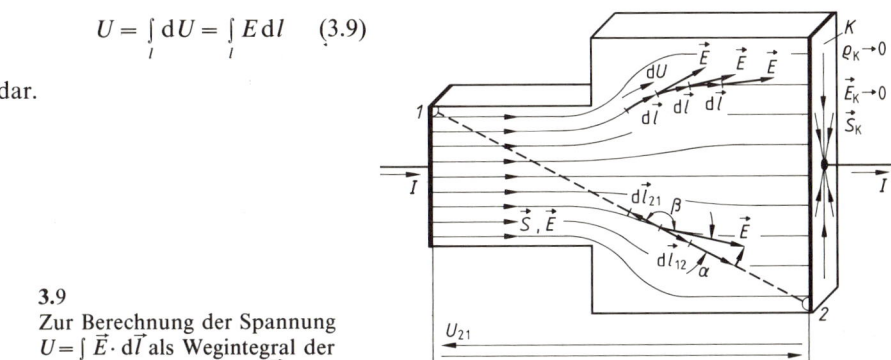

3.9 Zur Berechnung der Spannung $U = \int \vec{E} \cdot d\vec{l}$ als Wegintegral der elektrischen Feldstärke $\vec{E}$

Zur Erläuterung allgemeinerer Gesetzmäßigkeiten für die Spannung im elektrischen Strömungsfeld wird angenommen, daß die stirnseitigen Kontaktierungen K der Leiterschiene in Bild 3.9 einen gegen Null gehenden spezifischen Widerstand haben ($\varrho_K \rightarrow 0$). Dann kann sich in diesen Kontaktierungen K der Strom I ausbreiten, ohne einen Spannungsabfall zu bewirken. (Die Stromdichte S_K erfordert in den Kontaktierungen keine elektrische Feldstärke $E_K = \varrho S_K \rightarrow 0$, da $\varrho \rightarrow 0$.) In der Grenzfläche zwischen Kontaktierung K und Leiter L können keine Spannungsunterschiede (Potentialunterschiede) auftreten; mit $E_K = 0$ ist zwischen allen beliebigen Punkten auch $U = \int E_K\, dl = 0$. Für solche Flächen, auch **Äquipotentialflächen** genannt, gelten folgende Gesetzmäßigkeiten:

a) **Die E-Feldlinien verlaufen rechtwinklig zu den Äquipotentialflächen**, da in diesen $E = 0$ gilt, also keine Komponente von E auftreten kann.

b) **Entlang aller Feldlinien zwischen zwei Äquipotentialflächen ergibt das Wegintegral der elektrischen Feldstärke nach Gl. (3.9) den gleichen Spannungswert.**

c) Zwischen zwei Äquipotentialflächen liefert das Integral

$$U = \int \vec{E} \cdot d\vec{l} = \int \varrho \vec{S} \cdot d\vec{l} \qquad (3.10)$$

des Skalarproduktes aus elektrischer Feldstärke $\vec{E} = \varrho \vec{S}$ und Wegvektor $d\vec{l}$ **über beliebige Wege immer den gleichen Spannungswert U.**

3.1 Elektrisches Feld in Leitern

Die unter c) genannte Regel ist im folgenden anhand des Bildes **3.9** erläutert. In den als Äquipotentialflächen aufzufassenden Grenzflächen zur Kontaktierung treten keine Spannungs- bzw. Potentialunterschiede auf. Wie zwischen Anfangs- und Endpunkt jeder E-Feldlinie muß auch zwischen einem beliebigen Punkt der einen und einem beliebigen Punkt der anderen Grenzfläche die gleiche Spannung U auftreten. Es wird der in Bild **3.9** gestrichelt eingetragene Weg zwischen den Punkten *1* und *2* betrachtet und, wie für die Feldlinien erläutert, in infinitesimale Wegelemente dl zerlegt. Die über diese Streckenelemente d$\vec{l}_{12}$ auftretende Spannung dU_{12} = d$l_{12}E\cos\alpha$ ergibt sich nach den Erläuterungen in Abschn. 3.2.2 als Produkt aus dem Wegelement dl_{12} und der Komponente von E in Richtung dieses Wegelementes ($E\cos\alpha$). Da dieses Produkt d$l_{12}E\cos\alpha$ auch als Skalarprodukt $\vec{E}\cdot\mathrm{d}\vec{l}_{12}$ geschrieben werden kann, führt die Summation, d. h. die Integration, der Teilspannungen dU_{12} über alle Teilstrecken d$\vec{l}_{12}$ der Linie zwischen *1* und *2* auf den Ausdruck $U_{12} = \int_{1}^{2} \vec{E}\cdot\mathrm{d}\vec{l}_{12}$, der Gl. (3.10) entspricht.

Bisher sind nur von *1* nach *2* verlaufende Integrationswege in Bild **3.9** erläutert. Da auch die elektrische Feldstärke $\vec{E}$ von *1* nach *2* gerichtet ist, ergibt das Integral des Skalarproduktes $\int \vec{E}\cdot\mathrm{d}\vec{l}_{12}$ mit $-\pi/2 \leq \alpha \leq \pi/2$ nur positive Werte, also eine positive Spannung U_{12}. Im Zusammenhang mit dem eingezeichneten Zählpfeil für die Spannung U_{12} bestätigt das Ergebnis die Polarität des in Bild **3.9** dargestellten Strömungsfeldes. (Ladungsströmung erfolgt von Plus nach Minus.) Wählt man die Integrationsrichtung nun aber entlang der gestrichelten Linie in Bild **3.9** von *2* nach *1*, ist der Wegvektor d$\vec{l}_{21}$ auch in dieser Richtung von *2* nach *1* anzutragen (s. Bild **3.9**). Damit wird dann das Skalarprodukt $\vec{S}\cdot\mathrm{d}\vec{l}_{21} = S\mathrm{d}l\cos\beta$ negativ, da $\pi/2 \leq \beta \leq 3\pi/2$, so daß auch das Integral, also die Spannung nach Gl. (3.10), mit negativem Zahlenwert berechnet wird. Trägt man aber den Zählpfeil für diese Spannung U_{21} auch in der Integrationsrichtung, also von *2* nach *1* weisend an (s. Bild **3.9**), so gibt dieser mit dem negativen Zahlenwert für U_{21} auch wieder die richtige Polarität des Leitungsgebietes an. Es ist also zu Gl. (3.10) die allgemeine Regel zu beachten:

Der Zählpfeil für die nach Gl. (3.10) berechnete Spannung U ist immer in der Integrationsrichtung d$\vec{l}$ anzutragen.

Die vorstehende anschauliche Erläuterung des Zusammenhanges zwischen der elektrischen Feldstärke $\vec{E}$ und der Spannung U darf nicht darüber hinwegtäuschen, daß eine quantitative Auswertung der Gl. (3.10) bei inhomogenen Feldern schwierig sein kann. Ist die elektrische Feldstärke $\vec{E}$ als Ortsfunktion gegeben, kann zwar grundsätzlich immer die Spannung U berechnet werden, nicht aber umgekehrt aus der gegebenen Spannung die elektrische Feldstärke. Mit elementaren Mathematikkenntnissen lassen sich i. allg. nur Felder berechnen, die gewisse Symmetrien aufweisen, was allerdings bei praktischen Gegebenheiten häufig der Fall ist.

Beispiel 3.3. Eine Kreisringscheibe entsprechend Bild **3.10** mit dem spezifischen Widerstand ϱ, dem Innen- bzw. Außenradius r_1 bzw. r_2 und der Höhe h wird vom Innen- zum Außenumfang vom Strom I durchflossen. Innen- und Außenumfang sind so kontaktiert, daß sie Äquipotentialflächen darstellen. Die Spannung, die erforderlich ist, damit der Strom I in der Scheibe fließt, und der Widerstand der Scheibe sind zu berechnen.

Der Strom I verteilt sich so in der Scheibe, daß die Stromdichtevektoren senkrecht auf Innen- und Außenumfangsflächen stehen (Äquipotentialflächen). Damit folgt aus Symmetrieüberlegungen, daß die Feldlinien der Stromdichte $\vec{S}$ und damit auch der elektrischen Feldstärke

$\vec{E} = \varrho \vec{S}$ Radialstrahlen sind (s. Bild 3.10). In axialer Richtung ist über die Höhe h bei konstanten Radien r die Stromdichte $\vec{S}$ konstant. Damit gilt für eine konzentrisch in der Scheibe angenommene Zylinderfläche A_r mit dem Radius r (in Bild 3.10 gestrichelt eingezeichnet) entsprechend Gl. (3.5)

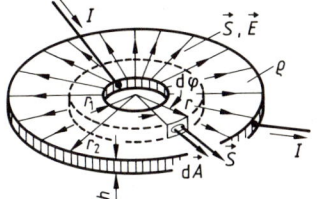

$$I = \int_{A_r} \vec{S} \cdot d\vec{A} = \int_0^{2\pi} S h r \, d\varphi = S h r \int_0^{2\pi} d\varphi = S h \cdot 2\pi r.$$

3.10 Elektrisches Strömungsfeld in einer leitenden Scheibe

Diese Gleichung läßt sich explizit nach dem Betrag der gesuchten Stromdichte

$$S = I/(h \cdot 2\pi r) \tag{3.11}$$

auflösen. Damit ergibt sich nach Gl. (3.7) der Betrag der elektrischen Feldstärke

$$E = \varrho S = I \frac{\varrho}{h \cdot 2\pi} \cdot \frac{1}{r}. \tag{3.12}$$

Wird diese radial gerichtete elektrische Feldstärke $\vec{E}$ entsprechend Gl. (3.9) entlang einer Feldlinie ($d\vec{l} = d\vec{r}$, $\vec{E}$ parallel $d\vec{r}$) von r_1 nach r_2 integriert, erhält man die Spannung

$$U = \int_{r_1}^{r_2} E \, dr = I \frac{\varrho}{h \cdot 2\pi} \int_{r_1}^{r_2} \frac{1}{r} dr = I \frac{\varrho}{h \cdot 2\pi} [\ln r]_{r_1}^{r_2} = I \frac{\varrho}{h \cdot 2\pi} \ln \frac{r_2}{r_1}. \tag{3.13}$$

Der Widerstand

$$R = \frac{U}{I} = \frac{\varrho}{h \cdot 2\pi} \ln \frac{r_2}{r_1} \tag{3.14}$$

der Scheibe zwischen Innen- und Außenumfang folgt aus seiner Definitionsgleichung (1.8) mit der in Gl. (3.13) berechneten Spannung.

3.1.4 Elektrisches Potential

Das Feldlinienbild für die Stromdichte $\vec{S}$ oder auch für die elektrische Feldstärke $\vec{E}$ vermittelt einen anschaulichen Eindruck von der Strömungsverteilung. Man erkennt z. B. Gebiete hoher Stromdichten und damit Verlustdichten ϱS^2 (s. Abschn. 3.1.5) sowie die dadurch verursachten thermischen Beanspruchungen. Dagegen kann man die Spannungsverteilung (Potentialverteilung) im Strömungsfeld nur indirekt erkennen. Es kann daher zweckmäßig sein, Linien bzw. Flächen zu zeichnen, die jeweils den geometrischen Ort aller Punkte darstellen, die die gleiche Spannung gegenüber einem gemeinsamen Bezugspunkt haben. Solche Linien bzw. Flächen sind z. B. die im Anschluß an Gl. (3.9) für das Strömungsfeld nach Bild 3.9 erläuterten Äquipotentialflächen in den Kontaktierungsstellen. Für die graphische Darstellung der Spannungsverteilung im Strömungsfeld werden außer den als Grenzflächen jeweils zwischen Kontaktierung und Leiter realisierten Äquipotentialflächen weitere fiktive Äquipotentialflächen in das Feldbild eingezeichnet

(s. Bild 3.11). Die Konstruktionsanweisung hierfür folgt direkt aus der Definition der Äquipotentialfläche. Da in ihr keine Spannung auftreten darf, muß für alle Wegelemente Δl in der Äquipotentialfläche die Bedingung

$$\Delta U = \int_{\Delta l} \vec{E} \cdot \mathrm{d}\vec{l} = 0 \tag{3.15}$$

erfüllt sein. Dies ist mit $E \neq 0$ und $\Delta l \neq 0$ nur gegeben, wenn der elektrische Feldstärkevektor $\vec{E}$ senkrecht auf der Äquipotentialfläche und damit auf dem in ihr liegenden Wegvektor $\mathrm{d}\vec{l}$ steht, da dann $\vec{E} \cdot \mathrm{d}\vec{l} = E \, \mathrm{d}l \cos(\pi/2) = 0$ ist.
Äquipotentialflächen verlaufen immer so, daß sie rechtwinklig von den Feldlinien der elektrischen Feldstärke geschnitten werden.

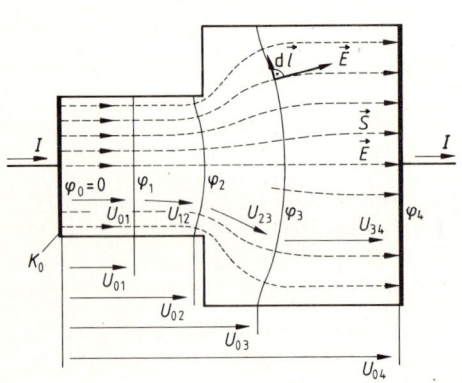

3.11 Feldlinien der elektrischen Feldstärke $\vec{E}$ und Äquipotentiallinien φ mit eingezeichneten Spannungen U

Da die elektrische Spannung per Definition zwischen zwei Punkten auftritt, können immer je zwei Äquipotentialflächen durch eine zwischen ihnen auftretende Spannung gekennzeichnet werden (s. Bild 3.11). Für die Feldbeschreibung ist es aber zweckmäßiger, bereits einer einzelnen Äquipotentialfläche (also einzelnen Punkten) eine Spannung zuzuordnen, was nur möglich ist, wenn diese gegenüber einem für das betreffende Feld festgelegten einheitlichen Bezugspunkt gemessen wird. Man bezeichnet eine an einem Punkt des Strömungsfeldes gegenüber dem festgelegten Bezugspunkt auftretende Spannung als Potential φ des Feldpunktes.

Legt man beispielsweise in dem Strömungsfeld nach Bild 3.11 die Kontaktierung K_0 als Bezugspunkt mit dem Bezugspotential $\varphi_0 = 0$ fest, läßt sich für jede eingezeichnete Äquipotentialfläche ein Potential $\varphi_1, \varphi_2, \varphi_3, \ldots$ angeben, welches nach Gl. (3.16) der Spannung $U_{01} = -\varphi_1$, $U_{02} = -\varphi_2, \ldots$ gegenüber K_0 entspricht (s. Bild 3.11). Die beispielhaften Erläuterungen lassen sich zu folgender allgemeingültiger Aussage zusammenfassen:
Elektrische Strömungsfelder können auch über die skalare Größe des Potentials φ beschrieben werden, welches für jeden Punkt des Feldraumes die Spannung gegenüber einem festgelegten gemeinsamen Bezugspunkt angibt. Damit ist die Differenz der Potentiale φ_1 und φ_2 zweier beliebiger Punkte 1 und 2 in einem Strömungsfeld gleich der Spannung $U_{12} = \varphi_1 - \varphi_2$ zwischen diesen Punkten (s. Bild 3.11). Da diese Spannung auch als Wegintegral $\int \vec{E} \cdot \mathrm{d}\vec{l}$ der elektrischen Feldstärke $\vec{E}$ berechnet werden kann, ist der Zusammenhang zwischen dem Skalarfeld des Potentials φ (Äquipotentialflächen) und dem Vektorfeld der elektrischen Feldstärke $\vec{E}$ (Feldlinien) grundsätzlich durch die Gleichung

$$U_{12} = \varphi_1 - \varphi_2 = \int_1^2 \vec{E} \cdot \mathrm{d}\vec{l} \tag{3.16}$$

3.1.4 Elektrisches Potential

beschrieben. Das Potential steigt entgegen der Richtung der elektrischen Feldstärke an, oder anders gesagt, der Vektor der elektrischen Feldstärke ist vom höheren zum niederen Potential gerichtet. Damit weist der – in Integrationsrichtung $d\vec{l}$ anzutragende – Zählpfeil der elektrischen Spannung U bei positiven Zahlenwerten vom höheren zum niederen Potential (s. Bild 3.11).

Um einen quantitativen Eindruck von der Spannungsverteilung in einem Strömungsfeld zu vermitteln, werden die Äquipotentialflächen so gezeichnet, daß jeweils zwischen zwei räumlich aufeinanderfolgenden immer die gleiche Potentialdifferenz besteht (s. Abschn. 3.2.3).

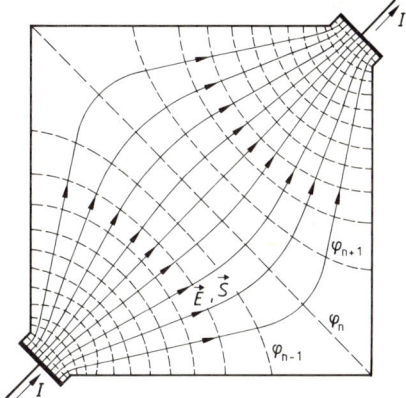

In Bild 3.12 ist beispielhaft das Strömungsfeld in einer rechteckigen Leiterplatte der Dicke d dargestellt, die diagonal vom Strom I durchflossen wird. Da das Strömungsfeld in allen Punkten der Platte jeweils über die Dicke d konstant ist, genügt eine ebene Felddarstellung, d.h., es wird ein gleichermaßen für alle Längsschichten über die Dicke d geltendes Feldlinienbild gezeichnet. Die **Äquipotentialflächen** ergeben im Schnitt mit den Längsschichten **Äquipotentiallinien**. Die voll ausgezogenen E-Feldlinien schneiden rechtwinklig die gestrichelt gezeichneten Äquipotentiallinien (Äquipotentialflächen), man sagt auch, die **Feldlinien verlaufen orthogonal zu den Äquipotentiallinien**.

3.12 Feld- und Äquipotentiallinien im Strömungsfeld einer rechteckigen Leiterplatte

Die Zusammendrängung sowohl der Feldlinien als auch der Äquipotentiallinien kennzeichnet deutlich die Gebiete hoher Feldstärke.

Beispiel 3.4. Um in Schaltungen oder Netzen eindeutige Spannungen gegen Erde zu bekommen, wird häufig ein bestimmter Punkt galvanisch mit der Erde verbunden. Man sagt, dieser Punkt der Schaltung bzw. des Netzes sei geerdet, er habe Erdpotential φ_0, das i. allg. mit Null angenommen wird ($\varphi_0 = 0$). Fließen – z.B. in Schadensfällen – große Ströme über die Erdungsstelle, so verändert sich aber in deren Folge das Potential des Erdreiches in der Umgebung der Erdungsstelle. Für theoretische Untersuchungen der entstehenden Potentialverschiebungen soll unabhängig von den tatsächlichen praktischen Gegebenheiten näherungsweise angenommen werden, der Erder bestehe aus einer in das Erdreich eingebetteten Halbkugelelektrode (s. Bild 3.13a), deren spezifischer Widerstand vernachlässigbar klein gegenüber dem des Erdreiches ist.

Das elektrische Strömungsfeld im Erdreich und das Potentialfeld an der Erdoberfläche sollen bestimmt werden für den Fall, daß sich der Strom $I = 100$ A über den Erder symmetrisch in das Erdreich verteilt und zu einer als unendlich weit entfernt angenommenen Schadenstelle ins Netz zurückfließt. Für das Erdreich wird der konstante spezifische Widerstand $\varrho = 50\ \Omega\text{m}$ und für den Halbkugelerder der Radius $r_K = 1$ m angenommen.

Die Oberfläche des Erders ist eine Äquipotentialfläche, von der die Feldlinien der Stromdichte $\vec{S}$ rechtwinklig ausgehen und sich sternförmig in das Erdreich ausbreiten (s. Bild 3.13).

3.1 Elektrisches Feld in Leitern

Nimmt man eine konzentrisch zum Kugelerder liegende Halbkugelschale mit dem Radius r an, so gilt für alle Punkte ihrer Oberfläche, daß der Betrag der Stromdichte konstant ist und ihr Vektor $\vec{S}$ wie der Flächenvektor $\mathrm{d}\vec{A}$ senkrecht auf dieser Oberfläche steht (s. Bild 3.13a).

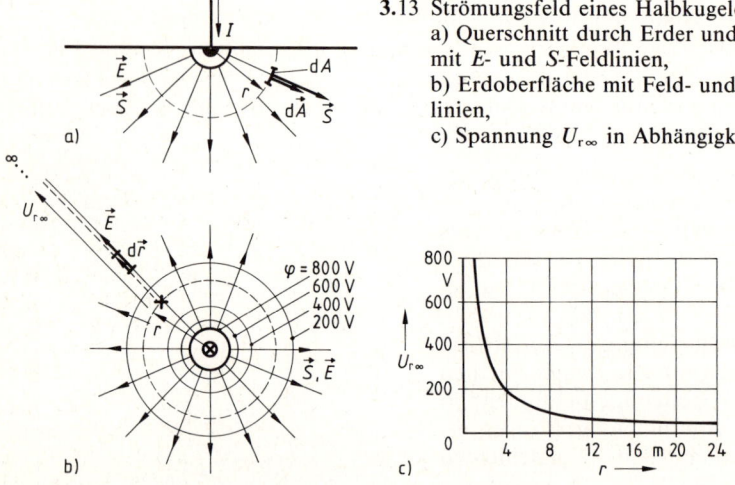

3.13 Strömungsfeld eines Halbkugelerders
 a) Querschnitt durch Erder und Erdreich mit E- und S-Feldlinien,
 b) Erdoberfläche mit Feld- und Äquipotentiallinien,
 c) Spannung $U_{r\infty}$ in Abhängigkeit vom Radius r

Es ist also $\vec{S} \cdot \mathrm{d}\vec{A} = S\,\mathrm{d}A$, so daß sich aus Gl. (3.5) der Strom

$$I = \int_A \vec{S} \cdot \mathrm{d}\vec{A} = S \int_A \mathrm{d}A = S \cdot 2\pi r^2 \tag{3.17}$$

ergibt, der durch die Halbschale fließt. Mit der aus Gl. (3.17) folgenden Stromdichte

$$S = I/(2\pi r^2) = 100\ \mathrm{A}/(2\pi r^2) = 15{,}9\ \mathrm{A}/r^2 \tag{3.18}$$

kann entsprechend Gl. (3.7) auch die elektrische Feldstärke

$$E = \varrho S = \varrho I/(2\pi r^2) = 50\ \Omega\mathrm{m} \cdot 15{,}9\ \mathrm{A}/r^2 = 795\ \mathrm{Vm}/r^2 \tag{3.19}$$

berechnet werden.
Zur Darstellung des Potentialfeldes wird als Bezugspunkt der vom Erder unendlich weit entfernte Erdbereich mit dem Potential

$$\varphi_0 = \varphi_{r \to \infty} = 0 \tag{3.20}$$

gewählt. Das Potential φ_r an einem beliebigen Punkt im Abstand r vom Mittelpunkt des Erders kann damit entsprechend Gl. (3.16) über das Wegintegral der elektrischen Feldstärke

$$\varphi_r - \varphi_{r \to \infty} = U_{r,\infty} = \int_r^\infty \vec{E} \cdot \mathrm{d}\vec{l} \tag{3.21}$$

bestimmt werden (s. Bild 3.13b). Mit $\mathrm{d}\vec{l} = \mathrm{d}\vec{r}$ in Richtung von $\vec{E}$ folgt aus Gl. (3.21) die Potentialdifferenz

$$\varphi_r - \varphi_{r \to \infty} = I\frac{\varrho}{2\pi} \int_r^\infty \frac{\mathrm{d}r}{r^2} = I\frac{\varrho}{2\pi}\left(\frac{1}{r} - \frac{1}{\infty}\right) \tag{3.22}$$

und damit das Potential

$$\varphi_r = \varphi_{r \to \infty} + [I\varrho/(2\pi r)] = I\varrho/(2\pi r) = 795 \text{ Vm}/r. \tag{3.23}$$

Alle Punkte mit gleichem Abstand r vom Erdermittelpunkt haben das gleiche Potential (gleiche Spannung gegenüber $r \to \infty$), d. h., konzentrisch zum Kugelerder liegende Halbkugelschalen sind Äquipotentialflächen, was auch aus der Überlegung folgt, daß diese Halbkugelschalen rechtwinklig zu den sich sternförmig ausbreitenden E-Feldlinien verlaufen. In Bild 3.13c sind das Potential als Funktion von r dargestellt (Rechenwerte s. Tafel 3.14) und in Bild 3.13b die Äquipotentiallinien auf der Erdoberfläche für jeweils die gleiche Potentialdifferenz $\varphi_n - \varphi_{n+1} = 100$ V. Man erkennt, daß durch einen z.B. im Falle eines Schadens fließenden Erdstrom das Potential der Erde zum Erder hin ansteigt, also keinesfalls mehr als konstant angenommen werden kann. Durch den dabei auftretenden Potentialunterschied können Lebewesen gefährdet werden. Ein in unmittelbarer Nähe des Erders stehender Mensch, der breitbeinig etwa 0,5 m in radialer Richtung überbrückt, würde einer **Schrittspannung** $U_{\text{Schr}} = \varphi_r - \varphi_{r+0,5\,\text{m}}$ ausgesetzt sein. (Z.B. ist bei $r = 1$ m diese Schrittspannung $U_{\text{Schr}} = \varphi_{r=1\,\text{m}} - \varphi_{r=1,5\,\text{m}} = 795$ V $- 530$ V $= 265$ V.)

Tafel 3.14 Berechnung des Potentialanstieges nach Gl. (3.23)

r in m	1	1,5	2	3	5	10	20
795 Vm/r in V	795	530	397	264	159	79,5	40

Die Schrittspannung ist abhängig von der Stromdichte S und dem spezifischen Widerstand ϱ des Erdreiches. Insbesondere bei trockenen Böden müssen daher Erder mit großen Oberflächen (I/A möglichst klein) verwendet werden. Trotzdem kann es bei großen Strömen, wie sie beim Blitzeinschlag auftreten können, zu gefährlichen Spannungen kommen. Bei Blitzeinschlag ist allerdings für den Potentialanstieg nicht nur die hier betrachtete ohmsche Spannung, sondern insbesondere auch die Selbstinduktionsspannung (s. Abschn. 4.3.1.4) zu berücksichtigen.

3.1.5 Leistungsdichte im elektrischen Strömungsfeld

Nach Abschn. 2.1.1.2 ist die in einem Leiter in Wärme umgeformte elektrische Leistung $P = UI$. In einem geraden Leiter nach Bild 3.8, in dem sich ein homogenes Strömungsfeld ausbildet, verteilt sich diese Leistung gleichmäßig über das Leitervolumen. Bezieht man die Leistung $P = UI$ auf das Leitervolumen $V = lA$, so bekommt man in allen Punkten des Strömungsfeldes einen gleichen volumenbezogenen Leistungsanteil, der als **Leistungsdichte**

$$\frac{P}{V} = \frac{UI}{lA} = \frac{U}{l} \cdot \frac{I}{A} = ES \tag{3.24}$$

bezeichnet wird. Die nach Gl. (3.24) als Produkt aus den Feldgrößen elektrische Feldstärke E und Stromdichte S erklärte Leistungsdichte ist damit wie die Feldgrößen dem **Feldpunkt** zugeordnet, so daß mit ihr naturgemäß auch in inhomogenen Strömungsfeldern die Leistungsverteilung als Ortsfunktion beschrieben werden

3.2 Elektrisches Feld in Nichtleitern

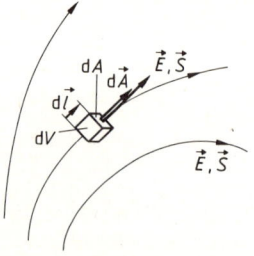

3.15 Zur Berechnung der Leistungsdichte im inhomogenen elektrischen Strömungsfeld

kann. Man stellt sich dazu einen Feldraum in infinitesimal kleine Volumenelemente $dV = dl\,dA$ unterteilt vor, deren Höhen dl parallel und deren Grundflächen dA rechtwinklig zu den Feldlinien der elektrischen Feldstärke $\vec{E}$ bzw. Stromdichte $\vec{S}$ liegen (s. Bild **3.15**). Da auch in inhomogenen Strömungsfeldern die Feldgrößen innerhalb solcher Volumenelemente dV als konstant angenommen werden können, lassen sich der durch ein Volumenelement dV fließende Strom $dI = S\,dA$ und die anliegende Spannung $dU = E\,dl$ in einfacher Weise als Produkte ermitteln. Damit kann dann auch entsprechend Gl. (3.24) die in diesem Volumenelement in Wärme umgeformte elektrische Leistung $dP = dU\,dI = ES\,dl\,dA$ bestimmt werden. Diese auf das Volumen bezogen ergibt die Leistungsdichte

$$dP/dV = ES \qquad (3.25)$$

wie in Gl. (3.24) als Produkt aus den Beträgen der elektrischen Feldstärke E und der Stromdichte S. Da die Vektoren von Stromdichte $\vec{S}$ und elektrischer Feldstärke $\vec{E} = \varrho\,\vec{S}$ parallel liegen, wird Gl. (3.25) auch als Skalarprodukt $\vec{E}\cdot\vec{S} = ES$ der Vektoren $\vec{E}$ und $\vec{S}$ geschrieben. Weiter läßt sich $\vec{E}$ oder $\vec{S}$ entsprechend Gl. (3.7) ersetzen, so daß allgemein für die in Strömungsfeldern auftretende Leistungsdichte

$$dP/dV = \vec{E}\cdot\vec{S} = \vec{E}^2/\varrho = \vec{S}^2\varrho \qquad (3.26)$$

gilt.

Mit Gl. (3.26) können die in inhomogenen Strömungsfeldern auftretenden ortsabhängigen Verlustdichten berechnet werden, z.B. die im Feld des Beispiels 3.2 in unmittelbarer Nähe der Elektrodenoberflächen. Die Kenntnis des räumlichen Verlaufes der Verlustdichte ist erforderlich, um die örtlich unterschiedlichen thermischen Belastungen und die daraus resultierenden zonalen Erwärmungen zu beurteilen.

3.2 Elektrisches Feld in Nichtleitern

Die über das elektrische Feld beschriebenen Kraftwirkungen auf elektrische Ladungen können in Nichtleitern naturgemäß keine Ladungsströmung zur Folge haben, da in nichtleitender Materie die Ladungsträger nicht frei beweglich sind. Das elektrische Feld äußert sich hier in einem mechanischen Spannungszustand des Raumes, der – abgesehen vom Vakuum – lediglich eine Verzerrung in der Mikrostruktur bewirkt.

Allein aus Gründen einer anschaulichen, leicht verständlichen Darstellung wird in den folgenden Abschnitten das elektrische Feld in Nichtleitern bevorzugt am Beispiel des elektrostatischen Feldes erläutert, das zeitkonstant zwischen ruhenden Ladungen auftritt. Das sollte allerdings nicht zu der falschen Vorstellung verleiten, die Gültigkeit der angegebenen Gesetze beschränke sich ausschließlich auf solche zeitkonstanten Felder.

3.2.1 Wesen und Darstellung des elektrischen Feldes in Nichtleitern

In Abschn. 3.1.3 ist zu Bild 3.8 erläutert, daß infolge der an die als Äquipotentialflächen wirkenden Kontaktierungen K der Leiterenden angelegten Spannung U in dem Leiter eine elektrische Feldstärke $E = U/l$ auftritt. Diese ist ein Maß für die Kraft $\vec{F} = Q\vec{E}$ auf die Ladung Q, in deren Folge sich eine Strömung der in elektrischen Leitern frei beweglichen Ladungen ausbildet, die durch die Stromdichte $\vec{S} = \vec{E}/\varrho$ beschrieben wird. Ist in dem Raum zwischen den Äquipotentialflächen K nicht ein elektrisch leitendes, sondern ein nichtleitendes Medium vorhanden, so wird sich in diesem wie in einem Leiter zwar ein elektrisches Feld $E = U/l$ ausbilden, welches aber kein Strömungsfeld zur Folge hat, da in nichtleitenden Medien keine frei beweglichen Ladungen vorhanden sind. In Luft kann man dieses elektrische Feld leicht erkennbar nachweisen, indem man eine Ladung Q in das Feld bringt und die auf sie wirkende Kraft mißt (s. Bild 3.16). Diese im elektrischen Feld auf eine Ladung wirkende Kraft wird auch als Coulombkraft bezeichnet. Ist die in das Feld eingebrachte Ladung Q_p nahezu punktförmig aufzufassen, so daß ihr Einfluß auf das zu messende Feld vernachlässigbar klein ist, realisiert sie die Definitionsgleichung der elektrischen Feldstärke

$$\vec{E} = \vec{F}/Q_p \,. \tag{3.27}$$

Die elektrische Feldstärke $\vec{E}$ ist als Kraft pro Ladung ein Vektor. Führt man die Einheit N der Kraft über die Energie auf elektrische Einheiten zurück entsprechend 1 Nm = 1 VAs, so folgt unmittelbar aus Gl. (3.27) die Einheit für die elektrische Feldstärke

$$1 \text{ N/C} = 1 \text{ (VAs/m)/(As)} = 1 \text{ V/m} \,. \tag{3.28}$$

Im elektrischen Strömungsfeld ist die elektrische Feldstärke $\vec{E} = \varrho \vec{S}$ proportional der Stromdichte $\vec{S}$, so daß die E-Feldlinien parallel zu den S-Feldlinien verlaufen und man sich beide über die Ladungsströmung in dem Leitungsgebiet vorstellen kann. Für das elektrische Feld in Nichtleitern ist naturgemäß eine solche Vorstellung über den Verlauf der Feldlinien nicht möglich. Wird beispielsweise an die entsprechend Bild 3.16 in Luft angeordneten Plattenelektroden eine konstante Spannung U angelegt, bewirkt diese durch eine kurzzeitige Ladungsströmung in den Zuleitungen (s. Abschn. 11.2.1) eine Ladungstrennung. Nach Abschluß dieses Vorganges befinden sich positive bzw. negative Ladungen ortsfest in den Plattenoberflächen, die die Ursache des elektrischen – in diesem Falle elektrostatischen – Feldes in dem nichtleitenden Raum zwischen den Platten sind. Das elektrische Feld bildet sich also zwischen Ladungen ungleicher Polarität aus und kann, wie bereits in Abschn. 3.1 für das Strömungsfeld erläutert, durch Feldlinien beschrieben werden, die auf den positiven Ladungen – den Quellen des Feldes – beginnen und auf den negativen – den Senken des Feldes – enden. Diese Feldlinien beschreiben die –

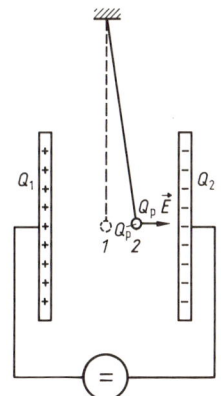

3.16 Kraft auf die elektrische Ladung im elektrischen Feld

3.2 Elektrisches Feld in Nichtleitern

Mit den erläuterten Beispielen soll zum einen der grundsätzliche Unterschied zwischen den Erscheinungsformen elektrischer Felder in Leitern und Nichtleitern betont und zum anderen aber die Gleichartigkeit des physikalischen Charakters und der formalen Behandlung der elektrischen Feldstärke und der Spannung in beiden Feldräumen aufgezeigt werden. Für den Zusammenhang zwischen elektrischer Feldstärke $\vec{E}$, Spannung U und elektrischem Potential φ gelten in nichtleitenden Feldräumen die gleichen Gesetze, wie sie in Abschn. 3.1.3 und 3.1.4 für leitende Feldräume abgeleitet sind. Sie werden in diesem Abschn. 3.2 lediglich aus Gründen der übersichtlichen geschlossenen Darstellung, mit einer separaten Gleichungsnummer versehen, wiederholt.

Im elektrischen Feld kann die Spannung

$$U_{12} = \int_{1}^{2} \vec{E} \cdot d\vec{l} \qquad (3.32)$$

zwischen zwei beliebigen Punkten *1* und *2* als Integral des Skalarproduktes aus Feldstärkevektor $\vec{E}$ und Wegvektor $d\vec{l}$ berechnet werden.

Für Gl. (3.32) gilt:

a) **Der Verlauf des Integrationsweges darf beliebig gewählt werden.** Für praktische Rechnungen wird immer der Weg gewählt, der den geringsten Rechenaufwand erfordert.

b) **Die Integrationsrichtung $d\vec{l}$ kann beliebig von *1* nach *2* oder umgekehrt von *2* nach *1* gewählt werden, allerdings muß der Zählpfeil der nach Gl. (3.32) berechneten Spannung immer in Integrationsrichtung weisend angetragen werden.**

Beispiel 3.5. Zwischen den parallelen ebenen Elektroden A (Ablenkplatten) in einer Elektronenstrahl-Röhre (s. Abschn. 5.4.1.3 und 5.4.3.1) liegt die Gleichspannung U (s. Bild **3.19**). Ein Elektronenstrahl tritt bei *1* in das elektrostatische Feld zwischen den Elektroden und verläßt es bei *2*. Die Rückwirkungen des Elektronenstrahls auf das elektrostatische Feld sollen vernachlässigbar sein, ebenso die an den Elektrodenrändern auftretenden Inhomogenitäten. Die in dem homogenen Bereich des elektrostatischen Feldes über den Weg von *1* nach *2* einem Elektron der Ladung $-e$ zugeführte Energie ist zu berechnen. Der Energieaustausch in dem inhomogenen Randfeld außerhalb des Bereiches *1* bis *2* sowie der mit einer an die Elektroden angeschlossenen Spannungsquelle soll hier nicht betrachtet werden.

Zwischen den parallelen ebenen Elektroden bildet sich im Bereich zwischen *1* und *2* ein homogenes elektrostatisches Feld aus (s. Bild **3.19**). Damit ist nach Gl. (3.29) der Betrag der elektrischen Feldstärke $E = U/l$ bestimmt. Die einem Elektron der Ladung $-e$ in dem elektro-

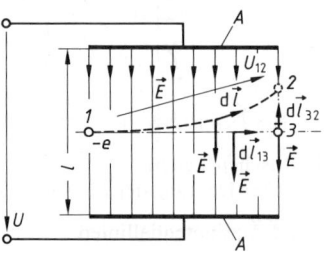

3.19
Ablenkung eines Elektronenstrahls im homogenen Feldbereich zwischen zwei ebenen Elektroden
(s. Beispiel 3.5)

statischen Feld zugeführte Energie kann nach Abschn. 3.2.6.1 entsprechend Gl. (3.63) bestimmt werden. Es muß dazu lediglich die von dem Elektron auf dem Weg von *1* nach *2* durchlaufene Spannung U_{12} entsprechend Gl. (3.32) berechnet werden. Wählt man als Integrationsweg für Gl. (3.32) den tatsächlich von den Elektronen durchlaufenen Weg, der in Bild 3.19 gestrichelt gezeichnet angegeben ist, führt dies auf eine aufwendige Rechnung. Wesentlich zweckmäßiger ist es, entlang der geraden Strecken von *1* über *3* nach *2* zu integrieren. Das ist möglich, da in dem hier vorliegenden elektrischen Feld der Integrationsweg zur Berechnung der Spannung U zwischen zwei Punkten beliebig gewählt werden darf. Man erkennt aus Bild 3.19, daß dieser Integrationsweg aus den zwei charakteristischen Abschnitten zwischen *1* und *3* bzw. *3* und *2* besteht, in denen das Skalarprodukt aus elektrischem Feldstärkevektor $\vec{E}$ und Wegvektor $d\vec{l}$ Null ist $[\vec{E} \cdot d\vec{l}_{13} = E\,dl_{13} \cos(\pi/2) = 0]$ bzw. als algebraisches Produkt geschrieben werden darf ($\vec{E} \cdot d\vec{l}_{32} = E\,dl_{32} \cos \pi = -E\,dl_{32}$). Da außerdem über den Weg von *3* nach *2* die elektrische Feldstärke E konstant ist, läßt sich die Integration in eine Multiplikation überführen $\left(-\int_3^2 E\,dl_{32} = -El_{32}\right)$. Damit bekommt man einen sehr einfachen Ausdruck für die zwischen den Punkten *1* und *2* auftretende Spannung

$$U_{12} = \int_1^2 \vec{E} \cdot d\vec{l} = \int_1^3 \vec{E} \cdot d\vec{l}_{13} + \int_3^2 \vec{E} \cdot d\vec{l}_{32} = -El_{32}. \tag{3.33}$$

Mit den Beträgen für die elektrische Feldstärke $E = U/l$ und die Länge l_{32} folgt aus Gl. (3.33) ein negativer Zahlenwert, d.h., die Wirkungsrichtung dieser Spannung U_{12} ist umgekehrt wie die in Integrationsrichtung von *1* nach *2* eingezeichnete Zählpfeilrichtung für U_{12}. Damit hat Punkt *2* die Bedeutung eines positiven und Punkt *1* die eines negativen Poles, was auch der angelegten Spannung U entspricht.

3.2.3 Elektrisches Potential

Unter Verweis auf den Absatz vor Gl. (3.32) werden auch hier die Gesetze zur Berechnung des elektrischen Potentials lediglich wiederholend zusammengestellt. Die Erläuterungen in Abschn. 3.1.4 gelten für sie sinngemäß.

Man wählt für die Beschreibung des Potentials in einem elektrischen Feld einen beliebigen Bezugspunkt P_0. Damit läßt sich entsprechend Gl. (3.32) für jeden Feldpunkt P_i eine Spannung

$$U_{0i} = \int_{P_0}^{P_i} \vec{E} \cdot d\vec{l}$$

berechnen, die zwischen diesem Punkt P_i und dem Bezugspunkt P_0 auftritt. Ordnet man dem Bezugspunkt P_0 ein – i. allg. willkürlich gewähltes – Bezugspotential φ_0 zu, so läßt sich jedem einzelnen Punkt P_i des Feldraumes entsprechend Gl. (3.16) auch ein bestimmtes Potential

$$\varphi_i = \varphi_0 - \int_{P_0}^{P_i} \vec{E} \cdot d\vec{l} \tag{3.34}$$

zuordnen.

3.2 Elektrisches Feld in Nichtleitern

Beispielsweise wird das Feld zwischen zwei parallelen zylindrischen Leitern nach Bild 3.18 betrachtet, die an eine konstante Spannung U angeschlossen sind. Es bildet sich ein inhomogenes elektrostatisches Feld aus (s. Abschn. 3.2.2), das in Bild 3.18 durch die voll ausgezogenen E-Feldlinien dargestellt ist. Das Potential in diesem Feld soll nun auf die zylindrische Oberfläche des negativ geladenen Leiters bezogen bestimmt werden. Diese grundsätzlich willkürliche Wahl könnte z. B. dadurch begründet sein, daß dieser Leiter geerdet ist. Aus gleichem Grund soll z. B. der eine Äquipotentialfläche darstellenden leitenden Oberfläche des Bezugsleiters das Bezugspotential Null zugeordnet werden ($\varphi_0 = 0$). Damit kann das Potential für den beliebigen Raumpunkt P_i nach Gl. (3.34) berechnet werden.

$$\varphi_i = \varphi_0 - \int_{P_0}^{P_i} \vec{E} \cdot d\vec{l} = \int_{P_i}^{P_0} \vec{E} \cdot d\vec{l}$$

Für die qualitative Beurteilung eines Potentialfeldes ist es zweckmäßig, Potentialwerte mit jeweils gleichen Abständen festzulegen.

$$\varphi_1 - \varphi_2 = \varphi_2 - \varphi_3 = \ldots = \varphi_{(n-1)} - \varphi_n = \text{const}$$

Verbindet man jeweils alle Punkte, die das gleiche Potential haben, so bekommt man bei ebenen Darstellungen die Äquipotentiallinien und bei räumlichen die Äquipotentialflächen als geometrischen Ort aller Punkte jeweils gleichen Potentials.

Beispielsweise werden für das Feld zwischen den an der Spannung U liegenden zylindrischen Leitern nach Bild 3.18b die Potentialwerte $\varphi_0 = 0$; $\varphi_1 = U/14$; $\varphi_2 = U/7$; ...; $\varphi_{14} = U$ festgelegt. Die sich für diese Werte ergebenden Äquipotentialflächen sind parallel und exzentrisch zu den Zylinderleitern liegende Röhren. Ihre Schnittlinien mit einer rechtwinklig zu den beiden Zylinderleitern verlaufenden Darstellungsebene ergeben die in Bild 3.18b gestrichelt eingezeichneten Äquipotentiallinien.

Man erkennt aus Bild 3.18b die in Abschn. 3.1.4 erläuterte Gesetzmäßigkeit, daß die E-Feldlinien immer rechtwinklig die Äquipotentialflächen bzw. Äquipotentiallinien schneiden. Für die Beschreibung des Zusammenhanges zwischen dem Vektor der elektrischen Feldstärke $\vec{E}$, dem Potential φ und der zwischen zwei Punkten 1 und 2 auftretenden Spannung U_{12} gilt die für das elektrische Strömungsfeld abgeleitete Gl. (3.16) entsprechend (s. Bild 3.18).

$$U_{12} = \varphi_1 - \varphi_2 = \int_{1}^{2} \vec{E} \cdot d\vec{l} \tag{3.35}$$

3.2.4 Elektrische Flußdichte und elektrischer Fluß

Das hier betrachtete elektrische Potentialfeld wird definitionsgemäß durch elektrische Ladungen verursacht. So läßt sich beispielsweise nachweisen, daß in dem in Bild 3.16 skizzierten Feldraum zwischen den Elektroden die Kraft $\vec{F}$ auf die Probeladung Q_p und damit die elektrische Feldstärke $\vec{E} = \vec{F}/Q_p$ um so größer ist, je größer die Ladung Q auf den Elektroden ist. Man führt nun aber die elektrische

3.2.4 Elektrische Flußdichte und elektrischer Fluß 125

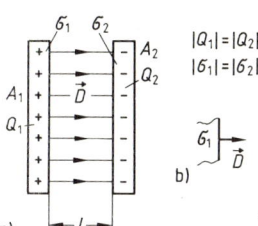

3.20
Elektrische Flußdichte $\vec{D}$ im Plattenkondensator (a)
und Ladungsdichte σ in der Elektrodenoberfläche
mit elektrischer Flußdichte $\vec{D}_N$ auf ihr (b)

Feldstärke $\vec{E}$ nicht direkt, sondern indirekt über eine zweite Feldgröße auf die sie verursachende elektrische Ladung Q zurück. Diese zweite der Ursache des Feldes zugeordnete Feldgröße ist im folgenden anhand des Bildes 3.20 erklärt.
Auf den sich parallel gegenüberstehenden ebenen Plattenelektroden mit gleich großen Flächen $A_1 = A_2 = A$ befinden sich die gleich großen positiven bzw. negativen Ladungen $Q_1 = +|Q|$ und $Q_2 = -|Q|$. Sind die Plattenabmessungen groß gegenüber dem Plattenabstand, so bildet sich zwischen den Platten ein homogenes elektrisches Feld aus, dessen Randverzerrungen vernachlässigbar sind. Damit ist die Ladung auf den Platten gleichmäßig verteilt, und es läßt sich relativ einfach die **Flächenladungsdichte**

$$\sigma = Q/A \tag{3.36}$$

berechnen. Dieser Flächenladungsdichte wird eine flächenbezogene Feldgröße zugeordnet, die **elektrische Flußdichte** oder **elektrische Verschiebung** bzw. **Verschiebungsdichte** genannt und mit dem Symbol D bezeichnet wird.
Als Feldgröße ist die elektrische Flußdichte eine Vektorgröße, die wie folgt definiert ist:
Die Richtung des Vektors der elektrischen Flußdichte $\vec{D}$ ist gleich der des Vektors der elektrischen Feldstärke $\vec{E}$.
An der Grenzfläche zwischen den leitenden Elektroden und dem nichtleitenden Feldraum ist der Betrag der elektrischen Flußdichte $\vec{D}$ gleich dem Betrag der Ladungsdichte σ.

$$D = \sigma \tag{3.37}$$

Bildhaft kann man sich vorstellen, die Ladungsdichte σ setzt sich an der Elektrodenoberfläche in die Feldgröße elektrische Flußdichte $\vec{D}$ um (s. Bild 3.20 b). Wie die E-Feldlinien beginnen bzw. enden auch die D-Feldlinien jeweils senkrecht zur leitenden Elektrodenoberfläche auf der positiven bzw. negativen Ladung.
Trotz der mit Gl. (3.37) beschriebenen Gleichheit der Beträge von D und σ ist zu beachten, daß die lediglich als Rechengröße definierte Feldgröße elektrische Flußdichte D grundsätzlich von anderer Qualität ist als die Größe der Ladungsdichte σ, die in den Oberflächenladungen der Elektroden körperlich existent ist.
Der in Gl. (3.37) aufgezeigte Zusammenhang zwischen der Dichte der das elektrische Potentialfeld direkt verursachenden Ladung und der diese Ursache beschreibenden Feldgröße elektrische Flußdichte D gilt nur unmittelbar an der Oberfläche leitender Elektroden, auf der die Feldvektoren immer senkrecht stehen. Um

3.2 Elektrisches Feld in Nichtleitern

zu erläutern, wie sich die Flußdichte D in dem Feldraum zwischen den Elektroden ausbildet, wird folgendes Experiment betrachtet.

In das homogene elektrostatische Feld zwischen den Plattenelektroden *1* und *2* mit den gleich großen Ladungen unterschiedlicher Polarität ($|Q_1|=|Q_2|$) nach Bild **3.21** werden zwei zusammengelegte (galvanisch verbundene) Prüfplatten P_1 und P_2 (Maxwellsche Doppelplatte) gebracht, die parallel zu den Plattenelektroden, also senkrecht zu den D-Feldlinien liegen. Trennt man diese Platten im Feldraum und zieht sie in getrenntem Zustand aus dem Feld heraus, so kann man auf jeder der Platten eine Ladung Q_{p1} bzw. Q_{p2} messen (s. Bild **3.21**b). Diese Ladungen haben den gleichen Betrag, aber unterschiedliche Polarität.

$$Q_{p1} = +|Q_p|, \quad Q_{p2} = -|Q_p|$$

Man sagt, es seien Ladungen influenziert worden, und bezeichnet diese Erscheinung als **Influenz**. Ursache hierfür ist die überall im Feldraum, also auch am Ort der Prüfplatten, herrschende elektrische Feldstärke $\vec{E}$, die einen Teil der in Leitern vorhandenen freien Elektronen an die Oberfläche der einen Platte verschieben, so daß in der anderen die positiven Kernladungen überwiegen. Haben die Prüfplatten eine merkliche Dicke, so wird das Feld an ihren Rändern verzerrt, da der von den Prüfplatten eingenommene Raum nach erfolgter Ladungstrennung feldfrei ist. Diese Erscheinung wird hier vernachlässigt.

Dividiert man die auf die Prüfplatten influenzierte Ladung Q_p durch die Fläche A_p der Prüfplatten, bekommt man eine Ladungsdichte $\sigma_p = Q_p/A_p$, deren Betrag im vorliegenden Fall des homogenen Feldes gleich ist dem der Ladungsdichte σ auf

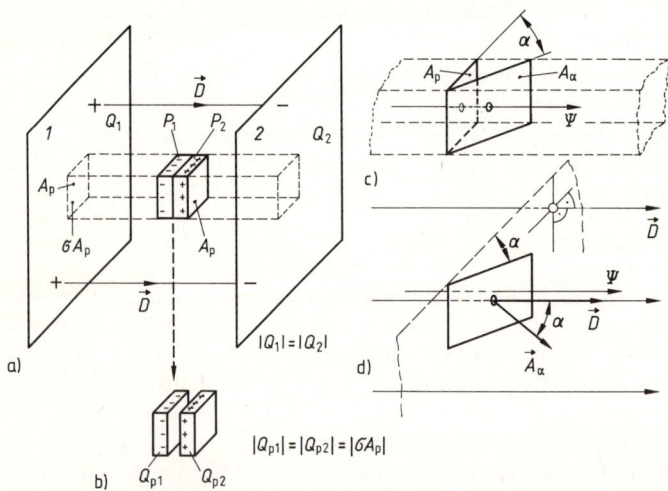

3.21 Zusammenhang zwischen Ladungsdichte σ, elektrischer Flußdichte $\vec{D}$ und elektrischem Fluß Ψ
a) homogenes elektrostatisches Feld im Plattenkondensator mit Maxwellscher Doppelplatte, b) Maxwellsche Doppelplatten nach Entfernen aus dem Feld des Plattenkondensators, c) Flußröhre mit Querschnitt A_p und Schnittfläche A_α in allgemeiner Lage, d) elektrischer Fluß Ψ durch Fläche A_α

3.2.4 Elektrische Flußdichte und elektrischer Fluß

den Plattenelektroden, der wiederum gleich ist dem Betrag des Feldvektors der elektrischen Flußdichte $|D| = |\sigma| = |\sigma_p|$.

Man stellt sich nun eine „Röhre" mit dem Querschnitt der Prüfplatten A_p vor, die parallel zu den D-Feldlinien verläuft (s. Bild 3.21), und ordnet dieser per Definition einen elektrischen Fluß

$$\Psi = D A_p \tag{3.38}$$

zu, der als Produkt aus elektrischer Flußdichte D und Querschnittsfläche A_p der Röhre definiert ist. Dieser durch den Röhrenquerschnitt A_p bestimmte elektrische Fluß Ψ tritt, wie aus Bild 3.21 c zu erkennen ist, gleichermaßen in beliebigen Schnittflächen A_α durch die Röhre auf. Beispielsweise ist der Fluß durch die gegenüber der Querschnittsfläche A_p geneigten Fläche A_α in Bild 3.21 c

$$\Psi_{A\alpha} = \Psi_{Ap} = D A_p \, .$$

Beschreibt man analog den Erläuterungen in Abschnitt 3.1.2 zu Gl. (3.4) die räumliche Lage der ebenen Fläche A_α durch einen senkrecht auf ihr stehenden Flächenvektor $\vec{A}_\alpha$, so schließt dieser mit dem Vektor der elektrischen Flußdichte $\vec{D}$ den Winkel α ein (s. Bild 3.21 c), und man bekommt die Bestimmungsgleichung für den elektrischen Fluß

$$\Psi = \vec{D} \cdot \vec{A} = D A \cos \alpha \, , \tag{3.39}$$

die allerdings nur für **ebene Flächen** A gilt, in denen die **elektrische Flußdichte** D **konstant** ist. Dabei ist analog den Erläuterungen zum Strom I der Zählpfeil des elektrischen Flusses Ψ in Richtung des Flächenvektors $\vec{A}$ einzutragen.

In inhomogenen Feldern lassen sich nicht mehr entsprechend Bild 3.21 „Flußröhren" (mit beliebig großen Querschnittsflächen A_p) festlegen, in denen überall die gleiche elektrische Flußdichte D auftritt, deren Betrag gleich ist der Flächenladung σ auf den Elektroden, auf denen die Feldlinien für D beginnen bzw. enden. In Bild 3.22 ist eine beliebige Fläche A in einem inhomogenen Feld skizziert. Zerlegt man die Fläche A in infinitesimal kleine Flächenelemente dA, die durch parallel zu den D-Feldlinien verlaufende Elementarflußröhren mit dem elektrischen Fluß $d\Psi$ begrenzt sind, so gilt für jede dieser Elementarflächen dA nach obigen Erläuterungen

$$d\Psi = \vec{D} \cdot d\vec{A} \, . \tag{3.40}$$

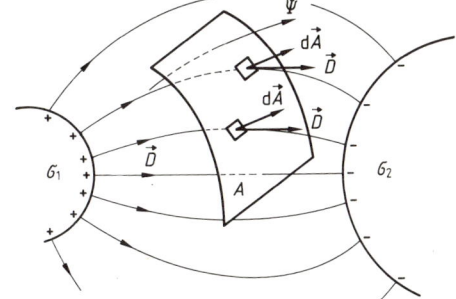

3.22
Zur Berechnung des elektrischen Flusses $\Psi = \int \vec{D} \cdot d\vec{A}$ als Flächenintegral der elektrischen Flußdichte $\vec{D}$

3.2 Elektrisches Feld in Nichtleitern

Summiert, d. h. integriert man alle Elementarflüsse dΨ, so bekommt man den in der Fläche A auftretenden **elektrischen Fluß**

$$\Psi = \int_A \vec{D} \cdot d\vec{A}. \tag{3.41}$$

Die größte praktische Bedeutung erlangt die Definition des elektrischen Flusses Ψ bei der Formulierung des **Gaußschen Satzes**. Dieser besagt, daß der elektrische Fluß Ψ über eine geschlossene Fläche – Hüllfläche – gleich ist der von dieser Fläche eingeschlossenen elektrischen Ladung. Der elektrische **Hüllenfluß**

$$\overset{\circ}{\Psi} = \oint \vec{D} \cdot d\vec{A} = Q \tag{3.42}$$

kann als Flächenintegral der elektrischen Flußdichte $\vec{D}$ über eine beliebig geformte, aber geschlossene (was durch den Kreis über Ψ bzw. im Integralzeichen beschrieben ist) Fläche berechnet werden. Der Flächenvektor d$\vec{A}$ ist immer aus der Hüllfläche herausweisend anzutragen; dann stimmt das Vorzeichen des berechneten elektrischen Hüllflusses $\overset{\circ}{\Psi}$ mit dem Vorzeichen der von der Hüllfläche eingeschlossenen Ladung überein.

Beispiel 3.6. Bei einem sehr langen, geraden Koaxialkabel entsprechend Bild 3.23 hat der Innenleiter mit dem Außendurchmesser d_i die positive und der Außenleiter mit dem Innendurchmesser d_a die negative Ladung pro Länge $\lambda = Q/l$. Die elektrische Flußdichte $\vec{D}$ in dem Koaxialkabel ist zu berechnen.

Aus Erfahrung oder auch Symmetrieüberlegungen folgt, daß die D-Feldlinien radialsymmetrisch, also sternförmig vom Innenleiter zum Außenleiter verlaufen (s. Bild 3.23b). Wählt man, wie in Bild 3.23 gestrichelt skizziert, einen geschlossenen Zylinder mit dem Radius r und der Länge Δl in konzentrischer Lage um den Innenleiter, so gilt, daß der Vektor $\vec{D}$ in der Mantelfläche A_M dieses Zylinders in allen Punkten einen konstanten Betrag hat und senkrecht auf der Mantelfläche A_M steht. Zu den Stirnflächen A_{S1} und A_{S2} des Zylinders verlaufen die D-Feldlinien parallel. Die Flächenvektoren dA_M und dA_S des so gedachten Zylinders werden nach außen weisend angetragen. Dabei können die Flächenelemente d$A_M = \Delta l\, r\, d\varphi$ der Mantelfläche als ebene Längsstreifen mit der tangentialen Breite $r\, d\varphi$ aufgefaßt werden (s. Bild 3.23), da sich über die axiale Länge Δl bei konstantem r der Vektor $\vec{D}$ weder in Betrag noch Richtung ändert. Mit der gegebenen längenbezogenen Ladung λ ergibt sich die von dem Zylinder eingeschlossene Ladung $\Delta Q = \lambda \Delta l$, und der Gaußsche Satz kann entsprechend Gl. (3.42) wie folgt aufgestellt werden.

$$\oint \vec{D} \cdot d\vec{A} = \int_{A_M} D\, dA_M \cos 0 + \int_{A_{S1}} D\, dA_{S1} \cos(\pi/2) + \int_{A_{S2}} D\, dA_{S2} \cos(\pi/2)$$

$$= D \Delta l\, r \int_0^{2\pi} d\varphi = D \Delta l \cdot 2\pi r = \Delta Q \tag{3.43}$$

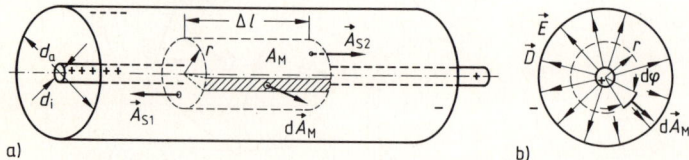

3.23 Koaxialkabel (s. Beispiel 3.6 und 3.7)
 a) gedachter Zylinder zwischen Innen- und Außenleiter für die Anwendung des Gaußschen Satzes, b) Querschnitt mit Feldlinienbild

3.2.5 Zusammenhang zwischen elektrischer Flußdichte und Feldstärke 129

Man kann diese Gleichung mit $\Delta Q = \lambda \Delta l$ explizit nach der elektrischen Flußdichte

$$D = \lambda/(2\pi r) \tag{3.44}$$

auflösen und erkennt, daß diese umgekehrt proportional dem Radius r ist.

Zu den Vorzeichen in Gl. (3.43) ist zu bemerken, daß der gedachte Zylinder die positive Ladung ΔQ des Innenleiters einschließt. Die auf dieser Ladung beginnenden D-Feldlinien durchdringen den gedachten Zylinder von innen nach außen, verlaufen also parallel zu den per Definition ebenfalls nach außen weisend auf einer Hüllfläche anzutragenden Flächenvektoren des Zylindermantels. Damit liefert das Integral des Skalarproduktes $\vec{D} \cdot d\vec{A}$ auf der linken Seite des Gaußschen Satzes [Gl. (3.43)] positive Zahlenwerte, was dem positiven Vorzeichen der eingeschlossenen Ladung entspricht.

Die Schwierigkeit bei der Berechnung elektrischer Felder mit Hilfe des Gaußschen Satzes liegt darin, daß die elektrische Flußdichte $\vec{D}$ implizit in Gl. (3.42) enthalten ist. Nur in Fällen, in denen aus Erfahrung oder Symmetrieüberlegungen der qualitative Feldverlauf bekannt ist, läßt sich Gl. (3.42) so anwenden, daß ihre explizite Auflösung nach der elektrischen Flußdichte möglich wird. Man kann also mit Hilfe des Gaußschen Satzes bei gegebenem D-Feld i. allg. immer den elektrischen Hüllenfluß $\overset{\circ}{\Psi}$ und damit die von diesen eingeschlossene Ladung Q berechnen, dagegen umgekehrt aus dem gegebenen Fluß bzw. aus der gegebenen Ladung die elektrische Flußdichte nur in Sonderfällen, wenn das Feldbild bekannt ist und bestimmte Symmetrien aufweist.

3.2.5 Zusammenhang zwischen elektrischer Flußdichte und elektrischer Feldstärke

In Abschn. 3.2.2 bzw. 3.2.4 ist der Zusammenhang zwischen den vektoriellen Feldgrößen elektrische Feldstärke $\vec{E}$ bzw. elektrische Flußdichte $\vec{D}$ und den ihnen zugeordneten integralen Größen Spannung U bzw. Ladung Q erläutert. Es besteht nun aber auch ein Zusammenhang zwischen den beiden unterschiedlichen vektoriellen Feldgrößen $\vec{E}$ und $\vec{D}$ und damit für eine bestimmte Elektrodenanordnung und das zwischen diesen erregte elektrische Feld auch zwischen den integralen Größen U und Q, der im folgenden erläutert ist.

3.2.5.1 Permittivität. Zwischen zwei voneinander isolierten Elektroden, die eine positive bzw. negative elektrische Ladung Q aufweisen, besteht immer auch eine elektrische Spannung U. Um den Zusammenhang zwischen diesen unabdingbar miteinander verknüpften elektrischen Größen Ladung Q und Spannung U zu erläutern, werden die in Bild 3.24 dargestellten ebenen Platten mit den Flächen $A_1 = A_2 = A$ betrachtet, die sich im Abstand l parallel zueinander gegenüberstehen.

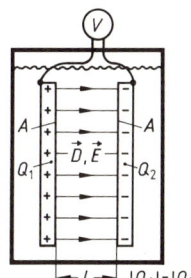

3.24
Plattenkondensator in einem mit Öl gefüllten Gefäß

3.2 Elektrisches Feld in Nichtleitern

Auf die eine Platte wurde eine positive Ladung Q_1, auf die andere eine negative Ladung Q_2 gebracht, die betragsmäßig gleich sind ($Q_1 = -Q_2 = Q$). Diese Ladungen verursachen ein homogenes elektrostatisches Feld zwischen den Platten, die Verzerrungen zu den Plattenrändern hin sollen vernachlässigbar sein. Für dieses homogene Feld gilt entsprechend Gl. (3.36) und (3.37) für den Zusammenhang zwischen elektrischer Flußdichte D und Plattenladung

$$Q = \sigma A = DA \,. \tag{3.45}$$

Mit der Ladung Q auf den Platten stellt sich eine Spannung U zwischen ihnen ein, die mit einem elektrostatischen Spannungsmesser gemessen werden kann. Ein solcher Spannungsmesser hat einen nahezu unendlich großen Innenwiderstand, d.h., es fließt über ihn kein Strom, der den Ladungsunterschied der Platten ausgleichen würde. Der Zusammenhang zwischen der Spannung U und der elektrischen Feldstärke E des homogenen Feldes zwischen den Platten wird mit Gl. (3.30) beschrieben.

$$U = El \tag{3.46}$$

Dividiert man Gl. (3.45) durch Gl. (3.46), so bekommt man die auf die Plattenspannung U bezogene Plattenladung

$$Q/U = (D/E)(A/l) \,. \tag{3.47}$$

Ordnet man die Platten in einem Gefäß an, welches zunächst mit Luft gefüllt ist, so mißt man bei einer Plattenladung Q_L die Plattenspannung U_L. Füllt man dann das Gefäß mit Isolieröl, so mißt man eine Spannung $U_Ö$, die sich von der in Luft gemessenen unterscheidet. Da die Platten isoliert angeordnet sind, kann sich ihre Ladung durch das Einfüllen des Öls nicht geändert haben ($Q_Ö = Q_L = Q$). Da auch die Plattenfläche A und ihr Abstand l nicht verändert werden, folgt aus Gl. (3.47)

$$\frac{Q}{U_L} = \frac{D}{E_L} \cdot \frac{A}{l} \neq \frac{Q}{U_Ö} = \frac{D}{E_Ö} \cdot \frac{A}{l} \,,$$

daß der Zusammenhang zwischen den Feldgrößen elektrische Flußdichte D und elektrische Feldstärke E von dem Material des Feldraumes abhängen muß. Diese Materialabhängigkeit wird durch einen Proportionalitätsfaktor

$$\varepsilon = \varepsilon_0 \varepsilon_r = D/E \tag{3.48}$$

berücksichtigt, der als **Permittivität** oder für den Fall, daß ε unabhängig von D bzw. E konstant ist, auch als **Dielektrizitätskonstante** bezeichnet wird.

Im Rahmen der vorliegenden Grundlagenbetrachtung werden entsprechend den Erläuterungen in den vorangegangenen Abschnitten die Feldlinien der elektrischen Feldstärke und elektrischen Flußdichte als parallel verlaufend angenommen. Damit ist die Permittivität ε eine skalare Größe, und für den Zusammenhang zwischen den vektoriellen Feldgrößen gilt

$$\vec{D} = \varepsilon \vec{E} \,. \tag{3.49}$$

3.2.5 Zusammenhang zwischen elektrischer Flußdichte und Feldstärke

Aus Zweckmäßigkeitsgründen wird die Permittivität ε entsprechend Gl. (3.48) in die zwei Faktoren ε_0 und ε_r aufgespalten.
Die **elektrische Feldkonstante** ε_0 beschreibt analog der magnetischen Feldkonstanten μ_0 (s. Abschn. 4.2.1.3) den grundsätzlichen Zusammenhang zwischen den spannungs- und ladungsbezogenen Größen $\vec{E}$ und $\vec{D}$ für den stoffleeren Raum. Im SI-System ist der derzeit beste Meßwert für die elektrische Feldkonstante

$$\varepsilon_0 = 8{,}8542 \text{ pC}/(\text{Vm}) = 8{,}8542 \text{ pF/m} . \tag{3.50}$$

Die **Permittivitätszahl** ε_r oder die Dielektrizitätszahl (für den Fall, daß ε_r unabhängig von D bzw. E konstant ist, auch relative Dielektrizitätskonstante genannt) gibt ähnlich wie die Permeabilitätszahl μ_r im magnetischen Feld ausschließlich den Einfluß des Werkstoffes an (s. Tafel 3.25). Soweit Bereiche in der Tafel für ε_r angegeben sind, zeigen die Stoffe eine merkliche Abhängigkeit von ihrer Zusammensetzung. Die Permittivitätszahlen von Gasen liegen sehr nahe bei 1, z. B. $\varepsilon_r = 1{,}0006$ für Luft bei 1000 hPa. Bei vielen Werkstoffen ist die Dielektrizitätszahl ε_r temperaturabhängig und/oder frequenzabhängig, allerdings ist die Frequenzabhängigkeit insbesondere im Bereich niedriger Frequenzen meist unbedeutend.

Tafel 3.25 Permittivitätszahlen ε_r fester und flüssiger Isolierstoffe bei 20°C für Frequenzen $f < 2$ MHz

Asphalt	2,7	Mineralöl	2,2	Polyvinylchlorid,	
Benzol	2,25	Paraffin	2,1 bis 2,2	weich	4 bis 5,5
Condensa C	80	Pertinax	4,8	Porzellan	4,5 bis 6,5
Condensa N	40	Petroleum	2,1	Quarz	3,8 bis 5
Eis bei -20°C	16,0	Phenolharz	4 bis 6	Quarzglas	
Glas, gewöhnlich	5 bis 7	Polyäthylen	2,2 bis 2,3	bei 50 Hz	3,5 bis 4,2
Glimmer	5 bis 8	Polystyrol	2,4 bis 3	bei 800 Hz	4,2
Gummi	2,7	Polytetrafluor-		bei 100 kHz	4,4
Hartpapier	5 bis 6	äthylen	2	Terpentinöl	2,3
Hölzer	1 bis 7	Polyvinylchlorid	3,2 bis	Wasser, destilliert	80
Keramikmassen	bis 4000	(PVC), hart	3,5		

3.2.5.2 Kapazität. Ersetzt man in Gl. (3.47) den Quotienten D/E durch die Permittivität ε, so erkennt man, daß der Quotient

$$\frac{Q}{U} = \varepsilon \frac{A}{l} \tag{3.51}$$

allein von den Abmessungen der Plattenanordnung und den Materialeigenschaften des Feldraumes abhängig ist. Dieser hier an dem übersichtlichen Beispiel paralleler ebener Platten erläuterte Zusammenhang läßt sich auch auf Elektrodenanordnungen beliebiger Geometrie übertragen. Wegen der großen praktischen Bedeutung dieser Gesetzmäßigkeit wurden folgende allgemeingültige Begriffe festgelegt:
Eine Anordnung aus zwei **Elektroden** (elektrisch leitfähige Gebilde) beliebiger Geometrie, die durch einen nicht leitfähigen Raum, das **Dielektrikum**, getrennt sind, nennt man **Kondensator**.

3.2 Elektrisches Feld in Nichtleitern

Befinden sich auf den Elektroden gleich große Ladungen unterschiedlicher Polarität ($Q_1 = -Q_2$), tritt zwischen ihnen die Spannung U auf. Der Quotient Ladung durch Spannung wird als **Kapazität**

$$C = Q/U \tag{3.52}$$

des Kondensators bezeichnet.

Die Kapazität C ist allein von der Geometrie der Elektroden und den Materialeigenschaften des nichtleitfähigen Raumes – des Dielektrikums – zwischen den Elektroden abhängig.

Man sagt auch, die Ladung Q, die ein Kondensator pro Spannung U zu speichern vermag, wird durch die Kapazität C dieses Kondensators angegeben.

In der Praxis ist häufig die ladungsspeichernde Wirkung von Kondensatoren von Nutzen, z. B. zur Speisung von Elektronenblitzröhren, zur Glättung oberschwingungshaltiger Gleichspannungen, in Schwingkreisen usw. Für diesen Zweck verwendet man Kondensatoren mit großflächigen Elektroden aus dünnen Metallfolien, die durch ein Dielektrikum aus dünnen Isolierfolien getrennt und wechselweise zusammengeschichtet (s. Bild **3.26**a) bzw. aufgerollt (s. Bild **3.26**b) sind, oder **Elektrolytkondensatoren**, auf deren kompliziertere Wirkungsweise hier nicht eingegangen wird. Im Gegensatz zu solchen gezielt genutzten Kapazitäten sind die zwischen allen spannungsführenden Teilen unvermeidbar wirksamen Kapazitäten häufig unerwünscht und werden demzufolge auch als Störkapazitäten bezeichnet. Beispielsweise können über die zwischen zwei Leitungen (Elektroden) auftretende Kapazität Störspannungen übertragen werden, die sich der der Information (Meßwerte, Sprache usw.) entsprechenden Nutzspannung überlagern.

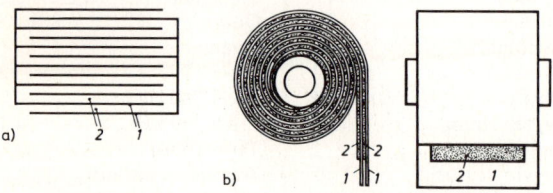

3.26 Schematische Darstellung ausgeführter Kondensatoren
in geschichteter (a) und aufgerollter (b) Form
1 Elektroden aus Metallfolien, *2* Dielektrikum aus Isolierstoffolien

Die zwischen zwei Elektroden auftretende Kapazität läßt sich nach dem folgenden grundsätzlichen Schema berechnen:

Auf den zwei in ihrer Geometrie gegebenen Elektroden *1* und *2* werden gleich große positive und negative Ladungen $Q_1 = -Q_2 = Q$ angenommen. Für das von diesen Ladungen zwischen den Elektroden erregte elektrostatische Feld wird mit Hilfe des Gaußschen Satzes entsprechend Gl. (3.42) die elektrische Erregung D berechnet (s. Beispiel 3.6). Mit der für das Dielektrikum des Feldraumes zwischen den Elektroden gegebenen Permittivität ε kann nach Gl. (3.49) die elektrische Feldstärke $\vec{E} = \vec{D}/\varepsilon$ berechnet werden. Diese über einen beliebigen Weg zwischen den Elektroden entsprechend Gl. (3.32) integriert, ergibt die Spannung U zwischen den Elektroden, mit der die Kapazität $C = Q/U$ als Quotient aus angenommener Ladung Q und der dafür über D und E berechneten Spannung U bestimmt werden kann.

3.2.5 Zusammenhang zwischen elektrischer Flußdichte und Feldstärke

Beispiel 3.7. Für das in Beispiel 3.6 behandelte, in Bild **3.**23 dargestellte Koaxialkabel ist die längenbezogene Kapazität C/l zu berechnen. Der Innenleiter hat den Durchmesser $d_i = 1$ mm, der Außenleiter den Innendurchmesser $d_a = 10$ mm und das Dielektrikum zwischen Innen- und Außenleiter die Permittivitätszahl $\varepsilon_r = 2$.

Für eine axiale Länge Δl des Kabels wird eine positive bzw. negative Ladung des Betrages $\Delta Q = \lambda \Delta l$ auf dem Innen- bzw. Außenleiter angenommen (λ ist die Ladung pro Länge). Für diese Ladung wurde in Beispiel 3.6 die elektrische Flußdichte $D = \lambda/(2\pi r) = \Delta Q/(\Delta l \cdot 2\pi r)$ berechnet. Dieser elektrischen Flußdichte entspricht in dem Dielektrikum der Permittivität $\varepsilon_0 \varepsilon_r$ nach Gl. (3.49) die elektrische Feldstärke $\vec{E} = \vec{D}/\varepsilon_0 \varepsilon_r = \Delta Q/(\Delta l \cdot 2\pi r \varepsilon_0 \varepsilon_r)$. Damit kann entsprechend Gl. (3.32) die Spannung U zwischen Innen- und Außenleiter berechnet werden. Man wählt einen radialen Integrationsweg, über den der Wegvektor $d\vec{l} = d\vec{r}$ immer parallel zu dem Feldstärkevektor $\vec{E}$ liegt, also $\vec{E} \, d\vec{l} = E \, dr$ gilt. Damit beträgt die Spannung

$$U = \int \vec{E} \cdot d\vec{l} = \frac{\Delta Q}{\Delta l \cdot 2\pi\varepsilon_0\varepsilon_r} \int_{r_i}^{r_a} \frac{1}{r} dr = \frac{\Delta Q}{\Delta l \cdot 2\pi\varepsilon_0\varepsilon_r} [\ln r]_{r_i}^{r_a} = \frac{\Delta Q}{\Delta l \cdot 2\pi\varepsilon_0\varepsilon_r} \ln \frac{r_a}{r_i}.$$

Man kann diese Gleichung nun nach $\Delta Q/U$ auflösen und bekommt so entsprechend Gl. (3.52) die Kapazität

$$\Delta C = \Delta Q/U = \Delta l \cdot 2\pi\varepsilon_0\varepsilon_r / \ln(r_a/r_i) \tag{3.53}$$

für ein Kabelstück der Länge Δl. Mit den gegebenen Zahlenwerten ergibt sich die längenbezogene Kapazität

$$\frac{C}{l} = \frac{2\pi\varepsilon_0\varepsilon_r}{\ln(r_a/r_i)} = \frac{2\pi \cdot 8{,}854 \cdot 2 \text{ pF/m}}{\ln(5/0{,}5)} = 48{,}3 \text{ pF/m}$$

des Koaxialkabels. Diese Eigenkapazität ist z. B. für die Übertragungseigenschaften des Kabels maßgebend.

Bei den meisten Kondensatoren, die speziell zum Zweck der Ladungsspeicherung gebaut sind, ist das elektrostatische Feld deutlich erkennbar auf den durch die Elektrodenform scharf begrenzten Raum beschränkt. In solchen Fällen muß bei der Berechnung der elektrischen Flußdichte aus der Elektrodenladung nicht immer die vollständige geschlossene Hülle um die Elektrode in dem Gaußschen Satz berücksichtigt werden. Soll beispielsweise die Kapazität des Plattenkondensators nach Bild **3.**27 berechnet werden, so gilt der Gaußsche Satz nach Gl. (3.42) für die gestrichelt eingezeichnete geschlossene Kastenoberfläche um eine der beiden Elektroden. (Hier ist die positiv geladene gewählt.) Da man weiß, daß sich das Feld des Plattenkondensators praktisch ausschließlich zwischen den Platten und hier homogen ausbreitet, kann der Gaußsche Satz als Summe aus zwei Integralen geschrieben werden, die sich auf

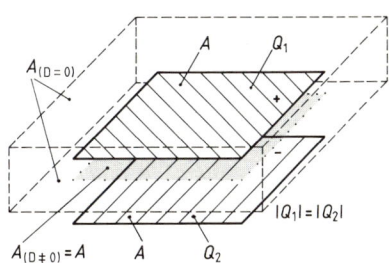

3.27
Plattenkondensator mit kastenförmiger Hüllfläche (gestrichelt eingezeichnet) um die Elektrode mit der Ladung Q_1 (Bereich der Hüllfläche zwischen den Plattenelektroden, in denen $D \neq 0$ ist, ist gepunktet umrandet)

3.2 Elektrisches Feld in Nichtleitern

a) die Oberflächenanteile $A_{(D=0)}$ beziehen, in denen kein Feld auftritt, und

b) die Oberflächenanteile $A_{(D\neq0)}$, in denen $D\neq0$ ist, die Integration also ausgeführt werden muß, dabei aber in eine Multiplikation überführt werden kann, weil D über diesen Flächenanteil konstant ist.

Für den Plattenkondensator in Bild **3.27** gilt also

$$\oint \vec{D}\cdot\mathrm{d}\vec{A} = \int_{A_{(D=0)}} \vec{D}\cdot\mathrm{d}\vec{A} + \int_{A_{(D\neq0)}} \vec{D}\cdot\mathrm{d}\vec{A} = DA_{(D\neq0)} = Q$$

mit der punktiert umrandeten Fläche $A_{(D\neq0)}$, die der Projektion der Kondensatorplatten entspricht ($A_{(D\neq0)}=A$).

Für Kondensatoren mit plattenförmigen parallelen Elektroden der Fläche A_{Pl}, die durch ein dünnes folienartiges Dielektrikum getrennt sind, gilt also

$$Q_{Pl}=DA_{Pl}. \tag{3.54}$$

Daraus folgt die elektrische Feldstärke $E=D/\varepsilon$, die über den Plattenabstand a konstant ist, so daß die Spannung zwischen den Platten

$$Ea=U \tag{3.55}$$

sich nach Gl. (3.30) berechnen läßt. Damit ergibt sich für den Plattenkondensator die Kapazität

$$C=\frac{Q}{U}=\frac{DA_{Pl}}{(D/\varepsilon)a}=\varepsilon\frac{A_{Pl}}{a}. \tag{3.56}$$

Beispiel 3.8. Ein Kondensator soll aus dünnen Metallfolien (Elektroden) aufgebaut werden, die durch eine Kunststoffolie (Dielektrikum) der Dicke $a=0,2$ mm und der Permittivitätszahl $\varepsilon_r=4$ gegeneinander isoliert sind. Wie groß ist die erforderliche Elektrodenfläche pro Kapazität?

Die Flächenabmessungen der Elektroden von Folienkondensatoren mit Kapazitätswerten im oder über dem nF-Bereich sind sehr groß gegenüber ihrem Abstand a, so daß sie als Plattenkondensatoren aufgefaßt werden können. Damit gilt Gl. (3.56), nach der sich die Elektrodenfläche $A_{Pl}=Ca/\varepsilon$ bzw. die kapazitätsbezogene Elektrodenfläche $A_{Pl}/C=a/\varepsilon=0,2$ mm/$(4\cdot 8,8542$ pF/m$)=5,65$ m²/µF ergibt.

In der praktischen Ausführung sind die beiden Elektrodenflächen als Metallfolien ausgeführt und mit je einer Isolierstoffolie zusammen aufgerollt (s. Bild **3.26b**) oder übereinandergeschichtet (s. Bild **3.26a**). In beiden Fällen werden jeweils beide Seiten jeder Metallfolie als Elektrode wirksam, so daß praktisch für jede Elektrode $A_{Fol}=A_{Pl}/2\approx 2,8$ m²/µF Metallfolie benötigt wird.

Zeitliche Änderung von Strom und Spannung im Kondensator. Die mit Gl. (3.52) formulierte Definition der Größe C gilt nicht nur für elektrostatische Felder, sondern auch für zeitlich veränderliche elektrische Felder. Bei zeitlich sich ändernden Größen muß Gl. (3.52) zu jeder Zeit von den Augenblickswerten erfüllt sein. Für konstante Kapazität C gilt also, daß sich bei einer Ladungsänderung pro Zeit $\mathrm{d}Q_t/\mathrm{d}t$ auch die Spannung entsprechend ändern muß.

$$\mathrm{d}Q_t/\mathrm{d}t = C\,\mathrm{d}u/\mathrm{d}t \tag{3.57}$$

3.2.5 Zusammenhang zwischen elektrischer Flußdichte und Feldstärke

Da nun die zeitliche Ladungsänderung dQ_t/dt durch den zu- bzw. abfließenden Strom entsprechend $dQ_t/dt = i$ bewirkt wird, ergibt sich aus Gl. (3.57) der Zeitwert des Stromes

$$i = dQ_t/dt = C\, du/dt \qquad (3.58)$$

bzw. der Zeitwert der Spannung

$$u = (1/C) \int i\, dt\,. \qquad (3.59)$$

3.2.5.3 Schaltung von Kondensatoren. Werden mehrere Kondensatoren entsprechend Bild 3.28 parallel geschaltet, kommt dieses einer Vergrößerung der Elektrodenfläche gleich, was bei gegebener Spannung U eine entsprechende Vergrößerung der gespeicherten Ladung Q zur Folge hat [s. Gl. (3.56)]. Sind $C_1, C_2, C_3, \ldots$ die parallelgeschalteten Kondensatoren mit den Einzelladungen $Q_1, Q_2, Q_3, \ldots$, so ist die gesamte gespeicherte Ladung

$$Q_g = Q_1 + Q_2 + Q_3 + \cdots\,.$$

Ersetzt man die Ladungen entsprechend Gl. (3.52) durch die an allen Kondensatoren gleiche Spannung U, multipliziert mit der jeweiligen Kapazität, so ergibt sich

$$UC_g = UC_1 + UC_2 + UC_3 + \cdots = U(C_1 + C_2 + C_3 + \cdots)$$

und nach Kürzen durch U die resultierende **Kapazität parallelgeschalteter Kondensatoren**

$$C_g = C_1 + C_2 + C_3 + \cdots\,. \qquad (3.60)$$

3.28 Resultierende Kapazität C_g parallel geschalteter Kondensatoren

3.29 Resultierende Kapazität C_g in Serie geschalteter Kondensatoren

Bei der Reihenschaltung von Kondensatoren $C_1, C_2, C_3, \ldots$ entsprechend Bild 3.29 fließt bei der Aufladung durch alle Kondensatoren der gleiche Strom i. Waren beim Einschalten dieses Stromes (s. Abschn. 11.2.1) alle Kondensatoren ungeladen, muß sich auf allen Platten die gleiche Ladung $Q = \int i\, dt$ ansammeln. Die sich dabei an jedem Kondensator entsprechend Gl. (3.52) einstellende Spannung $U = Q/C$ ist abhängig von der Kapazität C des jeweiligen Kondensators. Aus der dem Maschensatz nach Gl. (1.14) entsprechenden Gesamtspannung

$$U_g = U_1 + U_2 + U_3 + \cdots$$

der Reihenschaltung folgt mit $Q_1 = Q_2 = Q_3 = \cdots = Q$

$$\frac{Q}{C_g} = \frac{Q}{C_1} + \frac{Q}{C_2} + \frac{Q}{C_3} + \cdots$$

136 3.2 Elektrisches Feld in Nichtleitern

und nach Division durch Q der Kehrwert der resultierenden **Kapazität in Reihe geschalteter Kondensatoren**

$$\frac{1}{C_g} = \frac{1}{C_1} + \frac{1}{C_2} + \frac{1}{C_3} + \cdots . \tag{3.61}$$

Beispiel 3.9. In einem Plattenkondensator entsprechend Bild 3.30 besteht das Dielektrikum aus drei Isolationsschichten der jeweils konstanten Dicke $a_1 = 2$ mm, $a_2 = 3$ mm, $a_3 = 3$ mm und den Dielektrizitätszahlen $\varepsilon_{r1} = 3$, $\varepsilon_{r2} = 1$ (Luft), $\varepsilon_{r3} = 9$. Die sich parallel gegenüberliegenden Elektroden A_1 und A_2 haben die gleiche Fläche $A_1 = A_2 = A = 0,1$ m². Für den gegebenen Kondensator sind die Kapazität C und für den Fall, daß der Kondensator an die Spannung $U = 10$ kV gelegt wird, die gespeicherte Ladung Q, die Verschiebungsdichte D, die elektrische Feldstärke E sowie die Spannungsverteilung auf die drei Isolierschichten zu berechnen.

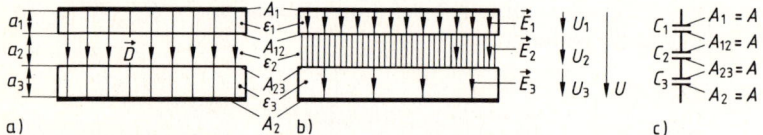

3.30 Plattenkondensator mit geschichtetem Dielektrikum (s. Beispiel 3.9)
  a) Feldlinienbild der elektrischen Flußdichte $\vec{D}$,
  b) Feldlinienbild der elektrischen Feldstärke $\vec{E}$

Die Trennflächen A_{12} und A_{23} zwischen den Dielektrika verlaufen parallel zu den Elektrodenflächen und damit senkrecht zu dem sich zwischen den parallel liegenden ebenen Elektroden ausbildenden elektrischen Feld. Sie liegen also in den Äquipotentialflächen des E-Feldes. Man könnte sich somit eine dünne Metallfolie in den Trennflächen A_{12} und A_{23} vorstellen (wodurch der Feldverlauf nicht gestört würde) und die Anordnung als eine Reihenschaltung von drei Plattenkondensatoren (s. Bild 3.30c) ansehen, deren jeweilige Kapazität nach Gl. (3.56) berechnet werden kann.

$$C_1 = A\varepsilon_0\varepsilon_{r1}/a_1 = (0,1 \text{ m}^2 \cdot 3 \cdot 8{,}854 \text{ pF/m})/(2 \text{ mm}) = 1{,}330 \text{ nF},$$

$$C_2 = A\varepsilon_0\varepsilon_{r2}/a_2 = (0,1 \text{ m}^2 \cdot 1 \cdot 8{,}854 \text{ pF/m})/(3 \text{ mm}) = 0{,}295 \text{ nF},$$

$$C_3 = A\varepsilon_0\varepsilon_{r3}/a_3 = (0,1 \text{ m}^2 \cdot 9 \cdot 8{,}854 \text{ pF/m})/(3 \text{ mm}) = 2{,}650 \text{ nF}.$$

Aus diesen drei Teilkapazitäten folgt entsprechend Gl. (3.61)

$$1/C = (1/C_1) + (1/C_2) + (1/C_3) = (1{,}33 \text{ nF})^{-1} + (0{,}295 \text{ nF})^{-1} + (2{,}65 \text{ nF})^{-1} = 4{,}5/\text{nF}$$

die resultierende, d.h. die zwischen den gegebenen Plattenelektroden wirksame Kapazität $C = (1/4{,}5)$ nF $= 222$ pF.

Aus einer angeschlossenen Quelle der Spannung $U = 10$ kV nimmt der Plattenkondensator entsprechend Gl. (3.52) die Ladung $Q = CU = 222$ pF $\cdot 10$ kV $= 2{,}22$ µC auf. Diese Ladung Q verteilt sich bei Vernachlässigung der Randverzerrungen gleichmäßig über die Plattenoberfläche, so daß sich zwischen den Plattenelektroden ein homogenes Feld der elektrischen Verschiebungsdichte $\vec{D}$ einstellt (s. Bild 3.30a), deren Betrag $D = Q/A = 2{,}22$ µC/(0,1 m²) $= 22{,}2$ µC/m² sich nach Gl. (3.54) ergibt.

Die Feldlinien der elektrischen Verschiebungsdichte $\vec{D}$ beginnen jeweils auf der Plattenoberfläche mit den positiven Ladungen und enden jeweils auf der Plattenoberfläche mit den negativen Ladungen. Sie treten mit gleicher Dichte (gleichem Abstand) in allen drei Isolierschich-

3.2.5 Zusammenhang zwischen elektrischer Flußdichte und Feldstärke

ten auf (s. Bild **3.**30a). Im Gegensatz zu der allein von der Ladung Q abhängigen elektrischen Verschiebung $\vec{D}$ ist die elektrische Feldstärke $\vec{E}$ auch von den Eigenschaften des Dielektrikums abhängig. Sie ist damit nicht mehr in allen drei Isolierschichten gleich, sondern abhängig von deren Permittivität entsprechend Gl. (3.49). Mit $D/\varepsilon_0 = (22{,}2\ \mu C/m^2)/(8{,}854\ pC/Vm) = 2{,}5$ MV/m ergeben sich die elektrischen Feldstärken

$$E_1 = D/(\varepsilon_0 \varepsilon_{r1}) = (2{,}5\ \text{MV/m})/3 = 834\ \text{kV/m},$$
$$E_2 = D/(\varepsilon_0 \varepsilon_{r2}) = (2{,}5\ \text{MV/m})/1 = 2500\ \text{kV/m},$$
$$E_3 = D/(\varepsilon_0 \varepsilon_{r3}) = (2{,}5\ \text{MV/m})/9 = 278\ \text{kV/m}.$$

Die Feldstärken verhalten sich umgekehrt wie die Dielektrizitätszahlen, d.h., in Luft mit der kleinsten Permittivitätszahl ε_r herrscht die **größte** Feldstärke. Da die elektrische Feldstärke, bei der ein Isolierstoff durchschlägt (**Durchbruchsfeldstärke**), außerdem in Luft mit etwa 30 kV/cm geringer als in den meisten festen oder flüssigen Isolierstoffen ist, müssen **Isolierungen häufig nach den etwa vorhandenen Luftstrecken bemessen werden**, bzw. es müssen **Lufteinschlüsse vermieden** werden, um Hochspannungsisolierungen kleiner Abmessungen zu erhalten.

Die Spannungsverteilung auf die drei Isolierstoffschichten folgt aus Gl. (3.30)

$$U_1 = a_1 E_1 = 2\ \text{mm} \cdot 834\ \text{kV/m} = 1{,}67\ \text{kV},$$
$$U_2 = a_2 E_2 = 3\ \text{mm} \cdot 2500\ \text{kV/m} = 7{,}5\ \text{kV},$$
$$U_3 = a_3 E_3 = 3\ \text{mm} \cdot 278\ \text{kV/m} = 0{,}83\ \text{kV}.$$

3.2.5.4 Verlustleistung im elektrischen Feld. Da alle praktisch eingesetzten Isolierstoffe einen endlichen Widerstand R haben (s. Bild **1.**11), fließt im Dielektrikum zwischen den an die Spannung U angeschlossenen Elektroden auch ein Leitungsstrom I_R. Dieser verursacht eine in Wärme umgewandelte Verlustleistung $V_R = U I_R$, die besonders bei schlechteren Isolatoren eine Erwärmung des Isolierstoffs zur Folge haben kann.

Weiter fließt ein Strom I_F über die Oberfläche von Isolatoren, der besonders bei verschmutzter und feuchter Oberfläche merkliche Werte annehmen kann. Die Verlustleistung in einem solchen **Oberflächenwiderstand** R_F ist $V_F = I_F^2 R_F = I_F U$, wenn U die an dem Oberflächenwiderstand liegende Spannung ist.

Eine dritte Art von Verlusten tritt im Dielektrikum eines Kondensators auf, wenn dieser an eine Wechselspannung angeschlossen wird. Die Wechselspannung erzwingt eine fortwährende Umladung, d.h. Umpolung der Elektroden, des Kondensators, wodurch sich wiederum die Richtung der elektrischen Feldstärke in dem Dielektrikum fortwährend umkehrt. Damit kehren sich gleichermaßen die Richtungen der Kräfte auf die elementaren Ladungsträger des Dielektrikums und der dadurch hervorgerufenen molekularen Verzerrungszustände um. Die dabei irreversibel in Wärme umgeformte Energie bezeichnet man als **dielektrische Verluste** V_d. Ihr Betrag ist abhängig von der Frequenz f, mit der die Umladung des Kondensators erfolgt, der Kapazität C des Kondensators, der angelegten Spannung U und einem vom Material des Dielektrikums abhängigen **Verlustfaktor** $\tan \delta$. Der Verlustfaktor $\tan \delta$ ist selbst auch von der Frequenz f der Umpolarisierung abhängig. Er ist in Tafel **3.**31 für einige Isolierstoffe angegeben.

3.2 Elektrisches Feld in Nichtleitern

Tafel 3.31 Verlustfaktor $10^3 \cdot \tan\delta$ von Isolierstoffen

Isolierstoff	bei 50 Hz	bei 1 kHz	bei 1 MHz
Calan, Calit, Frequenta	–	0,5 bis 1,0	0,4 bis 1,0
Condensa, Kerafar	–	30 bis 50	0,3 bis 0,5
Glimmer	0,3	0,1	0,17
Hartpapier	4 bis 6	25 bis 100	20 bis 50
Papier, imprägniert	5 bis 10	1,5 bis 10	30 bis 60
Phenolharz	50 bis 100	30 bis 100	10 bis 30
Polystyrol	–	2,5	0,4 bis 2
Polyvinylchlorid (PVC), hart	20	15 bis 20	15
Polyvinylchlorid, weich	100 bis 150	100 bis 150	100
Porzellan	17 bis 25	10 bis 20	6 bis 12
Quarz	–	0,1	0,1

Wird ein Kondensator an eine Sinusspannung U (s. Abschn. 6.2.3) gelegt, stellt sich ein Sinusstrom I ein, der gegenüber dieser Spannung um den Winkel φ nahe $\pi/2$ phasenverschoben ist (s. Abschn. 6.2.3). Für diesen Fall ist der in dem Verlustfaktor $\tan\delta$ auftretende Verlustwinkel $\delta = \pi/2 - \varphi$, und es kann die **dielektrische Verlustleistung**

$$V_d = 2\pi f C U^2 \tan\delta \tag{3.62}$$

berechnet werden. Durch dielektrische Verluste können sich Isolierstoffe besonders bei großen Feldstärken und/oder Frequenzen merklich erwärmen, was zwar i. allg. unerwünscht ist, in der Elektrowärmetechnik und Medizin aber auch genutzt wird.

3.2.6 Energie und Kräfte im elektrischen Feld

Im elektrischen Feld wirken Kräfte nicht nur unmittelbar auf elektrische Ladungen, sondern auch auf Grenzflächen zwischen Stoffen unterschiedlicher Permittivität. Durch entsprechende Verschiebung der Ladung oder der Grenzflächen und damit der auf sie wirkenden Kräfte wird mechanische Energie reversibel in Feldenergie umgeformt, woraus abzuleiten ist, daß dem elektrischen Feld die Eigenschaften eines reversiblen Energiespeichers zukommen.

3.2.6.1 Gespeicherte Energie im elektrischen Feld. Wie in Abschn. 3.2.1 anhand des Bildes 3.16 erläutert ist, wird im elektrischen Feld auf eine Ladung Q entsprechend Gl. (3.27) die Kraft $\vec{F} = \vec{E}Q$ ausgeübt. Bewegt sich eine Ladung infolge dieser Kraft über eine Strecke l, z.B. in Bild 3.16 von 1 nach 2, so wird dabei elektrische Feldenergie in mechanische Energie umgeformt, die sich nach den Gesetzen der Mechanik [9] als Wegintegral des Skalarproduktes aus Kraft- und Wegvektor ergibt $\left(w_{\text{mech}} = \int_l \vec{F}_{\text{mech}} \cdot d\vec{l}\right)$. Wird durch eine äußere eingeprägte Kraft $\vec{F}_{\text{mech}} = -\vec{E}Q$ eine Ladung gegen die elektrische Feldkraft $\vec{E}Q$ bewegt, so wird die dafür aufzubringende mechanische Energie in elektrische Feldenergie

3.2.6 Energie und Kräfte im elektrischen Feld

umgeformt. Ersetzt man in dem Wegintegral die Kraft $\vec{F}$ entsprechend Gl. (3.27) durch das Produkt aus Feldstärke $\vec{E}$ und Ladung Q, so ergibt sich die mit dem elektrischen Feld in Wechselwirkung stehende Energie

$$W_e = \int_l \vec{F} \cdot d\vec{l} = Q \int_l \vec{E} \cdot d\vec{l} = QU. \tag{3.63}$$

Wird also eine Ladung Q im elektrischen Feld auf einem beliebigen Weg l zwischen zwei Punkten *1* und *2* verschoben, so tritt dabei eine Energieumformung auf, die auch als Produkt aus der Ladung Q und der Spannung U_{12}, die über den Verschiebungsweg zwischen den Punkten *1* und *2* wirksam ist, berechnet werden kann (s. Beispiel 3.5).

Mit Gl. (3.63) wird auch die physikalische **Definition der elektrischen Spannung als Energie pro Ladung** $U = W_e/Q$ beschrieben. Entsprechend ist das elektrische Potential eines Feldpunktes physikalisch als Energie pro Ladung definiert, die diesem Feldpunkt gegenüber einem Bezugspunkt zukommt. Gleichzeitig folgt aus Gl. (3.63) die Übereinstimmung der Definition der Spannung als Energie pro Ladung mit der in Abschn. 3.1.3 und 3.1.4 erläuterten Berechnung der Spannung U (bzw. des Potentials φ) als Wegintegral der elektrischen Feldstärke $\vec{E}$.

Die in dem elektrischen Feld zwischen zwei Elektroden insgesamt gespeicherte Energie ist durch die das Feld bestimmenden Größen der Ladung Q auf und der Spannung U zwischen den Elektroden bestimmt. Zur Erläuterung wird der Kondensator in Bild **3**.32 betrachtet, dem Energie über eingeprägte mechanische Kräfte zugeführt werden soll. Infolge einer solchen eingeprägten Kraft $\vec{F}_{mech}$ wird eine infinitesimal kleine positive Ladung dQ entgegen der Feldkraft $\vec{F}_e$ von der negativen Kondensatorplatte *2* auf die positive Platte *1* entlang einer Feldlinie $\vec{E}$ verschoben. Damit ist die Ladung beider Elektroden betragsmäßig um dQ, die Spannung zwischen den Elektroden um $dU = dQ/C$ und die Feldenergie um

$$dW_e = \int_2^1 \vec{F}_{mech} d\vec{l}_{21} = \int_1^2 \vec{F}_e d\vec{l}_{12} = dQ \int_1^2 E\, dl = U\, dQ = (Q/C)\, dQ$$

vergrößert. Denkt man sich den Vorgang – mit ungeladenem Kondensator beginnend – hinreichend oft wiederholt, so erhält man die **Energie des geladenen Kondensators**

$$W_e = \int_0^Q (Q/C)\, dQ = Q^2/(2C) = CU^2/2 = QU/2. \tag{3.64}$$

Praktisch wird die mit der Ladungstrennung verbundene Energie i. allg. nicht mechanisch über eine Ladungsbewegung entgegen den Feldkräften im Feldraum zugeführt, sondern elektrisch über den Strom einer außen angeschlossenen Spannungsquelle.

Insbesondere bei inhomogenen Feldern interessiert neben der gesamten über die Spannung U und die Ladung Q beschriebenen Energie in einem Feldraum noch deren räumliche Verteilung. Um diese zu beschreiben, ist die auf das Volumen bezogene Energie, die **Energiedichte**, als eine weitere Größe definiert, die aus den Feldvektoren berechnet werden kann, wie die folgende Betrachtung zeigt.

3.2 Elektrisches Feld in Nichtleitern

Das in Bild **3.**32 dargestellte Feld des Plattenkondensators kann unter Vernachlässigung der Randverzerrung als homogen aufgefaßt werden. Dann lassen sich in Gl. (3.64) die Ladung Q bzw. die Spannung U entsprechend Gl. (3.54) bzw. Gl. (3.55) ersetzen, und man bekommt die Energie

$$W_e = DEAa/2 = DEV/2 \tag{3.65}$$

des Feldraumes V eines Kondensators. Diese auf das Volumen $V = Aa$ bezogen, ergibt die **Energiedichte**

$$w_e = W_e/V = DE/2 = \vec{D} \cdot \vec{E}/2 \,. \tag{3.66}$$

In Gl. (3.66) ist das algebraische Produkt der Beträge DE durch das Skalarprodukt $\vec{D} \cdot \vec{E}$ ersetzt. Beide Schreibweisen sind gleichberechtigt, sofern die Vektoren der elektrischen Feldstärke $\vec{E}$ parallel zu den Vektoren der elektrischen Flußdichte $\vec{D}$ liegen ($\vec{D} \cdot \vec{E} = DE\cos 0 = DE$), wie in den hier betrachteten Feldern vorausgesetzt.

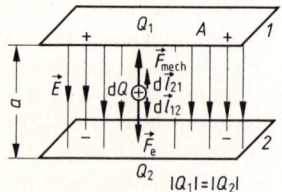

3.32 Kräfte auf Ladung dQ im homogenen Feld eines Plattenkondensators

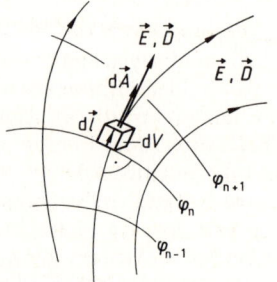

3.33 Zur Berechnung der Energie im inhomogenen elektrischen Feld nach Gl. (3.65)

Den Feldraum inhomogener Felder kann man sich analog den Erläuterungen für das Strömungsfeld in Bild **3.**15 in infinitesimal kleine Volumenelemente $dV = dl\,dA$ unterteilt vorstellen, in denen das Feld immer homogen angenommen werden kann. Liegen die Längen dl dieser würfelförmigen Volumenelemente parallel zu den E-Feldlinien, stellen die Flächen dA Äquipotentialflächen dar (s. Bild **3.**33). Damit kann man sich diese Würfel als Kondensatoren vorstellen mit der Ladung d$Q = D\,dA$ und der Spannung d$U = E\,dl$. Werden auf diese Elementarkondensatoren die obigen Erläuterungen übertragen, so gilt Gl. (3.66) entsprechend, und man bekommt den allgemeinen Ausdruck für die in beliebigen Punkten homogener oder inhomogener elektrischer Felder gespeicherte Energiedichte

$$w_e = dW_e/dV = \vec{D} \cdot \vec{E}/2 = \varepsilon \vec{E}^2/2 = \vec{D}^2/(2\varepsilon) \,. \tag{3.67}$$

In Gl. (3.67) sind die Größen $\vec{D}$ bzw. $\vec{E}$ jeweils entsprechend Gl. (3.49) ersetzt. Integriert man diese Energiedichte über ein bestimmtes Feldvolumen V, so bekommt man die gesamte in diesem Volumen gespeicherte Feldenergie

$$W_e = \frac{1}{2} \int_V \vec{E} \cdot \vec{D}\,dV \,. \tag{3.68}$$

3.2.6 Energie und Kräfte im elektrischen Feld

Beispiel 3.10. Kurzzeitig fließende große Ströme, wie sie beispielsweise beim Impulselektroschweißen oder in Blitzlichtleuchten auftreten, können durch Kondensatorentladungen erreicht werden.

Auf welche Spannung muß ein Kondensator der Kapazität $C = 2000$ µF aufgeladen werden, damit bei seiner Entladung die elektrische Energie $W_e = 20$ kWs umgeformt werden kann? Welcher mittlere Strom I_{mi} fließt, wenn die Entladung in der Zeit $t = 10$ ms erfolgt?

Soll die geforderte elektrische Energie durch die vollständige Entladung des Kondensators auf $U_e = 0$ entnommen werden, kann entsprechend Gl. (3.64) die zu Beginn der Entladung erforderliche Kondensatorspannung $U_a = \sqrt{2 W_e / C} = \sqrt{2 \cdot 20 \text{ kWs}/(2000 \text{ µF})} \approx 4,5$ kV berechnet werden.

Die bei dieser Spannung von dem Kondensator gespeicherte Ladung beträgt nach Gl. (3.52) $Q = CU = 2000$ µF $\cdot 4,5$ kV $= 9$ As, die in der Zeit $t = 10$ ms durch einen mittleren Strom $I_{mi} = Q/t = 9$ As$/(10$ ms$) = 900$ A ausgeglichen wird.

3.2.6.2 Kräfte auf Grenzflächen im elektrischen Feld. Neben den Coulombkräften, die entsprechend Gl. (3.27) direkt auf die elektrischen Ladungen wirken und über diese berechnet werden können, sind im elektrischen Feld auch Kraftwirkungen an Grenzflächen zwischen Bereichen unterschiedlicher Permittivität zu beobachten. Diese Kräfte lassen sich aus den Wechselwirkungen zwischen elektrischen Ladungen bzw. zwischen Feldern und Ladungen unmittelbar nur erklären, wenn man die Polarisation der Dielektrika, also die mikrokosmischen Elementarladungen, in die Betrachtung einbezieht, wodurch die quantitative Bestimmung der Kräfte jedoch äußerst kompliziert wird.

Einfacher ist die Berechnung der Kräfte aus dem Energieerhaltungssatz. Man betrachtet dazu eine gedachte, infinitesimal kleine (virtuelle) Verschiebung $d\vec{l}$ einer Grenzfläche zwischen zwei Dielektrika der Permittivität ε_1 bzw. ε_2 (s. Bild **3.34**). Erfolgt diese Verschiebung in einem als abgeschlossen anzusehenden System (dem System wird von außen keine Energie zugeführt oder entzogen), so ändert sich dabei der Energieinhalt des Systems nicht. Nimmt man eine auf die Grenzfläche in Richtung der Verschiebung $d\vec{l}$ wirkende Kraft $\vec{F}$ an, so folgt daraus bei der Verschiebung eine mechanische Energie $dW_{\text{mech}} = \vec{F} d\vec{l}$. Um einen gleich großen Betrag $dW_e = dW_{\text{mech}}$ muß sich bei der Verschiebung die elektrische Feldenergie W_e des Feldraumes ändern, wenn keine weiteren Energiebeiträge, wie z.B. Verluste oder Ladungsänderungen, in der für die Verschiebung aufzustellende Energiebilanz zu berücksichtigen sind. Durch Gleichsetzen der Beträge von mechanischer Energie und Feldenergie

$$dW_{\text{mech}} = F dl = dW_e \quad (3.69)$$

bekommt man die in der angenommenen Verschiebungslinie wirksame Kraft ($\vec{F}$ parallel zu $d\vec{l}$)

$$F = dW_e/dl. \quad (3.70)$$

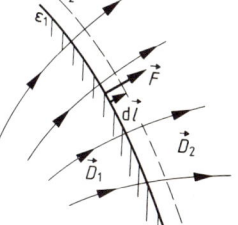

3.34 Virtuelle Verschiebung einer Grenzfläche um $d\vec{l}$ zwischen unterschiedlichen Dielektrika

3.2 Elektrisches Feld in Nichtleitern

Die Wirkungsrichtung der Kraftwirkung kann bei übersichtlichen Systemen anschaulich aus der Energiebilanz abgeleitet werden.

Wird z. B. ein Plattenkondensator nach Bild 3.32 auf die Ladung Q aufgeladen und klemmt man dann die Spannungsquelle ab, so verbleibt bei einer angenommenen Verringerung des Plattenabstandes (Verschiebung der Grenzfläche zwischen Elektrode und Dielektrikum) um da die Ladung Q auf den Platten konstant. Dagegen wird die in dem Kondensator gespeicherte Feldenergie $W_e = Q^2/(2C)$ [s. Gl. (3.64)] kleiner, da durch die Verschiebung der Platten die Kapazität $C = \varepsilon A_{Pl}/a$ infolge des um da verringerten Abstandes größer wird. Der Verkleinerung der Feldenergie dW_e muß eine mechanische Energie d$W_{mech} = F\mathrm{d}l$ entsprechen, der nach Gl. (3.70) die Kraft

$$F = \mathrm{d}W_e/\mathrm{d}l = \mathrm{d}[Q^2 a/(2\varepsilon A_{Pl})]/\mathrm{d}a = Q^2/(2\varepsilon A_{Pl}) \tag{3.71}$$

entspricht. Diese Kraft wirkt in Richtung der Verkleinerung des Plattenabstandes, da dabei die Feldenergie verkleinert, d.h. in mechanische Energie $F\mathrm{d}l$ umgeformt wird. Die Platten ziehen sich also an, was durch die Erfahrung bestätigt wird.

In nicht als abgeschlossen anzusehenden Systemen ist die Bestimmung der Kraft aus der Energiebilanz nicht mehr so einfach möglich, wie im vorstehenden Beispiel gezeigt ist. Wird beispielsweise bei einem an eine konstante Spannung angeschlossenen Kondensator eine virtuelle Verringerung da des Plattenabstandes angenommen, so erhöht sich dabei die gespeicherte Feldenergie $W_e = U^2 C/2$ entsprechend der Vergrößerung der Kapazität C. Trotzdem wirkt auch hier die Kraft in Richtung der Verkleinerung des Plattenabstandes. In diesem Fall werden die bei der Plattenverschiebung auftretende mechanische Energie und die Vergrößerung der im Kondensator gespeicherten Feldenergie als elektrische Energie aus der Spannungsquelle zugeführt, an die der Kondensator angeschlossen ist – wenn $U = $ const angenommen wird, angeschlossen sein muß.

4 Magnetisches Feld

Das magnetische Feld wird als ein eigenständiger Raumzustand betrachtet, der von bewegten elektrischen Ladungen verursacht wird und der sich seinerseits wiederum in Kraftwirkungen auf bewegte elektrische Ladungen auswirkt. Man kann somit das magnetische Feld als eine Art Zwischenträger ansehen, über den sich die zwischen bewegten elektrischen Ladungen auftretenden Kraftwirkungen, auf die letztlich auch die Spannungsinduktion zurückgeführt werden kann, zweckmäßig und anschaulich beschreiben lassen.

4.1 Beschreibung und Berechnung des magnetischen Feldes

Trotz der Vielfalt der heute verwendeten technischen Werkstoffe genügt es, im Rahmen praktischer Rechnungen diese hinsichtlich ihrer magnetischen Eigenschaften in nur zwei Gruppen einzuteilen. Die **magnetisch neutralen Stoffe** wie Luft, Wasser, Nichteisenmetalle, Kunststoffe usw. dürfen bei der praktischen Berechnung magnetischer Felder wie Vakuum behandelt werden. Dagegen zeigen die **ferromagnetischen Stoffe** ein extrem „verstärkendes", aber **nichtlineares Magnetisierungsverhalten**. Wegen der herausragenden praktischen Bedeutung der ferromagnetischen Werkstoffe werden ihre magnetischen Eigenschaften ausführlich in Abschn. 4.2 behandelt, im Abschn. 4.1 aber im Rahmen der allgemeinen Darstellung nur gestreift.

4.1.1 Wesen und Darstellung des magnetischen Feldes

4.1.1.1 Wirkungen und Ursachen des magnetischen Feldes. Das magnetische Feld äußert sich ähnlich wie das Gravitationsfeld oder das elektrische Feld (s. Abschn. 3.2.1) in Kraftwirkungen. Besonders auffällig sind diese an Eisenteilen in der Nähe von Naturmagneten oder stromdurchflossenen Leitern. Neben solchen direkt zu beobachtenden äußeren Kräften bewirkt das magnetische Feld auch noch Kräfte im Inneren von elektrischen Leitern. Diese nicht direkt als mechanische Kräfte meßbaren Wirkungen verursachen Ladungstrennungen, die als elektrische Spannungen in Erscheinung treten. Üblicherweise werden sie als Induktionsvorgang beschrieben, d. h., das magnetische Feld induziert elektrische Spannungen. Man unterscheidet also zwei Wirkungen des magnetischen Feldes, die Kraftwirkungen, die in Abschn. 4.3.2, und die Induktionswirkungen, die in Abschn. 4.3.1 erläutert sind. Die Auffassung des Induktionsvorganges als einer eigenständigen Wirkung des ma-

144   4.1 Beschreibung und Berechnung des magnetischen Feldes

gnetischen Feldes kann auch die Vorstellung von der Verknüpfung zwischen dem magnetischen Feld und dem von diesen verursachten elektrischen Feld erleichtern (s. Abschn. 4.3.1.3).

Alle hier beschriebenen Wirkungen können gleichermaßen in der Umgebung elektrischer Ströme als auch in der von Naturmagneten beobachtet werden. Man nimmt nach dem heutigen Kenntnisstand die Elektronenbewegung oder allgemeiner die Bewegung elektrischer Ladungen als die primäre Ursache magnetischer Erscheinungen an. In Naturmagneten handelt es sich um die Eigenbewegung der Ladungsträger im atomaren Verband, bei fließenden Strömen um die durch eingeprägte Kräfte (Spannung) angetriebene, makroskopisch meßbare (z. B. mit einem Strommesser) Bewegung freier Ladungsträger (freie Elektronen im Leiter).

4.1.1.2 Feldbilder und Feldlinien. Da das magnetische Feld sich in Kraftwirkungen äußert, muß es wie diese auch einen Richtungscharakter haben, d.h., es muß für jeden Punkt des Raumes nicht nur eine bestimmte Intensität, sondern auch eine bestimmte Richtung angegeben werden. Daher muß das magnetische Feld mit Hilfe von Vektoren, d.h. als Vektorfeld, beschrieben werden.

Den Richtungscharakter kann man experimentell sehr anschaulich darstellen, indem man kleine längliche Eisenteilchen etwa in Form von Eisenfeilspänen oder kleinen Magnetnadeln in ein Magnetfeld, z.B. in die Umgebung eines stromdurchflossenen Leiters, bringt.

Die Eisenteilchen stellen sich durch die auf sie wirkenden mechanischen Kräfte in die Wirkungsrichtung des magnetischen Feldes ein, wie Bild 4.1 zeigt, in dem auf ein Kartonblatt gestreute Eisenfeilspäne in der Umgebung einfacher Leiteranordnungen dargestellt sind. In Bild 4.1a tritt der Leiter in der Mitte senkrecht durch das Kartonblatt hindurch. Bild 4.1b zeigt ein Kartonblatt, welches durch den Durchmesser eines vom Strom durchflossenen Drahtringes senkrecht zur Ringebene gelegt ist.

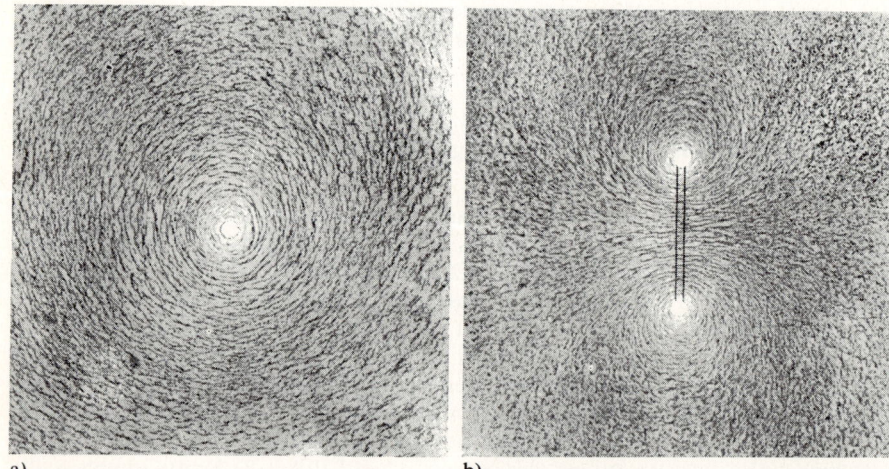

a)   b)

4.1 Mit Hilfe von Eisenfeilspänen dargestelltes magnetisches Feld eines stromdurchflossenen geraden Leiters (a) und einer stromdurchflossenen Windung (b)

4.1.1 Wesen und Darstellung des magnetischen Feldes

Ähnlich anschaulich wie die experimentell aufgenommenen Bilder mit Eisenfeilspänen sind die aus analytischen Überlegungen und Rechnungen gewonnenen Feldlinienbilder (s. Abschn. 3.1.1), wie sie z. B. in den Bildern 4.2 bis 4.4 wiedergegeben sind. Es darf dabei aber nicht übersehen werden, daß diese Liniendarstellung nur die anschauliche Wiedergabe einer Modellvorstellung für das kontinuierlich den Raum durchsetzende, in seinem physikalischen Wesen nicht weiter zu erklärende magnetische Feld ist. Es darf den Feldlinien also keinerlei körperliche Existenz beigemessen werden.

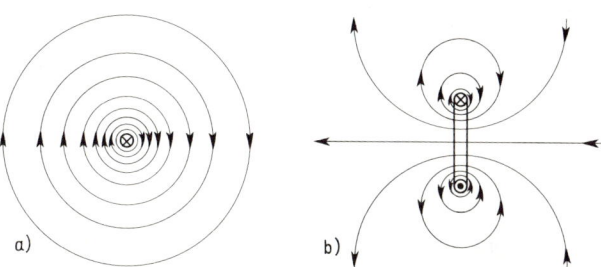

4.2 Feldlinienbilder eines stromdurchflossenen geraden Leiters (a) und einer stromdurchflossenen Windung (b), jeweils senkrecht zum Leiter bzw. zur Windungsebene

Für die Felder des geraden Leiters und der Windung entsprechend Bild 4.1 sind die zugehörigen Feldlinienbilder in Bild 4.2 wiedergegeben. Darin bedeuten die mit Kreuz bzw. Punkt bezeichneten kleinen Kreise die Querschnitte der Leiter mit den in die Bildebene hinein- bzw. herausfließenden Strömen.

In den beiden Feldlinienbildern 4.3 und 4.4 sind die Felder von Spulen mit 3 bzw. vielen Windungen dargestellt. Mit Spulen lassen sich magnetische Felder großer Intensität erzeugen, z. B. in elektrischen Maschinen.

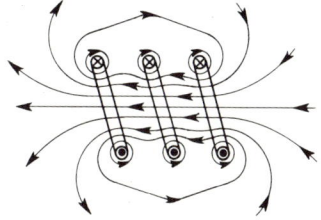

4.3 Feldlinienbild einer Spule mit drei stromdurchflossenen Windungen

4.4
Feldlinienbild einer langen zylindrischen Spule mit eng aneinanderliegenden Windungen (a) (die Schnittflächen des Windungspaketes sind durch Schraffur für Wicklungen angegeben) und eines geometrisch vergleichbaren Naturmagneten (b)

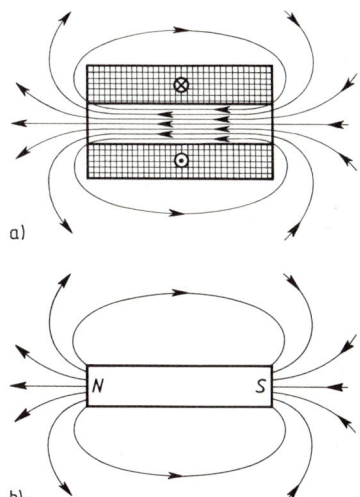

4.1.1.3 Feldrichtung und Polarität. In den Bildern **4.2** bis **4.4** sind an den Feldlinien Richtungspfeile angetragen, ohne daß dieses begründet wurde. Wie häufig bei solchen Angaben ist die Wahl der Richtung zunächst willkürlich, hat dann allerdings Konsequenzen auf die auf ihnen aufbauenden weiteren Gesetzmäßigkeiten. So kann auch die Richtungsfestlegung für das Magnetfeld, die entsprechend den Beschreibungen in Abschn. 4.1.3.2 in den Bildern **4.2** bis **4.4** angegeben ist, lediglich historisch begründet werden.

Die in allen Feldbildern zu erkennende rechtswendige Umschlingung der elektrischen Strömung durch magnetische Feldlinien folgt aus der allgemein für magnetische Felder gültigen Rechtsschrauben- oder auch Korkenzieherregel:

Denkt man sich eine Rechtsschraube in der konventionellen Stromrichtung (s. Bild **4.2**a) vorwärts geschraubt, so stimmt die zugehörige Drehrichtung mit der Feldrichtung überein. Oder auch umgekehrt: beim Vorwärtsschrauben in Feldrichtung entspricht die Drehrichtung der Stromrichtung in der felderzeugenden Spule (s. Bild **4.2**b und **4.3**).

Zur Kennzeichnung der Richtung eines Feldes, das von nicht meßbaren Ladungsbewegungen, also z. B. mikrokosmischen Ladungsbewegungen in Naturmagneten, erregt wird, bezeichnet man die Austrittsfläche der Feldlinien als Nordpol und die Eintrittsfläche als Südpol (s. Bild **4.4**b). Diese Bezeichnungen sind ursprünglich über die Kompaßnadel (kleiner Naturmagnet) aus denen der geographischen Pole der Erde abgeleitet. Da sich aber ungleichnamige Magnetpole anziehen, ergibt sich, daß der geographische Nordpol, auf den der Nordpol der Kompaßnadel weist, der magnetische Südpol der Erde ist und umgekehrt. Auch bei stromdurchflossenen Spulen, die ja die gleichen magnetischen Wirkungen wie Naturmagnete zeigen, werden die Aus- bzw. Eintrittsflächen häufig als Nord- bzw. Südpol bezeichnet (s. Bild **4.4**).

4.1.2 Vektorielle Feldgrößen des magnetischen Feldes

Die in Abschn. 4.1.1.2 und 4.1.1.3 erläuterten Feldbilder vermitteln einen mehr qualitativen Eindruck darüber, wie sich das magnetische Feld in Richtung und Intensität über den Raum ausbreitet. Quantitativ wird dieses zweckmäßigerweise mit Hilfe von Feldvektoren beschrieben, die für den einzelnen Raumpunkt definiert und als Funktion der Raumkoordinaten – Ortsfunktion – angegeben werden können (s. Abschn. 3.1.1).

4.1.2.1 Induktion (Intensität des magnetischen Feldes). Das magnetische Feld hat an einem bestimmten Punkt eines Raumes eine bestimmte Richtung und eine bestimmte Intensität[1]), die beide durch einen diesem Punkt zugeordneten Feldvektor vollständig beschrieben werden können.

Die Ortsabhängigkeit der Feldrichtung folgt bereits offensichtlich aus Bild **4.1**, das aber darüber hinaus auch noch einen Eindruck von der Ortsabhängigkeit der Intensität des Feldes vermittelt. Beispielsweise ist die Richtungsorientierung der

---

[1]) Hier wird absichtlich das naheliegende Wort „Stärke" vermieden, da man unter der „Feldstärke" nach der historischen Bezeichnung etwas anderes als die hier zunächst für die Wirkung des Feldes maßgebende Intensitätsgröße versteht (s. Abschn. 4.1.2.3).

4.1.2 Vektorielle Feldgrößen des magnetischen Feldes

Eisenfeilspäne in der Nähe des stromdurchflossenen Leiters sehr deutlich, mit zunehmender Entfernung von diesem aber immer weniger ausgeprägt zu erkennen. Mit kleiner werdender Feldintensität werden die Späne in immer geringerem Maße gegen ihre Reibung auf dem Kartonblatt in die Feldrichtung gedreht.

Analog zu den Erläuterungen in Abschn. 3.1.1 ist in den Feldlinienbildern 4.2 bis 4.4 die Ortsabhängigkeit der Feldintensität dadurch zum Ausdruck gebracht, daß der Abstand zwischen den einzelnen Feldlinien jeweils umgekehrt proportional der Stärke des Feldes (Betrag des Feldvektors) in diesem Gebiet gewählt ist. Die Dichte der Feldlinien ist also ein Maß für die Intensität des Feldes. Da man beliebig viele Feldlinien zeichnen kann, ist zu beachten, daß der Abstand aber kein absoluter, sondern nur ein relativer Maßstab ist.

Für die mathematisch exakte Beschreibung der Feldintensität nach Betrag und Richtung ist eine Vektorgröße festgelegt, die als Induktion bezeichnet und mit dem Größensymbol $\vec{B}$ dargestellt wird. Ihre Definition ist im folgenden anschaulich anhand des Bildes 4.5 erläutert.

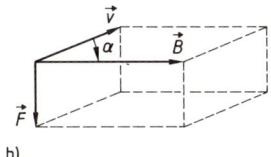

4.5
Richtungsdefinition
für die Induktion $\vec{B}$ a)   b)

In der historischen Entwicklung wurde die Richtung des Induktionsvektors $\vec{B}$ so festgelegt, daß er in Längsrichtung eines frei beweglich im Feld angeordneten magnetischen Dipols (z. B. Kompaßnadel) von dessen Süd- zum Nordpol weist (Bild 4.5 a). Der Betrag der Induktion wurde aus dem Drehmoment abgeleitet, mit dem sich der magnetische Dipol in die Feldrichtung einstellt. Heute wird die Induktion unter Beibehaltung der ursprünglichen Richtungsfestlegung aus der Kraftwirkung $\vec{F}$ auf eine mit der Geschwindigkeit $\vec{v}$ im Magnetfeld bewegte elektrische Ladung definiert, wie ebenfalls in Bild 4.5 dargestellt ist. Hat die mit der Geschwindigkeit $\vec{v}$ bewegte Ladung Q eine sehr kleine räumliche Ausdehnung – Punktladung –, so lassen sich für jeden Raumpunkt folgende Feststellungen treffen:

a) Der auf die Ladung Q wirkende Kraftvektor $\vec{F}$ steht immer rechtwinklig auf der Ebene, die durch die Vektoren der Ladungsgeschwindigkeit $\vec{v}$ und der Induktion $\vec{B}$ festgelegt ist.

b) Die Richtung des Kraftvektors $\vec{F}$ auf eine positive Ladung Q weist in die Richtung der Axialbewegung einer Rechtsschraube (Korkenzieher), die man sich so gedreht vorstellt, daß der Geschwindigkeitsvektor $\vec{v}$ auf kürzestem Weg in die Richtung des Induktionsvektors $\vec{B}$ gelangt.

c) Der Betrag des Kraftvektors $\vec{F}$ ist von dem Betrag der Ladung Q, von den Beträgen des Induktionsvektors $\vec{B}$ und des Geschwindigkeitsvektors $\vec{v}$ und dem Sinus des von diesen beiden Vektoren eingeschlossenen Winkels α abhängig.

$$F = Q v B \sin \alpha \tag{4.1}$$

4.1 Beschreibung und Berechnung des magnetischen Feldes

Die in a) bis c) beschriebenen experimentellen Beobachtungen bzw. Festlegungen lassen sich mathematisch mit Hilfe eines Vektorproduktes

$$\vec{F} = Q(\vec{v} \times \vec{B}) \tag{4.2}$$

zusammenfassen. Diese im Magnetfeld auf bewegte Ladungen ausgeübte Kraft wird als **Lorentzkraft** bezeichnet, während die vom elektrischen Feld ausgeübte **Coulombkraft** auch auf ruhende Ladungen wirkt (s. Abschn. 3.2.1 und 4.3.1.1).

Beispiel 4.1. Ein heute häufig verwendeter Sensor zur praktischen Messung der Induktion $\vec{B}$ ist der **Hall-Generator** (s. Abschn. 5.2.8.1). Dieser besteht entsprechend Bild **4.6**a aus einem flachen Halbleiter der Dicke d und der Breite b, der von einem Steuerstrom I durchflossen wird. Quer zur Richtung des Steuerstromes I kann über die Breite b des Halbleiters die **Hall-Spannung** U_H abgegriffen werden. Es ist zu erläutern, daß das Meßprinzip des Hall-Generators direkt durch die Definitionsgleichung für die Induktion $\vec{B}$ Gl. (4.2) beschrieben werden kann.

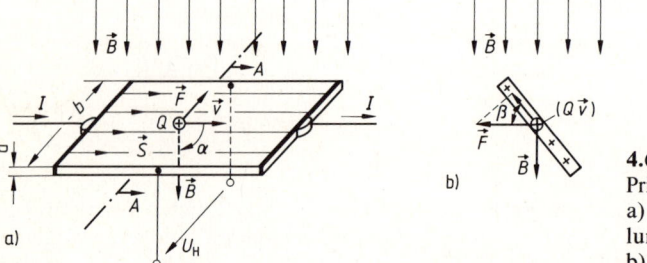

4.6
Prinzip des Hall-Generators
a) perspektivische Darstellung der Halbleiterplatte
b) Querschnitt $A-A$

Ohne Einwirkung eines Magnetfeldes verteilt sich der Strom I homogen über den Querschnitt bd des Halbleiters, so daß sich nach Gl. (3.2) eine Stromdichte $S = I/(bd)$ einstellt, der nach Gl. (3.1) die Strömungsgeschwindigkeit $\vec{v} = \vec{S}/(ne)$ der Ladung in Längsrichtung des Halbleiters entspricht. Wird der Hall-Generator in ein Magnetfeld gebracht, so wirken auf die strömenden Ladungen Kräfte $\vec{F}$ entsprechend Gl. (4.2), die die Ladungen Q senkrecht zu ihrer Geschwindigkeit $\vec{v}$ an den Rand des Halbleiters drängen. Es stellt sich somit senkrecht zur Längsrichtung ein Ladungsunterschied ein, dem eine Spannung U_H entspricht, die gemessen werden kann und die bei konstantem Steuerstrom I – konstante Ladungsgeschwindigkeit $v = I/(bdne)$ – ein Maß für die Induktion B ist.

Nach Gl. (4.2) ist die Kraftwirkung und damit die Hall-Spannung U_H nicht nur von dem Betrag der Induktion B, sondern auch von deren Richtung zur Geschwindigkeitsrichtung der Ladung abhängig. Ordnet man den Hall-Generator so an, daß seine Längsachse und damit der Vektor der Ladungsgeschwindigkeit $\vec{v}$ in der Induktionsrichtung $\vec{B}$ liegt ($\alpha = 0$ oder $\alpha = \pi$), so ist nach Gl. (4.2) die Kraft auf die Ladung $\vec{F} = Q(\vec{v} \times \vec{B}) = Q v B \sin \alpha = 0$ und damit auch die Hall-Spannung U_H Null. Liegt der Hall-Generator mit seiner Längsachse senkrecht zur Induktion ($\alpha = \pi/2$ oder $\alpha = 3\pi/2$), so steht der Kraftvektor $\vec{F}$ mit maximalem Betrag $Q(\vec{v} \times \vec{B}) = Q v B$ senkrecht auf der Ebene, die durch die Ladungsgeschwindigkeit $\vec{v}$ in Längsachse des Halbleiters und den Induktionsvektor $\vec{B}$ bestimmt ist (s. Bild **4.6**b). Der Kraftvektor $\vec{F}$ liegt aber nur dann auch in der Halbleiterebene, wenn dieser mit seiner Breite b senkrecht zur Feldrichtung steht. Bei beliebigem Winkel β zwischen der Querachse des Halbleiters und dem Induktionsvektor $\vec{B}$ entsprechend Bild **4.6**b bewirkt nur die Komponente $F \cos \beta$, die in der Halbleiterebene liegt, die Ladungstrennung quer zur Längsachse und damit die Hall-Spannung U_H über die Breite b des Halbleiters.

4.1.2 Vektorielle Feldgrößen des magnetischen Feldes

Soll die Induktion $\vec{B}$ an einem beliebigen Ort bestimmt werden, so wird der Hall-Generator an diesen Ort gebracht, um Längs- und Querachse gedreht so eingestellt, daß sich die maximale Hall-Spannung U_H ergibt. Damit ist die Wirkungslinie des Induktionsvektors $\vec{B}$ entsprechend Gl. (4.2) senkrecht zur Fläche des Hall-Generators festgestellt ($\alpha = \beta = \pi/2$ oder $3\pi/2$). Die Richtung und der Betrag des Induktionsvektors können nach den Erläuterungen in Abschn. 4.3.1.1 aus Richtung und Betrag der Hall-Spannung U_H bestimmt werden.

4.1.2.2 Durchflutung, Zusammenhang zwischen Feldgrößen und erregendem Strom.
Zur Ableitung der wesentlichen weiteren Größen des magnetischen Feldes betrachten wir zunächst nur Felder, bei denen im ganzen Feldraum die Induktion B praktisch parallel verläuft und den gleichen Betrag hat. Solche Felder treten z. B. in Toroid- oder **Kreisringspulen** nach Bild **4.7** mit konstantem innerem Spulenquerschnitt A_q auf, wenn der Durchmesser d_q des Spulenquerschnittes vergleichsweise klein gegenüber dem Durchmesser d_R der Ringspule ist. Bei den in Bild **4.7** dargestellten Spulen sollen diese Bedingungen hinreichend erfüllt sein, so daß die Induktion B innerhalb jeder Spule als überall gleich groß vorausgesetzt werden kann.

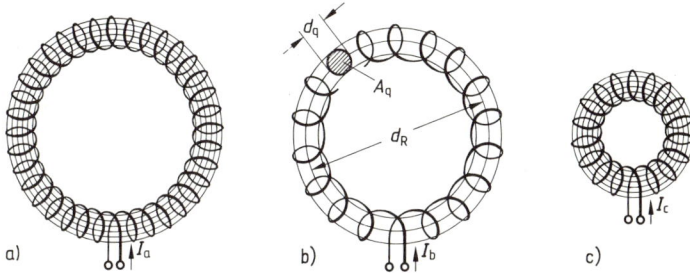

4.7 Kreisringspulen mit gleichem Spulenquerschnitt A_q, aber unterschiedlichem Ringdurchmesser d_R und Windungszahlen N
a) und b) gleicher Durchmesser d_R der Ringspule, c) halb so großer Durchmesser der Ringspule wie bei a), a) Windungszahl $N = 36$, b) und c) halbe Windungszahl von a), a) und c) gleich große Induktion, doppelt so groß wie bei b) bei gleich großen Strömen $I_a = I_b = I_c$

Um die Abhängigkeit des magnetischen Feldes von Strom, Windungszahl und geometrischen Abmessungen zu zeigen, seien die in Bild **4.7** dargestellten drei Ringspulen betrachtet, die sich in Windungszahl und Abmessungen unterscheiden. Es läßt sich experimentell feststellen, daß in allen drei Fällen die Induktion B im Inneren der Ringspule proportional dem Produkt aus Spulenstrom I und Windungszahl N, aber umgekehrt proportional der Spulenlänge $l = d_R \pi$ ist.

$$B \sim NI/l \tag{4.3}$$

Bei gleichem Spulenstrom I erhält man z. B. mit den in Bild **4.7** gewählten Werten für die Spule in Teilbild b eine halb so große, in Teilbild c eine gleich große Induktion wie in Teilbild a, was durch die unterschiedliche Zahl von 6 bzw. 3 eingezeichneten Feldlinien angedeutet ist.

Weiter wird der Zusammenhang zwischen Strom (Ursache) und Induktion (Wirkung) wie bei den meisten physikalischen Vorgängen durch den Werkstoff im Feldraum beeinflußt. Die Erfahrung lehrt, daß insbesondere Eisen bei sonst gleichen Verhältnissen eine extrem verstärkende Wirkung auf Magnetfelder ausübt, wie in Abschn. 4.2 gezeigt ist. Diese das Magnetfeld verstärkenden – bei wenigen Materialien auch vermindernden – Wirkungen werden aus Zweckmäßigkeitsgründen über einen Faktor berücksichtigt, der als Permeabilität μ bezeichnet wird. Man kann damit die Proportion in Gl. (4.3) in die Gleichung

$$B = \mu \cdot NI/l \tag{4.4}$$

überführen.

Von großer praktischer Bedeutung ist die Erkenntnis, daß für die Erregung eines Magnetfeldes das Produkt NI aus Windungszahl und Strom maßgebend ist, daß also mit kleinen Strömen und großen Windungszahlen gleiche Wirkungen erzielt werden wie mit großen Strömen und kleinen Windungszahlen. Man hat daher für dieses Produkt, welches die Stromsumme angibt, die von dem Feld umschlungen wird bzw. die die geschlossenen Feldlinien durchströmt, die Durchflutung

$$\Theta = NI \tag{4.5}$$

als eine eigene Größe definiert, die in der Einheit A angegeben wird. Durch Variieren von Strom I und Windungszahl N ergibt sich eine Möglichkeit, Magnetspulen an bestimmte Spannungen anzupassen.

Nicht immer stellt sich nun die Durchflutung in einer so konzentrierten und leicht erfaßbaren Art dar wie bei der hier betrachteten Ringspule. Z. B. können Leiteranordnungen mit verschiedenen Strömen oder inhomogene Strömungsfelder (s. Abschn. 3.1.2) auftreten. Man muß daher unabhängig von der Art und der räumlichen Verteilung der elektrischen Strömung die Durchflutung Θ in einer Fläche A als Summe aller in dieser Fläche auftretenden Ströme I bzw. als das Integral der Stromdichte $\vec{S}$ über diese Fläche A berechnen.

$$\Theta = \sum I = \int_A \vec{S} \cdot d\vec{A} . \tag{4.6}$$

Die Durchflutung Θ hat wie der Strom I Richtungscharakter, der durch einen Zählpfeil zum Ausdruck gebracht wird. Wie für den Strom (s. Abschn. 3.1.2) beschreibt auch der Zählpfeil für Θ bei positiven Zahlenwerten die Bewegungsrichtung positiver Ladungen. Damit folgt für die formale Handhabung, daß der Zählpfeil für Θ wie der für den Strom I [s. Gl. (3.5)] in Richtung des Flächenvektors $d\vec{A}$ weisend anzutragen ist. Beispielsweise ist die Durchflutung Θ in der von den Strömen I_1 bis I_4 durchflossenen Fläche A in Bild 4.9 für den eingezeichneten Zählpfeil $\Theta = I_1 - I_2 + I_3 - I_4$.

4.1.2.3 Magnetische Feldstärke (magnetische Erregung). Im ingenieurwissenschaftlichen Bereich ist es üblich, den in Gl. (4.4) hinter der Permeabilität μ stehenden Ausdruck NI/l (für Spulen entsprechend Bild 4.7 die auf die Spulenlänge l bezogene Durchflutung) als die das Feld ursprünglich, d.h. ohne den Materialeinfluß,

4.1.2 Vektorielle Feldgrößen des magnetischen Feldes

bestimmende Feldgröße anzusehen und mit einem eigenen Namen zu belegen. Damit kann die Induktion – Wirkungsgröße des Feldes – als Produkt einer von den Werkstoffeinflüssen unabhängigen zweiten Feldgröße und einer allein dem Werkstoff des Feldraumes eigenen Größe dargestellt werden. Diese die Ursache des Feldes beschreibende Feldgröße wird historisch bedingt als **magnetische Feldstärke** H bezeichnet. In dem speziellen Fall einer Kreisringspule nach Bild **4.**7 wird also in jedem Raumpunkt im Inneren der Ringspule die magnetische Feldstärke mit dem Betrag

$$H = NI/l \tag{4.7}$$

erregt. Aus dieser kann dann mit der jedem Raumpunkt eigenen Permeabilität μ die magnetische Induktion

$$B = \mu H \tag{4.8}$$

des Raumpunktes berechnet werden. Gl. (4.7) gilt allerdings für die Ringspule nur dann, wenn in ihrem Inneren die Permeabilität μ konstant ist.

Mit der Festlegung, daß die Materialeigenschaften durch die **skalare** Größe μ beschrieben werden, folgt aus Gl. (4.8), daß die magnetische Feldstärke H genau wie die Induktion B Vektorcharakter haben muß, d.h. eine gerichtete Größe ist. Der Vektorcharakter der magnetischen Feldstärke H wird auch deutlich, wenn man Gl. (4.7) in die Form

$$Hl = \int_l \vec{H} \cdot d\vec{l} = NI \tag{4.9}$$

umschreibt und die linke Seite als das Integral des skalaren Vektorproduktes des Vektors $\vec{H}$ und des ebenfalls mit einem Richtungscharakter behafteten, d.h. als Vektor zu schreibenden, Wegelementes $d\vec{l}$ entlang der Spulenlänge l auffaßt. In den Beispielen des Bildes **4.**7 konnten diese Vektoreigenschaften nur deshalb außer acht gelassen werden, weil die die Spulenlänge l beschreibende Strecke an allen Stellen parallel zu den Feldlinien für $\vec{B}$ und $\vec{H}$ verläuft, so daß das Integral des Produktes $\vec{H} \cdot d\vec{l}$ auch als algebraisches Produkt Hl geschrieben werden kann. Die Fälle, in denen das Skalarprodukt der Vektoren $(\vec{H} \cdot d\vec{l})$ gebildet werden muß – was i. allg. bei inhomogenen Feldern gegeben ist –, sind in Abschn. 4.1.3.1 erläutert.

Zusammenfassend läßt sich sagen, daß die magnetischen Eigenschaften eines Raumzustandes durch zwei Feldvektoren eindeutig und allgemeingültig beschrieben werden können, die über die skalare Größe **Permeabilität** μ entsprechend

$$\vec{B} = \mu \vec{H} \tag{4.10}$$

miteinander verbunden sind.

Für jeden Punkt des Feldraumes beschreibt der **Vektor der magnetischen Feldstärke** $\vec{H}$ unabhängig von den Materialeigenschaften die **Ursache** des Feldes. Er wird somit allein aus der Summe der Ströme – **Durchflutung** – und der Geometrie des Feldraumes – den **Abmessungen** – berechnet. Aus dem Feldvektor $\vec{H}$ der Ursache ergibt sich dann durch Multiplikation mit der nur von den Materialeigenschaften des Feldraumes abhängigen Permeabilität μ der Feldvektor Induktion $\vec{B}$, der die **Wirkung** des magnetischen Feldes beschreibt.

4.1 Beschreibung und Berechnung des magnetischen Feldes

Nach der heute üblichen Betrachtungsweise ist der Name Feldstärke irreführend, da in ihm die Wirkung des Feldes, z. B. die Kraftwirkung, zum Ausdruck kommt, die aber, wie in Abschn. 4.3 näher gezeigt ist, durch die Induktion beschrieben wird. Es wäre also konsequent, analog zu dem elektrischen Feld, in dem die Wirkungsgröße $\vec{E}$ mit elektrischer Feldstärke bezeichnet wird, auch die Wirkungsgröße $\vec{B}$ des magnetischen Feldes magnetische Feldstärke zu nennen, was in moderner Literatur auch zunehmend geschieht. Die Ursachengröße $\vec{H}$ wird dann magnetische Erregung genannt analog zu der Bezeichnung elektrische Erregung $\vec{D}$ für die Ursachengröße im elektrostatischen Feld. Um für den Anfänger einen leichteren Vergleich mit dem größeren Teil der heute üblichen Literatur zu ermöglichen, soll hier die Bezeichnung Feldstärke für die Ursachen- und Induktion für die Wirkungsgröße beibehalten werden, allerdings unter dem ausdrücklichen Verweis auf die Irreführung der erstgenannten Bezeichnung, sowohl im Hinblick auf die Definition der Größe $\vec{H}$ als auch auf ihre Analogie zur Flußdichte $\vec{D}$ des elektrostatischen Feldes (s. Abschn. 4.4).

4.1.2.4 Einheiten der magnetischen Feldgrößen. In dem hier verwendeten SI-Einheitensystem (s. Abschn. 1.1.2.2 und Anhang 4) ergibt sich die abgeleitete Einheit der magnetischen Feldstärke $\vec{H}$ zu A/m, was auch aus Gl. (4.7) zu erkennen ist. Die abgeleitete Einheit der Induktion B folgt aus ihrer Definition über die Kraftwirkung auf stromdurchflossene Leiter (s. Abschn. 4.3.2.3) oder die Induktionswirkung (s. Abschn. 4.3.1.2) mit Vs/m². Dieser abgeleiteten Einheit ist ein eigener Name – Tesla – mit dem Symbol T zugeordnet.

Mit der abgeleiteten Einheit Volt entsprechend 1 V = 1 W/A = 1 Nm/(As) kann der Zusammenhang zwischen magnetischen, elektrischen und mechanischen Einheiten über die Gleichung

$$1\,\text{T} = 1\,\text{Vs/m}^2 = 1\,\text{Wb/m}^2 = 1\,\text{N/Am} \tag{4.11}$$

aufgezeigt werden. Der letzte Einheitenausdruck in Gl. (4.11) folgt auch unmittelbar aus der Definitionsgleichung für die Induktion entsprechend Gl. (4.2).
Üblicherweise wird die Permeabilität

$$\mu = \mu_r \mu_0 \tag{4.12}$$

in zwei Faktoren aufgespalten, die Permeabilitätszahl oder relative Permeabilität μ_r und die magnetische Feldkonstante μ_0, mit denen Gl. (4.10) in der Form

$$\vec{B} = \mu_r \mu_0 \vec{H} \tag{4.13}$$

geschrieben wird.

Die relative Permeabilität oder Permeabilitätszahl μ_r ist ein reiner Zahlenfaktor, der das Verhältnis der Permeabilität eines bestimmten Stoffes (Luft, Eisen u. a.) zu der des Vakuums angibt. Für Vakuum ist also $\mu_r = 1$. Für das Feldmedium Luft hat μ_r nahezu denselben Wert, nämlich $\mu_r = 1{,}0000004$, so daß bei Feldern in Luft praktisch $\mu_r = 1$ gesetzt werden kann. Die Größe der Permeabilitätszahl anderer Medien, besonders von Eisen, ist in Abschn. 4.2.1.3 beschrieben.

Die magnetische Feldkonstante μ_0 ist gleich der Permeabilität μ des Vakuums. Sie ist eine dimensionsbehaftete Konstante, deren Einheit T/(A/m) = Vs/(Am) = H/m aus Gl. (4.13) folgt. Darin ist H die abgeleitete Einheit Henry entsprechend

1 H = 1 Vs/A. Im SI-Einheitensystem ergibt sich im Zusammenhang mit der Definition des Ampere die magnetische Feldkonstante

$$\mu_0 = 4\pi \cdot 10^{-7} \text{ H/m} = 1{,}2566371 \text{ µH/m} . \tag{4.14}$$

Beispiel 4.2. Eine Ringspule nach Bild 4.7 hat den mittleren Ringdurchmesser $d_R = 20$ cm. Welche Durchflutung ist erforderlich, um innerhalb der Spule die Induktion $B = 0{,}01$ T in Luft zu erzeugen?
Man erhält nach Gl. (4.13) für die magnetische Feldstärke $H = B/(\mu_r \mu_0) = 0{,}01$ T/ $(1 \cdot 1{,}257 \text{ µTm/A}) = 7{,}958$ kA/m.
Mit dem mittleren Ringumfang $l = \pi d_R = \pi \cdot 20$ cm ergibt sich dann nach Gl. (4.5) und (4.7) die Durchflutung $\Theta = NI = Hl = (7{,}958 \text{ kA/m}) \pi \cdot 20 \text{ cm} = 5000$ A.
Diese Durchflutung kann z.B. mit 5000 Windungen, in denen der Strom 1 A fließt, erzeugt werden, aber auch mit 1000 Windungen bei 5 A, 200 Windungen bei 25 A usw. Die Aufteilung des Produktes ist durch die Spannung bestimmt, die für die Erzeugung des magnetisierenden Stromes zur Verfügung steht.

4.1.3 Integrale Größen des magnetischen Feldes

Die in Abschn. 4.1.2.1 und 4.1.2.3 erläuterten beiden Feldvektoren $\vec{B}$ und $\vec{H}$ sind für den Raumpunkt definiert und somit geeignet, magnetische Felder vollständig zu beschreiben. Betrag und Richtung der Feldgrößen werden in Abhängigkeit von den Ortskoordinaten – als Ortsfunktion – angegeben. Häufig interessiert aber weniger die örtliche Verteilung der Feldgrößen, sondern mehr ihre resultierende Wirkung über ein bestimmtes räumlich ausgedehntes Feldgebiet. Beispielsweise ist die Spannung, die in einer Leiterschleife von dem magnetischen Feld induziert wird, nicht abhängig von der räumlichen Verteilung des Feldes in dieser Schleife, sondern allein von der summarischen Wirkung, d.h. dem Flächenintegral des Feldes. Für solche Problemstellungen sind integrale Feldgrößen definiert, die einfacher zu handhaben sind als die i. allg. mathematisch aufwendigen Ortsfunktionen der Feldvektoren.

4.1.3.1 Magnetische Spannung. In Abschn. 3.1.3 ist die elektrische Spannung U als Wegintegral der wegbezogenen vektoriellen Feldgröße, der elektrischen Feldstärke $\vec{E}$ (Spannung pro Weg), abgeleitet. In formaler Analogie hierzu kann im magnetischen Feld auch aus der wegbezogenen vektoriellen Feldgröße, der magnetischen Feldstärke $\vec{H}$ (Strom pro Weg), eine integrale Feldgröße, die **magnetische Spannung** V, berechnet werden. Man multipliziert hierzu die Feldgröße H mit dem Weg l. Für das Feld der Kreisringspulen in Abschn. 4.1.2.2 ist dies algebraisch in der Form Hl möglich, da hier der Weg l als Ringmittellinie über den ganzen Ringumfang parallel zur H-Feldlinie verläuft und der Betrag des Vektors $\vec{H}$ über l konstant ist. Schreibt man also Gl. (4.7) in der Form $Hl = IN$ [s. Gl. (4.9)], so kann die linke Seite Hl als magnetische Spannung

$$\overset{\circ}{V} = Hl \tag{4.15}$$

gedeutet werden.

4.1 Beschreibung und Berechnung des magnetischen Feldes

In dem hier zunächst betrachteten speziellen Fall ist es die magnetische Spannung, die über eine geschlossene Kreislinie der Ringspule (Mittellinie) auftritt und die man demzufolge auch als **magnetische Umlaufspannung** $\overset{\circ}{V}$ bezeichnet. Der besondere Charakter dieser über einen geschlossenen Weg auftretenden magnetischen Spannung wird durch einen Kreis über dem Symbol V gekennzeichnet ($\overset{\circ}{V}$). Es zeigt sich, daß eine solche magnetische Umlaufspannung immer gleich ist der Durchflutung, die von diesem Umlauf eingeschlossen wird (s. Abschn. 4.1.3.2), in diesem Fall also dem Produkt aus Windungszahl N der Ringspule und Spulenstrom I.

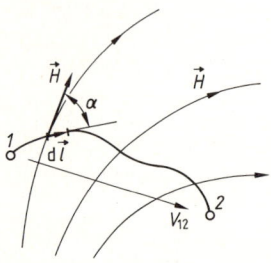

4.8 Magnetische Spannung
$V_{12} = \int\limits_{1}^{2} \vec{H} \cdot d\vec{l}$ als Wegintegral der magnetischen Feldstärke $\vec{H}$

Soll die magnetische Spannung V entlang eines beliebigen Weges in einem inhomogenen Feld dargestellt werden, so darf analog zu den Erläuterungen in Abschn. 3.1.3 das Produkt Hl immer nur für so kleine Wegstrecken dl gebildet werden, über die die magnetische Feldstärke $\vec{H}$ als konstant angenommen werden kann (s. Bild 4.8). Außerdem darf nur die Komponente der magnetischen Feldstärke $\vec{H}$ in das Produkt einbezogen werden, die in Richtung des Wegelementes fällt. Damit ergibt sich für jedes Wegelement dl die elementare magnetische Spannung

$$dV = H \, dl \cos\alpha \,, \tag{4.16}$$

die auch als Skalarprodukt

$$dV = \vec{H} \cdot d\vec{l} \tag{4.17}$$

der beiden Vektoren $\vec{H}$ und $d\vec{l}$ geschrieben werden kann.

Summiert man alle Elementarspannungen dV entlang eines Weges, der durch die Punkte *1* und *2* begrenzt ist (s. Bild **4.8**), so bekommt man die allgemeingültige Gleichung für die **magnetische Spannung**

$$V_{12} = \int\limits_{1}^{2} \vec{H} \cdot d\vec{l} \,. \tag{4.18}$$

Die magnetische Spannung ist im Gegensatz zu den Vektoren $\vec{H}$ und $\vec{l}$ eine **skalare Größe**. Ihre Einheit ist das Ampere (A). Da dieser skalaren Größe nun aber ähnlich wie der elektrischen Spannung (s. Abschn. 3.1.3) ein Richtungscharakter zukommt, wird sie durch einen Zählpfeil dargestellt, der in die Integrationsrichtung (Richtung des Integrationsvektors $d\vec{l}$) weisend anzutragen ist (s. Bild **4.8**).

4.1.3.2 Durchflutungssatz. In Abschn. 4.1.3.1 ist für das spezielle Beispiel der Kreisringspule dargestellt, daß die magnetische Spannung V entlang eines geschlossenen Umlaufes – Umlaufspannung $\overset{\circ}{V}$ nach Gl. (4.15) – gleich ist der Summe der von diesem Umlauf eingeschlossenen Ströme. Diese Aussage entspricht einem der wichtigsten Sätze für das Magnetfeld, dem Durchflutungssatz, der den Zusammenhang zwischen Magnetfeld und elektrischem Strömungsfeld beschreibt.

4.1.3 Integrale Größen des magnetischen Feldes

Nach dem Durchflutungssatz ist in einem beliebigen von Strömen durchflossenen Raum bzw. im magnetischen Feld das Wegintegral der magnetischen Feldstärke $\vec{H}$ längs eines geschlossenen Weges immer gleich der Summe aller Ströme – Durchflutung Θ –, die von dem geschlossenen Weg umfaßt werden (s. Bild 4.9).

$$\oint \vec{H} \cdot d\vec{l} = \sum I = \Theta \tag{4.19}$$

Der geschlossene Integrationsweg wird durch einen Kreis im Integralzeichen gekennzeichnet. Die Ströme, deren Zählpfeile von dem gewählten Integrationsumlauf $d\vec{l}$ rechtswendig umschlossen werden, sind mit positivem, die linkswendig umschlossenen mit negativem Vorzeichen in die Stromsumme aufzunehmen. Beispielsweise lautet der Durchflutungssatz für den in Bild 4.9 dargestellten Umlauf $\oint \vec{H} \cdot d\vec{l} = I_1 - I_2 + I_3 - I_4 = \Theta$. Wird die Summe der Ströme als Durchflutung Θ angegeben, so ist das Umlaufintegral der magnetischen Feldstärke ($\oint \vec{H} \cdot d\vec{l}$) rechtswendig um den Zählpfeil für Θ zu bilden.

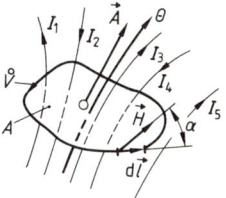

4.9
Magnetische Umlaufspannung $\overset{\circ}{V} = \oint_A \vec{H} \cdot d\vec{l} = I_1 + I_3 - I_2 - I_4$

Beispiel 4.3. Für die in Beispiel 4.2 betrachtete Kreisringspule nach Bild 4.7 sind die Beträge der magnetischen Feldstärken H und der Induktionen B am Innen- und Außenrand des Feldes zu bestimmen, wenn die dort errechnete Durchflutung $\Theta = 5000$ A besteht und der Durchmesser des Spulenquerschnittes $d_q = 3$ cm beträgt.

Mit den in Beispiel 4.2 angegebenen Daten ist die Länge des Umlaufes am Innenrand $l_i = \pi (20 \text{ cm} - 3 \text{ cm}) = 53{,}5$ cm und am Außenrand $l_a = \pi (20 \text{ cm} + 3 \text{ cm}) = 72{,}3$ cm. Da der Betrag der magnetischen Feldstärke H längs der Wege l_i und l_a jeweils konstant ist und die Integrationsrichtung $d\vec{l}$ in Richtung der magnetischen Feldstärke $\vec{H}$ liegt ($\alpha = 0$), vereinfacht sich Gl. (4.19) zu $\oint \vec{H} \cdot d\vec{l} = \oint H \, dl = Hl = \Theta$, so daß man für innen und außen die magnetischen Feldstärken $H_i = \Theta/l_i = 5$ kA/(53,5 cm) = 9,35 kA/m und $H_a = \Theta/l_a = 5$ kA/(72,3 cm) = 6,91 kA/m und nach Gl. (4.13) mit $\mu = \mu_0 = 1{,}26$ µH/m die Induktionen $B_i = \mu_0 H_i = (1{,}26 \text{ µH/m}) \cdot 9{,}35 \text{ kA/m} = 11{,}7$ mT und $B_a = \mu_0 H_a = (1{,}26 \text{ µH/m}) \cdot 6{,}91 \text{ kA/m} = 8{,}7$ mT erhält. Die Abweichungen von der Induktion $B = 0{,}01$ T an der Feldmittellinie (nach Beispiel 4.2) sind schon merklich, trotzdem kann man in solchen Fällen häufig mit mittleren Werten rechnen.

Die Gültigkeit des Durchflutungssatzes kann für beliebige Räume experimentell, für homogene Räume (μ = const) auch analytisch mit Hilfe des Biot-Savartschen Gesetzes [75] nachgewiesen werden. Wesentlich ist die Aussage, daß lediglich die Ströme den Wert des Umlaufintegrals bestimmen, die innerhalb des Integrationsumlaufes fließen. Das darf aber nicht dahingehend gedeutet werden, daß die Ströme außerhalb des Umlaufes das Feld nicht beeinflussen würden. Zum Beispiel bestimmt der Strom I_5 in Bild 4.9 wohl den Feldverlauf im Bereich des Umlaufes mit, nicht aber den Wert des Umlaufintegrals $\oint \vec{H} \cdot d\vec{l}$ entlang dieses Umlaufes, der unabhängig von I_5 und damit vom Feldverlauf ausschließlich von der eingeschlossenen Stromsumme ($I_1 - I_2 + I_3 - I_4$) bestimmt ist.

4.1 Beschreibung und Berechnung des magnetischen Feldes

Fließen die Ströme in räumlich ausgedehnten Leitern (Strömungsgebieten s. Abschn. 3.1.2), auf die sie sich mit unterschiedlichen Stromdichten verteilen, so muß die vom Umlaufintegral eingeschlossene Fläche in kleine Flächenelemente dA unterteilt werden, über die jeweils die Stromdichte $\vec{S}$ als konstant angenommen werden kann. Dann ergibt sich mit Gl. (4.6) der Durchflutungssatz Gl. (4.19) in der Form

$$\oint \vec{H} \cdot d\vec{l} = \int_A \vec{S} \cdot d\vec{A} = \Theta. \tag{4.20}$$

Die Integrationsrichtung d$\vec{l}$ und damit die **Richtung des Zählpfeiles der magnetischen Umlaufspannung** $\mathring{V} = \oint \vec{H} \cdot d\vec{l}$ ist rechtswendig um den Flächenvektor d$\vec{A}$ und damit rechtswendig um den Zählpfeil für Θ festgelegt [s. Gl. (4.6) und Bild 4.9], da definitionsgemäß der Richtungscharakter der Flächenvektoren d$\vec{A}$ die Richtung des Zählpfeiles Θ bestimmt.

Bei der Anwendung des Durchflutungssatzes sind hinsichtlich der Lösungsschwierigkeiten zwei Arten von Aufgabenstellungen zu unterscheiden: Kennt man den Feldverlauf, d. h., ist die Ortsfunktion der magnetischen Feldstärke $\vec{H}$ gegeben, so läßt sich mit Gl. (4.19) die Durchflutung Θ bestimmen. Soll aber umgekehrt bei gegebener Durchflutung Θ die magnetische Feldstärke $\vec{H}$ an bestimmten Punkten des Raumes berechnet werden, so können unüberwindliche Schwierigkeiten auftreten, da der Durchflutungssatz ja nur eine Aussage über das Integral der magnetischen Feldstärke $\oint \vec{H} \cdot d\vec{l}$ liefert, nicht aber darüber, wie sich diese entlang des Integrationsweges ändert. Der Durchflutungssatz läßt sich somit nur in bestimmten Fällen, in denen der räumliche Feldverlauf qualitativ bekannt ist, explizit nach H auflösen. Bei der Kreisringspule nach Bild 4.7 ist z. B. die magnetische Feldstärke vom Betrag her nicht bekannt. Da man aber weiß, daß die Feldlinien als konzentrische Kreise durch das Innere der Ringspule verlaufen, entlang denen der Betrag der Feldstärke H konstant ist, läßt sich das Linienintegral $\oint \vec{H} \cdot d\vec{l}$ in eine einfache Multiplikation Hl überführen, so daß der Durchflutungssatz explizit nach der magnetischen Feldstärke H aufgelöst werden kann, wie in Beispiel 4.3 gezeigt ist.

Der Durchflutungssatz gilt allgemein. Es ist völlig gleichgültig, wie die elektrischen Strömungen innerhalb des magnetischen Kreises örtlich verteilt sind. Für Spulen gilt der Satz z. B. sowohl bei der Ringspule nach Bild 4.7 mit ihren über die ganze geschlossene Feldlänge verteilten Windungen als auch bei Feldern entsprechend den Bildern 4.2 bis 4.4, in denen Windungen konzentriert über Teillängen der Felder angeordnet sind.

Der Durchflutungssatz gilt auch für **beliebige Räume mit beliebigen Stoffen** sowie für **beliebige Umlaufwege**. Man braucht also nicht unbedingt entlang einer Feldlinie zu integrieren, sondern kann jeden beliebigen Integrationsweg wählen; er muß lediglich **geschlossen** sein, also wieder am Anfangspunkt enden. Bei praktischen Rechnungen wird der Integrationsweg so gewählt, daß sich der **geringste Rechenaufwand** ergibt.

Beispielsweise sind in dem Feld einer Spule in Bild 4.10 mehrere durch dickere Striche hervorgehobene Integrationswege angegeben. Der Integrationsweg *1* fällt mit einer Feldlinie zusammen, die eine Durchflutung dreier Windungen umschließt. Das Umlaufintegral $\oint_1 \vec{H} \cdot d\vec{l}$ entlang dieses mit einer Feldlinie zusammen-

4.1.3 Integrale Größen des magnetischen Feldes 157

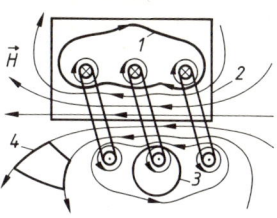

4.10
Feldlinienbild der magnetischen Feldstärke $\vec{H}$ einer stromdurchflossenen Spule mit verschiedenen geschlossenen Wegen zur Bildung der magnetischen Umlaufspannung

fallenden Weges liefert den Wert der eingeschlossenen Durchflutung $\Theta = 3I$. Der Integrationsweg 2, der nicht entlang einer Feldlinie verläuft, ergibt das gleiche Ergebnis $\oint_2 \vec{H} \cdot d\vec{l} = 3I$, da er auch mit drei Strömen verkettet ist. Das Umlaufintegral über den Weg 3 liefert $\oint_3 \vec{H} \cdot d\vec{l} = I$, da nur die Durchflutung einer Windung eingeschlossen wird. Schließlich sei der Integrationsweg 4 betrachtet, über den die magnetische Umlaufspannung Null ist, da keine Durchflutung eingeschlossen ist $\left(\oint_4 \vec{H} \cdot d\vec{l} = 0\right)$.

Beispiel 4.4. Es ist eine allgemeine Bestimmungsgleichung für die magnetische Feldstärke $\vec{H}$ in der Umgebung eines geraden, unendlich langen, stromdurchflossenen Leiters abzuleiten.

Man kann aus Symmetriegegebenheiten ableiten oder weiß aus Erfahrung, daß ein solcher stromdurchflossener Leiter ein Feld erregt, das durch konzentrische Feldlinien um den Leiter, entsprechend Bild 4.2a, beschrieben wird. Der qualitative Feldverlauf ist also bekannt, die Aufgabe beschränkt sich somit auf die quantitative Bestimmung von H und kann deshalb mit Hilfe des Durchflutungssatzes gelöst werden.

Wählt man einen Integrationsweg, der wie die Feldlinien einen konzentrischen Kreis mit dem Radius r um den Leiter beschreibt, so liegt entlang dieses Weges in jedem Punkt der Vektor der magnetischen Feldstärke $\vec{H}$ – tangential zur Feldlinie – in Richtung des Integrationsvektors $d\vec{l}$ (s. Bild 4.11). Das Skalarprodukt $\vec{H} \cdot d\vec{l}$ im Durchflutungssatz Gl. (4.19) läßt sich also als algebraisches Produkt schreiben ($\alpha = 0$).

$$\oint \vec{H} \cdot d\vec{l} = \oint H \, dl = I. \tag{4.21}$$

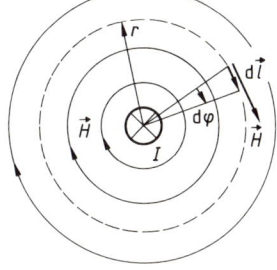

4.11
Feldlinienbild der magnetischen Feldstärke $\vec{H}$ außerhalb eines stromdurchflossenen, unendlich langen, geraden Leiters

Da der Betrag der magnetischen Feldstärke H entlang eines konzentrischen Kreises konstant ist, kann H vor das Integral gezogen werden. Ersetzt man weiter das Wegelement dl durch das Produkt $r \, d\varphi$, so läßt sich das Umlaufintegral als bestimmtes Integral in den Grenzen 0 bis 2π angeben.

$$\oint H \, dl = Hr \int_0^{2\pi} d\varphi = Hr \cdot 2\pi = I \tag{4.22}$$

In dieser Form läßt sich der Durchflutungssatz explizit nach der magnetischen Feldstärke

$$H = I/(2\pi r) \tag{4.23}$$

158 4.1 Beschreibung und Berechnung des magnetischen Feldes

auflösen. Für jeden Punkt im Feldraum um den geraden Leiter beträgt die magnetische Feldstärke $H = I/(2\pi r)$ mit r als der kürzesten Entfernung des Punktes zur Mittellinie des Leiters.

Das Beispiel zeigt exemplarisch, wie man trotz der integralen Aussage des Durchflutungssatzes den Feldvektor $\vec{H}$ als Ortsfunktion bestimmen kann. Voraussetzung für den Lösungsansatz ist allerdings die Kenntnis des qualitativen Feldverlaufes, d. h., man muß wissen, daß entlang konzentrischer Kreise um den Leiter der magnetische Feldstärkevektor tangential gerichtet und dem Betrag nach konstant ist.

Beispiel 4.5. Das Feld im Inneren des geraden, unendlich langen Leiters mit kreisförmigem Querschnitt ist zu berechnen.

Für Gleichstrom und Wechselstrom niedriger Frequenz kann eine gleichmäßige Verteilung des Stromes I über den Leiterquerschnitt $A_q = r_0^2 \pi$ angenommen werden, so daß entsprechend Gl. (3.2) die Stromdichte

$$S = I/(r_0^2 \pi)$$

beträgt. Da man aus Symmetriegegebenheiten ableiten kann oder aus Erfahrung weiß, daß auch im Inneren des kreisförmigen Leiterquerschnittes die Feldlinien konzentrische Kreise beschreiben, läßt sich der Durchflutungssatz analog zu den in Beispiel 4.4 erläuterten Überlegungen auch für den Innenraum des Leiters anwenden. Für einen entlang einer Feldlinie gewählten konzentrischen Umlauf mit dem Radius r (s. Bild 4.12) folgt aus dem Durchflutungssatz Gl. (4.20) entsprechend Gl. (4.22)

$$\oint \vec{H} \cdot d\vec{l} = H r \cdot 2\pi = \int_A \vec{S} \cdot d\vec{A} = r^2 \pi I/(r_0^2 \pi) \,. \tag{4.24}$$

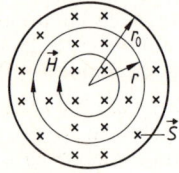

4.12
Feldlinienbild der magnetischen Feldstärke $\vec{H}$ im Inneren eines stromdurchflossenen, unendlich langen, geraden Leiters

Da der Stromdichtevektor $\vec{S}$ senkrecht auf dem von dem Umlauf begrenzten Teil $r^2 \pi$ der Querschnittsfläche steht und sein Betrag S konstant ist, kann das Integral $\int \vec{S} \cdot d\vec{A}$ in Gl. (4.24) als Produkt SA der Beträge von Stromdichte- und Flächenvektor geschrieben werden. Die Auflösung der Gl. (4.24) nach H ergibt die Bestimmungsgleichung für die magnetische Feldstärke im Inneren des Leiters

$$H = r I/(2\pi r_0^2) \,. \tag{4.25}$$

Beispiel 4.6. Es ist zu beweisen, daß im magnetischen Feld des unendlich langen, geraden Leiters auch für die in Bild 4.13 skizzierten Umlaufwege der Durchflutungssatz erfüllt ist.

Bildet man das Umlaufintegral nach Gl. (4.19) entlang des Umlaufes 1, so läßt sich dieses als Summe von vier Teilintegrationen darstellen. Die Umlaufspannung

$$\oint \vec{H} \cdot d\vec{l} = \int_a^b \vec{H} \cdot d\vec{l} + \int_b^c \vec{H} \cdot d\vec{l} + \int_c^d \vec{H} \cdot d\vec{l} + \int_d^a \vec{H} \cdot d\vec{l} = V_{ab} + V_{bc} + V_{cd} + V_{da} \tag{4.26}$$

setzt sich also aus vier magnetischen Teilspannungen zusammen.

Man erkennt, daß im 1. und 3. Abschnitt der Integrationsvektor $d\vec{l}$ in Richtung des magnetischen Feldstärkevektors $\vec{H}$ liegt, so daß $\vec{H} \cdot d\vec{l}$ als algebraische Multiplikation $H\,dl$ geschrie-

4.1.3 Integrale Größen des magnetischen Feldes 159

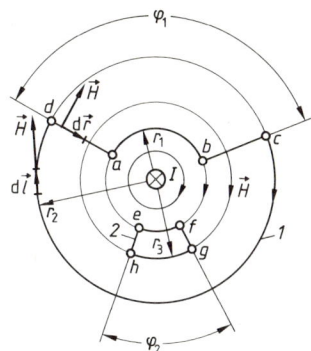

4.13
Feldlinienbild der magnetischen Feldstärke $\vec{H}$ eines vom Strom I durchflossenen, unendlich langen, geraden Leiters mit den magnetischen Umlaufspannungen $\overset{\circ}{V}=I$ über den Integrationsweg 1 und $\overset{\circ}{V}=0$ über den Integrationsweg 2

ben werden kann mit $dl = r\, d\varphi$. Im 2. und 4. Abschnitt steht der Vektor der magnetischen Feldstärke $\vec{H}$ senkrecht auf dem Integrationsvektor $d\vec{l} = d\vec{r}$, so daß das Skalarprodukt $H\, dr \cos\alpha$ Null ergibt. Mit der so bestimmten Umlaufspannung

$$\oint \vec{H} \cdot d\vec{l} = \int_{0}^{\varphi_1} H r\, d\varphi + \int_{\varphi_1}^{2\pi} H r\, d\varphi \tag{4.27}$$

und dem in Beispiel 4.4 ermittelten Ergebnis $H = I/(2\pi r)$ ergibt sich

$$\oint \vec{H} \cdot d\vec{l} = (I/2\pi)\varphi_1 + (I/2\pi)(2\pi - \varphi_1) = I, \tag{4.28}$$

d.h., für den Umlauf *1* ist der Durchflutungssatz erfüllt.
Nach ähnlichen Überlegungen ergibt sich für den Umlauf *2* der Ausdruck

$$\oint \vec{H} \cdot d\vec{l} = (I/2\pi)\varphi_2 - (I/2\pi)\varphi_2 = 0, \tag{4.29}$$

der ebenfalls dem Durchflutungssatz entspricht. Der Umlauf *2* umfaßt keinen Strom, d.h., die eingeschlossene Durchflutung ist Null.

Beispiel 4.7. In Bild **4.**14a ist ein verzweigter Eisenkreis skizziert, wie er z.B. beim Dreiphasenkerntransformator verwendet wird. Die drei Schenkel *1; 2; 3* werden von drei Wicklungen – Primärwicklungen – *U, V, W* schaltungsgemäß in gleicher Umlaufrichtung umschlungen.

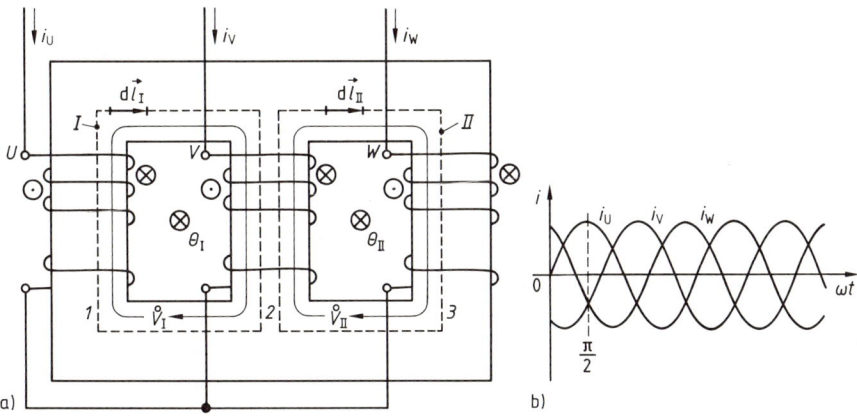

4.14 Magnetischer Eisenkreis eines Dreiphasentransformators (a) und Zeitverlauf der Ströme i_U, i_V, i_W in den 3 Wicklungen (b)

4.1 Beschreibung und Berechnung des magnetischen Feldes

Dementsprechend sind die Zählpfeile (durch Kreuze bzw. Punkte charakterisiert) für die Stromrichtungen in den Spulen in Bild **4.14a** eingetragen. Diesen Zählpfeilrichtungen entsprechen die Ströme

$$i_U = 0{,}4 \text{ A} \sin[\omega t], \tag{4.30a}$$

$$i_V = 0{,}4 \text{ A} \sin[\omega t - (2\pi/3)], \tag{4.30b}$$

$$i_W = 0{,}4 \text{ A} \sin[\omega t - 2(2\pi/3)], \tag{4.30c}$$

die z. B. in der Primärwicklung eines Dreiphasentransformators im Leerlauf gemessen sind (s. Abschn. 9). Unter ω ist die Kreisfrequenz des sinusförmigen Wechselstromes zu verstehen (s. Abschn. 6.1). Die Windungszahl jeder der drei Wicklungen beträgt $N_U = N_V = N_W = 1200$. Für einen bestimmten Zeitpunkt entsprechend $\omega t = \pi/2$ sind die Augenblickswerte der Fensterdurchflutungen zu berechnen.

Es werden – willkürlich – in beiden Fenstern gleiche Zählpfeilrichtungen für die Durchflutungen Θ_1 und Θ_2 gewählt, wie sie in Bild **4.14a** eingetragen sind. Damit ist auch die Integrationsrichtung für das Umlaufintegral der magnetischen Feldstärke $\oint \vec{H} \cdot d\vec{l}$, also die Zählpfeilrichtung der magnetischen Umlaufspannung $\overset{\circ}{V}$ (rechtswendig der Zählpfeilrichtung für Θ zugeordnet), in gleicher Umlaufrichtung bei beiden Fenstern festgelegt (s. Bild **4.14a**).

Die Augenblickswerte der Spulenströme nach Gl. (4.30a bis c) betragen für $\omega t = \pi/2$

$$i_U = 0{,}4 \text{ A} \sin 90° \quad = +0{,}4 \text{ A}, \tag{4.31a}$$

$$i_V = 0{,}4 \text{ A} \sin(-30°) \quad = -0{,}2 \text{ A}, \tag{4.31b}$$

$$i_W = 0{,}4 \text{ A} \sin(-150°) = -0{,}2 \text{ A}. \tag{4.31c}$$

Unter Beachtung der Vorzeichen dieser Stromwerte und ihrer Zählpfeilrichtungen bezüglich der Zählpfeilrichtung für die Durchflutung Θ ergibt sich nach Gl. (4.6)

$$\Theta_I = \sum_{\text{Fenster } I} i = +N_U i_U - N_V i_V = 1200 \cdot 0{,}4 \text{ A} - 1200(-0{,}2 \text{ A}) = +720 \text{ A}, \tag{4.32a}$$

$$\Theta_{II} = \sum_{\text{Fenster } 2} i = +N_V i_V - N_W i_W = 1200(-0{,}2 \text{ A}) - 1200(-0{,}2 \text{ A}) = 0. \tag{4.32b}$$

Die Durchflutung im Umlauf I (Fenster I) ist positiv, d.h., es strömt zum Zeitpunkt entsprechend $\omega t = \pi/4$ eine positive Ladungsmenge[1]) in Richtung des eingetragenen Zählpfeiles Θ_I durch den Umlauf I. Damit bildet sich das Feld des Vektors $\vec{H}$ rechtswendig um das Fenster I aus, liegt also in der Integrationsrichtung $d\vec{l}_1$, so daß sich die magnetische Umlaufspannung $\overset{\circ}{V}_1 = \oint \vec{H} \cdot d\vec{l}_1$ positiv ergibt.

Die Durchflutung im Umlauf II (Fenster II) ist Null, d.h., zum Zeitpunkt entsprechend $\omega t = \pi/2$ strömt eine positive Ladungsmenge entsprechend $i_V N_V$ der Wicklung V entgegen der Zählpfeilrichtung Θ_{II} und eine gleich große positive Ladungsmenge entsprechend $i_W N_W$ der Wicklung W in Richtung der Zählpfeilrichtung Θ_{II} durch den Umlauf II. Die Umlaufspannung $\overset{\circ}{V}_{II} = \oint \vec{H} \cdot d\vec{l}_{II}$ ist damit entsprechend Gl. (4.19) auch Null ($\oint \vec{H} \cdot d\vec{l}_{II} = \Theta_{II} = 0$). Das darf allerdings nicht dahingehend gedeutet werden, daß auch das Feld über diesem Umlauf, also in den Schenkeln *2* und *3*, Null ist, was ja offensichtlich nicht der Fall ist.

---

[1]) Um weitschweifige und mißverständliche Formulierungen zu vermeiden, erfolgen Richtungs- und Vorzeichenerläuterungen hier ausschließlich auf der Basis der formalen Festlegungen, wie sie in Abschn. 1.1.1.2 erläutert sind. Die in metallischen Leitern tatsächlich gegebene Strömung von negativer Ladung wird durch eine fiktive in entgegengesetzter Richtung strömende positive Ladung beschrieben, was für die magnetischen Wirkungen das gleiche ist.

4.1.3.3 Magnetischer Fluß.

Die resultierende Wirkung des magnetischen Feldes, wie z. B. die Erzeugung elektrischer Spannungen, ist außer von Betrag und Richtung des Feldes, also dem Feldvektor $\vec{B}$, auch noch von Größe und Lage der Fläche abhängig, die an der Wirkung beteiligt wird.

Um Größe und räumliche Lage (Richtung) einer betrachteten Fläche zu beschreiben, muß auch für diese ein Vektor eingeführt werden. Analog den Erläuterungen zu der Berechnung der integralen Größe Strom I aus der Vektorgröße Stromdichte $\vec{S}$ in Abschn. 3.1.2 stellt man sich das magnetische Feld in einzelne „Feldröhren" unterteilt vor, die parallel zu den Feldlinien verlaufen und deren Querschnitte dA_q so klein sind, daß das Feld über dA_q homogen, d. h. $B = $ const angenommen werden kann. Dann läßt sich für einen solchen infinitesimalen Querschnitt dA_q, der senkrecht zur Röhrenlängsachse und damit zum Induktionsvektor $\vec{B}$ steht, eine infinitesimale Größe definieren, die als magnetischer Fluß

$$d\Phi = B\,dA_q \tag{4.33}$$

bezeichnet wird (s. Bild **4.**15). Für eine allgemeine Beschreibung stellt man sich vor, die Flußröhre durchdringe in beliebigem Winkel α eine im Raum liegende, auch nichtebene Fläche A. Das dabei von der Flußröhre auf der Fläche A abgegrenzte Flächenelement dA kann bei einem infinitesimal kleinen Röhrenquerschnitt dA_q auch bei nichtebener Fläche A immer als eben angenommen werden und ist somit eindeutig durch einen Winkel α, unter dem es zum Röhrenquerschnitt dA_q liegt, zu beschreiben. Mathematisch geschieht dieses durch einen Vektor $d\vec{A}$, der senkrecht auf dem Flächenelement dA steht und dessen Betrag gleich ist dem Betrag der Fläche. Man erkennt aus Bild **4.**15, daß das der Flußröhre eigene Flächenelement dA in der Fläche A um so größer wird, je flacher die Flußröhre die Fläche A schneidet.

$$dA = dA_q/\cos\alpha \tag{4.34}$$

Da der Fluß $d\Phi$ durch das Flächenelement dA aber unabhängig von dessen Winkellage α zur Querschnittsfläche dA_q gleich ist dem „Röhrenfluß" nach Gl. (4.33), ergibt sich durch Einsetzen von Gl. (4.34) in Gl. (4.33) der magnetische Fluß

$$d\Phi = B\,dA\cos\alpha \tag{4.35}$$

durch ein Flächenelement dA, dessen Normale $d\vec{A}$ in einem beliebigen Winkel α zum Induktionsvektor $\vec{B}$ steht. In vektorieller Schreibweise wird diese Gleichung als Skalarprodukt

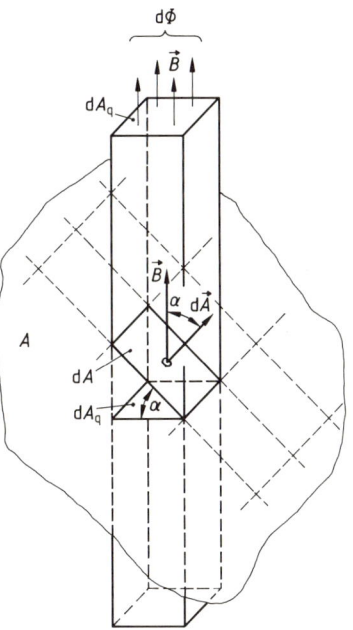

4.15 Zur Definition des magnetischen Flusses $d\Phi$ als Skalarprodukt $d\vec{A} \cdot \vec{B}$ aus Flächen- und Induktionsvektor

$$d\Phi = \vec{B} \cdot d\vec{A} \tag{4.36}$$

der beiden Vektoren $\vec{B}$ und $d\vec{A}$ dargestellt.

Ist der Fluß Φ eines – auch inhomogenen – magnetischen Feldes durch eine beliebige – auch nichtebene – Fläche A zu berechnen, so wird die Fläche in einzelne Flächenelemente dA unterteilt, und die Teilflüsse $d\Phi$ werden durch diese Flächenelemente nach Gl. (4.36) bestimmt (s. Bild **4.**16). Alle Teilflüsse $d\Phi = \vec{B} \cdot d\vec{A}$ über die ganze Fläche A summiert, d. h. integriert, ergeben die allgemeine Gleichung für den magnetischen Fluß

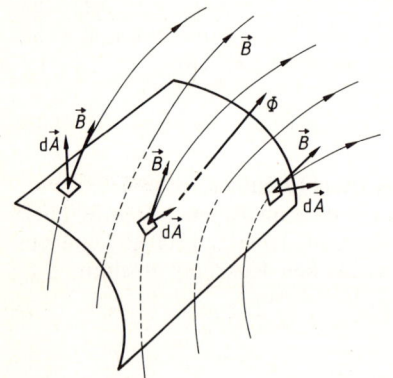

$$\Phi = \int_A \vec{B} \cdot d\vec{A} = \int_A B \, dA \cos\alpha \tag{4.37}$$

durch die Fläche A.

4.16
Magnetischer Fluß $\Phi = \int_A \vec{B} \cdot d\vec{A}$ als Flächenintegral der Induktion

Beispiel 4.8. In Bild **4.**17 ist das Feld eines unendlich langen, geraden Leiters skizziert, wie es in Beispiel 4.4 berechnet ist. Es soll der magnetische Fluß Φ durch die eingezeichnete Fläche $A = bl$ berechnet werden, die in einer Ebene mit der Mittellinie des Leiters liegt.

Die B-Feldlinien stellen konzentrische Kreise um den stromdurchflossenen Leiter dar und schneiden somit die Fläche A in einem rechten Winkel. In jedem Punkt der Fläche A haben damit die Flächenvektoren $d\vec{A}$ und der Induktionsvektor $\vec{B}$ die gleiche Richtung ($\alpha = 0$) senk-

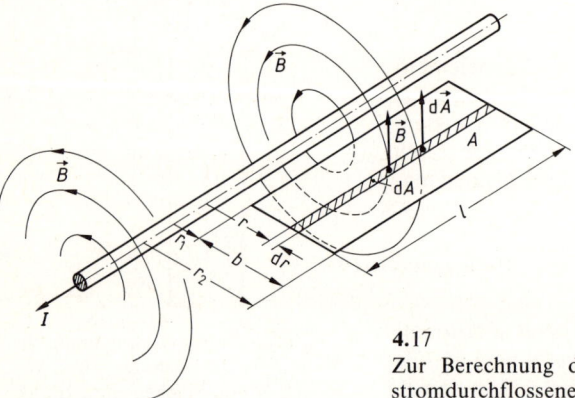

4.17
Zur Berechnung des Flusses Φ, der von einem stromdurchflossenen, unendlich langen, geraden Leiter in der Fläche A erregt wird (s. Beispiel 4.8)

4.1.3 Integrale Größen des magnetischen Feldes

recht zur Fläche A. Der magnetische Fluß Φ durch die Fläche A kann damit entsprechend Gl. (4.37) als algebraisches Produkt

$$\Phi = \int_A \vec{B} \cdot d\vec{A} = \int_A B \, dA \tag{4.38}$$

geschrieben werden, und zwar als positives, wenn der Flächenvektor $d\vec{A}$, wie in Bild 4.17 – willkürlich – angenommen, nach oben weisend angetragen wird ($\cos \alpha = +1$).
In Beispiel 4.4 ist der Betrag der magnetischen Feldstärke $H = I/(2\pi r)$ berechnet. Im Luftraum mit $\mu = \mu_0$ ist also die Induktion $B = H\mu_0$ eine Funktion von r. In der Fläche A müssen damit die Flächenelemente, über die B konstant angenommen werden darf, in radialer Richtung eine infinitesimale Ausdehnung haben, so daß sie sich als $dA = l \, dr$ beschreiben lassen. (Bei konstantem r ändert sich B über l nicht.) Setzt man diese Werte in Gl. (4.38) ein, ergibt sich für den magnetischen Fluß

$$\Phi = \int_{r_1}^{r_2} \mu_0 \frac{I}{2\pi r} l \, dr = \mu_0 \frac{I}{2\pi} l \int_{r_1}^{r_2} \frac{1}{r} \, dr = I \frac{\mu_0}{2\pi} l \ln \frac{r_2}{r_1}. \tag{4.39}$$

Werden ebene Flächen in homogenen Feldern betrachtet, d.h., tritt durch alle Punkte einer Fläche A die Induktion $\vec{B}$ mit gleichem Betrag B und gleichem Winkel α zur Flächennormalen $\vec{A}$ auf, kann B vor das Integral gezogen werden, so daß sich der magnetische Fluß

$$\Phi = \vec{b} \cdot \vec{A} = BA \cos \alpha \tag{4.40}$$

als Skalarprodukt der Vektoren Induktion $\vec{B}$ und Fläche $\vec{A}$ ergibt.
Aus Gl. (4.40) erkennt man, daß die Induktion B formal auch als **Flußdichte** $B = \Phi/A$ gedeutet werden kann. Nach DIN 1325 wird die Bezeichnung Flußdichte sogar vorrangig vor der ebenfalls zugelassenen Bezeichnung **Induktion** angeführt. Hier wird die Bezeichnung Induktion bevorzugt, da in dieser der **Wirkungscharakter** dieser Feldgröße zum Ausdruck kommt.
Die Einheit des magnetischen Flusses ist in den SI-Einheiten mit dem eigenen Namen **Weber** (Wb) entsprechend der Definition

$$1 \text{ Wb} = 1 \text{ Vs} \tag{4.41}$$

festgelegt.
Wie in Abschn. 4.3.1.2 bei der Beschreibung des Induktionsvorganges erläutert, ist für die Wirkung des magnetischen Flusses seine Richtung maßgebend, die aber aus dem Skalarprodukt $\vec{B} \cdot \vec{A}$ nicht ohne weiteres zu ersehen ist. Daher muß analog der skalaren Größe $I = \vec{S} \cdot \vec{A}$ auch die skalare Größe magnetischer Fluß Φ als **Zählpfeilgröße** aufgefaßt werden.
Es ist festgelegt, daß der **Zählpfeil für den magnetischen Fluß** Φ immer in Richtung des Flächenvektors $d\vec{A}$ anzutragen ist. Der Zählpfeil für Φ hat aber keinen Vektorcharakter wie die Fläche oder die Induktion. Er gibt lediglich an, in welcher Richtung das resultierende Feld in einer Fläche diese durchdringt. Beispielsweise kann die in Bild 4.16 skizzierte gewölbte Fläche A nicht durch einen einzigen Flächenvektor $\vec{A}$ gekennzeichnet werden, sondern nur durch die Summe der Flächenelementvektoren $d\vec{A}$, die in unterschiedlichen räumlichen Richtungen

liegen. Gleichwohl kann aber der ganzen Fläche A ein einziger Zählpfeil Φ zugeordnet werden, da dieser nur qualitativ die Wirkungsrichtung des resultierenden Feldes durch diese Fläche beschreiben soll. In Bild 4.16 ist der Zählpfeil Φ also von links unten nach rechts oben durch die Fläche weisend anzutragen.

Da die Richtung des senkrecht zur Fläche definierten Flächenvektors zunächst willkürlich gewählt werden kann, ergibt sich auch die Richtung des Zählpfeiles für den Fluß durch diese Fläche willkürlich. Allerdings wird sich das Vorzeichen des nach Gl. (4.37) bzw. (4.40) berechneten magnetischen Flusses abhängig von der gewählten Richtung des Flächenvektors und damit des Zählpfeiles für Φ positiv oder negativ ergeben. Wählt man beispielsweise wie in Bild 4.18 den Flächenvektor $\vec{A}_1$ und damit den Zählpfeil Φ_1 nach oben weisend, so ergibt sich bei dem eingezeichneten Induktionsverlauf $\vec{B}$ nach Gl. (4.40) der magnetische Fluß $\Phi_1 = A_1 B \cos \alpha_1$ positiv. Wählt man die Richtung des Flächenvektors $\vec{A}_2$ und des zugehörigen Zählpfeils Φ_2 nach unten weisend, so ergibt sich bei demselben Induktionsverlauf nach Gl. (4.40) der magnetische Fluß $\Phi_2 = A_2 B \cos(\pi - \alpha_2)$ aber negativ.

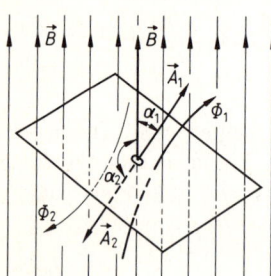

4.18
Zur Richtungsdefinition für den Zählpfeil des magnetischen Flusses Φ

Beispiel 4.9. In dem in Bild 4.19a skizzierten homogenen magnetischen Feld mit der Induktion $B = 0{,}5$ T zwischen den Polen eines Naturmagneten befindet sich eine Drahtschleife mit der Länge $l = 10$ cm und der Breite $b = 5$ cm in einer Ebene, die um den Winkel $\alpha = 30°$ gegenüber den Polebenen geneigt ist. Der magnetische Fluß Φ durch die Drahtschleife ist zu bestimmen. Die Drahtschleife soll als Linienleiter (Leiterdurchmesser vernachlässigbar klein) aufzufassen sein, d. h., die eingeschlossene Fläche ist durch die Mittellinie des Leiters eindeutig bestimmt.

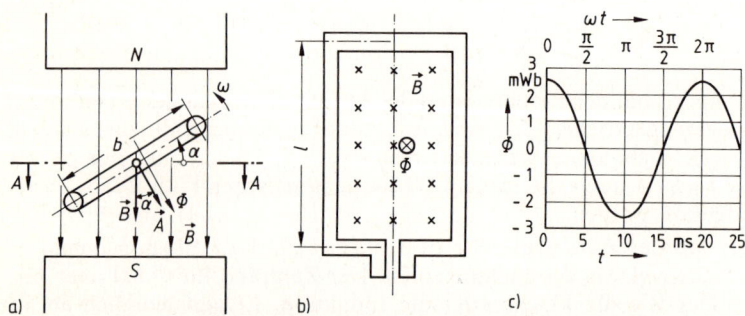

4.19 Drehende Drahtschleife in einem zeitlich konstanten Magnetfeld
 a) Längsschnitt durch den Feldraum mit begrenzenden Polen, b) Querschnitt $A-A$,
 c) Zeitverlauf des magnetischen Flusses Φ durch die mit der Winkelgeschwindigkeit ω rotierende Drahtschleife

4.1.3 Integrale Größen des magnetischen Feldes

Die Drahtschleife begrenzt eine ebene Fläche, die in ihrer Gesamtheit durch den einen Flächenvektor $\vec{A}$ mit dem Betrag $A = bl$ beschrieben werden kann. Der Vektor $\vec{A}$ senkrecht zur Fläche wird, wie in Bild **4.19**a skizziert, – willkürlich – nach unten gerichtet angenommen. Da in dem homogenen Feld in jedem Punkt der Fläche A der Induktionsvektor $\vec{B}$ denselben Betrag B und dieselbe Winkellage α gegenüber dem Flächenvektor $\vec{A}$ hat, kann der magnetische Fluß Φ nach Gl. (4.40) berechnet werden.

$$\Phi = \vec{b} \cdot \vec{A} = (0{,}5 \text{ Vs/m}^2)\, 0{,}1 \text{ m} \cdot 0{,}05 \text{ m} \cdot \cos 30° = 2{,}16 \text{ mVs} \tag{4.42}$$

Der magnetische Fluß ergibt sich als positiver Zahlenwert für den in Richtung von A anzutragenden Zählpfeil für Φ.

Beispiel 4.10. In Beispiel 4.9 ist eine im Magnetfeld stillstehende Drahtschleife betrachtet. Bei sonst unveränderten Gegebenheiten soll nun eine Drehung dieser Drahtschleife um ihre Längsachse mit der konstanten Winkelgeschwindigkeit [9] $\omega = 2\pi \cdot 50/\text{s}$ angenommen werden; zur Zeit $t = 0$ liege die Schleifenebene parallel zu den Polflächen. Es ist der Fluß Φ durch die Drahtschleife zu berechnen.

Infolge der Drehung der Drahtschleife ergibt sich der ihre räumliche Lage in Bild **4.19**a beschreibende Winkel α als Zeitfunktion $\alpha_t = \omega t$. Der Flächenvektor $\vec{A}$ und damit der Zählpfeil Φ werden wie in Bild **4.19**a angetragen. Sie ändern ihre Lage relativ zur hier betrachteten Drahtschleife nicht, auch wenn diese gedreht wird. Damit ändert sich aber der Winkel α_t zwischen Induktions- und Flächenvektor zeitlich, und der magnetische Fluß ergibt sich nach Gl. (4.40) als Zeitfunktion

$$\Phi_t = \vec{A} \cdot \vec{B} = (0{,}5 \text{ Vs/m}^2)\, 0{,}1 \text{ m} \cdot 0{,}05 \text{ m} \cdot \cos(2\pi \cdot 50\, t/\text{s}) = 2{,}5 \text{ mWb} \cdot \cos(2\pi \cdot 50\, t/\text{s})\,. \tag{4.43}$$

Die Zeitfunktion für den magnetischen Fluß Φ_t ist in Bild **4.19**c dargestellt und ist wie folgt zu deuten. In den Abschnitten $t = 0$ bis 5 ms; 15 ms bis 25 ms usw., in denen Φ_t positive Werte zeigt, stimmt die Wirkungsrichtung des magnetischen Feldes auf die Drahtschleife mit der Richtung des eingetragenen Zählpfeiles Φ überein, in den Abschnitten $t = 5$ ms bis 15 ms; 25 ms bis 35 ms usw., in denen Φ_t negative Werte zeigt, ist die Wirkungsrichtung dagegen umgekehrt zu der durch den Zählpfeil beschriebenen Richtung. Auf die Bedeutung der so beschriebenen Wirkungsrichtung, z. B. für die Polarität der induzierten Spannung, wird in Abschn. 4.3.1.2 und 4.3.1.3 insbesondere in den Beispielen 4.21 bis 4.23 eingegangen.

Abschließend sei noch eine Eigenheit des magnetischen Feldes erläutert, die anschaulich bereits aus Bild **4.2** bis **4.4** folgt. In diesen Bildern kann man sich jede Feldlinie als Mittellinie aneinandergrenzender Flußröhren vorstellen, die ohne Anfang und Ende die sie erregenden stromdurchflossenen Leiter umschlingen. **Quellen des Feldes** mit dort beginnenden Feldlinien, wie etwa im elektrostatischen Feld (s. Abschn. 3.2.4) z.B. bei Bild **3.18**, gibt es im magnetischen Feld **nicht**, jedenfalls nicht in dem hier betrachteten Induktionsfeld $\vec{B}$. Eine formale Analogie besteht zwischen dem magnetischen B-Feld und dem stationären elektrischen Strömungsfeld. Bei ersterem ergibt sich der magnetische Fluß Φ als Integral des Skalarproduktes aus dem quellenfreien $\vec{B}$-Vektor und dem Flächenvektor $\vec{A}$, bei letzterem der Strom I als Integral des Skalarproduktes aus dem quellenfreien stationären Stromdichtevektor $\vec{S}$ und dem Flächenvektor $\vec{A}$. In beiden Fällen kann sich der Fluß Φ bzw. der Strom I in Knotenpunkten wohl verzweigen, aber immer nur so, **daß an jeder Stelle des geschlossenen Kreises die Summe der in den parallelen Zweigen auftretenden Teilflüsse bzw. Teilströme** (s. Abschn. 1.3.2.2) **gleich bleibt.**

4.1.3.4 Ohmsches Gesetz des magnetischen Kreises. In Abschn. 4.1.2.2 ist für die Ringspule nach Bild **4.**7 der Zusammenhang zwischen der Durchflutung $\Theta = NI$ (Windungszahl der Spule N, Spulenstrom I) und der von dieser in der Spule erregten Induktion B mit Gl. (4.4) beschrieben. Unter den genannten Voraussetzungen, daß die mit der mittleren Spulenlänge $l = \pi d_R$ berechnete Induktion $B = \mu NI/l = \mu\Theta/l$ über die Windungsfläche A_q der Ringspule konstant angenommen werden kann, beträgt nach Gl. (4.40) der Fluß Φ in der Ringspule

$$\Phi = BA_q = \Theta \mu A_q / l \,. \tag{4.44}$$

Der in dem geschlossenen magnetischen Kreis auftretende Fluß Φ ist proportional seiner Ursache, der Durchflutung Θ, und einem Faktor, der nur von dem Material und der Geometrie des magnetischen Kreises abhängig ist. Analog zum Ohmschen Gesetz $I = UG$, welches in ähnlicher Weise über den elektrischen Leitwert $G = 1/R$ die Verknüpfung von Ursache (elektrische Spannung U) und Wirkung (elektrischer Strom I) im elektrischen Kreis beschreibt (s. Abschn. 1.2.1), wird die Größe

$$\Lambda = \mu A / l$$

als **magnetischer Leitwert** der Ringspule bezeichnet. Der für den speziellen Fall der Ringspule gezeigte Zusammenhang läßt sich weitgehend zu dem „**Ohmschen Gesetz**" **des magnetischen Kreises**

$$\Phi = \Theta \Lambda = \Theta / R_m \,, \tag{4.45}$$

verallgemeinern, das auch als **Hopkinsonsches Gesetz** bezeichnet wird. Die Durchflutung Θ bewirkt in einem magnetischen Kreis einen sich endlos um Θ schließenden magnetischen Fluß Φ, dessen Betrag von dem magnetischen Leitwert Λ bzw. magnetischen Widerstand R_m des Kreises abhängig ist.

Häufig empfiehlt es sich, den geschlossenen magnetischen Kreis wie bei elektrischen Stromkreisen in n solche Teilabschnitte zu zerlegen, in denen jeweils der Feldverlauf als homogen angenommen werden kann, so daß ihre magnetischen Teilwiderstände $R_{m\nu}$ ähnlich wie bei der Ringspule berechnet werden können. Ist l_ν die Länge, A_ν die Fläche und μ_ν die Permeabilität eines solchen ν-ten Teilabschnittes, so ergibt sich für diesen der magnetische Teilwiderstand

$$R_{m\nu} = 1/\Lambda_\nu = l_\nu / (A_\nu \mu_\nu) \,. \tag{4.46}$$

Besteht der geschlossene magnetische Kreis aus n hintereinandergeschalteten Teilabschnitten, so kann der magnetische Kreiswiderstand

$$R_m = \sum_{\nu=1}^{n} R_{m\nu} \tag{4.47}$$

als Summe aller Teilwiderstände berechnet werden.

4.1.3 Integrale Größen des magnetischen Feldes

Setzt man diese Summe in Gl. (4.45) ein ($\Phi R_m = \Theta$) und ersetzt die Durchflutung Θ durch Gl. (4.19), so erkennt man durch Vergleich dieses Ausdruckes

$$\Phi \sum_{\nu=1}^{n} R_{m\nu} = \Theta = \oint \vec{H} \cdot d\vec{l} \qquad (4.48)$$

mit Gl. (4.26), daß sich das Umlaufintegral $\oint \vec{H} \cdot d\vec{l}$ auch als Summe der magnetischen Teilspannungen V_ν entlang dieses geschlossenen Umlaufes (magnetische Umlaufspannung $\overset{\circ}{V}$) deuten läßt.

$$\Theta = \Phi \sum_{\nu=1}^{n} R_{m\nu} = \overset{\circ}{V} = \sum_{\nu=1}^{n} V_\nu \qquad (4.49)$$

Damit gilt aber auch für jeden Teilabschnitt eines magnetischen Kreises, daß das Produkt aus magnetischem Fluß Φ und magnetischem Widerstand $R_{m\nu}$ gleich ist der magnetischen Spannung

$$V_\nu = \Phi R_{m\nu}. \qquad (4.50)$$

In Tafel 4.20 sind die analogen Größen des elektrischen Strömungsfeldes und des magnetischen Feldes einander gegenübergestellt.

Tafel 4.20 Analoge Größen des elektrischen Strömungsfeldes und des magnetischen Feldes

Feld	Ursache	Wirkung	Verbindende Größen		
elektrisches Strömungsfeld	Quellenspannung U_q	Strom I	Widerstand R	Leitwert G	Leitfähigkeit γ
magnetisches Feld	Durchflutung Θ	Fluß Φ	magnetischer Widerstand R_m	magnetischer Leitwert Λ	Permeabilität μ

So anschaulich nun diese Analogiebetrachtungen auch erscheinen mögen, so muß doch nachdrücklich darauf verwiesen werden, daß ihre Anwendung bei der quantitativen Lösung praktischer Aufgabenstellung i. allg. **keinen Nutzen bringt**. Dies liegt daran, daß im Gegensatz zu elektrischen Stromkreisen der Widerstand $R_{m\nu}$ in den am häufigsten vorkommenden magnetischen Kreisen mit Eisen nicht konstant ist, sondern vom Fluß Φ abhängt (s. Abschn. 4.2). Sollen dagegen Fluß- oder magnetische Spannungsverteilungen lediglich qualitativ abgeschätzt werden, können die aufgezeigten Analogien im Zusammenhang mit der Strom- bzw. Spannungsteilerregel (s. Abschn. 1.5.2.3 und 1.5.1.3) sehr wohl nützlich sein. Wie für elektrische Kreise gilt auch für magnetische folgende Regel:

Bei **Reihenschaltungen** magnetischer Widerstände $R_{m\nu}$, in denen der gleiche magnetische Fluß $\Phi = V_1/R_{m1} = V_2/R_{m2} = \ldots$ auftritt, sind die magnetischen Spannungen V_ν proportional den magnetischen Widerständen $R_{m\nu}$, an denen sie auftreten.

$$V_1/V_2 = R_{m1}/R_{m2} \qquad (4.51)$$

168 4.1 Beschreibung und Berechnung des magnetischen Feldes

Bei **Parallelschaltungen** magnetischer Widerstände $R_{m\nu}$ an der gleichen magnetischen Spannung $V = \Phi_1 R_{m1} = \Phi_2 R_{m2} = \ldots$ sind die magnetischen Flüsse Φ_ν umgekehrt proportional den Widerständen $R_{m\nu}$, in denen sie auftreten.

$$\Phi_1/\Phi_2 = R_{m2}/R_{m1} \qquad (4.52)$$

4.1.4 Überlagerung magnetischer Felder

Soll das von mehreren stromdurchflossenen Leitern erregte magnetische Feld bestimmt werden, so kann diese Aufgabe häufig dadurch erleichtert werden, daß man zunächst die Felder aller Einzelleiter und durch deren Überlagerung das gesuchte **resultierende Feld** ermittelt. Es werden also die in einem Raumpunkt für jeden Einzelleiter berechneten Feldvektoren geometrisch addiert. Zu beachten ist allerdings, daß dieses Verfahren – wie alle Überlagerungsverfahren – nur in **linearen Räumen** zulässig ist, d.h. in solchen Räumen, in denen die Permeabilität μ konstant, also nicht von der Induktion abhängig ist. Für ferromagnetische Stoffe ist dieses Verfahren also nicht anwendbar.

Als einfaches Beispiel mit einer erheblichen praktischen Bedeutung wird das Feld von zwei geraden und parallelen Leitern nach Bild 4.21b betrachtet. Diese Anordnung liegt überall dort vor, wo Hin- und Rückleitung eines Stromkreises parallel geführt sind (z. B. bei Freileitungen und Sammelschienen). Angenommen wird daher, daß die beiden Leiter in verschiedener Richtung vom Strom I durchflossen sind. In der Leiterumgebung sollen sich keine ferromagnetischen Stoffe befinden, so daß eine relative Permeabilität $\mu_r = 1$ (z. B. Luft) vorausgesetzt werden kann.

Für den einzelnen unendlich langen geraden Leiter mit kreisförmigem Querschnitt ist das Feld der magnetischen Feldstärke $\vec{H}$ in den Beispielen 4.4 und 4.5 berechnet. Da μ_r in Luft, Isolationsmaterial und Kupfer praktisch den gleichen Wert 1 hat, ergibt sich mit Gl. (4.23) bzw. (4.25) in Beispiel 4.4 bzw. 4.5 der Betrag der Induktion $B = \mu H$

außerhalb des Leiters $\qquad B_a = \mu_0 I/(2\pi r)$
und innerhalb des Leiters $\qquad B_i = \mu_0 I r/(2\pi r_0^2)$.

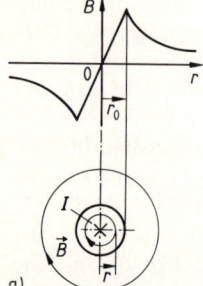
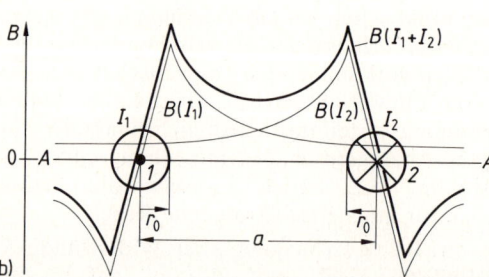

4.21 Betrag der Induktion B in einer ebenen Fläche durch die Mittellinie unendlich langer gerader Leiter
a) stromdurchflossener Einzelleiter, b) in entgegengesetzter Richtung von gleich großen Strömen $I_1 = I_2$ durchflossene parallel zueinander liegende Leiter

4.1.4 Überlagerung magnetischer Felder

Die *B*-Feldlinien stellen konzentrische Kreise dar, wie in den Bildern **4.11** und **4.12** dargestellt. Der Betrag der Induktion *B* eines Einzelleiters in einer Ebene durch die Mittellinie des Leiters ist in Bild **4.21a** in Abhängigkeit von dem Abstand *r* zur Mittellinie dargestellt. Der Wechsel des Vorzeichens von *B* bei $r=0$ soll die entgegengesetzte Richtung des Induktionsvektors links und rechts der Leitermittellinie kennzeichnen.

Für die Doppelleitung nach Bild **4.21b** läßt sich nun das resultierende Feld durch Überlagerung der Felder der Einzelleiter bestimmen. Beispielhaft wird hier nur das Feld in der Ebene *A–A* betrachtet, die durch die Mittellinien der Leiter *1* und *2* geht. In Bild **4.21b** sind die Beträge der Induktionen $B(I_1)$ und $B(I_2)$ der Einzelfelder, die von den Leiterströmen I_1 bzw. I_2 entsprechend Bild **4.21a** erregt werden, unter Beachtung der unterschiedlichen Stromrichtungen aufgetragen. Der Induktionsvektor $\vec{B}$ steht senkrecht auf der Ebene *A–A* und weist nach oben, wenn *B* positiv, und nach unten, wenn *B* negativ aufgetragen ist. Das resultierende Feld $B(I_1+I_2)$ kann somit durch algebraische Addition der Kurven $B(I_1)$ und $B(I_2)$ ermittelt werden und ergibt sich als die in Bild **4.21b** dick ausgezogene Kurve. Zwischen den Leitern addieren sich die Einzelfelder zu einem verstärkten, nach oben gerichteten resultierenden Feld. Außerhalb der Leiter subtrahieren sich die Einzelfelder; das resultierende Feld ist nach unten gerichtet und nimmt umgekehrt proportional mit dem Abstand von den Leitern ab.

Beispiel 4.11. Für die Umgebung der in Bild **4.22a** skizzierten Leiteranordnung eines Dreiphasensystems soll das magnetische Feld berechnet werden. Die Leiter liegen im Luftraum ($\mu = \mu_0$) in den Ecken eines gleichseitigen Dreiecks mit 20 cm Seitenlänge. Sie verlaufen parallel zueinander und können als unendlich lang angenommen werden. Als Demonstration des grundsätzlichen Rechenganges soll die Induktion $\vec{B}$ in den Raumpunkten *A*, *B* und *C* für den Zeitpunkt bestimmt werden, zu dem die Augenblickswerte der Ströme für die eingezeichneten Stromzählpfeile (alle drei weisen in die Bildebene) $I_1 = -100$ A und $I_2 = I_3 = +50$ A betragen.

Punkt *A* liegt in der Mitte von Leiter *1*, so daß hier vom Strom I_1 keine Induktion erregt wird ($B_1 = 0$). Die Leiter 2 und 3 sind $r_{A2} = r_{A3} = r_A = 20$ cm entfernt, so daß sie mit $B = \mu H$ nach Gl. (4.23) je die Induktion

$$B_2 = B_3 = \mu_0 I_2/(2\pi r_A) = (4\pi \cdot 10^{-7} \text{ H/m}) \, 50 \text{ A}/(2\pi \cdot 20 \text{ cm}) = 50 \, \mu\text{T}$$

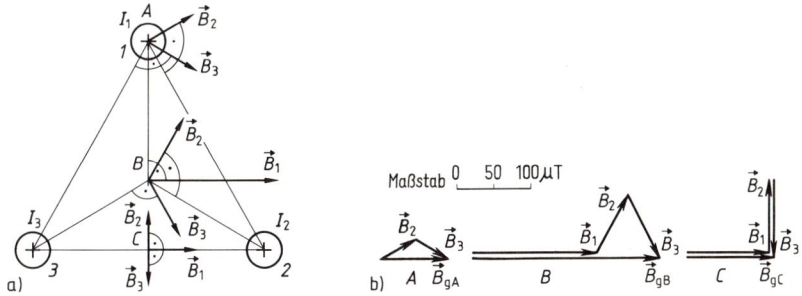

4.22 Überlagerung der magnetischen Felder stromdurchflossener Einzelleiter
a) in den Punkten *A*, *B* und *C* erregte Induktion (Beträge sind nicht maßstäblich gezeichnet) der Einzelleiter *1*, *2* und *3*, b) geometrische Addition der Einzelinduktionen für die Punkte *A*, *B*, *C*

erregen. Da diese Induktionen nicht gleichgerichtet sind, müssen sie ihrer Richtung entsprechend **vektoriell** zusammengesetzt werden. Das ist graphisch in Bild **4.22b** durchgeführt. Der Induktionsvektor $\vec{B}_2$ liegt senkrecht zur Verbindungslinie A–2, rechtswendig um I_2 (s. Bild **4.22a**), $\vec{B}_3$ liegt senkrecht zu A–3, rechtswendig um I_3. Mit dem in Bild **4.22b** angegebenen Maßstab ergibt sich die resultierende Induktion $B_{gA} = 87\ \mu T$.

Punkt B hat zu den drei Leitern die gleiche Entfernung $r_{B1} = r_{B2} = r_{B3} = r_B = 20\ \text{cm}/\sqrt{3} = 11{,}6\ \text{cm}$. Der Strom I_1 erregt entsprechend Gl. (4.23) an der Stelle B die Induktion

$$B_1 = \mu_0 I_1/(2\pi r_B) = (4\pi \cdot 10^{-7}\ \text{H/m})\ 100\ \text{A}/(2\pi \cdot 11{,}6\ \text{cm}) = 172\ \mu T\,,$$

während B_2 und B_3 infolge der halb so großen Ströme $I_2 = I_3 = 50\ \text{A}$ nur halb so groß sind ($B_2 = B_3 = 0{,}5\ B_1 = 86\ \mu T$).

Bei der in Bild **4.22b** skizzierten Überlagerung der drei Induktionen ist zu beachten, daß $\vec{B}_2$ und $\vec{B}_3$ rechtswendig dem Stromdichtevektor $\vec{S}$, also den Zählpfeilen für I_2 und I_3, $\vec{B}_1$ aber linkswendig dem Zählpfeil für I_1 zuzuordnen ist, da I_2 und I_3 mit positivem, I_1 aber negativem Zahlenwert angegeben ist. (I_1 fließt tatsächlich entgegengesetzt der eingetragenen Zählpfeilrichtung.) Als Ergebnis liefert die graphische Addition $B_{gB} = 258\ \mu T$.

In **Punkt C** schließlich tritt nur die Induktion B_1 auf, verursacht durch I_1 im Leiter 1, da sich die gleich großen Teilinduktionen B_2 und B_3 aufheben. In ähnlichen Rechnungen wie vorher erhält man $B_1 = 116\ \mu T$ und $B_2 = B_3 = 100\ \mu T$. Die resultierende Induktion ist $B_{gC} = B_1 = 116\ \mu T$.

Die graphische Ermittlung überlagerter Felder ist auch in Bild **4.65** und **4.66** gezeigt.

4.1.5 Magnetisches Feld in Materie

In Materie bildet sich das Magnetfeld anders aus als im Vakuum. Da heute als Ursache des Magnetfeldes ausschließlich die bewegte Ladung angesehen wird, müssen also in der Materie Ladungsbewegungen stattfinden, die ein – sozusagen der Materie eigenes – zusätzliches Magnetfeld erregen. Für die hier interessierende makroskopische Beschreibung des Feldes kann auf die Erklärung der recht komplizierten mikrokosmischen Vorgänge verzichtet werden, und es genügt die einfache, aber hier ausreichende Modellvorstellung, daß sich im Inneren der Materie mikrokosmische Kreisströme Δi ausbilden, die jeweils ein zu ihrer Kreisbahn senkrecht stehendes Elementarfeld $\Delta \vec{B}$ erregen (Bild **4.23**). Da aber selbst diese grobe Modellvorstellung als Grundlage einer quantitativen Berechnung zu kompliziert ist, begnügt man sich damit, wie schon in Abschn. 4.1.2.3 beschrieben, die resultierende Elementarerregung über die Permeabilitätszahl μ_r in die Rechnung einzuführen.

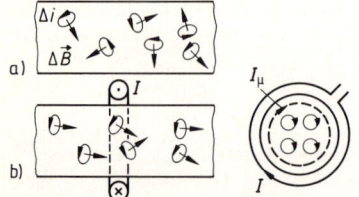

4.23
Modellvorstellung innerer Elementarerregungen $\Delta \vec{B}$ in Materie
a) unregelmäßig orientiert ohne äußere Erregung,
b) regelmäßig orientiert bei äußerer Erregung durch den makroskopischen Strom I
I_μ resultierender Kreisstrom der mikrokosmischen Elementarströme Δi

4.1.5.1 Typisches Verhalten der Materie im Magnetfeld. Hinsichtlich ihres magnetischen Verhaltens kann die Materie aus der für die Praxis interessierenden makroskopischen Sicht in die im folgenden beschriebenen Gruppen unterteilt werden.

4.1.5 Magnetisches Feld in Materie

Dabei wird auf die oben erwähnte Modellvorstellung Bezug genommen, nach der in Materie elementare Kreisströme Δi auftreten. Die von ihnen erregten Elementarfelder $\Delta \vec{B}$ sind allerdings im unmagnetisierten Zustand so unregelmäßig orientiert (Bild 4.23a), daß kein resultierendes Feld nach außen in Erscheinung tritt.

Bleibt in einer Materie die regellose Orientierung der Elementarfelder auch erhalten, wenn in ihr ein von außen eingeprägtes magnetisches Feld auftritt, so spricht man von einem **magnetisch neutralen Stoff**, für den die Permeabilitätszahl $\mu_r = 1$ ist, z. B. Luft. Dagegen orientieren sich in den magnetisch nicht neutralen Stoffen die Elementarströme unter Einwirkung eines äußeren Feldes in einer Richtung (Bild 4.23b), d.h., es bildet sich eine von Null verschiedene, resultierende innere Erregung I_μ aus, die ein zusätzliches, sozusagen inneres Feld erregt, das sich dem äußeren überlagert.

In den **diamagnetischen Stoffen** wirken die inneren Erregungen dem äußeren Feld entgegen und schwächen dieses ($\mu_r < 1$). Die bekannten diamagnetischen Stoffe bilden aber nur ein äußerst geringes Gegenfeld aus (z. B. Wismut: $\mu_r = 1 - 0{,}16 \cdot 10^{-3}$). Für diamagnetische Stoffe hat die Permeabilitätszahl μ_r **unabhängig von B bzw. H einen konstanten Wert.**

Die Materie, in der die inneren Erregungen verstärkend auf das äußere Feld einwirken, unterteilt man in zwei weitere Gruppen. **Paramagnetische Stoffe** zeigen wie die diamagnetischen nur eine äußerst schwache, allerdings verstärkende Wirkung auf das äußere Feld ($\mu_r > 1$) (z. B. Palladium: $\mu_r = 1 + 0{,}78 \cdot 10^{-3}$). Auch für paramagnetische Stoffe ist μ_r eine konstante Größe, **die nicht von B bzw. H abhängt.**

In **ferromagnetischen Stoffen** treten sehr große verstärkende innere Erregungen auf (μ_r bis 10^5), die aber **abhängig sind von der Induktion innerhalb des Stoffes**. Die Permeabilitätszahl $\mu_r = f(B)$ ist für ferromagnetische Stoffe also keine Konstante, sondern eine Funktion der Induktion B. Außerdem fallen die einmal durch ein äußeres Feld in eine bestimmte Richtung orientierten Elementarströme nach Verschwinden des äußeren Feldes nicht vollständig wieder in ihre regellose Ausgangslage zurück, d. h., es bleibt ein der Materie eigenes Feld bei diesen Stoffen zurück. Je nachdem in welcher Stärke das Eigenfeld bestehen bleibt, unterscheidet man **weichmagnetische Stoffe** und **hartmagnetische Stoffe** (Naturmagnete).

4.1.5.2 Brechung magnetischer Feldlinien. Verläuft ein magnetisches Feld in beliebiger Richtung zur Grenzfläche zwischen zwei Medien mit unterschiedlicher Permeabilität, so ändern erfahrungsgemäß Induktion und Feldstärke ihre Größe und Richtung beim Übertritt vom einen in das andere Medium. Zur Untersuchung dieser Erscheinung betrachten wir in Bild 4.24 die im Punkt A der Grenzfläche aus dem Medium mit der Permeabilitätszahl μ_{r1} in der Richtung $\vec{B}_1$ ankommende Feld-

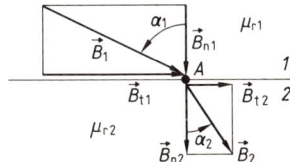

4.24
Brechung einer magnetischen Feldlinie an der Grenzschicht zwischen Materien unterschiedlicher Permeabilität

linie. Der Betrag der Induktion im Punkt A des Feldmediums *1* ist durch die Länge des Pfeiles $\vec{B}_1$ dargestellt. Denken wir uns diese Induktion nun in eine Normalkomponente $\vec{B}_{n1}$ und eine Tangentialkomponente $\vec{B}_{t1}$ zerlegt, so folgt aus der Quellenfreiheit der Induktion für die Normalkomponente, daß sie unverändert durch die Grenzfläche geht.

$$\vec{B}_{n1} = \vec{B}_{n2} = \vec{B}_n \tag{4.53}$$

Anders verhält sich die Tangentialkomponente $\vec{B}_{t1}$ der Induktion. Für einen beidseitig parallel zur Grenzfläche verlaufenden Fluß sind die Feldlinien sozusagen „parallel" geschaltet. Dabei müssen zu beiden Seiten der Grenzfläche die magnetischen Feldstärken $\vec{H}_t$ gleich sein, da nur dann infolge der gleichen Länge die gleiche magnetische Spannung entlang der Grenzlinie auftritt, die bei fehlender Durchflutung in der Grenzfläche nach dem Durchflutungssatz erzwungen wird. Daraus folgt

$$H_{t1} = H_{t2} \quad \text{oder} \quad B_{t1}/(\mu_{r1}\mu_0) = B_{t2}/(\mu_{r2}\mu_0) \tag{4.54}$$

mit den Permeabilitätszahlen μ_{r1} und μ_{r2} der beiden Medien.
Die Tangentialkomponenten der Induktion B_{t1} und B_{t2} verhalten sich also in den beiden Medien wie deren Permeabilitätszahlen.

$$B_{t1}/B_{t2} = \mu_{r1}/\mu_{r2} \tag{4.55}$$

Damit liegen $\vec{B}_n$ und $\vec{B}_{t2}$ bzw. $\vec{B}_{t1}$ fest, woraus die Induktion $\vec{B}_2$ nach Größe und Richtung bestimmt werden kann. Bildet man für den Einfallwinkel α_1 und den Ausfallwinkel α_2 der Induktion $\vec{B}$ entsprechend Bild **4.24** den Tangens

$$\tan\alpha_1 = B_{t1}/B_n ; \quad \tan\alpha_2 = B_{t2}/B_n$$

und dividiert beide Gleichungen durcheinander, so ergibt sich nach Einsetzen der Gl. (4.55) für die Brechung der Feldlinien an Grenzflächen

$$\tan\alpha_1/\tan\alpha_2 = \mu_{r1}/\mu_{r2} . \tag{4.56}$$

Hat beispielsweise das Medium *1* eine sehr große Permeabilitätszahl μ_{r1} (z. B. die für Eisen), das Medium *2* dagegen eine kleine Permeabilitätszahl μ_{r2} (z. B. 1 für Luft), so wird auch der Winkel α_1 sehr viel größer als der Winkel α_2 sein. Da Eisen im allgemeinen die 100- bis über 1000fache Permeabilität der Luft aufweist, ist α_2 meist sehr klein [$\tan\alpha_2 = (\tan\alpha_1)/\mu_{r\,\text{Fe}}$], d. h., die Feldlinien treten in der Regel **praktisch senkrecht in die Luft über**.

4.2 Magnetisches Feld in Eisen

4.2.1 Ferromagnetische Eigenschaften

Die auffallenden Kennzeichen ferromagnetischer Materie sind die extrem verstärkende Wirkung auf das resultierende Magnetfeld und die Abhängigkeit dieser Wirkung von dem Wert der Induktion. Dieses quantitativ wie auch qualitativ unterschiedliche Verhalten gegenüber dem der paramagnetischen Materie erklärt sich aus dem gegenüber dieser grundsätzlich anderen magnetischen Wirkungsmechanismus im molekularen Bereich. Allgemein läßt sich feststellen, daß der Zusammenhang zwischen Induktion und Feldstärke, also die Permeabilität, bestimmt wird durch die auftretende Induktion bzw. Feldstärke, die Eisensorte und durch die Vorgeschichte des betrachteten Eisens, d.h. durch den Magnetisierungszustand, der zuletzt eingestellt war. Außerdem wird dieser Zusammenhang von der Temperatur und eventuell vorhandenen mechanischen Spannungen beeinflußt.

Da die Magnetisierungsvorgänge in Eisen äußerst kompliziert sind, werden sie für praktische Anwendungen nicht analytisch auf die Vorgänge in der Mikrostruktur zurückgeführt, sondern über die experimentell aufgenommene Abhängigkeit der Induktion B von der magnetischen Feldstärke H beschrieben. Die so ermittelte Funktion $B = f(H)$ wird i. allg. graphisch oder auch tabellarisch angegeben und den praktischen Rechnungen zugrundegelegt (s. Abschn. 4.2.1.2). Für den Einsatz von Digitalrechnern muß eine graphisch vorliegende Funktion $B = f(H)$ tabelliert oder durch einen analytischen Ausdruck approximiert werden.

Interessiert die Permeabilität μ oder die Permeabilitätszahl $\mu_r = \mu/\mu_0$, so kann diese aus dem experimentell aufgenommenen Zusammenhang $B = f(H)$ als $\mu = B/H$ entsprechend Gl. (4.13) ebenfalls als Funktion der magnetischen Feldstärke oder auch der Induktion [$\mu_r = f(H)$ oder $\mu_r = f(B)$] berechnet und dargestellt werden.

4.2.1.1 Hystereseschleife. Wird in den Innenraum der Kreisringspule nach Bild **4.7** ein Eisenkern eingebaut bzw. die Spule um einen solchen Eisenring gewickelt und speist man diese mit einem veränderlichen Erregerstrom I, so läßt sich die Induktion B in Abhängigkeit von der Feldstärke $H = NI/l$ ermitteln. Die so experimentell aufgenommenen Kurven $B = f(H)$ zeigen grundsätzlich einen in Bild **4.25** dargestellten Verlauf mit folgenden typischen Eigenschaften:

Die Abhängigkeit der Induktion B von der magnetischen Feldstärke H ist in hohem Maße **nichtlinear**.

Die Abhängigkeit $B = f(H)$ ist **nicht eindeutig**. Bei ansteigender magnetischer Feldstärke H werden (für gleiche H-Werte) kleinere Induktionswerte B ermittelt als bei fallender.

Die Induktionswerte B sind in Eisen **wesentlich größer** als die bei gleicher magnetischer Feldstärke H in Luft auftretenden.

Wird eine bestimmte Eisensorte von einem völlig unmagnetisierten Zustand ausgehend erregt (s. Bild **4.25**), ist bei $I = 0$ und damit $H = 0$ auch die Induktion Null ($B = 0$). Mit zunehmender magnetischer Feldstärke H steigt die Induktion B entsprechend der Kurve *1* an, die man als **Neukurve** bezeichnet. Wird – in dem hier

4.2 Magnetisches Feld in Eisen

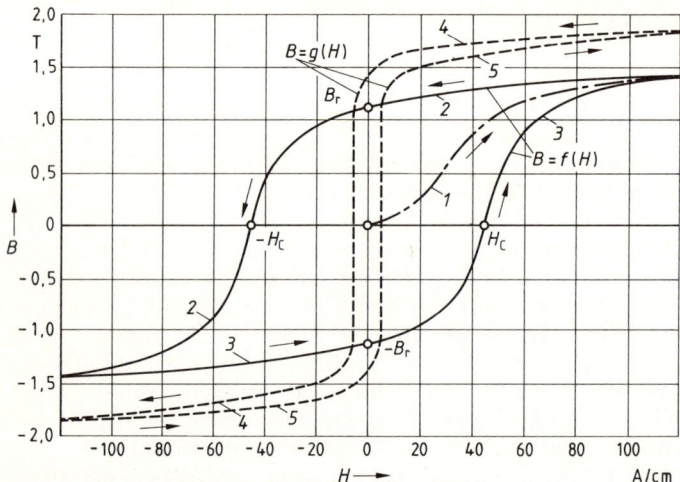

4.25 Hystereseschleifen $B = f(H)$ einer magnetisch harten und $B = g(H)$ einer magnetisch weichen Eisensorte
1 Neukurve der harten Eisensorte, B_r Remanenzinduktion, H_c Koerzitivfeldstärke

betrachteten Experiment – bei etwa $H = 120$ A/cm entsprechend $B = 1,4$ T die Feldstärke H wieder verringert, nimmt die Induktion B nicht entsprechend der Neukurve *1*, sondern entsprechend dem oberen Zweig *2* der dick ausgezogenen Kurve $B = f(H)$ ab, in Bild **4.25** bis $H = -120$ A/cm entsprechend $B = -1,4$ T. Steigt von diesem Punkt – **Umkehrpunkt** – die magnetische Feldstärke H wieder an, so steigt die Induktion B nicht wieder entsprechend dem Zweig *2*, sondern entsprechend dem unteren Zweig *3* der dick ausgezogenen Kurve in Bild **4.25** an, bis der positive Umkehrpunkt bei $H = 120$ A/cm, $B = 1,4$ T wieder erreicht ist.

Ein entsprechend bei einer anderen Eisensorte aufgenommener Verlauf der Induktion in Abhängigkeit von der Feldstärke ist in der gestrichelten Kurve $B = g(H)$ mit den Zweigen *4* und *5* in Bild **4.25** skizziert.

Das beschriebene Experiment zeigt deutlich, daß bei der Magnetisierung von Eisen keineswegs immer zu einer bestimmten magnetischen Feldstärke H der gleiche Induktionswert B gehört. Der Unterschied zwischen den zu einem H-Wert gehörenden B-Werten – Abstand zwischen dem auf- und dem absteigenden Zweig der Kurve $B = f(H)$ – ist einerseits abhängig von der Eisensorte (s. Bild **4.25**) und zum anderen davon, bis zu welchen maximalen Induktionswerten (Umkehrpunkten) die Magnetisierung erfolgt ist (s. Bild **4.26**).

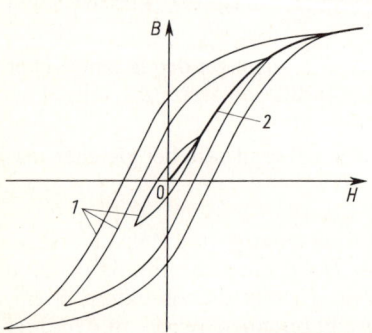

4.26 Hystereseschleifen (*1*) und Magnetisierungs-, d.h. Kommutierungskurve (*2*) einer bestimmten Eisensorte

4.2.1 Ferromagnetische Eigenschaften 175

Man bezeichnet die in den Bildern **4.25** und **4.26** dargestellten zyklischen Magnetisierungsverläufe als **Hystereseschleifen**. Eisensorten mit schmaler Hystereseschleife nennt man magnetisch **weich**, solche mit breiter Schleife **hart**, da sie sich nur mit größerem Aufwand ummagnetisieren lassen. Gekennzeichnet ist die Breite der Hystereseschleifen durch die **Koerzitivfeldstärke** H_c bei der Induktion $B = 0$ und die **Remanenzinduktion** B_r, die beim Abschalten des erregenden Stromes ($H = 0$) **verbleibt** (s. Bild **4.25**).

4.2.1.2 Magnetisierungskurve. Bei relativ schmalen Hystereseschleifen, wie sie z. B. für Eisen gelten, das für Wechselstrommagnetisierung geeignet ist, wird den Rechnungen i. allg. nicht die vollständige Hysteresekurve, sondern eine mittlere **Kommutierungskurve** zugrunde gelegt. Diese als Kommutierungs- oder als **Magnetisierungskurve** bezeichnete Funktion ist die Verbindungslinie aller Umkehrpunkte der bis zu unterschiedlichen maximalen Induktionen aufgenommenen Hystereseschleifen (s. Kurve *2* in Bild **4.26**).

In Bild **4.27** auf der nächsten Seite sind Magnetisierungskurven für verschiedene technisch wichtige, magnetisch weiche Werkstoffe wiedergegeben. Alle Kurven zeigen den für ferromagnetische Stoffe typischen Verlauf, den Übergang in die **Sättigung**. Die Induktion B steigt mit zunehmender Erregung, d. h. zunehmender Feldstärke H, von $H = 0$ aus zunächst relativ steil an, geht dann mit einer mehr oder weniger scharf ausgeprägten Krümmung in einen extrem flachen Anstieg über, der sich asymptotisch einer Tangente der Steigung $dB/dH = \mu_0$ nähert. Der Bereich des kleiner werdenden Anstiegs der Kurve $B = f(H)$ wird als **Sättigungsbereich** bezeichnet, man sagt, das Eisen komme in die Sättigung oder sei gesättigt. Das „Sättigungsknie" liegt bei den meisten Eisensorten zwischen etwa 1,0 T und 1,5 T. Im darüber liegenden Bereich erfordert eine Vergrößerung der Induktion eine unverhältnismäßig große Steigerung der magnetischen Feldstärke und damit der Durchflutung. Es werden daher Induktionen in höheren Sättigungsbereichen möglichst vermieden.

Beispiel 4.12. Für einen Ringkern aus Elektroblech V 360-50 B mit dem mittleren Durchmesser $d_{mi} = 20$ cm sollen verschiedene Magnetisierungszustände berechnet werden.

a) Wie groß müssen die **Durchflutungen** Θ_1 und Θ_2 sein, wenn die Induktionen $B_1 = 0,9$ T und $B_2 = 1,8$ T erregt werden sollen?

Für die Induktion $B_1 = 0,9$ T ist nach der Magnetisierungskurve in Bild **4.27** die magnetische Feldstärke $H_1 = 2,0$ A/cm erforderlich und für $B_2 = 1,8$ T die magnetische Feldstärke $H_2 = 160$ A/cm. Mit der mittleren Länge $l = \pi d_{mi} = \pi \cdot 20$ cm $= 62,8$ cm des Feldes müssen die Durchflutungen $\Theta_1 = H_1 l = (2,0$ A/cm$) \cdot 62,8$ cm $= 126$ A und $\Theta_2 = H_2 l = (160$ A/cm$) \cdot 62,8$ cm $= 10050$ A betragen. Hier zeigt sich der typische Einfluß der Sättigung, infolge der die doppelte Induktion $B_2 = 2 B_1$ die rund 80fache Durchflutung $\Theta_2 \approx 80 \Theta_1$ erfordert.

b) Welche **Permeabilitätszahlen** μ_{r1} und μ_{r2} hat das Eisen in den beiden Magnetisierungsfällen?

Entsprechend Gl. (4.13) erhält man mit Gl. (4.14)

$$\mu_{r1} = B_1/(\mu_0 H_1) = 0,9 \text{ T}/(1,257 \text{ µH m}^{-1} \cdot 2,0 \text{ A cm}^{-1}) = 3580$$

und $\quad \mu_{r2} = B_2/(\mu_0 H_2) = 1,8 \text{ T}/(1,257 \text{ µH m}^{-1} \cdot 160 \text{ A cm}^{-1}) = 89,5$.

Das Beispiel zeigt die starke Abhängigkeit der Permeabilität von der Induktion.

4.2 Magnetisches Feld in Eisen

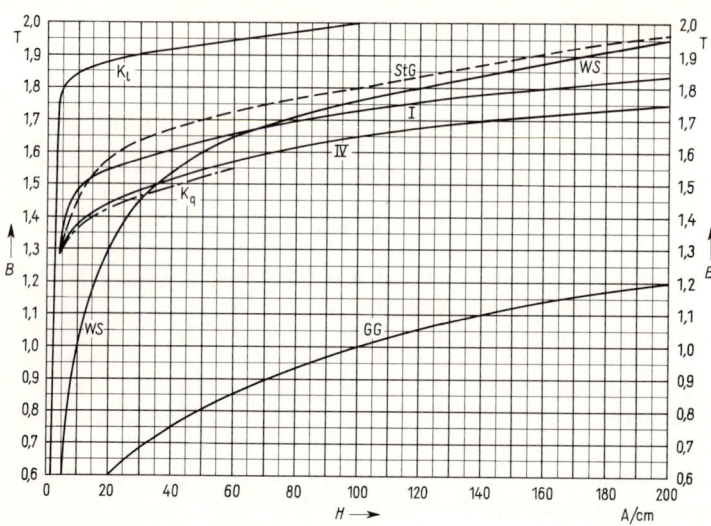

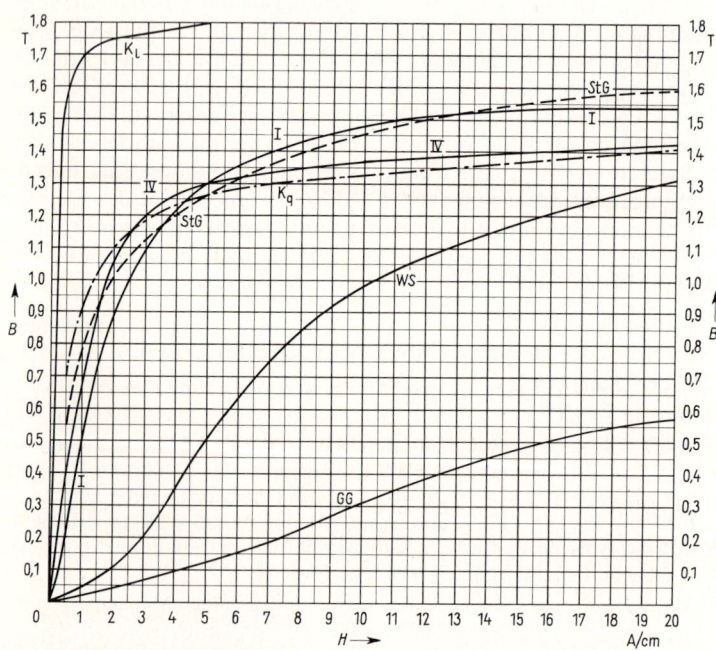

4.27 Magnetisierungskurven von magnetisch weichen Werkstoffen
I Elektroblech V 360-50 B (nach DIN 46400), *IV* Elektroblech V 100-35 B (desgl.), K_l kaltgewalztes, kornorientiertes Blech mit Magnetisierung in Walzrichtung, K_q dasselbe, quer zur Walzrichtung magnetisiert, *GG* Grauguß, *StG* Stahlguß, *WS* Walzstahl

Beispiel 4.13. Zwei Leiter mit den Strömen $I_1 = 100$ A und $I_2 = 200$ A sind entsprechend Bild 4.28 durch einen Stahlgußring mit dem mittleren Durchmesser $d_{mi} = 10$ cm geführt. Wie groß ist die Induktion im Eisenring?

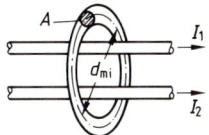

4.28
Eisenring um zwei stromdurchflossene Leiter

Für den mittleren Umfang des Stahlgußringes gilt nach dem Durchflutungssatz Gl. (4.19)

$$\int \vec{H} \cdot d\vec{l} = H \pi d_{mi} = \Theta = I_1 + I_2 ,$$

da $\vec{H}$ über den Umfang konstant ist und immer in der Integrationsrichtung $d\vec{l}$ liegt. Damit ergibt sich die magnetische Feldstärke

$$H = (I_1 + I_2)/(\pi d_{mi}) = (100 + 200) \text{ A}/(\pi \cdot 10 \text{ cm}) = 9{,}55 \text{ A/cm} ,$$

für die aus der Magnetisierungskurve für Stahlguß in Bild 4.27 die Induktion $B = f(H = 9{,}55 \text{ A/cm}) = 1{,}44$ T folgt.

Um zu zeigen, daß bei der hier vorliegenden Nichtlinearität das in Abschn. 4.1.4 erläuterte Verfahren der Überlagerung von Einzelfeldern nicht zulässig ist, sollen auch noch die Einzelinduktionen, die jeweils für nur einen Strom I_1 oder I_2 auftreten würden, bestimmt werden. Analog zu obigem Rechengang ergeben sich

$$H(I_1) = I_1/(\pi d_{mi}) = 100 \text{ A}/(\pi \cdot 10 \text{ cm}) = 3{,}18 \text{ A/cm} \quad \text{und} \quad B(I_1) = 1{,}14 \text{ T} ,$$
$$H(I_2) = I_2/(\pi d_{mi}) = 200 \text{ A}/(\pi \cdot 10 \text{ cm}) = 6{,}36 \text{ A/cm} \quad \text{und} \quad B(I_2) = 1{,}33 \text{ T} .$$

Die Summe der Teilinduktionen $B(I_1) + B(I_2) = 2{,}47$ T ist also wesentlich größer als die sich tatsächlich einstellende Induktion $B(I_1 + I_2) = 1{,}44$ T, die nur aus der resultierenden Durchflutung berechnet werden darf.

4.2.1.3 Permeabilität und Suszeptibilität. Aus der in den letzten Abschnitten beschriebenen Abhängigkeit $B = f(H)$ ergibt sich, daß bei ferromagnetischen Stoffen auch die Permeabilität $\mu = B/H$ von der magnetischen Feldstärke und von der jeweiligen Vorgeschichte des Magnetwerkstoffes abhängig ist.

Für praktische Rechnungen wird die Permeabilität $\mu = \mu_0 \mu_r = B/H$ als Quotient aus der Induktion B und der magnetischen Feldstärke H üblicherweise nicht aus der Hysterese- (Bild 4.26, Kurven *1*), sondern aus der Magnetisierungskurve (Bild 4.26, Kurve *2*) berechnet und ist somit eine eindeutige Funktion von H oder B. Da die magnetische Feldkonstante μ_0 unabhängig von H ist, wird i. allg. die **Permeabilitätszahl**

$$\mu_r = B/(\mu_0 H) = f(H) \tag{4.57}$$

berechnet und als Funktion von H dargestellt. Ihr für Eisen typischer Verlauf ist in

Bild **4.29** skizziert. Der Maximalwert $\mu_{r\,max}$ der Permeabilitätszahl liegt abhängig von der Eisensorte in der Größenordnung von 5000.

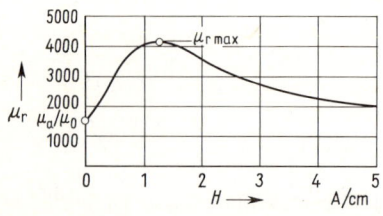

4.29
Permeabilitätskurve von Elektroblech nach der Magnetisierungskurve *I* in Bild **4.27**
μ_a Anfangspermeabilität, $\mu_{r\,max}$ maximale Permeabilitätszahl

Praktische Bedeutung hat auch eine Wechselmagnetisierung im Bereich ΔB um eine zeitlich konstante Vormagnetisierung B_A, die den Arbeitspunkt bestimmt. Die dabei durchlaufenen Magnetisierungszustände werden durch eine lanzettenförmige Kurve beschrieben, wie sie in Bild **4.30b** schematisch dargestellt ist. Die Steigung der Geraden durch die beiden Umkehrpunkte beschreibt näherungsweise dieses Magnetisierungsverhalten und wird als **reversible Permeabilität**

$$\mu_{rev} = \Delta B / \Delta H \tag{4.58}$$

bezeichnet (s. Bild **4.30b**). Die reversible Permeabilität ist **nicht** gleich der **differentiellen Permeabilität**

$$\mu_d = dB/dH, \tag{4.59}$$

die die Steigung der Magnetisierungskurve angibt.

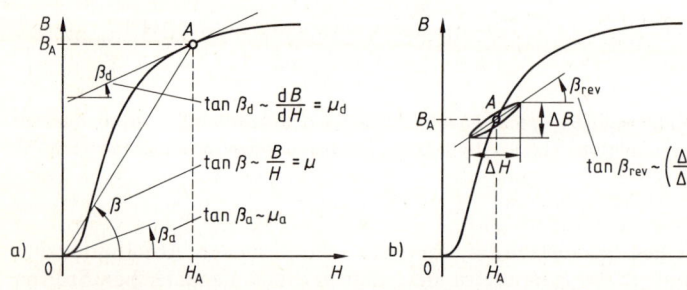

4.30 Graphische Darstellung der Permeabilitätsdefinitionen
a) Permeabilität μ, differentielle Permeabilität $\mu_d = dB/dH$ und Anfangspermeabilität μ_a,
b) reversible Permeabilität $\mu_{rev} = \Delta B / \Delta H$

Die grundsätzlichen Unterschiede zwischen der reversiblen Permeabilität μ_{rev}, der differentiellen Permeabilität μ_d und der Permeabilität μ sind in Bild **4.30** anschaulich dargestellt. Zu beachten ist auch, daß reversible und differentielle Permeabilität keine Permeabilitätszahlen vergleichbar μ_r, sondern Permeabilitäten entsprechend $\mu = \mu_r \mu_0$ sind. Ebenso wird die Anfangspermeabilität μ_a i. allg. nicht als Permeabilitätszahl $\mu_{ra} = \mu_a/\mu_0$, sondern als Permeabilität $\mu_a = \mu_{ra}\mu_0$ angegeben (s. Bild **4.29**).

Die Permeabilitätszahl μ_r hat den Charakter einer **Verstärkungszahl** für ein in Werkstoffen erregtes Feld, da sie für das Vakuum zu $\mu_r = 1$ definiert ist (s. Abschn.

4.2.1 Ferromagnetische Eigenschaften 179

4.1.2.4). Da dieser Verstärkungseffekt durch eine innere Erregung H_{Fe} des Eisens zustande kommt, die zusätzlich zu der über den Erregerstrom I berechneten äußeren Erregung H auftritt, lassen sich beide auch zu einer resultierenden Feldstärke $(H+H_{Fe})$ zusammenfassen. Wollte man nun mit dieser resultierenden magnetischen Feldstärke $(H+H_{Fe})$ die in der Materie erregte Induktion B berechnen, so müßte dafür die Permeabilitätszahl $\mu_r = 1$ zugrunde gelegt werden, da ja der Materialeinfluß über H_{Fe} bereits primär in der resultierenden Feldstärke $(H+H_{Fe})$ berücksichtigt ist. Es gilt dann für die Induktion

$$B = \mu_0 \mu_r H = \mu_0 (H + H_{Fe}) = \mu_0 H + \mu_0 H_{Fe} = B_0 + J. \tag{4.60}$$

Darin ist B die Induktion, die in der Materie, z. B. Eisen, von der Feldstärke H eines äußeren Stromes verursacht wird. Sie kann auch gedeutet werden als Summe einer von der äußeren magnetischen Feldstärke H verursachten Induktionskomponente B_0 und einer von der inneren magnetischen Feldstärke H_{Fe} verursachten Induktionskomponente J. Die durch die innere magnetische Feldstärke H_{Fe} des Eisens verursachte Induktionskomponente wird als **magnetische Polarisation** J bezeichnet. Bild **4.**31 zeigt den Verlauf der drei Induktionen $\mu_0 H$, J und B z. B. für Eisen. Zur Kennzeichnung der qualitativen Unterschiede ist der quantitative Einfluß von $\mu_0 H$ übertrieben groß dargestellt. Mit praktischen Werten würde die Gerade $\mu_0 H$ nahezu in der H-Achse verlaufen.

4.31
Induktionen B, B_0 und magnetische Polarisation J entsprechend Gl. (4.60), abhängig von der magnetischen Feldstärke H (gestrichelte Geraden: Asymptoten zu B und J)

Auch bei großen und größten magnetischen Feldstärken H steigt B immer noch, da mit der äußeren Feldstärke H auch ihr unmittelbarer Beitrag $\mu_0 H$ zur Induktion ständig zunimmt. Mit zunehmendem H nähert sich B aber immer mehr der gestrichelten, mit μ_0 ansteigenden Geraden in Bild **4.**31. Demgegenüber strebt die Polarisation J einem endlichen Grenzwert zu, bei dem der mögliche Feldbeitrag durch die innere Erregung des Eisens voll eingesetzt ist.
Aus der für die Beträge der Induktionen aufgestellten Gl. (4.60) geht hervor, daß auch die Polarisation $\vec{J}$ wie die Induktion $\vec{B}$ Vektorcharakter hat. Wird die Polarisation $\vec{J}$ in Abhängigkeit von der magnetisierenden (vom äußeren Strom I erregten) Feldstärke $\vec{H}$ dargestellt, so kann man unter Verwendung einer weiteren Werkstoffgröße χ_m auch $\vec{J} = \chi_m \mu_0 \vec{H}$ schreiben und erhält dann für Gl. (4.60)

$$\vec{B} = (1 + \chi_m) \mu_0 \vec{H} = \mu_r \mu_0 \vec{H}, \quad \text{also} \quad \mu_r = 1 + \chi_m. \tag{4.61}$$

Die Werkstoffgröße χ_m wird **Suszeptibilität** genannt. Sie stellt die Verbindung zwischen Gl. (4.13) und (4.60) her.

4.2.1.4 Dauermagnete. Wie in Abschn. 4.2.1.1, insbesondere in Bild **4.**25 gezeigt, bleibt in ferromagnetischen Stoffen grundsätzlich nach dem Abschalten des erregenden Stromes, also bei der Feldstärke $H=0$, noch eine Remanenzinduktion B_r bestehen. Dauermagnete, auch Permanentmagnete genannt, sind Magnetwerkstoffe wie z. B. Eisen-Kobalt- und Nickellegierungen, bei denen dieser Remanenzzustand, in den sie durch eine einmalig aufgebrachte äußere Erregung versetzt wurden, besonders ausgeprägt ist. Die einmalige äußere Erregung wird i. allg. durch die elektrische Durchflutung einer Spule realisiert. Für Dauermagnete eignen sich besonders solche Werkstoffe, die neben ausreichender Remanenz auch eine große Koerzitivfeldstärke H_c haben, damit merkliche entmagnetisierende Wirkungen erst bei möglichst großen magnetischen Gegenfeldstärken auftreten.

4.2.2 Berechnung des magnetischen Feldes im Eisenkreis

Die Berechnung inhomogener Felder ist im allgemeinen Fall recht schwierig, da der Durchflutungssatz zunächst nur das **Wegintegral der magnetischen Feldstärke** angibt. Mit dem Durchflutungssatz läßt sich wohl die Durchflutung bei bekanntem Feldverlauf bestimmen, nicht aber umgekehrt der Feldverlauf bei gegebener Durchflutung. Man kann also nur solche Aufgaben lösen, für die der qualitative Feldverlauf bekannt ist, so daß der Durchflutungssatz nach der magnetischen Feldstärke aufgelöst werden kann. Diese Einschränkung ist aber relativ bedeutungslos, da in der Mehrzahl der praktischen Aufgabenstellungen magnetische Kreise behandelt werden, die sich durch folgende Merkmale auszeichnen:

Der magnetische Kreis besteht in der überwiegenden Länge aus Eisen und nur in einer relativ geringen Länge aus magnetisch neutralem Material (meist Luft).

Da die Permeabilität des Eisens groß ist gegenüber der von magnetisch neutralen Stoffen, kann für die Berechnung der Durchflutung mit genügender Genauigkeit angenommen werden, daß **in den Eisenwegen der gleiche magnetische Fluß Φ** auftritt wie in den mit den Eisenwegen sozusagen in **Reihe geschalteten magnetisch neutralen Bereichen**. Es wird also angenommen, daß der in Luftstrecken parallel zu den Eisenwegen auftretende Fluß – entsprechend Abschn. 4.2.2.1 als Streuung bezeichnet – vernachlässigbar klein ist.

Die Bereiche des magnetisch neutralen Stoffes werden durch **ebene Flächen A (Polflächen)** begrenzt, die **parallel zueinander liegen und relativ zu ihrer Flächenausdehnung einen geringen Abstand haben**, so daß zwischen den Polflächen ein homogenes Feld mit einer Induktion $B = \Phi/A$ angenommen werden kann, deren Betrag gleich dem Quotienten Fluß durch Polfläche ist.

4.2.2.1 Magnetische Streuung und Randverzerrung. Ist das Feld für einen bestimmten Eisenkreis zu berechnen, so muß zunächst abgeschätzt werden, ob die in Abschn. 4.2.2 genannten Voraussetzungen zutreffen. Dieses wird im folgenden beispielhaft erläutert an einem aus Eisen- und Luftstrecken bestehenden geschlossenen Kreis entsprechend Bild 4.32.

Wird der magnetische Fluß Φ in diesem Kreis beispielsweise durch eine um das Joch *1* gewickelte Spule erzeugt, so verteilt er sich nicht, wie etwa bei der Spule nach Bild 4.4a, symmetrisch gleichmäßig im Raum, sondern er hat den in Bild 4.32 angegebenen, durch die Form der Eisenteile bestimmten Verlauf. Parallel zu dem Flußverlauf über die Luftspalte *4* von der Länge δ und den Anker *2* breitet sich nur ein relativ kleiner Flußanteil durch die das Eisen umgebende Luft aus, vornehmlich

4.32
Magnetischer Kreis
1 Joch, *2* Anker, *3* Schenkel (Pole), *4* Luftspalt, *6* Erregerspule
l_j, l_s, l_a Längen der Eisenwege, A_j, A_s, A_a Eisenquerschnitte für Joch, Schenkel und Anker, δ Luftspaltlänge, $A_L = A_s$ Luftspaltquerschnitt

durch das **Fenster** *5* zwischen den Schenkeln *3*. Die Größe der beiden Teilflüsse durch Luftspalt und Anker bzw. durch das Fenster ist nach Abschn. 4.1.3.4 durch das Verhältnis der magnetischen Widerstände beider Wege bestimmt.

Ist nun der durch den Anker *2* gehende Teil des Flusses für den beabsichtigten Zweck nutzbar, z. B. für die Kräfte auf diesen Anker, so wird er als **Nutzfluß** bezeichnet. Im Gegensatz dazu heißt der durch die Luft neben dem beabsichtigten Weg „vorbeistreuende" Teil des Flusses **magnetischer Streufluß**. Neben dieser aus dem geometrischen Flußverlauf deutbaren Streuung wird in Abschn. 4.3.1.5 noch eine über die Induktionswirkungen definierte Streuung eingeführt, der hier aber keine Bedeutung zukommt.

Zumindest überschlagsmäßig kann man die Flußanteile in den als parallel geschaltet aufgefaßten Zweigen des magnetischen Nutz- und Streuflusses aus dem magnetischen Widerstandsverhältnis dieser Zweige entsprechend Abschn. 4.1.3.4 abschätzen. Dabei wird man feststellen, daß es erst bei Sättigung des Eisens zu merklichen Streuflüssen kommt, d.h., für die praktische Berechnung von Eisenkreisen kann der genannte Streufluß häufig vernachlässigt werden.

Bei genauer Betrachtung des magnetischen Feldes in Luftspaltstrecken kann dieses nicht als homogen aufgefaßt werden, wie in Bild **4.32** skizziert. Abhängig von dem Verhältnis der Luftspaltlänge δ zu der Breite b der Polflächen wird sich eine „Aus-

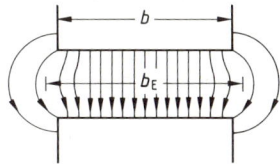

4.33
Randverzerrung des magnetischen Feldes im Luftspalt zwischen zwei Polflächen der Breite b mit eingezeichneter Ersatzluftspaltbreite b_E

bauchung" des Feldes zum Rand des Luftspaltes hin ergeben ähnlich Bild **4.33**. Diese Feldverzerrung wird bei praktischen Rechnungen häufig näherungsweise berücksichtigt, indem man eine Ersatzluftspaltfläche A_E einführt mit der in Bild **4.33** eingezeichneten Ersatzbreite

$$b_E = b(1 + K_L). \tag{4.62}$$

Die Ersatzbreite b_E bzw. der Faktor K_L ist in Abhängigkeit von dem Verhältnis Luftspaltlänge δ zu Polbreite b abzuschätzen.

Da Luftspalte in magnetischen Kreisen immer möglichst klein ausgeführt werden, wird man in den meisten Fällen die Randverzerrung des Feldes außer acht lassen und für den Luftspaltquerschnitt die begrenzende Polfläche annehmen dürfen.

4.2.2.2 Ermittlung der Durchflutung. Praktisch ausgeführte Eisenkreise lassen sich entsprechend den zu Anfang des Abschn. 4.2.2 angeführten Erläuterungen i. allg. als in einzelne Abschnitte unterteilt auffassen, die jeweils homogen aus Eisen oder magnetisch neutralem Stoff bestehen. Innerhalb jedes Abschnittes kann das Feld wenigstens näherungsweise als homogen angesehen werden, wodurch es der unmittelbaren Berechnung zugänglich wird. Bild 4.32 zeigt das im Prinzip immer wiederkehrende Schema eines solchen magnetischen Kreises, bei dem die erregende Durchflutung über stromdurchflossene Spulen um das Joch *1* oder die beiden Schenkel *3* aufgebracht wird. Sieht man von den Krümmungen der Feldlinien im Joch *1* und Anker *2* ab und vernachlässigt den quer durch das Fenster des Kreises gehenden Streufluß, so ist das Feld abschnittsweise homogen. Läßt man den Streufluß unberücksichtigt, so ist es bei unverzweigtem Kreis unbedeutend, wo die Durchflutung räumlich angeordnet ist. Allein wegen der Streuung legt man die Durchflutung möglichst nahe an diejenige Stelle, wo das größte Feld gewünscht wird, z. B. in die Nähe des Luftspaltes.

Bei der Berechnung magnetischer Eisenkreise müssen nach der Art der Lösungswege zwei Arten von Aufgabenstellungen unterschieden werden:

a) Bei gegebenem Fluß Φ ist die für seine Erregung erforderliche Durchflutung Θ zu berechnen.

b) Bei gegebener Durchflutung Θ ist der von dieser erregte Fluß Φ zu bestimmen.

Die 2. Art der Aufgabenstellung läßt direkte Lösungen nur unter der vereinfachenden Annahme einer konstanten Permeabilität zu, was aber i. allg. auf zu ungenaue Ergebnisse führt. Genauere Ergebnisse bekommt man mit Hilfe von Iterations- oder Interpolationsverfahren, die das Problem auf die 1. Art der Aufgabenstellung zurückführen, der somit eine grundlegende Bedeutung zukommt.

Zur Berechnung eines Eisenkreises ist für einen bestimmten Querschnitt A, z. B. den des Luftspaltes, der Fluß Φ – oder die Induktion B, mit der ja auch der Fluß $\Phi = A B$ bestimmt ist – gegeben. Unter den oben genannten Voraussetzungen läßt sich annehmen, daß dieser Fluß Φ unverzweigt in dem geschlossenen Kreis, d. h. in den Querschnitten A_ν aller Teilabschnitte, auftritt. In dem exemplarisch betrachteten Eisenkreis nach Bild 4.32 ergeben sich also mit den jeweiligen Querschnitten die Induktionen für das Joch $B_j = \Phi/A_j$, die Schenkel $B_s = \Phi/A_s$, den Anker $B_a = \Phi/A_a$ und die Luftspalte $B_L = \Phi/A_L$. Für die berechneten Induktionen B werden dann aus der für das vorliegende Eisen gültigen Magnetisierungskurve (s. Bild 4.27) die zugehörigen Werte der magnetischen Feldstärke $H_\nu = f(B_\nu)$ aufgesucht. In Luftspalten gilt $H_L = B_L/\mu_0$.

Sind so die magnetischen Feldstärken H_ν in den einzelnen Abschnitten ν ermittelt, können daraus mit den **mittleren Längen** (in Bild 4.32 l_a, δ, l_s und l_j) die für die einzelnen Abschnitte benötigten **magnetischen Spannungen** $V_\nu = H_\nu l_\nu$ berechnet werden. Da abschnittsweise Homogenität des magnetischen Feldes angenommen wird, kann Hl statt $\vec{H} \cdot \vec{l}$ gesetzt werden, weil Feldstärkevektor $\vec{H}_\nu$ und Wegvektor $\vec{l}_\nu$ in jedem Abschnitt gleiche Richtung haben und H_ν über l_ν konstant ist. Die

4.2.2 Berechnung des magnetischen Feldes im Eisenkreis

Addition der einzelnen Spannungen V_v des geschlossenen magnetischen Kreises ergibt dann nach dem Durchflutungssatz Gl. (4.19) in der Form der Gl. (4.49) die erforderliche **Durchflutung** Θ. In der Anordnung nach Bild **4**.32 ist also die Summe der magnetischen Teilspannungen

$$\overset{\circ}{V} = \sum H l = H_a l_a + 2 H_L \delta + 2 H_s l_s + H_j l_j = \Theta \, . \tag{4.63}$$

Zusammenfassend sind im folgenden die für die Rechnung – die zweckmäßigerweise in Tabellenform durchgeführt wird – benötigten Gleichungen noch einmal zusammengestellt.

Für jeden Abschnitt v der insgesamt n Abschnitte eines magnetischen Kreises erhält man mit dem Querschnitt A_v und dem Fluß Φ die Induktion

$$B_v = \Phi / A_v \tag{4.64}$$

und für diese aus der Magnetisierungskurve (s. Bild **4**.27) bzw. nach $H_L = B_L/\mu_0$ die zugehörige Feldstärke $H_v = f(B_v)$, aus der sich die magnetische Spannung

$$V_v = H_v l_v \tag{4.65}$$

ergibt. Die Durchflutung in einem Kreis aus n Abschnitten ist dann

$$\Theta = \sum_{v=1}^{n} V_v \, . \tag{4.66}$$

Ist die Streuung nicht vernachlässigbar, muß ihr Wert entsprechend Abschn. 4.2.2.1 abgeschätzt und in den Flüssen der betroffenen Abschnitte des Kreises berücksichtigt werden. Es ergeben sich dann unterschiedliche Flüsse Φ_v in den Abschnitten, so daß die Induktionen $B_v = \Phi_v / A_v$ in diesen Abschnitten nach Gl. (4.64) mit Φ_v berechnet werden müssen.

Beispiel 4.14. Ein Stahlgußring mit dem mittleren Ringdurchmesser $d_{mi} = 15$ cm und dem Eisenquerschnitt $A = 4$ cm^2 ist an einer Stelle geschlitzt, so daß hier ein Luftspalt von gleichem Querschnitt A und der Länge $\delta = 1$ mm vorhanden ist. Der Ring soll den Fluß $\Phi = 0,46$ mVs haben, wobei die Streuung und die Randverzerrung des Feldes im Luftspalt vernachlässigt werden. Wie groß muß die Durchflutung Θ sein?
Die einzelnen Ergebnisse der Rechnungen mit Gl. (4.64) bis (4.66) sind in Tafel **4**.34 zusammengestellt, ausgehend von der in Eisen und Luftspalt gleichen Induktion $B = \Phi/A = 0,46$ mVs$/(4$ cm$^2) = 1,15$ Vs/m$^2 = 1,15$ T und der mittleren Eisenlänge $l = \pi d_{mi} - \delta = \pi \cdot 15$ cm $- 0,1$ cm $= 47,0$ cm.

Tafel **4**.34 Berechnung eines geschlitzten Stahlgußringes für Beispiel 4.14

Werkstoff	Induktion B in T	Feldstärke H in A/cm	Weglänge l in cm	magnetische Spannung V in A
Stahlguß	1,15	3,3	47,0	155
Luft	1,15	9200	0,1	920
				$\Theta = 1075$ A

184 4.2 Magnetisches Feld in Eisen

In dem Beispiel wird eindrucksvoll gezeigt, daß der Luftspalt trotz seiner relativ kleinen Länge eine wesentlich größere magnetische Spannung erfordert als die vom gleichen Fluß durchsetzten Eisenwege.

Beispiel 4.15. Im Bild 4.35 ist der magnetische Kreis eines Hubmagneten mit seinen Abmessungen skizziert. In allen Abschnitten liegen rechteckige Querschnitte der Dicke $d = 80$ mm vor. Schenkel s und Joch j sind aus Elektroblech V 360-50 B geschichtet, der Anker a ist aus Grauguß gefertigt. Es soll für die Luftspaltinduktion $B_L = 0{,}9$ T die erforderliche Durchflutung Θ berechnet werden. Dabei soll ein Streufluß, d. h. ein Teilfluß, der entsprechend Bild 4.32 zwischen den Schenkeln s verläuft, von 15% des Jochflusses Φ_j angenommen werden. Zur Vereinfachung der Rechnung wird dieser Streufluß allerdings nicht als kontinuierlich über die Schenkellänge, sondern als konzentriert in unmittelbarer Luftspaltnähe aus dem Schenkel abzweigend betrachtet.

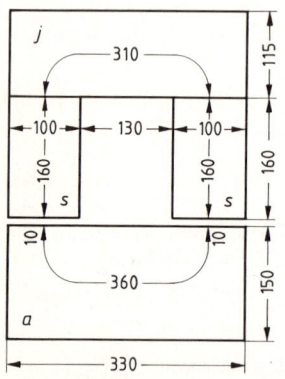

4.35 Magnetischer Kreis des in Beispiel 4.15 behandelten Elektromagneten (Maße in mm)

Aus der geforderten Induktion $B_L = 0{,}9$ T im Luftspaltquerschnitt $A_L = 10 \cdot 8$ cm² $= 80$ cm² ergibt sich im Luftspalt der magnetische Fluß $\Phi_L = B_L A_L = 0{,}9$ T $\cdot 80$ cm² $= 7{,}2$ mVs. Dementsprechend tritt auch im Anker a der gleiche magnetische Fluß $\Phi_a = \Phi_L = 7{,}2$ mVs auf, unter Berücksichtigung der Streuung in Joch und Schenkel aber der magnetische Fluß $\Phi_j = \Phi_s = \Phi_L / 0{,}85 = 7{,}2$ mVs$/0{,}85 = 8{,}5$ mVs. Diese Werte werden in die Flußspalte in Tafel 4.36 eingetragen. Die weitere Rechnung erfolgt dann entsprechend Gln. (4.64) bis (4.66). Man erhält die für den ganzen Kreis notwendige Durchflutung $\Theta = 15350$ A.

Tafel 4.36 Berechnung eines Elektromagneten für Beispiel 4.15

Abschnitt	Werkstoff	Fluß Φ in mVs	Querschnitt A in cm²	Induktion B in T	Feldstärke H in A/cm	Weglänge l in cm	magnetische Spannung V in A
Anker	Grauguß	7,2	120	0,6	22	36	790
Luftspalt	Luft	7,2	80	0,9	7200	2 × 1	14400
Schenkel	Elektrobl.	8,5	80	1,06	2,8	2 × 16	90
Joch	Elektrobl.	8,5	92	0,925	2,2	31	70
							$\Theta = 15350$ A

In praktisch ausgeführten Eisenkreisen tritt häufig aus konstruktiven Gründen zwischen Joch und Schenkel eine Stoßfuge auf (überlappt geschichtete Bleche), die in einem über Erfahrungswerte bestimmten Ersatzluftspalt in der Rechnung berücksichtigt wird. Infolge seiner geringen Länge (0,01 mm bis 0,1 mm) wird er in Fällen, in denen weitere, wesentlich größere Luftspalte δ in dem Kreis auftreten, wie im vorliegenden Beispiel zwischen Schenkel und Anker, häufig vernachlässigt.

Beispiel 4.16. Durch wiederholte Durchrechnungen desselben magnetischen Kreises mit unterschiedlichen Induktionen soll seine Magnetisierungskurve $B_L = f(\Theta)$ für Luftspaltinduktionen B_L zwischen 0 und 1,6 T errechnet werden.

4.2.2 Berechnung des magnetischen Feldes im Eisenkreis

In analog zu Tafel **4.36** durchgeführten Rechnungen des gegebenen magnetischen Kreises wird für verschiedene angenommene Werte der Luftspaltinduktion B_{L1}, B_{L2}, ... die zugehörige Durchflutung Θ_1, Θ_2, ... bestimmt. Die so gewonnene Funktion $B_L = f(\Theta)$ ergibt graphisch dargestellt die untere Kurve in Bild **4.37**.

Wegen der zunehmenden Eisensättigung verläuft die Kurve mit steigender Durchflutung immer flacher. Den Einfluß von Luft und Eisen erkennt man deutlich mit Hilfe der in Bild **4.37** eingetragenen Geraden, die den Durchflutungsanteil für den Luftspalt beschreibt. Der durch die Gerade begrenzte Anteil V_L gibt die zum Erreichen der jeweiligen Induktion notwendige magnetische Spannung für den Luftspalt an, der horizontale Abstand V_{Fe} zwischen beiden Kurven die zusätzliche magnetische Spannung für Eisen. Bei mäßigen Sättigungen wird der weitaus größte Durchflutungsanteil für die Luftstrecke benötigt, während der Einfluß des Eisens bei größeren Sättigungen immer mehr in Erscheinung tritt. Die untere Kurve in Bild **4.37** ist die typische Kennlinie aller magnetischen Kreise mit Eisenwegen.

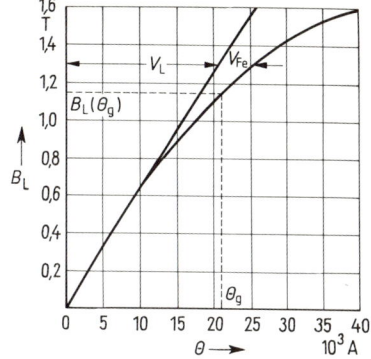

4.37 Luftspaltinduktion B_L abhängig von der Durchflutung Θ
V_L Durchflutungsanteil für die Luftspaltstrecke, V_{Fe} Durchflutungsanteil für die Eisenstrecke

Der für kleine Induktionen geringe Eiseneinfluß gestattet häufig Näherungsrechnungen, in denen der Einfluß des Eisens ganz außer acht gelassen wird, d. h., die magnetische Luftspaltspannung wird gleich der Durchflutung gesetzt (magnetische Spannung des Eisens ist gleich Null angenommen), so daß aus der so aufgestellten linearen Gleichung die Luftspaltspannung direkt berechnet werden kann.

Beispiel 4.17. Für einen in Abmessungen und Material vorgegebenen magnetischen Kreis soll bei gegebener Durchflutung Θ_g die sich einstellende Luftspaltinduktion $B_L(\Theta_g)$ bestimmt werden.

Es werden verschiedene Luftspaltinduktionen angenommen und die dafür erforderlichen Durchflutungen, wie in Beispiel **4.16** erläutert, berechnet. Mit diesen Werten wird die Magnetisierungskennlinie $B_L = f(\Theta)$ des magnetischen Kreises gezeichnet (s. Bild **4.37**). Aus dieser Kurve wird die zu Θ_g gehörige Luftspaltinduktion $B_L(\Theta_g)$ aufgesucht, wie dieses in Bild **4.37** gestrichelt eingezeichnet ist.

Beispiel 4.18. Für einen Eisenkreis mit drei Schenkeln entsprechend Bild **4.38**, von denen der linke die magnetisierende Wicklung trägt, sollen die Flüsse Φ_1 und Φ_3 in den beiden äußeren Schenkeln und die notwendige Durchflutung Θ_1 in der Wicklung des Schenkels 1 berechnet werden, so daß im mittleren Schenkel der Fluß $\Phi_2 = 3$ mVs auftritt. Der Eisenkern ist aus Elektroblech V 100–35 B aufgebaut und hat die Dicke $d = 60$ mm. Die Streuung kann vernachlässigt werden.

Da der Fluß von der am linken Schenkel wirkenden Durchflutung erzeugt wird, tritt in diesem der gesamte Fluß $\Phi_1 = \Phi_2 + \Phi_3$ auf, der sich auf die beiden Schenkel 2 und 3 verteilt. Die Teilflüsse

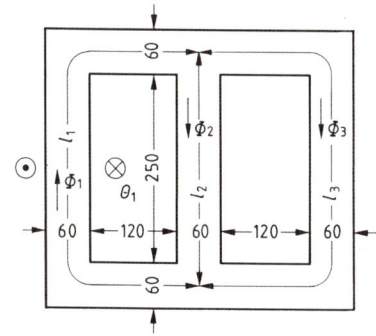

4.38 Verzweigter Eisenkreis mit einer Erregerwicklung zu Beispiel **4.18** (Maße in mm)

verhalten sich dann umgekehrt wie die magnetischen Widerstände. Mit Gl. (4.46) folgt aus Gl. (4.52)

$$\frac{\Phi_2}{\Phi_3} = \frac{l_3/(\mu_{r3}\mu_0 A_3)}{l_2/(\mu_{r2}\mu_0 A_2)} \quad \text{oder} \quad \frac{\Phi_2 l_2}{\mu_{r2}\mu_0 A_2} = \frac{\Phi_3 l_3}{\mu_{r3}\mu_0 A_3} \quad \text{oder} \quad H_2 l_2 = H_3 l_3 \,. \tag{4.67}$$

Die magnetischen Spannungen Hl an parallelen Zweigen sind gleich (s. Abschn. 4.1.3.4).

Mit den Abmessungen des Kernes in Bild 4.38 ergeben sich die Querschnitte $A_1 = A_2 = A_3 = 6\,\text{cm} \cdot 6\,\text{cm} = 36\,\text{cm}^2$ und Längen $l_1 = l_3 = 65\,\text{cm}$ und $l_2 = 31\,\text{cm}$. Mit diesen Größen und dem geforderten Fluß $\Phi_2 = 3\,\text{mVs}$ wird für den mittleren Schenkel 2 die Induktion $B_2 = \Phi_2/A_2 = 3\,\text{mVs}/(36\,\text{cm}^2) = 833\,\text{mT}$ und dafür aus der Magnetisierungskurve IV in Bild 4.27 die magnetische Feldstärke $H_2 = f(B_2 = 833\,\text{mT}) = 1{,}3\,\text{A/cm}$ bestimmt. Damit kann für den äußeren Schenkel 3 nach Gl. (4.67) die magnetische Feldstärke $H_3 = H_2 l_2/l_3 = (1{,}3\,\text{A/cm}) \cdot 31\,\text{cm}/(65\,\text{cm}) = 0{,}62\,\text{A/cm}$ bestimmt werden, für die aus der Magnetisierungskurve IV in Bild 4.27 die Induktion $B_3 = f(H_3 = 0{,}62\,\text{A/cm}) = 450\,\text{mT}$ und mit dem Querschnitt A_3 der magnetische Fluß $\Phi_3 = B_3 A_3 = 450\,\text{mT} \cdot 36\,\text{cm}^2 = 1{,}62\,\text{mVs}$ folgt. Die Summe der magnetischen Flüsse in den Schenkeln 2 und 3 ergibt den magnetischen Fluß $\Phi_1 = \Phi_2 + \Phi_3 = 3\,\text{mVs} + 1{,}62\,\text{mVs} = 4{,}62\,\text{mVs}$ in Schenkel 1.

Für die Berechnung der erforderlichen Durchflutung müssen die magnetischen Spannungen über Schenkel 1 und 2 oder 1 und 3 addiert werden. In Tafel 4.39 wird die Durchflutung $\Theta_1 = \mathring{V} = V_1 + V_2 = 330\,\text{A}$ berechnet.

Tafel 4.39 Berechnung der Durchflutung im Beispiel 3.14 (Werkstoff Elektroblech)

Abschnitt	Φ in mVs	A in cm²	B in T	H in A/cm	l in cm	V in A
Schenkel 1	4,62	36	1,28	4,5	65	290
Schenkel 2	3	36	0,83	1,3	31	40
						$\Theta_1 = 330\,\text{A}$

4.3 Wirkungen im magnetischen Feld

Die große praktische Bedeutung des magnetischen Feldes beruht darauf, daß sich mit geringem Energieaufwand (Erregeraufwand) äußerst intensive Felder erregen lassen, die eine wirtschaftliche Energieumwandlung von elektrischer Energie in mechanische und umgekehrt ermöglichen. So kann man sich heute die großen Generatoren und Motoren der Energietechnik nur auf der Basis des magnetischen Feldes vorstellen. Energieumformer, die das elektrostatische Feld nutzen, z. B. der Van-de-Graaf-Generator, haben nur für Sonderfälle in der Laboranwendung Bedeutung. Die Grundgesetze, nach denen Energieumwandlungen im magnetischen Feld ablaufen, sind das Induktionsgesetz, maßgebend für die Erzeugung von Spannungen, und die die Kraftwirkung beschreibenden Gesetze, abgeleitet aus der Lorentz-Kraft und dem Energieerhaltungssatz für Feldanordnungen.

4.3.1 Spannungserzeugung im magnetischen Feld, elektrisches Wirbelfeld

Pauschal formuliert man, durch die zeitliche Änderung eines Magnetfeldes werde eine elektrische Spannung erzeugt oder induziert. Dabei bleibt dann aber offen, welche Größe des Magnetfeldes sich zeitlich ändert und wo die Spannung induziert wird. Etwas genauer anhand praktisch üblicher Gegebenheiten betrachtet, lassen sich diese zeitlichen Änderungen als Bewegung eines Leiters im zeitlich konstanten Magnetfeld (s. Bild 4.40a) oder als zeitliche Änderung der Induktion $\vec{B}_t$ bei ruhendem Leiter definieren (s. Bild 4.40b). Die dabei induzierte Spannung u läßt sich im ersten Fall als zwischen zwei Punkten des bewegten Leiters, im letzten Fall als in einem den ruhenden Leiter einbeziehenden geschlossenen Umlauf auftretend beschreiben. Selbstverständlich können Kombinationen beider Grenzfälle vorliegen (s. Bild 4.40c).

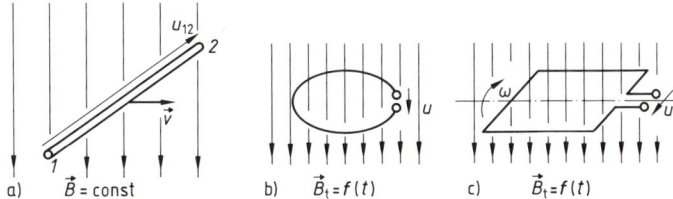

4.40 Verschiedene Arten der Spannungsinduktion
    a) bewegter Leiter im zeitlich konstanten Magnetfeld
    b) ruhende Leiterschleife im zeitlich veränderlichen Magnetfeld
    c) bewegte Leiterschleife im zeitlich veränderlichen Magnetfeld

4.3.1.1 Induktionswirkung im bewegten Leiter. Zur Erläuterung der Spannungserzeugung in Leitern, die sich in einem zeitlich konstanten Magnetfeld bewegen, wird ein gerader Leiter L betrachtet, der entsprechend Bild 4.41a mit einer konstanten Geschwindigkeit $\vec{v}$ durch ein homogenes, zeitlich konstantes Magnetfeld der Induktion $\vec{B}$ bewegt wird. Die Längsachse des geraden Leiters und die beiden Vektoren $\vec{v}$ und $\vec{B}$ verlaufen jeweils senkrecht zueinander. Zwei Punkte 1 und 2 auf dem Leiter mit dem Abstand l sind gleitend mit zwei ruhenden Schienen K galvanisch verbun-

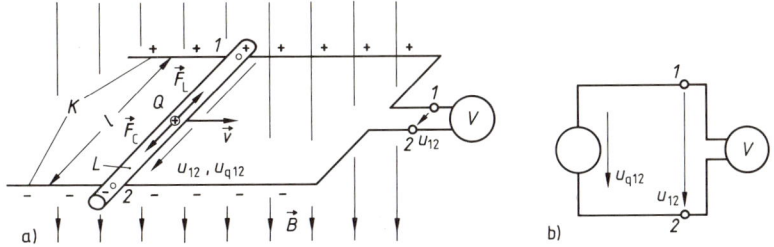

4.41 Bewegter Leiter im zeitlich konstanten Magnetfeld
    a) Experimentelle Ausführung des auf Kontaktschienen K gleitenden geraden Leiters L
    b) elektrische Ersatzschaltung der Anordnung nach a)

4.3 Wirkungen im magnetischen Feld

den, über die die Spannung des mit $\vec{v}$ bewegten Leiters vom ruhenden Standpunkt gemessen werden kann.

Auf die freien Ladungsträger im Leiter mit der Ladung Q, die mit ihm im Magnetfeld bewegt werden, wirkt entsprechend Gl. (4.2) die **Lorentzkraft**

$$\vec{F}_L = Q(\vec{v} \times \vec{B}) \tag{4.68}$$

in Längsrichtung des Leiters (s. Abschn. 4.1.2.1). Infolge dieser Lorentzkraft verschieben sich positive Ladungen zum Punkt *1* bzw. negative zum Punkt *2* des Leiters. Die Leiterbewegung im Magnetfeld bewirkt also eine Ladungstrennung, so daß ein Leiterende positiv geladen gegenüber dem anderen erscheint. Es entstehen Polladungen, die ein elektrisches Feld hervorrufen, dessen Feldlinien auf der positiven Polladung beginnen und auf der negativen enden (s. Abschn. 3.2.4). Die elektrische Feldstärke $\vec{E}$ dieses Feldes ist von Plus nach Minus gerichtet und verursacht entsprechend Gl. (3.27) die **Coulombkraft**

$$\vec{F}_C = Q\vec{E}, \tag{4.69}$$

die im Inneren des Leiters in Richtung von Plus nach Minus auf die positiven Ladungsträger wirkt. Diese Coulombkraft, deren Betrag unabhängig von der Geschwindigkeit des Leiters von der Größe der Polladungen bestimmt wird, ist also der Lorentzkraft entgegengerichtet, die durch die Bewegung des Leiters im Magnetfeld entsteht. Es stellt sich nun ein stationärer Gleichgewichtszustand ein, in dem der Ladungsunterschied zwischen den Leiterenden gerade so groß ist, daß die dadurch verursachte Coulombkraft betragsmäßig gleich ist der Lorentzkraft. Unter Beachtung der entgegengesetzten Wirkungsrichtungen beider Kräfte gilt für den Gleichgewichtszustand $\vec{F}_L = -\vec{F}_C$ oder mit Gl. (4.68) und (4.69)

$$Q(\vec{v} \times \vec{B}) = -Q\vec{E}. \tag{4.70}$$

Aus diesem Gleichgewichtszustand läßt sich die von Plus nach Minus wirkende elektrische Feldstärke

$$\vec{E} = -(\vec{v} \times \vec{B}) \tag{4.71}$$

ableiten, deren Integral über die Leiterlänge *l* die in einem bewegten Leiter induzierte Spannung

$$U_{12} = \int_1^2 \vec{E} \cdot d\vec{l} = \int_1^2 -(\vec{v} \times \vec{B}) \cdot d\vec{l}$$

für einen von *1* nach *2* weisend angetragenen Spannungszählpfeil ergibt, der in Bild **4.41** aus den im nächsten Absatz erläuterten Gründen mit dem Kleinbuchstaben $u_{12} = U_{12}$ gekennzeichnet ist.

Anhand von Bild **4.41** ist hier zunächst der einfache Fall des mit konstanter Geschwindigkeit $\vec{v}$ im zeitkonstanten homogenen Magnetfeld bewegten Leiters betrachtet, in dem eine zeitkonstante Spannung U_{12} induziert wird. Diese Betrachtungen gelten sinngemäß auch für Leiter beliebiger Geometrie (s. Bild **4.42**), die mit

4.3.1 Spannungserzeugung im magnetischen Feld, elektrisches Wirbelfeld

beliebiger, also auch zeitveränderlicher Geschwindigkeit $\vec{v}_t$ durch homogene oder inhomogene – aber zeitlich konstante – Magnetfelder bewegt werden. Die dabei in dem Leiter induzierte Spannung

$$u_{12} = \int_1^2 -(\vec{v}_t \times \vec{B}) \cdot d\vec{l} \qquad (4.72)$$

kann auch zeitveränderlich sein, z. B. bei Bewegungen eines Leiters im inhomogenen Feld oder mit nichtkonstanter Geschwindigkeit v_t. Die induzierte Spannung wird daher allgemeingültig durch den Kleinbuchstaben u gekennzeichnet.

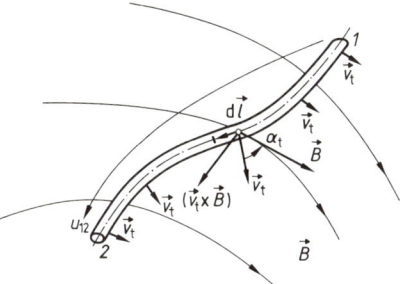

4.42 Richtungsdefinitionen zur Spannungsinduktion im bewegten Leiter entsprechend Gl. (4.72)

Da beim bewegten Leiter die Induktionswirkung als in diesem lokalisiert erklärt werden kann, läßt er sich auch anschaulich als Ersatzspannungsquelle entsprechend Bild 4.41 b darstellen. Die in Bild 4.41 a an dem bewegten Leiter angetragene Spannung u_{12} entspricht dann der Quellenspannung

$$u_{q12} = \int_1^2 -(\vec{v}_t \times \vec{B}) \cdot d\vec{l}. \qquad (4.73)$$

Mit Hilfe des Maschensatzes $\sum u = u_{q12} - u_{12} = 0$ (s. Abschn. 1.3.3.2) kann auch die im Leerlauf auftretende Klemmenspannung

$$u_{12} = u_{q12} = \int_1^2 -(\vec{v}_t \times \vec{B}) \cdot d\vec{l} \qquad (4.74)$$

dieser Ersatzspannungsquelle auf die Induktionswirkung zurückgeführt werden.

Beispiel 4.19. In Bild 4.43 ist schematisch eine Unipolarmaschine skizziert, die zur Erzeugung kleiner Gleichspannungen geeignet ist. Hierbei sind die Leiter L den Speichen eines Rades

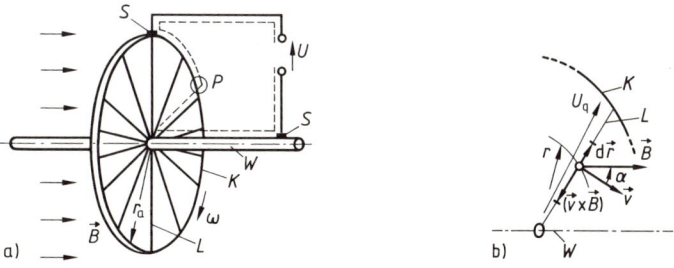

4.43 Prinzip der Unipolarmaschine (Barlowsches Rad)
  a) Rotation radial in einer Kreisscheibe angeordneter Leiter L in einem homogenen magnetischen Feld $\vec{B}$, das die Kreisscheibe senkrecht durchdringt, mit Spannungsabgriff über Bürsten S von der Welle W und dem am Kreisumfang angeordneten Radkranz K,
  b) einzelner Leiter L mit den auf ihn bezogenen Richtungen für Vektoren und Zählpfeil

4.3 Wirkungen im magnetischen Feld

vergleichbar leitend zwischen Welle W und Radkranz K aufgespannt. Die induzierte Spannung wird über Kontakte S, die auf der Welle bzw. dem Radkranz schleifen, den Anschlußklemmen zugeführt. Für eine solche Unipolarmaschine mit der Leiterlänge $r_\mathrm{a} = 250$ mm, der konstanten Drehzahl $n = 3000$ min^{-1} und einem parallel zur Drehachse gerichteten homogenen Magnetfeld der Induktion $B = 1{,}2$ T ist die Leerlaufspannung zu berechnen.

In den parallel geschalteten Leitern zwischen Welle und Radkranz wird eine konstante Spannung U – Quellenspannung U_q – induziert. Trägt man den Zählpfeil U_q an den Leiter L von der Welle zum Radkranz weisend ein (s. Bild **4.43**b), liegt die Integrationsrichtung, also der Wegvektor $\mathrm{d}\vec{l} = \mathrm{d}\vec{r}$, ebenfalls in dieser Richtung und damit parallel, aber entgegengesetzt zu dem Vektor $(\vec{v} \times \vec{B})$, wie aus Bild **4.43**b zu erkennen ist. Damit kann Gl. (4.73) in der skalaren Form

$$U_\mathrm{q} = \int_W^K -(\vec{v} \times \vec{B})\,\mathrm{d}\vec{l} = \int_W^K v B\,\mathrm{d}r \qquad (4.75)$$

geschrieben werden. Da die Leitergeschwindigkeit v bei konstanter Winkelgeschwindigkeit $\omega = 2\pi n = 2\pi \cdot 3000$ min$^{-1}/(60$ s/min$) = 100\pi$ s^{-1} zwar zeitlich, nicht aber über die Leiterlänge konstant ist, muß sie mit $v = \omega r$ in die Integration einbezogen werden. Damit ergibt sich aus Gl. (4.75) die Quellenspannung

$$U_\mathrm{q} = \int_W^K \omega r B\,\mathrm{d}r = \omega B \int_0^{r_\mathrm{a}} r\,\mathrm{d}r = \omega B \frac{r_\mathrm{a}^2}{2} = 100\pi\,\mathrm{s}^{-1} \cdot 1{,}2\,\mathrm{T} \cdot \frac{(0{,}25\,\mathrm{m})^2}{2} = 11{,}8\,\mathrm{V} \qquad (4.76)$$

mit einem positiven Zahlenwert, d.h., an der Welle stellt sich der Plus-, am Radkranz der Minuspol ein. Man kann sich davon überzeugen, daß diese sich aus der formalen Rechnung ergebende Polarität auch aus der ladungstrennenden Wirkung der Kraft F_L auf die mit dem Leiter bewegten Ladungen entsprechend Gl. (4.68) gefolgert werden kann.

Die in Bild **4.43**a eingetragene Klemmenspannung U ergibt sich nach Abschn. 1.3.3.2 aus dem Maschensatz $\Sigma U = U_\mathrm{q} - U = 0$ ebenfalls als positiver Wert

$$U = U_\mathrm{q} = 11{,}8\,\mathrm{V}\,,$$

d.h., der in Bild **4.43**a eingetragene Zählpfeil weist vom Plus- zum Minuspol.

Bei üblichen praktischen Ausführungen sind häufig gerade Leiter gegeben, die in einem homogenen Magnetfeld bewegt werden. In solchen Fällen ist die in dem Leiter induzierte elektrische Feldstärke nach Gl. (4.71) über die Leiterlänge l konstant ($\vec{v}_\mathrm{t} \times \vec{B} = $ const), so daß die Integration nach Gl. (4.72) in eine Multiplikation überführt werden kann. Mit dem Winkel α zwischen Geschwindigkeitsvektor $\vec{v}_\mathrm{t}$ und Induktionsvektor $\vec{B}$ und dem Winkel β zwischen dem Vektor $(\vec{v}_\mathrm{t} \times \vec{B})$ und der als Vektor beschriebenen Leiterlänge $\vec{l}$ (s. Bild **4.44**) gilt

$$u = -(\vec{v}_\mathrm{t} \times \vec{B}) \cdot \vec{l} = -(v_\mathrm{t} B \sin\alpha)\,l\cos\beta\,. \qquad (4.77)$$

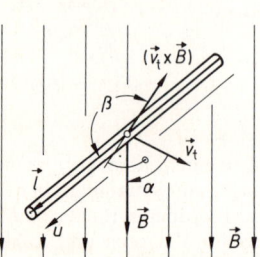

4.44
Spannung u, die in einem mit der Geschwindigkeit $\vec{v}_\mathrm{t}$ in einem homogenen Magnetfeld der zeitlich konstanten Induktion $\vec{B}$ bewegten geraden Leiter der Länge $\vec{l}$ entsprechend Gl. (4.77) induziert wird

4.3.1 Spannungserzeugung im magnetischen Feld, elektrisches Wirbelfeld 191

Dabei ist der Zählpfeil für u (bzw. die Vektorrichtung $\vec{l}$) entlang des Leiters in der Richtung anzutragen, in der man - willkürlich gewählt - die Vektorrichtung $\vec{l}$ (bzw. die Zählpfeilrichtung für U_q) annimmt.

Für den besonders einfachen, aber praktisch häufig auftretenden Fall, daß ein gerader Leiter mit der Länge l rechtwinklig zur Feldrichtung $\vec{B}$ liegend mit der Geschwindigkeit $\vec{v}_t$ rechtwinklig zu der Ebene durch Längsachse l und Feldrichtung $\vec{B}$ ($\alpha = 90°$ und $\beta = 90°$) durch ein homogenes Feld bewegt wird, ergibt sich aus Gl. (4.77) der Betrag der in ihm induzierten Spannung

$$u = v_t B l. \tag{4.78}$$

Alle hier angeführten Betrachtungen gelten grundsätzlich auch, wenn sich der im Magnetfeld bewegte Leiter in einem galvanisch geschlossenen Kreis befindet, so daß die in ihm induzierte Spannung einen Strom zur Folge hat. Für diesen Fall stellt man den realen stromdurchflossenen bewegten Leiter wie folgt als Ersatzspannungsquelle (s. Abschn. 1.4.1.1) dar. Der bewegte Leiter wird als **widerstandslos** aufgefaßt, so daß die in ihm induzierte Spannung wie oben beschrieben bestimmt werden kann. Der auftretende Strom kann dabei unberücksichtigt bleiben, da die Stromdichte $\vec{S}$ im Inneren des idealen Leiters mit einem spezifischen Widerstand $\varrho = 0$ keinen Spannungsabfall bewirkt, der eine elektrische Feldstärke $\vec{E}$ zur Folge hätte, die bei der Integration nach Gl. (4.72) berücksichtigt werden müßte. Der Widerstand R des realen Leiters wird als Ersatzwiderstand sozusagen außerhalb des Induktionsvorganges mit dem idealen Leiter in Reihe geschaltet angenommen, so daß er lediglich für den stromabhängigen Zusammenhang zwischen der Quellenspannung u_q, die entsprechend Gl. (4.73) im idealen Leiter induziert wird, und der Klemmenspannung u in Erscheinung tritt.

Beispiel 4.20. Die in Beispiel 4.19 für den Leerlauffall betrachtete Unipolarmaschine wird mit dem Strom $I = 1000$ A belastet. Der Anker soll aus 100 zwischen Welle und Radkranz sternförmig angeordneten Leitern bestehen, die je den Widerstand $R_L = 50$ mΩ haben. Der Widerstand der Leitungen und Kontakte sei vernachlässigbar. Die sich bei der Belastung einstellende Klemmenspannung ist zu berechnen.

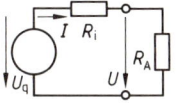

4.45
Mit dem Widerstand R_A belastete Ersatzspannungsquelle

Für die Berechnung der Klemmenspannung U wird die reale Unipolarmaschine durch eine Ersatzspannungsquelle beschrieben, wie in Bild **4.45** skizziert. In dem als ideal, d.h. widerstandslos aufgefaßten Leiterrad wird, wie in Beispiel 4.19 erläutert, die Quellenspannung $U_q = 11,8$ V induziert. Der Widerstand der Leiter wird mit dem idealen Leiterrad in Reihe geschaltet und beträgt, da alle 100 Leiter parallel geschaltet sind, $R_i = 50$ mΩ$/100 = 0,5$ mΩ. Mit Hilfe des Maschensatzes $\sum U = U_q - I R_i - U = 0$ ergibt sich die Klemmenspannung $U = U_q - I R_i = 11,8$ V $- 1000$ A $\cdot 0,5$ mΩ $= 11,3$ V.

Grundsätzlich ist bei der Betrachtung der Induktionswirkung in bewegten stromdurchflossenen Leitern nach dem oben erläuterten Schema eine Beeinflussung des Magnetfeldes durch den Strom im Leiter zu berücksichtigen. In praktischen Fällen ist diese Rückwirkung des durch den Induktionsvorgang bewirkten Stromes auf das verursachende Magnetfeld häufig aber so gering, daß sie vernachlässigt werden kann. Nur dann ist allerdings, wie in Beispiel 4.20 gezeigt, auch die im Belastungsfall in dem bewegten, idealen Leiter induzierte Spannung gleich der im stromlosen bewegten Leiter induzierten. Beeinflußt der durch den Induktionsvorgang hervorgerufene Strom I in dem Leiter das ursprüngliche magnetische Feld – das bei $I=0$ auftritt – in einer nicht mehr zu vernachlässigenden Weise, so muß die Induktionswirkung in dem bewegten stromdurchflossenen Leiter mit dem resultierenden Feld berechnet werden.

4.3.1.2 Induktionswirkung im zeitlich veränderlichen Magnetfeld. Die Spannungsinduktion, die auf der Bewegung eines Leiters im zeitlich konstanten Magnetfeld beruht, ist in Abschn. 4.3.1.1 erläutert. Im folgenden ist nun gezeigt, daß auch in ruhenden Leitern eine Spannung induziert wird, wenn sich die Induktion des magnetischen Feldes zeitlich ändert. Die wesentlichen Merkmale dieser Art der Spannungsinduktion werden anhand des Bildes **4.46** erläutert.

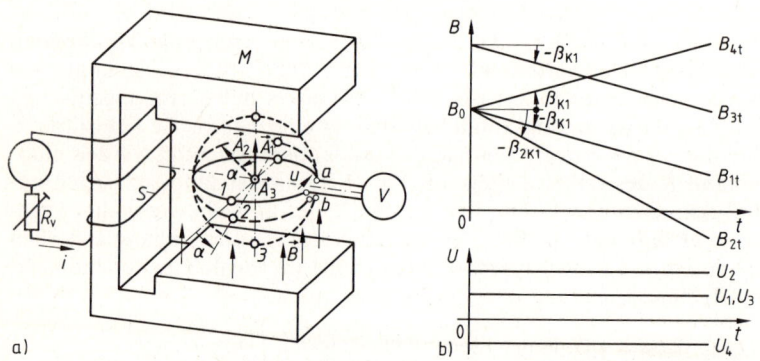

4.46 Spannungsinduktion bei ruhender Leiterschleife im zeitlich veränderlichen Magnetfeld
a) Leiterschleife in Ebene *1*, *2* und *3*, die senkrecht, im Winkel $[(\pi/2)-\alpha]$ und parallel zur Induktionsrichtung liegen
b) zeitlicher Verlauf der Induktion und der induzierten Spannung

Das zwischen den Polen eines Magneten M nach Bild **4.46**a erregte Feld ändert sich proportional dem erregenden Strom i in der Spule S (s. Abschn. 4.2.2.2). Zwischen den Polen ist eine Leiterschleife angeordnet, die unbewegt z. B. in der mit *1* bezeichneten Position des Bildes **4.46**a liegt, also in einer Ebene rechtwinklig zur Richtung der Induktion $\vec{B}$. Wird der Strom i und damit die Induktion B_t des Feldes zwischen den Polen entsprechend Kurve $B_{1t}=B_0-K_1 t$ in Bild **4.46**b linear mit der Zeit kleiner (z. B. dadurch, daß der Vorschaltwiderstand R_v vergrößert wird), so wird von dem an der Leiterschleife angeschlossenen Spannungsmesser eine konstante Spannung entsprechend Kurve U_1 in Bild **4.46**b angezeigt. Durch Variieren der Versuchsbedingungen lassen sich folgende Feststellungen treffen, die als charakteristisch für die Induktionswirkung des zeitlich veränderlichen Feldes anzusehen sind:

a) Je schneller sich die Induktion B in dem Leiterring mit der Zeit ändert, desto größer ist die in dem Leiterring induzierte Spannung. Fällt z. B. die Induktion $B_{1t}=B_0-K_1 t$ entsprechend Kurve B_{1t} in Bild **4.46**b, zeigt der

4.3.1 Spannungserzeugung im magnetischen Feld, elektrisches Wirbelfeld

Spannungsmesser die Spannung U_1 an; fällt die Induktion $B_{2t} = B_0 - 2K_1 t$ entsprechend Kurve B_{2t} in Bild 4.46b doppelt so schnell wie im Fall 1, wird auch eine doppelt so große Spannung $U_2 = 2U_1$ angezeigt wie im Fall 1.

b) Die angezeigte Spannung ist nicht von dem momentanen Wert B_t der Induktion, sondern von dessen Änderungsgeschwindigkeit dB_t/dt abhängig. Ändert sich z. B. die Induktion B_{3t} zeitlich ähnlich wie B_{1t}, d. h., verlaufen die Zeitfunktionen B_{1t} und B_{3t} parallel (s. Kurve B_{1t} und B_{3t} in Bild 4.46b), so wird in beiden Fällen unabhängig von dem jeweiligen Wert von B_t der gleiche Spannungswert $U_3 = U_1 = \text{const}$ angezeigt, da die Steigung in beiden Fällen die gleiche ist ($dB_{3t}/dt = dB_{1t}/dt = \text{const}$).

c) Wird die Richtung der Induktionsänderung (Vorzeichen der Steigung) umgekehrt, kehrt sich auch die Spannungsrichtung (Polarität) um. Wird z. B. die Induktion $B_{4t} = B_0 + K_1 t$ entsprechend Kurve B_{4t} in Bild 4.46b von B_0 ausgehend nicht verkleinert, sondern vergrößert, so wird die Spannung $U_4 = -U_1$ angezeigt.

d) Die angezeigte Spannung U ist außer von der Änderungsgeschwindigkeit dB_t/dt der Induktion B_t auch noch von Lage und Größe der Fläche abhängig, die von der Leiterschleife in dem sich zeitlich ändernden Magnetfeld begrenzt wird. Die Leiterschleife in Bild 4.46a soll z. B. aus ihrer Stellung *1* in der Ebene rechtwinklig zu dem Feldvektor $\vec{B}$ jeweils in eine Stellung *2* bzw. *3* gedreht worden sein, die um den Winkel α bzw. den Winkel $\pi/2$ gegenüber der ursprünglichen Lage gedreht ist. In allen drei Stellungen soll die Induktion $B_{1t} = B_0 - K_1 t$ jeweils mit gleicher Änderungsgeschwindigkeit K_1 entsprechend Kurve B_{1t} in Bild 4.46b geändert werden. Die angezeigte Spannung ist dann in der Stellung *1* maximal $U_{1,1} = U_{\max} = U_1$, in Stellung *3* ist sie $U_{1,3} = 0$ und in der Stellung *2* mit dem beliebigen Winkel α wird $U_{1,2} = U_1 \cos \alpha$ angezeigt.

Alle beschriebenen Beobachtungen werden quantitativ durch die Gleichung

$$u = -(dB_t/dt) A \cos\alpha \qquad (4.79)$$

beschrieben, wenn dB_t/dt die zeitliche Änderung der Induktion, A die von der Leiterschleife eingeschlossene Fläche und α der Winkel zwischen dem Flächenvektor $\vec{A}$ (senkrecht auf der Ebene der Leiterschleife) und dem Induktionsvektor $\vec{B}$ ist. Auch die beobachtete Polarität bzw. Spannungsrichtung wird mit Gl. (4.79) für alle Fälle richtig beschrieben, wenn der Zählpfeil der induzierten Spannung u an der Stelle, an der sie gemessen wird (in dem Beispiel in Bild 4.46a also zwischen den Klemmen $a-b$ der Leiterschleife), rechtswendig dem Zählpfeil für den magnetischen Fluß $\Phi_t = \vec{B}_t \cdot \vec{A}$ zugeordnet wird, der seinerseits wiederum entsprechend Abschn. 4.1.3.3 in Richtung des Flächenvektors $\vec{A}$ weisend anzutragen ist.

Gl. (4.79) läßt sich entsprechend Gl. (4.40) auch als skalares Produkt der Vektoren $(d\vec{B}/dt)$ und $\vec{A}$ schreiben.

$$u = -(d\vec{B}_t/dt) \cdot \vec{A} \qquad (4.80)$$

Ist das Feld nicht homogen über die Fläche A, muß das skalare Produkt der Gl. (4.80) in ein Integral überführt werden in Analogie zu der Berechnung des magnetischen Flusses in Abschn. 4.1.3.3 bei inhomogenen Feldern nach dem Integral

∫ $\vec{B}_t \cdot d\vec{A}$ statt des Produktes $\vec{B}_t \cdot \vec{A}$. Man bekommt damit die allgemein gültige Gleichung für die von einem Magnetfeld mit zeitlich veränderlicher Induktion $\vec{B}$ in einer die Fläche $\vec{A}$ einschließenden Leiterschleife **induzierten Spannung**

$$u = - \int_A (d\vec{B}_t/dt) \cdot d\vec{A}. \tag{4.81}$$

Beispiel 4.21. In Bild **4.47**a ist ein Übertrager mit dem Kernquerschnitt $A_{Feq} = 100$ cm^2 skizziert. Die Primärwicklung a wird von einem Mischstrom $i = I_0 + I_1 \sin(\omega t)$ (Gleichstrom mit überlagertem Sinusstrom s. Abschn. 10.1) durchflossen, der in dem ungesättigten Eisenkern die Induktion

$$B_t = B_0 + B_1 \sin(\omega t) = 0{,}6\text{ T} + 0{,}2\text{ T} \sin(100 \pi t/\text{s}) \tag{4.82}$$

hervorruft (s. Bild **4.47**b). Es ist die in der Leiterschleife b (Sekundärwicklung) zwischen den Klemmen *1* und *2* auftretende Spannung zu berechnen.

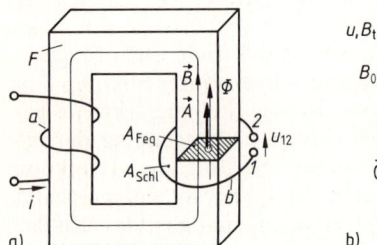
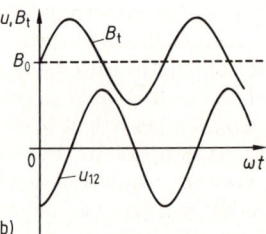

4.47 Spannung u_{12}, die in einer Leiterschleife b um einen Eisenkern F induziert wird
a) Eisenkreis F mit Erreger- (a) und Sekundärwicklung (b)
b) zeitlicher Verlauf der Induktion B im Eisenkreis und der induzierten Spannung u_{12}

Solange der Strom i laut Aufgabenstellung nur mit positiven Werten gegeben ist, ist die Richtung der zugehörigen Stromdichte S immer in Richtung des in Bild **4.47**a eingezeichneten Stromzählpfeiles für i, so daß diesem die Richtung der Induktionsfeldlinien $\vec{B}$ auch immer rechtswendig zugeordnet ist.
In Bild **4.47**a ist für die Leiterschleife b der Sekundärseite der Flächenvektor $\vec{A}$ und damit auch der Flußzählpfeil Φ_t (s. Abschn. 4.1.3.3) nach oben weisend eingetragen. Dann muß der Zählpfeil für die induzierte Spannung u diesem rechtswendig zugeordnet, also an den Klemmen der Leiterschleife b von *1* nach *2* weisend, angetragen werden. Der Wert dieser Spannung ergibt sich nach Gl. (4.81)

$$u_{12} = - \int_{A_{schl}} (d\vec{B}_t/dt) \cdot d\vec{A} \tag{4.83}$$

durch Integration über die von der Leiterschleife eingeschlossenen Fläche A_{schl}. Da das magnetische Feld praktisch nur im Eisen verläuft, liefert die Integration über den Flächenanteil $(A_{schl} - A_{Feq})$ außerhalb des Eisenquerschnittes A_{Feq} keinen Beitrag zur induzierten Spannung u_{12}. Da weiter innerhalb des Eisens die Induktion B über den Querschnitt A_{Feq} konstant ist, kann das Integral in Gl. (4.83) auf die Fläche $A_{Feq} < A_{schl}$ des Kernquerschnittes beschränkt und hier entsprechend Gl. (4.80) in ein Produkt überführt werden.

$$u_{12} = -(d\vec{B}_t/dt) \cdot \vec{A}_{Feq} \tag{4.84}$$

4.3.1 Spannungserzeugung im magnetischen Feld, elektrisches Wirbelfeld

Eine weitere Vereinfachung der Rechnung kann im vorliegenden Beispiel dadurch erreicht werden, daß die Differentiation des Vektors $\vec{B}_t$ in die der skalaren Größe $\vec{B}_t \cdot \vec{A}$ in der Form

$$\frac{d\vec{B}_t}{dt} \cdot \vec{A}_{\text{Feq}} = \frac{d}{dt}(\vec{B}_t \cdot \vec{A}_{\text{Feq}}) = \frac{d}{dt}(B_t A_{\text{Feq}} \cos\alpha) \tag{4.85}$$

überführt wird (α ist der Winkel zwischen den Vektoren $\vec{B}_t$ und $\vec{A}_{\text{Feq}}$). Zeitlich ändert sich in dem Produkt $B_t A_{\text{Feq}} \cos\alpha$ nur der Betrag der Induktion B_t entsprechend Gl. (4.82). Die Richtung von $\vec{B}_t$ ist immer parallel zu $\vec{A}_{\text{Feq}}$, so daß $\cos\alpha = 1$ gilt. Damit folgt aus Gl. (4.84) die Spannung $u_{12} = -A_{\text{Feq}} dB_t/dt$ und nach Einsetzen der Induktion B_t aus Gl. (4.82) die in der Leiterschleife induzierte Spannung

$$u_{12} = -A_{\text{Feq}} \frac{d}{dt}[B_0 + B_1 \sin(\omega t)] = -A_{\text{Feq}} B_1 \omega \cos(\omega t) \tag{4.86}$$

$$= -100 \text{ cm}^2 \cdot 0{,}2 \text{ T} (100\pi/\text{s}) \cos(100\pi t/\text{s}) = -0{,}628 \text{ V} \cos(100\pi t/\text{s})$$

(s. Bild 4.47b). Das Beispiel zeigt auch eindrucksvoll, daß der Wert der induzierten Spannung u in jedem Augenblick t allein von der in diesem Augenblick auftretenden Änderungsgeschwindigkeit dB_t/dt der Induktion B_t abhängt, nicht aber von dem momentanen Wert der Induktion. Dieser wird maßgebend durch den Gleichanteil B_0 bestimmt, der aber nach der Differentiation in der Spannungsgleichung (4.86) nicht mehr in Erscheinung tritt.

Die Beschreibung des Induktionsvorganges durch Gl. (4.81) hat den Vorteil, daß die Abhängigkeit der induzierten Spannung sowohl von der Betrags- als auch von der Richtungsänderung des Induktionsvektors $\vec{B}$ klar zum Ausdruck kommt. Diesem Vorteil steht aber der Nachteil der unter Umständen aufwendigeren Differentiation eines Vektors gegenüber. Die im Beispiel 4.21 gezeigte Möglichkeit der Umwandlung der Vektor- in die Skalardifferentiation kann nicht auf alle Aufgabenstellungen übertragen werden, da die Differentiation eines Vektors nach der Zeit auch wiederum einen Vektor ergibt, dessen Betrag **und** Richtung unter Umständen zu berücksichtigen sind. Abgesehen von solchen Sonderfällen hat aber der in Beispiel 4.21 gezeigte Lösungsweg für praktische Rechnungen größte Bedeutung, so daß Gl. (4.80) bzw. (4.81) häufig von vornherein auf die skalare Differentiation zugeschnitten, also als $u = -d(\vec{B}_t \cdot \vec{A})/dt$ angegeben wird, dann aber mit Gl. (4.40) in der Form $u = -d\Phi_t/dt$, die im folgenden Abschn. 4.3.1.3 behandelt wird.

4.3.1.3 Induktionsgesetz in allgemeiner Form. Die durch ein zeitlich veränderliches Magnetfeld in einer ruhenden Schleife induzierte Spannung kann, wie in Beispiel 4.21 gezeigt, nach Umformung der Gl. (4.80) auch in der Form $u = -d(\vec{B}_t \cdot \vec{A})/dt$ angegeben werden [s. Gl. (4.85)]. Damit läßt sich dann entsprechend Gl. (4.40) die in einer Leiterschleife induzierte Spannung als zeitliche Änderung des magnetischen Flusses $\Phi_t = \vec{B}_t \cdot \vec{A}$ in dieser Schleife deuten ($u = -d\Phi_t/dt$).

Auch die in einem bewegten Leiter induzierte Spannung läßt sich i. allg. über die Flußänderung beschreiben. Beispielsweise ist in Abschn. 4.3.1.1 für die in Bild 4.41a dargestellte Anordnung die zwischen den Klemmen 1 und 2 auftretende Spannung mit Gl. (4.74) über die Induktionswirkung in dem bewegten Leiter L beschrieben. Liegen in der Anordnung nach Bild 4.41a Leiter, Geschwindigkeit $\vec{v}$ und Induktion $\vec{B}$ rechtwinklig zueinander, so gilt $u_{12} = -Blv$. In dieser Gleichung läßt sich das Produkt lv mit $v = dx/dt$ auch als Flächenänderung $dA_t/dt = l\, dx/dt$ deuten. Dadurch ist aber auch mit $u_{12} = -B(dA_t/dt) = -d(BA_t)/dt$ und $BA_t = \Phi_t$ die induzierte Spannung $u_{12} = -d\Phi_t/dt$ auf die Flußänderung in der aus Kontaktschienen, Spannungsmesser und bewegtem Leiter bestehenden Schleife zurückgeführt. Auch die Spannungsrichtung wird mit der Gleichung $u_{12} = -\mathrm{d}\Phi_t/\mathrm{d}t$ richtig beschrieben. In dem Beispiel nach Bild **4.41**a ist der Flächenvektor $\vec{A}_t$ und damit auch der Zählpfeil für den Fluß Φ_t nach unten weisend anzutragen, da dann der eingetragene Zählpfeil der Spannung u_{12} - an den Klemmen, an denen sie gemessen wird - rechtswendig diesem Zählpfeil Φ_t zugeordnet ist. Für die in Bild **4.41**a gegebene Richtung der Induktion $\vec{B}$ ist der Fluß $\Phi_t = \vec{B} \cdot \vec{A}_t$ positiv ($\vec{A}$ liegt in Richtung $\vec{B}$), seine zeitliche Änderung $\mathrm{d}\Phi_t/\mathrm{d}t$ aber negativ, da bei der gegebenen Geschwindigkeitsrichtung $\vec{v}$ die Fläche A_t kleiner wird ($\mathrm{d}A_t/\mathrm{d}t$ negativ). Für negative Werte $\mathrm{d}\Phi_t/\mathrm{d}t$ wird die Spannung $u_{12} = -\mathrm{d}\Phi_t/\mathrm{d}t$ mit positiven Werten berechnet, d. h., in Bild **4.41**a ist die Klemme *1* der positive und *2* der negative Pol, was mit dem Ergebnis nach Gl. (4.74) übereinstimmt.

Über die hier betrachteten speziellen Beispiele hinaus läßt sich zusammenfassend feststellen, daß man allgemeingültig die in einem geschlossenen Umlauf induzierte Spannung aus der zeitlichen Änderung des von diesem Umlauf eingeschlossenen magnetischen Flusses Φ berechnen kann. Die mathematische Formulierung wird als **Induktionsgesetz**

$$u = -\mathrm{d}\Phi_t/\mathrm{d}t \tag{4.87}$$

bezeichnet. Es ist unbedeutend, ob die zeitliche Änderung des Flusses Φ_t durch eine zeitliche Änderung der Induktion B_t, durch eine Bewegung - räumliche Lageänderung - von Leitern oder Leiterteilen in dem betrachteten Umlauf oder durch die Überlagerung beider verursacht wird. Unabhängig von der Art der Ursache gilt für die Richtungszuordnung:

Der Zählpfeil für die nach Gl. (4.87) bestimmte **Spannung** u ist an der Stelle, an der sie - meßbar - **in Erscheinung tritt** (z.B. zwischen den Klemmen einer geöffneten Leiterschleife), **rechtswendig dem Zählpfeil für den magnetischen Fluß** Φ_t in der Schleife zugeordnet anzutragen, der seinerseits im Richtungssinn des rechtwinklig auf der von dem Umlauf begrenzten Fläche stehenden Flächenvektors $\vec{A}$ anzutragen ist bzw. im Richtungssinn der infinitesimalen Flächennormalen $\mathrm{d}\vec{A}$ (s. Abschn. 4.1.3.3).

Die mit Gl. (4.87) beschriebene Spannung u ist die über den **geschlossenen Umlauf** um die Flußänderung $\mathrm{d}\Phi/\mathrm{d}t$ wirksame. Um dies zum Ausdruck zu bringen, wird sie auch entsprechend Gl. (3.35) als Wegintegral $\int \vec{E} \cdot \mathrm{d}\vec{l}$ der elektrischen Feldstärke $\vec{E}$ geschrieben, und man bekommt so das **Induktionsgesetz** in der Form

$$\oint \vec{E} \cdot \mathrm{d}\vec{l} = -\mathrm{d}\Phi/\mathrm{d}t . \tag{4.88}$$

Beispiel 4.22. In einem homogenen, zeitlich konstanten Magnetfeld der Induktion B dreht sich eine Leiterschleife entsprechend Bild **4.48** mit der konstanten Winkelgeschwindigkeit ω. Die in der Schleife induzierte Spannung u, die über Schleifringe abgegriffen wird, ist zu berechnen.
Lösung a. Die Richtung der von der Leiterschleife begrenzten ebenen Fläche $A = 2rl$ wird durch den senkrecht auf ihr stehenden Flächenvektor $\vec{A}$ beschrieben. In Bild **4.48** ist seine Richtung willkürlich gewählt. Damit ist der Flußzählpfeil Φ_t auch in dieser Richtung festgelegt. Die in dem als Leiterschleife realisierten Umlauf induzierte Spannung u tritt an den Schleifringen meßbar in Erscheinung und muß hier durch einen Zählpfeil rechtswendig

4.3.1 Spannungserzeugung im magnetischen Feld, elektrisches Wirbelfeld 197

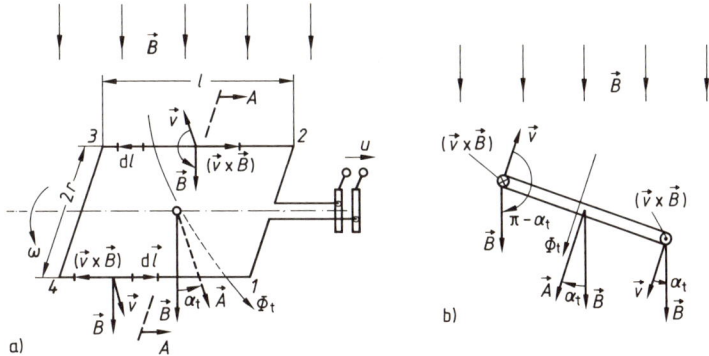

4.48 Mit der Winkelgeschwindigkeit ω im Magnetfeld rotierende Leiterschleife (a) mit Querschnitt $A-A$ durch die Leiterschleife (b)

dem Zählpfeil für Φ_t zugeordnet angetragen werden. Für diese Spannung gilt Gl. (4.87), in der der Fluß Φ_t entsprechend Gl. (4.40) durch das Produkt der Vektoren $\vec{A}$ und $\vec{B}$ zu ersetzen ist.

$$u = -\frac{d\Phi_t}{dt} = -\frac{d}{dt}(\vec{A}\cdot\vec{B}) = -\frac{d}{dt}(AB\cos\alpha_t)$$

Die Beträge der Fläche $A = 2rl$ und der gegebenen Induktion B sind konstant, der Winkel $\alpha_t = \omega t$ ist aber gleich dem Produkt aus gegebener Winkelgeschwindigkeit ω und der Zeit t. Die induzierte Spannung

$$u = -\frac{d}{dt}[AB\cos(\omega t)] = AB\omega\sin(\omega t) \tag{4.89}$$

ist also eine Sinusspannung, die aus dem sich zeitlich sinusförmig ändernden Fluß in der Leiterschleife berechnet wird, der sich seinerseits wieder aus der Drehung der Schleifenebene in dem zeitlich konstanten Magnetfeld ergibt (s. Beispiel 4.10).

Lösung b. Man kann die induzierte Spannung auch über die Bewegung der Einzelleiter im Magnetfeld entsprechend Gl. (4.72) wie folgt berechnen.

In den Breitseiten *1* bis *2* und *3* bis *4* der Leiterschleife in Bild **4.**48a wird keine Spannung induziert. Der Vektor $(\vec{v}\times\vec{B})$ ist immer quer zur Längsachse dieser Leiterstücke gerichtet, so daß die Spannung entsprechend Gl. (4.72) über diese Abschnitte gleich Null ist.

$$\int_1^2 -(\vec{v}\times\vec{B})\cdot d\vec{l} = \int_3^4 -(\vec{v}\times\vec{B})\cdot d\vec{l} = 0$$

In den Längsseiten *2* bis *3* und *4* bis *1* der Leiterschleife wird dagegen je eine Spannung nach Gl. (4.72) induziert, die entsprechend Gl. (4.74) die Klemmenspannung

$$u = \int_2^3 -(\vec{v}\times\vec{B})\cdot d\vec{l} + \int_4^1 -(\vec{v}\times\vec{B})\cdot d\vec{l} \tag{4.90}$$

an den Schleifringen ergeben. Die beiden Vektoren $\vec{v}$ und $\vec{B}$ treten in den beiden Leiterabschnitten *4* bis *1* bzw. *2* bis *3* mit den unterschiedlichen Winkeln α_t bzw. $(\pi - \alpha_t)$ zueinander

4.3 Wirkungen im magnetischen Feld

so ergibt sich in dem Bereich zwischen den Außenradien r_0 der beiden Leiter, also von $r=r_0$ bis $r=a-r_0$, der Betrag der Induktion

$$B = B(I_1) + B(I_2) = [\mu_0 I_1/(2\pi r)] + \mu_0 I_2/[2\pi(a-r)]. \tag{4.108}$$

Da die Induktion eine Funktion von r ist unabhängig von der Längsrichtung der Leiter, kann der von der Doppelleitung eingeschlossene magnetische Fluß wie in Beispiel 4.8 erläutert berechnet werden. Für eine Leiterlänge l ist mit $\mathrm{d}A = l\,\mathrm{d}r$ und $I_1 = I_2 = I$ nach Gl. (4.37)

$$\Phi = \int_A \vec{B} \cdot \mathrm{d}\vec{A} = \int_{r=r_0}^{(a-r_0)} B(r)l\,\mathrm{d}r = l\frac{\mu_0}{2\pi}I\left[\int_{r=r_0}^{(a-r_0)} \frac{\mathrm{d}r}{r} + \int_{r=r_0}^{(a-r_0)} \frac{\mathrm{d}r}{a-r}\right] = lI\frac{\mu_0}{\pi}\ln\frac{a-r_0}{r_0}. \tag{4.109}$$

Die Induktivität der Doppelleitung wird nach Gl. (4.103) mit $N=1$ bestimmt

$$L = N\Phi/I = (l\mu_0/\pi)\ln[(a-r_0)/r_0] \tag{4.110}$$

und üblicherweise als auf die Leitungslänge l bezogen

$$L/l = (\mu_0/\pi)\ln[(a-r_0)/r_0] \tag{4.111}$$

angegeben.

Der von einem zeitlich sich ändernden Strom i_1 in einer Spule *1* mit der Induktivität L_1 erregte zeitlich sich ändernde magnetische Spulenfluß $\Psi_{1t} = L_1 i_1$ induziert in dieser Spule eine Selbstinduktionsspannung u_1, die sich bei konstanter Induktivität nach Gl. (4.101) zu $u_1 = -L_1\,\mathrm{d}i_1/\mathrm{d}t$ ergibt. Ist nun der von i_1 in der Spule *1* erregte magnetische Fluß $\Phi_t(i_1)$ – ganz oder teilweise – noch mit einer zweiten Spule verkettet, so wird auch in dieser Spule *2* eine Spannung induziert, die man als **Gegeninduktionsspannung** bezeichnet zur Unterscheidung von der der Selbstinduktion. Selbstverständlich kann der Vorgang auch umgekehrt ablaufen, d.h., sind zwei Spulen magnetisch gekoppelt, so wird ein zeitlich sich ändernder Strom in Spule *2* auch eine Spannung in Spule *1* induzieren. In Bild **4.51** ist die magnetische Kopplung zweier Spulen schematisch dargestellt. Dabei sind die Spulen *1* und *2* der Einfachheit halber mit nur je einer Windung gezeichnet, können natürlich grundsätzlich auch aus N_1 und N_2 Windungen bestehen, allerdings muß man dann statt mit dem Fluß Φ durch die Spulenfläche mit dem Spulenfluß Ψ (näherungsweise $=N\Phi$) rechnen. Entsprechend Bild **4.51** durchsetzt im allgemeinen Fall nicht der ganze Fluß der einen Spule auch die andere. Ein in der Spule *1* (Bild **4.51**a) fließender Strom I_1 erzeugt einen Fluß Φ_1, der aus den beiden Teilen Φ_{10} und Φ_{12} besteht. Erregt man die Spule *2* (Bild **4.51**b) mit einem Strom I_2, so ergeben die Teilflüsse Φ_{20} und Φ_{21} zusammen den ganzen Fluß Φ_2 der Spule *2*.

$$\Phi_1 = \Phi_{10} + \Phi_{12} \quad \text{und} \quad \Phi_2 = \Phi_{20} + \Phi_{21}$$

Dabei sind die magnetischen Flüsse Φ_{10} bzw. Φ_{20} jeweils nur mit der sie **erregenden Spule selbst** verkettet, während die magnetischen Flüsse Φ_{12} bzw. Φ_{21} auch mit der **jeweils anderen Spule** verkettet sind. Für die in der jeweils anderen Spule erzeugte Spannung ist nur der den beiden Spulen **gemeinsame Fluß** maßgebend. Man erhält nach Bild **4.51**a für die von einer zeitlichen Änderung des Stromes i_1 in der Spule *2* erzeugte Spannung u_2 und nach Bild **4.51**b für die von einer zeitlichen Änderung des Stromes i_2 in der Spule *1* erzeugte Spannung u_1 mit dem

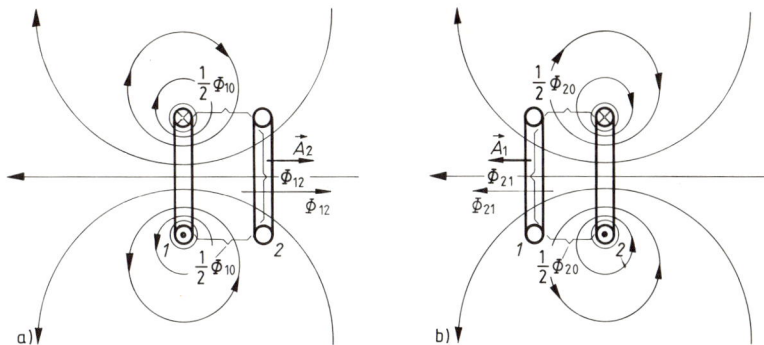

4.51 Magnetischer Nutzfluß Φ_{12} bzw. Φ_{21} und Streufluß Φ_{10} bzw. Φ_{20} bei zwei magnetisch gekoppelten Spulen, wenn jeweils nur eine Spule – Spule *1* (a), Spule *2* (b) – vom Strom durchflossen ist

Induktionsgesetz Gl. (4.98) und $\Psi_t = N\Phi_t$ die Gleichungen

$$u_2 = -N_2 \, d\Phi_{12t}/dt \quad \text{und} \quad u_1 = -N_1 \, d\Phi_{21t}/dt\,. \tag{4.112}$$

Für die Richtung der Gegeninduktionsspannung nach Gl. (4.112) gelten die gleichen Gesetzmäßigkeiten, wie sie für das allgemeine Induktionsgesetz Gl. (4.87) festgelegt sind. Es ist also der **Zählpfeil für die Gegeninduktionsspannung u_1 bzw. u_2 rechtswendig zu dem durch den Flächenvektor $\vec{A}_1$ bzw. $\vec{A}_2$ gegebenen Flußzählpfeil Φ_{21} bzw. Φ_{12} anzutragen.**

Bei Gleichheit der magnetischen Teilflüsse Φ_{12t} und Φ_{21t} ist der Unterschied der Spannungen nur durch die Windungszahlen beider Spulen bestimmt. Für diesen Fall ergibt die Division beider Gleichungen das Übersetzungsverhältnis $u_1/u_2 = N_1/N_2$ des idealen Transformators (s. Abschn. 7.2.2).

Wie bei der Berechnung der Selbstinduktion kann man auch die Gegeninduktionsspannungen unmittelbar durch die Stromänderungen di/dt angeben. Man ersetzt dazu die Teilflüsse Φ_{12t} und Φ_{21t} in Gl. (4.112) durch Gl. (4.45) mit $\Theta_t = iN$.

$$\Phi_{12t} = \Lambda N_1 i_1 \quad \text{und} \quad \Phi_{21t} = \Lambda N_2 i_2$$

Wird der magnetische Leitwert Λ als konstant vorausgesetzt, so ergeben sich mit

$$d\Phi_{12t}/dt = \Lambda N_1 \, di_1/dt \quad \text{und} \quad d\Phi_{21t}/dt = \Lambda N_2 \, di_2/dt$$

aus Gl. (4.112) die Gegeninduktionsspannungen

$$u_2 = -\Lambda N_1 N_2 \, di_1/dt \quad \text{und} \quad u_1 = -\Lambda N_1 N_2 \, di_2/dt\,.$$

Der beiden Gleichungen gemeinsame Faktor vor den Differentialquotienten wird analog der Induktivität L als **Gegeninduktivität**

$$M = N_1 N_2 \Lambda \tag{4.113}$$

bezeichnet. Damit können dann die induzierten Spannungen

$$u_2 = -M\,\mathrm{d}i_1/\mathrm{d}t \quad \text{und} \quad u_1 = -M\,\mathrm{d}i_2/\mathrm{d}t \tag{4.114}$$

direkt aus der Stromänderung berechnet werden.

Für die Gegeninduktivität M werden dieselben Einheiten wie für die Induktivität L verwendet, also im SI-System Henry (H).

Die Flüsse Φ_{10} bzw. Φ_{20} in Bild 4.51 sind **Streuflüsse** (s. Abschn. 4.2.2.1), die nicht zur magnetischen Kopplung der beiden Spulen beitragen, die in vielen Fällen als der gewollte Nutzeffekt angesehen wird, z. B. beim Transformator (s. Abschn. 7.2.2). Dementsprechend werden die Flüsse Φ_{12} bzw. Φ_{21}, die mit beiden Spulen verkettet sind, als **Nutz- oder Hauptflüsse** bezeichnet. Zu beachten ist, daß die in Bild 4.51 dargestellten Feldbilder mit ihrer einfachen und geometrisch anschaulichen Zuordnung von Nutz- und Streufluß nur möglich sind, wenn felderzeugende Ströme lediglich in der einen Spule oder Windung fließen, die andere aber, wie in Bild 4.51 dargestellt, stromfrei ist. **Fließen Ströme in beiden Spulen**, so ergibt sich eine Überlagerung der beiden Felder, die im Feldbild meist **keine eindeutige Zuordnung von Feldräumen zu Nutz- und Streufluß** ermöglicht.

4.3.1.6 Selbst- und Gegeninduktionsspannung im Verbraucherzählpfeilsystem. Bei der Netzwerkberechnung in Abschn. 6 und 7 wird die Selbstinduktionsspannung u_L, die ein zeitlich sich ändernder Strom i an einer Spule verursacht, ausschließlich mit Hilfe der Induktivität L berechnet. Dies kann grundsätzlich mit Gl. (4.101) erfolgen, die für die rechtswendige Zuordnung der Zählpfeile für u_L und Ψ_t bzw. Φ_t gilt (s. Bild 4.54). Diese Zuordnung führt aber, wie aus Bild 4.54 hervorgeht, auf das Erzeugerzählpfeilsystem, da der Zählpfeil für Φ_t wiederum rechtswendig dem Zählpfeil für i zugeordnet ist, der diesen magnetischen Fluß Φ_t erregt. Trägt man, wie in der Netzwerklehre üblich, die **Strom- und Spannungszählpfeile an einer Spule in gleicher Richtung**, also **nach dem Verbraucherzählpfeilsystem** an, so entspricht dies einer Umkehrung des Zählpfeiles für u_L in Bild 4.54 (Linkszuordnung von u_L und Φ_t), was eine **Umkehrung des Vorzeichens** dieser Spannung in Gl. (4.101) zur Folge hat. Für die **Selbstinduktionsspannung an einer Spule** der Induktivität L gilt also im **Verbraucherzählpfeilsystem**

$$u_L = L\,\mathrm{d}i/\mathrm{d}t. \tag{4.115}$$

Analog zur Selbstinduktionsspannung wird in der Netzwerklehre üblicherweise auch für die **Gegeninduktionsspannung der Zählpfeil so eingetragen, daß sich eine Linkszuwendung zum Zählpfeil des magnetischen Flusses ergibt**. Das entspricht aber auch einer Umkehrung des Vorzeichens dieser Spannung, so daß Gl. (4.114) mit positivem Vorzeichen geschrieben werden muß.

$$u_2 = M\,\mathrm{d}i_1/\mathrm{d}t \quad \text{und} \quad u_1 = M\,\mathrm{d}i_2/\mathrm{d}t \tag{4.116}$$

4.3.1.7 Wirbelströme. Während die Induktionswirkungen in drahtförmigen Leitern noch relativ einfach mit Hilfe der integralen Größen Spannung und Strom zu beschreiben sind, jedenfalls solange diese Leiter geometrisch einfache Formen dar-

4.3.1 Spannungserzeugung im magnetischen Feld, elektrisches Wirbelfeld

stellen, können die in mehrdimensional ausgedehnten Leitern (z. B. in Platten) induzierten elektrischen Größen nur über das elektrische Strömungsfeld, also mit Hilfe der Vektoren elektrische Feldstärke $\vec{E}$ und Stromdichte $\vec{S}$, beschrieben werden. Wird beispielsweise wie in Bild 4.52 dargestellt eine Metallscheibe 2 mit der Geschwindigkeit v durch ein Magnetfeld zwischen den Polen 1 bewegt, so entstehen in den in das Feld eintretenden bzw. aus diesen austretenden Bereichen der Scheibe Umlaufspannungen. Diese haben in einer leitfähigen Scheibe Ströme – Wirbelströme – zur Folge, die durch ein elektrisches Strömungsfeld $\vec{S}$, ähnlich wie in Bild 4.52 skizziert, beschrieben werden. Nicht nur durch Bewegungen entstehen derartige Wirbelströme, sondern auch in ruhenden leitfähigen Gebieten, wenn in diesen zeitliche Änderungen des magnetischen Feldes auftreten, z. B. in den Blechen mit Wechselstrom erregter magnetischer Kreise (s. Bild 4.53).

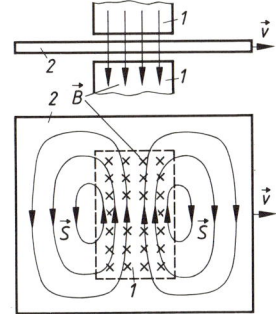

4.52 Wirbelstromdichte $\vec{S}$ in einer Scheibe 2, die in dem Magnetfeld zwischen den Polen 1 bewegt wird

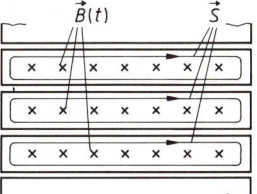

4.53 Wirbelstromdichte $\vec{S}$, die von einem zeitlich veränderlichen Magnetfeld in den Querschnittsebenen eines geblechten Eisenkerns verursacht wird

Beabsichtigt sind solche Wirbelströme beispielsweise in Zählerscheiben als Wirbelstrombremse, in Induktionsöfen und in Abschirmungen für Geräte der Nachrichtentechnik. Unbeabsichtigt und störend sind Wirbelströme in den magnetischen Eisenkreisen elektrischer Maschinen wie Motoren, Generatoren und Transformatoren. Würde man diese als massive Stahlblöcke ausführen, so würden bei ihrer Magnetisierung mit Wechselstrom Spannungen und damit Ströme induziert, die erhebliche Erwärmungen und Verluste zur Folge hätten. Man baut die magnetischen Eisenkreise daher aus **gegeneinander isolierten Blechen** (Dicke z. B. 0,5 mm) auf, so daß die Isolationsebenen parallel zur Flußrichtung und damit rechtwinklig zu der Ebene liegen, in der sich die induzierten Umlaufspannungen und die durch sie hervorgerufenen Ströme ausbilden (s. Bild 4.53). Dadurch wird das Verhältnis von induzierter Umlaufspannung zu Länge des Umlaufweges, d.h. zum Widerstand der Strombahn, entsprechend klein, so daß die Wirbelströme und die durch sie verursachten Verluste in tragbaren Grenzen bleiben.

4.3.2 Energie und Kräfte im magnetischen Feld

In der Natur spielen sich neben den irreversiblen energieumformenden Vorgängen, wie sie z. B. in stromdurchflossenen Widerständen ablaufen (die elektrische Energie UIt wird in Wärmeenergie umgewandelt), auch reversible energiespeichernde Vorgänge ab. Es wird z. B. der potentielle Energieinhalt einer Masse, die durch äußere Kräfte von der Erde (zweite Masse) entfernt wird, größer; sie speichert Energie, die sie wieder abzugeben vermag. Wenn nämlich diese Masse nicht mehr durch äußere Kräfte in einer bestimmten Höhe (Abstand von Erdmittelpunkt) gehalten wird, fällt sie zur Erde zurück. In der Mechanik beschreibt man dieses Energiespeichervermögen in Massen über das Gravitationsfeld.

Ähnlich kann auch das magnetische Feld Energie speichern. Schaltet man z. B. eine Spule an eine Spannungsquelle, so beginnt ein Strom zu fließen (s. Abschn. 11.2.1.1), d.h., die Spule nimmt elektrische Energie auf, die in dem durch den Strom erregten Magnetfeld der Spule gespeichert wird. Daß es sich hier, ähnlich wie beim Anheben der Masse, um einen speichernden, d. h. einen reversiblen Vorgang handelt, wird klar, wenn die stromdurchflossene Spule von der Spannungsquelle abgeschaltet und über einen Widerstand kurzgeschlossen wird. Für eine bestimmte Zeit fließt dann nämlich noch ein Strom (s. Abschn. 11.2.1), obwohl keine äußere Spannungsquelle mehr in dem Kreis wirksam ist. Dieser Strom kann über das Induktionsgesetz berechnet werden und erklärt sich aus dem nach Abschalten der Spannungsquelle zunächst noch vorhandenen Magnetfeld, das abgebaut wird. Dabei wird der magnetische Fluß kleiner ($d\Phi_t/dt \neq 0$), so daß eine Spannung induziert wird, über die die gespeicherte magnetische Energie in elektrische umgeformt wird.

Außerdem können reversible Wechselwirkungen zwischen mechanischer und magnetischer Energie auftreten. Nähert man z. B. einen ferromagnetischen Körper den Polen eines Naturmagneten, so wird dieser angezogen, d. h., es wirken Kräfte auf ihn. Bewegt sich der Körper infolge dieser Kräfte, z. B. bei fehlenden äußeren (haltenden) Kräften, wird der Körper beschleunigt und prallt letztlich mit einer bestimmten Geschwindigkeit, also kinetischer Energie, auf die Pole des Naturmagneten auf. Dabei nimmt nachweislich die von dem Naturmagneten erregte magnetische Feldenergie stetig ab, so daß der Energieerhaltungssatz in jedem Augenblick erfüllt ist, d. h., bei fehlenden Verlusten (Reibung) ist die abgegebene magnetische gleich der aufgenommenen mechanischen Energie.

In den nächsten Abschnitten sollen zunächst Beziehungen zur Berechnung der Feldenergie abgeleitet werden und über den Energieerhaltungssatz die im Magnetfeld auftretenden mechanischen Kräfte bestimmt werden.

4.3.2.1 Energie des magnetischen Feldes. Die in einem magnetischen Feld gespeicherte Energie wird zweckmäßigerweise nach dem Energieerhaltungssatz aus der elektrischen Energie bestimmt, die über den das Feld erregenden Strom zugeführt wird. Dazu wird der in Bild **4.54** dargestellte Ringeisenkern betrachtet, dessen N Windungen an eine Quelle der Gleichspannung U_q angeschlossen werden, so daß in ihnen der Strom i – von $i=0$ ansteigend – fließt (s. Abschn. 11.2.1.1). Von dem ansteigenden Strom i wird eine ansteigende Induktion $\vec{B}_t(i)$ rechtswendig zum positiven Strom i – d. h. zur Geschwindigkeitsrichtung $\vec{v}$ der positiven Ladung – erregt.

4.3.2 Energie und Kräfte im magnetischen Feld

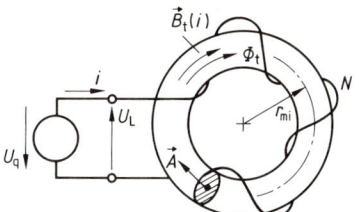

4.54
Ringkernspule mit zugeordneten Zählpfeilen für Strom i, Spannung U und magnetischen Fluß Φ

Der Flächenvektor des Eisenkerns $\vec{A}$ und damit der Zählpfeil für den magnetischen Fluß Φ_t werden wie in Bild 4.54 skizziert angenommen und der Zählpfeil der Selbstinduktionsspannung U_L entsprechend Abschn. 4.3.1.3 rechtswendig um den Flußzählpfeil Φ_t angetragen. Sind keine ohmschen Widerstände in dem Kreis zu berücksichtigen, folgt aus der Maschenregel $U_q + U_L = 0$ mit $U_L = -N\,d\Phi_t/dt$ die Gleichung $U_q = N\,d\Phi_t/dt$, die nach Multiplikation mit $i\,dt$ die von der Spannungsquelle dem magnetischen Kreis elektrisch zugeführte Energie

$$dW = U_q\,i\,dt = i\,N\,d\Phi_t \tag{4.117}$$

ergibt. Mit dem mittleren Radius r_{mi} der Ringspule folgt aus dem Durchflutungssatz Gl. (4.19) $i\,N = 2\pi r_{mi} H_t$ die magnetische Feldstärke H_t, die näherungsweise über den Querschnitt A als konstant angenommen werden kann. Da der Flächenvektor $\vec{A}$ parallel zu dem der Induktion $\vec{B}_t = \mu \vec{H}_t$ liegt, ergibt sich die über die Klemmen der Spannungsquelle fließende Energie nach Gl. (4.117)

$$dW = 2\pi r_{mi} H_t A\,dB_t\,.$$

Aus der gewählten Zuordnung von i und U_q und dem Vorzeichen der berechneten Energie folgt, daß die Energie von der Spannungsquelle abgegeben und von der Spule aufgenommen wird. Sie muß daher in dem vom Strom i in der Spule erregten magnetischen Feld gespeichert sein, da voraussetzungsgemäß keine Verluste auftreten. Da sich in einem Ringkern mit dem Radius $r_{mi} \gg \sqrt{A}$ das magnetische Feld nahezu homogen ausbildet, ergibt sich die Energie, die in der Zeit dt pro Volumen V elektrisch zugeführt wird, indem dW durch das Volumen $V = 2\pi r_{mi} A$ des Kernes dividiert wird.

$$dw = dW/V = H\,dB \tag{4.118}$$

Steigt der Strom von $i = 0$ bis $i = I_{max}$ an, so steigt auch das Feld von $B = H = 0$ bis $B = B_{max}$ und $H = H_{max} = B_{max}/\mu$ an. Die Energiedichte in einem Feld der Induktion B ergibt sich daher als Integral $w = \int H\,dB$ in den Grenzen $B = 0$ und $B = \pm B_{max}$. Diese für das einfache Modell einer Ringspule abgeleiteten Beziehungen können für beliebige homogene und inhomogene Felder verallgemeinert werden. In einem magnetischen Feld der Induktion B und der magnetischen Feldstärke H herrscht also die **Energiedichte**

$$w = \int_{B=0}^{B_{max}} H\,dB\,. \tag{4.119}$$

4.3 Wirkungen im magnetischen Feld

Der gesamte **Energieinhalt** W des magnetischen Feldes ergibt sich dann als Integral der Energiedichte w über das Feldvolumen V.

$$W = \int_V \left[\int_{B=0}^{B_{max}} H \, dB \right] dV \tag{4.120}$$

Für Felder in Stoffen mit konstanter Permeabilität (z. B. Luft) gilt $H = B/\mu = \text{const} \cdot B$, so daß das Integral in Gl. (4.119) allgemeingültig gelöst werden kann und für die **magnetische Energiedichte**

$$w = B^2/(2\mu) = HB/2 = \mu H^2/2 \tag{4.121}$$

gilt.

Ist die Induktivität L einer Anordnung (Spule, Leitung usw.) bekannt, so läßt sich der Energieinhalt des von einem Strom I in dieser Anordnung erregten magnetischen Feldes auch direkt aus Induktivität L und Strom I ermitteln, was klar wird, wenn man vorstehende Ableitung mit der Selbstinduktionsspannung in der Form $U_L = -L\, di/dt$ durchführt, statt in der Form $U_L = -d\Phi/dt$. Es ergibt sich dann die dem Feld zugeführte elektrische Energie $dW = L i \, di$, d.h., die Energie des vom Strom i erregten Feldes beträgt $W = \int L i \, di$. Daraus folgt für Anwendungen mit konstanter Induktivität L ($\mu = \text{const}$) die in einem vom Strom I erregten magnetischen Feld gespeicherte Energie

$$W = L I^2/2 \,. \tag{4.122}$$

Diese Beziehung ist in vielen Fällen auch geeignet, die Induktivität einer Anordnung über die magnetische Feldenergie entsprechend $L = 2W/I^2$ zu berechnen.

Ist die Permeabilität nicht konstant, sondern eine Funktion der Induktion B, wie z. B. bei ferromagnetischen Stoffen, so ist auch die magnetische Feldstärke $H = B/\mu = B/f(B)$ eine entsprechend komplizierte nichtlineare Funktion, und das Integral läßt sich nicht mehr allgemeingültig lösen. Wie aus Bild 4.55 zu ersehen ist, gibt bei ferromagnetischen Stoffen das Integral von Gl. (4.119) die Fläche zwischen B-Achse und Magnetisierungskurve $B(H)$ an. Man kann daraus erkennen, daß beim Aufmagnetisieren $B_A(H)$ die vom Magnetfeld aufgenommene Energie W_A entsprechend der Fläche $A_A = \int [B_A(H)] dB$ größer ist als die bei der Entmagnetisierung vom Feld abgegebene Energie W_E entsprechend der Fläche $A_E = \int [B_E(H)] dB$. Die Differenz beider Energien ist die beim Ummagnetisieren in Wärme umgewandelte Energie $W_A - W_E$. Sie entspricht der von der Hysteresekurve eingeschlossenen Fläche $A_M = A_A - A_E$. Diese Energie wird als Ummagnetisierungs- oder Hysteresearbeit bezeichnet. Bei Magnetisierung mit Wechselstrom wird die Hysteresekurve entsprechend der Frequenz f mehrere Male pro Zeit durchlaufen, so daß sich die für die Ummagnetisierung pro Zeit benötigte Energie als Produkt aus der Ummagnetisierungsenergie während eines Umlaufes (entspricht der von der Hysteresekurve eingeschlossene Fläche) und der Frequenz (Umlauf pro Zeit) ergibt. Diese über Strom und Spannung zugeführte Leistung wird als Hysterese- oder Ummagnetisierungsverlust bezeichnet.

4.3.2 Energie und Kräfte im magnetischen Feld

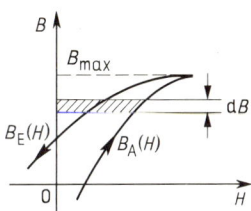

4.55 Graphische Deutung der magnetischen Energiedichte $\int H\,\mathrm{d}B$ bei der Hysteresekurve

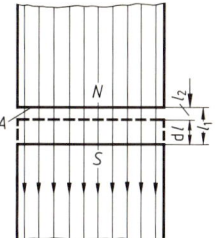

4.56 Virtuelle Verschiebung $\mathrm{d}l$ einer Polfläche (Grenzfläche) im Magnetfeld zur Ermittlung der auf sie wirkenden Kraft

4.3.2.2 Kraftwirkung auf Grenzflächen. Bild 4.56 zeigt zwei Pole eines magnetischen Eisenkreises mit dem anfänglichen Abstand (Luftspalt) l_1. Das zwischen beiden Polen bestehende magnetische Feld kann bei nicht zu großem Luftspalt als homogen angenommen werden. Der für die auftretenden Kräfte belanglose Richtungssinn des Feldes ist durch Nord- und Südpol und durch Pfeile an den Feldlinien gekennzeichnet. Erfahrungsgemäß ziehen sich zwei derartig im Feld einander gegenüberstehende Pole an, sie üben also über ihre Flächen A Anziehungskräfte F aufeinander aus. Bewegen sich die Pole, also die Grenzflächen zwischen Eisen und Luft, infolge der anziehenden Kräfte um den Weg $\mathrm{d}l = l_1 - l_2$ aufeinander zu, so wird dabei die mechanische Arbeit

$$W_{\mathrm{mech}} = F/\mathrm{d}l \tag{4.123}$$

geleistet. Um diese Arbeit muß sich die Energie des magnetischen Feldes verringern, wenn sonst keine Energie dem System zu- oder abgeführt wird, z. B. dadurch, daß Verluste auftreten oder daß das Magnetfeld von einer an eine Spannungsquelle angeschlossenen Spule erregt wird. Setzt man weiter voraus, daß die in Eisen und Luft gleiche Induktion sich während der Verkürzung des Luftspaltes nicht ändert, ergeben sich die magnetischen Feldstärken H in Luft (Index L) und Eisen (Index Fe) nach Gl. (4.13)

$$H_{\mathrm{L}} = B/\mu_0 \quad \text{und} \quad H_{\mathrm{Fe}} = B/(\mu_{\mathrm{r}}\mu_0) \tag{4.124}$$

mit $\mu_{\mathrm{r}} = 1$ für Luft.

Unter der Voraussetzung konstanter Induktion B ändert sich bei einer angenommenen Luftspaltänderung um $\mathrm{d}l$ die Feldenergie lediglich in dem Bereich $\mathrm{d}l\,A$, in dem sich die Feldstärke von $H_{\mathrm{L}} = B/\mu_0$ auf $H_{\mathrm{Fe}} = B/(\mu_0\mu_{\mathrm{r}})$ verkleinert. Mit der Energiedichte $w = \int H\,\mathrm{d}B$ nach Gl. (4.119) und dem hier jeweils vorliegenden homogenen Feldverlauf in dem Luft- bzw. Eisenvolumen (V_{L} bzw. V_{Fe}) ergibt sich der Betrag

$$\mathrm{d}W = \mathrm{d}V_{\mathrm{L}} w_{\mathrm{L}} - \mathrm{d}V_{\mathrm{Fe}} w_{\mathrm{Fe}} = A\,\mathrm{d}l \left\{ \int_0^B (B/\mu_0)\,\mathrm{d}B - \int_0^B [B/(\mu_0\mu_{\mathrm{r}})]\,\mathrm{d}B \right\}. \tag{4.125}$$

um den die Energie des magnetischen Feldes kleiner wird. Dem Energieerhaltungssatz entsprechend muß eine gleich große mechanische Energie $dW_{mech}=Fdl$ auftreten. Durch Gleichsetzen dieser beiden Energiebeträge ergibt sich die **Kraft auf die Polflächen**.

$$F=A\left\{B^2/(2\mu_0) - \int_0^B [B/(\mu_0\mu_r)]\,dB\right\} \tag{4.126}$$

Da für Eisen (von höheren Sättigungen abgesehen) $\mu_r=f(B)$ sehr groß gegenüber 1 ist, gilt $H_{Fe}\ll H_L$ und damit auch $W_{Fe}\ll W_L$, so daß näherungsweise die Kraft auf die Polflächen

$$F\approx AB^2/(2\mu_0) \tag{4.127}$$

berechnet werden kann. Bezieht man diese Kraft auf die Polfläche A, so bekommt man die **mechanische Zugspannung** auf die Grenzfläche zwischen Eisen und Luft, also auf die Polfläche von Magneten,

$$\sigma=F/A=B^2/(2\mu_0)\,. \tag{4.128}$$

Mit $\mu_0=1{,}257\,\mu Tm/A$ ergibt sich im SI-Einheitensystem für diese mechanische Spannung die Einheit

$$T^2/(Tm/A)=TA/m=VsA/m^3=N/m^2\,. \tag{4.129}$$

Beispiel 4.27. Für einen Zugmagneten entsprechend Bild **4.57** soll die Zugspannung als Funktion des Luftspaltes δ berechnet werden. Dazu wird angenommen, daß die Permeabilität des Eisens gegen Unendlich strebt, also im Eisen keine magnetische Feldenergie gespeichert ist. Der Magnet wird über eine Spule mit $N=1000$ Windungen, die von einer Gleichspannungsquelle mit dem Strom $I=1$ A gespeist wird, erregt.

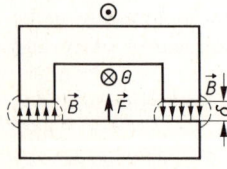

4.57 Elektromagnet

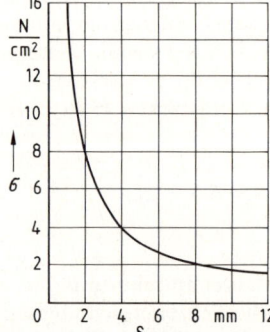

4.58 Mechanische Zugspannung σ auf die Polflächen in Abhängigkeit von der Luftspaltlänge δ für einen Elektromagneten nach Bild **4.57** mit der Gleichstromdurchflutung $\Theta=1000$ A

Da der Wirkwiderstand der Spule unabhängig von der Luftspaltlänge konstant ist, sind auch Strom und Durchflutung $\Theta=NI=1000\cdot 1$ A konstant. Aus dem Durchflutungssatz $\oint \vec{H}\,d\vec{l}=\Theta$ [s. Gl. (4.19)] folgt dann, daß die sich einstellende Induktion $B=\mu_0\Theta/(2\delta)$ und damit die Zugspannung entsprechend Gl. (4.128)

$$\sigma=B^2/(2\mu_0)=\mu_0\Theta^2/(8\delta^2)=I^2\mu_0N^2/(8\delta^2) \tag{4.130}$$

4.3.2 Energie und Kräfte im magnetischen Feld

eine Funktion der Luftspaltlänge δ ist. In Bild **4.**58 ist die Zugspannung in Abhängigkeit von δ aufgetragen. Theoretisch würde mit δ gegen Null die Zugspannung σ gegen Unendlich streben, da infolge der Annahme $\mu_r \to \infty$ bei $\delta \to 0$ der magnetische Widerstand des Kreises gegen Null und damit die Induktion gegen Unendlich streben würden. Bei praktischen Gegebenheiten macht sich aber bei steigender Induktion infolge Sättigung der magnetische Widerstand des Eisens zunehmend bemerkbar, d.h., mit $\delta \to 0$ nähert sich der magnetische Widerstand des Kreises und damit die Induktion wie auch die Zugspannung σ einem endlichen Wert.

Zu beachten ist, daß die in diesem Beispiel 4.27 berechnete Zugspannung nur für den stationären Betrieb gilt, d.h., die für jede Luftspaltlänge δ berechnete Zugspannung gilt nur, wenn dieser Luftspalt bereits so lange eingestellt war, daß alle Ausgleichsvorgänge abgeklungen sind. Betrachtet man den eigentlichen Anziehungsvorgang dynamisch, so ist die infolge der durch die Luftspaltänderung bewirkten Flußänderung entstehende Induktionsspannung in der Spule zu berücksichtigen, die eine Stromänderung bewirkt, die den bei kleiner werdendem Luftspalt größer werdenden Fluß wieder zu verkleinern versucht. Es müssen also für solche dynamischen Vorgänge die Induktion wie auch die Zugspannung als Funktion der Zeit betrachtet werden (s. Abschn. 11.2.1).

Die vorstehend für die speziellen Anordnungen des Bildes **4.**57 angestellten Betrachtungen lassen sich auch erweitern auf Grenzflächen, die in einem beliebigen Winkel zur Feldrichtung verlaufen. Ohne Beweis sei für solche Anordnungen festgestellt, daß auf die Grenzfläche zwischen Stoffen verschiedener Permeabilität im magnetischen Feld Kräfte ausgeübt werden, die unabhängig von dem Verlauf der Feldlinien **immer senkrecht auf die Grenzfläche wirken, so daß sie das Volumen des Stoffes mit der kleineren Permeabilität zu verkleinern versuchen.** Für die in der Praxis allein wichtigen Grenzflächen zwischen Eisen und Luft gilt – solange das Eisen nicht extrem hoch gesättigt ist –, daß die senkrecht auf die Eisenfläche in den Luftraum wirkende mechanische Spannung σ näherungsweise nach Gl. (4.128) berechnet werden kann, wenn für B die in die Eisenfläche ein- bzw. austretende Induktion eingesetzt wird. Die Berechnung dieser Induktion kann allerdings bei inhomogenen Feldern schwierig werden.

Beispiel 4.28. In Bild **4.**59 ist eine Spule dargestellt, in die ein federnd aufgehängter Eisenkern hineingezogen wird, wenn die Spule mit einem Strom I erregt wird. Die Zugspannung auf den Anker ist für den Fall zu berechnen, daß die Spule $N = 1000$ Windungen hat und mit dem Strom $I = 0{,}5$ A erregt wird. Die Spulenlänge beträgt $l = 15$ cm und ist als sehr groß gegenüber dem Innendurchmesser $d_2 = 1{,}0$ cm anzunehmen.

Wäre kein Eisenkern in der Spule, könnte bei $d_2 \ll l$ näherungsweise angenommen werden, daß das Feld außerhalb der Spule keinen Beitrag zur magnetischen Umlaufspannung liefert. Dann folgt aus dem Durchflutungssatz Gl. (4.19) $\Theta = \oint \vec{H}\,d\vec{l}$ die Feldstärke im Inneren der Spule $H \approx \Theta/l$. Füllte der Eisenkern den ganzen Innenraum der Spule aus, so lägen die Verhältnisse allerdings genau umgekehrt. Dann wäre im Spuleninneren (Eisen) $H \approx 0$, und das Feld außerhalb der Spule H_a erfüllte den Durchflutungssatz $\int \vec{H}_a\,d\vec{l} \approx \Theta$. Hieraus kann die Feldstärke H allerdings nicht mehr bestimmt werden, da das Feld außerhalb der Spule stark inhomogen ist. Füllt der Tauchanker nur zum Teil den Innenraum der Spule aus, z.B. $x \geq 0{,}5l$, gilt näherungsweise wieder, daß das H-Feld ausschließlich im Bereich x des Spuleninneren den Durchflutungssatz $H \approx \Theta/x$ erfüllt. Die Induktion an der Stirnfläche des Ankers im Inneren der Spule ist also

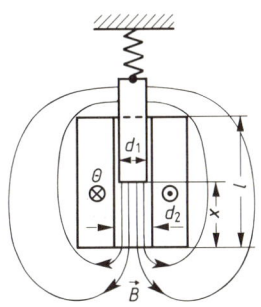

$$B \approx \mu_0 I N / x\,. \qquad (4.131)$$

4.59 Spule mit Tauchanker

Die auf die Grenzfläche (Stirnfläche) infolge dieser Induktion wirkende Zugspannung beträgt nach Gl. (4.128)

$$\sigma = \frac{B^2}{2\mu_0} = \frac{\mu_0 I^2 N^2}{2x^2} = \frac{1{,}26\ (\mu Vs/Am)\ 0{,}5^2\ A^2 \cdot 1000^2}{2x^2} = \frac{0{,}156}{x^2}\ N\ . \qquad (4.132)$$

Man erkennt, daß die Zugspannung mit zunehmender Eintauchtiefe quadratisch größer wird. Für $x=0{,}5l=7{,}5$ cm beträgt die Zugspannung z. B. $\sigma=(0{,}156/7{,}5^2)$ N/cm² $=2{,}8$ mN/cm² und mit dem Durchmesser $d_1=0{,}9 d_2$ die Zugkraft $F=(0{,}9\cdot 0{,}5)^2$ cm² $\pi \cdot 2{,}8$ mN/cm² $=1{,}8$ mN. Zugspannung und Zugkraft steigen aber nicht bis zur vollen Eintauchtiefe ($x=0$) quadratisch mit dem Weg an. Gl. (4.131) ist eine Näherungslösung, die mit $x \to 0$ immer ungenauer wird, weil das Feld außerhalb der Spule stärker in Erscheinung tritt (bei $x=0$ ist das H-Feld im Inneren der Spule näherungsweise Null und fast nur außerhalb der Spule vorhanden).

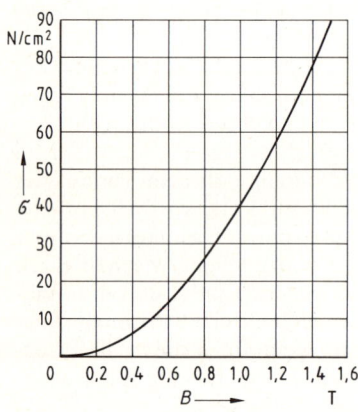

4.60 Mechanische Zugspannung σ auf Grenzflächen zwischen ungesättigtem Eisen und Luft in Abhängigkeit von der Induktion B in der Grenzfläche

Um einen Eindruck von der Größe der Zugspannung auf Eisenflächen zu vermitteln, ist diese in Bild **4**.60 in Abhängigkeit von der Induktion dargestellt. Bedenkt man, daß mit Rücksicht auf die Eisensättigung unter wirtschaftlichen Gesichtspunkten Induktionen von mehr als 1,6 T bis 1,8 T kaum zu realisieren sind, so erkennt man aus Bild **4**.60, daß sich an den Polflächen von Elektromagneten Zugspannungen von über 100 N/cm² kaum erreichen lassen. Da die Kraft sich aus dem Produkt von Zugspannung und Fläche ergibt, läßt sich diese zwar nahezu beliebig mit der Polfläche vergrößern, allerdings steigt mit dieser Fläche auch das Gewicht des Magneten an, da gleichzeitig mit der Polfläche alle Querschnittsflächen des magnetischen Kreises vergrößert werden müssen, um zu vermeiden, daß in einzelnen Bereichen des Kreises übermäßige Sättigungen auftreten.

4.3.2.3 Kraftwirkung auf stromdurchflossene Leiter im Magnetfeld. Aus der Definitionsgleichung (4.2) für die Induktion $\vec{B}$ (s. Abschn. 4.1.2.1) folgt unmittelbar, daß auf jede Ladung Q, die sich mit der Geschwindigkeit $\vec{v}$ durch ein Magnetfeld der Induktion $\vec{B}$ bewegt, die Kraft

$$\vec{F} = Q(\vec{v} \times \vec{B}) \qquad (4.133)$$

ausgeübt wird, die als Lorentzkraft bezeichnet wird. Nach den Regeln der Vektorrechnung steht diese Kraft $\vec{F}$ senkrecht auf der Fläche, die aus den Vektoren der Geschwindigkeit $\vec{v}$ und der Induktion $\vec{B}$ bestimmt ist, und wirkt in Richtung der axialen Bewegung einer Rechtsschraube, deren Drehrichtung so ist, daß der Geschwindigkeitsvektor $\vec{v}$ auf kürzestem Wege in den Vektor $\vec{B}$ gedreht wird (s. Bild **4**.5).

Ihr Betrag ist $F = QvB \sin \alpha$ mit dem Winkel α zwischen den Vektoren $\vec{v}$ und $\vec{B}$. Mit Gl. (4.133) kann direkt die Kraftwirkung auf bewegte Ladungen berechnet werden.

Sie ist dann besonders geeignet, wenn die Ladungen und ihre Geschwindigkeiten gegeben sind, also bei der Bestimmung der Laufbahnen frei im Raum beweglicher Ladungen, z. B. bei der Ablenkung des Elektronenstrahles in einer Elektronenstrahl-Röhre mit magnetischem Ablenksystem (Bildröhre in Fernsehgeräten). Wird dagegen die Kraftwirkung auf stromdurchflossene Leiter gesucht, empfiehlt sich eine Weiterentwicklung der Gl. (4.133). Dazu wird ein vom Strom I durchflossener Leiter entsprechend Bild 4.61 betrachtet. In einem Element dieses Leiters der Länge d$\vec{l}$ befindet sich die Ladungsmenge dQ, die sich mit der Geschwindigkeit $\vec{v}$ bewegt. Wird Gl. (1.4) mit dl erweitert, gilt mit $v = \mathrm{d}l/\mathrm{d}t$ der Zusammenhang d$Q\vec{v} = I\,\mathrm{d}\vec{l}$, wenn der Vektor d$\vec{l}$ in der Längsachse des Leiters in Richtung des Zählpfeiles für den Strom I liegt. Damit folgt aus Gl. (4.133) die Kraft, die auf das vom Strom I durchflossene Leiterelement d$\vec{l}$ wirkt.

$$\mathrm{d}\vec{F} = I\,(\mathrm{d}\vec{l} \times \vec{B}) \qquad (4.134)$$

Die resultierende Kraft, die an einem Leiter beliebiger Länge und Lage angreift, ergibt sich durch Integration der Teilkräfte d$\vec{F}$ über die ganze Leiterlänge l

$$\vec{F} = I \int_l \mathrm{d}\vec{l} \times \vec{B}\,. \qquad (4.135)$$

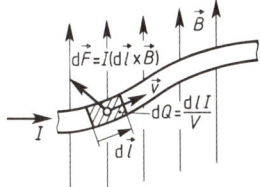

4.61 Richtungszuordnungen für die Kraftwirkung entsprechend Gl. (4.134) auf ein stromdurchflossenes Leiterelement im Magnetfeld

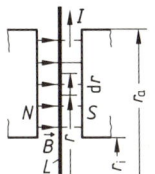

4.62 Schnitt durch ein Polpaar eines Scheibenläufermotors

Beispiel 4.29. Bei einem Gleichstrommotor mit Scheibenläufer sind die stromführenden Ankerleiter L sternförmig radial nach außen gerichtet auf einer unmagnetischen Trägerscheibe angeordnet, die zwischen den Polen von Naturmagneten N, S drehbar gelagert ist. In Bild 4.62 ist der radiale Querschnitt durch einen Polbereich mit Scheibe und einem Leiter L skizziert. Das von diesem Leiter über die Trägerscheibe auf die Welle übertragene Drehmoment ist zu bestimmen. Gegeben sind der Leiterstrom $I = 5$ A, der Innenradius der Pole $r_i = 50$ mm, ihr Außenradius $r_a = 100$ mm und die Induktion zwischen den Polen $B = 0{,}5$ T. Die Ausbauchung des Feldes an den Polrändern (s. Abschn. 4.2.2.1) ist zu vernachlässigen.

Der Betrag der auf ein Leiterelement der Länge dl wirkenden Umfangskraft dF ist nach Gl. (4.134)

$$\mathrm{d}F = |I(\mathrm{d}\vec{r} \times \vec{B})| = IB\,\mathrm{d}r\,, \qquad (4.136)$$

da der Leiter rechtwinklig zur Induktionsrichtung liegt (s. Bild 4.62). Der Beitrag d$M = r\,\mathrm{d}F$, den die Kraft dF eines Leiterelementes d$l = \mathrm{d}r$ zum Drehmoment M liefert, ist abhängig vom Radius r. Damit muß das von dem ganzen Leiter ausgeübte Drehmoment als Integral über die

4.3 Wirkungen im magnetischen Feld

im Magnetfeld befindliche Leiterlänge berechnet werden.

$$M = \int r\,dF = \int_{r_i}^{r_a} IBr\,dr = IB(r_a^2 - r_i^2)/2 = 5\text{ A}\cdot 0{,}5\text{ T }(0{,}1^2 - 0{,}05^2)\text{ m}^2/2 = 0{,}0094\text{ Nm} \quad (4.137)$$

Die Umrechnung der elektrischen Einheit VAs in die mechanische Einheit Nm erfolgt in den SI-Einheiten gemäß 1 W = 1 VA = 1 Nm/s.

Für beliebig geformte Leiter in inhomogenen Feldern ist die Auswertung des Integrals in Gl. (4.135) nicht ganz einfach, da sowohl die Induktion $\vec{B}$ wie auch das Wegelement $d\vec{l}$ als Ortsfunktionen einzusetzen sind. Praktisch treten aber recht häufig einfache Leiterformen in homogenen Feldern auf, für die das Integral in eine Multiplikation überführt werden kann. So ergibt sich die Kraft auf einen geraden Leiter der Länge $\vec{l}$ in Richtung des Zählpfeiles für den Strom I im homogenen Feld der Induktion $\vec{B}$ entsprechend Bild 4.63

$$\vec{F} = I(\vec{l} \times \vec{B}), \quad (4.138)$$

d.h., an dem Leiter greift eine Kraft $F = IlB\sin\alpha$ an, die senkrecht auf der Fläche aus Leiter $\vec{l}$ und Induktion $\vec{B}$ steht.

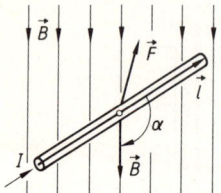

4.63 Richtungszuordnungen für die Kraftwirkung entsprechend Gl. (4.138) auf einen stromdurchflossenen geraden Leiter im homogenen Magnetfeld

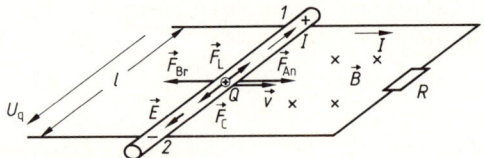

4.64 Im Magnetfeld bewegter stromdurchflossener Leiter

Abschließend soll anhand der Bilder 4.41 und 4.64 erläutert werden, daß die mit Gl. (4.133) bis (4.135) beschriebenen Richtungszuordnungen im Einklang mit den Richtungsdefinitionen für den Induktionsvorgang wie auch dem Energieerhaltungssatz stehen. Gleichzeitig soll dabei die sich im Magnetfeld vollziehende elektromechanische bzw. mechanisch-elektrische Energieumformung beschrieben werden, wie sie in jedem Elektromotor bzw. Generator nach gleichem Prinzip abläuft.

Infolge der Bewegung des geraden Leiterstückes 1–2 der Länge l mit der konstanten Geschwindigkeit $\vec{v}$ durch das homogene Magnetfeld der Induktion $\vec{B}$ wird auf die Ladungen Q eine Kraft magnetischen Ursprungs $\vec{F}_L = Q(\vec{v} \times \vec{B})$ ausgeübt, die die positiv angenommenen freien Ladungsträger im bewegten Leiter entgegen der durch den Potentialunterschied U_q bedingten elektrischen Feldstärke $\vec{E} = \vec{F}_C/Q$ vom negativen zum positiven Potential der Spannungsquelle treibt (s. Abschn.

4.3.2 Energie und Kräfte im magnetischen Feld

4.3.1.1). Dadurch wird bei angeschlossenem Widerstand R ein Strom I, d. h. eine kontinuierliche geschlossene Ladungsbewegung in dieser Richtung, in dem Kreis auftreten. Dieser in Bild **4.64** eingezeichnete Strom

$$I = U_q/R = Blv/R \tag{4.139}$$

ergibt sich aus dem Maschensatz $U_q - IR = 0$ mit Gl. (4.74) bzw. (4.77) und den für diese aufgestellten Richtungsregeln positiv (U_q wird für die in Bild **4.64** eingetragenen Richtungspfeile positiv), d. h., er fließt tatsächlich in die eingezeichnete Richtung. Infolge der Bewegung des Leiters im Magnetfeld werden also die Ladungsträger zum höheren Potential bewegt, wodurch ihre potentielle Energie erhöht wird. Diese potentielle elektrische Energie wird dann im Widerstand R wieder von den Ladungsträgern abgegeben und in Wärmeenergie umgeformt.

Um zu klären, welchen Ursprungs die über das Magnetfeld in den Stromkreis eingespeiste elektrische Energie letztlich ist, seien im folgenden auch die äußeren an dem Leiter angreifenden Kräfte betrachtet.

Die elektrische Leistung wird über die Spannung U_q und den Strom I berechnet. Die Ladung dQ (der Strom) fließt in dem bewegten Leiter von Minus nach Plus und erhöht dabei ihre potentielle Energie um $dW = U_q dQ$. Die den Ladungen dQ dadurch zugeführte Leistung ist abhängig davon, wieviel Ladung pro Zeit dQ/dt die Länge des Leiters – also die Spannung U_q – durchläuft. Damit läßt sich die Leistung über die integralen Feldgrößen, den im Leiter fließenden Strom $I = dQ/dt$ und die im Leiter induzierte Spannung U_q, bestimmen

$$P = dW/dt = I U_q. \tag{4.140}$$

Auf den vom Strom I durchflossenen Leiter im Magnetfeld wirkt entsprechend Gl. (4.138) die Kraft $\vec{F}_{Br} = I(\vec{l} \times \vec{B})$. Die Richtungszuordnungen lassen sich für die einfachen Verhältnisse in Bild **4.64** leicht aus der Anschauung angeben. $d\vec{l}$ muß im Leiter in Richtung des Zählpfeiles für den Strom I angenommen werden. Da dieser Strom I mit positivem Wert berechnet wird, ergibt sich die Bremskraft $\vec{F}_{Br}$ entgegengerichtet zum Geschwindigkeitsvektor $\vec{v}$. Der Betrag dieser Kraft ist $F_{Br} = IlB$.

Um den Leiter in Richtung der Geschwindigkeit $\vec{v}$ zu bewegen, ist eine Antriebskraft $\vec{F}_{An}$ in Richtung $\vec{v}$ notwendig, die die bremsende Reaktionskraft $\vec{F}_{Br}$ überwindet. Die Reaktionskraft auf den stromdurchflossenen Leiter ist also ihrer primären Ursache, der Geschwindigkeit $\vec{v}$, entgegengerichtet. Die von der Antriebskraft aufzubringende mechanische Leistung $P_{An} = \vec{F}_{An} \vec{v}$ beträgt im Falle stationärer Bewegung ($\vec{F}_{An} = -\vec{F}_{Br}$)

$$P_{An} = F_{An} v = IlBv = IU_q = I(IR). \tag{4.141}$$

Dem Leiter wird also mechanische Leistung $F_{An} v$ zugeführt und über die Induktionswirkung in eine gleich große elektrische Leistung $I U_q$ der induktiven Spannungsquelle umgewandelt, die wiederum über den Strom im Wirkwiderstand in Wärmeleistung $I^2 R$ umgeformt wird.

Das Prinzip der Wechselwirkung zwischen den Strömen infolge induzierter Spannungen und den durch sie verursachten Kräften wird in der Elektrotechnik in vielfältiger Weise genutzt. Generatoren erzeugen elektrische Spannungen und Ströme; dabei formen sie mechanische

4.3 Wirkungen im magnetischen Feld

Antriebsleistung in elektrische Leistung um. Elektromotoren nehmen hingegen elektrische Leistung aus dem Netz auf, die sie in mechanische umformen und an der Welle wieder abgeben. Die Wirkungsweise von Generatoren und Motoren ist grundsätzlich gleich, sie unterscheiden sich durch die Richtung der Energieumformung. Man kann i. allg. dieselben Maschinen sowohl als Generatoren wie als Motoren verwenden [56].

Bei den bisherigen Betrachtungen der Kraftwirkung auf stromdurchflossene Leiter wurde außer acht gelassen, daß diese ihrerseits auch ein Magnetfeld – Eigenfeld – erzeugen, wodurch das gegebene Feld – Erregerfeld – verändert wird. Dieses ist auch bei vielen Aufgaben zulässig, d. h., in Gl. (4.134), (4.135) und (4.138) darf für die Induktion B der Wert eingesetzt werden, der dem gegebenen Erregerfeld ohne Berücksichtigung des vom stromdurchflossenen Leiter erregten Eigenfeldes entspricht. Dabei sollte man allerdings nicht vergessen, daß das resultierende – meßbare – Feld erheblich von dem laut Aufgabenstellung gegebenen Erregerfeld abweichen kann, wie aus Bild 4.65 zu erkennen ist. Darin ist $\vec{B}_A$ die Induktion des bei stromlosem Leiter von einer sozusagen äußeren Anordnung erregten homogenen Feldes (z. B. zwischen den Polen eines Magneten). Das von dem stromdurchflossenen Leiter erregte Eigenfeld wird durch kreisförmige konzentrisch den Leiter umgebende Feldlinien $\vec{B}(I)$ beschrieben. Durch Überlagerung (nur in linearen Räumen zulässig), d. h. durch geometrische Addition der Feldvektoren an jedem Ort, ergibt sich das resultierende, stark inhomogene Feld $\vec{B}$.

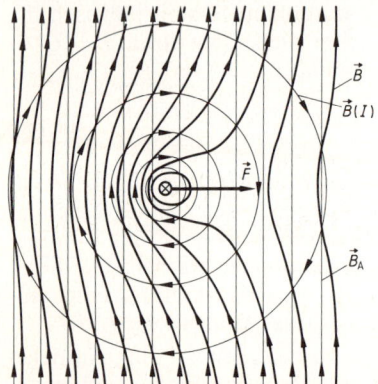

4.65 Feldlinienbild für die resultierende Induktion $\vec{B}$ aus Eigenfeld $\vec{B}(I)$ eines stromdurchflossenen, unendlich langen, geraden Leiters im homogenen Erregerfeld $\vec{B}_A$

Aus dem sozusagen einseitig verdrängten resultierenden Feld $\vec{B}$ läßt sich auch eine recht einprägsame Richtungsregel für die Kraftwirkung ableiten. Nach dem mechanischen Spannungszustand, der dem magnetischen Feld zukommt, sind die im Feld wirksamen mechanischen Spannungen immer so gerichtet, daß sie die Feldlinien zu verkürzen versuchen. Man könnte sich danach also vorstellen, daß durch das Bestreben der Feldlinien, sich „gerade zu ziehen", der Leiter in Richtung der „Feldverdünnung" abgedrängt werden soll.

Diese anschauliche Vorstellung sollte aber nicht dazu verleiten, in diesem Falle das resultierende Feld $\vec{B}$ auch der quantitativen Berechnung der Kraft zugrunde zu legen, was grundsätzlich möglich, in anderen Fällen sogar unumgänglich ist. Zweckmäßigerweise führt man quantitative Rechnungen wenn eben möglich mit oben angeführten Gleichungen aus, in die die Induktion $\vec{B}_A$ des ursprünglichen magnetischen Feldes eingesetzt wird, welches bei stromlosem Leiter auftreten würde.

4.3.2.4 Kraftwirkung zwischen stromdurchflossenen Leitern. Befinden sich in einem Raumgebiet zwei von Strömen I durchflossene Leiter, so üben diese gegenseitig Kräfte aufeinander aus, die über das magnetische Feld, wie in Abschn. 4.3.2.3 erklärt, bestimmt werden können. Man berechnet dazu das Feld, das der Strom im einen Leiter am Ort des zweiten als stromlos angenommenen Leiters erregen würde. Mit der Induktion dieses Feldes und dem Strom des zweiten Leiters wird dann die Kraft auf diesen Leiter nach Gl. (4.135) bzw. (4.138) bestimmt. In gleicher Weise

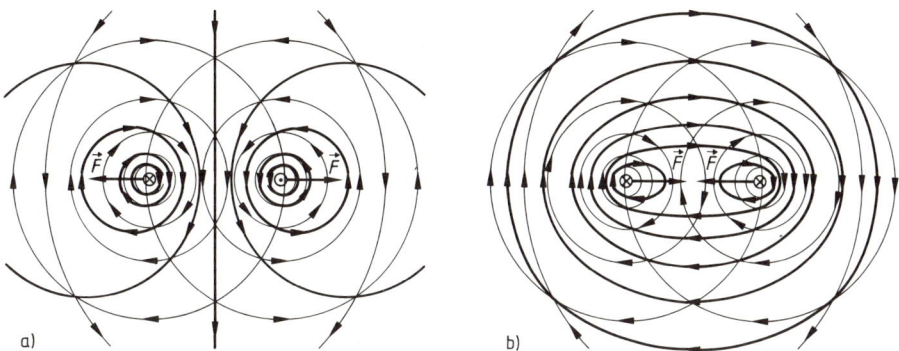

4.66 Magnetische Felder unendlich langer, gerader, paralleler, stromdurchflossener Leiter
a) entgegengesetzte, b) gleiche Stromrichtung

läßt sich dann über das vom zweiten Leiter am Ort des ersten erregte Feld die auf diesen wirkende Kraft berechnen.

In Bild **4.66** sind zwei gerade, im Abstand r parallel verlaufende, lange, stromdurchflossene Leiter mit ihren jeweiligen Einzelfeldern sowie dem daraus durch Überlagerung gewonnenen resultierenden Feld dargestellt, und zwar für die Fälle, daß die Stromrichtungen in den beiden Leitern entgegengesetzt (Bild **4.66**a) und gleich (Bild **4.66**b) sind.

Für viele praktische Fälle kann man näherungsweise linienförmige Leiter annehmen, d. h., man kann über den Leiterquerschnitt eine konstante Induktion $\vec{B}$ voraussetzen. Da bei parallel verlaufenden, langen Leitern die Induktion $\vec{B}$ auch über die Leiterlänge konstant ist, darf die auf jeden Leiter wirkende Kraft nach Gl. (4.138) berechnet werden, aus der für parallele Leiter, bei denen die Induktion $\vec{B}$ immer rechtwinklig zur Leiterrichtung $\vec{l}$ liegt, unmittelbar die skalare Schreibweise

$$F = I_1 l B(I_2) = I_1 l \mu_0 I_2 / (2\pi r) \tag{4.142}$$

folgt. Aussagekräftiger ist die pro Länge zwischen zwei parallelen Leitern wirkende Kraft

$$F/l = I_1 I_2 \mu_0 / (2\pi r) . \tag{4.143}$$

Die Richtung der Kraftwirkung kann über das Vektorprodukt $\vec{l} \times \vec{B}$ mit dem Vektor des Weges $\vec{l}$ in Richtung des Stromes I bestimmt werden und führt zu der Erkenntnis, daß sich Leiter bei gleicher Stromrichtung anziehen, bei entgegengesetzter aber abstoßen. Man kann sich leicht davon überzeugen, daß auf beide Leiter die gleiche Kraft wirkt, in diesem Fall also der Satz „actio gleich reactio" erfüllt ist.

Ohne aus Umfangsgründen hier näher darauf eingehen zu können, sei erwähnt, daß bei der Betrachtung der Kraftwirkung einzelner, insbesondere nichtgerader Leiterstücke aufeinander nicht immer dieser Satz „actio gleich reactio" erfüllt ist, d. h., es können unterschiedlich große Kräfte berechnet werden, deren Wirkungsrichtungen auch nicht mehr in einer gemeinsamen Geraden liegen müssen. Erst wenn sich die Integration der an den einzelnen Leiterelementen $d\vec{l}$ angreifenden Kraftelemente $d\vec{F}$ entsprechend Gl. (4.135) über zwei vollständige, also geschlossene Stromkreise erstreckt, sind die resultierenden, auf jeden vollständigen Stromkreis wirkenden Kräfte $\vec{F} = I \oint d\vec{l} \times \vec{B}$ gleich groß und wirken in einer Geraden.

Beispiel 4.30. Wie groß sind die auf die Länge bezogenen Kurzschlußkräfte F an parallelen Leitern im Abstand $r = 5$ cm, wenn in den Leitern der Kurzschlußstrom $I = 30$ kA auftritt? Aus Gl. (4.143) folgt unmittelbar die Kraft pro Länge

$$F/l = I^2 \mu_0/(2\pi r) = [(30 \text{ kA})^2 \cdot 1{,}26 \text{ } \mu\text{H/m}]/(2\pi \cdot 5 \text{ cm}) = 3{,}6 \text{ kN/m}.$$

4.4 Vergleich elektrischer und magnetischer Felder

In diesem die Lehre von den Feldern abschließenden Abschnitt sollen die wichtigsten Gesetze vergleichend zusammengestellt werden. In Tafel 4.67 sind nebeneinander die **Grundgesetze** der drei in diesem Band erläuterten Felder so aufgelistet, daß ihre **formale Analogie** zum Ausdruck kommt. Die an den jeweils gleichen Stellen der Gleichungen stehenden Formelzeichen werden auch als einander analoge Größen bezeichnet, z. B. sind Stromdichte $\vec{S}$, Verschiebungsdichte $\vec{D}$ und Induktion $\vec{B}$ jeweils einander analoge Größen der drei unterschiedlichen Felder.

Tafel 4.67 Formale Analogien von elektrischen und magnetischen Größen

Größen	elektrisches Strömungsfeld	elektrisches Feld in Nichtleitern	magnetisches Feld
Feldvektoren	$\vec{E}, \vec{S}$	$\vec{E}, \vec{D}$	$\vec{H}, \vec{B}$
Zusammenhang zwischen den Feldvektoren	$\vec{S} = \gamma \vec{E}$	$\vec{D} = \varepsilon \vec{E}$	$\vec{B} = \mu \vec{H}$
integrale Größen Ströme und Flüsse Spannungen	$I = \int \vec{S} \, d\vec{A}$ $U = \int \vec{E} \, d\vec{l}$	$\psi = \int \vec{D} \, d\vec{A}$ $U = \int \vec{E} \, d\vec{l}$	$\Phi = \int \vec{B} \, d\vec{A}$ $V = \int \vec{H} \, d\vec{l}$
Zusammenhang zwischen den integralen Größen (Ohmsches Gesetz)	$U = IR$	$U = \psi(1/C)$	$V = \Phi R_m$
Kenngrößen Widerstände Leitwerte	$R = l/(\gamma A)$[1] $G = 1/R$	$(1/C) = A/(l\varepsilon)$[1] C	$R_m = l/(\mu A)$[1] $\Lambda = 1/R_m$
gespeicherte Energiedichte	–	$w_e = \frac{1}{2} \vec{E} \vec{D}$	$w_m = \frac{1}{2} \vec{H} \vec{B}$
gespeicherte Energie	–	$W_e = \frac{1}{2} C U^2$	$W_m = \frac{1}{2} L I^2$

[1]) gelten nur für homogene Felder in homogenen Gebieten der Länge l und des konstanten Querschnittes A.

4.4 Vergleich elektrischer und magnetischer Felder

Beim elektrischen Strömungsfeld sind keine – gespeicherten – Energiegrößen angeführt, da im elektrischen Strömungsfeld nur eine **irreversible** Energieumformung in Wärmeenergie von Bedeutung ist. Im Gegensatz zum elektrostatischen und magnetischen Feld stellt also das Strömungsfeld praktisch keinen Energiespeicher dar. Die analoge Speichermöglichkeit des Strömungsfeldes besteht in der kinetischen Energie $v^2 m/2$ der bewegten Ladungsträger, die aber wegen ihrer Geringfügigkeit (verschwindend kleine Masse und extrem kleine Geschwindigkeit) in den Theorien der Elektrotechnik vernachlässigbar ist.

Die Zusammenstellung in Tafel **4.67** entspricht der formalen Analogie. Daneben kann noch eine **Analogie nach Ursache und Wirkung** gesehen werden, die z. B. für die Feldgrößen in Tafel **4.68** zusammengestellt ist.

Tafel 4.68 Analogien elektrischer und magnetischer Größen in Ursache und Wirkung

Feldvektoren der	elektrisches Strömungsfeld	dielektrisches Verschiebungsfeld	magnetisches Feld
Ursache	$\vec{E}$	$\vec{D}$	$\vec{H}$
Wirkung	$\vec{S}$	$\vec{E}$	$\vec{B}$
Verknüpfungsgleichung	$\vec{S}=\varrho\vec{E}$	$\vec{E}=\vec{D}/\varepsilon$	$\vec{B}=\mu\vec{H}$

In Abschn. 4.1.3.2 sind im Durchflutungssatz Gl. (4.20) und in Abschn. 4.3.1.3 im Induktionsgesetz Gl. (4.88) die Verknüpfungen zwischen elektrischem und magnetischem Feld aufgezeigt. Diese unabdingbare Verknüpfung wird umfassend und allgemeingültig in den **Maxwellschen Gleichungen**

mit Durchflutungssatz $\quad \oint \vec{H}\,\mathrm{d}\vec{l} = \Theta = \int (\vec{S}+\mathrm{d}\vec{D}/\mathrm{d}t)\cdot\mathrm{d}\vec{A}$ \hfill (4.144)

und Induktionsgesetz $\quad \oint \vec{E}\,\mathrm{d}\vec{l} = -\int (\mathrm{d}\vec{B}/\mathrm{d}t)\cdot\mathrm{d}\vec{A}$ \hfill (4.145)

beschrieben. Der hier im Durchflutungssatz auftretende Ausdruck $\mathrm{d}\vec{D}/\mathrm{d}t$ berücksichtigt die magnetische Wirkung, die infolge zeitlicher Änderungen des elektrischen Feldes in Nichtleitern auftritt. Dieser Anteil ist allerdings nur bei sehr schnellen Feldänderungen von Bedeutung. Bei niederfrequenten Vorgängen kann die Komponente $\mathrm{d}\vec{D}/\mathrm{d}t$ gegenüber der galvanischen Stromdichte $\vec{S}$ vernachlässigt werden ($\mathrm{d}D/\mathrm{d}t \ll S$), so daß der Durchflutungssatz nach Gl. (4.20) gilt. Die Maxwellschen Gleichungen sind Ausgangspunkt für eine vektorielle Berechnung elektromagnetischer Felder, insbesondere bei schnellen zeitlichen Änderungen und/oder inhomogenen Räumen, auf die im Rahmen dieses Grundlagenbuches jedoch nicht eingegangen werden kann.

Schon in Abschn. 4.1.3.2 und 4.3.1.2 wird bei der Erläuterung von Durchflutungssatz und Induktionsgesetz darauf hingewiesen, daß sowohl das magnetische als auch das induzierte elektrische Feld **Wirbelfelder** sind. Im magnetischen Feld umgeben die geschlossenen B-Feldlinien die sie erregende elektrische Durchflutung und im induzierten elektrischen Feld umgeben die geschlossenen E-Feldlinien den sie induzierenden zeitlich sich ändernden magnetischen Fluß. Dagegen beschreibt das wirbelfreie elektrische Feld einen Raumzustand mit Feldlinien, die Anfang und Ende haben. Sie beginnen und enden auf **Ladungen** unterschiedlicher Polarität, die als Quellen und Senken des Feldes bezeichnet werden. Man nennt solche Felder daher **Quellenfelder**.

4.4 Vergleich elektrischer und magnetischer Felder

Der Charakter des Wirbelfeldes gilt im magnetischen Feld nur für die Induktion $\vec{B}$, die B-Feldlinien sind um die Durchflutung immer geschlossen. Für die H-Feldlinien trifft das dann nicht zu, wenn der Fluß in ein Medium mit anderer Permeabilitätszahl μ_r übergeht. Gl. (4.13) zeigt im Zusammenhang mit Gl. (4.53) und (4.54) diese unterschiedlichen magnetischen Feldstärken z. B. für ein senkrecht zur Grenzfläche mit konstanter Induktion B von Eisen in Luft übergehendes Feld deutlich auf.

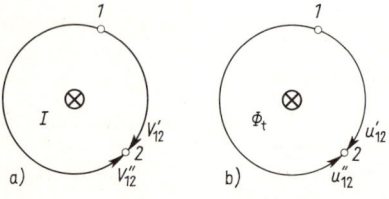

4.69
Mehrdeutigkeit der magnetischen und elektrischen Spannung im magnetischen (a) und elektrischen (b) Wirbelfeld

Spannung und Potential können im Wirbelfeld **mehrdeutig** sein. Nach Bild **4.69** kann das Wegintegral der magnetischen bzw. elektrischen Spannung V_{12} bzw. u_{12} von Punkt *1* nach Punkt *2* rechts oder links um den Strom I bzw. den Fluß Φ herum gebildet werden. Beide Spannungen sind im allgemeinen Fall **ungleich**: $V'_{12} \neq V''_{12}$ bzw. $u'_{12} \neq u''_{12}$. Besonders deutlich wird die Mehrdeutigkeit eines Potentials, wenn man über mehrere Umläufe integriert. Bildet man z. B. in Bild **4.69**b das Wegintegral der elektrischen Feldstärke von Punkt *1* ausgehend, dem man das Potential Null zuordnet, über einen vollen Umlauf um den Fluß Φ_t bis wieder hin zum Punkt *1*, so kommt diesem dann das Potential $0 + u = -d\Phi/dt$ zu. Wiederholt man die Umläufe, so steigt das Potential mit jedem Umlauf, nimmt also bei n Umläufen den Wert $0 + nu = -n\,d\Phi/dt$ an. Es ist also nicht mehr ohne weiteres möglich, einem Punkt im Wirbelfeld ein eindeutiges Potential zuzuordnen.

5 Elektrischer Leitungsmechanismus

5.1 Leitung in metallischen Körpern

5.1.1 Vereinfachte Darstellung

Bei den ersten Betrachtungen über den Mechanismus der elektrischen Strömung in Abschn. 1.1 benutzen wir ein einfaches Bild vom Elektrizitätsdurchgang durch feste Leiter, speziell durch Metalle: Die im Leiter beweglichen freien Elektronen bewegen sich unter dem Einfluß der elektrischen Feldstärke außer mit ihrer unregelmäßigen Eigenbewegung noch mit der Geschwindigkeit v in Richtung der elektrischen Feldstärke $\vec{E}$. Die Geschwindigkeit v ist der elektrischen Feldstärke E direkt proportional. Für die Grundlagenbetrachtung der metallischen Leitung reicht diese Vorstellung aus, bei der die Existenz der freien Elektronen als gegeben angesehen wird. Wir wollen sie jetzt erweitern, um den Leitungsmechanismus in festen Körpern vergleichen zu können mit dem Leitungsvorgang in Halbleitern, in Elektrolyten, im Vakuum und in Gasen.

5.1.2 Bändermodell

5.1.2.1 Energiewerte des Atoms. Zur näheren Beschreibung des Leitungsmechanismus soll zunächst noch einmal der Aufbau der Atome betrachtet werden. Nach dem klassischen Bohrschen Atommodell, das ein vereinfachtes Bild der Wirklichkeit gibt, bewegen sich um den Atomkern eine Anzahl Elektronen in kreis- und ellipsenförmigen Bahnen, wobei der Atomkern Mittelpunkt der Kreise oder Brennpunkt einer Ellipse ist. Der positive Atomkern ist von so viel negativen Elektronen umgeben, daß die Auswirkung der positiven Ladung des Kerns gerade durch die Gesamtladung aller Elektronen aufgehoben wird und somit das Atom nach außen hin neutral wirkt. Wesentlich für die weiteren Betrachtungen ist, daß die an ein Atom gebundenen Elektronen nur auf ganz bestimmten Bahnen (Schalen) den Atomkern umkreisen können, ohne Energie in Form einer elektromagnetischen Welle abzustrahlen. Entsprechend seiner Geschwindigkeit (kinetische Energie) und seiner Entfernung vom Kern (potentielle Energie) hat das Elektron eine für jede Bahn charakteristische, konstante Gesamtenergie; sie ist in Kernnähe am kleinsten und erreicht ihren Höchstwert für das in der äußersten Bahn umlaufende Elektron. Man kann daher, wie Bild 5.1 zeigt, jeder Bahn eines Elektrons einen ihr entsprechenden ganz bestimmten diskreten Energiewert W, auch Energieniveau oder Energieterm genannt, zuordnen; da nur eine diskontinuierliche Schar

5.1
Darstellung der möglichen Energiewerte $W_1, W_2, W_3...$ beim Bohrschen Atommodell
W Energieniveau, $W_3 > W_2 > W_1$, x Ort (Räumliche Ausdehnung)

von Elektronenbahnen existiert, sind Zwischenwerte nicht möglich. Im Gegensatz zum freien Elektron, das beliebige kinetische Energie haben kann, hat das an ein Atom gebundene Elektron nur bestimmte diskrete Energien. Die in Bild **5**.1 dargestellte Ortskoordinate x hat nur dann Bedeutung, wenn die Lage der Energiewerte in Abhängigkeit vom Ort im Festkörper angegeben werden muß. In der Praxis werden jedoch die Energiewerte stets durch Striche gekennzeichnet, da diese besser zu sehen sind als Punkte.

In der Natur stellt sich jedes System grundsätzlich so ein, daß sein Energieinhalt so klein wie möglich ist (Prinzip des Energieminimums). Es haben daher auch die Elektronen das Bestreben, ein möglichst niedriges Energieniveau einzunehmen; d. h., die Elektronen versuchen, möglichst die innere Bahn zu besetzen. Da in jedem Energieniveau nur eine bestimmte Anzahl von Elektronen Platz findet, sind die unteren Energieniveaus voll besetzt. Die für jede Bahn mögliche Platzzahl wächst mit der Wurzel der Energie des betreffenden Niveaus; Bahnen in größerer Entfernung vom Kern können also mehr Elektronen aufnehmen als Bahnen in unmittelbarer Umgebung des Kerns.

Da man die Ladungszahl der Elemente (früher Wertigkeit genannt) aus der in der äußeren Bahn befindlichen Anzahl der Elektronen bestimmen kann, nennt man diese die **Valenzelektronen**; sie sind die am lockersten noch an das Atom gebundenen Elektronen.

5.1.2.2 Energiewerte mehrerer gleichartiger Atome in Festkörpern. Während bei voneinander isolierten Einzelatomen die Elektronen nur bestimmte diskrete Energiewerte einnehmen, ergeben sich bei räumlicher Nachbarschaft gleichartiger Atome durch Wechselwirkung zwischen den Elektronenhüllen mehrere Energieniveaus, die etwas verschieden sind von denjenigen der in Bild **5**.1 dargestellten Energiewerte der voneinander isolierten Einzelatome.

Da Atomhüllen Energie nur in ganz bestimmten diskreten Portionen aufnehmen und sie auch nur in bestimmten diskreten Portionen als Welle mit entsprechender Frequenz abgeben, kann jedem Energieniveau die Eigenfrequenz eines schwingungsfähigen Systems zugeordnet werden. Es lassen sich daher Vorgänge in den benachbarten Atomhüllen vergleichen mit dem Verhalten gekoppelter Schwingkreise gleicher Frequenz (s. Abschn. 8.2). Bei der Kopplung von 2 Schwingkreisen treten 2 Eigenfrequenzen auf, 3 Schwingkreise ergeben 3 Eigenfrequenzen usw. Die einzelnen Eigenfrequenzen liegen um so weiter auseinander, je stärker die Kopplung zwischen den Schwingkreisen ist. Sinngemäß treten bei räumlicher Nachbarschaft von 2 gleichartigen Atomen an der Stelle jeder Energiewerte W_1, W_2, W_3 (Bild **5**.1) jeweils 2 dicht benachbarte Energiewerte auf, bei räumlicher Nachbarschaft von 3 gleichartigen Atomen ergeben sich in etwas größerem Abstand vonein-

5.2
Zur Entstehung des Bändermodells aus den Energiewerten der Einzelatome
a) Einzelatom, b) 2 Atome, c) Festkörper

ander jeweils 3 benachbarte Energiewerte. Wegen der außerordentlich großen Anzahl der in einem Festkörper vereinigten Atome entstehen so viele dicht beieinander liegende Energiewerte, daß man sie nicht mehr voneinander unterscheiden kann: Aus jedem Energieniveau eines Einzelatoms entsteht scheinbar als Kontinuum ein **Energieband** gewisser Breite. Die verbleibenden, dem Bild 5.1 entsprechenden Zwischenräume zwischen den Bändern mit erlaubten Energieniveaus werden als **verbotene Bänder** bezeichnet; sie erhalten keine durch Elektronen stationär besetzbaren Energieniveaus. Die Gesamtheit aller Energiebänder wird **Energiebändermodell**, kurz **Bändermodell** genannt.

Bild 5.2 zeigt die Entstehung des Bändermodells aus den Energiewerten der Einzelatome. Die Breite der Energiebänder wird für niedrige Energiewerte immer kleiner. Diese Abnahme wird dadurch hervorgerufen, daß die Kopplung zwischen den Elektronen der Atome im Gitter um so schwächer ist, je näher sich diese Elektronen am Atomkern befinden, da sie von den äußeren Elektronen abgeschirmt werden. Bei Bändern hoher Energie kann die Breite dagegen so groß werden, daß sich sogar zwei Bänder überlappen.

Für den Leitfähigkeitsvorgang haben nur die am lockersten an das Atom gebundenen Valenzelektronen Bedeutung; es genügt daher, bei der Darstellung des Bändermodells von dem äußersten voll besetzten Energieband, dem noch zum Atom selbst gehörenden **Valenzband**, auszugehen und alle übrigen weiter innen gelegenen Bänder zu vernachlässigen. Wir gelangen dann zu einem leicht auswertbaren Bändermodell.

In dem bei Annäherung an den absoluten Nullpunkt der Temperatur voll besetzten Valenzband sind die Elektronen an den Kern fest gebunden, können im Normalfall keine Energie mehr aus einem elektrischen Feld aufnehmen, sich also nicht frei bewegen und somit auch keinen Beitrag zur Elektrizitätsleitung liefern. Da man erst

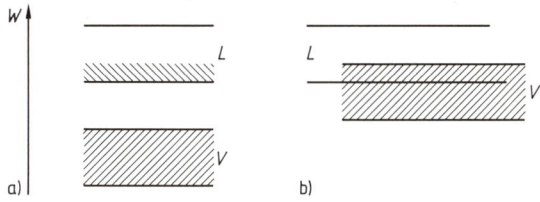

5.3 Bändermodell bei metallischer Leitung
  a) Leitungsband L nur teilweise gefüllt, Energieaufnahme der freien Elektronen durch elektrisches Feld möglich,
  b) Überlappung von Leitungsband L und Valenzband V ermöglicht das weitere Aufnehmen von Energie für die energetisch höchstgelegenen Elektronen des Valenzbands
  L Leitungsband, V Valenzband

durch Energiezufuhr freie Elektronen erhält, liegen im Bändermodell diese freien Elektronen in einem Energiebereich oberhalb des Valenzbands. Das den freien Elektronen zur Verfügung stehende Energieband wird Leitungsband genannt. Im unbesetzten oder teilweise besetzten Leitungsband können sich die Elektronen frei bewegen und somit als Leitungselektronen zur Stromleitung beitragen.

Beim metallischen Leiter sind im Leitungsband frei bewegliche Elektronen vorhanden, auf die ein elektrisches Feld einwirkt. Nach Bild 5.3 kann hierzu entweder das Leitungsband nur teilweise mit Elektronen gefüllt sein (Bild 5.3a) oder das an sich leere Leitungsband überlappt sich mit dem Valenzband (Bild 5.3b).

Ein leeres Leitungsband liegt beim idealen Isolator vor, dessen Leitfähigkeit Null ist. Beim Halbleiter (s. Abschn. 5.2) ist das Leitungsband nur bei sehr tiefen Temperaturen leer; bei Zimmertemperatur reicht die thermische Energie aus, einige Elektronen aus dem Valenzband in das Leitungsband zu überführen.

5.1.3 Leitungsmechanismus, Leitfähigkeit

In festen Körpern sind die Atome so dicht nebeneinander angeordnet, daß die gegenseitige Beeinflussung der Nachbaratome nicht vernachlässigt werden kann, so daß das in Bild 5.2c angegebene Bändermodell auftritt. Um die Auswirkung dieser Beeinflussung auf den Leitfähigkeitsvorgang erkennen zu können, gehen wir davon aus, daß feste Körper eine kristalline Struktur haben und im Idealfall Einkristalle mit regelmäßiger Wiederholung kleinster Elementarzellen bilden. Die Elementarzelle selbst besteht aus einem Würfel, in dessen Ecken und Schnittpunkten der Flächendiagonalen Atome angeordnet sind. Bei eindimensionaler Betrachtung wird der Würfel durch ein Gitter, das Atomgitter, ersetzt.

Bei sehr tiefen Temperaturen verharren diese Atome in Ruhe. Schon bei Zimmertemperatur ($T \approx 300$ K) führen sie jedoch Schwingungen um die Ruhelage aus, durch die es zur Loslösung eines auf der äußersten Schale umlaufenden Valenzelektrons kommt. Damit steht einerseits ein freies Elektron (auch quasifreies Elektron genannt) zur Verfügung, das sich frei bewegen kann und somit, wie auch aus dem Bändermodell in Bild 5.3 erkennbar, zur elektrischen Leitfähigkeit γ beiträgt. Andererseits ergibt sich durch die Loslösung des (negativ geladenen) Elektrons vom Atomverband für den Atomrest eine positive Ladung, so daß der verbleibende „Atomrumpf" wie ein Ion wirkt. Man spricht daher auch von einer Ionisierung des metallischen Körpers. Das frei gewordene Elektron bewegt sich dann in dem gitterartig angeordneten Gerüst der Atome bzw. der positiv gewordenen Atomrümpfe. Bei Metallen, die etwa 10^{23} Atome/cm^3 aufweisen, stellt näherungsweise jedes Atom ein Elektron aus seiner Elektronenhülle zur Verfügung und wird dadurch selbst zu einem Metallion.

Durch die positiv gewordenen Kerne der Atomrümpfe bildet sich im Atomgitter eine Potentialverteilung, die für den eindimensionalen Zustand schematisch in Bild 5.4 dargestellt ist. Da die Atome im Kristallgitter periodisch aufeinander folgen, ist auch die Potentialverteilung zwischen den positiv gewordenen Atomrümpfen periodisch. Durch diese Potentialverteilung wird einerseits aus der wechselseitigen Überlagerung der Potentialfelder der einzelnen Ionen die Bindung an die Valenzelektronen zusätzlich gelockert, andererseits wird die Bewegung der freien

5.4 Eindimensionale schematische Darstellung der Potentialverteilung zwischen den positiven Atomrümpfen des Atomgitters
W Gesamtenergie, x Ort (räumliche Ausdehnung)

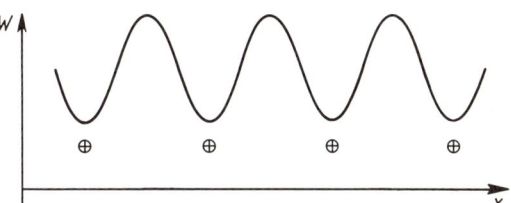

Elektronen beeinflußt, und es werden auch Elektronen von den Ionen des Gitters wieder eingefangen. Ohne Anlegen einer Spannung an den metallischen Leiter stellt sich im Ruhezustand ein thermisches Gleichgewicht ein, bei dem ebenso viele Elektronen von den Ionen im Gitter eingefangen wie losgelöst werden. Es ist dann die Anzahl der Elektronen in der Volumeneinheit des Metalls durch die Anzahl der Atome gegeben, so daß die Elektronenkonzentration etwa $10^{23}/\text{cm}^3$ beträgt. Nach Abschn. 1.1 setzen sich beim Anlegen einer Spannung an die Enden eines metallischen Leiters die mit thermischen Bewegungsenergien herumschwirrenden freien Elektronen in Richtung des elektrischen Feldes an allen Orten des Leiters praktisch gleichzeitig in Bewegung. Es tritt eine Elektrizitätsströmung auf, deren Größe von der **Leitfähigkeit** γ des Metalls abhängt; wir wollen sie aus dem Bewegungsvorgang der Ladungsträger berechnen.

Wirkt durch Anlegen einer Spannung an den metallischen Leiter eine elektrische Feldstärke E auf die freien Elektronen ein, bewegen sie sich entsprechend der **Beweglichkeit** b entlang der Feldlinien mit der mittleren Geschwindigkeit

$$v = -bE, \tag{5.1}$$

die auch **Driftgeschwindigkeit** genannt wird. Die Beweglichkeit b ist der Proportionalitätsfaktor zwischen der Geschwindigkeit v der Ladungsträger und der elektrischen Feldstärke E.

Nach Abschn. 1.1.2.1 gilt für die Stromdichte $S = -nev$ mit $n = 10^{23}/\text{cm}^3$ Elektronen der negativen Elementarladung $e = -0{,}16 \cdot 10^{-18}$ As. Durch Einsetzen von Gl. (5.1) für v erhält man die Stromdichte

$$S = nebE = \gamma E \tag{5.2}$$

mit der **Leitfähigkeit**

$$\gamma = neb. \tag{5.3}$$

In Metallen ist die elektrische Leitfähigkeit temperaturabhängig, wobei gegenseitige Einflüsse wirksam werden: Da durch die bei der Erwärmung von außen zugeführte Wärmeenergie sowohl die Erzeugung von Ladungsträgern vermehrt wird, d.h., mehr Elektronen aus dem Atomverband gelöst werden, als auch die Schwingungsamplitude der Metallionen um ihre Ruhelage vergrößert wird, wächst einerseits die Anzahl der freien Elektronen bis zum Erreichen der Zimmertemperatur, bei der nahezu alle Valenzelektronen aus dem Atomverband gelöst sind; andererseits behindert die vergrößerte Schwingungsamplitude der Metallionen um ihre Ruhelage die Wanderung der Elektronen in Richtung des Feldes, behindert also das

Fließen eines elektrischen Stromes. Da somit bereits bei Zimmertemperatur die Anzahl der freien Elektronen kaum noch anwächst, überwiegt die Behinderung der Elektronenwanderung. Bei Metallen nimmt daher der Widerstand mit wachsender Temperatur zu, die elektrische Leitfähigkeit aber ab. Metalle haben einen positiven Temperaturkoeffizienten des Widerstands bzw. einen negativen Temperaturkoeffizienten der Leitfähigkeit.

Das Wandern der Elektronen führt auch zu Zusammenstößen zwischen Elektronen und Gitterionen. Hierbei geben die Elektronen die Energie, die sie aus dem angelegten elektrischen Feld gewonnen haben, an die Gitterionen ab. Diese im Innern des Atomgitters auftretende Energieumsetzung vergrößert die Schwingungsamplituden der Gitterionen um die Ruhelage und führt zu einer Erwärmung des Leiters, die als **Joulesche Wärme** bezeichnet wird. Da die Anzahl der Zusammenstöße sowohl der Anzahl der Elektronen als auch der Anzahl der Ionen proportional ist, ist die Joulesche Wärme dem Quadrat des Stromes proportional.

Für die technische Anwendung der metallischen Leitung ist entscheidend, daß hier das Ohmsche Gesetz in großer Strenge gilt, d.h., Strom und Spannung sind, abgesehen von den genannten äußeren Einflüssen der Temperatur u.ä., in weiten Bereichen linear proportional zueinander.

5.2 Halbleitung

5.2.1 Kennzeichen der Halbleiter

Als **Halbleiter** bezeichnet man Substanzen, deren elektrische Leitfähigkeit etwa zwischen den Werten $\gamma = 10^3$ S/cm und $\gamma = 10^{-8}$ S/cm, also zwischen der sehr großen Leitfähigkeit von Metallen und der praktisch vernachlässigbar kleinen Leitfähigkeit von Isolatoren liegt. Kennzeichnend für diese Leitergruppe ist, daß ihr betriebliches Verhalten je nach ihrer Zusammensetzung sehr unterschiedlich sein kann. So ermöglichen beispielsweise Selen Se und Kupferoxidul Cu_2O eine direkte Umwandlung des Lichtes in elektrische Energie (Photoelement). Beide Stoffe ändern aber auch die Leitfähigkeit bei Belichtung (Photowiderstand) und zeigen ferner in Verbindung mit metallischen Kontakten eine Abhängigkeit der Leitfähigkeit von der Stromrichtung (Trockengleichrichter). Die gleichen Eigenschaften treten auf bei den heute technisch wichtigsten Halbleitern **Germanium** Ge und vor allem **Silicium** Si sowie bei Verbindungen der 3. und 5. Gruppe des Periodischen Systems z.B. GaAs, InSb. Mit diesen Substanzen werden die verschiedensten Arten der Dioden, Transistoren, Hallgeneratoren usw. aufgebaut.

Halbleiter haben in bezug auf die elektrische Leitfähigkeit sowohl, wie z.B. Selen, einen positiven Temperaturkoeffizienten (technische Anwendung: Heißleiter) als auch, wie z.B. Boride, Karbide und Nitride, in Übereinstimmung mit den Metallen einen negativen Temperaturkoeffizienten.

Experimentelle Untersuchungen haben gezeigt, daß bei den heute gebräuchlichen Halbleitern die elektrische Leitfähigkeit nur durch Elektronen als Ladungsträger

verursacht wird. Obwohl es auch Halbleiter mit Ionenleitfähigkeit gibt, werden daher hier im Hinblick auf die technischen Anwendungen ausschließlich Halbleiter mit elektronischem Leitfähigkeitscharakter behandelt, und ihr Verhalten wird aus elektronentheoretischen Vorstellungen abgeleitet.
Für spezielle Bücher der Halbleitung s. [40], [53], [77], [81].

5.2.2 Leitungsmechanismus

5.2.2.1 Bändermodell. Im Gegensatz zum elektronischen Leitungsmechanismus in Metallen, bei denen nach Bild 5.2 zu erkennen ist, daß entweder das Leitungsband bereits teilweise mit Elektronen gefüllt ist oder sich das an sich leere Leitungsband mit dem Valenzband überlappt, ist bei **Halbleitern**, wie beim idealen Isolator, das Leitungsband zunächst leer, allerdings nur bei tiefen Temperaturen. Im Bändermodell überlappen sich **Valenzband** und **Leitungsband** nicht, sondern zwischen beiden Bändern liegt ein Energiebereich, der durch die Energiezufuhr ΔW zunächst überwunden werden muß, um freie Elektronen zur Verfügung zu haben. Da in diesem Band noch keine frei beweglichen Ladungsträger auftreten können, wird es als **verbotenes** Band bezeichnet. Wir erhalten somit das in Bild 5.5 skizzierte schematisierte Bändermodell eines Halbleiters in eindimensionaler Darstellung. Zum Erzeugen einer elektrischen Leitfähigkeit muß bei Halbleitern zum Bereitstellen von Leitungselektronen die Bindung zwischen den Atomen im Kristallgitter erst durch Zuführen eines bestimmten Energiebetrags aufgebrochen werden, um einige Elektronen aus dem Valenzband in das Leitungsband zu überführen, beispielsweise durch die bereits bei Zimmertemperatur vorhandene thermische Energie (s. Abschn. 5.2.2.2). In Tafel 5.6 sind Energiedifferenzwerte ΔW für verschiedene halbleitende Stoffe in eV (s. Abschn. 5.4.1.2) angegeben.

Die grobe Erklärung des Leitungsmechanismus mit dem Bändermodell und die Zuordnung eines vom Elektron zu überwindenden Energiebetrags zum verbotenen Band reicht für die Beschreibung der Vorgänge im Halbleiter in den meisten Fällen aus. Eine plausible Erklärung für das Auftreten der verbotenen Bänder läßt sich

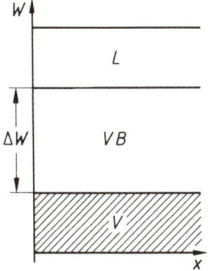

5.5 Bändermodell eines Halbleiters
L Leitungsband
VB verbotenes Band
V Valenzband
ΔW Energiedifferenz

Tafel 5.6 Energiedifferenz ΔW zwischen Valenzband und Leitungsband für verschiedene halbleitende Stoffe

Halbleiterstoff	ΔW in eV
Selen Se	2,20
Kupferoxidul Cu_2O	2,06
Germanium Ge	0,72
Silicium Si	1,12
Tellur Te	0,32
Indiumantimonid InSb	0,26
Galliumantimonid GaSb	0,80
Indiumarsenid InAs	0,34
Galliumarsenid GaAs	1,38

5.2 Halbleitung

geben, wenn man das Elektron nicht als Teilchen (Korpuskel, Quant) ansieht, sondern die ihm äquivalente Materiewelle betrachtet. Von einer Materiewelle zu sprechen ist berechtigt, da die dauernd in der periodischen Potentialverteilung zwischen den Atomrümpfen (Bild 5.4) befindlichen Elektronen nicht mehr einem bestimmten Ort und somit einem einzelnen Atom zugeordnet werden können. Die gegensätzliche Teilchen- und Wellenvorstellung vom Elektron ist experimentell fundiert. So läßt sich beispielsweise die Ablenkung eines Elektronenstrahls durch elektrische oder magnetische Felder mit dem Teilchenbild erklären, während die Aufspaltung eines Elektronenstrahls beim Auftreffen auf die Oberfläche metallischer Substanzen, in ähnlicher Weise wie die Beugung von Licht an Gittern, nur durch den Wellencharakter des Elektrons erklärt werden kann.

Das Elektron muß sich in einem gemischten Ionengitter stets durch Potentialgebirge atomarer Dimensionen bewegen, wobei an jeder Hügelwand (Bild 5.7) eine Reflexion des Elektrons eintritt. Wellenmechanisch bedeutet dies, daß Interferenzstörungen auftreten, bei denen immer dann, wenn der Abstand zweier Potentialhügel gerade ein ganzzahliges Vielfaches der halben Wellenlänge λ ist ($\lambda = h/\sqrt{2mW}$ mit Planckschem Wirkungsquantum h, Masse m, Gesamtenergie W des Elektrons), Gebiete entstehen, in denen infolge Auslöschung das Elektron als Teilchen nicht existieren kann. Es bilden sich stehende Materiewellen aus, die [20] keine Energie transportieren; das der Welle entsprechende Elektron kann sich nicht von seinem Ort entfernen. Bild 5.7 gibt hierzu eine schematische Darstellung über das Auftreten des verbotenen Bandes zwischen dem mit Elektronen angefüllten noch zum Atom gehörenden Valenzband V und dem nur teilweise besetzten Leitungsband L entsprechend den durch Verlauf und Abstand der Potentialwände bestimmten Reflexionsbedingungen, die zu in zueinander abwechselnder Folge von erlaubten und verbotenen Zonen führen.

Die oberhalb des Leitungsbands liegenden, jeweils mit verbotenen Bändern abwechselnden, weiteren erlaubten Energiebereiche können im Bändermodell ebenfalls vernachlässigt werden, da kaum so große Energien zur Verfügung stehen, um Elektronen in diese Bänder zu heben.

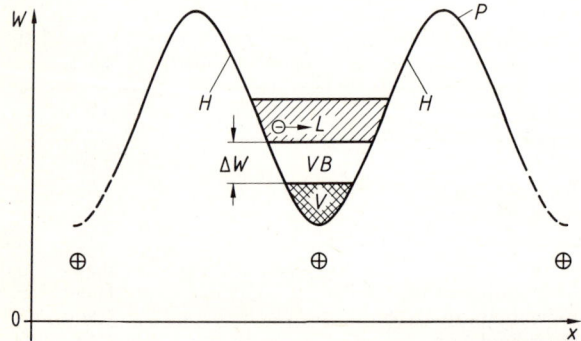

5.7 Schematische Darstellung im eindimensionalen Kristallgitter für das Auftreten des verbotenen Bandes VB (Energiedifferenz ΔW) zwischen Leitungsband L und Valenzband V durch Reflexion der Materiewelle an der „Hügelwand" H des periodisch verlaufenden Potentialgebirges P zwischen den positiven Atomrümpfen (ionisierter Kern)

5.2.2 Leitungsmechanismus

Unterschied zwischen Halbleiter und Isolator. Der Isolator unterscheidet sich vom Halbleiter nur dadurch, daß ein sehr viel größerer Energieaufwand ΔW erforderlich ist, um Elektronen aus dem Valenzband in das Leitungsband zu heben. Das Bändermodell eines Isolators stimmt daher mit dem in Bild 5.5 angegebenen Bändermodell eines Halbleiters vollkommen überein; es ist lediglich die Breite des verbotenen Bandes angewachsen auf $\Delta W \approx 3$ eV bis 6 eV.

Da die Elektronen praktisch diese große Energieschwelle nicht überwinden können, ist das Leitungsband völlig leer; in diesem Fall liegt ein **idealer Isolator** vor. In der Praxis gelingt es im allgemeinen bei einem Isolator auch nicht, durch thermische Energiezufuhr Elektronen in das Leitungsband zu heben, da schon vor Erreichen des dazu erforderlichen Energieaufwandes ΔW, der zu Temperaturen von 2500 K bis 5000 K führt, das Kristallgefüge zerstört wird.

5.2.2.2 Eigenleitung. Da beim Halbleiter im Gegensatz zum Isolator im Bändermodell die Breite des verbotenen Bandes nur der Energiedifferenz $\Delta W \approx 1$ eV entspricht (s. Tafel 5.6), gelangen schon bei Zimmertemperatur $T = 300$ K eine geringe Anzahl Elektronen aus dem gefüllten Valenzband in das leere Leitungsband. Das Aufnehmen thermischer Energie aus der Umgebung bewirkt somit bereits, daß freie Elektronen als Ladungsträger zur Verfügung stehen; es tritt **Eigenleitung** auf. Je schmaler das verbotene Band ist, desto größer ist die Eigenleitung des betreffenden Halbleiters. Beim absoluten Nullpunkt der Temperatur ist auch der reine Halbleiter ein idealer Isolator, da ohne Zufuhr von Wärmeenergie kein Elektron das Valenzband verlassen kann.

Fermi-Niveau. Um erkennen zu können, ob im Bändermodell die erlaubten Bänder wirklich besetzt sind, werden die statistischen Eigenschaften der Elektronen herangezogen. Sie entsprechen den Verteilungsfunktionen der Gasmoleküle, da sich im Festkörper die nicht gebundenen Elektronen energetisch so wie die Moleküle der Gase verhalten. Es gilt also die Fermi-Verteilungsfunktion $f = f(W)$, die in Abhän-

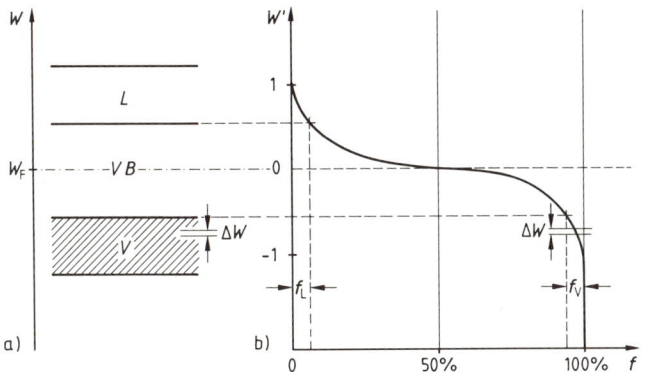

5.8 Zusammenhang zwischen dem Bändermodell (a) und der mit vertauschten Koordinaten dargestellten Fermi-Verteilungsfunktion $f(W')$ als Wahrscheinlichkeit f für das in einem schmalen Energieintervall ΔW mögliche Auftreten eines Elektrons (b)
L Leitungsband, VB Verbotenes Band, V Valenzband, W_F Fermi-Niveau (Fermi-Energie), f_L Besetzungswahrscheinlichkeit im Leitungsband, f_V Besetzungswahrscheinlichkeit im Valenzband

gigkeit von der Energie W die Wahrscheinlichkeit f der Besetzung in einem schmalen Energieintervall ΔW angibt und zwischen 1 und 0, d. h. zwischen 100% und 0%, schwankt.

Bild 5.8 zeigt die Kombination der Fermi-Verteilungsfunktion $f = f(W')$ mit dem Bändermodell eines Halbleiters, wobei in Anpassung an das Bändermodell die Koordinaten der Fermi-Verteilungsfunktion vertauscht sind, so daß die Wahrscheinlichkeit f der Besetzung Abszisse wird. Als Nullpunkt wird in dieser Darstellung der Fermi-Verteilungsfunktion $f = f(W')$ der Wahrscheinlichkeitswert 50% gewählt, der in bezug auf die Energie W als Fermi-Niveau W_F oder auch als Fermi-Energie bezeichnet wird. Bei reinen Halbleitern liegt das Fermi-Niveau in der Mitte des verbotenen Bandes. Nach Bild 5.8 ist die Besetzungswahrscheinlichkeit f_V im Energiebereich des Valenzbands sehr groß, im Energiebereich des Leitungsbands die Besetzungswahrscheinlichkeit f_L jedoch gering. Die Eigenleitung des reinen Halbleiters ist klein; sie nimmt jedoch mit steigender Temperatur durch Erhöhen der Anzahl der freien Elektronen zu. Energiewerte der verbotenen Zone können nicht besetzt werden.

Vorgang der Eigenleitung. Die Eigenleitung eines reinen Halbleiters soll nun etwas näher betrachtet werden. Die technisch wichtigen Halbleiter Germanium und Silicium sind vierwertig (Ladungszahl $z_i = 4$); ihr Atom besteht somit aus einem vierfach positiven Ion, das von vier Valenzelektronen umgeben wird. Durch Wechselwirkung mit Nachbaratomen sind beim absoluten Nullpunkt der Temperatur alle Valenzelektronen gegenseitig gebunden, können sich also innerhalb des Gitters im Gegensatz zu den Metallen nicht frei bewegen. Dieser Zustand entspricht im Bändermodell dem vollständig mit Elektronen besetzten Valenzband bei leerem Leitungsband.

Wird nun durch Zufuhr thermischer Energie ein Valenzelektron in den freien Zustand überführt, so kann es sich innerhalb des Gitters frei bewegen und ruft somit eine elektrische Leitfähigkeit des reinen Halbleiters hervor. Im Bändermodell bedeutet dies, daß aus dem Valenzband ein Elektron über das verbotene Band in das Leitungsband gehoben wird, in dem es sich dann frei bewegen kann; es tritt ein vertikaler Elektronenübergang auf. Beim Freiwerden eines Valenzelektrons bleibt sowohl im Kristallgitter als auch im Valenzband eine Lücke zurück, die im allgemeinen als Loch bezeichnet wird. An dieser Stelle fehlt ein Elektron in der Gesamtheit der Valenzelektronen. Es kann daher ein Valenzelektron des Nachbaratoms an diesen Platz wandern, jedoch entsteht die Lücke dann bei dem das Elektron abgebenden Atom. Pflanzt sich der Vorgang weiter fort, wandert nicht nur das jeweils frei gewordene Elektron, sondern auch gleichzeitig das Loch durch das Kristallgitter, allerdings in entgegengesetzter Richtung wie das negative Elektron. Es wird daher das dem fehlenden Valenzelektron entsprechende Loch auch als Defektelektron bezeichnet und für die weiteren Betrachtungen als frei beweglicher positiver Ladungsträger behandelt. Man bezeichnet den hierbei entstehenden Strom als Löcherstrom. Diese Vorstellung gilt auch für das Bändermodell, in dem das im Valenzband fehlende Valenzelektron dort als Defektelektron mit positiver Elementarladung auftritt. Der Vorgang der Eigenleitung ist in Bild 5.9 im atomistischen Modell (a) und im Bändermodell (b) schematisch dargestellt. Zur schematischen Darstellung des Entstehens der Leitfähigkeit innerhalb des Kristallgitters genügt im atomistischen Modell eine in Bild 5.9a angegebene eindimensio-

5.2.2 Leitungsmechanismus

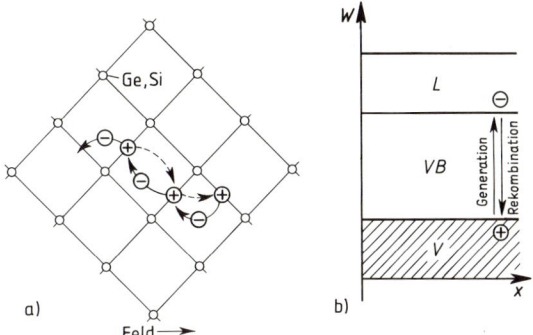

5.9
Eigenleitung im Halbleiter
a) schematische Darstellung im Kristallgitter für Germanium und Silicium (atomistisches Modell)
b) Bändermodell
L Leitungsband, VB verbotenes Band, V Valenzband, $\ominus$ Elektron, $\oplus$ Defektelektron

nale Darstellung des Gitters, bei der der räumliche Kristallaufbau in einer Ebene angegeben wird; in Wirklichkeit ist jedes einzelne Gitteratom von vier gleich weit entfernten Atomen umgeben, die die Ecken eines Tetraeders bilden.

Generation. Kennzeichnend für die Eigenleitung ist, daß beim Vorhandensein eines Feldes stets gleichviel Elektronen im Leitungsband und Defektelektronen im Valenzband wandern. Elektronen und Defektelektronen entstehen paarweise. Die gleichzeitige Erzeugung der Ladungsträger wird auch als Generation bezeichnet.

Die Hilfsvorstellung, das Defektelektron als positiven Ladungsträger zu betrachten, ermöglicht es, viele Vorgänge im Halbleiter anschaulich zu erklären. Um die Anwendungsgrenzen dieser Vorstellung erkennen zu können, muß man jedoch beachten, daß der positive Ladungsträger ein ionisiertes Gitteratom ist, also im Gegensatz zum quasifreien Elektron ortsgebunden ist. Tatsächlich wandert als Folge des Elektronenübergangs lediglich der Ionisationszustand; jedoch sieht ein außenstehender Betrachter nur die Bewegung einer positiven Ladung. Als Teilchen existiert das positiv geladene Defektelektron nicht.

Rekombination. Neben der Generation der Ladungsträger, bei der ein Valenzelektron ins Leitungsband gebracht wird, wächst mit steigender Temperatur auch die Anzahl der Wiedervereinigungen, der Rekombinationen. Bei der Wanderung im Kristallgitter wird ein negatives Elektron von einem positiven Loch eingefangen, d. h., bei der Rekombination verschwinden immer ein freies Elektron und ein Defektelektron gleichzeitig. Im Bändermodell kehrt dabei das im Leitungsband bei größerem Energieniveau befindliche Elektron in den tiefer gelegenen freien Platz im Valenzband zurück (Bild **5.9b**). Generation und Rekombination sind stets gleichzeitig vorhanden; bei jeder Temperatur stellt sich ein Gleichgewicht ein. Die Paarbildung je Zeit und somit die Menge der jeweils gleichzeitig vorhandenen Ladungsträger nimmt mit der absoluten Temperatur zu.

Die auf 1 cm³ des reinen Halbleiters bezogene Anzahl der Ladungsträgerpaare wird Inversionsdichte oder Intrinsiczahl genannt. Sie gibt also bei der Eigenleitung, manchmal auch als I-Leitung (I-Halbleiter) bezeichnet, die hier gleiche Anzahl n_i der Elektronen und Defektelektronen an.

Für Germanium von 20°C ist die Inversionsdichte $n_i = 2,4 \cdot 10^{13}/\text{cm}^3$, für Silicium ist $n_i = 6,8 \cdot 10^{10}/\text{cm}^3$. Dieser Wert sagt aus, daß beispielsweise bei Germanium mit

234 **5.2 Halbleitung**

der Packungsdichte $4,4 \cdot 10^{22}$ Atome/cm^3 nur jedes 10^9te Atom ein Leitungselektron abgibt, während bei Metallen (s. Abschn. 5.1) jedes Atom ein Leitungselektron zur Stromleitung beisteuert.

Während die Paarerzeugung unabhängig von der Konzentration der Elektronen bleibt, ist die Rekombination stark konzentrationsabhängig. Nach dem Massenwirkungsgesetz stellt sich für die Elektronendichte n_n und die Defektelektronendichte n_p der Gleichgewichtszustand ein für

$$n_n n_p = n_i^2 . \tag{5.4}$$

Da das Produkt $n_n n_p$ bei Konstantbleiben der Temperatur konstant ist, hat eine Vergrößerung der Menge der negativen Ladungsträger n_n eine Verkleinerung der Menge der positiven Ladungsträger n_p zur Folge und umgekehrt.

Leitfähigkeit. Da bei Halbleitern die Anzahl der freien Ladungsträger etwa um 9 Zehnerpotenzen kleiner ist als bei Metallen, könnte man in erster Annäherung annehmen, daß auch die Leitfähigkeit γ im gleichen Verhältnis abnimmt. Dies ist aber nicht der Fall, da die **Beweglichkeit** b der Ladungsträger im Halbleiter größer ist als in Metallen (s. Abschn. 5.1.3). Die Beweglichkeit b_n für Elektronen und b_p für Defektelektronen beträgt für Zimmertemperatur $T = 300$ K bei **Germanium**

$$b_n = 3600 \text{ cm}^2/\text{Vs}, \quad b_p = 1700 \text{ cm}^2/\text{Vs}$$

und bei **Silicium**

$$b_n = 1400 \text{ cm}^2/\text{Vs}, \quad b_p = 400 \text{ cm}^2/\text{Vs} .$$

Indiumantimonid hat sogar Beweglichkeitswerte bis zu $b = 80\,000$ cm^2/Vs; es eignet sich daher besonders gut zur technischen Ausnutzung des Halleffekts (s. Abschn. 5.2.8.1). Demgegenüber haben Metalle sehr viel geringere Werte der Beweglichkeit; beispielsweise gilt für Kupfer $b_{Cu} = 30$ cm^2/Vs.

Zur Berechnung der Leitfähigkeit γ muß die unterschiedliche Größe der Beweglichkeitswerte b_p und b_n der positiven und negativen Ladungsträger berücksichtigt werden. Wegen der geringen Beweglichkeit der Defektelektronen gegenüber der Beweglichkeit der Elektronen tragen die Defektelektronen nur wenig zur elektrischen Leitfähigkeit bei. Da die Konzentration der Elektronen und Defektelektronen im reinen Halbleiter gleich groß ist, ist die Anzahl der Ladungsträger sowohl für positive als auch für negative Ladung jeweils durch die Inversionsdichte n_i gegeben. Es gilt dann für die spezifische Leitfähigkeit

$$\gamma = n_i e (b_p + b_n) . \tag{5.5}$$

Germanium hat beispielsweise die Leitfähigkeit $\gamma_{Ge} = (2,4 \cdot 10^{13}/\text{cm}^3) \, 1,6 \cdot 10^{-19}$ As (1700 | 3600) cm^2/Vs $\simeq 0,02$ S/cm.

Beispiel 5.1. Für Zimmertemperatur $T = 300$ K sind Leitfähigkeit γ_{Si} und spezifischer Widerstand ϱ_{Si} von Silicium zu berechnen.

Mit den für Silicium angegebenen Werten für die Inversionsdichte $n_i = 6,8 \cdot 10^{10}/\text{cm}^3$ und für die Beweglichkeiten $b_p = 400 \text{ cm}^2/\text{Vs}$ und $b_n = 1400 \text{ cm}^2/\text{Vs}$ beträgt nach Gl. (5.5) die Leitfähigkeit

$$\gamma_{Si} = n_i e(b_p + b_n) = (6,8 \cdot 10^{10}/\text{cm}^3) \, 1,6 \cdot 10^{-9} \text{ As} (400 + 1400) \text{ cm}^2/\text{Vs} = 19,6 \text{ µS/cm}.$$

Der spezifische Widerstand ist

$$\varrho_{Si} = 1/\gamma_{Si} = 1/(19,6 \text{ µScm}^{-1}) = 51 \text{ k}\Omega\text{cm}.$$

Die (geringe) Eigenleitung des reinen Halbleiters läßt sich erheblich verändern, wenn durch Zusetzen von Fremdstoffen weitere Ladungsträger für die Stromleitung zur Verfügung gestellt werden.

5.2.2.3 Störstellenleitfähigkeit. Praktische Bedeutung haben die Halbleiter erst gefunden, nachdem es gelungen war, die Leitfähigkeit durch Zusetzen einer sehr kleinen Menge von Fremdatomen, die im Atomgitter dann Störstellen darstellen, ganz entscheidend (um mehrere Zehnerpotenzen) zu verbessern. Man nennt das Einbauen von Fremdatomen anstelle der ursprünglichen Gitteratome Dotieren oder Dopen.

Geringe Mengen Fremdatome können entweder der Halbleiterschmelze direkt zugeführt oder schon unterhalb des Schmelzpunkts eindiffundiert werden. Man kann auch Ionen mit Energien zwischen 10 keV und 100 keV in das feste erwärmte Material einschließen und spricht dann von einer Ionenimplantation. Mit dem Dotierungsgrad, der zwischen 10^{13} und 10^{20} Fremdatomen/cm³ liegt, ändert sich das Verhalten des Halbleiters in starkem Maß.

Beimengungen weisen einen Überschuß oder Mangel an Valenzelektronen gegenüber dem eigentlichen Halbleitermaterial auf. Werden beispielsweise in das Gitter des vierwertigen reinen Germaniums fünfwertige Fremdatome, wie Arsen As, Antimon Sb oder Phosphor P, eingebaut, hat also das Fremdatom ein Valenzelektron mehr als das Germanium, können nur vier Valenzelektronen des Fremdatoms von den benachbarten Germaniumatomen fest gebunden werden, während das fünfte praktisch ungebunden im Gitter bleibt (Bild 5.10a). Es kann deshalb schon durch die Umgebungswärme quasifrei gemacht werden und trägt somit zur elektrischen Leitfähigkeit bei. Das verlassene Fremdatom bleibt positiv geladen zurück: es wird ionisiert. Bild 5.10a gilt entsprechend auch für das Kristallgitter des ebenfalls vierwertigen Siliciumatoms bei Einbau fünfwertiger Fremdatome.

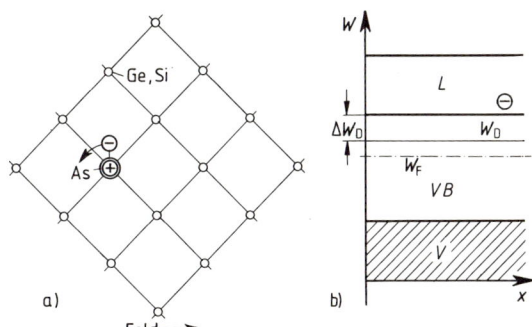

5.10
Störleitung eines N-Halbleiters
a) atomistisches Modell
b) Bändermodell
L Leitungsband, VB verbotenes Band, V Valenzband, W_D Donatorniveau, W_F Fermi-Niveau, $\ominus$ Elektron, $\oplus$ Fremdatom nach Elektronenabgabe positiv ionisiert

5.2 Halbleitung

Im Gegensatz zur Eigenleitung spricht man beim Zusetzen von Spuren fremder Stoffe von **Störstellenleitfähigkeit** und bezeichnet den Vorgang als **Störleitung**. Man nennt die die Elektronen spendenden Zusätze **Donatoren**; da sie negative Ladungsträger abgeben, spricht man auch von einer **N-Leitung, Überschußleitung** oder **Elektronenleitung**. Im Gegensatz zur Eigenleitung ist die Anzahl der positiven und negativen Ladungsträger nicht mehr gleich; es sind negative Ladungen im Überschuß vorhanden. Mit der Elektronendichte n_n und der Defektelektronendichte n_p gilt in Erweiterung von Gl. (5.5) für die elektrische Leitfähigkeit

$$\gamma = e(n_p b_p + n_n b_n). \qquad (5.6)$$

Der eben beschriebene Vorgang im Kristallgitter läßt sich auch im Bändermodell darstellen (Bild **5**.10b). Da die Fremdatome Störungen im periodischen Verlauf des Gitterpotentials hervorrufen, gilt für sie nicht das Existenzverbot für Elektronen des reinen Halbleiters im verbotenen Band. Die von den Donatoren stammenden, nicht gebundenen quasifreien Elektronen liegen energiemäßig in ganz geringem Abstand vom Leitungsband im oberen Bereich des verbotenen Bandes (Donatorniveau W_D). Für Germanium entspricht dieser Abstand dem Energiebetrag $\Delta W_D = 0{,}02$ eV, d.h., gegenüber den aus dem Valenzband stammenden Elektronen, für die $\Delta W = 0{,}72$ eV ist (Abschn. 5.2.2.1), benötigen die vom Donator gelieferten Elektronen zum Anheben in das Leitungsband nur etwa $1/36$ des Energiebetrags der gebundenen Elektronen; im Leitungsband können sie dann einem elektrischen Feld folgen.

Störstellenleitfähigkeit tritt auch auf, wenn in das Germanium Fremdatome mit nur drei Valenzelektronen eingebaut werden, wie beispielsweise Gallium (Ga), Indium (In), Aluminium (Al) oder Bor (B). Im Kristallgitter fehlt jetzt ein Elektron in der Bindung. Die Störstelle entspricht einem Loch, das versucht, Elektronen einzufangen. Diese können nur aus anderen zunächst vollständigen Bindungen stammen, so daß dort wieder ein Loch entsteht. Das Fremdatom selbst wird dabei negativ. Da an der Stelle des Loches jedesmal die positive Ladung überwiegt, entspricht das Loch wieder einem Defektelektron, das bei Vorhandensein eines Feldes durch den Kristall wie ein positiver Ladungsträger hindurchwandert (Bild **5**.11a). Man spricht daher auch von einer **P-Leitung, Mangelleitung** oder **Defektleitung**. Die

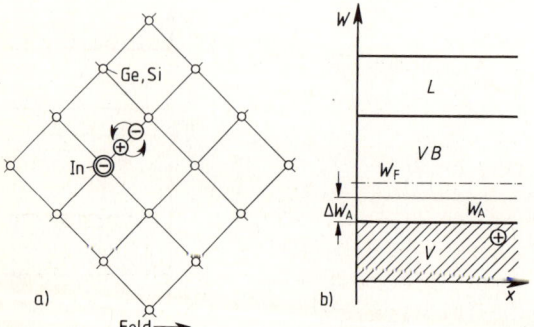

5.11
Störleitung eines P-Halbleiters
a) atomistisches Modell
b) Bändermodell
L Leitungsband, VB verbotenes Band, V Valenzband, W_A Akzeptorniveau, W_F Fermi-Niveau, $\ominus$ Elektron, $\oplus$ Defektelektron, ⊖ Fremdatom nach Elektronenaufnahme negativ ionisiert

Elektronen einfangenden Zusätze heißen **Akzeptoren**. Im Halbleiter sind jetzt positive Ladungsträger im Überschuß vorhanden.

Im Bändermodell (Bild 5.11 b) findet man das Akzeptorniveau W_A nahe oberhalb des Valenzbands; sein Abstand entspricht für Germanium ebenfalls dem Energiebetrag $\Delta W_A = 0{,}02$ eV. Das durch Einbau des dreiwertigen Fremdatoms aufgetretene Akzeptorniveau ist zunächst unbesetzt. Geringe thermische Energie genügt, um ein Elektron aus dem Valenzband zu lösen und dieses Niveau zu besetzen, wobei ein Loch, also ein Defektelektron im Valenzband, entsteht.

Durch Art und Anzahl der Fremdatome kann man also für den Halbleiter N- oder P-Leitung und die Leitfähigkeit festlegen. Fertigungstechnische Schwierigkeiten liegen darin, daß der Halbleiter zunächst einmal in **außerordentlich hohem Reinheitsgrad** vorliegen muß, da bei der Dotierung auf 10^9 bis 10^{10} Atome der Grundsubstanz nur ein Fremdatom kommen darf, wenn eine gegenseitige Störung der Ladungsträger verhindert werden soll.

Die in der Praxis verwendeten Halbleiter enthalten fast immer Donatoren und Akzeptoren gleichzeitig. Nach außen hin ist dann nur die Differenz wirksam, d. h., der Leitfähigkeitscharakter des Halbleiters, also N- oder P-Leitung, ist durch den **Überschuß der Ladungsträger der einen Art (Majoritätsträger)** über die der anderen Art (**Minoritätsträger**) gegeben.

Im N-Halbleiter sind die Elektronen die Majoritätsträger und die Defektelektronen die Minoritätsträger. P-Halbleiter haben Defektelektronen als Majoritätsträger und Elektronen als Minoritätsträger.

Bei der Eigen- und Störleitung der Halbleiter handelt es sich stets um eine thermische Auslösung von Elektronen. In beiden Fällen muß eine gewisse Energieschwelle überwunden werden, um Bindungen zwischen den Atomen im Kristallgitter aufzubrechen.

Bei dotierten Halbleitern liegt das die Besetzungswahrscheinlichkeit 50% angebende Fermi-Niveau W_F nicht mehr wie bei dem in Bild 5.8 dargestellten Bändermodell des reinen Halbleiters in der Mitte des verbotenen Bandes, sondern verschiebt sich in Richtung des Donatoren- bzw. Akzeptorenniveaus, also jeweils zum Rand der verbotenen Zone. Bei N-Leitung (Bild 5.10) liegt das Fermi-Niveau W_F in der Nähe des Donatorniveaus W_D, bei P-Leitung (Bild 5.11) liegt das Fermi-Niveau W_F in der Nähe des Akzeptor-Niveaus W_A. Es kann sogar in ein Band eintauchen.

5.2.3 Übergang zwischen zwei Halbleiterzonen verschiedenen Leitungstyps

5.2.3.1 PN-Übergang. Stoßen zwei Halbleiterzonen verschiedenen Leitungstyps aneinander, bezeichnet man das Übergangsgebiet als **PN-Übergang**. Bild 5.12a zeigt einen symmetrischen PN-Übergang, bei dem beide Halbleiterseiten gleich hoch dotiert sind; die linke Seite ist durch Dotieren mit Akzeptoren P-leitend, die rechte Seite durch Dotieren mit Donatoren N-leitend geworden. Die unterschiedlichen Trägerkonzentrationen versuchen sofort, sich durch **Diffusion** auszugleichen: Wegen ihrer thermischen Bewegung haben die Elektronen der N-leitenden Schicht das Bestreben, in die elektronenarme P-leitende Schicht zu wandern; umgekehrt diffundieren die Defektelektronen der P-leitenden Schicht in den N-leitenden

Bereich des Halbleiters. Das vom Konzentrationsgefälle, der Beweglichkeit der Ladungsträger und von der absoluten Temperatur abhängige Diffundieren der Ladungsträger entspricht einem elektrischen Strom, den man Diffusionsstrom nennt; er steht gleichberechtigt neben dem durch die Wirkung eines elektrischen Feldes hervorgerufenen Strom.

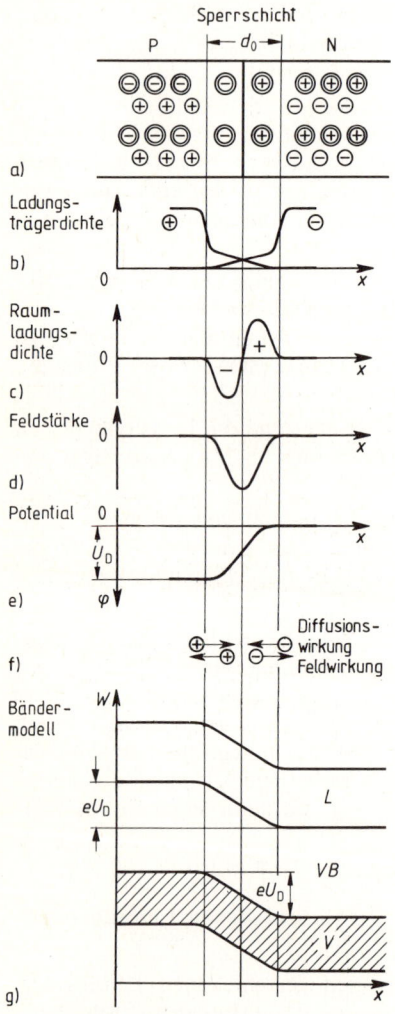

5.12 PN-Übergang im stationären Zustand [Für Teilbilder a) bis g): Legende im Text]
L Leitungsband, VB verbotenes Band, V Valenzband, ⊖ Elektron, ⊕ Defektelektron, ⊝ ionisierter Akzeptor, ⊕ ionisierter Donator

In der Umgebung der Berührungsstelle sind, wie der in Bild 5.12b dargestellte örtliche Verlauf der Dichte der beweglichen Ladungsträger zeigt, die freien Ladungsträger verschwunden. Es bildet sich somit ein außerordentlich hochohmiges Grenzgebiet, die Sperrschicht mit der Dicke d_0.

Während außerhalb der Sperrschicht sowohl im P- als auch im N-Gebiet elektrische Neutralität herrscht, tritt in der Sperrschicht selbst durch die dort verbliebenen ionisierten Akzeptoren und Donatoren eine Raumladung auf, deren örtlicher Verlauf in Bild 5.12c dargestellt ist. Verknüpft mit dieser Raumladung sind ein elektrisches Feld $\vec{E}$ (Bild 5.12d), auch Randfeld genannt, sowie die in Bild 5.12e skizzierte, auf den N-Halbleiter bezogene Verteilung des Potentials φ. Da sich durch die Wanderung der Ladungsträger der P-Halbleiter in der Nähe der Berührungszone negativ, der N-Halbleiter positiv auflädt, tritt am PN-Übergang ohne Anlegen einer äußeren Spannung eine Potentialdifferenz auf, die als Diffusionsspannung U_D bezeichnet wird. Das der Diffusionsspannung proportionale elektrische Feld ist so gerichtet, daß auf die freien Ladungsträger eine der Diffusionsrichtung entgegengesetzte Kraft ausgeübt wird. Es wirken daher stets die in Bild 5.12f skizzierten beiden entgegengesetzt gerichteten Diffusions- und Feldkräfte auf die beweglichen Ladungsträger ein. Für den PN-Übergang stellt sich ein Gleichgewichtszustand dann ein, wenn der Diffusionsstrom der Ladungsträger und der vom inneren Feld verursachte Strom entgegengesetzter Richtung (Feldstrom) gleich groß sind: Im stationären Zustand fließt kein resultierender Strom durch den PN-Übergang.

5.2.3 Übergang zwischen zwei Halbleiterzonen verschiedenen Leitungstyps

Die Diffusionsspannung beträgt einige 0,1 V und beschränkt den Konzentrationsausgleich, d. h. den Rekombinationsprozeß, auf eine meist nur etwa 1 µm dicke Übergangszone. Bei üblicher Dotierung (10^{15}/cm³ bis 10^{16}/cm³) wird der Diffusionsvorgang kompensiert bei inneren elektrischen Feldstärken E von mehr als 1000 V/cm.

Bild 5.12g zeigt das zugehörige Bändermodell: Der negativen Diffusionsspannung U_D im P-Gebiet entsprechend werden die Bänder auf der P-Seite um den Energiebetrag eU_D gehoben. Bei normaler Dotierung ist aber noch **keine Bänderüberlappung** vorhanden.

5.2.3.2 Spannung in Sperrichtung. Der in Abschn. 5.2.3.1 betrachtete, ohne äußere Spannungen am PN-Übergang sich einstellende Gleichgewichtszustand kann gestört werden, wenn an den PN-Halbleiter eine Spannung angelegt wird. Diese Anordnung wird als **Halbleiterdiode** bezeichnet. Schalten wir nach Bild 5.13a eine Gleichspannungsquelle mit ihrem Pluspol an den N-leitenden Halbleiterbereich und mit ihrem Minuspol an den P-leitenden Teil, wird die Feldstärke des dem Diffusionsvorgang entgegenwirkenden elektrischen Feldes wachsen. Somit werden sich nach Bild 5.12f Elektronen und Defektelektronen gegenüber dem Gleichgewichtszustand weiter von der Berührungsstelle der beiden Halbleiterschichten entfernen, d. h., die an freien Ladungsträgern verarmte Zone wird breiter. Da die zunehmende Verarmung der Sperrschicht den Gesamtwiderstand des PN-Übergangs erheblich vergrößert, spricht man bei dieser Polung der angelegten Spannungsquelle von einer **Spannung in Sperrichtung**, also der Sperrspannung U_R. Die Raumladung dehnt sich dabei so weit aus, daß sie neben der bereits vorhandenen Diffusionsspannung U_D auch noch die jetzt angelegte Spannung aufnehmen kann, d. h., die in Bild 5.12e angegebene Potentialdifferenz vergrößert sich. In Sperrichtung ist immer die angelegte Spannung $U_P > U_D$ (Bild 5.13b).

Die Verbreiterung der Raumladungsschicht bzw. die zugehörige Vergrößerung der Raumladung kann man sich als zusätzliche Ladungsänderung an beiden Enden des Raumladungsgebiets vorstellen. Der PN-Übergang stimmt dann überein mit einem Plattenkondensator, dessen Plattenabstand der Dicke der Raumladungsschicht entspricht. Da diese mit wachsender Spannung immer kleiner wird, stellt der PN-Übergang eine mit zunehmender Spannung kleiner werdende Kapazität dar. Dieser Effekt wird in der Praxis in **Kapazitätsdioden** ausgenutzt, die als steuerbare Kapazitäten u. a. in der Meßtechnik, zum Abstimmen von

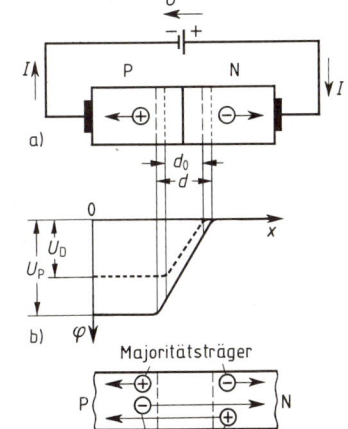

5.13
PN-Übergang, in Sperrichtung betrieben
a) Verbreiterung der Sperrschicht von d_0 (Gleichgewichtszustand ohne angelegte Spannung) auf d
b) Potentialverteilung φ
···· ohne angelegte Spannung
— in Sperrichtung angelegte Spannung
c) Bewegungsrichtung der Majoritäts- u. Minoritätsträger
⊖ Elektron, ⊕ Defektelektron

5.2 Halbleitung

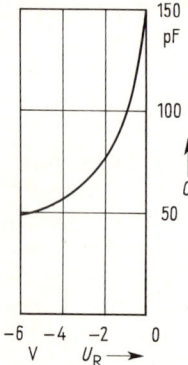

5.14
Kapazitätsänderung eines in Sperrichtung mit der Sperrspannung U_R betriebenen PN-Übergangs

Schwingkreisen eingesetzt werden. Bild **5.**14 zeigt die Kapazitätsänderung eines PN-Übergangs in Sperrichtung. Ohne äußere Spannung liegt die Kapazität C etwa bei 150 pF und fällt bei Betrieb des PN-Übergangs in Sperrichtung bei Sperrspannungen U_R bis zu -6 V auf 50 pF ab. Höhere Spannungen müssen wegen Durchbruchgefahr vermieden werden. (Die große Kapazität von Sperrschichten wird auch in dem mit Gleichspannung betriebenen Elektrolytkondensatoren technisch verwertet.)

Sperrstrom. Von besonderem praktischem Interesse ist der in Sperrichtung fließende Strom. Um seine Größe und seine Abhängigkeit von der angelegten Spannung erkennen zu können, muß man berücksichtigen, daß in jedem Halbleiter infolge der Eigenleitung gleichzeitig Majoritäts- und Minoritätsträger vorhanden sind (s. Abschn. 5.2.2.3). Die in Sperrichtung am PN-Übergang liegende Potentialschwelle verhindert nun, daß Elektronen von der N-Schicht zur P-Schicht und Defektelektronen von der P-Schicht zur N-Schicht gelangen können, d.h., es kann in Sperrichtung kein Majoritätsträgerstrom fließen. Dagegen bietet, wie Bild **5.**13 c zeigt, die Potentialdifferenz kein Hindernis für eine Bewegung der Elektronen der P-Schicht zur N-Schicht und der Defektelektronen der N-Schicht zur P-Schicht; in Sperrichtung fließt daher ein Minoritätsträgerstrom, der als Sperrstrom bezeichnet wird. Er ist klein, da die ihn verursachenden Minoritäten in der Minderzahl sind. Bei Verwendung möglichst reinen Ausgangsmaterials liegt die Sperrstromdichte bei Silicium-Halbleitern unter $S = 0{,}002$ mA/cm².

Ein besonderes Kennzeichen des Sperrstroms ist die Unabhängigkeit von der angelegten Spannung; der Sperrstrom zeigt Sättigungscharakter (I_R in Bild **5.**17; s. Abschn. 5.2.3.4). Er kommt dadurch zustande, daß die Minoritätsträger durch Diffusion nachgeliefert werden, also nur eine bestimmte thermische Erzeugungsrate zur Verfügung steht. Da die Dichte der Minoritätsträger stark temperaturabhängig ist, wächst der Sperrstrom mit steigender Temperatur. Der verschiedenen Ladungsträgerkonzentration entsprechend liegt der Sättigungssperrstrom der Siliciumdiode in der Größenordnung $I_R = 1$ nA. Die maximal zulässige Sperrschichttemperatur beträgt bei Silicium-Halbleitern bis zu 200°C.

Sperrspannung. Die an den PN-Übergang gelegte Sperrspannung U_R darf einen von der Umgebungstemperatur praktisch unabhängigen Grenzwert nicht überschreiten; er ist vorhanden, wenn die in der Sperrschicht erzeugte elektrische Feldstärke groß genug ist, um eine unmittelbare Elektronenauslösung an den Störstellen oder Gitteratomen hervorzurufen. Es tritt plötzlich eine Menge Ladungsträger auf, die die Sperrschicht zerstört. Der PN-Übergang wird dadurch in der Sperrichtung durchlässig. Ursache der plötzlichen Trägererzeugung ist vor allem bei Dioden mit nicht zu schmalen Sperrschichten neben der von Zener vermuteten inneren Feldemission ein der Townsend-Entladung in Gasen ähnlicher Prozeß der Trägervervielfachung, Lawinendurchbruch oder Avalanche-Effekt genannt. In der Pra-

5.2.3 Übergang zwischen zwei Halbleiterzonen verschiedenen Leitungstyps

xis spricht man nur vom Zener-Effekt; er wird in Z-Dioden (früher Zener-Dioden genannt) zur Spannungsstabilisierung ausgenutzt.

Der Zener-Effekt läßt sich auch aus dem Bändermodell erklären; er tritt auf, wenn die in der Sperrschicht erzeugte elektrische Feldstärke die Energie aufbringen kann, die erforderlich ist, um Valenzelektronen in das Leitungsband zu heben.

Bild 5.15a zeigt als Kennlinie der Z-Diode die Abhängigkeit des in Sperrichtung fließenden Stromes I_Z von der Sperrspannung U_R. Bei der Zener-Spannung U_Z knickt die Kennlinie sehr stark um, der Strom I_Z wächst sehr schnell an. Um die Zerstörung der Z-Diode durch Erwärmung zu vermeiden, darf der Strom I_Z den durch die zulässige Verlustleistung P_V bestimmten Höchstwert $I_{Z\max} = P_V/U_Z$ nicht überschreiten. Aus dem Z-förmigen Kennlinienverlauf ergibt sich die Bezeichnung Z-Diode.

Der vom Zener-Effekt verursachte plötzlich einsetzende elektrische Durchbruch der Sperrschicht ist reversibel, d.h., beim Verkleinern der Sperrspannung U_R unter den als Zener-Spannung U_Z oder Durchbruchspannung bezeichneten Wert verarmt die Übergangszone wieder an Ladungsträgern, die Sperrwirkung ist wiederhergestellt, und es fließt wieder der Sättigungssperrstrom. Dies ist jedoch nur dann der Fall, wenn die beim plötzlichen Anwachsen des Stromes frei werdenden Wärmemengen so rasch abgeführt werden, daß die Sperrschicht nicht auf thermischem Wege strukturell zerstört wird. Da der Wärmedurchbruch in der Regel zu irreversiblen Veränderungen führt, muß durch Vorschalten eines Vorwiderstands R_{VW} der durch die Z-Diode fließende Strom begrenzt werden.

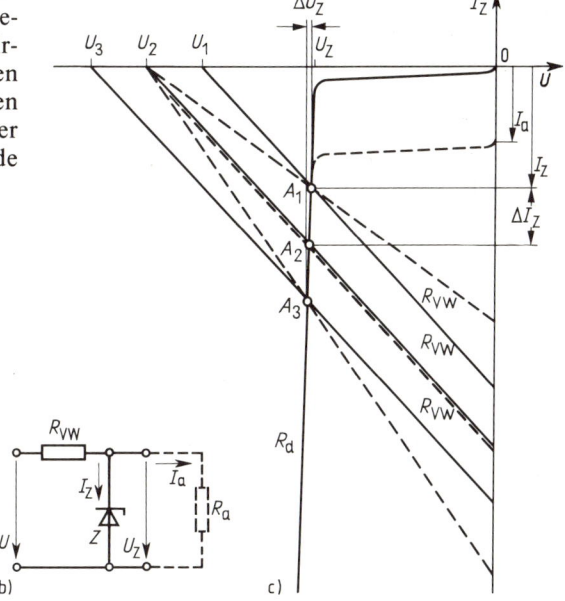

5.15 Z-Diode
a) Kennlinie $I_Z = f(U_R)$, b) Schaltung zur Spannungsstabilisierung, c) Lage der Arbeitspunkte A_1, A_2, A_3 bei konstantem Vorwiderstand R_{VW} für unterschiedliche Eingangsspannungen $U = U_1$, U_2, U_3 bei konstanter Zenerspannung U_Z (ausgezogene Diodenkennlinie für Leerlauf am Ausgang; gestrichelte Diodenkennlinie für Lastwiderstand R_a am Ausgang)
I_a Laststrom, U_Z Zenerspannung

Wichtigste Anwendung der Z-Diode ist die **Spannungsstabilisierung**, vor allem in Netzanschlußgeräten. Schaltet man nach Bild **5.**15 b die Z-Diode Z in Reihe mit einem den Strom begrenzenden Vorwiderstand R_{VW} und ist die angelegte Spannung U innerhalb des gesamten Schwankungsbereichs so groß, daß die Z-Diode immer im Knick der Kennlinie betrieben wird, dann wirkt als Ausgangsspannung der Schaltung immer die Zenerspannung U_Z, die von Änderungen der angelegten Spannung praktisch u n a b h ä n g i g ist; geändert werden der Strom I_Z und die Teilspannung am Vorwiderstand R_{VW}.

Bild **5.**15 c zeigt bei nicht belasteter Schaltung die zugehörige Lage der Arbeitspunkte A_1, A_2, A_3 auf der Kennlinie $I_Z = f(U)$ der Z-Diode für die unterschiedlichen Eingangsspannungen U_1, U_2, U_3. Bei als konstant angenommenem Vorwiderstand R_{VW} bleibt die Neigung der für den Strom $I_Z = 0$ durch die Spannungen U_1, U_2, U_3 festgelegten Widerstandsgeraden ebenfalls konstant (s. Abschn. 1.4.2); die Zenerspannung U_Z ändert sich im Gegensatz zum Zenerstrom I_Z nur ganz unwesentlich. Die auftretende Spannungsänderung $\Delta U_Z = \Delta I_Z R_d$ ergibt sich aus dem durch die Neigung der Zenerkennlinie festgelegten differentiellen Widerstand R_d und aus der Stromänderung ΔI_Z, wird also vernachlässigbar klein für $R_d \to 0$. Im allgemeinen Fall ist bei nichtlinearen Kennlinien $U = f(I)$ der differentielle Widerstand $R_d = dU/dI$ mit Spannung U und Strom I veränderlich und kann positiv oder negativ sein (s. Abschn. 5.2.3.5).

Die Ausgangsspannung der in Bild **5.**15 b angegebenen Schaltung läßt sich nicht nur bei Schwankungen der Eingangsspannung U, sondern in gleicher Weise auch bei Änderungen des Vorwiderstands R_{VW} stabilisieren. Bild **5.**15 c zeigt gestrichelt eingezeichnet für die als konstant angenommene Eingangsspannung U_2 unterschiedlichen Vorwiderständen R_{VW} zuzuordnende Widerstandsgeraden, durch die wieder die Arbeitspunkte A_1, A_2, A_3 festgelegt werden. Es ist daher aus dem Kennlinienfeld für diesen Betriebsfall zu ersehen, daß sich auch bei Änderungen des Vorwiderstands R_{VW} die Zenerspannung U_Z im Gegensatz zum Zenerstrom I_Z nur ganz unwesentlich ändert. Selbstverständlich ist die Stabilisierung durch die Z-Diode auch bei gleichzeitiger Änderung von Eingangsspannung U und Vorwiderstand R_{VW} wirksam. Es ergibt sich mit der Z-Diode somit die Möglichkeit, eine genaue Bezugs- oder Referenzspannung festzulegen; man bezeichnet dann die Z-Diode als **Referenz-Diode** oder **Spannungs-Referenzelement**. Es können mit ihr Referenzspannungsquellen aufgebaut werden. Diese Quellen können ständig belastet werden und sind unempfindlich gegenüber mechanischen Beanspruchungen.

Bei Stromentnahme am Ausgang der Schaltung durch den in Bild **5.**15 b gestrichelt eingezeichneten Lastwiderstand R_a ist beim Festlegen des Arbeitspunkts A der Z-Diode Z in Zusammenwirken mit der Teilspannung am Vorwiderstand R_{VW} zum Zenerstrom I_Z der Laststrom $I_a = U_Z / R_a$ zu addieren, so daß sich im Kennlinienfeld die Kennlinie der Z-Diode um den in Bild **5.**15 c gestrichelt eingezeichneten Strom I_a nach unten verschiebt. Solange der Arbeitspunkt A im steilen Teil der Diodenkennlinie liegt, bleibt dann auch bei Belastung der Schaltung sowohl bei Änderung der Eingangsspannung U als auch bei Änderung des Lastwiderstands R_a die Ausgangsspannung praktisch auf dem Wert der Zenerspannung U_Z, und es ändert sich nur der Zenerstrom I_Z.

Beispiel 5.2. Eine Z-Diode mit der Zenerspannung $U_Z = 6{,}6$ V und dem differentiellen Widerstand $R_d = 10 \,\Omega$ soll nach der in Bild **5.**15 b angegebenen Schaltung bei der Eingangsspannung $U = 30$ V auf den Lastwiderstand $R_a = 2200 \,\Omega$ arbeiten.

5.2.3 Übergang zwischen zwei Halbleiterzonen verschiedenen Leitungstyps 243

a) Wie groß muß der Vorwiderstand R_{VW} sein, um den Zenerstrom auf $I_Z = 3,5$ mA zu begrenzen?
Da an dem vom Strom $I_Z + I_a$ durchflossenen Vorwiderstand R_{VW} die Teilspannung $U - U_Z$ liegt, gilt für den Vorwiderstand

$$R_{VW} = \frac{U - U_Z}{I_Z + I_a}.$$

Mit dem Strom $I_a = U_Z / R_a = 6,6$ V$/(2200$ $\Omega) = 3$ mA wird der Vorwiderstand

$$R_{VW} = \frac{(30 - 6,6)\text{ V}}{(3,5 + 3)\text{ mA}} = 3,6\text{ k}\Omega.$$

b) Wie groß ist die Änderung $p = \Delta U_Z / U_Z$ der Ausgangsspannung bei einer Zunahme der Eingangsspannung um 10%?
Zur Vereinfachung des Ansatzes können näherungsweise Zenerspannung U_Z und somit auch der Laststrom I_a zunächst als konstant angenommen werden. Infolge der Spannungserhöhung um 10% von $U = 30$ V auf $U' = 33$ V fließt mit dem vergrößerten Zenerstrom I'_Z der Gesamtstrom

$$I'_Z + I_a = \frac{U' - U_Z}{R_{VW}} = \frac{(33 - 6,6)\text{ V}}{3,6\text{ k}\Omega} = 7,21\text{ mA}.$$

Der Zenerstrom beträgt jetzt also $I_Z = (I'_Z + I_a) - I_a = (7,21 - 3)$ mA $= 4,21$ mA. Er hat zugenommen um $\Delta I'_Z = I'_Z - I_Z = (4,21 - 3,5)$ mA $= 0,71$ mA. Somit wächst die über den differentiellen Widerstand R_d (Neigung der Diodenkennlinie) verknüpfte Zenerspannung um $\Delta U_Z = \Delta I_Z R_d = 0,71$ mA $\cdot$ 10 $\Omega = 7,1$ mV.
Für die Änderung p der Ausgangsspannung gilt dann

$$p = \Delta U_Z / U_Z = 7,1\text{ mV}/(6,6\text{ V}) = 0,00108 = 0,108\%.$$

Die Schwankung der Eingangsspannung ist also annähernd um das 100fache herabgesetzt. Durch Hintereinanderschalten zweier Z-Dioden (Kaskadenschaltung) läßt sich die Spannungskonstanz weiter erhöhen.

5.2.3.3 Spannung in Durchlaßrichtung. Der Gleichgewichtszustand des PN-Übergangs soll jetzt dadurch geändert werden, daß der P-Halbleiter mit dem positiven Pol, der N-Halbleiter mit dem negativen Pol der Spannungsquelle verbunden wird. Nach Bild 5.16 können dann die Majoritätsträger (Elektronen der N-Schicht und Defektelektronen der P-Schicht) von beiden Seiten in die Übergangszone hinein-

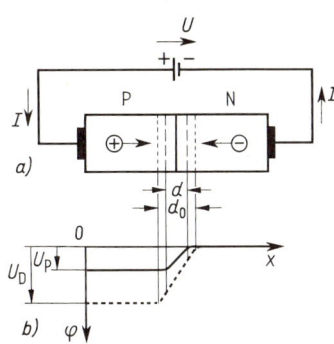

5.16
PN-Übergang in Durchlaßrichtung betrieben
a) Verkleinerung der Sperrschicht von d_0 auf d
b) Potentialverteilung φ
   ···· ohne angelegte Spannung
   — in Durchlaßrichtung angelegte Spannung

fließen. In der Sperrschicht erhöht sich also die Konzentration der freien Ladungsträger, d. h., Raumladung und somit Dicke d der Sperrschicht gegenüber dem Gleichgewichtszustand mit der Dicke d_0 werden verringert. Der Widerstand der hochohmigen Sperrschicht sinkt um mehrere Zehnerpotenzen; der PN-Übergang wird in **Durchlaßrichtung** betrieben, bei der schließlich nur noch der Widerstand des Halbleiters selbst, der **Bahnwiderstand**, vorhanden ist. Der Verkleinerung der Raumladung entsprechend verringert sich die Potentialstufe im Innern des Halbleiters; in Durchlaßrichtung ist die angelegte Spannung $U_P < U_D$ (Diffusionsspannung). Bei dem in Durchlaßrichtung betriebenen PN-Übergang hat ein Vorgang besondere Bedeutung, den man als **Injektion von Ladungsträgern** bezeichnet. Er kommt dadurch zustande, daß Majoritätsträger durch Diffusion die andere Halbleiterseite erreichen können und dort die Dichte der vorhandenen Minoritätsträger erhöhen. Gelangen beispielsweise im P-Halbleiter befindliche Defektelektronen, die in diesem Teil Majoritätsträger sind, auf die N-leitende Seite des Halbleiters, so erhöhen sie dort die Konzentration der auch im N-Halbleiter als Minoritätsträger bereits vorhandenen Defektelektronen. Durch Rekombination mit den Majoritätsträgern des N-Halbleiters, den Elektronen, wird der injizierte Defektelektronenstrom allmählich als Elektronenstrom weitergeführt, so daß **die Konzentration der Minoritätsträger des Diffusionsgebietes mit wachsender Entfernung vom PN-Übergang exponentiell abfällt.**

Umgekehrt gelangen auch Elektronen des N-Halbleiters in den P-Halbleiter, wo sie eigentlich nur in verschwindender Menge vorkommen sollten; der Injektionsvorgang verläuft also in beiden Richtungen. Soll er nur in einer Richtung auftreten, müssen die beiden Halbleiterbereiche ungleich dotiert werden. Für die technische Anwendung des Injektionsvorgangs ist wichtig, daß schon eine geringe Erhöhung der Durchlaßspannung das am PN-Übergang auftretende Konzentrationsgefälle außerordentlich vergrößert; dies bedeutet nämlich, da der elektrische Strom der Konzentrationsänderung der Ladungsträger direkt proportional ist, daß der Diffusionsstrom praktisch beliebig große Stromdichten haben kann. Bei Silicium liegt bei Spannungen von einigen Volt die technische Grenzbelastung etwa bei der Stromdichte $S = 600$ A/cm^2.

Durch **Injektion von Minoritätsträgern** wird somit der spezifische Widerstand von Halbleitern beträchtlich herabgesetzt. Technisch ausgenutzt wird der Injektionsvorgang zur Erzeugung der guten Durchlaßfähigkeit der **Starkstromgleichrichter** aus Germanium und Silicium sowie zur Steuerung von PN-Übergängen, wie man sie vor allem in **Transistoren** findet (s. Abschn. 5.2.5.1).

Wegen der außerordentlichen Bedeutung des Injektionsvorgangs benutzt man zur Kennzeichnung der Güte eines Halbleiters die Größe des entstehenden Diffusionsgebiets und gibt sie durch die **Diffusionslänge** L an. Sie entspricht der mittleren Weglänge der Minoritätsträger und ist definiert durch die Weglänge, bei der die exponentiell abnehmende Minoritätenkonzentration auf 1/e des Anfangswerts (37%) sinkt. Germanium-Halbleiter haben für Elektronen die Diffusionslänge $L_n = 2$ mm, für Defektelektronen $L_p = 1,4$ mm. Anstelle der Diffusionslänge kann auch die **Lebensdauer** τ der Ladungsträger angegeben werden; sie erreicht Werte von $\tau = 1$ µs bis über $\tau = 1,0$ ms. Durch verfeinerte Herstellungs- und Reinigungsverfahren versucht man, die Lebensdauer möglichst groß zu machen. Zu den charakteristischen Eigenschaften eines Halbleiters zählt daher neben der vom Gitteraufbau abhängigen Bindungsenergie ΔW und der Beweglichkeit b der freien Ladungsträger noch die Lebensdauer τ dieser Ladungsträger.

5.2.3 Übergang zwischen zwei Halbleiterzonen verschiedenen Leitungstyps

Der PN-Übergang der leitenden Diode wirkt als Ladungsspeicher und stellt daher auch eine Kapazität, die **Diffusionskapazität**, dar. Der Speichervorgang kommt dadurch zustande, daß der PN-Übergang im Durchlaßbereich von Ladungsträgern überschwemmt wird, die in die Gebiete entgegengesetzter Dotierung diffundieren und dort während ihrer Lebensdauer τ, d. h. bis zu ihrer Rekombination, Minoritätsträger sind. Da sie während dieser Zeit in das Gebiet entgegengesetzter Dotierung wandern, sind dann im P-Gebiet Elektronen als Minoritätsträger in der Nähe des PN-Übergangs gespeichert und im N-Gebiet sind Löcher gespeichert. Die Diffusionskapazität kann zwar Werte bis zu 100 nF erreichen, hat jedoch durch den parallel liegenden sehr niederohmigen Bahnwiderstand nur geringen Einfluß auf das Verhalten des PN-Übergangs.

5.2.3.4 Kennlinie des PN-Übergangs (Diode, Gleichrichter). Für den praktisch vorliegenden Fall, daß die an Ladungsträgern verarmte Sperrschicht des PN-Übergangs so dünn ist, daß hier noch keine Rekombination eintritt – bei Diffusionslängen bis zu etwa 15 mm und Sperrschichten von 1 µm ist diese Voraussetzung erfüllt –, hat W. Shockley die Strom-Spannungs-Kennlinie

$$I = I_R (e^{eU/(kT)} - 1) \tag{5.7}$$

berechnet. Hierin ist I_R der, vom Zener-Effekt abgesehen, von der angelegten Spannung unabhängige Sättigungsstrom in Sperrichtung (Rückwärtsrichtung), der seine Existenz der Erzeugung von Ladungsträgern durch thermische Anregung verdankt (s. Abschn. 5.2.3.2) und daher stark temperaturabhängig ist. Seine Größe hängt weitgehend vom Aufbau und den Abmessungen des Halbleiters ab, insbesondere gehen Diffusionskonstante und Trägerdichte ein. U ist die an der Sperrschicht liegende Spannung, die in Durchlaßrichtung positiv, in Sperrichtung negativ einzusetzen ist. $k = 13{,}8 \cdot 10^{-24}$ Ws/K ist die **Boltzmann-Konstante**, T die absolute Temperatur und $e = 0{,}16 \cdot 10^{-18}$ As die Elementarladung des Elektrons. Die **Temperaturspannung** $U_T = kT/e$ beträgt für 27°C (300 K) etwa 26 mV, bei 77°C (350 K) etwa 30 mV. Gl. (5.7) gilt für **Durchlaß- und Sperrbereich**; die unipolare Leitfähigkeit des PN-Übergangs ist daran zu erkennen, daß für negative Werte der Spannung U die Exponentialfunktion im Vergleich zu 1 zu vernachlässigen ist und dann der Strom $I = -I_R$ wird. Bild 5.17 zeigt die idealisierte Kennlinie des PN-Übergangs. Da sich die Ströme in Sperr- und Durchlaßrichtung um mehrere Größenordnungen unterscheiden, ist es bei der Darstellung üblich, verschiedene Strommaßstäbe vorzusehen. Die Temperaturabhängigkeit des Sperrsättigungsstroms ist gestrichelt angedeutet. Der bei hohen Sperrspannungen auftretende Zener-Effekt verursacht das plötzliche Abknicken der Kennlinie.

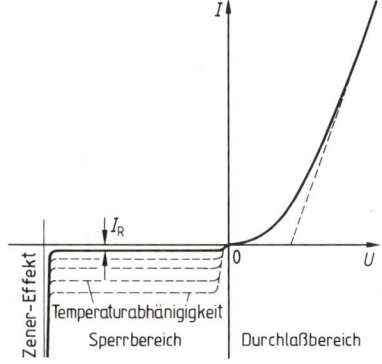

5.17
Idealisierte Kennlinie eines PN-Übergangs (verschiedene Strommaßstäbe in Durchlaß- und Sperrichtung)

5.2 Halbleitung

Bei Betrieb als Gleichrichter muß darauf geachtet werden, daß die **maximal zulässige Sperrspannung** nicht überschritten wird. Man wird meist eine gewisse Sicherheit vorsehen und mit der Betriebsspannung bei etwa halber maximaler Sperrspannung bleiben, die bei Silicium bis über 5 kV erreicht.

Im Durchlaßbereich verläuft die Kennlinie $I = f(U)$ annähernd exponentiell. Zur Kennzeichnung des Verlaufs wird die Spannung U_S angegeben, bei der der Durchlaßstrom $1/10$ des maximal zulässigen Durchlaßstroms erreicht; sie wird als **Schleusenspannung**, als **Durchlaßspannung** oder als **Schwellspannung** bezeichnet und beträgt bei Siliciumdioden 0,5 V bis 0,7 V.

5.2.3.5 Hochdotierter PN-Übergang (Tunneldiode).
Wird gegenüber der normalen Dotierung von etwa $10^{16}/cm^3$ die Dotierungsdichte auf $10^{19}/cm^3$ bis $10^{20}/cm^3$ vergrößert, so entartet der Halbleiter. Ohne äußere Spannung liegt an der extrem schmalen Sperrschicht von etwa 10 µm Dicke eine große Diffusionsspannung und somit eine sehr große elektrische Feldstärke. Im Bändermodell führt sie (Bild 5.18a) zu einer so starken Verschiebung des Valenzbands gegenüber dem Leitungsband, daß eine **Bänderüberlappung** auftritt. Die Valenzbandkante liegt gegenüber dem normaldotierten PN-Übergang (Bild 5.12g) jetzt über dem Niveau der Leitungsbandkante. Daher können im Bereich dieser Bänderüberlappung Elektronen ohne Änderung ihrer Energie vom Valenzband des P-Gebiets in das Leitungsband des N-Gebiets übertreten. Der hochdotierte PN-Übergang hat ohne angelegte Spannung daher eine Leitfähigkeit, die denen der Metalle ähnelt, bei denen ebenfalls Elektronen unmittelbar vom Valenzband in das Leitungsband übertreten können. Gegenüber dem bisher im Bändermodell betrachteten vertikalen Elektronenübergang tritt jetzt aber ein **horizontaler Elektronenübergang** auf, der durch das verbotene Band hindurch stattfindet. Er kommt zustande durch den **wellenmechanischen Tunneleffekt**.

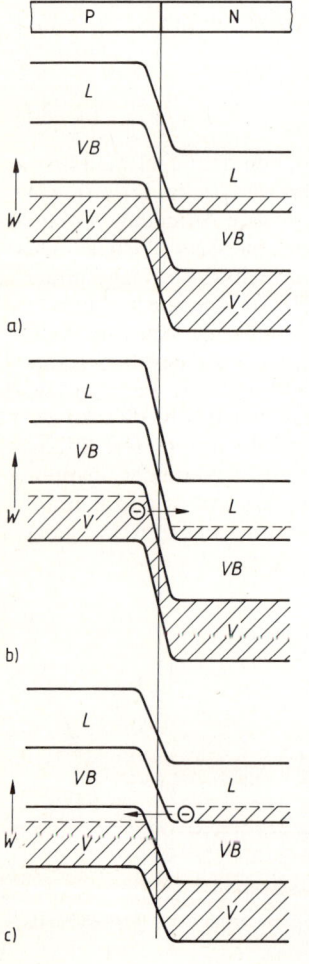

5.18 Hochdotierter PN-Übergang
a) Bändermodell ohne Anlegen einer äußeren Spannung
b) Bändermodell beim Anlegen einer äußeren Spannung in Sperrichtung
c) Bändermodell beim Anlegen einer kleinen äußeren Spannung in Durchlaßrichtung
L Leitungsband, *VB* verbotenes Band, *V* Valenzband

5.2.3 Übergang zwischen zwei Halbleiterzonen verschiedenen Leitungstyps

Läuft ein (als Teilchen betrachtetes) Elektron gegen den räumlich schmalen sehr hohen Potentialwall, den es energiemäßig nicht überwinden kann, wird es nach Bild **5.**7 reflektiert. Betrachten wir das Elektron als Welle, so können wir uns vorstellen, daß bei der Reflexion ein Teil der Welle in den Potentialwall hineinläuft, dort mit wachsender Eindringtiefe zwar sehr stark exponentiell gedämpft wird, aber bei extrem dünnem Potentialwall noch am Ausgang als Welle nachweisbar ist und damit dort auch wieder als Teilchen existiert. Man sagt, das Elektron hat den schmalen Potentialwall, den es energiemäßig nie überwinden könnte, durchtunnelt. Nach dem wellenmechanischen Tunneleffekt können geladene Teilchen mit einer gewissen Wahrscheinlichkeit ohne Änderung ihrer potentiellen Energie einen in seiner Breite hinreichend kleinen Potentialwall durchdringen. Die Tunnelwahrscheinlichkeit entspricht etwa der Amplitude der hinter dem Potentialwall noch nachweisbaren eingedrungenen Welle. Der Vorgang verläuft praktisch mit Lichtgeschwindigkeit.

Durch hohe N-Dotierung ist sichergestellt, daß im Leitungsband genügend freie Elektronen zum Durchtunneln zur Verfügung stehen; die hohe P-Dotierung sorgt dafür, daß für diese Elektronen freie Plätze im Valenzband vorhanden sind. Dioden mit hochdotierten PN-Übergängen werden Tunneldioden (auch Esaki-Dioden) genannt.

Wir wollen nun die Strom-Spannungs-Kennlinie einer Tunneldiode betrachten. Dem in Bild **5.**18a dargestellten Bändermodell entsprechend fließt ohne äußere Spannung kein Strom (Nullpunkt). Legen wir an den hochdotierten PN-Übergang eine äußere Spannung in Sperrichtung, sinkt das Leitungsband der N-Schicht gegenüber Bild **5.**18a noch weiter ab, d. h., es können Elektronen aus dem Leitungsband der N-Schicht zum Valenzband der P-Schicht hinübertunneln (Bild **5.**18b). Mit wachsender Sperrspannung tritt also ein größerer Strom auf; es ist keine Sperrwirkung mehr vorhanden, sondern der Leitungsvorgang entspricht weitgehend dem eines metallischen Leiters. Die Strom-Spannungs-Kennlinie (Bild **5.**19) verläuft im Bereich *I* praktisch linear. Wird eine Spannung in Durchlaßrichtung angelegt, somit also die Potentialdifferenz zwischen P- und N-Gebiet verringert, dann erhält man mit zunehmender Spannung zunächst ein Anwachsen des Stromes (Bereich *II* in Bild **5.**19). Im Bändermodell wird jetzt das Leitungsband gegenüber dem Valenzband angehoben, so daß Elektronen des Leitungsbands des N-Halbleiters in das Valenzband des P-Halbleiters horizontal hinübertunneln können (Bild **5.**18c).

Da aber mit wachsender Spannung, also weiterem Anheben des Leitungsbands des N-Halbleiters, immer mehr Elektronen dem verbotenen Band des P-Halbleiters gegenüberstehen, verschwindet der Tunneleffekt, d. h., bei wachsender Spannung U wird der Strom I durch den PN-Übergang kleiner. Nach einem Maximum des Stromes, auch Höcker genannt (Punkt *III* in Bild **5.**19), ergibt sich im Bereich *IV* eine fallende Kennlinie, die einem in Bild **5.**19 durch die gestrichelte Kurve dargestellten negativ diffe-

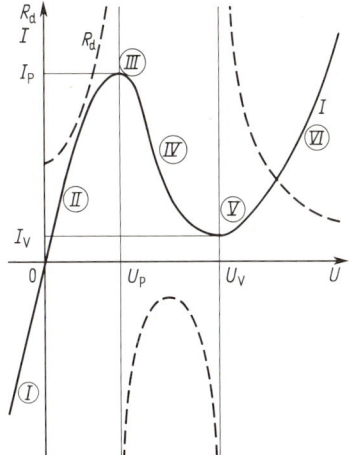

5.19
Strom-Spannungs-Kennlinie (——) und differentieller Widerstand R_d (---) einer Tunneldiode

rentiellen Widerstand $R_d = dU/dI$ entspricht (s. Abschn. 5.2.3.2). Die Strom-Spannungs-Kennlinie erreicht bei weiter wachsender Spannung ein Minimum, auch als Tal bezeichnet (Punkt *V* in Bild **5**.19), und steigt dann etwa exponentiell wieder an. Es liegt jetzt (Bereich *VI* in Bild **5**.19) ein normaler PN-Übergang vor; der Strom kommt ohne Tunneleffekt durch vertikale Anhebung von Elektronen des Valenzbands (bzw. der Störstellenniveaus) ins Leitungsband (Diffusionsstrom) zustande.

Für Ge- und Si-Tunneldioden tritt der Höckerstrom I_P (Bild **5**.19) bei Spannungen U_P zwischen 35 mV und 70 mV auf, der Talstrom I_V bei $U_V = 200$ mV bis 430 mV. Bei Germanium kann I_P bis zu 10 A anwachsen; bei Galliumarsenid (GaAs) sogar bis zu 20 A. Die Größe des Höckerstroms wird durch die Tunnelwahrscheinlichkeit und die Flächengröße des PN-Übergangs bestimmt. Das Verhältnis I_P/I_V liegt bei etwa 6 bis 7; $-R_{d\,min}$ beträgt etwa 100 Ω. Während im Gebiet des Stromhöckers der Temperatureinfluß gering ist, nimmt der Talstrom mit steigender Temperatur stark zu, und die Talspannung rückt zu kleineren Werten hin.

Tunneldioden werden angewandt als Ohmsches Kompensationselement, als Verstärker und zur Schwingungserzeugung sowie als Schalter und Speicherelement (Auftreten zweier stabiler Zustände; s. Kennlinienverlauf in Bild **5**.58). Ihr Vorteil liegt in den kleinen Abmessungen, dem geringen Gewicht sowie der niedrigen Speisespannung. Da der Tunneleffekt auf der Bewegung von Majoritätsträgern beruht, die wesentlich schneller ist als die Diffusionsbewegung der Minoritätsträger, ist die Tunneldiode bis in das Gebiet höchster Frequenzen verwendbar.

5.2.3.6 Übergang zwischen Halbleiter und metallischem Leiter. Um Spannungen an PN-Übergänge legen zu können, müssen zwischen den metallischen Zuleitungen und dem Halbleiter Kontakte vorhanden sein, bei denen sich keine zusätzliche Sperrschicht an der Kontaktfläche selbst bilden darf. Sperrschichtfreie Kontaktflächen kann man schaffen, wenn man die Trägerdichten in den unmittelbar an die Kontaktflächen angrenzenden Bereichen so groß macht, daß bei Stromfluß Ladungsträger im Überfluß vorhanden sind und somit keine Konzentrationsänderung eintritt. Es wird dazu der an den P-Halbleiter angrenzende Metallkontakt mit einer als Akzeptor wirkenden Substanz legiert und der einen N-Halbleiter berührende Kontakt mit Donatoren dotiert. Durch Diffusion entsteht dann in der das Metall berührenden Halbleiterschicht eine so große Ladungsträgerkonzentration, daß sich kein Verarmungsgebiet mehr ausbilden kann, d.h., die Kontaktfläche ist sperrschichtfrei.

5.2.4 Kombination von mehreren Halbleiterzonen unterschiedlicher Dotierung

Bei der Z-Diode (Abschn. 5.2.3.2) und bei der Tunneldiode (Abschn. 5.2.3.5) tritt je nach Dotierung der Halbleiterzonen eines PN-Übergangs unterschiedliches betriebliches Verhalten der Halbleiteranordnung auf. Durch Kombination von mehreren Halbleiterzonen verschiedener Schichtdicke mit um Zehnerpotenzen unterschiedlicher Dotierung läßt sich im Innern der Halbleiteranordnung eine gegenüber dem einfachen PN-Übergang völlig andersartige Bewegung der Ladungsträger erzwingen, durch die das betriebliche Verhalten der Halbleiteranordnung in ganz unterschiedlicher Weise entscheidend beeinflußt wird. Da die Art der Beeinflussung nicht, wie in Abschn. 5.2.5 gezeigt, durch von außen zuge-

5.2.4 Kombination von mehreren Halbleiterzonen unterschiedlicher Dotierung

führte Spannungen gesteuert wird, sondern ausschließlich von Schichtdicke und Dotierung der kombinierten Halbleiterzonen abhängt und auch nur, wie beim einfachen PN-Übergang, an die Gesamtanordnung eine Spannung angelegt wird, wird eine derartige Halbleiteranordnung wieder als Diode bezeichnet.

Arbeitsweise und Anwendung der aus mehreren Halbleiterzonen unterschiedlicher Dotierung aufgebauten Spezialdioden sollen kurz beschrieben werden. Sie werden vorwiegend als Gleichrichter für hohe Frequenzen (Backward-Diode), als Schaltdioden mit kürzester Schaltzeit (Hot-carrier-Diode, Step-recovery-Diode, PIN-Diode) eingesetzt oder zur Erzeugung von Mikrowellen bis zu Frequenzen von 20 GHz benutzt (Impatt-Diode, Gunn-Diode). Für die Impulstechnik ist ihr betriebliches Verhalten von großer Bedeutung.

5.2.4.1 Backward-Diode. Diese aus Silicium oder Germanium aufgebaute Diode hat wie die Z-Diode und die Tunneldiode nur zwei Halbleiterzonen, die in der Größe ihrer Dotierung zwischen Z- und Tunneldiode liegen. Die unter der der Tunneldiode liegende Dotierung ist so gewählt, daß nur noch eine geringe Bandüberlappung auftritt. Da diese beim Anlegen einer Durchlaßspannung ($0\ V \leq U \leq 0{,}4\ V$) sofort aufgehoben wird, hat die in Bild **5.20** dargestellte Kennlinie der Backward-Diode bei Vorwärtspolung kein ausgeprägtes Strommaximum (Höcker) mehr. Kennzeichen für die Arbeitsweise der Backward-Diode ist der bei Rückwärtspolung ($U < 0\ V$) wegen der noch dünnen Sperrschicht sofort einsetzende Zener-Strom, so daß die Backward-Diode als inverser Gleichrichter (Rückwärts-Diode) arbeitet. Sie kann bis zu Frequenzen um 10 GHz eingesetzt werden, da der Tunneleffekt mit Lichtgeschwindigkeit verläuft und in der dünnen Sperrschicht keine Minoritätsträger-Speicherung möglich ist.

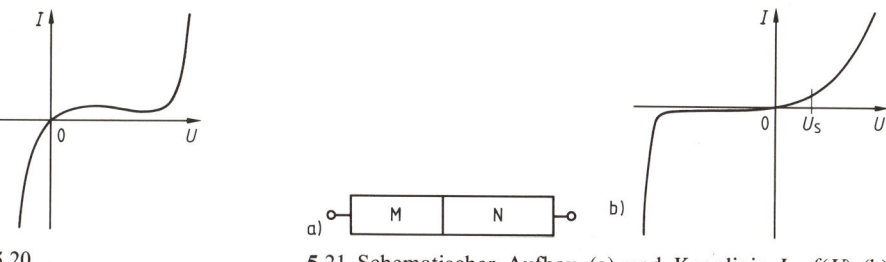

5.20 Kennlinie $I = f(U)$ der Backward-Diode

5.21 Schematischer Aufbau (a) und Kennlinie $I = f(U)$ (b) der Hot-carrier-Diode
U_S Schleusenspannung

5.2.4.2 Hot-carrier-Diode (Schottky-Diode). Diese als Schaltdiode mit sehr kurzen Schaltzeiten eingesetzte Halbleiterdiode wird durch einen von Schottky angegebenen Metall-Halbleiterübergang verwirklicht. Bild **5.21a** zeigt schematisch den Aufbau einer Hot-carrier-Diode mit Metall-N-Halbleiterübergang. Der in Bild **5.21b** dargestellte Kennlinienverlauf $I = f(U)$ entspricht weitgehend dem des PN-Übergangs (Bild **5.17**), hat jedoch eine kleinere Schleusenspannung U_S.
Um Bezeichnung und Arbeitsweise dieser Diode zu verstehen, müssen die Bewegungen der Ladungsträger im Innern der Halbleiteranordnung betrachtet werden.

5.2 Halbleitung

Der Metall-Halbleiterübergang verhält sich im Prinzip wie ein PN-Übergang, jedoch ist die Elektronendichte im Metall im Vergleich zu der im N-Halbleiter sehr groß, und es kann sich wegen der großen Leitfähigkeit des Metalls keine Raumladung aufbauen.

Bei **stromlosem Übergang** stellt sich die Elektronendichte gerade so ein, daß genau so viel Elektronen vom Metall zum Halbleiter wie umgekehrt diffundieren. Durch die sich dabei aufbauende Diffusionsbarriere bildet sich im N-Halbleiter eine Verarmungszone mit Überwiegen der positiven Donatoren, und auf der Metallseite sammelt sich eine negative Oberflächenladung an.

Beim Anlegen einer positiven Durchlaßspannung an die Metallseite des Übergangs wird die Barriere weitgehend abgebaut, und es überwiegt der Elektronenstrom vom Halbleiter zum Metall. Da sich die vom Halbleiter kommenden Elektronen gegenüber den Elektronen im Metall nach Überwinden der Barriere auf hohem Energieniveau befinden, werden sie als **heiße Träger** (=hot carrier) bezeichnet, ein Kennzeichen für die Arbeitsweise der Diode. Sie geben im Metall ihre überschüssige Energie in kürzester Zeit (0,1 ps) durch Stöße ab.

Beim Anlegen einer negativen Sperrspannung an die Metallseite des Übergangs erhöht sich die Barriere, und die Elektronen können sie nicht mehr vom Halbleiter her überwinden. Es fließt ein vernachlässigbar kleiner Sperrstrom.

Gegenüber der PN-Diode tritt bei der Hot-carrier-Diode praktisch keine Minoritätsträger-Speicherung auf. Beim plötzlichen Umpolen der an der Hot-carrier-Diode liegenden Spannung von Durchlaß- auf Sperrichtung können daher keine Elektronen zurück in den Halbleiter fließen, d. h., die Diode sperrt augenblicklich. Wenige in der Grenzschicht des N-Halbleiters enthaltene Minoritätsträger, entstanden beim Diffundieren von Löchern bei der in Vorwärtsrichtung gepolten Diode, rekombinieren sehr schnell; ihre Lebensdauer beträgt etwa 0,1 ns. Hot-carrier-Dioden sind daher bis zu Frequenzen von 10 GHz einsetzbar.

5.2.4.3 Step-recovery-Diode. Diese Halbleiteranordnung arbeitet als Schalter, der nach einer Verzögerungszeit von einigen 100 ns, der **Speicherzeit**, plötzlich innerhalb von 0,1 ns bis 0,3 ns geöffnet wird. Sie wird daher auch als **Speicher-Schaltdiode** bzw. als Snap-off-Diode bezeichnet.

Um den sprungartigen Übergang vom leitenden in den gesperrten Zustand um die Speicherzeit zu verzögern, muß die Halbleiteranordnung so aufgebaut werden, daß zunächst bei Betrieb der Diode in Durchlaßrichtung eine Ladung gespeichert wird, die bei Polung in Sperrichtung erst abgebaut werden muß, bevor der plötzliche Übergang in den gesperrten Zustand möglich ist. Die Step-recovery-Diode besteht daher aus drei aufeinanderfolgenden Halbleiterschichten mit um Zehnerpotenzen unterschiedlicher Dotierung. Wie die in Bild **5.22** schematisch dargestellte Schichtenfolge zeigt, folgt auf eine der Kathode (s. Abschn. 5.4.1) entsprechenden hochdotierte N-Schicht mit der Elektronendichte $n_n = 10^{19}$ cm^{-3} eine etwa 3 µm dicke schwachdotierte N-Schicht mit der Elektronendichte $n_n = 10^{14}$ cm^{-3}, in die dann eine der Anode (s. Abschn. 5.4.1) entsprechende hochdotierte P-Schicht mit der Löcherdichte $n_p = 10^{19}$ cm^{-3} eindiffundiert ist.

Bei Anlegen einer Spannung in Durchlaßrichtung wird die schwach leitende N-Zone von Löchern und Elektronen überschwemmt. Da durch den großen Dotierungsunterschied zu den benachbarten Schichten ein rekombinationsarmes

5.2.4 Kombination von mehreren Halbleiterzonen unterschiedlicher Dotierung

5.22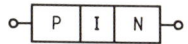
Schematische Darstellung der Schichtenfolge der Step-recovery-Diode
1 hochdotierte N-Schicht, *2* schwach dotierte N-Schicht, *3* hochdotierte P-Schicht

Gebiet vorliegt, haben die injizierten Löcher als Minoritätsträger eine Lebensdauer bis zu einigen 100 ms, führen also zu der erwünschten Ladungsspeicherung.
Bei **Anlegen einer Spannung in Sperrichtung** werden die in der N-Schicht gespeicherten Ladungsträger zunächst mit konstantem negativen Strom solange abgebaut, bis beim Erreichen der Nullkonzentration an den Übergängen der Strom abrupt abfällt und die Halbleiteranordnung – dem Öffnen eines Schalters entsprechend – sofort sperrt.

5.2.4.4 PIN-Diode. Bei dieser Silicium-Diode befindet sich, wie Bild **5.**23 schematisch zeigt, zwischen P- und N-Schicht eine schwach dotierte, also hochohmige eigenleitende I-Schicht (intrinsic). Kennzeichen der PIN-Diode ist, daß ihre Leitfähigkeit gesteuert werden kann durch Beeinflussung der Ladungsträger in der I-Schicht, in die zusätzlich zur Eigenleitung Löcher und Elektronen aus dem P- und N-Bereich diffundieren.

5.23 Schematische Darstellung der Schichtenfolge der PIN-Diode
P P-Schicht, I schwach-dotierte I-Schicht, N N-Schicht

Bei **Polung in Vorwärtsrichtung** wird die I-Schicht durch den Durchlaßstrom mit Ladungsträgern überschwemmt und damit niederohmig, also leitend. Es baut sich in der I-Schicht eine Ladung auf, die dadurch zu einem Gleichgewichtszustand gelangt, daß Löcher und Elektronen nach der von Dotierung und Aufbau abhängigen Lebensdauer $\tau = 30$ ns bis 3 µs rekombinieren. Die innerhalb der Lebensdauer τ gespeicherte Ladung ist ein Maß für die über den Durchlaßstrom steuerbare Leitfähigkeit der I-Schicht. Der Verlauf der Durchlaßkennlinie entspricht dem der PN-Silicium-Diode.
Bei **Polung in Sperrichtung** verarmt die I-Schicht an Ladungsträgern und wird sehr hochohmig. PIN-Dioden vertragen in Sperrichtung Spannungen bis zu -300 V.
Angewandt werden PIN-Dioden zur steuerbaren Bedämpfung von Netzwerken, zur Modulation sowie als spannungsabhängiger impulsgesteuerter Schalter in Radaranlagen zum Umschalten der Antenne zwischen Senden und Empfangen.

5.2.4.5 Impatt-Diode. Durch Kombination mehrerer Halbleiterschichten unterschiedlicher Leitfähigkeit und unterschiedlicher Dotierung werden die Ladungsträger im Innern der Impatt-Diode so bewegt, daß durch Stoßionisation (s. Abschn. 5.5.1) eine Ladungsträgervervielfachung auftritt und dann durch Ausnutzen von Laufzeiteffekten infolge unterschiedlicher Wege und unterschiedlicher Geschwindigkeit der Ladungsträger Elektronenlawinen aufgebaut werden, die über Stromimpulse angeschlossene Schwingkreise mit **Mikrowellen von 1 GHz bis zu 20 GHz erregen.** Die aus Silicium oder Gallium-Arsenid aufgebaute Impatt-Diode wird daher auch als **Lawinen-Laufzeit-Diode** bezeichnet. Der Name ist aus Buchstaben der englischen Bezeichnung abgeleitet: **Imp**act **i**onisation **A**valanche **T**ransit **T**ime.

5.2 Halbleitung

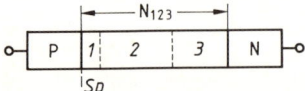

5.24 Schematische Darstellung der Schichtenfolge der Impatt-Diode
P hochdotierte P-Schicht, N_{123} normaldotierte N-Schicht mit Lawinenbereich *1*, Driftstrecke *2* und raumladungsfreiem Bereich *3*, N hochdotierte N-Schicht, *Sp* Sperrschicht

Bild 5.24 zeigt eine Aufbaumöglichkeit, bei der auf eine hochdotierte P-Schicht zwei N-Schichten folgen, von denen die erste dickere N-Schicht normaldotiert und die darauf folgende N-Schicht hochdotiert ist. Die Impatt-Diode wird zur Mikrowellenerzeugung wie die Z-Diode (Abschn. 5.2.3.2) in Sperrichtung betrieben und arbeitet bei Sperrspannungen von -50 V bis -150 V. Durch sinusförmige Änderung der negativen Spannung bis in den Bereich der Durchbruchspannung werden kurzzeitige Ladungsimpulse erzeugt, die als Stromimpulse den Außenkreis erregen. Die hohe negative Ladung in der hochdotierten P-Schicht am Übergang zur normaldotierten N-Schicht führt zu einer sehr hohen Feldstärke an der Sperrschicht *Sp*. Es bildet sich in der normaldotierten N-Schicht eine weit in den N-Bereich hineinragende trägerverarmte Schicht, als Lawinenbereich *1* bezeichnet, in dem die Trägervermehrung stattfindet. Elektronen als Minoritätsträger des hochdotierten P-Bereichs strömen in diese Schicht ein und vermehren sich durch Stoßionisation mit Gitteratomen, so daß weitere Elektronen und Löcher entstehen, die sich ihrerseits wiederum durch Ionisation vermehren. Die so entstandenen Elektronenlawinen durchlaufen sodann die Driftstrecke *2*, in der jedoch wegen der mit der Länge der Driftstrecke abnehmenden Feldstärke keine Stoßionisation mehr stattfindet. Ist keine von der Sperrschicht *Sp* hervorgerufene Feldstärke mehr vorhanden, erreichen die Ladungsträger am Ende der normaldotierten N-Schicht den raumladungsfreien Bereich *3*, an den sich die hochdotierte N-Schicht anschließt.

Der Kennlinienverlauf der Impatt-Diode entspricht im Sperrbereich dem einer Z-Diode mit hoher Durchbruchspannung; im Durchlaßbereich verhält sich die Impatt-Diode wie eine normale Silicium-Diode.

5.2.4.6 Gunn-Diode. Bei dieser Halbleiteranordnung, mit der **Mikrowellen** bis zu Frequenzen von 10 GHz **erzeugt** werden, ist kein PN-Übergang mehr vorhanden, sondern es werden drei N-dotierte Halbleiterschichten unterschiedlicher Dotierung miteinander kombiniert. Die hierdurch bedingte teilweise entgegengesetzt gerichtete Elektronenbeweglichkeit führt zu Ein- und Überholungen der Ladungsträger. Es treten Elektronenverdichtungen und -verdünnungen sowie Einsortierungsvorgänge wie bei Laufzeitröhren [25] auf, die im Ausgangskreis Stromimpulse erzeugen, mit denen ein Resonanzkreis zu Schwingungen angestoßen werden kann.

Bild 5.25 zeigt die schematische Darstellung der Schichtenfolge einer N-dotierten Gallium-Arsenid-Gunn-Diode. In der hochdotierten ($n_n = 10^{19}$ cm^{-3}) N-Schicht *1* ist die Beweglichkeit b_n der Elektronen positiv, und die Driftgeschwindigkeit v_n nimmt mit wachsender Feldstärke schnell zu. Im Gegensatz hierzu fällt die Driftgeschwindigkeit v_n mit wachsender Feldstärke, also wachsender Spannung, in der schwachdotierten ($n_n = 10^{15}$ cm^{-3}) N-Schicht *2*, so daß auch der Strom abnimmt und den negativ differentiellen Widerstand der Gunn-Diode verursacht. Der Kennlinienverlauf entspricht daher dem der Tunneldiode (s. Abschn. 5.2.3.5). In der

5.25 Schematische Darstellung der Schichtenfolge der N-dotierten Gunn-Diode
1 hochdotierte, *2* schwachdotierte, *3* mitteldotierte N-Schicht

auch als Driftstrecke bezeichneten Schicht 2 beginnt die Geschwindigkeitssteuerung der Ladungsträger. Sie wird fortgesetzt in der mitteldotierten ($n_n = 10^{18}$ cm^{-3}) N-Schicht *3*, in der die Beweglichkeit der Elektronen b_n wieder positiv, jedoch wesentlich kleiner als in der N-Schicht *1* ist.
Gunn-Dioden haben gegenüber der Impatt-Diode kleinere Ausgangsleistung und schlechteren Wirkungsgrad.

5.2.5 Gesteuerter PN-Übergang

Für das betriebliche Verhalten einer Halbleiteranordnung ist die Bewegung der Ladungsträger im Innern des Halbleiters maßgebend. Bei den bisher betrachteten Kombinationen mehrerer Halbleiterschichten unterschiedlicher Dotierung wurden Dioden, also Anordnungen mit nur zwei Anschlüssen, untersucht. Wird bei der **Kombination von drei unterschiedlich dotierter Schichten in der Reihenfolge NPN oder PNP** jede einzelne Schicht mit einem Anschluß versehen, so daß jeder Schicht von außen eine Spannung zugeführt werden kann, so ergeben sich zwei in Reihe geschaltete PN-Übergänge. Da bei jedem einzelnen der beiden PN-Übergänge das betriebliche Verhalten jeweils durch die angelegte Spannung gegeben ist, läßt sich das Verhalten der gesamten Halbleiteranordnung durch Steuerung eines PN-Übergangs beeinflussen.

Die steuerbare Dreischicht-Halbleiteranordnung wird **Flächentransistor** oder **Bipolartransistor** genannt, da Ladungsträger beider Polaritäten Anteile zum Gesamtstrom liefern. Vereinfacht spricht man auch nur vom **Transistor**. Außer Bipolartransistoren haben auch **Unipolartransistoren**, meist als **Feldeffekttransistoren** bezeichnet, große Bedeutung; bei ihnen wird das betriebliche Verhalten nur durch Ladungsträger einer Polarität bestimmt. Sie werden in Abschn. 5.2.6 behandelt.

5.2.5.1 Bipolartransistor. Wie der Injektionsvorgang (s. Abschn. 5.2.3.3) zeigt, kann die Leitfähigkeit eines PN-Übergangs durch Einbringen von Ladungsträgern in die Sperrschicht gesteuert werden. Zur technischen Ausnutzung dieses Effekts werden die flächenhaften PN-Übergänge in kleinstem Abstand voneinander angeordnet; es liegt eine PNP- oder NPN-Zonenfolge vor (z. B. PNP-Zonenfolge in Bild **5.26**). Man erhält so den **Flächentransistor**, seinem betrieblichen Verhalten entsprechend auch **Halbleitertriode** genannt. Die mittlere extrem dünne Schicht ist immer vom entgegengesetzten Leitungstyp der äußeren Schichten; an allen drei Schichten befinden sich Elektroden. Einer der beiden PN-Übergänge wird in Sperrichtung, der andere in Durchlaßrichtung betrieben. Dabei ist stets eine der drei Elektroden beiden PN-Übergängen zuzuordnen, so daß insgesamt drei **Grundschaltungen** genannte Schaltungsmöglichkeiten gegeben sind, die dem Namen der gemeinsamen Elektrode entsprechend als **Basisschaltung, Emitterschaltung** und **Kollektorschaltung** bezeichnet werden.

5.2 Halbleitung

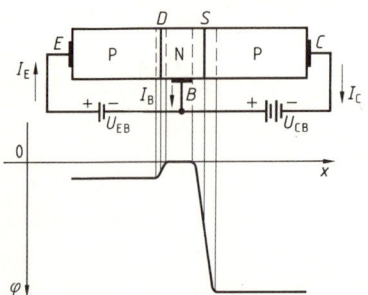

5.26
Schema eines PNP-Flächentransistors mit auf den N-Halbleiter bezogener Potentialverteilung φ in Basisschaltung
B Basis, C Kollektor, D in Durchlaßrichtung betriebener PN-Übergang, E Emitter, S in Sperrichtung betriebener PN-Übergang

Basisschaltung. Die gemeinsame, meist auf Erdpotential liegende Elektrode B heißt Basis, E wird Emitter und C Kollektor genannt. Wie in Bild 5.26 am Beispiel eines PNP-Flächentransistors schematisch gezeigt, wird eine Diodenstrecke (Emitter–Basis) in Durchlaßrichtung, die andere (Basis–Kollektor) in Sperrichtung betrieben.

Der zwischen Basis und Kollektor in Sperrichtung betriebene PN-Übergang S bildet in der Umgebung der Berührungsstelle die an Ladungsträgern verarmte Sperrschicht, an der ein großes Potentialgefälle liegt; es fließt ein praktisch vernachlässigbar kleiner Sperrstrom. Im Gegensatz hierzu wird der im Durchlaßbereich arbeitende PN-Übergang D mit Ladungsträgern überschwemmt. Dotiert man nun die N- und P-Schichten so, daß diese Ladungsträger praktisch nur aus den in das N-Gebiet diffundierenden Defektelektronen des P-Gebietes bestehen, der gleichzeitig vorhandene Elektronenstrom aus der Basis in das P-Gebiet also möglichst klein ist, dann können, wenn die Dicke der mittleren N-Schicht kleiner als die Diffusionslänge der Ladungsträger ist, Defektelektronen in den Übergang eindringen. Das Verhältnis des Defektelektronenstroms zum Gesamtstrom heißt **Emitterwirkungsgrad**. Infolge des im Übergang herrschenden Potentialgefälles wandern die Defektelektronen weiter durch die P-Schicht zum Kollektor: sie fallen in den Kollektorraum. Der Kollektor sammelt also die von dem an den Emitter angeschlossenen P-Halbleiter kommenden Defektelektronen; da nur wenige über die Basis abfließen, ist der Basisstrom I_B entsprechend klein. Daher läßt sich der Kollektorstrom I_C vom Durchlaßstrom des ersten PN-Übergangs, also vom Emitterstrom I_E steuern; eine Stromverstärkung

$$A = I_C / I_E$$

kann in dieser Basisschaltung nicht auftreten, da der Basisstrom $I_B \ll I_C$ ist und mit $I_E = I_B + I_C$ Emitterstrom I_E und Kollektorstrom I_C fast gleich groß sind. Da in der Praxis bei der Basisschaltung die Stromverstärkung A nur Werte von 0,95 bis 0,99 erreicht, könnte man sogar von einer Abschwächung sprechen. Auch ohne Stromverstärkung ist mit der Basisschaltung jedoch eine Leistungsverstärkung zu erreichen, wenn ein im Kollektorkreis liegender Widerstand größer ist als der Widerstand auf der Emitterseite. Für den PNP-Transistor benutzt man das in Bild 5.27 angegebene Schaltzeichen, bei dem der Emitterpfeil als Kennzeichen für die Richtung des Emitterstroms auf die Basis zeigt. Die angegebene Umrahmung wird bei allen Schaltzeichen für Halbleiterbauelemente nur eingezeichnet, wenn sie die Übersichtlichkeit des Schaltplans erhöht.

5.2.5 Gesteuerter PN-Übergang

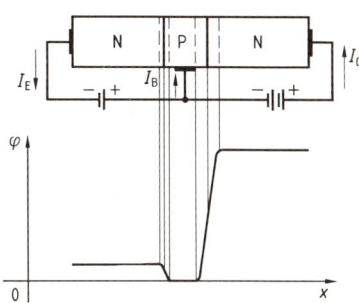

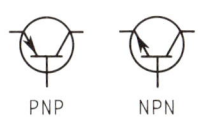

5.27 Schaltzeichen des PNP- und NPN-Transistors

5.28 Schema eines NPN-Flächentransistors mit auf den P-Halbleiter bezogener Potentialverteilung φ in Basisschaltung

Durch eine Vertauschung der Zonenfolge gelangt man zum NPN-Transistor (Bild 5.28), bei dem der Emitter negativ gegenüber der Basis und der Kollektor positiv gegenüber der Basis sein muß, damit die Emitter-Basis-Strecke in Durchlaßrichtung und die Basis-Kollektor-Strecke in Sperrichtung arbeitet; der Emitterstrom fließt in umgekehrter Richtung als beim PNP-Transistor. Im Schaltzeichen (Bild 5.27) zeigt der Emitterpfeil beim NPN-Transistor daher von der Basis fort. Bild 5.29 zeigt die Basisschaltung mit PNP-Transistor (a) und NPN-Transistor (b). Alle Stromzählpfeile werden üblicherweise immer in den Transistor hineinweisend angetragen, d. h., die in den Transistor hineinfließenden Ströme ergeben sich positiv, die herausfließenden negativ.

Das bei gesteuerten PN-Übergängen stets gleichzeitige Vorhandensein von Majoritäts- und Minoritätsträgern hat zur Bezeichnung **Bipolartransistor** geführt.

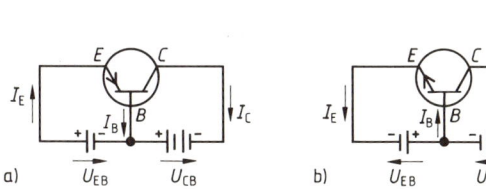
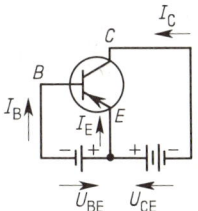

5.29 Basisschaltung mit PNP-Transistor (a) und NPN-Transistor (b)

5.30 Emitterschaltung (PNP-Transistor)

Emitterschaltung. Da der Basisstrom I_B als Differenz zwischen Emitterstrom I_E und Kollektorstrom I_C nur ein Bruchteil des Emitterstroms ist, wird der Transistor häufig über den sehr kleinen Basisstrom I_B gesteuert. Man erhält dann die beispielsweise mit einem PNP-Transistor aufgebaute in Bild 5.30 dargestellte Emitterschaltung, in der der Emitter beiden Diodenstrecken gemeinsam ist; sie entspricht der in Bild 5.57 angegebenen Röhrenschaltung (Emitter ≙ Kathode, Basis ≙ Gitter, Kollektor ≙ Anode) und wird vorwiegend für Verstärker benutzt [25]. Es lassen sich Stromverstärkungen

$$B = I_C/(I_E - I_C) = (I_C/I_E)/[1 - (I_C/I_E)] = A/(1-A) \qquad (5.8)$$

bis zu etwa 500 erreichen.

Die in Emitterschaltung des Transistors große Stromverstärkung B gegenüber der Stromverstärkung A in der Basisschaltung ermöglicht es, mit einem Transistor in Emitterschaltung durch kleine Basisstromänderungen große Kollektorstromänderungen hervorzurufen, mit denen sich an einem in den Kollektorkreis gelegten Arbeitswiderstand auch große Spannungsänderungen ergeben. Der Transistor eignet sich daher sowohl zur Strom- als auch zur Spannungsverstärkung.

Die Eigenschaften eines Flächentransistors in Emitterschaltung sind aus dem **Kennlinienfeld** (beispielsweise in Bild 5.31 für einen PNP-Flächentransistor) zu entnehmen, das den Kollektorstrom I_C in Abhängigkeit von der Spannung U_{CE} mit dem Basisstrom I_B als Parameter zeigt. Es ähnelt sehr dem nicht dargestellten Kennlinienfeld für die Basisschaltung, bei dem an die Stelle des Basisstroms I_B der Emitterstrom I_E tritt und die Spannung U_{CE} durch die Spannung U_{CB} zu ersetzen ist. Da praktisch alle injizierten Defektelektronen den Kollektor unabhängig von der Potentialdifferenz an der Sperrschicht erreichen, ist der Kollektorstrom fast unabhängig von der Kollektorspannung. Der Eingangswiderstand liegt beim Transistor im Mittel zwischen 0,5 kΩ und 10 kΩ.

Der Kennlinienverlauf ist stark **temperaturabhängig** und die Steuerung des Transistors ist nicht trägheitslos möglich, da sich ein plötzlicher Anstieg des steuernden Stromes erst auswirken kann, wenn die von ihm injizierten Ladungsträger durch die Basiszone diffundiert sind und die Kollektorsperrschicht erreicht haben. Ein Absinken des Steuerstroms macht sich erst bemerkbar, wenn die bei Beginn des Steuervorgangs noch vorhandenen Ladungsträger aus der Basiszone herausdiffundiert sind. Die Trägheit ist Ursache für die obere **Grenzfrequenz** eines Transistors; um sie möglichst klein zu halten, muß bei kleinster Basisdicke die Diffusionsgeschwindigkeit so groß wie möglich gemacht werden. Man kann dazu innerhalb der Basis die Dotierung so ändern, daß ein zusätzliches inneres elektrisches Feld auftritt, durch das die vom Emitter einströmenden Ladungsträger beschleunigt werden; man spricht dann vom **Drifttransistor**.

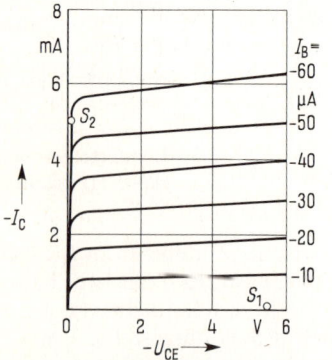

5.31
Kennlinienfeld
$I_C = f(U_{CE})$ eines PNP-Flächentransistors in Emitterschaltung mit dem Basisstrom I_B als Parameter

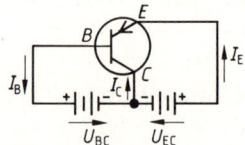

5.32 Kollektorschaltung (PNP-Transistor)

Kollektorschaltung. Bei dieser in Bild 5.32 dargestellten Schaltung ist der Kollektor C die gemeinsame, meist auf Erdpotential liegende Elektrode. Der dann die Ausgangsgröße angebende Emitterstrom I_E wird über den Basisstrom I_B gesteuert, so daß als Arbeitswiderstand der Schaltung der Emitterwiderstand auftritt. Die Kollektorschaltung wird daher auch **Emitterfolger** genannt. Da sie einen großen Eingangs- und einen kleinen Ausgangswiderstand hat, wird sie als **Impedanzwandler** eingesetzt.

5.2.5 Gesteuerter PN-Übergang   257

Schalttransistor. Mit dem stetig steuerbaren Transistor werden vor allem Verstärker aufgebaut [25]. Man kann den Transistor aber auch als elektronischen Schalter einsetzen und spricht dann vom Schalttransistor, der nur in den beiden Schaltzuständen Sperren (Schalter Aus) und Durchlaß (Schalter Ein) betrieben wird. In Bild **5.**31 sind beispielsweise diese beiden Schaltzustände im Kennlinienfeld $I_C = f(U_{CE})$ durch die Punkte S_1 (Sperren) und S_2 (Durchlaß) gekennzeichnet: Während im Punkt S_1 bei voller Betriebsspannung $U_{CE} = -5{,}5$ V nur der sehr kleine Reststrom $I_C = -5$ µA fließt, liegt im Punkt S_2 bei vollem Durchlaßstrom $I_C = -5$ mA die sehr kleine Restspannung $U_{CE} = -0{,}05$ V am Transistor.

Die im Transistor entstehende Verlustleistung überschreitet daher weder im Sperrzustand (Sperrwiderstand bis zu einigen MΩ) noch im Durchlaßzustand (Durchlaßwiderstand einige Ω) den zulässigen Höchstwert, so daß man den Transistor mit größeren Strömen und Leistungen schalten kann, als im Verstärkerbetrieb üblich ist. Da während des Übergangs zwischen beiden Schaltzuständen die Verlustleistung wesentlich größere Werte annehmen kann, muß bei Schalttransistoren die Übergangszeit (Schaltzeit) möglichst kurz sein. Es werden Einschaltzeiten von 0,1 µs bis 0,5 µs und Ausschaltzeiten von 0,3 µs bis 0,8 µs erreicht. Hauptanwendungsgebiet der Schalttransistoren sind Steuer- und Regelungstechnik sowie Meßtechnik; gebaut werden sie heute für Kollektorspannungen um -100 V (-400 V) bis zu Dauerkollektorströmen von -200 A (-60 A) und Schaltfrequenzen bis 10 kHz.

Unijunctiontransistor. Dieser Transistor, der im Gegensatz zum Bipolartransistor nur einen PN-Übergang (junction) hat, besteht aus einem N-dotierten Siliciumstäbchen mit 2 sperrschichtfreien Anschlüssen an den gegenüberliegenden Enden, als Basis *1* und Basis *2* bezeichnet; in der Mitte des Stäbchens befindet sich ein Sperrschichtkontakt mit P-Dotierung, Emitter *E* genannt. Bild **5.**33 zeigt die schematische Darstellung (a), das Schaltzeichen (b) und die Kennlinie $I_E = f(U_{EB1})$ (c) des Unijunctiontransistors, der auch Fadentransistor genannt wird. Dem Aufbau nach ist der Unijunctiontransistor eine Doppelbasisdiode. Normalerweise liegt die Basis *B1* auf Erdpotential, in der Nähe der Basis *B1* befindet sich eine P-Zone mit dem Anschluß *E* (Emitter) und an der immer der Emitterschicht sehr nahe gelegenen Basis *B2* ist eine positive Spannung vorhanden. Solange kein Emitterstrom fließt, verhält sich das Siliciumstäbchen wie ein einfacher Spannungsteiler. Setzt dagegen bei positiver Emitterspannung ein vorwiegend aus Defektelektronen bestehender Emitterstrom ein, ergibt sich durch Vergrößerung der Ladungsträgermenge

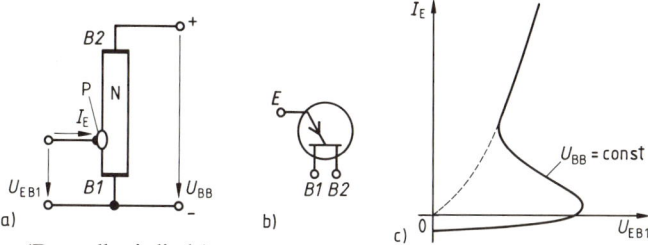

5.33 Unijunctiontransistor (Doppelbasisdiode)
  a) Schematische Darstellung, b) Schaltzeichen, c) Kennlinie $I_E = f(U_{EB1})$ (Diodenkennlinie der PN-Schicht gestrichelt eingezeichnet)

eine Verminderung des Widerstands zwischen Emitter und Basis *1*, so daß der Emitterstrom weiter steigt und daher die Emitterspannung sinkt. Es ergibt sich dann nach Überschreiten einer Schwellenspannung wie bei der Tunneldiode eine fallende Kennlinie mit negativ differentiellem Widerstand, die bei größeren Strömen in die normale Diodenkennlinie der PN-Schicht übergeht. Der Unijunctiontransistor wird vorwiegend als spannungsgesteuerter, erst nach Überschreiten eines bestimmten Schwellwerts ansprechender Schalter in der Impulstechnik eingesetzt; er ist besonders geeignet zur Erzeugung von Kippschwingungen mit konstanter Amplitude sowie zur Ansteuerung von Thyristoren und Triacs (Abschn. 5.2.5.2). Für weitere Einzelheiten s. [10], [66], [69], [81].

Herstellungsverfahren. Um Transistoren den Anforderungen der Praxis anzupassen, sind besondere Reinigungs- und Herstellungsverfahren entwickelt worden. Grundarten technologischer Verfahren sind das Ziehverfahren, das Legierungsverfahren (Legierungstransistor) und das Diffusionsverfahren (Diffusionstransistor), die auch in verschiedenen Kombinationen angewandt werden. Besondere Bedeutung hat das Diffusionsverfahren erlangt, bei dem der Halbleiterstoff im Vakuum oder in einer Schutzgasatmosphäre dem Dampf einer Dotierungssubstanz ausgesetzt wird. Hierbei hemmt eine dünne SiO_2-Schicht die Diffusion der wichtigsten Störstellen-Atome [72], so daß es möglich ist, die Geometrie der diffundierten Übergänge genau festzulegen. Hierzu wird zunächst die gesamte Oberfläche oxidiert und dann werden mit Hilfe der Photolack-Technik bestimmte Bereiche des Oxids durch Ätzen wieder entfernt. Mit dieser Planar-Technologie werden Halbleiterbauelemente und integrierte Schaltungen (Abschn. 5.2.9 und [25]) in Massenproduktion hergestellt.

PN-Übergänge werden auch durch Epitaxie hergestellt, bei der die Störstellen-Atome bereits in der Gasphase in der gewünschten Konzentration beigefügt werden. Neuerdings gewinnt die Ionenimplantation an Bedeutung; bei diesem Verfahren werden beschleunigte Ionen in das Halbleitermaterial „eingeschossen".

5.2.5.2 Thyristor. Eine Kombination von drei PN-Übergängen zwischen vier Halbleiterschichten verschiedener Leitfähigkeit führt zu einem Halbleiterbauelement, das als über einen Stromimpuls steuerbarer Gleichrichter arbeitet. Es entspricht einer steuerbaren Vierschichttriode, die als Stromtor eingesetzt und als Thyristor bezeichnet wird. Dieser kann einerseits für Durchlaßströme bis zu etwa 1000 A, bei Stoßbelastung von 10 ns Dauer bis zu 10 kA und andererseits für Sperrspannungen von mehr als 3 kV gebaut werden. Thyristoren können also an das 380-V-Netz angeschlossen werden; sie werden in der Energietechnik verwendet (Gleichrichteranlagen mit regelbarer Gleichspannung, Stromrichterantriebe, Wechselrichter, Frequenzumrichter, Helligkeitssteuerung).

Bild **5.34**a zeigt eine schematische Darstellung des Thyristors mit den als Anode *A*, Kathode *K* und Steuerelektrode *G* bezeichneten Anschlüssen. Für die Funktion ist es unwesentlich, an welche der beiden inneren P- und N-Basiszonen die Steuerelektrode angeschlossen wird. Das Verhalten des Thyristors bei Polung der Gesamtanordnung in Durchlaß- oder Sperrichtung ist gegeben durch die Eigenschaften der einzelnen PN-Übergänge $Ü_1$, $Ü_2$, $Ü_3$ unter Berücksichtigung ihrer gegenseitigen Beeinflussung.

Ist die Anode negativ gegenüber der Kathode ($U_{AK} < 0$), sind die beiden äußeren PN-Übergänge $Ü_1$ und $Ü_3$ in Sperrichtung und der innere PN-Übergang $Ü_2$ in Durchlaßrichtung belastet. Der Thyristor arbeitet zwischen *A* und *K* im Sperrbereich, der Strom *I* hängt vom höher sperrenden äußeren PN-Übergang ab.

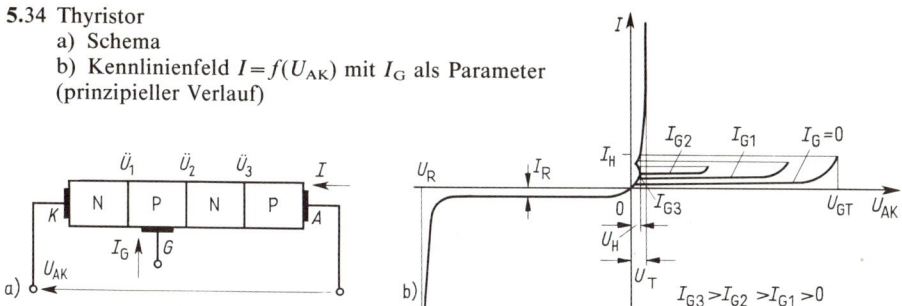

5.34 Thyristor
a) Schema
b) Kennlinienfeld $I = f(U_{AK})$ mit I_G als Parameter
(prinzipieller Verlauf)

Bei positiver Anodenspannung ($U_{AK} > 0$) sind die PN-Übergänge $Ü_1$ und $Ü_3$ in Durchlaßrichtung und der Übergang $Ü_2$ in Sperrichtung geschaltet, so daß in einem zwischen A und K liegenden Stromkreis zunächst nur der Sperrstrom des mittleren PN-Übergangs fließt. Durch einen Strom I_G über die Steuerelektrode G können jedoch so viele Ladungsträger in die Basiszonen injiziert werden, daß die Sperrspannung am PN-Übergang $Ü_2$ nicht mehr aufrechterhalten werden kann; es kommt zum Durchbruch, und plötzlich fließt bei geringem Spannungsabfall ein großer Strom I. Bild **5.34b** zeigt diesen Vorgang im Kennlinienfeld $I = f(U_{AK})$. Bei negativer Anodenspannung U_{AK} fließt bis zu dem durch die Sperrspannung U_R angegebenen Zenerknick ein sehr geringer Reststrom I_R (< 10 mA). Die positive Anodenspannung U_{AK} kann ansteigen, bis sie für $I_G = 0$ den höchsten Wert, die Durchbruchspannung oder Zündspannung U_{GT}, erreicht hat. Hier wird der Thyristor plötzlich leitend, die Spannung zwischen Anode und Kathode geht auf die Betriebsspannung U_T von etwa 1,5 V zurück, und der Strom I wird praktisch nur durch den Widerstand im äußeren Kreis bestimmt. Kipp- und Sperrspannung sind ungefähr gleich groß und liegen zwischen 250 V und 1100 V.

Bei positiver Spannung an der Steuerelektrode G, d. h. für $I_G > 0$, zündet der Thyristor schon bei $U_{AK} < U_{GT}$. (Bei einer Zündspannung von 1 V ist dabei im Mittel nur ein Steuerstrom $I_G \approx 30$ mA erforderlich.) Von einem bestimmten Steuerstrom I_{G3} (Zündsteuerstrom) an gelangt man bei positiver Anodenspannung wie bei einem Gleichrichter unmittelbar in den Durchlaßbereich. Ist der Durchlaßbereich einmal erreicht, so verliert der Steuerstrom weitgehend seine Steuerwirkung; um $Ü_2$ in Sperrichtung zu bringen, den Thyristor also zu löschen, müssen die überschüssigen Ladungsträger über die Basis abgeführt werden, was nur durch einen negativen Steuerstrom von der Größenordnung des Anodenstroms möglich ist. Bei Verwendung von Thyristoren in Wechselspannungskreisen geschieht die Löschung bei Wirklast durch den Spannungs-Nulldurchgang. Der Steuerstrom muß dabei unter dem Wert des Zündstroms liegen. Löschen tritt ein, wenn die Spannung U_{AK} unter den kleinsten Wert der bei $I_G = 0$ möglichen Betriebsspannung, der Haltespannung U_H, sinkt, der der Haltestrom I_H zugeordnet ist. Da die Sperrfähigkeit erst dann wieder auftritt, wenn die Ladungsträgerkonzentration in den Basiszonen weitgehend abgebaut ist, hat auch der Thyristor eine Erholzeit, auch Freiwerdezeit genannt. Thyristoren haben eine extrem kleine Löschzeit von etwa 10 µs. Sie können daher auch in Gleichstrom-Verbraucherkreisen durch kurze, dem Arbeitsstrom entgegengesetzt gerichtete Stromimpulse gelöscht werden, die durch Entladung eines Kondensators erzeugt werden. Die Stromanstiegszeit beträgt im Mittel etwa 300 ns. Thyristoren sind in bezug auf Spannungsfestigkeit, Durchlaßstrom und Schaltverhalten dem Transistor überlegen.

Die fiktive **Schaltleistung** eines Thyristors, die aus dem Produkt des dauernd zulässigen Durchlaßstroms und des Spitzenwerts der Sperrspannung gegeben ist, hängt von der Erholzeit ab. Thyristoren mit weniger gutem dynamischen Schaltverhalten, also mit großen Erholzeiten bis zu 1 ms, erreichen fiktive Schaltleistungen bis zu 1 MVA; Thyristoren mit sehr guten dynamischen Eigenschaften, beispielsweise mit Erholzeiten um 10 µs, haben infolge der hier kleineren Trägerlebensdauer nur noch fiktive Schaltleistungen zwischen 10 kVA und 20 kVA. In der Praxis kann die fiktive Schaltleistung aus Gründen der Betriebssicherheit nur zu einem Bruchteil ausgenutzt werden; man arbeitet zur Verhinderung eines Durchschlags durch evtl. überlagerte Störspannungsspitzen nur mit ⅓ bis ⅕ der maximal zulässigen Sperrspannung und nutzt auch den dauernd zulässigen Durchlaßstrom mit Rücksicht auf Überlastbarkeit und Schutz gegen Kurzschluß nur teilweise aus.

Von besonderer praktischer Bedeutung für das Schalten und Steuern von Wechselstrom sind **bidirektionale Thyristoren**, die auch bei Umkehren der Stromrichtung von einer einzigen Steuerelektrode aus geschaltet werden können. Sie bestehen im Prinzip nach Bild 5.35a aus 2 zwischen den Anschlußklemmen A und K einander entgegengesetzt parallelgeschalteten PNPN-Thyristoren, jedoch befinden sich **beide** PNPN-Zonenfolgen im Innern einer **einzigen** Siliciumscheibe und haben die gemeinsame Steuerelektrode G. Es können Spannungen bis zu mehreren 100 V und Ströme von 10 A bis 100 A verarbeitet werden. Bild 5.35b zeigt die Kennlinien $I = f(U_{AK})$ eines bidirektionalen Thyristors, die, im Gegensatz zu den Kennlinien in Bild 5.34 nicht nur im ersten, sondern auch im dritten Quadranten ein Schaltverhalten zeigen; in beiden Quadranten treten die Sperrkennlinien *1* für den Steuerstrom $I_G = 0$ und die Durchlaßkennlinien *2* auf. Als niedrigster Durchlaßstromwert, bei dem der niederohmige Zustand noch aufrechterhalten bleibt, ist wieder der Haltestrom I_H definiert. Solange der Haltestrom I_H nicht unterschritten wird, bleibt der bidirektionale Thyristor in der Richtung durchlässig, in die er, ausgehend von einem Arbeitspunkt auf den Sperrkennlinien im negativen oder im positiven Spannungsbereich, durch einen Steuerstrom I_G beliebiger Richtung (Zündimpuls) geschaltet worden ist.

Bidirektionale Thyristoren sind auch unter dem Namen **Triac** bekannt. Sie werden als Wechselstromsteller in wachsendem Maß in Zweigsteuerungen im netzfrequenten Wechselstromkreis eingesetzt, arbeiten aber auch bei Frequenzen bis zu 20 kHz noch einwandfrei.

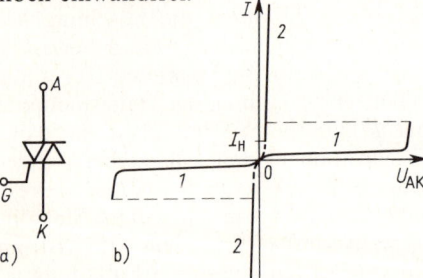

5.35
Bidirektionaler Thyristor
a) Schaltzeichen für die 2 im Innern einer Siliciumscheibe zueinander entgegengesetzt parallelgeschalteten PNPN-Zonenfolgen
b) Kennlinien $I = f(U_{AK})$
1 Sperrkennlinien, *2* Durchlaßkennlinien

Thyristoren, die über die Steuerleitung nicht nur zugeschaltet, sondern mit einem Steuerimpuls entgegengesetzter Polarität auch abgeschaltet werden können, werden **Abschaltthyristoren** oder **GTO-Thyristoren** genannt (GTO: Gate turn off). Sie werden beispielsweise in Umrichtern bei Bahnen mit 500 V Ausgangsspannung und 2 × 200 A Ausgangsstrom eingesetzt. Mit GTO-Thyristoren kann bei Spannungen bis 3000 V ein Strom bis 1000 A abgeschaltet werden. Nachteilig ist die durch die verhältnismäßig lange Freiwerdezeit bedingte kleine Taktfrequenz.

Für weitere Einzelheiten s. [32], [71], [81].

5.2.6 Feldeffekttransistor

Bei dem in Abschn. 5.2.5.1 betrachteten Bipolartransistor sind stets gleichzeitig Majoritäts- und Minoritätsträger vorhanden, und der Strom wird hier durch **Injektion von Minoritätsträgern** gesteuert.

Eine ein völlig anderes Prinzip ausnutzende Stromsteuerung arbeitet mit einem senkrecht zur Stromflußrichtung wirkenden **elektrischen Feld**, durch das ein nur Ladungsträger einer Polarität enthaltender halbleitender Kanal gesteuert wird. Das die Steuerung verursachende elektrische Feld wirkt somit auf den Kanal wie ein **Tor (Gate)**. Man bezeichnet diese Ausführungsform als **unipolaren Transistor** oder **Feldeffekttransistor**, abgekürzt FET. Den Stromtransport im Halbleiter – man spricht hier auch von einem P- oder N-leitendem Stromkanal – übernehmen im wesentlichen Majoritätsträger. Da dann Rekombinationsvorgänge praktisch keine Rolle spielen, ist für das betriebliche Verhalten des Feldeffekttransistors allein die Trägerbeweglichkeit entscheidend, die für den N-leitenden Halbleiter fast dreimal so groß ist wie für den P-leitenden Halbleiter. In der Praxis wird daher bei Feldeffekttransistoren vorwiegend der Strom in einem N-leitenden Kanal gesteuert. Je nach Art der Dotierung des Halbleiters spricht man von einem **N-Kanal-Typ** oder von einem **P-Kanal-Typ**. Da nur die Majoritätsträger den Stromtransport bestimmen, haben Feldeffekttransistoren eine geringere Temperaturabhängigkeit der Betriebsdaten als bipolare Transistoren. Nach dem zur Erzeugung des elektrischen Feldes erforderlichen Aufbau der Halbleiteranordnung unterscheidet man 2 Grundformen der Feldeffekttransistoren, den **Sperrschicht-Feldeffekttransistor**, auch PN-FET oder J-FET genannt, und den **Isolierschicht-Feldeffekttransistor** mit isolierter Steuerelektrode, auch IG-FET (Isolated Gate) genannt, die beide jetzt näher betrachtet werden sollen. Sie haben beide eine sehr große praktische Bedeutung erlangt als elektronisch steuerbarer Widerstand, als Verstärker und als kontaktlos gesteuerter Schalter.

5.2.6.1 Sperrschicht-Feldeffekttransistor. PN-FET. Bei dieser Ausführungsform wird zur Stromsteuerung in einem P- oder N-leitenden Halbleiter das elektrische Feld durch einen in Sperrichtung vorgespannten PN-Übergang gebildet; der **Sperrschicht-Feldeffekttransistor** führt daher auch die Kurzbezeichnung PN-FET. Bild 5.36 zeigt das Aufbauschema eines N-Kanal-Typ-Feldeffekttransistors mit PN-Übergang als Steuerelektrode. Zur übersichtlicheren Darstellung ist hier der Halbleiter stabförmig angenommen. An dem hier N-leitenden Halbleiterstab befinden sich die beiden sperrschichtfreien Elektroden S und D an den Enden des Stabes; in praktischen Ausführungen liegen sie meist nebeneinander. Durch die Spannung U_{DS} wird die Elektrode D positiv gegenüber der Elektrode S vorge-

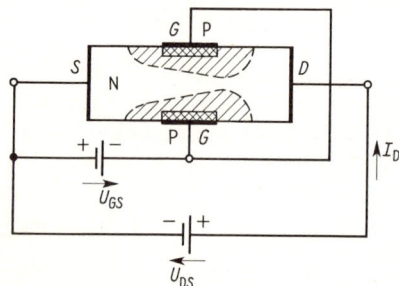

5.36 Schematische Darstellung eines N-Kanal-Typ-Sperrschicht-Feldeffekttransistors mit Source S, Gate G und Drain D

spannt, so daß ein von der Leitfähigkeit des Halbleiterwerkstoffs abhängiger Strom I_D durch den Halbleiterstab fließt. Der Strom I_D läßt sich also durch Änderung der Leitfähigkeit beeinflussen. Die Leitfähigkeit des N-Halbleiters kann durch Verändern der Majoritätsträgerkonzentration mit einem elektrischen Feld gesteuert werden; man spricht daher von einem **Feldeffekt**. Zum Aufbau dieses elektrischen Feldes im Innern des Halbleiterstabs befinden sich an zwei gegenüberliegenden Flächen des Stabes eindiffundierte parallelgeschaltete PN-Übergänge (gekreuzte Schraffur) als Steuerelektroden G. Ist der PN-Übergang durch Anlegen der Spannung U_{GS} in Sperrichtung vorgespannt (Abschn. 5.2.3.2), hat hier also die Elektrode G negatives Potential gegenüber der Elektrode S, weist jeder PN-Übergang die in Bild 5.36 einfach schraffiert eingezeichnete Raumladungszone (Sperrschicht) auf. Die Ausdehnung der Raumladungszone vergrößert sich mit wachsender Spannung U_{GS} an der Steuerelektrode G. Durch die Raumladung wird ein gewisser Teil der im Stab vorhandenen Ladungsträger gebunden und steht nicht mehr für die Stromleitung zur Verfügung, die Majoritätsträgerkonzentration wird geringer. In der Raumladungszone ist also der Widerstand größer als im Halbleiterstab.

Mit zunehmender Ausdehnung der Raumladungszone wird der für den Strom zwischen den Elektroden S und D im Halbleiter vorhandene Querschnitt verkleinert, so daß mit wachsender Steuerspannung U_{GS} in Sperrichtung des PN-Übergangs der Strom I_D abnimmt. Da über den PN-Übergang in Sperrichtung nur ein vernachlässigbar kleiner Steuerstrom von etwa 1 nA fließt, ist beim Sperrschicht-Feldeffekttransistor, wie bei der Elektronenröhre (Abschn. 5.5.4.3), ein sehr großer Eingangswiderstand vorhanden und somit eine **leistungsarme Steuerung** möglich. Der Wirkungsweise entsprechend bezeichnet man bei Feldeffekttransistoren die Elektrode S als **Source** (Quelle), die Elektrode D als **Drain** (Abfluß, Senke) und die Steuerelektrode G als **Gate** (Tor). Im Vergleich zum Bipolartransistor entspricht die Source-Elektrode S dem Emitter E, die Gate-Elektrode G der Basis B und die Drain-Elektrode D dem Kollektor C.

Nach Bild 5.36 ist der zur Stromsteuerung veränderbare Kanalquerschnitt innerhalb des Halbleiterstabs nicht konstant, sondern vergrößert sich mit Annäherung an die Elektrode D. Diese Veränderung wird hervorgerufen durch Überlagerung des durch den Strom I_D im Halbleiterstab selbst hervorgerufenen Spannungsabfalls mit dem vom PN-Übergang herrührenden Spannungsabfall und führt somit zu einer ortsabhängigen Potentialdifferenz. Die Spannung U_{DS} kann nun so weit vergrößert werden, daß sich die beiden in den Kanal hineinragenden Raumladungszonen praktisch berühren; man spricht dann von der **Abschnürspannung** (Pinch-off-Spannung). Eine Vergrößerung der Spannung U_{DS} über diesen Wert hinaus bringt praktisch keine Erhöhung des Stromes I_D mehr; es tritt also Sättigung ein. Die Abschnürspannung wird um so eher erreicht, je größer die Steuerspannung U_{GS} ist.

5.2.6 Feldeffekttransistor

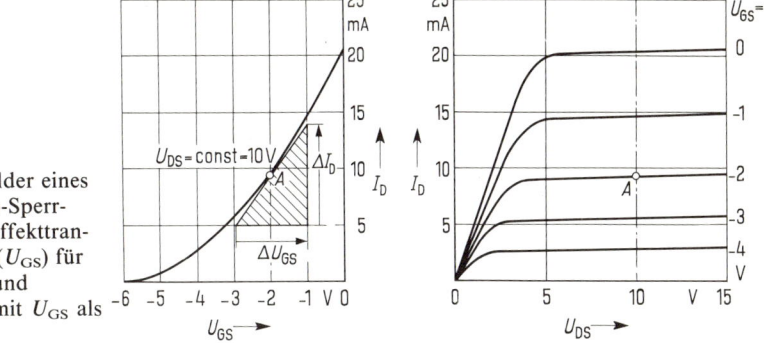

5.37 Kennlinienfelder eines N-Kanal-Typ-Sperrschicht-Feldeffekttransistors $I_D = f(U_{GS})$ für $U_{DS} = $ const und $I_D = f(U_{DS})$ mit U_{GS} als Parameter

Bild 5.37 zeigt die beschriebene Abhängigkeit des Stromes I_D von den Spannungen U_{GS} und U_{DS} in den beiden Kennlinienfeldern $I_D = f(U_{GS})$ für $U_{DS} = $ const und $I_D = f(U_{DS})$ für verschiedene Werte der Steuerspannung U_{GS} als Parameter. Der Strom I_D ist nach Überschreiten der Abschnürspannung praktisch unabhängig von der Amplitude der Spannung U_{DS} und nur noch durch Änderung der negativen Spannung U_{GS} zu beeinflussen; dies ist der übliche Arbeitsbereich des Feldeffekttransistors. Das Verhältnis von Drainstromänderung ΔI_D zur Steuerspannungsänderung ΔU_{GS} bezeichnet man als **Steilheit**. Sie kann aus der Steigung der Kennlinie $I_D = f(U_{GS})$ für den jeweiligen Arbeitspunkt A entnommen werden; sie ist für die Verstärkung des Sperrschicht-Feldeffekttransistors maßgebend. In Bild 5.37 ist der Arbeitspunkt A festgelegt durch $U_{DS} = 10$ V und $U_{GS} = -2$ V; aus dem Kennlinienfeld lassen sich die Werte ablesen $I_D = 9{,}3$ mA, $\Delta I_D = 8{,}6$ mA, $\Delta U_{GS} = 2$ V, so daß im Arbeitspunkt A die Steilheit $\Delta I_D / \Delta U_{GS} = 8{,}6 \text{ mA}/(2 \text{ V}) = 4{,}3 \text{ mA/V}$ beträgt. Die Spannung U_{DS} darf Werte von 20 V bis 30 V nicht überschreiten, um einen Spannungsdurchbruch zu vermeiden.

Ist der Halbleiterstab P-leitend und werden N-leitende Zonen eindiffundiert, müssen die in Bild 5.37 angegebenen Speisespannungen des Sperrschicht-Feldeffekttransistors entgegengesetzt gepolt werden.

Bild 5.38 zeigt die Schaltzeichen des Sperrschicht-FET. Durch die Pfeilrichtung beim Gate-Anschluß G wird der N- bzw. P-Kanal angegeben; der Source-Anschluß S liegt in unmittelbarer Verlängerung des Gate-Anschlusses, der Drain-Anschluß D ist dagegen versetzt.

5.38 Schaltzeichen des Sperrschicht-FET   N-Kanal   P-Kanal

Der Sperrschicht-Feldeffekttransistor kann aufgrund seiner Eigenschaften die Elektronenröhre weitgehend ersetzen. Gegenüber dem bipolaren Transistor ist er erheblich unempfindlicher gegen radioaktive Strahlung, da zum Ladungstransport nur Majoritätsträger beitragen, also die durch radioaktive Strahlung entstehenden Rekombinationszentren für Minoritätsträger hier keine Rolle spielen.

Zur Herstellung des Feldeffekttransistors wird vorwiegend die Planartechnik benutzt, bei der alle Elektroden von einer Seite des Silicium-Kristalls her zugänglich sind, so daß Feldeffekttransistoren in integrierte Schaltkreise eingebaut werden können. Die dabei als Träger benutzte Unterschicht, in die der halbleitende Kanal eingebettet ist, das **Substrat**, wird häufig an einen zusätzlichen, als **Bulk** B bezeichneten Anschluß herausgeführt. Er wird meist mit der negativsten Stelle der Schaltung verbunden, um sicherzustellen, daß der Substrat-Kanal-PN-Übergang stets gesperrt ist. Das Substrat ist N-dotiert beim P-Kanal-FET und P-dotiert beim N-Kanal-FET.

5.2.6.2 Isolierschicht-Feldeffekttransistor. IG-FET (MOS-FET). Auch bei dieser Ausführungsform des Feldeffekttransistors beeinflußt ein Steuerfeld Leitfähigkeit und Querschnitt des stromführenden Kanals, jedoch wird es nicht durch einen PN-Übergang, sondern mit einer isolierten Steuerelektrode *IG* (isoliertes Gate) erzeugt. Es wird also nicht mehr die Sperrkapazität des in Sperrichtung gepolten Gate-PN-Übergangs gesteuert, sondern es ergibt sich eine elektrostatische Steuerung über die Kapazität des isolierten Gate-Anschlusses. Der IG-FET tritt als MIS-FET, abgeleitet von **M**etal **I**solator **S**emiconductor, oder als MOS-FET, abgeleitet von **M**etal **O**xid **S**emiconductor, auf.

Von vielen Ausführungsformen haben bisher die in einkristallinem Silicium hergestellten MOS-Feldeffekttransistoren (MOS-FET) mit einer Isolierschicht aus Siliciumdioxid die größte praktische Bedeutung erlangt. Im Gegensatz zu Sperrschicht-Feldeffekttransistoren können sie infolge der Feldsteuerung über eine Isolierschicht mit positiven und negativen Steuerspannungen betrieben werden. Wir werden in den folgenden Betrachtungen über den IG-FET wegen seiner Bedeutung ausschließlich den MOS-FET behandeln.

Bild **5.**39 zeigt den Aufbau eines MOS-Feldeffekttransistors. In das als Substrat bezeichnete einkristalline Halbleiterscheibchen *H* sind Source-Zone und Drain-Zone eindiffundiert und über einen sperrschichtfreien Kontakt zu den Abschlußklemmen *S* und *D* geführt. Zwischen diesen beiden Zonen befindet sich der von einer Isolierschicht *Is* abgedeckte, an der Oberfläche des Halbleitersubstrats liegende Kanal *K* für den Transport der Majoritätsträger. Durch Aufdampfen einer Metallschicht auf die isolierende Schicht erhält man die Steuerelektrode *G* (Gate). Der bei der Herstellung beispielsweise durch zusätzliche Diffusion erzeugte Kanal *K* kann wieder sowohl P-leitend als auch N-leitend sein. Für beide Dotierungen der Kanal schon ohne Anlegen der Steuerspannung U_{GS} sehr unterschiedliche Leitfähigkeiten aufweisen.

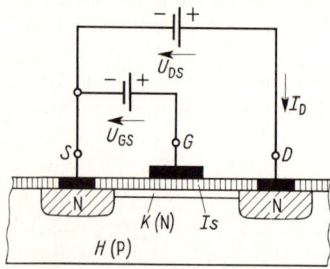

5.39
Selbstsperrender MOS-Feldeffekttransistor mit N-leitendem Kanal (Anreicherungstyp)
H Halbleiterscheibchen (P-leitend), *K* Kanal (N-leitend)

Ist schon ohne Spannung an der Gate-Elektrode eine sehr gute Leitfähigkeit zwischen Source und Drain vorhanden, besteht also bereits ein Kanal, so daß beim Anlegen einer Spannung U_{DS} sofort ein Strom I_D fließt, spricht man vom selbstleitenden MOS-FET. Da in diesem Fall zur Verkleinerung des Drainstroms I_D eine negative Steuerspannung U_{GS} angelegt werden muß, um die Elektronenmenge zu vermindern, wird diese Ausführungsform als Verarmungstyp bezeichnet.

Muß dagegen erst durch Anlegen einer Steuerspannung U_{GS} für eine Anreicherung von Trägern, also für den Aufbau eines Kanals, gesorgt werden, liegt ein selbstsperrender MOS-FET vor, bei dem ohne Anlegen einer Steuerspannung U_{GS} kein Strom I_D fließt; diese Ausführungsform wird als Anreicherungstyp bezeichnet. Der in Bild **5.**39 dargestellte MOS-Feldeffekttransistor gehört zu dieser Ausführungsform und hat einen N-leitenden Kanal.

5.2.6 Feldeffekttransistor

5.40
Schaltzeichen des MOS-FET
a) selbstsperrender MOS-FET mit P-Kanal, b) selbstsperrender MOS-FET mit N-Kanal
c) selbstleitender MOS-FET mit P-Kanal, d) selbstleitender MOS-FET mit N-Kanal

a) b) c) d)

Bild **5.**40 zeigt die Schaltzeichen des MOS-FET. Wie beim Schaltzeichen des Sperrschicht-FET (Bild **5.**38) ist auch beim MOS-FET oben allein der Gate-Anschluß G angegeben, und unten befinden sich nebeneinander wieder Source- und Drain-Anschluß S und D, jedoch ist der zu steuernde Kanal Source-Drain (im gedachten Abstand der Isolierschichtdicke) vom Gate-Anschluß getrennt. Um zu zeigen, daß es sich um einen unipolaren Transistor handelt, enthält die Gate-Zuleitung keine Pfeile, wie sie bei bipolaren Transistoren üblich sind. Beim selbstsperrenden (Anreicherungs-)MOS-FET wird der Source-Drain-Kanal unterbrochen eingezeichnet (Bild **5.**40a, b), beim selbstleitenden (Verarmungs-)MOS-FET dagegen der Source-Drain-Kanal durchgezogen (Bild **5.**40c, d). Bei P-Leitung im Kanal wird, zum Bulkanschluß B führend, ein vom Kanal fortweisender Pfeil (Bild **5.**40a, c), bei N-Leitung im Kanal ein zum Kanal hinweisender Pfeil angegeben (Bild **5.**40b, d). Bei den meisten MOS-Feldeffekttransistoren liegt zwischen Bulk B und Source S ein Kurzschluß.

Die Wirkungsweise des MOS-Feldeffekttransistors läßt sich leicht erkennen, wenn man sich die Schichtfolge Gate-Elektrode G–Isolator Is–Kanal K als Plattenkondensator vorstellt, bei dem die Oxidschicht des Isolators das Dielektrikum ist. Ist in der Ausführungsform nach Bild **5.**39 durch Anlegen einer positiven Spannung U_{GS} der N-leitende Kanal entstanden, fließt durch ihn bei Anlegen der Spannung U_{DS} der Drainstrom I_D von D nach S, der – wie beim Sperrschicht-Feldeffekttransistor – durch die Steuerspannung U_{GS} in der Größe bis zum Erreichen eines Sättigungswerts veränderbar ist. Die Sättigung tritt auf, wenn die durch die Spannung U_{DS} entsprechend dem Potentialverlauf im Halbleiterkanal am Ort der Gate-Elektrode bedingte Teilspannung größer wird als die Steuerspannung U_{GS}; der Kanal bleibt dann ungesteuert. Da die Kennlinienfelder des MOS-Feldeffekttransistors im Prinzip mit den in Bild **5.**37 angegebenen Kennlinienfeldern des Sperrschicht-Feldeffekttransistors übereinstimmen, soll hier auf weitere Darstellungen verzichtet werden.

Durch den Aufbau der Steuerelektrode auf eine Siliciumdioxidschicht (amorpher Quarz) lassen sich Eingangswiderstände bis zu $10^{18}\,\Omega$ erreichen; wegen der nach Einbau in ein Gehäuse auftretenden Leckströme sind jedoch nur Eingangswiderstände bis zu etwa $10^{14}\,\Omega$ praktisch auswertbar. Dieser Widerstand ist aber immer noch so groß, daß man die Steuerung des MOS-Feldeffekttransistors als leistungslos ansehen kann; lediglich zur Aufladung der Gate-Kapazität von 0,2 pF bis 0,5 pF ist ein Treiberstrom erforderlich. Im Gegensatz zum bipolaren Transistor hat der MOS-Feldeffekttransistor einen verhältnismäßig großen Durchlaßwiderstand von mehreren 100 Ω. Man kann in Schaltungen, in denen dieser Wert in Kauf genommen werden kann, den MOS-Feldeffekttransistor sehr gut als elektronischen Schalter einsetzen, da der Sperrwiderstand um das 10^8fache größer ist. Da beim MOS-Feldeffekttransistor im Gegensatz zum bipolaren Transistor nur die Beweglichkeit der Majoritätsträger den Stromtransport bestimmt, hat er eine geringere obere Frequenzgrenze von einigen 100 MHz. Sie liegt also um eine Größenordnung niedriger als bei den bipolaren (Injektions-)Transistoren, bei denen die obere Frequenzgrenze durch das geometrische Mittel der Beweglichkeiten der Majoritäts- und Minoritätsträger gegeben ist.

Für die Anwendung im Hochfrequenzbereich, beispielsweise zur Mischung von zwei Hochfrequenzspannungen, werden häufig MOS-Feldeffekttransistoren eingesetzt, bei denen im Bereich des FET-Kanals zwei Gates angebracht sind. Der Drainstrom kann dann bei dem **Doppel-Gate-FET** von zwei unabhängigen Spannungen gesteuert werden.

5.2.6.3 Dünnschicht-Feldeffekttransistor. TF-FET. Während für bipolare Transistoren nur die Halbleiter Germanium und Silicium technische Bedeutung erlangt haben, kann man Feldeffekttransistoren auch mit Halbleitern aus Galliumarsenid oder Siliciumkarbid bauen. Da das Bändermodell dieser Halbleiter einen sehr großen Bandabstand aufweist, kann man hier erheblich höhere Arbeitstemperaturen zulassen als bei Transistoren mit Germanium oder Silicium. Halbleiter aus Kadmiumsulfid oder Kadmiumselenid lassen sich zur Bildung des zu steuernden stromführenden Kanals auf isolierende Träger, z.B. Glas, aufdampfen, so daß man bei **Dünnschicht-Feldeffekttransistoren** (Thin-Film-FET = TF-FET) weder kristallines Material noch Diffusionsprozesse benötigt und in integrierten Schaltungen (s. Abschn. 5.2.9) aktive und passive Bauelemente in gemeinsamem Herstellungsgang verarbeiten kann.

5.2.6.4 Grundschaltungen von Feldeffekttransistoren. Wie beim Bipolartransistor gibt es auch beim Feldeffekttransistor entsprechend den drei Anschlußelektroden wiederum drei durch den Namen der gemeinsamen meist auf Erdpotential liegenden Elektrode gekennzeichnete Grundschaltungen. Sie sind unter Beschränkung auf das Schaltzeichen des Feldeffekttransistors in Bild 5.41 angegeben. Im Gegensatz zu der bisherigen Darstellung lassen wir hier nach DIN 40700 die Umrahmung fort, die in der Praxis nur dort angegeben wird, wo sie die Übersichtlichkeit des Schaltplans erhöht. Grundsätzlich ist es auch nicht erforderlich (wie hier zum besseren Verständnis noch geschehen), die Anschlußelektroden durch die Buchstaben D, G, S zu kennzeichnen. Der im Schaltzeichen enthaltene Strich stellt immer die Halbleiterzone dar und die dazu senkrechten Linien geben die Anschlüsse an. Der Source-Anschluß S ist durch die unmittelbare Verlängerung des Gate-Anschlusses G gegeben; der einseitige Anschluß ist somit der Drain-Anschluß D. Der oft nicht herausgeführte Bulkanschluß wird bei den Grundschaltungen nicht angegeben.

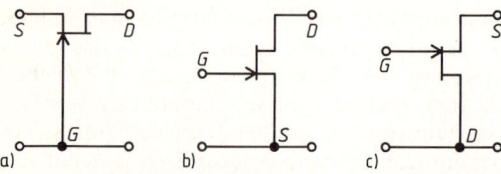

5.41 Grundschaltungen eines N-leitenden Feldeffekttransistors
  a) Gateschaltung, b) Sourceschaltung, c) Drainschaltung

Die **Gateschaltung** (Bild 5.41a) des Feldeffekttransistors verhält sich wie die Basisschaltung des Bipolartransistors. Die **Sourceschaltung** (Bild 5.41b) des Feldeffekttransistors entspricht der Emitterschaltung des Bipolartransistors. Die **Drainschaltung** (Bild 5.41c) des Feldeffekttransistors ist mit der Kollektorschaltung des Bipolartransistors vergleichbar.

5.2.7 Optoelektronische Halbleiterbauelemente

Nach Abschn. 1.2.2.4 ändern manche Stoffe ihren Widerstand bei Lichtbestrahlung. Weitere im Halbleiter auftretende Photoeffekte sollen im folgenden betrachtet werden. Physikalisch unterscheidet man 2 Arten der Photo-Halbleiter: Man kann mit dem Lichtdetektor elektromagnetische Strahlung in elektrische Energie umformen und mit dem Lichtemitter elektrische Energie in elektromagnetische Strahlung umwandeln. Eine Kombination beider Arten führt zum opto-elektronischen Koppler.

5.2.7.1 Lichtdetektor (Lichtempfänger). Bei der Vakuum-Photozelle (s. Abschn. 5.4.2) tritt durch die Energiezufuhr in Form von Licht eine Elektronenemission auf; man spricht hier von einem äußeren Photoeffekt, bei dem die beim Auftreten von Lichtquanten freigesetzten Elektronen die Materie verlassen. Im Gegensatz hierzu ergibt sich im Halbleiter ein innerer Photoeffekt, bei dem die durch Energiezufuhr beim Auftreffen des Lichtes durch Absorption von Lichtquanten ausgelösten beweglichen Ladungsträger im Kristallgefüge bleiben, dort in das Leitungsband übergehen und die Leitfähigkeit vergrößern. Es muß dabei von jedem absorbierten Lichtquant die im Bändermodell durch die Breite des verbotenen Bandes gegebene Bindungsenergie der Elektronen im Kristallgitter aufgebracht werden, um ein Elektron aus dem Valenzband in das Leitungsband zu heben. Da diese Absorption durch Wechselwirkung mit den Gitteratomen zustande kommt, nennt man sie auch Gitterabsorption; es entstehen stets ein Elektron und ein Defektelektron gleichzeitig (Ladungsträgerpaare).

Die Leitfähigkeitsänderung im Halbleiter wird beim Photowiderstand ausgenutzt. Werden beispielsweise in Kadmiumsulfid CdS Störstellen (Kupferchlorid CuCl) eingelagert und Schichten von 30 µm bis 50 µm Stärke zwischen kammförmigen Elektroden angeordnet, dann lassen sich bei Belichtung bis zu 1500 Lux Widerstandsänderungen um rund 6 Zehnerpotenzen erreichen.

Der Photoeffekt wird besonders wirksam, wenn er innerhalb der durch die Diffusionslänge gegebenen Raumladungszone eines vorwiegend mit einem Silicium-Halbleiter arbeitenden PN-Übergangs stattfindet.

Der Betrieb des PN-Übergangs in Sperrichtung führt zur Photodiode, bei der der Sperrschichtphotoeffekt ausgenutzt wird; der Betrieb in Durchlaßrichtung (Flußrichtung) führt zum Photoelement mit Erzeugung einer vom Lichtstrom abhängigen elektrischen Spannung. Bild 5.42 zeigt im Kennlinienfeld $I_{ph} = f(U)$ den Betrieb eines PN-Übergangs als Photodiode und als Photoelement mit der auftreffenden Strahlungsleistung P_r als Parameter. Bei der in Sperrichtung arbeitenden Photodiode (Bild 5.42a) ändert sich der Photostrom I_{ph} linear mit der aufgenommenen Strahlungsleistung P_r ($I_{ph} \sim P_r$). Bei dem ohne Sperrspannung auf den Widerstand R arbeitendem Photoelement (Bild 5.42b) entsteht, wie durch den Schnittpunkt der Kennlinien mit der eingezeichneten Widerstandsgeraden festgelegt ist, durch den fließenden Photostrom I_{ph} am Widerstand R eine Photospannung U_{ph}, die für sehr große Widerstandswerte R ($R \to \infty$) in die Leerlaufspannung U_l übergeht. Für $R = 0$ geht der Photostrom I_{ph} in den Kurzschlußstrom I_k über. Die Leerlaufspannung U_l ist dem Logarithmus der auftreffenden Strahlungsleistung P_r proportional ($U_l \approx \lg P_r$). Gruppenweise zusammengefaßte Photoelemente werden als Stromquellen künstlicher Satelliten benutzt (Sonnenbatterie).

268 5.2 Halbleitung

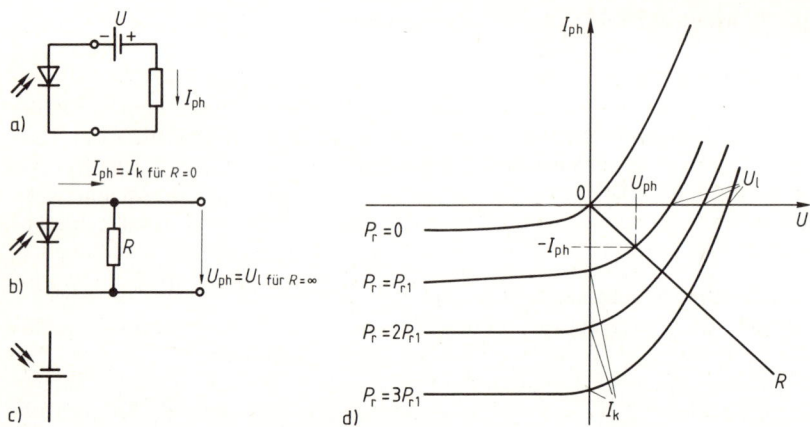

5.42 Kennlinienfeld $I_{ph} = f(U)$ (d) eines PN-Übergangs als Photodiode (a) und als Photoelement (b) mit Schaltsymbol (c)
I_{ph} Photostrom, U_{ph} Photospannung, P_r aufgenommene Strahlungsleistung, R Widerstandskennlinie

Das Selen-Photoelement wird hinsichtlich Empfindlichkeit und photoelektrischem Wirkungsgrad gegenüber Sonnenlicht von dem Silicium-Photoelement infolge der wesentlich größeren Diffusionslänge im einkristallinen Silicium um etwa eine Zehnerpotenz übertroffen. Siliciumzellen liefern eine elektrische Leistung von etwa 10 mW/cm²; ihr Empfindlichkeitsbereich deckt sich gut mit der Energieverteilung im Sonnenspektrum. Germanium-Photoelemente lösen zwar infolge der geringeren Breite des verbotenen Bandes ($\Delta W_{Ge} = 0{,}72$ V; $\Delta W_{Si} = 1{,}2$ V) schon mit geringerer Lichtenergie Ladungsträger aus, sind jedoch erheblich rotempfindlicher.

Größere Photoströme liefert der **Phototransistor**. Man kann ihn als eine Photodiode mit nachgeschaltetem Verstärker auffassen. Das Licht fällt auf den PN-Übergang zwischen Emitter und Basis; die Mittelelektrode hat meist keine Anschlußelektrode. Es lassen sich auch **Photothyristoren** bauen, bei denen der Strom bei Lichteinfall schlagartig ansteigt und durch einen äußeren Belastungswiderstand begrenzt werden muß; sie lassen sich durch Abschalten der Anodenspannung wieder löschen.

Photodioden werden als Schalt- und Dekodiereinrichtungen eingesetzt. Die Schaltzeit liegt bei 1 µs, der spezifische Ausgangsstrom kann 1,2 µA/(mW cm²) erreichen. Für industrielle Steuerungen eingesetzte Phototransistoren haben Schaltzeiten von etwa 10 µs und liefern spezifische Ströme bis 0,8 mA/(mW cm²).

5.2.7.2 Lichtemitter (Lichtsender). Grundbauform ist wieder die Halbleiterdiode (PN-Übergang). Im Gegensatz zum Lichtdetektor kommt es im Halbleiter zu einem inversen inneren Photoeffekt, wenn ein Strom die Sperrschicht in Durchlaßrichtung durchfließt und dabei infolge Rekombination der Minoritätsträger (Löcher und Elektronen) in der Sperrschicht elektromagnetische Strahlung als inkohärentes Licht entsteht. Die lichtemittierende Diode wird Lumineszenz-Diode (LED) genannt. Bei Herstellung aus Gallium-Arsenid-Phosphid GaAsP ergibt sich je nach dem Phosphorgehalt rotes, bernsteinfarbiges oder grünes Licht (mit den Wellenlängen 690 nm, 610 nm, 550 nm). Trotz größerer Ausgangsleistung bei rotem Licht wird grünes Licht bevorzugt, da das menschliche Auge bei Grün am empfindlichsten ist. Da sich Ausgangsleistung bzw. Leuchtdichte linear mit dem Durchlaßstrom ändern, werden die erreichbaren Strahlungswerte praktisch nur durch die maximal abführbare Verlustleistung und die Gehäuseart (Plastik oder Metall/Glas bzw. Metall/Keramik) begrenzt. Bei rotem Licht liegen die Grenzwerte einer LED mit etwa 5 mm Durchmesser für 10 mA Durchlaßstrom bei 200 µW Strahlungsleistung bzw. 2 mcd Lichtstärke. Die Abstrahlung kann durch Linsen und Reflektoren gerichtet und dadurch auf etwa 3 mW verstärkt werden.

Eine Lumineszenz-Diode mit GaP-Substrat und beidseitigem PN-Übergang emittiert bei getrennter Ansteuerung der beiden PN-Übergänge über einen gemeinsamen Kontakt auf dem Substrat auf der Ga-Seite rotes Licht, auf der P-Seite grünes Licht. Bei gleichzeitiger Ansteuerung beider PN-Übergänge wird gelbes Licht emittiert.

Die mit Gallium-Arsenid GaAs aufgebaute LED liefert infrarotes Licht (Wellenlänge 900 nm); sie wird IRED genannt.

Der Einsatz einer LED als Lichtquelle hat für viele technische Anwendungen Vorteile, da sie außerordentlich zuverlässig ist und nicht mit einem plötzlichen Versagen gerechnet werden muß. Definiert man die Lebensdauer durch den Abfall der Lichtleistung auf die Hälfte, kann man mit der Lebensdauer 10^5 h rechnen. Die LED kann mit Betriebsspannungen unter 5 V arbeiten, hat ein unzerbrechliches Gehäuse und ist stoß- und vibrationsfest.

Lumineszenz-Dioden werden vorwiegend als Anzeigeelement eingesetzt, besonders in der digitalen Elektronik zur numerischen Anzeige oder zur alphanumerischen Darstellung von Ziffern und Buchstaben. Sie arbeiten auch als Sender in den im Ausbau befindlichen Glasfasernetzen großer Bandbreite bei Wellenlängen um 880 nm und 1300 nm. Es ist noch nicht zu übersehen, ob sie künftig durch Laser-Dioden ersetzt werden, auf die hier aber nicht weiter eingegangen werden soll.

5.2.7.3 Opto-elektronischer Koppler. Bei diesem Bauelement werden Lichtemitter (LED, IRED) und Lichtdetektor (Photodiode, Phototransistor, Photothyristor) miteinander zu einem einzigen Bauelement kombiniert. Für den praktischen Einsatz ermöglicht der opto-elektronische Koppler bis zu Grenzfrequenzen um 5 MHz einerseits wegen der nicht vorhandenen galvanischen Kopplung eine Potentialtrennung zwischen Eingangs- und Ausgangsseite (Isolierspannung z. B. 2,5 kV) und andererseits eine rückwirkungsfreie Übertragung elektrischer Gleichstrom- und Wechselstromsignale. Von besonderer Bedeutung ist hierbei die Möglichkeit der Potentialtrennung bei der Gleichstrom-Übertragung. Das in Prozenten angegebene Verhältnis von Ausgangsstrom zu Eingangsstrom wird Übertragungsverhältnis genannt. Der als Übertragungskennlinie bezeichnete Zusammenhang zwischen Ausgangsstrom und Eingangsstrom hängt von dem Übertragungsmedium im Innern des opto-elektronischen Kopplers und vom Aufbau des Lichtempfängers ab. Bild **5.43**b zeigt einen typischen Verlauf der Übertragungskennlinie $I_C = f(I_{ph})$ für die in Bild **5.43**a schematisch angegebene Kombination LED/Phototransistor mit I_C als Kollektorstrom des Phototransistors am Ausgang und I_{ph} als Photostrom der

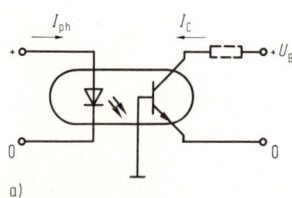
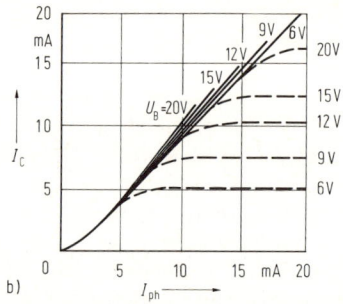

5.43 Opto-elektronischer Koppler
a) Kombination LED/Phototransistor
b) Übertragungskennlinie $I_C = f(I_{ph})$
(Gestrichelte Kurven beim Einschalten eines Widerstands in die Kollektorleitung)
I_C Kollektorstrom des Phototransistors, I_{ph} Photostrom der LED, U_B Betriebsspannung

LED am Eingang des opto-elektronischen Kopplers für einige Betriebsspannungen U_B als Parameter. Wie durch den gestrichelt eingezeichneten Kurvenverlauf angedeutet, geht der Kollektorstrom I_C schon frühzeitig in die Sättigung über, wenn ein Widerstand (beispielsweise 1 kΩ) in die Kollektorleitung des Photowiderstands geschaltet wird.

5.2.8 Galvanomagnetische Halbleiterbauelemente

Galvanomagnetische Halbleiterbauelemente ändern ihre Eigenschaften unter dem Einfluß eines magnetischen Feldes. Sie werden eingesetzt zur Messung, Steuerung und Regelung magnetischer Felder, beispielsweise als Sensor zur Positionserfassung von magnetischen Materialien, als kontaktlose Potentiometer, als Endschalter usw. Besondere praktische Bedeutung haben der **Hall-Generator** und die **Feldplatte** erlangt.

5.2.8.1 Hall-Generator. Besonders in der Meßtechnik hat eine als Hall-Effekt bezeichnete Wirkung magnetischer Felder auf die elektrische Strömung Bedeutung [80]. Ein Hall-Plättchen wird nach Bild **5.44** in Längsrichtung von einem Steuerstrom I_{St} durchflossen. Bringt man das Plättchen in ein magnetisches Feld mit der magnetischen Flußdichte $\vec{B}$, entsteht zwischen genau gegenüberliegenden Stellen senkrecht zum Steuerstrom eine Gleichspannung U_H (s. a. Beispiel 4.1).

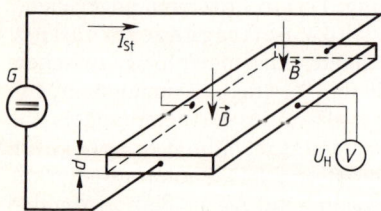

5.44
Hall-Generator
B magnetische Flußdichte, d Dicke des Hall-Plättchens, I_{St} Steuerstrom, U_H Hall-Spannung

5.2.8 Galvanomagnetische Halbleiterbauelemente

Ursache dieser Hall-Spannung

$$U_H = R_H I_{St} B/d \qquad (5.9\,\text{a})$$

(mit d als Dicke des Hall-Plättchens und der Hall-Konstanten R_H) ist eine Ablenkung der den Steuerstrom bildenden bewegten Ladungsträger unter dem Einfluß des magnetischen Feldes, durch die sich die eine Seite gegenüber der anderen auflädt. Für die Hall-Konstante gilt

$$R_H = \frac{3\pi}{8} \cdot \frac{1}{ne} \qquad (5.9\,\text{b})$$

mit der Elektrizitätsmenge ne (s. Abschn. 1.1.2.1). Man erhält für reine Metalle wie Cu und Ag die Hall-Konstante $R_H \approx 10^{-4}\ \text{cm}^3/\text{As}$. Das ergibt nur sehr kleine Hall-Spannungen (kaum 10 µV je 1 A Steuerstrom und 1 T magnetischer Flußdichte).

Eine technische Ausnutzung des Hall-Effekts ist nur in Halbleitern möglich, da sich hier infolge der geringen Trägerkonzentration diese mit größerer Geschwindigkeit bewegen, die Hall-Konstante R_H wesentlich größer als die von Metallen ist ($R_H = 120\ \text{cm}^3/\text{As}$ bis $600\ \text{cm}^3/\text{As}$) und da wegen der großen Trägerbeweglichkeit der spezifische Widerstand des Materials niedrig genug ist, um dem Element Leistung entnehmen zu können. Es werden Halbleiter aus der 3. und 5. Gruppe des periodischen Systems benutzt, vor allem Indium-Arsenid und Indium-Antimonid, und dabei Hall-Spannungen von etwa 1 V/AT erreicht.

Das in Hall-Generatoren (Bild **5.44**) meist weniger als 0,1 mm dicke Halbleiterplättchen ist zum Schutz gegen mechanische Beanspruchungen von einem Mantel aus Sinterkeramik und Gießharz umgeben. Auf Trägerplättchen aus Glas oder Ferrit im Vakuum aufgedampfte Halbleiterschichten sind nur etwa 5 µm dick und liefern daher eine besonders große Hall-Spannung.

Angewendet wird der Hall-Effekt zur Messung magnetischer Felder [80] und für Steuerungen. Da die Hall-Spannung nach Gl. (5.9) gleich dem Produkt einer elektrischen und einer magnetischen Größe ist, können Hall-Generatoren zum Aufbau von Multiplikatoren benutzt werden. Für weitere Einzelheiten s. [44].

5.2.8.2 Feldplatte. Das in Bild **5.44** dargestellte dünne Hall-Plättchen zeigt unter dem Einfluß des Magnetfelds mit der magnetischen Flußdichte B neben dem Auftreten der Hall-Spannung U_H eine **Widerstandserhöhung** im Steuerkreis, stellt also einen **magnetfeldabhängigen Widerstand** dar. So vergrößert sich beispielsweise bei der magnetischen Flußdichte $B = 1$ T für Halbleiter mit großer Elektronenbeweglichkeit der Widerstand um den Faktor 6 bis 30. Bild **5.45** zeigt schematisch die Abhängigkeit der Hall-Spannung U_H und des Widerstands R des Hall-Plättchens von der magnetischen Flußdichte B. Während die Hall-Spannung U_H der magnetischen Flußdichte B direkt proportional ist, wächst der Widerstand R

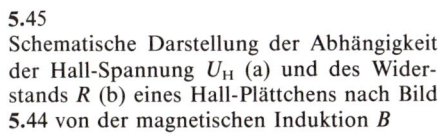
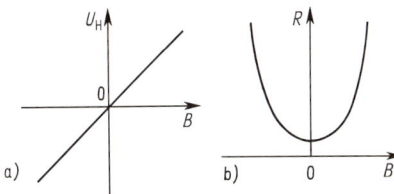

5.45
Schematische Darstellung der Abhängigkeit der Hall-Spannung U_H (a) und des Widerstands R (b) eines Hall-Plättchens nach Bild **5.44** von der magnetischen Induktion B

mit der magnetischen Flußdichte R zunächst etwa quadratisch und schließlich linear. Die Hall-Spannung U_H wechselt beim Umpolen des Magnetfelds ihr Vorzeichen; die Widerstandsänderung ist unabhängig von der Richtung des Magnetfelds.

Die Widerstandsvergrößerung kommt – wie der Hall-Effekt – dadurch zustande, daß die als Ladungsträger im Halbleiter vorhandenen Elektronen vom Magnetfeld abgelenkt werden. In kurzen Leitern mit breiten Elektroden wird diese Ablenkung besonders wirksam; sie zeigen daher eine größere Widerstandsänderung als langgestreckte Streifen.

Magnetfeldabhängige Widerstände werden in den USA als Magnetoresistor, abgekürzt MDR (magnetic field depending resistor) bezeichnet. In Deutschland hat sich der Name **Feldplatte** durchgesetzt. Grundwerkstoff der Feldplatten ist wie beim Hall-Generator Indium-Antimonid (InSb), das vorwiegend mit Tellur dotiert wird. Magnetfeldabhängige Widerstände dienen vorwiegend zur Messung magnetischer Felder [80] und verdrängen teilweise den Hall-Generator.

5.2.9 Integrierte Schaltungen

Werden mehrere Schaltungselemente derart untrennbar zusammengebaut und untereinander elektrisch verbunden, daß die Schaltung in jeder Hinsicht als unteilbar anzusehen ist, erhält man die „integrierte Schaltung", abgekürzt IS oder IC (von integrated circuit).

Größte wirtschaftliche Bedeutung haben Halbleiteranordnungen aus Silicium, das nicht nur eine relativ große Elektronenbeweglichkeit, eine gute Wärmeleitfähigkeit und eine gute Temperaturstabilität hat, sondern das beim Verwandeln der Oberfläche in Siliciumdioxid SiO_2 auch hervorragende Isolationseigenschaften zeigt. Die ausgereifteste Technik ist die monolithische planare Integration, bei der die ursprüngliche Si-Oberfläche im wesentlichen erhalten bleibt und sich die für die Funktion der Schaltung wesentlichen Teile innerhalb eines einzigen Einkristallplättchens befinden. Man bezeichnet diesen Halbleiterbaustein als Chip bzw., falls die integrierte Mikroschaltung aus mehreren Plättchen besteht, als Multichip. Sind mehr als 1000 Bauelemente auf dem Halbleiterbaustein angeordnet, spricht man von Großintegration LSI (large-scale integration); bereits heute lassen sich auf einem Chip von $0{,}64\ cm^2$ Fläche 70 000 Transistoren unterbringen. Sowohl die Leiterbahnen selbst als auch die Leiterbahnabstände betragen nur noch 0,001 mm. Die Entwicklung geht zur Größtintegration VLSI (very-large-scale integration) und ULSI (ultra-large-scale integration), bei der in wenigen Jahren mit 10^7 Bauelementen auf einer Siliciumscheibe zu rechnen ist. Die Halbleitertechnik hat zu Schaltkreisen geführt, die die Lösung für umfangreiche Aufgaben auf einem einzigen Chip enthalten.

5.2.9.1 Ziel der Integration. Hauptziel der Integration ist es, die Zuverlässigkeit der Schaltung zu erhöhen. Da die Ausfallwahrscheinlichkeit einer Verbindung von einzelnen Bauelementen etwa $10^{-8}/h$ beträgt, läßt sich eine hohe Zuverlässigkeit nur erreichen durch Herabsetzen der Anzahl der Verbindungen zwischen den einzelnen Bauelementen. Durch Ausnutzen aller physikalischen Vorgänge in einem Halbleiter können ferner in einer Gesamtschaltung gleichzeitig aktive und passive

Bauelemente, also sowohl Dioden und Transistoren als auch Widerstände und Kondensatoren, hergestellt werden. Es lassen sich daher in einem Halbleiterbauelement mehrere Schaltungsfunktionen ohne zusätzliche Verbindungen zusammenfassen.

Ein weiteres Ziel der Integration liegt in der **Miniaturisierung** der Schaltung zur Verkleinerung von Abmessungen und Gewicht. Eine Grenze ist noch nicht erreicht.

Besondere Bedeutung hat die Integration für Schaltungen der **Digitaltechnik**, bei der Toleranzen in der Fertigung zulässig sind, da Ausgangsgrößen auch bei ungenauer Einstellung und stärkerer Drift eindeutig voneinander zu unterscheiden sind. Heute werden nicht nur aus einzelnen Bauelementen aufgebaute **Gatter** oder **Register**, also zusammengeschaltete Gatter, als IS ausgeführt, sondern bereits Mikroprozessoren, bei denen eine Reihe von Subsystemen über ein Programm gesteuert wird, auf einer einzigen Halbleiterscheibe angeordnet.

Die betrieblichen Eigenschaften integrierter Schaltungen sind vom Herstellungsverfahren abhängig. Praktische Bedeutung haben heute nur noch die Bipolar-Technik und die MOS-Technik.

5.2.9.2 Bipolar-Technik (TTL, ECL, I²L). Bei dieser Technik werden die logischen Schaltungen mit Bipolartransistoren (s. Abschn. 5.2.5.1) aufgebaut. Die betrieblichen Eigenschaften hängen von der Art der Schaltung und der Wahl des Arbeitspunkts ab.

TTL-Schaltung (transistor-transistor logic). Der Transistor wird bis in den Sättigungsbereich ausgesteuert. Man spricht daher auch von **Sättigungslogik**, bzw. **Übersteuerungstechnik**. Der Basisstrom ist die unabhängige Variable. Vorteilhaft sind die kurzen Schaltzeiten um 10 ns; nachteilig ist die geringe Störsicherheit und der relativ große Leistungsverbrauch.

ECL-Schaltung (emitter-coupled logic). Bei dieser Schaltung liegt der Arbeitspunkt im annähernd linearen Bereich; es wird nicht in die Sättigung ausgesteuert. Es tritt daher nicht mehr die durch den Abbau der Ladungsträger im Sättigungsbereich bedingte Verzögerungszeit auf, so daß die digitalen Schaltvorgänge mit hoher Schaltgeschwindigkeit bis zu 1 ns ablaufen können, mitbedingt durch den geringen Hub von etwa 0,8 V. Durch Verwenden eines Differenzverstärkers kommt es zur Gleichtaktunterdrückung und damit zum optimalen Störverhalten. Nachteilig ist neben dem ebenfalls hohen Leistungsverbrauch der komplexe Aufbau der Schaltung.

I²L-Technik. Diese „Integrierte Injektions-Logik" wird auch als superintegrierte Schaltung bezeichnet, da hier zur drastischen Platzeinsparung ohmsche Lastelemente durch aktive Bauelemente ersetzt werden. Einzelne Halbleiterzonen gehören in unterschiedlicher Funktion mehreren Bauelementen an. Auch hier werden hohe Schaltgeschwindigkeiten erreicht.

5.2.9.3 MOS-Technik (CMOS). Bei dieser Technik werden die logischen Schaltungen mit Anreicherungs-MOS-Feldeffekttransistoren (s. Abschn. 5.2.6) aufgebaut. Die Herstellung der integrierten Schaltung erfordert dabei weniger Arbeitsgänge als bei der Bipolartechnik, da hier die betrieblichen Eigenschaften des Halbleiters im wesentlichen von den Oberflächenabmessungen, nicht aber von der durch Diffusion entstehenden Schichtdicke der Basis abhängen. Der besondere Vorteil der MOS-Schaltungen liegt nicht nur in der erzielbaren hohen Packungsdichte, sondern vor allem in dem außerordentlich niedrigen Leistungsverbrauch, durch den viele Anwendungsmöglichkeiten integrierter Schaltungen, beispielsweise für elektrische Armbanduhren, überhaupt erst zu verwirklichen waren.

Den geringsten Leistungsverbrauch haben integrierte Schaltungen in der CMOS-Technik (complementary MOS), bei der P- und N-Kanal-MOS-Feldeffekttransistoren in einem einzigen Substrat nebeneinander angeordnet sind. Da die beiden komplementären Kanäle bei abgeschalteter Gate-Spannung gesperrt sind, fließen Ströme nur im nA-Bereich. Als Nachteil der CMOS-Technik ist die Vergrößerung der Halbleiteroberfläche anzusehen.

Grundsätzlich arbeiten MOS-Schaltungen wesentlich langsamer als bipolare Schaltungen, da einerseits die Kanallänge nicht beliebig reduziert werden kann und andererseits die zwischen Gate/Source und Gate/Substrat vorhandenen Kapazitäten bei jedem Schaltvorgang umgeladen werden müssen. Außerdem besteht die Gefahr der Zerstörung der Sperrschicht durch einen Durchschlag, da wegen der sehr kleinen Gate-Kapazität schon geringe Ladungsmengen hohe Spannungen am Gateoxid erzeugen. Es werden daher an jedem von außen zugänglichen Anschlußpunkt Schutzdioden eingesetzt, die bei Überspannungen durchbrechen.

5.3 Elektrische Strömung in Elektrolyten

5.3.1 Elektrochemische Vorgänge

5.3.1.1 Mechanismus der elektrolytischen Leitung. Die Leiter 2. Klasse oder elektrolytischen Leiter unterscheiden sich von den Leitern 1. Klasse insbesondere dadurch, daß sie beim Stromdurchgang chemische Veränderungen erfahren. Hiervon wird zur Gewinnung von Metallen, zur Herstellung von Metallüberzügen u. a. Gebrauch gemacht. Auch beruhen die elektrochemischen Stromerzeuger (galvanische Zellen als „Batterien" und Akkumulatoren) auf elektrochemischen Vorgängen, so daß zum Verständnis der praktischen Anwendungen das Wesentliche aus der Elektrochemie hier kurz behandelt werden soll.

Elektrochemische Wirkungen treten in wässerigen Lösungen von Säuren, Basen und Salzen und in deren Schmelzfluß auf. Man bezeichnet diese Lösungen oder Schmelzen als Elektrolyte und nennt den beim Stromdurchgang auftretenden chemischen Vorgang Elektrolyse. Beobachtet man eine solche Elektrolyse, so findet man an den der Stromzu- und -abführung dienenden Elektroden Bestandteile des Elektrolyten. Hieraus muß gefolgert werden, daß die Moleküle des Elektrolyten voneinander getrennt (zersetzt) sind, und daß die Molekülteile unter dem Einfluß der Spannung zu den Elektroden wandern, wie Bild **5.46** zeigt.

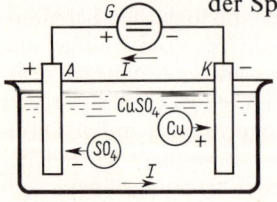

5.46
Elektrolyse am Beispiel der Zersetzung von Kupfersulfat ($CuSO_4$)
A Anode, I Stromrichtung, K Kathode, Cu Kation, G Generator, SO_4 Anion

Elektrolytische Zersetzung. Die Zerlegung beispielsweise des Kupfersulfats $CuSO_4$ in seine Bestandteile Cu und SO_4 und die Bewegung dieser Molekülteile zu den beiden Elektroden (Kathode und Anode) zeigt, daß die Molekülteile **elektrisch geladen** sind. Derartige elektrisch geladene Teile heißen **Ionen** (Wandernde). Dabei ist in jeder Lösung oder Schmelze immer das eine Ion, in unserem Beispiel das Kupfer Cu, **positiv elektrisch**, weil es zur negativen Elektrode, der **Kathode** K, wandert (Bild **5.**46); man bezeichnet Cu daher als **Kation** und kennzeichnet seine positive Ladung durch Hinzusetzen von Pluszeichen (+ bei einer positiven Ladungseinheit, 2+ bei zwei usw.), für Kupfer also Cu^{2+}. Entsprechend hat das zur positiven **Anode** A gehende **Anion**, das Sulfat-Ion SO_4^{2-}, zwei negative Elementarladungen (Elektronen)[1].

Eine nähere Untersuchung zeigt, daß die Spaltung der Moleküle in Anion und Kation nicht erst von der elektrischen Spannung bewirkt wird, sondern schon **vorher vorhanden** ist. Die an der elektrolytischen Zelle liegende Spannung hat die Elektronen nur noch zu **bewegen**.

Die Elektronen wandern (elektrische Strömung) durch den Elektrolyten also unter Inanspruchnahme der Ionen als **Träger**. Man bezeichnet eine derartige Strömung als **Trägerleitung** im Gegensatz zu der reinen **Elektronenleitung** in den Metallen. Dabei ist die Trägerbewegung in der Regel praktisch-technisch gewollt. Bei der $CuSO_4$-Zersetzung von Bild **5.**46 wird die Kathode **verkupfert**, indem das Kupfer Cu sich aus der $CuSO_4$-Lösung wie beschrieben niederschlägt. Eine Verringerung des Cu-Gehalts im Elektrolyten kann durch den schon genannten Sekundärprozeß der Wiederverbindung von Cu mit SO_4 an der Anode zu $CuSO_4$ vermieden werden. Man verwendet den Vorgang, um Gegenstände zu verkupfern, oder auch, um an der Kathode das besonders reine **Elektrolytkupfer** aus einem als Anode dienenden verunreinigten Kupfer zu gewinnen. Die Beimengungen bleiben im Bad oder sammeln sich im **Anodenschlamm**. Bei der Elektrolyse entstehen, abgesehen von etwa auftretenden sekundären Prozessen neben den primären z. B. folgende Produkte: H_2 und Cl_2 bei HCl (Salzsäure), $2 H_2$ und O_2 bei H_2SO_4 (Schwefelsäure), bei KOH (Kalilauge) und bei NaOH (Natronlauge), 2 NaOH und Cl_2 bei NaCl (Kochsalz), Cu und O_2 bei $CuSO_4$ (Kupfersulfat) usw.

Ganz allgemein sind Wasserstoff, Metalle (und die diese vertretenden Radikale wie das Ammonium NH_4) Kationen, wandern also **mit dem Strom zur Kathode**, während die Säurereste und Hydroxilgruppen Anionen sind, also **dem Strom entgegen zur Anode** gehen.

Faradaysche Gesetze. Da die Elektronen bei ihrer Wanderung an die stofflichen Träger gebunden sind, wird von jedem Atom oder Molekül eine **bestimmte Elektrizitätsmenge** befördert. Die elektrolytisch zersetzten bzw. an den Elektroden **abgeschiedenen Massen**

$$m = cQ = cIt \tag{5.10}$$

sind daher bei dem Strom I, der während der Zeit t fließt, der **beförderten Elektrizitätsmenge** $Q = It$ proportional. Dies ist das 1. **Faradaysche Gesetz**.

---

[1] Ältere Bezeichnungen für die Ladungen der Ionen sind Cu^{++} oder $Cu^{··}$ und SO_4^{--} oder SO_4''.

5.3 Elektrische Strömung in Elektrolyten

Darin ist das elektrochemische Äquivalent

$$c = \frac{1}{96,5 \text{ kC/g}} \cdot \frac{A_r}{z_i}, \qquad (5.11)$$

bei dem A_r die relative Atommasse, z_i die Ladungszahl und 96,5 kC/g ein aus Messungen gewonnener abgerundeter Erfahrungswert ist. In Gl. (5.11) bezeichnet man den Quotienten A_r/z_i noch als Äquivalentgewicht. Hiermit ergibt sich das 2. Faradaysche Gesetz: Die von gleichen Elektrizitätsmengen Q ausgeschiedenen Massen $m/Q=c$ verhalten sich wie die Äquivalentgewichte A_r/z_i.
Bei Wasserstoff mit der relativen Atommasse $A_r=1$ und der Ladungszahl $z_i=1$ sind nach Gl. (5.11) zum Abscheiden der Masse 1 g gerade 96,5 kC erforderlich. Da 1 g Wasserstoff $6,02 \cdot 10^{23}$ Atome enthält, führt ein Wasserstoffatom die Ladung

$$e = \frac{96,5 \text{ kC/g}}{6,02 \cdot 10^{23} \text{ g}^{-1}} = 0,160 \cdot 10^{-18} \text{ C}. \qquad (5.12)$$

Eine kleinere Elektrizitätsmenge ist nie beobachtet worden, und alle vorkommenden Elektrizitätsmengen sind außerdem ganzzahlige Vielfache der Elementarladung e. Daher ist $0,160 \cdot 10^{-18}$ C die negative Ladung des Elektrons, und es sind in 1 C daher $1/(0,160 \cdot 10^{-18}) = 6,24 \cdot 10^{18}$ Elektronen enthalten (s. Abschn. 1.1.2.1).
Aus Gl. (5.10) und (5.11) erhält man die abgeschiedene Masse

$$m = \frac{A_r I t}{(96,5 \text{ kC/g}) z_i}, \qquad (5.13)$$

sofern es sich um einen einatomigen Stoff mit der relativen Atommasse A_r handelt. Bei mehratomigen Kationen oder Anionen tritt die relative Molekülmasse[1] (auch Molekulargewicht genannt) M_r und deren Ladungszahl an die Stelle von A_r und z_i.
Die nach Gl. (5.13) berechneten Massen sind theoretische Höchstwerte. In der Praxis wird zum Abscheiden einer bestimmten Masse mehr Ladung Q benötigt, weil ein Teil der zugeführten Energie in Nebenprozessen, z.B. zur Wasserstoffabscheidung, verbraucht wird. Man kommt so zu der Stromausbeute, d.h. zur relativen aufgewendeten Ladung, die für die gewünschte Elektrolyse benötigt wird.
Von der elektrochemischen Zersetzung wird hauptsächlich auf vier Gebieten Gebrauch gemacht:

1. in der Metallurgie zum Gewinnen und Raffinieren von Metallen, z.B. von Kupfer, Nikkel, Zink, Aluminium, Magnesium, Natrium usw.,
2. in der chemischen Großindustrie beim Gewinnen von Wasserstoff, bei der Chloralkalielektrolyse zum Gewinnen von Alkali und Chlor, bei der Herstellung von Oxidationsmitteln usw.,

---

[1] Unter der relativen Molekülmasse versteht man bei nichtelementaren Stoffen die Summe der relativen Atommassen: z.B. für SO₄ mit der relativen Atommasse 32 für S und 16 für O wird die relative Molekülmasse $1 \cdot 32 + 4 \cdot 16 = 96$.

3. in der **Galvanotechnik** zum Erzeugen von festhaftenden metallischen Überzügen aus edlerem Metall auf unedleren Metallen (z. B. verkupfern, vernickeln, verchromen, verzinken, verzinnen, versilbern, vergolden, verplatinieren),
4. in der **Galvanoplastik**, die die Anfertigung von naturgetreuen Abdrucken feinster Muster, sog. Galvanos, zur Aufgabe hat (z. B. bei der Herstellung von Schallplatten).

Eine **schädliche Wirkung** der Elektrolyse stellt die elektrolytische **Korrosion** dar. Sie tritt auf, wenn verschiedene Metalle mit feuchten Stoffen in Berührung sind und sich hierbei ein Stromkreis bilden kann. Dabei wird das als Anode dienende Metall zersetzt, z. B. bei der Korrosion von Rohrleitungen durch im Erdreich vagabundierende Gleichströme einer elektrischen Bahn. Um Korrosion zu vermeiden, muß ein die gefährdenden Metallflächen umgebender isolierender Schutz vorgesehen werden. Auch bei Installationen in Gebäuden ist darauf zu achten, daß verschiedene Metalle (z. B. Bleirohre und Kupferdrähte) nur mit dazwischenliegender elektrischer Isolation miteinander verbunden werden.

Beispiel 5.3. Welche Zeit t wird bei dem Strom $I = 100$ A mindestens gebraucht, um an der Kathode die Masse $m = 1$ kg Kupfer niederzuschlagen? Als Elektrolyt dient Kupfersulfatlösung $CuSO_4$.
Kupfer hat die relative Atommasse $A_r = 63,6$ und ist im Kupfersulfat zweiwertig ($z_i = 2$). Mithin ist die erforderliche Zeit nach Gl. (5.13)

$$t = \frac{96,5 \text{ (kC/g)} \, m z_i}{A_r I} = \frac{96,5 \text{ (kC/g)} \, 1000 \text{ g} \cdot 2}{63,6 \cdot 100 \text{ A}} = 30\,400 \text{ s} = 8,42 \text{ h} \, .$$

Es sind also erhebliche Zeiten bzw. Ströme erforderlich, um größere Kupfermengen zu gewinnen. Bei der elektrolytischen Raffination arbeitet man daher meist mit sehr großen Strömen. Auch bei der elektrolytischen Gewinnung von Metallen im Schmelzfluß (z. B. Aluminium aus Tonerde Al_2O_3, gelöst in Kryolith Na_3AlF_6) werden große Ströme verwendet, die bei großen Anlagen 20 000 A überschreiten. Außer der elektrolytischen Zersetzung liefert der Strom auch die Wärme, die dem Bad bei Aluminium eine Temperatur von etwa 950°C gibt (s. Beispiel 5.4).

5.3.1.2 Polarisation und Spannungsbedarf. Nach Abschn. 5.3.1.1 werden zur Durchführung elektrolytischer Zersetzungen bestimmte Mindestelektrizitätsmengen benötigt, und die abgeschiedenen Stoffmengen sind diesen Mindestelektrizitätsmengen proportional. Die elektrische Energie, die zur Gewinnung von 1 Mol (Abkürzung für „Molekularmasse") eines bestimmten Stoffes erforderlich ist, erhält man aus der aufgewandten Mindestelektrizitätsmenge von 96,5 kAs multipliziert mit der Ladungszahl z_i und der Zersetzungsspannung U_Z. Die Zersetzungsspannung U_Z ist die Spannung, die mindestens aufgewendet werden muß, um eine Zersetzung des Elektrolyten an den Elektroden zu erreichen. Es gilt dann für die Energie

$$W = 96,5 \text{ kAs } z_i U_Z \, . \tag{5.14}$$

Dies ist gleichzeitig die maximale Energie, die bei der zugrunde liegenden elektrochemischen Reaktion der Abscheidung aus der Ionenform zu gewinnen ist, oder die **Affinität** dieser Reaktion. Die Energie W läßt sich thermodynamisch berechnen, demgemäß auch die Zersetzungsspannung U_Z, denn es gilt nach Gl. (5.14)

$$U_Z = W/(z_i \cdot 96,5 \text{ kAs}) \, . \tag{5.15}$$

5.3 Elektrische Strömung in Elektrolyten

Die Zersetzungsspannung

$$U_Z = U_{SK} - U_{SA} \tag{5.16}$$

ergibt sich aus den beiden Spannungsdifferenzen U_{SK} und U_{SA} zwischen dem Elektrolyten und Kathode bzw. Anode, die sich ebenfalls thermodynamisch berechnen lassen. Da unterhalb dieser Zersetzungsspannung U_Z keine Zersetzung stattfindet, kann Abschn. 1.1.1.3 über Leiter 2. Klasse folgendermaßen ergänzt werden:

Leiter zweiter Klasse sind Stoffe, die unterhalb einer Mindestspannung, der Zersetzungsspannung, den Strom praktisch nicht leiten und deren Temperaturbeiwert des Widerstands entsprechend dem thermodynamischen Energiegesetz negativ ist.

Zu dieser Zersetzungsspannung U_Z tritt nun noch eine Reihe weiterer Teilspannungen hinzu: Vor allem hat auch der elektrolytische Leiter bei jeder Temperatur einen bestimmten Widerstand, der sogar weit größer als der Widerstand der Metalle ist. So beträgt beispielsweise der Widerstand eines Würfels von 1 cm Kantenlänge bei 30%iger Schwefelsäure bei 18°C etwa 1,5 Ω, während derselbe Würfel bei Kupfer nur etwa 1 $\mu\Omega$, also rund 1 Millionstel davon hat, wie aus Gl. (1.9) und Tafel A5.1 leicht ermittelt werden kann. In diesem Widerstand R des Elektrolyten entsteht wie in jedem Metalldraht für den hindurchfließenden Strom I eine Spannung IR und eine Leistung I^2R. Diese Leistung wird in Wärme umgesetzt, die man bei vielen elektrochemischen Prozessen und bei der Schmelzelektrolyse zur Heizung des Bades benutzt.

Weitere Spannungsabfälle entstehen durch verwickelte Erscheinungen an den Elektroden und in ihrer näheren Umgebung. Sie erhöhen die theoretischen Spannungsdifferenzen U_{SK} und U_{SA} zwischen der Elektrode und dem Elektrolyten. Nach der Elektrolyse sind die Elektroden zum mindesten noch für eine gewisse Zeit mit den Produkten der Elektrolyse beladen. Sie stellen somit eine galvanische Zelle dar. Nach dem Gesetz von Le Blanc ist die Spannung dieser Zelle, die Polarisationsspannung, gleich der theoretischen Zersetzungsspannung U_Z. In Bild 5.47 ist eine Meßschaltung zum Nachweis einer solchen Polarisationsspannung angegeben.

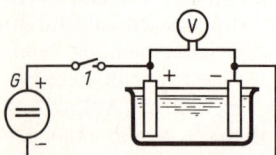

5.47
Nachweis der Polarisationsspannung
1 Schalter, *G* Generator, *V* Spannungsmesser

Beispiel 5.4. Welche Energie ist erforderlich, um Aluminium der Masse $m = 1$ kg im Schmelzfluß zu gewinnen, wenn die Badspannung (Gesamtspannung) $U = 5{,}0$ V beträgt?

Da Aluminium die relative Atommasse $A_r = 27$ hat und $z_i = 3$wertig ist, wird für $m = 1$ kg nach Gl. (5.13) die Elektrizitätsmenge

$$Q = It = m(96{,}5 \text{ kC/g})z_i/A_r = 1000 \text{ g }(96{,}5 \text{ kC/g})\, 3/27 = 10{,}7 \text{ MC}$$

benötigt. Bei $U = 5$ V ist also theoretisch die Energie

$$W = UQ = 5 \text{ V} \cdot 10{,}7 \text{ MC} = 53{,}5 \text{ MWs} = 14{,}85 \text{ kWh}$$

erforderlich. Mit dem Energieverbrauch für die Heizung sind praktisch rund 18 kWh je kg Aluminium aufzuwenden.

5.3.2 Elektrochemische Stromerzeuger

Elektrochemische Stromerzeuger sind galvanische Zellen mit zwei Elektroden aus verschiedenen Materialien in einer als Elektrolyt wirkenden elektrisch leitfähigen Flüssigkeit, die häufig mit einer Art Gelatine stark eingedickt ist. Je nach dem Verlauf der chemischen Reaktion spricht man bei irreversiblem Vorgang von **Primärzellen**, bei reversiblem Vorgang von **Sekundärzellen**. Während Primärzellen nach der Entladung unbrauchbar werden, können Sekundärzellen durch Umkehrung der Stromrichtung wieder in den geladenen Zustand zurückgeführt werden. Beide Ausführungsformen werden häufig zur Stromversorgung elektronischer Geräte eingesetzt.

5.3.2.1 Elektrolytische Spannung galvanischer Zellen. Taucht man einen Leiter 1. Klasse, z. B. einen Metall- oder Kohlestab, in einen Leiter 2. Klasse, so entsteht ganz allgemein zwischen den Leitern der beiden Klassen eine Spannung. Jeder in einer Flüssigkeit gelöste Stoff hat das Bestreben, die gesamte Flüssigkeit zu durchdringen, wobei der im Innern der Lösung herrschende **osmotische Druck** mit der Anzahl der Lösungsmoleküle, also mit der Konzentration, wächst. Dadurch wirkt er auf eine Verdünnung der Lösung hin und sucht die Moleküle des in Lösung gegangenen Stoffes auszufällen. Andererseits hat aber jeder feste Körper, also beispielsweise auch das Metall eines Stabes, die Neigung zur Auflösung, wobei Teile des Metalls in Lösung gehen. Dieser **Lösungsdruck** wirkt dem osmotischen Druck entgegen, so daß je nach der Größe beider entweder Ionen des Stabes in Lösung gehen oder Metallionen des Elektrolyten sich an den Stab anlagern. Da Metallionen als Kationen positiv sind, wird beim Überwiegen des Lösungsdrucks der Elektrolyt positiv (z. B. $ZnSO_4$) und der Metallstab (z. B. Zn) wegen des jetzt bestehenden Überschusses an Elektronen negativ, während beim Überwiegen des osmotischen Druckes der Metallstab (z. B. Cu) positiv und der Elektrolyt (z. B. $CuSO_4$) negativ elektrisch wird. Es entsteht also eine **Spannung** zwischen dem Metallstab und dem Elektrolyten, deren theoretische Werte in Abschn. 5.3.1.2 mit U_{SK} und U_{SA} bezeichnet werden.

5.3.2.2 Primärzellen. Praktische Bedeutung haben ausschließlich Trockenzellen, bei denen der Elektrolyt durch Zusätze in eine Gallerte überführt ist. Wir beschränken uns auf eine Betrachtung der wichtigsten Ausführungsformen.

Kohle-Zink-Zelle. Sie ist als älteste Form der Trockenzelle hervorgegangen aus der Leclanché-Zelle und aufgebaut mit Kohle als Kathode, Zink als Anode und Magnesiumchlorid $MgCl_2$ als Elektrolyt. An der Elektrode scheidet sich Wasserstoff ab, der vom Oxydationsmittel Braunstein MnO_2 **depolarisiert**, d. h. unschädlich gemacht wird. Die Kohle dient zur Stromleitung; an der chemischen Reaktion nimmt sie nicht teil.

Die als Monozelle aufgebaute Kohle-Zink-Zelle, bei der die Anode becherförmig die Kathode umfaßt (Bild **5.**48), hat die Leerlaufspannung 1,5 V, die bei größerer Stromentnahme durch anwachsenden Innenwiderstand schnell abnimmt (Bild **5.**49, Kurve *1*). Da sich die Zelle in Betriebspausen regeneriert, wird sie bei kurzzei-

5.3 Elektrische Strömung in Elektrolyten

gestellt. Bei der **Ladung** verlaufen die Vorgänge an den Elektroden in umgekehrter Richtung. Im entladenen Zustand bestehen beide Elektroden aus Bleisulfat $PbSO_4$, im geladenen Zustand an der positiven Elektrode aus Bleioxid PbO_2 und an der negativen aus metallischem Blei Pb. Während der Ladung steigt die **Säurekonzentration**, während der Entladung nimmt sie ab. Man benutzt die Änderung der Konzentration bzw. des davon abhängigen spezifischen Gewichts der Säure als Erkennungsmittel dafür, wie weit die Ladung bzw. Entladung fortgeschritten ist.

Die **Spannung** der Zelle ändert sich wegen des Spannungsabfalls mit der Belastung und ist außerdem von dem jeweiligen Ladungs- bzw. Entladungszustand abhängig. Bild **5.**51 zeigt die Klemmenspannungen für den Fall rund dreistündiger Entladung. Die Ladeklemmenspannung U_{la} ist immer größer als die Entladespannung U_e, weil sie außer der entgegenwirkenden Zersetzungsspannung der Zelle noch den inneren Spannungsabfall IR_i überwinden muß. Bemerkenswert ist der starke Anstieg der Ladespannung bis etwa 2,8 V gegen Ende der Ladung.

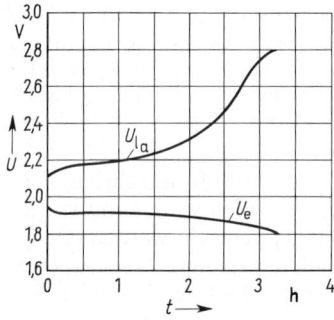

5.51 Verlauf der Klemmenspannungen U_{la} bei Ladung und U_e bei Entladung eines Bleiakkumulators (bei Entladung während 3¼ h und entsprechender Ladung)

Das (chemische) Aufspeicherungsvermögen – die **Kapazität** – der Zelle wird meist durch die Elektrizitätsmenge in Ah angegeben, die vom geladenen Akkumulator während der Entladung geliefert werden kann. Die Kapazität hängt vom Entladestrom ab; die größte Kapazität erhält man bei langsamster Entladung. Bei schneller Entladung mit großem Strom werden die inneren Teile der Platten nur mäßig zur aktiven Umwandlung herangezogen. Für die Kapazität maßgebend sind noch die Entladeschlußspannung, die Dichte und Temperatur des Elektrolyten und der allgemeine Zustand des Akkumulators. Durch erhebliche Zunahme des Innenwiderstands bei Temperaturen $<5°C$ sinkt die Kapazität stark ab. Die Bezeichnung Kapazität (d. h. Fassungsvermögen) für die Aufspeicherungsfähigkeit darf nicht zu der Annahme verführen, daß Elektrizität angesammelt würde. Aufgespeichert wird nicht eine Elektrizitätsmenge, **sondern Energie, und zwar in chemischer Form.**

Das Bleisulfat $PbSO_4$, das im Akkumulator beim Entladen entsteht, ist zunächst äußerst fein verteilt und daher noch reaktionsfähig. Bei längerem Lagern **kristallisiert** das $PbSO_4$ zu groberen weißen Kristallen, die nicht mehr reagieren können: der Akkumulator ist **sulfatisiert**. Der Bleiakkumulator darf deshalb nie im entladenen Zustand aufbewahrt werden.

Beim Laden entweicht an der Kathode in nicht geringen Mengen **Wasserstoff**. Dieses Gas gibt mit Sauerstoff, z. B. in Luft, das hochexplosive Knallgas. Räume, in denen Bleiakkumulatoren geladen werden, müssen daher stets gut gelüftet und dürfen nicht mit offenem Feuer betreten werden. Auf Kosten des entweichenden Wasserstoffs nimmt der Gehalt an Wasser im Elektrolyten ab. Von Zeit zu Zeit muß daher **Wasser** nachgefüllt werden. Es muß unbedingt destilliertes Wasser sein, da die in normalem Gebrauchswasser gelösten Stoffe, z. B. NaCl, die Bleiplatten stark schädigen.

Neben dem Bleiakkumulator mit offenen Zellen gibt es wartungsfreie verschlossene Bleiakkumulatoren, bei denen die Säure durch Verdickung mit einer Art Gelatine nicht auslaufen kann.

Nickel-Cadmium-Akkumulator. Gegenüber dem Bleiakkumulator hat der alkalische Nickel-Cadmium-Akkumulator eine größere Energiedichte und ein geringeres Gewicht. Die aus Nickelhydroxid $Ni(OH)_3$ bestehende Anode und die Kathode aus metallischem Cadmium befinden sich in als Elektrolyt wirkendem Kaliumhydroxid. Anode und Kathode bestehen in den meisten Fällen nicht aus massivem Material, sondern werden als Sinterelektroden aus zusammengesintertem Pulver aufgebaut, so daß der Nickel-Cadmium-Akkumulator infolge der großen Oberfläche und der kleinen Masse der Elektroden einen sehr kleinen Innenwiderstand hat. Die 1,35 V betragende Ladespannung fällt zwar unter Belastung schnell auf 1,25 V ab, bleibt aber bis zur völligen Entladung praktisch konstant. Die Entladespannung ist also wesentlich niedriger als die des Bleiakkumulators. Der wichtigste Vorteil des Nickel-Cadmium-Akkumulators ist seine Fähigkeit, beliebig lange (über Jahre!) im entladenen Zustand lagern zu können, ohne Schaden zu nehmen. Nachteilig ist die starke Abnahme der Kapazität bei sinkender Temperatur.

Nickel-Cadmium-Akkumulatoren werden als Großakkumulatoren wie Bleiakkumulatoren mit offenen Zellen und für tragbare Geräte als Rund- oder Knopfzellen mit gasdichten Zellen aufgebaut, in denen die beim Laden auftretenden Gase intern rekombinieren können. Bei sehr hohen Ladeströmen steigt der Innendruck der Zelle stark an, da die Rekombination langsamer verläuft als die Gasentwicklung; ein Sicherheitsventil schützt vor Explosion, allerdings sinkt die Kapazität der Zelle durch den Gasverlust.

5.4 Elektrische Leitung im Vakuum

Ein absolutes Vakuum, d. h. eine völlige Abwesenheit von Atomen oder Molekülen im Raum, läßt sich nicht ganz erreichen. Wir sprechen aber trotzdem hinsichtlich der elektrischen Leitung von einem Elektrizitätsdurchgang durch das Vakuum, also vom Fließen eines Stromes, wenn entweder Ladungsträger in den Raum gebracht werden, oder wenn bereits die Anzahl der verbliebenen Gas-Moleküle so gering bzw. deren Abstand voneinander so groß geworden ist, daß die Elektronen, wenn sie einmal in Bewegung gekommen sind, durch die wenigen vorhanden Moleküle nicht oder nur ganz unbedeutend beeinflußt werden. Der Leitungsmechanismus ist also durch die Elektronenbewegung bestimmt, weshalb man hier auch von einer praktisch reinen Elektronenleitung spricht.

Der Transport von Ladungen, also die elektrische Leitung, ist nicht nur in Festkörpern (Abschn. 5.1 und 5.2) und Flüssigkeiten (Abschn. 5.3) möglich, sondern auch im Vakuum und in Gasen. Es soll zunächst die elektrische Leitung im Vakuum behandelt werden, von der u. a. Elektronenröhren, Röntgenröhren und Elektronenstrahl-Röhren für Oszilloskope, Fernsehempfänger und Elektronenmikroskope Gebrauch machen.

5.4.1 Bewegung der Elektronen

Um die grundsätzlichen Vorgänge des Leitungsmechanismus im Vakuum erkennen zu können, gehen wir zunächst von dem bei Anwendungen der elektrischen Leitung im Vakuum fast immer vorliegenden Fall aus, daß Elektronen als Ladungsträger in das Vakuum gebracht werden, also zum Ladungstransport zur Verfügung stehen. Wie dies geschieht, wird erst im Abschn. 5.4.2 dargestellt.

Ähnlich wie bei der elektrolytischen Leitung (Abschn. 5.3) benutzt man für die Zu- und Ableitung der Elektronen auch bei der elektrischen Leitung im Vakuum Elektroden, die meist aus Metallteilen bestehen (Scheiben, Drähte o.ä.). Um die grundsätzlichen Vorgänge beim Elektrizitätsdurchgang durch das Vakuum leicht übersehen zu können, nehmen wir als Elektroden wie bei einem Plattenkondensator gegenüberstehende ebene Platten an. Liegt dann nach Bild 5.52 zwischen der Anode A und der Kathode K eine Spannung U_{ak}, so besteht im Raum zwischen den Elektroden ein homogenes elektrisches Feld $\vec{E}$, das auf hier vorhandene Elektronen eine bewegende Kraft $\vec{F}$ in Richtung auf die positive Elektrode ausübt. Der dadurch ausgelöste Bewegungsvorgang der Elektronen (Elektronenmechanismus) bestimmt das Verhalten der Anordnung und soll daher betrachtet werden. Wir nehmen dazu an, daß sich im Vakuum, insbesondere in der Umgebung der Kathode, Elektronen befinden und aus der Kathode ständig Elektronen nachgeliefert werden, die sich einzeln frei bewegen können. Dann besteht ein fortlaufender Elektronenstrom, den man bei geradliniger oder ähnlich gesetzmäßiger Fortpflanzung und Bündelung auch als Elektronenstrahl bezeichnet.

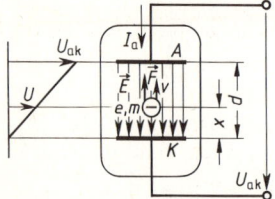

5.52
Elektron im Innern eines Plattenkondensators im Vakuum zwischen Anode A und Kathode K mit zugehöriger Potentialverteilung (Diode)

5.4.1.1 Bewegungsgleichungen. In der Anordnung von Bild 5.52 sei zwischen Anode und Kathode ein homogenes elektrisches Feld mit der Feldstärke

$$E = U_{ak}/d \tag{5.17}$$

vorhanden, wobei d den Abstand der Platten angibt. Befindet sich im Raum zwischen Anode und Kathode im Abstand x von der Kathode ein einzelnes Elektron mit seiner negativen Elementarladung $-e = -0{,}16 \cdot 10^{-18}$ As (s. Abschn. 1.1.1.2), so wird es nach Gl. (3.27) durch die Kraft

$$F = -eE = -eU_{ak}/d \tag{5.18}$$

in Richtung auf die positive Anode hin bewegt.

Zur Berechnung des Bewegungsvorgangs $x = f(t)$ geht man, den Gesetzen der Mechanik entsprechend, von der Beschleunigung $a = d^2x/dt^2$ aus. Da das Elektron als negatives Elektrizitätsatom außer der Elementarladung e noch die Ruhemasse

5.4.1 Bewegung der Elektronen

$m_0 = 0{,}91 \cdot 10^{-27}$ g $= 9{,}1 \cdot 10^{-31}$ VAs^3/m^2 hat, gilt für die Beschleunigung

$$a = \frac{d^2 x}{dt^2} = \frac{F}{m} = \frac{-e}{m} \cdot \frac{U_{ak}}{d}, \tag{5.19}$$

wobei m die von der Geschwindigkeit abhängige Masse ist [(s. Gl. (5.28)]. Durch Integrieren dieser Gleichung ergibt sich für die Geschwindigkeit des Elektrons

$$v = \frac{dx}{dt} = \frac{-e}{m} \cdot \frac{U_{ak}}{d} (t - t_1). \tag{5.20}$$

Dabei ist t die jeweilige Beobachtungszeit und t_1 die Startzeit, durch die die Integrationskonstante festlegt. Wie noch gezeigt wird (s. Abschn. 5.4.2), kann für die Kathodenoberfläche, d.h. für $x = 0$, näherungsweise $v = 0$ gesetzt werden. Eine nochmalige Integration führt unter Annahme der Anfangsgeschwindigkeit $v = 0$ zur Bewegungsgleichung, also zum Weg

$$x = \frac{-e}{m} \cdot \frac{U_{ak}}{d} \cdot \frac{(t - t_1)^2}{2}. \tag{5.21}$$

Da für $x = d$, also für den Plattenabstand die Elektronenlaufzeit $\tau = t - t_1$ zwischen Kathode und Anode ist, ergibt sich nach Gl. (5.21) und (5.19)

$$d = a \tau^2 / 2. \tag{5.22}$$

Es gelten also für die Elektronenbewegung im elektrischen Feld dieselben Gesetze wie für die Bewegung eines Massenpunkts im Schwerefeld (Fallhöhe $h = g t^2 / 2$ mit g als Fallbeschleunigung).
Gl. (5.22) ermöglicht eine Aussage über die beim Elektrizitätsdurchgang durch Vakuum vorhandene **Elektronenlaufzeit** τ. Wird Gl. (5.22) nach τ aufgelöst und Gl. (5.19) eingesetzt, so ergibt sich

$$\tau = d \sqrt{\frac{2m}{e U_{ak}}} \tag{5.23}$$

und nach Einsetzen der Konstanten für die Elektronenlaufzeit

$$\tau = 0{,}034 \, \frac{\mu s V^{\frac{1}{2}}}{cm} \cdot \frac{d}{\sqrt{U_{ak}}}. \tag{5.24}$$

Beispiel 5.5. Für den Abstand $d = 5$ mm der gegenüberstehenden ebenen Plattenanordnung nach Bild 5.52 ist die Elektronenlaufzeit τ zu berechnen, wenn die Spannung $U_{ak} = 250$ V beträgt.
Nach Gl. (5.24) gilt für die Elektronenlaufzeit

$$\tau = \frac{0{,}034 \, (\mu s V^{\frac{1}{2}} / cm) d}{\sqrt{U_{ak}}} \, s = \frac{0{,}034 \cdot 0{,}5}{\sqrt{250}} \, \mu s = 1{,}07 \text{ ns}.$$

286   5.4 Elektrische Leitung im Vakuum

Die Elektronenlaufzeit ist also äußerst gering, d. h., der Elektrizitätsdurchgang durch das Vakuum ist praktisch trägheitslos, ein Vorteil, den man bei der Steuerung von Elektronenstrahlen ausnutzt.

Der Vorgang kann erst dann nicht mehr als trägheitslos angesehen werden, wenn die Elektronenlaufzeit in die Größenordnung der Periodendauer einer der Gleichspannung überlagerten Wechselspannung fällt. Es treten dann Laufzeiteffekte auf, die den Bewegungsvorgang der Elektronen und somit die Eigenschaften der Anordnung wesentlich ändern; sie spielen eine ausschlaggebende Rolle in den im Höchstfrequenzgebiet eingesetzten Laufzeitröhren [25].

5.4.1.2 Elektronen-Geschwindigkeit. Die durch Gl. (5.21) gegebene Geschwindigkeit des Elektrons läßt sich auch leicht aus einer sehr anschaulichen Energiebetrachtung berechnen. Wird ein einzelnes Elektron mit seiner Elementarladung e von der elektrischen Feldstärke E über einen Weg s bewegt, so wird eine Arbeit verrichtet, die dem Produkt eU von Elementarladung e und durchlaufender Spannung U entspricht. Von dieser wird die Masse m des Elektrons beschleunigt. Bei einer bestimmten Geschwindigkeit v ist die kinetische Energie des Elektrons $mv^2/2$, so daß das Energiegleichgewicht

$$mv^2/2 = eU \tag{5.25}$$

besteht. Aus der von der durchfallenden Spannung U erhaltenen Energie läßt sich mithin die jeweils erreichte Geschwindigkeit

$$v = \sqrt{2eU/m} \tag{5.26}$$

berechnen. Durch Einsetzen der beiden Naturkonstanten c und $m = m_0$ ergibt sich die für praktische Berechnungen sehr einfache Gleichung für die Geschwindigkeit

$$v = 593 \, (\text{km/s}\,\text{V}^{\frac{1}{2}}) \cdot \sqrt{U} \, . \tag{5.27}$$

Für die Anordnung in Bild **5.**52 kann nach dieser Gleichung entsprechend der eingezeichneten Potentialverteilung an jeder Stelle x die Elektronengeschwindigkeit v berechnet werden. Bei der Auswertung ist zu beachten, daß für m nur dann die Ruhemasse m_0 eingesetzt werden darf, solange die Geschwindigkeit v des Elektrons wesentlich kleiner als die Lichtgeschwindigkeit c ist. Wird die Elektronengeschwindigkeit v mit der Lichtgeschwindigkeit c vergleichbar, gilt nach der Relativitätstheorie für die Masse

$$m = \frac{m_0}{\sqrt{1-(v/c)^2}} \, . \tag{5.28}$$

Nach Gl. (5.26) ist die durchlaufene Spannung ein Maß für die kinetische Energie eines bewegten Elektrons. Deswegen gibt man die Elektronenenergie auch durch diesen Spannungswert an und nennt diese Energieeinheit **Elektronen-Volt** (eV), wobei $1 \, \text{eV} = 0{,}16 \cdot 10^{-18}$ Ws ist.

Beispiel 5.6. In einer Elektronenstrahl-Röhre (z. B. Oszillographen- oder Fernseh-Bildröhre, s. Abschn. 5.4.3.1) werden die Elektronen durch Spannungen von meist einigen kV beschleunigt. Wie groß ist die Endgeschwindigkeit nach dem Durchlaufen von $U = 10$ kV?

5.4.1 Bewegung der Elektronen

Aus Gl. (5.27) erhält man sofort die Geschwindigkeit

$$v = 593 \sqrt{U} \text{ (km/s V}^{\frac{1}{2}}) = 593 \sqrt{10\,000} \text{ km/s} \approx 60\,000 \text{ km/s},$$

also rund ¼ Lichtgeschwindigkeit. Bei dieser weicht die Masse m des Elektrons schon um einige % von der Ruhemasse m_0 ab.
Wo größere Genauigkeit erforderlich ist und die Geschwindigkeiten entsprechend groß sind, muß auch die Ruheenergie berücksichtigt werden, wobei sich ein etwas kleinerer Wert für die Geschwindigkeit v als nach Gl. (5.26) ergibt. Da sich die Gesamtenergie mc^2 aus der Ruheenergie m_0c^2 und der kinetischen Energie eU zusammensetzt, läßt sich die Geschwindigkeit v bei Berücksichtigung von Gl. (5.28) aus dem Ansatz berechnen $eU = mc^2 - m_0c^2 = m_0c^2 (1/\sqrt{1-(v/c)^2} - 1)$. Es gilt dann für die Geschwindigkeit

$$v = \sqrt{\frac{2e}{m_0} U \left[\sqrt{1 + \frac{e}{2m_0c^2} U} \bigg/ \left(1 + \frac{e}{m_0c^2} U\right) \right]}. \qquad (5.29)$$

Für $U = 10$ kV ist die Geschwindigkeit v bereits um 1,5% kleiner als nach Gl. (5.26).
Die Elektronengeschwindigkeit im Vakuum ist also bei den praktisch vorkommenden Betriebsspannungen millionen- und milliardenmal größer als die mittlere Transportgeschwindigkeit der Elektronen im Innern eines stromdurchflossenen Kupferdrahts (s. Abschn. 1.1.2.1). Bei Teilchenbeschleunigern ist die Elektronengeschwindigkeit noch wesentlich größer und liegt nur wenig unter der Lichtgeschwindigkeit; hier muß die Zunahme der Ruhemasse berücksichtigt werden.

5.4.1.3 Ablenkung durch ein elektrisches Feld. Bei den technischen Anwendungen von Elektronenstrahlen ist oft eine Ablenkung der zunächst geradlinigen Elektronenbahn erwünscht. Diese Beeinflussung ist durch elektrische oder magnetische Felder möglich, die in der oder senkrecht zur Bewegungsrichtung der Elektronen angeordnet sind. Bild 5.53 zeigt eine solche Ablenkung fliegender Elektronen *1* durch ein von der Spannung zwischen zwei Elektroden *2* (Ablenkplatten) erzeugtes elektrisches Querfeld $\vec{E}_q$. Es überlagert der Elektronen- oder Strahl-Geschwindigkeit v eine senkrecht wirkende Quergeschwindigkeit, die von der durchlaufenen Querspannung bzw. Querfeldstärke E_q und der Verweilzeit t der Elektronen zwischen den Platten abhängt. Für die Ablenkung x aus der ursprünglichen Richtung nach A in die Richtung B (Ablenkwinkel α) sind außer den wirkenden Spannungen also auch die Abmessungen des Ablenksystems l und d maßgebend.

Der besondere Vorteil bei der Ablenkung durch ein elektrisches Feld liegt darin, daß die Steuerung des Elektronenstrahls bis zu verhältnismäßig hohen Frequenzen durch eine Spannung praktisch ohne Aufnahme einer Wirkleistung möglich ist. Als Nachteil ist die geringe Ablenkempfindlichkeit anzusehen und die Notwendigkeit, das Ablenksystem innerhalb des Vakuums unterzubringen.

5.53 Ablenkung eines Elektronenstrahls *1* durch Ablenkplatten *2* um die Strecke X in der Ebene *3*

5.4.1.4 Ablenkung durch ein magnetisches Feld. Nach Abschn. 4.3.2 erfahren stromdurchflossene Leiter im magnetischen Feld mit der magnetischen Flußdichte $\vec{B}$ Kraftwirkungen. Da diese Kräfte allgemein auf bewegte Elektronen wirken, wird auch ein Elektronenstrahl beeinflußt. Möglich ist hierfür die Anordnung nach Bild 5.54, bei der der Elektronenstrahl I durch die Windungsflächen der felderzeugenden Spule Sp hindurchtritt; die Richtung des Magnetfelds stimmt also mit der Richtung des Elektronenstrahls überein (Längsfeld).

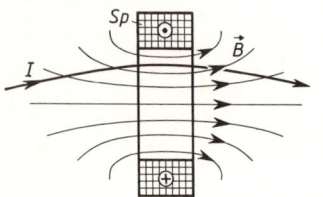

5.54
Ablenkung eines Elektronenstrahls I im magnetischen Feld $\vec{B}$ der Spule Sp

5.4.2 Emission aus der Kathode

In Abschn. 5.4.1 wird zunächst die Existenz frei beweglicher Elektronen im Vakuum im Innern eines Plattenkondensators angenommen, um an ihrer Bewegung das Wesentliche des Elektrizitätsdurchgangs durch einen freien Raum studieren zu können. Wir wollen jetzt die Bedingungen für den Austritt der Elektronen aus der Kathode in den Raum kennenlernen.

Da die in metallischen Körpern sich bewegenden Leitungselektronen durch starke elektrische Kräfte an die Moleküle gebunden sind, ist eine bestimmte Arbeit zu verrichten, damit eine merkbare Anzahl von Elektronen die Anzugskräfte im Körper überwindet und an der Oberfläche austritt; sie wird als Austrittsarbeit W_A bezeichnet und liegt bei den meisten Metallen bei einigen eV (s. Abschn. 5.4.1.2), z. B. bei Bariumoxid zwischen 1,1 eV und 1,6 eV, bei Wolfram zwischen 4,31 eV und 4,57 eV.

Die Elektronenbefreiung, auch Emission genannt, kann auf verschiedene Weise erreicht werden. So ist beispielsweise die zum Elektronenaustritt notwendige äußere Kraft bei allerdings verhältnismäßig großen elektrischen Feldstärken in der Größenordnung von 10 MV/cm unmittelbar vorhanden (Feldemission). Diese Feldstärken sind nur in sehr dünnen Oberflächenschichten notwendig, stehen aber in den meisten Fällen nicht zur Verfügung. Für die technische Anwendung wichtiger ist die Elektronenbefreiung durch Energiezufuhr in Form von Licht (Photozellen) oder Wärme (Glühkathoden in Elektronenröhren u.a.). Photoemission tritt auf, wenn die Energie eines in die Kathode eindringenden Photons größer ist als die Austrittsarbeit eines diese Energie aufnehmenden Elektrons in einem Atom der Oberfläche. Bei der am häufigsten angewandten thermischen Emission wird durch Erwärmen der Kathode die Geschwindigkeit der Elektronen bis zum Freiwerden aus dem Atomverband gesteigert; die Elektronen haben dabei näherungsweise die Austrittsgeschwindigkeit Null. Wird durch weiteres Erwärmen der Kathode die kinetische Energie der im Metall befindlichen Leitungselektronen vergrößert, so wächst auch die Anzahl der Elektronen, die die zum Austritt notwendige Energie aufweisen. Wird in der Anordnung nach Bild 5.52 die Anodenspannung so weit gesteigert, daß alle emittierten Elektronen zur Anode gelangen, erreicht der Anodenstrom einen Sättigungswert. Er kann nur durch weitere Erhöhung der Temperatur der Kathode vergrößert werden. Einer vorgegebenen Temperatur ist also ein ganz bestimmter Elektronenstrom, der **Sättigungsstrom**, zuzuordnen. Der Vorgang ist vergleichbar mit dem Verdampfen einer Flüssigkeit, wobei dem Dampf hier die austretenden Elektronen entsprechen; der Verdampfungswärme der Flüssigkeit entspricht die Austrittsarbeit.

5.4.3 Anwendungen

Es kann hier nur sehr kurz und unter Herausstellung des grundsätzlich Wichtigen einiges über die Anwendung der elektrischen Leitung im Vakuum gesagt werden. Weitere Ausführungen bringen [80] und [25].

5.4.3.1 Elektronenstrahl-Röhren. Sie machen von der geradlinigen, strahlförmigen Elektronenbewegung im Vakuum bzw. in hochevakuierten Gefäßen nach Abschn. 5.4.1 Gebrauch. Sie enthalten nach Bild **5**.55 das **Strahlerzeugungssystem** *1*, das **Ablenksystem** *2* und den **Leuchtschirm** *3*. Auf dem Leuchtschirm erscheint beim Auftreffen des durch die gestrichelten Linien skizzierten Elektronenstrahls *4* ein Leuchtfleck *5*, dessen Lage von den am Ablenksystem *2* liegenden Spannungen abhängt. Das Strahlerzeugungssystem *1* soll Elektronen emittieren, beschleunigen und bündeln (fokussieren).

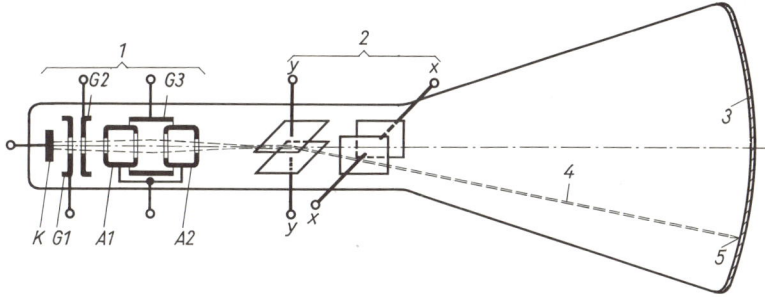

5.55 Aufbau einer Elektronenstrahl-Röhre mit elektrostatischer Fokussierung und elektrostatischer Ablenkung (schematisch)
1 Strahlerzeugungssystem, *2* Ablenkteil, *3* Leuchtschirm, *4* Elektronenstrahl, *5* Leuchtfleck, *A1, A2* Zylindrische Anoden, *G1* Steuergitter, Wehnelt-Zylinder, *G2, G3* Zylindrische Elektroden (Hilfsgitter), *K* Kathode, *xx, yy* Ablenksysteme

Es ist sowohl eine elektromagnetische (s. Abschn. 5.4.1.4) als auch eine elektrostatische Fokussierung möglich, für die Bild **5**.55 ein Ausführungsbeispiel zeigt. Die von der Kathode emittierten Elektronen werden in ihrer Intensität durch eine negativ vorgespannte Zylinderelektrode, den als Steuergitter *G1* wirkenden **Wehnelt-Zylinder**, gesteuert und in Richtung auf die an hoher positiver Spannung liegenden zylindrischen Anoden *A1* und *A2* beschleunigt. Durch Zusammenwirken mit den ebenfalls zylindrischen Elektroden *G2* und *G3* kommt es zur Fokussierung des Elektronenstrahls, bei der die zwischen den Zylinderelektroden auftretenden elektrischen Felder den Elektronenstrahl ähnlich ablenken wie eine optische Sammellinse den Lichtstrahl. Man spricht daher hier von einer **Elektronenlinse**.

290 5.4 Elektrische Leitung im Vakuum

Nach der Fokussierung wird der Elektronenstrahl durch elektrische (Oszilloskop) oder magnetische (Fernseh-Bildröhre) Felder abgelenkt. Bild 5.55 zeigt eine elektrostatische Ablenkung (s. Abschn. 5.4.1.3) durch die elektrischen Felder der räumlich zueinander senkrecht angeordneten Ablenksysteme x und y. Zur Darstellung eines Spannungs-Zeit-Diagramms liegt die zu messende Spannung am y-System und eine der Zeit proportional verlaufende Spannung am x-System.

Die auf den Leuchtschirm *3* treffenden Elektronen *4* erregen entsprechend ihrer kinetischen Energie auf der dort aufgetragenen Schicht (z. B. Zinksulfid) Fluoreszenz. Dadurch entsteht der leuchtende Punkt *5*, dessen Feinheit und Schärfe durch die Spannungen an den Zylinderelektroden des Ablenksystems eingestellt werden.

5.4.3.2 Elektronenröhren. Die in Bild 5.52 dargestellte Anordnung eines im Vakuum befindlichen ebenen Plattenkondensators entspricht der Grundform einer Zweielektrodenröhre, Diode genannt. Hier entsteht kein stark fokussierter Elektronenstrahl wie bei der Elektronenstrahl-Röhre, sondern es wandern die Elektronen in breitem Bündel von der geheizten Kathode zu der in geringer Entfernung benachbarten (kalten) Anode. In der praktischen Ausführung besteht die Anode aus einem Zylinder, in dessen Achse die Kathode als zylindrischer Stab angeordnet ist. Charakteristisch für das betriebliche Verhalten der Diode ist, daß bei allmählichem Steigern der positiven Anodenspannung U_{ak}, vom Wert Null anfangend, nicht sofort alle emittierten Elektronen zur Anode gezogen werden, sondern daß entsprechend Bild 5.56 mit der Erhöhung der Anodenspannung U_{ak} auch der Anodenstrom I_a allmählich wächst.

5.56
Diodenkennlinie im Raumladungsgebiet
(auch Raumladungskennlinie genannt)

Die Elektronenströmung wird nämlich dadurch bestimmt, daß sie selbst eine negative Ladung im Raum darstellt, die Raumladung, die das von der Anode erzeugte Feld schwächt. Es stellt sich ein Gleichgewichtszustand ein, bei dem stets so viele Elektronen in den Raum zwischen Anode und Kathode hineingezogen werden, daß ihre Raumladung das von der Anode ausgehende Feld gerade kompensiert, eine Stelle unmittelbar vor der Kathode also feldfrei ist. Die Raumladung $Q_R = I_a \tau$ muß daher mit der ohne Raumladung auf der Kathode vorhandenen Ladung $Q_k = c_{ak} U_{ak}$ mit c_{ak} als Anoden-Kathoden-Kapazität übereinstimmen. Wird die Elektronenlaufzeit τ nach Gl. (5.23) eingesetzt, führt der Ansatz $Q_R = Q_k$ zu der Ladung

$$I_a d \sqrt{\frac{2m}{e\,U_{ak}}} = c_{ak} U_{ak}.$$

Für den Anodenstrom gilt somit

$$I_a = \frac{c_{ak}}{d}\sqrt{\frac{e}{2m}}\, U_{ak}^{3/2} = k\, U_{ak}^{3/2}. \tag{5.30}$$

Die nur von den Abmessungen der Diode abhängige Konstante k wird Perveanz genannt. Der Anodenstrom gehorcht, wie in Bild 5.56 dargestellt, dem $U_{ak}^{3/2}$-Gesetz. Gegenüber dem metallischen Leiter besteht somit bei der Vakuumanordnung kein linearer Zusammenhang zwischen Strom und Spannung. Das $U_{ak}^{3/2}$-Gesetz gilt für beliebige Elektrodenformen. Gl.

5.4.3 Anwendungen

(5.30) gilt nur, wenn die Kathode mehr Elektronen liefert als zur Anode gelangen, d.h. beim Vorhandensein einer Raumladung; I_a muß also immer kleiner sein als der durch die Kathodentemperatur bestimmte Sättigungsstrom (Abschn. 5.4.2). Diese Voraussetzung ist in der Praxis bei den meisten Elektronenröhren erfüllt.

Die Elektronen können bei Elektronenröhren nur von der geheizten zur kalten Elektrode wandern und nur dann, wenn diese positives Potential gegenüber der geheizten Elektrode hat. Würde man die Spannungsquelle in umgekehrter Polarität anschließen, so könnte die kalte Elektrode keine Elektronen emittieren. Der Strom fließt also nur in einer Richtung, ein weiterer wesentlicher Unterschied gegenüber dem metallischen Leiter.

5.4.3.3 Elektronenröhren mit Gitter. Ihre vielfältige Anwendung haben die heute durch Halbleiter weitgehend ersetzten Elektronenröhren erst dadurch gefunden, daß sie nach Hinzufügen von einer oder mehreren elektronendurchlässigen Elektroden, den Gittern, im Raum zwischen Anode und Kathode praktisch leistungs- und trägheitslos steuerbar werden. Das Gitter wird als feinmaschiges Netz oder als Drahtspirale ausgeführt.

Fügt man als dritte Elektrode zwischen Kathode und Anode ein Gitter, das Steuergitter, ein, so wird aus der Diode die in Bild 5.57 dargestellte Triode mit drei Anschlüssen, die mit denen des Transistors vergleichbar sind. Da sich mit dem Potential des Gitters Feldverteilung vor der Kathode und somit Elektronenbewegung beeinflussen lassen, hängt der Anodenstrom I_a von Anodenspannung U_{ak} und Gitterspannung U_{gk} ab.

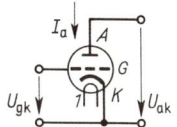

5.57
Schema einer Triode (indirekte Heizung)
1 Heizung, *A* Anode, *G* Gitter, *K* Kathode

Bei negativer Gitterspannung und großer positiver Anodenspannung können keine (negativen) Elektronen auf dem Gitter landen; es fließt also der gesamte Emissionsstrom der Kathode durch die Maschen des Gitters hindurch als Anodenstrom auf die Anode: Es tritt kein Gitterstrom auf. Durch Ändern der negativen Gitterspannung läßt sich der Anodenstrom leistungslos steuern, und zwar praktisch trägheitslos, da nach Beispiel 5.5 die Elektronenlaufzeit τ in die Größenordnung 1 ns fällt.

5.4.3.4 Röntgenröhren. Röntgenröhren haben nicht nur für Diagnose und Therapie in der Medizin, sondern auch in der Technik für zerstörungsfreie Werkstoffprüfungen, insbesondere bei Untersuchungen fertiger Konstruktionsteile auf Fehlstellen, eine erhebliche Bedeutung.

Die von der Glühkathode emittierten Elektronen treffen mit großer Geschwindigkeit auf eine Anode (auch Antikathode genannt) und lösen hier Röntgenstrahlung aus, eine elektromagnetische Strahlung mit Wellenlängen zwischen etwa 1 nm und 10 fm. Das Durchdringungsvermögen, die Härte der Strahlung, hängt von der Anodenspannung ab. Meist liegt diese bei einigen 10 kV bis über 100 kV, besonders für therapeutische Zwecke auch bis über 1 MV. Insgesamt wird nur etwa 1% der Elektronenenergie in Röntgenstrahlung umgewandelt.

5.5 Elektrische Leitung in Gasen

Im Gegensatz zum Vakuum tritt in Gasen eine so große Anzahl von Molekülen im Raum auf, daß die Elektronenbewegung durch Gasmoleküle behindert wird und diese an den Teilchenbewegungen und am Elektrizitätstransport teilnehmen. Diese im folgenden zu besprechenden Erscheinungen gelten grundsätzlich von kleinen Gasdrücken an bis ins Gebiet großer Drücke. Insbesondere ist auch der Atmosphärendruck, etwa in freier Luft, eingeschlossen.

5.5.1 Erzeugung von Ladungsträgern durch Ionisierung von Gasen

Damit ein Teilchen im elektrischen Feld bei freier Beweglichkeit eine Geschwindigkeit annehmen kann, muß es elektrisch geladen sein. Nun enthalten auch die Moleküle bzw. Atome der Gase genau wie die der festen Körper elektrische Teilchen, die im normalen, neutralen Zustand allerdings innerhalb jedes Elementarteilchens ausgeglichen sind, so daß es unelektrisch erscheint. Gase und Dämpfe sind daher in gewöhnlichem Zustand und bei niedrigen elektrischen Feldstärken praktisch vollkommene Nichtleiter. Wird einem Atom aber durch irgendeinen äußeren Einfluß ein Elektron genommen oder ein überzähliges hinzugefügt, so ist es ein positiv oder ein negativ geladenes elektrisches Teilchen. Es wird ebenso wie in Elektrolyten als Ion bezeichnet und kann im Gegensatz zu denen in festen Stoffen der Kraftwirkung des elektrischen Feldes folgen.

Die Erzeugung freier Ladungsträger im Gas ist also an die Ionisation eines Atoms bzw. einer Molekel geknüpft. Allerdings ist der Aufbau der Teilchen so stabil, daß verhältnismäßig große Energien notwendig sind, um das Gas zu ionisieren und somit leitend zu machen. Man nennt die zur Auslösung eines Elektrons aus dem Atom notwendige Energie Ionisierungsarbeit und gibt sie in ähnlicher Weise wie die Austrittsarbeit von Elektronen aus der Kathode (s. Abschn. 5.4.2) durch ihre Spannungsäquivalente, die Ionisierungsspannung, an; sie liegt bei Edelgasen zwischen 12,1 V und 24,5 V, beträgt für den zweiwertigen Stickstoff 15,8 V und ist am kleinsten bei Metalldämpfen (Natriumdampf 5,12 V; Cäsiumdampf 3,88 V).

Eine Ionisation kann durch bewegte Elektronen, Röntgenstrahlen, Licht u. a. ausgelöst werden. Sie wird geringfügig in allen Gasen ständig durch die durchdringende Weltraumstrahlung und im Erdboden vorhandene radioaktive Substanzen bewirkt. Für technische Anwendung der elektrischen Leitung in Gasen ist die Stoßionisation durch Aufprall von Elektronen auf Atome am wichtigsten. Wird dabei von dem Atomverband ein Elektron eingefangen, so ist das Ion negativ und wandert zur Anode; wird ein Elektron herausgeschlagen, so verbleibt ein positives Ion, das zur Kathode geht und sich dort durch Aufnahme eines Elektrons neutralisieren kann. Es entstehen also durch den Strom selbst fortwährend neue Ladungsträger, deren Konzentration für die Stromstärke maßgebend ist, ohne daß die herrschende Spannung die Quantität mit bestimmt. Es ist sogar möglich, daß die erforderliche Spannung mit steigender Stromstärke kleiner wird. Hier kann man also nicht mehr von einem Widerstand im Sinne des Ohmschen Gesetzes sprechen.

Eine Ionisierung kann auch durch Stoß positiver Ionen ausgelöst werden, jedoch findet sie nicht so häufig statt wie die Trägerbildung durch Elektronenstoß. Bei allen Gasen steigt die Trägerbildung durch Einwirken der Temperatur, wie aus der Zunahme der Leitfähigkeit mit wachsender Temperatur zu erkennen ist.

Im technischen Sprachgebrauch wird das Auftreten der Ionisation allgemein als **Gasentladung** bezeichnet, die in einer Entladungsstrecke (Entladungsgefäß) mit unterschiedlichen **Entladungsformen** (s. Abschn. 5.5.3) auftritt.

5.5.2 Umwandlung und Verschwinden von Ladungsträgern

Bei der Ionisation finden fortwährend neue Zusammenstöße statt. Die Größe des von einem Teilchen zwischen zwei Zusammenstößen zurückgelegten Weges bezeichnet man als **freie Weglänge**. Sie hängt außer von der Art des Gases noch vom Druck ab und ist für Atome kleiner als für Elektronen. Die mittleren freien Weglängen innerhalb eines Raumes betragen bei Edelgasen etwa 0,1 µm bei einem Druck von 73,6 kPa und etwa 0,1 mm bei einem Druck von 100 Pa, während die Elektronen rund 5fache mittlere freie Weglängen haben. Als Folge der fortlaufenden Zusammenstöße der positiven Ionen und freien Elektronen mit den Gasmolekeln werden die **erzeugten Träger umgewandelt**; dabei entstehen hauptsächlich negative Ionen durch Anlagerung von Elektronen an neutrale Atome oder Moleküle. Somit kommen in Gasen insgesamt **drei Arten von Ladungsträgern vor**: (negative) Elektronen, positive Ionen, negative Ionen.

Nach Abschn. 5.1.3 ist die Wanderungsgeschwindigkeit der Ladungsträger der elektrischen Feldstärke proportional. Der Proportionalitätsfaktor **Beweglichkeit** ist in Gasen proportional der Trägerladung und der freien Weglänge, umgekehrt proportional der Masse der Ladungsträger und der absoluten Temperatur. Da die Masse der Ionen praktisch der Atom- oder Molekülmasse entspricht und diese im Mittel 10^4mal größer ist als die Ruhmasse m_0 des Elektrons, ist die Beweglichkeit der Ionen im Durchschnitt um zwei Zehnerpotenzen kleiner als die der Elektronen. Die Ladung der Ionen kann je nach der Anzahl der beim Atom oder Molekül entfernten oder angelagerten Elektronen $e, 2e, 3e, \ldots$ bzw. $-e, -2e, -3e \ldots$ betragen.

Die stetige Neubildung von Trägern müßte zu einem stetigen Anwachsen der Trägerdichte führen, jedoch tritt durch **Verschwinden von Trägern** ein Gleichgewichtszustand auf, weil sich positive und negative Ladungsträger wiedervereinigen. Man nennt diesen Vorgang **Rekombination** (s. Abschn. 5.2.2.2).

Bei den meisten Entladungsformen ist die Konzentration der Träger äußerst gering; eine gegenseitige Beeinflussung tritt nicht auf. Ist das Gasgemisch dagegen hochionisiert, können die gegenseitigen Beeinflussungen der Träger nicht mehr vernachlässigt werden; in diesem Fall muß die Trägerdichte beider Vorzeichen fast gleich sein, da sonst ein sofortiger Ausgleich von Überschußladungen auftreten würde. Ein solches Gasgemisch ist daher nach außen hin quasineutral und wird **Plasma**, genauer Niedertemperaturplasma, genannt.

5.5.3 Entladungsformen

5.5.3.1 Unselbständige Entladung. Kommt die Trägerbildung nicht nur ausschließlich durch die Wirkung des der Elektrodenspannung zugeordneten elektrischen Feldes zustande, sondern ist eine dauernde Zufuhr weiterer Energie, z. B. durch Strahlung oder durch Glühemission erforderlich, spricht man von einer unselbständigen Entladung. Da insbesondere die Weltraumstrahlung und die radioaktiven Strahlungen als Ionisierungsursache kaum irgendwo unterdrückt werden können, muß man immer mit ihr rechnen. In jedem elektrischen Feld findet also eine Trägerbewegung statt, deren Stromstärke allerdings nur sehr gering ist, wenn die Ionisierung nicht künstlich gefördert wird (äußere Ionisation). Die unselbständigen Entladungen spielen in der Elektrotechnik keine Rolle, können jedoch als Vorstufe zu den anschließend behandelten selbständigen Entladungen angesehen werden. Ausgenutzt wird der Effekt bei der Messung der Intensität von Röntgenstrahlen.

5.5.3.2 Selbständige Entladung. Eine selbständige Entladung liegt vor, wenn nach Steigern der Spannung an den Elektroden der Strom bis zum plötzlichen **Zünden** der Strecke anwächst: Die Entladung bleibt auch ohne äußere Ionisation bestehen, sie erzeugt die Träger selbst durch Stoßionisation der Gasatome und durch Auslösen von Elektronen an der negativen Elektrode beim Auftreffen von positiven Ionen. Die selbständige Entladung setzt ein, wenn ein die Kathode verlassendes Elektron gerade so viel positive Ionen erzeugt, daß an der Kathode ein weiteres Elektron ausgelöst werden kann.

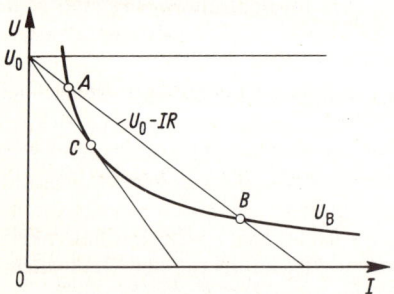

5.58 Fallende Charakteristik $U_B = f(I)$ und Stabilisierung einer Gasentladung
U_B Spannung an der Entladungsstrecke

Für den quantitativen Ablauf solcher Entladungen ist in den meisten Fällen kennzeichnend, daß mit **zunehmender Stromdichte** nur eine **abnehmende elektrische Feldstärke** erforderlich ist. Im Gegensatz zum Leitungsvorgang etwa in Metallen, bei dem das Ohmsche Gesetz nach Gl. (1.6) und (1.8) gilt, sind hier Stromdichte S und elektrische Feldstärke E und somit auch Strom I und Spannung U umgekehrt proportional, wie etwa Bild 5.58 in der **fallenden Charakteristik** der Kurve $U_B = f(I)$ zeigt. Für alle Punkte der Kennlinie ist der differentielle Widerstand negativ. Würde eine solche Entladungsstrecke an eine beliebig ergiebige Stromquelle angeschlossen werden, so hätte das, da für größere Ströme eine kleinere Spannung benötigt wird, ein **lawinenartiges Ansteigen** des Stromes zur Folge. In der Praxis muß daher die Entladungsstrecke durch eine Begrenzung des Stromes stabilisiert werden.

Die **Stabilisierung der Entladung** kann sich selbsttätig innerhalb der Gasstrecke etwa durch das Auftreten einer **Raumladung** einstellen (z. B. bei Glimm- und Spitzenentladungen). Bei Entladungen mit größeren Strömen sind jedoch äußere Mittel zur Strombegrenzung erforderlich, z. B. vorgeschaltete Widerstände (bei Wechselstrom auch Drosselspulen oder Kondensatoren). Bei Reihenschaltung eines Widerstands R mit der Gasentladungsstrecke (mit ihrer Spannung U_B) gilt nach Bild **5.**59 mit U_0 als Netzspannung die Spannungsgleichung

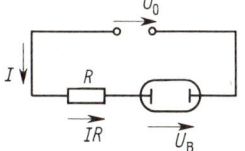

5.59
Strombegrenzung durch Widerstand R

$$U_0 = IR + U_B \quad \text{oder} \quad U_0 - IR = U_B. \qquad (5.31)$$

Trägt man $U_0 - IR$ in die Darstellung der Kurve $U_B = f(I)$ ein, so kann die fallende Charakteristik in zwei Punkten geschnitten (A, B in Bild **5.**58) oder tangiert (C) oder gar nicht getroffen werden. Der für einen sicheren Betrieb (sicheres Brennen der Gasentladung) nur in Frage kommende Verlauf mit zwei Schnittpunkten befriedigt Gl. (5.31) nur in den beiden Betriebspunkten A und B, da allein hier $U_0 - IR = U_B$ ist. Dabei ist A nicht stabil, da jede kleine Spannungsänderung im Bereich zwischen A und B einen Spannungsüberschuß und somit ein Ansteigen des Stromes zur Folge hätte. Es stellt sich immer automatisch der Betriebspunkt B ein.

5.5.3.3 Erscheinungsformen der Gasentladungen. Von Übergangsgebieten abgesehen, unterscheidet man die Entladungsformen nach den von Stromdichte und Druck abhängigen Einflüssen der Raumladung und dem Mechanismus der Trägernachlieferung. In der Folge steigender Stromdichte sind dies:

Dunkelentladung ohne Leuchterscheinungen. Im Entladungsraum befinden sich nur durch Fremdeinwirkung, z. B. Bestrahlung, entstandene Ladungsträger; es tritt noch keine Stoßionisation auf.

Townsend-Entladung, auch Vorstromentladung genannt. Die Ladungsträger erzeugen im Gasraum durch Stoßionisation neue Elektronen und Ionen.
Der Bereich des dunklen Vorstroms erstreckt sich etwa auf Ströme von 1 pA bis 1 µA bzw. Stromdichten von einigen µA/cm², so daß Raumladungen noch keine Rolle spielen. Townsend-Entladungen sind meistens unselbständig.
Bei stark inhomogenen Feldern können zonal extrem große elektrische Feldstärken auftreten, die weit über der mittleren Feldstärke $E_{mi} = U/l$ liegen (mit der Spannung U zwischen zwei Elektroden und ihrem Abstand l). In Extremfällen können dann infolge dieser großen Feldstärken Elektronen so stark beschleunigt werden, daß es zu Stoßionisationen kommt. Die somit in dieser Zone zustandekommenden selbständigen Entladungen bilden eine dünne, die Innenelektrode kranzförmig überziehende leuchtende Haut, Korona genannt. Bei Höchstspannungs-Freileitungen müssen die Querschnittsabmessungen des Leitersystems gegebenenfalls künstlich vergrößert werden (Hohlleiter oder Bündelleiter), damit Koronaentladung vermieden bzw. vermindert wird, die als eine in den freien Raum gehende Strömung auch mit einem Energieverlust verbunden ist.

Glimmentladung. Die Townsend-Entladung geht mit wachsendem Strom unter beträchtlicher Spannungsabsenkung in die selbständige Glimmentladung über, durch die der Gasraum bei kaltbleibenden Elektroden unter Auftreten von Leuchterscheinungen (mehrere aufeinanderfolgende leuchtende Schichten und Dunkelräume) elektrisch gut leitend wird; die Ladungsträger werden vorwiegend durch Trägerstoß erzeugt.
Die Leuchterscheinung beruht auf der Anregung der Gasatome. Die Bewegungsenergie der Elektronen ist dabei gerade so weit angewachsen, daß die Gasatome beim Zusammenstoß den

Energiebetrag vollständig aufnehmen, ihn aber (nach etwa 10 ns) wieder abgeben (meist als elektromagnetische Strahlung). Da zur Ionisierung mehr Energie als zur Anregung erforderlich ist, können Gasatome auch in Gebieten leuchten, in denen noch keine Ionisierung auftritt. Betrachtet man die Ionisierung als Grenzfall der Anregung, dann kann man das bei der Ionisierung abgetrennte Elektron als das am losesten an das Atom gebundene Elektron auch als das Leuchtelektron ansehen.

Funkenentladung. Wird die Spannung einer Glimmentladung gesteigert, so wächst die Glimmzone; es treten aus der Glimmhaut größere Teilentladungen, Büschelentladungen, in den Raum, und schließlich steigt die elektrische Feldstärke so sehr, daß der ganze Raum zwischen beiden Elektroden durch eine volle Entladung, den Funken, überbrückt wird.

Im Gegensatz zur gleichmäßig entstehenden und länger anhaltenden Glimmentladung ist der Funkendurchbruch ein plötzlicher, kurzzeitiger Entladungsstoß. Er tritt auf, wenn einerseits die elektrische Feldstärke bzw. Spannung groß genug ist, andererseits aber für das Entstehen einer länger dauernden Bogenentladung mit großem Strom nicht genügend Ladung bzw. Energie verfügbar ist.

Diese Verhältnisse liegen z. B. auch beim Blitz vor. Eine Abart des frei im Gasraum entstehenden Funkens ist der Gleitfunke über die Oberfläche von Isolationen hinweg. Er ist eine Gleitentladung an der Grenzschicht zwischen Gasraum und Isolierstoff. Seine technisch größte Bedeutung hat der Funke als Störungserscheinung, da alle Abstände in Luft und alle Isolationsdicken so groß gemacht werden müssen, daß kein Funkendurchbruch auftritt. Gewollt ist der Funke nur selten, z. B. bei der Meßfunkenstrecke, einer einfachen Vorrichtung zum Messen von Hochspannungen oder für die Zündung von Gasen (Zündkerze).

Bogenentladung. Steht im Anschluß an einen Funkendurchbruch noch genügend Spannung und Energie zur Verfügung, so entsteht der stromstarke Lichtbogen. Seine Strom-Spannungs-Charakteristik entspricht der Kurve $U_B = f(I)$ in Bild 5.58. Für das Bestehen eines kurzen (Größenordnung cm) Lichtbogens in Luft (Gasdruck ungefähr 100 kPa) ist eine Mindestspannung zwischen etwa 15 V und 30 V (je nach Elektrodenmaterial) und ein Mindeststrom von 0,5 A bis 1 A oder mehr erforderlich. Größere Lichtbogenlängen erfordern bei gleichen Strömen entsprechend höhere Spannungen.

Bei höheren Spannungen kommt es zur Lichtbogenzündung durch Funken. Bei kleinen Spannungen zündet man durch Berühren und anschließendes Entfernen der Elektroden. Wird im Stromkreis kein eigener Begrenzungswiderstand nach Abschn. 5.5.3.2 vorgesehen, so steigt der Strom, bis der Leitungswiderstand des Kreises die Begrenzung bewirkt (flacher Verlauf der Widerstandsgeraden $U_0 = IR$ in Bild 5.58, also großer Strom!).

5.5.4 Elektrische Festigkeit

Hohe Spannungen und große elektrische Feldstärken beanspruchen den Isolierstoff elektrisch. Jedes Gas, jede Flüssigkeit und jeder Festkörper wird bei einer bestimmten elektrischen Feldstärke durchschlagen. Diese Durchbruch-Feldstärke muß hinreichend über der betriebsmäßig auftretenden elektrischen Feldstärke liegen. Bei festen Körpern würde der durchschlagende Funke eine Zerstörung bewirken. Bei Flüssigkeiten und Gasen schließt sich der Durchbruchkanal wieder selbsttätig. Trotzdem muß auch in Flüssigkeiten und den hier besonders interessierenden Gasen ein Durchschlag vermieden werden, da er Spannungsabsenkung, Energieverlust oder weitere Störungen bewirkt. Besonders ist das der Fall, wenn dem Funken ein Lichtbogen nachfolgt.

Die Durchbruch-Feldstärke der Luft kann bei normalen atmosphärischen Bedingungen zu 30 kV/cm angesetzt werden. Wo diese überschritten wird, kommt es zum

Durchschlag, in inhomogenen Feldern gegebenenfalls zum Teildurchbruch in der Form des Glimmens. Auf den genauen Wert der Durchschlagfeldstärke und darauf, ob ein vollständiger Funkendurchbruch auftritt, sind von Einfluß: Lufttemperatur, Luftdruck, Luftfeuchte, Elektrodenform und Zeitdauer der Spannungseinwirkung.

Im Gegensatz zum Durchschlag in Gasen werden feste Stoffe durch Wärmewirkung oder mechanische Kräfte zerstört. Da die freie Weglänge der Ionen hier erheblich kleiner ist als in Gasen, tragen sie nur wenig zur Ionisation bei. Die Durchbruchsfestigkeit der Isolierstoffe kann, besonders bei flüssigen Isolierstoffen, durch Verunreinigungen und Beimengungen stark herabgesetzt werden. Für weitere Einzelheiten s. [19], [33].

5.5.5 Gasentladungslampen

Die zu dieser Gruppe gehörenden Lichtstrahler beruhen darauf, daß Atome beim Zusammenstoß mit Elektronen eine Energie aufnehmen, die sie kurz danach wieder als Strahlungsenergie des sichtbaren oder benachbarten Spektrums abgeben können. Bei der Vielzahl der beteiligten Atome senden die einzelnen Atome gänzlich unabhängig voneinander Strahlung aus (statistischer Vorgang). Es besteht daher zwischen den von ihnen emittierten Wellen keine Phasenkohärenz, d.h., die abgestrahlten Wellen haben nicht den gleichen zeitlichen Phasenverlauf. Das von der Gasentladung abgegebene Licht stellt eine nichtkohärente Emission dar. Jedes Gas emittiert die seinem Spektrum entsprechende Lichtfarbe, z.B. im sichtbaren Bereich Natrium gelb, Lithium rot, Neon orangerot, Helium weißlichrosa. Lampen mit diesen Füllungen und kalten Kathoden werden als Leuchtröhren bezeichnet. Sie haben eine Niederdruck-Gasfüllung und dienen hauptsächlich Werbezwecken. Als Hochdruck-Entladungslampen (mit Gasdrücken bis zu 100 Pa) werden hauptsächlich Natrium- und Quecksilberdampflampen ausgeführt. In der Entladung treten Temperaturen zwischen 5000°C und 10000°C auf; es bildet sich ein thermisches Plasma, bei dem zwischen allen Plasmapartnern – also Elektronen, Ionen und neutralen Atomen – thermisches Gleichgewicht herrscht. Die Entladung wird so geführt, daß die Temperatur an der Gefäßwand aus Quarz nur noch etwa 1000°C beträgt. Hochdruck-Entladungslampen haben eine gute Lichtausbeute und finden für Straßenbeleuchtung und Arbeitsplatzbeleuchtungen in Werkstätten Verwendung.

Leuchtstofflampen arbeiten mit Quecksilberdampf als Entladungsträger und haben an der Innenwand des Glasrohrs eine Schicht, die von der auf sie treffenden ultravioletten Strahlung der Gasentladung zum Selbstleuchten angeregt wird. Durch Auswahl aus den hierfür geeigneten Stoffen (z.B. Zinkkadmiumborat) können sehr verschiedenartige Farbtöne erzielt werden. Besonders wichtig sind die für Raumbeleuchtung benutzten Leuchtstoffröhren mit tageslichtähnlichem (Kennbuchstabe T), gelblichweißem (G), warmtonigem (I) und weißem (W) Licht. Durch Verwendung von Glühkathoden sind diese Röhren auch für den Anschluß an Niederspannung brauchbar geworden. Die von Spannungsschwankungen weit weniger abhängige Lichtausbeute der Leuchtstofflampen beträgt etwa das Fünffache gegenüber Glühlampen gleicher Leistungsaufnahme; außerdem wird kaum störende Wärme entwickelt; das Gas in der Lampe bleibt im Betrieb auf Zimmertemperatur.

6 Einfacher Sinusstromkreis

Für elektrische Vorgänge unterscheiden wir die in Bild **1.3** dargestellten Stromarten[1]). Beim **Wechselstrom** i nach Bild **6.1** ändern sich Größe und Richtung **periodisch** mit der Zeit t; d.h., nach Ablauf der Periodendauer T (s. Abschn. 6.1.1.1) wiederholt sich der Verlauf der zeitlichen Änderung. Mit n als ganzer Zahl gilt also für eine Wechselgröße allgemein

$$f(t) = f(t + nT) \,. \tag{6.1}$$

Außerdem ist der **lineare Mittelwert** einer reinen Wechselgröße während einer Periode **Null** (s. Abschn. 6.1.1.3).

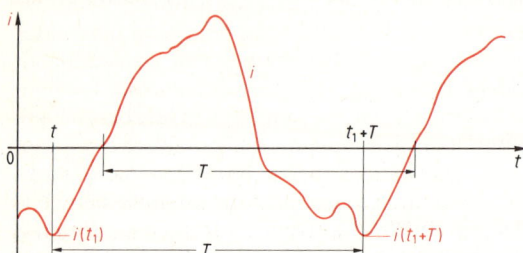

6.1 Zeitlicher Verlauf eines Wechselstroms $i = f(t)$
T Periodendauer

Eine Wechselgröße kann innerhalb einer Periode einen beliebigen Verlauf zeigen (s. Abschn. 10). Wir werden uns hier zunächst nur mit den **rein sinusförmigen Wechselgrößen**, die nach DIN 5488 auch **Sinusgrößen** genannt werden, befassen, ihre Erzeugung und ihre Kenngrößen betrachten, einfache Darstellungsmöglichkeiten für sie beschreiben und ihre Wirkung in den passiven (idealisierten) Zweipolen Wirkwiderstand R, Induktivität L und Kapazität C untersuchen. Anschließend werden in Abschn. 7 zusammengesetzte Schaltungen und Netzwerke betrachtet und Anwendungen untersucht. In Abschn. 9 wird die Darstellung auf verkettete Mehrphasensysteme, in Abschn. 10 auf Wechselgrößen beliebiger Kurvenform und in Abschn. 8 auf veränderbare Frequenzen erweitert. Einschaltvorgänge (s. Abschn. 11) werden hierbei zunächst vernachlässigt, d.h., alle Betrachtungen gelten für stationäre Vorgänge.

Wechselstrom läßt sich ohne großen Aufwand transformieren (s. Abschn. 7.2.2), also bei der Energieverteilung [19] leicht den jeweiligen Erfordernissen – z.B. kleiner Strom bei hoher Spannung für die Übertragung, aber kleine Spannung in der Anwendung – anpassen. Da er außerdem in Mehrphasensystemen (s. Ab-

---

[1]) Hier wird bei der Beschreibung grundlegender Definitionen, wie allgemein üblich, lediglich von Strömen gesprochen; selbstverständlich gelten sie auch für Spannungen.

schn. 9) die Erregung von Drehfeldern und somit den einfachsten Motor- und Generatoraufbau [56] bei größten Leistungen ermöglicht, werden heute 99% der elektrischen Energie als Wechselstrom erzeugt und verteilt. Um geringste parasitäre Nebenerscheinungen (s. Abschn. 10) zu erhalten, hat man sich in der Energietechnik für sinusförmigen Wechselstrom entschieden; in den VDE-Vorschriften wird die Sinusform mit 5% Toleranz für die Spannung gefordert.

In der Nachrichtentechnik [15], [20], [25], [27], die der elektrischen Übertragung nichtsinusförmiger Signale dient, wird ebenfalls häufig mit Wechselströmen gearbeitet. Nichtsinusförmige Vorgänge werden dann gern aus Zweckmäßigkeitsgründen in sinusförmige Komponenten zerlegt (s. Abschn. 10).

6.1 Eigenschaften von Sinusgrößen

Es soll nur kurz wiederholt (s. Abschn. 4.3.1) werden, wie Sinusspannung erzeugt werden kann, um hierbei festzulegen, durch welche Kennwerte Wechselgrößen bestimmt bzw. beschrieben werden können. Die zunächst eingeführte Darstellung des zeitlichen Verlaufs der Sinusvorgänge dient der physikalischen Vorstellung, soll aber bald zugunsten der formal gleichwertigen Darstellung als Zeigerdiagramm aufgegeben werden, da dies eine Behandlung mit geringstem Aufwand und großer Anschaulichkeit gestattet.

6.1.1 Erzeugung von Sinusspannungen

Für Zwecke der elektrischen Energietechnik werden Wechselspannungen hauptsächlich in den Generatoren der Kraftwerke erzeugt [56]. Außerdem werden Wechselrichter, das sind heute meist statische Umformer mit Halbleiterbauelementen (s. Abschn. 5.2), verwendet, die Gleichstrom in Wechselstrom umformen [1], [31], [71], [81]. In der Nachrichtentechnik werden zur Erzeugung von Wechselspannungen statische Einrichtungen, wie Schaltungen mit Röhren, Transistoren, Schwingkreisen und anderen Bauelementen, eingesetzt [1], [10], [15], [20], [24], [25], [27], [34], [42], [55], [59], [60], [61], [62], [66], [69], [72], [81], [82], [96].

6.1.1.1 Anwendung des Induktionsgesetzes. Die Erzeugung von Sinusspannungen in den Generatoren der Energietechnik wird grundsätzlich durch das Induktionsgesetz (s. Abschn. 4.3.1) beschrieben. In einer Spule mit N Windungen wird nach Gl. (4.94) eine Spannung induziert, die der Änderungsgeschwindigkeit $d\Phi_t/dt$ des mittleren, mit einer Windung verketteten Flusses Φ proportional ist. Als Quellenspannung aufgefaßt läßt sie sich im Verbraucher-Zählpfeilsystem (s. Abschn. 1.3.1.4 und 4.3.1.6)

$$u_q = N\,d\Phi_t/dt \tag{6.2}$$

schreiben. Wir bezeichnen also auch hier den Zeitwert der Spannung mit dem kleinen Buchstaben u (und entsprechend den Zeitwert des Stromes mit i), alle anderen Zeitwerte aber mit dem Index t, also z. B. den Zeitwert des Flusses mit Φ_t, und die Scheitelwerte mit dem Kennzeichen ^, also z. B. $\hat{u}$ und $\hat{\Phi}$.

6.1 Eigenschaften von Sinusgrößen

Sorgt man durch Drehung einer Spule wie in Bild **4.48** oder eines Polrads entsprechend Bild **6.2** a oder durch Flußänderung in einem Transformator (s. Bild **4.47** und Abschn. 7.2.2) dafür, daß mit dem Scheitelwert $\hat{\Phi}$ des Flusses und der Kreisfrequenz ω (das ist bei einem drehenden zweipoligen Polrad auch die Winkelgeschwindigkeit) der Zeitwert des Flusses der Funktion

$$\Phi_t = -\hat{\Phi}\cos(\omega t)$$

folgt, so gilt für die induzierte Quellenspannung

$$u_q = -N\,\mathrm{d}(\hat{\Phi}\cos\omega t)/\mathrm{d}t = N\omega\hat{\Phi}\sin(\omega t) = \hat{u}_q\sin(\omega t) \tag{6.3}$$

bzw. für ihren Scheitelwert

$$\hat{u}_q = N\omega\hat{\Phi}\,. \tag{6.4}$$

Die Verläufe von Fluß Φ_t und Spannung u_q sind in Bild **6.2** b dargestellt.

In Bild **6.2** a ist der Querschnitt durch einen Wechselspannungsgenerator dargestellt, dessen prinzipiellen Aufbau auch die technisch ausgeführten Generatoren zeigen. In dem rohrförmigen Ständer 1 befindet sich in horizontaler Ebene die Ständerwicklung 4, und in diesem Zylinder dreht sich das Polrad 2 mit der Erregerwicklung 3, die von einem Gleichstrom I_E durchflossen wird und so den Fluß Φ erzeugt. Der Luftspalt zwischen Ständer und Polrad erweitert sich von der Polmitte zu den Polenden hin, um eine annähernd sinusförmige Induktionsverteilung im Luftspalt zu erreichen.

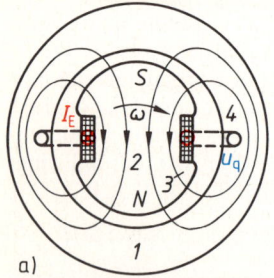
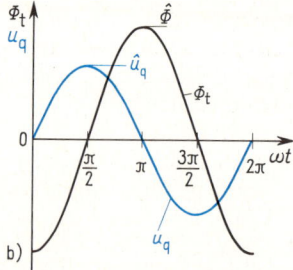

6.2 Querschnitt (a) durch einen Wechselspannungsgenerator und zeitlicher Verlauf (b) seines Flusses Φ_t und der Quellenspannung u_q
 1 Ständer mit Wicklung *4*, *2* Polrad mit Erregerwicklung *3*, ωt Drehwinkel

6.1.1.2 Phasenlage. In Bild **6.2**b ist das Zeitdiagramm, also der zeitliche Verlauf eines Sinusflusses Φ_t und einer durch ihn verursachten Sinus-Quellenspannung u_q dargestellt. Diese Sinusgrößen erreichen zu verschiedenen Zeiten t ihre Scheitelwerte und Nulldurchgänge. Man sagt, diese Größen haben unterschiedliche Phasenlagen; sie sind gegeneinander phasenverschoben.

Bild **6.3** zeigt die sinusförmigen Verläufe eines Stromes $i = \hat{i}\sin(\omega t + \varphi_I)$ und einer Spannung $u = \hat{u}\sin(\omega t + \varphi_U)$. Ganz allgemein beginnt somit eine Sinusfunktion $x = \hat{x}\sin(\omega t + \varphi_x)$ zur Zeit $t = 0$ mit dem Wert $x_0 = \hat{x}\sin\varphi_x$ und geht um den Nullphasenwinkel φ_x früher als die normale Sinusfunktion $\sin(\omega t)$ durch Null.

6.1.1 Erzeugung von Sinusspannungen

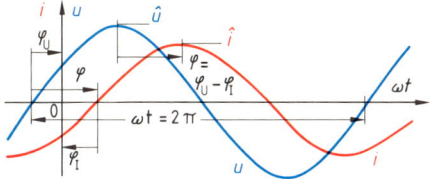

6.3
Sinusstrom $i = \hat{i} \sin(\omega t + \varphi_I)$ und
Sinusspannung $u = \hat{u} \sin(\omega t + \varphi_U)$
φ Phasenwinkel

Hierbei ist streng auf das Vorzeichen des Winkels zu achten: In Bild **6.3** ist z. B. der Nullphasenwinkel der Spannung $\varphi_U = 30°$ und der des Stromes $\varphi_I = -60°$. Der Nullphasenwinkel ist also ganz allgemein eine gerichtete Größe, die positive und negative Zahlenwerte annehmen kann und daher auch durch einen Einfachpfeil (mit nur einer Pfeilspitze) gekennzeichnet werden muß. Er wird positiv angegeben, wenn seine Pfeilspitze in die positive Winkel-Zählrichtung weist. Um den Nullphasenwinkel also vorzeichenrichtig aus einem Zeitdiagramm, z. B. Bild **6.3**, entnehmen zu können, muß man den Winkelpfeil vom positiven Nulldurchgang (die Sinuslinie wird nach dem Nulldurchgang positiv) aus zur Ordinatenachse richten; die Pfeilspitzen müssen also stets an der Ordinatenachse liegen. Der zugehörige Wert des Nullphasenwinkels φ_x wird dann positiv angegeben, wenn sein Pfeil in Richtung der positiven Winkelzählrichtung weist, bzw. negativ bei entgegengesetzter Richtung.

Wichtiger als der Nullphasenwinkel ist in der Sinusstromtechnik die Phasenverschiebung zwischen zwei Sinusfunktionen, die dann einfach Phasenwinkel φ genannt wird. Diese Phasenverschiebung zwischen zwei Sinusfunktionen $f_1(t)$ und $f_2(t)$ mit den Nullphasenwinkeln φ_1 und φ_2 wird ebenfalls durch einen Einfachpfeil gekennzeichnet, der von $f_1(t)$ nach $f_2(t)$ oder umgekehrt weist. Ihr Betrag ergibt sich als Summe aus φ_1 und φ_2, wobei die Winkel φ_1 und φ_2 mit ihrem Vorzeichen in diese Summe eingeführt werden müssen (s. Bild **6.3**). Bei der Angabe des zwischen zwei Sinusgrößen auftretenden Phasenwinkels muß also stets angegeben werden, welche dieser beiden Größen als Bezugsgröße gelten soll.

In Bild **6.3** sind Strom i und Spannung u gegeneinander phasenverschoben. DIN 40110 legt fest, daß stets der Strom als Bezugsgröße genommen wird. Wenn dann z. B. der Nullphasenwinkel des Stromes $\varphi_I = 0$ gewählt wird, ist der Phasenwinkel φ mit dem Nullphasenwinkel der Spannung φ_U identisch. Allgemein gilt nach DIN 40110 für den Phasenwinkel

$$\varphi = \varphi_U - \varphi_I . \tag{6.5}$$

Auf diese Weise wird der Phasenwinkel φ stets zwischen Strom i und Spannung u gemessen. (Nach Abschn. 6.2.1 ist dies auch der Phasenwinkel des komplexen Widerstands $\underline{Z}$ und ebenso der komplexen Leistung $\underline{S}$; der Phasenwinkel φ_Y des komplexen Leitwerts $\underline{Y}$ hat jedoch das entgegengesetzte Vorzeichen. Da die meisten Versorgungsnetze Konstantspannungssysteme sind, gäbe es gewichtige Gründe, die Spannung als Bezugsgröße zu wählen. Wir müssen uns hier aber an die Definition in DIN 40110 halten.)

Für die Verhältnisse von Bild **6.3** kann man völlig gleichwertig sagen:

a) Mit den Nullphasenwinkeln $\varphi_I = -\pi/3 = -60°$ und $\varphi_U = \pi/6 = 30°$ beträgt der Phasenwinkel $\varphi = \varphi_U - \varphi_I = (\pi/6) - (-\pi/3) = 30° - (-60°) = \pi/2 = 90°$.

302 6.1 Eigenschaften von Sinusgrößen

b) Die Spannung u eilt gegenüber dem Strom i um den Phasenwinkel $|\varphi|=90°$ vor.

c) Der Strom i eilt der Spannung u um $|\varphi|=90°$ nach.

(Eine Aussage, daß der Strom gegenüber der Spannung um $\varphi=-90°$ nacheilt, wäre mißverständliche Tautologie.)

Für Phasenwinkel komplexer Größen – z.B. Ströme, Spannungen, Leistungen, Widerstände und Leitwerte – s. Abschn. 6.3.2. Wenn abweichend von Gl. (6.5) nicht der Strom I als Bezugsgröße gewählt ist oder genommen werden kann, wird dies in diesem Buch durch einen Index am Formelzeichen φ gekennzeichnet; so wird z.B. der Phasenwinkel $\varphi_{U\Phi}$ zwischen der Spannung u und dem Fluß Φ_t gemessen, die Spannung also als Bezugsgröße bestimmt (s. Bild 6.8).

6.1.1.3 Periodendauer und Frequenz. Eine Sinusschwingung wiederholt sich nach Ablauf des Winkels $2\pi = 360° = \omega T$. Mit der **Kreisfrequenz** ω gilt somit für die in Bild 6.3 dargestellte **Periodendauer**

$$T = 2\pi/\omega. \tag{6.6}$$

Eine Periode einer Sinusschwingung enthält zwei einander entgegengesetzt gleiche Halbschwingungen. Meist arbeitet man jedoch mit dem Reziprokwert der Periodendauer, der **Frequenz**

$$f = 1/T, \tag{6.7}$$

für die die Einheit Hertz ($Hz = s^{-1}$) eingeführt ist. Sie gibt somit die Anzahl der Perioden je Sekunde an.

Wichtige Frequenzbereiche der Elektrotechnik sind in Tafel 6.4 zusammengestellt. Üblich sind für die allgemeinen Versorgungsnetze in der ganzen Welt 50 Hz – mit Ausnahme von Nordamerika, wo 60 Hz angetroffen werden. Nach Tafel 6.4 herrschen in der Energietechnik die kleineren Frequenzen vor, wobei allerdings für bestimmte Fertigungsverfahren Frequenzen bis zu 1 GHz zur Anwendung kommen. Die Nachrichtentechnik überstreicht den gesamten Frequenzbereich; neuere Entwicklungen neigen zu immer größeren Frequenzen (Höchstfrequenz). Tafel 6.4 stellt gleichzeitig die verschiedenen Anwendungsgebiete der Sinusstromtechnik heraus.

Die **Kreisfrequenz**

$$\omega = 2\pi f = 2\pi/T \tag{6.8}$$

unterscheidet sich lediglich durch den Faktor 2π von der Frequenz f und ermöglicht so eine einfachere Schreibweise. Sie wird in s^{-1} gemessen (**nicht** in Hz). Man beachte, daß $1 \cdot 10^3 \, s^{-1}$ nach DIN 1301 als $1 \, ms^{-1}$ angegeben werden soll.

Beispiel 6.1. In einer Spule mit der Windungszahl $N=30$ ändert sich ein Fluß des Scheitelwerts $\hat{\Phi} = 700$ mVs mit der Frequenz $f = 50$ Hz nach der Funktion $\Phi_t = -\hat{\Phi}\cos(\omega t)$. Periodendauer T und Zeitfunktion u_q der induzierten Quellenspannung sind zu bestimmen.

Für die Periodendauer gilt nach Gl. (6.7) $T = 1/f = 1/(50 \text{ Hz}) = 0{,}02$ s. Der normale Sinusstrom wiederholt also seinen Verlauf nach jeweils 20 ms.

Tafel 6.4 Frequenz- und Anwendungsbereiche von Sinusströmen

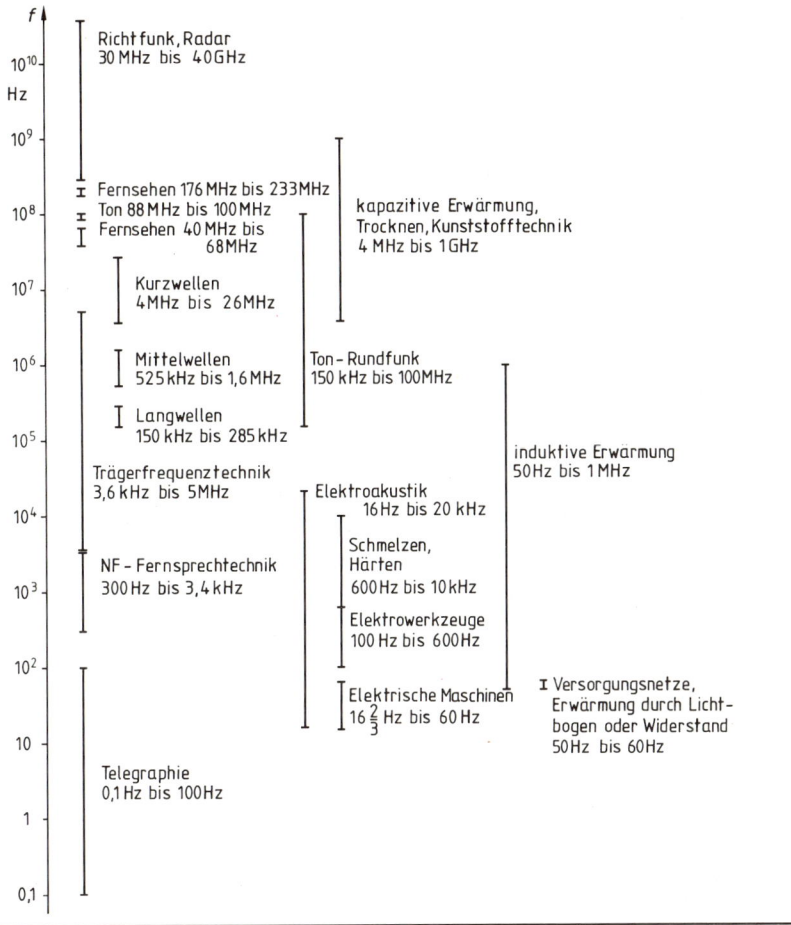

Mit der Kreisfrequenz $\omega = 2\pi f = 2\pi \cdot 50$ Hz $= 314{,}2$ s^{-1} nach Gl. (6.8) erhält man die Flußfunktion $\Phi_t = -\hat{\Phi} \cos(\omega t) = -700$ mVs $\cos(314{,}2$ s$^{-1} t)$ und nach Gl. (6.3) die Spannungsfunktion

$$u_q = N\omega\hat{\Phi}\sin(\omega t) = 30 \cdot 314{,}2 \text{ s}^{-1} \cdot 700 \text{ mVs} \sin(314{,}2 \text{ s}^{-1} t) = 6{,}6 \text{ kV} \sin(314{,}2 \text{ s}^{-1} t).$$

Beispiel 6.2. Eine Spule (z. B. eine Rahmenantenne) hat die Fläche $A = 900$ cm^2 und die Windungszahl $N = 50$. Sie wird von einer elektromagnetischen Welle mit dem Scheitelwert der magnetischen Sinusfeldstärke $\hat{H} = 0{,}1$ μA/cm und der Frequenz $f = 5$ MHz senkrecht und homogen durchsetzt. Wie groß ist der Scheitelwert $\hat{u}_q$ der so in dieser Antenne induzierten Spannung?

Mit der Permeabilität von Luft $\mu_0 = 12{,}57$ μH/cm tritt nach Gl. (4.8) der Scheitelwert der Induktion

$$\hat{B} = \mu_0 \hat{H} = (12{,}57 \text{ μH/cm}) \, 0{,}1 \text{ μA/cm} = 12{,}57 \text{ pT}$$

304 6.1 Eigenschaften von Sinusgrößen

auf. (Die Feldgrößen von elektromagnetischen Wellen sind verglichen mit den entsprechenden Größen elektrischer Maschinen extrem klein.) Der Scheitelwert des Flusses beträgt dann nach Gl. (4.44)

$$\hat{\Phi} = \hat{B}A = (12{,}57 \text{ pVs/m}^2)\, 900 \text{ cm}^2 = 1{,}13 \text{ pVs}\,.$$

Daher wird nach Gl. (6.4) mit der Kreisfrequenz $\omega = 2\pi f = 2\pi \cdot 5$ MHz $= 31{,}42$ µs^{-1} der Scheitelwert der Spannung $\hat{u}_q = N\omega\hat{\Phi} = 50 \cdot 31{,}42$ µs$^{-1} \cdot 1{,}13$ pVs $= 1{,}776$ mV in die Antenne induziert. Diese Spannung kann in Empfängern der Nachrichtentechnik nach entsprechender Verstärkung ausgenutzt werden. Bei UKW-Antennen tritt nur eine Spannung von wenigen µV auf.

6.1.2 Kennwerte von Wechselgrößen

Da eine Wechselgröße ihren Zeitwert ständig zwischen Null und positivem bzw. negativem Scheitelwert ändert, und die Angabe der Zeitfunktion umständlich ist, erhebt sich die Frage, ob es nicht möglich ist, sie durch einen einzigen **kennzeichnenden** Wert ausreichend zu beschreiben. Man könnte z.B. für die Spannung stets den Scheitelwert $\hat{u}$ benutzen, da er nach Abschn. 3.2.2 die größte elektrische Feldstärke festlegt und somit die elektrische Beanspruchung bestimmt. Da die magnetischen Kräfte auf stromdurchflossene Leiter entweder linear (z.B. bei einem Leiter im Magnetfeld – s. Abschn. 4.3.2.3) oder quadratisch (z.B. Kräfte zwischen zwei Leitern – s. Abschn. 4.3.2.4) vom Strom bestimmt werden, muß man für die Berechnung der mechanischen Beanspruchungen auch mit dem Scheitelwert $\hat{\imath}$ des Stromes rechnen.

Bei nichtsinusförmigen Verläufen (s. Abschn. 10) sagt der Scheitelwert nichts über den Verlauf der Funktion aus. Da der Verlauf aber allein maßgebend ist für die summarischen Wirkungen, z.B. der Energie, die mit einem Strom, der über eine bestimmte Zeit fließt, auftritt, ist es zweckmäßiger, Kenngrößen zu definieren, die die mittleren Wirkungen – z.B. von Leistung, Strom oder Spannung – unabhängig von ihren Kurvenformen wiedergeben. Für die Festlegung solcher Kenngrößen müssen wir von den wichtigsten Wirkungen des elektrischen Stromes ausgehen.

6.1.2.1 Mittelwerte. Man unterscheidet nach DIN 5483 allgemein für zeitabhängige periodische (also auch nichtsinusförmige) Wechselgrößen folgende Kennwerte:

Linearer Mittelwert. In elektrochemischen Anlagen kommt es nach Abschn. 5.3.1 darauf an, elektrische Ladung Q zu transportieren. Fließt nun entsprechend Gl. (1.4) der Wechselstrom $i = \mathrm{d}Q_t/\mathrm{d}t$, so wird in der Zeit t die Ladung

$$Q = \int_0^t i\,\mathrm{d}t \qquad (6.9)$$

befördert. Wenn man einen bestimmten Gleichstrom I daher für den Ladungstransport mit einem beliebigen Strom i vergleichen will, muß man hierzu den linearen Mittelwert

$$\bar{\imath} = \frac{1}{T}\int_0^T i\,\mathrm{d}t \qquad (6.10)$$

heranziehen. Bei einem reinen Wechselstrom, also auch beim Sinusstrom $i = \hat{\imath}\sin(\omega t)$, ergibt diese Integration über eine Periode T natürlich Null, da die Flächen der positiven und negativen Halbschwingung gleich groß sind. Die Ladung Q_t wird sich in der einen Halbperiode in die eine und in der folgenden Halbperiode in die andere Richtung bewegen, ohne daß hierbei ein resultierender, einseitig gerichteter Ladungstransport zustandekommt. Der lineare Mittelwert wird erst für Gleichströme und Mischströme (s. Abschn. 10) von Null verschieden.

Gleichrichtwert. Einen über einen längeren Zeitraum wahrnehmbaren, einseitig gerichteten Ladungstransport erhält man, wenn entsprechend Bild **6.**5 der Sinusstrom i, z.B. mit den in Abschn. 5.2.3.4 beschriebenen Dioden, gleichgerichtet wird. Weisen beide Halbschwingungen dieselbe Stromrichtung auf, wie z.B. bei der in Bild **6.**5a dargestellten Zweiweggleichrichtung, so stellt der dann auftretende Mittelwert das Integral über die Beträge des Stromes $|i|$ dar und wird Gleichrichterwert

$$\overline{|i|} = \frac{1}{T} \int_0^T |i|\,\mathrm{d}t \tag{6.11}$$

genannt. Wird dagegen bei der Gleichrichtung nur eine Halbschwingung von der Ventilschaltung durchgelassen und die zweite gesperrt, so spricht man von einer Einweggleichrichtung (s. Abschn. 10.3.2), und es ergibt sich der **Halbperiodenmittelwert**

$$\overline{|i_{\mathrm{HP}}|} = \frac{1}{T} \int_0^{T/2} i\,\mathrm{d}t, \tag{6.12}$$

der bei Sinusstrom i natürlich nur halb so groß wie der Gleichrichtwert nach Gl. (6.11) ist. Für andere Kurvenformen s. Abschn. 10.

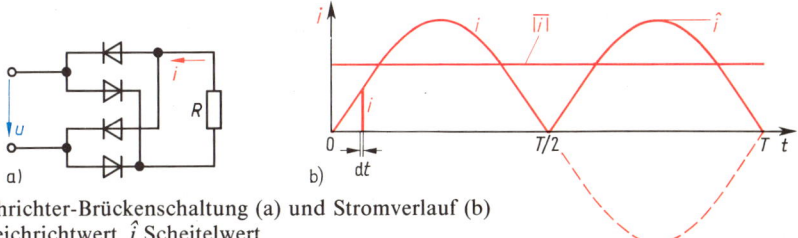

6.5 Gleichrichter-Brückenschaltung (a) und Stromverlauf (b)
$\overline{|i|}$ Gleichrichtwert, $\hat{\imath}$ Scheitelwert

In Gleichrichterschaltungen ist die Elektrizitätsmenge Q vom Gleichrichtwert des Stromes $\overline{|i|}$ abhängig, der daher z.B. bei elektrolytischen Vorgängen etwa nach Abschn. 5.3.1.1 oder der Ladung von Kondensatoren nach Abschn. 3.2.5 zu berücksichtigen ist.

Bei Sinusgrößen $i = \hat{\imath}\sin(\omega t)$ bzw. $u = \hat{u}\sin(\omega t)$ erhält man das Verhältnis von Gleichricht- zu Scheitelwert

$$\frac{\overline{|i|}}{\hat{\imath}} = \frac{\overline{|u|}}{\hat{u}} = \frac{1}{T} \int_0^T |\sin(\omega t)|\,\mathrm{d}(\omega t) = \frac{2}{\pi} = 0{,}6366\,. \tag{6.13}$$

(Für andere Kurvenformen s. Abschn. 10.)

6.1 Eigenschaften von Sinusgrößen

Beispiel 6.3. Ein Sinusstrom mit dem Scheitelwert $\hat{i} = 10$ A fließt durch die Gleichrichter-Brückenschaltung von Bild **6.5** a. Welche Elektrizitätsmenge Q wird während der Zeit $t = 2$ h befördert?
Nach Gl. (6.11) ist der Gleichrichtwert des Stromes $\overline{|i|} = 0{,}6366\ \hat{i}_m = 0{,}6366 \cdot 10$ A $= 6{,}366$ A. Somit beträgt nach Gl. (1.1) die Elektrizitätsmenge

$$Q = \overline{|i|}\, t = 6{,}366 \text{ A} \cdot 2 \text{ h} = 12{,}73 \text{ Ah}\,.$$

Effektivwert. Nach Abschn. 2.2.2 ist für die meisten Wirkungen des elektrischen Stromes die auf den Verbraucher übertragene elektrische Arbeit $W = UIt$ und daher die Leistung $P = UI = I^2 R = U^2/R$ maßgebend. So ist nach Abschn. 2.2.2.2 die Wärmewirkung dem in Bild **6.6** eingetragenen Quadrat des Stromes $i^2 = \hat{i}^2 \sin^2(\omega t)$ proportional.

Bildet man den Mittelwert dieser Quadratkurve, den wir mit I^2 bezeichnen wollen, so findet man

$$I^2 = \frac{1}{T} \int_0^T i^2\, dt = \frac{\hat{i}^2}{T} \int_0^T \sin^2(\omega t)\, dt = \frac{\hat{i}^2}{\omega T} \int_0^T \sin^2(\omega t)\, d(\omega t) = \frac{\hat{i}^2}{2}. \tag{6.14}$$

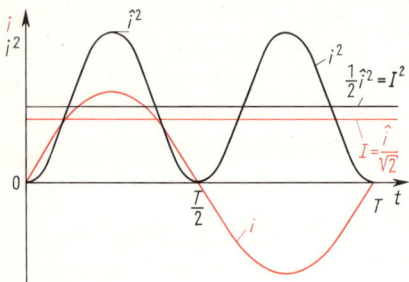

6.6 Zur Bildung des Effektivwerts I eines Sinusstroms $i = \hat{i} \sin(\omega t)$

Dieser Mittelwert I^2 ist halb so groß wie das Scheitelwertquadrat $\hat{i}^2$, was Bild **6.6** auch unmittelbar erkennen läßt. Dieser quadratische Mittelwert

$$I = \sqrt{\frac{1}{T} \int_0^T i^2\, dt} \tag{6.15}$$

wird als Effektivwert bezeichnet und ist somit der Wechselstrom, der z. B. Wärmewirkungen in gleicher Größe wie ein Gleichstrom mit demselben Betrag verursacht.

Ganz allgemein gilt für das Verhältnis der Effektivwerte I bzw. U, die üblicherweise auch wie bei Gleichstromgrößen durch große Buchstaben als Formelzeichen gekennzeichnet werden, zu den Scheitelwerten $\hat{i}$ bzw. $\hat{u}$ bei Sinusgrößen

$$\frac{I}{\hat{i}} = \frac{U}{\hat{u}} = \sqrt{\frac{1}{\omega T} \int_0^T \sin^2(\omega t)\, d(\omega t)} = \frac{1}{\sqrt{2}} = 0{,}7071\,. \tag{6.16}$$

So erhält man auch über Gl. (6.3) und (6.8) mit der Frequenz f, der Windungszahl N und dem Scheitelwert des magnetischen Flusses $\hat{\Phi}$ den Effektivwert der induzierten Quellenspannung

$$U_q = \frac{\hat{u}_q}{\sqrt{2}} = \frac{N\omega}{\sqrt{2}} \hat{\Phi} = \frac{2\pi}{\sqrt{2}} Nf\hat{\Phi} = 4{,}443\, Nf\hat{\Phi}\,. \tag{6.17}$$

Diese Spannungsgleichung für eine Spule wird häufig für die Berechnung induzierter Sinusspannungen benutzt.

Scheitelfaktor. Als Scheitelfaktor

$$\xi = \hat{i}/I = \hat{u}/U \tag{6.18}$$

bezeichnet man ganz allgemein das Verhältnis von Scheitelwert $\hat{i}$ bzw. $\hat{u}$ zu Effektivwert I bzw. U. Nach Gl. (6.16) beträgt der Scheitelfaktor für Sinusgrößen $\xi = \hat{i}/I = \hat{u}/U = \sqrt{2} = 1{,}414$. Nach Abschn. 6.1.1.2 kann er für Strom und Spannung eines Verbrauchers unterschiedliche Werte annehmen, wenn die Kurvenformen von Strom und Spannungen voneinander abweichen.

Formfaktor. Der Formfaktor

$$F = I/\overline{|i|} = U/\overline{|u|} \tag{6.19}$$

stellt das Verhältnis von Effektivwert I bzw. U zu Gleichrichtwert $\overline{|i|}$ bzw. $\overline{|u|}$ dar und wird gern zur Beurteilung der Kurvenform (insbesondere bei nichtsinusförmigen Wechselgrößen) herangezogen (s. Abschn. 10). Nach Gl. (6.13) und (6.16) ist der Formfaktor von Sinusgrößen $F = I/\overline{|i|} = (\hat{i}/\sqrt{2})/(2\hat{i}/\pi) = \pi/(2\sqrt{2}) = 1{,}111$.

Beispiel 6.4. Die übliche Netzspannung beträgt $U = 220$ V bei der Netzfrequenz $f = 50$ Hz. Es sind der Gleichrichtwert $\overline{|u|}$ und die Zeitfunktion u dieser Spannung zu bestimmen. Da die Netzspannung sinusförmig ist, gilt der Formfaktor $F = 1{,}111$, und wir erhalten mit Gl. (6.19) den Gleichrichtwert

$$\overline{|u|} = U/F = 220 \text{ V}/1{,}111 = 198 \text{ V} .$$

Für die Zeitfunktion benötigen wir den mit Gl. (6.16) berechenbaren Scheitelwert

$$\hat{u} = \sqrt{2}\, U = \sqrt{2} \cdot 220 \text{ V} = 311{,}1 \text{ V}$$

und die mit Gl. (6.8) bestimmbare Kreisfrequenz

$$\omega = 2\pi f = 2\pi \cdot 50 \text{ Hz} = 314{,}2 \text{ s}^{-1}$$

und finden somit den zeitlichen Verlauf der Netzspannung

$$u = \hat{u} \sin(\omega t) = 311{,}1 \text{ V} \sin(314{,}2 \text{ s}^{-1} t) .$$

6.1.2.2 Messung der Kennwerte. Der Lichtstrahl eines trägheitsarmen Drehspulmeßwerks (Lichtstrahloszillograph) und der Elektronenstrahl eines Elektronenstrahloszilloskops [80] können den Zeitwerten von Spannung u und Strom i folgen, so daß bei entsprechender Zeitablenkung der Kurvenverlauf betrachtet werden kann. Somit kann man mit diesen Meßgeräten auch die Scheitelwerte $\hat{u}$ bzw. $\hat{i}$ und die Frequenz f bestimmen.

Normale Drehspulmeßgeräte [80] haben dagegen eine so große träge Masse, daß der Zeiger den Zeitwerten nicht mehr folgen kann, sondern sich auf den linearen Mittelwert nach Gl. (6.10) einstellt. Bei reinem Wechselstrom bleibt er daher auf Null stehen. Schaltet man dem Drehspulmeßwerk einen Einweggleichrichter vor, z. B. nach Abschn. 10.3.2, so zeigt es den halben Gleichrichtwert, also den

6.1 Eigenschaften von Sinusgrößen

Halbperiodenmittelwert nach Gl. (6.12), und mit einem vorgeschalteten Zweiweggleichrichter, z. B. in der Brückenschaltung von Bild **6.**5a, den Gleichrichtwert nach Gl. (6.11).

Das Dreheisenmeßgerät [80] stellt sich bei genügender Trägheit des Meßwerks auf den Effektivwert der Wechselgröße ein, da die Anziehungskraft der Eisenteile vom Quadrat der magnetischen Induktion B_t und somit vom Quadrat des erregten Stromes i abhängt (s. Abschn. 4.3.2.2).

Beispiel 6.5. Ein Wechselstrom wird einmal mit einem Drehspulmeßgerät und vorgeschaltetem Gleichrichter zu $\overline{|i|} = 5{,}0$ A[1]) und anschließend mit einem Dreheisenmeßgerät zu $I = 6{,}0$ A gemessen. Ist dies ein Sinusstrom?
Nach Gl. (6.19) hat der Wechselstrom den Formfaktor $F = I/\overline{|i|} = 6{,}0$ A$/(5{,}0$ A$) = 1{,}2$. Er ist wegen $F \neq 1{,}11$ also nicht sinusförmig.

6.1.3 Zeigerdiagramm

Es liegt nahe, Sinusgrößen x, wie z. B. in Bild **6.**3, als Zeitfunktionen $x = f(t)$ darzustellen und die Zeitwerte x als Sinuslinien über der Zeit t aufzutragen. Dies ist aber ein ziemlich aufwendiges Verfahren, insbesondere wenn mehrere Größen nebeneinander betrachtet oder z. B. addiert werden sollen. Es soll daher gezeigt werden, wie man solche sinusförmig zeitabhängigen Größen **symbolisch** darstellen kann.

6.1.3.1 Zeiger. Wir führen mit Bild **6.**7 einen **Zeiger** (Einfachpfeil) ein. Er wird an seiner Spitze mit dem unterstrichenen Formelzeichen des Scheitelwerts der Sinusgröße (also z. B. bei der Spannung mit $\hat{\underline{u}}$) bezeichnet, und seine Länge entspricht diesem Scheitelwert. Das **Unterstreichen** soll darauf hinweisen, daß dieses Formelzeichen nicht nur die physikalische Größe, sondern auch die **Zeigereigenschaften symbolisieren** soll.

Dreht sich nun in Bild **6.**7 der **Spannungszeiger** $\hat{\underline{u}}$ im mathematisch positiven Sinn (d. h. also entgegengesetzt wie ein Uhrzeiger) mit der **Winkelgeschwindigkeit** ω, so stellen die **Projektionen der Zeigerspitze auf die ruhende Zeitlinie** Z die Zeitwerte $u = \hat{u}\sin(\omega t)$ dar, wie das für 12 Zeigerstellungen und die zugehörigen Zeitwerte in Bild **6.**7 gezeigt ist. Eine im Zeitdiagramm dargestellte Sinuslinie läßt sich somit als Projektion eines gleichmäßig drehenden Zeigers auf eine stillstehende Zeitlinie deuten.

Die Winkelgeschwindigkeit ω des Zeigers ist gleich der Kreisfrequenz $\omega = 2\pi f$ der betrachteten Schwingung. (In Bild **6.**7 liegt die Zeitlinie Z willkürlich parallel zur Ordinatenachse. Zum gleichen Ergebnis würde man auch kommen, wenn man den Zeiger stillstehen, die Zeitlinie im Uhrzeigersinn drehen und wieder die Projektion des Zeigers auf der Zeitlinie als Zeitwert nehmen würde.) Ebenso wie die **Sinusschwingung** einer physikalischen Größe ist auch ihr Zeiger durch 4 Kennwerte eindeutig festgelegt:

---

[1]) Vielfachmeßgeräte für Gleich- und Wechselstrom sind meist in dieser Art geschaltet, die Skala ist aber für Sinusstrom kalibriert, so daß ein solches Meßgerät in diesem Fall $\overline{|i|}\, F_s = 5{,}0$ A $\cdot 1{,}11 = 5{,}55$ A anzeigen würde.

6.1.3 Zeigerdiagramm

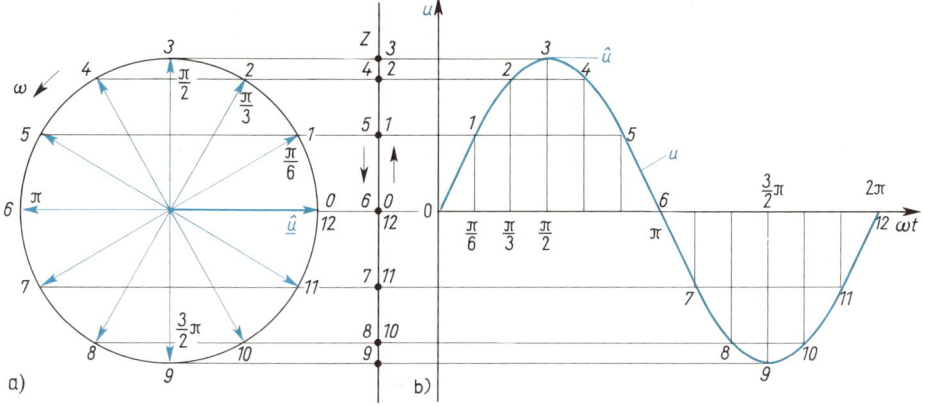

6.7 Zusammenhang zwischen Zeigerdiagramm (a) und Zeitdiagramm (b). Z Zeitlinie

1. Die Art (Qualität) der Sinusgröße wird durch das an der Zeigerspitze stehende Formelzeichen (z.B. $\underline{\hat{u}}, \underline{\hat{i}}, \underline{\hat{\Phi}}$) angegeben. Der Unterstrich symbolisiert hierbei den Zeigercharakter der Größe.
2. Der Betrag der Sinusgröße wird durch die Länge des Zeigers ausgedrückt. Hierfür benötigt man einen Maßstab (z.B. 1 cm ≙ 20 V oder 1 cm ≙ 5 A usw.), den man zweckmäßig gesondert in das Zeigerdiagramm einträgt (s. Bild **6.**11).
3. Nach Abschn. 6.1.1.2 können sich zwei gleichfrequente Sinusgrößen meist noch durch die Phasenlage unterscheiden. Sie wird im Zeigerdiagramm durch den Phasenwinkel φ zwischen den Zeigern berücksichtigt. Bild **6.**8 enthält als Beispiel das aus Bild **6.**2b übernommene Zeitdiagramm und das zugehörige Zeigerdiagramm mit dem Phasenwinkel $\varphi_{U\Phi} = \varphi_U - \varphi_\Phi$, für den, da ein Strom i nicht auftritt, die Spannung u_q als Bezugsgröße gewählt ist. Die Zuordnung zu den Zeitpunkten *1* und *2* ist leicht zu erkennen.
4. Die Frequenz f der Sinusschwingung bestimmt nach Gl. (6.8) die Winkelgeschwindigkeit ω der drehenden Zeiger. Zeigerdiagramme können daher, wenn der Phasenwinkel φ auch beim Drehen erhalten bleiben soll, nur gleichfrequente Vor-

6.8
Zeigerdiagramm (a) und
Zeitdiagramm (b) für
Fluß Φ_t und Quellenspannung u_q entsprechend
Beispiel 6.1
1, 2 Zeitpunkte

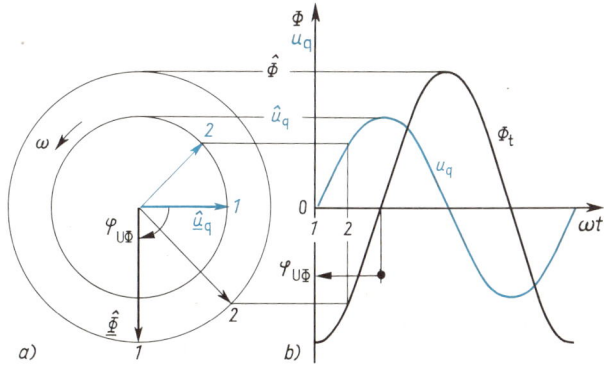

310 6.1 Eigenschaften von Sinusgrößen

gänge wiedergeben. Da nur feststehende Zeiger gezeichnet werden können, sind die Zeigerdiagramme in Bild **6.**7 und **6.**8 gewissermaßen Momentaufnahmen der drehenden Zeiger.

Die Vorstellung eines drehenden Zeigers ist für die Entwicklung des Zeitdiagramms aus dem Zeigerdiagramm nützlich, für die Bestimmung des Zeitwerts ist sie sogar nötig. Für alle anderen Aufgaben kann man die stetige Drehung mit der Winkelgeschwindigkeit ω aber vernachlässigen, darf also von einem in der Bildebene feststehenden Zeiger ausgehen.

Da bei Sinusgrößen außerdem das Verhältnis von Scheitelwert $\hat{x}$ zu Effektivwert X durch den konstanten Scheitelfaktor $\xi = \sqrt{2}$ bestimmt wird, man in der praktischen Sinusstromtechnik aber überwiegend mit dem Effektivwert arbeitet, darf man schließlich auch die Länge des Zeigers nach diesem Effektivwert festlegen. Wählen

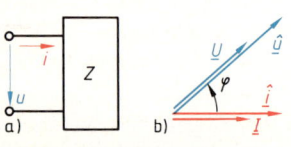

6.9
Zweipol Z mit Zählpfeilen u, i (a) im Verbraucher-Zählpfeil-System (VZS) und zugehöriges Zeigerdiagramm (b)

wir z. B. für den Effektivwert des Stromes den Maßstab $1 \text{ A} \triangleq 5 \text{ cm}$, so bedeutet dies für den Scheitelwert nur $1 \text{ A} \triangleq 5 \text{ cm} \sqrt{2} = 7{,}071 \text{ cm}$. Bild **6.**9b und **6.**10 zeigen nebeneinander die geometrisch ähnlichen Zeigerdiagramme für Effektivwerte und Scheitelwerte. Beiden Darstellungen können die gleichen Aussagen (z. B. über die Phasenlage) entnommen werden.

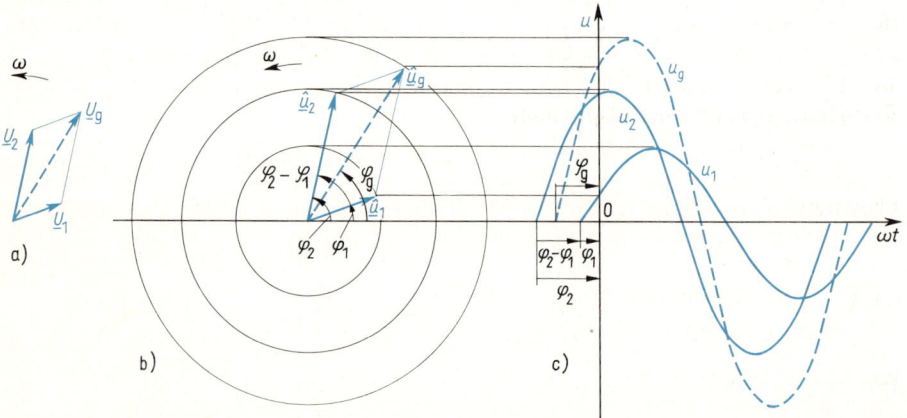

6.10 Addition von zwei Sinusspannungen $u_1 + u_2 = u_g$ im Zeigerdiagramm mit Effektivwerten (a), mit Scheitelwerten (b) und im Zeigerdiagramm (c)

6.1.3.2 Zählpfeile. Nach Abschn. 1.3.1.4 ist zur Untersuchung eines Netzwerks eine Ersatzschaltung mit vollständig eingetragenen Zählpfeilen unabdingbar. Erst sie ermöglichen die unzweideutige Zuordnung von Strömen und Spannungen – insbesondere ihrer Richtungen. Daher verlangt auch das Zeigerdiagramm in Bild **6.**9b die Ersatzschaltung mit den Zählpfeilen von Bild **6.**9a. Da für Netzwerkberechnungen hier immer nur das Verbraucher-Zählpfeil-System (VZS), bei dem die Zählpfeile von Spannung u und Strom i an jedem Zweipol gleich gerichtet sind, angewandt wird, genügt es nach Abschn. 1.3.1.4, vereinbarungsgemäß jeweils nur einen dieser beiden Zählpfeile anzugeben.

Zeiger und Zählpfeile sind Einfachpfeile, müssen jedoch streng unterschieden werden. Die in Bild **6.**8a eingetragenen Zählpfeile können keinesfalls die Richtung von Strom i und Spannung u bezeichnen, da diese z.B. nach Bild **6.**3 periodisch Richtung und Größe wechseln. Sie sind auch keine Zeiger im Sinne von Bild **6.**9b, da z.B. die Bestimmungsgröße φ fehlt und ihre Länge keine Aussage über den Wert der zugehörigen Größe macht. Die in Bild **6.**9a eingetragenen Zählpfeile sollen vielmehr nur angeben, in welcher Richtung Strom i und Spannung u positiv gezählt werden; dies ist z.B. für das Anwenden der Kirchhoffschen Gesetze nach Abschn. 7.1 ausschlaggebend. Auch wäre ein Zeigerdiagramm ohne die zugehörige Schaltung mit vollständig eingetragenen Zählpfeilen zweideutig; denn in Bild **6.**9a könnten die Zählpfeile ja auch entgegengesetzte Richtungen haben. Deutlich wird dies z.B. in Beispiel **6.**6.

An die Spitze der Zählpfeile setzen wir in diesem Buch entweder wie in Bild **6.**9a die Formelzeichen der Zeitwerte i, u und sagen hiermit, daß die vorgeschriebene Zählweise für beliebige Strom- oder Spannungsverläufe gelten soll, oder wir bezeichnen sie wie in Bild **6.**11 mit den Formelzeichen $\underline{I}$, $\underline{U}$ und legen so fest, daß Sinusgrößen betrachtet werden.

6.1.3.3 Addition und Subtraktion von Sinusgrößen. Die Anwendung der Kirchhoffschen Sätze oder des Überlagerungsgesetzes verlangen eine Addition oder Subtraktion von Sinusgrößen. Wie Bild **6.**10c zeigt, ergibt die Addition von zwei Sinusschwingungen gleicher Frequenz wieder eine Sinusschwingung [1], [6], [21]. In Bild **6.**10c werden die beiden Spannungen $u_1 = \hat{u}_1 \sin(\omega t + \varphi_1)$ und $u_2 = \hat{u}_2 \sin(\omega t + \varphi_2)$ zur Gesamtspannung

$$u_g = \hat{u}_g \sin(\omega t + \varphi_g) = \hat{u}_1 \sin(\omega t + \varphi_1) + \hat{u}_2 \sin(\omega t + \varphi_2) \tag{6.20}$$

überlagert. Durch Anwendung der Additionstheoreme erhält man

$$u_g = \hat{u}_1 [\sin(\varphi t)] \cos\varphi_1 + \hat{u}_1 [\cos(\omega t)] \sin\varphi_1 - \hat{u}_2 [\sin(\omega t)] \cos\varphi_2$$
$$+ \hat{u}_2 [\cos(\omega t)] \sin\varphi_2$$
$$= (\hat{u}_1 \cos\varphi_1 + \hat{u}_2 \cos\varphi_2) \sin(\omega t) + (\hat{u}_1 \sin\varphi_1 + \hat{u}_2 \sin\varphi_2) \cos(\omega t).$$

Ein Vergleich mit Gl. (6.20) zeigt, daß man setzen darf

$$\hat{u}_g \sin\varphi_g = \hat{u}_1 \sin\varphi_1 + \hat{u}_2 \sin\varphi_2, \tag{6.21}$$

$$\hat{u}_g \cos\varphi_g = \hat{u}_1 \cos\varphi_1 + \hat{u}_2 \cos\varphi_2. \tag{6.22}$$

Durch Division dieser beiden Gleichungen erhält man $\tan\varphi_g = \sin\varphi_g / \cos\varphi_g$ bzw. den resultierenden **Phasenwinkel**

$$\varphi_g = \operatorname{Arctan} \frac{\hat{u}_1 \sin\varphi_1 + \hat{u}_2 \sin\varphi_2}{\hat{u}_1 \cos\varphi_1 + \hat{u}_2 \cos\varphi_2}. \tag{6.23}$$

6.1 Eigenschaften von Sinusgrößen

Wenn man nun Gl. (6.21) und (6.22) quadriert und addiert, findet man mit

$$\hat{u}_g^2 \sin^2\varphi_g + \hat{u}_g^2 \cos^2\varphi_g = \hat{u}_g^2 = (\hat{u}_1 \sin\varphi_1 + \hat{u}_2 \sin\varphi_2)^2 + (\hat{u}_1 \cos\varphi_1 + \hat{u}_2 \cos\varphi_2)^2$$
$$= \hat{u}_1^2 + \hat{u}_2^2 + 2\hat{u}_1\hat{u}_2[(\cos\varphi_1)\cos\varphi_2 + (\sin\varphi_1)\sin\varphi_2]$$

sowie mit $(\cos\varphi_1)\cos\varphi_2 + (\sin\varphi_1)\sin\varphi_2 = \cos(\varphi_1 - \varphi_2)$ den **Scheitelwert der Summenspannung**

$$\hat{u}_g = \sqrt{\hat{u}_1^2 + \hat{u}_2^2 + 2\hat{u}_1\hat{u}_2 \cos(\varphi_1 - \varphi_2)} \qquad (6.24)$$

bzw. durch Anwendung der Additionstheoreme ihren **Zeitwert**

$$u_g = \hat{u}_g[\cos\varphi_g \sin(\omega t) + \sin\varphi_g \cos(\omega t)] = \hat{u}_g \sin(\omega t + \varphi_g). \qquad (6.25)$$

Da die **Subtraktion** wegen

$$u_1 - u_2 = u_1 + (-u_2)$$

als Addition mit Umkehr des Vorzeichens der abzuziehenden Größe gedeutet werden darf, ist hiermit bewiesen, daß ganz allgemein Addition oder Subtraktion von gleichfrequenten Sinusschwingungen stets wieder zu Sinusschwingungen derselben Frequenz führen.

Im Zeitdiagramm von Bild 6.10c muß man die Zeitwerte punktweise addieren, was recht mühsam ist. Da, wie in Abschn. 6.1.2.1 nachgewiesen, die Sinuslinien als von drehenden Zeigern erzeugt gedeutet werden können, müssen diese Zeiger aber auch unmittelbar zusammengesetzt werden dürfen. Sie müssen dann wie in Bild 6.10b **geometrisch**, d.h. unter Beachtung von **Phasenlage und Betrag**, addiert werden. Dabei dürfen die Zeiger beliebig **parallel in der Ebene verschoben** werden. Hier hat der resultierende Spannungszeiger bei Anwendung des Kosinussatzes den Betrag

$$\hat{u}_g = \sqrt{\hat{u}_1^2 + \hat{u}_2^2 - 2\hat{u}_1\hat{u}_2 \cos(\pi - \varphi_1 + \varphi_2)} = \sqrt{\hat{u}_1^2 + \hat{u}_2^2 + 2\hat{u}_1\hat{u}_2 \cos(\varphi_1 - \varphi_2)}$$

und den resultierenden Phasenwinkel

$$\varphi_g = \text{Arctan}\,\frac{\hat{u}_1 \sin\varphi_1 + \hat{u}_2 \sin\varphi_2}{\hat{u}_1 \cos\varphi_1 + \hat{u}_2 \cos\varphi_2}.$$

Diese Ergebnisse findet man auch, wenn man auf die Spannungszeiger $\hat{\underline{u}}_1$ und $\hat{\underline{u}}_2$ den Kosinussatz [1], [6] anwendet. Man hat daher eine sehr einfach zu handhabende Vorschrift für das Arbeiten mit Zeigern gefunden:

Sinusgrößen werden addiert oder subtrahiert, indem man ihre Zeiger nach Betrag und Phase geometrisch addiert oder subtrahiert. Bei Phasengleichheit ist die geometrische Summe gleich der algebraischen. Das Minuszeichen in $u_1 - u_2$ bedeutet, daß der Zeiger für u_2 um $\pi = 180°$ zu drehen ist und anschließend u_1 und $-u_2$ zu addieren sind.

In Bild 6.10a wird mit den Effektivwerten, also lediglich mit einem anderen Maßstab, gearbeitet. Die Ergebnisse erhält man in völlig gleicher Weise; daher darf man in Gl. (6.23) und (6.24) auch alle Scheitelwerte durch die zugehörigen

6.1.3 Zeigerdiagramm

Effektivwerte ersetzen. Schließlich dürfen wir Gl. (6.23) und (6.24) noch auf beliebige Summen und Differenzen der Spannungen $u_1 = \hat{u}_1 \sin(\omega t + \varphi_1)$, $u_2 = \hat{u}_2 \sin(\omega t + \varphi_2)$ und $u_3 = \hat{u}_3 \sin(\omega t + \varphi_3)$ erweitern.

Für die Summenspannung

$$u_g = \hat{u}_1 \sin(\omega t + \varphi_1) + \hat{u}_2 \sin(\omega t + \varphi_2) - \hat{u}_3 \sin(\omega t + \varphi_3)$$

gilt dann z. B. mit den Effektivwerten

$$U_g^2 = U_1^2 + U_2^2 + U_3^2 + 2 U_1 U_2 \cos(\varphi_1 - \varphi_2) - 2 U_2 U_3 \cos(\varphi_2 - \varphi_3)$$
$$- 2 U_3 U_1 \cos(\varphi_3 - \varphi_1) \tag{6.26}$$

und

$$\varphi_g = \text{Arctan} \frac{U_1 \sin \varphi_1 + U_2 \sin \varphi_2 - U_3 \sin \varphi_3}{U_1 \cos \varphi_1 + U_2 \cos \varphi_2 - U_3 \cos \varphi_3}. \tag{6.27}$$

Beispiel 6.6. Von 2 Sinusspannungen mit den Effektivwerten $U_1 = 30$ V und $U_2 = 50$ V eilt $\underline{U}_1$ um den Phasenwinkel $\varphi_{21} = 60°$ gegenüber $\underline{U}_2$ voraus. Wie groß sind die Effektivwerte der Gesamtspannungen und ihre Phasenwinkel gegenüber der Bezugsspannung $\underline{U}_2$, wenn die Generatoren G mit den Spannungen $\underline{U}_1$ und $\underline{U}_2$ nach Bild 6.11a in Summenreihenschaltung oder nach Bild 6.11b in Gegenreihenschaltung liegen?

Man trägt zunächst die Spannungszeiger $\underline{U}_1$ und $\underline{U}_2$ unter dem Winkel φ_{21} gegeneinander auf. Der dabei benutzte Spannungsmaßstab ist rechts im Bild 6.11d mit eingetragen. In Bild 6.11c wird für die Summenreihenschaltung der Zeiger $\underline{U}_1$ in seiner vorgegebenen Richtung an den Zeiger $\underline{U}_2$ angetragen. In einem etwas größeren Zeigerdiagramm könnte man hier genau genug die Summenspannung U_s und den zugehörigen Phasenwinkel φ_s ablesen.

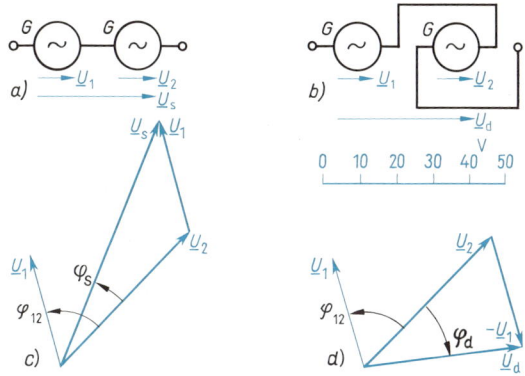

6.11 Addition (a) und Subtraktion (b) der beiden Sinusspannungen $\underline{U}_1$ und $\underline{U}_2$ mit Zeigerdiagrammen (c, d) zu Beispiel 6.6

Wir berechnen noch mit Gl. (6.24) die Summenspannung

$$U_s = \sqrt{U_1^2 + U_2^2 + 2 U_1 U_2 \cos \varphi} = \sqrt{30^2 \text{ V}^2 + 50^2 \text{ V}^2 + 2 \cdot 30 \text{ V} \cdot 50 \text{ V} \cos 60°} = 70 \text{ V}$$

und mit Gl. (6.23) ihren Phasenwinkel

$$\varphi_s = \text{Arctan} \frac{U_1 \sin \varphi + U_2 \sin 0°}{U_1 \cos \varphi + U_2 \cos 0°} = \text{Arctan} \frac{30 \text{ V} \sin 60° + 50 \text{ V} \sin 0°}{30 \text{ V} \cos 60° + 50 \text{ V} \cos 0°} = 21{,}79°.$$

Zur Ermittlung der Differenzspannung $\underline{U}_d = \underline{U}_2 - \underline{U}_1$ müssen wir in Bild 6.11d den Spannungszeiger $\underline{U}_1$ in umgekehrter Richtung als $-\underline{U}_1$ an die Spitze des Zeigers $\underline{U}_2$ antragen. Mit Gl.

6.1 Eigenschaften von Sinusgrößen

(6.26) und (6.27) erhalten wir den Betrag der Differenzspannung

$$U_d = \sqrt{U_1^2 + U_2^2 - 2\,U_1 U_2 \cos\varphi} = \sqrt{30^2\,\text{V}^2 + 50^2\,\text{V}^2 - 2 \cdot 30\,\text{V} \cdot 50\,\text{V} \cos 60°} = 43{,}59\,\text{V}$$

und ihren Phasenwinkel

$$\varphi_d = \text{Arctan}\,\frac{-U_1 \sin\varphi + U_2 \sin 0°}{-U_1 \cos\varphi + U_2 \cos 0°} = \text{Arctan}\,\frac{-30\,\text{V} \sin 60° + 0}{-30\,\text{V} \cos 60° + 50\,\text{V}} = -36{,}59°.$$

Die Summenspannung $\underline{U}_s$ eilt also gegenüber der Spannung $\underline{U}_2$ vor, die Differenzspannung $\underline{U}_d$ aber wegen des negativen Phasenwinkels nach.

Beispiel 6.7. Im Gebiet hoher Frequenzen (z.B. bei Fernsehempfängern) gebräuchliche Antennen bestehen aus mehreren Dipolen, die in einer Ebene nebeneinander in gleichen Abständen angeordnet sind [20]. Die in diesen Dipolen induzierten Sinusspannungen haben je nach Einfallsrichtung der Welle unterschiedliche Phasenlagen. Bei 5 vorhanden Dipolen sei angenommen, daß in jedem eine Spannung vom Scheitelwert $\hat{u}_1 = 22\,\mu\text{V}$ erzeugt wird, wobei von Dipol zu Dipol die Phasenverschiebung $\varphi_1 = 36°$ besteht. Mit dem Zeigerdiagramm soll der Effektivwert der Summenspannung der 5 in Reihe liegenden Dipole ermittelt werden.

Der Effektivwert der Einzelspannungen ist nach Abschn. 6.1.2.1 mit dem Scheitelfaktor $\xi = \sqrt{2}$ dann $U_1 = \hat{u}_1/\xi = 22\,\mu\text{V}/\sqrt{2} = 15{,}56\,\mu\text{V}$. Die Zusammensetzung der Teilspannungen zeigt Bild **6.**12. Man erhält die Summenspannung $U_g = 50{,}35\,\mu\text{V}$.

Bei optimaler Einfallsrichtung der Welle hätten die Spannungen in allen Dipolen gleiche Phasenlage. Dann können die Teilspannungen also algebraisch addiert werden. Es ergäbe sich in diesem Fall die Summenspannung $U_g = 5 \cdot 15{,}56\,\mu\text{V} = 77{,}78\,\mu\text{V}$.

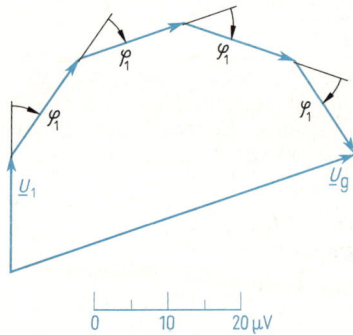

6.12 Zeigerdiagramm zu Beispiel 6.7

Beispiel 6.8. Zwei um 90° phasenverschobene, sich zeitlich sinusförmig ändernde Hochfrequenzfelder von 20 MHz induzieren je in einer Spule eine Sinusspannung. Es sind bei Spule *1* der induzierende Flußscheitelwert $\hat{\Phi}_1 = 20\,\text{fVs}$ und die Windungszahl $N_1 = 80$; bei Spule *2* sind $\hat{\Phi}_2 = 17\,\text{fVs}$ und $N_2 = 130$. Beide Spulen werden in Reihe geschaltet.

a) Zu bestimmen sind die **Effektivwerte** U_{q1} und U_{q2} der beiden induzierten Spannungen.

Man erhält nach Gl. (6.17) die Quellenspannungen

$$U_{q1} = 4{,}443\,fN\hat{\Phi}_1 = 4{,}443 \cdot 20\,\text{MHz} \cdot 80 \cdot 20\,\text{fVs} = 14{,}22\,\mu\text{V},$$

$$U_{q2} = 4{,}443 \cdot 20\,\text{MHz} \cdot 130 \cdot 17\,\text{fVs} = 19{,}64\,\mu\text{V}.$$

b) Wie groß ist die **Summenspannung** U_{qg}?

Da die Spannungszeiger senkrecht aufeinanderstehen, kann man die geometrische Summe nach dem Satz des Pythagoras berechnen und findet den Effektivwert

$$U_{qg} = \sqrt{U_{q1}^2 + U_{q2}^2} = \sqrt{14{,}22^2 + 19{,}64^2}\,\mu\text{V} = 24{,}25\,\mu\text{V}.$$

Beispiel 6.9. Bei der Auswertung von Meßgrößen in Sicherheitsschaltungen – beispielsweise bei Anlagen der **Verkehrssicherung** – wird häufig nach Bild **6.**13 die Summe zweier konstanter Spannungen $\underline{U}_1$ und $\underline{U}_2$ gleicher Frequenz gebildet. Dabei muß oft sichergestellt werden, daß der Phasenwinkel φ_{12} zwischen den Spannungen $\underline{U}_1$ und $\underline{U}_2$ einen Grenzwert nicht überschreitet. Ein Maß für den Phasenwinkel φ_{12} ist der Höchstwert der in einer einfachen Schaltung zu bildenden Summenspannung $\underline{U} = \underline{U}_1 + \underline{U}_2$. Die Spannungen $U_1 = 3$ V und $U_2 = 2$ V treten nach Bild **6.**13 a in zwei in Reihe geschalteten Induktivitäten L_1 und L_2 auf, so daß sich $\underline{U}$ als Gesamtspannung der Reihenschaltung ergibt.

a) Wie groß ist die Gesamtspannung $\underline{U}$ bei Gegenphasigkeit der Spannungen $\underline{U}_1$ und $\underline{U}_2$?
Nach Bild **6.**13b erhält man $\underline{U} = \underline{U}_1 + \underline{U}_2 = 3$ V $- 2$ V $= 1$ V.

b) Zu bestimmen sind weiter Gesamtspannung $\underline{U}$ und Phasenwinkel φ_1 zwischen den Spannungen $\underline{U}$ und $\underline{U}_1$, wenn der Phasenwinkel $\varphi_{12} = 90°$ beträgt.

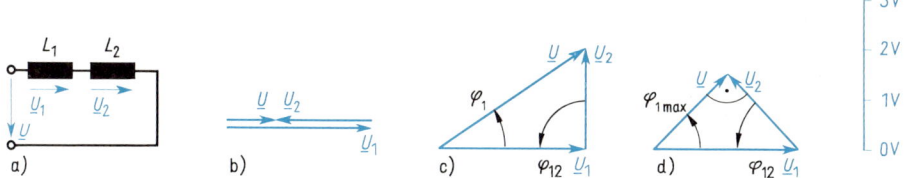

6.13 Reihenschaltung (a) der Induktivitäten L_1 und L_2 mit den Zeigerdiagrammen der Teilspannungen $\underline{U}_1$ und $\underline{U}_2$ und der Gesamtspannung $\underline{U}$ für
a) Spannungen $\underline{U}_1$ und $\underline{U}_2$ gegenphasig, b) Phasenwinkel $\varphi_{12} = 90°$, c) Phasenwinkel φ_1 mit Größtwert

Da die Spannungen U_1 und U_2 im Zeigerdiagramm senkrecht aufeinanderstehen (Bild **6.**13c), gilt nach dem Satz des Pythagoras für die Gesamtspannung

$$U = \sqrt{U_1^2 + U_2^2} = \sqrt{3^2 + 2^2}\ \text{V} = 3{,}606\ \text{V}\ .$$

Der Phasenwinkel φ_1 zwischen den Spannungen $\underline{U}$ und $\underline{U}_1$ läßt sich aus dem Ansatz $\tan \varphi_1 = U_2 / U_1 = 2$ V$/(3$ V$) = 0{,}6667$ berechnen; es ist somit $\varphi = 33{,}69°$.

c) Schließlich soll der Höchstwert des Phasenwinkels $\varphi_{1\,\text{max}}$ zwischen den Spannungen $\underline{U}$ und $\underline{U}_1$, die dann auftretende Spannung U und der in diesem Fall auftretende Phasenwinkel φ_{12} ermittelt werden.

Der Höchstwert des Phasenwinkels $\varphi_{1\,\text{max}}$ tritt auf, wenn die Spannungszeiger $\underline{U}$ und $\underline{U}_2$ senkrecht aufeinanderstehen (Bild **6.**13d). Da dann $\underline{U}_1$ die Hypotenuse des rechtwinkligen Dreiecks ist, gilt

$$\sin \varphi_{1\,\text{max}} = U_2 / U_1 = 2\ \text{V}/(3\ \text{V}) = 0{,}6667\ ;\quad \text{somit}\quad \varphi_{1\,\text{max}} = 41{,}81°$$

und

$$U = \sqrt{U_1^2 - U_2^2} = \sqrt{3^2 - 2^2}\ \text{V} = 2{,}236\ \text{V}\ .$$

Für den in Bild **6.**13 d angegebenen Phasenwinkel erhält man

$$\varphi_{12} = 180° - 90° - \varphi_{1\,\text{max}} = 180° - 90° - 41{,}81° = 48{,}19°\ .$$

6.2 Passive Zweipole bei Sinusstrom

Nach Abschn. 1.3.1.1 bezeichnen wir alle Bauelemente mit nur zwei Anschlußklemmen als Zweipol und in dem Fall, daß sie keine elektrische Spannung erzeugen, als passiven Zweipol. In Gleichstromschaltungen kennen wir als wirksame passive Zweipole bisher nur Widerstände R. Induktivitäten L verursachen bei konstantem Gleichstrom I keinen Spannungsabfall, und Kapazitäten C wirken bei Gleichstrom wie eine Leitungsunterbrechung. Schaltungen für Gleichstrom werden daher nach Abschn. 1.4 nur bezüglich ihrer Widerstände R untersucht.

Da nun aber jeder Strom i mit einem magnetischen Feld verkettet ist und seine zeitliche Änderung nach dem Induktionsgesetz Gl. (4.115) eine von der Induktivität L abhängige induktive Spannung $u_L = L\,di/dt$ verursacht, darf man bei Wechselstrom diese Spannung im allgemeinen nicht mehr vernachlässigen. Außerdem ist jede Spannung u mit einem elektrischen Feld verbunden, und ihre zeitliche Änderung führt an einer Kapazität C zu einer Änderung der Ladung $Q_t = Cu$ und nach Gl. (3.58) zu einem Ladestrom $i = dQ_t/dt = C\,du/dt$.

Bei Sinusstrom sind daher die 3 passiven Zweipole Widerstand R, Induktivität L und Kapazität C, die den Zusammenhang zwischen Spannungen und Strömen festlegen, zu beachten. Wir werden diese 3 Zweipole zunächst jeweils einzeln betrachten, also idealisierte Zweipole voraussetzen bzw. beim Widerstand R allein die Wirkungen des Strömungsfeldes, bei der Induktivität L nur die Wirkungen des magnetischen Feldes und bei der Kapazität C nur die Wirkungen des elektrostatischen Feldes berücksichtigen.

Zum Schluß werden wir mit den bei den idealisierten Zweipolen gewonnenen Erkenntnissen die Eigenschaften eines allgemeinen passiven Sinusstrom-Zweipols, der die Wirkungen von Strömungsfeld sowie magnetischem und elektrostatischem Feld in sich vereint, ableiten können.

6.2.1 Wirkwiderstand

Auch bei Sinusstrom wird in einem Widerstand R elektrische Energie irreversibel in die Energieform Wärme überführt. In Analogie zu dieser nicht umkehrbaren Energieumwandlung werden auch andere gewollt einseitigen Energieumwandlungen wie z.B. im Motor in mechanische Energie, symbolisch durch Wirkwiderstände R beschrieben. Wir betrachten hier zunächst reine, d.h., idealisiert angenommene Wirkwiderstände, wie sie z.B. als Glühlampen und Heizgeräte vorkommen, deren elektrostatische und magnetische Felder vernachlässigbar klein sind.

6.2.1.1 Spannung, Strom und Phasenwinkel. Der reine Wirkwiderstand R bzw. der reine Wirkleitwert $G = 1/R$ liegen entsprechend Bild **6.14c** an der Sinusspannung $u = \hat{u}\sin(\omega t)$. Dann besagt das Ohmsche Gesetz für den Zeitwert des Stromes

$$i = Gu = \frac{u}{R} = \frac{\hat{u}}{R}\sin(\omega t) = \hat{i}\sin(\omega t)\,. \tag{6.28}$$

6.2.1 Wirkwiderstand

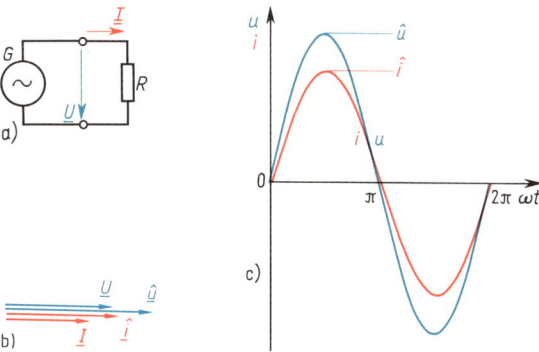

6.14
Wirkwiderstand R an Sinusspannung
a) Schaltung mit Zählpfeilen (VZS)
b) Zeigerdiagramm von Spannung und Strom
c) Zeitdiagramm
G Generator

Strom i und Spannung u sind daher bei konstantem (linearem) Wirkwiderstand R in **jedem Augenblick einander proportional**; beide haben also die gleiche Phasenlage. Der **Phasenwinkel** zwischen Spannung und Strom ist $\varphi = 0$.

Im Schaltbild **6.14**a sind Klemmenspannung $\underline{U}$ und Strom $\underline{I}$ mit Zählpfeilen entsprechend dem Verbraucher-Zählpfeil-System (s. Abschn. 1.3.1.4) eingetragen. Die Formelzeichen an den Zählpfeilen sind unterstrichen, um deutlich auf die Zeigereigenschaften dieser Größen hinzuweisen.

Im Zeigerdiagramm von Bild **6.14**b liegen die Zeiger horizontal, so daß sich in dem zugehörigen Zeitdiagramm in Bild **6.14**c für die Zeit $t = 0$ auch $u = 0$ und $i = 0$ ergeben. Grundsätzlich kann man die **Zeiger beliebig legen**, wie man ja auch die Zeitfunktion der Wechselspannung beliebig beginnen lassen kann. Das Zeigerdiagramm ist nochmals sowohl für die Effektivwerte U und I als auch die Scheitelwerte $\hat{u}$ und $\hat{\imath}$ angegeben.

Nach Gl. (6.28) ergibt die Anwendung des Ohmschen Gesetzes auf die Scheitelwerte

$$\hat{\imath} = G\hat{u} = \hat{u}/R \tag{6.29}$$

bzw. auf die Effektivwerte

$$I = GU = U/R. \tag{6.30}$$

Der Wirkwiderstand R hat zwar den gleichen physikalischen Charakter, kann jedoch einen anderen Wert als der Gleichstromwiderstand nach Abschn. 1.2.2 annehmen, wenn z.B. in den Leitern Stromverdrängung [21] auftritt, im umgebenden magnetischen oder elektrischen Feld Verluste (s. Abschn. 4.3.1.7 und 3.2.5.4) entstehen oder auf eine andere Weise (z.B. mit einem Transformator nach Abschn. 7.2.2) Energie dem Stromkreis entnommen wird.

6.2.1.2 Wirkleistung. Für den Zeitwert der Leistung gilt analog zu Gl. (2.2) und (2.6)

$$S_t = ui = i^2 R = u^2/R. \tag{6.31}$$

6.2 Passive Zweipole bei Sinusstrom

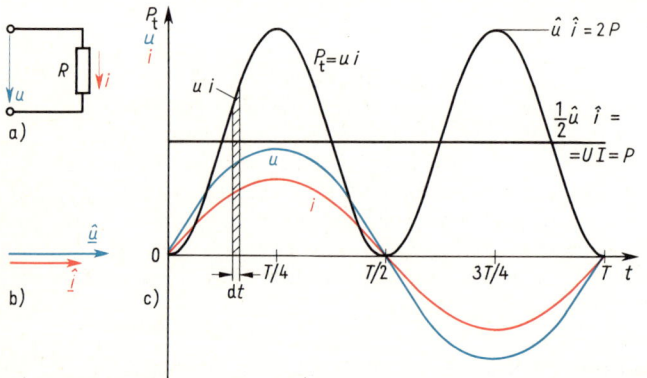

6.15 Leistungsumsatz in einem Wirkwiderstand R an Sinusspannung
a) Schaltung mit Zählpfeilen (VZS), b) Zeigerdiagramm für Spannung $\hat{u}$ und Strom $\hat{i}$, c) Zeitdiagramm von Spannung u, Strom i und Leistung P_t

Bild **6.15**a zeigt den Verlauf dieser Leistung während einer Periode. Der Zeitwert der Leistung S_t schwingt mit der doppelten Frequenz von Spannung bzw. Strom, bleibt jedoch immer positiv, da Spannung u und Strom i stets gleichzeitig entweder positiv oder negativ sind. Der Wirkwiderstand R nimmt also stets elektrische Leistung auf. Summiert man nun die elektrische Energie $dW = u\,i\,dt$ (schraffierter Flächenstreifen in Bild **6.15**c mit Basis dt und Ordinate $u\,i$) von der Zeit $t = 0$ bis $t = T$, so erhält man die in einer Periodendauer T umgesetzte Energie

$$W = \int_0^T u\,i\,dt = \int_0^T \hat{u}[\sin(\omega t)]\hat{i}\sin(\omega t) = \frac{1}{2}\hat{u}\hat{i}T.$$

Auch hier ist es wieder sinnvoll, mit einer **mittleren** (und somit mit Gleichstrom vergleichbaren) Leistung, der **Wirkleistung**

$$P = \frac{1}{T}\int_0^T u\,i\,dt = \frac{W}{T} = \frac{1}{2}\hat{u}\hat{i} = \frac{\hat{u}}{\sqrt{2}} \cdot \frac{\hat{i}}{\sqrt{2}} = UI = RI^2 = U^2 G \qquad (6.32)$$

zu arbeiten. Mit den Effektivwerten von Spannung U und Strom I erhält man so Bestimmungsgleichungen, wie sie mit Gl. (2.2) und (2.6) für Gleichstrom gelten. Ein Heizofen für die Nennspannung U und die Nennleistungsaufnahme P erzeugt somit die gleiche Wärme an Gleich- und Wechselspannung gleichen Zahlenwerts.
Als **Einheiten** werden wieder verwendet: W für die Leistung und Ws = J = Nm für die Arbeit.

Beispiel 6.10. Eine Kochplatte, deren Stromaufnahme allein durch ihren Wirkwiderstand bestimmt wird, nimmt an der Sinusspannung $U = 220$ V die Wirkleistung $P = 2$ kW auf. Wie groß ist der Wirkwiderstand R?
Mit Gl. (6.32) erhalten wir den Wirkwiderstand $R = U^2/P = 220^2$ V^2/(2 kW) = 24,2 Ω.

6.2.2 Induktivität

Wir betrachten eine **reine Induktivität** L, berücksichtigen also nur den Einfluß des magnetischen Feldes und vernachlässigen den Leiterwiderstand und die Wirkungen des elektrostatischen Feldes. Da nach Gl. (4.100) die Induktivität $L = N^2/R_m$ von der Windungszahl N einer Spule und dem magnetischen Widerstand R_m des magnetischen Kreises, ihr Drahtwiderstand $R = l/(\gamma A)$ hingegen von Leiterlänge l, elektrischer Leitfähigkeit γ und Leiterquerschnitt A abhängt, kann man bei einer solchen Drossel durch konstruktive Maßnahmen erreichen, daß die Wirkungen des Wirkwiderstands R gegenüber den Wirkungen der Induktivität L vernachlässigbar klein bleiben.

6.2.2.1 Spannung, Strom und Phasenwinkel. Wir betrachten die Schaltung in Bild **6.**16, in der der Wirkwiderstand $R=0$ ist, so daß die Klemmenspannung u gleich ist der nach Gl. (4.115) durch den Strom induzierten Spannung

$$u_L = L\,di/dt = u\,. \tag{6.33}$$

Wenn wir nun in Bild **6.**16c den Stromverlauf $i = -\hat{i}\cos(\omega t) = \hat{i}\sin(\omega t - \pi/2)$ voraussetzen[1]), gilt für den Spannungsverlauf

$$u = L\,di/dt = -L\hat{i}\,d[\cos(\omega t)]/dt = \omega L\hat{i}\sin(\omega t) = \hat{u}\sin(\omega t)\,. \tag{6.34}$$

Strom i und Spannung u sind einander also **nicht** mehr für bestimmte Zeitpunkte proportional, sondern zeigen eine **Phasenverschiebung** um $\pi/2 = 90°$. Die **Spannung u eilt dem Strom i um den Phasenwinkel** $\varphi = \pi/2 = 90°$ **vor**, was auch im Zeigerdiagramm von Bild **6.**16b deutlich wird.

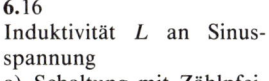
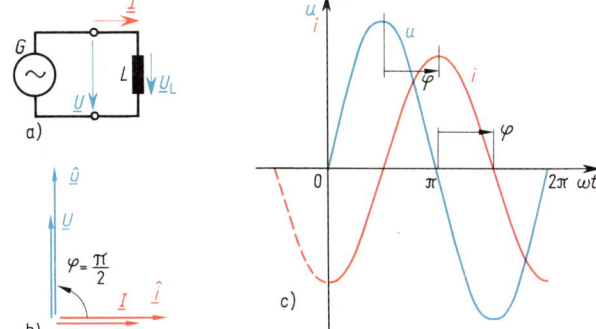

6.16
Induktivität L an Sinusspannung
a) Schaltung mit Zählpfeilen (VZS)
b) Zeigerdiagramm von Spannung und Strom
c) Zeitdiagramm
G Generator

---

[1]) Wir machen diesen an sich ja willkürlichen mathematischen Ansatz, damit die Bilder in Abschn. 6.2 durch übereinstimmenden Verlauf der Spannung $u = \hat{u}\sin(\omega t)$ leichter miteinander verglichen werden können. Man darf hieraus aber nicht schließen, daß beim **Einschalten** einer sinusförmigen Spannung der Strom i sofort auf seinen negativen Scheitelwert springt. Für Einschaltvorgänge s. Abschn. 11.

6.2.2.2 Induktiver Blindwiderstand.

Aus Gl. (6.34) erhält man für den Scheitelwert der Spannung

$$\hat{u} = \omega L \hat{\imath} \tag{6.35}$$

und analog nach Division durch den Scheitelfaktor $\xi = \sqrt{2}$ für den Effektivwert

$$U = \omega L I. \tag{6.36}$$

Dieser Zusammenhang entspricht dem **Ohmschen Gesetz**, wenn man den **induktiven Blindwiderstand**

$$X_L = \omega L = -1/B_L \tag{6.37}$$

bzw. den induktiven Blindleitwert B_L einführt. Es ergibt sich somit z. B. für den Strom einer Induktivität

$$I = U/X_L = -B_L U. \tag{6.38}$$

Der Zusatz „Blind-" zum Widerstand soll andeuten, daß in einem Blindwiderstand keine Energie bleibend umgewandelt, also nur Blindleistung umgesetzt wird (s. Abschn. 6.2.2.3). Das allgemeine Formelzeichen für Blindwiderstände ist X und für die reziproken **Blindleitwerte** B, während die induktiven Größen durch den Index L gekennzeichnet sind. Der induktive Blindleitwert erhält hier sofort das negative Vorzeichen, um später die komplexe Berechnung von Sinusstromschaltungen (z. B. mit Digitalrechnern) zu erleichtern; es wird in Abschn. 6.3.2 begründet.

Induktiver Blindwiderstand X_L und induktiver Blindleitwert B_L hängen nach Gl. (6.37) von der Kreisfrequenz $\omega = 2\pi f$ ab. Man bezeichnet diese in Bild **6.**17 dargestellte Abhängigkeit allgemein als **Frequenzgang**. Der induktive Blindwiderstand **wächst** also mit der Frequenz, der induktive Blindleitwert **nimmt** mit der Frequenz **ab**.

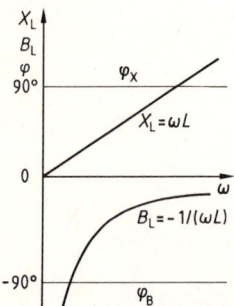

Man kann auch dem Blindwiderstand noch die durch ihn verursachte **Phasenverschiebung**, also den Phasenwinkel, zuordnen. Mit der Darstellung in Bild **6.**17 greifen wir schon den Festlegungen zum Vorzeichen in Abschn. 6.3.2 vor und bezeichnen den Phasenwinkel des Blindwiderstandes mit φ, den des Leitwerts aber mit φ_B.

6.17 Frequenzgang des induktiven Blindwiderstandes X_L und des induktiven Blindleitwerts B_L

Beispiel 6.11. An eine Spule mit vernachlässigbar kleinem Wirkwiderstand R wird die Sinusspannung $U = 125$ V mit der Frequenz $f = 40$ Hz gelegt. Der Strommesser zeigt den Sinusstrom $I = 10$ A an. Welche Induktivität L hat die Spule?

Mit Gl. (6.36) ergibt sich die Induktivität

$$L = \frac{U}{I\omega} = \frac{U}{I \cdot 2\pi f} = \frac{125 \text{ V}}{10 \text{ A} \cdot 2\pi \cdot 40 \text{ s}^{-1}} = 49{,}73 \text{ mH}.$$

6.2.2 Induktivität

Man kann also durch Messung von Spannung, Strom und Frequenz die Induktivität L bestimmen, sofern der Wirkwiderstand R gegenüber dem induktiven Blindwiderstand X_L vernachlässigbar klein ist.

Beispiel 6.12. In Beispiel 4.25 wird für eine Spule die Induktivität $L = 2,64$ mH bestimmt. Der Drahtwiderstand soll vernachlässigbar klein sein. Welcher Strom I fließt in ihr, wenn sie bei der Frequenz $f = 5$ kHz an die Sinusspannung $U = 20$ V angeschlossen wird?
Nach Gl. (6.37) beträgt der induktive Widerstand

$$X_L = \omega L = 2\pi f L = 2\pi \cdot 5 \text{ kHz} \cdot 2,64 \text{ mH} = 82,94 \text{ }\Omega.$$

Daher fließt der Strom

$$I = U/X_L = 20 \text{ V}/(82,94 \text{ }\Omega) = 241,1 \text{ mA}.$$

Beispiel 6.13. Hausgeräte mit kleinen Stromwendermotoren können Funkstörungen verursachen, da das Bürstenfeuer am Stromwender eine Quelle hochfrequenter Störspannungen ist. Schaltet man nun eine Spule in die Netzzuleitung, so wird die Spuleninduktivität für die Netzfrequenz einen geringen Blindwiderstand bedeuten, hochfrequenten Störungen aber einen großen Blindwiderstand entgegenstellen und deren Eindringen in das Netz behindern. Welchen Blindwiderstand weist z. B. die Induktivität $L = 0,2$ mH für die Netzfrequenz $f_N = 50$ Hz und die Rundfunkfrequenz $f_R = 1$ MHz auf?
Für die Netzkreisfrequenz $\omega_N = 2\pi f = 2\pi \cdot 50$ Hz $= 314,2$ s^{-1} erhalten wir nach Gl. (6.37) den Blindwiderstand

$$X_{LN} = \omega L = 314,2 \text{ s}^{-1} \cdot 0,2 \text{ mH} = 0,06283 \text{ }\Omega.$$

Mit $f_R/f_N = 1$ MHz$/(50$ Hz$) = 20000$ wächst dieser Blindwiderstand für die Rundfunkfrequenz auf

$$X_{LR} = X_{LN} f_R/f_N = 0,06283 \text{ }\Omega \cdot 20000 = 1257 \text{ }\Omega.$$

6.2.2.3 Induktive Blindleistung. Mit Bild **6.**18 betrachten wir den Zeitwert der Leistung ui. Er schwingt hier zwar weiterhin mit der doppelten Netzfrequenz, aber es wechseln immer durch Schraffur gekennzeichnete Flächen positiver Energiezufuhr (etwa zwischen $t = T/4$ und $t = T/2$) mit jeweils gleich großen negativen, also Energieabgabe, ab. Die Induktivität L nimmt somit in der einen Spannungs-Viertelperiode Energie auf und gibt sie in der nächsten Viertelperiode wieder ab. Die z. B.

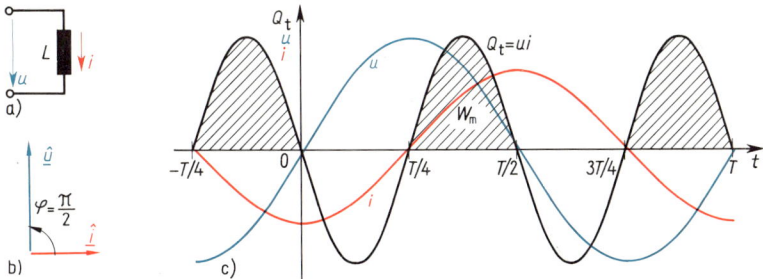

6.18 Leistungsumsatz in einer Induktivität L an Sinusspannung
a) Schaltung mit Zählpfeilen (VZS), b) Zeigerdiagramm für Spannung $\hat{u}$ und Strom $\hat{i}$,
c) Zeitdiagramm von Spannung u, Strom i und Leistung Q_i

6.2 Passive Zweipole bei Sinusstrom

bei jedem Scheitelwert $\hat{\imath}$ des Stromes im magnetischen Feld der Induktivität L nach Gl. (4.122) enthaltene Energie $W_\mathrm{m} = L\hat{\imath}^2/2$ wird in der einen Viertelperiode gespeichert, in der nächsten jedoch wieder zurückgeliefert.

Die mittlere Leistung, also die Wirkleistung, ist somit $P=0$. Es wird **keine elektrische Energie in Wärme oder mechanische Arbeit umgewandelt.** Daher wird

$$Q = UI = I^2 X_\mathrm{L} = -U^2 B_\mathrm{L} \tag{6.39}$$

als **Blindleistung** bezeichnet. Für die Wahl des Vorzeichens s. Abschn. 6.3.2.

Die Einheit der Blindleistung wäre an sich auch das Watt. Um diese aber deutlich von der Wirkleistung zu unterscheiden, werden Blindleistungen mit der Einheit Var (Einheitenzeichen var) angegeben.

Da Aufbau und Weiterleitung von Blindleistung dem Stromlieferanten Kosten bereiten, wird ihre Einschränkung bei der Energieübertragung angestrebt (s. Abschn. 7.3.3.2). Oft muß auch die vom Verbraucher beanspruchte Blindarbeit (meist in BkWh angegeben) bezahlt werden.

Beispiel 6.14. Für die in Beispiel 6.11 und 6.12 behandelten Schaltungen sind die Blindleistungen zu bestimmen.

Man erhält für Beispiel 6.11 die Blindleistung $Q = UI = 125\,\mathrm{V} \cdot 10\,\mathrm{A} = 1250\,\mathrm{Var}$ und entsprechend für Beispiel 6.12 die Blindleistung $Q = UI = 20\,\mathrm{V} \cdot 241{,}1\,\mathrm{mA} = 4{,}82\,\mathrm{var}$.

6.2.3 Kapazität

Wir betrachten eine **reine Kapazität** C, berücksichtigen also nur den Einfluß des elektrischen Feldes und vernachlässigen den Zuleitungswiderstand sowie eventuelle Ableitungen und dielektrischen Verluste, aber auch das magnetische Feld des Stromes. Bei einem Plattenkondensator hängt nach Gl. (3.59) die Kapazität $C = \varepsilon A/a$ beispielsweise von Dielektrizitätszahl ε, Plattenfläche A und Plattenabstand a ab, so daß durch die Konstruktion des Kondensators zu erreichen ist, daß die getroffenen Vernachlässigungen in einem großen Frequenzbereich zulässig werden.

6.2.3.1 Spannung, Strom und Phasenwinkel. Wir untersuchen das Verhalten der Schaltung in Bild 6.19a. Nach Gl. (3.58) gilt für den **Ladestrom** einer Kapazität C

$$i = C\,\mathrm{d}u/\mathrm{d}t. \tag{6.40}$$

Legen wir nun wieder wie bei den vorhergehenden Betrachtungen die **Sinusspannung** $u = \hat{u}\sin(\omega t)$ an, so fließt der Sinusstrom

$$i = C\,\mathrm{d}[\hat{u}\sin(\omega t)]/\mathrm{d}t = \omega C \hat{u}\cos(\omega t)$$

oder wegen $\cos(\omega t) = \sin(\omega t + \pi/2)$

$$i = \omega C \hat{u}\sin(\omega t + \pi/2) = \hat{\imath}\sin(\omega t + \pi/2). \tag{6.41}$$

6.2.3 Kapazität

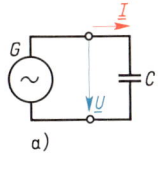

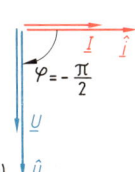

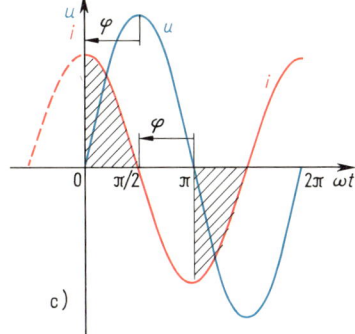

6.19
Kapazität C an Sinusspannung
a) Schaltung mit Zählpfeilen (VZS)
b) Zeigerdiagramm von Spannung und Strom
c) Zeitdiagramm
G Generator

Der Strom i eilt somit bei der Kapazität C gegenüber der Spannung u um den Phasenwinkel $90° = \pi/2$ vor. (Bei der Induktivität L eilt er nach Abschn. 6.2.2.1 um einen gleich großen Phasenwinkel nach.) Zeigerdiagramm und Zeitdiagramm in Bild **6.19** zeigen diese Voreilung. Man sagt jedoch hier: Der Phasenwinkel beträgt $\varphi = -90° = -\pi/2$, weil nach DIN 40110 der Strom i Bezugsgröße ist.

6.2.3.2 Kapazitiver Blindwiderstand. Aus Gl. (6.41) ergibt sich für den Scheitelwert des Stromes

$$\hat{i} = \omega C \hat{u} \qquad (6.42)$$

und nach Division durch $\sqrt{2}$ für den Effektivwert

$$I = \omega C U . \qquad (6.43)$$

Um wieder das Ohmsche Gesetz anwenden zu können, wird zweckmäßig der **kapazitive Blindleitwert**

$$B_C = \omega C = -1/X_C = I/U \qquad (6.44)$$

eingeführt. Man arbeitet aber meist mit der reziproken Größen, dem **kapazitiven Blindwiderstand**

$$X_C = -1/(\omega C) = -1/B_C = -U/I . \qquad (6.45)$$

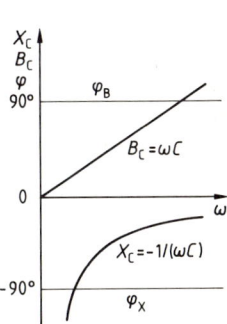

6.20 Frequenzgang des kapazitiven Blindwiderstands X_C und des kapazitiven Blindleitwerts B_C

(Zum negativen Vorzeichen s. wieder Abschn. 6.3.2.)
Während der induktive Blindwiderstand $X_L = \omega L$ mit wachsender Kreisfrequenz $\omega = 2\pi f$ zunimmt, wird der kapazitive Blindwiderstand $X_C = -1/(\omega C)$ mit wachsender Kreisfrequenz betragsmäßig kleiner, und die zugehörigen Phasenwinkel haben ein entgegengesetztes Vorzeichen. Ein Vergleich von Bild **6.17** und **6.20** zeigt, daß Blindwiderstand X und Blindleitwert B einschließlich der Phasenwinkel φ ihre charakteristischen Verläufe ausgetauscht haben, sich also **dual** verhalten.

6.2 Passive Zweipole bei Sinusstrom

Beispiel 6.15. An einem Kondensator mit der Kapazität $C = 8\ \mu\text{F}$ liegt die Sinusspannung $U = 220$ V. Der Strommesser zeigt den Strom $I = 0{,}55$ A an. Welche Frequenz liegt vor?
Durch Auflösen von Gl. (6.43) nach ω bzw. $f = \omega/(2\pi)$ erhält man die Frequenz

$$f = \frac{I}{2\pi U C} = \frac{0{,}55\ \text{A}}{2\pi \cdot 220\ \text{V} \cdot 8\ \mu\text{F}} = 49{,}74\ \text{Hz}.$$

Beispiel 6.16. Die in der Nachrichtentechnik gebräuchlichen hohen Frequenzen erfordern meist eine Berücksichtigung der verhältnismäßig kleinen, durch die geometrische Anordnung der Schaltung selbst bedingten **Schaltkapazität** C, die einen niederohmigen Blindwiderstand X_C zwischen zwei Punkten hervorrufen kann. In einer Schaltung wird bei der Frequenz $f = 100$ MHz und der Spannung $U = 60$ mV der durch die Schaltkapazität C verursachte Strom $I = 0{,}6$ mA gemessen.

a) Wie groß sind Blindleitwert B_C und Schaltkapazität C?
Für den Blindleitwert gilt nach Gl. (6.44)

$$B_C = I/U = 0{,}6\ \text{mA}/(60\ \text{mV}) = 10\ \text{mS},$$

und man erhält mit der Kreisfrequenz $\omega = 2\pi f$ die Schaltkapazität

$$C = B_C/\omega = B_C/(2\pi f) = 10\ \text{mS}/(2\pi \cdot 100\ \text{MHz}) = 15{,}92\ \text{pF}.$$

b) Wie groß ist bei gleichbleibender Spannung U der Strom I', wenn die Frequenz auf $f' = 2$ GHz erhöht wird?
Der Strom darf proportional mit der Frequenz umgerechnet werden; er beträgt daher

$$I' = I f'/f = 0{,}6\ \text{mA} \cdot 2\ \text{GHz}/(100\ \text{MHz}) = 12\ \text{mA}.$$

6.2.3.3 Kapazitive Blindleistung.

Proportional zur Sinusspannung u schwingt auch nach Gl. (3.52) und (3.59) die in der Kapazität C gespeicherte Ladung $Q_t = Cu = \int i\, dt$. Während der 1. Viertelperiode ($\omega t = 0$ bis $\pi/2$) wird die Kapazität mit wachsender Spannung **aufgeladen**. Die zur Zeit $t = T/4$ (also $\omega t = \pi/2$) gespeicherte Elektrizitätsmenge ist in Bild 6.21c durch die schraffierte Fläche dargestellt. In der 2. Viertelperiode wird die Kapazität bei abnehmender Spannung entladen, in der dritten wieder (mit entgegengesetzter Ladung) aufgeladen usw. Der

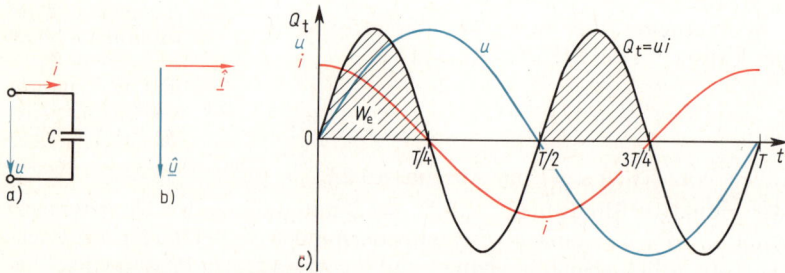

6.21 Leistungsumsatz in einer Kapazität C an Sinusspannung
a) Schaltung mit Zählpfeilen (VZS), b) Zeigerdiagramm von Spannung $\hat{u}$ und Strom $\hat{i}$,
c) Zeitdiagramm von Spannung u, Strom i und Leistung Q_t

Scheitelwert der in der Kapazität gespeicherten elektrischen Energie ist nach Gl. (3.64) $W = C\hat{u}^2/2$. Mit der Ladung pendelt also auch elektrische Energie zwischen Kapazität und Generator hin und her.

In Bild **6.21c** ist außer Spannung u und Strom i noch der zeitliche Verlauf der Leistung $Q_t = ui$ eingezeichnet. Die mittlere Leistung, also die Wirkleistung, ist wieder $P = 0$.

Im Vergleich zu Bild **6.19** schwingt der Zeitwert der Leistung Q_t bei der Kapazität C jedoch entgegengesetzt zur Leistungsschwingung bei der Induktivität L. Wir setzen daher auch die Blindleistung

$$Q = -UI = -U^2 B_C = I^2 X_C \qquad (6.46)$$

einer Kapazität C im Gegensatz zu Gl. (6.39) negativ an. (Zur Vorzeichenfrage s. a. Abschn. 6.3.2.) Das entgegengesetzte Verhalten der Blindleistungen bei Induktivität L und Kapazität C wird z. B. in Schwingkreisen (s. Abschn. 8.2) und bei der Blindstromkompensation (s. Abschn. 7.3.3.2) genutzt.

Beispiel 6.17. Ein Kabel von 24 km Länge hat die Kapazität $C = 3$ µF und soll mit der Sinusspannung $U = 6$ kV bei der Frequenz $f = 50$ Hz ($\omega = 314{,}2$ s^{-1}) auf Isolationsfähigkeit bzw. Durchschlagsfestigkeit geprüft werden. Man berechne den auftretenden Ladestrom (kapazitiven Blindstrom) sowie die Blindleistung.

Da das Kabel mit seiner Kapazität einen rein kapazitiven Widerstand darstellt[1]), ist der aufgenommene Strom reiner Blindstrom, die Leistung also eine reine Blindleistung. Die Wirkleistung ist Null. Man erhält nach Gl. (6.43) für den Strom

$$I_C = U\omega C = 6000 \text{ V} \cdot 314{,}2 \text{ s}^{-1} \cdot 3 \text{ µF} = 5{,}655 \text{ A}$$

und nach Gl. (6.46) für die Blindleistung

$$Q = -UI_C = -6 \text{ kV} \cdot 5{,}655 \text{ A} = -33{,}9 \text{ kvar}.$$

Der Transformator, der für die Prüfung benutzt wird, muß für diese erhebliche Leistung bemessen sein. Vermeiden kann man dies, indem man die kapazitive Blindleistung des Kabels durch die induktive einer Drossel kompensiert.

6.2.4 Allgemeiner passiver Sinusstrom-Zweipol

Bei den einfachen Zweipolen Wirkwiderstand R, Induktivität L und Kapazität C betragen die Phasenwinkel 0°, 90° oder −90°. Es ist leicht einzusehen, daß in Schaltungen, die diese 3 Grundelemente R, L und C enthalten, der Phasenwinkel zwischen Strom und Spannung die Werte $-90° \leqq \varphi \leqq 90°$ annehmen kann. Faßt man eine solche gemischte Schaltung als allgemeinen passiven Sinusstrom-Zweipol auf, so kann der Phasenwinkel zwischen Strom und Spannung dieses Zweipols zwischen −90° und +90° liegen.

---

[1]) Der durch die dielektrischen Verluste (s. Abschn. 3.2.5.4) bedingte kleine Wirkstrom wird hier vernachlässigt.

6.2 Passive Zweipole bei Sinusstrom

Um auch bei diesem allgemeinen Zweipol mit dem Ohmschen Gesetz arbeiten zu können, faßt man den hier scheinbar wirksamen Widerstand

$$Z = U/I = \hat{u}/\hat{i} \tag{6.47}$$

als den **Scheinwiderstand** der Schaltung auf. Entsprechend nennt man die reziproke Größe **Scheinleitwert**

$$Y = 1/Z = I/U = \hat{i}/\hat{u}. \tag{6.48}$$

Es sollen nun die Eigenschaften eines solchen Zweipols Z untersucht werden.

6.2.4.1 Spannung, Strom und Phasenwinkel. Der Zweipol Z liegt nach Bild **6.22**a an der Sinusspannung u, die wieder wie bei den übrigen Zweipolen einen Sinusstrom i verursacht. Die Spannung hat den Phasenwinkel φ, der zwischen $-90°$ und $+90°$ betragen kann. In Bild **6.22**b und c ist der Phasenwinkel $\varphi = 45°$ vorausgesetzt; die Spannung u eilt hier also dem Strom i um $45°$ vor. Der Widerstand hat in dem betrachteten Fall offensichtlich bezüglich der Phasenverschiebung Eigenschaften, die zwischen denen von Wirkwiderstand R und Induktivität L liegen; er wird also diese Grundelemente enthalten. Man sagt auch: Der betrachtete Verbraucher verhält sich induktiv.

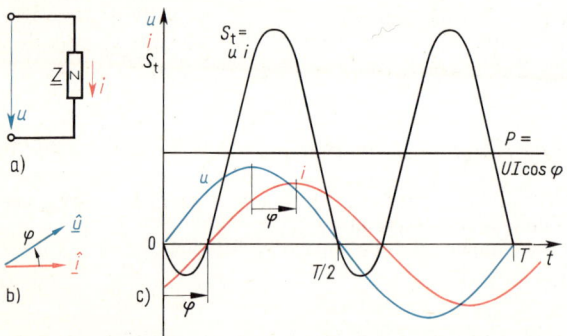

6.22 Leistungsumsatz in einem Scheinwiderstand Z an Sinusspannung
 a) Schaltung mit Zählpfeilen (VZS), b) Zeigerdiagramm von Spannung $\hat{u}$ und Strom $\hat{i}$,
 c) Zeitdiagramm von Spannung u, Strom i und Leistung S_t

6.2.4.2 Leistungen. In Bild **6.22**c ist auch der Zeitwert der Leistung S_t dargestellt. Mit dem Zeitwert der Spannung $u = \hat{u}\sin(\omega t + \varphi)$ und dem Zeitwert des Stromes $i = \hat{i}\sin(\omega t)$ erhält man diesen Zeitwert der Leistung

$$S_t = u i = \hat{u}\hat{i}\sin(\omega t)\sin(\omega t + \varphi).$$

Wegen $\sin(\omega t + \varphi) = \sin(\omega t)\cos\varphi + \cos(\omega t)\sin\varphi$ und $\sin^2(\omega t) = [1 - \cos(2\omega t)]/2$ bzw. $\sin(\omega t)\cos(\omega t) = [\sin(2\omega t)]/2$ und $-\cos(2\omega t)\cos\varphi + \sin(2\omega t)\sin\varphi = -\cos(2\omega t + \varphi)$ ist

6.2.4 Allgemeiner passiver Sinusstrom-Zweipol

$$[\sin(\omega t)]\sin(\omega t+\varphi) = [\sin^2(\omega t)]\cos\varphi + \sin(\omega t)[\cos(\omega t)]\cos\varphi$$

$$= \frac{1}{2}\{[1-\cos(2\omega t)]\cos\varphi + [\sin(2\omega t)]\sin\varphi\}$$

$$= \frac{1}{2}[\cos\varphi - \cos(2\omega t+\varphi)] .$$

Daher gilt mit $\hat{u}=\sqrt{2}\,U$ und $\hat{\imath}=\sqrt{2}\,I$ für den Zeitwert der Leistung

$$S_t = \frac{\hat{u}\hat{\imath}}{2}[\cos\varphi - \cos(2\omega t+\varphi)] = UI\cos\varphi - UI\cos(2\omega t+\varphi) . \tag{6.49}$$

Wie bei Gleichstrom bestimmt also das Produkt UI die Leistung, die aber nur als **Scheinleistung**

$$S = UI = I^2 Z = U^2/Z \tag{6.50}$$

des Zweipols aufgefaßt werden darf, und daher in der Einheit VA angegeben wird. (Obwohl VA = W ist, wird die Scheinleistung zur Unterscheidung nur in VA angegeben.) Die Scheinleistung ist beispielsweise für die elektrische und magnetische Bemessung elektrischer Maschinen wichtig, da die Leiterquerschnitte der Wicklungen wegen der Stromwärmeverluste $I^2 R$ vom Strom I und die Eisenquerschnitte nach Gl. (6.17) von der Spannung U bestimmt werden.

Nach Gl. (6.49) wird ein konstanter Leistungswert $S\cos\varphi$ von einer Leistungsschwingung $S\cos(2\omega t+\varphi)$ mit doppelter Kreisfrequenz 2ω des Sinusstroms und dem Scheitelwert Scheinleistung S überlagert. Die Leistung hat daher den Mittelwert

$$P = S\cos\varphi = UI\cos\varphi = ZI^2\cos\varphi = U^2\cos\varphi/Z , \tag{6.51}$$

der im Mittel als Arbeit im Verbraucher umgesetzt und daher **Wirkleistung** genannt wird. Mit dem **Wirk-** oder **Leistungsfaktor**

$$\lambda = \cos\varphi = P/S = P/(UI) \tag{6.52}$$

für Sinusstrom erkennt man dann sofort, welcher Anteil der Scheinleistung als Wirkleistung in eine andere Energieart umgewandelt wird.

Gl. (6.49) dürfen wir mit den vor ihr stehenden Additionstheoremen auch schreiben

$$S_t = UI[1-\cos(2\omega t)]\cos\varphi + UI[\sin(2\omega t)]\sin\varphi$$
$$= P - P\cos(2\omega t) + Q\sin(2\omega t) , \tag{6.53}$$

wenn wir die **Blindleistung**

$$Q = UI\sin\varphi = S\sin\varphi \tag{6.54}$$

und den **Blindfaktor**

$$\beta = \sin\varphi = Q/S = Q/(UI) \tag{6.55}$$

328 6.2 Passive Zweipole bei Sinusstrom

einführen. Die Leistungsschwingung S_t darf somit auch gedeutet werden als Mittelwert, der Wirkleistung P, der von einer Wirkleistungsschwingung $P\cos(2\omega t)$ und einer Blindleistungsschwingung $Q\sin(2\omega t)$ überlagert wird.
Wegen $\cos^2\varphi + \sin^2\varphi = 1$ ist dann auch $S^2 = P^2 + Q^2$ oder

$$S = \sqrt{P^2 + Q^2}\ .\qquad(6.56)$$

Wirkleistung P und Blindleistung Q müssen daher **geometrisch** zur Scheinleistung S zusammengesetzt werden. Für weitere Einzelheiten zu diesen Leistungsbegriffen und ihren Vorzeichen s. Abschn. 6.3.2.

6.2.4.3 Zusammenhängende Betrachtung der Eigenschaften von passiven Sinusstrom-Zweipolen. Schaltung, Zeigerdiagramm, Widerstand, Phasenwinkel, Leistungen und andere Eigenschaften der passiven Wechselstrom-Zweipole sind in Tafel 6.23 zusammengestellt. Die unterschiedlichen Verhaltensweisen sind gut miteinander zu vergleichen. Für die getroffene Wahl der Vorzeichen sowie die hier schon aufgeführten komplexen Größen s. Abschn. 6.3.2.

Neben den deutschen Bezeichnungen seien hier auch noch die im angelsächsischen und romanischen Sprachbereich üblichen Begriffe angegeben:

Scheinwiderstand = Impedanz
Wirkwiderstand = Resistanz
Blindwiderstand = Reaktanz
induktiver Blindwiderstand = Induktanz (auch Reaktanz)
kapazitiver Blindwiderstand = Kondensanz oder Kapazitanz

Scheinleitwert = Admittanz
Wirkleitwert = Konduktanz
Blindleitwert = Suszeptanz

Beispiel 6.18. Ein Verbraucher nimmt an der Sinusspannung $U = 220$ V den Strom $I = 10$ A und die Leistung $P = 1500$ W auf. Wie groß sind Scheinleistung S, Leistungsfaktor $\cos\varphi$, Blindfaktor $\sin\varphi$, Blindleistung Q und Scheinwiderstand Z?
Die Scheinleistung beträgt nach Gl. (6.50)

$$S = UI = 220\ \text{V} \cdot 10\ \text{A} = 2200\ \text{VA}\ .$$

Der Leistungsfaktor ist daher nach Gl. (6.52)

$$\cos\varphi = P/S = 1500\ \text{W}/(2200\ \text{VA}) = 0{,}6818\ ,$$

der Phasenwinkel also $\varphi = 47°$ und der zugehörige Blindfaktor $\sin|\varphi| = 0{,}7315$. (Ob Phasenwinkel und Blindleistung positiv oder negativ sind, ist der Aufgabenstellung nicht zu entnehmen.) Die Blindleistung wird nach Gl. (6.54)

$$Q = S\sin\varphi = 2200\ \text{VA} \cdot 0{,}732 = 1610\ \text{VA}$$

bei dem Scheinwiderstand nach Gl. (6.47)

$$Z = U/I = 220\ \text{V}/(10\ \text{A}) = 22\ \Omega\ .$$

Beispiel 6.19. Der Motor eines Staubsaugers nimmt bei der Klemmenspannung $U = 220$ V und der Frequenz $f = 50$ Hz den Strom $I = 0{,}8$ A auf. Der Leistungsfaktor beträgt $\cos\varphi = 0{,}78$. Was kostet eine halbe Stunde Staubsaugen, wenn die kWh mit 20 Pf berechnet wird?
Nach Gl. (6.51) ist die Wirkleistung $P = UI\cos\varphi = 220$ V $\cdot 0{,}8$ A $\cdot 0{,}78 = 137$ W $= 0{,}137$ kW. Der Elektrizitätszähler zeigt nach der Zeit $t = 0{,}5$ h die Arbeit $W = Pt = 0{,}137$ kW $\cdot 0{,}5 = 0{,}0685$ an.
Sie kostet $0{,}0685$ kWh $\cdot 20$ Pf/kWh $= 1{,}37$ Pf $\approx 1{,}4$ Pf.

6.2.4 Allgemeiner passiver Sinusstrom-Zweipol

Tafel 6.23 Eigenschaften passiver Sinusstrom-Zweipole

Bezeichnung	Wirkwiderstand R	Induktivität L	Kapazität C	allgemeiner Sinusstromwiderstand $\underline{Z}$
Schaltzeichen				
Zeigerdiagramm		$\varphi = 90°$	$\varphi = -90°$	φ
Grundgesetz	$u = Ri$	$u = L\,di/dt$	$u = \dfrac{1}{C}\int i\,dt$	
Ohmsches Gesetz für Beträge komplex	$I = GU = U/R$ $\underline{I} = G\underline{U} = \underline{U}/R$	$I = -B_L U = U/X_L$ $\underline{I} = jB_L\underline{U} = \underline{U}/jX_L$	$I = B_C U = -U/X_C$ $\underline{I} = jB_C\underline{U} = \underline{U}/jX_C$	$I = YU = U/Z$ $\underline{I} = Y\underline{U} = \underline{U}/\underline{Z}$
Widerstand komplex	$R = U/I$	$X_L = \omega L = U/I$ $jX_L = j\omega L$	$X_C = \dfrac{-1}{\omega C} = \dfrac{-U}{I}$ $jX_C = 1/(j\omega C)$	$Z = U/I$ $\underline{Z} = \underline{U}/\underline{I} = R + jX$
Leitwert komplex	$G = I/U = 1/R$	$B_L = -1/(\omega L)$ $jB_L = 1/(j\omega L)$	$B_C = \omega C$ $jB_C = j\omega C$	$Y = I/U = 1/Z$ $\underline{Y} = \underline{I}/\underline{U} = 1/\underline{Z} = G + jB$
Phasenwinkel Wirkfaktor Blindfaktor	$\varphi = 0°$ $\cos\varphi = 1$ $\sin\varphi = 0$	$\varphi = 90°$ $\cos\varphi = 0$ $\sin\varphi = 1$	$\varphi = -90°$ $\cos\varphi = 0$ $\sin\varphi = -1$	$\varphi = \operatorname{Arctan}(Q/P)$ $\cos\varphi = P/S = R/Z = G/Y$ $\sin\varphi = Q/S = X/Z = -B/Y$
Wirkleistung Blindleistung	$P = UI$ $Q = 0$	$P = 0$ $Q = UI$	$P = 0$ $Q = -UI$	$P = UI\cos\varphi = S\cos\varphi$ $Q = UI\sin\varphi = S\sin\varphi$

Beispiel 6.20. Eine mit Wasser gefüllte Grube von 4,5 m³ Volumen ist in 3 Stunden durch ein Pumpaggregat zu leeren. Das Wasser soll dabei auf 15 m Höhe gefördert werden. Die Pumpe hat den Wirkungsgrad $\eta_P = 20\%$, der antreibende Wechselstrommotor $\eta_M = 70\%$. Der Motor liegt an der Spannung $U = 220$ V mit der Frequenz $f = 50$ Hz und hat betriebsmäßig den Leistungsfaktor $\cos\varphi = 0{,}85$.

a) Welche Leistung muß die Pumpe abgeben?
Die Pumpe soll in der Zeit $t = 3$ h $= 10\,800$ s die Masse $m = 4500$ kg Wasser auf die Höhe $h = 15$ m bei der Fallbeschleunigung $g = 9{,}81$ m/s² fördern. Mit der Arbeit $W = Fh$ bzw. Kraft $F = mg$ erhält man daher die Leistung

$$P_P = W/t = Fh/t = mgh/t = 4500 \text{ kg } (9{,}81 \text{ m/s}^2)\, 15 \text{ m}/(10\,800 \text{ s}) = 61{,}31 \text{ W}.$$

b) Für welche Leistungsabgabe ist der Antriebsmotor zu bestellen?
Der Antriebsmotor muß abgeben, was die Pumpe aufnimmt; er ist für die Leistung $P_M = P_P/\eta_P = 61{,}31$ W$/0{,}2 = 306{,}6$ W zu bestellen.

c) Welchen Strom nimmt der Motor im Betrieb auf?
Der Motor nimmt die Wirkleistung $P = P_M/\eta_M = 306{,}6$ W$/0{,}7 = 437{,}9$ W vom Netz auf. Somit ergibt sich nach Gl. (6.51) der Nennstrom

$$I = \frac{P}{U\cos\varphi} = \frac{437{,}9 \text{ W}}{220 \text{ V} \cdot 0{,}85} = 2{,}342 \text{ A}.$$

d) Was kostet die Leerung der Grube, wenn 1 kWh mit 22 Pf berechnet wird,
Der Arbeitsverbrauch, den der Zähler anzeigt, ist $W = Pt = 0{,}4379$ kW $\cdot 3$ h $= 1{,}314$ kWh. Der Preis für die einmalige Leerung beträgt $1{,}314$ kWh $\cdot 22$ Pf/kWh $= 28{,}9$ Pf.

6.3 Komplexe Rechnung

Die in Abschn. 6.1.3.1 eingeführte Zeigerdarstellung von Sinusgrößen erleichtert ihre Behandlung ganz erheblich, da z. B. bei der Addition die punktweise Überlagerung von Sinusfunktionen durch die **geometrische Addition** von Zeigern ersetzt werden kann.

Wenn man nun den Zeiger in die **komplexe Zahlenebene** einträgt – und zwar zunächst ausgehend vom Koordinaten-Nullpunkt, so kann man die Zeigerspitze und somit den Zeiger selbst durch eine **komplexe Zahl** vollständig beschreiben. Hierdurch wird das geometrische Zeigerzusammensetzen in eine reine **Zahlenrechnung** überführt. Auch wird der betrachtete Sinusvorgang aus dem umständlich zu handhabenden Zeitbereich in die einfacher zu übersehene **komplexe Ebene** transformiert.

Es sollen nun zunächst einige Regeln der komplexen Rechnung wiederholt und anschließend die komplexen Sinusgrößen betrachtet werden.

6.3.1 Begriffe und Rechenregeln

Da jedes Lehrbuch der Ingenieurmathematik (z. B. [6], [14], [28]) ausführlich das Rechnen mit komplexen Zahlen behandelt, möge es hier genügen, kurz die für die Elektrotechnik wichtigen Begriffe und Rechenregeln anzugeben.

6.24
Gaußsche Zahlenebene mit kartesischen (a) und Polarkoordinaten (b) sowie Darstellung der komplexen Größe $\underline{r} = a + jb = r\,\underline{/\alpha}$ und der konjugiert komplexen Größe $\underline{r}^* = a - jb = r\,\underline{/-\alpha}$

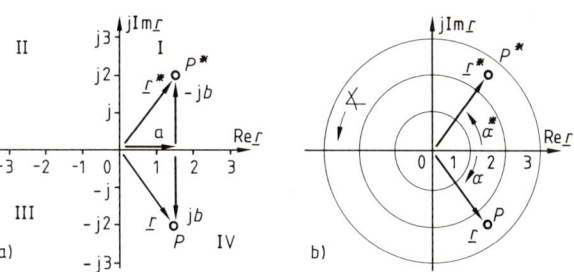

6.3.1.1 Darstellung komplexer Zahlen.

In der komplexen Ebene von Bild **6.24**a ist der in Abschn. 6.1.3.1 eingeführte Zeiger $\underline{r}$ als **komplexe** (hier dimensionslose) **Zahl** in der **Komponentenform**

$$\underline{r} = a + jb \tag{6.57}$$

eingetragen. Dies entspricht der Angabe von rechtwinkligen (kartesischen) Koordinaten a und b. Die positive reelle Achse weist nach rechts und die positive imaginäre Achse dann nach oben. Dem Brauch der Elektrotechnik folgend wird hierbei die imaginäre Einheit nur mit dem Operator $j = \sqrt{-1}$ (und nicht mit i, wie in der Mathematik gebräuchlich) belegt. Die Komponentenform stellt die komplexe Summe von **Realteil** $a = \mathrm{Re}\,\underline{r}$ und **Imaginärteil** $b = \mathrm{Im}\,\underline{r}$ dar, wobei die Komponenten a und b jeweils positive und negative Zahlenwerte annehmen können. Im Gegensatz hierzu wird die **Differenz**

$$\underline{r}^* = a - jb \tag{6.58}$$

als **konjugiert komplex** bezeichnet. Die in Abschn. 6.1.3.1 für den Zeiger eingeführte Unterstreichung des zugehörigen Formelzeichens wird auch hier zur Kennzeichnung einer komplexen Größe beibehalten.

Neben den Komponenten a und b ist eine komplexe Zahl noch durch ihren **Betrag** $r = |\underline{r}|$ und ihren **Winkel** α bestimmt. Dies entspricht der Angabe von Polarkoordinaten wie in Bild **6.24**b. Aus Bild **6.24** ergeben sich über

$$\underline{r} = a + jb = r\cos\alpha + jr\sin\alpha = r(\cos\alpha + j\sin\alpha) \tag{6.59}$$

Betrag

$$r = |\underline{r}| = \sqrt{a^2 + b^2} \tag{6.60}$$

und **Winkel**

$$\alpha = \mathrm{Arctan}(b/a) \tag{6.61}$$

sowie mit der **Euler-Gleichung** $e^{j\alpha} = \cos\alpha + j\sin\alpha$ die **Exponential-** oder **Polarform**

$$\underline{r} = r\,e^{j\alpha} = r\exp j\alpha = r\,\underline{/\alpha}. \tag{6.62}$$

In den beiden letzten Ausdrücken ermöglichen „exp" anstelle von „e hoch" und das Versor-Zeichen $\underline{/}$ anstelle von e^j gegenüber der Schreibweise mit Exponential-Exponenten besonders bei längeren Argumenten eine übersichtlichere Anordnung. Wir werden daher das Versor-Zeichen bevorzugt benutzen.

Der zu einem Zeiger $\underline{r}$ gehörende konjugiert komplexe Zeiger $\underline{r}^* = r\underline{/\alpha^*}$ hat nach Bild 6.24 den ursprünglichen Betrag r, jedoch beim Phasenwinkel $\alpha^* = -\alpha$ entgegengesetzte Vorzeichen.

Der Winkelfaktor $e^{j\alpha} = \exp j\alpha = \underline{/\alpha}$ gibt die Richtung des Zeigers an, in die er aus der positiven reellen Achse gedreht ist. Die positive reelle Achse ist im allgemeinen, wenn nichts anderes vermerkt ist, die Bezugsachse. Winkel, deren Pfeilspitze dem Uhrzeigersinn entgegengerichtet sind, werden dem Brauch der Mathematik folgend, positiv gezählt. Die Länge des Zeigers wird allein durch den Betrag r bestimmt.

Der Winkelfaktor $\underline{/\alpha}$ beträgt für einige häufiger vorkommende Winkel

$$\underline{/0} = \quad e^{j0} = \cos 0 + j\sin 0 = 1 \qquad (6.63)$$

$$\underline{/\pi/2} = \quad e^{j\pi/2} = \cos(\pi/2) + j\sin(\pi/2) = j \qquad (6.64)$$

$$\underline{/-\pi/2} = \quad e^{-j\pi/2} = \cos(-\pi/2) + j\sin(-\pi/2) = -j \qquad (6.65)$$

$$\underline{/\pm\pi} = \quad e^{j\pi} = \cos\pi + j\sin\pi = -1 \qquad (6.66)$$

Der Vorsatz $+j$ bedeutet also eine Drehung um $\pi/2 = 90°$, der Vorsatz $-j$ entsprechend die Drehung um $-\pi/2 = -90°$ und das Minuszeichen $(-)$ eine Drehung um $\pi = \pm 180°$.

6.3.1.2 Rechenregeln für komplexe Zahlen. Für Addition und Subtraktion benutzt man die Komponentenform von Gl. (6.57) und bei den übrigen Rechenoperationen am besten die Exponentialform von Gl. (6.62).

Addition und Subtraktion. Mit den Zeigern $\underline{r}_1 = a_1 + jb_1$ und $\underline{r}_2 = a_2 + jb_2$ in Komponentenform findet man sofort die Summe

$$\underline{r}_1 + \underline{r}_2 = (a_1 + jb_1) + (a_2 + jb_2) = (a_1 + a_2) + j(b_1 + b_2) \qquad (6.67)$$

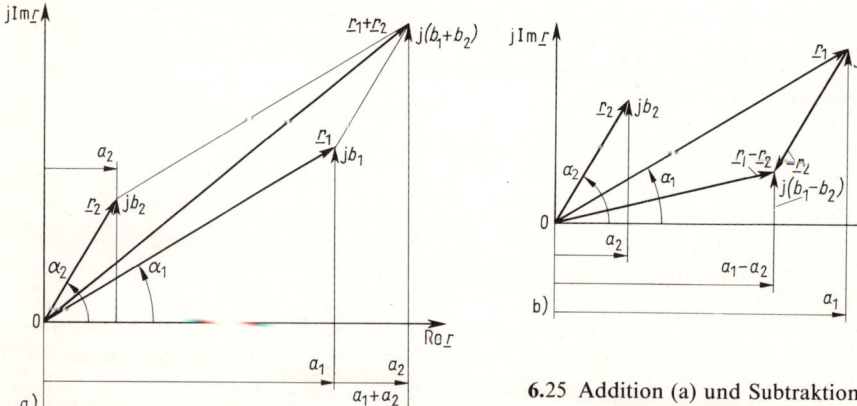

6.25 Addition (a) und Subtraktion (b) komplexer Zeiger

und die Differenz

$$\underline{r}_1 - \underline{r}_2 = (a_1 + jb_1) - (a_2 + jb_2) = (a_1 - a_2) + j(b_1 - b_2) \,. \tag{6.68}$$

Liegen die Zeiger in Exponentialform vor, so sind sie zunächst in die Komponentenform zu bringen. Bild 6.25 zeigt, wie Summe und Differenz graphisch bestimmt werden können.

Multiplikation und Division. Mit den Zeigern $\underline{r}_1 = r_1 e^{j\alpha_1} = r_1\underline{/\alpha_1}$ und $\underline{r}_2 = r_2 e^{j\alpha_2} = r_2\underline{/\alpha_2}$ erhält man das **Produkt**

$$\underline{r} = \underline{r}_1 \underline{r}_2 = r_1 e^{j\alpha_1} r_2 e^{j\alpha_2} = r_1 r_2 e^{j(\alpha_1 + \alpha_2)} = r_1 r_2 \underline{/\alpha_1 + \alpha_2} \tag{6.69}$$

und den **Quotienten**

$$\underline{r} = \underline{r}_1/\underline{r}_2 = (r_1/r_2)\, e^{j(\alpha_1 - \alpha_2)} = (r_1/r_2)\underline{/\alpha_1 - \alpha_2} \,. \tag{6.70}$$

Da das Produkt einer komplexen Zahl $\underline{r}_2 = c + jd$ mit ihrem konjugiert komplexen Wert $\underline{r}_2^* = c - jd$ stets eine reelle Zahl $\underline{r}_2 \underline{r}_2^* = (c + jd)(c - jd) = c^2 - j^2 d^2 = c^2 + d^2$ ergibt, kann man auch den Nenner eines Bruchs durch Erweitern mit dem konjugiert komplexen Nenner reell machen. Das nutzt man z. B. aus, wenn zwei Zeiger in der Komponentenform

$$\underline{r} = \frac{a + jb}{c + jd} = \frac{(a + jb)(c - jd)}{c^2 + d^2} = \frac{(ac + bd) + j(bc - ad)}{c^2 + d^2} \tag{6.71}$$

dividiert werden sollen.

Potenzieren und Radizieren. Der Zeiger $\underline{r} = r e^{j\alpha} = r\underline{/\alpha}$ hat die $n$te **Potenz**

$$\underline{r}^n = (r e^{j\alpha})^n = r^n e^{jn\alpha} = r^n\underline{/n\alpha} \tag{6.72}$$

und die $n$te **Wurzel**

$$\sqrt[n]{\underline{r}} = \sqrt[n]{r}\, e^{j\alpha/n} = \sqrt[n]{r}\underline{/\alpha/n} \,. \tag{6.73}$$

Man beachte, daß mit n als ganzer Zahl eine einzige Potenz als Lösung auftritt, jedoch n verschiedene Wurzeln als Lösung erscheinen (s. Beispiel 6.21).

Differenzieren und Integrieren. Für den Zeiger $\underline{r} = r e^{j\alpha} = r\underline{/\alpha}$ findet man den **Differentialquotienten**

$$d\underline{r}/d\alpha = d(r e^{j\alpha})/d\alpha = j\underline{r} = r\underline{/\alpha + \pi/2} \tag{6.74}$$

und das **Integral**

$$\int \underline{r}\, d\alpha = \int r e^{j\alpha}\, d\alpha = -j\underline{r} = r\underline{/\alpha - \pi/2} \,. \tag{6.75}$$

Also bedeutet eine Differentiation als Multiplikation mit j eine Drehung um den Winkel $\pi/2 = 90°$, eine Integration dagegen als Multiplikation mit $-j$ eine Drehung um $-\pi/2 = -90°$.

Umrechnungen mit Taschenrechnern. Die in Abschn. 6.3.1.1 beschriebenen Umrechnungen, z. B. von Komponenten- in Exponentialform und umgekehrt, können mit Taschenrechnern, die trigonometrische Funktionen berechnen, unter Anwendung von Gl. (6.59) bis (6.61) einfach vorgenommen werden. Besondere Vorteile zeigen Taschenrechner, die unmittelbar rechtwinklige Koordinaten in Polarkoordinaten und umgekehrt umwandeln, da dies der Umrechnung der Komponenten- in die Exponentialform und umgekehrt gleichkommt. Hierbei muß sorgfältig auf die richtige Reihenfolge der einzugebenden Daten und gefundenen Ergebnisse geachtet werden. Noch größere Vorteile haben Rechnerprogramme für eine komplexe Arithmetik [45], [88], [89].

Beispiel 6.21. Für die beiden komplexen Zahlen $\underline{r}_1 = 6+j8$ und $\underline{r}_2 = 10-j15$ sind Reziprokwerte, Summe und Differenzen, Produkt und Quotienten sowie Quadratwurzel jeweils in Komponenten- und Exponentialform zu bestimmen.

Nach Gl. (6.60) erhalten wir die Beträge

$$r_1 = \sqrt{6^2 + 8^2} = 10, \qquad r_2 = \sqrt{10^2 + 15^2} = 18{,}05$$

und nach Gl. (6.61) die Winkel

$$\alpha_1 = \text{Arctan}(8/6) = 53°, \qquad \alpha_2 = \text{Arctan}(-15/10) = -56{,}3°$$

und daher die Exponentialformen

$$\underline{r}_1 = 10\,\underline{/53°}, \qquad \underline{r}_2 = 18{,}05\,\underline{/-56{,}3°}$$

Die Reziprokwerte sind in Exponentialform

$$\frac{1}{\underline{r}_1} = \frac{1}{10\,\underline{/53°}} = 0{,}1\,\underline{/-53°}, \qquad \frac{1}{\underline{r}_2} = \frac{1}{18{,}05\,\underline{/-56{,}3°}} = 0{,}0554\,\underline{/56{,}3°}$$

bzw. in Komponentenform

$$\frac{1}{\underline{r}_1} = 0{,}1\,[\cos(-53°) + j\sin(-53°)] = 0{,}0602 - j0{,}0799,$$

$$\frac{1}{\underline{r}_2} = 0{,}0554\,[\cos 56{,}3° + j\sin 56{,}3°] = 0{,}0307 + j0{,}0461.$$

Die Summe beträgt nach Gl. (6.67)

$$\underline{r}_1 + \underline{r}_2 = (6+j8) + (10-j15) = 16 - j7 = 17{,}43\,\underline{/-23{,}6°}.$$

Nach Gl. (6.68) gibt es die beiden Differenzen

$$\underline{r}_1 - \underline{r}_2 = (6+j8) - (10-j15) = -4 + j23 = 23{,}4\,\underline{/99{,}9°},$$
$$\underline{r}_2 - \underline{r}_1 = (10-j15) - (6+j8) = 4 - j23 = 23{,}4\,\underline{/-80{,}1°},$$

die also gegenphasig sind. Gl. (6.69) liefert das Produkt

$$\underline{r}_1 \underline{r}_2 = 10 \cdot 18{,}05\,\underline{/53° - 56{,}3°} = 180{,}05\,\underline{/-3{,}3°} = 180 - j10{,}4$$

und Gl. (6.70) die beiden Quotienten

$$\underline{r}_1/\underline{r}_2 = \frac{10}{18{,}05}\ \underline{/53° - (-56{,}3°)} = 0{,}554\ \underline{/109{,}3°} = -0{,}183 + \mathrm{j}0{,}522,$$

$$\underline{r}_2/\underline{r}_1 = \frac{18{,}05}{10}\ \underline{/-56{,}3° - 53°} = 1{,}805\ \underline{/-109{,}3°} = -0{,}597 - \mathrm{j}1{,}7.$$

Schließlich finden wir mit Gl. (6.73) die Quadratwurzeln

also
$$\sqrt{\underline{r}_1} = \sqrt{10}\ \underline{/53°/2} = \pm 3{,}17\ \underline{/26{,}5°},$$

und
$$(\sqrt{\underline{r}_1})_1 = 3{,}17\ \underline{/26{,}5°} = 2{,}87 + \mathrm{j}1{,}415$$
$$(\sqrt{\underline{r}_1})_2 = 3{,}17\ \underline{/26{,}5° - 180°} = 3{,}17\ \underline{/-153{,}5°} = -2{,}87 - \mathrm{j}1{,}415.$$

(Die gleiche Lösung hätte man auch mit $53° = -307°$ erhalten.)

$$\sqrt{\underline{r}_2} = \sqrt{18{,}05}\ \underline{/-56{,}2/2} = \pm 4{,}25\ \underline{/-28{,}15°},$$
$$(\sqrt{\underline{r}_2})_1 = 4{,}25\ \underline{/-28{,}15°} = 3{,}75 - \mathrm{j}2{,}01,$$
$$(\sqrt{\underline{r}_2})_2 = 4{,}25\ \underline{/151{,}85°} = -3{,}75 + \mathrm{j}2{,}01.$$

Beispiel 6.22. Das Produkt $(2+\mathrm{j}2)(3-\mathrm{j}3)(5-\mathrm{j}5)$ und der Quotient $(2+\mathrm{j}2)\cdot 20\ \underline{/130°}/(5-\mathrm{j}5)$ sind in die Exponentialform zu bringen.
Es sind
$$(2+\mathrm{j}2)(3-\mathrm{j}3)(5-\mathrm{j}5) = 2\cdot 3\cdot 5 (1+\mathrm{j})(1-\mathrm{j})(1-\mathrm{j}) = 50(1+1)(1-\mathrm{j})$$
$$= 100\cdot\sqrt{2}\ \underline{/-45°} = 141\ \underline{/-45°}$$

und
$$\frac{2+\mathrm{j}2}{5-\mathrm{j}5}\, 20\ \underline{/130°} = \frac{2\cdot 20}{5}\cdot\frac{1+\mathrm{j}}{1-\mathrm{j}}\ \underline{/130°} = 8\,\frac{(1+\mathrm{j})^2}{1+1}\ \underline{/130°} = 4(1+\mathrm{j}2-1)\ \underline{/130°}$$
$$= \mathrm{j}8\ \underline{/130°} = 8\ \underline{/220°}.$$

6.3.1.3 Komplexe Gleichungssysteme. Für das allgemeine komplexe Gleichungssystem

$$\underline{A}_{11}\underline{X} + \underline{A}_{12}\underline{Y} = \underline{B}_1$$
$$\underline{A}_{21}\underline{X} + \underline{A}_{22}\underline{Y} = \underline{B}_2 \tag{6.76}$$

mit den beiden unbekannten komplexen Größen $\underline{X}$ und $\underline{Y}$ gelten alle Rechenregeln der Algebra, wenn man nur stets berücksichtigt, daß alle unterstrichenen Größen komplex sind, sich hinter diesen Formelzeichen also Ausdrücke wie in Gl. (6.59) und (6.62) verbergen. Für die zunächst rein algebraische Lösung dieser Gleichungssysteme ist dies jedoch ohne Bedeutung. So findet man z. B. für das Gleichungssystem von Gl. (6.76) in der üblichen Weise die Lösungen

$$\underline{X} = \frac{\underline{B}_1\underline{A}_{22} - \underline{B}_2\underline{A}_{12}}{\underline{A}_{11}\underline{A}_{22} - \underline{A}_{12}\underline{A}_{21}}, \tag{6.77}$$

$$\underline{Y} = \frac{\underline{B}_2\underline{A}_{11} - \underline{B}_1\underline{A}_{21}}{\underline{A}_{11}\underline{A}_{22} - \underline{A}_{12}\underline{A}_{21}}. \tag{6.78}$$

Jede komplexe Gleichung, z. B.

$$a + \mathrm{j}b = c + d + \mathrm{j}(e-f) \tag{6.79}$$

enthält zwei reelle Gleichungen. Sie wird nämlich nur erfüllt, wenn der **Realteil**, hier also

$$a = c + d \tag{6.80}$$

und der **Imaginärteil**, hier also

$$b = e - f \tag{6.81}$$

jeder für sich erfüllt werden. Mit den Exponentialformen $\underline{r}_1 = r_1 \underline{/\alpha_1}$ bis $\underline{r}_4 = r_4 \underline{/\alpha_4}$ kann man die komplexe Gleichung

$$\underline{r}_1 \underline{r}_2 = \underline{r}_3 \underline{r}_4 \quad \text{bzw.} \quad r_1 r_2 \underline{/\alpha_1 + \alpha_2} = r_3 r_4 \underline{/\alpha_3 + \alpha_4} \tag{6.82}$$

auch zerlegen in die Bedingung für die **Beträge**

$$r_1 r_2 = r_3 r_4 \tag{6.83}$$

und die **Winkel**

$$\alpha_1 + \alpha_2 = \alpha_3 + \alpha_4. \tag{6.84}$$

Eine komplexe Gleichung kann man daher in zwei reelle Gleichungen aufspalten. Dies ist für die Lösung bestimmter Aufgaben (s. Abschn. 7.3.3.1) wichtig. Auch die Zerlegung von komplexen Spannungen und Strömen in Wirk- und Blindkomponenten (s. Abschn. 7.2.1.1 und 7.2.1.2) entspricht diesem Vorgehen.

6.3.2 Komplexe Größen der Sinusstromtechnik

In Abschn. 6.1.2.1 ist mit Bild 6.7 ein mit fester Winkelgeschwindigkeit ω umlaufender **Drehzeiger**, dessen Projektion auf eine Zeitlinie eine Sinusfunktion liefert, eingeführt und dieser ist bei den Anwendungen, z.B. in Bild 6.11 zu einem Festzeiger vereinfacht worden. Festzeiger werden in ihrer Länge durch den **Betrag** der Größe, z.B. die Effektivwerte U, I oder die Scheitelwerte $\hat{u}$, $\hat{i}$ und in ihrer Lage durch ihre Nullphasenwinkel φ_U, φ_I bzw. den Phasenwinkel $\varphi = \varphi_U - \varphi_I$ festgelegt. Nach Abschn. 6.1.2.3 kann man mit Hilfe dieser Zeiger leicht gleichfrequente Sinusfunktionen addieren und subtrahieren. Auf diese Weise kann man das umständliche punktweise Überlagern von Sinusfunktionen durch die einfache geometrische Addition von Zeigern ersetzen.

Wenn man nun den Zeiger in die **komplexe Zahlenebene** einträgt – und zwar zunächst ausgehend vom Koordinaten-Nullpunkt, so kann man die Zeigerspitze und somit den Zeiger selbst durch eine **komplexe Zahl** vollständig beschreiben. Hierdurch wird das geometrische Zeigerzusammensetzen in eine reine Zahlenrechnung überführt. Auf diese Weise wird die betrachtete Sinusschwingung aus dem umständlich zu handhabenden Zeitbereich in die einfacher zu übersehene **komplexe Ebene transformiert**.

Anschließend wird die komplexe Rechnung auf Zeigerdiagramme für Spannung, Strom, Leistung sowie Widerstand und Leitwert angewendet. Hierdurch wird der

6.3.2 Komplexe Größen der Sinusstromtechnik

eigentliche Charakter der betrachteten Sinusgrößen natürlich nicht verändert, d. h., sie bleiben weiterhin abhängig von der Zeit t sinusförmig schwingende Größen. Man wechselt vielmehr nur aus dem etwas umständlich zu handhabenden Zeitbereich in einen **Zeigerbereich** über, der mit der komplexen Rechnung einfacher zu berechnen ist. Diese komplexe Darstellung von Sinusgrößen und ihre Behandlung mit der komplexen Rechnung nennt man daher auch die **symbolische Methode**. Sie benötigt für die Charakterisierung von Sinusströmen und -spannungen in linearen Netzwerken neben der Frequenz nur noch die Angabe von Scheitelwert oder Effektivwert und Phasenwinkel.

6.3.2.1 Komplexe Drehzeiger. Nach Abschn. 6.3.1 kann ein Punkt A_t (Bild **6.26**) in der komplexen, in Polarkoordinaten vermessenen Zahlenebene, der vom Koordinaten-Nullpunkt den Abstand $\hat{u}$, also eine dem Scheitelwert der Sinusspannung proportionale Entfernung hat und zur Zeit $t=0$ den Winkel φ_U, also den Nullphasenwinkel der betrachteten Spannung, aufweist sowie mit der Winkelgeschwindigkeit ω – d. i. gleichzeitig die Kreisfrequenz der Sinusspannung – um den Koordinaten-Nullpunkt dreht, mathematisch durch den Ausdruck

$$\underline{u} = \hat{u}\, e^{j(\omega t + \varphi_U)} = \hat{u}\, e^{j\omega t}\, e^{j\varphi_U} = \hat{u}\, \underline{/\omega t + \varphi_U} = \hat{u}\, \underline{/\omega t}\, \underline{/\varphi_U} \quad (6.85)$$

beschrieben werden. Mit dem **Drehfaktor** $e^{j\omega t} = \underline{/\omega t}$ und dem **Winkelfaktor** $e^{j\varphi_U} = \underline{/\varphi_U}$ ist dies ein komplexer **Drehzeiger**, der genau dem Drehzeiger $\underline{u}$ in Bild **6.7** a entspricht. Da sein Imaginärteil

$$\text{Im}\,\underline{u} = \hat{u}\sin(\omega t + \varphi_U) = u \quad (6.86)$$

den Zeitwert der Spannung u darstellt, wird $\underline{u}$ in Gl. (6.85) auch der **komplexe Zeitwert** (oder **Augenblickswert**) der Spannung u genannt. Man kann daher aus Gl. (6.85) sofort den Zeitwert u der Spannung oder aus dem komplexen Zeitwert des Stromes

$$\underline{i} = \hat{i}\, \underline{/\omega t + \varphi_I} \quad (6.87)$$

den Zeitwert des Stromes $i = \text{Im}\,\underline{i}$ bestimmen.

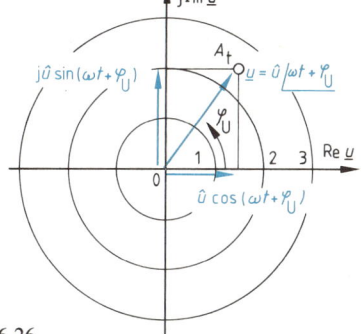

6.26 Spannungs-Drehzeiger $\underline{u} = \hat{u}\, \underline{/\omega t + \varphi_U}$

Beispiel 6.23. Man gebe für die in Beispiel 6.4 behandelte normale Netzspannung $U = 220$ V bei der Frequenz $f = 50$ Hz den komplexen Zeitwert für den Nullphasenwinkel $\varphi_U = -60°$ an und bestimme den Zeitwert u für die Zeit $t = 12$ ms.
Nach Gl. (6.85) erhält man mit dem Scheitelwert $\hat{u} = 311{,}1$ V aus Beispiel 6.4 und der Kreisfrequenz $\omega = 314{,}2$ s^{-1} aus Beispiel 6.1 den komplexen Zeitwert

$$\underline{u} = \hat{u}\, e^{j(\omega t + \varphi_U)} = 311{,}1 \text{ V } e^{j(314{,}2\,\text{s}^{-1}\,t - 60°)} = \hat{u}\, \underline{/\omega t + \varphi_U} = 311{,}1 \text{ V } \underline{/314{,}2\,\text{s}^{-1}\,t - 60°}\,.$$

Aus Gl. (6.86) erhält man, wenn man die Winkel einheitlich entweder in Bogenmaß oder Grad umrechnet, den Zeitwert der Spannung

$$u = \text{Im}\,\underline{u} = \hat{u}\sin(\omega t + \varphi_U) = 311{,}1 \text{ V } \sin(314{,}2\,\text{s}^{-1} \cdot 12\,\text{ms} - 60°) = 126{,}5 \text{ V}\,.$$

6.3.2.2 Komplexe Festzeiger.

Nach Abschn. 6.3.2.1 benötigt man die konstante Drehung der Drehzeiger mit der Winkelgeschwindigkeit ω nur zur (seltenen) Bestimmung der Zeitwerte, kann also für die meisten Betrachtungen auf den Drehfaktor $e^{j\omega t} = \underline{/\omega t}$ verzichten. Wenn man aus dem komplexen Zeitwert der Spannung

$$\underline{u} = \hat{u}\, e^{j\omega t}\, e^{j\varphi_U} = \underline{\hat{u}}\, e^{j\omega t} \tag{6.88}$$

diesen Drehfaktor eliminiert, bleibt ein Festzeiger, der komplexe Scheitelwert der Spannung

$$\underline{\hat{u}} = \hat{u}\, e^{j\varphi_U} = \hat{u}\, \underline{/\varphi_U} \tag{6.89}$$

übrig. Dies entspricht also dem Zeiger zur Zeit $t = 0$, wobei φ_U der Nullphasenwinkel und $\underline{/\varphi_U}$ der Winkelfaktor ist. Da sich Scheitelwert und Effektivwert nur durch den für Sinusgrößen festen Scheitelfaktor $\xi = \sqrt{2}$ unterscheiden, darf man auch ebenso mit dem komplexen Effektivwert der Spannung oder (noch einfacher) mit der komplexen Spannung

$$\underline{U} = U\, e^{j\varphi_U} = U\, \underline{/\varphi_U} \tag{6.90}$$

oder analog mit dem komplexen Strom

$$\underline{I} = I\, e^{j\varphi_I} = I\, \underline{/\varphi_I} \tag{6.91}$$

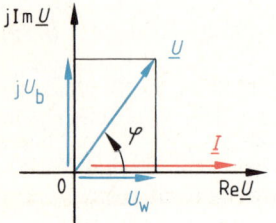

6.27 Zerlegung des Spannungszeigers $\underline{U}$ in Wirk- und Blindkomponente U_w bzw. U_b

arbeiten. Hierbei wird, wie in Bild **6.27**, der Stromzeiger $\underline{I}$ meist als Bezugszeiger in die positive reelle Achse gelegt, und die Spannung

$$\underline{U} = U\, \underline{/\varphi} = U_w + j\, U_b \tag{6.92}$$

kann in einen Realteil, die Wirkkomponente U_w, und einen Imaginärteil, die Blindkomponente U_b, zerlegt werden (s. Abschn. 7.2.1.1).

Die Anwendung eines allgemeinen Ohmschen Gesetzes auf die komplexen Zeitwerte von Strom und Spannung liefert ebenfalls komplexe Größen, nämlich den komplexen Widerstand

$$\underline{Z} = \frac{\underline{u}}{\underline{i}} = \frac{\hat{u}\, e^{j\omega t}\, e^{j\varphi_U}}{\hat{i}\, e^{j\omega t}\, e^{j\varphi_I}} = \frac{\hat{u}}{\hat{i}}\, \underline{/\varphi_U - \varphi_I} = \frac{\underline{U}}{\underline{I}} = \frac{U}{I}\, \underline{/\varphi_U - \varphi_I}$$

$$= Z\, \underline{/\varphi} = R + j\, X \tag{6.93}$$

und den komplexen Leitwert

$$\underline{Y} = \frac{\underline{i}}{\underline{u}} = \frac{\hat{i}\, e^{j\omega t}\, e^{j\varphi_I}}{\hat{u}\, e^{j\omega t}\, e^{j\varphi_U}} = \frac{\hat{i}}{\hat{u}}\, \underline{/\varphi_I - \varphi_U} = \frac{\underline{I}}{\underline{U}} = \frac{I}{U}\, \underline{/\varphi_I - \varphi_U}$$

$$= \frac{1}{\underline{Z}} = \frac{1}{Z\, \underline{/\varphi}} = \frac{1}{Z}\, \underline{/-\varphi} = G + j\, B\,. \tag{6.94}$$

6.3.2 Komplexe Größen der Sinusstromtechnik

Diese Festzeiger werden in Abschn. 7 ausführlich behandelt. In der Exponentialform treten also der Phasenwinkel φ nach Abschn. 7.1.1.2 und die Beträge Scheinwiderstand Z und Scheinleitwert Y auf. Die Komponenten werden als Wirkwiderstand R, Blindwiderstand X, Wirkleitwert G und Blindleitwert B bezeichnet.

Man kann auch die **komplexe Leistung**

$$\underline{S} = S\underline{/\varphi} = UI\underline{/\varphi} = P + jQ$$

definieren. Es liegt nahe, mit der komplexen Spannung $\underline{U} = U\underline{/\varphi_U}$ und dem komplexen Strom $\underline{I} = I\underline{/\varphi_I}$ das komplexe Produkt

$$\underline{U}\,\underline{I} = U\underline{/\varphi_U}\;I\underline{/\varphi_I} = UI\underline{/\varphi_U + \varphi_I}$$

zu bilden. Nach Bild 6.28 ist jedoch der **Phasenwinkel** $\varphi = \varphi_U - \varphi_I$, so daß auf diese Weise die komplexe Leistung nicht berechnet werden kann. Man erhält sie vielmehr mit dem **konjugiert komplexen Strom** $\underline{I}^* = I\underline{/-\varphi_I}$ aus

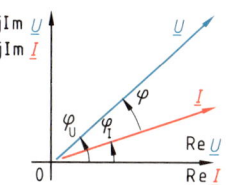

6.28 Spannungs- und Stromzeiger in der komplexen Ebene

$$\underline{S} = \underline{U}\,\underline{I}^* = U\underline{/\varphi_U}\;I\underline{/-\varphi_I} = UI\underline{/\varphi_U - \varphi_I} = UI\underline{/\varphi} = S\underline{/\varphi} = P + jQ. \quad (6.95)$$

Die Zeiger Wirkleistung $\underline{P}$ und Blindleistung $\underline{Q}$ müssen daher geometrisch zum Zeiger komplexe Leistung $\underline{S}$ zusammengesetzt werden.

Während die Leistung $S_t = u\,i$ im allgemeinen Fall ebenfalls sinusförmig schwingt, also die komplexe Leistung auch eine Sinusgröße symbolisieren soll, sind Widerstände und Leitwerte natürlich feste Werte. Komplexe Größen symbolisieren also nicht nur Sinusgrößen, sondern auch andere Größen der Sinusstromtechnik.

Beispiel 6.24. Man bilde in der komplexen Zahlenebene mit den beiden komplexen Strömen $\underline{I}_1 = (2 + j5)$ A und $\underline{I}_2 = 6$ A $\underline{/-30°}$ den Summenstrom $\underline{I}_S = \underline{I}_1 + \underline{I}_2$ und den Differenzstrom $\underline{I}_D = \underline{I}_2 - \underline{I}_1$.

Wir formen zunächst die Exponentialform $\underline{I}_2 = 6$ A $\underline{/-30°}$ in die Komponentenform $\underline{I}_2 = (5{,}196 - j3{,}0)$ A um und berechnen dann die Summe $\underline{I}_S = (2 + 5{,}196)$ A $+ j(5 - 3)$ A $= (7{,}196 + j2)$ A mit dem Betrag nach Gl. (6.60)

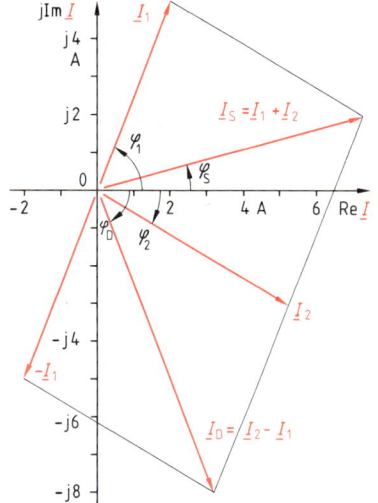

$$I_S = \sqrt{7{,}196^2 + 2^2}\;\text{A} = 7{,}469\;\text{A}$$

und dem Phasenwinkel z. B. nach Gl. (6.61)

$$\varphi = \operatorname{Arctan}(2\;\text{A}/7{,}196\;\text{A}) = 15{,}53°$$

oder unmittelbar mit dem Taschenrechner [45], [88], [89]. Es ist also $\underline{I}_S = 7{,}469$ A $\underline{/15{,}53°}$.

In ähnlicher Weise erhält man für die Differenz $\underline{I}_D = \underline{I}_2 - \underline{I}_1 = (5{,}196 - 2)$ A $+ j(-3 - 5)$ A $= (3{,}196 - j8)$ A $= 8{,}615$ A $\underline{/-68{,}22°}$. Bild 6.29 zeigt diese Zusammenhänge.

6.29 Summe $\underline{I}_S = \underline{I}_1 + \underline{I}_2$ und Differenz $\underline{I}_D = \underline{I}_2 - \underline{I}_1$ von zwei komplexen Strömen $\underline{I}_1$ und $\underline{I}_2$

6.3.2.3 Bezugsgröße. Nach Abschn. 6.1.1.2 wird in diesem Buch der Phasenwinkel φ ganz allgemein entsprechend Gl. (6.5) und DIN 40110 von der Bezugsgröße Strom $\underline{I}$ aus gemessen. Es wird daher bei den Darstellungen in Zeigerdiagrammen und in der komplexen Ebene auch versucht, die Phasenwinkel φ wie in Bild **6.**27 und in der Mathematik üblich von dem positiven Teil der reellen Achse aus zu zählen. Dies bereitet bei der Darstellung komplexer Widerstände und Leistungen (s. Bild **6.**30 und **6.**31) meist keine Schwierigkeiten. In Strom- und Spannungszeigerdiagrammen muß dann der Stromzeiger $\underline{I}$ wie in Bild **6.**26 als Bezugsgröße in der reellen Achse liegen, was auch für die Betrachtung von Reihenschaltungen (s. Abschn. 7.1.1) und für Spannungs-Ortskurven (s. Abschn. 8.1) Vorteile hat.

Bei Parallelschaltungen (s. Abschn. 7.1.2) und ganz allgemein bei Strom-Ortskurven (s. Abschn. 8.1) ist es dagegen vorteilhafter, den Spannungszeiger in Richtung des positiven Teils der Realachse zu legen. In diesem Fall und in Leitwertdiagrammen liegt die Spitze des Pfeils für den Phasenwinkel φ am positiven Ast der reellen Achse, oder es wird der Phasenwinkel $\varphi_Y = -\varphi$ eingetragen (s. Bild **7.**11).

Wenn bezogene komplexe Größen, z. B. das komplexe Spannungsverhältnis $\underline{U}_a/\underline{U}_e$ (vielleicht als Ortskurve) dargestellt werden soll, wird auch die Größe, auf die bezogen wird, als Bezugsgröße angesehen, der Phasenwinkel φ also von der Eingangsspannung $\underline{U}_e$ zur Ausgangsspannung $\underline{U}_a$ gemessen. In allen anderen Fällen muß die Bezugsgröße angegeben werden. Die Koordinatenachsen der komplexen Zahlenebene werden bei maßstäblichen Darstellungen i. allg. wie in Bild **6.**29 beziffert; für bezogene Größen, die dann reine Zahlenwerte sind, werden sie mit Rer und jImr gekennzeichnet.

Während also nach Abschn. 6.1.1.2 der **Phasenwinkel** stets wie in Bild **6.**27 zwischen Strom- und Spannungszeiger gemessen wird, der **Strom** $\underline{I}$ daher für ihn Bezugsgröße ist, enthalten Angaben wie $\underline{U} = 20\,\text{V}\,\underline{/60°}$ oder $\underline{I} = 6\,\text{A}\,\underline{/-30°}$ die **Nullphasenwinkel** $\varphi_U = 60°$ bzw. $\varphi_I = -30°$, die wie in Bild **6.**27 und **6.**29 vom positiven Teil der reellen Achse ausgehen.

6.3.2.4 Symbolische Methode. Die physikalische Größe Sinusspannung ist durch die Gleichung für den Zeitwert $u = \hat{u}\sin(\omega t + \varphi_U)$ eindeutig bestimmt; sie wird also durch den **Scheitelwert** $\hat{u}$ (bzw. den Effektivwert $U = \hat{u}/\sqrt{2}$), die **Kreisfrequenz** ω [bzw. die Frequenz $f = \omega/(2\pi)$ oder die Periodendauer $T = 1/f$] und den **Nullphasenwinkel** φ_U (bzw. die Phasenverschiebung φ bezüglich des zugehörigen Sinusstroms i) bei der **Zeit** t festgelegt. In Abschn. 6.1 und 6.3.2.2 wird dargestellt, daß es für das Berechnen elektrischer Sinusstrom-Schaltungen einfacher ist, nicht mit dem Zeitwert, sondern mit **Zeigern** oder **komplexen Größen**, also z. B. dem komplexen Effektivwert $\underline{U} = U\,\underline{/\varphi}$ oder dem komplexen Scheitelwert $\underline{\hat{u}} = \hat{u}\,\underline{/\varphi}$ zu rechnen.

Während der Zeitverlauf z. B. mit einem Oszilloskop [80] dargestellt und die übrigen in Abschn. 6.1.1 eingeführten Kennwerte mit üblichen Meßgeräten [80] bestimmt werden können, sind Strom- und Spannungszeiger oder komplexe Ströme, Spannungen, Leistungen, Widerstände usw. mit ihren reellen und imaginären Komponenten keine physikalischen Größen im ursprünglichen Sinn mehr, sondern **Rechengrößen**, die durch Transformation der Sinusgrößen aus dem Zeitbereich in einen Zeiger- bzw. komplexen Zahlenbereich entstehen. Man nennt dieses Vorgehen daher auch **symbolische Methode** der Sinusstromtechnik, und es sind für das Transformieren und das Arbeiten mit Zeigern und das Rechnen mit komplexen

6.3.2 Komplexe Größen der Sinusstromtechnik

Größen besondere Regeln zu beachten (s. Abschn. 6.3.1). Man beachte auch, daß beim Rechnen mit Festzeigern die wichtige Bestimmungsgröße Kreisfrequenz nicht mehr unmittelbar auftritt, Rechenoperationen aber i. allg. (bis auf die komplexe Leistung, der die Kreisfrequenz 2ω – s. Abschn. 6.2.4.2 – zuzuordnen ist) nur für Größen gleicher Frequenz im Zeigerbereich zulässig sind.

Diese Transformation erleichtert das Berechnen von Sinusstromschaltungen sehr und hat daher große Vorteile. Man darf aber, weil die Größen hierbei ihre Einheit behalten, nicht schließen, daß komplexe Ströme und Spannungen reale physikalische Größen sind; sie haben nur die gleichen Bestimmungsstücke. Sie müssen im Formelzeichen durch einen Unterstrich deutlich gekennzeichnet werden, wenn man Verwechslungen und hierdurch bedingte Fehler vermeiden will. In der Mathematik sind weitere Transformationen üblich und nützlich.

Da man mit Taschenrechnern einfach komplex rechnen kann, einige programmierbare Rechner außerdem eine eigene komplexe Arithmetik in Modulprogrammen enthalten und diese leicht in andere Programme eingebaut werden kann [45], [88], [89], ist diese symbolische Methode noch wichtiger geworden.

6.3.2.5 Allgemeiner Sinusstromkreis. Es sollen jetzt mit Bild **6.**30 die Kenntnisse von den passiven Sinusstrom-Zweipolen auf einen allgemeinen Sinusstromkreis mit Quellen und Verbrauchern angewandt und auf diese Weise erweitert werden. Hierbei ist für alle Größen das Verbraucher-Zählpfeil-System (VZS – s. Abschn. 1.3.1.4) gewählt. In Bild **6.**30a sind daher die Zählpfeile von Strom und Spannung so eingezeichnet, daß sie jeweils in den Zweipolen in die gleiche Richtung weisen.

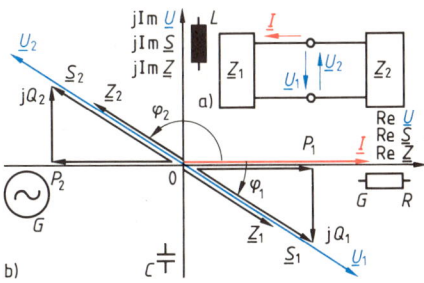

6.30
Schaltung (a) von Sinusstrom-Zweipolen mit Zählpfeilen im Verbraucher-Zählpfeil-System (VZS) und Zeigerdiagramme (b) für Spannung $\underline{U}$, Strom $\underline{I}$, Leistungen $\underline{S}$, P, Q, komplexe Widerstände $\underline{Z}$ und komplexe Leitwerte $\underline{Y}$ für Bezugszeiger $\underline{I}$

Bild **6.**30 geht vom Strom $\underline{I}$ als Bezugsgröße aus. Betrachten wir zunächst nur das Verhalten des Zweipols $\underline{Z}_1$, so gilt in der komplexen Ebene $\underline{I} = I$ und $\underline{U}_1 = U_1 \underline{/\varphi_1}$, und es ist nach Gl. (6.93) der komplexe Widerstand $\underline{Z}_1 = \underline{U}_1/\underline{I}_1 = U_1\underline{/\varphi_1}/I = Z_1\underline{/\varphi_1}$ bzw. nach Gl. (6.95) die komplexe Leistung $\underline{S}_1 = \underline{U}_1 \underline{I}^* = U_1 I \underline{/\varphi_1}$ wirksam. Es haben daher Spannung $\underline{U}$, Widerstand $\underline{Z}_1$ und komplexe Leistung $\underline{S}_1$ den gleichen Phasenwinkel.

Weiterhin liefert Bild **6.**30 wichtige Aufschlüsse über das Zusammenwirken von Erzeuger und Verbraucher im Wechselstromkreis: Der zuerst betrachtete Zweipol $\underline{Y}_1$ bzw. $\underline{Z}_1 = 1/\underline{Y}_1$ muß wegen des Phasenwinkels $-90° \leq \varphi_1 \leq 90°$ ein Verbraucher (also ein passiv wirkender Zweipol) sein, der Wirkleistung P_1 und kapazitive Blindleistung Q_1 aufnimmt. Entsprechend dem Verbraucher-Zählpfeil-System müssen in Bild **6.**30a die Zählpfeile für die Spannungen $\underline{U}_1$ und $\underline{U}_2$ entgegengesetzt gerichtet sein. Es gilt also $\underline{U}_2 = -\underline{U}_1$, was in Bild **6.**30b die Gegenphasigkeit dieser beiden Spannungen bedeutet. Dann sind aber auch $\underline{Z}_2 = -\underline{Z}_1$ bzw. $\underline{Y}_2 = -\underline{Y}_1$ und $\underline{S}_2 = -\underline{S}_1$. Der Zweipol $\underline{Z}_2$ muß also ein Erzeuger bzw. ein aktiv wirkender Zweipol sein, der die Wirkleistung $P_2 = -P_1$ und die induktive Blindleistung $Q_2 = -Q_1$ erzeugt.

Es können daher in dieser Weise immer nur Wirkleistungserzeuger und Wirkleistungsverbraucher zusammenwirken, und Kapazität C und Induktivität L müssen sich gegenseitig die Blindleistung zur Verfügung stellen, wie das auch schon aus Bild 6.18 und 6.21 hervorgeht. Generatoren der Wechselstromtechnik müssen somit nicht nur Wirkleistung erzeugen, sondern auch als Kapazität C oder Induktivität L wirken können.

6.3.2.6 Komplexe Widerstands- und Leitwertsebenen. Man kann die Betrachtungen in Bild 6.30 auf den komplexen Widerstand $\underline{Z} = R + jX$ nach Gl. (6.93) und den komplexen Leitwert $\underline{Y} = G + jB$ nach Gl. (6.94) beschränken und so mit komplexen

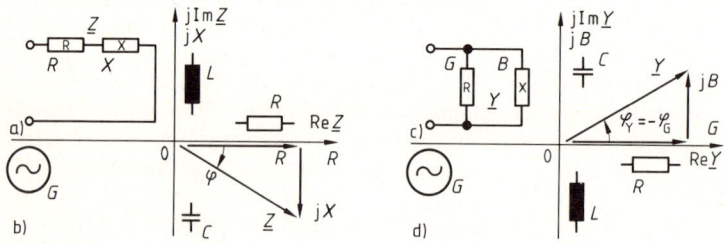

6.31 Komplexe Widerstandsebene (b) mit zugehöriger Ersatzschaltung (a) und komplexe Leitwertsebene (d) mit zugehöriger Ersatzschaltung (c)

Widerstands- und Leitwertsebenen wie in Bild 6.31 arbeiten. Die Achsen der komplexen Zahlenebene sind dort durch die zugehörigen Grundzweipole gekennzeichnet. Zur Realachse gehören bei umfassender Betrachtung sowohl positive Widerstandswerte R, die in passiven Zweipolen auftreten, als auch negative Werte, die zu einem Sinusgenerator gehören, also das Kennzeichen von aktiven Zweipolen sind.

Nach Gl. (6.94) sind komplexer Widerstand $\underline{Z}$ und komplexer Leitwert $\underline{Y} = 1/\underline{Z}$ inverse Größen, deren Phasenwinkel sich nur durch das Vorzeichen unterscheiden, die also entgegengesetzte Vorzeichen haben und deren Beträge einander reziprok sind. Widerstandsebene und Leitwertsebene haben unterschiedliche Einheiten (normalerweise Ω und $S = 1/\Omega$) und deshalb i. allg. auch unterschiedliche Maßstäbe.

In Bild 6.31a und c sind schon Schaltungen eingetragen, die den komplexen Widerstand $\underline{Z} = R + jX$ bzw. den komplexen Leitwert $\underline{Y} = G + jB$ verwirklichen. Es soll hiermit schon darauf hingewiesen werden, daß das Arbeiten mit der Widerstandsebene stets eine Reihenschaltung der Teilwiderstände R und X, die Leitwertsebene jedoch eine Parallelschaltung der Teilleitwerte G und B voraussetzt. In den folgenden Abschnitten wird auf diese Zusammenhänge näher eingegangen.

Beispiel 6.25. Der Zweipol $\underline{Z}_1$ in Bild 6.30a nimmt bei der Klemmenspannung $\underline{U}_1 = 220\text{ V}\,\underline{/-40°}$ den Strom $\underline{I}_1 = 6\text{ A}$ auf. Es sind alle Leistungen und die komplexen Widerstände $\underline{Z}_1$ und $\underline{Z}_2$ zu bestimmen.

6.3.2 Komplexe Größen der Sinusstromtechnik

Wir finden mit Gl. (6.95) die komplexe Leistung

$$\underline{S}_1 = U_1 I_1 \underline{/\varphi_1} = 220\text{ V} \cdot 6\text{ A } \underline{/-40°} = 1320\text{ VA } \underline{/-40°} = 1011\text{ W} - \text{j}\,848{,}5\text{ var} = P_1 + \text{j}\,Q_1\,.$$

Daher verbraucht der Zweipol $\underline{Z}_1$ die Wirkleistung $P_1 = 1011$ W und benötigt die kapazitive Blindleistung $Q_1 = -848{,}5$ var, der Zweipol $\underline{Z}_2$ dagegen die Wirkleistung $P_2 = -1011$ W (er ist also ein aktiver Zweipol bzw. Generator) und die (induktive) Blindleistung $Q_2 = 848{,}5$ var. Nach Gl. (6.93) ist der komplexe Widerstand

$$\underline{Z}_1 = \underline{U}_1/\underline{I}_1 = (220\text{ V}\underline{/-40°})/(6\text{ A}) = Z_1 \underline{/\varphi_1} = 36{,}67\text{ }\Omega\underline{/-40°}$$
$$= (28{,}09 - \text{j}\,23{,}57)\text{ }\Omega = R_1 + \text{j}\,X_1$$

mit dem Wirkwiderstand $R_1 = 28{,}09$ Ω und dem kapazitiven Blindwiderstand $X_1 = -23{,}57$ Ω sowie nach Bild **6.**30b der komplexe Widerstand $\underline{Z}_2 = Z_2\underline{/\varphi_2} = -\underline{Z}_1 = Z_1\underline{/\pi+\varphi_1} = 36{,}67$ Ω $\underline{/180° - 40°} = 36{,}67$ Ω $\underline{/140°} = (-28{,}09 + \text{j}\,23{,}57)\text{ }\Omega = R_2 + \text{j}\,X_2$ mit dem (generatorischen) Wirkwiderstand $R_2 = -28{,}09$ Ω und dem induktiven Blindwiderstand $X_2 = 23{,}57$ Ω. Der passive Zweipol $\underline{Z}_1$ besteht daher aus Wirkwiderstand R und Kapazität C, der aktive Zweipol $\underline{Z}_2$ muß sich dagegen wie ein Wirkleistungserzeuger, also ein Generator G, in Verbindung mit einer Induktivität L verhalten.

7 Sinusstrom-Netzwerke

Abschn. 6 befaßt sich nur mit Zweipolen, die allein an einem Sinusstromerzeuger angeschlossen sind. Ähnlich wie bei den Gleichstromanlagen soll jetzt auch für Sinusstrom das Verhalten von Schaltungen, die aus mehreren in Reihe oder parallel geschalteten Zweipolen bestehen, – hier auch allgemein als Netzwerke bezeichnet – untersucht werden. Wir werden dann feststellen, daß der in Abschn. 6.2.4 angesprochene allgemeine Sinusstrom-Zweipol als Reihen- oder Parallelschaltung der Grundelemente R, L und C aufgefaßt werden darf.

Anschließend wollen wir uns ausführlich mit der Schaltungslehre für Sinusstromschaltungen befassen, also die Anwendung der für Gleichstrom schon in Abschn. 1 eingeführten Verfahren zur Untersuchung beliebiger Schaltungen auf Sinusstrom-Netzwerke erweitern. Hierbei werden wieder die Kirchhoffschen Gesetze, Überlagerungsgesetz, Ersatz-Quellen sowie Maschenstrom- und Knotenpunktpotentialverfahren behandelt.

7.1 Einfache Reihen- und Parallelschaltungen

7.1.1 Reihenschaltung

Grundlage für die Berechnung aller elektrischen Schaltungen sind die in Abschn. 1.3 erläuterten Kirchhoffschen Gesetze. Für Reihenschaltungen ist das 2. Kirchhoffsche Gesetz, der Maschensatz nach Abschn. 1.3.3.2, zu beachten. Es können dann leicht die in Abschn. 1 für Gleichstrom abgeleiteten Zusammenhänge durch Beachten der in Abschn. 6.2 dargestellten Eigenschaften der Grundzweipole auf Sinusstrom übertragen werden. Es wird sich zeigen, daß sich bei Sinusstrom viel mehr Schaltungsmöglichkeiten ergeben.

7.1.1.1 Komplexer Maschensatz. Für die Zeitwerte der n Teilspannungen u_μ einer Masche gilt Gl. (1.14). Die dort verlangte Summe von Sinusspannungen läßt sich nach Abschn. 6.1.3.3 als die geometrische Summe der Zeiger $\hat{\underline{u}}_\mu$ bzw. $\underline{U}_\mu$ berechnen. Daher darf man auch für eine Masche für die Summe der n komplexen Teilspannungs-Scheitelwerte

$$\sum_{\mu=1}^{n} \hat{\underline{u}}_\mu = 0 \tag{7.1}$$

7.1.1 Reihenschaltung

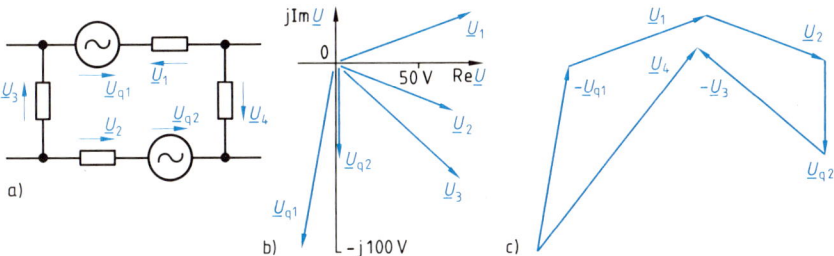

7.1 Masche (a) mit komplexen Spannungen (b) und Zeigerdiagramm der Spannungssumme (c) $\underline{U}_4 = -\underline{U}_{q1} + \underline{U}_1 + \underline{U}_2 + \underline{U}_{q2} - \underline{U}_3$

und ebenso für die Summe der n komplexen Teilspannungen (Effektivwerte)

$$\sum_{\mu=1}^{n} \underline{U}_\mu = 0 \qquad (7.2)$$

angeben, wie dies Bild **7.1** zeigt. Bei Sinusspannung lassen sich daher die Aufgaben des Zeitbereichs in der komplexen Ebene lösen. Wir werden deshalb in den folgenden Abschnitten auch die umständlich zu handhabenden Zeitdiagramme nur noch in Sonderfällen betrachten.

Beispiel 7.1. Die Schaltung in Bild **7.1**a zeigt die Spannungen $\underline{U}_{q1} = 100\,\text{V}\,\underline{/-100°}$, $\underline{U}_{q2} = 50\,\text{V}\,\underline{/-90°}$, $\underline{U}_1 = 80\,\text{V}\,\underline{/20°}$, $\underline{U}_2 = 70\,\text{V}\,\underline{/-20°}$, $\underline{U}_3 = 90\,\text{V}\,\underline{/-40°}$. Die Spannung $\underline{U}_4$ ist zu bestimmen.
Die graphische Lösung mit dem Zeigerdiagramm zeigt Bild **7.1**c. Zur Lösung mit der komplexen Rechnung wird entsprechend Gl. (7.2) die Spannungsgleichung $\underline{U}_{q1} - \underline{U}_1 + \underline{U}_4 - \underline{U}_{q2} - \underline{U}_2 + \underline{U}_3 = 0$ aufgestellt, und es werden alle Spannungen in ihre Komponentenform gebracht. Es ist dann folgende Summe zu bilden

$$\begin{aligned}
-\underline{U}_{q1} &= (17{,}36 + \text{j}\,98{,}48)\,\text{V}\\
\underline{U}_1 &= (75{,}16 + \text{j}\,27{,}36)\,\text{V}\\
\underline{U}_{q2} &= (0\phantom{{,}00} - \text{j}\,50\phantom{{,}00})\,\text{V}\\
\underline{U}_2 &= (65{,}78 - \text{j}\,23{,}94)\,\text{V}\\
-\underline{U}_3 &= (-68{,}94 + \text{j}\,57{,}85)\,\text{V}\\
\hline
\underline{U}_4 &= (89{,}36 - \text{j}\,109{,}75)\,\text{V} = 141{,}5\,\text{V}\,\underline{/-50{,}85°}\,.
\end{aligned}$$

7.1.1.2 Reihenschaltung von zwei Grundzweipolen. Es sollen nacheinander einige Reihenschaltungen von Grundzweipolen bzw. von Widerständen, also vom Wirkwiderstand $R = 1/G$, induktivem Blindwiderstand $X_L = \omega L$ und kapazitivem Blindwiderstand $X_C = -1/(\omega C)$, betrachtet werden.

Reihenschaltung von Wirkwiderstand und Induktivität. In der Reihenschaltung von Bild **7.2** treten mit Gl. (6.30) die Teilspannung $\underline{U}_R = R\underline{I}$ und mit Gl. (6.38) die Teilspannung $\underline{U}_L = \text{j}X_L\underline{I}$ auf. Man kann nach Gl. (7.2) und wie in Bild **7.2**b die **komplexe Gesamtspannung**

$$\underline{U} = \underline{U}_R + \underline{U}_L = R\underline{I} + \text{j}X_L\underline{I} = (R + \text{j}X_L)\underline{I} = \underline{Z}\underline{I} \qquad (7.3)$$

7.1 Einfache Reihen- und Parallelschaltungen

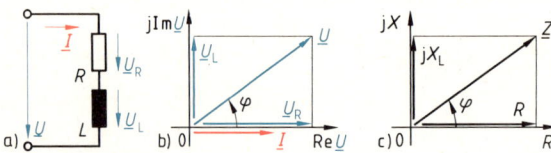

7.2 Reihenschaltung (a) von Wirkwiderstand R und Induktivität L mit Zeigerdiagrammen für Spannungen (b) und Widerstände (c)

angeben. Wenn man Gl. (7.3) durch den Strom $\underline{I}$ dividiert (bzw. wie in Bild **7.2**c den Maßstab ändert), findet man nach Gl. (6.93) den **komplexen Widerstand**

$$\underline{Z} = \underline{U}/\underline{I} = R + jX_L = R + j\omega L = Z\underline{/\varphi} \tag{7.4}$$

mit dem **Betrag** nach Gl. (6.60)

$$Z = U/I = \sqrt{R^2 + X_L^2} = \sqrt{R^2 + (\omega L)^2} \tag{7.5}$$

und dem **Phasenwinkel** nach Gl. (6.61)

$$\varphi = \operatorname{Arctan}(X_L/R) = \operatorname{Arctan}(\omega L/R) . \tag{7.6}$$

Man beachte, daß der Phasenwinkel φ des komplexen Widerstands und die Phasenwinkel φ von komplexer Spannung und komplexer Leistung gleich sind. Er liegt mit $0° \leq \varphi \leq 90°$ im 1. Quadranten. Für die **Wirkleistung** findet man analog zu Gl. (6.32)

$$P = RI^2 = U_R^2/R \tag{7.7}$$

und für die **Blindleistung** entsprechend Gl. (6.39)

$$Q = X_L I^2 = \omega L I^2 = U_L^2/X_L = U_L^2/(\omega L) \tag{7.8}$$

sowie nach Tafel **6.23** und Bild **3.32** für den **Wirkfaktor**

$$\lambda = \cos\varphi = U_R/U = R/Z \tag{7.9}$$

und für den **Blindfaktor**

$$\beta = \sin\varphi = U_L/U = X_L/Z = \omega L/Z . \tag{7.10}$$

Reihenschaltung von Wirkwiderstand und Kapazität. Die Reihenschaltung in Bild **7.3**a hat nach Gl. (6.30) und (6.44) die Teilspannungen $\underline{U}_R = R\underline{I}$ und $\underline{U}_C = jX_C\underline{I}$. Daher herrscht nach Gl. (7.2) und Bild **7.3**a die **komplexe Gesamtspannung**

$$\underline{U} = \underline{U}_R + \underline{U}_C = R\underline{I} + jX_C\underline{I} = (R + jX_C)\underline{I} = \underline{Z}\,\underline{I}, \tag{7.11}$$

und es wird nach Gl. (6.93) und Bild **7.3**c der **komplexe Widerstand**

$$\underline{Z} = \underline{U}/\underline{I} = R + jX_C = R - j\frac{1}{\omega C} = Z\underline{/\varphi} \tag{7.12}$$

7.3
Reihenschaltung (a) von Wirkwiderstand R und Kapazität C mit Zeigerdiagrammen für Spannungen (b) und Widerstände (c)

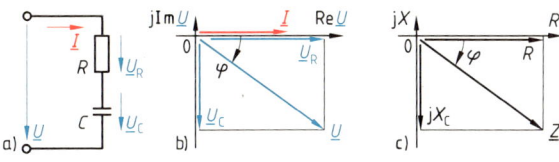

mit dem Betrag nach Gl. (6.60)

$$Z = U/I = \sqrt{R^2 + X_C^2} = \sqrt{R^2 + (1/\omega C)^2} \qquad (7.13)$$

und dem Phasenwinkel nach Gl. (6.61)

$$\varphi = \operatorname{Arctan}(X_C/R) = \operatorname{Arctan}[-1/(\omega C R)]. \qquad (7.14)$$

Für Wirkleistung und Wirkfaktor gelten wieder Gl. (7.7) und (7.9). Für die **Blindleistung** findet man

$$Q = X_C I^2 = -I^2/(\omega C) = U_C^2/X_C = -\omega C U_C^2 \qquad (7.15)$$

und für den **Blindfaktor**

$$\beta = \sin\varphi = -U_C/U = X_C/Z = -1/(\omega C Z). \qquad (7.16)$$

Reihenschaltung von Induktivität und Kapazität. Dieser verlustlose Schwingkreis wird in Abschn. 8.2 behandelt.

Beispiel 7.2. Man bestimme den komplexen Widerstand $\underline{Z}$ der Reihenschaltung von Wirkwiderstand $R = 30\,\Omega$ und induktivem Widerstand $X_L = 75{,}4\,\Omega$ in Komponenten- und Exponentialform.
Nach Gl. (6.57) gilt für die Komponentenform $\underline{Z} = R + jX_L = (30 + j75{,}4)\,\Omega$, die man mit dem Taschenrechner oder über Gl. (6.60) und (6.61) in die Exponentialform $\underline{Z} = 81{,}15\,\Omega\,\underline{/68{,}3°}$ umrechnen kann. Die Spannung $\underline{U} = \underline{I}\underline{Z}$ eilt also dem Strom $\underline{I}$ um den Phasenwinkel $\varphi = 68{,}3°$ voraus.

Beispiel 7.3. Der Wirkwiderstand $R = 20\,\Omega$ liegt in Reihe mit einer unbekannten Induktivität L an der Sinusspannung $U = 120\,\text{V}$ bei der Frequenz $f = 600\,\text{Hz}$, und es fließt der Strom $I = 1{,}5\,\text{A}$. Wie groß sind Induktivität L und Phasenwinkel φ?
Zunächst wird nach Gl. (7.5) der Scheinwiderstand $Z = U/I = 120\,\text{V}/(1{,}5\,\text{A}) = 80\,\Omega$. Die Kreisfrequenz ist $\omega = 2\pi f = 2\pi \cdot 600\,\text{s}^{-1} = 3770\,\text{s}^{-1}$; man erhält den induktiven Blindwiderstand $X_L = \sqrt{Z^2 - R^2} = \sqrt{80^2 - 20^2}\,\Omega = 77{,}46\,\Omega$; schließlich ist die Induktivität $L = X_L/\omega = 77{,}46\,\Omega/(3770\,\text{s}^{-1}) = 20{,}55\,\text{mH}$. Der Phasenwinkel wird mit Gl. (7.6) bestimmt; es ist $\tan\varphi = X_L/R = 77{,}46\,\Omega/(20{,}0\,\Omega) = 3{,}873$ und daher $\varphi = 75{,}52°$. Die Spannung eilt dem Strom um $75{,}52°$ voraus.

Beispiel 7.4. Welcher induktive Widerstand X_L muß mit dem Wirkwiderstand $R = 84\,\Omega$ in Reihe geschaltet werden, damit zwischen Spannung und Strom der Phasenwinkel $\varphi = 60°$ erzwungen wird?
Für $\varphi = 60°$ ist $\tan\varphi = \tan 60° = \sqrt{3} = X_L/R$; daher muß der induktive Widerstand $X_L = R\tan\varphi = 84\,\Omega\,\sqrt{3} = 145\,\Omega$ sein.

Beispiel 7.5. Wirkwiderstand $R = 500\,\Omega$ und Kapazität $C = 5\,\mu F$ liegen in Reihe. Für die Frequenz $f = 50\,Hz$ ($\omega = 314{,}2\,s^{-1}$) ist der komplexe Widerstand in Exponentialform zu bestimmen.

Es sind nach Gl. (7.13) und (7.14) mit $X_C = -1/(\omega C) = -1/(314{,}2\,s^{-1} \cdot 5\,\mu F) = -636{,}6\,\Omega$

$$Z = \sqrt{R^2 + X_C^2} = \sqrt{500^2 + 636{,}6^2}\,\Omega = 809{,}5\,\Omega,$$

$$\varphi = \text{Arctan}(X_C/R) = \text{Arctan}(-636{,}6\,\Omega/500\,\Omega) = -51{,}85°.$$

Es ist also der komplexe Widerstand $\underline{Z} = 809{,}5\,\Omega\,\underline{/-51{,}85°}$ wirksam; d.h., die Spannung $\underline{U} = \underline{I}\underline{Z}$ eilt dem Strom um $51{,}85°$ nach.

Beispiel 7.6. Die Schaltung in Bild 7.4 enthält die Wirkwiderstände $R_1 = 20\,k\Omega$ und $R_2 = 5\,k\Omega$. Wie groß muß der kapazitive Blindwiderstand X_C gemacht werden, wenn beide Wirkwiderstände die gleiche Wirkleistung umsetzen sollen?

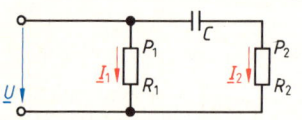

7.4 Schaltung für Beispiel 7.6

Für die Wirkleistung gilt nach Gl. (6.32)

$$P_1 = R_1 I_1^2 = P_2 = R_2 I_2^2.$$

Daher müssen die Ströme die Bedingungen $I_2/I_1 = \sqrt{R_1/R_2}$ einhalten, und man erhält den Scheinwiderstand

$$Z_2 = U/I_2 = (U/I_1)\sqrt{R_2/R_1} = R_1\sqrt{R_2/R_1} = \sqrt{R_1 R_2} = \sqrt{20\,k\Omega \cdot 5\,k\Omega} = 10\,k\Omega.$$

Der kapazitive Blindwiderstand muß dann nach Gl. (7.13) betragen

$$X_C = -\sqrt{Z_2^2 - R_2^2} = -\sqrt{10^2 - 5^2}\,k\Omega = -8{,}66\,k\Omega.$$

7.1.1.3 Allgemeine Reihenschaltung. Auch hier sollen wieder charakteristische Beispiele betrachtet werden.

Reihenschaltung von Wirkwiderstand, Induktivität und Kapazität. In der Reihenschaltung von Bild 7.5a herrschen die Teilspannungen $\underline{U}_R = R\underline{I}$, $\underline{U}_L = jX_L\underline{I}$ und $\underline{U}_C = jX_C\underline{I}$. Daher ergibt sich mit Gl. (7.2) und Bild 7.5a und b die komplexe Gesamtspannung

$$\underline{U} = \underline{U}_R + \underline{U}_L - \underline{U}_C = R\underline{I} + jX_L\underline{I} + jX_C\underline{I} = \underline{Z}\underline{I}$$

$$= [R + j(X_L + X_C)]\underline{I} = \left[R + j\left(\omega L - \frac{1}{\omega C}\right)\right]\underline{I}. \tag{7.17}$$

Es ist also der komplexe Widerstand

$$\underline{Z} = \underline{U}/\underline{I} = Z\underline{/\varphi} = R + j(X_L + X_C) = R + j\left(\omega L - \frac{1}{\omega C}\right) \tag{7.18}$$

mit dem Betrag

$$Z = \frac{U}{I} = \sqrt{R^2 + (X_L + X_C)^2} = \sqrt{R^2 + \left(\omega L - \frac{1}{\omega C}\right)^2} \tag{7.19}$$

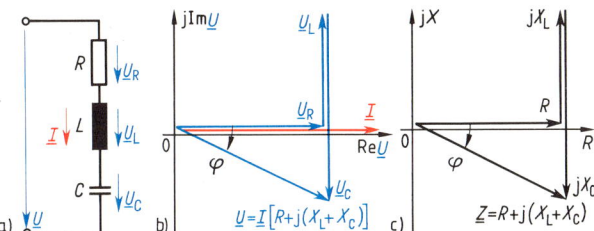

7.5 Reihenschaltung (a) von Wirkwiderstand R, Induktivität L und Kapazität C mit Zeigerdiagrammen für Spannung und Strom (b) und Widerstände (c)

und dem Phasenwinkel

$$\varphi = \text{Arctan}\,\frac{X_L + X_C}{R} = \text{Arctan}\,\frac{\omega L - 1/(\omega C)}{R} \tag{7.20}$$

wirksam. Nach Bild **7.5**b und c kompensieren sich Teile der Blindspannungen und Blindwiderstände, und die Teilspannungen können größer als die Gesamtspannung sein. Im Fall $\omega L > 1/(\omega C)$ überwiegt der induktive Blindwiderstand, die Schaltung verhält sich also induktiv, und der Phasenwinkel φ ist positiv. In Bild **7.5** liegt der Fall $1/(\omega C) > \omega L$ vor; daher ist dort ein kapazitives Verhalten mit einem negativen Phasenwinkel φ festzustellen.

In einer Schaltung nach Bild **7.5**a können auch bei einer bestimmten Frequenz, der Resonanzfrequenz, wegen $X_L = -X_C$ Spannung $\underline{U} = \underline{U}_R$ und Widerstand $\underline{Z} = R$ rein reell werden. Dieses in Schwingkreisen auftretende Verhalten wird in Abschn. 8.2 näher untersucht.

Beispiel 7.7. Ein Verbraucher besteht aus der Reihenschaltung von Wirkwiderstand $R_V = 35\,\Omega$ und Induktivität $L_V = 190$ mH und ist für die Nennspannung $U_V = 10$ kV bei der Frequenz $f = 50$ Hz ($\omega = 314{,}2$ s^{-1}) ausgelegt. Er ist nach Bild **7.6**a über eine Leitung, die als Reihenschaltung von Wirkwiderstand $R_L = 8\,\Omega$ und Induktivität $L = 22{,}1$ mH aufzufassen ist, an einen Generator G angeschlossen. Der Innenwiderstand dieses Generators enthält den Wirkwiderstand $R_G = 3{,}5\,\Omega$ und die Induktivität $L_G = 45$ mH. Welche Quellenspannung $\underline{U}_q$ muß der Generator erzeugen, und welche Klemmenspannung U_G tritt dann auf?

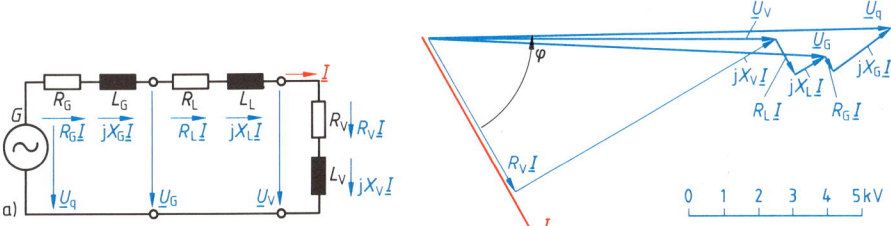

7.6 Ersatzschaltung (a) einer Energieübertragung mit Wirkwiderständen und Induktivitäten des Generators (R_G, L_G), der Leitung (R_L, L_L) und des Verbrauchers (R_V, L_V) bei den Klemmenspannungen am Generator $\underline{U}_G$ und am Verbraucher $\underline{U}_V$ sowie der Quellenspannung $\underline{U}_q$ und zugehöriges Zeigerdiagramm (b) für Beispiel 7.7

7.1 Einfache Reihen- und Parallelschaltungen

Wir bestimmen zunächst für die Ersatzschaltung die induktiven Blindwiderstände

$$X_V = \omega L_V = 314{,}2 \text{ s}^{-1} \cdot 190 \text{ mH} = 59{,}69 \text{ }\Omega,$$
$$X_L = \omega L_L = 314{,}2 \text{ s}^{-1} \cdot 22{,}1 \text{ mH} = 6{,}943 \text{ }\Omega,$$
$$X_G = \omega L_G = 314{,}2 \text{ s}^{-1} \cdot 45 \text{ mH} = 14{,}14 \text{ }\Omega.$$

Im Verbraucher soll mit dem Scheinwiderstand

$$Z_V = \sqrt{R_V^2 + X_V^2} = \sqrt{35^2 + 59{,}69^2} \text{ }\Omega = 69{,}19 \text{ }\Omega$$

der Strom $I_V = U/Z_V = 10 \text{ kV}/(69{,}19 \text{ }\Omega) = 144{,}5 \text{ A}$ bei dem Phasenwinkel

$$\varphi_V = \text{Arctan}(X_V/R_V) = \text{Arctan}(59{,}69 \text{ }\Omega/35 \text{ }\Omega) = 59{,}6°$$

fließen. Dieser Strom verursacht die Teilspannungen

$R_L I = 8 \text{ }\Omega \cdot 144{,}5 \text{ A} = 1156 \text{ V}$, $\quad X_L I = 6{,}943 \text{ }\Omega \cdot 144{,}5 \text{ A} = 1003 \text{ V}$,
$R_G I = 3{,}5 \text{ }\Omega \cdot 144{,}5 \text{ A} = 505{,}9 \text{ V}$, $\quad X_G I = 14{,}14 \text{ }\Omega \cdot 144{,}5 \text{ A} = 2044 \text{ V}$.

Mit den in Bild 7.6a eingetragenen Zählpfeilen für alle Teilspannungen und den sich hieraus ergebenden Maschengleichungen $\underline{U}_G = \underline{U}_V + R_L \underline{I} + jX_L \underline{I}$ sowie $\underline{U}_q = \underline{U}_G + R_G \underline{I} + jX_G \underline{I}$ kann man das Zeigerdiagramm von Bild 7.6b zeichnen. Der vorgegebene Spannungszeiger $\underline{U}_V = 10$ kV wird waagerecht gelegt und der Stromzeiger $\underline{I}$ nacheilend mit dem Phasenwinkel $\varphi_V = -59{,}6°$ angetragen. (Mit Hilfe dieses Stromes könnte man noch die Verbraucherspannung $\underline{U}_V$ wie in Bild 7.6b in ihre Teilspannungen $R_V \underline{I}$ – in Phase mit dem Stromzeiger $\underline{I}$ – und $jX_V \underline{I}$ – um 90° voreilend gegenüber $\underline{I}$ – zerlegen.) Analog müssen die Wirkspannungen $R_L \underline{I}$ und $R_G \underline{I}$ in Phase mit dem Stromzeiger $\underline{I}$ und die induktiven Blindspannungen $jX_L \underline{I}$ und $jX_G \underline{I}$ um 90° voreilend gegenüber $\underline{I}$ geometrisch addiert werden. Wir lesen aus Bild 7.6b schließlich die Klemmenspannung $U_G = 11{,}4$ kV und die Quellenspannung $U_q = 13{,}5$ kV ab. Die auftretenden Spannungsunterschiede $U_q - U_G = 13{,}5$ kV $- 11{,}4$ kV $= 2{,}1$ kV $= 0{,}21 U_V$ und $U_G - U_V = 11{,}4$ kV $- 10$ kV $= 1{,}4$ kV $= 0{,}14 U_V$ wären für normale Energieübertragungen zu groß, da sie auch entsprechende Verluste zur Folge hätten; sie ermöglichen hier das anschauliche Zeigerdiagramm von Bild 7.6b.

Beispiel 7.8. Für die Schaltung von Beispiel 7.7 in Bild 7.6a mit dem Strom $I = 144{,}5$ A sind nun aus den gegebenen Werten Größe und Phasenwinkel der im Generator erzeugten Quellenspannung $\underline{U}_q$ mit der komplexen Rechnung zu bestimmen.
In Reihe liegen drei komplexe Widerstände: der komplexe Verbraucherwiderstand $\underline{Z}_V = R_V + jX_V = 35 \text{ }\Omega + j59{,}7 \text{ }\Omega$, der komplexe Widerstand der Übertragungsleitung $\underline{Z}_L = R_L + jX_L = 8 \text{ }\Omega + j6{,}95 \text{ }\Omega$ und schließlich noch der komplexe Innenwiderstand des Generators $\underline{Z}_G = R_G + jX_G = 3{,}5 \text{ }\Omega + j14{,}2 \text{ }\Omega$. Der resultierende Wirkwiderstand der Reihenschaltung ist

$$R = R_V + R_L + R_G = 35 \text{ }\Omega + 8 \text{ }\Omega + 3{,}5 \text{ }\Omega = 46{,}5 \text{ }\Omega.$$

Ebenso berechnet man den gesamten Blindwiderstand

$$X = X_V + X_L + X_G = 59{,}69 \text{ }\Omega + 6{,}943 \text{ }\Omega + 14{,}14 \text{ }\Omega = 80{,}77 \text{ }\Omega.$$

Der gesamte komplexe Widerstand der Reihenschaltung ist somit

$$\underline{Z} = R + jX = 46{,}5 \text{ }\Omega + j80{,}77 \text{ }\Omega = 93{,}2 \text{ }\Omega \text{ }\underline{/60{,}07°}.$$

7.1.1 Reihenschaltung

Die im Generator induzierte Quellenspannung $\underline{U}_q$ muß den Strom $\underline{I}$ durch den komplexen Widerstand $\underline{Z}$ treiben. Also ist

$$\underline{U}_q = \underline{I}\,\underline{Z} = 144{,}5\ \text{A} \cdot 93{,}2\ \Omega\ \underline{/60{,}07°} = 13{,}47\ \text{kV}\ \underline{/60{,}07°}\ .$$

Die Quellenspannung $\underline{U}_q$ hat also praktisch die gleiche Phasenlage zum Strom $\underline{I}$ wie die Verbraucherspannung $\underline{U}_V$, was Bild 7.6b auch angenähert bestätigt.

Beispiel 7.9. Wirkwiderstand $R = 50\ \Omega$, Kapazität $C = 1\ \mu\text{F}$ und Induktivität $L = 0{,}1\ \text{mH}$ liegen nach Bild 7.5a in Reihe. Bei welchen Kreisfrequenzen führt die Schaltung an der Sinusspannung $U = 100\ \text{V}$ den Strom $I = 1\ \text{A}$?
Der Scheinwiderstand $Z = U/I = 100\ \text{V}/(1\ \text{A}) = 100\ \Omega$ kann nach Bild 7.7 sowohl im kapazitiven als auch im induktiven Bereich auftreten. Dann gilt mit $\underline{Z} = R + \text{j}X$ für den wirksamen Blindwiderstand

$$X = \sqrt{Z^2 - R^2} = \sqrt{100^2 - 50^2}\ \Omega = \pm 86{,}6\ \Omega\ .$$

Gleichzeitig gilt für diesen Blindwiderstand nach Bild 7.7 auch $X = X_L + X_C = \omega L - 1/(\omega C)$, und man erhält die quadratische Gleichung $\omega^2 L - \omega X - (1/C) = 0$ mit den Lösungen für $X = 86{,}6\ \Omega$

$$\omega_1 = \frac{X}{2L} + \sqrt{\left(\frac{X}{2L}\right)^2 + \frac{1}{CL}} = \frac{86{,}6\ \Omega}{2\cdot 0{,}1\ \text{mH}}$$

$$+ \sqrt{\left(\frac{86{,}6\ \Omega}{2\cdot 0{,}1\ \text{mH}}\right)^2 + \frac{1}{1\ \mu\text{F}\cdot 0{,}1\ \text{mH}}} = 866\cdot 10^3\ \text{s}^{-1}\ ,$$

$$\omega_2 = -11{,}55\ \text{s}^{-1}$$

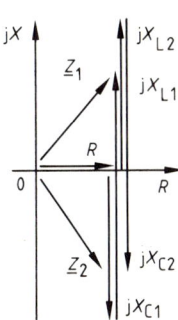

7.7 Widerstandsdiagramm für Beispiel 7.9

sowie für $X = -86{,}6\ \Omega$ die Kreisfrequenzen $\omega_1 = -866\ \text{ms}^{-1}$ und $\omega_2 = 11{,}55\ \text{s}^{-1}$, wobei nur die positiven Werte verwirklicht werden können.

Reihenschaltung mehrerer komplexer Widerstände. Eine Erweiterung von Gl. (7.18) bis (7.20) auf die Reihenschaltung von n komplexen Widerständen nach Bild 7.8a liefert den komplexen Gesamtwiderstand

$$\underline{Z}_g = Z_g\,\underline{/\varphi} = R + \text{j}X = \sum_{\mu=1}^{\mu=n}\underline{Z}_\mu = \sum_{\mu=1}^{\mu=n}R_\mu + \text{j}\sum_{\mu=1}^{\mu=n}X_\mu \qquad (7.21)$$

mit dem Betrag

$$Z_g = U/I = \sqrt{\left(\sum R_\mu\right)^2 + \left(\sum X_\mu\right)^2} \qquad (7.22)$$

und dem Phasenwinkel

$$\varphi = \text{Arctan}\left(\sum X_\mu / \sum R_\mu\right)\ . \qquad (7.23)$$

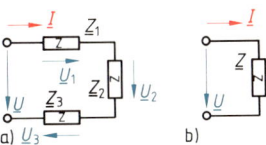

7.8 Reihenschaltung (a) von 3 komplexen Widerständen $\underline{Z}_1$, $\underline{Z}_2$, $\underline{Z}_3$ und Ersatzwiderstand $\underline{Z}$ (b)

Bei der Reihenschaltung der beiden komplexen Widerstände $\underline{Z}_1 = Z_1 \underline{/\varphi_1}$ und $\underline{Z}_2 = Z_2 \underline{/\varphi_2}$ erhält man für den Betrag der Summe mit dem Kosinussatz

$$Z_g = |\underline{Z}_1 + \underline{Z}_2| = \sqrt{Z_1^2 + Z_2^2 + 2 Z_1 Z_2 \cos(\varphi_1 - \varphi_2)}. \tag{7.24}$$

Beispiel 7.10. Die drei komplexen Widerstände $\underline{Z}_1 = 10\,\Omega\,\underline{/30°}$, $\underline{Z}_2 = 20\,\Omega\,\underline{/-45°}$ und $\underline{Z}_3 = 30\,\Omega\,\underline{/50°}$ liegen nach Bild 7.8a in Reihe an der Sinusspannung $\underline{U} = 200$ V. Es soll der komplexe Strom $\underline{I}$ berechnet werden.

Wir bilden zunächst in der folgenden Weise (oder mit einem Taschenrechner [88]) die Komponenten der komplexen Widerstände, addieren sie und formen dann die Summe wieder in die Exponentialform des Gesamtwiderstands um.

$$\begin{aligned}
\underline{Z}_1 &= 10\,\Omega\,\underline{/30°} &&= (8{,}66 + j5{,}0)\,\Omega \\
\underline{Z}_2 &= 20\,\Omega\,\underline{/-45°} &&= (14{,}14 - j\,14{,}14)\,\Omega \\
\underline{Z}_3 &= 30\,\Omega\,\underline{/50°} &&= (19{,}28 + j\,22{,}98)\,\Omega \\
\hline
\underline{Z}_g &= 44{,}3\,\Omega\,\underline{/18{,}2°} &&= (42{,}08 + j\,13{,}84)\,\Omega = \underline{Z}_1 + \underline{Z}_2 + \underline{Z}_3.
\end{aligned}$$

Es fließt daher der Strom $\underline{I} = \underline{U}/\underline{Z}_g = 200\text{ V}/(44{,}3\,\Omega\,\underline{/18{,}2°}) = 4{,}515\text{ A}\,\underline{/-18{,}2°}$.

7.1.2 Parallelschaltung

Bei der Parallelschaltung von Sinusstrom-Zweipolen ist das 1. Kirchhoffsche Gesetz in komplexer Form anzuwenden. Mit ihm sollen verschiedene Parallelschaltungen untersucht werden.

7.1.2.1 Komplexer Knotenpunktsatz. Nach dem 1. Kirchhoffschen Gesetz – s. Gl. (1.12) – summieren sich die Zeitwerte der n Zweigströme i_μ eines Knotenpunkts zu Null. Die Summe von Sinusströmen darf man aber nach Abschn. 6.1.3.3 auch über die geometrische Summe der Zeiger $\hat{\underline{I}}_\mu$ bzw. $\underline{I}_\mu$ (s. Bild 7.9c) oder nach Abschn. 6.3.2 über die Summe der komplexen Ströme $\hat{\underline{i}}_\mu$ bzw. $\underline{I}_\mu$ berechnen. Daher gilt für die n komplexen Zweigstrom-Scheitelwerte

$$\sum_{\mu=1}^{n} \hat{\underline{i}}_\mu = 0 \tag{7.25}$$

und für die n komplexen Zweigströme (Effektivwerte)

$$\sum_{\mu=1}^{n} \underline{I}_\mu = 0. \tag{7.26}$$

Dies ist in Bild 7.9 veranschaulicht.

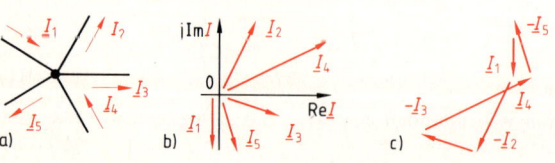

7.9 Knotenpunkt (a) mit komplexen Strömen (b) und Zeigerdiagramm (c) der Stromsumme $\underline{I}_1 - \underline{I}_2 - \underline{I}_3 + \underline{I}_4 - \underline{I}_5 = 0$

Beispiel 7.11. Vier Sinusstrom-Zweipole liegen entsprechend Bild 7.10a parallel und führen folgende Ströme $I_1 = 0{,}4$ A bei $\cos\varphi_1 = 0{,}2$ induktiv, $I_2 = 0{,}8$ A bei $\cos\varphi_2 = 1$, $I_3 = 0{,}7$ A bei $\cos\varphi_3 = 0{,}7$ induktiv und $I_4 = 0{,}6$ A bei $\cos\varphi_4 = 0{,}5$ kapazitiv. Gesamtstrom I und zugehöriger Wirkfaktor $\cos\varphi$ sollen bestimmt werden.

Wir tragen in Bild 7.10b unter Anwendung des Einheitskreises, der in der reellen Achse unmittelbar den Leistungsfaktor $\cos\varphi$ angibt, die Stromzeiger $\underline{I}_1$ bis $\underline{I}_4$ auf, bilden die Stromsumme $\underline{I} = \underline{I}_1 + \underline{I}_2 + \underline{I}_3 + \underline{I}_4$ und lesen ab den Betrag $I = 1{,}7$ A und den Leistungsfaktor $\cos\varphi = 0{,}98$ ind. Eine komplexe Rechnung liefert den etwas genaueren Wert $\underline{I} = 1{,}711$ A $\underline{/12{,}56°}$, also $\cos\varphi = 0{,}9761$.

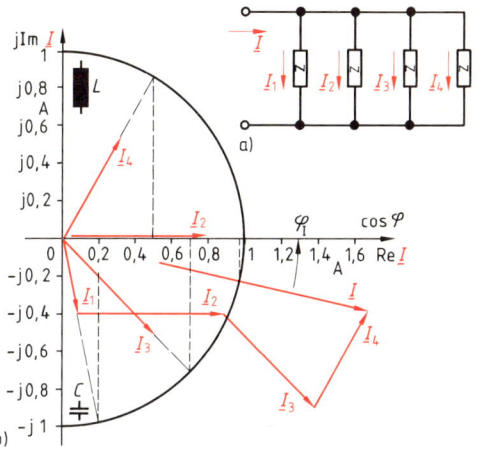

7.10 Parallelschaltung (a) und Zeigerdiagramm der Ströme (b)

7.1.2.2 Parallelschaltung von zwei Grundzweipolen. Es sollen nun zunächst einige Parallelschaltungen von Grundzweipolen betrachtet werden. Hierbei empfiehlt es sich wieder, bei Parallelschaltungen von vornherein mit den **Leitwerten**, also mit Wirkleitwert $G = 1/R$, mit induktivem Blindleitwert $B_L = -1/(\omega L)$ und kapazitivem Blindleitwert $B_C = \omega C$, zu arbeiten.

Parallelschaltung von Wirkleitwert und Induktivität. Für die Parallelschaltung in Bild 7.11a können wir mit Gl. (6.30) den Teilstrom $\underline{I}_R = G\underline{U}$ und mit Gl. (6.38) den Teilstrom $\underline{I}_L = jB_L \underline{U}$ angeben. Daher fließt nach Gl. (7.26) und wie in Bild 7.11a dargestellt der **komplexe Gesamtstrom**

$$\underline{I} = \underline{I}_R + \underline{I}_L = G\underline{U} + jB_L\underline{U} = (G + jB_L)\underline{U} = \underline{Y}\,\underline{U} \tag{7.27}$$

und es ist nach Bild 7.11c, wenn durch die reelle Spannung U dividiert (bzw. der Maßstab geändert) wird, bzw. nach Gl. (6.94) der **komplexe Leitwert**

$$\underline{Y} = \underline{I}/\underline{U} = G + jB_L = G - j\frac{1}{\omega L} = Y\underline{/\varphi_Y} = Y\underline{/-\varphi} \tag{7.28}$$

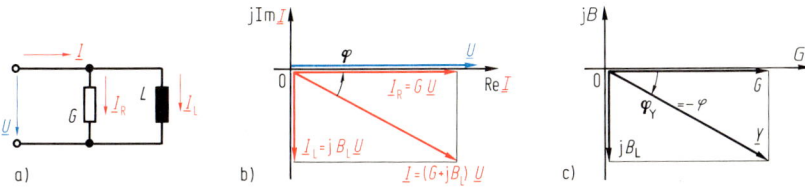

7.11 Parallelschaltung (a) von Wirkleitwert G und Induktivität L mit Zeigerdiagrammen für Spannung und Ströme (b) sowie der Leitwerte (c)

354 7.1 Einfache Reihen- und Parallelschaltungen

mit dem Betrag

$$Y = I/U = \sqrt{G^2 + B_L^2} = \sqrt{G^2 + (1/\omega L)^2} \tag{7.29}$$

und dem Phasenwinkel

$$\varphi_Y = \text{Arctan}(B_L/G) = \text{Arctan}[-1/(\omega L G)] = -\varphi \tag{7.30}$$

wirksam. Für den Phasenwinkel gilt $0° \leq 90° \leq \varphi$. Für die Wirkleistung findet man

$$P = G U^2 = R I_R^2 = I_R^2/G = U^2/R \tag{7.31}$$

und für die Blindleistung

$$Q = -B_L U^2 = X_L I_L^2 = \omega L I_L^2 = U^2/(\omega L) . \tag{7.32}$$

Entsprechend gilt für den Wirkfaktor

$$\lambda = \cos\varphi = I_R/I = G/Y = 1/(R Y) \tag{7.33}$$

und für den Blindfaktor

$$\beta = \sin\varphi = I_L/I = -B_L/Y = 1/(\omega L Y) . \tag{7.34}$$

Parallelschaltung von Wirkleitwert und Kapazität. Für die Parallelschaltung in Bild 7.12a kann man mit Gl. (6.30) den Teilstrom $\underline{I}_R = G \underline{U}$ und mit Gl. (6.44) den Teilstrom $\underline{I}_C = j B_C \underline{U}$ ermitteln. Dann fließt nach Bild 7.12a und Gl. (7.26) der **komplexe Gesamtstrom**

$$\underline{I} = \underline{I}_R + \underline{I}_C = G \underline{U} + j B_C \underline{U} = (G + j B_C) \underline{U} = \underline{Y} \underline{U} \tag{7.35}$$

und es ist nach Gl. (6.44) und Bild 7.12c der **komplexe Leitwert**

$$\underline{Y} = \underline{I}/\underline{U} = G + j B_C = G + j\omega C = Y \underline{/\varphi_Y} = Y \underline{/-\varphi} \tag{7.36}$$

mit dem Betrag

$$Y = I/U = \sqrt{G^2 + B_C^2} = \sqrt{G^2 + (\omega C)^2} \tag{7.37}$$

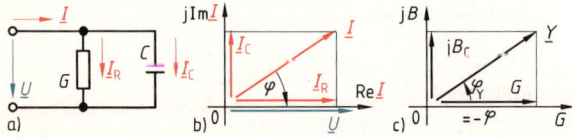

7.12 Parallelschaltung (a) von Wirkleitwert G und Kapazität C mit Zeigerdiagrammen für Spannung und Ströme (b) sowie der Leitwerte (c)

und dem Phasenwinkel

$$\varphi_Y = \text{Arctan}(B_C/G) = \text{Arctan}(\omega C/G) = -\varphi. \tag{7.38}$$

Der Phasenwinkel hat hier Werte $-90° \leq \varphi \leq 0°$.
Für die Wirkleistung P und den Wirkfaktor $\cos\varphi$ gelten wieder Gl. (7.31) und (7.33). Für die **Blindleistung** findet man

$$Q = -B_C U^2 = X_C I_C^2 = -\omega C U^2 = -I_C^2/(\omega C) \tag{7.39}$$

sowie für den **Blindfaktor**

$$\beta = \sin\varphi = -I_C/I = -B_C/Y = -\omega C/Y. \tag{7.40}$$

Parallelschaltung von Induktivität und Kapazität. Dieser verlustlose Schwingkreis wird in Abschn. 8.2 behandelt.

Beispiel 7.12. Ein Wirkwiderstand R und ein Blindwiderstand X liegen nach Bild 7.13 parallel an der Sinusspannung $U = 220$ V bei der Frequenz $f = 50$ Hz und nehmen den Strom $I = 0{,}5$ A sowie die Wirkleistung $P = 90$ W auf. Wirkwiderstand R und Induktivität L bzw. Kapazität C sollen bestimmt werden.
Bei der Scheinleistung $S = UI = 220$ V $\cdot 0{,}5$ A $= 110$ VA treten nach Gl. (6.52) der Wirkfaktor $\cos\varphi = P/S = 90$ W$/(110$ VA$) = 0{,}8182$ und der Phasenwinkel $|\varphi| = 35{,}1°$ auf. Da das Vorzeichen des Phasenwinkels aus den vorliegenden Angaben nicht bestimmt werden kann, können sowohl die Verhältnisse in Bild 7.11 als auch in Bild 7.12 vorliegen.
Wir finden mit Gl. (6.48) den Scheinleitwert $Y = I/U = 0{,}5$ A$/(220$ V$) = 2{,}272$ mS und daher mit Gl. (7.29) den Wirkwiderstand $R = 1/(Y\cos\varphi) = 1/(2{,}272$ mS $\cdot 0{,}8182) = 537{,}9$ Ω. Mit der Kreisfrequenz $\omega = 2\pi f = 2\pi \cdot 50$ Hz $= 314{,}2$ s^{-1} und $\sin|\varphi| = 0{,}5752$ ist nun entweder nach Gl. (7.30) die Induktivität

$$L = \frac{1}{\omega Y \sin|\varphi|} = \frac{1}{314{,}2 \text{ s}^{-1} \cdot 2{,}272 \text{ mS} \cdot 0{,}5752} = 2{,}436 \text{ H}$$

oder nach Gl. (7.36) die Kapazität

$$C = Y\sin|\varphi|/\omega = 2{,}272 \text{ mS} \cdot 0{,}5752/(314{,}2 \text{ s}^{-1}) = 4{,}16 \text{ μF}$$

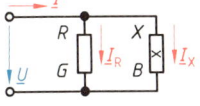

7.13 Parallelschaltung

vorhanden. Um dies zu entscheiden, müßte eine zusätzliche Messung gemacht werden (s. Beispiel 7.13).

7.1.2.3 Allgemeine Parallelschaltung. Wir gehen nun zu beliebigen Parallelschaltungen über und betrachten hierfür wieder einige Beispiele.

Parallelschaltung von Wirkleitwert, Induktivität und Kapazität. Die Parallelschaltung in Bild 7.14a führt die Teilströme $\underline{I}_R = G\underline{U}$, $\underline{I}_L = jB_L\underline{U}$ und $\underline{I}_C = jB_C\underline{U}$, so daß sich der **Gesamtstrom**

$$\underline{I} = \underline{I}_R + \underline{I}_L + \underline{I}_C = G\underline{U} + jB_L\underline{U} + jB_C\underline{U} = Y\underline{U}$$

$$= [G + j(B_L + B_C)]\underline{U} = \left[G + j\left(\omega C - \frac{1}{\omega L}\right)\right]\underline{U} \tag{7.41}$$

7.1 Einfache Reihen- und Parallelschaltungen

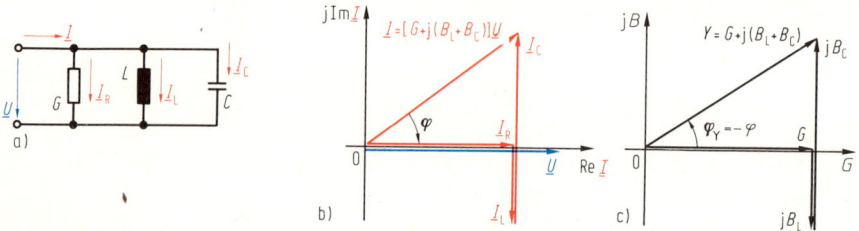

7.14 Parallelschaltung (a) von Wirkleitwert G, Induktivität L und Kapazität C mit Zeigerdiagrammen für Spannung und Ströme (b) sowie der Leitwerte (c)

ergibt. Es tritt also der **komplexe Leitwert**

$$\underline{Y} = \underline{I}/\underline{U} = Y\underline{/\varphi_Y} = G + j(B_L + B_C) = G + j\left(\omega C - \frac{1}{\omega L}\right) \qquad (7.42)$$

mit dem Betrag

$$Y = \frac{I}{U} = \sqrt{G^2 + (B_L + B_C)^2} = \sqrt{G^2 + \left(\omega C - \frac{1}{\omega L}\right)^2} \qquad (7.43)$$

und dem Phasenwinkel

$$\varphi_Y = \text{Arctan}\frac{B_L + B_C}{G} = \text{Arctan}\frac{\omega C - (1/\omega L)}{G} = -\varphi \qquad (7.44)$$

auf. Nach Bild 7.14b und c kompensieren sich Teile der Blindströme bzw. Blindleitwerte, und die Teilströme können größer als der Gesamtstrom sein. Im Fall $\omega C > 1/(\omega L)$ überwiegt der kapazitive Blindleitwert, und der Stromzeiger $\underline{I}$ liegt im Quadrant I, ist also kapazitiv mit einem negativen Phasenwinkel φ wie in Bild 7.14. Für $1/(\omega L) > \omega C$ gerät der Stromzeiger $\underline{I}$ dagegen in den Quadranten IV, die Schaltung verhält sich induktiv, der Phasenwinkel φ wird positiv.
In Bild 7.14 können auch mit $I_L = I_C$ und $-B_L = B_C$ Strom $\underline{I} = I_R$ und Leitwert $\underline{Y} = G$ rein reell werden. Wir sprechen in diesem Fall von **Resonanz** und nennen die Schaltung dann einen Schwingkreis, der in Abschn. 8.2 behandelt wird. Bei der **Blindstromkompensation** (s. Abschn. 7.3.3.2) wird dieses Verhalten zur Verbesserung des Leistungsfaktors im Netz benutzt.

Beispiel 7.13. Es ist ein einfaches Meßverfahren anzugeben, mit dem sehr schnell festgestellt werden kann, ob der Blindleitwert B in Bild 7.14 und Beispiel 7.12 zu einer Kapazität C oder zu einer Induktivität L gehört.
Wenn eine Parallelschaltung von Wirkleitwert und Induktivität nach Bild 7.11a vorläge, würde die Zuschaltung einer Kapazität C', die etwa den gleichen Blindleitwert $|B_C|$ wie die Induktivität L aufweist, also nach Beispiel 7.12 etwa die Kapazität $C' = 4\,\mu F$ hat, zu dem Stromzeigerdiagramm in Bild 7.15b führen, also den Netzstrom auf $I' \approx I_R = U/R = 220$ V/ $(537{,}9\,\Omega) = 0{,}409$ A verringern. Dagegen würde die Parallelschaltung von Wirkleitwert G und Kapazität C in Bild 7.15c zu dem Stromzeigerdiagramm in Bild 7.15d gehören, so daß der Strom $I_C = I\sin\varphi = 0{,}5$ A $\cdot 0{,}5752 = 0{,}2876$ A und der Netzstrom

$$I' \approx \sqrt{I_R^2 + (2I_C)^2} = \sqrt{0{,}409^2 + (2\cdot 0{,}2876)^2}\ \text{A} = 0{,}7058\ \text{A}$$

7.1.2 Parallelschaltung 357

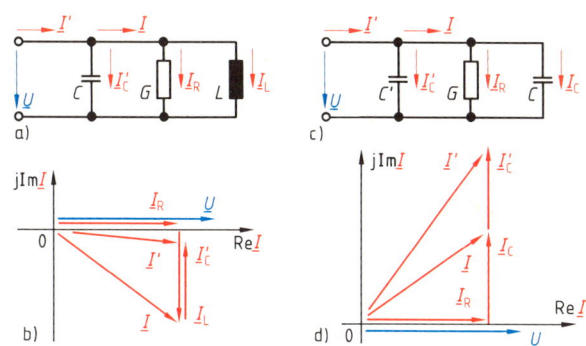

7.15
Parallelschaltung von Wirkleitwert G und Induktivität L (a) sowie Wirkleitwert G und Kapazität C (c) mit Zusatzkapazität C' und zugehörige Spannungs- und Stromzeigerdiagramme (b, d) für Beispiel 7.13

fließen. Wählt man also eine Zusatzkapazität mit einem Leitwert in der Größenordnung des zu bestimmenden Blindleitwerts, so zeigt eine Vergrößerung des Netzstroms an, daß eine kapazitive Schaltung, die Verringerung des Netzstroms jedoch, daß ein induktiver Kreis vorliegt.

Parallelschaltung mehrerer komplexer Leitwerte. Man darf Gl. (7.42) bis (7.44) auf die Parallelschaltung von n komplexen Leitwerten erweitern und erhält dann den komplexen Gesamtleitwert

$$\underline{Y} = Y\underline{/\varphi_Y} = G + jB = \sum_{\mu=1}^{\mu=n} \underline{Y}_\mu = \sum_{\mu=1}^{\mu=n} G_\mu + j\sum_{\mu=1}^{\mu=n} B_\mu \qquad (7.45)$$

mit dem Betrag

$$Y = I/U = \sqrt{(\sum G_\mu)^2 + (\sum B_\mu)^2} \qquad (7.46)$$

und dem Phasenwinkel

$$\varphi_Y = \operatorname{Arctan}(\sum B_\mu / \sum G_\mu) . \qquad (7.47)$$

Wenn nur zwei komplexe Widerstände $\underline{Z}_1 = Z_1\underline{/\varphi_1} = 1/\underline{Y}_1$ und $\underline{Z}_2 = Z_2\underline{/\varphi_2} = 1/\underline{Y}_2$ nach Bild 7.16 parallelgeschaltet sind, erhält man wegen $\underline{Y} = \underline{Y}_1 + \underline{Y}_2 = 1/\underline{Z}$ den komplexen Gesamtwiderstand

$$\underline{Z} = R + jX = \frac{\underline{Z}_1 \underline{Z}_2}{\underline{Z}_1 + \underline{Z}_2}, \qquad (7.48)$$

7.16 Parallelschaltung (a) von zwei komplexen Widerständen $\underline{Z}_1$ und $\underline{Z}_2$ und Ersatzwiderstand $\underline{Z}$ (b)

für dessen Betrag bei Anwendung des Kosinussatzes bzw. von Gl. (6.24) gilt

$$Z = \frac{Z_1 Z_2}{\sqrt{Z_1^2 + Z_2^2 + 2Z_1 Z_2 \cos(\varphi_1 - \varphi_2)}}$$

$$= Z_1 \sqrt{\frac{1}{1 + (Z_1/Z_2)^2 + 2(Z_1/Z_2)\cos(\varphi_1 - \varphi_2)}} . \qquad (7.49)$$

7.1 Einfache Reihen- und Parallelschaltungen

Analog zu Gl. (1.43) kann man auch für n Zweipole mit den komplexen Kehrwerten der Teilwiderstände $\underline{Z}_\mu$ den komplexen Gesamtwiderstand

$$\underline{Z} = \frac{1}{\dfrac{1}{\underline{Z}_1} + \dfrac{1}{\underline{Z}_2} + \dfrac{1}{\underline{Z}_3} + \cdots + \dfrac{1}{\underline{Z}_n}} \qquad (7.50)$$

bestimmen. Ein Vorgehen nach Gl. (7.50) ermöglicht für programmierbare Taschenrechner mit komplexer Arithmetik ein schnelleres und weniger fehleranfälliges Durchrechnen [88].

Beispiel 7.14. Die beiden komplexen Widerstände $\underline{Z}_1 = 10\,\Omega\,\underline{/30°}$ und $\underline{Z}_2 = 20\,\Omega\,\underline{/-45°}$ sind parallelgeschaltet. Der resultierende Gesamtwiderstand $\underline{Z}$ ist zu bestimmen.
Wir formen in der folgenden Weise die Exponentialformen von $\underline{Z}_1$ und $\underline{Z}_2$ in die Komponentenform um, bilden ihre Summe und formen diese wieder in die Exponentialform um.

$$\begin{aligned}\underline{Z}_1 &= 10\,\Omega\,\underline{/30°} & &= (8{,}66 + j5{,}0)\,\Omega \\ \underline{Z}_2 &= 20\,\Omega\,\underline{/-45°} & &= (14{,}14 - j14{,}14)\,\Omega \\ \underline{Z}_1 + \underline{Z}_2 &= 24{,}56\,\Omega\,\underline{/-21{,}84°} & &= (22{,}80 - j9{,}14)\,\Omega \; .\end{aligned}$$

Daher ist nach Gl. (7.48) der komplexe Gesamtwiderstand

$$\underline{Z} = \frac{\underline{Z}_1\,\underline{Z}_2}{\underline{Z}_1 + \underline{Z}_2} = \frac{10\,\Omega\,\underline{/30°}\cdot 20\,\Omega\,\underline{/-45°}}{24{,}56\,\Omega\,\underline{/-21{,}84°}} = 8{,}142\,\Omega\,\underline{/6{,}84°} = (8{,}084 + j0{,}9797)\,\Omega\;.$$

Gl. (7.50) liefert mit einem Taschenrechner unmittelbar das Ergebnis [88]

$$\underline{Z} = \frac{1}{\dfrac{1}{\underline{Z}_1} + \dfrac{1}{\underline{Z}_2}} = \frac{1}{\dfrac{1}{10\,\Omega\,\underline{/30°}} + \dfrac{1}{20\,\Omega\,\underline{/-45°}}} = 8{,}141\,\Omega\,\underline{/6{,}85°}\;.$$

Beispiel 7.15. Die beiden komplexen Widerstände $\underline{Z}_1 = 10\,\Omega\,\underline{/30°}$ und $\underline{Z}_2 = 20\,\Omega\,\underline{/-45°}$ liegen parallel an der Sinusspannung $U = 10$ V. Der Strom I soll berechnet werden.
Ohne Kenntnis des Ergebnisses von Beispiel 7.14 findet man mit Gl. (7.45) den Betrag des Gesamtwiderstands

$$\begin{aligned}Z &= Z_1\sqrt{\frac{1}{1 + (Z_1/Z_2)^2 + 2(Z_1/Z_2)\cos(\varphi_1 - \varphi_2)}} \\ &= 10\,\Omega\sqrt{\frac{1}{1 + (10/20)^2 + 2(10/20)\cos(30° + 45°)}} = 8{,}141\,\Omega\end{aligned}$$

und mit Gl. (6.47) den Strom $I = U/Z = 10\text{ V}/(8{,}141\,\Omega) = 1{,}228$ A.

Beispiel 7.16. Die beiden Zweipole mit dem Wirkwiderstand $R_1 = 50\,\Omega$ und der in Reihe liegenden Induktivität $L_1 = 0{,}16$ H, ferner dem Wirkwiderstand $R_2 = 80\,\Omega$ und der in Reihe liegenden Kapazität $C_2 = 20\,\mu$F sind an die Sinusspannung $\underline{U} = U = 500$ V bei der Frequenz $f = 60$ Hz angeschlossen. Es sollen die komplexen Widerstände $\underline{Z}_1$ und $\underline{Z}_2$, Leitwerte $\underline{Y}_1$ und $\underline{Y}_2$ und Teilströme $\underline{I}_1$ und $\underline{I}_2$ sowie der Gesamtstrom $\underline{I}_g$ ermittelt werden.

Aus den gegebenen Daten erhält man mit der Kreisfrequenz $\omega = 2\pi f = 2\pi \cdot 60 \text{ s}^{-1} = 376{,}7 \text{ s}^{-1}$ unmittelbar die komplexen **Widerstände**

$$\underline{Z}_1 = R_1 + j\omega L_1 = 50\ \Omega + j\,376{,}7\text{ s}^{-1} \cdot 0{,}16\text{ H} = 50\ \Omega + j\,60{,}32\ \Omega = 78{,}35\ \Omega\ \underline{/50{,}34°}\ ,$$

$$\underline{Z}_2 = R_2 - j/(\omega C) = 80\ \Omega - j/(376{,}7\text{ s}^{-1} \cdot 20\ \mu\text{F}) = 80\ \Omega - j\,132{,}6\ \Omega = 154{,}9\ \Omega\ \underline{/-58{,}9°}$$

und die komplexen **Leitwerte**

$$\underline{Y}_1 = \frac{1}{\underline{Z}_1} = \frac{1}{78{,}35\ \Omega\ \underline{/50{,}34°}} = 12{,}76\text{ mS}\ \underline{/-50{,}34°} = 8{,}146\text{ mS} - j\,9{,}825\text{ mS}\ ,$$

$$\underline{Y}_2 = \frac{1}{\underline{Z}_2} = \frac{1}{154{,}9\ \Omega\ \underline{/-58{,}9°}} = 6{,}456\text{ mS}\ \underline{/58{,}9°} = 3{,}334\text{ mS} + j\,5{,}528\text{ mS}\ .$$

Die komplexen **Ströme** sind nach Gl. (6.93)

$$\underline{I}_1 = \underline{U}/\underline{Z}_1 = 500\text{ V}/(78{,}35\ \Omega\ \underline{/50{,}34°}) = 6{,}382\text{ A}\ \underline{/-50{,}34°} = (4{,}073 - j\,4{,}913)\text{ A}\ ,$$

$$\underline{I}_2 = \underline{U}/\underline{Z}_2 = 500\text{ V}/(154{,}9\ \Omega\ \underline{/-58{,}9°}) = 3{,}223\text{ A}\ \underline{/58{,}9°} = (1{,}667 + j\,2{,}764)\text{ A}\ .$$

Für den komplexen **Gesamtstrom** findet man

$$\underline{I}_g = \underline{I}_1 + \underline{I}_2 = 4{,}073\text{ A} - j\,4{,}913\text{ A} + 1{,}667\text{ A} + j\,2{,}764\text{ A}$$
$$= 5{,}74\text{ A} - j\,2{,}149\text{ A} = 6{,}129\text{ A}\ \underline{/-20{,}52°}\ .$$

7.2 Netzumformung

In Abschn. 1.6.1 wird die Netzumformung für Gleichstromnetzwerke behandelt. Die dortigen Überlegungen sollen jetzt auf Sinusstromnetzwerke übertragen werden, wobei wieder die in Abschn. 1.6.1.1 einzeln erläuterten Voraussetzungen zu beachten sind. Dies bedeutet insbesondere, daß die zu betrachtenden Netzwerke **linear** sind, die in ihnen enthaltenen Schaltungsglieder Wirkwiderstand R, Induktivität L und Kapazität C also unabhängig von Strom i, Spannung u und Frequenz f feste Werte haben und die Quellen **keine Rückwirkungen** zeigen.

Bei Sinusstrom ist also auch die Veränderliche Frequenz f bzw. Kreisfrequenz ω zu berücksichtigen. Es sind bedingt äquivalente Schaltungen, die nur bei fester Frequenz gleichwertig, und unbedingt äquivalente Schaltungen [21], die dies unabhängig von der Frequenz sind, zu unterscheiden. Die meisten Ersatzschaltungen, die man für Sinusstromverbraucher angeben kann, sind nur bedingt, z. B. in einem gewissen Frequenzbereich, äquivalent. Es sollen hier zunächst die verschiedenen Ersatzschaltungen betrachtet und auf die Bauelemente der Sinusstromtechnik angewandt werden. Hierbei sind auch magnetische Kopplung und Leistungsanpassung zu behandeln. Schließlich wird das Umwandeln von Netzteilen auf gemischte Schaltungen angewendet.

7.2 Netzumformung

7.2.1 Ersatzschaltungen

In Abschn. 7.1.1 und 7.1.2 werden Reihen- und Parallelschaltungen von Grundzweipolen zu allgemeinen Sinusstrom-Zweipolen nach Abschn. 6.2.4 zusammengefaßt. Es muß daher umgekehrt möglich sein, einen allgemeinen Sinusstrom-Zweipol in Reihen- und Parallelschaltungen von Grundzweipolen zu zerlegen. Mit diesen Reihen- und Parallel-Ersatzschaltungen und der Umwandlung der einen in die andere Ersatzschaltung wollen wir uns nun befassen.

Bei einer solchen Analyse eines Sinusstromverbrauchers werden Strom $\underline{I}$ oder Spannung $\underline{U}$ bzw. komplexer Widerstand $\underline{Z}$ oder komplexer Leitwert $\underline{Y}$ in ihre Komponenten zerlegt, wobei die Ersatzschaltungen für eine bestimmte Frequenz f das gleiche Verhalten wie der untersuchte Sinusstromverbraucher haben, was man als bedingte Äquivalenz bezeichnet.

Bedingt äquivalente Schaltungen erhält man auch bei der Stern-Dreieck-Umwandlung, während die unbedingte Äquivalenz weitere Überlegungen erfordert.

7.2.1.1 Reihen-Ersatzschaltung. In Abschn. 7.1.1 werden Reihenschaltungen von Grundzweipolen R, L, C zu komplexen Gesamtwiderständen $\underline{Z}$ zusammengefaßt. Jetzt ist umgekehrt die Aufgabe zu lösen, einen Scheinwiderstand Z in die Reihenschaltung von Grundzweipolen R, X zu zerlegen. Hierbei sollen selbstverständlich alle Eigenschaften nach außen hin unverändert bleiben.

Wirk- und Blindkomponenten. Die komplexen Größen Spannung $\underline{U}$, Strom $\underline{I}$ und Widerstand $\underline{Z} = \underline{U}/\underline{I}$ der zu untersuchenden Schaltung sollen bekannt sein. Dann kann man mit dem Strom $\underline{I}$ als Bezugszeiger in Bild **7.17**c die Spannung $\underline{U}$ in eine rein reelle Komponente, die Wirkspannung

$$U_\mathrm{w} = U \cos \varphi \qquad (7.51)$$

und in eine hierzu senkrechte, rein imaginäre Komponente, die gegenüber dem Strom um 90° phasenverschoben ist, nämlich die Blindspannung

$$U_\mathrm{b} = U \sin \varphi \qquad (7.52)$$

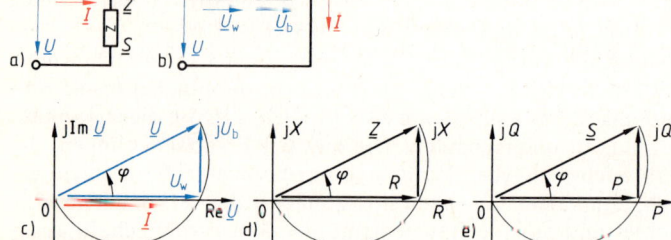

7.17 Sinusstrom-Zweipol (a) mit Reihen-Ersatzschaltung (b) und Zeigerdiagrammen der Spannungskomponenten (c), Widerstände (d) und Leistungen (e)

zerlegen. Für die Gesamtspannung gilt daher allgemein

$$\underline{U} = U_\mathrm{w} + \mathrm{j}\, U_\mathrm{b} = \underline{U}_\mathrm{w} + \underline{U}_\mathrm{b}\,. \tag{7.53}$$

Die Wirkspannung U_w eines passiven Zweipols hat unter diesen Voraussetzungen stets einen positiven Wert, während die Blindspannung U_b ebenso wie der Phasenwinkel φ positive und negative Werte annehmen kann.

In Bild 7.17 sind noch Thaleskreise eingezeichnet, die über der Hypotenuse eines rechtwinkeligen Dreiecks geschlagen den rechten Winkel als Peripheriewinkel einschließen. In Verbindung mit dem Stromzeiger $\underline{I}$ findet man über ihn sehr schnell – auch ohne die Achsen der komplexen Zahlenebene – Wirk- und Blindkomponenten der Spannung $\underline{U}$ sowie die Teilwiderstände und Teilleistungen.

Ersatzschaltung. Der Zerlegung der Spannung $\underline{U}$ in ihre Komponenten $\underline{U}_\mathrm{w}$ und $\underline{U}_\mathrm{b}$ liegt eine Reihenschaltung zugrunde, wobei nach Bild 7.17b die Wirkspannung $\underline{U}_\mathrm{w}$ an dem Wirkwiderstand

$$R = U_\mathrm{w}/I = U \cos\varphi / I = Z \cos\varphi \tag{7.54}$$

und die Blindspannung $\underline{U}_\mathrm{b}$ an dem Blindwiderstand

$$X = U_\mathrm{b}/I = U \sin\varphi / I = Z \sin\varphi \tag{7.55}$$

auftritt. Der Blindwiderstand gehört bei positiven Werten $X = \omega L$ zu einer Induktivität L und bei negativen Werten $X = -1/(\omega C)$ zu einer Kapazität C. Der Phasenwinkel φ tritt auch bei Spannung $\underline{U}$ und Leistung $\underline{S}$ auf.

Auf diese Weise wird der Sinusstrom-Zweipol in Bild 7.17a durch eine Reihenschaltung in Bild 7.17b mit dem komplexen Widerstand

$$\underline{Z} = R + \mathrm{j}X = Z\,\underline{/\varphi} \tag{7.56}$$

ersetzt (s. Bild 7.17e). Andererseits geht eine Angabe des komplexen Widerstands nach Gl. (7.56) schon von einer solchen Reihen-Ersatzschaltung aus (s. Bild 7.2a).

Leistungen. In Bild 7.17f ist das Zeigerdiagramm der zugehörigen Leistungen dargestellt. Während Wirkspannung U_w, Wirkwiderstand R und Wirkleistung P bei dem vorliegenden passiven Zweipol stets positive Werte zeigen, sind die Vorzeichen von Blindspannung U_b, Blindwiderstand X, Blindleistung Q und Phasenwinkel φ des komplexen Widerstands $\underline{Z}$ untereinander gleich.

Die komplexe Leistung $\underline{S} = P + \mathrm{j}Q$ besteht daher bei der Reihen-Ersatzschaltung aus der Wirkleistung

$$P = U_\mathrm{w} I = R I^2 = Z I^2 \cos\varphi \tag{7.57}$$

und der Blindleistung

$$Q = U_\mathrm{b} I = X I^2 = Z I^2 \sin\varphi\,. \tag{7.58}$$

362 7.2 Netzumformung

Es treten außerdem noch der Zeitwert der Wirkleistung

$$P_t = u_w i = \hat{u}\hat{i}\cos\varphi[\sin^2(\omega t)] \tag{7.59}$$

und der Zeitwert der Blindleistung

$$Q_t = u_b i = \hat{u}\hat{i}\sin\varphi[\sin(\omega t)]\cos(\omega t) \tag{7.60}$$

auf.

Beispiel 7.17. Eine Drossel nimmt bei der Sinusspannung $U = 220$ V den Strom $I = 2$ A und die Wirkleistung $P = 150$ W auf. Die Teilwiderstände der Reihen-Ersatzschaltung von Bild 7.18b sind zu bestimmen.

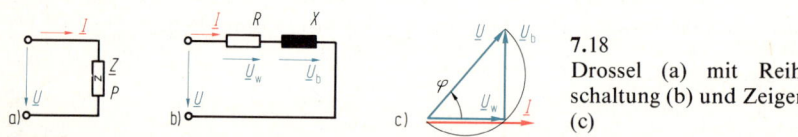

7.18 Drossel (a) mit Reihen-Ersatzschaltung (b) und Zeigerdiagramm (c)

Wir berechnen zunächst mit Gl. (6.52) den Wirkfaktor

$$\lambda = \cos\varphi = P/(UI) = 150 \text{ W}/(220 \text{ V} \cdot 2 \text{ A}) = 0{,}3409$$

und erhalten hiermit auch den Blindfaktor $\beta = \sin\varphi = 0{,}94$. Daher können wir die Spannung $\underline{U}$ nach Gl. (7.51) in die Wirkspannung

$$U_w = U\cos\varphi = 220 \text{ V} \cdot 0{,}341 = 75{,}0 \text{ V}$$

und nach Gl. (7.52) in die Blindspannung

$$U_b = U\sin\varphi = 220 \text{ V} \cdot 0{,}94 = 206{,}8 \text{ V}$$

zerlegen, zu denen nach Gl. (7.54) und (7.55) der Wirkwiderstand

$$R = U_w/I = 75{,}0 \text{ V}/(2 \text{ A}) = 37{,}5 \text{ }\Omega$$

und der Blindwiderstand

$$X = U_b/I = 206{,}8 \text{ V}/(2 \text{ A}) = 103{,}4 \text{ }\Omega$$

gehören.

7.2.1.2 Parallel-Ersatzschaltung. Der Sinusstrom-Zweipol von Bild 7.19a soll jetzt in die Parallelschaltung von Bild 7.19b umgewandelt werden.

Wirk- und Blindkomponenten. Wenn wieder wie in Abschn. 6.2.4.1 Spannung $\underline{U}$, Strom $\underline{I}$ und komplexer Leitwert $\underline{Y} = \underline{I}/\underline{U}$ bekannt sind, kann man das Zeigerdiagramm in Bild 7.19c zeichnen und für den Strom $\underline{I}$ eine rein reelle Komponente, den Wirkstrom

$$I_w = I\cos\varphi \tag{7.61}$$

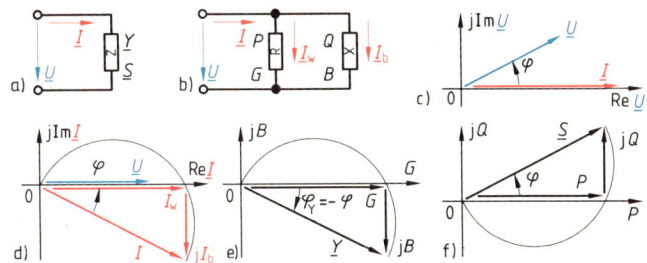

7.19 Sinusstrom-Zweipol (a) mit Parallel-Ersatzschaltung (b) und Zeigerdiagrammen der Stromkomponenten (c), Leitwerte (d) und Leistungen (c)

und eine hierzu senkrechte, rein imaginäre Komponente, die gegenüber dem Spannungszeiger $\underline{U}$ um 90° phasenverschoben ist, nämlich den **Blindstrom**

$$I_\mathrm{b} = -I\sin\varphi \tag{7.62}$$

angeben. Für den Gesamtstrom gilt daher allgemein

$$\underline{I} = I_\mathrm{w} + \mathrm{j}\,I_\mathrm{b} = \underline{I}_\mathrm{w} + \underline{I}_\mathrm{b}\,. \tag{7.63}$$

Der Wirkstrom I_w eines passiven Zweipols zeigt stets positive Werte, während der Blindstrom I_b ebenso wie der Phasenwinkel φ positive oder negative Werte annehmen kann.

Ersatzschaltung. Bei der Zerlegung des Stromes $\underline{I}$ in seine Komponenten $\underline{I}_\mathrm{w}$ und $\underline{I}_\mathrm{b}$ haben wir stillschweigend die Ersatzschaltung in Bild 7.19b vorausgesetzt; denn in einer Parallelschaltung fließt der Wirkstrom $\underline{I}_\mathrm{w}$ in einem **Wirkleitwert**

$$G = I_\mathrm{w}/U = I\cos\varphi/U = Y\cos\varphi \tag{7.64}$$

und der Blindstrom I_b in dem **Blindleitwert**

$$B = I_\mathrm{b}/U = -I\sin\varphi/U = -Y\sin\varphi\,, \tag{7.65}$$

der bei positiven Werten $B = \omega C$ zu einer **Kapazität** C und bei negativen Werten $B = -1/(\omega L)$ zu einer **Induktivität** L gehört. Auf diese Weise wird der Sinusstrom-Zweipol in Bild 7.19a durch die Parallel-Ersatzschaltung in Bild 7.19b mit dem **komplexen Leitwert**

$$\underline{Y} = G + \mathrm{j}\,B = Y\,\underline{/\varphi_Y} = Y\,\underline{/-\varphi} \tag{7.66}$$

ersetzt (s. Bild 7.19d). Andererseits ist die Angabe eines komplexen Leitwerts nach Gl. (7.66) nur unter Voraussetzung einer Parallel-Ersatzschaltung sinnvoll (s. Bild 7.11).

Leistungen. Nach Bild 7.19f gilt mit der komplexen Leistung $\underline{S} = P + jQ$ für die Wirkleistung

$$P = UI_\mathrm{w} = GU^2 = YU^2 \cos\varphi \tag{7.67}$$

und die Blindleistung

$$Q = -UI_\mathrm{b} = -BU^2 = YU^2 \sin\varphi \,. \tag{7.68}$$

Neben dem allgemeinen Zeitwert der Leistung $S_\mathrm{t} = ui$ können wir für die Parallelschaltung noch den Zeitwert der Wirkleistung

$$P_\mathrm{t} = ui_\mathrm{w} = \hat{u}\hat{\imath}\cos\varphi\,\sin^2(\omega t + \varphi) \tag{7.69}$$

und den Zeitwert der Blindleistung

$$Q_\mathrm{t} = ui_\mathrm{b} = -\hat{u}\hat{\imath}\sin\varphi\,[\sin(\omega t + \varphi)]\cos(\omega t + \varphi) \tag{7.70}$$

angeben.
Scheitelwerte von Wirk- und Blindleistungsschwingung sind bei Parallel- und Reihen-Ersatzschaltung gleich, die beiden Leistungsschwingungen in den Ersatzschaltungen haben jedoch eine abweichende Phasenlage.

Beispiel 7.18. Für die in Beispiel 7.17 behandelte Drossel sollen nun die Teilleitwerte der Parallel-Ersatzschaltung in Bild 7.20b bestimmt werden.

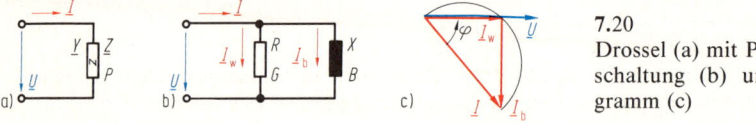

7.20
Drossel (a) mit Parallel-Ersatzschaltung (b) und Zeigerdiagramm (c)

Mit dem Wirkfaktor $\cos\varphi = 0{,}3409$ und dem Blindfaktor $\sin\varphi = 0{,}94$ berechnen wir nach Gl. (7.57) den Wirkstrom

$$I_\mathrm{w} = I\cos\varphi = 2\,\mathrm{A} \cdot 0{,}3409 = 0{,}6818\,\mathrm{A}$$

und nach Gl. (7.58) den Blindstrom

$$I_\mathrm{b} = -I\sin\varphi = -2\,\mathrm{A} \cdot 0{,}94 = -1{,}88\,\mathrm{A}\,.$$

Gl. (7.60) und (7.61) liefern daher den Wirkleitwert

$$G = I_\mathrm{w}/U = 0{,}6818\,\mathrm{A}/(220\,\mathrm{V}) = 3{,}099\,\mathrm{mS}$$

und den Blindleitwert

$$B = I_\mathrm{b}/U = -1{,}88\,\mathrm{A}/(220\,\mathrm{V}) = -8{,}546\,\mathrm{mS}\,.$$

Dies entspricht dem Wirkwiderstand $R = 1/G = 1/(3{,}099\,\mathrm{mS}) = 322{,}7\,\Omega$ und dem Blindwiderstand $X = -1/B = -1/(-8{,}546\,\mathrm{mS}) = 117\,\Omega$. Diese Werte unterscheiden sich erheblich von den in Beispiel 7.17 für die Reihen-Ersatzschaltung berechneten. Man darf daher beide Schaltungen nicht verwechseln.

7.2.1.3 Bedingt gleichwertige Schaltungen. In Tafel 7.21 sind die Eigenschaften und Kenngrößen der beiden möglichen Ersatzschaltungen mit ihren Bestimmungsgleichungen einander gegenübergestellt. In der zweiten Spalte sind die Verhältnisse beim allgemeinen Sinusstrom-Zweipol, die in der gleichen Weise auch für die Ersatzschaltungen gelten, angegeben.

Es sei nochmals darauf hingewiesen, daß die Aufspaltung des Stromes $\underline{I} = \underline{I}_w + \underline{I}_b$ in Wirk- und Blindstrom sowie die Angabe des komplexen Leitwerts $\underline{Y} = G + jB$ von einer Parallel-Ersatzschaltung ausgeht, während die Zerlegung der Spannung $\underline{U} = \underline{U}_w + \underline{U}_b$ in Wirk- und Blindspannung sowie das Arbeiten mit dem komplexen Widerstand $\underline{Z} = R + jX$ grundsätzlich eine Reihen-Ersatzschaltung zugrundelegt.

Die Phasenwinkel φ_Y des Leitwerts $\underline{Y}$ bzw. φ des Widerstands $\underline{Z}$ sowie Blindstrom $\underline{I}_b$ und Blindspannung $\underline{U}_b$ haben stets entgegengesetzte Vorzeichen, da in der Parallelschaltung die Spannung $\underline{U}$ und in der Reihenschaltung der Strom $\underline{I}$ in die reelle Achse gelegt sind.

Umfangreiche Netzwerke bestehen meist aus vielen Reihen- und Parallelschaltungen von Grund-Zweipolen. Da man **Parallelschaltungen am einfachsten mit Leitwerten und Reihenschaltungen am besten mit Widerständen** durchrechnen kann, ist es dann häufig nötig, Parallelschaltungen durch gleichwertige Reihenschaltungen und umgekehrt zu ersetzen.

Bedingt gleichwertig (für vollständige Äquivalenz s. [21]) sind Parallel- und Reihen-Ersatzschaltungen, wenn mit dem komplexen Leitwert $\underline{Y} = G + jB$ und dem komplexen Widerstand $\underline{Z} = R + jX$ die Bedingung $\underline{Y} = 1/\underline{Z}$ bzw.

$$\underline{Y}\underline{Z} = (G + jB)(R + jX) = 1 \tag{7.71}$$

erfüllt ist. Wenn man Gl. (7.71) nach der ersten Klammer auflöst und den Nenner konjugiert komplex erweitert, findet man den komplexen Leitwert

$$\underline{Y} = G + jB = \frac{1}{R + jX} = \frac{R - jX}{R^2 + X^2} \tag{7.72}$$

bzw. für die Parallel-Ersatzschaltung den Wirkleitwert

$$G = R/(R^2 + X^2) \tag{7.73}$$

und den Blindleitwert

$$B = -X/(R^2 + X^2) \,. \tag{7.74}$$

In analoger Weise ergibt sich durch Auflösen von Gl. (7.71) nach der zweiten Klammer der komplexe Widerstand

$$\underline{Z} = R + jX = \frac{1}{G + jB} = \frac{G - jB}{G^2 + B^2} \,. \tag{7.75}$$

und für die Reihen-Ersatzschaltung der Wirkwiderstand

$$R = G/(G^2 + B^2) \tag{7.76}$$

7.2 Netzumformung

Tafel 7.21 Vergleich von Parallel- und Reihen-Ersatzschaltung

Größe	Allgemeiner Sinusstrom-Zweipol	Reihen-Ersatzschaltung	Parallel-Ersatzschaltung
Schaltung			
Zeigerdiagramm			
komplexer Widerstand $\underline{Z}$ bzw. komplexer Leitwert $\underline{Y}$	$\underline{Z} = \underline{U}/\underline{I} = 1/\underline{Y}$ $\underline{Y} = \underline{I}/\underline{U} = 1/\underline{Z}$	$\underline{Z} = Z\underline{/\varphi} = R + jX$ $Z = U/I = \sqrt{R^2 + X^2}$	$\underline{Y} = Y\underline{/-\varphi} = G + jB$ $Y = I/U = \sqrt{G^2 + B^2}$
komplexe Leistung $\underline{S}$	$= S\underline{/\varphi} = UI\underline{/\varphi} = \underline{U}\underline{I}^*$ $= P + jQ$ $S\cos\varphi = UI\cos\varphi$ $S\sin\varphi = UI\sin\varphi$	$= \underline{Z}I^2 = (R + jX)I^2$ $= U_w I = U_w^2/R = RI^2$ $= U_b I = U_b^2/X = XI^2$	$= \underline{Y}^* U^2 = (G - jB)U^2$ $= UI_w = I_w^2/G = GU^2$ $= -UI_b = -I_b^2/B = -BU^2$
Wirkleistung P Blindleistung Q			
Phasenwinkel φ	$= \text{Arctan}\,\varphi = \text{Arccos}\,\varphi$ $= \text{Arcsin}\,\varphi$ $= Q/P$	$= \varphi$	$= -\varphi_Y$
$\tan\varphi$ Wirkfaktor $\cos\varphi$ Blindfaktor $\sin\varphi$	$= P/S = P/(UI)$ $= Q/S = Q/(UI)$	$= U_b/U_w = X/R$ $= U_w/U = R/Z$ $= U_b/U = X/Z$	$= -I_b/I_w = -B/G$ $= I_w/I = G/Y$ $= -I_b/I = -B/Y$
Wirkspannung bzw. -strom Blindspannung bzw. -strom		$U_w = U\cos\varphi = RI$ $U_b = U\sin\varphi = XI$	$I_w = I\cos\varphi = GU$ $I_b = -I\sin\varphi = -BU$
Wirkwiderstand bzw. -leitwert Blindwiderstand bzw. -leitwert		$R = Z\cos\varphi = U_w/I$ $X = Z\sin\varphi = U_b/I$	$G = Y\cos\varphi = I_w/U$ $B = -Y\sin\varphi = -I_b/U$
Vorzeichen der Blindgrößen induktiv kapazitiv	Phasenwinkel φ, Blindleistung Q positiv negativ	Blindspannung U_b negativ positiv	Blindwiderstand X $= \omega L$ $= -1/(\omega C)$	Blindstrom I_b positiv negativ	Blindleitwert B $= -1/(\omega L)$ $= \omega C$

bzw. der Blindwiderstand

$$X = -B/(G^2 + B^2).\qquad(7.77)$$

Für Sonderfälle darf man mit den Näherungsgleichungen von Tafel 7.22 rechnen. Hierbei bleibt der Fehler für $a/b > 10$ unter 1%, steigt aber bei $a/b = 5$ schon auf 4 bzw. 6,7%.

Tafel 7.22 Näherungsgleichungen für die Umrechnung von Ersatzschaltungen

Sonderfall $a\quad b$	Wirkgröße	Blindgröße
$G \gg B$	$R \approx 1/G$	$X \approx -B/G^2$
$B \gg G$	$R \approx G/B^2$	$X \approx -1/B$
$R \gg X$	$G \approx 1/R$	$B \approx -X/R^2$
$X \gg R$	$G \approx R/X^2$	$B \approx -1/X$

Gl. (7.73) bis (7.77) weisen auf die Dualität von Parallel- und Reihenschaltung hin. Man beachte jedoch, daß die Blindgrößen B und X von der Kreisfrequenz ω abhängen, die betrachteten Ersatzschaltungen daher nur für eine bestimmte Frequenz f gleichwertig, also nur bedingt äquivalent sind [21].

Wenn ein Taschenrechner, der unmittelbar kartesische in Polarkoordinaten umzuwandeln vermag, zur Verfügung steht, kann man die Ergebnisse von Gl. (7.73) bis (7.77) auch unmittelbar über die Inversion (s. Abschn. 8.1.2) des komplexen Widerstands in den komplexen Leitwert bzw. umgekehrt finden, wobei Komponenten- in Exponentialform und umgekehrt umzuwandeln sind [88].

Beispiel 7.19. Die Schaltung in Bild 7.23 besteht aus den Wirkwiderständen $R_1 = 2$ kΩ und $R_2 = 500$ Ω sowie der Kapazität $C = 1$ µF und liegt bei der Frequenz $f = 50$ Hz an der Sinusspannung $U = 50$ V. Der Strom $\underline{I}$ soll bestimmt werden.
Mit der Kreisfrequenz $\omega = 2\pi f = 2\pi \cdot 50$ Hz $= 314{,}2$ s^{-1} und dem kapazitivem Blindleitwert

$$X_C = -1/(\omega C) = -1/(314{,}2 \text{ s}^{-1} \cdot 1 \text{ µF}) = -3{,}183 \text{ k}\Omega$$

erhalten wir den komplexen Widerstand $\underline{Z}_2 = R_2 + jX_C = (500 - j3{,}183)$ Ω, den wir in den komplexen Leitwert $\underline{Y}_2 = G_2 + jB_2$ umwandeln. Mit Gl. (7.73) findet man den Wirkleitwert

$$G_2 = \frac{R_2}{R_2^2 + X_C^2} = \frac{500 \text{ Ω}}{500^2 \text{ Ω}^2 + 3183^2 \text{ Ω}^2} = 0{,}0482 \text{ mS}$$

sowie mit Gl. (7.70) den Blindleitwert

$$B_2 = \frac{-X_C}{R_2^2 + X_C^2} = \frac{3183 \text{ Ω}}{500^2 \text{ Ω}^2 + 3183^2 \text{ Ω}^2} = 0{,}3066 \text{ mS}.$$

7.23 Netzwerk zu Beispiel 7.19

Mit dem Wirkleitwert $G_1 = 1/R_1 = 1/(2 \text{ k}\Omega) = 0{,}5$ mS ergibt sich daher der Gesamtleitwert $\underline{Y} = G_1 + \underline{Y}_2 = (G_1 + G_2) + jB_2 = (0{,}5 \text{ mS} + 0{,}0482 \text{ mS}) + j0{,}3066 \text{ mS} = 0{,}5482 \text{ mS} + j0{,}3066 \text{ mS} = 0{,}6281$ mS $\underline{/29{,}22°}$ und daher schließlich der gesuchte Strom $\underline{I} = \underline{Y}\underline{U} = 0{,}6281$ mS $\underline{/29{,}22°} \cdot 50$ V $= 31{,}41$ mA $\underline{/29{,}22°}$.

Beispiel 7.20. Vor die Schaltung in Bild 7.23 soll jetzt der Wirkwiderstand $R_3 = 500\,\Omega$ und die Induktivität $L = 0{,}5$ H geschaltet sein. Welcher Strom fließt in dieser Schaltung nach Bild 7.24?

Wir bestimmen zunächst den Blindwiderstand $X_L = \omega L = 314{,}2\text{ s}^{-1} \cdot 0{,}5\text{ H} = 157{,}1\,\Omega$. Nun müssen wir den in Beispiel 7.19 ermittelten Leitwert $\underline{Y} = G + jB = 0{,}5482$ mS $+ j\,0{,}3066$ mS in den Widerstand $\underline{Z}_4 = R_4 + jX_4$ umwandeln. Mit Gl. (7.76) erhalten wir den Wirkwiderstand

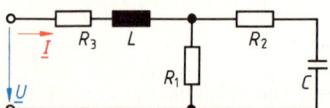

$$R_4 = \frac{G}{G^2 + B^2} = \frac{0{,}5482\text{ mS}}{0{,}5482^2\,(\text{mS})^2 + 0{,}3066^2\,(\text{mS})^2} = 1390\,\Omega$$

7.24 Netzwerk zu Beispiel 7.20

und mit Gl. (7.77) den Blindwiderstand

$$X_4 = \frac{-B}{G^2 + B^2} = \frac{-0{,}3066\text{ mS}}{0{,}5482^2\,(\text{mS})^2 + 0{,}3066^2\,(\text{mS})^2} = -777{,}1\,\Omega.$$

Somit ist schließlich der Gesamtwiderstand $\underline{Z} = (R_3 + R_4) + j(X_L + X_4) = (500\,\Omega + 1390\,\Omega) + j(157{,}1\,\Omega - 777{,}1\,\Omega) = 1890\,\Omega - j\,620\,\Omega = 1989\,\Omega\,\underline{/-18{,}16°}$, und es fließt der Strom $\underline{I} = \underline{U}/\underline{Z} = 50\text{ V}/(1989\,\Omega\,\underline{/-18{,}16°}) = 25{,}13\text{ mA}\,\underline{/18{,}16°}$.

Beispiel 7.21. Es liegen 2 Parallelschaltungen mit dem Wirk- bzw. induktiven Blindwiderstand $R_1 = 20\,\Omega$, $X_L = 14\,\Omega$ und dem Wirk- bzw. kapazitiven Blindwiderstand $R_2 = 40\,\Omega$, $X_C = -21\,\Omega$ nach Bild 7.25a in Reihe. Für beide Parallelschaltungen sind die Reihen-Ersatzschaltungen entsprechend Bild 7.25b zu ermitteln, mit denen dann für den eingeprägten Strom $\underline{I} = 10$ A die beiden Teilspannungen $\underline{U}_1$ und $\underline{U}_2$ und die Gesamtspannung $\underline{U}$ bestimmt werden sollen.

Die Leitwerte der 4 Zweipole sind

$$\left. \begin{array}{l} G_1 = 1/R_1 = 1/(20\,\Omega) = 0{,}05\text{ S} \\ B_L = -1/X_L = -1/(14\,\Omega) = -0{,}07143\text{ S} \end{array} \right\} \underline{Y}_1 = (50 - j\,71{,}43)\text{ mS},$$

$$\left. \begin{array}{l} G_2 = 1/R_2 = 1/(40\,\Omega) = 0{,}025\text{ S} \\ B_C = -1/X_C = 1/(21\,\Omega) = 0{,}04762\text{ S} \end{array} \right\} \underline{Y}_2 = (25 + j\,47{,}62)\text{ mS}.$$

Durch Bilden der Exponentialform der komplexen Leitwerte und ihrer Reziprokwerte sowie der Rückwandlung in die Komponentenform (unmittelbar mit dem Taschenrechner) findet man die komplexen Reihen-Ersatzwiderstände $\underline{Z}_1 = 11{,}47\,\Omega\,\underline{/55{,}01°} = (6{,}577 + j\,9{,}396)\,\Omega$ und $\underline{Z}_2 = 18{,}59\,\Omega\,\underline{/-62{,}3°} = (8{,}643 - j\,16{,}46)\,\Omega$ und den Gesamtwiderstand

$$\underline{Z}_g = (6{,}577 + 8{,}643)\,\Omega + j(9{,}396 - 16{,}46)\,\Omega = (15{,}22 - j\,7{,}066)\,\Omega = 16{,}78\,\Omega\,\underline{/-24{,}9°}.$$

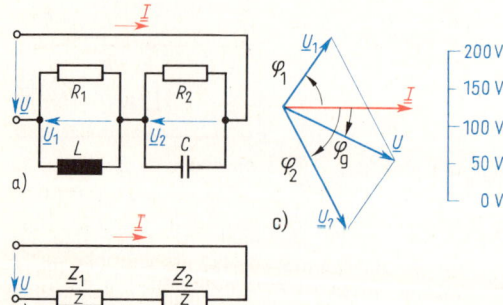

7.25 Kettenschaltung (a) aus zwei Parallelschaltungen mit Reihen-Ersatzschaltung (b) und Zeigerdiagramm (c)

Es herrschen die beiden komplexen Teilspannungen

$$\underline{U}_1 = \underline{I}\underline{Z}_1 = 10\text{ A} \cdot 11{,}47\text{ }\Omega\;/55{,}01° = 114{,}5\text{ V}\;/55{,}01°\,,$$

$$\underline{U}_2 = \underline{I}\underline{Z}_2 = 10\text{ A} \cdot 18{,}59\text{ }\Omega\;/-62{,}3° = 185{,}9\text{ V}\;/-62{,}3°$$

und die komplexe Gesamtspannung

$$\underline{U} = \underline{I}\underline{Z}_g = 10\text{ A} \cdot 16{,}78\text{ }\Omega\;/-24{,}9° = 167{,}8\text{ V}\;/-24{,}9°\,.$$

In Bild 7.25c ist das Zeigerdiagramm der Spannungen dargestellt. Im induktiven Teil *1* eilt die Spannung $\underline{U}_1$ dem Strom $\underline{I}$ voraus, im kapazitiven Teil *2* eilt $\underline{U}_2$ nach. Auch die Gesamtspannung $\underline{U}$ ist nacheilend, so hat die ganze Schaltung überwiegend kapazitiven Charakter.

7.2.1.4 Komplexe Stern-Dreieck-Umwandlung. Jede Sternschaltung kann für eine feste Frequenz in eine bedingt äquivalente Dreieckschaltung umgerechnet werden und umgekehrt ebenso. Wir stellen zu diesem Zweck die in Abschn. 1.6.2.4 für Gleichstrom abgeleiteten Umrechnungsformeln auf Sinusstrom um und erhalten unter Benutzung der in Bild 7.26 angegebenen Formelzeichen bei Umrechnung einer Dreieckschaltung in eine Sternschaltung für die komplexen Widerstände bzw. Leitwerte

$$\underline{Z}_1 = \frac{\underline{Z}_{12}\underline{Z}_{31}}{\underline{Z}_{12} + \underline{Z}_{23} + \underline{Z}_{31}}, \quad (7.78)$$

$$\underline{Y}_1 = \underline{Y}_{12} + \underline{Y}_{31} + \frac{\underline{Y}_{12}\underline{Y}_{31}}{\underline{Y}_{23}}. \quad (7.79)$$

7.26 Bedingt äquivalente Dreieck- (a) und Sternschaltung (b)

Die übrigen Widerstände findet man durch zyklisches Vertauschen der Indizes. Der komplexe Sternschaltungswiderstand $\underline{Z}_k$ zwischen den Knotenpunkten k und N ergibt sich also, wenn man das komplexe Produkt der am Knoten k liegenden komplexen Dreieckschaltungswiderstände durch die komplexe Summe aller Dreieckschaltungswiderstände dividiert.

Analog sind bei einer Umwandlung einer Sternschaltung in eine bedingt äquivalente Dreieckschaltung die komplexen Widerstände bzw. Leitwerte

$$\underline{Z}_{12} = \underline{Z}_1 + \underline{Z}_2 + \frac{\underline{Z}_1\underline{Z}_2}{\underline{Z}_3}, \quad (7.80)$$

$$\underline{Y}_{12} = \frac{\underline{Y}_1\underline{Y}_2}{\underline{Y}_1 + \underline{Y}_2 + \underline{Y}_3}. \quad (7.81)$$

Den komplexen Dreieckschaltungsleitwert zwischen den Knotenpunkten i und k erhält man also, indem man das komplexe Produkt der an den Knoten i und k liegenden komplexen Sternschaltungsleitwerte durch die komplexe Summe aller Sternschaltungsleitwerte dividiert.

Da bei dieser Umwandlung jeweils eine Masche durch einen Knotenpunkt und umgekehrt ersetzt werden, zeigen Stern- und Dreieckschaltung wieder ein **duales** Ver-

370 7.2 Netzumformung

halten: Gl. (7.78) und (7.81) bzw. (7.79) und (7.80) haben also einen jeweils gleichen Aufbau; man erhält die eine aus der anderen, wenn man Widerstände und Leitwerte gegeneinander vertauscht.

Wenn die komplexen Widerstände $\underline{Z}_\curlywedge$ bzw. $\underline{Z}_\triangle$ oder Leitwerte $\underline{Y}_\curlywedge$ bzw. $\underline{Y}_\triangle$ untereinander gleich groß sind, gilt außerdem

$$\underline{Z}_\triangle = 3\underline{Z}_\curlywedge \quad \text{und} \quad \underline{Y}_\curlywedge = 3\underline{Y}_\triangle. \tag{7.82}$$

Beispiel 7.22. Passive Zweitore, d.s. Schaltungen mit 4 Anschlußklemmen, werden in Ersatzschaltungen meist als T- oder Π-Schaltung aufgefaßt. Die Π-Schaltung in Bild **7.27**a besteht aus Wirkwiderstand $R = 5$ kΩ und den Blindwiderständen $X_L = 10$ kΩ und $X_C = -20$ kΩ. Sie soll in die bedingt äquivalente T-Schaltung von Bild **7.27**b umgerechnet werden.

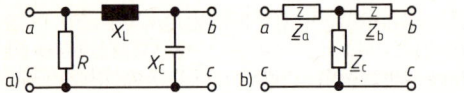

7.27 Vierpol in Π-Schaltung (a) und T-Schaltung (b)

Die Π-Schaltung nach Bild **7.27**a ist eine Dreieckschaltung, die T-Schaltung nach Bild **7.27**b eine Sternschaltung. Daher gilt mit $R + jX_L + jX_C = 5$ kΩ $+ j(10$ kΩ $- 20$ kΩ$) = 11{,}18$ kΩ $/\!\!\underline{-63{,}43°}$ und Gl. (7.78) für die komplexen Widerstände der T-Schaltung

$$\underline{Z}_a = \frac{jX_L R}{R + jX_L + jX_C} = \frac{j10\text{ kΩ} \cdot 5\text{ kΩ}}{11{,}18\text{ kΩ}/\!\!\underline{-63{,}43°}} = 4{,}47\text{ kΩ}/\!\!\underline{153{,}43°},$$

$$\underline{Z}_b = \frac{jX_L jX_C}{R + jX_L + jX_C} = \frac{j10\text{ kΩ}(-j20\text{ kΩ})}{11{,}18\text{ kΩ}/\!\!\underline{-63{,}43°}} = 17{,}89\text{ kΩ}/\!\!\underline{63{,}43°},$$

$$\underline{Z}_c = \frac{jX_C R}{R + jX_L + jX_C} = \frac{-j20\text{ kΩ} \cdot 5\text{ kΩ}}{11{,}18\text{ kΩ}/\!\!\underline{-63{,}43°}} = 8{,}944\text{ kΩ}/\!\!\underline{-26{,}57°}.$$

Wie bei dem komplexen Widerstand $\underline{Z}_a$ können also bei einer solchen Umwandlung Phasenwinkel $|\varphi| > 90°$ auftreten.

Beispiel 7.23. Die Schaltung in Bild **7.28** enthält den Wirkwiderstand $R = 5$ kΩ und die Blindwiderstände $X_L = 10$ kΩ und $X_C = -20$ kΩ und liegt an der Sinusspannung $U = 100$ V. Es soll der Gesamtstrom I bestimmt werden. Man kann beispielsweise die obere Dreieckschaltung in Bild **7.28**a in eine bedingt äquivalente Sternschaltung umwandeln und erhält dann Bild

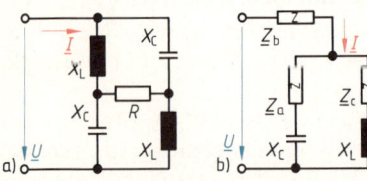

7.28 Netzwerk (a) mit Ersatzschaltung (b)

7.28b. Da hier die gleichen Zahlenwerte wie in Beispiel 7.22 vorliegen, dürfen wir von dort auch die komplexen Sternschaltungswiderstände $\underline{Z}_a = 4{,}472$ kΩ $/\!\!\underline{153{,}43°} = -4{,}0$ kΩ $+ j2{,}0$ kΩ, $\underline{Z}_b = 17{,}89$ kΩ $/\!\!\underline{63{,}43°} = 8{,}0$ kΩ $+ j16{,}0$ kΩ und $\underline{Z}_c = 8{,}944$ kΩ $/\!\!\underline{-26{,}57°} = 8{,}0$ kΩ $- j4{,}0$ kΩ übernehmen. Hiermit finden wir die Teilwiderstände $\underline{Z}_a + jX_C = -4$ kΩ $+ j2$ kΩ $- j20$ kΩ $= -4$ kΩ $- j18$ kΩ $= 18{,}44$ kΩ $/\!\!\underline{-102{,}53°}$ und $\underline{Z}_c + jX_L = 8$ kΩ $- j4$ kΩ $+ j10$ kΩ $= 8$ kΩ $+ j6$ kΩ $= 10$ kΩ $/\!\!\underline{36{,}87°}$. Beide liegen parallel und bilden mit $\underline{Z}_a + jX_C + \underline{Z}_c + jX_L = -4$ kΩ $- j18$ kΩ $+ 8$ kΩ $+ j6$ kΩ $= 4$ kΩ $- j12$ kΩ $= 12{,}65$ kΩ $/\!\!\underline{-71{,}57°}$ den Widerstand

$$\underline{Z}_\mathrm{p} = \frac{(\underline{Z}_\mathrm{a}+\mathrm{j}X_\mathrm{C})(\underline{Z}_\mathrm{c}+\mathrm{j}X_\mathrm{L})}{\underline{Z}_\mathrm{a}+\mathrm{j}X_\mathrm{C}+\underline{Z}_\mathrm{c}+\mathrm{j}X_\mathrm{L}} = \frac{18{,}44\ \mathrm{k}\Omega\,\underline{/-102{,}53^\circ}\cdot 10\ \mathrm{k}\Omega\,\underline{/36{,}87^\circ}}{12{,}65\ \mathrm{k}\Omega\,\underline{/-71{,}57^\circ}}$$

$$= 14{,}58\ \mathrm{k}\Omega\,\underline{/5{,}91^\circ} = 14{,}5\ \mathrm{k}\Omega+\mathrm{j}1{,}5\ \mathrm{k}\Omega\,,$$

so daß insgesamt der Widerstand $\underline{Z}=\underline{Z}_\mathrm{h}+\underline{Z}_\mathrm{p}=8\ \mathrm{k}\Omega+\mathrm{j}16\ \mathrm{k}\Omega+14{,}5\ \mathrm{k}\Omega+\mathrm{j}1{,}5\ \mathrm{k}\Omega=22{,}5\ \mathrm{k}\Omega+\mathrm{j}17{,}5\ \mathrm{k}\Omega=28{,}5\ \mathrm{k}\Omega\,\underline{/37{,}87^\circ}$ auftritt und der Strom $\underline{I}=\underline{U}/\underline{Z}=100\ \mathrm{V}/(28{,}5\ \mathrm{k}\Omega\,\underline{/37{,}87^\circ})=3{,}508\ \mathrm{mA}\,\underline{/-37{,}87^\circ}$ fließt.

7.2.2 Magnetische Kopplung

Die in Abschn. 4.3.1.5 eingeführte **Gegeninduktivität** tritt in der Elektrotechnik in vielfältiger Weise bei der magnetischen Kopplung zwischen Bauelementen auf. Sie wird in der Energietechnik beim **Leistungstransformator** zum Herauf- oder Heruntertransformieren von Wechselspannungen und -strömen (**Umspanner** [56]) oder als Trenntransformator zur galvanischen Trennung von Netzteilen, in der Nachrichtentechnik im **Übertrager** hauptsächlich für die breitbandige Anpassung (s. Abschn. 7.2.4) und in der Meßtechnik beim **Wandler** [80] zum Verringern von Meßspannungen bzw. -strömen genutzt. Beim Volltransformator sind dann nach Bild 7.29 mindestens 2 Wicklungen vorhanden, die von einem gemeinsamen magnetischen Feld durchsetzt sind. Die **primäre** Wicklung *1* ist an eine Spannungsquelle angeschlossen; sie stellt die Eingangsseite des Transformators dar, der die Energie zugeführt wird. Die **sekundäre** Wicklung *2* ist demgegenüber die Ausgangsseite, der Energie entnommen werden kann.

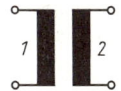

7.29 Schaltzeichen des Transformators
1 Primär-, *2* Sekundärwicklung

Neben dem Volltransformator mit getrennten Wicklungen gibt es noch den **Spartransformator**, der für Primär- und Sekundärseite einen gemeinsamen Wicklungsteil aufweist. Er kann auch als induktiver Spannungsteiler angesehen werden. Die Wicklungen können mit mehreren Anzapfungen versehen sein (z. B. zur Spannungseinstellung) oder mehr als zwei voneinander getrennte Wicklungen aufweisen (z. B. zur Versorgung von Verbrauchern, die galvanisch getrennt sein sollen). Für derartige Ausführungen s. [56]. Hier beschränken wir uns darauf, nur Zweiwicklungstransformatoren für Sinusstrom zu behandeln.

Da der Transformator ein ziemlich komplexes Gebilde darstellt, werden wir nur den idealen Übertrager, für den wir eine Reihe von Voraussetzungen treffen, behandeln. Magnetische Kopplung tritt außerdem in störender Weise (dann auch als **Einstreuung** bezeichnet) zwischen verschiedenen Netzteilen auf; daher sollen hier noch Netzwerke für Sinusstrom mit Gegeninduktivitäten untersucht werden.

7.2.2.1 Idealer Übertrager. Wir betrachten eine Anordnung nach Bild **7.30**, die aus den beiden gleichsinnig gewickelten Spulen *1* und *2* mit den Windungszahlen N_1 und N_2 und dem Kern *3* besteht. Die beiden Spulen sollen unendlich dünn sein, unendlich dicht aufeinanderliegen und Wirkwiderstände $R_1=0$ und $R_2=0$ aufwei-

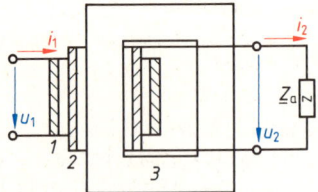

7.30
Idealer Übertrager mit Primärwicklung *1*,
Sekundärwicklung *2* und Kern *3*

sen. Der Kern *3* soll die Permeabilität $\mu = \infty$ und keine Ummagnetisierungsverluste (s. Abschn. 4.3.1.7) haben. Wir setzen somit voraus, daß in diesem idealen Übertrager keine Verluste auftreten können, der magnetische Widerstand $R_m = 0$ ist und alle Windungen der Spulen *1* und *2* stets mit demselben Sinusfluß Φ_t verkettet sind, also keine Streuung auftritt.

Es sei in diesem Zusammenhang daran erinnert, daß Drahtwiderstände im Zustand der Supraleitung [9] außerordentlich klein werden und in Magnetwerkstoffen Permeabilitätszahlen $\mu_r > 100\,000$ zu erzielen sind, unsere Voraussetzungen also nicht so ganz abwegig zu sein scheinen. (Daß bei Verwirklichung dieser Bedingungen noch andere Gesichtspunkte zu beachten sind, kann hier unberücksichtigt bleiben.)

Übersetzungsverhältnis. Es sollen jetzt zunächst die Übersetzungsverhältnisse für die Spannungen und Ströme abgeleitet werden.

Wenn mit dem Index t und den kleinen Buchstaben *i* und *u* wieder die Zeitwerte bezeichnet werden, gilt bei Anwendung des Verbraucher-Zählpfeil-Systems nach Abschn. 4.3.1.3 und 4.3.1.6 auch beim Transformator das Induktionsgesetz $u_q = N \, d\Phi_t/dt$. Es führt mit der Zeit *t* für sinusförmige Änderungen von Fluß Φ_t und Spannung u_q mit Effektivwert der Quellenspannung U_q, Windungszahl *N*, Frequenz *f* und Scheitelwert des Flusses $\hat{\Phi}$ nach Gl. (6.17) zur Spannungsgleichung $U_q = \sqrt{2}\,\pi N f \hat{\Phi}$. Mit den obigen Voraussetzungen gilt dann für die Effektivwerte der Sinusspannung an den Wicklungen

$$U_1 = \sqrt{2}\,\pi N_1 f \hat{\Phi} \quad \text{und} \quad U_2 = \sqrt{2}\,\pi N_2 f \hat{\Phi},$$

so daß für das Verhältnis der Sinusspannungen das Übersetzungsverhältnis

$$\ddot{u} = U_1/U_2 = N_1/N_2 \tag{7.83}$$

angegeben werden kann.

Nach Abschn. 4.1.3 verlangt ein zeitabhängiger Fluß Φ_t in einem magnetischen Kreis mit mittlerer magnetischer Weglänge l_m, magnetischem Querschnitt A_m und Permeabilität μ sowie mit dem magnetischen Widerstand $R_m = l_m/(\mu A_m)$ nach Gl. (4.46) den Zeitwert der Durchflutung

$$\Theta_t = i_\mu N = R_m \Phi_t = l_m \Phi_t/(\mu A_m)$$

bzw. den Magnetisierungsstrom

$$i_\mu = \frac{l_m \Phi_t}{N \mu A_m}. \tag{7.84}$$

7.2.2 Magnetische Kopplung

Wenn nun im idealen Übertrager die Permeabilität $\mu = \infty$ ist, bleibt auch der Strom stets $i_\mu = 0$. Im Leerlauf, d. h., wenn zwar die Sinusspannung u_1, auf der Sekundärseite aber kein Außenwiderstand angeschlossen ist, nimmt der ideale Übertrager keinen Strom auf.

Belastet wird der Transformator durch den äußeren komplexen Widerstand $\underline{Z}_a$ (s. Bild 7.30). Die sekundäre Sinusspannung u_2 bringt dann den Sinusstrom i_2 zum Fließen, der wiederum die Sinusdurchflutung $\Theta_{2t} = i_2 N_2$ erzeugt. Eine derartige Durchflutung müßte einen Fluß verursachen, der aber nicht auftreten kann. Daher muß durch einen entsprechenden primären Strom i_1 das **Durchflutungsgleichgewicht**

$$i_1 N_1 + i_2 N_2 = 0 \tag{7.85}$$

hergestellt werden. Es verlangt, daß in den Spulen Primär- und Sekundärströme einander entgegengerichtet sind und für die Effektivwerte gilt

$$I_1/I_2 = N_2/N_1 = 1/\ddot{u} \,. \tag{7.86}$$

Die Ströme verhalten sich also genau umgekehrt wie die Spannungen.

Transformation der Sekundärgrößen. Ein Transformator sorgt insbesondere dafür, daß seine Ausgangsgrößen Sekundärstrom und Sekundärspannung, aber auch der sekundäre Verbraucherwiderstand mit anderen Werten an seinem Eingang in Erscheinung treten. Diese Zusammenhänge müssen jetzt untersucht werden.

Nach Gl. (7.83) und (7.86) gilt für das Übersetzungsverhältnis des idealen Übertragers

$$\ddot{u} = N_1/N_2 = U_1/U_2 = I_2/I_1 \,. \tag{7.87}$$

Die Spannung wird also zur größeren Windungszahl hinauf-, der Strom jedoch im gleichen Verhältnis reziprok herabtransformiert.

Bei gleichem Wicklungssinn sorgt das Induktionsgesetz auch dafür, daß Primär- und Sekundärspannung an den Transformatorklemmen **gleichphasig** sind, während das Durchflutungsgleichgewicht die Ursache dafür ist, daß im Transformator Primär- und Sekundärströme **gegenphasig** sind.

Für die Scheinleistungen gilt mit Gl. (7.87)

$$S_1 = U_1 I_1 = U_2 \frac{N_1}{N_2} \cdot I_2 \cdot \frac{N_2}{N_1} = U_2 I_2 = S_2 \,. \tag{7.88}$$

Da voraussetzungsgemäß im idealen Übertrager keine Verluste auftreten, wird wegen des Gesetzes von der Erhaltung der Energie auch die primär aufgenommene Wirkleistung $P_1 = P_2$ auf der Sekundärseite wieder abgegeben.

Diese Eigenschaften des Transformators werden in den Leistungstransformatoren dazu ausgenutzt, die für eine Fernübertragung zu großen Ströme auf kleinere Werte herunterzutransformieren, wobei die Übertragungsspannung entsprechend wächst (z. B. auf 400 kV). Vor dem Verbraucher muß die Spannung jedoch wieder auf die normale Niederspannung der Verbrauchernetze (z. B. 220 V) herabtransformiert werden.

7.2 Netzumformung

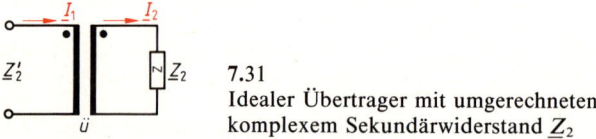

7.31
Idealer Übertrager mit umgerechnetem komplexem Sekundärwiderstand $\underline{Z}_2$

In der Schaltung nach Bild 7.31 wird in dem sekundären Scheinwiderstand Z_2 die Scheinleistung $S_2 = Z_2 I_2^2$ umgesetzt. Entsprechend muß auf der Primärseite die Scheinleistung $S_1 = Z_2' I_1^2 = S_2$ zugeführt werden, wenn man mit Z_2' den scheinbar wirksamen Eingangswiderstand der ganzen Schaltung bezeichnet. Durch das Zwischenschalten des Transformators mit dem Übersetzungsverhältnis $ü$ nach Gl. (7.87) ist somit der Widerstand Z_2 auf

$$Z_2' = Z_2 (I_2/I_1)^2 = Z_2 ü^2 \tag{7.89}$$

bzw. der Eingangswiderstand der Schaltung von Z_2 auf $Z_1 = Z_2'$ transformiert worden. Widerstände werden somit quadratisch mit dem Übersetzungsverhältnis auf die größere Windungszahl hinauftransformiert.

Diese Möglichkeit, Widerstände, die z. B. durch Empfänger festgelegt sind, in gewünschter Weise in ihrer Größe verlustfrei (d.h. ohne Vorwiderstand oder Spannungsteiler) zu ändern, also z. B. dem Innenwiderstand des Senders anzupassen, wird in der Nachrichtentechnik häufig ausgenutzt [20], [25].

Ersatzschaltungen. Die in Bild 7.31 und 7.32 benutzten Schaltzeichen für den idealen Übertrager sind aus Bild 7.29 abgeleitet. Die gegenüber den normalen Symbolen für Induktivitäten schlankeren Rechtecke sollen andeuten, daß dieses Schaltungselement nur die Primärgrößen auf die Sekundärseite bzw. umgekehrt übersetzt, also keine Widerstände aufweist. Bei sekundärem Leerlauf verhält es sich wie ein Scheinwiderstand $Z = \infty$, bei sekundärem Kurzschluß aber wie ein Scheinwiderstand $Z = 0$!

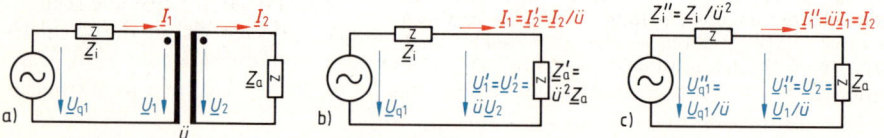

7.32 Vollständige Schaltung (a) des idealen Übertragers sowie Ersatzschaltungen mit auf die Primärseite (b) bzw. Sekundärseite (c) umgerechneten Kenngrößen

Bild 7.32 zeigt ein vollständiges elektrisches Netzwerk mit idealem Übertrager $ü$, Spannungsquelle $\underline{U}_{q1}$ mit Innenwiderstand $\underline{Z}_i$ sowie Verbraucher $\underline{Z}_a$. Wenn man die Sekundärgrößen entsprechend Bild 7.32b auf die Primärseite umrechnet (Kennzeichen '), wird $\underline{U}_2' = \underline{U}_1$, und man darf den idealen Übertrager aus der Schaltung entfernen. Man erhält so eine Ersatzschaltung, die sich für alle Größen der Primärseite (und nach einer Rückrechnung auch auf der Sekundärseite) ebenso verhält wie die tatsächliche Schaltung in Bild 7.32a. Für viele Betrachtungen haben solche Ersatzschaltungen Vorteile. In ähnlicher Weise können alle Rechnungen aber auch nach Bild 7.32c auf die Sekundärseite bezogen werden (Kennzeichen ''). Hierbei ist stets auf die richtige Umrechnung mit dem Übersetzungsverhältnis $ü$ nach Gl. (7.87) zu achten (s. Bild 7.32b und c).

7.2.2 Magnetische Kopplung

Beispiel 7.24. In einer Sinusstromschaltung nach Bild 7.32a befinden sich ein Generator mit der Quellenspannung $U_q = 100$ V und dem Innenwiderstand $R_i = 10\ \Omega$ sowie der Verbraucherwiderstand $R_a = 1\ \text{k}\Omega$. Durch Anpassung mit einem Transformator soll die größtmögliche Leistung auf R_a übertragen werden. Übersetzungsverhältnis $ü$ und Verbraucherleistung P_a sind zu bestimmen.

Es muß also eine Leistungsanpassung nach Abschn. 2.2.3 bzw. 7.2.4 mit $R_i = R_a' = ü^2 R_a$ vorgenommen werden. Hieraus ergibt sich das erforderliche Übersetzungsverhältnis

$$ü = \sqrt{R_i/R_a} = \sqrt{10\ \Omega/(1\ \text{k}\Omega)} = 0{,}1\ .$$

Am Verbraucher liegt dann die Spannung $U_q/(2\,ü)$, so daß in ihm die Leistung

$$P_a = (U_q/2\,ü)^2/R_a = (100\ \text{V}/2 \cdot 0{,}1)^2/(1\ \text{k}\Omega) = 250\ \text{W}$$

umgesetzt wird.

Beispiel 7.25. Zwei ideale Übertrager mit den Übersetzungsverhältnissen $ü_b = 2$ und $ü_c = 3$ liegen nach Bild 7.33 primär in Reihe an der Sinusspannung $U = 100$ V und arbeiten sekundär parallel auf den Widerstand $R_a = 10\ \Omega$. Aufgenommener Strom I und Verbraucherleistung P_a sollen bestimmt werden.

Durch die Schaltung wird für die Eingangsseite der beiden Transformatoren der gleiche Strom, für die Ausgangsseite aber die gleiche Ausgangsspannung festgelegt. Es müssen also gleichzeitig die Bedingungen $U_b/U_a = ü_b = I_{ab}/I$ und $U_c/U_a = ü_c = I_{ac}/I$ erfüllt werden. Dividieren wir beide Gleichungen durcheinander, so erhalten wir $U_b/U_c = ü_b/ü_c = I_{ab}/I_{ac}$. Mit $U_b + U_c = U = 100$ V muß somit $U_b = 40$ V und $U_c = 60$ V und daher $U_a = 20$ V sein. Dann ist auch $I_a = U_a/R_a = 20\ \text{V}/(10\ \Omega) = 2\ \text{A} = I_{ab} + I_{ac}$, so daß man für die Teilströme $I_{ab} = 0{,}8$ A und $I_{ac} = 1{,}2$ A und schließlich für den primären Strom $I = I_{ab}/ü_b = I_{ac}/ü_c = 1{,}2\ \text{A}/3 = 0{,}4$ A findet. Der Verbraucher nimmt die Leistung $P_a = U_a I_a = 20\ \text{V} \cdot 2\ \text{A} = 40$ W auf, die natürlich auch mit $UI = 100\ \text{V} \cdot 0{,}4\ \text{A} = 40$ W in die Schaltung hineingeliefert wird.

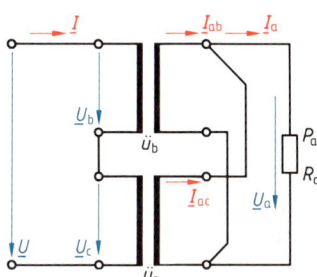

7.33 Primär in Reihe und sekundär parallel geschaltete ideale Übertrager

7.2.2.2 Ersatzschaltung für gekoppelte Spulen.
Nach Abschn. 4.3.1.5 und 6.2.2 gilt für Bild 7.34a, wenn primär die Sinusspannung $\underline{U}_1$ bei der Kreisfrequenz ω an die Induktivität L_1 angelegt wird und daher der Strom

$$\underline{I}_1 = \underline{U}_1/(j\omega L_1) \tag{7.90}$$

fließt, mit der Gegeninduktivität M für die Sekundärspannung im Leerlauf

$$u_2 = M\,di_1/dt\ .$$

7.34 Magnetisch gekoppelte Spulen mit der Gegeninduktivität M bei Einspeisung von der Primärseite (a) und von der Sekundärseite (b)

7.2 Netzumformung

Analog zu Gl. (6.34) und (6.36) sowie Tafel 6.23 darf man dies übertragen auf die komplexe Spannung

$$\underline{U}_2 = j\omega M \underline{I}_1 . \tag{7.91}$$

Mit der Ersatzschaltung in Bild 7.35b liegt ein komplexer Spannungsteiler vor, der auch keinen Zweifel über das positive Vorzeichen in Gl. (7.91) aufkommen läßt. Hingegen wird in der Schaltung von Bild 7.34b bei der Einspeisung von der Sekundärseite mit dem Strom

$$\underline{I}_2 = \underline{U}_2 / (j\omega L_2) \tag{7.92}$$

im Leerlauf die Primärspannung

$$\underline{U}_1 = j\omega M \underline{I}_2 \tag{7.93}$$

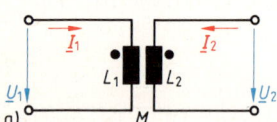
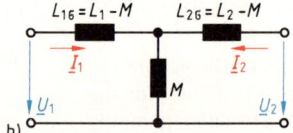

7.35
Gekoppelte Spulen (a)
und ihre Ersatzschaltung (b)

induziert. Für die Schaltung in Bild 7.35a, die z. B. Teil eines Netzwerks sein kann, darf man dann unter Anwendung des Überlagerungsgesetzes (s. Abschn. 1.6.3 und 7.3.2.1) sowie von Gl. (7.91) und (7.93) für die beiden Maschen die Spannungsgleichungen

$$\underline{U}_1 = j\omega L_1 \underline{I}_1 + j\omega M \underline{I}_2 ; \tag{7.94}$$
$$\underline{U}_2 = j\omega M \underline{I}_1 + j\omega L_2 \underline{I}_2 \tag{7.95}$$

angeben. Für die Schaltung in Bild 7.35b gilt entsprechend

$$\underline{U}_1 = j\omega (L_1 - M) \underline{I}_1 + j\omega M (\underline{I}_1 + \underline{I}_2) ,$$
$$\underline{U}_2 = j\omega (L_2 - M) \underline{I}_2 + j\omega M (\underline{I}_1 + \underline{I}_2) ,$$

was man sofort in Gl. (7.94) und (7.95) überführen kann. Somit verhalten sich beide Schaltungen gleichartig und man bezeichnet Bild 7.35b als Ersatzschaltung; sie kann mit den üblichen Berechnungsverfahren für Netzwerke behandelt werden. Die Wicklungswiderstände kann man durch vorgeschaltete Wirkwiderstände R berücksichtigen (s. Bild 7.36). Die Induktivitäten

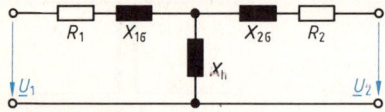

$$L_{1\sigma} = L_1 - M , \tag{7.96}$$
$$L_{2\sigma} = L_2 - M \tag{7.97}$$

7.36
Ersatzschaltung für den Lufttransformator

können im praktischen Fall auch negative Werte annehmen.

7.2.2 Magnetische Kopplung

Die zugehörigen **Blindwiderstände** nennt man bei Transformatoren [83] auch Hauptblindwiderstand $X_h = \omega M$, primärer Streublindwiderstand $X_{1\sigma} = \omega L_{1\sigma}$ und sekundärer Streublindwiderstand $X_{2\sigma} = \omega L_{2\sigma}$.

Beispiel 7.26. Ein Lufttransformator führt im Leerlauf an der primären Sinusspannung $\underline{U}_1 = 40$ V den primären Leerlaufstrom $\underline{I}_{1l} = 0,1$ A $\angle -82°$ und die sekundäre Leerlaufspannung $U_{2l} = 10$ V. An der sekundären Speisespannung $\underline{U}_2 = 20$ V nimmt er den sekundären Leerlaufstrom $\underline{I}_{2l} = 0,4$ A $\angle -72°$ auf. Die Kenngrößen der Ersatzschaltung in Bild 7.36 sollen bestimmt werden.

Zuerst berechnen wir die komplexen Leerlaufwiderstände

$$\underline{Z}_{1l} = \frac{\underline{U}_1}{\underline{I}_{1l}} = \frac{40 \text{ V}}{0,1 \text{ A} \angle -82°} = (55,67 + j396,1) \ \Omega,$$

$$\underline{Z}_{2l} = \frac{\underline{U}_2}{\underline{I}_{2l}} = \frac{20 \text{ V}}{0,4 \text{ A} \angle -72°} = (15,45 + j47,55) \ \Omega$$

und finden so die Wicklungs-Wirkwiderstände $R_1 = 55,67 \ \Omega$ und $R_2 = 15,45 \ \Omega$. Nach Gl. (7.91) ist der Hauptblindwiderstand

$$X_h = U_{2l}/I_{1l} = 10 \text{ V}/(0,1 \text{ A}) = 100 \ \Omega.$$

Mit den Blindwiderständen $X_1 = 396,1 \ \Omega$ und $X_2 = 47,55 \ \Omega$ betragen somit nach Gl. (7.96) und (7.97) die Streublindwiderstände

$$X_{1\sigma} = X_1 - X_h = 396,1 \ \Omega - 100 \ \Omega = 296,1 \ \Omega,$$
$$X_{2\sigma} = X_2 - X_h = 47,55 \ \Omega - 100 \ \Omega = -52,45 \ \Omega.$$

Beispiel 7.27. Der Lufttransformator von Beispiel 7.26 wird bei der Eingangsspannung $\underline{U}_1 = 40$ V sekundärseitig durch den komplexen Leitwert $\underline{Y}_a = (2 + j3)$ mS belastet. Es soll der Eingangsstrom $\underline{I}_1$ ermittelt werden.

Wir rechnen zunächst den Leitwert $\underline{Y}_a$ in den komplexen Widerstand

$$\underline{Z}_a = \frac{1}{\underline{Y}_a} = \frac{1}{(2 + j3) \text{ mS}} = (153,8 - j230,7) \ \Omega$$

um (z. B. mit einem Taschenrechner oder anhand von Abschn. 7.2.1.3) und fassen ihn zusammen mit den mit ihm in Reihe liegenden Teilwiderständen des Transformators zum komplexen Widerstand

$$\underline{Z}_2 = R_a + R_2 + j(X_a + X_{2\sigma}) = (153,8 + 15,45) \ \Omega - j(230,7 + 52,45) \ \Omega = (169,3 - j283,2) \ \Omega.$$

Die Parallelschaltung mit dem Blindwiderstand X_h ergibt

$$\frac{jX_h \underline{Z}_2}{jX_h + \underline{Z}_2} = \frac{j100 \ \Omega \ (169,3 - j283,2) \ \Omega}{j100 \ \Omega + 169,3 \ \Omega - j283,2 \ \Omega} = (27,21 + j129,5) \ \Omega.$$

Dieser Widerstand ist noch zusammenzufassen mit den primären Teilwiderständen zum komplexen Gesamtwiderstand

$$\underline{Z}_g = (55,67 + j296,1) \ \Omega + (27,21 + j129,5) \ \Omega = 177,3 \ \Omega \ \angle 62,13°.$$

Daher fließt der Eingangsstrom

$$\underline{I}_1 = \underline{U}_1/\underline{Z}_g = 40 \text{ V}/(177,3 \ \Omega \ \angle 62,13°) = 225,6 \text{ mA} \ \angle -62,13°.$$

7.2.3 Ersatzquellen

Nach Abschn. 1.6.4 stellt das Umwandeln von Netzwerkteilen in Ersatzquellen grundsätzlich ebenfalls eine Netzumformung dar. Man braucht für die Anwendung auf Sinusstrom nur die für Gleichstrom abgeleiteten Zusammenhänge zu erweitern; d.h., in den Schaltungen und Gleichungen die bei Gleichstrom reellen Ströme, Spannungen, Widerstände und Leitwerte auf komplexe Größen $\underline{I}$, $\underline{U}$, $\underline{Z}$ und $\underline{Y}$ umzustellen.

Hiernach kann man jedes Sinusstromnetzwerk, das die beiden Anschlußklemmen a und b und beliebig viele Quellen enthält, als **aktiv wirkenden Zweipol** ansehen und daher für diese Klemmen a und b durch eine **Ersatz-Spannungsquelle** mit der **Ersatzquellenspannung** $\underline{U}_{qE}$ oder durch eine **Ersatz-Stromquelle** mit dem **Ersatzquellenstrom** $\underline{I}_{qE}$ völlig gleichwertig ersetzen. Beide Ersatzschaltungen haben den gleichen **komplexen inneren Ersatzwiderstand** $\underline{Z}_{iE} = 1/\underline{Y}_{iE}$ bzw. **-leitwert** $\underline{Y}_{iE}$ und sind analog zu Bild **1.73**d und **1.75**b nach Bild **7.37**b und c geschaltet.

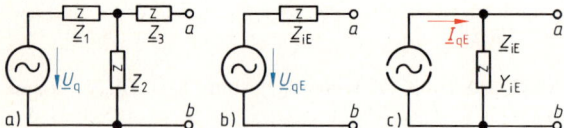

7.37 Aktives Sinusstrom-Netzwerk (a) mit Ersatz-Spannungsquelle (b) und Ersatz-Stromquelle (c)

Die Kennwerte der Ersatzquellen erhält man, wie in Bild **7.38** für das Beispiel von Bild **7.37**a dargestellt, durch die folgenden Überlegungen: Im **Leerlauf**, also bei offenen Klemmen a und b, müssen in den Schaltungen von Bild **7.37**b und **7.38**a die gleichen komplexen Spannungen

$$\underline{U}_{qE} = \underline{U}_{al} \tag{7.98}$$

auftreten. Man findet also die komplexe Ersatz-Quellenspannung $\underline{U}_{qE}$ als Leerlaufspannung $\underline{U}_{al}$ an den Klemmen a und b.

Bei **Kurzschluß** der Klemmen a und b fließt in Bild **7.37**c über diese Klemmen der komplexe Ersatz-Quellenstrom $\underline{I}_{qE}$ und in Bild **7.38**b der Kurzschlußstrom $\underline{I}_{ak}$. Beide müssen mit

$$\underline{I}_{qE} = \underline{I}_{ak} \tag{7.99}$$

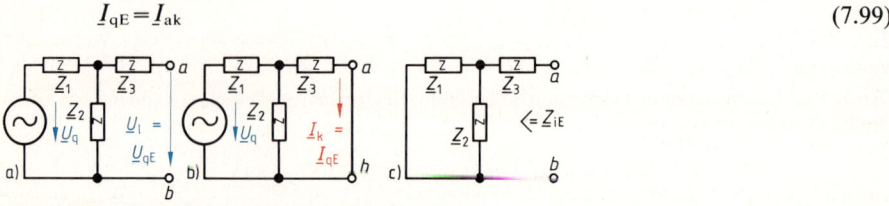

7.38 Bestimmung der Ersatzquellen-Kenngrößen
    a) Leerlauf an den Klemmen a und b, b) Kurzschluß an den Klemmen a und b, c) komplexer innerer Ersatzwiderstand $\underline{Z}_{iE}$

7.2.3 Ersatzquellen

gleich sein, so daß der gesuchte Quellenstrom der Kurzschlußstrom über die Klemmen a und b ist.

Für den komplexen inneren Ersatzwiderstand von Bild 7.37b und c gilt in gleicher Weise

$$\underline{Z}_{iE} = 1/\underline{Y}_{iE} = \underline{U}_{qE}/\underline{I}_{qE} = \underline{U}_{al}/\underline{I}_{ak}, \qquad (7.100)$$

wobei man bei der Ersatz-Stromquelle besser mit dem **komplexen inneren Ersatzleitwert** $\underline{Y}_{iE} = 1/\underline{Z}_{iE}$ arbeitet. Den inneren Widerstand $\underline{Z}_{iE}$ findet man auch durch eine Betrachtung nach Bild 7.38c, wenn man den Widerstand zwischen den Klemmen a und b bestimmt. **Spannungsquellen müssen hierbei widerstandslos überbrückt, Stromquellen dagegen als Unterbrechungen gewertet werden.**

Ersatzquellen finden vor allen Dingen Anwendung, wenn ein Netzwerk in einem bestimmten Zweig untersucht werden soll, dieser z. B. veränderbare Widerstände enthält und ihre Auswirkungen auf Zweigstrom und -spannung – z. B. als Ortskurve oder Kennlinie – bestimmt oder auch eine maximale Leistung (Leistungsanpassung – s. Abschn. 7.2.4) auf ihn übertragen werden soll. Das Vorgehen soll jetzt an mehreren Beispielen gezeigt werden.

Beispiel 7.28. Der in Bild 7.39a angegebene belastete Spannungsteiler besteht aus der Reihenschaltung der beiden komplexen Widerstände $\underline{Z}_1$ und $\underline{Z}_2$ und wird zwischen den Anschlußklemmen a und b des komplexen Widerstands $\underline{Z}_2$ durch den Verbraucherwiderstand $\underline{Z}_a$ belastet. Es ist die Ersatz-Spannungsquelle des belasteten Spannungsteilers anzugeben.

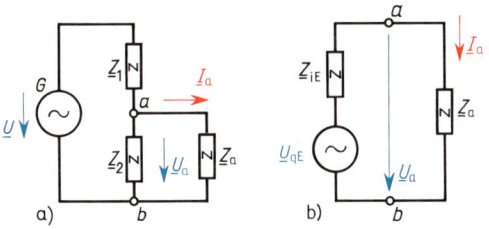

7.39
Aus komplexen Widerständen aufgebauter belasteter Spannungsteiler
a) Schaltung mit Verbraucherwiderstand $\underline{Z}_a$
b) Ersatz-Spannungsquelle mit Verbraucherwiderstand $\underline{Z}_a$

Zum Bestimmen des Innenwiderstands $\underline{Z}_{iE}$ der Ersatz-Spannungsquelle denken wir uns die widerstandslose Spannungsquelle G kurzgeschlossen. Zwischen den Klemmen a und b des passiv gewordenen Zweipols, d.h. vom Verbraucher aus gesehen, ergibt sich dann entsprechend der Parallelschaltung der Spannungsteilerwiderstände der Ersatz-Innenwiderstand

$$\underline{Z}_{iE} = \underline{Z}_1 \underline{Z}_2 / (\underline{Z}_1 + \underline{Z}_2).$$

Zum Bestimmen der Quellenspannung $\underline{U}_{qE}$ der Ersatz-Spannungsquelle denken wir uns den Verbraucherwiderstand $\underline{Z}_a$ abgeklemmt. Zwischen den Anschlußklemmen a und b am Spannungsteilerwiderstand $\underline{Z}_2$ liegt dann die Leerlaufspannung

$$\underline{U}_{al} = \underline{U}\underline{Z}_2 / (\underline{Z}_1 + \underline{Z}_2) = \underline{U}_{qE},$$

die gleich der Quellenspannung $\underline{U}_{qE}$ ist. Mit den Kenngrößen $\underline{U}_{qE}$, $\underline{Z}_{iE}$ ist die gesuchte Ersatz-Spannungsquelle des belasteten Spannungsteilers entsprechend der in Bild 7.39b dargestellten Schaltung bestimmt, so daß das Zusammenarbeiten mit dem Verbraucherwiderstand $\underline{Z}_a$ in einfacher Form angegeben werden kann.

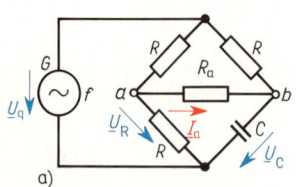 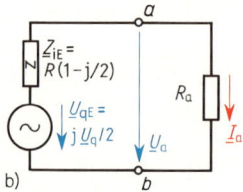

7.40
Belastete Brückenschaltung
a) Schaltung
b) Ersatz-Spannungsquelle mit Verbraucherwiderstand R_a

Beispiel 7.29. In der Brückenschaltung von Bild **7.40** mit der Quellenspannung $\underline{U}_q$, 3 Widerständen R und der Kapazität C mit dem Blindwiderstand $X_C = -1/(\omega C) = -R$ liegt im Diagonalzweig ein Verbraucherwiderstand R_a. Zur Berechnung des durch den Verbraucherwiderstand R_a fließenden Stromes $\underline{I}_a$ ist die Brückenschaltung als Ersatz-Spaannungsquelle anzugeben.

Der Innenwiderstand $\underline{Z}_{iE}$ der Ersatz-Spannungsquelle ergibt sich bei kurzgeschlossenem Generator G von den Klemmen a und b des Verbraucherwiderstands R_a aus gesehen aus der Reihenschaltung einer Parallelschaltung der beiden Widerstände R und einer Parallelschaltung von Widerstand R und Kondensator C. Es gilt für den komplexen inneren Ersatzwiderstand

$$\underline{Z}_{iE} = \frac{R}{2} + \frac{R\,jX_C}{R + jX_C} \quad \text{und mit} \quad X_C = -R \quad \text{ferner}$$

$$\underline{Z}_{iE} = \frac{R}{2} - \frac{jR^2}{R - jR} = R\left(\frac{1}{2} - \frac{j}{1-j}\right) = R\left(\frac{1}{2} - \frac{j(1+j)}{(1-j)(1+j)}\right) = R\left(1 - \frac{j}{2}\right).$$

Die bei dem Verbraucherwiderstand $R_a = \infty$ an den Anschlußklemmen a und b auftretende Ersatz-Quellenspannung $\underline{U}_{qE} = \underline{U}_R - \underline{U}_C$ ist durch die Differenz der in Bild **7.40**a eingetragenen Teilspannungen $\underline{U}_R$ und $\underline{U}_C$ gegeben. Die Spannungsteilung im linken Zweig ergibt $\underline{U}_R = \underline{U}_q/2$, die Spannungsteilung im rechten Brückenzweig führt zur Kondensatorspannung

$$\underline{U}_C = \underline{U}_q \frac{jX_C}{R + jX_C} = \underline{U}_q \frac{-jR}{R - jR} = -\underline{U}_q \frac{j}{1-j}.$$

Somit wird die Ersatz-Quellenspannung

$$\underline{U}_{qE} = \frac{\underline{U}_q}{2} + \underline{U}_q \frac{j}{1-j} = \underline{U}_q\left(\frac{1}{2} + \frac{j}{1-j}\right) = \underline{U}_q\left(\frac{1}{2} + \frac{j(1+j)}{(1-j)(1+j)}\right) = \underline{U}_q\left(\frac{1}{2} + \frac{j-1}{2}\right) = \frac{j\underline{U}_q}{2}.$$

Daher gilt mit dem im Diagonalzweig der Brücke liegenden Verbraucherwiderstand R_a nach Bild **7.40**b und dem Ohmschen Gesetz für den Verbraucherstrom

$$\underline{I}_a = \frac{\underline{U}_{qE}}{\underline{Z}_{iE} + Z_a} = \frac{j\underline{U}_q/2}{R(1 - j/2) + R_a}.$$

Beispiel 7.30. Für die Schaltung von Bild **7.41** ist die Induktivität L zu bestimmen, die bei nichtangeschlossenem Verbraucherwiderstand R_a zusammen mit der Kapazität $C_1 = 20$ pF vom Generator aus gesehen den kleinstmöglichen Widerstand bildet (Bild **7.41**a). Wie groß werden bei Anschluß eines Verbraucherwiderstands $R_a = 60\,\Omega$ an die Klemmen a und b der Verbraucherstrom $\underline{I}_a$ und die Verbraucherspannung $\underline{U}_a$?

Es wird hier zweckmäßig die Schaltung von Bild **7.41**a in die Ersatz-Stromquelle von Bild **7.41**b umgewandelt. Der geforderte kleinstmögliche Widerstand ergibt sich bei der Reihenschaltung von Induktivität L und Kapazität C_1, wenn die zugeordneten Blindwiderstände ωL und $-1/(\omega C_1)$ betragsmäßig gleich groß sind. Es gilt also $\omega L - 1/(\omega C_1) = 0$ und somit für die Induktivität

$$L = 1/(\omega^2 C_1) = 1/(4\pi^2 f^2 C_1) = 1/(4\pi^2 \cdot 100^2\,\text{MHz}^2 \cdot 20\,\text{pF}) = 0{,}1267\,\mu\text{H}.$$

7.41
Belasteter, aus verschiedenartigen Blindwiderständen aufgebauter Spannungsteiler
a) Schaltung mit Verbraucherwiderstand R_a
b) Ersatz-Stromquelle

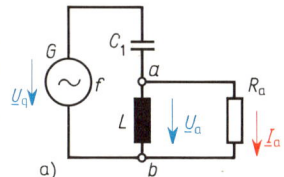
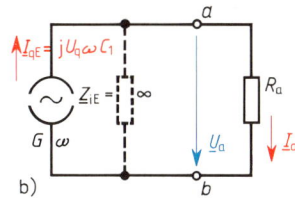

Der bei Überbrückung der Quelle G zwischen den (offenen) Anschlußklemmen a und b liegende innere Ersatzwiderstand $\underline{Z}_{iE}$ ist entsprechend der dann vorhandenen Parallelschaltung von Induktivität L und Kapazität C_2

$$\underline{Z}_{iE} = \frac{j\omega L[1/(j\omega C_2)]}{j[\omega L - 1/(\omega C_2)]},$$

erreicht also bei $\omega L = 1/(\omega C_2)$ (Resonanz s. Abschn. 8.2) den Wert $\underline{Z}_{iE} = \infty$.
Der bei Klemmenkurzschluß von der Quelle gelieferte Quellenstrom ist

$$\underline{I}_q = \frac{\underline{U}}{1/(j\omega C_1)} = j\underline{U} \cdot 2\pi f C_1 = j120 \text{ mV} \cdot 2\pi \cdot 100 \text{ MHz} \cdot 20 \text{ pF} = j1{,}508 \text{ mA}.$$

Die das Zusammenarbeiten der Ersatz-Stromquelle mit dem Verbraucherwiderstand R_a kennzeichnende Schaltung (Bild **7.41**b) zeigt, daß für $\underline{Z}_{iE} = \infty$ der Verbraucherstrom

$$\underline{I}_a = \underline{I}_q = j1{,}508 \text{ mA}$$

beträgt. Somit wird die Verbraucherspannung $\underline{U}_a = \underline{I}_a R_a = j1{,}508 \text{ mA} \cdot 60 \text{ }\Omega = j90{,}48 \text{ mV}$. Weitere Anwendungen finden sich in Abschn. 7.2.4.

7.2.4 Leistungsanpassung

In der Nachrichtentechnik besteht häufig die Aufgabe, von einem Sender, also einer Quelle, die größtmögliche Leistung auf den Empfänger, also einen Verbraucher, zu übertragen. In Abschn. 2.2.3 wird gezeigt, daß hierfür der Innenwiderstand der Quelle und der Widerstand des Verbrauchers einander angepaßt werden müssen. Wir wollen nun die dann bei Sinusstrom einzuhaltenden Bedingungen ableiten und Möglichkeiten zu ihrer Verwirklichung kennenlernen.

7.2.4.1 Zusammenwirken von Sinusstrom-Quellen und -Zweipolen. Wir betrachten mit Bild **7.42** sofort nebeneinander die beiden möglichen Schaltungen mit Einspeisung durch Spannungs- und Stromquellen (s. Abschn. 1.4.1), wobei wir in der Reihenschaltung wieder mit Widerständen und in der Parallelschaltung mit Leitwerten arbeiten. Beide Schaltungen sind dual, so daß die Gleichungen der Reihenschaltung in die der Parallelschaltung und umgekehrt durch Vertauschen von Widerständen und Leitwerten bzw. Spannungen und Strömen übergehen.

7.42
Einfacher Sinusstromkreis mit Spannungsquelle (a) bzw. Stromquelle (b)

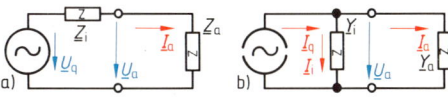

7.2 Netzumformung

Die Quellen (Index i) haben den komplexen inneren Widerstand bzw. inneren Leitwert

$$\underline{Z}_i = R_i + jX_i = 1/\underline{Y}_i, \qquad \underline{Y}_i = G_i + jB_i = 1/\underline{Z}_i, \qquad (7.101)$$

die Verbraucher (Index a) den komplexen Widerstand bzw. Leitwert

$$\underline{Z}_a = R_a + jX_a = 1/\underline{Y}_a, \qquad \underline{Y}_a = G_a + jB_a = 1/\underline{Z}_a. \qquad (7.102)$$

Daher fließt der komplexe Sinusstrom bzw. herrscht die komplexe Sinusspannung

$$\underline{I}_a = \frac{\underline{U}_q}{\underline{Z}_i + \underline{Z}_a}, \qquad \underline{U}_a = \frac{\underline{I}_q}{\underline{Y}_i + \underline{Y}_a}, \qquad (7.103)$$

und es wird verursacht nach der Spannungsteilerregel die Spannung

bzw. nach der Stromteilerregel der Strom

$$\underline{U}_a = \underline{U}_q \frac{\underline{Z}_a}{\underline{Z}_i + \underline{Z}_a} \qquad \underline{I}_a = \underline{I}_q \frac{\underline{Y}_a}{\underline{Y}_i + \underline{Y}_a}. \qquad (7.104)$$

Nach Gl. (6.95) werden daher mit $\underline{I}_a^* = \underline{U}_q^*/(\underline{Z}_i + \underline{Z}_a)^*$ bzw. $\underline{I}_a^* = \underline{I}_q^* \underline{Y}_a^*/(\underline{Y}_i + \underline{Y}_a)^*$ sowie $\mathrm{Re}\,\underline{Z}_a = R$ und $\mathrm{Re}\,\underline{Y}_a = G$, ferner $\mathrm{Re}(\underline{r}\underline{r}^*) = r^2$ im Verbraucher umgesetzt die Wirkleistungen

$$P_a = \mathrm{Re}(\underline{U}_a \underline{I}_a^*) \qquad P_a = \mathrm{Re}(\underline{U}_a \underline{I}_a^*)$$

$$= \mathrm{Re}\,\frac{\underline{U}_q \underline{Z}_a}{\underline{Z}_i + \underline{Z}_a} \cdot \frac{\underline{U}_q^*}{(\underline{Z}_i + \underline{Z}_a)^*} \qquad = \mathrm{Re}\,\frac{\underline{I}_q}{\underline{Y}_i + \underline{Y}_a} \cdot \frac{\underline{I}_q^* \underline{Y}_a^*}{(\underline{Y}_i + \underline{Y}_a)^*}$$

$$= \frac{U_q^2 R_a}{|\underline{Z}_i + \underline{Z}_a|^2}, \qquad = \frac{I_q^2 G_a}{|\underline{Y}_i + \underline{Y}_a|^2}. \qquad (7.105)$$

7.2.4.2 Anpassungsbedingungen. Für den Sinusstromkreis mit Spannungsquelle kann man Gl. (7.105) umformen in

$$P_a = \frac{U_q^2 R_a}{(R_i + R_a)^2 + (X_i + X_a)^2}. \qquad (7.106)$$

Wenn der komplexe Innenwiderstand $\underline{Z}_i = R_i + jX_i$ und die Quellenspannung U_q vorgegeben sind, hängt die Verbraucher-Wirkleistung P_a demnach von Wirkwiderstand R_a und Blindwiderstand X_a ab. Sie erreicht offensichtlich für die 1. Anpassungsbedingung

$$X_{a\,\mathrm{max}} = -X_i \quad \text{bzw.} \quad B_{a\,\mathrm{max}} = -B_i \qquad (7.107)$$

ein Optimum. Hiermit gilt für die Nutzleistung

$$P_a = U_q^2 R_a/(R_i + R_a)^2. \qquad (7.108)$$

Um den zu einer optimalen Nutzleistung gehörenden Verbraucher-Wirkwiderstand $R_{a\,max}$ bestimmen zu können, bilden wir den Differentialquotienten

$$\frac{dP_a}{dR_a} = U_q^2 \frac{(R_i + R_a)^2 - 2R_a(R_i + R_a)}{(R_i + R_a)^4}$$

und setzen ihn gleich Null. Mit $(R_i + R_a)^2 - 2R_a(R_i + R_a) = 0$ erhält man so die 2. **Anpassungsbedingung**

$$R_{a\,max} = R_i \quad \text{bzw.} \quad G_{a\,max} = G_i, \tag{7.109}$$

die nach Abschn. 2.2.3 auch für Gleichstrom gilt. Da konjugiert komplexe Größen durch * gekennzeichnet werden und Reihenschaltung und Parallelschaltung sich dual verhalten, können wir Gl. (7.107) und (7.109) zusammenfassen zu der **allgemeinen Anpassungsbedingung**

$$\underline{Z}_a = \underline{Z}_i^* \quad \text{bzw.} \quad \underline{Y}_a = \underline{Y}_i^*. \tag{7.110}$$

Außenwiderstand $\underline{Z}_a$ und Innenwiderstand $\underline{Z}_i$ bzw. Außenleitwert $\underline{Y}_a$ und Innenleitwert $\underline{Y}_i$ müssen daher, wenn Leistungsanpassung verlangt wird, **konjugiert komplex zueinander sein**.

Die **verfügbare** (d.h. maximal abgebbare) Leistung der Quellen ist daher

$$P_{a\,max} = \frac{U_q^2}{4R_i} \quad \text{bzw.} \quad P_{a\,max} = \frac{I_q^2}{4G_i}. \tag{7.111}$$

Beispiel 7.31. Die Schaltung in Bild **7.43** enthält Wirkwiderstand $R = 40\,\Omega$, Induktivität $L = 50\,\text{mH}$ und Kapazität $C = 10\,\mu\text{F}$. Der Generator liefert bei der Kreisfrequenz $\omega = 1000\,\text{s}^{-1}$ die Sinus-Quellenspannung $\underline{U}_q = 50\,\text{V}$. Man bestimme den komplexen Verbraucherwiderstand $\underline{Z}_a$ für maximale Leistungsaufnahme $P_{a\,max}$, diese Leistungsaufnahme $P_{a\,max}$ und die zugehörige komplexe Klemmenspannung $\underline{U}_a$.

Wir müssen zunächst die Schaltung in Bild **7.43** bezüglich der Klemmen a und b in eine Ersatzspannungsquelle (s. Abschn. 7.2.3) umwandeln. Mit dem induktiven Blindwiderstand $X_L = \omega L = 1000\,\text{s}^{-1} \cdot 50\,\text{mH} = 50\,\Omega$ und dem kapazitiven Blindwiderstand $X_C = -1/(\omega C) = -1/(1000\,\text{s}^{-1} \cdot 10\,\mu\text{F}) = -100\,\Omega$ hat die Ersatzspannungsquelle unter Anwendung der Spannungsteilerregel (s. Abschn. 7.3.1.1) die komplexe Quellenspannung

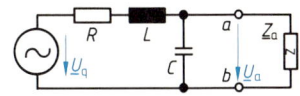

7.43 Sinusstromkreis

$$\underline{U}_{qE} = \underline{U}_q \frac{jX_C}{R + jX_L + jX_C} = \frac{50\,\text{V}(-j100\,\Omega)}{40\,\Omega + j50\,\Omega - j100\,\Omega} = 78{,}09\,\text{V}\,\underline{/-38{,}66°}$$

und wegen $\underline{r}/\underline{r}^* = \underline{/2\alpha}$ den komplexen Innenwiderstand

$$\underline{Z}_{iE} = \frac{jX_C(R + jX_L)}{R + jX_L + jX_C} = \frac{-j100\,\Omega(40\,\Omega + j50\,\Omega)}{40\,\Omega + j50\,\Omega - j100\,\Omega}$$

$$= -j100\,\Omega\,\underline{/2\,\text{Arctan}(50\,\Omega/40\,\Omega)} = 97{,}56\,\Omega + j21{,}95\,\Omega = R_{iE} + jX_{iE}.$$

Die maximale Leistungsaufnahme tritt daher nach Gl. (7.110) für $\underline{Z}_a = \underline{Z}_{iE}^* = R_{iE} - jX_{iE} = (97{,}56 - j21{,}95)\,\Omega = 100\,\Omega\,\underline{/-12{,}68°}$ auf. Sie beträgt nach Gl. (7.111)

$$P_{a\max} = U_{qE}^2/(4R_{iE}) = 78{,}09^2\,V^2/(4\cdot 97{,}56\,\Omega) = 15{,}63\,W\,,$$

bei der Klemmenspannung nach Gl. (7.104)

$$\underline{U}_a = \frac{\underline{U}_{qE}\underline{Z}_a}{\underline{Z}_{iE}+\underline{Z}_a} = \frac{\underline{U}_{qE}\underline{Z}_a}{2R_{iE}} = \frac{78{,}09\,V\,\underline{/-38{,}66°}\cdot 100\,\Omega\,\underline{/-12{,}68°}}{2\cdot 97{,}56\,\Omega} = 40{,}02\,V\,\underline{/-51{,}34°}\,.$$

Beispiel 7.32. Die Schaltung in Bild **7.44** wird durch zwei Sinusstromquellen mit den komplexen Quellenströmen $\underline{I}_{q1} = 3\,A$ und $\underline{I}_{q2} = j4\,A$ und den komplexen inneren Leitwerten $\underline{Y}_{i1} = 5\,mS\,\underline{/30°}$ und $\underline{Y}_{i2} = 10\,mS\,\underline{/-60°}$ gespeist. Man bestimme die verfügbaren Leistungen der beiden Stromquellen, den komplexen Verbraucherleitwert für Anpassung, die hierbei umgesetzte Verbraucherwirkleistung, die auftretenden Klemmenströme und den Anteil der Quellen an der Wirkleistungserzeugung.

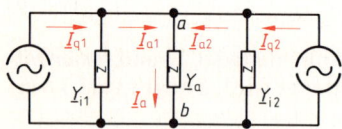

7.44
Zweifache Sinusstromeinspeisung

Nach Gl. (7.111) ergeben sich mit $\underline{Y}_{i1} = G_{i1} + jB_{i1} = 4{,}33\,mS + j2{,}5\,mS$ und $\underline{Y}_{i2} = G_{i2} + jB_{i2} = 5{,}0\,mS - j8{,}66\,mS$ die verfügbaren Leistungen der Quellen

$$P_{1\max} = I_{q1}^2/(4G_{i1}) = 3^2\,A^2/(4\cdot 4{,}33\,mS) = 519{,}6\,W\,,$$
$$P_{2\max} = I_{q2}^2/(4G_{i2}) = 4^2\,A^2/(4\cdot 5{,}0\,mS) = 800\,W\,.$$

Jetzt müssen wir die Schaltung in Bild **7.44** zunächst bezüglich der Klemmen a und b in eine Ersatzstromquelle umwandeln. Nach Abschn. 7.2.3 erhalten wir den Quellenstrom $\underline{I}_{qE} = \underline{I}_{q1} + \underline{I}_{q2} = 3\,A + j4\,A = 5\,A\,\underline{/53{,}13°}$ und den komplexen inneren Leitwert $\underline{Y}_{iE} = \underline{Y}_{i1} + \underline{Y}_{i2} = 5\,mS\,\underline{/30°} + 10\,mS\,\underline{/-60°} = 9{,}33\,mS - j6{,}16\,mS = G_{iE} + jB_{iE}$, so daß der Verbraucher für Anpassung den komplexen Leitwert $\underline{Y}_a = G_a + jB_a = G_{iE} - jB_{iE} = 9{,}33\,mS + j6{,}16\,mS$ aufweisen muß. Nach Gl. (7.111) wird hierbei an den Verbraucher die Wirkleistung

$$P_{a\max} = I_{qE}^2/(4G_{iE}) = 5^2\,A^2/(4\cdot 9{,}33\,mS) = 669{,}9\,W$$

abgegeben. Dies ist weniger, als sich aus der Summe der verfügbaren Leistungen ergeben würde. Am Verbraucher tritt bei Anpassung nach Gl. (7.104) die Klemmenspannung

$$\underline{U}_a = \underline{I}_{qE}/(2G_{iE}) = 5\,A\,\underline{/53{,}13°}/(2\cdot 9{,}33\,mS) = 268\,V\,\underline{/53{,}13°}$$

auf. Daher liefert die Quelle *1* den Verbraucherstrom $\underline{I}_{a1} = \underline{I}_{q1} - \underline{Y}_{i1}\underline{U}_a$, was wir wieder mit folgendem Schema berechnen

$$\underline{I}_{q1} \qquad\qquad = 3{,}0\,A$$
$$-\underline{Y}_{i1}\underline{U}_a = -5\,mS\,\underline{/30°}\cdot 268\,V\,\underline{/53{,}13°} = (-0{,}1603 - j1{,}33)\,A$$
$$\underline{I}_{a1} \quad = 3{,}136\,A\,\underline{/-25{,}1°} \qquad = (\ 2{,}84\ -j1{,}33)\,A\,.$$

Analog findet man den Strom $\underline{I}_{a2} = \underline{I}_{q2} - \underline{Y}_{i2}\underline{U}_a = -2{,}661\text{ A} + j4{,}321\text{ A} = 5{,}074\text{ A}\,\underline{/121{,}6°}$. Daher liefern nach Gl. (7.105) die Stromquellen die Wirkleistungen

$$P_{a1} = \text{Re}(\underline{U}_a \underline{I}_{a1}^*) = \text{Re}(268\text{ V}\,\underline{/53{,}13°} \cdot 3{,}136\text{ A}\,\underline{/25{,}1°})$$
$$= 268\text{ V} \cdot 3{,}136\text{ A}\,\cos(53{,}13° + 25{,}1°) = 171{,}4\text{ W},$$

$$P_{a2} = \text{Re}(\underline{U}_a \underline{I}_{a2}^*) = \text{Re}(268\text{ V}\,\underline{/53{,}13°} \cdot 5{,}074\text{ A}\,\underline{/-121{,}6°})$$
$$= 268\text{ V} \cdot 5{,}074\text{ A}\,\cos(53{,}13° - 121{,}6°) = 499\text{ W}.$$

Die Quelle *1* wird daher besonders schlecht ausgenutzt.

7.3 Sinusstrom-Netzwerke

In Abschn. 7.2 sind zusammenhängend die verschiedenen Möglichkeiten zur Umformung von ganzen oder Teilen von Netzwerken für Sinusstrom dargestellt. Im folgenden Abschnitt sollen die restlichen, in Abschn. 1.5 und 1.6 für Gleichstrom abgeleiteten Behandlungsmethoden auf Sinusstrom übertragen und angewendet werden. Es werden hier nur **lineare** Schaltungsglieder und **rückwirkungsfreie** Quellen vorausgesetzt.

7.3.1 Gemischte Schaltungen

Während in Abschn. 7.1 und 7.2 hauptsächlich einfachere Reihen- und Parallelschaltungen behandelt werden, wollen wir nun die komplexe Spannungs- und Stromteilerregel sowie umfangreichere Schaltungen und Netzwerke betrachten. Wir werden ferner feststellen, daß sich für einige Aufgaben die anschauliche Lösung mit dem Zeigerdiagramm anbietet, während andere Aufgaben der Sinusstromtechnik leichter durch Anwendung der komplexen Rechnung zu lösen sind.

7.3.1.1 Komplexe Spannungs- und Stromteilerregel. Netzwerke bestehen vielfach aus Spannungs- und Stromteilern. Zu ihrer Berechnung braucht man nur die für Gleichstrom in Abschn. 1.5.1.3 und 1.5.2.3 abgeleiteten und zusammengestellten Verhältnisgleichungen auf Sinusstrom zu übertragen. Die Ergebnisse enthält Tafel 7.45. Sie zeigen wieder das **duale** Verhalten von Reihenschaltung und Parallel-

Tafel 7.45 Komplexe Spannungs- und Stromteilergleichungen

Spannungsteiler	Stromteiler
$\dfrac{U_1}{U_2} = \dfrac{Z_1}{Z_2} = \dfrac{Y_2}{Y_1}$	$\dfrac{I_1}{I_2} = \dfrac{Y_1}{Y_2} = \dfrac{Z_2}{Z_1}$
$\dfrac{U_1}{U} = \dfrac{Z_1}{Z_1 + Z_2} = \dfrac{Y_2}{Y_1 + Y_2} = \dfrac{1}{1 + (Z_2/Z_1)}$	$\dfrac{I_1}{I} = \dfrac{Y_1}{Y_1 + Y_2} = \dfrac{Z_2}{Z_1 + Z_2} = \dfrac{1}{1 + (Z_1/Z_2)}$

7.3 Sinusstrom-Netzwerke

schaltung. Da das komplexe Rechnen mit den Gleichungen von Tafel 7.45 einigen Aufwand erfordert, liegt es nahe, es durch Taschenrechnerprogramme zu vereinfachen [88], [89].

Beispiel 7.33. Für die Schaltung in Bild 7.46a bestimme man die allgemeine Gleichung für den Strom $\underline{I}_3$.

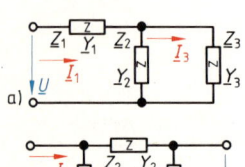

7.46 Duale Netzwerke

Nach Tafel 7.45 gilt für das Stromverhältnis

$$\frac{\underline{I}_3}{\underline{I}_1} = \frac{\underline{Y}_3}{\underline{Y}_2 + \underline{Y}_3} = \frac{\underline{Z}_2}{\underline{Z}_2 + \underline{Z}_3} = \frac{1}{1+(\underline{Z}_3/\underline{Z}_2)},$$

wobei durch den komplexen Gesamtwiderstand

$$\underline{Z} = \underline{Z}_1 + \frac{\underline{Z}_2 \underline{Z}_3}{\underline{Z}_2 + \underline{Z}_3} = \frac{\underline{Z}_1 \underline{Z}_2 + \underline{Z}_1 \underline{Z}_3 + \underline{Z}_2 \underline{Z}_3}{\underline{Z}_2 + \underline{Z}_3}$$

der Strom $\underline{I}_1 = \underline{U}/\underline{Z}$ fließt. Daher erhält man nach Erweiterung mit $\underline{Y}_1 \underline{Y}_2 \underline{Y}_3$ bei $\underline{Y}_1 = 1/\underline{Z}_1$, $\underline{Y}_2 = 1/\underline{Z}_2$, $\underline{Y}_3 = 1/\underline{Z}_3$ den gesuchten komplexen Strom

$$\underline{I}_3 = \underline{I}_1 \frac{\underline{Z}_2}{\underline{Z}_2 + \underline{Z}_3} = \frac{\underline{U} \underline{Z}_2}{\underline{Z}_1 \underline{Z}_2 + \underline{Z}_2 \underline{Z}_3 + \underline{Z}_3 \underline{Z}_1} = \frac{\underline{U} \underline{Y}_1 \underline{Y}_3}{\underline{Y}_1 + \underline{Y}_2 + \underline{Y}_3}. \tag{7.112}$$

Beispiel 7.34. Man bestimme für die Schaltung in Bild 7.46b die allgemeine Gleichung für die Spannung $\underline{U}_3$.

Da der Reihenzweig $\underline{Z}_1$ in Bild 7.46a zum Parallelzweig in Bild 7.46b und die Parallelschaltung der Widerstände $\underline{Z}_2$ und $\underline{Z}_3$ in Bild 7.46a zur Reihenschaltung in Bild 7.46b umgewandelt worden sind, sind beide Schaltungen dual. Wir brauchen daher in der Bestimmungsgleichung (7.112) nur Leitwerte und Widerstände bzw. Spannungen und Ströme gegeneinander zu vertauschen und erhalten so sofort die gesuchte komplexe Spannung

$$\underline{U}_3 = \frac{\underline{I} \underline{Y}_2}{\underline{Y}_1 \underline{Y}_2 + \underline{Y}_2 \underline{Y}_3 + \underline{Y}_3 \underline{Y}_1} = \frac{\underline{I} \underline{Z}_1 \underline{Z}_3}{\underline{Z}_1 + \underline{Z}_2 + \underline{Z}_3}. \tag{7.113}$$

Beispiel 7.35. Die Schaltung in Bild 7.47 besteht aus Wirkwiderstand $R = 5\,\Omega$ und den Blindwiderständen $X_L = 10\,\Omega$ und $X_C = -20\,\Omega$ und führt den Strom $\underline{I} = 3\,\text{A}$. Die Teilströme $\underline{I}_1$ und $\underline{I}_3$ sollen bestimmt werden.

Wir wollen die Stromteilerregel von Tafel 7.45 anwenden und bilden daher zunächst $\underline{Z}_1 = R + jX_L = 5\,\Omega + j10\,\Omega = 11{,}18\,\Omega\,\underline{/63{,}43°}$ und $\underline{Z}_1 + \underline{Z}_3 = R + jX_L + jX_C = 5\,\Omega + j(10\,\Omega - 20\,\Omega) = 5\,\Omega - j10\,\Omega = 11{,}18\,\Omega\,\underline{/-63{,}43°}$. Hiermit finden wir die Ströme

7.47 Stromteiler

$$\underline{I}_1 = \frac{\underline{I} j X_C}{\underline{Z}_1 + \underline{Z}_3} = \frac{3\,\text{A} \cdot 20\,\Omega\,\underline{/-90°}}{11{,}18\,\Omega\,\underline{/-63{,}43°}} = 5{,}37\,\text{A}\,\underline{/-26{,}57°},$$

$$\underline{I}_3 = \frac{\underline{I} \underline{Z}_1}{\underline{Z}_1 + \underline{Z}_3} = \frac{3\,\text{A} \cdot 11{,}18\,\Omega\,\underline{/63{,}43°}}{11{,}18\,\Omega\,\underline{/-63{,}43°}} = 3\,\text{A}\,\underline{/126{,}83°}.$$

Beispiel 7.36. Die Schaltung in Bild 7.48 enthält die Induktivität $L = 1\,\text{mH}$, die Kapazität $C = 1\,\text{nF}$ und den Wirkwiderstand $R_1 = 1\,\text{k}\Omega$. Wie groß muß der Widerstand R_2 sein, wenn die Sinusspannungen $\underline{U}_1$ und $\underline{U}_2$ gegeneinander um $|\varphi_{12}| = 90°$ phasenverschoben sein sollen?

7.3.1 Gemischte Schaltungen

Die komplexe Spannungsteilerregel von Tafel 7.45, angewandt auf die Parallelschaltung, liefert das komplexe Spannungsverhältnis

$$\frac{\underline{U}_1}{\underline{U}_2} = \frac{\dfrac{R_1 j\omega L}{R_1 + j\omega L}}{\dfrac{R_2/j\omega C}{R_2 + (1/j\omega C)}} = \frac{jR_1\omega L}{R_1 + j\omega L} \cdot \frac{R_2 - j/(\omega C)}{-jR_2/(\omega C)} = \frac{(R_1 L/C) + jR_1 R_2 \omega L}{(R_2 L/C) - j(R_1 R_2/\omega C)}$$

$$= \frac{[(R_1 L/C) + jR_1 R_2 \omega L][(R_2 L/C) + j(R_1 R_2/\omega C)]}{(R_2 L/C)^2 + (R_1 R_2/\omega C)^2}.$$

Wegen der Bedingung $|\varphi_{12}| = 90°$ muß der Realteil mit

$$R_1 R_2 (L/C)^2 - (R_1 R_2)^2 L/C = 0$$

verschwinden; es muß also $L/C = R_1 R_2$ sein und der Widerstand

$$R_2 = \frac{L}{C R_2} = \frac{1\,\text{mH}}{1\,\text{nF} \cdot 1\,\text{k}\Omega} = 1\,\text{k}\Omega$$

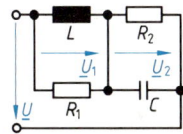

7.48 Schaltung zu Beispiel 7.36

betragen.

Beispiel 7.37. Eine Meßwerkspule, die den Wirkwiderstand $R_2 = 10\,\text{k}\Omega$ und den induktiven Blindwiderstand $X_{L2} = 3\,\text{k}\Omega$ aufweist, soll an der Sinusspannung $\underline{U} = 220\,\text{V}$ den Strom $\underline{I}_2 = 20\,\text{mA}$ führen. Strom $\underline{I}_2$ und Spannung $\underline{U}$ sollen also in Phase liegen. Hierfür wendet man die Schaltung in Bild 7.49 an. Die Widerstände R_1 und X_{L3} sind zu bestimmen.

Wir müssen zunächst den Zusammenhang zwischen Spannung $\underline{U}$ und Strom $\underline{I}_2$ herstellen. Die komplexe Stromteilerregel von Tafel 7.45 liefert das komplexe Stromverhältnis

$$\frac{\underline{I}_2}{\underline{I}} = \frac{\dfrac{jX_{L3}(R_2 + jX_{L2})}{R_2 + j(X_{L2} + X_{L3})}}{R_2 + jX_{L2}} = \frac{jX_{L3}}{R_2 + j(X_{L2} + X_{L3})}.$$

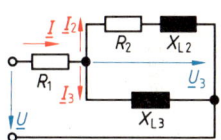

7.49 Schaltung zu Beispiel 7.37

Gleichzeitig gilt für die komplexe Spannung

$$\underline{U} = \underline{I}\left[R_1 + \frac{jX_{L3}(R_2 + jX_{L2})}{R_2 + j(X_{L2} + X_{L3})}\right] = \underline{I}_2\left[R_1 + \frac{jX_{L3}(R_2 + jX_{L2})}{R_2 + j(X_{L2} + X_{L3})}\right]\frac{R_2 + j(X_{L2} + X_{L3})}{jX_{L3}}$$

$$= \underline{I}_2\left[\frac{R_1}{jX_{L3}}\{R_2 + j(X_{L2} + X_{L3})\} + R_2 + jX_{L2}\right] = \underline{I}_2\left[R_2 + R_1 + \frac{R_1 X_{L2}}{X_{L3}} + j\left(X_{L2} - \frac{R_1 R_2}{X_{L3}}\right)\right].$$

Wegen der Bedingung $\varphi_2 = 0$ muß der Imaginärteil $X_{L2} - (R_1 R_2/X_{L3})$ verschwinden. Der Realteil liefert $U = I_2[R_1 + R_2 + (R_1 X_{L2}/X_{L3})]$. Für die beiden Unbekannten R_1 und X_{L3} liegen somit zwei Gleichungen vor. Aus der 1. Gleichung erhält man $X_{L3} = R_1 R_2/X_{L2}$. Setzt man dies in die 2. Gleichung ein, findet man schließlich den gesuchten Wirkwiderstand

$$R_1 = \frac{U}{I_2} - R_2 - \frac{X_{L2}^2}{R_2} = \frac{220\,\text{V}}{20\,\text{mA}} - 10\,\text{k}\Omega - \frac{(3\,\text{k}\Omega)^2}{10\,\text{k}\Omega} = 100\,\Omega$$

und den induktiven Blindwiderstand

$$X_{L3} = \frac{R_1 R_2}{X_{L2}} = \frac{100\,\Omega \cdot 10\,\text{k}\Omega}{3\,\text{k}\Omega} = 333{,}3\,\Omega.$$

7.3.1.2 Anwendung des Zeigerdiagramms. Zeigerdiagramme stellen die Verhältnisse in einer Sinusstromschaltung durchsichtig und zusammenhängend dar. Man sollte bei der Lösung einer Sinusstromaufgabe daher möglichst immer das zugehörige Zeigerdiagramm aufstellen. Häufig wird auch anhand von Überlegungen an einem nur qualitativ skizzierten Zeigerdiagramm ein schneller oder einfacher Lösungsweg erkennbar. Dem Anfänger sei zusätzlich empfohlen, längere komplexe Rechnungen mit Zeigerdiagrammen zu überprüfen, da sonst leicht Fehler übersehen werden. Groß und sorgfältig gezeichnete Zeigerdiagramme liefern meist ausreichend genaue Ergebnisse. Für ergänzende Berechnungen mit dem Taschenrechner zu Zeigerdiagrammen s. [88], [89].

Anschaulicher Lösungsweg. Mit den folgenden Beispielen wollen wir zeigen, daß man mit Zeigerdiagrammen die Phasenlagen und Beträge von Strömen und Spannungen besonders anschaulich bestimmen kann. Verwiesen sei hierfür auch auf die Beispiele 7.1, 7.7, 7.9, 7.11, 7.13.

Beispiel 7.38. An der Frequenz $f = 16\tfrac{2}{3}$ Hz von Bahnstromversorgungen neigen die Glühlampen zu einem mit dem Auge noch wahrnehmbaren Flackern. Um diese unangenehme Erscheinung zu vermindern, können jeweils 2 Glühlampen in Parallelschaltung mit phasenverschobenen Strömen betrieben werden.

Eine hierfür geeignete Schaltung besteht aus 2 parallelen Zweigen, deren Teilspannungen gegeneinander um 90° und gegen die Netzspannung $\underline{U}$ um je 45° nach Bild 7.50a phasenverschoben sein sollen, so daß also in einem Zweig ein induktiver, im anderen ein kapazitiver Widerstand liegen muß. Die Netzspannung soll $U = 220$ V betragen. Die Glühlampen wirken praktisch als Wirkwiderstände und sind für $U_G = 120$ V bei $I_G = 0{,}3333$ A (also für die Leistung $P = 40$ W) ausgelegt. Zu ermitteln sind die erforderlichen Vorwiderstände R_{VW}, die notwendige Induktivität L bzw. Kapazität C, um die genannten Phasenbedingungen zu erfüllen, und der Gesamtstrom I.

Im Zeigerdiagramm von Bild 7.50b sind die 4 Teilspannungen

$$U_{w1} = U_{w2} = U_C = U_L = U\cos 45° = 220\text{ V} \cdot \sqrt{2}/2 = 155{,}6\text{ V}$$

dem Betrag nach gleich. Die beiden Vorwiderstände R_{VW} müssen die Spannung

$$U_{VW} = U\cos 45° - U_G = 155{,}6\text{ V} - 120\text{ V} = 35{,}6\text{ V}$$

aufnehmen, also den Widerstand $R_{VW} = U_{VW}/I_G = 35{,}6\text{ V}/(0{,}3333\text{ A}) = 106{,}7\ \Omega$ aufweisen.

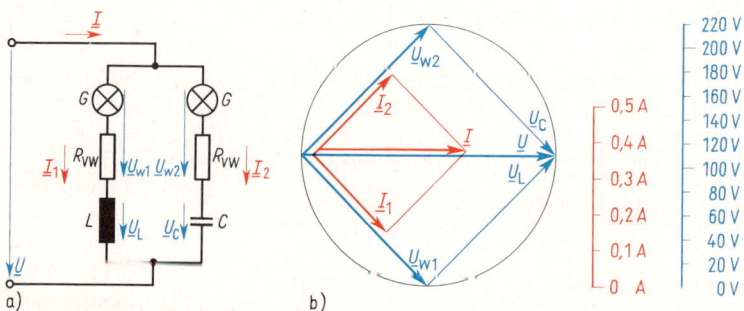

7.50 Lampenschaltung (a) für $16\tfrac{2}{3}$ Hz mit Zeigerdiagramm (b)
   G Glühlampe

7.3.1 Gemischte Schaltungen

Mit der Kreisfrequenz $\omega = 2\pi f = 2\pi \cdot 16\frac{2}{3}$ Hz $= 104{,}7$ s^{-1} erhält man nach Gl. (6.36) die Induktivität

$$L = \frac{U_L}{I_1 \omega} = \frac{155{,}6 \text{ V}}{0{,}3333 \text{ A} \cdot 104{,}7 \text{ s}^{-1}} = 4{,}556 \text{ H}$$

und nach Gl. (6.43) die **Kapazität**

$$C = \frac{I_2}{U_C \omega} = \frac{0{,}3333 \text{ A}}{155{,}6 \text{ V} \cdot 104{,}7 \text{ s}^{-1}} = 20{,}46 \text{ µF}.$$

Der dem Netz entnommene Strom ist schließlich nach dem Zeigerdiagramm in Bild 7.50b

$$I = \sqrt{2}\, I_G = \sqrt{2} \cdot 0{,}3333 \text{ A} = 0{,}4714 \text{ A}.$$

Beispiel 7.39. Ein komplexer Widerstand $\underline{Z}_1 = 200\,\Omega\,\underline{/-70°}$ liegt entsprechend der Schaltung in Bild 7.51a parallel zu einem komplexen Widerstand $\underline{Z}_2$, und alle Sinusströme betragen $I_1 = I_2 = I = |\underline{I}_1 + \underline{I}_2| = 0{,}6$ A. Der Widerstand $\underline{Z}_2$ ist zu bestimmen.
Es fließt bezogen auf eine reelle Spannung $\underline{U}$ der Strom $\underline{I}_1 = 0{,}6$ A$\,\underline{/70°}$, und die Zeiger der drei Ströme müssen wie in Bild 7.51b ein gleichseitiges Dreieck bilden. Daher fließt der Strom $\underline{I}_2 = 0{,}6$ A$\,\underline{/-50°}$, zu dem der komplexe Widerstand $\underline{Z}_2 = 200\,\Omega\,\underline{/50°}$ gehört.

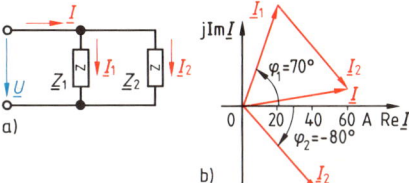

7.51
Parallelschaltung (a) mit Zeigerdiagramm (b) für Beispiel 7.39

Beispiel 7.40. Drosseln werden gern mit der Schaltung in Bild 7.52a nach der einfach zu handhabenden **Drei-Strommesser-Methode** untersucht. Die eingeschalteten Strommesser weisen so geringe Innenwiderstände auf, daß die durch sie verursachten Spannungsabfälle vernachlässigt werden dürfen. Parallel zur zu untersuchenden Drossel, die als Parallelschaltung des Wirkwiderstands R_{Dr} mit der Induktivität L aufgefaßt wird, ist der Wirkwiderstand $R_1 = 20\,\Omega$ geschaltet. Es werden die Sinusströme $I = 10$ A, $I_1 = 5$ A und $I_{Dr} = 7$ A bei der Frequenz $f = 50$ Hz ($\omega = 314{,}2$ s^{-1}) gemessen. Wirkleitwert G_{Dr} und Induktivität L der Drossel sind zu bestimmen.

Das Zeigerdiagramm in Bild 7.52b geht von dem Spannungszeiger $\underline{U}$ aus. Der Strom $\underline{I}_1$ liegt mit ihr in Phase. Die Phasenlage der übrigen Ströme findet man, wenn man um den Fußpunkt des Stromzeigers $\underline{I}_1$ einen Kreis mit dem Radius $I = 10$ A und um seine Spitze einen Kreis mit dem Radius $I_{Dr} = 7$ A schlägt und so den Schnittpunkt A bestimmt. (Hierbei müssen die Ströme $\underline{I}$ und $\underline{I}_{Dr}$ gegenüber der Spannung $\underline{U}$ nacheilen.) Anschließend kann man den Strom $\underline{I}_{Dr}$ in Wirkkomponente I_{Drw} und Blindkomponente I_{Drb} zerlegen. Außerdem gilt nach Bild 7.52b mit dem Kosinussatz

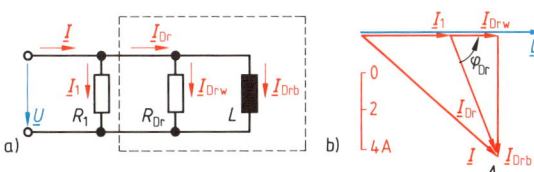

7.52
Drossel in Drei-Strommesser-Schaltung (a) mit Zeigerdiagramm (b)

$$\cos(180° + \varphi_{Dr}) = \frac{I_{Dr}^2 + I_1^2 - I^2}{2 I_{Dr} I_1} = \frac{7^2 \text{ A}^2 + 5^2 \text{ A}^2 - 10^2 \text{ A}^2}{2 \cdot 7 \text{ A} \cdot 5 \text{ A}} = -0{,}3714,$$

und man erhält den Phasenwinkel $\varphi_{Dr} = 68{,}2°$ mit $\cos \varphi_{Dr} = 0{,}3714$ und $\sin \varphi_{Dr} = -0{,}9285$. Hiermit finden wir nach Tafel 7.21 die Wirkkomponente $I_{Drw} = I_{Dr} \cos \varphi_{Dr} = 7 \text{ A} \cdot 0{,}3714 = 2{,}6 \text{ A}$ und die Blindkomponente $I_{Drb} = -I_{Dr} \sin \varphi_{Dr} = -7 \text{ A} \cdot 0{,}9285 = -6{,}5 \text{ A}$, also auch mit der Spannung $U = R_1 I_1 = 20 \text{ }\Omega \cdot 10 \text{ A} = 200 \text{ V}$ den Wirkleitwert

$$G_{Dr} = I_{Drw}/U = 2{,}6 \text{ A}/(200 \text{ V}) = 13 \text{ mS}$$

und die Induktivität

$$L = \frac{-1}{\omega B_L} = \frac{-I_{Drb}}{\omega U} = \frac{-(-6{,}5 \text{ A})}{314{,}2 \text{ s}^{-1} \cdot 220 \text{ V}} = 94{,}04 \text{ mH}.$$

Beispiel 7.41. Die Schaltung in Bild 7.53a enthält die Wirkwiderstände $R_1 = 10 \text{ }\Omega$ und $R_2 = 40 \text{ }\Omega$ sowie die Kapazität $C = 110 \text{ µF}$ und die Induktivität $L = 254 \text{ mH}$. Sie liegt an der Sinusspannung $U = 220 \text{ V}$ bei der Frequenz $f = 50 \text{ Hz}$. Alle Ströme und Spannungen sind zu bestimmen.

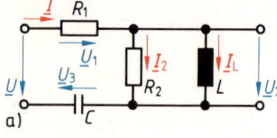
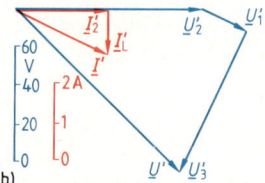

7.53
Schaltung (a) und Zeigerdiagramm (b) für Beispiel 7.41

Wir nehmen in diesem Fall zunächst die Spannung $U_2' = 100 \text{ V}$ an. Für die Kreisfrequenz $\omega = 2\pi f = 2\pi \cdot 50 \text{ Hz} = 314{,}2 \text{ s}^{-1}$ erhält man nach Gl. (6.37) und (6.45) die Blindwiderstände $X_L = \omega L = 314{,}2 \text{ s}^{-1} \cdot 254 \text{ mH} = 79{,}8 \text{ }\Omega$ und $X_C = -1/(\omega C) = -1/(314{,}2 \text{ s}^{-1} \cdot 110 \text{ µF}) = -28{,}93 \text{ }\Omega$. Mit $U_2' = 100 \text{ V}$ finden wir entsprechend Gl. (6.30) und (6.37) die Ströme

$$I_2' = U_2'/R_2 = 100 \text{ V}/(40 \text{ }\Omega) = 2{,}5 \text{ A}, \quad I_L' = U_2'/X_L = 100 \text{ V}/(79{,}8 \text{ }\Omega) = 1{,}253 \text{ A},$$
$$I' = \sqrt{I_2'^2 + I_L'^2} = \sqrt{2{,}5^2 \text{ A}^2 + 1{,}253^2 \text{ A}^2} = 2{,}797 \text{ A}$$

und mit Tafel 6.23 auch die Spannungen

$$U_1' = R_1 I' = 10 \text{ }\Omega \cdot 2{,}797 \text{ A} = 27{,}97 \text{ V}, \quad U_3' = -X_C I' = 28{,}93 \text{ }\Omega \cdot 2{,}797 \text{ A} = 80{,}9 \text{ V}.$$

Nun können wir z.B. mit den Maßstäben für die Spannung $m_U = 10 \text{ V/cm}$ und den Strom $m_I = 0{,}5 \text{ A/cm}$ das Zeigerdiagramm zeichnen. (Im Druck wird hier $m_U = 40 \text{ V/cm}$ und $m_I = 2 \text{ A/cm}$; zur Erzielung ausreichender Ergebnisse müssen jedoch größere Maßstäbe benutzt werden.) Wir beginnen mit dem Spannungszeiger $\underline{U}_2'$ und legen den Stromzeiger $\underline{I}_2'$ gleichphasig, den Stromzeiger $\underline{I}_L'$ jedoch um 90° nacheilend in die Bildebene. Nach Gl. (7.26) erhält man als Summe den Stromzeiger $\underline{I}' = \underline{I}_2' + \underline{I}_L'$. Anschließend müssen wir in Phase mit dem Strom $\underline{I}'$ den Spannungszeiger $\underline{U}_1'$ an $\underline{U}_2'$ und mit 90°-Nacheilung zu $\underline{I}'$ den Spannungszeiger $\underline{U}_3'$ an $\underline{U}_1'$ antragen. Somit finden wir mit Gl. (7.2) die Spannungssumme $\underline{U}' = \underline{U}_1 + \underline{U}_2 + \underline{U}_3$ und entnehmen dem Zeigerdiagramm in Bild 7.53b den Betrag $U' = 124 \text{ V}$.

Da aber tatsächlich die Spannung $U = 220 \text{ V}$ an der Schaltung liegt, müssen wir noch alle Spannungen und Ströme im Verhältnis $U/U' = 220 \text{ V}/(124 \text{ V})$ umrechnen und erhalten so schließlich $U_1 = 50 \text{ V}$, $U_2 = 179 \text{ V}$, $U_3 = 145 \text{ V}$ und $I = 5{,}01 \text{ A}$, $I_2 = 4{,}48 \text{ A}$, $I_L = 2{,}25 \text{ A}$.

7.3.1 Gemischte Schaltungen

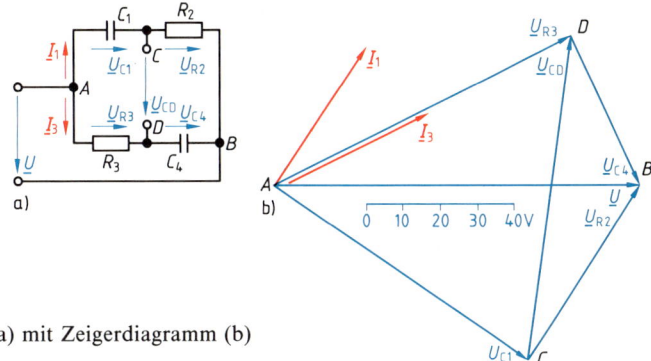

7.54 Brückenschaltung (a) mit Zeigerdiagramm (b) für Beispiel 7.42

Beispiel 7.42. Die Brückenschaltung von Bild 7.54a liegt an der Sinusspannung $U = 100$ V und enthält die Wirkwiderstände $R_2 = 6$ kΩ, $R_3 = 10$ kΩ und die kapazitiven Blindwiderstände $X_{C1} = -9$ kΩ, $X_{C4} = -5$ kΩ. Die Spannung U_{CD} ist zu bestimmen.
Durch den Scheinwiderstand

$$Z_1 = \sqrt{R_2^2 + X_{C1}^2} = \sqrt{6^2 + 9^2}\ \text{kΩ} = 10{,}82\ \text{kΩ}$$

fließt nach Gl. (6.47) der Strom

$$I_1 = U/Z_1 = 100\ \text{V}/(10{,}82\ \text{kΩ}) = 9{,}245\ \text{mA},$$

und wir erhalten nach Tafel 6.23 die Teilspannungen

$$U_{C1} = -X_{C1} I_1 = 9\ \text{kΩ} \cdot 9{,}245\ \text{mA} = 83{,}21\ \text{V}, \quad U_{R2} = R_2 I_1 = 6\ \text{kΩ} \cdot 9{,}245\ \text{mA} = 55{,}47\ \text{V}.$$

In gleicher Weise finden wir

$$Z_3 = \sqrt{R_3^2 + X_{C4}^2} = \sqrt{10^2 + 5^2}\ \text{kΩ} = 11{,}18\ \text{kΩ}, \quad I_3 = U/Z_3 = 100\ \text{V}/(11{,}2\ \text{kΩ}) = 8{,}94\ \text{mA},$$

$$U_{R3} = R_3 I_3 = 10\ \text{kΩ} \cdot 8{,}94\ \text{mA} = 89{,}4\ \text{V}, \quad U_{C4} = -X_{C4} I_3 = 5\ \text{kΩ} \cdot 8{,}94\ \text{mA} = 44{,}72\ \text{V}.$$

Die Ströme $\underline{I}_1$ und $\underline{I}_3$ eilen gegenüber der komplexen Spannung $\underline{U}$ vor und liegen mit den Teilspannungen $\underline{U}_{R2}$ bzw. $\underline{U}_{R3}$ in Phase, während die komplexen Teilspannungen $\underline{U}_{C1}$ und $\underline{U}_{C4}$ entsprechend um $\pi/2 = 90°$ gegenüber diesen Strömen nacheilen. Außerdem schreibt der Kirchhoffsche Maschensatz die Spannungsbedingungen $\underline{U} = \underline{U}_{C1} + \underline{U}_{R2} = \underline{U}_{R3} + \underline{U}_{C4}$ und für die gesuchte Spannung $\underline{U}_{CD} = \underline{U}_{R3} - \underline{U}_{C1}$ vor. Nach Wahl eines geeigneten Spannungsmaßstabs können wir unter Beachtung dieser Bedingungen nun das Zeigerdiagramm in Bild 7.54b zeichnen und aus ihm ablesen $U_{CD} = 87$ V.

Einhaltung eines bestimmten Phasenwinkels. Wenn für Spannungen oder Ströme eine bestimmte Phasenbedingung vorgeschrieben ist, lassen sich die Verhältnisse häufig mit einem Zeigerdiagramm, das nicht immer maßstabsgerecht sein muß, schnell übersehen. Man findet dann meist eine leichte Lösung. Dies wollen wir an einigen Beispielen zeigen.

Beispiel 7.43. Wirkleitwert G und kapazitiver Blindwiderstand $X_C = -3$ kΩ liegen nach Bild 7.12a parallel an der Sinusspannung U, so daß diese den Phasenwinkel $\varphi = -50°$ gegenüber dem Strom $\underline{I}$ zeigt. Wie groß muß ein induktiver Blindwiderstand X_L sein, der parallelgeschaltet den Phasenwinkel auf $\varphi = 50°$ bringt?

Mit dem zugehörigen Zeigerdiagramm in Bild **7.55** erkennt man sofort, daß der induktive Blindstrom I_L doppelt so groß wie der kapazitive Blindstrom I_C, der induktive Blindwiderstand $X_L = -X_C/2 = 3\,\text{k}\Omega/2 = 1{,}5\,\text{k}\Omega$ also halb so groß wie der kapazitive sein muß.

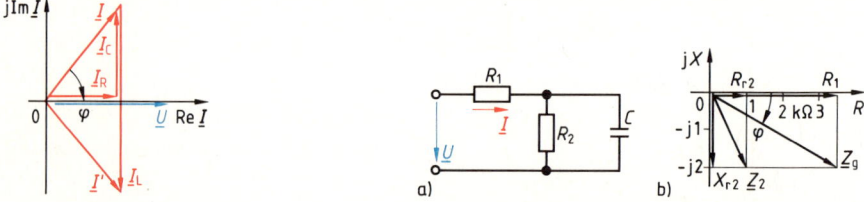

7.55 Stromzeigerdiagramm zu Beispiel 7.43

7.56 Schaltung (a) und Widerstandsdiagramm (b) für Beispiel 7.44

Beispiel 7.44. Die Schaltung in Bild **7.56**a enthält den Wirkwiderstand $R_2 = 5\,\text{k}\Omega$ und den Blindwiderstand $X_C = -2{,}5\,\text{k}\Omega$. Wie groß muß der Wirkwiderstand R_1 sein, wenn der Phasenwinkel zwischen Strom $\underline{I}$ und Spannung $\underline{U}$ hier $\varphi = -30°$ betragen soll?
Wir berechnen zunächst mit Gl. (7.50) den komplexen Widerstand

$$\underline{Z}_2 = \frac{1}{\dfrac{1}{R_2} + \dfrac{1}{jX_C}} = \frac{1}{\dfrac{1}{5\,\text{k}\Omega} + \dfrac{1}{-j2{,}5\,\text{k}\Omega}} = (1-j2)\,\text{k}\Omega = R_{r2} + jX_{r2}$$

und zeichnen mit ihm das Widerstandsdiagramm in Bild **7.56**b. Aus ihm ist sofort zu ersehen, daß der Wirkwiderstand $R_1 = 2{,}5\,\text{k}\Omega$ betragen muß.

Beispiel 7.45. Die Schaltung in Bild **7.57** enthält die Kapazitäten $C_1 = 80\,\text{nF}$, $C_2 = 110\,\text{nF}$ und den Wirkwiderstand $R_2 = 4\,\text{k}\Omega$. Wie groß muß der Wirkwiderstand R_1 gewählt werden, wenn die Sinusspannungen $\underline{U}$ und $\underline{U}_2$ bei der Kreisfrequenz $\omega = 5000\,\text{s}^{-1}$ in Phase liegen sollen?
Wir entwerfen zunächst das Zeigerdiagramm in Bild **7.57**b, das nicht maßstabsgerecht sein muß. Wenn wir einen Strom $\underline{I}_2$ annehmen, liegt die Teilspannung $\underline{U}_{R2}$ mit ihm in Phase, die Teilspannung $\underline{U}_{C2}$ eilt um 90° nach. Mit $\underline{U}_2 = \underline{U}_{R2} + \underline{U}_{C2}$ erhalten wir auch den Phasenwinkel φ. Da die Spannungen $\underline{U}$ und $\underline{U}_2$ in Phase liegen sollen, kann die Spannung $\underline{U}_1$ auch nur die gleiche Phasenlage haben. Gleichzeitig gilt für die Ströme $\underline{I} = \underline{I}_2$, so daß nun $\underline{I}_2$ in die Komponenten $\underline{I}_{R1}$ und $\underline{I}_{C1}$ zerlegt werden muß, wobei $\underline{I}_{R1}$ mit $\underline{U}_1$ in Phase zu liegen kommt und $\underline{I}_{C1}$ um 90° gegenüber $\underline{U}_1$ voreilt. Auch hier taucht der Phasenwinkel φ auf, für den nun gilt

$$-\tan\varphi = \frac{U_{C2}}{U_{R2}} = \frac{1}{\omega C_2 R_2} = \frac{I_{C1}}{I_{R1}} = \omega C_1 R_1.$$

Daher finden wir schließlich den gesuchten Wirkwiderstand

$$R_1 = \frac{1}{\omega^2 C_1 C_2 R_2} = \frac{1}{5000^2\,\text{s}^{-2} \cdot 80\,\text{nF} \cdot 110\,\text{nF} \cdot 4\,\text{k}\Omega} = 1{,}136\,\text{k}\Omega.$$

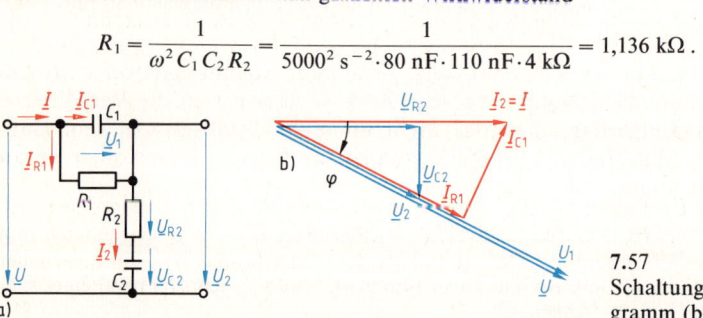

7.57 Schaltung (a) und Zeigerdiagramm (b) für Beispiel 7.45

7.3.1 Gemischte Schaltungen

Beispiel 7.46. Die Schaltung nach Bild 7.58a liegt mit den Widerständen $R_1 = 6 \text{ k}\Omega$ und $X_{L1} = 2 \text{ k}\Omega$ an der Sinusspannung $U = 220 \text{ V}$. Der Strom $\underline{I}_1 = 30 \text{ mA}$ soll in Phase mit der Spannung $\underline{U}$ sein (z. B. im Spannungspfad eines Leistungsmessers [80]). Wie groß müssen dann die Widerstände R_3 und X_{L2} sein?

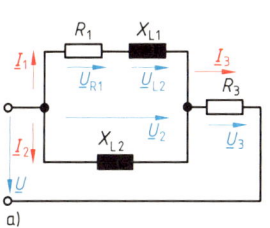
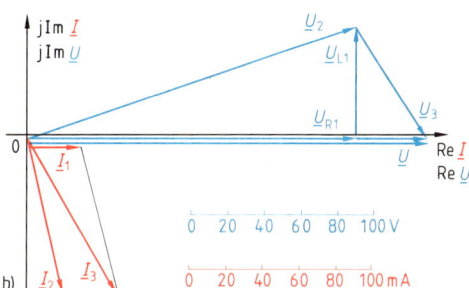

7.58
Schaltung (a) und Zeigerdiagramm (b) zur 0°-Phasenbedingung

Wir erhalten die Teilspannungen

$$U_{R1} = R_1 I_1 = 6 \text{ k}\Omega \cdot 30 \text{ mA} = 180 \text{ V}, \quad U_{L1} = X_{L1} I_1 = 2 \text{ k}\Omega \cdot 30 \text{ mA} = 60 \text{ V},$$

$$U_2 = \sqrt{U_{R1}^2 + U_{L1}^2} = \sqrt{180^2 \text{ V}^2 + 60^2 \text{ V}^2} = 190 \text{ V}.$$

Hiermit können wir mit dem Bezugszeiger $\underline{I}_1$ das Spannungs-Zeigerdiagramm nach Bild 7.58b aufstellen sowie die Spannung

$$U_3 = \sqrt{(U - U_{R1})^2 + U_{L1}^2} = \sqrt{(220 \text{ V} - 180 \text{ V})^2 + 60^2 \text{ V}^2} = 72{,}11 \text{ V}$$

berechnen. Der Strom $\underline{I}_3$ muß jetzt die gleiche Phasenlage wie die Teilspannung $\underline{U}_3$ haben, während der Strom $\underline{I}_2$ gegenüber $\underline{U}_2$ um 90° nacheilen soll. Eine Parallele zum Stromzeiger $\underline{I}_2$ durch die Zeigerspitze von $\underline{I}_1$ legt somit das Strom-Zeigerdiagramm fest, und man kann aus Bild 7.58b entnehmen $I_2 = 0{,}1$ A sowie $I_3 = 0{,}114$ A. Daher müssen die Widerstände betragen

$$X_{L2} = U_2/I_2 = 190 \text{ V}/(0{,}1 \text{ A}) = 1{,}9 \text{ k}\Omega \quad \text{und} \quad R_3 = U_3/I_3 = 71 \text{ V}/(0{,}114 \text{ A}) = 632{,}5 \text{ }\Omega.$$

7.3.1.3 Anwendung der komplexen Rechnung. Jede Sinusstromaufgabe läßt sich mit der komplexen Rechnung lösen. Anfänger machen hierbei jedoch leicht Fehler, so daß die parallele Darstellung in einem Zeigerdiagramm dringend empfohlen wird. Die komplexe Rechnung ermöglicht eine größere Genauigkeit des Ergebnisses als das Zeigerdiagramm, wenn dieses nicht sehr groß und sorgfältig gezeichnet wird. Ganz allgemein eignet sich die komplexe Rechnung für Lösungen mit dem Taschenrechner – insbesondere für Taschenrechnerprogramme [45], [88], [89]. Sie hat weiterhin Vorteile, wenn Real- oder Imaginärteil allein betrachtet werden dürfen oder allgemeine Lösungen in Gleichungsform angestrebt werden. Für diese Fälle wollen wir wieder einige Beispiele betrachten.

Hohe Genauigkeitsforderungen. Wir wollen jetzt einige Aufgaben, die schon mit Zeigerdiagrammen gelöst wurden, komplex nachrechnen.

Beispiel 7.47. Für die Schaltung in Bild 7.53 (Beispiel 7.40) sind komplexer Strom $\underline{I}_1$ und komplexe Spannung $\underline{U}_2$ zu berechnen.

Wir bestimmen zunächst für die parallelen Widerstände $R_2 = 10\,\Omega$ und $X_L = 80\,\Omega$ über

$$\frac{1}{\underline{Z}_2} = \frac{1}{R_2} + \frac{1}{jX_L} = \frac{1}{40\,\Omega} + \frac{1}{j80\,\Omega} = (25 - j12{,}5)\,\text{mS} = 27{,}95\,\text{mS}\,\underline{/-26{,}57°}$$

$$= \frac{1}{35{,}78\,\Omega\,\underline{/26{,}57°}} = \frac{1}{(32 + j16)\,\Omega}$$

(am einfachsten mit dem Taschenrechner) den Ersatzwiderstand $\underline{Z}_2 = (32 + j16)\,\Omega$ und finden dann mit $\underline{Z}_1 = R_1 + jX_C = (10 - j28{,}9)\,\Omega$ den Gesamtwiderstand

$$\underline{Z} = \underline{Z}_1 + \underline{Z}_2 = (10 - j28{,}9)\,\Omega + (32 + j16)\,\Omega = (42 - j12{,}9)\,\Omega = 43{,}94\,\Omega\,\underline{/-17{,}07°}\,.$$

Daher fließt, bezogen auf die reelle Spannung $U = 220$ V, der Strom

$$\underline{I} = \underline{U}/\underline{Z} = 220\,\text{V}/(43{,}94\,\Omega\,\underline{/-17{,}07°}) = 5{,}007\,\text{A}\,\underline{/17{,}07°}\,.$$

Für die Spannung am Ausgang gilt (wieder bezogen auf die reelle Spannung U)

$$\underline{U}_2 = \underline{Z}_2\underline{I} = (35{,}78\,\Omega\,\underline{/26{,}57°})(5{,}007\,\text{A}\,\underline{/17{,}07°}) = 179{,}2\,\text{V}\,\underline{/43{,}64°}\,.$$

Beispiel 7.48. Die Spannung $\underline{U}_{CD}$ in der Schaltung von Bild **7.54**a (Beispiel 7.41) ist jetzt mit der komplexen Rechnung zu bestimmen.

Mit dem Blindwiderstand $X_{C1} = -9$ kΩ und dem Wirkwiderstand $R_2 = 6$ kΩ fließt bei der Spannung $\underline{U} = U = 100$ V der komplexe Strom

$$\underline{I}_1 = \frac{\underline{U}}{R_2 + jX_{C1}} = \frac{100\,\text{V}}{6\,\text{k}\Omega - j9\,\text{k}\Omega} = \frac{100\,\text{V}}{10{,}82\,\text{k}\Omega\,\underline{/-56{,}31°}} = 9{,}245\,\text{mA}\,\underline{/56{,}31°}$$

sowie durch den Wirkwiderstand $R_3 = 10$ kΩ und den Blindwiderstand $X_{C4} = -5$ kΩ der komplexe Strom

$$\underline{I}_3 = \frac{\underline{U}}{R_3 + jX_{C4}} = \frac{100\,\text{V}}{10\,\text{k}\Omega - j5\,\text{k}\Omega} = \frac{100\,\text{V}}{11{,}2\,\text{k}\Omega\,\underline{/-26{,}6°}} = 8{,}944\,\text{mA}\,\underline{/26{,}57°}\,.$$

Diese Ströme verursachen die komplexen Teilspannungen

$$\underline{U}_{C1} = jX_{C1}\underline{I}_1 = -j9\,\text{k}\Omega \cdot 9{,}245\,\text{mA}\,\underline{/56{,}31°} = 83{,}2\,\text{V}\,\underline{/-33{,}69°} = 69{,}23\,\text{V} - j46{,}15\,\text{V}\,,$$
$$\underline{U}_{R2} = R_3\underline{I}_3 = 10\,\text{k}\Omega \cdot 8{,}944\,\text{mA}\,\underline{/26{,}57°} = 89{,}44\,\text{V}\,\underline{/26{,}57°} = 80\,\text{V} + j40\,\text{V}\,,$$

so daß wir die komplexe Brückenspannung (bezogen auf die reelle Spannung $\underline{U}$)

$$\underline{U}_{CD} = \underline{U}_{R3} - \underline{U}_{C1}$$
$$= 80\,\text{V} + j40\,\text{V} - 69{,}23\,\text{V} + j46{,}15\,\text{V} = 10{,}77\,\text{V} + j86{,}15\,\text{V} = 86{,}82\,\text{V}\,\underline{/82{,}87°}$$

erhalten.

0°-, 45°- oder 90°-Bedingung. Komplexe Gleichungen können nach Abschn. 6.3.1.3 in Realteil und Imaginärteil aufgespalten werden. Wird nun an den Phasenwinkel die Bedingung $\varphi = 0°$ oder $|\varphi| = 90°$ geknüpft, so verschwindet eine der beiden so entstandenen Gleichungen, und man erhält auf einfache Weise die gesuchten Bestimmungsgleichungen. Für die Bedingung $|\varphi| = 45°$ muß dagegen $\tan|\varphi| = 1$ sein.

7.3.1 Gemischte Schaltungen

Beispiel 7.49. Die Schaltung nach Bild 7.59 besteht aus den Widerständen $R_1 = 200\,\Omega$, $X_{L1} = 300\,\Omega$, $R_2 = 400\,\Omega$ und $X_{L2} = 500\,\Omega$ und liegt an der Sinusspannung $U = 220$ V. Der Widerstand R_3 ist so bemessen, daß zwischen dem Strom $\underline{I}_2$ und der Spannung $\underline{U}$ der Phasenwinkel $\varphi_2 = 90°$ auftritt (z.B. zur Blindleistungsmessung [80]).

Wir müssen den funktionalen Zusammenhang zwischen Spannung $\underline{U}$ und Strom $\underline{I}_2$ finden. Es ist zunächst

$$\underline{U} = \underline{I}_1 \left(\underline{Z}_1 + \frac{\underline{Z}_2 R_3}{\underline{Z}_2 + R_3} \right).$$

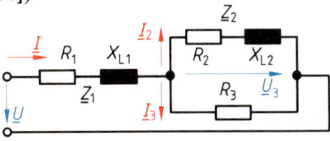

7.59 Hummel-Schaltung

Mit $\underline{I}_1 = \underline{I}_2 + \underline{I}_3$ sowie $\underline{U}_3 = \underline{I}_2 \underline{Z}_2 = \underline{I}_3 R_3$ wird $\underline{I}_3 = \underline{I}_2 \underline{Z}_2 / R_3$ bzw. $\underline{I}_1 = \underline{I}_2 + (\underline{I}_2 \underline{Z}_2 / R_3) = \underline{I}_2 (\underline{Z}_2 + \underline{Z}_3) / R_3$ und

$$\underline{U} = \underline{I}_2 \left(\frac{\underline{Z}_2 + R_3}{R_3} \right) \left(\underline{Z}_1 + \frac{\underline{Z}_2 R_3}{\underline{Z}_2 + R_3} \right) = \frac{\underline{I}_2}{R_3} (\underline{Z}_1 \underline{Z}_2 + \underline{Z}_2 R_3 + R_3 \underline{Z}_1).$$

Mit $\underline{Z}_1 = R_1 + jX_{L1}$ und $\underline{Z}_2 = R_2 + jX_{L2}$ erhält man

$$\underline{U} = \frac{\underline{I}_2}{R_3} [(R_1 + jX_{L1})(R_2 + jX_{L2}) + (R_2 + jX_{L2}) R_3 + R_3 (R_1 + jX_{L1})]$$

$$= \frac{\underline{I}_2}{R_3} [(R_1 R_2 - X_{L1} X_{L2} + R_2 R_3 + R_1 R_3) + j(X_{L1} R_2 + X_{L2} R_1 + X_{L2} R_3 + X_{L1} R_3)].$$

Der Phasenwinkel $\varphi = 90°$ zwischen $\underline{I}_2$ und $\underline{U}$ liegt nur vor, wenn der Realteil verschwindet, also für $R_1 R_2 - X_{L1} X_{L2} + R_2 R_3 + R_1 R_3 = 0$ oder mit dem Widerstand

$$R_3 = \frac{X_{L1} X_{L2} - R_1 R_2}{R_1 + R_2} = \frac{300\,\Omega \cdot 500\,\Omega - 200\,\Omega \cdot 400\,\Omega}{200\,\Omega + 400\,\Omega} = 116{,}7\,\Omega.$$

Diese Aufgabe ist also nur für $X_{L1} X_{L2} - R_1 R_2 > 0$ lösbar.

Beispiel 7.50. Wie lautet für die Schaltung in Bild 7.60 die Bestimmungsgleichung für die Induktivität L, wenn die Spannungen $\underline{U}_a$ und $\underline{U}_e$ gegeneinander um den Phasenwinkel $|\varphi_{13}| = 45°$ phasenverschoben sein sollen?

Mit $\underline{I}_a = 0$ ist die Ausgangsspannung $\underline{U}_a = \underline{Z}_2 \underline{I}_1$ und der Eingangsstrom $\underline{I}_e = \underline{U}_e / (\underline{Z}_1 + \underline{Z}_2)$. Daher gilt für das Spannungsverhältnis mit den komplexen Widerständen $\underline{Z}_1 = R_1 + j\omega L$ und $\underline{Z}_2 = R_2 - j/(\omega C)$ nach Erweiterung mit ωC und dem konjugiert komplexen Nenner

$$\frac{\underline{U}_e}{\underline{U}_a} = \frac{\underline{Z}_1 + \underline{Z}_2}{\underline{Z}_2} = \frac{R_1 + j\omega L + R_2 - j/(\omega C)}{R_2 - j/(\omega C)} = \frac{R_1 \omega C + j\omega^2 L C + R_2 \omega C - j}{R_2 \omega C - j}$$

$$= \frac{1 - \omega^2 L C + R_2 \omega^2 C^2 (R_1 + R_2) + j\omega C (R_1 + \omega^2 L C R_2)}{1 + \omega^2 C^2 R_2^2}.$$

Es muß nun sein

$$\frac{1 - \omega^2 L C + R_2 \omega^2 C^2 (R_1 + R_2)}{\omega C (R_1 + \omega^2 L C R_2)} = 1,$$

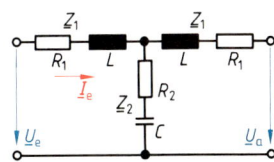

7.60 Netzwerk

so daß man für die Induktivität findet

$$L = \frac{1 + R_2 \omega^2 C^2 (R_1 + R_2) - \omega C R_1}{\omega^2 C (1 + \omega C R_2)}.$$

Allgemeine Lösungen. In Beispiel 7.49 ist schon unter Anwendung der komplexen Rechnung zunächst die allgemeine Lösung der Aufgabe bestimmt und anschließend durch Einsetzen der Zahlenwerte die gewünschte Größe berechnet worden. Ähnliche allgemeine Ableitungen findet man in Abschn. 7.1 und 7.2. Wir wollen hier noch ein weiteres Beispiel betrachten.

Beispiel 7.51. Unter welchen Bedingungen fließt in der Schaltung von Bild **7.61** unabhängig von dem eingestellten Verbraucherwiderstand R_a ein konstanter Verbraucherstrom I_a?

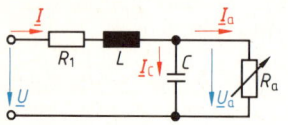

Für die Verbraucherspannung gilt

$$\underline{U}_a = R_a \underline{I}_a = \underline{I}_C/(j\omega C)$$

und für die äußere Masche die komplexe Spannungsgleichung

7.61 Schaltung zu Beispiel 7.51

$$\underline{U} = \underline{I}(R_1 + j\omega L) + R_a \underline{I}_a$$

sowie für den oberen Knotenpunkt mit $\underline{I}_C = j\omega C R_a \underline{I}_a$ die komplexe Spannungsgleichung

$$\underline{I} = \underline{I}_a + \underline{I}_C = \underline{I}_a(1 + j\omega C R_a).$$

Wir finden daher die komplexe Spannung

$$\underline{U} = \underline{I}_a(1 + j\omega C R_a)(R_1 + j\omega L) + R_a \underline{I}_a$$

und den komplexen Strom

$$\underline{I}_a = \frac{\underline{U}}{R_a + (1 + j\omega C R_a)(R_1 + j\omega L)} = \frac{\underline{U}}{R_1 + j\omega L + R_a(1 - \omega^2 CL + j\omega C R_1)}.$$

Er bleibt dann vom Verbraucherwiderstand R_a unbeeinflußt, wenn $1 - \omega^2 CL + j\omega C R_1 = 0$ wird. Daher muß der Wirkwiderstand $R_1 = 0$ sein, die Induktivität den Wert $L = U/(\omega I_a)$ und die Kapazität den Wert $C = 1/(\omega^2 L)$ annehmen.

Weitere Beispiele enthält Abschn. 7.3.3.1.

7.3.2 Lineare Maschennetze

Es müssen nun weitere für Gleichstrom in Abschn. 1.6 betrachtete Berechnungsverfahren auf die komplexe Behandlung von Sinusstrom erweitert werden.

7.3.2.1 Überlagerungsgesetz. Wenn mehrere Quellen (Spannungs- oder Stromquellen - s. Abschn. 7.2.4.1) beliebiger Größe oder Frequenz in einem Netzwerk zusammenwirken, benutzt man zur Berechnung der Ströme oder Spannungen u.a. das Überlagerungsgesetz. Man darf es aber nur in linearen Schaltungen, bei rückwirkungsfreien Quellen und für lineare Größen anwenden.

Linear ist eine Schaltung, wenn die eingebauten Zweipole Wirkwiderstand R, Induktivität L und Kapazität C unabhängig von Strom I und Spannung U feste Werte behalten und die Quellen unabhängig von der Last feste Quellenspannungen U_q oder Quellenströme I_q liefern. Lineare Größen, die überlagert werden dürfen, sind dann komplexe Spannung $\underline{U}$ und komplexer Strom $\underline{I}$, die nach dem Ohmschen Gesetz in linearen Zweipolen linear voneinander abhängen. Dies gilt bei Sinusstrom

7.3.2 Lineare Maschennetze

nicht nur für die komplexen Effektivwerte $\underline{I}$ und $\underline{U}$, sondern auch für die komplexen Scheitelwerte $\hat{\underline{i}}$ und $\hat{\underline{u}}$. Die **Wirkleistung**, die sich nach Gl. (6.51) quadratisch mit Spannung U oder Strom I ändert, darf dagegen **nicht** überlagert werden.

Wenn also in einem umfangreichen Netzwerk ein System linearer Gleichungen das Verhalten beschreibt, darf man die **einzelnen Einflußgrößen nacheinander getrennt** betrachten. Dadurch erspart man sich die Auflösung eines Gleichungssystems mit vielen Unbekannten, deren Anzahl bei Sinusstrom gegenüber Gleichstrom wegen Real- und Imaginärteil meist doppelt so groß ist. Die resultierenden Wirkungen findet man durch Überlagerung der Einzelwirkungen.

Ein Netzwerk mit mehreren Quellen wird bei Anwendung des Überlagerungsgesetzes nacheinander jeweils für den Fall berechnet, daß **nur eine** Quelle wirksam ist. Alle übrigen **idealen Spannungsquellen** werden als **spannungslos** (bzw. **kurzgeschlossen**), alle übrigen **idealen Stromquellen** dagegen als **stromlos** (bzw. unterbrochen) angesehen, während die zugehörigen inneren Widerstände und Leitwerte (in Reihe zur Spannungsquelle bzw. parallel zur Stromquelle) natürlich wirksam bleiben. Wenn n Quellen auftreten, müssen auch n Überlagerungen vorgenommen werden. Jede Rechnung liefert für jeden Zweig (bis auf die Stromquellenzweige) n Teilströme, die als Summe – unter Beachtung der Phasenlage – den tatsächlichen Zweigstrom ergeben.

Beispiel 7.52. Das Netzwerk in Bild 7.62a besteht aus Wirkwiderstand $R = 5\,\Omega$, den Blindwiderständen $X_L = 10\,\Omega$ und $X_C = -20\,\Omega$ sowie den komplexen Widerständen $\underline{Z}_b = 100\,\Omega\,\underline{/-30°}$ und $\underline{Z}_c = 50\,\Omega\,\underline{/50°}$ und führt die Ströme $\underline{I}_{qb} = -j4$ A und $\underline{I}_{qc} = 3$ A. Es sollen alle Ströme berechnet werden.

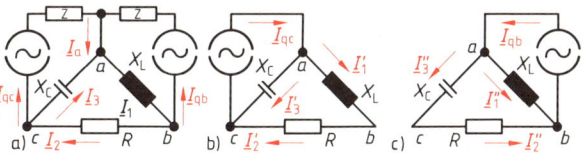

7.62
Netzwerk (a) und Teilschaltungen (b, c) für Überlagerungsverfahren

Wir betrachten für die Überlagerung nacheinander Bild 7.62b und c und dürfen hier die Widerstände $\underline{Z}_c$ und $\underline{Z}_b$ unbeachtet lassen, da sie die Stromverteilung nicht beeinflussen. Wir erkennen, daß Bild 7.62b mit Bild 7.47 übereinstimmt. Daher liefert Beispiel 7.34 schon die Teilergebnisse $\underline{I}'_1 = \underline{I}'_2 = 5,37$ A $\underline{/-26,57°} = 4,803$ A $- j2,402$ A und $\underline{I}'_3 = 3$ A $\underline{/126,83°} = -1,799$ A $+ j2,401$ A.

In analoger Weise findet man mit $\underline{Z}_2 = R + jX_C = 5\,\Omega - j20\,\Omega = 20,62\,\Omega\,\underline{/-75,96°}$ und $\underline{Z}_1 + \underline{Z}_2 = R + jX_L + jX_C = 11,18\,\Omega\,\underline{/-63,43°}$ die Teilströme

$$\underline{I}''_1 = \frac{\underline{I}_{qb}\underline{Z}_2}{\underline{Z}_1 + \underline{Z}_2} = \frac{-j4\,\text{A}\cdot 20,62\,\Omega\,\underline{/-75,96°}}{11,18\,\Omega\,\underline{/-63,43°}} = 7,377\,\text{A}\,\underline{/-102,53°} = -1,601\,\text{A} - j7,202\,\text{A},$$

$$\underline{I}''_2 = \underline{I}''_3 = \frac{\underline{I}_{qb}jX_L}{\underline{Z}_1 + \underline{Z}_2} = \frac{-j4\,\text{A}\cdot j10\,\Omega}{11,18\,\Omega\,\underline{/-63,43°}} = 3,578\,\text{A}\,\underline{/63,43°} = 1,6\,\text{A} + j3,2\,\text{A}.$$

Die resultierenden Ströme erhält man durch Überlagerung. Nach Bild 7.62 gilt

$\underline{I}_1 = \underline{I}'_1 + \underline{I}''_1 = 4,803$ A $+ j2,402$ A $- 1,601$ A $- j7,202$ A $= 3,202$ A $- j9,604$ A $= 10,12$ A $\underline{/-71,56°}$,

$\underline{I}_2 = \underline{I}'_2 - \underline{I}''_2 = 4,803$ A $- j2,402$ A $- 1,6$ A $- j3,2$ A $= 3,203$ A $- j5,602$ A $= 6,453$ A $\underline{/-60,24°}$,

$\underline{I}_3 = -\underline{I}'_3 - \underline{I}''_3 = 1,799$ A $- j2,401$ A $- 1,6$ A $- j3,2$ A $= 0,199$ A $- j5,601$ A $= 5,605$ A $\underline{/-87,97°}$.

Beispiel 7.53. Ein Verbraucherwiderstand $R_a = 25\,\Omega$ ist nach der in Bild 7.63a dargestellten Schaltung über die Kapazität $C = 0{,}1\,\mu F$ an eine Sinusspannungsquelle G_1 (Quellenspannung $\underline{U}_{q1} = 120\,V$, Innenwiderstand $R_{i1} = 2\,\Omega$, Frequenz $f = 50\,kHz$) und über den Wirkwiderstand $R = 150\,\Omega$ an eine Sinusstromquelle G_2 (Quellenstrom $\underline{I}_{q2} = 3{,}7\,A\,\underline{/13°}$, Innenwiderstand $R_{i2} = 1\,k\Omega$, Frequenz $f = 50\,kHz$) angeschlossen. Welche Spannung $\underline{U}_a$ liegt am Verbraucherwiderstand R_a?

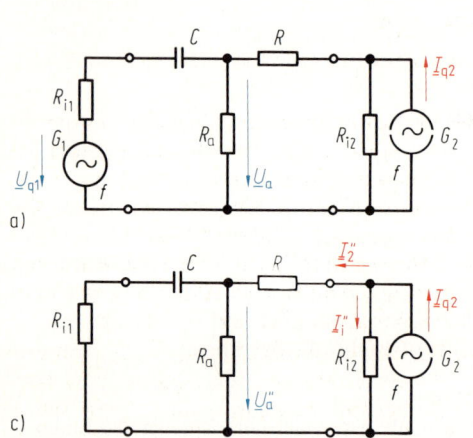

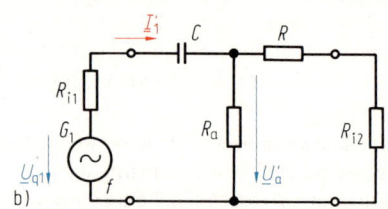

7.63 Gleichzeitige Speisung des Verbraucherwiderstands R_a durch die Spannungsquelle $G_1(\underline{U}_{q1}, R_{i1})$ über die Kapazität C und durch die Stromquelle $G_2(\underline{I}_{q2}, R_{i2})$ über den Widerstand R

a) Schaltung, b) Schaltung bei Abschalten der Stromquelle G_2, c) Schaltung bei Überbrücken der Spannungsquelle G_1

Wird zunächst die Stromquelle G_2 energiemäßig als nicht vorhanden angesehen, liegt nach Bild 7.63b der Verbraucherwiderstand R_a in einer Parallelschaltung mit dem Widerstand

$$R' = \frac{R_a(R + R_{i2})}{R_a + R + R_{i2}} = \frac{25\,\Omega\,(150\,\Omega + 1000\,\Omega)}{25\,\Omega + 150\,\Omega + 1000\,\Omega} = 24{,}49\,\Omega\,.$$

Mit $\omega = 2\pi f$ ist der Blindwiderstand $X_C = -1/(2\pi fC) = -1/(j2\pi \cdot 50\,Hz \cdot 0{,}1\,\mu F) = -31{,}8\,\Omega$ wirksam, und es gilt für den durch die Spannungsquelle G_1 verursachten Strom

$$\underline{I}'_1 = \underline{U}_{q1}/[R_{i1} - jX_C + R'] = 120\,V/(2\,\Omega - j31{,}83\,\Omega + 24{,}5\,\Omega)$$
$$= 120\,V/(41{,}39\,\Omega\,\underline{/-50{,}19°}) = 2{,}859\,A\,\underline{/50{,}19°}\,.$$

Am Verbraucherwiderstand R_a liegt die von der Spannungsquelle G_1 hervorgerufene Spannung

$$\underline{U}'_a = \underline{I}'_1 R_{p1} = 2{,}859\,A\,\underline{/50{,}19°} \cdot 24{,}49\,\Omega = 71\,V\,\underline{/50{,}19°}\,.$$

Wird sodann die Spannungsquelle G_1 energiemäßig als nicht vorhanden angesehen, liegt nach Bild 7.63c der Verbraucherwiderstand R_a in der Parallelschaltung

$$\underline{Z}'' = \frac{R_a(R_{i1} - jX_C)}{R_a + R_{i1} - jX_C} = \frac{25\,\Omega\,(2\,\Omega - j31{,}83\,\Omega)}{25\,\Omega + 2\,\Omega - j31{,}83\,\Omega} = 19{,}1\,\Omega\,\underline{/-36{,}71°} = 15{,}31\,\Omega - j11{,}42\,\Omega\,.$$

Somit gilt mit $\underline{I}''_2 = \underline{I}_{q2} - \underline{I}''_{i2}$ und $\underline{I}''_{i2} = \underline{I}''_2(R + \underline{Z}'')/R_{i2}$ für den in das Netzwerk hineinfließenden Strom

$$\underline{I}''_2 = \underline{I}_{q2}/[1 + (R + \underline{Z}'')/R_{i2}] = 3{,}7\,A\,\underline{/13°}/[1 + (150\,\Omega + 15{,}31\,\Omega - j11{,}42\,\Omega)/1000\,\Omega]$$
$$= 3{,}175\,A\,\underline{/13{,}56°}\,.$$

Am Verbraucherwiderstand R_a liegt die von der Stromquelle G_2 hervorgerufene Spannung

$$\underline{U}''_a = \underline{I}''_2 \underline{Z}'' = (3{,}175 \text{ A} \underline{/13{,}56°}) \, 19{,}1 \, \Omega \underline{/-36{,}71°} = 60{,}64 \text{ V} \underline{/-23{,}15°}\,.$$

Nach dem Überlagerungsgesetz gilt für die gesuchte Verbraucherspannung

$$\underline{U}_a = \underline{U}'_a + \underline{U}''_a = 71 \text{ V} \underline{/50{,}19°} + 60{,}64 \text{ V} \underline{/-23{,}15°}$$
$$= (45{,}45 + \text{j}55{,}54) \text{ V} + (55{,}76 - \text{j}23{,}84) \text{ V} = 105{,}8 \text{ V} \underline{/16{,}88°}\,.$$

7.3.2.2 Anwendung der Kirchhoffschen Gesetze. Für jedes beliebige, auch nichtlineare und nicht rückwirkungsfreie Netzwerk gelten die in Abschn. 1.3.2 und 1.3.3 erläuterten Kirchhoffschen Gesetze. Daher kann man auch jedes Sinusstrom-Netzwerk durch Aufstellen der komplexen Strom- und Spannungsgleichungen für die Knotenpunkte und Netzmaschen lösen. Man muß jedoch streng die in Abschn. 1.6.2 zusammengestellten Regeln für das Vorgehen beachten, und man sollte sich hierbei, um Mißverständnisse und andere Fehler auszuschließen, stets nur des Verbraucher-Zählpfeil-Systems (s. Abschn. 1.3.1.4) bedienen.

Gegenüber Gleichstrom (s. Abschn. 1) müssen bei Sinusstrom alle Gleichungen komplex angesetzt werden. Durch Einführen der Real- und Imaginärteile bzw. Wirk- und Blindkomponenten (s. Abschn. 7.2.1) kann man ein solches System aus n komplexen Gleichungen auch entsprechend Abschn. 6.3.1.3 in ein System von $2n$ reellen Gleichungen überführen. Das Gleichungssystem kann in beiden Fällen mit Determinanten [6] oder mit Taschenrechnerprogrammen [88], [89] gelöst werden.

Es muß, um die Phasenwinkel definieren zu können, entweder eine Bezugsgröße (Strom oder Spannung) festgelegt werden, oder alle Phasenwinkel sind auf den positiven Ast der reellen Achse der komplexen Ebene zu beziehen. Für die Bedeutung der im Ergebnis auftretenden Vorzeichen s. Abschn. 6.2.4.

Beispiel 7.54. Die Schaltung von Bild 7.64 besteht aus dem Wirkwiderstand $R = 5 \, \Omega$ und den Blindwiderständen $X_L = 10 \, \Omega$ und $X_C = -20 \, \Omega$ und führt die Ströme $\underline{I}_b = -\text{j}4$ A und $\underline{I}_c = 3$ A. Die übrigen Ströme sollen bestimmt und zusammen mit den zugehörigen Spannungen in einem Zeigerdiagramm dargestellt werden.

Zunächst vervollständigen wir mit Bild 7.64b die Zählpfeile und tragen dort den Umlaufsinn ein. Dann finden wir sofort mit dem komplexen Knotenpunktsatz von Gl. (7.26) den Strom $\underline{I}_a = \underline{I}_b + \underline{I}_c = -\text{j}4 \text{ A} + 3 \text{ A} = 5 \text{ A} \underline{/-53{,}13°}$. Für die Knotenpunkte b und c machen wir analog die Ansätze

$$\underline{I}_1 - \underline{I}_2 = \underline{I}_b \quad \text{und} \quad \underline{I}_2 - \underline{I}_3 = \underline{I}_c\,.$$

Außerdem gilt mit dem komplexen Maschensatz von Gl. (7.2) die Spannungsgleichung

$$\text{j} X_L \underline{I}_1 + R \underline{I}_2 + \text{j} X_C \underline{I}_3 = 0\,,$$

so daß wir die komplexe Matrizengleichung [6]

$$\begin{bmatrix} 1 & -1 & 0 \\ 0 & 1 & -1 \\ \text{j} X_L & R & \text{j} X_C \end{bmatrix} \cdot \begin{bmatrix} \underline{I}_1 \\ \underline{I}_2 \\ \underline{I}_3 \end{bmatrix} = \begin{bmatrix} \underline{I}_b \\ \underline{I}_c \\ 0 \end{bmatrix}$$

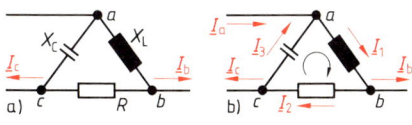

7.64 Netzmasche (a) mit Zählpfeilen (b)

erhalten. Die Lösung dieses Gleichungssystems findet man leicht mit der komplexen Koeffizienten-Determinante [6]

$$\underline{D} = \begin{vmatrix} 1 & -1 & 0 \\ 0 & 1 & -1 \\ jX_L & R & jX_C \end{vmatrix} \begin{matrix} = jX_C + jX_L + R = j(-20\,\Omega + 10\,\Omega) + 5\,\Omega \\ = 5\,\Omega - j10\,\Omega = 11{,}18\,\Omega\,\underline{/-63{,}43°} \end{matrix}$$

und den komplexen Zähler-Determinanten

$$\underline{D}_1 = \begin{vmatrix} \underline{I}_b & -1 & 0 \\ \underline{I}_c & 1 & -1 \\ 0 & R & jX_C \end{vmatrix} \begin{matrix} = jX_C\underline{I}_b + R\underline{I}_b + jX_C\underline{I}_c \\ = -j20\,\Omega(-j4\,A + 3\,A) + 5\,\Omega(-j4\,A) \\ = -80\,V - j80\,V = 113{,}1\,V\,\underline{/-135°}, \end{matrix}$$

$$\underline{D}_2 = \begin{vmatrix} 1 & \underline{I}_b & 0 \\ 0 & \underline{I}_c & -1 \\ jX_L & 0 & jX_C \end{vmatrix} \begin{matrix} = jX_C\underline{I}_c - jX_L\underline{I}_b = j[-20\,\Omega\cdot 3\,A - 10\,\Omega(-j4\,A)] \\ = -40\,V - j60\,V = 72{,}11\,V\,\underline{/-123{,}69°}, \end{matrix}$$

$$\underline{D}_3 = \begin{vmatrix} 1 & -1 & \underline{I}_b \\ 0 & 1 & \underline{I}_c \\ jX_L & R & 0 \end{vmatrix} \begin{matrix} = -jX_L\underline{I}_c - jX_L\underline{I}_b - R\underline{I}_c \\ = -j10\,\Omega[3\,A + (-j4\,A)] - 5\,\Omega\cdot 3\,A \\ = -55\,V - j30\,V = 62{,}65\,V\,\underline{/-151{,}4°}. \end{matrix}$$

Es gilt dann für die Ströme [6]

$$\underline{I}_1 = \underline{D}_1/\underline{D} = 113{,}1\,V\,\underline{/-135°}/(11{,}18\,\Omega\,\underline{/-63{,}43°}) = 10{,}12\,A\,\underline{/-71{,}57°},$$
$$\underline{I}_2 = \underline{D}_2/\underline{D} = 72{,}11\,V\,\underline{/-123{,}7°}/(11{,}18\,\Omega\,\underline{/-63{,}43°}) = 6{,}45\,A\,\underline{/-60{,}26°},$$
$$\underline{I}_3 = \underline{D}_3/\underline{D} = 62{,}65\,V\,\underline{/-151{,}4°}/(11{,}18\,\Omega\,\underline{/-63{,}43°}) = 5{,}604\,A\,\underline{/-87{,}97°}.$$

Diese Ströme verursachen die Spannungen

$$\underline{U}_1 = jX_L\underline{I}_1 = j10\,\Omega\cdot 10{,}12\,A\,\underline{/-71{,}57°} = 101{,}2\,V\,\underline{/18{,}43°},$$
$$\underline{U}_2 = R\underline{I}_2 = 5\,\Omega\cdot 6{,}45\,A\,\underline{/-60{,}26°} = 32{,}25\,V\,\underline{/-60{,}26°},$$
$$\underline{U}_3 = jX_C\underline{I}_3 = -j20\,\Omega\cdot 5{,}608\,A\,\underline{/-88{,}5°} = 112{,}2\,V\,\underline{/-178{,}5°}.$$

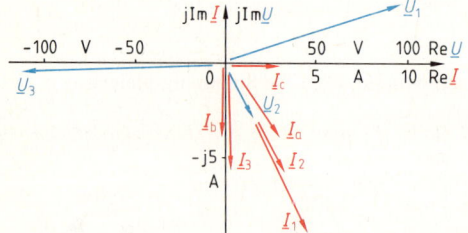

7.65
Zeigerdiagramm für Beispiel 7.54

Strom- und Spannungszeiger sind in Bild 7.65 dargestellt. Dieses Zeigerdiagramm beweist, daß die aufgestellten Knotenpunkt- und Maschengleichungen erfüllt werden. Die Ströme stimmen mit den in Beispiel 7.52 berechneten überein.

7.3.2.3 Maschenstrom-Verfahren.

In Abschn. 1.6.5 wird ausführlich dargestellt, daß man für ein Netzwerk, das z Zweigströme führt und das somit z voneinander unabhängige Gleichungen zum Bestimmen dieser Gleichströme erfordert, bei k Knotenpunkten nach Gl. (1.66) nur $m = z + 1 - k$ voneinander unabhängige Gleichungen benötigt, wenn man m **Maschenströme** $\underline{I}'_\mu$ definiert. Dieses Verfahren kann man sofort auf **Sinusströme** übertragen, wenn man in diesen Gleichungen überall die reellen Gleichstromgrößen durch die **komplexen Sinusstromgrößen** $\underline{Z}$, $\underline{I}$ und $\underline{U}$ ersetzt. Man erhält dann die **komplexe Matrizengleichung**

$$\begin{bmatrix} \underline{Z}_{11} & \underline{Z}_{12} & \cdots & \underline{Z}_{1n} \\ \underline{Z}_{21} & \underline{Z}_{22} & \cdots & \underline{Z}_{2n} \\ \vdots & \vdots & & \vdots \\ \underline{Z}_{n1} & \underline{Z}_{n2} & \cdots & \underline{Z}_{nn} \end{bmatrix} \cdot \begin{bmatrix} \underline{I}'_1 \\ \underline{I}'_2 \\ \vdots \\ \underline{I}'_n \end{bmatrix} = \begin{bmatrix} -\underline{U}'_{q1} \\ -\underline{U}'_{q2} \\ \vdots \\ -\underline{U}'_{qn} \end{bmatrix}. \tag{7.114}$$

Die **Hauptdiagonale** der **komplexen Widerstandsmatrix** (Koeffizienten-Determinante) ist mit den komplexen Summenwiderständen $\underline{Z}_{11}, \underline{Z}_{22} \ldots \underline{Z}_{nn}$ der gewählten Maschen besetzt. Die **Nebendiagonalen** enthalten komplexe Widerstände $\underline{Z}_{ik}$, die von mindestens zwei Maschenströmen durchflossen werden. Sind die Zählpfeile für die Maschenströme $\underline{I}'_i$ und $\underline{I}'_k$ an diesen Koppelwiderständen $\underline{Z}_{ik}$ gleichsinnig, so erhält dieser Widerstand das positive, andernfalls das negative Vorzeichen. Spiegelbildlich zur Hauptdiagonalen liegende Koppelwiderstände $\underline{Z}_{ik} = \underline{Z}_{ki}$ sind gleich. Die Spannungen $\underline{U}'_{q\mu}$ stellen die Summen der komplexen Quellenspannungen in den betrachteten Maschen dar. Die einzelnen Quellenspannungen $\underline{U}_q$ erscheinen hierbei mit positivem Vorzeichen, wenn ihr Zählpfeil mit dem Zählpfeil des zugehörigen Maschenstroms $\underline{I}'_\mu$ übereinstimmt; sie erhalten das negative Vorzeichen, wenn die Zählrichtungen entgegengesetzt sind.

Ferner müssen die in Abschn. 1.6.5 zusammengestellten Regeln sinngemäß angewandt werden. Wir üben dieses Vorgehen mit den folgenden Beispielen.

Beispiel 7.55. Für die Schaltung in Bild 7.66 sind die komplexe Matrizengleichung der Maschenströme und die zugehörige reelle Matrizengleichung anzugeben.
Analog zu Gl. (7.114) und mit den angegebenen Regeln findet man

$$\begin{bmatrix} (\underline{Z}_1 + \underline{Z}_3 + \underline{Z}_4) & -\underline{Z}_3 & -\underline{Z}_4 \\ -\underline{Z}_3 & (\underline{Z}_2 + \underline{Z}_3 + \underline{Z}_5) & -\underline{Z}_5 \\ -\underline{Z}_4 & -\underline{Z}_5 & (\underline{Z}_4 + \underline{Z}_5 + \underline{Z}_6) \end{bmatrix} \cdot \begin{bmatrix} \underline{I}'_1 \\ \underline{I}'_2 \\ \underline{I}'_3 \end{bmatrix} = \begin{bmatrix} \underline{U}_{q1} \\ -\underline{U}_{q2} \\ 0 \end{bmatrix}.$$

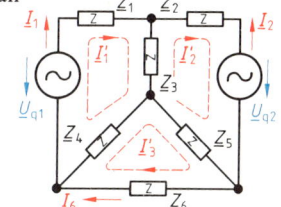

7.66 Netzwerk mit Maschenströmen

Für die 1. Gleichung gilt daher

$$(\underline{Z}_1 + \underline{Z}_3 + \underline{Z}_4)\underline{I}'_1 - \underline{Z}_3\underline{I}'_2 - \underline{Z}_4\underline{I}'_3 = \underline{U}_{q1}.$$

Mit den zugehörigen Wirk- und Blindkomponenten ist auch

$$(R_1 + jX_1 + R_3 + jX_3 + R_4 + jX_4)(I'_{1w} + jI'_{1b}) - (R_3 + jX_3)(I'_{2w} + jI'_{2b})$$
$$- (R_4 + jX_4)(I'_{3w} + jI'_{3b}) = (U_{q1w} + jU_{q1b}),$$

was man nach Abschn. 6.3.1.3 in Realteil

$$(R_1 + R_3 + R_4)I'_{1w} - (X_1 + X_3 + X_4)I'_{1b} - R_3I'_{2w} + X_3I'_{2b} - R_4I'_{3w} + X_4I'_{3b} = U_{q1w}$$

402 7.3 Sinusstrom-Netzwerke

und Imaginärteil

$$(X_1+X_3+X_4)I'_{1w}+(R_1+R_3+R_4)I'_{1b}-X_3 I'_{2w}-R_3 I'_{2b}-X_4 I'_{3w}-R_4 I'_{3b}=U_{q1b}$$

auflösen kann. Daher gilt mit $R_{134}=R_1+R_3+R_4$, $R_{235}=R_2+R_3+R_5$, $R_{456}=R_4+R_5+R_6$ und $X_{134}=X_1+X_3+X_4$, $X_{235}=X_2+X_3+X_5$, $X_{456}=X_4+X_5+X_6$ auch die reelle Matrizengleichung

$$\begin{bmatrix} R_{134} & -X_{134} & -R_3 & X_3 & -R_4 & X_4 \\ X_{134} & R_{134} & -X_3 & -R_3 & -X_4 & -R_4 \\ -R_3 & X_3 & R_{235} & -X_{235} & -R_5 & X_5 \\ -X_3 & -R_3 & X_{235} & R_{235} & -X_5 & -R_5 \\ -R_4 & X_4 & -R_5 & X_5 & R_{456} & -X_{456} \\ -X_4 & -R_4 & -X_5 & -R_5 & R_{456} & R_{456} \end{bmatrix} \cdot \begin{bmatrix} I'_{1w} \\ I'_{1b} \\ I'_{2w} \\ I'_{2b} \\ I'_{3w} \\ I'_{3b} \end{bmatrix} = \begin{bmatrix} U_{q1w} \\ U_{q1b} \\ -U_{q2w} \\ -U_{q2b} \\ 0 \\ 0 \end{bmatrix}.$$

Beispiel 7.56. Beispiel 7.23 soll jetzt mit dem Maschenstrom-Verfahren gelöst werden. Wir wählen in Bild **7.67**a die Maschenströme so, daß $I'_1=I$ ist. Analog zu Gl. (7.114) und mit den angegebenen Regeln finden wir die Matrizengleichung

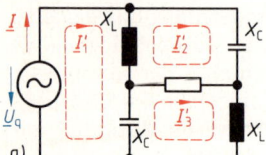

$$\begin{bmatrix} (jX_L+jX_C) & -jX_L & -jX_C \\ -jX_L & (R+jX_L+jX_C) & -R \\ -jX_C & -R & (R+jX_L+jX_C) \end{bmatrix} \cdot \begin{bmatrix} I'_1 \\ I'_2 \\ I'_3 \end{bmatrix} = \begin{bmatrix} U_q \\ 0 \\ 0 \end{bmatrix}.$$

7.67 Netzwerk mit Zweigströmen

Mit $R=5$ kΩ, $X_L=10$ kΩ und $X_C=-20$ kΩ sowie $jX_L+jX_C=j(10\text{ kΩ}-20\text{ kΩ})=-j10$ kΩ und $R+jX_L+jX_C=5\text{ kΩ}-j10\text{ kΩ}=11{,}18\text{ kΩ}\underline{/-63{,}43°}$ können wir sofort Zahlenwerte einsetzen und erhalten

$$\begin{bmatrix} -j10\text{ kΩ} & -j10\text{ kΩ} & j20\text{ kΩ} \\ -j10\text{ kΩ} & (11{,}18\text{ kΩ}\underline{/-63{,}43°}) & -5\text{ kΩ} \\ j20\text{ kΩ} & -5\text{ kΩ} & (11{,}18\text{ kΩ}\underline{/-63{,}43°}) \end{bmatrix} \cdot \begin{bmatrix} I'_1 \\ I'_2 \\ I'_3 \end{bmatrix} = \begin{bmatrix} 100\text{ V} \\ 0 \\ 0 \end{bmatrix}.$$

Die Koeffizienten-Matrix hat den Wert

$$\underline{D} = \begin{vmatrix} -j10 & -j10 & j20 \\ -j10 & (11{,}18\underline{/-63{,}43°}) & -5 \\ j20 & -5 & (11{,}18\underline{/-63{,}43°}) \end{vmatrix} \text{kΩ}^3$$
$$=[-j10\cdot 11{,}18^2\underline{/-2\cdot 63{,}43°}-10\cdot 5\cdot 20-20\cdot 10\cdot 5+20^2\cdot 11{,}18\underline{/-63{,}43°}$$
$$+j5^2\cdot 10+10^2\cdot 11{,}18\underline{/-63{,}43°}]\text{ kΩ}^3=4031\text{ kΩ}^3\underline{/-97{,}13°}.$$

Für die Zähler-Determinante ergibt sich

$$\underline{D}_1 = \begin{vmatrix} 100\text{ V} & -j10\text{ kΩ} & j20\text{ kΩ} \\ 0 & 11{,}18\text{ kΩ}\underline{/-63{,}43°} & -5\text{ kΩ} \\ 0 & -5\text{ kΩ} & 11{,}18\text{ kΩ}\underline{/-63{,}43°} \end{vmatrix}$$
$$=100\text{ V}[11{,}18^2\underline{/-2\cdot 63{,}43°}-5^2]\text{ kΩ}^2=14\,140\text{ VkΩ}^2\underline{/-135°}.$$

und daher für den gesuchten Strom

$$\underline{I} = \underline{I}'_1 = \frac{\underline{D}_1}{\underline{D}} = \frac{14\,140 \text{ Vk}\Omega^2 \,\underline{/-135°}}{4031 \text{ k}\Omega^3 \,\underline{/-97{,}13°}} = 3{,}508 \text{ mA} \,\underline{/-37{,}87°}.$$

Dieses Ergebnis stimmt mit dem von Beispiel 7.23 überein.

7.3.2.4 Knotenpunktpotential-Verfahren. Wenn man in dem Netzwerk von Bild **7.64** einem der Knotenpunkte, z. B. dem Knoten c, willkürlich das Potential $\underline{U}'_c = 0$ zuordnet, haben die übrigen Knotenpunkte a, b, d gegenüber diesem **Bezugs-Knotenpunkt** die Potentiale $\underline{U}'_{ca}$, $\underline{U}'_{cb}$ und $\underline{U}'_{cd}$. Gelingt es, diese komplexen Spannungen $\underline{U}'_{ca}$, $\underline{U}'_{cb}$, $\underline{U}'_{cd}$ zu bestimmen, so können auch die übrigen Teilspannungen und die Zweigströme leicht berechnet werden. Hierdurch hat man die ursprüngliche Aufgabe, wie in Bild **7.68** insgesamt 6 unbekannte Zweigströme durch das Lösen eines Gleichungssystems mit 6 Gleichungen zu finden, auf die Lösung eines Systems von 3 Gleichungen reduziert.

Ganz allgemein findet man nach Gl. (1.68) das reduzierte Gleichungssystem bei insgesamt k Knoten durch Aufstellen der $r = (k-1)$ Knotenpunktgleichungen. Das Knotenpunktpotential-Verfahren hat also Vorteile, wenn die Anzahl r der unabhängigen Knotenpunktgleichungen kleiner ist als die Anzahl m der unabhängigen Maschengleichungen nach Gl. (1.66).

7.68 Netzwerk

Um ein übersichtliches Koeffizientenschema zu erhalten, wandelt man im betrachteten Netzwerk alle Spannungsquellen in Stromquellen mit den komplexen Quellengrößen $\underline{I}_q$ und rechnet die komplexen Widerstände in die komplexen Leitwerte $\underline{Y}$ um (s. Bild 7.68). Es empfiehlt sich das in Abschn. 1.6.6 ausführlich beschriebene Vorgehen.

Meist wird man sofort die komplexe **Matrizengleichung**

$$\begin{bmatrix} \underline{Y}_{11} & -\underline{Y}_{12} & \cdots & -\underline{Y}_{1n} \\ -\underline{Y}_{21} & \underline{Y}_{22} & \cdots & -\underline{Y}_{2n} \\ \vdots & \vdots & & \vdots \\ -\underline{Y}_{n1} & -\underline{Y}_{n2} & \cdots & \underline{Y}_{nn} \end{bmatrix} \cdot \begin{bmatrix} \underline{U}'_1 \\ \underline{U}'_2 \\ \vdots \\ \underline{U}'_n \end{bmatrix} = \begin{bmatrix} -\underline{I}'_{q1} \\ -\underline{I}'_{q2} \\ \vdots \\ -\underline{I}'_{qn} \end{bmatrix} \qquad (7.115)$$

bilden. Hierbei ist jedes Knotenpunktpotential $\underline{U}'_k$ mit allen komplexen Leitwerten, die mit dem betrachteten Knotenpunkt unmittelbar verbunden sind, verknüpft. Die **Hauptdiagonale der Leitwertmatrix** (bzw. Koeffizienten-Determinante) ist mit den komplexen Summenleitwerten $\underline{Y}$ der benachbarten (also verbundenen) Zweige besetzt. Die **Nebendiagonalen** der Leitwertmatrix enthalten die stets mit einem **negativen** Vorzeichen behafteten komplexen Koppelleitwerte $\underline{Y}_{ik}$, die zwischen zwei Knotenpunkten liegen. Befindet sich zwischen zwei Knotenpunkten unmittelbar kein Leitwert, so wird an die entsprechende Stelle der Leitwertmatrix eine Null gesetzt. Spiegelbildlich zur Hauptdiagonale liegende komplexe Koppelleitwerte $\underline{Y}_{ik} = \underline{Y}_{ki}$ sind gleich. Die Ströme $\underline{I}'_{qk}$ stellen die Summe der den Knotenpunkten **aufgeprägten** komplexen Quellenströme dar. Sie werden positiv gezählt, wenn ihre Zählpfeile auf den Knoten weisen, und negativ, wenn sie vom Knoten weg weisen.

Beispiel 7.57. Für die Schaltung in Bild 7.68 ist die komplexe Matrizengleichung der Knotenpunktpotentiale anzugeben.

Analog zu Gl. (7.115) und mit den in Abschn. 1.6.6 angegebenen Regeln findet man

$$\begin{bmatrix} (\underline{Y}_1+\underline{Y}_2+\underline{Y}_3) & -\underline{Y}_3 & -\underline{Y}_2 \\ -\underline{Y}_3 & (\underline{Y}_3+\underline{Y}_4+\underline{Y}_5) & -\underline{Y}_5 \\ -\underline{Y}_2 & -\underline{Y}_5 & (\underline{Y}_2+\underline{Y}_5+\underline{Y}_6) \end{bmatrix} \cdot \begin{bmatrix} \underline{U}'_{ca} \\ \underline{U}'_{cb} \\ \underline{U}'_{cd} \end{bmatrix} = \begin{bmatrix} -\underline{I}_{q1}-\underline{I}_{q2} \\ 0 \\ \underline{I}_{q2} \end{bmatrix}.$$

(Mit dem Bezugs-Knotenpunkt a hätte sich ein etwas einfacheres Gleichungssystem ergeben.)

Beispiel 7.58. Man löse das Beispiel 7.53 mit dem Knotenpunktpotential-Verfahren.

Wir vervollständigen Bild 7.64 entsprechend Bild 7.69, wählen also den Bezugs-Knotenpunkt a. Wirksam sind dann die Leitwerte $G=1/R=1/(5\,\Omega)=0{,}2$ S, $B_L=-1/X_L=-1/(10\,\Omega)=-0{,}1$ S und $B_C=-1/X_C=-1/(-20\,\Omega)=0{,}05$ S. Somit finden wir die komplexe Matrizengleichung

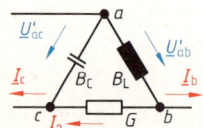

7.69 Netzmasche

$$\begin{bmatrix} G+jB_L & -G \\ -G & G+jB_C \end{bmatrix} \cdot \begin{bmatrix} \underline{U}'_{ab} \\ \underline{U}'_{ac} \end{bmatrix} = \begin{bmatrix} \underline{I}_b \\ \underline{I}_c \end{bmatrix}$$

bzw. mit $G+jB_L=0{,}2\,\text{S}-j0{,}1\,\text{S}=0{,}2236\,\text{S}\,\underline{/-26{,}57°}$ und $G+jB_C=0{,}2\,\text{S}+j0{,}05\,\text{S}=0{,}206\,\text{S}\,\underline{/14{,}04°}$ und den übrigen Zahlenwerten

$$\begin{bmatrix} 0{,}2236\,\text{S}\,\underline{/-26{,}57°} & -0{,}2\,\text{S} \\ -0{,}2\,\text{S} & 0{,}2062\,\text{S}\,\underline{/14{,}04°} \end{bmatrix} \cdot \begin{bmatrix} \underline{U}'_{ab} \\ \underline{U}'_{ac} \end{bmatrix} = \begin{bmatrix} -j4\,\text{A} \\ 3\,\text{A} \end{bmatrix}.$$

Wir erhalten die komplexe Koeffizienten-Determinante

$$\underline{D} = \begin{vmatrix} 0{,}2236\,\text{S}\,\underline{/-26{,}57°} & -0{,}2\,\text{S} \\ -0{,}2\,\text{S} & 0{,}2062\,\text{S}\,\underline{/14{,}04°} \end{vmatrix}$$
$$= 0{,}2236\,\text{S} \cdot 0{,}2062\,\text{S}\,\underline{/-26{,}57°+14{,}04°} - 0{,}2^2\,\text{S}^2 = 0{,}01121\,\text{S}^2\,\underline{/-63{,}26°}$$

und die komplexen Zähler-Determinanten

$$\underline{D}'_{ab} = \begin{vmatrix} -j4\,\text{A} & -0{,}2\,\text{S} \\ 3\,\text{A} & 0{,}2062\,\text{S}\,\underline{/14{,}04°} \end{vmatrix} = -j4\,\text{A} \cdot 0{,}2062\,\text{S}\,\underline{/14{,}04°} + 3\,\text{A} \cdot 0{,}2\,\text{S}$$
$$= 1{,}131\,\text{AS}\,\underline{/-44{,}98°},$$

$$\underline{D}'_{ac} = \begin{vmatrix} 0{,}2236\,\text{S}\,\underline{/-26{,}57°} & -j4\,\text{A} \\ -0{,}2\,\text{S} & 3\,\text{A} \end{vmatrix} = 3\,\text{A} \cdot 0{,}2236\,\text{S}\,\underline{/-26{,}57°} - j4\,\text{A} \cdot 0{,}2\,\text{S}$$
$$= 1{,}253\,\text{AS}\,\underline{/-61{,}35°}.$$

Daher sind die komplexen Spannungen

$$\underline{U}'_{ab} = \underline{D}'_{ab}/\underline{D} = 1{,}131\,\text{AS}\,\underline{/-44{,}98°}/(0{,}01121\,\text{S}^2\,\underline{/-63{,}26°}) = 100{,}9\,\text{V}\,\underline{/18{,}28°},$$
$$\underline{U}'_{ac} = \underline{D}'_{ac}/\underline{D} = 1{,}253\,\text{AS}\,\underline{/-61{,}68°}/(0{,}01121\,\text{S}^2\,\underline{/-63{,}26°}) = 111{,}8\,\text{V}\,\underline{/1{,}58°}.$$

Diese Spannungen müßten mit $\underline{U}_1 = 101{,}2\,\text{V}\,\underline{/18{,}43°}$ und $\underline{U}_3 = -112{,}2\,\text{V}\,\underline{/178{,}5°} = 112{,}2\,\text{V}\,\underline{/1{,}5°}$ von Beispiel 7.53 übereinstimmen. Wegen der geringen Abweichungen dürfen wir die weiteren Berechnungen unterlassen.

7.3.3 Anwendungen

In Abschn. 7.2 bis 7.3.2 sind die für die Behandlung von Netzwerken für Sinusstrom wichtigen Methoden ausführlich dargestellt. Ob für die Lösung einer Aufgabe ein Zeigerdiagramm aufgestellt oder sie unmittelbar mit der komplexen Rechnung gesucht oder vielleicht beide angewendet werden sollten, wird in Abschn. 7.3.1 untersucht. Die Vor- und Nachteile und die wichtigsten Anwendungsgebiete der übrigen Verfahren werden in Abschn. 1.6.7 für Gleichstrom einzeln behandelt; diese Gesichtspunkte gelten ebenso für Sinusstrom. Nach Abschn. 6.2 und 6.3 sind bei Sinusstrom lediglich außer dem Widerstand R noch Blindwiderstände X und somit schließlich **komplexe Widerstände $\underline{Z}$, Leitwerte $\underline{Y}$, Ströme $\underline{I}$ und Spannungen $\underline{U}$ zu berücksichtigen. Es sind also für Sinusstrom alle bei Gleichstrom auftretenden reellen Größen durch komplexe Größen zu ersetzen.** Dies ist außerordentlich wichtig, wird aber von Anfängern häufig unterlassen.

Diese allgemeinen Feststellungen sollen durch die folgenden Anwendungsbeispiele ergänzt werden. Weitere Beispiele findet man in [12], [21], [26], [45], [48], [52], [60], [85], [88], [89], [94].

7.3.3.1 Wechselstrombrücken. Bild 7.70 zeigt eine allgemeine Brückenschaltung für Sinusstrom, deren Abgleichbedingung jetzt abgeleitet werden soll.

Man spricht vom Abgleich einer Brückenschaltung, wenn die Spannung im Diagonalzweig $\underline{U}_5 = 0$ verschwindet, also für die Ströme $\underline{I}_1 = \underline{I}_2$ und $\underline{I}_3 = \underline{I}_4$ gilt und die Spannungen an den parallelen Brückenzweigen mit $\underline{U}_1 = \underline{U}_3$ und $\underline{U}_2 = \underline{U}_4$ gleich sind. Es muß also $\underline{Z}_1 \underline{I}_1 = \underline{Z}_3 \underline{I}_3$ und $\underline{Z}_2 \underline{I}_2 = \underline{Z}_4 \underline{I}_4$ oder nach Division beider Gleichungen

$$\underline{Z}_1/\underline{Z}_2 = \underline{Z}_3/\underline{Z}_4 \quad \text{oder} \quad \underline{Z}_1 \underline{Z}_4 = \underline{Z}_2 \underline{Z}_3 \tag{7.116}$$

sein. Dies verlangt auch $Z_1\underline{/\varphi_1}\, Z_4\underline{/\varphi_4} = Z_2\underline{/\varphi_2}\, Z_3\underline{/\varphi_3}$ oder nach Abschn. 6.3.1.3 für die **Beträge** der Widerstände

$$Z_1 Z_4 = Z_2 Z_3 \tag{7.117}$$

und für ihre **Phasenwinkel**

$$\varphi_1 + \varphi_4 = \varphi_2 + \varphi_3 . \tag{7.118}$$

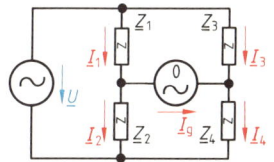

7.70 Allgemeine Sinusstrom-Brückenschaltung

Es gibt sehr viele Wechselstrombrücken [80]; drei sollen in Beispielen untersucht werden.

Beispiel 7.59. Die Abgleichbedingungen der Schering-Brücke [80] nach Bild 7.71 sind abzuleiten.

Auch hier gilt Gl. (7.116). Mit $\underline{Z}_1 = R_1 + jX_1$ und $\underline{Z}_2 = jX_2$ sowie $\underline{Z}_3 = R_3$ und $\underline{Z}_4 = jR_4X_4/(R_4 + jX_4)$ ist somit

$$\frac{(R_1 + jX_1)jR_4X_4}{R_4 + jX_4} = jX_2 R_3$$

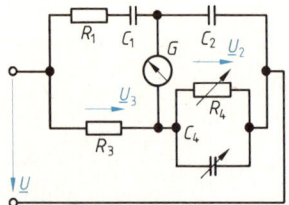

7.71 Schering-Brücke

oder $-R_4X_1X_4 + jR_1R_4X_4 = -R_3X_2X_4 + jR_3R_4X_2$. Realteil und Imaginärteil müssen für sich gleich sein. Also sind beim Realteil $R_4X_1X_4 = R_3X_2X_4$ und beim Imaginärteil $R_1X_4R_4 = R_3R_4X_2$. Es muß also sein $X_1 = X_2R_3/R_4$ oder mit $X = -1/(\omega C)$ auch

$$C_1 = C_2 R_4/R_3$$

sowie

$$R_1 = R_3 X_2/X_4 = R_3 C_4/C_2 .$$

Die Brücke arbeitet demnach für Wirkwiderstand R und Kapazität C frequenzunabhängig. Da aber Wirkwiderstand R_1 und Kapazität C_1 frequenzabhängig sein können, ist diese Abhängigkeit mit der Schering-Brücke besonders einfach zu ermitteln. Sie dient insbesondere der Bestimmung des frequenzabhängigen Verlustfaktors $\tan\delta$ [80].

Beispiel 7.60. Man gebe für die Kapazitätsmeßbrücke in Bild 7.72 die Bestimmungsgleichungen für die Kapazität C_1 und den Verlustfaktor $\tan\delta$ an.

Gl. (7.117) ergibt, wenn ein gegenüber ωC_2 vernachlässigbar großer Leitwert G_2 vorausgesetzt wird, für die Beträge $R_4/(\omega C_1) = R_3/(\omega C_2)$ und somit für die Kapazität

$$C_1 = C_2 R_4/R_3 .$$

Die Wirkwiderstände R_3 und R_4 haben die Phasenwinkel $\varphi_3 = \varphi_4 = 0$, und für die Verlustwinkel gilt wegen ihrer Definition $\delta_1 = 90° + \varphi_1$ bzw. $\delta_2 = 90° + \varphi_2$ nach Gl. (7.118) auch $\delta_1 = \delta_2$. Daher findet man den Verlustfaktor [21]

$$\tan\delta_1 = G_2/(\omega C_2) .$$

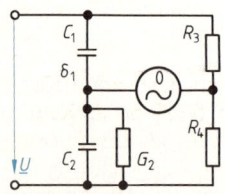

7.72 Wien-Kapazitätsmeßbrücke mit Parallelabgleich

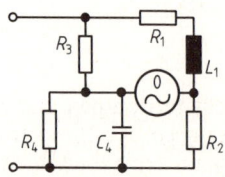

7.73 Maxwell-Wien-Brücke

Beispiel 7.61. Mit der Maxwell-Wien-Brücke nach Bild 7.73 wird eine Drossel bei der Frequenz $f = 6$ kHz untersucht und der Abgleich bei den Wirkwiderständen $R_2 = R_3 = 300\,\Omega$ und $R_4 = 450\,\Omega$ sowie der Kapazität $C_4 = 1{,}5\,\mu$F erreicht. Die Induktivität L in der Reihen-Ersatzschaltung ist zu bestimmen.

Es gilt nach Gl. (7.117) und (7.118) für die Beträge $Z_1Z_4 = Z_2Z_3$ und die Phasenwinkel $\varphi_1 + \varphi_4 = \varphi_2 + \varphi_3$ bzw. mit dem Verlustwinkel $\delta_1 = 90° - \varphi_1$ und $\varphi_2 = \varphi_3 = 0$

$$\delta_1 = 90° + \varphi_4 = \delta_4 .$$

Da $\omega L_1 \gg R_1$ und $\omega C_4 \gg 1/R_4$ ist, dürfen wir für Gl. (7.117) $\omega L_1/(\omega C_4) = R_2 R_3$ setzen und erhalten so die Induktivität

$$L_1 = R_2 R_3 C_4 = 300\,\Omega \cdot 300\,\Omega \cdot 1{,}5\,\mu\text{F} = 135\,\text{mH} .$$

7.3.3.2 Blindstromkompensation. Enthält ein Verbraucher außer einem Wirkwiderstand R auch Blindwiderstände X, so ist der zur gewünschten Übertragung der Wirkleistung P erforderliche Strom I grundsätzlich größer als bei einem reinen

7.3.3 Anwendungen

Wirkwiderstand R. Ein größerer Strom verursacht aber größere Stromwärmeverluste in Zuleitung und Erzeuger bzw. verlangt dickere und teurere Zuleitungen und größere Generatoren, um die zulässigen Erwärmungen (z. B. in Kabeln und in den Generatorwicklungen) und die zulässigen Spannungsunterschiede nicht zu überschreiten. Daher muß man versuchen, den Gesamtstrom $\underline{I}$ so klein zu machen, daß er nur noch unwesentlich vom gewünschten Wirkstrom $\underline{I}_R$ abweicht, z. B. mit einer Schaltung wie in Bild 7.15, wo der induktive Blindstrom $\underline{I}_L$ einen Teil des kapazitiven Blindstroms $\underline{I}_C$ kompensiert. Insbesondere Wechselstrommotoren haben besonders bei Teillast oft niedrige (induktive) Wirkfaktoren $\cos\varphi$ [56].

Bild 7.74a zeigt nochmals die Ersatzschaltung eines allgemeinen, induktiv wirkenden Verbrauchers und Bild 7.74b die Zerlegung des Verbraucherstroms $\underline{I}$ in die Wirkkomponente $I_w = I\cos\varphi$ und in die Blindkomponente $I_{bL} = I\sin\varphi$. Der zahlenmäßig gleich große, aber entgegengesetzt gerichtete kapazitive Blindstrom $\underline{I}_{bC} = -\underline{I}_{bL}$, mit dem der Strom $\underline{I}$ auf seine Wirkkomponente $\underline{I}_w$ verkleinert werden könnte, kann entweder durch die Kapazität C oder (bei großen Leistungen) durch Blindleistungsgeneratoren (auch Phasenschieber genannt [56]) erzeugt werden. Das ist natürlich aufwendig, so daß man meist nicht vollständig auf $\cos\varphi = 1$, sondern auf etwa $\cos\varphi = 0{,}9$ kompensiert, wie das mit dem Zeigerdiagramm in Bild 7.74c beschrieben wird.

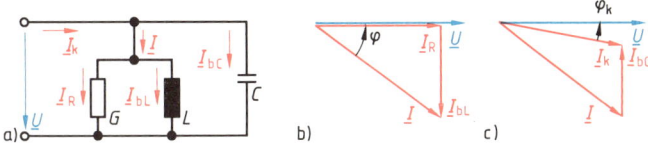

7.74 Induktiver Verbraucher G, L mit Blindstromkompensation durch Kapazität C
a) Schaltung, b) Wirk- und Blindkomponenten des Stromes, c) unvollständige Blindstromkompensation

Leuchtstofflampen und Wechselstrommotoren werden häufig mit passenden Kondensatoren zur Blindstromkompensation ausgerüstet. Größere Betriebe enthalten meist in der Schaltanlage eine umschaltbare Kondensatorbatterie, deren Teile je nach dem vorliegenden Wirkfaktor zu- oder abgeschaltet werden können. Große Versorgungsbereiche werden durch eigene Blindleistungsgeneratoren kompensiert; hier können nachts fast leerlaufende Netze mit großer Ladeleistung für die Kabel und Leitungen auch induktive Blindleistungen zur Kompensation erfordern.

Beispiel 7.62. Ein Wechselstrommotor hat die mechanische Nennleistung $P_{mech} = 20$ kW, sein Wirkungsgrad beträgt $\eta = 85\%$, sein Wirkfaktor $\cos\varphi = 0{,}75$. Der Motor liegt an der Spannung $U = 220$ V mit der Frequenz $f = 50$ Hz ($\omega = 314{,}2$ s^{-1}). Welche Kapazität muß zur Blindstromkompensation parallelgeschaltet werden, damit der aus dem Netz entnommene Strom mit der Spannung in Phase bleibt, also keine Blindstromkomponente mehr enthält?
Der Motor nimmt die elektrische Leistung $P = P_{mech}/\eta = 20$ kW$/0{,}85 = 23{,}5$ kW auf. Hiermit findet man aus Gl. (6.51) den Gesamtstrom

$$I = \frac{P}{U\cos\varphi} = \frac{23\,500\text{ W}}{220\text{ V}\cdot 0{,}75} = 142{,}4\text{ A}\,.$$

Nach Tafel 7.21 ergibt sich der Blindstrom $I_b = I\sin\varphi = 142{,}4$ A $\cdot$ 0,6614 = 94,2 A, der vom Kondensatorstrom voll kompensiert werden soll. Nach Gl. (6.43) ist die Kapazität

$$C = \frac{I_b}{U\omega} = \frac{94{,}2 \text{ A}}{220 \text{ V} \cdot 314{,}2 \text{ s}^{-1}} = 1363 \text{ µF}.$$

Vom Erzeuger fließt nur noch der Wirkstrom $I_w = I \cos\varphi = 142{,}4 \text{ A} \cdot 0{,}75 = 106{,}8 \text{ A}$ zum Motor.

Beispiel 7.63. Ein Verbraucher entnimmt einem Netz für die Sinusspannung $U = 20$ kV bei der Frequenz $f = 50$ Hz die Wirkleistung $P = 300$ kW bei dem induktiven Wirkfaktor $\cos\varphi = 0{,}8$. Der Wirkfaktor soll auf $\cos\varphi' = 0{,}95$ verbessert werden. Die erforderliche Kapazität C und die hierdurch eintretende Verringerung der Übertragungsverluste sollen bestimmt werden.

Wir zeichnen in Bild 7.75 mit Hilfe des Einheitskreises [6] das Zeigerdiagramm der Leistungen. Nach Gl. (6.51) hat der Verbraucher die Scheinleistung $S = P/\cos\varphi = 300 \text{ kW}/0{,}8 = 375$ kVA, die durch die Blindstromkompensation auf $S' = P/\cos\varphi' = 300 \text{ kW}/0{,}95 = 315{,}8$ kVA verringert werden soll. Hierdurch sinkt der Netzstrom im Verhältnis $I'/I = S'/S = 315{,}8 \text{ kVA}/(375 \text{ kVA}) = 0{,}8421$. Die Leistungsverluste $R_L I^2$ sinken sogar quadratisch im Verhältnis $0{,}8421^2 = 0{,}7091$.

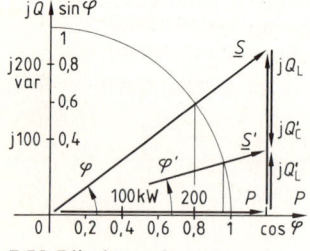

7.75 Blindstromkompensation

Mit $\sin\varphi = 0{,}6$ haben wir zunächst nach Gl. (6.54) die induktive Blindleistung $Q_L = S \sin\varphi = 375 \text{ kVA} \cdot 0{,}6 = 225$ kvar, die durch die Blindstromkompensation mit $\sin\varphi' = 0{,}3122$ auf $Q'_L = S' \sin\varphi' = 316 \text{ kvar} \cdot 0{,}312 = 98{,}61$ kvar gebracht werden soll. Hierfür müssen wir nach Bild 7.75 die kapazitive Blindleistung $Q_C = Q'_L - Q_L = 98{,}61 \text{ kvar} - 225 \text{ kvar} = -126{,}4$ kvar und nach Gl. (7.39) bei der Kreisfrequenz $\omega = 2\pi f = 2\pi \cdot 50 \text{ Hz} = 314{,}2 \text{ s}^{-1}$ die Kapazität $C = -Q_C/(\omega U^2) = 126{,}4 \text{ kvar}/(314{,}2 \text{ s}^{-1} \cdot 20^2 \text{ kV}^2) = 1{,}006$ µF aufbringen.

Beispiel 7.64. Eine **Leuchtstofflampe** kann man bei Vernachlässigung der Stromoberschwingungen als Wirkwiderstand R_L auffassen, dem man wegen der fallenden Strom-Spannungs-Charakteristik der Gasentladung (s. Abschn. 5.5.3) nach Bild 7.76 zur Stabilisierung eine verlustbehaftete Drossel vorschaltet. Diese Reihenschaltung nimmt bei der Sinusspannung $U = 220$ V, $f = 50$ Hz den Strom $I_L = 0{,}42$ A und die Wirkleistung $P = 49$ W auf. Die Leuchtstofflampe allein verbraucht $P_L = 40$ W. Die Kapazität C verbessert den Wirkfaktor des Netzes.

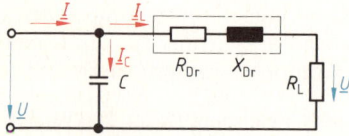

7.76
Schaltung einer Leuchtstofflampe R_L mit Vorschaltdrossel (R_{Dr}, X_{Dr}) und Kompensationskondensator C

a) Welche Spannung U_L liegt an der Leuchtstofflampe?

Weil der Wirkfaktor der Leuchtstofflampe allein $\cos\varphi_L = 1$ ist, gilt für die Spannung an der Lampe $U_L = P_L/I_L = 40 \text{ W}/(0{,}42 \text{ A}) = 95{,}23$ V.

b) Welchen Wirkfaktor $\cos\varphi_r$ hat die Reihenschaltung von Leuchtstofflampe und Drossel?

Die Reihenschaltung nimmt die Scheinleistung $S_r = U I_L = 220 \text{ V} \cdot 0{,}42 \text{ A} = 92{,}4$ VA auf, und man findet den Wirkfaktor $\cos\varphi_r = P/S_r = 40 \text{ W}/(92{,}4 \text{ VA}) = 0{,}5303$.

c) Welche Kapazität C ist erforderlich, den Wirkfaktor des Netzes auf $\cos\varphi = 1$ zu verbessern?

Die Reihenschaltung von Lampe und Drosselspule nimmt die Blindleistung $Q_r = S_r \sin\varphi_r = 92{,}4 \text{ VA} \cdot 0{,}8478 = 78{,}33 \text{ var} = U^2 \omega C$ auf. Hiermit erhält man die Kapazität $C = Q_r/(U^2 \omega) = 78{,}33 \text{ var}/(220^2 \text{ V}^2 \cdot 314{,}2 \text{ s}^{-1}) = 5{,}152$ µF.

8 Ortskurven und Schwingkreise

In Abschn. 6 und 7 sind Schaltungselemente bzw. Netzwerke unter der Voraussetzung betrachtet, daß alle die Betriebseigenschaften eines Netzwerkes bestimmenden Größen wie Widerstände, Kapazitäten, Induktivitäten sowie die Frequenz der Ströme und Spannungen konstant bleiben. In der Praxis aber interessiert häufig auch die Abhängigkeit der Betriebseigenschaften von einer – oder mehrerer – dieser Größen. Beispielsweise interessiert in der Nachrichtentechnik der Einfluß der Frequenz auf die Eigenschaften einer Schaltung oder in der Energietechnik die Abhängigkeit der Spannung von der Belastung, d. h. dem Widerstand. Man betrachtet also die interessierende Größe, z. B. Spannung oder Strom, in Abhängigkeit von einer als **Variable** aufgefaßten Größe.

Bei allen solchen Untersuchungen ist unbedingt zu beachten, in welcher Art sich die Variable zeitlich ändert. Betrachtet man z. B. die Spannung u an einer Induktivität L, durch die der Sinusstrom $i = \hat{i}\sin(\omega t)$ fließt, in Abhängigkeit von der Variablen Kreisfrequenz ω, so sind folgende Fälle zu unterscheiden:

a) Die Änderung der Variablen Kreisfrequenz entsprechend einer Zeitfunktion $\omega_t = f(t)$ wird in die Betrachtungen einbezogen. Deshalb kann für den einzelnen Wert ω kein stationärer Betriebszustand vorausgesetzt werden. Die sich entsprechend Gl. (4.115) ergebende Spannung $u = L\,di/dt = L\hat{i}\,d[\sin(\omega_t t)]/dt = [L\hat{i}\cos(\omega_t t)] \cdot (\omega_t + t\,d\omega_t/dt)$ ist nicht mehr sinusförmig und kann nicht mehr als eine komplexe Größe dargestellt werden.

b) Jeder Wert der Variablen Kreisfrequenz ω wird als konstant angenommen. Deshalb kann für jeden Wert ω ein stationärer Betriebszustand vorausgesetzt werden, für den sich die stationäre Sinusspannung $\underline{U} = \underline{I}j\omega L$ (s. Tafel **6**.23) einstellt.

In diesem Abschnitt werden in Abhängigkeit von einer Variablen p nur stationäre Betriebszustände betrachtet. Jeden Wert einer Variablen p muß man sich also jeweils so lange konstant gehalten vorstellen, bis sich die von diesem Wert abhängige Größe $x = f(p)$ stationär (mit konstanter Amplitude) eingestellt hat.

In Abschn. 8.1 ist allgemein das Verfahren beschrieben, mit dem die Abhängigkeit einer komplexen Größe von einer beliebigen als Variable aufgefaßten zweiten komplexen Größe dargestellt werden kann. In Abschn. 8.2 sind dann die Betriebseigenschaften von Schwingkreisen in Abhängigkeit von der Variablen Frequenz erläutert.

8.1 Ortskurven

8.1.1 Erläuterung und Konstruktion von Ortskurven

Zeigerdiagramme stellen in anschaulicher Weise die Summation gleichfrequenter Sinusgrößen dar, in der hier betrachteten Sinusstromlehre also von Spannungen oder Strömen, aber auch von zeitunabhängigen komplexen Größen, z. B. komplexer Widerstände und Leitwerte. Sie gelten jedoch jeweils nur für eine bestimmte konstante Frequenz und bestimmte konstante Werte der Schaltungselemente.

Soll eine die Betriebseigenschaften einer Schaltung beschreibende komplexe Größe wie Spannung oder Strom in Abhängigkeit von einer als Variable aufgefaßten Größe dieser Schaltung – z. B. Induktivität, Kapazität, Widerstand oder Frequenz – dargestellt werden, könnte man für verschiedene – jeweils konstant angenommene – Werte dieser Variablen das Zeigerdiagramm angeben und so die Betriebseigenschaften durch eine Vielzahl von Zeigerdiagrammen beschreiben. Beispielsweise kann man die Abhängigkeit des komplexen Widerstandes $\underline{Z} = R + j\omega L$ einer Reihenschaltung nach Bild **8.**1a aus Wirkwiderstand R und Induktivität L von der Variablen Kreisfrequenz ω durch Zeigerdiagramme darstellen, die jeweils für eine konstante Kreisfrequenz ω_1, $2\omega_1$, $3\omega_1$, ..., $n\omega_1$ gelten (s. Bild **8.**1b).

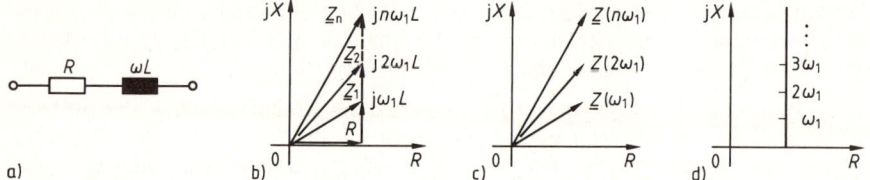

8.1 Entwicklung der Ortskurve für einen komplexen Widerstand $\underline{Z} = R + j\omega L$ mit der Kreisfrequenz ω als Variable
a) Schaltung, b) vollständige Zeigerdiagramme für die Kreisfrequenzen ω_1, $2\omega_1$, $n\omega_1$, ..., c) resultierende Zeiger für $\underline{Z}$, d) Ortskurve für $\underline{Z}$

Eine solche Darstellung wird wesentlich übersichtlicher, wenn man alle nichtinteressierenden Größen der Zeigerdiagramme fortläßt, nur die komplexen Zeiger der in Abhängigkeit von der Variablen betrachteten Größe zeichnet und mit dem zugehörigen Wert der Variablen beziffert (s. Bild **8.**1c). In dieser Darstellung ist also nur noch die zu betrachtende Größe mit Betrag und Phasenlage in Abhängigkeit von dem Parameter angegeben.

Eine weitere Vereinfachung ergibt sich, wenn man auch die Zeiger der darzustellenden Größe fortläßt und nur noch die Kurve zeichnet, auf der die Spitzen der Zeiger liegen (s. Bild **8.**1d). Diese Kurve, als Ortskurve bezeichnet, ist also der geometrische Ort aller Werte der von einer Variablen abhängigen komplexen Größe. Sie wird der Variablen entsprechend beziffert.

Ohne näher auf die allgemeine Theorie oder Konstruktionsregeln für Ortskurven [6], [17], [22] einzugehen, werden in den folgenden Abschnitten die Ortskurven an Beispielen erläutert, die für die Betriebseigenschaften einiger Schaltungen von grundsätzlicher Bedeutung sind. Für weitere Anwendungen wird auf [17], [87] verwiesen.

8.1.1.1 Ortskurven für Spannung und Widerstand. Im folgenden werden Ortskurven für eine Reihenschaltung aus Wirkwiderstand R und Blindwiderstand X entsprechend Bild **8.**2a ermittelt. Für die Reihenschaltung gilt die Spannungsgleichung

$$\underline{U} = \underline{I}R + \underline{I}\mathrm{j}X \tag{8.1}$$

mit dem Blindwiderstand $X = \omega L - 1/(\omega C)$.

In Bild **8.**2 sind einige Zeigerdiagramme der Spannungen gezeichnet für den Fall, daß der Strom $\underline{I}$ konstant ist und sich nur einer der beiden Widerstände R oder X ändert. Der Stromzeiger $\underline{I}$ ist dabei in die positive reelle Achse der komplexen Ebene gelegt.

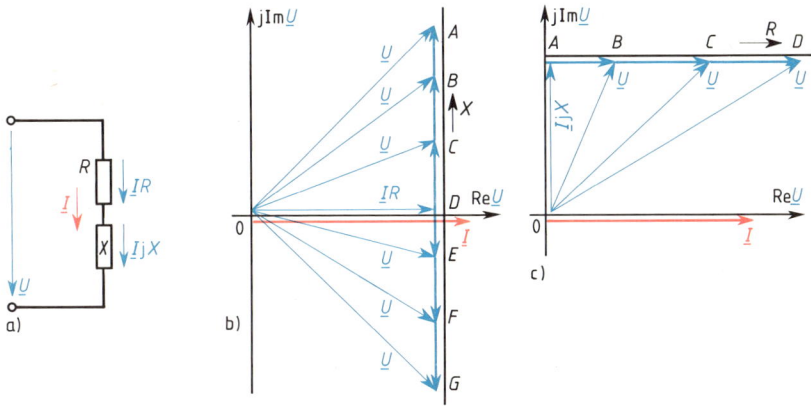

8.2 Ortskurven der Spannung $\underline{U}$ an einer Reihenschaltung (a) aus Wirkwiderstand R und Blindwiderstand X bei konstantem Strom $\underline{I}$ mit der Variablen Blindwiderstand X (b) bzw. Wirkwiderstand R (c)

Bei variablem Blindwiderstand X und konstantem Wirkwiderstand R ergeben sich die in Bild **8.**2b dargestellten Spannungsdiagramme. Der Zeiger der Wirkspannung $\underline{I}R$ liegt in der reellen Achse, da er mit dem Stromzeiger $\underline{I}$ in Phase liegt. An der Spitze des Zeigers $\underline{I}R$ wird rechtwinklig der Zeiger der Blindspannung $\underline{I}\mathrm{j}X$ angetragen, so daß sich je nach Vorzeichen [Überwiegen von ωL oder $1/(\omega C)$] und Betrag die Strecken $\overline{DA}$, $\overline{DB}$, $\overline{DC}$, $\overline{DE}$, $\overline{DF}$, $\overline{DG}$ ergeben. Dementsprechend wandert der Endpunkt des Spannungszeigers $\underline{U}$ auf der zur reellen Achse senkrechten Geraden $\overline{AG}$. Die durch den Punkt $\underline{I}R$ auf der reellen Achse parallel zur Imaginärachse verlaufende Gerade (in Bild **8.**2b dick schwarz ausgezogen) ist somit die Ortskurve des Spannungszeigers $\underline{U}$ nach Gl. (8.1) für den variablen Parameter Blindwiderstand X. Sie kann in der Einheit Ω des Blindwiderstandes beziffert werden.

Ähnlich ergibt sich die Ortskurve der komplexen Spannung $\underline{U}$ für konstanten Strom $\underline{I}$ und konstanten Blindwiderstand X, aber variablen Wirkwiderstand R. Wird wie in Bild **8.**2c der Zeiger des konstanten Stromes $\underline{I}$ in die reelle Achse gelegt, liegt der ebenfalls konstante Spannungszeiger $\underline{I}\mathrm{j}X$ in der Imaginärachse, von dessen Spitze ausgehend der mit R veränderliche Zeiger der Wirkspannung $\underline{I}R$ parallel zur reellen Achse entsprechend den Strecken $\overline{AB}$, $\overline{AC}$, $\overline{AD}$ angetragen ist. Die Spitze des Spannungszeigers $\underline{U}$ liegt also je nach Größe des Wirkwiderstandes R auf der Geraden $\overline{AD}$, die Ortskurve (in Bild **8.2**c dick schwarz ausgezogen) verläuft somit parallel zur reellen Achse durch den Punkt $I\mathrm{j}X$ auf der Imaginärachse.

Dividiert man die Größen des Spannungsdiagrammes entsprechend Bild **8.2**, also die Gl. (8.1), durch den konstanten Strom $\underline{I}$, so bekommt man den komplexen Widerstand

$$\underline{Z} = \underline{U}/\underline{I} = R + \mathrm{j}X .\qquad(8.2)$$

Man erkennt, daß für diesen ähnliche Zeigerdiagramme und damit Ortskurven gelten, wie sie in Bild **8.2**b und c für die Spannung dargestellt sind. Beispielsweise ergibt sich für konstanten Wirkwiderstand R und veränderlichen Blindwiderstand X der Zeiger des komplexen Widerstandes $\underline{Z} = R + \mathrm{j}X$, indem der Zeiger R auf der reellen Achse und von dessen Spitze ausgehend der Zeiger des Blindwiderstandes $\mathrm{j}X$ parallel zur Imaginärachse angetragen wird, in ähnlicher Weise, wie in Bild **8.2**b für die Spannung $\underline{U}$ dargestellt. Die Ortskurven der komplexen Spannung $\underline{U}$ und des komplexen Widerstandes $\underline{Z}$ unterscheiden sich bei der Reihenschaltung lediglich im Wert um den des Maßstabsfaktors I und in der Dimension um die des Stromes.

Beispiel 8.1. Eine aus Wirkwiderstand $R = 15\,\Omega$, Induktivität $L = 0{,}2$ H und Kapazität $C = 30\,\mu\mathrm{F}$ bestehende Reihenschaltung ist an die Sinusspannung $U = 120$ V angeschlossen. Es soll die Ortskurve des komplexen Widerstandes $\underline{Z}$ für Frequenzen im Bereich $f = 40$ Hz bis 100 Hz ermittelt werden.

Für den komplexen Widerstand $\underline{Z} = R + \mathrm{j}[\omega L - 1/(\omega C)]$ der Reihenschaltung werden mit verschiedenen Frequenzen Zeigerdiagramme entsprechend Bild **8.3** gezeichnet. Der von der Frequenz unabhängige Zeiger des Wirkwiderstandes $R = 15\,\Omega$ ist auf der reellen Achse angetragen. Von dessen Spitze ausgehend liegt der Zeiger des Blindwiderstandes $X = \omega L - 1/(\omega C)$ parallel zur Imaginärachse in negativer oder positiver Richtung (abhängig von dem Wert für $\omega = 2\pi f$); also ist die Ortskurve die in Bild **8.3** dick ausgezogene Gerade. Ihre Bezifferung erfolgt in der Einheit Hz für die Variable Frequenz f.

Bei der Frequenz $f = 65$ Hz ist der komplexe Widerstand $\underline{Z} = R = 15\,\Omega$ reell und hat seinen minimalen Wert (Resonanzfall, s. Abschn. 8.2.2.1). In den Grenzfällen $f = 0$ und $f = \infty$ wird $\underline{Z} = \infty$, denn bei $f = 0$ sperrt der Kondensator und bei $f = \infty$ die Drosselspule den Stromkreis, die Ortskurve strebt für diese Extremwerte nach $(15 - \mathrm{j}\infty)\,\Omega$ und $(15 + \mathrm{j}\infty)\,\Omega$.

Ortskurven für die Spannung $\underline{U} = \underline{I}/(G + \mathrm{j}B)$ und den Widerstand $\underline{Z} = 1/(G + \mathrm{j}B)$ einer **Parallelschaltung** aus Wirkleitwert G und Blindleitwert B können analog den Erläuterungen in Abschn. 8.1.1.2 ermittelt werden. Sie ergeben sich als Kreise ähnlich wie in Bild **8.4**.

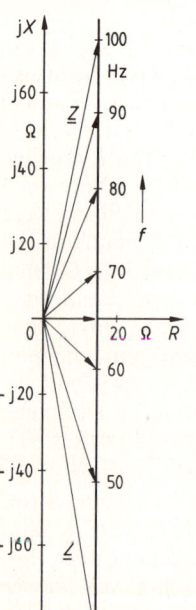

8.3 Ortskurve des komplexen Widerstandes $\underline{Z}$ zu Beispiel 8.1

8.1.1 Erläuterung und Konstruktion von Ortskurven 413

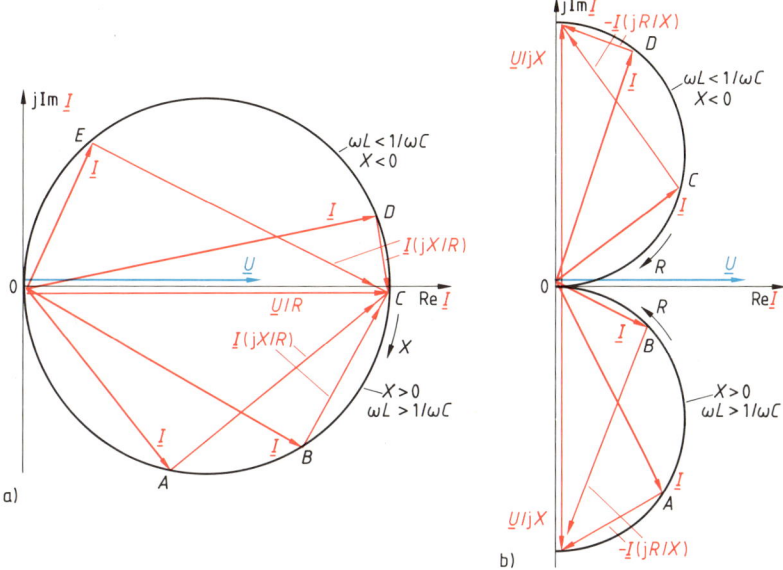

8.4 Ortskurven des Stromes $\underline{I}$ in einer Reihenschaltung nach Bild **8.**2a aus Wirkwiderstand R und Blindwiderstand X bei konstanter Spannung $\underline{U}$ mit der Variablen Blindwiderstand X (a) bzw. Wirkwiderstand R (b)

8.1.1.2 Ortskurven für Strom und Leitwert. Für Leitwert und Strom einer Parallelschaltung sowie Widerstand und Spannung einer Reihenschaltung gelten die in Abschn. 1.5 erläuterten Dualitätsbeziehungen. Damit kann für eine Parallelschaltung von Wirkleitwert G und Blindleitwert B unmittelbar der Strom $\underline{I} = \underline{U}G + \underline{U}jB$ abgeleitet werden, für den ähnliche Ortskurven gelten, wie sie in Abschn. 8.1.1.1 für die Spannung $\underline{U}$ nach Gl. (8.1) abgeleitet sind (s. Bild **8.**2b und c). Völlig andersartig verlaufen aber die Ortskurven für Strom und Leitwert einer Reihenschaltung, wie im folgenden gezeigt ist.

Es wird eine Reihenschaltung aus Wirkwiderstand R und Blindwiderstand X (s. Bild **8.**2a) an einer konstanten Spannung $\underline{U}$ betrachtet. Dabei sollen die Ortskurven für den Strom I bestimmt werden für den Fall, daß entweder nur der Wirkwiderstand R oder nur der Blindwiderstand X als Variable aufgefaßt wird.

Ist der Blindwiderstand X die Variable und der Wirkwiderstand R konstant, so dividiert man zweckmäßigerweise die Spannungsgleichung (8.1) durch den konstanten Wirkwiderstand R. In der dadurch entstehenden Stromgleichung

$$\underline{U}/R = \underline{I} + \underline{I}jX/R \tag{8.3}$$

haben die Ausdrücke $\underline{U}/R$ und $\underline{I}jX/R$ den Charakter von Stromzeigern. Für die Darstellung dieser Gl. (8.3) in der komplexen Ebene wird die konstante Spannung als Bezugszeiger $\underline{U}$ gewählt und in die reelle Achse gelegt (s. Bild **8.**4a). Damit liegt der gleichphasige Stromzeiger $\underline{U}/R$ ebenfalls in der reellen Achse. Die Stromzeiger

$\underline{I}$ und $\underline{I}\,\mathrm{j}X/R$ stehen jeweils senkrecht aufeinander und müssen sich für jeden Wert des Blindwiderstandes X zu dem konstanten Stromzeiger $\underline{U}/R$ zusammensetzen (s. Bild **8.4** a).

Ändert sich mit dem Blindwiderstand X der Stromzeiger $\underline{I}\,\mathrm{j}X/R$, so muß sich bei konstantem Verhältnis $\underline{U}/R$ auch der Strom $\underline{I}$ ändern, und zwar so, daß der Eckpunkt des rechten Winkels zwischen $\underline{I}\,\mathrm{j}X/R$ und $\underline{I}$ einen Halbkreis über dem Durchmesser $\underline{U}/R$ beschreibt (Thaleskreis, s. Bild **8.4** a). Die Strecken $\overline{0A}$ bis $\overline{0E}$ geben entsprechend Gl. (8.3) unmittelbar die Ströme $\underline{I}$ nach Betrag und Phase an, die sich bei den entsprechenden Blindwiderständen (X-Werten) einstellen. Der dick schwarz ausgezogene Kreis ist die Ortskurve des Stromes $\underline{I}$ bei **konstanter Spannung $\underline{U}$ und variablem Blindwiderstand X**. In dem unteren Halbkreis in Bild **8.4** a ist ein gegenüber der Spannung $\underline{U}$ nacheilender Strom $\underline{I}$ dargestellt, d. h., die Schaltung hat induktiven Charakter, dagegen gehört der obere Halbkreis zu einem gegenüber $\underline{U}$ voreilenden Strom $\underline{I}$, d. h., er beschreibt einen kapazitiven Schaltungscharakter.

Um das entsprechende Kreisdiagramm für **veränderlichen Wirkwiderstand R bei konstantem Blindwiderstand X** zu erhalten, dividiert man Gl. (8.1) durch $\mathrm{j}X$.

$$\underline{U}/(\mathrm{j}X) = -\mathrm{j}\underline{U}/X = \underline{I} - \underline{I}\,\mathrm{j}R/X \tag{8.4}$$

Auch hier ist die in Gl. (8.4) auf der rechten Seite stehende geometrische Summe der beiden einen rechten Winkel einschließenden Stromzeiger $\underline{I}$ und $\underline{I}\,\mathrm{j}R/X$ gleich dem Durchmesser $\underline{U}(\mathrm{j}X)$ des Halbkreises, auf dem die Ecke des rechten Winkels liegt (Thaleskreis).

Für einen positiven Zahlenwert des Blindwiderstandes X [überwiegende Induktivität, also $\omega L > 1/(\omega C)$] liegt der Zeiger $\underline{U}/(\mathrm{j}X)$ in der negativen j-Achse (s. den unteren Teil von Bild **8.4** b), so daß sich die Ortskurve der Ströme als Halbkreis über der negativen Imaginärachse ergibt; die Ströme $\underline{I}$ eilen der Spannung $\underline{U}$ nach.

Für einen negativen Zahlenwert des Blindwiderstandes X infolge überwiegender Kapazität wird der Zeiger $\underline{U}/(\mathrm{j}X)$ positiv, so daß dieser in der positiven Imaginärachse liegt (s. den oberen Teil von Bild **8.4** b). Man erhält in ähnlicher Weise wie oben beschrieben als Ortskurve für $\underline{I}$ den oberen Halbkreis in Bild **8.4** b für Ströme $\underline{I}$, die der Spannung $\underline{U}$ vorauseilen.

Beispiel 8.2. In einer Schaltung nach Bild **8.5** a sind in einem Zweig der Wirkwiderstand $R = 50\,\Omega$, die Induktivität $L = 80\,\mu\mathrm{H}$ und die Kapazität $C = 12{,}5\,\mathrm{nF}$ in Reihe geschaltet. Der andere Zweig enthält nur die Kapazität $C_\mathrm{p} = 5{,}0\,\mathrm{nF}$. Es sollen die Ortskurven des komplexen Leitwertes $\underline{Y}$ und des komplexen Widerstandes $\underline{Z}$ der Schaltung für einen Kreisfrequenzbereich $\omega = 0{,}5 \cdot 10^6\,\mathrm{s}^{-1}$ bis $\omega = 4{,}0 \cdot 10^6\,\mathrm{s}^{-1}$ (entsprechend etwa $f = 80\,\mathrm{kHz}$ bis $640\,\mathrm{kHz}$) ermittelt werden.

Mit dem komplexen Widerstand der Reihenschaltung

$$\underline{Z}_\mathrm{r} = R + \mathrm{j}X_\mathrm{r} = R + \mathrm{j}[\omega L - 1/(\omega C)] = 50\,\Omega + \mathrm{j}[\omega \cdot 80\,\mu\mathrm{H} - 1/(\omega \cdot 12{,}5\,\mathrm{nF})]$$

und dem komplexen Leitwert $\underline{Y}_\mathrm{cp} = \mathrm{j}\omega C_\mathrm{p} = \mathrm{j}\omega \cdot 5{,}0\,\mathrm{nF}$ der der Reihenschaltung parallel geschalteten Kapazität C_p ergibt sich der komplexe Gesamtleitwert

$$\underline{Y}_\mathrm{g} = \underline{Y}_\mathrm{cp} + \frac{1}{\underline{Z}_\mathrm{r}} = G_\mathrm{g} + \mathrm{j}B_\mathrm{g} \tag{8.5}$$

der Parallelschaltung nach Bild **8.5** a. Um die Ortskurve dieses Leitwertes zu zeichnen, werden Kreisfrequenzwerte in sinnvoller Stufung angenommen und für jeden dieser Kreisfrequenz-

8.1.1 Erläuterung und Konstruktion von Ortskurven

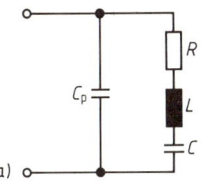

8.5 Parallelschaltung (a) zu Beispiel 8.2 sowie Ortskurven des komplexen Leitwertes $\underline{Y}_g$ (b) und des komplexen Widerstandes $\underline{Z}_g$ (c) dieser Parallelschaltung (für $\omega = 0{,}8 \cdot 10^6 \,\mathrm{s}^{-1}$ sind beispielhaft die Zeiger $\underline{Y}_g$ und $\underline{Z}_g$ eingetragen)

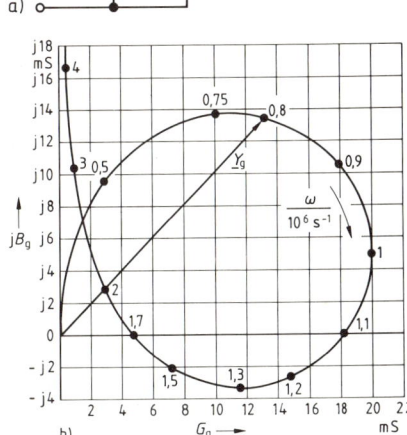

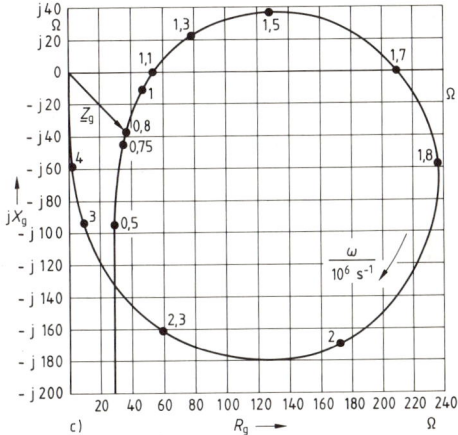

werte ein komplexer Leitwert berechnet. Diese Rechnung kann heute relativ mühelos mit Hilfe von Taschenrechnern durchgeführt werden, wie z. B. in [88] beschrieben. Die als komplexe Zahlen berechneten Leitwerte $\underline{Y}_g$ werden als Punkte in die komplexe Zahlenebene übertragen und mit den zugehörigen Kreisfrequenzwerten beziffert (s. Bild **8.5**b). Der durch die eingetragenen Punkte gelegte Linienzug stellt die Ortskurve für den Leitwert dar, auf der auch für beliebige Werte zwischen den markierten Kreisfrequenzwerten der komplexe Leitwert $\underline{Y}_g$ nach Betrag und Phase abgelesen werden kann (s. Bild **8.5**b).

In ähnlicher Weise kann auch die Ortskurve für den komplexen Widerstand der Parallelschaltung in Bild **8.5**a bestimmt werden. Die Rechnung erfolgt über den Kehrwert des komplexen Leitwertes nach Gl. (8.5), der ja den komplexen Widerstand

$$\underline{Z}_g = \frac{1}{\underline{Y}_g} = \frac{1}{G_g + jB_g} = \frac{G_g - jB_g}{G_g^2 + B_g^2} = \frac{G_g}{G_g^2 + B_g^2} + j\frac{-B_g}{G_g^2 + B_g^2} = R_g + jX_g \tag{8.6}$$

darstellt.

Beispiel 8.3. Eine Parallelschaltung nach Bild **8.6**a, bestehend aus dem Wirkwiderstand $R_1 = 50\,\Omega$ und der Induktivität $L = 0{,}2$ H sowie dem Wirkwiderstand $R_2 = 20\,\Omega$ und der Kapazität $C = 30\,\mu\mathrm{F}$, ist an die Sinusspannung $U = 100$ V angeschlossen. Man ermittle aus Zeigerdiagrammen die in der Parallelschaltung fließenden Ströme $\underline{I}_1$, $\underline{I}_2$ und $\underline{I}$ für die Frequenzen $f = 0{,}25$ Hz, 50 Hz, 75 Hz und 100 Hz und zeichne die Ortskurven der drei Ströme.

Es werden nach Gl. (7.5) bzw. (7.13) und Gl. (7.6) bzw. (7.14) die Scheinwiderstände Z_1 bzw. Z_2 und Phasenwinkel φ_1 bzw. φ_2 und damit die komplexen Zweigströme $\underline{I}_1$ bzw. $\underline{I}_2$ berechnet. Der resultierende Strom $\underline{I}$ ergibt sich durch die **geometrische** Zusammensetzung der Zeiger $\underline{I}_1$ und $\underline{I}_2$, wie dies Bild **8.6**b zeigt. Gegenüber der Spannung $\underline{U}$ eilen die Ströme im Zweig *1* **nach**, im Zweig *2* dagegen **vor**. Bei der Frequenz $f = 0$ fließt, da $\omega L = 0$ ist, nur ein reiner Wirkstrom $I = I_1 = 2$ A im Zweig *1*, während der Zweig *2* wegen $1/(\omega C) = \infty$ stromlos ist. Bei der Frequenz $f = \infty$ fließt, da jetzt $1/(\omega C) = 0$ ist, nur der Wirkstrom $I = I_2 = 5$ A im Zweig *2*, der Zweig *1* ist mit $\omega L = \infty$ stromlos.

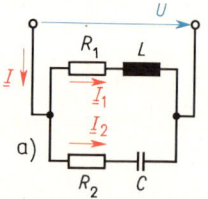
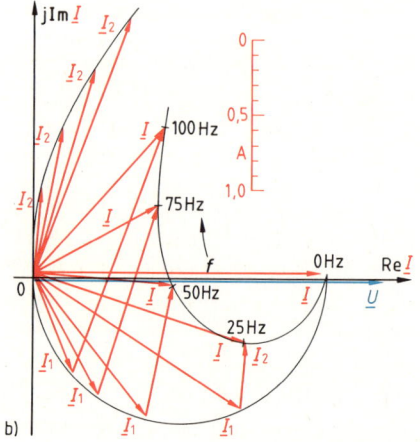

8.6 Parallelschwingkreis (a) zu Beispiel 8.3 und Ortskurven der Ströme (b)

8.1.2 Inversion komplexer Größen und Ortskurven

Unter der Inversion einer komplexen Größe versteht man die Bildung ihres Kehrwertes. Sie hat in der Elektrotechnik eine besondere Bedeutung, da der Leitwert der Kehrwert des Widerstandes ist und umgekehrt, so daß man mit dieser Beziehung die durch das Ohmsche Gesetz ausgedrückten Divisionen in Multiplikationen überführen kann. Z.B. kann der Quotient $\underline{I} = \underline{U}/\underline{Z}$ nach Inversion des Widerstandes $\underline{Z}$ mit dem Leitwert $\underline{Y} = 1/\underline{Z}$ als Produkt $\underline{I} = \underline{U}\underline{Y}$ geschrieben werden. Analytisch läßt sich die Inversion einer komplexen Größe leicht durchführen, wenn man sie in der Exponentialform darstellt. Dann ergibt sich die zu $\underline{Z} = Z\underline{/\varphi}$ inverse Größe

$$\underline{Y} = \frac{1}{Z\underline{/\varphi}} = \frac{1}{Z}\underline{/-\varphi} = Y\underline{/\varphi_Y}, \tag{8.7}$$

so daß die Winkel φ und φ_Y der beiden inversen Größen $\underline{Z}$ und $\underline{Y}$ entgegengesetzt gleich sind ($\varphi_Y = -\varphi$). Bild **8.7** zeigt dieses an einem Beispiel der beiden komplexen Größen $\underline{Z}$ und $\underline{Y}$. In Komponentendarstellung ergibt sich der komplexe Leitwert

$$\underline{Y} = \frac{1}{\underline{Z}} = \frac{1}{R+jX} = \frac{R-jX}{R^2+X^2} = \frac{R}{R^2+X^2} - j\frac{X}{R^2+X^2}. \tag{8.8}$$

Die graphische Konstruktion inverser Größen aus der Ausgangsgröße ist in [6] und [22] erläutert.

Die Bedeutung der Inversion von komplexen Größen kommt erst bei der Inversion von Ortskurven voll zur Geltung. Kennt man die Ortskurve, die die Abhängigkeit einer komplexen Größe von einem Parameter angibt, z.B. die Abhängigkeit des komplexen Widerstandes von der Frequenz, und will man die Abhängigkeit des Kehrwertes dieser Größe darstellen, z.B. die des komplexen Leitwertes von der

Frequenz, so muß die gegebene Ortskurve invertiert werden. Das könnte man auf rechnerischem Wege durch punktweise Kehrwertbildung erreichen, was aber recht mühsam wäre. Aufbauend auf den vorstehend für eine diskrete Größe beschriebenen Inversionsvorschriften, sind deshalb Gesetze entwickelt worden, nach denen Ortskurven in der Form von Geraden oder Kreisen geschlossen invertiert werden können. Für die Ableitungen und erläuternden Konstruktionsvorschriften sei auf [6], [22], für die Anwendung in Beispielen auf [85],

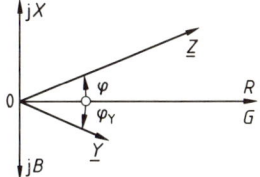

8.7 Komplexer Zeiger $\underline{Z}$ und inverser Zeiger $\underline{Y}$

[87] verwiesen, während hier lediglich die wichtigsten Regeln angeführt werden sollen:

1. Die Inversion einer Geraden durch den Nullpunkt ergibt wieder eine Gerade durch den Nullpunkt.
2. Die Inversion einer Geraden, die nicht durch den Nullpunkt geht, ergibt einen Kreis durch den Nullpunkt.
3. Die Inversion eines Kreises durch den Nullpunkt ergibt eine Gerade, die nicht durch den Nullpunkt geht.
4. Die Inversion eines Kreises, der nicht durch den Nullpunkt geht, ergibt wieder einen Kreis, der nicht durch den Nullpunkt geht.

Die Kenntnis dieser Regeln erübrigt häufig langwierige Rechnungen. Weiß man nämlich, daß die gesuchte Ortskurve für eine komplexe Größe eine Gerade oder ein Kreis ist, so brauchen nur zwei bzw. drei Werte dieser Größe berechnet zu werden, um die vollständige Ortskurve zeichnen zu können, da bekanntlich durch 2 bzw. 3 Punkte eine Gerade bzw. ein Kreis eindeutig bestimmt sind. Soll beispielsweise der komplexe Leitwert $\underline{Y} = 1/\underline{Z} = 1/(R+jX)$ einer Reihenschaltung aus R und X in Abhängigkeit von der Variablen X dargestellt werden, so weiß man, daß die Ortskurve des komplexen Widerstandes $\underline{Z} = R + jX$ eine Gerade ist und deren Inversion, also die Ortskurve für $\underline{Y}$, ein Kreis. Es genügt also, drei Werte für $\underline{Y}$ zu berechnen – i. allg. wählt man drei ausgezeichnete Werte, z. B. $X=0$, $X=\infty$ und $|X|=R$ –, um den vollständigen Kreis zu konstruieren (s. Bild 8.8).

In dem folgenden Beispiel 8.4 ist abschließend konkret die Inversion von einzelnen Zeigern wie auch einer Ortskurve gezeigt.

Beispiel 8.4. Für eine Reihenschaltung aus konstantem Blindwiderstand $X = 2\,\Omega$ und variablem Wirkwiderstand R ist die Ortskurve des komplexen Widerstandes $\underline{Z} = R + jX$ und des komplexen Leitwertes $\underline{Y} = 1/\underline{Z}$ zu zeichnen. Dazu sollen für die drei Werte $R_0 = 0\,\Omega$, $R_1 = 2\,\Omega$ und $R_2 = 6\,\Omega$ die komplexen Widerstands- und Leitwertzeiger gezeichnet werden.

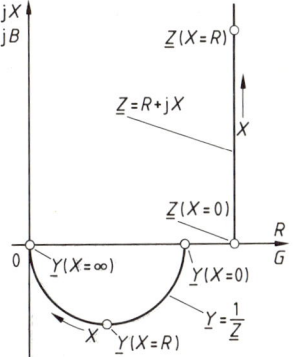

8.8 Einander inverse Ortskurven $\underline{Z} = R + jX$ (Gerade) und $\underline{Y} = 1/\underline{Z}$ (Kreis)

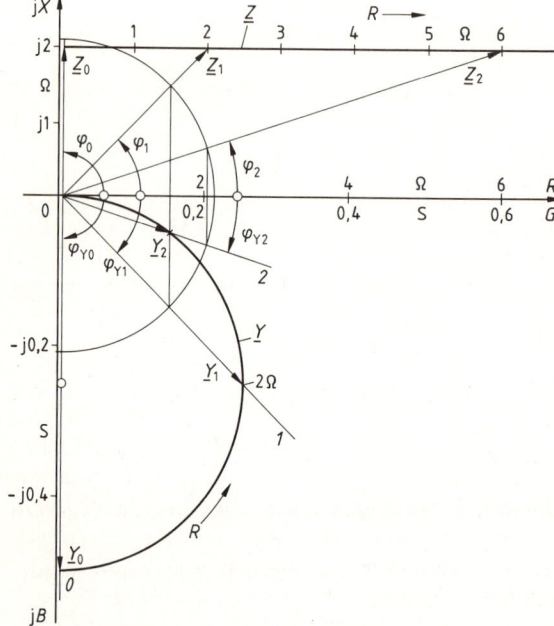

In Bild **8.9** sind die Zeiger der drei komplexen Widerstände $\underline{Z}_0 = j2\,\Omega$, $\underline{Z}_1 = 2\,\Omega + j2\,\Omega$ und $\underline{Z}_2 = 6\,\Omega + j2\,\Omega$ in den ersten Quadranten einer komplexen Zahlenebene eingetragen. Die Ortskurve des komplexen Widerstandes $\underline{Z}$ mit der Variablen R ist die parallel zur reellen Achse verlaufende Gerade durch den Punkt $j2\,\Omega$ auf der imaginären Achse.

Die komplexen Leitwerte $\underline{Y}$ der Reihenschaltung als Kehrwerte der komplexen Widerstände ergeben sich durch Inversion der Zeiger $\underline{Z}$ wie folgt. Die Richtung der Leitwertzeiger $\underline{Y}$ bekommt man durch Spiegeln der Zeiger $\underline{Z}$ an der reellen Achse (s. Bild **8.9**) entsprechend der Winkelbeziehung $\varphi_Y = -\varphi$ aus Gl. (8.7). Auf den $\underline{Z}_0$, $\underline{Z}_1$ und $\underline{Z}_2$ entsprechenden gespiegelten Geraden θ; 1 und 2 werden die aus den Kehrwerten der Beträge von Z berechneten Leitwerte $Y_0 = 1/Z_0 = 1/(2\,\Omega) = 0{,}5\,\text{S}$, $Y_1 = 1/Z_1 = 1/(\sqrt{2^2+2^2}\,\Omega) = 0{,}35\,\text{S}$ und $Y_2 = $

8.9 Einander inverse komplexe Größen, komplexer Widerstand $\underline{Z}$ und komplexer Leitwert $\underline{Y} = 1/\underline{Z}$ sowie deren Ortskurven (s. Beispiel 8.4)

$1/Z_2 = 1/(\sqrt{6^2+2^2}\,\Omega) = 0{,}16\,\text{S}$ angetragen und so die drei Zeiger der komplexen Leitwerte $\underline{Y}_0$, $\underline{Y}_1$ und $\underline{Y}_2$ bestimmt (s. Bild **8.9**). Die Ortskurve für den Leitwert $\underline{Y}$ als invertierte Gerade (Ortskurve für $\underline{Z}$), die nicht durch den Nullpunkt geht, ist ein Kreis, der durch die Spitzen der drei Zeiger $\underline{Y}_0$, $\underline{Y}_1$ und $\underline{Y}_2$ eindeutig bestimmt ist (in Bild **8.9** dick ausgezogen).

8.1.3 Amplituden- und Phasenwinkeldiagramme

Der Vorteil der Ortskurvendarstellung liegt darin, daß sie in einer Kurve gleichzeitig die Abhängigkeit der Amplitude und der Phasenlage einer komplexen Größe von einer anderen als Variable aufgefaßten Größe aufzeigt. Will man die Abhängigkeit der beiden Bestimmungswerte Betrag Z und Phasenwinkel φ einer komplexen Größe $\underline{Z} = Z\,\underline{/\varphi} = f(p)$ von der Variablen p in reellen Koordinatensystemen darstellen, so sind dazu zwei Kurven notwendig, eine für den Betrag $Z(p)$ und eine zweite für den Phasenwinkel $\varphi(p)$. Sie werden häufig in getrennten Koordinatensystemen als Funktion der beiden gemeinsamen Variablen p dargestellt, man spricht von Betrags- oder Amplitudendiagrammen $Z = f(p)$ und Phasenwinkeldiagrammen $\varphi = f(p)$.

Liegt z. B. eine Ortskurve vor, könnte man punktweise Betrag Z und Phasenwinkel φ ablesen und in zwei Diagrammen über der Variablen p auftragen, wie z. B in Bild **8.10** angedeutet. In den meisten Fällen werden die Amplituden- und Phasenwinkeldiagramme unmittelbar aus den gegebenen analytischen komplexen Ausdrücken

8.10
Übertragung einer Ortskurvendarstellung (a) in ein Amplituden- (b) und Phasenwinkeldiagramm (c)

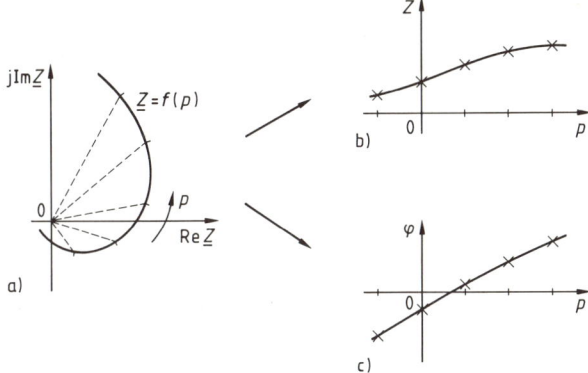

entwickelt, sei es, weil ihre Erstellung zweckmäßiger ist als die der Ortskurven, z. B. weil nur einer der beiden kennzeichnenden Werte – Amplitude oder Phasenlage – betrachtet werden soll oder weil in dem gegebenen Fall die Darstellung in Amplituden- und Phasenwinkeldiagrammen gebräuchlicher ist als die in Ortskurven. Für die darzustellende komplexe Funktion $\underline{Z}(p)$ werden die Größen Betrag $Z(p)$ und Phasenwinkel $\varphi(p)$ bestimmt und in üblicher Weise in reellen Koordinatensystemen über der Variablen p aufgetragen. Die dazu erforderlichen, u. U. umfangreichen Rechnungen werden heute üblicherweise mit Digitalrechner durchgeführt, für die entsprechende Programme zur Verfügung stehen [88].

Sehr häufig werden komplexe Größen in Abhängigkeit von der **Frequenz als Variable** betrachtet. Man bezeichnet dann diese spezielle Darstellung auch als **Frequenzgang**; z. B. stellen die in Bild **8.5** dargestellten Ortskurven den Frequenzgang des komplexen Widerstandes $\underline{Z}(\omega)$ bzw. komplexen Leitwertes $\underline{Y}(\omega)$ der Schaltung nach Bild **8.5**a dar.

In vielen Fällen werden auch **bezogene Größen** eingeführt. Beispielhaft wird dies gezeigt bei der frequenzabhängigen Untersuchung der Kondensatorspannung $\underline{U}_C$ in einer Reihenschaltung (Spannungsteiler, s. Abschn. 7.3.1.1) aus Wirkwiderstand R und Kapazität C an einer Spannung $\underline{U}$ entsprechend Bild **8.11**a. Bezieht

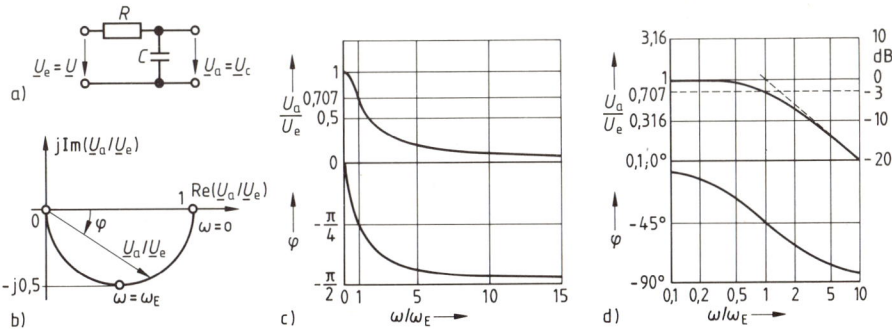

8.11 Darstellung des Frequenzganges $\underline{U}_a/\underline{U}_e$ für die Schaltung nach a) in der komplexen Ebene (b), in reellen Koordinaten linearen Maßstabs (c) und als Bode-Diagramm (d), d. h. als Frequenzgang im doppeltlogarithmischen (Amplitudengang) bzw. einfachlogarithmischen (Phasengang) Maßstab

man die Kondensatorspannung $\underline{U}_C$ (in solchen Darstellungen auch als Ausgangsgröße $\underline{U}_a = \underline{U}_C$ des als Übertragungsglied aufgefaßten Spannungsteilers bezeichnet [21]) auf die angelegte Spannung $\underline{U}$ (Eingangsgröße $\underline{U}_e = \underline{U}$ des Übertragungsgliedes), so ergibt sich für diesen Quotienten entsprechend Tafel **7.45** der Ausdruck

$$\frac{\underline{U}_a}{\underline{U}_e} = \frac{1/(j\omega C)}{R + 1/(j\omega C)} = \frac{1}{1 + jRC\omega}. \tag{8.9}$$

In Bild **8.11**b ist der Frequenzgang dieser auf die Eingangsspannung bezogenen Ausgangsspannung als Ortskurve dargestellt.

Weiter wird häufig auch noch die Variable Kreisfrequenz ω als bezogene Größe eingeführt. Man wählt als Bezugsgröße eine Kreisfrequenz – Kennkreisfrequenz –, bei der die Schaltung ein ganz bestimmtes charakteristisches Verhalten zeigt. Beispielsweise ist die Kennkreisfrequenz der in Abschn. 8.2 behandelten Schwingkreise die Resonanzkreisfrequenz. In dem hier besprochenen Beispiel des Spannungsteilers wird als Bezugswert die Grenz- oder Eckkreisfrequenz ω_E gewählt, bei der der Blindwiderstand $1/(\omega_E C)$ des Kondensators den gleichen Wert hat wie der Wirkwiderstand R [21]. Diese aus der Bedingung $R = 1/(\omega_E C)$ abgeleitete Eckkreisfrequenz $\omega_E = 1/(RC)$ in Gl. (8.9) eingeführt, ergibt für den Quotienten Ausgangs- zu Eingangsgröße den einfachen Ausdruck

$$\underline{U}_a/\underline{U}_e = 1/(1 + j\omega/\omega_E), \tag{8.10}$$

in dem nur Größen der Dimension 1 auftreten. Für diesen Ausdruck ist der Frequenzgang als Amplituden- und Phasengang im linearen Maßstab in Bild **8.11**c dargestellt.

Eine Darstellung der bezogenen Größen im logarithmischen Maßstab, wie sie für das hier besprochene Beispiel in Bild **8.11**d gezeigt ist, wird als Bode-Diagramm bezeichnet. Dabei wird i. allg. der Betrag der frequenzabhängig dargestellten bezogenen Größe analog zu Gl. (2.14) in dB angegeben (s. rechtsseitige Ordinatenbeschriftung in Bild **8.11**d). Die Skalen der in dB bezifferten Amplitudenordinaten und der in Grad bezifferten Phasenwinkelordinaten können in dem Diagramm auch so gewählt werden, daß ihre Nullpunkte zusammenfallen [21].

Eine ausführliche Erläuterung frequenzabhängiger Darstellungen komplexer Größen findet man in [21], [23].

8.2 Schwingkreise

Im magnetischen bzw. elektrischen Feld wird Energie gespeichert, die entsprechend Gl. (4.122) von der Induktivität L und dem in ihr fließenden Strom i bzw. entsprechend Gl. (3.64) von der Kapazität C und der an ihr liegenden Spannung u bestimmt ist. Ändert sich der Strom i bzw. die Spannung u, so ändert sich auch die gespeicherte Energie. Bei entsprechender Schaltung von Induktivität und Kapazität kann infolge der unterschiedlichen Phasenlage von Strom und Spannung in diesen beiden Schaltungselementen (s. Abschn. 6.2) Energie zwischen ihnen pendeln. Sie wirken als Speicher, die ihre Energie wechselweise austauschen. Man bezeichnet eine solche Schaltung als **Schwingkreis** und sagt, sie sei **schwingungsfähig**. Von entscheidender Bedeutung für den Ablauf einer solchen Schwingung ist es, ob diese ohne äußere Beeinflussung als **freie Schwingung** oder von außen gesteuert als **erzwungene Schwingung** in einem Schwingkreis abläuft.

8.2.1 Freie Schwingungen

Freie Schwingungen treten in realisierten Schwingkreisen infolge der unvermeidbaren Verluste praktisch nur instationär auf, d.h., sie klingen mit der Zeit ab, man sagt, die Schwingung verlaufe gedämpft. Solche gedämpften Schwingungen sind in Abschn. 11 als instationäre Vorgänge behandelt. Stationäre freie Schwingungen treten nur in ungedämpften, d.h. verlustfreien Schwingkreisen auf, die aber praktisch nicht ausgeführt werden können. Im vorliegenden Abschnitt über stationäre Schwingungen werden freie Schwingungen daher nur zur anschaulichen Erläuterung der in Schwingkreisen ablaufenden Umspeichervorgänge behandelt.

Eine Induktivität L und eine Kapazität C werden in einem geschlossenen Kreis entsprechend Bild **8.**12a zusammengeschaltet. Treten in dem Kreis keine Verluste auf, so wird eine durch einmalige Aufladung des Kondensators dem Kreis zugeführte Energie als ungedämpfte Schwingung unvermindert zwischen Kapazität C und Induktivität L hin- und herpendeln. Diese Energiependelung wird durch Strom

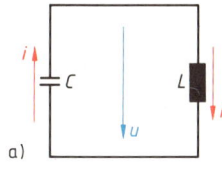
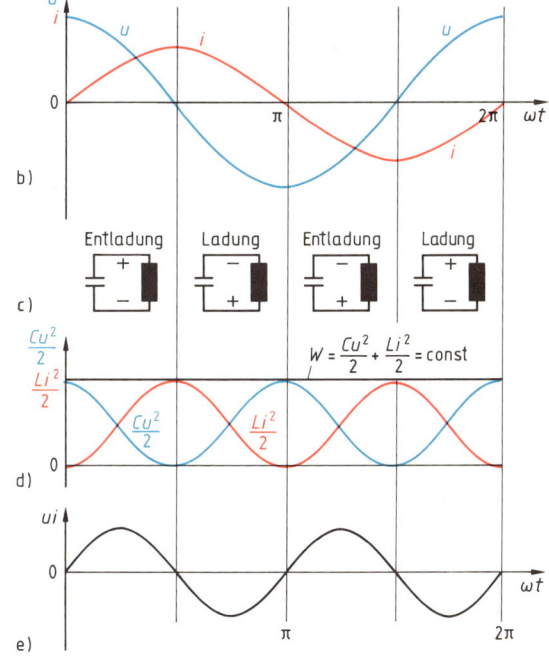

8.12
Verlauf und Richtung von Strom, Spannung und Leistung im verlustfreien Schwingkreis aus Induktivität L und Kapazität C
a) Schaltung mit Strom- und Spannungszählpfeil
b) zeitlicher Verlauf von Strom i und Spannung u für die in Schaltung a) eingetragenen Zählpfeile
c) Darstellung der in der Schaltung auftretenden Polaritäten
d) zeitlicher Verlauf der in L und C gespeicherten Energie
e) zeitlicher Verlauf der von L und C aufgenommenen bzw. abgegebenen Leistung (das Vorzeichen ist im Zusammenhang mit den Zählpfeilen in a) zu interpretieren, Verbraucherzählpfeil-System bei L, Erzeugerzählpfeil-System bei C)

8.2 Schwingkreise

und Spannung in dem Kreis bewirkt, die sich sinusförmig ändern (s. Abschn. 11.1.2). Bild **8.**12b zeigt eine Periode der gleichermaßen an L und C liegenden Spannung u und des gegenüber dieser um 90° phasenverschobenen Stromes i, der gleichermaßen durch L und C fließt.

Zusammen mit den in Bild **8.**12a eingetragenen Zählpfeilen für Spannung u und Strom i ergeben sich damit die von Halbperiode zu Halbperiode wechselnden Polaritäten so, wie sie in Bild **8.**12c eingetragen sind (bei positiven Werten für u bzw. i ist die Wirkungsrichtung von u bzw. die von i tatsächlich in Richtung der Zählpfeile, bei negativen Werten dagegen diesen entgegengesetzt). Während der Entladung des Kondensators in der 1. und 3. Viertelperiode fließt der Strom von + nach − durch die Induktivität, während seiner Ladung in der 2. und 4. Viertelperiode von + nach − durch die Kapazität. In Bild **8.**12d sind die zeitlichen Verläufe der dielektrischen Energie $W_{et} = Cu^2/2$ in der Kapazität C entsprechend Gl. (3.64) und der magnetischen Energie $W_{mt} = Li^2/2$ in der Induktivität L entsprechend Gl. (4.122) wiedergegeben. Da in diesem Fall des dämpfungsfreien, also verlustfreien Schwingkreises **keine Energie** irreversibel umgeformt (in Wärme) und, wenn die Schwingung einmal besteht, auch keine Energie mehr zugeführt wird, ist der **gesamte Energieinhalt des Schwingkreises in jedem Zeitpunkt konstant**.

$$W_t = W_{et} + W_{mt} = (Cu^2/2) + Li^2/2 = \text{const} \tag{8.11}$$

Die Energie schwingt innerhalb des Kreises hin und her, wobei abwechselnd Kapazität C und Induktivität L die Rolle von **Erzeuger** oder **Verbraucher** übernehmen. Zur Zeit $t = 0$ ist mit dem Scheitelwert der Spannung $\hat{u}$ die Kapazität C auf die maximale Energie aufgeladen. Sie wirkt von da an als Erzeuger und treibt den größer werdenden Entladestrom i durch die als Verbraucher wirkende Induktivität L, bis bei $\omega t = \pi/2$ mit dem Scheitelwert des Stromes $\hat{i}$ die Induktivität die maximale Energie in ihrem Magnetfeld gespeichert hat. Danach wirkt die Induktivität als Erzeuger und lädt die Kapazität von der Spannung $u = 0$ bis zum Scheitelwert $\hat{u}$ bei $\omega t = \pi$ mit kleiner werdendem Strom auf usw. Bezogen auf die Zählpfeilsysteme für L und C entsprechend Bild **8.**12a wechselt die aus den Klemmengrößen u und i der Zweipole C und L berechnete Leistung $S_t = ui$ von Viertel- zu Viertelperiode der Spannung ihr Vorzeichen, wie in Bild **8.**12e dargestellt. Aus dem Vorzeichen dieser Leistung ergibt sich im Zusammenhang mit dem Zählpfeilsystem die Richtung des Leistungsflusses [22].

Praktisch sind Verluste nie völlig zu vermeiden. Daher ist die Annahme einer Dämpfungsfreiheit stets eine vereinfachende Näherung, die aber für eine begrenzte Periodenzahl des Schwingungsvorganges zulässig sein kann.

8.2.2 Erzwungene Schwingungen

Erzwungene Schwingungen verlaufen mit der Frequenz der von außen eingeprägten periodischen Erregergröße, also Spannung oder Strom. Sind Scheitelwert und Frequenz dieser periodischen Erregergröße über längere Zeit konstant, so wird sich ein stationärer Schwingungsvorgang ebenfalls mit konstanten Scheitelwerten einstellen, die gerade so groß sind, daß die im Schwingkreis in Dämpfungsenergie umgesetzte Leistung gleich der von der Erregergröße zugeführten Wirkleistung ist.

Neben dieser irreversiblen Energieumsetzung findet noch ein reversibler Energieaustausch sowohl zwischen den Speichern des Schwingkreises als i. allg. auch zwischen Schwingkreis und äußerem Erreger statt. In einem Schwingkreis sind naturgemäß Speicher mit sich ergänzendem Speichervermögen vorhanden, d.h., während der eine Speicher entladen wird, lädt sich der andere auf. Die Differenz der beiden Speicherenergien muß der Erreger aufnehmen bzw. abgeben. Nach dem Energiesatz kann die Schwingung nur so verlaufen, daß in jedem Augenblick der Zeitwert der zugeführten Leistung gleich ist der Summe der Augenblickswerte von Dämpfungsleistung und der Differenz der von den Speichern des Schwingers aufgenommenen bzw. abgegebenen Leistung.

Betrachtet man z.B. einen aus der Reihenschaltung von Wirkwiderstand R, Kapazität C und Induktivität L bestehenden elektrischen Schwingkreis, der von einem Sinusstrom $i = \hat{i} \sin(\omega t)$ mit konstantem Scheitelwert $\hat{i}$ stationär erregt wird, so sind entsprechend Gl. (3.64) und (7.15) die Scheitelwerte der in der Kapazität C gespeicherten Feldenergie

$$\hat{W}_e = \frac{\hat{Q}^2}{2C} = \frac{1}{2C}(\int i\,dt)^2 = \frac{\hat{i}^2}{2C\omega^2}$$

abhängig von der Kreisfrequenz ω, die der entsprechend Gl. (4.122) in L gespeicherten

$$\hat{W}_m = L\hat{i}^2/2$$

dagegen nicht. Es gibt daher nur eine Kreisfrequenz ω, bei der derselbe Maximalwert des Stromes $\hat{i}$ in beiden Speichern die gleiche maximale Energie speichert. Man bezeichnet diese Frequenz als die Kennkreisfrequenz $\omega_0 = \sqrt{1/LC}$ (s. Abschn. 11.1.2.2) des ungedämpften Kreises. Hat also der Erregerstrom des Schwingkreises die Kennkreisfrequenz $\omega = \omega_0$, so wird periodisch die gesamte in der Kapazität C gespeicherte Energie an die Induktivität L abgegeben und umgekehrt, und es muß dem Schwingkreis vom Erreger nur die im Wirkwiderstand R in Wärme umgesetzte Dämpfungsenergie als Wirkleistung zugeführt werden. Bei allen anderen Frequenzen ist die maximal gespeicherte Energie des einen Speichers größer als die des anderen. Die Differenz der beiden Energien pendelt daher nicht innerhalb des Schwingkreises zwischen seinen Speichern, sondern zwischen Schwingkreis und äußerem Erreger. Der dem Schwingkreis zufließenden Dämpfungsenergie überlagert sich dann also eine Energiependelung.

8.2.2.1 Reihenschwingkreise. In Abschn. 7.1.1.3 ist der in Bild **7.5** und Tafel **8.**17 dargestellte Reihenschwingkreis aus Wirkwiderstand R, Induktivität L und Kapazität C für die Spannung $\underline{U}$ bzw. den Strom $\underline{I}$ e i n e r bestimmten Kreisfrequenz ω untersucht. Infolge der beiden Energiespeicher L und C ist diese Schaltung schwingungsfähig, d.h., ihr Betriebsverhalten ist in charakteristischer Weise von der Frequenz der Erregergröße abhängig. Ein ausgezeichneter Betriebspunkt ist die R e s o n a n z, bei der die angeschlossene Erregerquelle nur noch Wirkleistung in den Schwingkreis liefert. Die Bestimmungsgleichung für die R e s o n a n z f r e q u e n z kann also aus der Bedingung abgeleitet werden, daß die Blindleistung und damit der Blindwiderstand X Null ist. Für den Reihenschwingkreis nach Tafel **8.**17 gilt somit entsprechend Gl. (7.18) für die Resonanz die Bedingung

$$X = X_L + X_C = \omega L - 1/(\omega C) = 0, \tag{8.12}$$

aus der die **Resonanzkreisfrequenz** ω_ϱ bzw. **Resonanzfrequenz** $f_\varrho = \omega_\varrho/(2\pi)$ folgt. Diese für maximalen Strom (bei konstanter Erregerspannung) bzw. Blindwiderstand gleich Null (Resonanz) abgeleitete Kreisfrequenz ist als **Kennkreisfrequenz**

$$\omega_0 = 1/\sqrt{LC} \tag{8.13}$$

definiert. Der mit der Kennkreisfrequenz ω_0 berechnete Blindwiderstand der Kapazität bzw. Induktivität wird als **Kennwiderstand**

$$Z_0 = \omega_0 L = 1/(\omega_0 C) = \sqrt{L/C} \tag{8.14}$$

bezeichnet.

Der entsprechend Gl. (7.17) mit $\omega_0 L - 1/(\omega_0 C) = 0$ von der Spannung U bewirkte **Resonanzstrom**

$$I_\varrho = U/R \tag{8.15}$$

ist ein reiner Wirkstrom, da die beiden Teilspannungen U_L und U_C an Induktivität L und Kapazität C (s. Bild **8.**13a) ebenso wie die beiden Blindwiderstände X_L und X_C entgegengesetzt gleich sind (s. Bild **8.**13b). Da der Resonanzstrom I_ϱ nach Gl.

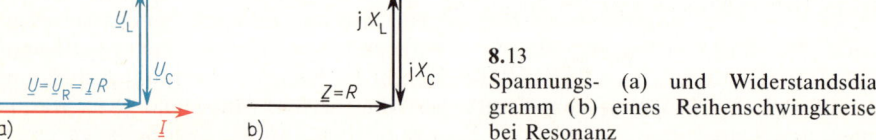

8.13 Spannungs- (a) und Widerstandsdiagramm (b) eines Reihenschwingkreises bei Resonanz

(8.15) mit kleiner werdendem **Wirkwiderstand** R immer größer wird, werden auch die von ihm an den Blindwiderständen X_L und X_C verursachten Spannungen $I_\varrho \omega_\varrho L$ und $I_\varrho/(\omega_\varrho C)$ immer **größer** und können die an den Reihenschwingkreis angelegte **Spannung** U überschreiten, wenn nämlich die Blindwiderstände X_L und X_C größer als der Wirkwiderstand R sind. Man bezeichnet diese Spannungserhöhung auch als **Spannungs-Resonanz**. In Reihenschwingkreisen können an Induktivität und Kapazität durchaus Spannungen U_L und U_C auftreten, die – gegebenenfalls sogar erheblich – größer als die angelegte Spannung U sind und die u. U. die Bauelemente gefährden.

Beispiel 8.5. In Beispiel 8.1 wird der komplexe Widerstand einer Reihenschaltung aus Wirkwiderstand $R = 15\,\Omega$, Induktivität $L = 0{,}2$ H und Kapazität $C = 30\,\mu$F behandelt. Diese einen Reihenschwingkreis darstellende Schaltung ist an die konstante Sinusspannung $U = 120$ V angeschlossen. Für den Frequenzbereich $f = 0$ Hz bis $f = 120$ Hz sollen der Strom I, die Spannungen U_L und U_C sowie der Phasenwinkel φ als Funktionen der Frequenz dargestellt werden.

8.2.2 Erzwungene Schwingungen

Für diskrete Frequenzwerte, z. B. im Abstand von 10 Hz, werden die Scheinwiderstände

$$Z = \sqrt{R^2 + [\omega L - 1/(\omega C)]^2}$$

und damit die Ströme, Spannungen sowie Phasenwinkel

$$I = U/Z, \quad U_L = I\omega L, \quad U_C = I/(\omega C), \quad \varphi = \text{Arctan}[\omega L - 1/(\omega C)]/R$$

berechnet. Zu beachten ist, daß sich für $\tan\varphi$ und φ je nach dem Überwiegen des induktiven oder kapazitiven Widerstandes positive oder negative Werte ergeben. Die so berechneten Größen sind in Bild **8.**14 wiedergegeben. Die Resonanzfrequenz beträgt entsprechend Gl. (8.13)

$$f_\varrho = 1/(2\pi\sqrt{LC}) = 1/[6{,}28\sqrt{0{,}2\,(\text{Vs/A})\,30\,\mu\text{As/V}}] = 65\text{ Hz}.$$

Für $f_\varrho = 65$ Hz wird der Scheinwiderstand Z gleich dem Wirkwiderstand R, und die Stromfunktion $I = g(f)$ erreicht für $f = f_\varrho$ den Höchstwert mit dem Resonanzstrom

$$I_\varrho = U/R = 120\text{ V}/(15\,\Omega) = 8\text{ A}.$$

Die mit dem Resonanzstrom auftretenden Spannungen an der Induktivität

$$U_{L\varrho} = I_\varrho \omega_\varrho L = 8\text{ A} \cdot 2\pi \cdot 65\text{ Hz} \cdot 0{,}2\text{ Vs/A} = 652\text{ V}$$

und an der Kapazität

$$U_{C\varrho} = I_\varrho/(\omega_\varrho C) = 8\text{ A}/(2\pi \cdot 65\text{ Hz} \cdot 30\,\mu\text{As/V}) = 652\text{ V}$$

können im vorliegenden Fall eines schwach gedämpften Schwingkreises auch als Maximalwerte, also als Resonanzspannungen, angesehen werden (s. letzter Absatz dieses Abschnittes). Die induktive und kapazitive Spannung hat im Resonanzfall mehr als den **fünffachen Wert der am Schwingkreis anliegenden Spannung**.

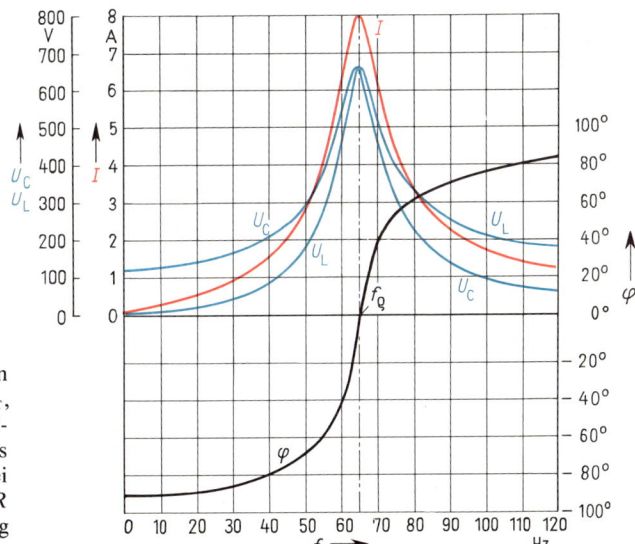

8.14 Frequenzabhängigkeit von Strom I, Spannungen U_C, U_L und Phasenwinkel φ eines Reihenschwingkreises nach Beispiel 8.5 bei kleinem Wirkwiderstand R und konstanter Spannung U

Aus Beispiel 8.5, insbesondere dem Diagramm in Bild **8.**14, ist ersichtlich, daß der Strom I und die Spannungen U_L und U_C in Resonanznähe sehr steil ansteigen bzw. abfallen. Dieser Verlauf der Resonanzkurve ist um so schärfer ausgeprägt, je kleiner der Wirkwiderstand R im Verhältnis zu den Resonanz-Blindwiderständen $X_\varrho = \omega_\varrho L = 1/(\omega_\varrho C)$ ist. Abhängigkeiten von der Frequenz wie in der Darstellung des Bildes **8.**14 werden als **Frequenzgang** der betreffenden Schaltung bezeichnet (s. Abschn. 8.1.3).

In Bild **8.**14 liegen die Höchstwerte von Strom I und Spannungen U_L, U_C ungefähr bei derselben Resonanzfrequenz f_ϱ. Das gilt aber nur, solange der Wirkwiderstand R klein ist gegenüber dem Resonanz-Blindwiderstand $X_\varrho = Z_0$ (Kennwiderstand), man sagt auch, solange der Schwingkreis schwach gedämpft ist.

Für **größere Wirkwiderstände** R bzw. größere Dämpfungen (s. Abschn. 8.2.3) liegen die Höchstwerte der drei Resonanzkurven von Strom I und Spannungen U_L, U_C bei unterschiedlichen Frequenzen, wie dies in Bild **8.**15 angedeutet ist. Nach Gl. (7.19) ist bei einer Reihenschaltung von Wirkwiderstand R, Induktivität L und Kapazität C der Strom

$$I = U/\sqrt{R^2 + [\omega L - 1/(\omega C)]^2} \, . \tag{8.16}$$

Mit ihm ergeben sich die Spannungen an der Induktivität

$$U_L = I\omega L = U\omega L/\sqrt{R^2 + [\omega L - 1/(\omega C)]^2} \tag{8.17}$$

und an der Kapazität

$$U_C = I/(\omega C) = U/(\omega C \sqrt{R^2 + [\omega L - 1/(\omega C)]^2}) \, . \tag{8.18}$$

Nach den Regeln der Differentialrechnung erhält man die Maxima der Spannungen aus $dU_C/d\omega = 0$ und $dU_L/d\omega = 0$ und damit die Bestimmungsgleichungen für die Frequenz

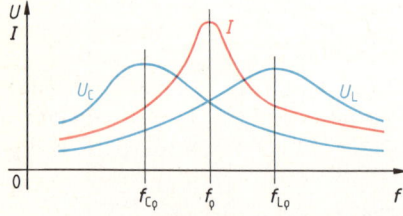

$$f_{L\varrho} = \frac{1}{2\pi}\sqrt{\frac{2}{2LC - R^2 C^2}} \, , \tag{8.19}$$

bei der die Spannung U_L einen Höchstwert hat, und für die Frequenz

$$f_{C\varrho} = \frac{1}{2\pi}\sqrt{\frac{1}{LC} - \frac{R^2}{2L^2}} \, , \tag{8.20}$$

8.15 Frequenzabhängigkeit von Strom I und Spannungen U_L, U_C in einem Reihenschwingkreis bei Berücksichtigung eines relativ großen Wirkwiderstandes

bei der der Maximalwert der Spannung U_C auftritt. Die so berechneten Resonanzfrequenzen für die Spannungen weichen von der nach Gl. (8.13) für die Stromresonanz berechneten Frequenz $f_{I\varrho} = f_0 = \omega_0/(2\pi)$ und als **Kennfrequenz** f_0 definierten ab ($f_0 \neq f_{I\varrho} \neq f_{L\varrho} \neq f_{C\varrho}$). Die Abweichung beträgt allerdings weniger als 0,25%, wenn $R \leq 0{,}1\, X_\varrho$ ist.

8.2.2.2 Parallelschwingkreise. Der in Bild 7.14 und Tafel **8.**17 dargestellte und in Abschn. 7.1.2.3 für konstante Werte von U, I, L, C, R und ω untersuchte Parallelschwingkreis zeigt ein dem Reihenschwingkreis nach Abschn. 8.2.2.1 duales Verhalten (s. Abschn. 1.5.3). Infolge der beiden unterschiedlichen Energiespeicher L und C hat auch der Parallelschwingkreis ein charakteristisches, von der Frequenz abhängiges Verhalten; die Schaltung ist schwingungsfähig. Die Spannung an einem solchen von konstantem Strom I durchflossenen Parallelschwingkreis zeigt in Abhängigkeit von der Frequenz einen ähnlichen Verlauf wie der Strom in einem an konstanter Spannung U liegenden Reihenschwingkreis (s. Tafel **8.**17, Zeile 7 und Abschn. 8.2.2.3). Bei der Resonanzfrequenz liefert die angeschlossene Spannungsquelle nur noch Wirkleistung in den Schwingkreis, so daß sich durch Nullsetzen des Blindleitwertes aus Gl. (7.42)

$$B_L + B_C = \omega C - 1/(\omega L) = 0 \tag{8.21}$$

die Resonanzkreisfrequenz ω_ϱ ergibt. Die so bestimmte Resonanzkreisfrequenz ist analog zum Reihenschwingkreis als **Kennkreisfrequenz**

$$\omega_0 = 1/\sqrt{LC} \tag{8.22}$$

definiert. Der mit der Kennkreisfrequenz ω_0 berechnete Blindleitwert der Induktivität bzw. Kapazität wird als **Kennleitwert**

$$Y_0 = \omega_0 C = 1/(\omega_0 L) = \sqrt{C/L} \tag{8.23}$$

bezeichnet. Bei der Resonanzkreisfrequenz $\omega_\varrho = \omega_0$ wird von der angelegten Spannung U der Resonanzstrom

$$I_\varrho = UG \tag{8.24}$$

verursacht, der nach Gl. (7.41) infolge $\omega L - 1/(\omega C) = 0$ als reiner Wirkstrom allein von dem Wert des Parallelwiderstandes $R = 1/G$ abhängt. Liegt der Parallelschwingkreis an einer konstanten Spannung U, wird mit kleiner werdendem Leitwert G des Parallelwiderstandes auch der Resonanzstrom I_ϱ kleiner. Dagegen können aber die in Induktivität L und Kapazität C fließenden Ströme $I_{L\varrho} = U/(\omega_\varrho L)$ und $I_{C\varrho} = U\omega_\varrho C$ sehr groß werden, da sie sich infolge entgegengesetzter Phasenlage kompensieren, so daß sie in der speisenden Spannungsquelle nicht in Erscheinung treten. Bei Parallelschwingkreisen ist also ein kleiner Eingangsstrom keine Gewähr dafür, daß die Induktivität strommäßig nicht überlastet wird.

Beispiel 8.6. Für den Parallelschwingkreis nach Bild **8.**16 sind die Resonanzfrequenz und der Resonanzstrom zu bestimmen. Dabei soll der Einfluß der Verluste in Spule und Kapazität, die über die Ersatzwiderstände R_L und R_C beschrieben sind, auf die Resonanzgrößen untersucht werden.

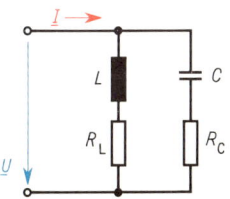

8.16 Parallelschwingkreis mit Berücksichtigung der Verluste in Spule und Kondensator durch je einen den Blindwiderständen vorgeschalteten Wirkwiderstand

8.2 Schwingkreise

Wandelt man die Reihenschaltungen aus R und L bzw. R und C der parallelen Zweige in Bild 8.16 jeweils in gleichwertige Teilparallelzweige um (s. Abschn. 7.2.1.3) und bezeichnet den resultierenden komplexen Leitwert mit $G + jB$, so ist der dem Schwingkreis nach Bild 8.16 zufließende Strom

$$\underline{I} = \underline{U}(G + jB). \tag{8.25}$$

Der resultierende Wirkleitwert

$$G = R_L/(R_L^2 + X_L^2) + R_C/(R_C^2 + X_C^2) \tag{8.26}$$

ergibt sich entsprechend Gl. (7.73) und der resultierende Blindleitwert

$$B = -X_L/(R_L^2 + X_L^2) - X_C/(R_C^2 + X_C^2) \tag{8.27}$$

entsprechend Gl. (7.74).

Für die Resonanzfrequenz des Parallelschwingkreises nach Bild 8.16 gilt die Bedingung, daß er nur Wirkleistung aufnimmt, d.h., der Blindleitwert B Null ist. Mit $X_L = \omega L$ und $X_C = -1/(\omega C)$ folgt somit aus Gl. (8.27) die Bedingung für die Resonanz

$$B = -\frac{\omega L}{R_L^2 + (\omega L)^2} + \frac{1/(\omega C)}{R_C^2 + (\omega C)^{-2}} = 0. \tag{8.28}$$

Bringt man diese Gleichung auf einen Nenner, so hat der Bruch den Wert Null, wenn der Zähler Null ist.

$$-[R_C^2 + (\omega C)^{-2}]\omega L + [R_L^2 + (\omega L)^2]/(\omega C) = 0 \tag{8.29}$$

Je nach Problemstellung kann Gl. (8.29) nach der Größe ω, L, C oder R aufgelöst werden, die aus der Resonanzbedingung bestimmt werden soll. Häufig wird nach der Resonanz-Kreisfrequenz ω_ϱ für gegebene Schwingkreisdaten R_L, R_C, L, C gefragt, dann wird Gl. (8.29) wie folgt nach $\omega = \omega_\varrho$ aufgelöst.

Durch Erweitern von Gl. (8.29) mit $(\omega_\varrho C)^2$ erhält man

$$\omega_\varrho C[R_L^2 + (\omega_\varrho L)^2] - \omega_\varrho L[\omega_\varrho^2 C^2 R_C^2 + 1] = 0$$

und nach Kürzen durch ω_ϱ die quadratische Gleichung

$$\omega_\varrho^2 L^2 C - \omega_\varrho^2 L C^2 R_C^2 + C R_L^2 - L = 0.$$

Es ergibt sich damit für die Parallelschaltung in Bild 8.16 die Resonanzfrequenz

$$f_\varrho = \frac{1}{2\pi}\sqrt{\frac{L - CR_L^2}{CL(L - CR_C^2)}} = \frac{\omega_0}{2\pi}\sqrt{\frac{(L/C) - R_L^2}{R_C^2 - L/C}}. \tag{8.30}$$

Im folgenden ist noch der Einfluß der beiden Wirkwiderstände R_L und R_C auf den Resonanzstrom und die Resonanzfrequenz gezeigt.

1. Fall: In der Parallelschaltung von $\underline{Z}_1 = R_L + j\omega L$ und $\underline{Z}_2 = R_C + 1/(j\omega C)$ nach Bild 8.16 werden die Verluste von Spule und Kondensator über die Wirkwiderstände R_L und R_C voll berücksichtigt.

Im Resonanzfall ist der Blindleitwert $B = 0$, und es wird nach Gl. (8.25) der Strom $\underline{I} = \underline{U}G$. Setzt man den Wirkleitwert nach Gl. (8.26) ein, so erhält man für den Resonanzstrom

$$I_\varrho = U\left[\frac{R_L}{R_L^2 + (\omega_\varrho L)^2} + \frac{R_C}{R_C^2 + (\omega_\varrho C)^{-2}}\right]. \tag{8.31}$$

Die Zusammenfassung der beiden Brüche ergibt mit Gl. (8.29)

$$I_\varrho = U[R_L + R_C \omega_\varrho^2 L C]/[R_L^2 + (\omega_\varrho L)^2] \,. \tag{8.32}$$

Die zugehörige Resonanzfrequenz f_ϱ ist bereits mit Gl. (8.30) angegeben.

2. Fall: Die Parallelschaltung eines induktiven komplexen Widerstandes $\underline{Z}_1 = R_L + j\omega L$ mit einem reinen kapazitiven Blindwiderstand $\underline{Z}_2 = -j/(\omega C)$ ist gegenüber dem 1. Fall vereinfacht, indem $R_C = 0$, also ein verlustfreier Kondensator angenommen ist. Mit $R_C = 0$ vereinfacht sich Gl. (8.30), und man bekommt die Resonanzfrequenz

$$f_\varrho = \sqrt{1/(LC) - (R_L/L)^2}/(2\pi) = \omega_0 \sqrt{1 - R_L^2 C/L}/(2\pi) \,. \tag{8.33}$$

Der Resonanzstrom ergibt sich aus Gl. (8.32), indem $R_C = 0$ eingesetzt wird.

$$I_\varrho = U R_L / [R_L^2 + (\omega_\varrho L)^2] \tag{8.34}$$

3. Fall: Die Parallelschaltung eines induktiven komplexen Widerstandes $\underline{Z}_1 = R_L + j\omega L$, der infolge $R_L \ll \omega L$ näherungsweise mit $\underline{Z}_1 = j\omega L$ angenommen werden kann (verlustfreie Spule), mit dem kapazitiven Widerstand $\underline{Z}_2 = -j/(\omega C)$ des ebenfalls verlustlos angenommenen Kondensators.

Wird in Gl. (8.30) $R_L = R_C = 0$ gesetzt, so vereinfacht sich diese Gleichung, und man erhält die Resonanzfrequenz

$$f_\varrho = 1/(2\pi\sqrt{LC}) = \omega_0/(2\pi) \,. \tag{8.35}$$

Der Resonanzstrom ergibt sich aus Gl. (8.34), in der für $R_L \ll \omega L$ das Glied R_L^2 gegenüber $(\omega L)^2$ vernachlässigt wird. Außerdem wird entsprechend $\omega L = 1/(\omega C)$ das Glied $(\omega L)^2$ durch $\omega L/(\omega C) = L/C$ ersetzt. Man erhält somit den Resonanzstrom

$$I_\varrho = U R_L/(\omega L)^2 = U R_L C/L \,. \tag{8.36}$$

8.2.2.3 Vergleich von Reihen- und Parallelschwingkreisen. Um das duale Verhalten der in Abschn. 8.2.2.1 und 8.2.2.2 behandelten Reihen- und Parallelschwingkreise deutlich aufzuzeigen, wird im folgenden das frequenzabhängige Betriebsverhalten beider Kreise erläutert und in Tafel **8.**17 gegenübergestellt.

Für die Schaltungen in Zeile 1 gelten die Spannungsgleichung (7.17) (Reihenschwingkreis) bzw. die Stromgleichung (7.41) (Parallelschwingkreis) in Zeile 2, die in Zeile 3 als Zeigerdiagramme dargestellt sind für eine Frequenz, bei der der Blindwiderstand der Induktivität größer ist als der der Kapazität.

Für beide Schwingkreise ergibt sich nach Gl. (8.13) und (8.22) die gleiche Kennkreisfrequenz $\omega_0 = 1/\sqrt{LC}$, bei der nur der Wirkwiderstand $R = 1/G$ des Kreises nach außen in Erscheinung tritt.

Um das frequenzabhängige Strom-Spannungs-Verhalten darzustellen, werden die Spannungsgleichung bzw. die Stromgleichung aus Zeile 2 durch den Strom bzw. die Spannung dividiert, so daß sich der komplexe Widerstand $\underline{Z}$ bzw. der Leitwert $\underline{Y}$ ergeben.

$$\underline{Z} = R + j\omega L + 1/(j\omega C) \quad \text{bzw.} \quad \underline{Y} = G + j\omega C + 1/(j\omega L) \tag{8.37}$$

Erweitert man die imaginären Terme mit der Kennkreisfrequenz ω_0 und führt den in Gl. (8.14) bzw. Gl. (8.23) angegebenen Kennwiderstand $Z_0 = \omega_0 L = 1/(\omega_0 C)$ bzw.

8.2 Schwingkreise

Tafel 8.17 Gegenüberstellung der Betriebseigenschaften von Reihen- und Parallelschwingkreisen

Zeile		Reihenschwingkreis	Parallelschwingkreis
1	Schaltung		
2	Gleichung	$\underline{U} = \underline{I}R + \underline{I}j\omega L + \underline{I}/(j\omega C)$	$\underline{I} = \underline{U}G + \underline{U}j\omega C + \underline{U}/(j\omega L)$
3	Zeigerdiagramm		
4	Kenngrößen	$Z_0 = \sqrt{L/C} \qquad \omega_0 = 1/\sqrt{LC}$	$Y_0 = \sqrt{C/L}$
5	Ortskurve für Widerstand bzw. Leitwert	$\underline{Z} = \dfrac{\underline{U}}{\underline{I}} = R + jZ_0\left(\dfrac{\omega}{\omega_0} - \dfrac{\omega_0}{\omega}\right)$	$\underline{Y} = \dfrac{\underline{I}}{\underline{U}} = G + jY_0\left(\dfrac{\omega}{\omega_0} - \dfrac{\omega_0}{\omega}\right)$
6	Amplitudengang	$I = \text{const}$	$U = \text{const}$
7	Amplitudengang	$U = \text{const}$	$I = \text{const}$

Kennleitwert $Y_0 = \omega_0 C = 1/(\omega_0 L)$ ein, so ergibt sich

$$\underline{Z} = R + j Z_0 [(\omega/\omega_0) - (\omega_0/\omega)] \quad \text{bzw.} \quad \underline{Y} = G + j Y_0 [(\omega/\omega_0) - (\omega_0/\omega)]. \quad (8.38)$$

Der frequenzabhängige Verlauf von $\underline{Z}$ bzw. $\underline{Y}$ ist in Zeile 5 als Ortskurve dargestellt. Daraus erkennt man die für den Schwingkreis charakteristische Frequenzabhängigkeit dieser Größen, die zu dem in Zeile 6 und 7 angeführten frequenzabhängigen Strom- bzw. Spannungsverhalten führt.

Werden der Reihen- bzw. Parallelschwingkreis an eine **konstante Spannung** $U = $ const angeschlossen, so durchläuft der aufgenommene Strom I in Abhängigkeit von der Kreisfrequenz ω beim Reihenschwingkreis ein Maximum (linkes Diagramm in Zeile 7), aber beim Parallelschwingkreis ein Minimum (rechtes Diagramm in Zeile 6). Wird in den Reihen- bzw. Parallelschwingkreis ein **konstanter Strom** $I = $ const eingeprägt, so durchläuft die an dem Kreis auftretende Spannung U in Abhängigkeit von der Kreisfrequenz ω beim Reihenschwingkreis ein Minimum (linkes Diagramm Zeile 6), beim Parallelschwingkreis aber ein Maximum (rechtes Diagramm Zeile 7).

8.2.3 Kenngrößen für Schwingkreise

In Abschn. 8.2.2.1 und 8.2.2.2 sind bereits für Reihen- und Parallelschwingkreise entsprechend den Ersatzschaltungen in Tafel **8.17** die **Kennkreisfrequenz** $\omega_0 = 1/\sqrt{LC}$ [Gl. (8.13) und (8.22)] sowie der **Kennwiderstand** $Z_0 = \sqrt{L/C}$ [nach Gl. (8.14) für den Reihenschwingkreis] bzw. der **Kennleitwert** $Y_0 = \sqrt{C/L}$ [nach Gl. (8.23) für den Parallelschwingkreis] angegeben.

Die **Kennkreisfrequenz** ω_0 wird auch als **Eigen-** oder **Resonanzkreisfrequenz** des **ungedämpften Schwingkreises** bezeichnet. Diese Bezeichnung folgt aus Beispiel 8.6, in dem für einen Parallelschwingkreis abhängig von der Anordnung der Wirkwiderstände in der Ersatzschaltung unterschiedliche Resonanzfrequenzen f_ϱ berechnet wurden. Nur die mit Gl. (8.35) für den verlustfreien (ungedämpften) Schwingkreis abgeleitete Resonanzfrequenz $f_\varrho (R=0)$ stimmt mit der Definition der Kennfrequenz f_0 entsprechend Gl. (8.22) überein [$f_\varrho (R=0) = f_0$].

Das Verhältnis Z_0/R bzw. Y_0/G des bei der Kennfrequenz f_0 (Resonanzfrequenz) wirksamen Blindwiderstandes zum Wirkwiderstand bzw. Blindleitwertes zum Wirkleitwert ist ein Maß für das Verhältnis der im Schwingungsablauf zwischen Induktivität und Kapazität wechselweise umgespeicherten Energie zu der im Wirkwiderstand irreversibel in Wärme umgeformten Energie. Da dieses Verhältnis aber wiederum maßgebend ist für die Schwingungsintensität bei Resonanz bzw. für die Resonanzverstärkung, hat man als eine weitere Kenngröße den **Gütefaktor**

$$Q = Z_0/R = Y_0/G \quad (8.39)$$

definiert. Häufig wird auch der Kehrwert des Gütefaktors, die **Dämpfung**

$$d = 1/Q, \quad (8.40)$$

angegeben. Sie unterscheidet sich um den Faktor 2 von dem bei der Lösung der

inhomogenen Differentialgleichung für freie Schwingungen i. allg. eingeführten Dämpfungsgrad $\vartheta = d/2$ (s. Abschn. 11.1.2.2).
Zur Erleichterung der formalen Darstellung von Schwingungsvorgängen wird die bereits in Abschn. 8.2.2.3 eingeführte auf die Kennfrequenz f_0 bezogene Frequenz f als **relative Frequenz**

$$\Omega = f/f_0 = \omega/\omega_0 \tag{8.41}$$

und die in Gl. (8.38) in eckigen Klammern stehende Differenz als **Verstimmung**

$$v = (\omega/\omega_0) - (\omega_0/\omega) = \Omega - (1/\Omega) \tag{8.42}$$

definiert. Damit läßt sich z. B. der frequenzabhängige komplexe Widerstand des Reihenschwingkreises bzw. der komplexe Leitwert des Parallelschwingkreises nach Gl. (8.38) in der einfachen Form

$$\underline{Z} = R + \mathrm{j} Z_0 v \quad \text{bzw.} \quad \underline{Y} = G + \mathrm{j} Y_0 v \tag{8.43}$$

schreiben.
Den anschaulichsten Eindruck von dem frequenzabhängigen Verlauf der Schwingung vermittelt der Amplitudengang, also die graphisch dargestellte Funktion der Schwingungsgröße über der Frequenz (s. Bild **8.14**). Diese auch als Resonanzkurve bezeichnete Funktion verläuft um so steiler, d. h. mit schärfer ausgeprägtem Extremum, je kleiner die Dämpfung d bzw. je größer die Güte Q des Kreises ist. Man spricht von **Resonanzverstärkungen** z. B. in den Diagrammen Zeile 7, Tafel **8**.17 (auch **Resonanzabschwächung** z. B. in den Diagrammen Zeile 6, Tafel **8**.17) infolge steiler Resonanzkurven. Zur Objektivierung dieser subjektiven Beurteilung ist eine als **Bandbreite** bezeichnete Kenngröße mit folgender Definition eingeführt. In Bild **8**.18 sind Amplitudengang der Schwingungsgröße S und Phasengang des Winkels φ zwischen Schwingungs- und Erregergröße eines Schwingkreises dargestellt. Die **Bandbreite**

$$b_\omega = \omega_2 - \omega_1 \tag{8.44}$$

einer Resonanzkurve ist die Differenz der oberen und unteren Grenzkreisfrequenz ω_2 und ω_1. Diese Grenzkreisfrequenzen sind so definiert, daß bei ihnen der Betrag der Schwingungsgröße S jeweils den $(1/\sqrt{2})$-fachen Wert des Maximums S_ϱ (bzw. dem $\sqrt{2}$-fachen Wert des Minimums S_ϱ) hat. Die sich dabei einstel-

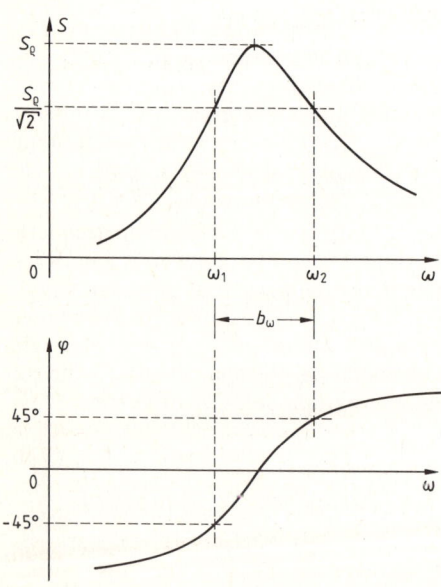

8.18 Definition der Bandbreite

8.2.3 Kenngrößen für Schwingkreise

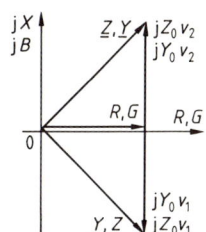

8.19
Komplexe Widerstände $\underline{Z}$ bzw. Leitwerte $\underline{Y}$ bei der Verstimmung v_1 bzw. v_2 entsprechend der unteren bzw. oberen Grenzkreisfrequenz ω_1 bzw. ω_2

lende Phasenverschiebung zwischen Schwingungs- und Erregergröße beträgt $|\varphi|=45°$ (s. Bild **8.18** und **8.19**).

Im folgenden soll diese Definition der Bandbreite für den komplexen Widerstand $\underline{Z}$ bzw. Leitwert $\underline{Y}$ des Reihen- bzw. Parallelschwingkreises nach Tafel **8.17** gedeutet werden. Die maximalen (bzw. minimalen) Resonanzwerte der Schwingungsgrößen stellen sich bei minimalen Werten für $\underline{Z}$ bzw. $\underline{Y}$, also bei $\underline{Z}=R$ bzw. $\underline{Y}=G$, ein (s. Tafel **8.17**). Die um den Faktor $\sqrt{2}$ größeren bzw. um $1/\sqrt{2}$ kleineren Schwingungsgrößen ergeben sich, wenn die Beträge der komplexen Größen $\underline{Z}$ bzw. $\underline{Y}$ um den Faktor $\sqrt{2}$ größer sind als ihre Minimalwerte R und G. Dann sind die Zeiger $\underline{Z}$ bzw. $\underline{Y}$ um $\pi/4$ in positiver oder negativer Richtung aus der reellen Achse verschoben (s. Bild **8.19**). Für diesen Fall folgt aus Gl. (8.43)

$$|v_1|Z_0=|v_2|Z_0=R \quad \text{bzw.} \quad |v_1|Y_0=|v_2|Y_0=G. \tag{8.45}$$

Führt man die Güte Q entsprechend Gl. (8.39) ein, läßt sich die für die obere bzw. untere Grenzkreisfrequenz ω_2 bzw. ω_1 berechnete Verstimmung v_2 bzw. v_1 entsprechend Gl. (8.45) auf die Güte zurückführen.

$$v_{1,2}=(\omega_{1,2}/\omega_0)-(\omega_0/\omega_{1,2})=\mp R/Z_0=\mp G/Y_0=\mp 1/Q \tag{8.46}$$

Multipliziert man Gl. (8.46) mit $\omega_{1,2}\omega_0$, so bekommt man die quadratische Gleichung

$$\omega_{1,2}^2\pm(\omega_{1,2}\omega_0/Q)-\omega_0^2=0, \tag{8.47}$$

deren Lösung eine Gleichung für die nur mit positiven Werten möglichen Grenzkreisfrequenzen

$$\omega_{1,2}=\omega_0[\sqrt{1+1/(4Q^2)}\mp 1/(2Q)] \tag{8.48}$$

liefert. Bildet man die Differenz $\omega_2-\omega_1$ der beiden Grenzkreisfrequenzen, so bekommt man entsprechend Gl. (8.44) die Bandbreite

$$b_\omega=\omega_2-\omega_1=\omega_0/Q \quad \text{bzw.} \quad b_f=f_2-f_1=f_0/Q. \tag{8.49}$$

Man erkennt aus dieser Gleichung deutlich, daß eine Resonanzkurve um so steiler ausgeprägt ist (schmalbandiger verläuft), je größer die Güte Q bzw. je geringer die Dämpfung $d=1/Q$ des Schwingkreises ist. Um scharf ausgeprägte Resonanzkurven zu bekommen, die beispielsweise für schmalbandige Filterschaltungen erforderlich sind, müssen also Spulen und Kondensatoren mit möglichst kleinen Verlusten für den Aufbau eines Schwingkreises verwendet werden.

8.2.4 Schwingkreise mit mehreren Freiheitsgraden

In Abschn. 8.2.2 und 8.2.3 werden einfache Schwingkreise betrachtet, deren Schwingungsvorgang durch eine einzige Größe vollständig gekennzeichnet ist. So kann z. B. in dem Reihenschwingkreis nach Tafel **8**.17 der Schwingungsvorgang durch den **einen** in **beiden** Speichern L und C sowie dem Wirkwiderstand R gleichen Strom $\underline{I}$ eindeutig beschrieben werden. Die verschiedenen Spannungen an L, C und R sind nicht unabhängig voneinander und ergeben sich zwangsläufig als Funktion des einen Stromes $\underline{I}$. Ähnlich kann für einen Parallelschwingkreis der Schwingungsvorgang durch die eine für beide Speicher L und C sowie den Leitwert G gleiche Spannung $\underline{U}$ beschrieben werden, aus der sich die verschiedenen Ströme in den parallelen Zweigen als abhängige Größen zwangsläufig ergeben. Solche Schwingkreise, in denen der Schwingungsvorgang durch eine Größe eindeutig beschrieben werden kann, bezeichnet man als **Kreise mit einem Freiheitsgrad**. Sich selbst überlassen, schwingt ein solcher Kreis mit einer ganz bestimmten ihm eigenen Frequenz. Das System hat nur **eine Eigenfrequenz**.

Die in der Praxis auftretenden Schwingungsvorgänge erweisen sich bei entsprechend genauer Betrachtung i. allg. als weitaus komplizierter als bisher dargestellt, da sich Schaltungselemente mit den in der Ersatzschaltung angenommenen idealen Eigenschaften praktisch nicht realisieren lassen. Beispielsweise lassen sich die Windungen einer Spule nicht allein durch eine Induktivität beschreiben, da zwischen den Windungen auch Kapazitäten wirksam sind (s. Bild **8**.20b). Schaltet man eine Spule mit einem Kondensator zu einem Schwingkreis zusammen (s. Bild **8**.20), so können also außer der Energiependelung zwischen dem Kondensator (C) und der Spule als Ganzes (L) auch noch Energieumspeicherungsvorgänge innerhalb der Spule zwischen den Teilinduktivitäten ΔL und Teilkapazitäten ΔC der einzelnen

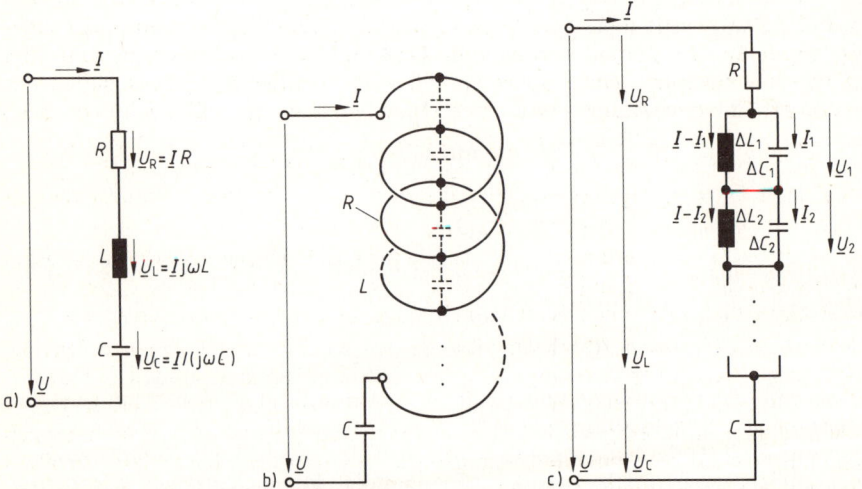

8.20 Reihenschwingkreis aus widerstandsbehafteter Spule und Kondensator
a) einfachste Ersatzschaltung für Schwingungen in der ersten Eigenform, b) schematische Darstellung der Windungskapazitäten, c) verfeinerte Ersatzschaltung für Schwingungen in mehreren Eigenformen

8.2.4 Schwingkreise mit mehreren Freiheitsgraden

Windungen auftreten. Ein Reihenschwingkreis aus Spule und Kondensator wird also durch eine Ersatzschaltung entsprechend Bild 8.20c genauer beschrieben als durch die in Bild 8.20a dargestellte. Man erkennt daraus, daß außer der Schwingung in der ersten Eigenform, die dem durch $\underline{I}$ beschriebenen Energieaustausch zwischen L (Spule als Ganzes) und C entspricht, offensichtlich weitere Schwingungseigenformen möglich sind, die als Energiependelungen zwischen den Teilinduktivitäten $\Delta L_1, \Delta L_2, \ldots$ und den Teilkapazitäten $\Delta C_1, \Delta C_2, \ldots$ innerhalb der Spule ablaufen.

Die Schwingungen der einzelnen Eigenformen eines Schwingkreises beeinflussen sich gegenseitig, sie sind miteinander gekoppelt. Der gesamte Schwingungsvorgang wird entsprechend der Anzahl der Maschen und Knoten der Ersatzschaltung durch ein System voneinander unabhängiger Gleichungen beschrieben. Überläßt man nach geeigneter Anregung das System sich selbst, so verlaufen die Schwingungen jeder Eigenform mit der ihr eigenen Frequenz, die als Eigenfrequenz der jeweiligen Eigenform bezeichnet wird. Schwingkreise, deren Schwingungsvorgang durch n Größen, also durch n voneinander unabhängige Gleichungen, eindeutig bestimmt wird, nennt man Schwingungssysteme mit n Freiheitsgraden. Der Schwingungsvorgang solcher Systeme läßt sich als Überlagerung von n Einzelschwingungen in n charakteristischen Eigenformen auffassen.

Bei den in diesem Abschnitt behandelten erzwungenen Schwingungen bilden sich nur die Schwingungseigenformen aus, deren Charakteristik der der Erregereinwirkung entspricht. In allen angeregten Eigenformen verläuft die Schwingung aber mit der Erregerfrequenz. Werden alle n Eigenformen erregt, so weist die Resonanzkurve, d. h. der Amplitudengang, bei jeder der n Eigenfrequenzen ein Extremum auf. Es treten also so viele Extrema auf, wie das System Freiheitsgrade hat.

Bei der Betrachtung des vorstehend beschriebenen Reihenschwingkreises entsprechend Bild 8.20 wurde nicht festgelegt, in wie viele Teilinduktivitäten und Teilkapazitäten die Spule unterteilt werden muß. Da Induktivität und Windungskapazität kontinuierlich über die ganze Spule verteilt sind, werden die Eigenschaften der Spule in der Ersatzschaltung – also einer Modellvorstellung – offensichtlich um so genauer beschrieben, je feiner man sie in einzelne Elemente ΔL und ΔC unterteilt. Damit steigt natürlich die Anzahl der Freiheitsgrade des der Ersatzschaltung entsprechenden Schwingungsmodells, und die mathematische Behandlung wird aufwendiger.

So wie hier beispielhaft erläutert, müssen alle praktisch gegebenen Schwingungssysteme untersucht werden, um Ersatzmodelle zu entwerfen, die bei möglichst einfacher Struktur die praktischen Gegebenheiten hinreichend genau beschreiben.

Im Rahmen der in diesem Abschnitt behandelten stationären erzwungenen Schwingungen lassen sich auch Schwingkreise mit mehreren Freiheitsgraden mit der in Abschn. 6 und 7 erläuterten komplexen Rechnung wie allgemeine Netzwerke behandeln. Dabei muß lediglich beachtet werden, daß bei der frequenzabhängigen Darstellung der zu berechnenden Ströme oder Spannungen (Schwingungsgrößen) in diesem Netzwerk entsprechend der Anzahl der Freiheitsgrade des Netzwerkes auch mehrere Resonanzstellen (Extrema der Schwingungsgrößen) auftreten können.

9 Mehrphasen-Sinusstrom

In Abschn. 6 und 7 werden die Stromverbraucher jeweils als Zweipol an eine einzige Sinusspannung angeschlossen. Man nennt dieses Sinusstromsystem **Einphasenwechselstrom**. Generatoren, die nur eine einzige spannungserzeugende Wicklung enthalten, sind aber schlecht ausgenutzt. Man kann ebenso gut z. B. drei gleichartige Wicklungen über den Umfang verteilt unterbringen und so gleichzeitig drei gleich große, gegeneinander phasenverschobene Sinusspannungen erzeugen. Dies ist ein Grund, warum heute etwa 99% der elektrischen Energie in **Dreiphasengeneratoren** erzeugt wird. Weitere Begründungen sollen in diesem Abschnitt abgeleitet werden.

Zunächst sollen einige neue Begriffe sowie die in Mehrphasensystemen üblichen Schaltungen erläutert werden. Anschließend beschränken wir uns auf das wichtigste Mehrphasensystem, das Dreiphasen- oder **Drehstromsystem** genannt wird. Hierbei sollen Erzeuger und Verbraucher betrachtet und gleichmäßige und ungleichmäßige Belastungen der 3 Phasen untersucht werden.

9.1 Mehrphasensysteme

9.1.1 Begriffe

Ein Mehrphasengenerator mit m gegeneinander versetzten Wicklungssträngen oder Strangwicklungen erzeugt mit diesen m **Strängen** oder **Phasen** auch m Sinusspannungen.

9.1.1.1 Dreiphasengenerator. Die $m=3$ Strangwicklungen sind über den Umfang des Generators gleichmäßig verteilt; bei einer zweipoligen Maschine nach Bild **9.1**a müssen alle Wicklungsachsen bzw. die Wicklungsanfänge U1, V1, W1 daher um $360°/3=120°=2\pi/3$ räumlich gegeneinander versetzt sein. Wenn die Wicklungsstränge gleiche wirksame Windungszahlen N aufweisen und nacheinander vom gleichen Fluß mit dem Scheitelwert $\hat{\Phi}$ durchsetzt werden, herrschen an ihnen nach Gl. (6.17) Spannungen mit gleicher Frequenz f und gleichem Effektivwert $U=4{,}443\,fN\hat{\Phi}$ bzw. gleichem Scheitelwert $\hat{u}$, und die erzeugten Spannungen sind nach Bild **9.1**b um je 120° zeitlich gegeneinander phasenverschoben. Die Spannungen unterscheiden sich also nur im Nullphasenwinkel (s. Abschn. 6.1.1.2) um jeweils $120°=2\pi/3$. Bei rein sinusförmiger Flußänderung gilt daher für die Zeitwerte der Strangspannungen

$$u_\text{U}=\hat{u}_\text{U}\sin(\omega t), \quad u_\text{V}=\hat{u}_\text{V}\sin\left(\omega t-\frac{2\pi}{3}\right), \quad u_\text{W}=\hat{u}_\text{W}\sin\left(\omega t-\frac{4\pi}{3}\right) \quad (9.1)$$

9.1.1 Begriffe

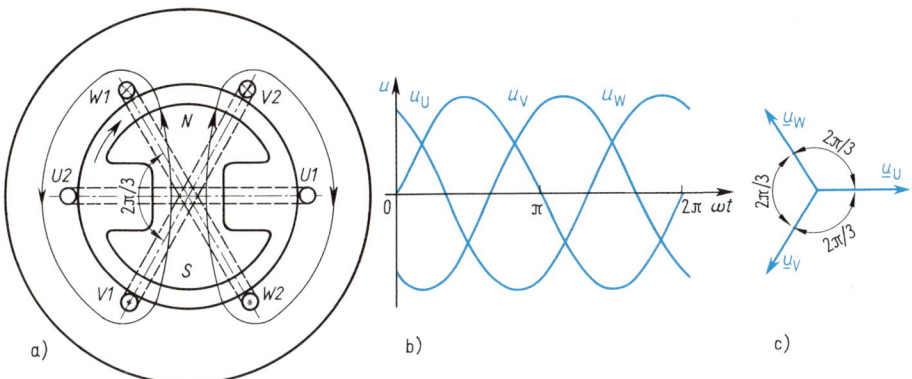

9.1 Dreiphasengenerator im Querschnitt (a) mit den 3 Strangwicklungen U, V, W und Zeit- (b) und Zeigerdiagramm (c) der Strangspannungen u_U, u_V, u_W

bzw. nach Bild **9.1**c für die komplexen Effektivwerte

$$\underline{U}_U = \underline{U}_{Str}, \quad \underline{U}_V = \underline{U}_{Str}\underline{/-120°}, \quad \underline{U}_W = \underline{U}_{Str}\underline{/-240°}. \tag{9.2}$$

Nach Bild **9.1**b und c ist aber auch gleichzeitig stets

$$u_U + u_V + u_W = 0 \quad \text{und} \quad \underline{U}_U + \underline{U}_V + \underline{U}_W = 0. \tag{9.3}$$

Der räumlichen Verdrehung der Wicklungsstränge entspricht also eine gleiche zeitliche Phasenverschiebung der Spannungen, und die Summe der Zeitwerte bzw. die Summe der komplexen Effektivwerte (oder komplexen Scheitelwerte) verschwindet.

Für Einzelheiten zu dem in Bild **9.1**a im Prinzip dargestellten Dreiphasen-Synchrongenerator s. [56].

9.1.1.2 Sternschaltung. Es hat Vorteile, in Schaltbildern die drei Wicklungsstränge U, V, W (mit den Wicklungsanfängen $U1$, $V1$, $W1$ und den Wicklungsenden $U2$, $V2$, $W2$) wie in Bild **9.2** durch drei im Winkel von 120° zueinander stehende Wicklungs-Schaltzeichen darzustellen. Für die abgehenden Leitungen, die Außenleiter, verwendet man die Klemmenbezeichnungen $L1$, $L2$, $L3$.

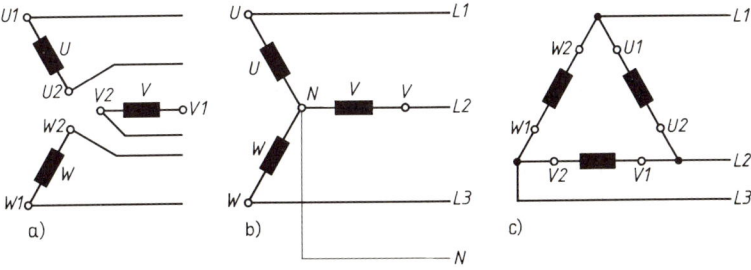

9.2 Offenes (a) und verkettetes Dreiphasensystem in Sternschaltung mit Vierleiternetz (b) sowie in Dreieckschaltung mit Dreileiternetz (c)

Wie in Bild **9.**2a könnte man jeden Wicklungsstrang durch zwei Leitungen an die Verbraucher anschließen, bekäme dann aber insgesamt $2m=6$ Zuleitungen. Wenn man dagegen wie in Bild **9.**2b die drei Wicklungsstränge in einer **Gegenreihenschaltung** mit den drei Wicklungsenden $U2, V2, W2$ in einem **Sternpunkt** bzw. Mittelpunkt N zusammenfaßt, erhält man eine **Sternschaltung** und benötigt nur noch $(m+1)$ Zuleitungen, nämlich 3 Außenleiter $L1, L2, L3$ und einen Mittelleiter N, der gewissermaßen der gemeinsame Rückleiter ist.

Dieses verkettete Vierleiternetz stellt das normale Verteilungssystem für Verbraucher dar; es liefert insgesamt 6 Spannungen, die sich in Größe und Phasenlage unterscheiden. Die Möglichkeiten und Vorteile werden in Abschn. 9.3.1 erläutert.

9.1.1.3 Dreieckschaltung. Wegen Gl. (9.3) darf man die 3 Stränge eines Dreiphasengenerators offenbar auch in einer **Summenreihenschaltung** nach Bild **9.**2c miteinander verbinden, ohne daß in dieser **Ringschaltung** ein Kreisstrom zum Fließen kommt. Hier sind jeweils Ende des ersten Stranges mit dem Anfang des zweiten usw. verbunden. Beim Dreiphasengenerator entsteht im Schaltbild ein Dreieck, so daß man sie auch **Dreieckschaltung** nennt.

Die Dreieckschaltung vermeidet den Mittelleiter; sie bildet mit den 3 Außenleitern $L1, L2, L3$ ein **Dreileiternetz**, das für die elektrische Energieübertragung in Mittel-, Hoch- und Höchstspannungsnetzen über weite Entfernungen benutzt wird [19]. Die angeschlossenen Einrichtungen, wie Generator, Transformator und Verbraucher, können aber auch in Stern geschaltet sein (s. Abschn. 9.2 und 9.3).

9.1.1.4 Benennungen. Nach DIN 40108 unterscheidet man in Mehrphasensystemen:

In den **Strombahnen** nennt man den einzelnen Zweipol (Wicklung, Widerstand usw.) **Strang**. Die zum Verbraucher führenden Leiter heißen **Außenleiter**. Als **Mittelpunkt** N bezeichnet man einen Punkt, der allen gleichwertigen Strombahnen gemeinsam ist; in Mehrphasensystemen ist dies der **Sternpunkt**. Von ihm geht der Mittelleiter N aus. Ein Strang liegt also zwischen zwei Außenleitern oder einem Außenleiter und dem Mittelleiter.

Eine Spannung zwischen Außenleiter und Mittelpunkt wird in diesem Buch **Leiter-Mittelpunktspannung** U_M genannt. (Nach DIN 40108 soll sie mit U_N bezeichnet werden, was aber zu Verwechslungen mit der Nennspannung U_N nach DIN 4897 führen kann, so daß wir hier den Index M vorziehen.) Sie muß nicht (s. Abschn. 9.3.2.2) mit der **Sternspannung** $U_λ$ zwischen Außenleiter und Sternpunkt übereinstimmen. Zwischen Sternpunkt und einem anderen Potential, z. B. Mittelpunkt oder Erde, kann eine **Sternpunktspannung** U_E (s. Abschn. 9.3.2.2) auftreten.

Die Spannung zwischen zwei (aufeinander folgenden) Außenleitern wird **Außenleiterspannung** U genannt. (Wenn bei einem Mehrphasensystem von der Spannung U gesprochen wird, ist stets die Außenleiterspannung gemeint.) Sie ist beim Dreiphasensystem mit der **Dreieckspannung** $U_\triangle$ identisch. Als **Strangspannung** U_{Str} bezeichnet man die Spannung an einer Strangwicklung oder einem Verbraucherstrang.

Bei den Strömen unterscheiden wir den **Außenleiterstrom** I im Außenleiter, den **Strangstrom** I_{Str} im Wicklungs- oder Verbraucherstrang und den Mittelleiterstrom I_M im Mittelleiter. (Mit dem Strom I eines Mehrphasensystems ist also stets der Außenleiterstrom gemeint.) Die Indizes 1, 2, 3 beziehen sich auf die Außenleiter *L1, L2, L3.*

Die Wirkleistung des Mehrphasensystems wird wieder mit P, die Scheinleistung mit S und die Blindleistung mit Q bezeichnet. Alle Größen ohne Index beziehen sich also auf die Gesamtschaltung oder die Außenleiter.

9.1.2 Symmetrische Mehrphasensysteme

Jetzt sollen die Erkenntnisse, die mit dem Dreiphasensystem gewonnen wurden, verallgemeinert und so die Eigenschaften von Mehrphasensystemen beschrieben werden.

9.1.2.1 Phasenzahl. Ein Mehrphasen-Spannungssystem mit der Strang- oder Phasenzahl m wird als **symmetrisch** bezeichnet, wenn alle Strangspannungen **gleich groß und gegeneinander um den Winkel $2\pi/m$ zeitlich phasenverschoben sind.**

Grundsätzlich können beliebige Phasenzahlen m ausgeführt werden. Bild **9.3** zeigt die Spannungszeigerdiagramme für einige Mehrphasensysteme, deren Phasenzahl durch 3 teilbar ist. Die Phasenzahlen $m = 6, 12, 24, 36$ kommen bei Stromrichtern vor; sie können über Transformatoren aus dem Dreiphasensystem gewonnen werden [56].

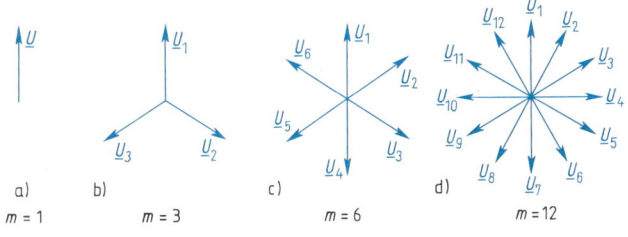
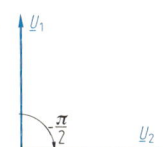

9.3 Mehrphasen-Spannungssysteme für verschiedene Phasenzahlen m

9.4 Unsymmetrisches Zweiphasensystem

Das **symmetrische Zweiphasensystem**, dessen Spannungen den Phasenwinkel $\pi = 180°$ gegeneinander aufweisen, kann nicht mehr als das Einphasensystem leisten; es wird daher nicht eingesetzt. Demgegenüber hat das **unsymmetrische Zweiphasensystem** nach Bild **9.4** ähnliche Eigenschaften wie das symmetrische Dreiphasensystem: Es benötigt mindestens $m + 1 = 3$ Leiter, nämlich 2 Außenleiter und einen (i. allg. dickeren) Mittelleiter und kann ebenfalls Drehfelder erzeugen [56]. Da es praktisch nur bei Einphasenmotoren [56] und für die Zweiachsentheorie elektrischer Maschinen angewandt wird, verzichten wir hier auf eine weitere Behandlung.

Während beim Einphasensystem (s. Abschn. 6.2.4.2 – und somit auch beim symmetrischen Zweiphasensystem) der Zeitwert der Leistung mit doppelter Netzfrequenz schwingt, ist bei den symmetrischen Mehrphasensystemen mit $m > 2$ (und auch beim unsymmetrischen Zweiphasensystem) bei symmetrischer Last der Zeitwert der Summenleistung konstant, was für das Dreiphasensystem in Abschn. 9.2.2.1 gezeigt wird. Außerdem kann man, was für das Dreiphasensystem in Abschn. 9.2.2.2 abgeleitet wird, mit symmetrischen Mehrphasensystemen bei $m>2$ (und auch mit dem unsymmetrischen Zweiphasensystem) **Drehfelder erzeugen**. Beides ist sehr wichtig für die elektrische Energietechnik, insbesondere die Drehfeldmaschinen [19], [56].

9.1.2.2 Schaltungen. Ganz allgemein gilt bei symmetrischer Belastung eines symmetrischen Mehrphasensystems für die Summe der komplexen Strang- und Außenleiterspannungen und -ströme

$$\sum_{\mu=1}^{m} \underline{U}_\mu = 0 \quad \text{und} \quad \sum_{\mu=1}^{m} \underline{I}_\mu = 0 \,. \tag{9.4}$$

Hieraus ergeben sich folgende Schaltungsmöglichkeiten: Bei der **Sternschaltung** nach Bild **9.5**a sind die Stränge mit ihren Strangenden zum Sternpunkt zusammengeschaltet. Bei symmetrischer Belastung verschwindet nach Gl. (9.4) die Stromsumme, so daß der Mittelleiter eingespart werden kann. Zwischen zwei Außenleitern herrscht entsprechend der vorliegenden **Gegenreihenschaltung** von zwei Strängen die **Differenz** von zwei Strangspannungen.

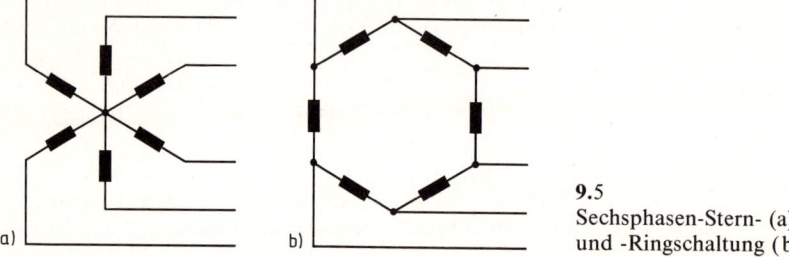

9.5 Sechsphasen-Stern- (a) und -Ringschaltung (b)

In der **Ringschaltung** von Bild **9.5**b sind jeweils Anfang und Ende benachbarter Strangwicklungen zusammengeschaltet. Dies ist zulässig, weil nach Gl. (9.4) die Spannungssumme allgemein verschwindet. Zwischen je zwei Außenleitern wird die jeweilige Strangspannung wirksam. An jedem Abzweigpunkt für den Außenleiter muß der Knotenpunktsatz (s. Abschn. 7.1.2.1) beachtet werden.

Ring- und Sternschaltung können ebenso wie für den Erzeuger auch beim Verbraucher für den Anschluß von m Widerständen oder anderen Zweipolen angewendet werden. Sie werden für das Dreiphasensystem in Abschn. 9.2 näher untersucht.

9.2 Symmetrisches Dreiphasensystem

In Abschn. 9.1.1.1 wird gezeigt, wie ein symmetrisches Dreiphasensystem erzeugt werden kann und wie ein Dreiphasengenerator geschaltet werden darf. Wir wenden uns den Verbrauchern zu, die aus 3 gleichartigen Zweipolen $\underline{Z}$ bestehen sollen und die man in **Stern oder Dreieck** schalten darf. Wir betrachten die hierbei auftretenden Spannungen, Ströme und Leistungen sowie die Erzeugung von Drehfeldern.

9.2.1 Spannungen und Ströme

In den folgenden Schaltbildern sind Zählpfeile für Spannungen und Ströme eingetragen, die bei den komplexen Außenleiterströmen $\underline{I}_1, \underline{I}_2, \underline{I}_3$ und den komplexen Sternspannungen $\underline{U}_1, \underline{U}_2, \underline{U}_3$ auf den Mittelpunkt N des Verbrauchers weisen. Bei den komplexen Außenleiterspannungen $\underline{U}_{12}, \underline{U}_{23}, \underline{U}_{31}$ und den komplexen Strangströmen $\underline{I}_{12}, \underline{I}_{23}, \underline{I}_{31}$ der Dreieckschaltung geben die Indizes die Richtung der Zählpfeile an; z. B. weist der Zählpfeil $\underline{I}_{12}$ von $L1$ nach $L2$ oder von U nach V.

9.2.1.1 Sternschaltung. Bild **9.6**a zeigt ein Vierleiternetz mit Erzeuger (links) und Verbraucher (rechts), beide in Sternschaltung, wobei die je 3 Stränge jeweils so angeordnet sind, daß die Klemmen U, V, W bzw. $L1, L2, L3$ bei einem Umlauf im Uhrzeigersinn aufeinander folgen. Der symmetrische Verbraucher besteht aus 3 völlig gleichen komplexen Widerständen $\underline{Z}$, die von den komplexen Strömen $\underline{I}_1, \underline{I}_2, \underline{I}_3$ durchflossen werden.

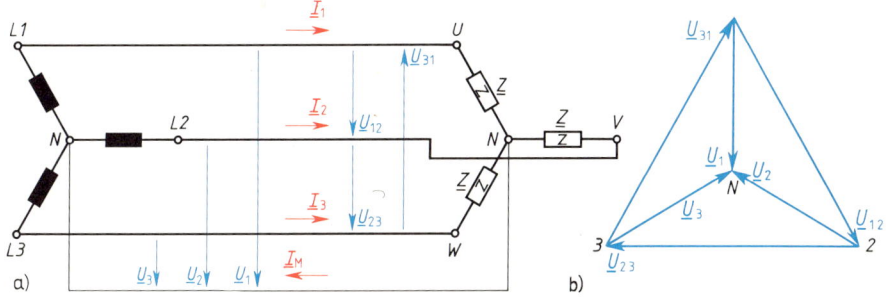

9.6 Dreiphasenstromübertragung mit Erzeuger (links) und Verbraucher (rechts) in Sternschaltung (a) mit Zählrichtungen für Spannungen und Ströme sowie zugehöriges Spannungszeigerdiagramm (b)

Nach Gl. (9.2) werden im Generator die komplexen **Strangspannungen**

$$\underline{U}_1, \qquad \underline{U}_2 = \underline{U}_1 \,\underline{/-120°}, \qquad \underline{U}_3 = \underline{U}_1 \,\underline{/120°} \tag{9.5}$$

erzeugt; sie sind in Bild **9.6**b als Spannungszeigerstern dargestellt. Für die **Außenleiterspannungen** gilt nach dem Maschensatz (s. Abschn. 7.1.1.1) bei den in Bild **9.6**a eingetragenen Zählrichtungen

$$\underline{U}_{12} = \underline{U}_1 - \underline{U}_2, \qquad \underline{U}_{23} = \underline{U}_2 - \underline{U}_3, \qquad \underline{U}_{31} = \underline{U}_3 - \underline{U}_1. \tag{9.6}$$

Zur Bildung der Außenleiterspannung $\underline{U}_{12}$ sind also die Spannungszeiger $\underline{U}_1$ und $-\underline{U}_2$ zusammenzusetzen, was am einfachsten am Spannungszeigerstern in Bild **9.6**b geschieht, wo die drei Außenleiterspannungen den Zeigerstern der Strangspannungen als gleichseitiges Dreieck umschließen. Die komplexen Außenleiterspannungen

$$\underline{U}_{12} = \underline{U}, \qquad \underline{U}_{23} = \underline{U}\,\underline{/-120°}, \qquad \underline{U}_{31} = \underline{U}\,\underline{/120°} \tag{9.7}$$

sind wieder gegeneinander um je $120° = 2\pi/3$ phasenverschoben und haben gleiche

9.2 Symmetrisches Dreiphasensystem

Beträge U. Nach Bild **9.6**b gilt daher für das Verhältnis Außenleiterspannung U zu Strangspannung U_{Str} bzw. Sternspannung $U_\lambda = U_{\text{Str}}$ bei der Sternschaltung

$$U/U_\lambda = 2\cos 30° = 2 \cdot \sqrt{3}/2 = \sqrt{3} \;. \tag{9.8}$$

Die **Außenleiterspannung** U bei symmetrischer Sternschaltung eines symmetrischen Dreiphasensystems ist also $\sqrt{3}$ mal so groß wie die **Sternspannung** bzw. **Leiter-Mittelpunktspannung** U_λ.

Bei einem symmetrischen Verbraucher muß das Spannungszeigerdiagramm von Bild **9.6**b sowohl für Erzeuger als auch Verbraucher in Bild **9.6**a gelten. Die komplexen Strangspannungen $\underline{U}_1, \underline{U}_2, \underline{U}_3$ werden daher in dem Verbraucher die komplexen **Strangströme** bzw. **Außenleiterströme**

$$\underline{I}_1 = \underline{I}, \quad \underline{I}_2 = \underline{I}\,\underline{/-120°}, \quad \underline{I}_3 = \underline{I}\,\underline{/120°} \tag{9.9}$$

zum Fließen bringen. Für den komplexen **Mittelleiterstrom** in Bild **9.6**a gilt mit Gl. (9.4)

$$\underline{I}_M = \underline{I}_1 + \underline{I}_2 + \underline{I}_3 = 0 \;. \tag{9.10}$$

In diesem Fall der symmetrischen Last darf der Mittelleiter daher auch fortgelassen werden.

Beispiel 9.1. Ein Verbraucher, der aus 3 komplexen Widerständen $\underline{Z} = (80 + \text{j}\,125{,}5)\,\Omega = 148{,}8\,\Omega\,\underline{/57{,}48°}$ besteht, liegt in Sternschaltung an einem Dreiphasennetz mit der Außenleiterspannung $U = 6$ kV. Der Außenleiterstrom $\underline{I}$ ist zu bestimmen.
Mit der Sternspannung $U_\lambda = U/\sqrt{3} = 6$ kV$/\sqrt{3} = 3{,}464$ kV nach Gl. (9.8) erhalten wir den Strom

$$\underline{I} = \underline{I}_{\text{Str}} = \underline{U}_\lambda/\underline{Z} = 3{,}464 \text{ kV}/(148{,}8\,\Omega\,\underline{/57{,}48°}) = 23{,}27 \text{ A}\,\underline{/-57{,}48°} \;,$$

der gegenüber der zugehörigen Strangspannung (jedoch **nicht** gegenüber einer Außenleiterspannung) um den Phasenwinkel $\varphi = 57{,}48°$ nacheilt.

9.2.1.2 Dreieckschaltung. Nach Bild **9.7**a sind Außenleiterspannung U und Strangspannung $U_{\text{Str}} = U$ jeweils gleich groß. In einer symmetrischen Dreieckschaltung, die aus 3 gleichen komplexen Widerständen $\underline{Z}$ besteht, verursachen also die kom-

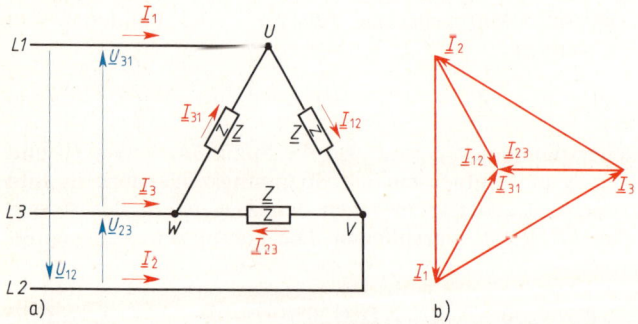

9.7 Belastung eines Dreileiternetzes mit einer Dreieckschaltung (a) und zugehöriges Stromzeigerdiagramm (b)

plexen Außenleiterspannungen $\underline{U}_{12}$, $\underline{U}_{23}$, $\underline{U}_{31}$ die komplexen **Strangströme**

$$\underline{I}_{12} = \underline{U}_{12}/\underline{Z}, \quad \underline{I}_{23} = \underline{U}_{23}/\underline{Z}, \quad \underline{I}_{31} = \underline{U}_{31}/\underline{Z}, \tag{9.11}$$

die gleich groß und gegeneinander um 120° phasenverschoben sind, wie das in Bild 9.7b dargestellt ist. Nach Bild 9.7a gilt für die komplexen **Außenleiterströme**

$$\underline{I}_1 = \underline{I}_{12} - \underline{I}_{31} = \underline{I}, \quad \underline{I}_2 = \underline{I}_{23} - \underline{I}_{12} = \underline{I}\,\underline{/-120°}, \quad \underline{I}_3 = \underline{I}_{31} - \underline{I}_{23} = \underline{I}\,\underline{/120°}, \tag{9.12}$$

die wieder einfach als Dreieckseiten in Bild 9.7b gefunden werden können. Die Außenleiterströme $\underline{I}_1, \underline{I}_2, \underline{I}_3$ haben somit bei symmetrischer Belastung ebenfalls den gleichen Betrag I und sind ebenfalls um 120° gegeneinander phasenverschoben. Aus dem gleichseitigen Dreieck in Bild 9.7b erhält man für das Verhältnis von Außenleiterstrom I zu Strangstrom I_{Str} der symmetrischen Dreieckschaltung

$$I/I_{Str} = 2\cos 30° = \sqrt{3}. \tag{9.13}$$

Der Außenleiterstrom I bei symmetrischer Dreieckschaltung eines symmetrischen Dreiphasensystems ist also $\sqrt{3}$ **mal so groß wie der Strangstrom** I_{Str}, d.i. der Dreieckstrom $I_\triangle$.

Beispiel 9.2. Ein Dreiphasenverbraucher mit 3 gleichen Widerständen (z.B. ein Dreiphasenofen) soll einem Netz mit der Nennspannung $U = 220$ V den Strom $I = 20$ A entnehmen.

a) Wie groß müssen die drei Scheinwiderstände Z_λ in der Sternschaltung sein?
Nach Gl. (9.8) wirkt die Sternspannung $U_\lambda = U/\sqrt{3} = 220\text{ V}/\sqrt{3} = 127$ V als Strangspannung bei dem Strangstrom $I_{Str} = I = 20$ A. Man benötigt daher drei Widerstände mit dem Wert

$$Z_\lambda = U_\lambda/I_{Str} = 127\text{ V}/(20\text{ A}) = 6{,}35\ \Omega.$$

b) Welche Scheinwiderstände $Z_\triangle$ muß demgegenüber die Dreieckschaltung aufweisen?
Hier fließt nach Gl. (9.13) der Strangstrom $I_{Str} = I_\triangle = I/\sqrt{3} = 20\text{ A}/\sqrt{3} = 11{,}54$ A bei der Strangspannung $U_{Str} = U = 220$ V, so daß drei Widerstände mit dem Wert

$$Z_\triangle = U/I_{Str} = 220\text{ V}/(11{,}54\text{ A}) = 19{,}05\ \Omega = 3 Z_\lambda$$

zusammenzuschalten sind. In der Dreieckschaltung müssen daher die Einzelwiderstände dreimal so groß wie in der Sternschaltung sein (s.a. Abschn. 1.6.2.4).

Beispiel 9.3. Je 3 Widerstände $R = 100\ \Omega$ und $X_C = -200\ \Omega$ liegen in der Schaltung von Bild 9.8 an einem Dreiphasennetz mit der Außenleiterspannung $U = 380$ V. Der komplexe Außenleiterstrom $\underline{I}$ ist zu berechnen.

Der Wirkwiderstand R liegt nach Gl. (9.8) an der Strangspannung $U_{Str} = U/\sqrt{3} = 380\text{ V}/\sqrt{3} = 219{,}4$ V und führt daher den Strangstrom $I_{StrR} = U_{Str}/R = 219{,}4\text{ V}/(100\ \Omega) = 2{,}194$ A. Der kapazitive Blindwiderstand X_C liegt an der Außenleiterspannung U und führt daher den Strangstrom $I_{StrC} = U/(-X_C) = 380\text{ V}/(200\ \Omega) = 1{,}9$ A.

Der Strangstrom I_{StrR} fließt auch als Wirkstrom $I_w = I_{StrR}$ im Außenleiter. Für den Blindanteil erhalten wir mit Gl. (9.13) $I_b = \sqrt{3}\,I_{StrC} = \sqrt{3}\cdot 1{,}9\text{ A} = 3{,}291$ A. Der Außen-

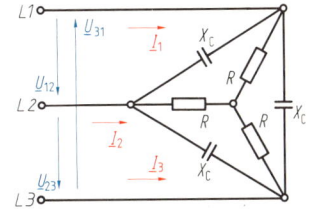

9.8 Symmetrische Belastung eines Dreileiternetzes

9.2 Symmetrisches Dreiphasensystem

strom hat somit den Betrag

$$I = \sqrt{I_w^2 + I_b^2} = \sqrt{2{,}194^2 + 3{,}291^2}\ \text{A} = 3{,}955\ \text{A}$$

und für die zugehörige Sternspannung den Phasenwinkel

$$\varphi = -\text{Arctan}(I_b/I_w) = -\text{Arctan}(3{,}291\ \text{A}/2{,}194\ \text{A}) = -56{,}31°.$$

9.2.2 Leistung und Drehfeld

In der Leistungsübertragung und der Drehfelderzeugung unterscheidet sich ein symmetrisches Dreiphasensystem in bemerkenswerter Weise vom Einphasensystem.

9.2.2.1 Leistungen. Bild 9.6 und 9.7 zeigen, daß jedem Außenleiterstrom zwei Außenleiterspannungen unterschiedlicher Phasenlage zugeordnet werden können, Außenleiterstrom $\underline{I}$ und Außenleiterspannung $\underline{U}$ aber niemals gleichzeitig an einem Verbraucher-Teilwiderstand auftreten, Phasenwinkel zwischen Außenleitergrößen also nicht sinnvoll angegeben werden können. Der für Mehrphasensysteme mitgeteilte Phasenwinkel φ bezieht sich daher stets auf die Stranggrößen. Er tritt also z. B. auf zwischen einem Außenleiterstrom $\underline{I}_\mu$ und der zugehörigen Sternspannung $\underline{U}_\mu$. Bei der Angabe des Phasenwinkels φ wird daher meist stillschweigend eine Sternschaltung des Verbrauchers vorausgesetzt.

Im ersten Strang der Schaltung von Bild **9.6**a wird nach Abschn. 6.2.4.2 der Zeitwert der Leistung $S_t = U_{Str} I_{Str} \cos\varphi - U_{Str} I_{Str} \cos(2\omega t + \varphi)$ umgesetzt. In den übrigen Strängen verläuft der Zeitwert der Leistung ebenso, allerdings mit einer Phasenverschiebung von 120°. Insgesamt wird dann mit Gl. (9.1) dem symmetrischen Dreiphasenverbraucher der Zeitwert der Leistung

$$S_t = 3 U_{Str} I_{Str} \cos\varphi \\ - U_{Str} I_{Str} [\cos(2\omega t + \varphi) + \cos(2\omega t + \varphi - 120°) + \cos(2\omega t + \varphi + 120°)]$$

zugeführt, wobei jedoch der Ausdruck in der eckigen Klammer ebenso wie Gl. (9.4) Null ist. Ein symmetrisches Dreiphasensystem überträgt also den **konstanten Zeitwert der Leistung**

$$S_t = 3 U_{Str} I_{Str} \cos\varphi . \tag{9.14}$$

Diese zeitlich konstante Leistung kann daher z. B. in einem Motor auch wieder in eine zeitlich konstante mechanische Leistung überführt werden, und es entstehen zeitlich konstante Drehmomente.

Wir vergleichen nun nochmals **Sternschaltung** und **Dreieckschaltung**. Es gilt für die Spannungen

$$U_\curlywedge = U_{Str} = U/\sqrt{3}\ , \qquad\qquad U_\triangle = U_{Str} = U \tag{9.15}$$

für die Ströme

$$I_\curlywedge = I_{Str} = I\ , \qquad\qquad I_\triangle = I_{Str} = I/\sqrt{3} \tag{9.16}$$

9.2.2 Leistung und Drehfeld

für die **Scheinleistung der 3 Stränge**

$$S = 3\,U_{Str}\,I_{Str} \tag{9.17}$$

bzw. nach Einsetzen von Gl. (9.15) und (9.16)

$$S = \sqrt{3}\,U\,I \tag{9.18}$$

und somit auch nach Abschn. 6.2.4.2 für die gesamte Wirkleistung

$$P = \sqrt{3}\,U\,I\cos\varphi \tag{9.19}$$

und für die gesamte Blindleistung

$$Q = \sqrt{3}\,U\,I\sin\varphi\,. \tag{9.20}$$

Die Leistungen eines symmetrischen Dreiphasennetzes bei symmetrischer Belastung sind, gleichgültig ob Stern- oder Dreieckschaltung vorliegt, durch **dieselben** Gl. (9.18) bis (9.20) zu **berechnen**, wenn Außenleiterspannung U und Außenleiterstrom I bekannt sind. Der zu berücksichtigende Phasenwinkel φ tritt nicht zwischen diesen Außenleitergrößen I und U, sondern zwischen den Stranggrößen I_{Str} und U_{Str} auf. Ein Vergleich von Gl. (9.14) und (9.19) zeigt, daß der konstante Zeitwert S_t der übertragenen Leistung mit der Wirkleistung P übereinstimmt.

Beispiel 9.4. Die Leistungen der in Beispiel 9.3 behandelten Schaltung sind zu berechnen. Wir finden die Wirkleistung

$$P = 3\,U_{StrR}\,I_{StrR} = 3 \cdot 219{,}4\text{ V} \cdot 2{,}194\text{ A} = \sqrt{3}\,U\,I_w = \sqrt{3} \cdot 380\text{ V} \cdot 2{,}194\text{ A} = 1{,}444\text{ kW},$$

die kapazitive Blindleistung

$$Q = -3\,U_{StrC}\,I_{StrC} = -3 \cdot 380\text{ V} \cdot 1{,}9\text{ A} = -\sqrt{3}\,U\,I_b = -\sqrt{3} \cdot 380\text{ V} \cdot 3{,}291\text{ A} = -2{,}166\text{ kvar}$$

und die Scheinleistung

$$S = \sqrt{P^2 + Q^2} = \sqrt{1{,}444^2 + 2{,}166^2}\text{ kVA} = \sqrt{3}\,U\,I = \sqrt{3} \cdot 380\text{ V} \cdot 3{,}955\text{ A} = 2{,}603\text{ kVA}\,.$$

Beispiel 9.5. Ein Dreiphasenmotor für die Nennleistung $P_{2N} = 20$ kW bei der Außenleiterspannung $U = 380$ V, aber sonst gleichen Daten wie in Beispiel 7.61 soll von $\cos\varphi = 0{,}75$ auf $\cos\varphi_k = 1$ kompensiert werden. Wie müssen die Kondensatoren in den drei Strängen bemessen sein, wenn sie in Stern oder Dreieck geschaltet sind?
Der Motor stellt eine symmetrische Belastung dar, und alle Leistungen verteilen sich gleichmäßig auf die drei Stränge. Zur Kompensation ist die Blindleistung $Q_C = -Q_b = P_{2N}\sin\varphi/(\eta\cos\varphi) = P_{2N}\tan\varphi/\eta = -20\text{ kW} \cdot 0{,}8819/0{,}85 = -20{,}75$ kvar erforderlich, so daß jeder Strang $Q_{Str} = Q_C/3 = -20{,}75$ kvar$/3 = -6{,}917$ kvar decken muß.
Bei Sternschaltung der drei Kondensatoren sind diese für die Spannung $U_{Str} = U/\sqrt{3} = 380\text{ V}/\sqrt{3}$ zu bemessen, so daß mit der Blindleistung $Q_{Str} = U_{Str}^2\,\omega\,C_\lambda$ bei der Kreisfrequenz $\omega = 314{,}2\text{ s}^{-1}$ je Strang die Kapazität

$$C_\lambda = \frac{-Q_{Str}}{U_{Str}^2\,\omega} = \frac{6917\text{ var}}{(380\text{ V}/\sqrt{3})^2 \cdot 314{,}2\text{ s}^{-1}} = 457{,}4\text{ µF}$$

erforderlich ist.

Bei Dreieckschaltung sind die Kondensatoren für die Spannung $U = 380$ V zu bemessen, was die Kapazität

$$C_\triangle = \frac{-Q_{Str}}{U^2 \omega} = \frac{6917 \text{ var}}{380^2 \text{ V}^2 \cdot 314{,}2 \text{ s}^{-1}} = 152{,}5 \text{ μF},$$

also nur ⅓ der für die Sternschaltung errechneten Kapazitäten bei $\sqrt{3}$facher Spannung erfordert. Daher wird für die Blindstromkompensation meist die Dreieckschaltung angewandt.

9.2.2.2 Drehfelderzeugung. Wenn man eine Wicklungsanordnung nach Bild **9.1**a nun umgekehrt wie in Abschn. 9.1.1.1 nicht ein Dreiphasen-Spannungssystem erzeugen läßt, sondern an ein Dreiphasen-Spannungssystem nach Bild **9.1**b anschließt, werden in den Strangwicklungen, da sie gleichartig aufgebaut sind und gleiche Wirk- und Blindwiderstände aufweisen, auch 3 Ströme fließen, die im Betrag gleich groß und im Phasenwinkel um 120° gegeneinander phasenverschoben sind. Es liegt also auch hier eine symmetrische Belastung vor.

Mit Bild **9.9** betrachten wir nun die Stromverteilung in den 3 Strängen zu aufeinander folgenden Zeitpunkten t_1 bis t_4, die um je $\omega t = 30°$ auseinander liegen. Es wird vorausgesetzt, daß der Strom im Strang U zum Zeitpunkt t_1 gerade $i_U = 0$ ist und anschließend über die Zeitpunkte t_2 und t_3 zur Zeit t_4 seinen positiven Scheitelwert $\hat{i}_U$ erreicht. Dies entspricht dem Spannungsverlauf u_U in Bild **9.1**b. In ähnlicher Weise verläuft der Strom i_V in diesem Zeitbereich ganz im Negativen, und der Strom i_W verkleinert sich von positiven Zeitwerten bis zum halben negativen Scheitelwert.

Die jeweiligen Stromrichtungen sind mit farbiger Unterscheidung der Stränge in Bild **9.9** eingetragen und bilden eine resultierende Durchflutung, deren Richtung die in Bild **9.9** eingezeichnete Richtung des Flusses $\underline{\Phi}$ bestimmt. Während also die Zeit um $\omega t = 90°$ fortgeschritten ist, hat sich auch der Fluß $\underline{\Phi}$ um 90° räumlich gedreht. Auf diese Weise kann man mit einer entsprechend verteilten **Wicklungsanordnung** und Anschluß an ein **Mehrphasensystem** ein drehendes magnetisches Feld, das **Drehfeld** genannt wird, erzeugen.

In der zweipoligen Anordnung von Bild **9.1**a dreht sich das Drehfeld mit Netzfrequenz, also z. B. bei $f = 50$ Hz mit der Drehzahl $n = 50 \text{ s}^{-1} = 3000 \text{ min}^{-1}$. Kleinere Drehfeld-Drehzahlen ergeben sich mit entsprechend höherpoligen Wicklungsanordnungen (z. B. 1000 min^{-1} bei einer sechspoligen Maschine). Drehfeldmaschinen kann man besonders einfach und betriebssicher aufbauen [56]; sie haben daher eine große Bedeutung für elektrische Antriebe.

Da das symmetrische Dreiphasensystem in entsprechenden Wicklungssystemen Drehfelder erzeugen kann, nennt man es auch **Drehstromsystem** und die zugehörigen Motoren **Drehstrommotoren**.

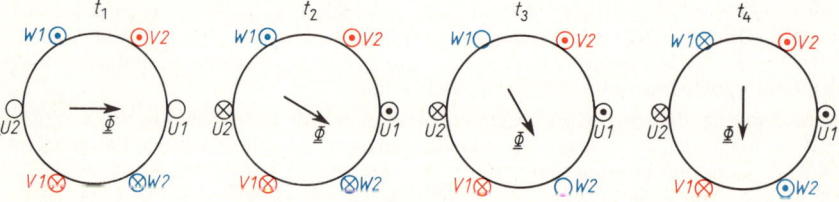

9.9 Entstehung eines Drehfelds aus 3 um 120° gegeneinander phasenverschobenen Strömen in 3 räumlich um 120° gegeneinander verdrehten Wicklungen. (Die Farben rot und blau stellen hier nicht Ströme und Spannungen dar, sondern mit schwarz den Strang U, rot den Strang V und blau den Strang W)

9.3 Unsymmetrische Dreiphasenbelastung

Wir betrachten nun zunächst das normale Vierleiternetz, an das Einphasen- und Dreiphasenverbraucher angeschlossen werden können und so im allgemeinen eine unsymmetrische Stromverteilung in den Außenleitern verursachen. Während das Vierleiternetz noch recht einfach berechnet werden kann, müssen beim Dreileiternetz und bei den unsymmetrischen Dreiphasenverbrauchern noch einige zusätzliche Überlegungen angestellt werden.

9.3.1 Vierleiternetz

Elektrische Energie wird an Kleinverbraucher über Vierleiternetze verteilt. Dies ist meist mit einer unsymmetrischen Belastung des Dreiphasennetzes verbunden.

9.3.1.1 Elektrische Energieverteilung. Bis auf die Gleichstromversorgung von Fahrzeugen und einige Sonderfälle (z. B. Einphasen-Bahnnetz mit $16\tfrac{2}{3}$ Hz oder Batteriegeräte) wird heute elektrische Energie in großen Dreiphasen-Synchrongeneratoren, die Leistungen bis zu 2 GVA mit Spannungen bis zu 30 kV erzeugen können, gewonnen. Sie wird in einem Maschinentransformator anschließend aufgespannt (s. Abschn. 7.2.2) und bei Spannungen von z. B. 20 kV, 60 kV, 110 kV, 220 kV, 380 kV über **Dreileiternetze** zu den Verteilungstransformatoren geleitet. Die Sekundärseite dieser Transformatoren besteht im allgemeinen aus Vierleiternetzen. Bild 9.10a zeigt ein solches **Vierleiternetz** mit einigen zwischen dem Mittelleiter N und den Außenleitern $L1$, $L2$, $L3$ angeschlossenen Einphasenverbrauchern sowie einem nur mit den Außenleitern verbundenen Dreiphasenmotor M. Dieses Vierleiternetz liefert nach Bild 9.10b sechs Spannungen, nämlich 3 Außenleiterspannungen $\underline{U}_{12}$, $\underline{U}_{23}$, $\underline{U}_{31}$, und 3 Leiter-Mittelpunktspannungen $\underline{U}_1$, $\underline{U}_2$, $\underline{U}_3$. Üblicherweise ist die Außenleiterspannung in diesem Verteilungsnetz $U = 380$ V, und entsprechend beträgt die Leiter-Mittelpunktspannung $U_\lambda = 380\text{ V}/\sqrt{3} = 219{,}4\text{ V} \approx 220\text{ V}$. Aus diesem Grund werden die Einphasenverbraucher an 220 V, die Dreiphasenverbraucher aber an 380 V gelegt.

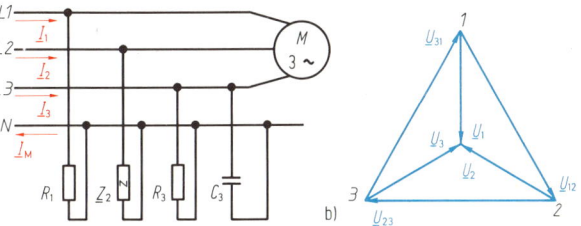

9.10 Vierleiternetz mit beliebigen Einphasenlasten und Dreiphasenmotor M (a) und zugehöriges Spannungszeigerdiagramm (b)

Beispiel 9.6. Es ist zu untersuchen, ob ein Durchlauferhitzer für die Leistung $P_1 = 21$ kW günstiger für Einphasenanschluß an 220 V oder Dreiphasenanschluß an 380 V ausgelegt wird. Bei Einphasenanschluß an die Spannung $U_\lambda = 220$ V fließt bei dem Leistungsfaktor $\cos\varphi = 1$ der Strom

$$I_\lambda = P_1 / U_\lambda = 21\text{ kW}/(220\text{ V}) = 95{,}45\text{ A}\,.$$

9.3 Unsymmetrische Dreiphasenbelastung

Demgegenüber hat man bei Dreiphasenanschluß an $U=380$ V nur den Außenleiterstrom

$$I = P_1/(\sqrt{3}\,U) = 21 \text{ kW}/(\sqrt{3}\cdot 380 \text{ V}) = 31{,}91 \text{ A}\,.$$

Der Strom ist also auf ⅓ zurückgegangen.

Bei Dreiphasenanschluß benötigt man zur Erzielung eines gleichen Spannungsabfalls 3 Zuleitungen, die einzeln nur ⅙ des Querschnitts einer Zuleitung für Einphasenanschluß zu haben brauchen – bei Einphasenanschluß dagegen insgesamt wegen der Doppelleitung noch die doppelte Länge und somit auch die vierfache Kupfermasse, wenn auf den Zuleitungen gleiche Spannungsabfälle und Leistungsverluste zugelassen werden. Da man den Mittelleiter auf Erdpotential legt, sind alle Zuleitungen gegen die gleiche Spannung zu isolieren, der Isolieraufwand ist für die 3 Dreiphasenadern aber etwas größer. Dreiphasenstrom verlangt außerdem 3 Einzelwiderstände im Durchlauferhitzer, dreipolige Schalter und Dreiphasenzähler. Sobald der Strom in einer Verbraucherzuleitung etwa 30 A übersteigt, ist dieser Aufwand wirtschaftlich gerechtfertigt, so daß man für ähnliche Fälle Dreiphasenstrom bevorzugt.

9.3.1.2 Allgemeine Belastung. Mit dem in Bild **9.**10a dargestellten Vierleitersystem wird den Verbrauchern das in Bild **9.**10b angegebene Spannungssystem auch bei beliebiger Belastung zur Verfügung gestellt, wenn durch große Leiterquerschnitte und entsprechende Verteilungstransformatoren dafür gesorgt wird, daß die Spannungsabfälle auf den Zuleitungen vernachlässigbar klein bleiben.

Die Ströme und Leistungen der Einphasenverbraucher können dann, wie in Abschn. 6 und 7 dargestellt, berechnet werden. Sie setzen sich geometrisch zur Gesamtleistung und zu den Außenleiterströmen und zum Mittelleiterstrom zusammen, wie dies im folgenden Beispiel deutlich wird.

Beispiel 9.7. Ein Dreiphasen-Vierleiternetz 220 V/380 V, 50 Hz ($\omega=314{,}2$ s^{-1}) speist wie in Bild **9.**10 folgende Einphasenverbraucher

an *L1-N* $P_1=17{,}5$ kW, $\cos\varphi_1=1$,

an *L2-N* $S_2=23$ kVA, $\cos\varphi_2=0{,}72$ induktiv,

an *L3-N* $P_3=10$ kW parallel zu der Kapazität $C=300$ µF.

Es sollen die Leistungen und alle Ströme bestimmt werden.

Wir berechnen zunächst mit der Leiter-Mittelpunktspannung $U_\lambda=220$ V die Ströme und Phasenwinkel

$$I_1 = P_1/U_\lambda = 17{,}5 \text{ kW}/(220 \text{ V}) = 79{,}55 \text{ A} \quad \text{bei } \varphi_1 = 0°\,,$$

$$I_2 = S_2/U_\lambda = 23 \text{ kVA}/(220 \text{ V}) = 104{,}5 \text{ A} \quad \text{bei } \varphi_2 = 43{,}95°$$

und Wirk- und Blindkomponente des Stromes I_3

$$I_{3w} = P_3/U_\lambda = 10 \text{ kW}/(220 \text{ V}) = 45{,}45 \text{ A}\,,$$

$$I_{3b} = U_\lambda \omega C = 220 \text{ V} \cdot 314{,}2 \text{ s}^{-1} \cdot 300 \text{ µF} = 20{,}73 \text{ A}$$

sowie den Betrag

$$I_3 = \sqrt{I_{3w}^2 + I_{3b}^2} = \sqrt{45{,}45^2 + 20{,}73^2} \text{ A} = 49{,}96 \text{ A}$$

mit dem Phasenwinkel

$$\varphi_3 = -\operatorname{Arctan}(I_{3b}/I_{3w}) = -\operatorname{Arctan}(20{,}73 \text{ A}/45{,}45 \text{ A}) = -24{,}52°\,.$$

In Bild **9.11** haben wir den Spannungszeigerstern umgekehrt zu Bild **9.10**b aufgetragen, da sich so die Zeiger der Außenleiterströme übersichtlicher analog zu Gl. (9.10) zum Mittelleiterstrom I_M zusammensetzen lassen. Die Stromzeiger werden mit den Phasenwinkeln φ_1, φ_2, φ_3 zu den zugehörigen Leiter-Mittelpunktspannungen eingezeichnet und geometrisch zu dem Mittelleiterstrom $I_M = 58$ A addiert, der fast mit dem Außenleiterstrom I_1 gegenphasig ist.

Vom Generator muß insgesamt die Wirkleistung

$$P = P_1 + S_2 \cos\varphi_2 + P_3$$
$$= 17{,}5 \text{ kW} + 23 \text{ kVA} \cdot 0{,}72 + 10 \text{ kW} = 44{,}06 \text{ kW}$$

geliefert werden.

9.11 Strom- und Spannungszeigerdiagramm zu Beispiel 9.7

Es hat wenig Sinn, für unsymmetrische Belastungen einen mittleren Wirkfaktor als Verhältnis der Summe der Wirk- zur Summe der Scheinleistungen zu berechnen, da dieser im allgemeinen keine Auskunft über die allein wichtigen, im einzelnen Strang auftretenden Strom-Leistungsverhältnisse geben kann.

Unsymmetrische Schaltungen oder Belastungen werden gern mit **symmetrischen Komponenten** behandelt. Für dieses Verfahren s. [21].

Beispiel 9.8. Welche Wirkleistungen dürfen bei der dreiphasigen Anschlußleistung $S_N = 16{,}5$ kVA aus einem Drehstromnetz für 380 V/220 V durch Einphasenverbraucher für die Spannung $U = 220$ V bei dem Wirkfaktor $\cos\varphi = 0{,}8$ entnommen werden?
Bei dieser Anschlußleistung dürfen die Außenleiter den Strom

$$I = \frac{S_N}{\sqrt{3}\,U} = \frac{16{,}5 \text{ kVA}}{\sqrt{3} \cdot 380 \text{ V}} = 25{,}06 \text{ A}$$

führen. Die maximal zu entnehmende einphasige Wirkleistung beträgt daher

$$P_E = U I \cos\varphi = 220 \text{ V} \cdot 25{,}06 \text{ A} \cdot 0{,}8 = 4{,}411 \text{ kW} = 0{,}8\, S_N/3\,.$$

9.3.2 Dreileiternetz

Es soll jetzt untersucht werden, wie sich der eigentliche Dreiphasenverbraucher verhält, wenn seine Teilwiderstände, z. B. infolge irgendwelcher Störungen, unterschiedlich groß oder verschiedenartig sind.

9.3.2.1 Dreieckschaltung. Ungleiche komplexe Widerstände $\underline{Z}_{12}$, $\underline{Z}_{23}$, $\underline{Z}_{31}$ verursachen mit den symmetrisch bleibenden komplexen Außenleiterspannungen $\underline{U}_{12}$, $\underline{U}_{23}$, $\underline{U}_{31}$ die unsymmetrischen komplexen **Strangströme**

$$\underline{I}_{12} = \frac{\underline{U}_{12}}{\underline{Z}_{12}}, \quad \underline{I}_{23} = \frac{\underline{U}_{23}}{\underline{Z}_{23}}, \quad \underline{I}_{31} = \frac{\underline{U}_{31}}{\underline{Z}_{31}}, \tag{9.21}$$

die sich in Betrag und Phasenlage unterscheiden können. Analog zu Gl. (9.12) kann

450 **9.3** Unsymmetrische Dreiphasenbelastung

man hieraus die Außenleiterströme I_1, I_2, I_3 zusammensetzen, die wieder in Betrag und Phasenlage verschieden sein können, also im allgemeinen Fall auch wieder ein unsymmetrisches Stromsystem bilden.

Beispiel 9.9. Ein Verbraucher ist nach Bild **9.**12 a in Dreieck geschaltet und besteht aus den komplexen Widerständen $\underline{Z}_{12} = 50\,\Omega\,\underline{/60°}$, $\underline{Z}_{23} = 25\,\Omega\,\underline{/30°}$, $\underline{Z}_{31} = 40\,\Omega\,\underline{/-30°}$. Er liegt an einem Dreileiternetz mit der Außenleiterspannung $U = 380$ V. Alle Ströme und ihre Phasenwinkel sind zu bestimmen.

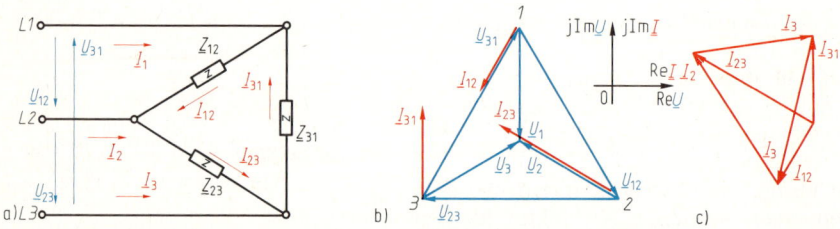

9.12 Dreieckschaltung unsymmetrischer Widerstände (a) mit Zeigerdiagramm für Spannungen (b) und Ströme (c)

Mit den komplexen Spannungen $\underline{U}_{12} = 380\,\text{V}\,\underline{/-60°}$, $\underline{U}_{23} = -380$ V, $\underline{U}_{31} = 380\,\text{V}\,\underline{/60°}$ berechnen wir zunächst die komplexen Strangströme

$$\underline{I}_{12} = \underline{U}_{12}/\underline{Z}_{12} = 380\,\text{V}\,\underline{/-60°}\,/(50\,\Omega\,\underline{/60°}) = 7{,}6\,\text{A}\,\underline{/-120°},$$

$$\underline{I}_{23} = \underline{U}_{23}/\underline{Z}_{23} = 380\,\text{V}\,\underline{/180°}\,/(25\,\Omega\,\underline{/30°}) = 15{,}2\,\text{A}\,\underline{/150°},$$

$$\underline{I}_{31} = \underline{U}_{31}/\underline{Z}_{31} = 380\,\text{V}\,\underline{/60°}\,/(40\,\Omega\,\underline{/-30°}) = 9{,}5\,\text{A}\,\underline{/90°}.$$

Sie sind in Bild **9.**12 b mit den zugehörigen Spannungen dargestellt. Die Zusammensetzung zu den Außenleiterströmen kann man mit dem Zeigerdiagramm der Ströme in Bild **9.**12 c vornehmen. Mit der komplexen Rechnung erhält man mit den Strangströmen in Komponentenform $\underline{I}_{12} = (-3{,}8 - j6{,}582)$ A, $\underline{I}_{23} = (-13{,}16 + j7{,}6)$ A, $\underline{I}_{31} = j9{,}5$ A nach Bild **9.**12 a die komplexen Außenleiterströme

$$\underline{I}_1 = \underline{I}_{12} - \underline{I}_{31} = (-3{,}8 - j6{,}582)\,\text{A} - j9{,}5\,\text{A} = (-3{,}8 - j16{,}082)\,\text{A} = 16{,}52\,\text{A}\,\underline{/-103{,}3°},$$

$$\underline{I}_2 = \underline{I}_{23} - \underline{I}_{12} = (-13{,}16 + j7{,}6)\,\text{A} - (-3{,}8 - j6{,}582)\,\text{A} = (-9{,}36 + j14{,}18)\,\text{A} = 16{,}99\,\text{A}\,\underline{/123{,}4°},$$

$$\underline{I}_3 = \underline{I}_{31} - \underline{I}_{23} = j9{,}5\,\text{A} - (-13{,}16 + j7{,}6)\,\text{A} = (13{,}16 + j1{,}9)\,\text{A} = 13{,}3\,\text{A}\,\underline{/8{,}22°}.$$

Nach Bild **9.**12 c gilt auch hier wieder $\underline{I}_1 + \underline{I}_2 + \underline{I}_3 = 0$.

9.3.2.2 Sternschaltung. Eine unsymmetrische Sternschaltung nach Bild **9.**13, die am Dreileiternetz liegt, kann keinen Mittelleiterstrom I_M ausbilden, so daß ihr im Gegensatz zum Vierleiternetz die Bedingung

$$\underline{I}_M = \underline{I}_1 + \underline{I}_2 + \underline{I}_3 = 0 \tag{9.22}$$

aufgezwungen wird. Dann sind auch nicht mehr die Sternspannungen gleich groß und symmetrisch, und es tritt zwischen dem Verbraucher-Sternpunkt N' und dem Erzeuger-Mittelpunkt N eine komplexe Sternpunktspannung $\underline{U}_M$ auf.

9.3.2 Dreileiternetz

Nach Abschn. 7.2.1.4 kann man jede Sternschaltung in eine äquivalente Dreieckschaltung umrechnen, so daß dann die Außenleiterströme oder Leistungen wie in Abschn. 9.3.2.1 bestimmt werden können.

Ferner kann man die in Abschn. 7.2.3 behandelten Ersatzquellen anwenden oder ganz allgemein die komplexen Strom- und Spannungsgleichungen aufstellen [21]. Wir wollen hier mit dem folgenden Beispiel das **Maschenstrom-Verfahren** nach Abschn. 7.3.2.3 einsetzen.

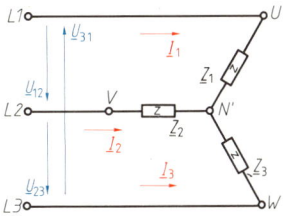

9.13 Sternschaltung unsymmetrischer Widerstände

Beispiel 9.10. Eine Sternschaltung nach Bild **9.**13 besteht aus den komplexen Widerständen $\underline{Z}_1 = 20\,\Omega\,\underline{/60°}$, $\underline{Z}_2 = j40\,\Omega$, $\underline{Z}_3 = 10\,\Omega\,\underline{/-30°}$ und liegt an einem symmetrischen Dreiphasenspannungsnetz mit den Außenleiterspannungen $\underline{U}_{12} = 380\,\text{V}\,\underline{/-60°}$, $\underline{U}_{23} = -380\,\text{V}$, $\underline{U}_{31} = 380\,\text{V}\,\underline{/60°}$. Alle komplexen Ströme sollen berechnet werden.

Für die in Bild **9.**13 eingetragenen Maschenströme gilt nach Abschn. 7.3.2.3 die Matrizengleichung

$$\begin{bmatrix} (\underline{Z}_1+\underline{Z}_2) & -\underline{Z}_2 \\ -\underline{Z}_2 & (\underline{Z}_2+\underline{Z}_3) \end{bmatrix} \cdot \begin{bmatrix} \underline{I}'_1 \\ \underline{I}'_2 \end{bmatrix} = \begin{bmatrix} \underline{U}_{12} \\ \underline{U}_{23} \end{bmatrix}.$$

Daher findet man mit $\underline{U}_{12} + \underline{U}_{23} = -\underline{U}_{31}$ für die Maschenströme

$$\underline{I}'_1 = \frac{\begin{vmatrix} \underline{U}_{12} & -\underline{Z}_2 \\ \underline{U}_{23} & (\underline{Z}_2+\underline{Z}_3) \end{vmatrix}}{\begin{vmatrix} (\underline{Z}_1+\underline{Z}_2) & -\underline{Z}_2 \\ -\underline{Z}_2 & (\underline{Z}_2+\underline{Z}_3) \end{vmatrix}} = \frac{\underline{U}_{12}(\underline{Z}_2+\underline{Z}_3)+\underline{U}_{23}\,\underline{Z}_2}{(\underline{Z}_1+\underline{Z}_2)(\underline{Z}_2+\underline{Z}_3)-\underline{Z}_2^2} = \frac{\underline{Z}_3\,\underline{U}_{12} - \underline{Z}_2\,\underline{U}_{31}}{\underline{Z}_1\underline{Z}_2 + \underline{Z}_2\underline{Z}_3 + \underline{Z}_3\underline{Z}_1},$$

$$\underline{I}'_2 = \frac{\underline{U}_{12}\underline{Z}_2 + \underline{U}_{23}(\underline{Z}_1+\underline{Z}_2)}{(\underline{Z}_1+\underline{Z}_2)(\underline{Z}_2+\underline{Z}_3)-\underline{Z}_2^2} = \frac{\underline{Z}_1\,\underline{U}_{23} - \underline{Z}_2\,\underline{U}_{31}}{\underline{Z}_1\underline{Z}_2 + \underline{Z}_2\underline{Z}_3 + \underline{Z}_3\underline{Z}_1}.$$

Mit dem komplexen Nenner

$$\underline{N} = \underline{Z}_1\underline{Z}_2 + \underline{Z}_2\underline{Z}_3 + \underline{Z}_3\underline{Z}_1 = 20\,\Omega\,\underline{/60°} \cdot j40\,\Omega + j40\,\Omega \cdot 10\,\Omega\,\underline{/-30°}$$
$$+ 10\,\Omega\,\underline{/-30°} \cdot 20\,\Omega\,\underline{/60°} = 904{,}7\,\Omega^2\,\underline{/110{,}7°}$$

sind diese Ströme

$$\underline{I}'_1 = \frac{10\,\Omega\,\underline{/-30°} \cdot (-380\,\text{V}) - j40\,\Omega \cdot 380\,\text{V}\,\underline{/60°}}{904{,}7\,\Omega^2\,\underline{/110{,}7°}} = 19{,}25\,\text{A}\,\underline{/-151{,}6°},$$

$$\underline{I}'_2 = \frac{20\,\Omega\,\underline{/60°} \cdot (-380\,\text{V}) - j40\,\Omega \cdot 380\,\text{V}\,\underline{/60°}}{904{,}7\,\Omega^2\,\underline{/110{,}7°}} = 18{,}78\,\text{A}\,\underline{/-167{,}3°}.$$

(Man kann sie beispielsweise mit Taschenrechnern und einer komplexen Arithmetik [88] berechnen.) Dann betragen die Außenleiterströme

$$\underline{I}_1 = \underline{I}'_1 = 19{,}25\,\text{A}\,\underline{/-151{,}6°},$$
$$\underline{I}_2 = \underline{I}'_2 - \underline{I}'_1 = 18{,}78\,\text{A}\,\underline{/-167{,}3°} - 19{,}25\,\text{A}\,\underline{/-151{,}6°} = 5{,}205\,\text{A}\,\underline{/105{,}5°},$$
$$\underline{I}_3 = -\underline{I}'_2 = -18{,}78\,\text{A}\,\underline{/-167{,}3°} = 18{,}78\,\text{A}\,\underline{/12{,}7°}.$$

10 Wechselstrom und Mischstrom

In Abschn. 6 bis 9 wird vorausgesetzt, daß die betrachteten Wechselgrößen sinusförmig verlaufen. Die reine Sinusform tritt aber nur selten auf, so daß wir nun diese Vereinfachung verlassen und uns den allgemeinen periodischen Schwingungen zuwenden müssen.

Meist werden schon in den Generatoren keine rein sinusförmigen Spannungen erzeugt. Transformatoren (s. Abschn. 10.3.3) benötigen Magnetisierungsströme, die bei Sättigung der Eisenkerne verzerrt sind; sie können nichtsinusförmige Teilspannungen verursachen. Auch Gleichrichter (s. Abschn. 10.3.2) verzerren den Strom.

In der Nachrichtentechnik werden neben elektronischen Generatoren mit fast sinusförmiger Spannung Rechteck-, Sägezahn-, Impuls- und andere Generatoren eingesetzt, die entsprechende Kurvenformen der von ihnen erzeugten Spannungen und Ströme verursachen. Mikrophone und Sender liefern ein zeitabhängiges, meist ständig wechselndes Frequenzgemisch. Daneben werden zur Modulation und Mischung nichtlineare Bauglieder eingesetzt, die zu entsprechenden Verzerrungen der Ausgangsgrößen führen. Die Impulstechnik arbeitet mit zeitlich eng begrenzten Impulsen, die ebenfalls nichtsinusförmig sind.

Wir wollen nun zunächst die Behandlung solcher periodischen, nichtsinusförmigen Vorgänge mit der Fourier-Reihe und die hierbei gebräuchlichen Kenngrößen allgemein betrachten. Anschließend soll das Verhalten linearer Netzwerke bei nichtsinusförmigen Wechselgrößen und schließlich die Wirkung nichtlinearer Bauglieder behandelt werden.

10.1 Darstellung nichtsinusförmiger Vorgänge

Nach Fourier läßt sich jeder periodische Vorgang in eine Reihe von Sinusschwingungen zerlegen. Bei dieser Fourier-Analyse sind einige Sonderfälle zu beachten, die die Zerlegung vereinfachen. In der Elektrotechnik werden diese Vorgänge durch besondere Kenngrößen charakterisiert.

10.1.1 Fourier-Reihe

Die Fourier-Analyse zerlegt eine allgemeine periodische Zeitfunktion $y = f(t)$ in sinusförmige Teilschwingungen, die auch als Harmonische bezeichnet werden. Die Sinusschwingung mit der Periodendauer der vorgegebenen Kurve heißt Grundschwingung oder 1. Teilschwingung bzw. 1. Harmonische. Die Frequenzen der **Oberschwingungen**, das sind die höheren Teilschwingungen bzw. Harmonischen, betragen ganzzahlige Vielfache der Grundschwingungsfrequenz, wobei das Verhältnis von Teil- zu Grundschwingungsfrequenz die **Ordnungszahl** v der Teilschwingung darstellt (s. DIN 1311).

10.1.1.1 Zeitfunktion. Mit der Periode $T = 1/f = 2\pi/\omega$ der allgemeinen periodischen Zeitfunktion $y = f(t)$, der zugehörigen Frequenz f bzw. Kreisfrequenz ω und der Teilschwingungszahl v kann man nach [6], [21] diese Funktion einmal mit den **Fourier-Koeffizienten** a_v und b_v und dem **Gleichglied**

$$a_0 = \bar{y} = \frac{1}{T} \int_0^T y \, dt, \tag{10.1}$$

das den linearen Mittelwert $\bar{y}$ wiedergibt, mit

$$y = a_0 + \sum_{v=1}^{\infty} [a_v \cos(v\omega t) + b_v \sin(v\omega t)] \tag{10.2}$$

als Summe von Kosinus- und Sinusschwingungen darstellen. Diese Fourier-Reihe läßt sich aber auch mit der **Amplitude**

$$c_v = \sqrt{a_v^2 + b_v^2} \tag{10.3}$$

und dem **Phasenwinkel**

$$\alpha_v = \text{Arctan}(b_v/a_v) = \text{Arcsin}(b_v/c_v) = \text{Arccos}(a_v/c_v) \tag{10.4}$$

über

$$y = \sum_{v=0}^{\infty} y_v = a_0 + \sum_{v=1}^{\infty} c_v \cos(v\omega t + \alpha_v) \tag{10.5}$$

als Überlagerung verschieden frequenter und gegeneinander phasenverschobener Sinusschwingungen y_v auffassen.

Nach [6] kann man weiter die **komplexe Fourier-Reihe**

$$\underline{y} = \sum_{v=-\infty}^{+\infty} \underline{d}_v e^{-jv\omega t} \tag{10.6}$$

mit dem komplexen Spektrum

$$\underline{d}_v = [a_v - j(v/|v|)b_v]/2$$
$$= (c_v/2) \underline{/-(v/|v|)\alpha_v} \tag{10.7}$$

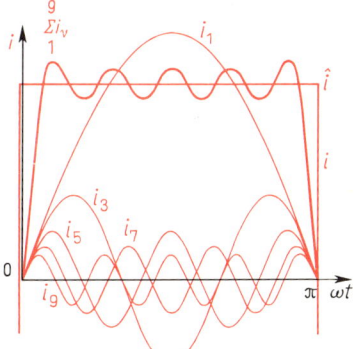

10.1 Fourier-Synthese einer rechteckigen Stromkurve

angeben. Man beachte, daß der Quotient $v/|v|$ dafür sorgt, daß bei **negativen** Werten für die Ordnungszahl v gilt $\underline{d}_{-v} = (a_v + jb_v)/2 = (c_v/2)\underline{/\alpha_v}$. Die Fourier-Reihe kann meist nach einigen Gliedern abgebrochen werden. Bild **10**.1 zeigt beispielhaft, wie die ersten 9 Teilschwingungen i_1 bis i_9 schon mit guter Annäherung eine rechteckige Stromschwingung i ergeben. Für viele Betrachtungen dürfen die höheren Teilschwingungen mit einer Ordnungszahl $\nu > 9$ vernachlässigt werden.

Beispiel 10.1. Man gebe die Stromfunktion $i = 2\,\text{A}\sin(100\,\text{s}^{-1}t) + 0{,}5\,\text{A}\cos(300\,\text{s}^{-1}t)$ a) als reelle und b) als komplexe Fourier-Reihe an und zeichne den Kurvenverlauf.
Mit Gl. (10.3) finden wir die Amplituden $c_1 = b_1 = 2\,\text{A}$ und $c_3 = a_3 = 0{,}5\,\text{A}$ sowie mit Gl. (10.4) die Nullphasenwinkel $\varphi_1 = \text{Arcsin}(b_1/c_1) = \pi/2$ und $\varphi_3 = \text{Arccos}(a_3/c_3) = 0$, so daß wir die Fourier-Reihe

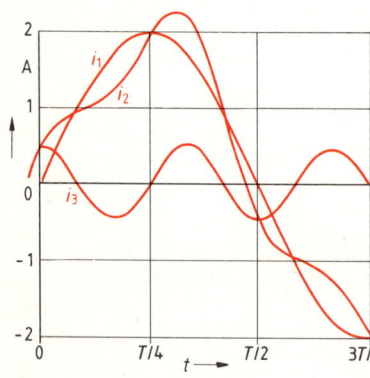

$i = 2\,\text{A}\cos(100\,\text{s}^{-1}t + 2/\pi) + 0{,}5\,\text{A}\cos(300\,\text{s}^{-1}t)$

hinschreiben können. Mit Gl. (10.7) ergeben sich die Spektren

$\underline{d}_1 = \dfrac{1}{2}(a_1 - jb_1) = \dfrac{1}{2}(0 - j2\,\text{A}) = -j1\,\text{A},$

$\underline{d}_{-1} = \dfrac{1}{2}(a_1 + jb_1) = \dfrac{1}{2}(0 - j2\,\text{A}) = j1\,\text{A},$

$\underline{d}_3 = \dfrac{1}{2}(a_3 - jb_3) = \dfrac{1}{2}(0{,}5\,\text{A} - j0) = 0{,}25\,\text{A},$

$\underline{d}_{-3} = \dfrac{1}{2}(a_3 + jb_3) = \dfrac{1}{2}(0{,}5 + j0\,\text{A}) = 0{,}25\,\text{A}.$

10.2 Strom $i = 2\,\text{A}\sin(100\,\text{s}^{-1}t) + 0{,}5\,\text{A}\cos(300\,\text{s}^{-1}t)$

Daher gilt hier noch nach Gl. (10.7) die komplexe Fourier-Reihe

$$\underline{i} = 0{,}25\,\text{A}\,e^{-j\,300\,\text{s}^{-1}t} + j1\,\text{A}\,e^{-j\,100\,\text{s}^{-1}t} - j1\,\text{A}\,e^{j\,100\,\text{s}^{-1}t} + 0{,}25\,\text{A}\,e^{j\,300\,\text{s}^{-1}t}.$$

Die Stromkurve ist in Bild **10.2**a dargestellt; sie ähnelt sehr dem Magnetisierungsstromverlauf in Bild **10.12**.

10.1.1.2 Fourier-Analyse. Wenn die zu untersuchende Zeitfunktion $y = f(t)$ als Strom- oder Spannungsverlauf vorliegt, kann man mit einem **Frequenz-Analysator** rein meßtechnisch die Amplituden der Teilschwingungen bestimmen. Eine aufgezeichnete Funktion kann mit dem **harmonischen Analysator**, der als wesentlichen Bestandteil ein Planimeter enthält, in ihre Teilschwingungen zerlegt werden. Ferner können nach [6] durch Betrachtung äquidistanter Funktionswerte mit Näherungsverfahren beliebige periodische Funktionen analysiert werden; sie eignen sich auch für den Fall, daß die Meßwerte punktweise ermittelt und anschließend in Digitalrechnern verarbeitet werden. Für diese numerische Fourier-Analyse s. [88].

Wenn die Zeitfunktion $y = f(t)$ in mathematischer Form als Gleichung vorgegeben ist, können die Fourier-Koeffizienten nach Gl. (10.1) und (10.2) direkt bestimmt werden, weil bei reinen Wechselgrößen im Gegensatz zum linearen Mittelwert der quadratische Mittelwert nicht verschwindet. Nach [6] findet man auf diese Weise die Fourier-Koeffizienten

$$a_v = \frac{2}{T} \int_0^T y \cos(v\omega t)\,dt = \frac{1}{\pi} \int_0^{2\pi} y \cos(v\omega t)\,d(\omega t), \tag{10.8}$$

$$b_v = \frac{2}{T} \int_0^T y \sin(v\omega t)\,dt = \frac{1}{\pi} \int_0^{2\pi} y \sin(v\omega t)\,d(\omega t), \tag{10.9}$$

wobei das Gleichglied a_0 nach Gl. (10.1) bestimmt werden kann. Ferner gilt nach [21] allgemein für das komplexe Spektrum der komplexen Fourier-Reihe

$$\underline{d}_v = \frac{1}{T} \int_{-T/2}^{+T/2} y\,e^{-jv\omega t}\,dt = \frac{1}{2\pi} \int_{-\pi}^{\pi} y\,e^{-jv\omega t}\,d(\omega t). \tag{10.10}$$

10.1.1.3 Sonderfälle. Gl. (10.2), (10.5), (10.6) vereinfachen sich in folgenden Fällen:

Reiner Wechselvorgang. Wenn nach Bild **10.3**a positive und negative Halbschwingungen der Zeitfunktion y gleiche Flächen einschließen, verschwindet der lineare Mittelwert $\bar{y}$ bzw. das Gleichglied a_0 von Gl. (10.1), und es liegt ein reiner Wechselvorgang vor.

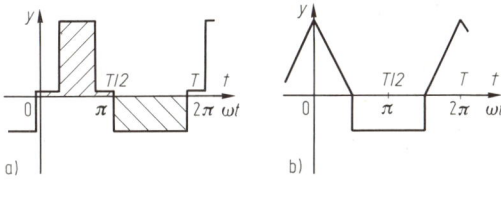

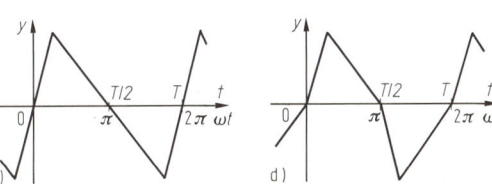

10.3
Sonderfälle von Zeitfunktionen $y = f(t)$, nämlich reiner Wechselvorgang (a), gerade (b), ungerade (c) und alternierende (d) Zeitfunktion

Gerade Zeitfunktion. Folgt eine Funktion, wie z. B. in Bild **10.3**b, der Bedingung $y(t) = y(-t)$, so sind die Fourier-Koeffizienten $b_v = 0$, und es treten nur Kosinusglieder auf.

Ungerade Zeitfunktion. Wenn die Funktion y wie in Bild **10.3**c die Bedingung $y(t) = -y(-t)$ erfüllt, treten wegen $a_v = 0$ nur Sinusglieder auf.

Alternierende Zeitfunktion. Bild **10.3**d zeigt eine Funktion mit $y(t) = -y(t + T/2)$. Für solche Funktionen verschwinden die Fourier-Koeffizienten a_v und b_v für alle geraden Ordnungszahlen v. Es treten daher nur ungerade Ordnungszahlen auf. Dies trifft für die meisten mit Oberschwingungen behafteten Wechselströme zu, da dort positive und negative Halbschwingungen meist gleich verlaufen.

In Tafel **10.4** sind einige für die Elektrotechnik wichtige Funktionen dargestellt und die zugehörigen Fourier-Reihen sowie einige Kennwerte (s. Abschn. 10.1.2) angegeben. Weitere Reihen findet man in [1], [74].

Tafel 10.4 Wichtige Zeitfunktionen mit Fourier-Reihen und Kennwerten (n ganze Zahlen)

Zeitfunktion	Fourier-Reihe $y/\hat{y}=$	Kennwerte
(Rechteckschwingung)	$\dfrac{4}{\pi}\sum_{\nu=1}^{\infty}\dfrac{1}{\nu}\sin(\nu\omega t)$	$\nu=2n+1$ $\bar{y}=0$ $y_{\text{eff}}=\hat{y}$ $\xi=F=1$
(Trapezschwingung)	$\dfrac{4}{\pi\beta}\sum_{\nu=1}^{\infty}\dfrac{\sin(\nu\beta)}{\nu^2}\sin(\nu\omega t)$	$\nu=2n+1$ $\bar{y}=0$ $y_{\text{eff}}=\hat{y}\sqrt{1-\dfrac{8\beta}{3\pi}}$ $F=\dfrac{y_{\text{eff}}/\hat{y}}{1-(\beta/\pi)}$
(Dreieckschwingung)	$\dfrac{8}{\pi^2}\sum_{\nu=1}^{\infty}\dfrac{(-1)^{\nu+1}}{\nu^2}\sin(\nu\omega t)$	$\nu=2n+1$ $\bar{y}=0$ $y_{\text{eff}}=0{,}5774\hat{y}$ $\xi=1{,}7321$ $F=1{,}1547$
(Sägezahnschwingung)	$\dfrac{2}{\pi}\sum_{\nu=1}^{\infty}\dfrac{(-1)^{\nu+1}}{\nu}\sin(\nu\omega t)$	$\nu=n$ $\bar{y}=0$ $y_{\text{eff}}=0{,}5774\hat{y}$ $\xi=1{,}7321$ $F=1{,}1547$

Beispiel 10.2. Man gebe an, für welche Winkel β die 3. Teilschwingung in einer trapezförmigen Zeitfunktion verschwindet, und zeichne für diesen Fall die Stromkurve für $\hat{\imath}=1$ A aus den Teilströmen i_1 und i_5.

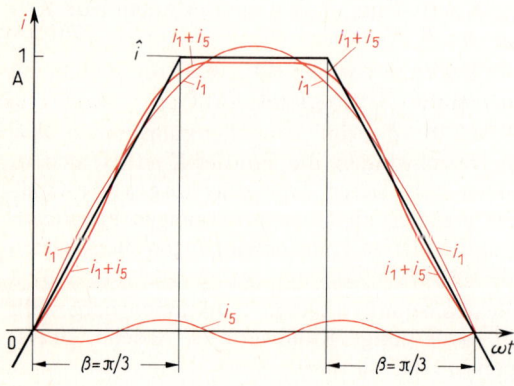

10.5
Teilschwingungen einer trapezförmigen Stromkurve i für Beispiel 10.2

Nach Tafel **10.4** verschwindet die 3. Teilschwingung für $\sin(3\beta)=0$, also $3\beta=\pi$ oder $\beta= \pi/3 = 60°$, und wir erhalten für den Strom die (abgebrochene) Fourier-Reihe

$$i = \frac{4}{\pi\beta}\hat{i}\left[(\sin\beta)\sin(\omega t) + \frac{1}{25}\sin(5\beta)\sin(5\omega t)\right]$$

$$= \frac{4\cdot 3}{\pi^2}1\,\text{A}\left[(\sin 60°)\sin(\omega t) + \frac{1}{25}\sin(5\cdot 60°)\sin(5\omega t)\right]$$

$$= 1{,}053\,\text{A}\sin(\omega t) - 0{,}0442\,\text{A}\sin(5\omega t).$$

Sie ist in Bild **10.5** mit Teilschwingungen und Summenschwingung dargestellt. Die Trapezkurve wird also recht gut angenähert.

10.1.2 Kenngrößen

Periodische Ströme, die außer einem **Wechselstrom** $i_\sim$, der der Definition von Gl. (6.1) genügt, noch einen **Gleichstrom** I_-, der dem linearen Mittelwert $\bar{i}=I_-$ entspricht, enthalten, nennt man **Mischstrom**

$$i = \bar{i} + i_\sim. \tag{10.11}$$

Analoges gilt für Mischspannungen, so daß wir im folgenden alle Kenngrößen für die periodische Größe y angeben wollen.

Mit Gl. (10.1) wird die Definition des **linearen Mittelwerts** von Gl. (6.10) auf beliebige periodische Vorgänge übernommen. Ebenso gilt hier die Definition des Effektivwerts von Gl. (6.15). Es ist also bei Anwendung des Index eff für den Effektivwert

$$y_\text{eff} = \sqrt{\frac{1}{T}\int_0^T y^2 \,dt} = \sqrt{\frac{1}{T}\int_0^T (y_0 + y_1 + y_2 + \ldots)^2 \,dt}. \tag{10.12}$$

Quadriert man nun den Klammerausdruck, so ergeben sich außer den Quadraten y_1^2, y_2^2 usw. auch Produkte $y_1 y_2$, $y_1 y_3$, $y_2 y_3$ usw. Für die über eine Periode T der niederen Teilschwingungszahl integrierten Produkte gilt jedoch bei ganzzahligen Teilschwingungszahlen μ und ν ganz allgemein [6]

$$\int_0^T \sin(\mu\omega t + \varphi_\mu)\sin(\nu\omega t + \varphi_\nu)\,dt = 0. \tag{10.13}$$

Daher bleibt in Gl. (10.12) nur die Summe der Quadrate y_1^2, y_2^2 usw. übrig, und man erhält allgemein den **Effektivwert**

$$y_\text{eff} = \sqrt{\sum_{\nu=0}^{\infty} y_{\nu\,\text{eff}}^2} \tag{10.14}$$

bzw. den **Effektivwert des Wechselanteils**

$$y_{\text{eff}\sim} = \sqrt{\sum_{\nu=1}^{\infty} y_{\nu\,\text{eff}}^2} = \sqrt{y_\text{eff}^2 - \bar{y}^2}. \tag{10.15}$$

10.1 Darstellung nichtsinusförmiger Vorgänge

Ferner bleiben gültig die Definitionen von Gl. (6.11), (6.18) und (6.19), nämlich für den **Gleichrichtwert**

$$\overline{|y|} = \frac{1}{T}\int_0^T |y|\,dt, \tag{10.16}$$

für den **Scheitelfaktor**

$$\xi = \hat{y}/y_{\text{eff}\sim} = \hat{i}/I_\sim = \hat{u}/U_\sim, \tag{10.17}$$

und den **Formfaktor**

$$F = y_{\text{eff}\sim}/\overline{|y|} = I_\sim/\overline{|i|} = U_\sim/\overline{|u|}. \tag{10.18}$$

Zur Kennzeichnung des Anteils der Oberschwingungen und somit der Abweichung von der Sinusform benutzt man bei den Effektivwerten von Grundschwingung $y_{1\text{eff}}$ und Teilschwingungen $y_{\nu\text{eff}}$ insbesondere den **Klirrfaktor**

$$k = \frac{1}{y_{\text{eff}\sim}}\sqrt{\sum_{\nu=2}^{\infty} y_{\nu\text{eff}}^2} = \frac{1}{y_{\text{eff}\sim}}\sqrt{y_{\text{eff}}^2 - y_{1\text{eff}}^2}. \tag{10.19}$$

Mit dem **Klirrfaktor ν-ter Ordnung**

$$k_\nu = y_{\nu\text{eff}}/\sqrt{\sum_{\nu=1}^{\infty} y_{\nu\text{eff}}^2} \tag{10.20}$$

kann man den Einfluß der ν-ten Teilschwingung erkennen. Dann gilt auch allgemein

$$k = \sqrt{\sum_{\nu=2}^{\infty} k_\nu^2}. \tag{10.21}$$

Daneben arbeitet man noch bei dem Effektivwert $y_{\text{eff}\sim}$ des Wechselanteils mit dem **Schwingungsgehalt**

$$s = y_{\text{eff}\sim}/y_{\text{eff}} = I_\sim/I = U_\sim/U \tag{10.22}$$

und dem **Grundschwingungsgehalt**

$$g = y_{1\text{eff}}/y_{\text{eff}\sim} = \sqrt{1-k^2} = I_1/I = U_1/U. \tag{10.23}$$

Es gilt also $k^2 + g^2 = 1$. Für weitere Kenngrößen s. DIN 40110. Die Kenngrößen können für Strom und Spannung unterschiedliche Werte annehmen (s. Beispiel 10.4 und 10.6).

Beispiel 10.3. Für die beiden Ströme $i_b = 3\,\text{A}\sin(\omega t) + 1\,\text{A}\sin(3\omega t)$ und $i_c = 3\,\text{A}\sin(\omega t) + 1\,\text{A}\sin(3\omega t + \pi)$ – s. Bild **10.6** – sind Effektivwert I, Gleichrichtwert $\overline{|i|}$, Scheitelfaktor ξ, Formfaktor F, Klirrfaktor k und Grundschwingungsgehalt g zu bestimmen.
Die Teilschwingungen haben nach Gl. (6.16) die Effektivwerte $I_1 = \hat{i}_1/\sqrt{2} = 3\,\text{A}/\sqrt{2} = 2{,}12\,\text{A}$ und $I_3 = \hat{i}_3/\sqrt{2} = 1\,\text{A}/\sqrt{2} = 0{,}707\,\text{A}$. Daher erhält man mit Gl. (10.14) für beide Ströme den glei-

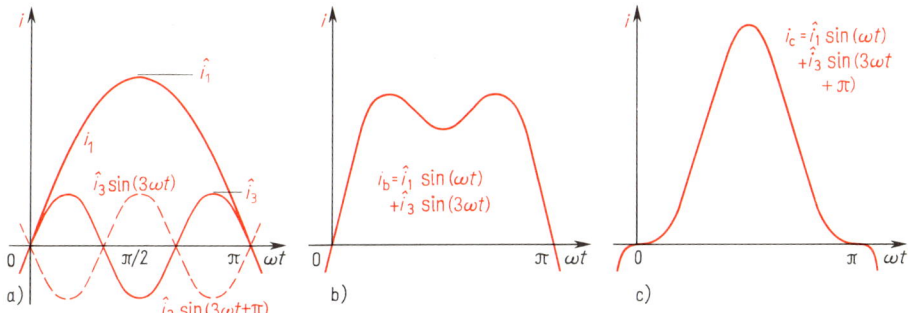

10.6 Synthese von Stromkurven
a) Teilströme, b) $i_b = \hat{i}_1 \sin(\omega t) + \hat{i}_3 \sin(3\omega t)$, c) $i_c = \hat{i}_1 \sin(\omega t) + \hat{i}_3 \sin(3\omega t + \pi)$

chen Effektivwert

$$I_b = I_c = \sqrt{I_1^2 + I_3^2} = \sqrt{2{,}12^2 \text{ A}^2 + 0{,}707^2 \text{ A}^2} = 2{,}24 \text{ A} = 1{,}055 \, I_1.$$

Dagegen ergeben sich mit Gl. (10.16) die unterschiedlichen Gleichrichtwerte

$$\overline{|i_b|} = \hat{i}_1 \frac{1}{T} \int_0^T |y| \, dt = \hat{i}_1 \frac{1}{\pi} \int_0^\pi \left[\sin(\omega t) + \frac{1}{3}\sin(3\omega t)\right] d(\omega t)$$

$$= \hat{i}_1 \frac{2}{\pi} \cdot \frac{11}{9} = 0{,}778 \, \hat{i}_1 = 0{,}778 \cdot 3 \text{ A} = 2{,}333 \text{ A},$$

$$\overline{|i_c|} = \hat{i}_1 \frac{1}{T} \int_0^T \left[\sin(\omega t) + \frac{1}{3}\sin(3\omega t + \pi)\right] d(\omega t) = \hat{i}_1 \frac{2}{\pi} \cdot \frac{8}{9} = 0{,}558 \cdot 3 \text{ A} = 1{,}667 \text{ A}.$$

Die Integration wird durch Betrachtung von Bild 10.6a erleichtert. Man erkennt, daß zu der Fläche unter der Halbschwingung von i_1 beim Strom i_b resultierend zweimal die Flächen unter der Halbschwingung von i_3 hinzukommen, während für den Strom i_c einmal diese Fläche abzuziehen ist. Wegen $\hat{i}_3 = \hat{i}_1/3$ und $T_3 = T_1/3$ beträgt das Integral für eine Halbperiode von i_3 außerdem nur 1/9 des Integrals der Halbperiode des Stromes i_1.

Zur Berechnung des Scheitelfaktors müssen wir zunächst die Scheitelwerte der Ströme i_b und i_c bestimmen. Für den Strom i_b nehmen wir an, daß er bei $\omega t = \pi/6$ auftritt. (Tatsächlich erscheint er bei einem etwas größeren Winkel und ist dann unbedeutend größer.) Es sind dann die Scheitelwerte

$$\hat{i}_b = \hat{i}_1 \sin(\pi/6) + \hat{i}_3 (3\pi/6) = 3 \text{ A} \sin(30°) + 1 \text{ A} \sin(\pi/2) = 2{,}5 \text{ A},$$
$$\hat{i}_c = \hat{i}_1 + \hat{i}_3 = 3 \text{ A} + 1 \text{ A} = 4 \text{ A},$$

und man findet mit Gl. (10.17) die Scheitelfaktoren $\xi_b = \hat{i}_b/I = 2{,}5 \text{ A}/(2{,}24 \text{ A}) = 1{,}116$ sowie $\xi_c = \hat{i}_c/I = 4 \text{ A}/(2{,}24 \text{ A}) = 1{,}787$. Mit Gl. (10.18) erhält man die Formfaktoren $F_b = I/\overline{|i_b|} = 2{,}24 \text{ A}/(2{,}333 \text{ A}) = 0{,}962$ und $F_c = I/\overline{|i_c|} = 2{,}24 \text{ A}/(1{,}667 \text{ A}) = 1{,}344$.

Beide Ströme haben nach Gl. (10.19) den gleichen Klirrfaktor

$$k = \sqrt{I_3^2}/I = I_3/I = 0{,}707 \text{ A}/(2{,}24 \text{ A}) = 0{,}316$$

und nach Gl. (10.23) ebenso den gleichen Grundschwingungsgehalt $g = I_1/I = 2{,}12 \text{ A}/(2{,}24 \text{ A}) = 0{,}947$. Zwei unterschiedliche Verläufe können so durchaus gleiche Teilschwingungen und gleiche Werte für Effektivwert, Klirrfaktor und Grundschwingungsgehalt aufweisen.

10.2 Nichtsinusförmige Vorgänge in linearen Netzwerken

Jetzt sollen das Verhalten der verschiedenen Wechselstrom-Zweipole bei nichtsinusförmigen Strömen und Spannungen und die dabei auftretenden Leistungen betrachtet werden. Da Wirkwiderstand R, induktiver Blindwiderstand $X_L = \omega L$ und kapazitiver Blindwiderstand $X_C = -1/(\omega C)$ in unterschiedlicher Weise von der Kreisfrequenz ω abhängig sind, finden auch die Oberschwingungen in diesen linearen Zweipolen abweichende Widerstände vor. Die Ströme verhalten sich daher bei Anlegen nichtsinusförmiger Spannungen verschieden, und es treten **lineare Verzerrungen** auf.

10.2.1 Einfluß der Wechselstrom-Zweipole

Hier wird nun nacheinander dargestellt, wie sich Wirkwiderstand R, Induktivität L und Kapazität C bei nichtsinusförmigen Spannungen und Strömen verhalten und Induktivität L und Kapazität C lineare Verzerrungen verursachen.

Wirkwiderstand. Strom $i = u/R$ und Spannung u sind nach Gl. (6.29) bei konstantem Wirkwiderstand R unabhängig von der Kreisfrequenz ω_v stets einander proportional. Strom i und Spannung u zeigen daher immer den gleichen Kurvenverlauf.

Induktivität. Die Spannung $u = L\,di/dt$ ist hier nach Gl. (6.34) bei konstanter Induktivität L dem Differentialquotienten di/dt des Stromes i proportional. Bei nichtsinusförmigem Stromverlauf muß daher eine dem Strom i **nicht mehr proportionale** Spannung u erwartet werden.

Für den bei der Ordnungszahl v und der zugehörigen Kreisfrequenz $\omega_v = v\omega$ wirksamen **induktiven Blindwiderstand** darf man Gl. (6.37) erweitern auf

$$X_{Lv} = \omega_v L = v\omega L. \tag{10.24}$$

Er wächst also mit der Ordnungszahl v der Teilschwingungen, so daß bei vorgegebenem Spannungsverlauf u die Strom-Teilschwingungen für zunehmende Ordnungszahlen stark abgedämpft werden. Die Stromkurve erscheint daher unter dem Einfluß einer Induktivität L weniger verzerrt als die angelegte Spannungsschwingung; d.h., ihr Klirrfaktor ist kleiner (s. Beispiel 10.4). Daher werden in Reihe geschaltete Induktivitäten als **Glättungsdrossel**, z.B. in Gleichrichterschaltungen, oder als **Entstördrossel** in den Zuleitungen zu Geräten, die störende Funkfrequenzen erzeugen, angewandt.

Kapazität. Der Strom $i = C\,du/dt$ hängt in diesem Fall nach Gl. (6.40) bei konstanter Kapazität C von dem Differentialquotienten du/dt der Spannung u ab. Nichtsinusförmige Spannungen führen daher dazu, daß auch hier Spannung u und Strom i **nicht mehr proportional** verlaufen.

Der in Gl. (6.45) angegebene **kapazitive Blindleitwert** kann mit der Ordnungszahl v und der zugehörigen Kreisfrequenz $\omega_v = v\omega$ analog zu Gl. (10.24) somit ganz allgemein angegeben werden als

$$B_{Cv} = \omega_v C = v\omega C = -1/X_{Cv}. \tag{10.25}$$

10.2.1 Einfluß der Wechselstrom-Zweipole

Er nimmt daher mit der Ordnungszahl v der Teilschwingungen zu. Daher wird der reziproke kapazitive Blindwiderstand X_{Cv} mit der Ordnungszahl v kleiner. Dadurch treten die Oberschwingungen in der Stromkurve bei kapazitiver Belastung viel stärker in Erscheinung als in der Spannungsschwingung. Man benutzt daher auch in Reihe geschaltete Kondensatoren zum Nachweis bestimmter, sonst nicht deutlich in der Spannungskurve erkennbarer Oberschwingungen. Auch werden **Entstörkondensatoren** parallel zu Störspannungsquellen geschaltet, um hochfrequente Spannungen von der als abstrahlende Antenne wirkenden Zuleitung fernzuhalten.

Netzwerke, die aus Kapazitäten C und Induktivitäten L wie z. B. in Bild 10.7 zusammengesetzt sind, können daher auch als **Siebglieder** oder **Pässe** [20] benutzt werden. Das Zweitor in Bild 10.7 wird z. B. zwischen Sender und Empfänger geschaltet. Für kleine Frequenzen bilden die parallelliegenden Induktivitäten nahezu einen Kurzschluß, während die Kapazität dem Verbraucherstrom einen großen Widerstand entgegensetzt. Der Durchgang von Sinusströmen kleiner Frequenz wird in diesem Fall erschwert, so daß es sich hier um einen Hochpaß handelt. Durch Vertauschen von Induktivitäten und Kapazitäten erhält man einen Tiefpaß und in Verbindung mit Schwingkreisen Bandpässe, die bestimmte Frequenzen durchlassen, oder Bandsperren, die bestimmte Frequenzen sperren (s. Abschn. 8 und [20]).

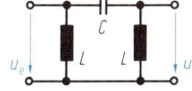

10.7 Hochpaß

Beispiel 10.4. Eine dreieckförmige Spannung hat die Periodendauer $T = 20$ ms und den Scheitelwert $\hat{u} = 300$ V. Sie wird a) an die Induktivität $L = 0,1$ H und b) an die Kapazität $C = 102$ μF gelegt. Man berechne die Stromverläufe sowie die zugehörigen Klirrfaktoren und stelle Spannungs- und Stromschwingungen dar.

Nach Tafel 10.4 genügt es bei einer Dreieckkurve, Grundschwingung und 3. Teilschwingung zu berücksichtigen. So erhält man mit der Frequenz $f = 1/T = 1/(20\text{ ms}) = 50$ Hz und der Kreisfrequenz $\omega = 2\pi f = 2\pi \cdot 50$ Hz $= 314$ s^{-1} die Spannungsgleichung

$$u = \frac{8}{\pi^2} \hat{u} \left[\sin(\omega t) - \frac{1}{9} \sin(3\omega t) \right] = \frac{8}{\pi^2} 300\text{ V} \left[\sin(314,2\text{ s}^{-1} t) - \frac{1}{9} \sin(3 \cdot 314,2\text{ s}^{-1} t) \right]$$
$$= 244\text{ V} \sin(314,2\text{ s}^{-1} t) - 27\text{ V} \sin(942,5\text{ s}^{-1} t)$$

und mit Gl. (10.19) den Klirrfaktor

$$k = \sqrt{\frac{U_3^2}{U_1^2 + U_3^2}} = \sqrt{\frac{\hat{u}_3^2}{\hat{u}_1^2 + \hat{u}_3^2}} = \frac{\hat{u}_3}{\sqrt{\hat{u}_1^2 + \hat{u}_3^2}} = \frac{1/9}{\sqrt{1^2 + (1/9^2)}} = 0,1104.$$

Der Spannungsverlauf $u = u_1 + u_3$ mit den Scheitelwerten $\hat{u}_1 = 244$ V und $\hat{u}_3 = 27$ V ist in Bild 10.8 dargestellt.

Für die Grundschwingung ergibt sich der induktive Blindwiderstand $X_{L1} = \omega L = 314,2$ s$^{-1} \cdot 0,1$ H $= 31,42$ Ω und für die 3. Teilschwingung nach Gl. (10.24) $X_{L3} = 3\omega L = 3 X_{L1} = 3 \cdot 31,42$ Ω $= 94,25$ Ω. Nach Abschn. 6.2.2 gilt dann für den Stromverlauf

$$i_a = (\hat{u}_1/X_{L1}) \sin((\omega t) - \pi/2) - (\hat{u}_3/X_{L3}) \sin(3\omega t - \pi/2)$$
$$= (244\text{ V}/31,42\text{ Ω}) \sin(314,2\text{ s}^{-1} t - \pi/2) - (27\text{ V}/94,25\text{ Ω}) \sin(942,5\text{ s}^{-1} t - \pi/2)$$
$$= -7,767\text{ A} \cos(314,2\text{ s}^{-1} t) + 0,2865\text{ A} \cos(942,5\text{ s}^{-1} t).$$

10.2 Nichtsinusförmige Vorgänge in linearen Netzwerken

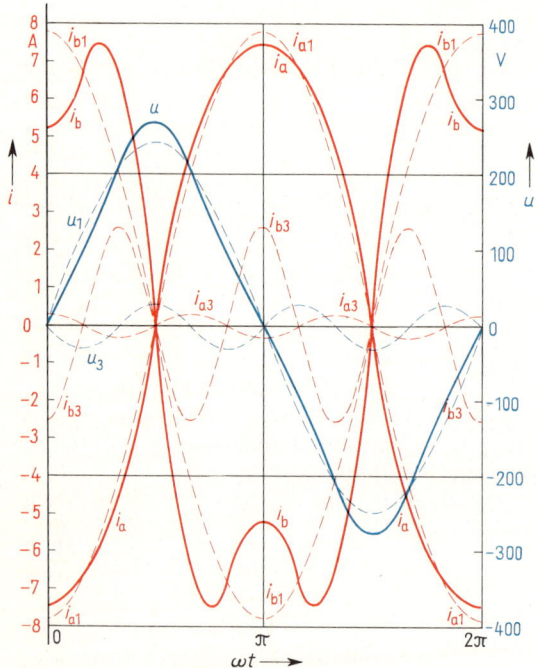

10.8
Spannung $u = u_1 + u_3$ und Ströme $i_a = i_{a1} + i_{a3}$ von Induktivität L bzw. $i_b = i_{b1} + i_{b3}$ von Kapazität C zu Beispiel 10.4

Der Klirrfaktor beträgt analog zur Spannung

$$k_a = \frac{\hat{i}_{a3}}{\sqrt{\hat{i}_{a1}^2 + \hat{i}_{a3}^2}} = \frac{0{,}2865 \text{ A}}{\sqrt{7{,}767^2 \text{ A}^2 + 0{,}2865^2 \text{ A}^2}} \approx \frac{0{,}2865}{7{,}767} = 0{,}03689.$$

Der Strom $i_{a1} + i_{a3}$ ist mit seinen Teilschwingungen in Bild **10.**8 eingetragen. Die 3. Teilschwingung dieses Stromes i_a weist also unter dem Einfluß der Induktivität L eine relativ kleinere Amplitude auf als die 3. Teilschwingung der vorgegebenen Spannung.

Analog erhält man für den kapazitiven Blindwiderstand der Grundschwingung $X_{C1} = -1/(\omega C) = -1/(314{,}2 \text{ s}^{-1} \cdot 102 \text{ μF}) = -31{,}21 \text{ Ω}$ und den der 3. Teilschwingung $X_{C3} = -1/(3\omega C) = X_{C1}/3 = -31{,}21 \text{ Ω}/3 = -10{,}4 \text{ Ω}$. Nach Abschn. 6.2.3 ergibt sich hiermit der Strom

$$i_b = (\hat{u}_1/X_{C1})\sin(\omega t + \pi/2) - (\hat{u}_3/X_{C3})\sin(3\omega t + \pi/2)$$
$$= [244 \text{ V}/(-31{,}21 \text{ Ω})]\sin(314{,}2 \text{ s}^{-1} t + \pi/2) - [27 \text{ V}/(-10{,}4 \text{ Ω})]\sin(942{,}5 \text{ s}^{-1} t + \pi/2)$$
$$= 7{,}818 \text{ A} \cos(314{,}2 \text{ s}^{-1} t) - 2{,}596 \text{ A} \cos(942{,}5 \text{ s}^{-1} t),$$

der mit seinen Teilschwingungen i_{b1} und i_{b3} in Bild **10.**8 eingezeichnet ist. Hier erhält man den Klirrfaktor

$$k_b = \frac{\hat{i}_{b3}}{\sqrt{\hat{i}_{b1}^2 + \hat{i}_{b3}^2}} = \frac{2{,}596 \text{ A}}{\sqrt{7{,}818^2 \text{ A}^2 + 2{,}596^2 \text{ A}^2}} = 0{,}3151.$$

Die 3. Teilschwingung des Stromes hat unter dem Einfluß der Kapazität C eine relativ größere Amplitude als die 3. Teilschwingung der Spannung angenommen. Um den wahren Strom i_b zu erhalten, müßte man hier noch höhere Teilschwingungen berücksichtigen.

Im Fall a) beträgt also der Klirrfaktor des Stromes nur etwa ⅓, im Fall b) dagegen rund das 3fache des Klirrfaktors der Spannung.

10.2.2 Leistungen

Als **Scheinleistung** von oberschwingungshaltigen Wechselgrößen ist analog zum oberschwingungsfreien Sinusstrom mit

$$S = UI \tag{10.26}$$

das Produkt der Effektivwerte von Spannung U und Strom I nach Gl. (10.12) definiert. Für die **Wirkleistung** gilt bei beliebigen Schwingungsformen unverändert nach Gl. (6.32)

$$P = \frac{1}{T} \int_0^T u i \, dt. \tag{10.27}$$

Wenn man berücksichtigt, daß nach Gl. (10.13) das Integral der Produkte verschieden frequenter Sinusgrößen über einer Periode stets verschwindet, ist die **Wirkleistung** der oberschwingungsbehafteten Wechselgrößen gleich der Summe der Wirkleistungen der Teilschwingungen

$$P = \sum_{\nu=1}^{\infty} P_\nu = \sum_{\nu=1}^{\infty} U_\nu I_\nu \cos \varphi_\nu. \tag{10.28}$$

Für den **Leistungsfaktor** gilt dann allgemein

$$\lambda = P/S. \tag{10.29}$$

Die **Blindleistung**

$$Q = \sqrt{S^2 - P^2} \tag{10.30}$$

erhält man wie bei sinusförmigen Vorgängen über die quadratische Differenz von Scheinleistung S und Wirkleistung P. Da sich diese im allgemeinen von der Grundschwingungs-Blindleistung Q_1 unterscheidet, definiert man für sinusförmigen Spannungsverlauf und nichtsinusförmigen Stromverlauf nach DIN 40110 noch die **Verzerrungsleistung**

$$D = \sqrt{Q^2 - Q_1^2}. \tag{10.31}$$

Beispiel 10.5. Die Schaltung in Bild 10.9 enthält den Wirkwiderstand $R = 20\,\Omega$ und wird über einen Transformator, der bei Öffnen des Schalters S ein Übertragen des Gleichstroms auf das speisende Sinusnetz verhindern soll, an die Sinusspannung $U = 100$ V angeschlossen. Es sollen die Ströme und alle Leistungen für a) geschlossenen und b) geöffneten Schalter S berechnet werden.

Bei geschlossenem Schalter S ist der Gleichrichter kurzgeschlossen. Es fließt der Strom $I = U/R = 100\,\text{V}/(20\,\Omega) = 5$ A mit dem Scheitelwert $\hat{\imath} = \sqrt{2}\,I = \sqrt{2} \cdot 5$ A $= 7{,}071$ A. Bei dem vorliegenden reinen Wirkverbraucher sind Wirk- und Scheinleistung zahlenmäßig gleich, nämlich $P = UI = 100\,\text{V} \cdot 5\,\text{A} = 500$ W und $S = 500$ VA. Außerdem sind Blindleistung $Q = 0$ und Verzerrungsleistung $D = 0$.

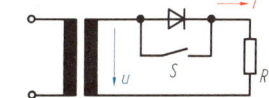

10.9 Gleichrichter-Schaltung für Beispiel 10.5

Nach Öffnen des Schalters S kann der Strom nur noch in der positiven Halbschwingung durch den als verlustlos angesehenen Gleichrichter fließen. Hierdurch wird die Wirkleistung auf $P' = P/2 = 500\,\text{W}/2 = 250\,\text{W}$ halbiert. Der Transformator liefert weiterhin den Effektivwert der Spannung $U = 100\,\text{V}$. Für den Effektivwert des Stromes findet man nach Gl. (10.12)

$$I' = \sqrt{\frac{1}{2\pi}\int_0^\pi \hat{\imath}^2 \sin^2(\omega t)\,\mathrm{d}(\omega t)} = \frac{\hat{\imath}}{2} = \frac{7{,}071\,\text{A}}{2} = 3{,}536\,\text{A},$$

so daß in diesem Fall mit der Scheinleistung $S' = UI' = 100\,\text{V} \cdot 3{,}536\,\text{A} = 353{,}6\,\text{VA}$ die Blindleistung

$$Q' = \sqrt{S'^2 - P'^2} = \sqrt{353{,}6^2 - 250^2}\,\text{var} = 250\,\text{var}$$

auftritt. Da der Verbraucher ein reiner Wirkwiderstand ist, kann diese Blindleistung nur als Verzerrungsleistung $D = Q' = 250\,\text{var}$ durch den Gleichrichter verursacht sein.

10.3 Nichtlineare Wechselstromkreise

Schaltungen, die nichtlineare Bauelemente enthalten, wie z. B. strom- oder spannungsabhängige Widerstände, Gleichrichter u. ä., verursachen auch beim Anlegen von Sinusgrößen Oberschwingungen, die man nichtlineare Verzerrungen nennt. Es treten dann zusätzliche Frequenzen auf, die im Eingangssignal nicht vorhanden sind [59]. Hier sollen jetzt einige wichtige Ursachen für diese Erscheinungen betrachtet werden.

10.3.1 Nichtlineare Verzerrungen

Die Kennlinie eines nichtlinearen Widerstands, die z. B. in Bild **10.**10a dargestellt ist, kann ganz allgemein mit den Faktoren c_i durch ein Polynom

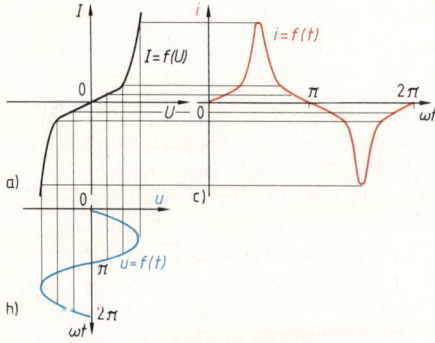

$$I = \sum_{i=1}^{\infty} c_i U^i \qquad (10.32)$$

beschrieben werden. Wird nun dieser Widerstand an die Sinusspannung $u = \hat{u}\sin(\omega t)$ angeschlossen, so verursachen die einzelnen Spannungs-Zeitwerte entsprechend Gl. (10.32) Strom-Zeitwerte, die in Bild **10.**10c punktweise ermittelt sind und zu einem nichtlinearen Stromverlauf führen. Wenn man das Polynom von Gl. (10.32) auf die drei Glieder

10.10 Nichtlinearer Widerstand an Sinusspannung mit Kennlinie (a), Spannungsverlauf (b) und Stromverlauf (c)

$$i = c_1 u + c_2 u^2 + c_3 u^3 \qquad (10.33)$$

beschränkt, erhält man beispielsweise bei sinusförmiger Aussteuerung den Strom

$$i = c_1 \hat{u} \sin(\omega t) + c_2 \hat{u}^2 \sin^2(\omega t) + c_3 \hat{u}^3 \sin^3(\omega t)$$

bzw. wegen $\sin^2(\omega t) = [1 - \cos(2\omega t)]/2$ und $\sin^3(\omega t) = [3\sin(\omega t) - \sin(3\omega t)]/4$ den Stromverlauf

$$i = \frac{c_2}{2}\hat{u}^2 + \left(c_1 + \frac{3}{4}c_3\hat{u}^2\right)\hat{u}\sin(\omega t) + \frac{c_2}{2}\hat{u}^2 \sin\left(2\omega t - \frac{\pi}{2}\right) - \frac{c_3}{4}\hat{u}^3 \sin(3\omega t). \quad (10.34)$$

Außer der Grundschwingung mit der Kreisfrequenz ω treten in diesem Fall noch ein Gleichstromglied und zwei Oberschwingungen mit den Teilschwingungszahlen $v = 2$ und $v = 3$ auf.

Solche Erscheinungen zeigen z. B. Halbleiterbauelemente [81], da ihre Kennlinien nichtlinear sind. Zur rechnerischen Behandlung empfiehlt sich eine Annäherung dieser Funktionen, beispielsweise durch Parabel, Taylor- und Fourier-Reihe [59].

Beispiel 10.6. Ein Varistor, ein Widerstand, der aus feinen, unter großem Druck aufeinander gepreßten Kristallen aus Siliciumkarbid besteht, hat die Stromkennlinie $I = c U^3$. Für den Anschluß an eine Sinusspannung $u = \hat{u} \sin(\omega t)$ sind Stromverlauf und Klirrfaktor zu berechnen.
Es ergibt sich wegen $\sin^3(\omega t) = [3\sin(\omega t) - \sin(3\omega t)]/4$ der verzerrte Strom

$$i = c u^3 = c \hat{u}^3 \sin^3(\omega t) = \frac{3}{4} c \hat{u}^3 \sin(\omega t) - \frac{1}{4} c u^3 \sin(3\omega t).$$

Zusätzlich zur Grundschwingung ist also eine Oberschwingung mit dreifacher Frequenz entstanden. Nach Gl. (10.19) ist der Klirrfaktor des Stromes

$$k = \sqrt{\frac{I_3^2}{I_1^2 + I_3^2}} = \frac{\hat{i}_3}{\sqrt{\hat{i}_1^2 + \hat{i}_3^2}} = \frac{1}{\sqrt{3^2 + 1^2}} = 0{,}3162.$$

10.3.2 Gleichrichterschaltungen

Ein elektrisches Ventil, das im einfachsten Fall eine Diode (z. B. ein Halbleiter-Gleichrichter nach Abschn. 5.2) ist, läßt den elektrischen Strom nur in einer Richtung passieren. Er wird insbesondere zur Umformung von Wechselstrom in Gleichstrom eingesetzt.

Für die Gleichrichtung werden verschiedene Schaltungen, die mit steigendem Aufwand an Bauelementen (z. B. Anzahl der Ventile, Transformator, Glättungsmittel) auch steigenden Ansprüchen genügen, eingesetzt. Hier werden mit Tafel 10.11 die vier wichtigsten Schaltungen, der erzielbare Spannungs- und Stromverlauf und die zugehörigen Kenngrößen betrachtet.

Es wird hierfür vorausgesetzt, daß ideale Gleichrichterventile und ideale Übertrager benutzt werden, die für die Durchlaßrichtung den Innenwiderstand $R_i = 0$ und für die Sperrichtung entsprechend $R_i = \infty$ zeigen. Die Schaltungen liegen jeweils an einer Sinusspannung $u = \hat{u} \sin(\omega t)$ mit dem Scheitelwert $\hat{u}$ und der Kreisfrequenz ω bzw. der Periodendauer $T = 1/f = 2\pi/\omega$. Die ideale gleichgerichtete Spannung u_{di} verläuft dann periodisch und läßt sich durch eine Fourier-Reihe beschreiben, die in Tafel 10.11 angegeben ist.

10.3 Nichtlineare Wechselstromkreise

Tafel 10.11 Gleichrichterschaltungen mit Spannungsverlauf und Kennwerten
(n ganze Zahlen)

Schaltung	Spannung	Fourier-Reihe, Kennwerte
1.		$\dfrac{u_{di}}{\hat{u}} = \dfrac{1}{\pi} + \dfrac{1}{2}\cos(\omega t) - \dfrac{2}{\pi}\sum\limits_{\nu=2}^{\infty}\dfrac{1}{\nu^2-1}\cos(\nu\omega t)$ $p=1$, $\nu=2n$, $\bar{u}_{di}/\hat{u}=1/\pi$, $U_d/\hat{u}=1/2$, $w=1{,}21$, $\xi=2$, $F=\pi/2$
2.		$\dfrac{u_{di}}{\hat{u}} = \dfrac{2}{\pi}\left[1 - 2\sum\limits_{\nu=2}^{\infty}\dfrac{1}{\nu^2-1}\cos(\nu\omega t)\right]$ $p=2$, $\nu=2n$, $\bar{u}_{di}/\hat{u}=2/\pi$, $U_d/\hat{u}=1/\sqrt{2}$, $w=0{,}483$, $\xi=\sqrt{2}$, $F=\pi/(2\sqrt{2})$
3.		$\dfrac{u_{di}}{\hat{u}} = \dfrac{3\sqrt{3}}{\pi}\left[\dfrac{1}{2} - \sum\limits_{\nu=3}^{\infty}\dfrac{(-1)^\nu}{\nu^2-1}\cos(\nu\omega t)\right]$ $p=3$, $\nu=3n$, $\bar{u}_{di}/\hat{u}=0{,}827$, $U_d/\hat{u}=0{,}8407$, $w=0{,}183$, $\xi=1{,}1859$, $F=1{,}0165$
4.		$\dfrac{u_{di}}{\hat{u}} = \dfrac{3}{\pi}\left[1 + 2\sum\limits_{\nu=6}^{\infty}\dfrac{(-1)^{\nu/2}}{\nu^2-1}\cos(\nu\omega t)\right]$ $p=6$, $\nu=6n$, $\bar{u}_{di}/\hat{u}=0{,}9549$, $U_d/\hat{u}=0{,}9558$, $w=0{,}042$, $\xi=1{,}0463$, $F=1{,}0009$

Gleichrichterschaltungen unterscheidet man nach der **Pulszahl** p, die die Anzahl der aufeinander folgenden Kommutierungen während einer Periode T bezeichnet. Mit den ganzen Zahlen $n=1, 2, 3, \ldots$ treten nach Tafel 10.11 nur bestimmte Teilschwingungszahlen ν auf. Idealler linearer Mittelwert $\bar{u}_{di}$ der gleichgerichteten Spannung und Gleichrichtwert sind definitionsgemäß (s. Abschn. 6.1.2.1) identisch. Außerdem können Effektivwert U_d, Scheitelfaktor ξ und Formfaktor F Tafel 10.11 entnommen werden. Zur Kennzeichnung der Güte einer Gleichrichtung benutzt man die **Welligkeit**

$$w = \sqrt{\sum_{\nu=1}^{\infty} U_{\nu i}^2} \, / \, \bar{u}_{di} = U_{\sim i}/\bar{u}_{di}, \tag{10.35}$$

also das Verhältnis von Wechselspannungsanteil $U_{\sim i}$ zu Gleichrichtwert $\bar{u}_{di}$. Die in Tafel 10.11 angegebenen Gleichungen gelten auch für den **Strom** i_d, wenn reine Wirkwiderstände R als Belastung und verlustlose ideale Gleichrichter und Transformatoren vorausgesetzt werden.

Die 1. Schaltung in Tafel 10.11 wird als **Einwegschaltung** bezeichnet. Wenn der Gleichstrom vom Wechselstromnetz ferngehalten werden soll, muß als Eingang ein Transformator Tr vorgesehen werden. (Er muß auch für diesen sekundären Gleichstrom erwärmungsmäßig bemessen sein.) Die 2. Schaltung gibt eine **Einphasen-Brückenschaltung**, die eine Zweiweg-Gleichrichtung ermöglicht, wieder.

10.3.2 Gleichrichterschaltungen

Die 3. Schaltung in Tafel 10.11 ist eine **Dreiphasen-Mittelpunktschaltung**. Der Sternpunkt des sekundär in Stern geschalteten Eingangstransformators Tr ist mit dem Verbraucher R verbunden. Primär muß der Dreiphasentransformator in Dreieck geschaltet sein, um den unsymmetrischen Belastungen durch die Gleichrichter gewachsen zu sein. Von den parallelliegenden Gleichrichterventilen führt nur jeweils dasjenige mit der größten Spannung auch Strom. Dieses Übergehen des Stromes von einem zum anderen Ventil nennt man **Kommutierung**. Auf diese Weise entsteht hier eine dreipulsige Gleichrichtung. Die 4. Schaltung in Tafel 10.11 ist eine sechspulsige **Dreiphasen-Brückenschaltung**.

Man erkennt aus den Werten von Tafel 10.11, daß mit steigender Pulszahl p die Welligkeit w geringer wird und Gleichrichtwert $\bar{u}_{di}$ und Effektivwert U_d sich dem Scheitelwert $\hat{u}$ der Sinusspannung nähern. Für Zwecke der Nachrichtentechnik, also geringe Leistungen, und Meßzwecke wird noch häufig die Einweggleichrichtung mit Selenzellen, dann jedoch meist mit Spitzengleichrichtung [80] eingesetzt. In der Leistungselektronik werden heute Brückenschaltungen mit Siliciumzellen bevorzugt [81].

Beispiel 10.7. Eine Einphasen-Brückenschaltung mit den Kennwerten von Tafel 10.11 liegt bei der Frequenz $f = 50$ Hz ($\omega = 314{,}2$ s^{-1}) an der Sinusspannung $U = 220$ V. Durch eine vor den Verbraucherwiderstand $R = 100\ \Omega$ geschaltete Induktivität L soll die 2. Harmonische des Stromes auf $I_2 = 0{,}1\,\bar{i}_d$ begrenzt werden. Für welche Kennwerte muß diese Glättungsdrossel bemessen sein?

Bei Vernachlässigung aller Spannungsabfälle in den Gleichrichterventilen ist nach Tafel 10.11 der lineare Mittelwert der Spannung $\bar{u}_d = 2\hat{u}/\pi = 2\sqrt{2}\,U/\pi = 2\sqrt{2}\cdot 220$ V/$\pi = 198{,}1$ V wirksam, und es tritt der lineare Mittelwert des Stromes $\bar{i}_d = \bar{u}_d/R = 198{,}1$ V/$(100\ \Omega) = 1{,}981$ A auf.

Die 2. Harmonische der gleichgerichteten Spannung hat nach Tafel 10.11 den Scheitelwert

$$\hat{u}_2 = \hat{u}\,\frac{2\cdot 2}{\pi(v^2-1)} = \hat{u}\,\frac{4}{3\pi} = \sqrt{2}\,U\,\frac{4}{3\pi} = \frac{\sqrt{2}\cdot 220\ \text{V}\cdot 4}{3\pi} = 132\ \text{V}.$$

Ohne Glättungsdrossel würde diese Spannung den Strom $I_2' = u_2/(\sqrt{2}\,R) = 132$ V/$(\sqrt{2}\cdot 100\ \Omega)$ $= 0{,}9337$ A zum Fließen bringen. Es soll aber nur der Strom

$$I_2 = \frac{\hat{u}_3/\sqrt{2}}{\sqrt{R^2+(2\omega L)^2}} = 0{,}1\,\bar{i}_d = 0{,}1\cdot 1{,}981\ \text{A} = 0{,}1981\ \text{A}$$

fließen. Daher muß nach Umstellung dieser Gleichung die Induktivität

$$L = \frac{1}{2\omega}\sqrt{\frac{1}{2}\left(\frac{\hat{u}_2}{I_2}\right)^2 - R^2} = \frac{1}{2\cdot 314{,}2\ \text{s}^{-1}}\sqrt{\frac{1}{2}\left(\frac{132\ \text{V}}{0{,}1981\ \text{A}}\right)^2 - 100^2\ \Omega^2} = 0{,}7329\ \text{H}$$

in der Glättungsdrossel verwirklicht und diese für den Strom

$$I \approx \sqrt{\bar{i}_d^2 + I_2^2} = \sqrt{1{,}981^2\ \text{A}^2 + 0{,}1981^2\ \text{A}^2} \approx 2{,}0\ \text{A}$$

ausgelegt sein.

10.3.3 Eisendrossel

Eine Induktivität mit Eisenkern nimmt an einer Sinusspannung einen verzerrten Magnetisierungsstrom auf, da die nichtlineare Magnetisierungskennlinie $B = f(H)$ eine ebenso nichtlineare Kennlinie $i = f(u)$ verursacht. Es sollen die sich hieraus ergebenden Verläufe von Magnetisierungsstrom und Leistung betrachtet werden.

10.3.3.1 Magnetisierungsstrom. In Bild **10.**12a ist die Hystereseschleife einer Drossel dargestellt. Nach Bild **6.**8 ist die Sinusspannung u mit dem Sinusfluß Φ_t bzw. der um den Phasenwinkel $\varphi = \pi/2$ nacheilenden Sinusinduktion B_t verbunden. Wenn man jetzt zu einer bestimmten Zeit t die zugehörige Induktion B_t in Bild **10.**12b aufsucht, kann man in Bild **10.**12a den erforderlichen Strom i finden. Man klappt diesen Wert in die Ordinatenachse und überträgt ihn auf das Zeitdiagramm in Bild **10.**12b. Auf diese Weise kann man den zugehörigen Stromverlauf punktweise ermitteln.

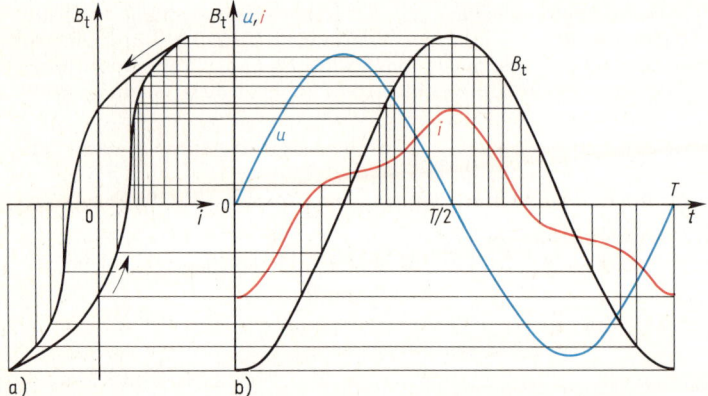

10.12 Hystereseschleife (a) einer Drossel mit Eisenkern und großen Eisenverlusten sowie Zeitdiagramm (b) von Spannung u, Induktion B_t und Strom i

Die Fläche der Hystereseschleife stellt nach Abschn. 4.3.2.1 ein Maß für die Hystereseverluste dar. Da die Hysteresekurve in Bild **10.**12a mit Wechselstromerregung aufgenommen sein soll, muß ihr Flächeninhalt ebenfalls die Wirbelstromverluste (s. Abschn. 4.3.1.7) wiedergeben, so daß er insgesamt die Eisenverluste V_{Fe} repräsentiert. Diese führen in Bild **10.**12b zu einer verzerrten, unsymmetrischen und phasenverschobenen Stromkurve. Eine Fourier-Analyse zeigt, daß sie nur ungeradzahlige, aber gegeneinander phasenverschobene Harmonische aufweist.

10.3.3.2 Leistung. In Bild **10.**13a sind Spannung u und Strom i aus Bild **10.**12b übernommen, und es ist die zugehörige Leistung $S_t = ui$ gebildet. Die verzerrte Leistungskurve hat den Mittelwert $P = P_1 = U_1 I_1 \cos \varphi_1$, der nach Abschn. 10.2.2 als Wirkleistung bei Sinusspannung $u_1 = \hat{u}_1 \sin(\omega t)$ nur mit der Grundschwingung i_1 des Stromes gebildet wird. Ein elektrodynamischer Leistungsmesser [80] mißt ebenfalls diesen Mittelwert P, der sich im allgemeinen Fall aus den Eisenverlusten V_{Fe}

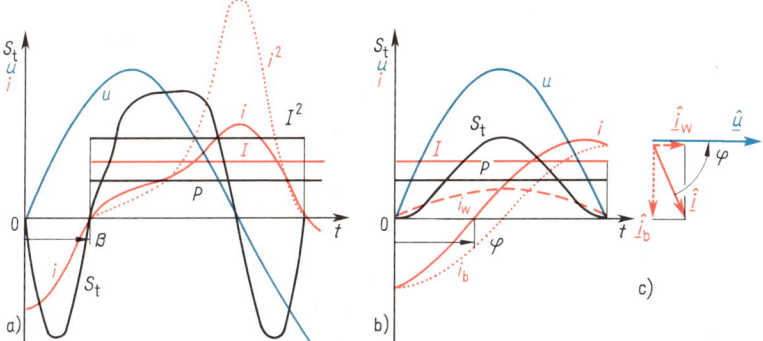

10.13 Spannungs-, Strom- und Leistungsverlauf einer Eisendrossel
a) u Sinusspannung, i verzerrter Strom, i^2 quadrierter Strom mit Mittelwert I^2 und Effektivwert I, b) i Ersatzstrom mit gleichem Effektivwert $I = \hat{i}/\sqrt{2}$
i_w Wirkstrom, i_b Blindstrom, φ Phasenwinkel, $S_t = u\,i$ Leistung, P Wirkleistung zur Deckung der Eisenverluste V_{Fe}

und den Kupferverlusten V_{Cu} der Wicklung zusammensetzt, nach der Voraussetzung für Bild **10.12**a allerdings den letzteren Anteil vernachlässigt.

In Bild **10.13**a ist auch noch die quadrierte Stromkurve i^2 mit ihrem Mittelwert I^2 eingetragen, der zum Effektivwert I des Stromes führt. Der angegebene Winkel β darf nicht als Phasenwinkel des Stromes angesprochen werden, und man kann das Zeitdiagramm von Bild **10.13**a nicht sofort in ein Zeigerdiagramm überführen, da dies nach Abschn. 6.1.3 nur für gleichfrequente Größen dargestellt werden darf.

Um auch für verzerrte Ströme mit einem Zeigerdiagramm arbeiten zu können, ersetzt man den verzerrten Strom durch einen sinusförmigen Ersatzstrom, der den gleichen Effektivwert I hat. Hierfür erhält man den Leistungsfaktor $\lambda = \cos\varphi = P/(UI)$ und kann dann mit dem fiktiven Phasenwinkel φ, der wegen der von den Oberströmen erzeugten Verzerrungsleistung i. allg. **nicht** mit dem Phasenwinkel φ_1 der Grundschwingung übereinstimmt, die sinusförmigen Ersatzgrößen in Bild **10.13**b darstellen.

Zeigerdiagramme für Drosseln, Transformatoren, elektrische Maschinen u. ä. mit Eisenkernen, die verzerrte Ströme verursachen, gelten stets für solche Ersatzgrößen. Die Wirkkomponente I_w wird dann als Eisenverluststrom I_{Fe} und die Blindkomponente I_b als Magnetisierungsstrom I_μ bezeichnet. Man beachte, daß Strom i_w und Leistung S_t so in Bild **10.13**b den Verlauf des Grundschwingungs-Wirkstroms i_{1w} und der von ihm erzeugten Leistungsschwingung S_{1t} wiedergeben, i_b dagegen eine Ersatzgröße für den **verzerrten** Magnetisierungsstrom i_μ ist.

11 Schaltvorgänge

Die Betrachtungen in Abschn. 1 bis 10 setzen einen **stationären** Zustand der untersuchten Netzwerke voraus, d. h., sie nehmen an, daß die Eingangsgröße und die Netzwerkeigenschaften sich in ihrem zumindest periodischen Verlauf seit unendlich langer Zeit nicht verändert haben. Dies ist natürlich eine idealisierende Annahme, die alle Änderungen der Eingangsgröße oder der Belastung, aber auch jede Störung und jeden Schaltvorgang vernachlässigt. Man muß nun davon ausgehen, daß solche Vorgänge zu Übergangszuständen führen, die zwar nach einer bestimmten endlichen Zeit praktisch in den stationären Zustand eingemündet sind, ganz grundsätzlich aber nicht unberücksichtigt bleiben dürfen und für bestimmte Fälle vorausberechnet und technisch beachtet werden müssen.

Übergangszustände bzw. Ausgleichsvorgänge ergeben sich beispielsweise, wenn Netzwerke ein- oder ausgeschaltet, wenn Eingangsstrom oder -spannung verändert, wenn Netzwerkteile geändert werden, also z. B. die Belastung verstellt wird, wenn Störungen, wie Lastschwankungen, Kurzschlüsse u. ä., auftreten oder wenn in der Impulstechnik nichtperiodische Impulse in ein Netzwerk geleitet werden. Energietechnik und Nachrichtentechnik müssen sich insbesondere mit den Auswirkungen der Schaltvorgänge (z. B. Überspannungen) auseinandersetzen, die Nachrichtentechnik außerdem mit der Impulstechnik und die Regelungstechnik mit den Folgen von Störungen sowie der Wirksamkeit und Stabilität von Regelkreisen, also dem dynamischen Verhalten der Anlagen.

Es sollen nun zunächst die Gründe für dieses Übergangsverhalten und die für seine Behandlung notwendigen Begriffe und Verfahren erläutert und anschließend Netzwerke mit gleichartigen Speichern und mit Eigenfrequenzen behandelt werden.

11.1 Berechnungsverfahren

Schaltvorgänge werden entscheidend durch die in den Stromkreisen wirksamen Speicher für elektrische oder magnetische Energie beeinflußt; ihr Verhalten muß daher hier kurz besprochen werden. Das Übergangsverhalten von Netzwerken wird durch die für das zu betrachtende Netzwerk geltende Differentialgleichung bestimmt. Es wird hier nach Klärung der Begriffe erläutert, wie man die Lösungen der Differentialgleichungen unter Annahme eines flüchtigen Gliedes mit einem Exponentialansatz finden kann. Für die mathematisch anspruchsvollere, in der Anwendung aber meist einfachere Laplace-Transformation wird auf [6], [21] verwiesen.

11.1.1 Begriffe

Jede sprunghafte Energieänderung dW_t/dt würde die Leistung $S_t = dW_t/dt = \infty$ verlangen und ist daher nicht möglich; die Energie einer Induktivität $W_{mt} = i^2 L/2$ oder einer Kapazität $W_{et} = u^2 C/2$ kann sich daher nur stetig ändern.

Nach Gl. (3.58) gilt bei der Spannung u und der Kapazität C für den kapazitiven Strom $i = C\,du/dt$. Bei einem Spannungssprung mit $du/dt = \infty$ müßte dann der Strom unendlich groß werden, was eine unendlich große Leistung erfordern würde und daher nicht möglich ist. Somit kann auch die **Spannung u_C an der Kapazität C nicht springen**.

An einer **Induktivität** L herrscht bei dem Strom i nach Gl. (4.115) die Spannung $u = L\,di/dt$. Hier müßte bei einem Stromsprung mit $di/dt = \infty$ die Spannung u unendlich groß werden, was ebenfalls den praktischen Möglichkeiten widerspricht, so daß auch der **Strom i_L in einer Induktivität L nicht springen kann**.

Beides wäre notwendig, wenn diese Zustandsgrößen z. B. nach einem Schaltvorgang oder nach einer anderen Änderung der Bedingungen sofort in den stationären Zustand übergehen sollen. Da dies nicht möglich ist, sind die beiden Bauelemente Kapazität C und Induktivität L, die nach Abschn. 3.2.5.2 und 4.3.1.5 die Wirkungen von elektrischem und magnetischem Feld wiedergeben und Energie speichern können, die eigentliche Ursache für das hier zu besprechende Übergangsverhalten. (Sprunghafte Änderungen des Stromes i_C in einer Kapazität C oder der Spannung u_L an einer Induktivität L können dagegen durchaus auftreten.)

11.1.1.1 Verhalten der Energiespeicher. Die einem reinen Wirkwiderstand R zugeführte elektrische Leistung $S_t = iu$ hat wegen der Gleichphasigkeit von Spannung u und Strom i stets einen positiven Wert und wird in ihm sofort irreversibel in Wärme umgesetzt. Sie kann also nicht zurückgewonnen werden.

Für die Spannung an einer reinen **Induktivität** L gilt nach Gl. (4.115) $u = L\,di/dt$, so daß die (bei beliebigem Verlauf von Strom i und Spannung u) zugeführte elektrische Leistung

$$S_t = iu = Li\,di/dt, \tag{11.1}$$

wie in Bild **6**.18 für Sinusgrößen dargestellt, sowohl positive als auch negative Werte annehmen und die bei dem Strom i gespeicherte **magnetische Energie** $W_{mt} = i^2 L/2$ wieder auf andere Netzwerkteile übertragen werden kann. Analog folgt der Strom in einer **Kapazität** C nach Gl. (3.58) dem Gesetz $i = C\,du/dt$. Somit ist die Leistung

$$S_t = iu = Cu\,du/dt, \tag{11.2}$$

so daß auch sie positive und negative Werte (s. Bild **6**.21) annehmen, also zugeführt oder zurückgewonnen werden kann. Hier ist bei der Spannung u die **elektrische Energie** $W_{et} = u^2 C/2$ gespeichert, die daher auch an andere Netzteile übergeben werden kann. In der Praxis sind bei solchen Energieübertragungen auch Wirkwiderstände R beteiligt, so daß Energie dann nicht verlustfrei gespeichert und rückgeführt werden kann.

In den betrachteten Netzwerken können nur endliche Spannungen und Ströme auftreten. Dann können aber auch die oben angegebenen Leistungen S_t nur endliche Werte annehmen, was wiederum bedingt, daß sich die **Energieinhalte** der Speicher L und C **nur mit endlicher Geschwindigkeit ändern** können. Durch dieses Naturgesetz wird der Übergangsvorgang eines elektrischen Netzwerks bestimmt. (Ähnliches gilt für andere Speicher – z. B. Feder und Masse; s. [6].)

Würde z. B. der Schalter eines Gleichstromkreises so schnell öffnen, daß der Strom unendlich schnell Null wäre, müßte wegen $u = L\,\mathrm{d}i/\mathrm{d}t$ eine unendlich große Selbstinduktionsspannung entstehen. Tatsächlich verursacht aber diese Spannung einen Lichtbogen zwischen den sich öffnenden Kontakten, der einem wachsenden Wirkwiderstand entspricht, oder führt zu einem Isolationsdurchschlag.

Die Energieinhalte der Speicher C und L sind insbesondere als Anfangsbedingungen in die folgenden Betrachtungen einzubeziehen.

11.1.1.2 Zustandsgrößen. Das Übergangsverhalten wird durch einige Begriffe gekennzeichnet, die nun zunächst erläutert werden müssen. Man unterscheidet hierbei **Kenngrößen**, wie z. B. Widerstand, Leitwert, die ganz allgemein die Eigenschaften des Netzwerks wiedergeben, und **Zustandsgrößen**, wie z. B. Strom, Spannung, Ladung, die den augenblicklichen (also meist zeitabhängigen) Zustand des Netzwerks vollständig beschreiben.

Die Eingangsgröße eines Netzwerks kann eine Spannung $u_e(t)$ oder ein Strom $i_e(t)$ sein und wird auch **Erregung** genannt. So spricht man beispielsweise von einer **Sprungerregung** $u_{e\_\!\_}(t)$, wenn ein Netzwerk plötzlich an eine Gleichspannung U_{e0} gelegt wird. Durch das Einschalten der Gleichspannung wird die Eingangsspannung von dem Wert $u_e = 0$ sprungartig zur Zeit $t = 0$ auf den Wert $u_e = U_{e0}$ gebracht.

Daneben soll hier die **Sinuserregung** $u_e(t) = \hat{u}_e \sin(\omega t + \varphi_U)$ betrachtet werden, die neben dem Scheitelwert $\hat{u}_e$ der Sinusspannung und der Kreisfrequenz ω noch den Nullphasenwinkel φ_U aufweist, der den Zeitwert beim Zuschalten bestimmt.

Die zu untersuchende Ausgangsgröße kann in den hier zu betrachtenden Fällen eine Spannung $u_a(t)$ oder ein Strom $i_a(t)$ sein und wird auch **Antwort** des Netzwerks genannt. Wir bestimmen daher hier Sprung- und Sinusantworten.

11.1.2 Exponentialansatz

Mit der Spannung $u = L\,\mathrm{d}i/\mathrm{d}t$ nach Gl. (4.115) an einer Induktivität L und dem Strom $i = C\,\mathrm{d}u/\mathrm{d}t$ nach Gl. (3.58) in einer Kapazität C stellen die Spannungs- und Stromgleichungen linearer elektrischer Netzwerke **gewöhnliche lineare Differentialgleichungen** [6] dar, deren Aufstellung und Lösung wir nun kurz behandeln wollen.

11.1.2.1 Aufstellen der Differentialgleichung. Zweigströme i_z und Zweigspannungen u_z eines Netzwerks können für alle Übergangsvorgänge im Prinzip mit den gleichen Methoden wie die bisher betrachteten eingeschwungenen Zustände berechnet werden. Beim Aufstellen der Strom- oder Spannungsgleichungen müssen jedoch die für die Speicher C und L geltenden Differentialgleichungen beachtet werden. In

11.1.2 Exponentialansatz

den Gleichungen sollten die Speichergrößen als Veränderliche auftreten. Unbestimmte Integrale, wie z. B. $u=(1/C)\int i\,dt$, sollten durch Differentiation der zugehörigen Gleichung in Differentialausdrücke umgeformt werden.

Für lineare Netzwerke mit konzentrierten Speichern erhält man so eine hinreichende Anzahl von linearen Differentialgleichungen, aus denen alle Variablen bis auf eine eliminiert werden. Übrigbleiben soll schließlich eine einzige inhomogene, lineare Differentialgleichung n-ter Ordnung für die zeitabhängige Ausgangsgröße x_a. Die Störfunktion x_e stellt i. allg. die Summe aller eingeprägten (u. U. zeitabhängigen) Ströme und Spannungen und ihrer Ableitungen dar. Mit dem reellen Koeffizienten a_ν lautet diese Differentialgleichung somit allgemein

$$a_n x_a^{(n)} + \cdots + a_1 x_a' + a_0 x_a = x_e. \tag{11.3}$$

Bei passiven Netzwerken stellt n die Anzahl der im Netzwerk zu findenden unabhängigen Speicher dar. Unabhängig sind diese Speicher aber nur, wenn sie nicht gegenseitig ihren Energiezustand bestimmen. So legen z. B. in einer Dreieckschaltung von 3 Kapazitäten wegen $\sum u = 0$ zwei Kapazitäten auch den Energiezustand der dritten oder in einer Sternschaltung von 3 Induktivitäten wegen $\sum i = 0$ zwei Induktivitäten auch den Energiezustand der dritten fest; hier ist also $n=2$.

Wir üben das Aufstellen von Differentialgleichungen an zwei Beispielen:

Beispiel 11.1. Die in Bild 11.1 dargestellte Kapazität C soll über den Wirkwiderstand R an die konstante Gleichspannung U_{e0} gelegt werden, wobei sie schon die Anfangsspannung U_{a0} aufweisen soll. Es soll für die Kondensatorspannung u_a die Differentialgleichung aufgestellt werden.

Unter Beachtung der Kirchhoffschen Maschenregel und von Gl. (3.58) erhält man die Spannungs-Differentialgleichung

$$U_{e0} = u_a + u_R = u_a + Ri = u_a + RC\,du_a/dt \tag{11.4}$$

mit dem Anfangswert $u_a(0) = U_{a0}$, der bei der Lösung zu berücksichtigen ist.

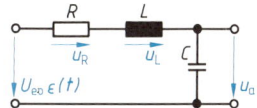

11.1 RC-Glied

11.2 Schwingkreis

Beispiel 11.2. In dem Schwingkreis von Bild 11.2 mit Wirkwiderstand R, Induktivität L und Kapazität C sei die Kondensatorspannung die Ausgangsspannung u_a. Hierfür ist die Differentialgleichung aufzustellen.

Mit der Maschenregel sowie Gl. (3.58) und (4.115) findet man sofort die Spannungsgleichung

$$U_{e0} = u_R + u_L + u_a = Ri + L(di/dt) + u_a$$
$$= RC\frac{du_a}{dt} + LC\frac{d^2 u_a}{dt^2} \ddot{u}_a = LCu_a + CR\dot{u}_a + u_a. \tag{11.5}$$

Dies ist eine gewöhnliche inhomogene lineare Differentialgleichung 2. Ordnung.

11.1.2.2 Lösung der Differentialgleichung. Wenn $x_a^{(i)}$ die i-te Ableitung der Funktion x_a nach der Zeit t bezeichnet, hat eine lineare Differentialgleichung mit konstanten Koeffizienten a_i die allgemeine Form

$$\sum_{i=0}^{n} a_i x_a^{(i)} = x_e, \tag{11.6}$$

die sich aus der homogenen Differentialgleichung

$$\sum_{i=0}^{n} a_i x_a^{(i)} = 0 \tag{11.7}$$

und der Störfunktion x_e zusammensetzt. Die Differentialgleichung hat daher die spezielle Lösung (Endwert)

$$x_{a\infty} = x_e. \tag{11.8}$$

Außerdem tritt ein flüchtiges Glied x_{af} auf, so daß für die allgemeine Lösung ganz allgemein

$$x_a(t) = x_{a\infty} + x_{af} \tag{11.9}$$

gesetzt werden darf. Mit diesem Ansatz spaltet man von Gl. (11.6) die homogene Differentialgleichung nach Gl. (11.7) ab, für die dann mit dem **Exponentialansatz**

$$x_{af} = \sum k_\nu e^{s_\nu t} \tag{11.10}$$

die **charakteristische Gleichung** [6] und durch Betrachtung der Randbedingungen die Unbekannten k_ν und s_ν und somit schließlich die Lösung gefunden werden kann.

Um die Lösung zu vereinfachen und zu verallgemeinern, führt man noch weitere Begriffe ein – z.B. für die Schaltung in Bild **11.**1 die **Zeitkonstante**

$$T = RC. \tag{11.11}$$

(Es können für sie natürlich auch andere Größen maßgebend sein – s. Beispiel 11.5ff.)
In Gl. (11.5) arbeitet man zweckmäßig bei der Kreisfrequenz ω_0 mit der **Kennzeit**

$$T_0 = 1/\omega_0 \tag{11.12}$$

(in diesem Fall also $T_0 = \sqrt{LC}$) sowie mit dem Dämpfungsgrad ϑ – in diesem Fall $\vartheta = 1/(2Q) = R/(2\omega_0 L) = T_0 R/(2L)$. Auf diese Weise wird aus Gl. (11.5)

$$U_{e0} = T_0 \ddot{u}_a + 2\vartheta T_0 \dot{u}_a + u_a. \tag{11.13}$$

Mit dem Ansatz von Gl. (11.10) führt sie allgemein zur charakteristischen Gleichung

$$T_0^2 s^2 + 2\vartheta T_0 s + 1 = 0. \tag{11.14}$$

Bei einem Dämpfungsgrad $\vartheta < 1$ kann man für sie zwei konjugiert komplexe Wurzeln, auch komplexe Kreisfrequenz genannt,

$$\underline{s}_{1,2} = \omega_0(-\vartheta \pm j\sqrt{1-\vartheta^2}) = -\delta \pm j\omega_d, \tag{11.15}$$

berechnen; sie sind in Bild **11.3** dargestellt. Mit der **Abklingkonstanten**

$$\delta = \omega_0 \vartheta = \omega_0 \sin \Theta \tag{11.16}$$

und der **Eigenkreisfrequenz**

$$\omega_d = \omega_0 \sqrt{1-\vartheta^2} = \omega_0 \cos \Theta \tag{11.17}$$

ist daher der **Dämpfungswinkel**

$$\Theta = \operatorname{Arctan}(\delta/\omega_d) = \operatorname{Arcsin} \vartheta, \tag{11.18}$$

also der **Dämpfungsgrad**

$$\vartheta = \sin \Theta = \delta/\omega_0 \tag{11.19}$$

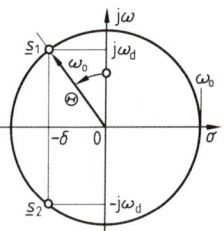

11.3 Wurzeln $\underline{s}_1$ und $\underline{s}_2$ in der komplexen Zahlenebene

und nach Bild **11.3** auch die **Kennkreisfrequenz**

$$\omega_0 = \sqrt{\omega_d^2 + \delta^2}. \tag{11.20}$$

Beispiel 11.3. Die Lösung für Gl. (11.4) ist zu ermitteln und graphisch darzustellen.
Mit Gl. (11.8) erhält man für $U_{e0} = u_a + RC\dot{u}_a$ die Teillösung $u_{a\infty} = U_{e0}$. Der Ansatz nach Gl. (11.10) liefert die charakteristische Gleichung

$$1 + RCs = 0 \quad \text{bzw.} \quad s = -1/(RC)$$

und somit mit der Zeitkonstanten $T = RC$ die Spannungen

$$u_{af} = k\,e^{-t/T} \quad \text{bzw.} \quad u_C(t) = u_{a\sqcap}(t) = u_{a\infty} + u_{af} = U_{e0} + k\,e^{-t/T}.$$

Wegen der Anfangsbedingung $u_C = U_{a0}$ für $t = 0$, also $U_{a0} = U_{e0} + k$, ist $k = U_{a0} - U_{e0}$, und man erhält für die Ausgangsspannung

$$\begin{aligned} u_{a\sqcap}(t) &= U_{e0} + (U_{a0} - U_{e0})\,e^{-t/T} \\ &= U_{a0} + (U_{e0} - U_{a0})(1 - e^{-t/T}). \end{aligned} \tag{11.21}$$

Ihr Verlauf ist in Bild **11.4** dargestellt, wobei entsprechend der in Bild **11.1** angegebenen Polarität ein negativer Wert für U_{a0} vorausgesetzt wird. (Mit $U_{a0} = 0$ würde die Ausgangsspannung $u_{a\sqcap}(t)$ im Nullpunkt beginnen.)

Die Steigung der Exponentialfunktion ist durch die Zeitkonstante T (s. Bild **11.4**) festgelegt. Weitere Punkte des Kurvenverlaufs findet man leicht mit dem Taschenrechner. Nach Ablauf einer Zeit $t = T$ hat eine

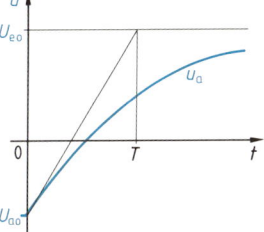

11.4 Ausgangsspannung $u_{a\sqcap}(t)$ für Beispiel 11.3

Exponentialfunktion $X_{e\infty} e^{-t/T}$ ihren Endwert $X_{e\infty}$ zu 36,79%, nach $3T$ bis auf 4,979% und nach Ablauf von $5T$ bis auf 0,6738% erreicht. Mit diesen Angaben läßt sich ein exponentieller Verlauf schnell darstellen.

Beispiel 11.4. Mit der in Beispiel 11.2 gefundenen Differentialgleichung (11.5) ist der zeitliche Verlauf der Ausgangsspannung für einen Dämpfungsgrad $\vartheta < 1$ mit den Anfangsbedingungen $i = 0$ und $u_a = 0$ für die Zeit $t = 0$ zu bestimmen.

Zunächst findet man für Gl. (11.5) die Teillösung $u_{a\infty} = U_{e0}$ und die Wurzeln von Gl. (11.15). Die allgemeine und vollständige Lösung lautet somit

$$u_{a\_\Gamma}(t) = u_{a\infty} + u_{af} = k_1 e^{\underline{s}_1 t} + k_2 e^{\underline{s}_2 t} + U_{e0}.$$

Wegen $u_a = 0$ zur Zeit $t = 0$ ist $k_1 + k_2 + U_{e0} = 0$ und wegen $i = 0$ auch $Ri = CR \, du_a/dt = 0$ bzw. für $t = 0$ mit $du_a/dt = 0$ ferner $k_1 \underline{s}_1 + k_2 \underline{s}_2 = 0$. Aus diesen beiden Gleichungen erhält man die Konstanten

$$k_1 = \frac{U_{e0} \underline{s}_2}{\underline{s}_1 - \underline{s}_2} \quad \text{und} \quad k_2 = \frac{-U_{e0} \underline{s}_1}{\underline{s}_1 - \underline{s}_2},$$

so daß für den Verlauf der Ausgangsspannung gilt

$$u_{a\_\Gamma}(t) = U_{e0} \left(1 + \frac{\underline{s}_2 e^{\underline{s}_1 t} - \underline{s}_1 e^{\underline{s}_2 t}}{\underline{s}_1 - \underline{s}_2} \right).$$

Führt man noch die Wurzeln $\underline{s}_1$ und $\underline{s}_2$ und die **Eigenkreisfrequenz** ω_d nach Gl. (11.17) ein, findet man schließlich mit $e^{jx} = \cos x + j \sin x$ die Sprungantwort

$$u_{a\_\Gamma}(t) = U_{e0} \left\{ 1 - \left[\cos(\omega_d t) + \frac{\vartheta}{\sqrt{1-\vartheta^2}} \sin(\omega_d t) \right] e^{-\vartheta \omega_0 t} \right\} \qquad (11.22)$$

bzw. nach Einführung von $\vartheta = \sin \Theta$ und $\sqrt{1-\vartheta^2} = \cos \Theta = \omega_d/\omega_0$ mit dem Dämpfungswinkel Θ sowie der Abklingkonstanten $\delta = \vartheta \omega_0$ wegen $\cos a \cos b + \sin a \sin b = \cos(a-b)$

$$u_{a\_\Gamma}(t) = U_{e0} \left[1 - \frac{\omega_0}{\omega_d} e^{-\delta t} \cos(\omega_d t - \Theta) \right]. \qquad (11.23)$$

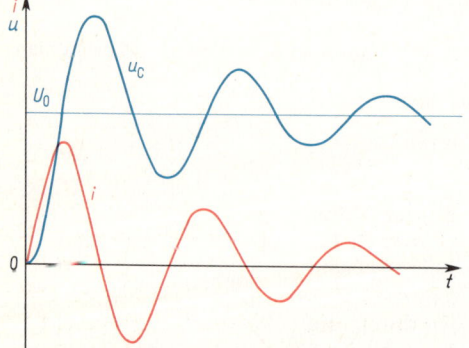

Sie ist in Bild **11.5** dargestellt. Weiterhin gilt nach einigen Zwischenrechnungen mit den trigonometrischen Additionstheoremen für die Sprungantwort des Stromes

$$i_{\_\Gamma}(t) = \frac{U_{e0}}{\omega_d L} e^{-\delta t} \sin(\omega_d t), \qquad (11.24)$$

dessen Verlauf ebenfalls Bild **11.5** zeigt.

11.5 Sprungantwort von Kondensatorspannung $U_{C\_\Gamma}(t)$ und Strom $i_{\_\Gamma}(t)$ des Reihenschwingkreises von Bild **11.2**

11.1.2.3 Anwendung des Energiesatzes. Für Schaltungen mit nur einem oder mit zwei verschiedenartigen Speichern kann man aufgrund der Ergebnisse in Abschn. 11.1.2.1 und 11.1.2.2 die Sprungantwort auch für umfangreiche Netzwerke leicht finden, wenn man den Energiesatz anwendet, also die Verhältnisse vor dem Einschalten der Sprungerregung und die Ausgangsgrößen im Endzustand physikalisch betrachtet. Man kann dann für die Übergänge Verläufe wie in Beispiel 11.3 bis 11.4 voraussetzen und diese mit den zugehörigen, also gerade wirksamen Zeitkonstanten und Frequenzen zeichnen. Man hat hierbei zu beachten, daß bei Sprungerregung eine Kapazität C im ersten Augenblick als Kurzschluß und eine Induktivität L entsprechend zunächst als Leitungsunterbrechung anzusehen ist.

Beispiel 11.5. Das Netzwerk in Bild **11.**6a enthält die Wirkwiderstände $R_1 = 300\,\Omega$ und $R_2 = 200\,\Omega$ sowie die Kapazität $C = 50\,\mu F$ und wird durch Schließen des Schalters S an die Spannung $u_{e\_\Gamma}(t) = 10\,V$ gelegt. Die Sprungantwort des Stromes $i_{\_\Gamma}(t)$ soll bestimmt werden.

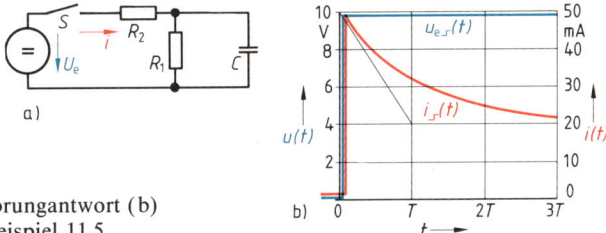

11.6 RC-Netzwerk (a) mit Sprungantwort (b) des Stromes $i_{\_\Gamma}(t)$ für Beispiel 11.5

Zur Zeit $t = 0$ stellt die Kapazität C einen Kurzschluß dar; der Anfangswert des Stromes beträgt daher $i_0 = U_{e0}/R = 10\,V/(200\,\Omega) = 50\,mA$. Dagegen verhält sich zur Zeit $t = \infty$ die Kapazität wie eine Unterbrechung, und es fließt der Strom $I_\infty = U_{e0}/(R_1 + R_2) = 10\,V/(300\,\Omega + 200\,\Omega) = 20\,mA$. Für den Ausgleichsvorgang liegen die Widerstände R_1 und R_2 parallel; daher ist die Zeitkonstante

$$T = \frac{R_1 R_2 C}{R_1 + R_2} = \frac{300\,\Omega \cdot 200\,\Omega \cdot 50\,\mu F}{300\,\Omega + 200\,\Omega} = 6\,ms.$$

Bei dem Übergang von $i_0 = 50\,mA$ auf $I_\infty = 20\,mA$ bleiben somit 30 mA für den Übergangsvorgang, und man findet für den Strom die Sprungantwort

$$i_{\_\Gamma}(t) = i_0 + (I_\infty - i_0)\,e^{-t/T} = 20\,mA + 30\,mA\,e^{-t/(6\,ms)}.$$

Sie ist in Bild **11.**6b dargestellt.

11.2 Netzwerke mit gleichartigen Speichern

Es sollen jetzt Netzwerke betrachtet werden, die jeweils nur eine Speicherart, also neben Wirkwiderständen R entweder nur Induktivitäten L oder nur Kapazitäten C enthalten. Dies sind nach den schon untersuchten Beispielen **Verzögerungsglieder**, da Strom oder Spannung bei Sprungerregung jeweils exponentiell verzögert ihre stationären Werte annehmen.

11.2.1 Schalten von Gleichstrom

Es werden hier die Vorgänge beim Ein- und Ausschalten von Netzwerken sowie Kurzschlüsse an Netzwerkteilen bzw. Änderungen der Eingangsgröße oder von Netzwerkteilen bei Gleichstrom untersucht.

11.2.1.1 Idealisiertes Einschalten. Es wird vorausgesetzt, daß ideale Schalter benutzt werden und somit die Eingangsgrößen $u_{e\_}(t)$ bzw. $i_{e\_}(t)$ auftreten. In der Praxis prellen Schalter dagegen gelegentlich, öffnen also nach dem Schalten kurzzeitig oder zeigen veränderliche Kontaktwiderstände [19]. Auch sind Quellen meist nicht in der Lage, Stromsprünge zu liefern. Diese praktischen Beeinträchtigungen sollen hier vernachlässigt werden.

Wirkwiderstand. Jede elektrische Schaltung, in der Strom fließt, erzeugt ein magnetisches Feld, dessen Wirkungen sich z.B. in der Induktivität L äußern, und zwischen den spannungführenden Teilen tritt ein elektrisches Verschiebungsfeld auf, so daß Kapazitäten C wirksam werden. Grundsätzlich können sich daher nach Abschn. 11.1.1.1 in elektrischen Stromkreisen Strom und Spannung nicht sprungartig, sondern nur stetig ändern.

Nach Abschn. 6.2.1 wird für das idealisierte Schaltungsglied Wirkwiderstand R vorausgesetzt, daß die Wirkungen von magnetischem Feld und elektrischem Verschiebungsfeld vernachlässigbar klein sind und daher auch Induktivität L und Kapazität C nicht beachtet zu werden brauchen. Wenn ein solcher idealer Wirkwiderstand R an eine Gleichspannungs- oder Gleichstrom-Erregung geschaltet wird, müssen die Teilspannungen und -ströme dieser Sprungerregung sprungartig folgen. Nach dem Einschalten einer Gleichspannung U zur Zeit $t=0$ fließt also unter diesen idealen Bedingungen sofort der volle Strom $i_{\_}(t) = U/R$.

Luftdrossel. Eine Luftdrossel kann wie in Bild **11.**7a als Reihenschaltung von fester Induktivität L und festem Wirkwiderstand R aufgefaßt werden. Nach Abschn. 11.1.2.3 geht hier der Strom vom Anfangswert $i_0 = 0$ nach einer e-Funktion mit der Zeitkonstante $T = L/R$ auf den Endwert des Stromes $I_\infty = U_e/R$ über. Daher ist die Sprungantwort des Stromes

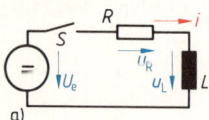

$$I_{\_}(t) = \frac{U_e}{R}(1-e^{-t/T}) = I_\infty(1-e^{-t/T}). \quad (11.25)$$

Mit dem Ohmschen Gesetz bzw. der Maschenregel findet man nach Einsetzen von Gl. (11.25)

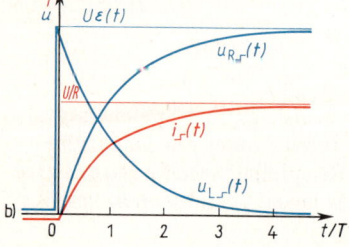

11.7
Einschalten einer Induktivität L an eine Gleichspannung U_e über einen Wirkwiderstand R mit Schaltung (a) und Sprungantworten (b) von Strom $i_{R\_}(t)$ und Spannungen $u_{R\_}(t)$ und $u_{L\_}(t)$

11.2.1 Schalten von Gleichstrom

ferner die Sprungantworten der Teilspannungen

$$u_{R\_\Gamma}(t) = R\,i_{\_\Gamma}(t) = U_e(1 - e^{-t/T})\,, \tag{11.26}$$

$$u_{L\_\Gamma}(t) = U_e - u_{R\_\Gamma}(t) = U_e\,e^{-t/T}\,. \tag{11.27}$$

Die zugehörigen Übergangsvorgänge sind in Bild **11.7**b dargestellt; ihre exponentiellen Verläufe können mit den Anfangs- und Endwerten sowie der Zeitkonstanten T einfach gezeichnet werden.

Beispiel 11.6. Eine Drossel hat die Induktivität $L = 60$ H und den Wicklungswiderstand $R = 150\,\Omega$. Es ist die Sprungantwort des Stromes $i_{\_\Gamma}(t)$ zu bestimmen für den Fall, daß die Drossel an die Gleichspannung $U = 220$ V gelegt wird.
Wir bilden für Gl. (11.25) den Endwert des Stromes $I_\infty = U/R = 220\text{ V}/(150\,\Omega) = 1{,}467$ A und die Zeitkonstante $T = L/R = 60\text{ H}/(150\,\Omega) = 0{,}4$ s und erhalten daher den Stromverlauf

$$i_{\_\Gamma}(t) = I_\infty(1 - e^{-t/T}) = 1{,}467\text{ A}\,(1 - e^{-t/(0{,}4\text{ ms})})\,.$$

Kondensator. Ein Kondensator darf mit den Zuleitungswiderständen bei Vernachlässigung der Leitungsinduktivitäten und der Ableitung wie in Bild **11.8**a als Reihenschaltung von Kapazität C und Wirkwiderstand R aufgefaßt werden. Es wird vorausgesetzt, daß die Kapazität C zur Zeit $t = 0$ keine Ladung Q aufweist. Auch hier verläuft der Strom nach Abschn. 11.1.2.3 mit der Zeitkonstanten $T = RC$ nach einer e-Funktion, die allerdings nun mit dem Anfangswert des Stromes $i_0 = U_e/R$ auf den Endwert $I_\infty = 0$ abklingt. Daher ist die Sprungantwort des Stromes

$$i_{\_\Gamma}(t) = (U_e/R)\,e^{-t/T} = i_0\,e^{-t/T}\,. \tag{11.28}$$

Analog zu Gl. (11.26) und (11.27) sind die Sprungantworten der Teilspannungen

$$u_{R\_\Gamma}(t) = R\,i_{\_\Gamma}(t) = U_e\,e^{-t/T}\,, \tag{11.29}$$

$$u_{C\_\Gamma}(t) = U_e - u_{R\_\Gamma}(t) = U_e(1 - e^{-t/T})\,. \tag{11.30}$$

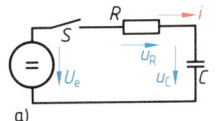

Diese Übergangsvorgänge sind in Bild **11.8**b dargestellt. Da nach Gl. (3.52) für die zeitabhängige Ladung $Q_t = C u_C$ gilt, kann man auch den Ladevorgang der Kapazität

$$Q_{t\_\Gamma}(t) = C U_e(1 - e^{-t/T}) = Q_{t\infty}(1 - e^{-t/T}) \tag{11.31}$$

angeben. Die Kapazität C hat daher zur Zeit $T = \infty$ die Ladung $Q_{t\infty} = C U_e$.

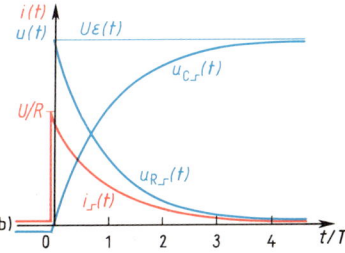

11.8 Einschalten einer Kapazität C an eine Gleichspannung U_e über einen Wirkwiderstand R mit Schaltung (a) und Sprungantworten (b) von Strom $i_{\_\Gamma}(t)$ und Spannungen $u_{R\_\Gamma}(t)$ und $u_{C\_\Gamma}(t)$

11.2 Netzwerke mit gleichartigen Speichern

Beispiel 11.7. Eine Kapazität $C = 50\ \mu F$ soll nach Bild **11.8**a über einen Wirkwiderstand $R = 100\ \Omega$ mit der Ladung $Q = 25\ mAs$ versehen werden. Welche Spannung U ist hierfür erforderlich, und welcher Stromverlauf $i_{\_\Gamma}(t)$ ist zu erwarten?

Nach Gl. (3.52) ist die Spannung $U = Q/C = 25\ mAs/(50\ \mu F) = 500\ V$ aufzubringen. Mit dem Anfangswert des Stromes $i_0 = U/R = 500\ V/(100\ \Omega) = 5\ A$ und der Zeitkonstanten $T = RC = 100\ \Omega \cdot 50\ \mu F = 5\ ms$ findet man nach Gl. (11.28) die Sprungantwort des Stromes

$$i_{\_\Gamma}(t) = i_0 e^{-t/T} = 5\ A\ e^{-t/(5\ ms)}.$$

RC-Netzwerke. Diese werden schon in Beispiel 11.1, 11.3, 11.5 und 11.7 untersucht; sie werden hier ergänzt.

Beispiel 11.8. Das Netzwerk in Bild **11.9**a besteht aus den gleichen Widerständen und der gleichen Kapazität wie die Schaltung von Bild **11.6**a.

a) Es werde durch das Schließen des Schalters S die Gleichspannungs-Erregung $u_{e\_\Gamma} = 10\ V$ angelegt. Die Sprungantwort der Ausgangsspannung $u_{a\_\Gamma}(t)$ soll ermittelt werden.

Wir suchen jetzt die Lösung entsprechend Abschn. 11.1.2.3 durch physikalische Überlegungen: Zur Zeit $t = 0$ ist die Kapazität C spannungslos, und mit der Spannungsteilerregel findet man die Ausgangsspannung

$$u_{aa0} = U_e R_2/(R_1 + R_2) = 10\ V \cdot 200\ \Omega/(300\ \Omega + 200\ \Omega) = 4\ V.$$

Zur Zeit $t = \infty$ ist die Kapazität voll auf die Spannung $U_{C\infty} = U_{a\infty} = U_e = 10\ V$ aufgeladen. Die Ladung hat sich mit der Zeitkonstanten

$$T = (R_1 + R_2)C = (300\ \Omega + 200\ \Omega) 50\ \mu F = 25\ ms$$

vollzogen. Dies ergibt die Sprungantwort $u_{aa\_\Gamma}(t)$ in Bild **11.9**b.

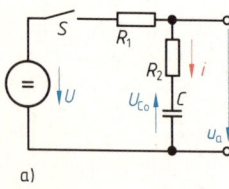

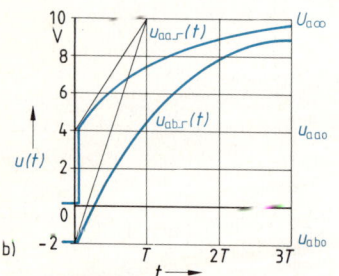

b) Vor dem Schließen des Schalters S sei die Kapazität C auf die Spannung $U_{C0} = -15\ V$ aufgeladen. Wie verläuft jetzt die Sprungantwort?

Unmittelbar nach dem Schließen des Schalters S ist die Spannung

$$u_{ab0} = (U_e - U_{C0}) R_2/(R_1 + R_2)$$
$$= (10\ V - 15\ V) 200\ \Omega/(300\ \Omega + 200\ \Omega) = -2\ V$$

wirksam, und es ergibt sich die in Bild **11.9**b dargestellte Sprungantwort $u_{ab\_\Gamma}(t)$.

Beispiel 11.9. Das Netzwerk in Bild **11.10**a soll außer den in Beispiel 11.5 aufgeführten Widerständen R_1 und R_2 und der Kapazität C noch den Wirkwiderstand $R_3 = 100\ \Omega$ enthalten. Gesucht ist die Sprungantwort $u_{a\_\Gamma}(t)$ für die Sprungerregung $u_{e\_\Gamma}(t) = 10\ V$.

Mit den in Bild **11.10**a eingetragenen Zählpfeilen gilt für die Ausgangsspannung ganz allgemein $u_a = R_2 i_2 - R_1 i_1$. Zur Zeit $t = 0$ sind die Ströme $i_{10} = U_e/(R_1 + R_3)$ und $i_{20} = U_e/R_2$,

11.9 RC-Netzwerk (a) mit Sprungantwort (b) der Ausgangsspannung $u_{a\_\Gamma}(t)$ für Beispiel 11.8

11.10
RC-Netzwerk (a) mit Sprungantwort (b) der Ausgangsspannung $u_{a\_}(t)$ für Beispiel 11.9

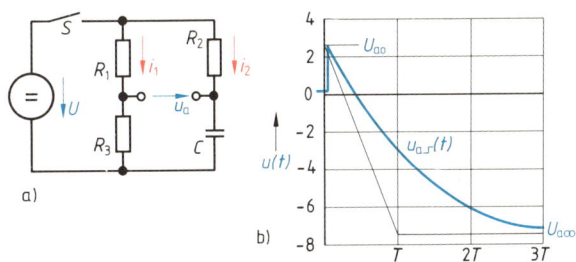

also die Ausgangsspannung

$$u_{a0} = U_e - \frac{R_1 U_e}{R_1 + R_3} = U\left(1 - \frac{R_1}{R_1 + R_3}\right) = 10\text{ V}\left(1 - \frac{300\,\Omega}{300\,\Omega + 100\,\Omega}\right) = 2{,}5\text{ V}$$

und zur Zeit $t = \infty$ analog die Ströme $I_{1\infty} = U_e/(R_1+R_3) = i_{10}$ und $I_{2\infty} = 0$, also die Ausgangsspannung

$$U_{a\infty} = -U_e R_1/(R_1+R_3) = -10\text{ V} \cdot 300\,\Omega/(300\,\Omega + 100\,\Omega) = -7{,}5\text{ V}.$$

Die Zeitkonstante wird allein durch den rechten Zweig bestimmt. Daher ist $T = R_2 C = 200\,\Omega \cdot 50\,\mu\text{F} = 10\text{ ms}$. Somit ergibt sich die in Bild 11.10b dargestellte Sprungantwort.

11.2.1.2 Idealisiertes Ausschalten. Jeder Strom ist mit einem magnetischen Feld verbunden, so daß auch in jedem Stromkreis eine Induktivität L wirksam ist. Wenn nun z. B. in der Schaltung von Bild 11.7a der Schalter S ideal geöffnet werden könnte, müßte der Strom i in unendlich kurzer Zeit auf den Wert Null springen, und es würde eine unendlich große Spannung $u_L = L\,di/dt$ entstehen, die wieder am Schalter oder an anderen Stellen des Stromkreises – z. B. in Wicklungen – einen für die Isolationsfestigkeit der Schaltung meist unerwünschten Überschlag und somit u. U. auch ein Überbrücken der Schalteröffnung bewirken würde. Ideal öffnende Schalter sind daher i. allg. für die Praxis nicht geeignet.

In den technisch realisierten Schaltern steigt beim Öffnen der Kontakte der Schalterwiderstand zunächst stark an, so daß der Strom i rasch kleiner wird. Es entwickelt sich auch hier eine große Selbstinduktionsspannung, die zu einem Überschlag an den Schaltkontakten mit einem geringeren Lichtbogenwiderstand führt und so eine zu steile Stromabsenkung verhindert. Beim Abschalten von Stromkreisen mit mechanischen Schaltern entstehen daher Funken und Lichtbögen zwischen den Schalterkontakten, die den Abschaltvorgang selbst verzögern. Der Lichtbogen muß zum Verlöschen gebracht werden, was durch besondere Blaskammern [19], aber auch z. B. durch schnelles Auseinanderziehen der Schaltmesser, also ein Verlängern der Lichtbogenstrecke erreicht werden kann. Hierdurch wächst der Lichtbogenwiderstand, und der Strom nimmt ab, bis die über den Lichtbogen abgeführte Wärmemenge größer als die mit dem Strom zugeführte wird und die dann verringerte Ionisation den Lichtbogen erlöschen läßt.

In eine genaue Berechnung des Abschaltvorgangs muß also die Lichtbogenkennlinie und die Mechanik des Schalters eingehen, wobei man sich meist mit mathematischen Näherungen begnügt. In den folgenden Beispielen wird auf die Behandlung solcher Abschaltvorgänge verzichtet.

11.2 Netzwerke mit gleichartigen Speichern

Beispiel 11.10. Ein $l = 10$ km langes Kabel mit der auf die Länge bezogenen Kapazität $C' = 0{,}30$ µF/km und dem ebenso auf die Länge bezogenen Isolationswiderstand $R' = 400$ MΩ km, also der Ersatzschaltung von Bild **11.11**, wird leerlaufend von der Spannung $U_0 = 10$ kV abgeschaltet. Wie lange dauert es, bis die Spannung durch Entladen des Kabels über seinen Isolationswiderstand auf $u_C = 500$ V abgesunken ist?

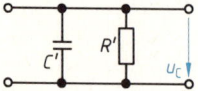

Hier gilt nach Abschn. 11.1.2.3 für die Zeitfunktion der Kondensatorspannung

$$u_C(t) = U_0 \, e^{-t/(R'C')}. \tag{11.32}$$

11.11 Ersatzschaltung für Kabelelement
Wir berechnen zunächst die Zeitkonstante $T = C'R' = 0{,}3 \,(\mu\text{F/km}) \cdot 400$ MΩ km $= 120$ s über die Kapazitäts- und Widerstandsbeläge (die Kabellänge spielt dabei keine Rolle, da sich die Ladung jedes Teilabschnitts über dessen Isolationswiderstand entlädt).

Weiter ist nach Gl. (11.32) das Spannungsverhältnis $u_C/U_0 = 500$ V/(10 000 V) $= 0{,}05 = e^{-t/T}$. Zum Erreichen dieses Entladungszustands gehört die Zeit $t = -\ln(u_C/U_0) = 3{,}0\,T = 3 \cdot 120$ s $= 360$ s oder 6 min. Man erkennt also, daß abgeschaltete Kabel nach dem Abschalten **keineswegs sofort spannungsfrei** sind, sondern daß man z. B. mit dem Berühren hinreichend lange warten oder das Kabel für eine schnelle Entladung kurzschließen muß.

Beispiel 11.11. Die Schaltung in Bild **11.12**a enthält die Wirkwiderstände $R_1 = 400$ Ω und $R_2 = 100$ Ω sowie die Induktivität $L = 50$ H und liegt an der Spannung $U = 100$ V. Es ist der Verlauf der Ströme $i_1(t)$ und $i_2(t)$ sowie der Ausgangsspannung $u_a(t)$ nach Öffnen des Schalters S darzustellen. Welche Energie W_1 wird nach dem Öffnen des Schalters S im Widerstand R_1 in Wärme umgesetzt?

Vor dem Öffnen des Schalters betragen die Ströme

$$I_1 = \frac{U}{R_1} = \frac{100 \text{ V}}{400 \text{ Ω}} = 0{,}25 \text{ A} \quad \text{und} \quad I_2 = \frac{U}{R_2} = \frac{100 \text{ V}}{100 \text{ Ω}} = 1 \text{ A}.$$

Nach dem Öffnen des Schalters fließt zur Zeit $t = 0$ der Strom $i_{20} = I_2 = 1$ A $= -i_{10}$; er klingt mit der Zeitkonstanten $T = L/(R_1 + R_2) = 50$ H/(400 Ω + 100 Ω) $= 0{,}1$ s auf $I_{2\infty} = I_{1\infty} = 0$ ab. Hiermit ergeben sich die Stromverläufe in Bild **11.12**b und der Spannungsverlauf

$$u_a(t) = R\,i_1(t) = -R_1 i_2(t) = -400 \text{ Ω} \cdot 1 \text{ A } e^{-t/(0{,}1\,\text{s})} = -400 \text{ V } e^{-t/(0{,}1\,\text{s})}.$$

Es tritt also zur Zeit $t = 0$ eine vierfache Überspannung auf.
In der Induktivität L ist nach Gl. (4.122) die Energie $W_m = L I_2^2/2 = 50$ H $\cdot 1^2$ A$^2/2 = 25$ Ws gespeichert, die sich nach dem Abschalten im Verhältnis der Widerstände aufteilt. Daher entfällt auf den Wirkwiderstand R_1 die Energie $W_1 = W_m R_1/(R_1 + R_2) = 25$ Ws $\cdot 400$ Ω/(400 Ω + 100 Ω) $= 20$ Ws.

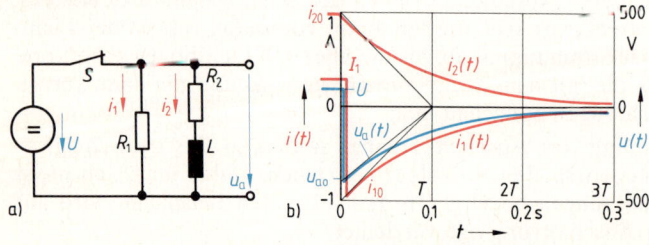

11.12 RL-Netzwerk (a) mit Strom- und Spannungsverlauf (b) nach Öffnen des Schalters S für Beispiel 11.11

11.2.1.3 Umschalten von Netzwerken. In Beispiel 11.5 wird schon die Wirkung von Schaltungsänderungen betrachtet. Es treten also stets, wenn Speicher neu eingeschaltet, aus dem Netzwerk herausgenommen oder überbrückt werden, Übergangsvorgänge auf, die auch, wie in Beispiel 11.10 erläutert, Überspannungen verursachen können.

Beispiel 11.12. Nach Bild 11.13a sind zwei Drosseln, die jeweils als Reihenschaltung von Induktivität L und Wirkwiderstand R aufgefaßt werden, in Reihe geschaltet, wobei die Drossel 2 über den Schalter S kurzgeschlossen werden kann. Die Stromverläufe nach Schließen des Schalters S sollen ermittelt werden.

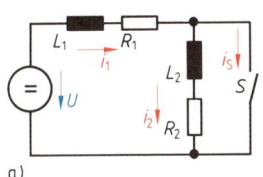
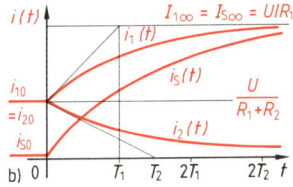

11.13
RL-Schaltung (a) mit Übergangsverhalten der Ströme (b)

Bei offenem Schalter S und somit auch zur Zeit $t=0$ fließen die Ströme

$$i_{10} = i_{20} = U/(R_1 + R_2) \quad \text{und} \quad i_{S0} = 0.$$

Nach dem Schließen des Schalters S nehmen die Ströme die Endwerte

$$I_{1\infty} = I_{S\infty} = U/R_1 \quad \text{und} \quad I_{2\infty} = 0$$

an. Die Übergangsvorgänge werden durch die Zeitkonstanten $T_1 = L_1/R_1$ und $T_2 = L_2/R_2$ gekennzeichnet, so daß für die Zeitfunktionen der Ströme, die in Bild 11.13b dargestellt sind, gilt

$$i_1(t) = \frac{U}{R_1}\left(1 - \frac{R_2}{R_1 + R_2} e^{-t/T_1}\right), \quad i_2(t) = \frac{U}{R_1 + R_2} e^{-t/T_2} \quad \text{und} \quad i_S(t) = i_1(t) + i_2(t).$$

Beispiel 11.13. Eine Drossel mit der Reihenschaltung von Induktivität $L=1$ H und Wirkwiderstand $R=10\,\Omega$ soll nach Bild 11.14a über einen Spannungsteiler mit den Wirkwiderständen $R_1 = 20\,\Omega$, $R_2 = 30\,\Omega$ an ein Gleichspannungsnetz mit $U=220$ V geschaltet werden. Die Sprungantworten für den Strom $i_{L\sqcap}(t)$ in der Induktivität, für die Spannung $u_{L\sqcap}(t)$ an der Induktivität und für den Strom $i_\sqcap(t)$ am Eingang des Spannungsteilers sind maßstäblich darzustellen.

Im Einschaltaugenblick wirkt die Induktivität L wie ein unendlich großer Widerstand, am Ende des Ausgleichsvorgangs stellt sie einen Kurzschluß dar. Der Strom i_L nimmt dabei mit $U_{1\infty}$ als Spannung an der nach Beendigung des Ausgleichsvorgangs gegebenen Parallelschaltung der Widerstände R und R_1 die Grenzwerte $i_{L0}=0$ und $I_{L\infty} = U_{1\infty}/R$ an. Durch diese fließt dann der Strom (Bild 11.14b)

$$I_\infty = \frac{U}{R_2 + \dfrac{1}{\dfrac{1}{R_1} + \dfrac{1}{R_2}}} = \frac{220\text{ V}}{30\,\Omega + \dfrac{1}{\dfrac{1}{20\,\Omega} + \dfrac{1}{10\,\Omega}}} = 6\text{ A},$$

484 11.2 Netzwerke mit gleichartigen Speichern

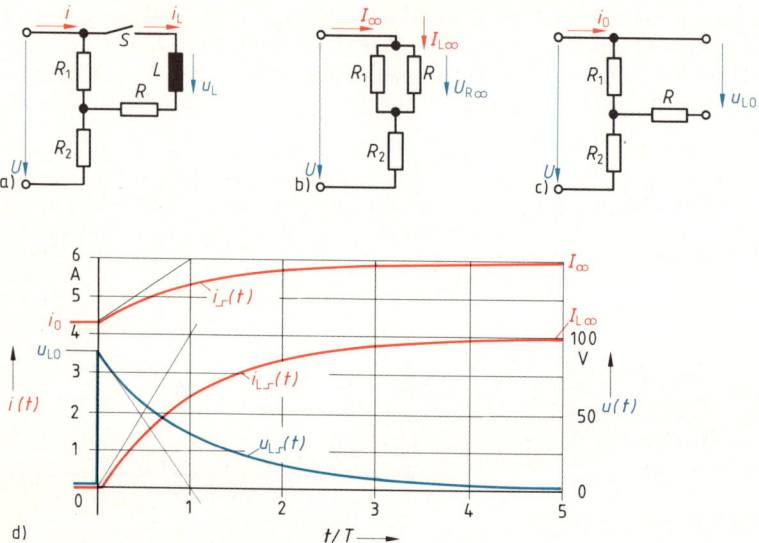

11.14 Einschalten einer Drossel über einen Spannungsteiler
a) Schaltung mit Schalter S, b) Ersatzschaltung für stationären Endzustand, c) Ersatzschaltung für Beginn des Übergangszustands, d) Sprungantworten der Ströme $i_{L\_\_}(t)$, $i_{\_\_}(t)$ und der Spannung $u_{L\_\_}(t)$ $U_{R1} = U_{R\infty}$ Endspannung der Drossel

und es betragen die Spannung an der Drossel

$$U_{R\infty} = U_{1\infty} = I_\infty \frac{1}{\frac{1}{R_1} + \frac{1}{R_2}} = 6\,\text{A} \cdot \frac{1}{\frac{1}{20\,\Omega} + \frac{1}{10\,\Omega}} = 40\,\text{V}$$

und der Drosselstrom

$$i_{L\infty} = U_{R\infty}/R = 40\,\text{V}/(10\,\Omega) = 4\,\text{A}.$$

Für diese **Ladung** der als Energiespeicher wirkenden Induktivität L findet man daher die Sprungantwort des Stromes

$$i_{L\_\_}(t) = I_{L\infty}(1 - e^{-t/T}).$$

Die vom Energiespeicher L und dem ihm parallelgeschalteten Netzwerk bestimmte Zeitkonstante des Ausgleichsvorgangs ist

$$T = \frac{L}{R + \frac{1}{\frac{1}{R_1} + \frac{1}{R_2}}} = \frac{1\,\text{H}}{10\,\Omega + \frac{1}{\frac{1}{20\,\Omega} + \frac{1}{30\,\Omega}}} = 45{,}46\,\text{ms}.$$

In Bild **11.14**d ist die Sprungantwort $i_{L\_\_}(t) = 4\,\text{A}(1 - e^{-t/0{,}0453\,\text{s}})$ maßstäblich aufgetragen.

Die Spannung $u_{L\_\_}(t)$ kann über den Ansatz $u_L = L\,di_L/dt$ berechnet werden. Man kann aber auch wieder den Ausgleichsvorgang selbst zur Berechnung heranziehen, wenn man davon ausgeht, daß im Einschaltaugenblick Energie in der Induktivität gespeichert ist, die über den einer **Entladung** entsprechenden Ausgleichsvorgang entnommen wird. Im Einschaltaugenblick $t=0$ liegt an der Induktivität L die von den Spannungsteilerwiderständen abhängige höchste Spannung $u_{L0}=i_0 R_1$ sowie am Ende des Ausgleichsvorgangs die Spannung $U_{L\infty}=0$. Für den vor Beginn des Ausgleichsvorgangs am Eingang des Spannungsteilers fließenden Strom gilt entsprechend Bild **11.14c**

$$i_0 = U/(R_1 + R_2) = 220\text{ V}/(20\text{ }\Omega + 30\text{ }\Omega) = 4{,}4\text{ A}.$$

Hiermit wird $u_{L0}=i_0 R_1 = 4{,}4\text{ A} \cdot 20\text{ }\Omega = 88\text{ V}$, und für die Sprungantwort gilt $u_{L\_\Gamma}(t) = u_{L0} e^{-t/T} = 88\text{ V } e^{-t/(0{,}0453\text{ s})}$. Sie ist in Bild **11.14d** maßstäblich aufgetragen.
Am Eingang des Spannungsteilers wird durch Hinzuschalten des induktiven Verbrauchers der Ruhestrom i_0 auf den Endwert I_∞ vergrößert. Der Ausgleichsvorgang bewirkt eine Stromänderung um $I_\infty - i_0$. Somit läßt sich die in Bild **11.14d** maßstäblich dargestellte Sprungantwort des Stromes

$$i_{\_\Gamma}(t) = i_0 + (I_\infty - i_0)(1 - e^{-t/T}) = 4{,}4\text{ A} + (6\text{ A} - 4{,}4\text{ A})(1 - e^{-t/0{,}0453\text{ s}})$$

berechnen.

11.2.2 Schalten von Sinusstrom

Sinusstrom ist die wichtigste Stromart; daher müssen hier einige Schaltvorgänge mit Sinuserregung betrachtet werden.

11.2.2.1 Einschalten einer Luftdrossel. Für die Drossel gilt die in Bild **11.15** dargestellte **Ersatz-Schaltung**. Sie soll eine konstante Induktivität L und einen Widerstand R aufweisen und kann daher bei Sinusspannung nur einen Sinusstrom i führen. Bei dem Scheitelwert der Eingangsspannung $\hat{u}_e = \sqrt{2}\, U_e$ und der Kreisfrequenz ω soll die Sinusspannung

$$u_e(t) = \hat{u}_e \sin(\omega t + \varphi_U) \tag{11.33}$$

zur Zeit $t=0$, wenn der Nullphasenwinkel φ_U den Zeitwert der Spannung bestimmt, eingeschaltet werden. Analog zu Gl. (11.4) gilt dann die Spannungsgleichung

$$\hat{u}_e \sin(\omega t + \varphi_U) = u_R + u_L = R i + L\, di/dt$$

bzw. mit der Zeitkonstanten $T = L/R$

$$\frac{\hat{u}_e}{R}\sin(\omega t + \varphi_U) = i + T\frac{di}{dt} = i + T\dot{i}. \tag{11.34}$$

11.15 Ersatzschaltung der Luftdrossel

Nach Abschn. 7.1.1.2 ist mit dem Scheinwiderstand $Z = \sqrt{R^2 + (\omega L)^2}$ und dem Phasenwinkel $\varphi = \arctan(\omega L/R)$ der komplexe Effektivwert des Stromes im eingeschwungenen Zustand, also zur Zeit $t=\infty$,

$$\underline{I}_\infty = \frac{U_e}{R + j\omega L} = \frac{U_e}{Z}\underline{/-\varphi} \tag{11.35}$$

bzw. sein Zeitwert

$$i_\infty = \frac{\sqrt{2}\,U_e}{Z} \sin(\omega t + \varphi_U - \varphi)\,. \tag{11.36}$$

Den flüchtigen Anteil i_f erhält man wieder aus der homogenen Differentialgleichung

$$i_f + T\,di_f/dt = 0$$

über den Ansatz $i_f = k\,e^{-t/T}$. Mit der Anfangsbedingung

$$i_0 = 0 = i_\infty(0) + i_f(0) = \frac{\sqrt{2}\,U_e}{Z} \sin(\varphi_U - \varphi) + k$$

wird

$$k = -\frac{\sqrt{2}\,U_e}{Z} \sin(\varphi_U - \varphi)\,.$$

Dem Sinusstromglied nach Gl. (11.36) ist somit das Gleichstromglied

$$i_f = -\frac{\sqrt{2}\,U_e}{Z} \sin(\varphi_U - \varphi)\,e^{-t/T} \tag{11.37}$$

überlagert. Somit gilt für den Strom die **Sinusantwort**

$$i(t) = \frac{\sqrt{2}\,U_e}{Z}\,\overline{\sin(\omega t + \varphi_U - \varphi) - \sin(\varphi_U - \varphi)\,e^{-t/T}}\,. \tag{11.38}$$

Das Gleichstromglied hat den negativen Anfangswert des Sinusstromglieds zur Zeit $t=0$ und klingt exponentiell mit der Zeitkonstanten $T=L/R$ ab. Es verschwindet für den Fall $\varphi_U - \varphi = \pm n\pi/2$ (mit $n = 0, 1, 2, 3 \ldots$), wenn also Schaltwinkel φ_U und Phasenwinkel φ zusammen $n \cdot 180°$ ergeben. Das Strommaximum stellt sich zur Zeit $t_ü$ bei dem Schaltwinkel $\varphi_{Uü}$ ein. Die Ableitung des Stromes i nach der Zeit t führt mit $\delta i/\delta t = 0$ auf

$$\tan\varphi \cos(\omega t_ü + \varphi_{Uü} - \varphi) = \sin(\varphi_{Uü} - \varphi)\,e^{-t_ü/T} \tag{11.39}$$

eine weitere Ableitung nach dem Schaltwinkel φ_U mit $\delta i/\delta \varphi_U = 0$ auf

$$\cos(\omega t_ü + \varphi_{Uü} - \varphi) = \cos(\varphi_{Uü} - \varphi)\,e^{-t_ü/T} \tag{11.40}$$

und somit schließlich auf den Schaltwinkel $\varphi_{Uü}$ mit dem größten Stromscheitelwert, wenn man beachtet, daß beide Gleichungen gleichzeitig erfüllt werden müssen. Die Division von Gl. (11.39) und (11.40) ergibt die Bedingung

$$\tan\varphi = \tan(\varphi_{Uü} - \varphi) = -\tan(\varphi - \varphi_{Uü})\,, \tag{11.41}$$

die z. B. für den Schaltwinkel $\varphi_{Uü} = 0°$ eingehalten wird. Die größte **Stromspitze**, der Stoßstrom I_S, ergibt sich also stets unabhängig vom Phasenwinkel φ beim **Einschalten im Spannungsnulldurchgang** (s. Bild **11.16**).

11.2.2 Schalten von Sinusstrom

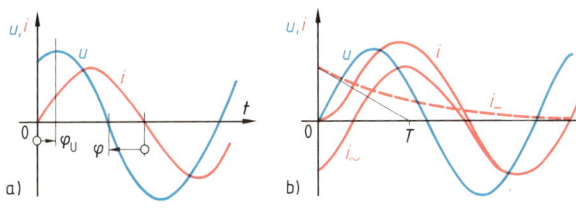

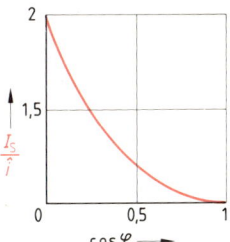

11.16 Spannungsverlauf $u(t)$ und Stromverlauf $i(t)$ beim Einschalten mit dem Schaltwinkel $\varphi_U - \varphi = -\pi/2$ (a) und im Spannungsnulldurchgang (b)

11.17 Abhängigkeit des bezogenen Stoßstroms $I_S/\hat{\imath}$ vom Wirkfaktor $\cos\varphi$

Ähnliche Verhältnisse ergeben sich auch beim plötzlichen Kurzschluß eines Transformators. Den dort auftretenden Höchstwert des Übergangsvorgangs nennt man **Stoßkurzschlußstrom**. Stoßstrom bzw. Stoßkurzschlußstrom hängen somit vom Phasenwinkel φ bzw. Wirkfaktor $\cos\varphi$ ab und können nach Bild **11.**17 maximal das 2fache des Stromscheitelwerts $\hat{\imath}$ bzw. das $\sqrt{2} \cdot 2 = 2{,}828$fache des Effektivwerts I erreichen.

Beispiel 11.14. Eine Luftdrossel nach Bild **11.**15 besteht aus Induktivität $L = 60$ mH und Wirkwiderstand $R = 2\,\Omega$. Sie wird an die Sinusspannung $U = 220$ V der Frequenz $f = 50$ Hz ($\omega = 314{,}2$ s^{-1}) gelegt. Es sind der Effektivwert I des Stromes für den stationären Zustand und der Stoßstrom I_S zu bestimmen.
Nach Gl. (7.5) ist der Scheinwiderstand

$$Z = \sqrt{R^2 + (\omega L)^2} = \sqrt{2^2\,\Omega^2 + (314{,}2\text{ s}^{-1} \cdot 60\text{ mH})^2} = 18{,}96\,\Omega$$

und somit nach dem Ohmschen Gesetz der Effektivwert des Stromes

$$I = U/Z = 220\text{ V}/(18{,}96\,\Omega) = 11{,}6\text{ A}$$

sowie der Wirkfaktor $\cos\varphi = R/Z = 2\,\Omega/(18{,}96\,\Omega) = 0{,}1055$, so daß nach Bild **11.**17 der Stoßstrom $I_S = 1{,}75 \cdot \sqrt{2} \cdot 11{,}6\text{ A} = 28{,}71$ A zu erwarten ist.

11.2.2.2 Einschalten eines RC-Gliedes. Es soll das RC-Glied in Bild **11.**18a mit der Zeitkonstante $T = RC$ an eine Sinusspannung nach Gl. (11.33) gelegt werden. Hier gilt mit dem Strom $i = C\,du_C/dt$ analog zu Gl. (11.34) die Spannungs-Differential-

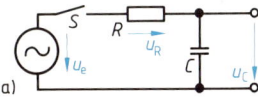

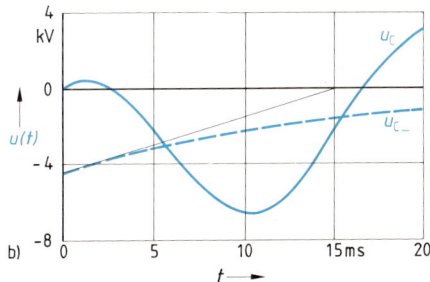

11.18
RC-Glied (a) und Spannungsverläufe (b) beim Einschalten einer Sinuserregung nach Beispiel 11.15

11.2 Netzwerke mit gleichartigen Speichern

gleichung

$$\hat{u}_e \sin(\omega t + \varphi_U) = u_C + u_R = u_C + Ri = u_C + CR\frac{du_C}{dt} = u_C + T\dot{u}_C. \quad (11.42)$$

Mit der homogenen Differentialgleichung $u_{Cf} + T\,du_{Cf}/dt = 0$, dem Ansatz $u_C = k\,e^{-t/T}$ und der Anfangsbedingung $u_{C0} = 0 = \sqrt{2}\,U_e \sin(\varphi_U - \varphi) + k$ wird $k = -\sqrt{2}\,U_e \sin(\varphi_U - \varphi)$. Für das Sinusglied findet man mit der Spannungsteilerregel die komplexe Kondensatorspannung

$$\underline{U}_C = \frac{-j\,\underline{U}_e/(\omega C)}{R - j\,1/(\omega C)} = \frac{\underline{U}_e}{1 + j\omega CR}$$

sowie mit dem Scheitelwert $\hat{u}_C = \sqrt{2}\,U_e/\sqrt{1 + (\omega CR)^2}$ und dem Phasenwinkel $\varphi = -\text{Arctan}(1/\omega CR) = -\text{Arctan}(1/\omega T)$ den Zeitwert

$$u_C = \hat{u}_C \sin(\omega t + \varphi_U - \varphi). \quad (11.43)$$

Mit einer Betrachtung wie in Beispiel 11.3 kann man schließlich über die Anfangsbedingung $u_C = 0$ die Zeitfunktion der Kondensatorspannung

$$u_C = \hat{u}_C [\sin(\omega t + \varphi_U - \varphi) - \sin(\varphi_U - \varphi)\,e^{-t/T}] \quad (11.44)$$

bestimmen. Dabei fließt der Strom

$$i = C\frac{du}{dt} = \omega C\hat{u}_C \left[\cos(\omega t + \varphi_U - \varphi) + \frac{1}{\omega RC}\sin(\varphi_U - \varphi)\,e^{-t/T}\right], \quad (11.45)$$

der wieder als Überlagerung von Sinus- und Gleichstromglied aufgefaßt werden darf. Mit ihm kann man auch die Spannung am Wirkwiderstand $u_R(t) = Ri(t)$ bestimmen.

Beispiel 11.15. Die Kapazität $C = 3\,\mu F$ wird nach Bild **11.**18a über den Wirkwiderstand $R = 5\,k\Omega$ an die Sinusspannung $U_e = 15\,kV$ bei dem Schaltwinkel $\varphi_U = 90°$ und der Frequenz $f = 50\,Hz$ ($\omega = 314,2\,s^{-1}$) gelegt. Es sind die Zeitfunktionen für die Ausgangsspannung $u_a(t)$ und den Strom $i(t)$ anzugeben.

Zunächst errechnen wir die Zeitkonstante $T = CR = 3\,\mu F \cdot 5\,k\Omega = 15\,ms$ und den Phasenwinkel $\varphi = -\text{Arctan}(1/\omega T) = -\text{Arctan}\,1/(314,2\,s^{-1} \cdot 15\,ms) = -11,98°$. Nach Gl. (11.44) und (11.45) sind die Scheitelwerte der Sinusglieder

$$\hat{i}_\sim = \frac{\sqrt{2}\,U_e}{\sqrt{R^2 + (1/\omega C)^2}} = \frac{\sqrt{2} \cdot 15\,kV}{\sqrt{5^2\,k\Omega^2 + (1/314,2\,s^{-1} \cdot 3\,\mu F)^2}} = 4,15\,A$$

und

$$\hat{u}_{C\sim} = \hat{i}_\sim/(\omega C) = 4,15\,A/(314,2\,s^{-1} \cdot 3\,\mu F) = 4,404\,kV.$$

Die Kondensatorspannung enthält nach Gl. (11.44) ein Gleichspannungsglied mit dem Anfangswert

$$u_{C0-} = \hat{u}_C \sin(\varphi_U - \varphi) = 4,404\,kV \sin(90° + 11,98°) = 4,308\,kV$$

und der Strom nach Gl. (11.45) ein Gleichstromglied mit dem Anfangswert

$$i_{0\_} = \hat{u}_C/R = 4{,}404 \text{ kV}/(5 \text{ k}\Omega) = -0{,}8808 \text{ A},$$

so daß sich mit Gl. (11.44) und (11.45) die Verläufe

$$u_C(t) = \hat{u}_{C\sim} \sin(\omega t + \varphi_U - \varphi) - u_{C0\_} e^{-t/T}$$
$$= 4{,}404 \text{ kV} \sin(314{,}2 \text{ s}^{-1} t + 78{,}02°) - 4{,}308 \text{ kV } e^{-t/(15 \text{ ms})}$$

und

$$i(t) = \hat{i}_\sim \cos(\omega t + \varphi_U - \varphi) + i_{0\_} e^{-t/T}$$
$$= 4{,}15 \text{ A} \cos(314{,}2 \text{ s}^{-1} t + 78{,}02°) - 0{,}8808 \text{ A } e^{-t/(15 \text{ ms})}$$

ergeben. Außer dem durch Gl. (11.44) festgelegten Verlauf der Kondensatorspannung ist in Bild **11.18b** auch die Gleichkomponente $u_{C\_}$ dargestellt. Während die Ausgangsspannung beim ersten negativen Maximum eine recht große Überspannung von etwa 50% zeigt, ergibt sich nur ein geringer Überstrom, so daß hier auf seine Wiedergabe verzichtet werden kann.

11.2.2.3 Ausschalten. Da Wechselstrom in jeder Halbperiode einmal Null wird, kann man ihn viel leichter als Gleichstrom abschalten; es ist nur notwendig, nach dem Nulldurchgang ein Wiederzünden des Lichtbogens zu verhindern – z. B. durch einen großen Schaltkontaktabstand oder durch Kühlen und somit Entionisieren der Lichtbogenstrecke. Wir betrachten hier mit Bild **11.19** ein einfaches Beispiel.

11.19
RC-Stromkreis (a) mit Spannungsverlauf $u_S(t)$ (b) am Schalter S nach Öffnen dieses Schalters

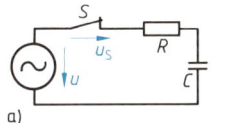
a)
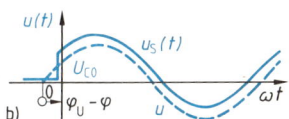
b)

Vor dem Öffnen des Schalters S fließt in der Schaltung von Bild **11.19a** beim Scheitelwert der Spannung $\hat{u}$, der Kapazität C, dem Wirkwiderstand R, der Kreisfrequenz ω und dem Schaltwinkel φ_1 nach dem Ohmschen Gesetz der Zeitwert des Stromes

$$i_0 = \frac{\hat{u}\omega C}{\sqrt{1+(\omega C R)^2}} \sin(\omega t + \varphi_1). \qquad (11.46)$$

Wenn zur Zeit $t = 0$ der Schalter S geöffnet und somit der Strom i plötzlich unterbrochen wird, erscheint mit dem Phasenwinkel

$$\varphi = \text{Arctan}(1/\omega C R) \qquad (11.47)$$

am Schalter die Spannung

$$u_S(t) = \hat{u}[\sin(\omega t + \varphi_1 - \varphi) + \cos\varphi_1 \sin\varphi] = u + U_{C0}. \qquad (11.48)$$

Sie besteht aus zwei Teilspannungen, nämlich der Generatorspannung $u = \hat{u}\sin(\omega t + \varphi_1 - \varphi)$, die um die Kondensatorspannung $U_{C0} = \hat{u}\cos\varphi_1 \sin\varphi$, die im Augenblick der Stromunterbrechung herrscht, angehoben ist.

11.3 Schwingkreise

Die in Abschn. 11.2 behandelten Schaltvorgänge von Netzwerken mit gleichartigen Speichern zeigen stets einen exponentiellen Übergang des Anfangswerts in den Endwert. Dagegen können Netzwerke, die sowohl Kapazität C als auch Induktivität L enthalten, nach Beispiel 11.4 Ausgleichsvorgänge entwickeln, die mit Schwingungen vom Anfangs- auf den Endwert übergehen. Solche Schwingkreise weisen Eigenkreisfrequenzen auf und sollen nun unter verschiedenen Bedingungen näher betrachtet werden. Auch ihre Antwort kann mit Taschenrechnerprogrammen bestimmt werden [88], [89].

11.3.1 Schalten von Gleichstrom

Untersucht wird zunächst die einfache RCL-Schaltung in Bild **11.**20, die nach Abschn. 8.2 als Reihenschwingkreis bezeichnet wird und für den stationären Zustand in Abschn. 8.2.2.1 eingehend behandelt wird. Wir wollen hier sein Verhalten bei Sprung- und Sinuserregung und den Entladevorgang betrachten.

11.20
Schwingkreis mit Gleichspannungssprungerregung u_e_Γ

Für die zu untersuchende Schaltung in Bild **11.**20 ist schon in Beispiel 11.20 die Differentialgleichung (11.5) aufgestellt worden. Die anschließend entwickelte charakteristische Gleichung (11.14) hat allgemein die Lösungen von Gl. (11.15). Bei einem Dämpfungsgrad $\vartheta > 1$ ergeben sich zwei unterschiedlich reelle Wurzeln, für $\vartheta = 1$ dagegen eine reelle Doppelwurzel und für $\vartheta < 1$ zwei konjugiert komplexe Wurzeln. Diese drei möglichen Fälle sollen nun nacheinander betrachtet werden.

11.3.1.1 Schwingfall. Mit den in Abschn. 11.1.2.2 eingeführten Kenngrößen erhält man analog zu Gl. (11.23) die Zeitfunktion der Kondensatorspannung

$$u_{C\_\Gamma}(t) = U_{e0}\left[1 - \frac{\omega_0}{\omega_d} e^{-\delta t} \cos(\omega_d t - \Theta)\right]. \tag{11.49}$$

Ferner findet man mit ähnlichen Ansätzen für die Spannung an der Induktivität

$$u_{L\_\Gamma}(t) = U_{e0} \frac{\omega_0}{\omega_d} e^{-\delta t} \cos(\omega_d t + \Theta), \tag{11.50}$$

die Spannung am Wirkwiderstand

$$u_{R\_\Gamma}(t) = U_{e0} \frac{R}{\omega_d L} e^{-\delta t} \sin(\omega_d t) \tag{11.51}$$

und den Strom

$$i_\_\Gamma(t) = \frac{u_{R\_\Gamma}(t)}{R} = \frac{U_{e0}}{\omega_d L} e^{-\delta t} \sin(\omega_d t). \tag{11.52}$$

Der Verlauf dieser Sprungantworten ist in Bild **11.**21 dargestellt. Nach dem Einschalten schwingen daher Spannungen und Strom der RCL-Schaltung mit der Eigenkreisfrequenz ω_d in den stationären Zustand ein, wobei diese Ausgleichsvorgänge stets mit der Abklingkonstanten δ abklingen. Dies sind freie, für einen Dämpfungsgrad $\vartheta>0$, also bei einem endlichen Wirkwiderstand R, auch gedämpfte Schwingungen, so daß eine solche Schaltung Schwingkreis genannt wird. Im Gegensatz hierzu führt eine elektrische Schaltung bei Sinuserregung außerhalb der Resonanz erzwungene Schwingungen aus.

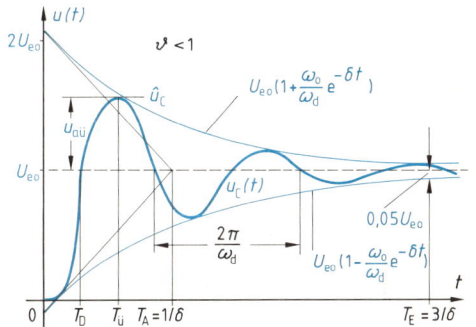

11.21 Sprungantwort der Kondensatorspannung $u_{C\_}(t)$ eines Reihenschwingkreises mit dem Dämpfungsgrad $\vartheta<1$

Die Kondensatorspannung schwingt nach Bild **11.**21 über und soll daher näher betrachtet werden. Für die zeichnerische Darstellung der Sprungantwort von Gl. (11.49) ist es vorteilhaft, sich daran zu erinnern, daß diese Funktion von den beiden Kurven $U_{e0}[1-(\omega_0/\omega_d)\mathrm{e}^{-\delta t}]$ und $U_{e0}[1+(\omega_0/\omega_d)\mathrm{e}^{-\delta t}]$ eingehüllt wird und diese Exponentialfunktion einfach mit der Abkling-Zeitkonstanten $T_A=1/\delta$ zu zeichnen ist (s. Bild **11.**21). Man findet ihren Scheitelwert, wenn man Gl. (11.49) differenziert und gleich Null setzt, also für $\cos(\omega_d t)=-1$. Sie schwingt daher nach einer Halbperiode, also zur Zeit

$$T_{\ddot{u}} = \pi/\omega_d = \pi T_0/\sqrt{1-\vartheta^2} = \pi/(\omega_0 \cos\Theta) \tag{11.53}$$

maximal über und erreicht dann nach Gl. (11.49) den **Scheitelwert**

$$\hat{u}_C = U_{e0}(1 + \mathrm{e}^{-\pi\tan\Theta})$$

bzw. die **Überschwingweite**

$$u_{C\ddot{u}} = \hat{u}_C - U_{e0} = U_{e0}\mathrm{e}^{-\pi\tan\Theta}. \tag{11.54}$$

Der Einschwingvorgang ist theoretisch erst nach unendlich langer Zeit abgeklungen. Meist wird das endgültige Einschwingen in den Bereich $X_{a\infty}\pm 0{,}05 X_{a\infty}$ als Ende des Einschwingvorgangs angesehen. Hierfür muß $\exp(-T_E\omega_0)=0{,}05$ bzw. die **Einschwingzeit**

$$T_E = 3T_A = 3/\delta$$

sein. Entsprechend dem Verlauf der Exponentialfunktion muß dann beim endgültigen Einlauf in den Bereich $X_{a\infty}\pm 0{,}006738 X_{a\infty}$ die Zeit $t=5/\delta$ erreicht sein.

Für das Zeichnen des Funktionsverlaufs ist noch die Durchtrittszeit T_D wichtig, bei der der Funktionswert gleich dem Endwert wird. Nach Gl. (7.89) ist hierfür $\cos(\omega_d T_D - \Theta)=0$ zu setzen, so daß man die 1. **Durchtrittszeit**

$$T_D = (\Theta + \pi/2)/\omega_d \tag{11.55}$$

erhält. Weitere Durchtritte kommen jeweils eine Halbperiode später, also um die Überschwingzeit $T_{\ddot{u}}$ versetzt.

Beispiel 11.16. Die Schaltung in Bild **11.**20 besteht aus Wirkwiderstand $R=4\,\Omega$, Induktivität $L=1$ mH und Kapazität $C=10$ µF. Sie wird zur Zeit $t=0$ an die Gleichspannung $U_{e0}=100$ V gelegt. Der zeitgleiche Verlauf der Teilspannungen $u_{C\_\Gamma}(t)$, $u_{L\_\Gamma}(t)$ und $u_{R\_\Gamma}(t)$ sowie des Stromes $i_{\_\Gamma}(t)$ nach Schließen des Schalters S soll bestimmt werden.

Wir berechnen den Dämpfungsgrad

$$\vartheta = (R/2)\sqrt{C/L} = (4\,\Omega/2)\sqrt{10\,\mu F/(1\,mH)} = 0{,}2\,,$$

die Kennkreisfrequenz

$$\omega_0 = 1/\sqrt{LC} = 1/\sqrt{1\,mH\cdot 10\,\mu F} = 10\,\text{ms}^{-1}\,,$$

die Abklingkonstante nach Gl. (11.16)

$$\delta = \vartheta\omega_0 = 0{,}2\cdot 10\,\text{ms}^{-1} = 2\,\text{ms}^{-1}\,,$$

die Eigenkreisfrequenz nach Gl. (11.17)

$$\omega_d = \omega_0\sqrt{1-\vartheta^2} = 10\,\text{ms}^{-1}\sqrt{1-0{,}2^2} = 9{,}797\,\text{ms}^{-1}$$

und die Überschwingzeit nach Gl. (11.53)

$$T_{\ddot{u}} = \pi/\omega_d = \pi/(9{,}797\,\text{ms}^{-1}) = 0{,}3206\,\text{ms}\,.$$

Wir erhalten daher mit den Größen $U_{e0}\omega_0/\omega_d = 100\,\text{V}\cdot 10\,\text{ms}^{-1}/(9{,}797\,\text{ms}^{-1}) = 102{,}1$ V, $U_{e0}R/(\omega_d L) = 100\,\text{V}\cdot 4\,\Omega/(9{,}797\,\text{ms}^{-1}\cdot 1\,\text{mH}) = 40{,}82$ V und $U_{e0}/(\omega_d L) = 100\,\text{V}/(9{,}797\,\text{ms}^{-1}\cdot 1\,\text{mH}) = 10{,}21$ A nach Gl. (11.49) bis (11.52) die Sprungantworten

$$u_{C\_\Gamma}(t) = 100\,\text{V} - 102{,}1\,\text{V}\,e^{-2\,\text{ms}^{-1}t}\cos(9{,}797\,\text{ms}^{-1}t - 11{,}54°)\,,$$
$$u_{L\_\Gamma}(t) = 102{,}1\,\text{V}\,e^{-2\,\text{ms}^{-1}t}\cos(9{,}797\,\text{ms}^{-1}t + 11{,}54°)\,,$$
$$u_{R\_\Gamma}(t) = 40{,}82\,\text{V}\,e^{-2\,\text{ms}^{-1}t}\sin(9{,}797\,\text{ms}^{-1}t)\,,$$
$$i_{\_\Gamma}(t) = 10{,}21\,\text{A}\,e^{-2\,\text{ms}^{-1}t}\sin(9{,}797\,\text{ms}^{-1}t)\,.$$

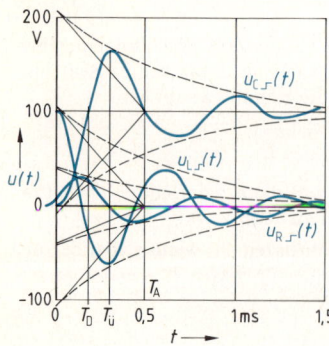

11.22 Sprungantworten der Spannungen $u_{C\_\Gamma}(t)$, $u_{L\_\Gamma}(t)$ und $u_{R\_\Gamma}(t)$ für Beispiel 11.16

Die Verläufe der Teilspannungen sind in Bild **11.**22 dargestellt. Man findet sie über die Abkling-Zeitkonstante $T_A = 1/\delta = 1/(2\,\text{ms}^{-1}) = 0{,}5$ ms, die Einschwingzeit $T_E = 3\,T_A = 3\cdot 0{,}5\,\text{ms} = 1{,}5$ ms und die Durchtrittszeit

$$T_D = \frac{\Theta + \pi/2}{\omega_d} = \frac{0{,}2013 + \pi/2}{9{,}797\,\text{ms}^{-1}} = 0{,}1809\,\text{ms}$$

sowie mit der Periodendauer $T_d = 2\pi/\omega_d = 2\pi/(9{,}797\,\text{ms}^{-1}) = 0{,}6413$ ms. Außerdem muß in jedem Zeitpunkt $u_{C\_\Gamma}(t) + u_{L\_\Gamma}(t) + u_{R\_\Gamma}(t) = u_{e\_\Gamma}(t) = 100$ V eingehalten sein. Die Kondensatorspannung erreicht nach Gl. (11.54) bei der Zeit $T_{\ddot{u}} = 0{,}3206$ ms die Überschwingweite

$$u_{C\ddot{u}} = U_{e0}\,e^{-\pi\tan\Theta} = 100\,\text{V}\,e^{-\pi\tan 11{,}54°} = 52{,}65\,\text{V}\,,$$

so daß mit 152,65 V/(100 V) = 1,527 die Kondensatorspannung auf das 1,527fache überschwingt. Der Verlauf des Stromes $i_{\sqcup}(t)$ stimmt bis auf den Faktor $1/R = 1/(4\,\Omega)$ mit dem Verlauf der Spannung $u_{R\sqcup}(t)$ am Wirkwiderstand R überein; auf seine Wiedergabe wird daher verzichtet.

11.3.1.2 Kriechfall. Bei einem Dämpfungsgrad $\vartheta > 1$ ergeben sich nach Gl. (11.15) zwei reelle Wurzeln

$$s_{1,2} = \omega_0(-\vartheta \pm \sqrt{\vartheta^2 - 1}), \tag{11.56}$$

und für die flüchtigen Anteile kann man ansetzen

$$u_{Cf} = k_1 e^{s_1 t} + k_2 e^{s_2 t} \tag{11.57}$$

$$i_f = C(s_1 k_1 e^{s_1 t} + s_2 k_2 e^{s_2 t}). \tag{11.58}$$

Mit den Anfangsbedingungen $u_{Cf}(0) = k_1 + k_2 = -U_{e0}$ und $i_f = C(k_1 s_1 + k_2 s_2) = 0$ findet man die Konstanten

$$k_1 = s_2 U_{e0}/(s_1 - s_2) \quad \text{und} \quad k_2 = -s_1 U_{e0}/(s_1 - s_2)$$

und nach Einführung der Zeitkonstanten

$$T_{1,2} = T_0(\vartheta \pm \sqrt{\vartheta^2 - 1}) \tag{11.59}$$

die Zeitfunktionen der Kondensatorspannung

$$u_{C\sqcup}(t) = U_{e0}\left[1 - \frac{1}{T_1 - T_2}(T_1 e^{-t/T_1} - T_2 e^{-t/T_2})\right], \tag{11.60}$$

der Spannung an der Induktivität

$$u_{L\sqcup}(t) = \frac{U_{e0}}{T_1 - T_2}(T_1 e^{-t/T_2} - T_2 e^{-t/T_1}), \tag{11.61}$$

der Spannung am Wirkwiderstand

$$u_{R\sqcup}(t) = \frac{U_{e0} R C}{T_1 - T_2}(e^{-t/T_1} - e^{-t/T_2}) \tag{11.62}$$

und des Stromes

$$i_{\sqcup}(t) = \frac{U_{e0} C}{T_1 - T_2}(e^{-t/T_1} - e^{-t/T_2}). \tag{11.63}$$

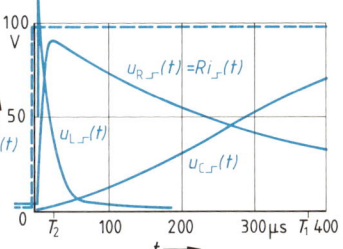

11.23 Sprungantworten der Spannungen $u_{C\sqcup}(t)$, $u_{L\sqcup}(t)$ und $u_{R\sqcup}(t)$ für Beispiel 11.17

Ihr Verlauf ist in Bild **11.23** für ein Beispiel dargestellt. Da die Zustandsgrößen mit Exponentialfunktionen den Endwerten zustreben, nennt man dies den **Kriechfall** oder das **aperiodische** Einschwingen. Analog zu Bild **11.**22 beginnen die Teilspannungen $u_{C\_\Gamma}(t)$ und $u_{R\_\Gamma}(t)$ sowie der Strom $i_{\_\Gamma}(t)$ zur Zeit $t=0$ mit dem Funktionswert Null, der auch für die Teilspannungen $u_{L\_\Gamma}(t)$ und $u_{R\_\Gamma}(t)$ und den Strom $i_{\_\Gamma}(t)$ Endwert ist, während die Teilspannung $u_{L\_\Gamma}(t)$ sofort auf U_{e0} springt und $u_{C\_\Gamma}(t)$ diesem Endzweck zustrebt.

Beispiel 11.17. Die Schaltung in Bild **11.**20 wird wieder an die Gleichspannungs-Sprungerregung $u_{e\_} = U_{e0} = 100$ V gelegt. Während Induktivität $L = 1$ mH und Kapazität $C = 10$ μF unverändert bleiben, soll der Wirkwiderstand auf $R = 40$ Ω vergrößert werden. Die Sprungantworten $u_{C\_\Gamma}(t)$, $u_{L\_\Gamma}(t)$, $u_{R\_\Gamma}(t)$ und $i_{\_\Gamma}(t)$ sind zu bestimmen.

Mit dem Dämpfungsgrad

$$\vartheta = (R/2)\sqrt{C/L} = (40\,\Omega/2)\sqrt{10\,\mu F/(1\,mH)} = 2$$

liegt der Kriechfall vor, so daß Gl. (11.60) bis (11.63) anzuwenden sind. Wir berechnen mit Gl. (11.59) die Zeitkonstanten

$$T_1 = \sqrt{LC}(\vartheta + \sqrt{\vartheta^2 - 1}) = \sqrt{1\,mH \cdot 10\,\mu F}\,(2 + \sqrt{2^2 - 1}) = 373{,}2\,\mu s\,,$$

$$T_2 = \sqrt{1\,mH \cdot 10\,\mu F}\,(2 - \sqrt{2^2 - 1}) = 26{,}79\,\mu s$$

sowie $U_{e0}T_1/(T_1-T_2) = 100$ V $\cdot$ 373,2 μs/(373,2 μs $-$ 26,79 μs) $=$ 107,7 V, $U_{e0}T_2/(T_1-T_2) =$ 7,735 V, $U_{e0}C/(T_1-T_2) = 100$ V $\cdot$ 10 μF/(373,2 μs $-$ 26,79 μs) $=$ 2,887 A und $U_{e0}RC/(T_1-T_2) =$ 2,887 A $\cdot$ 40 Ω $\cdot$ 10 μF/(373,2 μs $-$ 26,79 μs) $=$ 115,4 V und können hiermit die Verläufe in Bild **11.**23 zeichnen. Spannung $u_{R\_\Gamma}(t)$ am Wirkwiderstand R und Strom $i_{\_\Gamma}(t)$ sind bis auf den Faktor $1/R$ identisch, so daß auf die Wiedergabe des Stromes verzichtet werden kann.

11.3.1.3 Aperiodischer Grenzfall. Für den Dämpfungsgrad $\vartheta = 1$ ergibt Gl. (11.15) die Wurzeln $s_{1,2} = -\omega_0\vartheta$ und Gl. (11.59) die Zeitkonstanten $T_{1,2} = T_0$. Analoge Betrachtungen wie bei den anderen Fällen liefern die Zeitfunktionen der Kondensatorspannung

$$u_{C\_\Gamma}(t) = U_{e0}[1 - (1 + t/T_0)\,e^{-t/T_0}], \tag{11.64}$$

der Spannung an der Induktivität

$$u_{L\_\Gamma}(t) = U_{e0}(1 - t/T_0)\,e^{-t/T_0}, \tag{11.65}$$

der Spannung am Wirkwiderstand

$$u_{R\_\Gamma}(t) = U_{e0}(R/L)\,t\,e^{-t/T_0} \tag{11.66}$$

und des Stromes

$$i_{\_\Gamma}(t) = U_{e0}(t/L)\,e^{-t/T_0}. \tag{11.67}$$

Ihr Verlauf ist ähnlich wie in Bild **11.**23, so daß auf eine Darstellung verzichtet werden kann. Da hier die Zustandsgrößen gerade noch aperiodisch einschwingen, wird dieses Verhalten als **aperiodischer Grenzfall** bezeichnet.

Beispiel 11.18. Es ist der Wirkwiderstand R zu bestimmen, für den der in Beispiel 11.16 und 11.17 behandelte Schwingkreis im aperiodischen Grenzfall arbeitet.

Für $\vartheta = 1$ muß der Wirkwiderstand $R = 2\sqrt{L/C} = 2\sqrt{1\,mH/(10\,\mu F)} = 20\,\Omega$ betragen.

11.3.1.4 Entladen.

Es wird jetzt vorausgesetzt, daß der Kondensator eines Schwingkreises mit einem Dämpfungsgrad $\vartheta<1$ (also **Schwingfall**), wie in Abschn. 11.3.1.1 untersucht, mit einer Schaltung nach Bild **11.24**a aufgeladen sei und nun durch schlagartiges Umlegen des Schalters S von der Stellung 1 in die Stellung 2 entladen werden soll.

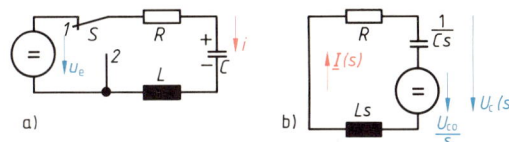

11.24 Entladung einer Kapazität C in einem Schwingkreis

Daher gilt bei Anwendung der Ergebnisse von Abschn. 11.3.1.1 für die Kondensatorspannung

$$u_C(t) = U_{C0}\, e^{-\delta t} \cos(\omega_d t - \Theta) \tag{11.68}$$

und den Strom

$$i_{\!\!\sqcap}(t) = -U_{C0}\, C(\omega_0^2/\omega_d)\, e^{-\delta t} \sin(\omega_d t). \tag{11.69}$$

Strommaxima treten für di/dt auf, das 1. daher zur Zeit $T_{\text{ül}} = (1/\omega_d)\,\text{Arctan}(2\omega_d L/R)$; es hat den Wert

$$i_{\text{ü}} = -C U_{C0}(\omega_0^2/\omega_d)\, e^{-\delta T_{\text{ül}}} \sin(\omega_d T_{\text{ül}}). \tag{11.70}$$

Nach Bild **11.25** schwingen Strom und Spannung mit der Eigenkreisfrequenz ω_d gedämpft auf den Wert Null ein. Die Kondensatorspannung beginnt zur Zeit $t=0$ mit dem Wert U_{C0} und der Strom mit dem Wert Null.

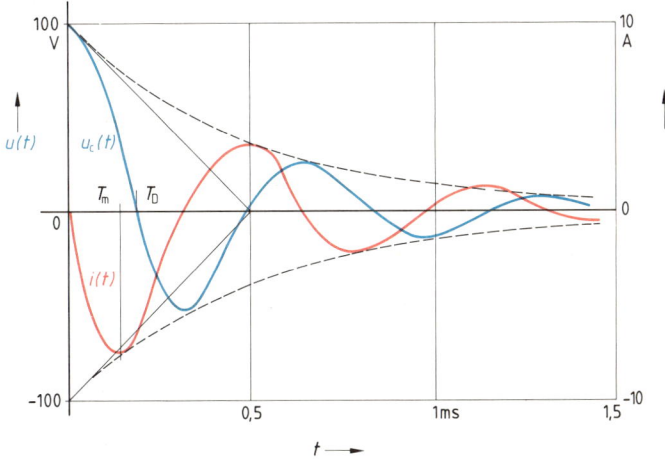

11.25 Zeitlicher Verlauf von Kondensatorspannung $u_C(t)$ und Strom $i(t)$ eines Reihenschwingkreises bei einem Dämpfungsgrad $\vartheta<1$

11.3 Schwingkreise

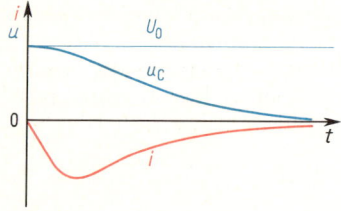

11.26 Zeitlicher Verlauf von Kondensatorspannung $u_C(t)$ und Strom $i(t)$ eines Reihenschwingkreises bei einem Dämpfungsgrad $\vartheta > 1$

Für den **Kriechfall** mit einem Dämpfungsgrad $\vartheta > 1$ findet man analog mit den Zeitkonstanten T_1 und T_2 die Zeitfunktionen

$$u_C(t) = \frac{U_{C0}}{T_1 - T_2}(T_1 \, e^{-t/T_1} - T_2 \, e^{-t/T_2}), \quad (11.71)$$

$$i(t) = \frac{-U_{C0}\,C}{T_1 - T_2}(e^{-t/T_1} - e^{-t/T_2}). \quad (11.72)$$

Ihr Verlauf ist in Bild **11.26** dargestellt.

Zu diesem Ergebnis kommt man auch anhand von physikalischen Überlegungen entsprechend Abschn. 11.1.2.3: Zur Zeit $t=0$ liegt bei $i_0 = 0$ am Kondensator die Spannung $U_{C0} = U_{e0}$. Die Kapazität C entlädt sich über einen sinusförmig ansteigenden (negativen) Strom i, der in der Induktivität L eine Spannung hervorruft, die den Strom in den positiven Bereich überschwingen läßt. Hierdurch wird die Kapazität wieder negativ aufgeladen, so daß sie sich schließlich schwingend entladen muß. Der Wirkwiderstand R sorgt für die Dämpfung dieses Vorgangs.

Beispiel 11.19. Ein Schwingkreis mit den Kenngrößen von Beispiel 11.16 wird nach der Schaltung in Bild **11.24**a entladen. Der Verlauf von Strom $i(t)$ und Kondensatorspannung $u_C(t)$ sollen maßstabsgerecht dargestellt werden.

Von Beispiel 11.16 können wir die Eigenkreisfrequenz $\omega_d = 9{,}797 \text{ ms}^{-1}$, die Kennkreisfrequenz $\omega_0 = 10 \text{ ms}^{-1}$, die Abklingkonstante $\delta = 2 \text{ ms}^{-1}$ bzw. die Abkling-Zeitkonstante $T_A = 5 \text{ ms}$, die Durchtrittszeit $T_D = 0{,}1806 \text{ ms}$, die Überschwingzeit der Spannung $T_{\ddot{u}U} = 0{,}3206 \text{ ms}$, den Dämpfungswinkel $\Theta = 11{,}54°$, das 1. Spannungsmaximum $u_{C\ddot{u}} = -52{,}65 \text{ V}$ und den Anfangswert des Stromes $i_0 = -C U_{C0} \omega_0^2/\omega_d = U_{C0}/(\omega_d L) = 10{,}21 \text{ A}$ übernehmen. Hiermit sind die Zeitfunktion des Stromes nach Gl. (11.69)

$$i(t) = 10{,}21 \text{ A} \, e^{-2 \text{ ms}^{-1} t} \sin(9{,}797 \text{ ms}^{-1} t)$$

und die der Kondensatorspannung nach Gl. (11.68)

$$u_C(t) = 100 \text{ V} \cdot e^{-2 \text{ ms}^{-1} t} \cos(9{,}797 \text{ ms}^{-1} t - 11{,}54°).$$

Das 1. Strommaximum tritt zur Zeit $T_{\ddot{u}I} = (1/\omega_d) \text{Arctan}(2\omega_d L/R) = (1/9{,}797 \text{ ms}^{-1}) \text{Arctan}(2 \cdot 9{,}797 \text{ ms}^{-1} \cdot 1 \text{ mH}/4 \, \Omega) = 0{,}1398 \text{ ms}$ auf und beträgt

$$i_{\ddot{u}} = -i_0 e^{-T_{\ddot{u}I} \delta} \sin(\omega_d T_{\ddot{u}I}) = 10{,}21 \text{ A} \, e^{-0{,}1398 \text{ ms} \cdot 2 \text{ ms}^{-1}} \sin(9{,}797 \text{ ms}^{-1} \cdot 0{,}1398 \text{ ms}) = -7{,}564 \text{ A}.$$

Mit diesen Werten kann man die Verläufe in Bild **11.25** zeichnen.

11.3.2 Schalten von Sinusstrom

An die Schaltung in Bild **11.**20 soll jetzt die Sinusspannung $u = \hat{u}\cos(\omega t + \varphi_U)$ mit dem Scheitelwert $\hat{u}$, der Kreisfrequenz ω und dem Schaltwinkel φ_U gelegt werden. Im stationären Endzustand, also zur Zeit $t = \infty$, fließt dann nach Abschn. 7.1.1.3 ein Strom mit dem Scheitelwert

$$\hat{i} = \frac{\hat{u}}{\sqrt{R^2 + (\omega L - 1/\omega C)^2}}$$

und dem Phasenwinkel $\varphi = \text{Arctan}[\omega L - (1/\omega C)]/R$, und es herrscht die Kondensatorspannung

$$u_C = \frac{\hat{i}}{\omega C} \sin(\omega t + \varphi_U - \varphi)$$

mit dem Scheitelwert $\hat{u}_C = \hat{i}/(\omega C)$. Für den Schwingfall (Dämpfungsgrad $\vartheta < 1$) erhält man bei den Anfangsbedingungen $U_{C0} = 0$ und $I_{L0} = 0$ die Zeitfunktion des Stromes

$$i(t) = \hat{i}\left\{\cos(\omega t + \varphi_U + \varphi) - e^{-\delta t}\cos(\varphi_U + \varphi)\left[\cos(\omega_d t)\right.\right.$$
$$\left.\left. - \frac{\omega_0}{\omega_d}\left(\vartheta + \frac{\omega_0}{\omega}\tan(\varphi_U + \varphi)\right)\sin(\omega_d t)\right]\right\} \tag{11.73}$$

bzw. der Kondensatorspannung

$$u_C(t) = \hat{u}_C\left\{\sin(\omega t + \varphi_U + \varphi) - e^{-\delta t}\sin(\varphi_U + \varphi)\left[\cos(\omega_d t)\right.\right.$$
$$\left.\left. + \frac{\omega_0}{\omega_d}\left(\vartheta + \frac{\omega}{\omega_0}\cot(\varphi_U + \varphi)\right)\sin(\omega_d t)\right]\right\}. \tag{11.74}$$

Der Verlauf der Kondensatorspannung ist in Bild **11.**27 für zwei Fälle dargestellt; er hängt also stark vom Verhältnis der Kreisfrequenz ω_d/ω ab. Während für $\omega_d > \omega$ die Spannung schnell in ihren Endwert einschwingt, erhält man für $\omega_d/\omega \approx 1$ eine abklingende Schwebung [21].

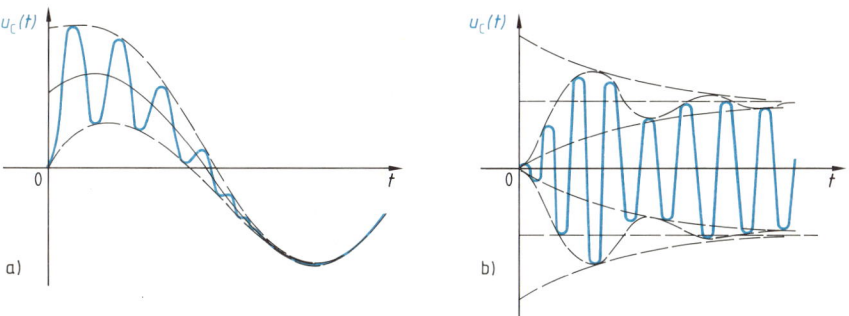

11.27 Verlauf der Kondensatorspannung $u_C(t)$ bei Sinuserregung eines Reihenschwingkreises für Eigenkreisfrequenzen a) $\omega_d \gg \omega$, b) $\omega_d \approx \omega$

Anhang

1 Ergänzende Bücher

[1] AEG-Hilfsbuch 1, Grundlagen der Elektrotechnik. Berlin 1981
[2] Ameling, W.: Grundlagen der Elektrotechnik. Wiesbaden 1984
[3] Benzinger, H.; Weyh, U.: Die Grundlagen der Gleichstromlehre. 2. Aufl. München 1982
[4] Becker, J.; Dreyer, H.-J.; Haacke, W.; Nabert, R.: Numerische Mathematik für Ingenieure. 2. Aufl. Stuttgart 1985
[5] Bosse, G.: Grundlagen der Elektrotechnik. Mannheim 1966–1978
[6] Brauch, W.; Dreyer, H.-J.; Haacke, W.: Mathematik für Ingenieure des Maschinenbaus und der Elektrotechnik. 7. Aufl. Stuttgart 1985
[7] Clausert, H.; Wiesemann, G.: Grundgebiete der Elektrotechnik. Stuttgart 1978–1980
[8] Deutscher Normenausschuß: Schaltzeichen und Schaltpläne für die Elektrotechnik. DIN-Taschenbuch 7. Berlin 1983
[9] Dobrinski, P.; Krakau, G.; Vogel, A.: Physik für Ingenieure. 6. Aufl. Stuttgart 1984
[10] Dosse, J.: Der Transistor. München 1962
[11] Ebinger, A.: Komplexe Rechnung. Berlin 1978
[12] Edminister, J. A.: Elektrische Netzwerke. Düsseldorf 1982
[13] Euler, J.: Energie-Direktumwandlung. München 1967
[14] Fetzer, A.; Fränkel, H.: Mathematik. Düsseldorf 1978–1983
[15] Fetzer, V.: Einschwingvorgänge in der Nachrichtentechnik. München 1962
[16] –: Mathematik für Elektrotechniker. Heidelberg 1968–1978
[17] –: Ortskurven und Kreisdiagramme. Heidelberg 1973
[18] Flegler, E.: Einführung in die Hochspannungstechnik. Karlsruhe 1964
[19] Flosdorff, R.; Hilgarth, G.: Elektrische Energieverteilung. 5. Aufl. Stuttgart 1986 (=Leitfaden der Elektrotechnik, Band IX)
[20] Fricke, H.; Lamberts, K.; Patzelt, E.: Grundlagen der elektrischen Nachrichtenübertragung. Stuttgart 1979 (=Leitfaden der Elektrotechnik, Band XI)
[21] Fricke, H.; Vaske, P.: Elektrische Netzwerke. Stuttgart 1982 (=Leitfaden der Elektrotechnik, Band I, Teil 1)
[22] Frohne, H.: Einführung in die Elektrotechnik. Stuttgart 1979–1983 (=Teubner Studienskripten)
[23] Frohne, H.; Ueckert, E.: Grundlagen der elektrischen Meßtechnik. Stuttgart 1984 (=Leitfaden der Elektrotechnik, Band IV)
[24] Gad, H.: Feldeffektelektronik. Stuttgart 1976 (=Teubner Studienskripten)
[25] Gad, H.; Fricke, H.: Grundlagen der Verstärker. Stuttgart 1983 (=Leitfaden der Elektrotechnik, Band XII)
[26] Glaab, A.; Hagenauer, J.: Übungen in Grundlagen der Elektrotechnik. Mannheim 1973

1 Ergänzende Bücher

[27] Goerth, J.: Einführung in die Nachrichtentechnik. Stuttgart 1982 (= Teubner Studienskripten)
[28] Greuel, O.: Mathematische Ergänzungen und Aufgaben für Elektrotechniker. 10. Aufl. München 1983
[29] Harth, W.: Halbleitertechnologie. 2. Aufl. Stuttgart 1981 (= Teubner Studienskripten)
[30] Haug, A.: Grundzüge der Elektrotechnik zur Schaltungsberechnung. 2. Aufl. München 1975
[31] Heumann, K.: Grundlagen der Leistungselektronik. 3. Aufl. Stuttgart 1985 (= Teubner Studienbücher Elektrotechnik)
[32] Heumann, K.; Stumpe, A. C.: Thyristoren. 3. Aufl. Stuttgart 1974
[33] Hilgarth, G.: Hochspannungstechnik. Stuttgart 1981 (= Leitfaden der Elektrotechnik, Band VI)
[34] Hilpert, H.: Halbleiterbauelemente. 3. Aufl. Stuttgart 1983 (= Teubner Studienskripten)
[35] Hoyer, K.; Schnell, G.: Differentialgleichungen der Elektrotechnik. Wiesbaden 1978
[36] Huelsmann, L. P.: Digitale Berechnungen in der elementaren Netzwerktheorie. München 1972
[37] Jahnke, E.; Emde, F.; Lösch, F.: Tafeln höherer Funktionen. 7. Aufl. Stuttgart 1966
[38] Klein, M.: Einführung in die DIN-Normen. 9. Aufl. Stuttgart 1985
[39] Klein, W.: Grundlagen der Theorie elektrischer Schaltungen. Mehrtortheorie. Berlin 1975
[40] Koch/Reinbach: Einführung in die Physik der Leiterwerkstoffe. Wien 1960
[41] Kremer, H.: Numerische Berechnung linearer Netzwerke und Systeme. Berlin 1978
[42] Küpfmüller, K.: Einführung in die theoretische Elektrotechnik. 11. Aufl. Berlin 1983
[43] Kunath, H.: Blindstromkompensation. 2. Aufl. Heidelberg 1975
[44] Kurth, F.; Lippmann, H. J.: Hallgeneratoren. Berlin 1968
[45] Lange, D.: Analyse elektrischer und elektronischer Netzwerke mit BASIC-Programmen (SHARP PC-1251 und PC-1500). Wiesbaden 1983
[46] Lauster, F.: Elektrowärmetechnik. Stuttgart 1963
[47] Lautz, G.: Elektromagnetische Felder. 3. Aufl. Stuttgart 1985 (= Teubner Studienbücher Elektrotechnik)
[48] Leonhard, W.: Wechselströme und Netzwerke. 2. Aufl. Wiesbaden 1972
[49] Lindner, H.: Elektroaufgaben. Wiesbaden 1977-1983
[50] Lunze, K.: Berechnung elektrischer Stromkreise. 9. Aufl. Heidelberg 1976
[51] –: Einführung in die Elektrotechnik. 10. Aufl. Heidelberg 1984
[52] –: Theorie der Wechselstromschaltungen. 2. Aufl. Heidelberg 1977
[53] Madelung, O.: Grundlagen der Halbleiterphysik. Berlin 1970
[54] Magnus, K.: Schwingungen. 4. Aufl. Stuttgart 1986 (Teubner Studienbücher, LAMM)
[55] Marko, H.: Theorie linearer Zweipole, Vierpole und Mehrtore. Stuttgart 1971
[56] Moeller, F.; Vaske, P.: Elektrische Maschinen und Umformer. 12. Aufl. Stuttgart 1976 (= Leitfaden der Elektrotechnik, Band II, Teil 1)
[57] Münch, W. v.: Werkstoffe der Elektrotechnik. 5. Aufl. Stuttgart 1985 (= Teubner Studienskripten)
[58] Naunin, D.: Einführung in die Netzwerktheorie. Wiesbaden 1976
[59] Oberg, H. J.: Berechnung nichtlinearer Schaltungen in der Nachrichtentechnik. Stuttgart 1973 (= Teubner Studienskripten)
[60] Phillipow, E.: Grundlagen der Elektrotechnik. 7. Aufl. Berlin 1984
[61] –: Nichtlineare Elektrotechnik. Leipzig 1971
[62] –: Taschenbuch Elektrotechnik. München 1976-1982
[63] Pinske, J. D.: Elektrische Energieerzeugung. Stuttgart 1981 (= Teubner Studienskripten)

[64] Pregla, R.: Grundlagen der Elektrotechnik. Heidelberg 1980-1984
[65] Pregla, R.; Schlosser, W.: Passive Netzwerke. Stuttgart 1972 (=Teubner Studienskripten)
[66] Richter, H.: Transistor-Praxis. Stuttgart 1970
[67] Roth, A.: Hochspannungstechnik. Wien 1965
[68] Rüdenberg, R.: Elektrische Schaltvorgänge. 5. Aufl. Berlin 1974
[69] Rusche, G.; Wagner, K.; Weitzsch, F.: Flächentransistoren. Berlin 1961
[70] Sacklowski, A.: Kleines Lexikon Einheiten in Physik und Technik. Stuttgart 1973
[71] Schilling, W.: Thyristortechnik. Anwendung der Halbleiter in der Starkstromtechnik. München 1968
[72] Schlachetzki, A.; Münch, W. v.: Integrierte Schaltungen. Stuttgart 1978 (=Teubner Studienskripten)
[73] Schüßler, H. W.: Netzwerke, Signale und Systeme. Berlin 1981-1984
[74] Siemens, Handbuch für Elektrotechnik. Essen 1971
[75] Simony, K.: Grundgesetze des elektromagnetischen Feldes. Berlin 1963
[76] –: Theoretische Elektrotechnik. 8. Aufl. Berlin 1981
[77] Spenke, E.: Elektronische Halbleiter. Berlin 1965
[78] Spülbeck, H.; Hartger, W.: Theoretische Elektrizitätslehre. Braunschweig 1965
[79] Stiefel, E.: Einführung in die numerische Mathematik. 5. Aufl. Stuttgart 1976 (=Teubner Studienbücher, LAMM)
[80] Stöckl, M.; Winterling, K. H.: Elektrische Meßtechnik. 7. Aufl. Stuttgart 1982
[81] Tholl, H.: Bauelemente der Halbleiterelektronik. Stuttgart 1976-1978 (=Leitfaden der Elektrotechnik, Band III, Teil 1 und 2)
[82] Tietze, U.; Schenk, Ch.: Halbleiter-Schaltungstechnik. 7. Aufl. Berlin 1985
[83] Vaske, P.: Praktische Kennlinienapproximation in BASIC. Stuttgart 1986
[84] –: Berechnung von Gleichstromschaltungen. 4. Aufl. Stuttgart 1985 (=Teubner Studienskripten)
[85] –: Berechnung von Wechselstromschaltungen. 3. Aufl. Stuttgart 1985 (=Teubner Studienskripten)
[86] –: Berechnung von Drehstromschaltungen. 2. Aufl. Stuttgart 1983 (=Teubner Studienskripten)
[87] –: Übertragungsverhalten elektrischer Netzwerke. 3. Aufl. Stuttgart 1983 (=Teubner Studienskripten)
[88] –: Elektrotechnik mit BASIC-Rechnern (SHARP). 3. Aufl. Stuttgart 1984-1985
[89] Vaske, P.; Dörrscheidt, F.; Selle, D.: Programmierbare Taschenrechner in der Elektrotechnik. Stuttgart 1981 (=Leitfaden der Elektrotechnik, Band VII)
[90] Vielhauer, P.: Passive lineare Netzwerke. Heidelberg 1974
[91] Weiss, A. v.: Allgemeine Elektrotechnik. 8. Aufl. Wiesbaden 1983
[92] Weyh, U.: Zählpfeile in der Elektrotechnik. München 1969
[93] Weyh, U.; Benzinger, H.: Die Grundlagen der Wechselstromlehre. München 1967
[94] Wiesemann, G.; Mecklenbräuker, W.: Übungen in Grundlagen der Elektrotechnik. Mannheim 1973-1976
[95] Wolf, H.: Lineare Systeme und Netzwerke. 2. Aufl. Berlin 1985
[96] Zinke, O.: Widerstände, Kondensatoren, Spulen und ihre Werkstoffe. Berlin 1965

2 DIN-Normen (Auswahl)

DIN	461	Graphische Darstellung in Koordinatensystemen
DIN	1301	Einheiten
DIN	1302	Mathematische Zeichen
DIN	1303	Schreibweise von Tensoren (Vektoren)
DIN	1304	Allgemeine Formelzeichen
DIN	1311	Schwingungslehre
DIN	1313	Physikalische Größen
DIN	1319	Grundbegriffe der Meßtechnik
DIN	1323	Elektrische Spannung, Potential, Zweipolquelle, elektromotorische Kraft
DIN	1324	Elektrisches Feld
DIN	1325	Magnetisches Feld
DIN	1326	Gasentladungen
DIN	1333	Zahlenangaben
DIN	1339	Einheiten magnetischer Größen
DIN	1344	Formelzeichen der elektrischen Nachrichtentechnik
DIN	1357	Einheiten elektrischer Größen
DIN	2330	Begriffe und Benennungen. Allgemeine Grundsätze
DIN	2331	Begriffssysteme und ihre Darstellung
DIN	4897	Elektrische Energieversorgung. Formelzeichen
DIN	4898	Gebrauch der Wörter dual, invers, reziprok, äquivalent, komplementär
DIN	5475	Komplexe Größen
DIN	5476	Zeitbezogene Größen
DIN	5483	Zeitabhängige Größen. Benennungen. Formelzeichen. Komplexe Darstellung
DIN	5485	Wortzusammensetzungen mit den Wörtern Konstante, Koeffizient, Zahl, Faktor, Grad, Maß, Pegel
DIN	5486	Schreibweise von Matrizen
DIN	5489	Vorzeichen- und Richtungsregeln für elektrische Netze
DIN	5490	Gebrauch der Wörter bezogen, spezifisch, relativ, normiert und reduziert
DIN	5493	Logarithmische Größenverhältnisse (Pegel, Maße)
DIN	13321	Komponenten in Drehstromnetzen
DIN	19221	Formelzeichen der Regelungs- und Steuerungstechnik
DIN	19226	Regelungstechnik und Steuerungstechnik. Begriffe und Benennungen
DIN	19229	Übertragungsverhalten dynamischer Systeme. Begriffe
DIN	19236	Optimierung. Begriffe
DIN	40100	Bildzeichen der Elektrotechnik
DIN	40108	Elektrische Energietechnik. Stromsysteme
DIN	40110	Wechselstromgrößen
DIN	40121	Elektromaschinenbau. Formelzeichen
DIN	40146	Begriffe der Nachrichtenübertragung
DIN	40148	Übertragungssysteme und Zweitore
DIN	40200	Begriffe. Nennwert, Grenzwert, Bemessungswert und Bemessungsdaten
DIN	40700 bis 40717, 40722	Schaltzeichen
DIN	40719	Schaltpläne
DIN	41785	Halbleiter-Bauelemente
DIN	41852	Halbleitertechnik
DIN	41854	Bipolare Transistoren
DIN	41855	Halbleiterbauelemente und integrierte Schaltungen
DIN	41858	Feldeffekttransistoren
DIN	41862	Halbleiterbauelemente und integrierte Mikroschaltungen
DIN	42400	Kennzeichnung der Anschlüsse elektrischer Betriebsmittel

3 Griechisches Alphabet

A	α	Alpha	I	ι	Jota	P	ϱ	Rho
B	β	Beta	K	ϰ	Kappa	Σ	σ	Sigma
Γ	γ	Gamma	Λ	λ	Lambda	T	τ	Tau
Δ	δ	Delta	M	μ	My	Y	υ	Ypsilon
E	ε	Epsilon	N	ν	Ny	Φ	φ	Phi
Z	ζ	Zeta	Ξ	ξ	Xi	X	χ	Chi
H	η	Eta	O	o	Omikron	Ψ	ψ	Psi
Θ	ϑ	Theta	Π	π	Pi	Ω	ω	Omega

4 Einheiten

Tafel 4.1 SI-Einheiten nach DIN 1301
(SI ist die Abkürzung für „Système International d'Unités.)

Größe	Formel-zeichen	SI-Einheit	Zeichen	Definitions-gleichung
Mechanik				
Länge	l	Meter	m	
Zeit	t	Sekunde	s	
Frequenz	f	Hertz	Hz	1 Hz = 1/s
Kreisfrequenz	ω	reziproke Sekunde	$1/s = s^{-1}$	
Drehzahl	n	reziproke Sekunde	1/s (1/min)	
Geschwindigkeit	v	Meter durch Sekunde	m/s	
Beschleunigung	a	Meter durch Sekunde hoch zwei	m/s^2	
Masse	m	Kilogramm	kg	
Kraft	F	Newton	N	$1 N = 1 kg\, m/s^2$
Gewichtskraft	G	Newton	N	$1 N = 1 kg\, m/s^2$
Energie, Leistung				
Energie, Arbeit	W	Joule	J	$1 J = 1 Nm = 1 Ws$ $= 1 kg\, m^2/s^2$
Energiedichte	w	Joule durch Kubikmeter	J/m^3	
Leistung (Energiestrom)	P	Watt	W	$1 W = 1 J/s = 1 VA$ $= 1 Nm/s$
Temperatur, Wärme				
Temperatur	T	Kelvin	K	
Celsius-Temperatur	ϑ	Grad Celsius	°C	
Wärmemenge	Q	Joule	J	$1 J = 1 Nm = 1 Ws$ $= 1 kg\, m^2/s^2$

Größe	Formel-zeichen	SI-Einheit	Zeichen	Definitions-gleichung
elektrische Größen				
el. Stromstärke	I	Ampere	A	
el. Stromdichte	S	Ampere durch Quadratmeter	A/m^2	
el. Ladung (Elektrizitätsmenge)	Q	Coulomb	C	1 C = 1 As
el. Spannung	U	Volt	V	1 V = 1 W/A
el. Feldstärke	E	Volt durch Meter	V/m	
Scheinleistung	S	Voltampere	VA	
Blindleistung	Q	Var	var	
el. Widerstand	R	Ohm	Ω	1 Ω = 1 V/A
el. Leitwert	G	Siemens	S	1 S = 1 A/V
spez. Widerstand	ϱ	Ohmmeter	Ωm	
Leitfähigkeit	γ	Siemens durch Meter	S/m	
Kapazität	C	Farad	F	1 F = 1 As/V = 1 s/Ω
Permittivität	ε	Farad durch Meter	F/m	1 F/m = 1 As/Vm
magnetische Größen				
magn. Fluß	Φ	Weber, Voltsekunde	Wb, Vs	1 Wb = 1 Vs
Induktion (Flußdichte)	B	Tesla	T	1 T = 1 Vs/m^2
magn. Spannung	V	Ampere	A	
magn. Feldstärke	H	Ampere durch Meter	A/m	
magn. Leitwert	Λ	Henry	H	1 H = 1 Vs/A = 1 Ωs
Induktivität	L	Henry	H	1 H = 1 Vs/A = 1 Ωs
Permeabilität	μ	Henry durch Meter	H/m	1 H/m = 1 Vs/Am

Tafel 4.2 Vorsätze zur Bezeichnung von dezimalen Vielfachen und Teilen von Einheiten (DIN 1301)

Exa-	(E)	f.d. 10^{18}-fache	Hekto-	(h)	f.d. 10^2 -fache	Nano-	(n)	f.d. 10^{-9} -fache
Peta-	(P)	f.d. 10^{15}-fache	Deka-	(da)	f.d. 10 -fache	Pico-	(p)	f.d. 10^{-12}-fache
Tera-	(T)	f.d. 10^{12}-fache	Dezi-	(d)	f.d. 10^{-1}-fache	Femto-	(f)	f.d. 10^{-15}-fache
Giga-	(G)	f.d. 10^9 -fache	Zenti-	(c)	f.d. 10^{-2}-fache	Atto-	(a)	f.d. 10^{-18}-fache
Mega-	(M)	f.d. 10^6 -fache	Milli-	(m)	f.d. 10^{-3}-fache			
Kilo-	(k)	f.d. 10^3 -fache	Mikro-	(μ)	f.d. 10^{-6}-fache			

Nach DIN 1301 sollen $1 \cdot 10^{-3}$s^{-1} als 1/ms = 1 ms^{-1} oder $1 \cdot 10^{-6}$K^{-2} als 1/kK^2 = 1 kK^{-2} angegeben werden.

5 Werkstoffeigenschaften

Tafel 5.1 Elektrische Leitfähigkeit γ_{20}, Temperaturbeiwerte α_{20} und β_{20} bei 20°C

Werkstoff	γ_{20} in Sm/mm^2	α_{20} in kK^{-1}	β_{20} in kK^{-2}	DIN-Blätter oder Zusammensetzung in %
Aluminium, weich	36	4,2...5,0	1,3	40501
hart	33...34			
Blei	4,8			
Bronze, Draht	18...48	0,5		
Walzbronze	7...11			
Chromnickel WM 100	0,9...1,4	0,2		17470
Eisen, Flußstahl	7	4,5...6	6	
Elektrolyteisen	10			
Gold	45	4,0	0,5	
Konstantan WM 50	2	0,01		Cu 54, Ni 45, Mn 1
Kupfer, weich	57	3,9...4,3	0,6	40500
hart	55...56			
Magnesium	22	3,9	1	
Manganin WM 43	2,32	0,01		Cu 86, Mn 12, Ni 2
Messing	12...15,9	1,5...4	1,6	
Nickel	10...15	3,7...6	9	
Nickelin WM 43	2,33	0,23		Cu 54, Ni 26, Zn 20
Novokonstant	2,2	−0,01		Cu 82,5, Mn 12, Al 4, Fe 1,5
Platin	10,2	2...3	0,6	
Quecksilber	1,063	0,92	1,2	
Silber	60...62	3,8	0,7	
Wolfram	18,2	4,1	1	
Zink	16,5	3,7	1	
Zinn	8,3	4,2	6	

Tafel 5.2 Mittelwerte spezifischer Widerstände ϱ in Ωcm bei 20°C von Isolierstoffen

Aminoplast-Preßmasse	10^{11}	Phenolharz	10^{11}
Bitumen-Vergußmasse	10^{15}	Plexiglas	10^{15}
Epoxydharze	10^{16}	Polystyrol	10^{17}
Glas	10^{14}	Polyvinylchlorid, hart	10^{15}
Glimmer	10^{16}	weich	10^{13}
Hartgewebe	10^{10}	Preßspan	10^{9}
Hartgummi	10^{16}	Quarz	10^{16}
Hartpapier	10^{10}	Silikonöl	10^{14}
Hartporzellan	10^{14}	Transformatoröl	10^{18}
Mikanit	10^{15}	Wasser, destilliert	10^{10}
Papier, getränkt	10^{15}		

6 Schaltzeichen

Es sind hier die wichtigsten in diesem Buch verwendeten Schaltzeichen zusammengestellt; sie leiten sich weitgehend unmittelbar aus DIN 40 700 bis 40 717 ab.

—	Leitung allgemein
┼	Kreuzung von Leitungen ohne Verbindung
┴	feste leitende Verbindung
—o—	lösbare leitende Verbindung
—▭— , —[R]—	Wirkwiderstand R, Wirkleitwert G
—[X]—	Blindwiderstand X
—[Z]—	komplexer Widerstand Z, komplexer Leitwert Y
—▬— , ⊔	Induktivität L, Wicklung
—▬—	Wicklung mit Eisenkern
—∥—	Kapazität C
╱	Kennzeichen für stetige Veränderbarkeit
—⌿▭—	stetig verstellbarer Wirkwiderstand
⊥	Kennzeichen für Schleifkontakt
—⊤▭—	Widerstand mit Schleifkontakt
—⌿▭—	nichtlinearer Widerstand
⊣⊢ +	Akkumulator, Batterie
—/—	Einschalter, Schließer
—⌐—	Ausschalter, Öffner
—⌿—	Umschalter, Wechsler
-----	mechanische Wirkverbindung
⊟	Transformator mit zwei getrennten Wicklungen
⊟	Gegeninduktivität M mit gleichsinnigem Wicklungssinn
⊟	Gegeninduktivität M mit gegensinnigem Wicklungssinn
⊓	idealer Übertrager
—▷⊢—	Gleichrichterdiode
—(V)—	Spannungsmesser
—(A)—	Strommesser
—(W)—	Leistungsmesser
(0)	Nullgerät
(G)	Generator allgemein
(=)	ideale Gleichspannungsquelle
(∼)	ideale Sinusspannungsquelle

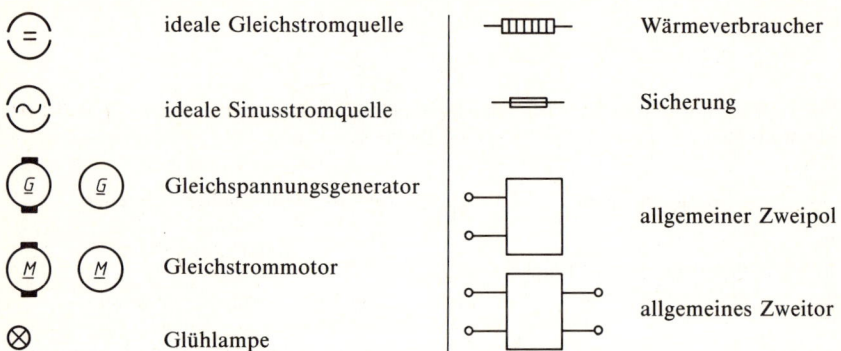

7 Formelzeichen

Die Formelzeichen sind zur Unterscheidung von den steilen Einheitszeichen kursiv gesetzt. Zeitabhängige Größen sind durch den Index t (z. B. S_t, B_t, v_t), zeitabhängige Ströme und Spannungen jedoch durch Kleinbuchstaben (i, u) gekennzeichnet. Zur besonderen Betonung des Funktionscharakters wird auch das Formelzeichen t in Klammern hinter das Symbol gesetzt – z. B. wie in $u(t)$, $B(t)$. Groß- oder Kleinbuchstaben ohne solche Kennzeichnungen bezeichnen zeitkonstante Größen (z. B. U, I, B, v). Lineare Mittelwerte haben einen Überstrich (z. B. $\bar{u}$, $\bar{i}$), Gleichrichtwerte außerdem Betragsstriche (z. B. $\overline{|u|}$, $\overline{|i|}$). Scheitelwerte tragen das Zeichen ^ (z. B. $\hat{u}$, $\hat{i}$). Großbuchstaben bezeichnen Effektivwerte (z. B. U, I) und Gleichstromgrößen.

Die Formelzeichen komplexer Größen und Zeiger sind durch einen Unterstrich (z. B. $\underline{I}$, $\underline{U}$, $\underline{Z}$, $\underline{Y}$, $\underline{S}$, $\underline{i}$, $\underline{u}$), konjugiert komplexe Größen außerdem durch * (z. B. $\underline{I}^*$, $\underline{Z}^*$) gekennzeichnet. In der Polarform wird der Phasenwinkel meist mit dem Versorzeichen $\angle$ (z. B. $\angle\varphi = e^{j\varphi}$) angegeben. Die Formelzeichen von Vektoren sind überpfeilt (z. B. $\vec{B}$, $\vec{A}$). Mit ', " und ''' sind angenommene, zu überlagernde oder umgerechnete Werte sowie Maschenströme und Knotenpunktspannungen gekennzeichnet (z. B. I', U', I'').

Die zunächst aufgeführten Indizes gelten für die am häufigsten auftretende Bedeutung und bezeichnen so in der Regel eine unmißverständliche Zuordnung. Die mit diesen Indizes versehenen Formelzeichen stehen daher nur in Ausnahmefällen in der Formelzeichenliste – ebenso wie die nur gelegentlich auf wenigen benachbarten Seiten vorkommenden Zeichen, die dort ausreichend benannt sind.

Indizes

Al	Aluminium	Dr	Drossel
a	Ausgangswert	d	dielektrischer Wert
B	Blindleitwert	E	Ersatzquelle
b	Blindkomponente	e	Eingangswert
C	Kapazität	eff	effektiver Wert
Cu	Kupfer	F	Oberflächenwert

Fe	Eisen	s	Schenkel
f	flüchtiger Wert	t	Zeitwert
G	Generator	U	Spannung
g	Gesamtwert	ü	Überschwingwert
h	Hauptwert	V	Verbraucher
I	Strom	VW	Vorwiderstand
i	innerer Wert	v	Verschiebung
j	Jochwert	W	Energie
k	Kurzschlußwert	w	Wirkkomponente
L	Induktivität	x	Blindwiderstand
l	Leerlaufwert	Z	zusätzlicher Wert
M	Meßgerät	zul	zulässiger Wert
m	magnetischer Wert	0	Anfangswert
max	Größtwert	1	primär, Eingang
mech	mechanischer Wert	2	sekundär, Ausgang
mi	Mittelwert	∞	Endwert
min	Kleinstwert	ϱ	Resonanzwert
N	Nennwert	σ	Streuungswert
n	Normalkomponente	μ	Zahlenfolge 1, 2, …
p	Parallelschaltung	ν	Harmonische
q	Quelle	—	Gleichstrom
R	Wirkwiderstand	~	Wechselstrom
r	Reihenschaltung	$\triangle$	Dreieckschaltung
Str	Strangwerte	$\curlywedge$	Sternschaltung
		$\sqcap$	Sprungerregung

Formelzeichen

(in Klammern Abschnittsnummer der erstmaligen Verwendung)

A	Fläche, Querschnitt (1.1.2.1)	b	Imaginärteil einer komplexen Zahl (6.3.1.1)
A	Stromverstärkung der Basisschaltung (5.2.5.1)	b	Fourierkoeffizient (10.1.1.1)
A_{Pl}	wirksame Elektrodenfläche (3.2.5.2)	b	Bandbreite (8.2.3)
A_q	Querschnitt (3.1.2)	C	Kapazität (1.3.1.1, 3.2.5.2)
A_r	relative Atommasse (5.3.1.1)	c	Wärmekapazität (2.2.2.2)
A_{Schl}	durch Leiterschleife begrenzte Fläche (4.3.1.2)	c	elektrochemisches Äquivalent (5.3.1.1)
a	Beschleunigung (2.2.2.1)	c	Lichtgeschwindigkeit (5.4.1.2)
a	Abstand (3.2.5.2)	c	Fourieramplitude (10.1.1.1)
a	Realteil einer komplexen Zahl (6.3.1.1)	c_{ak}	Anoden-Kathoden-Kapazität (5.4.3.2)
a	Fourierkoeffizient (10.1.1.1)	D	Determinante (1.6.2.2)
a_i	Koeffizient (1.6.5.1)	D	elektrische Flußdichte (3.2.4)
a_0	Gleichglied (10.1.1.1)	D	Verzerrungsleistung (10.2.2)
B	Induktion (4.1.2.1)	d	Durchmesser (1.2.2.1)
B	Stromverstärkung der Emitterschaltung (5.2.5.1)	d	Dämpfung (8.2.2.3)
		d_ν	Spektrum (10.1.1.1)
B	Blindleitwert (6.2.2.2)	E	elektrische Feldstärke (3.1.3)
B_r	Remanenzinduktion (4.2.1.1)	e	Elementarladung (1.1.1.2)
b	Beweglichkeit (5.2.2.2)	e	Basis des natürlichen Logarithmus ($=2{,}718$) (6.3.1.1)

508 Anhang

F	Fehler (1.2.2.3)		R_L	Leitungswiderstand (1.5.1.2)
F	Formfaktor (6.1.2.1)		R_S	Spannungsteilerwiderstand (1.5.1.3)
F	Kraft (2.1.1, 3.2.1)		R_m	magnetischer Widerstand (4.1.3.4)
f	Frequenz (6.1.1.3)		r	Anzahl der Knotenpunktgleichungen (1.6.2.1)
f	Besetzungswahrscheinlichkeit, Fermi-Verteilungsfunktion (5.2.2.2)		r	Radius (2.2.2.1)
f_L	– im Leitungsband (5.2.2.2)		$\underline{r}$	komplexe Größe (6.3.1.1)
f_V	– im Valenzband (5.2.2.2)		S	Stromdichte (1.1.2.1)
G	Leitwert, Wirkleitwert (1.2.1.1, 6.2.1.1)		S	Scheinleistung (6.2.1.2, 6.2.4.2)
			s	Schwingungsgehalt (10.1.2)
g	Grundschwingungsgehalt (10.1.2)		$\underline{s}$	komplexe Kreisfrequenz (11.1.2.2)
H	magnetische Feldstärke (4.1.2.3)		T	absolute Temperatur (5.2.3.4)
H_c	Koerzitivfeldstärke (4.2.1.1)		T	Periodendauer (6)
h	Höhe (2.2.2.1)		T	Zeitkonstante (11.1.2.2)
I	Strom, Außenleiterstrom (1.1.2.1, 9.1.1.4)		T_0	Kennzeit (11.1.2.2)
			t	Zeit (1.1.2.1)
I_G	Steuerstrom (5.2.6.1)		U	elektrische Spannung, Klemmenspannung, Außenleiterspannung (1.1.3.1, 3.1.3, 9.1.1.4)
I_q	Quellenstrom (1.4.1.2)			
I_Z	Zenerstrom (5.2.3.2)			
J	magnetische Polarisation (4.2.1.3)		U_A	Anodenspannung (5.4.1.3)
j	$\sqrt{-1}$ (6.3.1.1)		U_H	Hallspannung (4.1.2.2)
k	Konstante (1.2.2.3)		U_L	Spannungsabfall auf der Leitung (1.5.1.2)
k	Anzahl der Knotenpunkte (1.6.2.1)			
k	Boltzmannsche Konstante (5.2.3.4)		U_M	Leiter-Mittelpunktspannung, Sternspannung (9.1.1.4)
k	Klirrfaktor (10.1.2)			
L	Induktivität (1.3.1.1, 4.3.1.5)		U_S	Spannungssprung (5.3.1.2)
l	Länge, Strecke (1.1.2.1)		U_S	Schleusenspannung (5.2.3.4)
M	Drehmoment (2.2.2.1)		U_T	Temperaturspannung (5.2.3.4)
M	Gegeninduktivität (4.3.1.5)		U_Z	Zenerspannung (5.2.3.2)
M_r	relative Molekülmasse, Molekulargewicht (5.3.1.1)		U_Z	Zersetzungsspannung (5.3.1.2)
			U_d	gleichgerichtete Spannung (10.3.2)
m	Masse des Elektrons (1.1.1.2)		U_e	Entladespannung (5.3.2.3)
m	Maßstab (1.4.2.1)		U_q	Quellenspannung (1.3.1.1)
m	Anzahl der Maschengleichungen (1.6.2.1)		U_{th}	Thermospannung (2.2.1.3)
			u_{di}	ideelle gleichgerichtete Spannung (10.3.2)
m	Phasenzahl (9.1.2.1)			
m_0	Ruhemasse (5.4.1.1)		$ü$	Übersetzungsverhältnis (7.2.2.1)
N	Windungszahl (4.1.2.2)		V	Verlustleistung (2.1.3.3)
n	Elektronenzahl (1.1.2.1)		V	Volumen, Rauminhalt (2.2.2.1)
n	Anzahl (1.3.2.2)		V	magnetische Spannung (4.1.3.2)
n	Drehzahl (2.1.1)		$\overset{\circ}{V}$	magnetische Umlaufspannung (4.1.3.1)
P	Leistung, Wirkleistung (2.1.1.2, 3.1.5, 6.2.1.2)			
			v	Geschwindigkeit (1.1.2.1)
P_G	innere Generatorleistung (2.1.2.3)		v	Verstimmung (8.2.3)
p	Pulszahl (10.3.2)		W	Energie, Arbeit (1.3.1.1, 2.1.1)
p	Pegel (2.2.1.3)		W_A	Akzeptorenniveau (5.2.2.3)
p	Parameter (8)		W_{AU}	Austrittsarbeit (5.4.2)
Q	Elektrizitätsmenge, Ladung (1.1.2.1)		W_D	Donatorenniveau (5.2.2.3)
Q	Raumladung (5.4.3.2)		W_e	elektrische Energie (3.2.6.1)
Q	Blindleistung (6.2.2.3)		W_F	Fermi-Niveau (5.2.2.2)
Q	Gütefaktor (8.2.2.3)		w	Energiedichte (3.2.6.1)
R	elektrischer Widerstand, Wirkwiderstand (1.2.1.2, 6.2.1.1)		w	Welligkeit (10.3.2)
			X	Blindwiderstand (6.2.2.2)
R_H	Hallkonstante (5.2.8.1)		X_L	Blindwiderstand der Leitung (7.1.1.3)

7 Formelzeichen

x	Koordinate (3.1.2)	μ	Permeabilität (4.1.2.2)
x	Veränderliche (6.1.1.2)	μ_a	Anfangspermeabilität (4.2.1.3)
Y	Scheinleitwert (6.2.4)	μ_d	differentielle Permeabilität (4.2.1.3)
y	Zeitfunktion (10.1.1)	μ_r	Permeabilitätszahl (4.1.2.4)
Z	Scheinwiderstand (6.2.4)	μ_{rev}	reversible Permeabilität (4.2.1.3)
z	Anzahl der Zweigströme (1.6.2.1)	μ_{rm}	maximale Permeabilitätszahl (4.2.1.3)
z_i	Ladungszahl (5.3.1.2)	μ_0	magnetische Feldkonstante (4.1.2.4)
α	Temperaturbeiwert (1.2.2.3)	ν	Teilschwingungszahl (10.1.1)
α	Winkel (1.4.2.1)	ξ	Scheitelfaktor (6.1.2.1)
β	Temperaturbeiwert (1.2.2.3)	ϱ	spezifischer Widerstand (1.2.2.1)
β	Winkel (1.4.2.1)	ϱ_d	Dichte (1.2.2.1)
β	Blindfaktor (6.2.4.2)	σ	Flächenladungsdichte (3.2.4)
γ	elektrische Leitfähigkeit (1.2.2.1)	σ	mechanische Spannung (4.3.2.2)
Δ	Differenz (1.2.2.3)	τ	Lebensdauer (5.2.3.3)
δ	Verlustwinkel (3.2.5.4)	τ	Elektronenlaufzeit (5.4.1.1)
δ	Luftspalt (4.2.2.1)	Φ	magnetischer Fluß (4.1.3.3)
δ	Abklingkonstante (11.1.2.2)	φ	Potential (1.3.3.1, 3.1.4)
ε	Ausnutzungsgrad (2.2.3.3)	φ	Phasenwinkel zwischen Strom und Spannung (6.1.1.2)
ε	Permittivität (3.2.5.1)		
ε_r	Permittivitätszahl (3.2.5.1)	φ_I	Nullphasenwinkel des Stromes (6.1.1.2)
ε_0	elektrische Feldkonstante (3.2.5.1)		
η	Wirkungsgrad (2.1.1.3)	φ_U	Nullphasenwinkel der Spannung (6.1.1.2)
η_w	Energiewirkungsgrad (2.1.1.3)		
Θ	Durchflutung (4.1.2.2)	φ_Y	Phasenwinkel des Leitwerts (6.1.1.2)
Θ	Dämpfungswinkel (11.1.2.2)	Ψ	elektrischer Fluß (3.2.4)
ϑ	Temperatur (1.2.2.1)	$\overset{\circ}{\Psi}$	Spulenfluß (4.3.1.3)
ϑ	Dämpfungsgrad (11.1.2.2)	$\overset{\circ}{\Psi}$	Hüllenfluß (3.2.4)
$\varkappa_m$	Suszeptibilität (4.2.1.3)	Ω	relative Frequenz (8.2.3)
Λ	magnetischer Leitwert (4.1.3.4)	ω	Winkelgeschwindigkeit (2.2.2.1)
λ	Linienladungsdichte (3.2.4)	ω	Kreisfrequenz (6.1.1.1)
λ	Wellenlänge (5.2.2.1)	ω_d	Eigenkreisfrequenz (11.1.2.2)
λ	Leistungsfaktor (6.2.4.2)	ω_0	Kennkreisfrequenz (8.2.2)

Sachverzeichnis

Abklingkonstante 475, 491
Ablenksystem 289
Ablenkung durch elektrisches Feld 122 f., 287
– – magnetisches Feld 288
Abschaltthyristor 261
Abschnürspannung 262
Affinität 277
Akkumulator 87, 220
Akzeptor 237
Alkali-Mangan-Zelle 280
Alphabet, griechisches 502
Ampere 6
Analyse, Fourier- 454 f.
Anfangspermeabilität 178 f.
Anion 275
Anode 275, 284
Anpassung 97
Anpassungsbedingung 382 f.
Anreicherungs-IG-FET 264
aperiodischer Grenzfall 494
Äquipotential|flächen im elektrischen Feld 113 ff., 123 f.
– linie im elektrischen Feld 113 ff., 123 f.
Äquivalent, elektrochemisches 276
Arbeit, elektrische 83
Arbeitspunkt 34
Arten von Ladungsträgern 293
Atom|gitter 226
– masse, relative 276
Ausgleichsvorgang 477
Ausnutzungsgrad 99
Außenleiter 438
– spannung 438
– strom 438
Austrittsarbeit 288
Avalanche-Effekt 240

Backward-Diode 249
Bahnwiderstand 244
Band|breite 432
–, verbotenes 229
Bänder|modell 223 f., 229
– überlappung 246
Basisschaltung 254
Bel 92
Beweglichkeit 227, 234, 293
Bewegungsgleichungen der Elektronen 284
Bezugs|größe 340 f.
– -Knotenpunkt 75
– richtung 23
Bipolar|transistor 253
– technik 273
Bleiakkumulator 281
Blind|faktor 327 ff., 346 ff.
– leistung 327 ff., 346 ff.
–, induktive 321 f., 346
–, kapazitive 323 f., 347
– leitwert 320 ff.
– spannung 349
– stromkompensation 356, 406 f.
– widerstand 320 ff.
–, induktiver 320 f.
–, kapazitiver 323 f.
Blitz 296
Bogenentladung 296
Bohrsches Atommodell 223
Boltzmann-Konstante 245
Brechung magnetischer Feldlinien 171 f.
Brennstoffzelle 281
Brückenschaltung 50, 81, 405 f., 466
Büschelentladung 296
Bulk 263

Candela 6

Charakteristik, fallende 294
Chip 272
CMOS 273
Coulomb 6
– kraft 119, 188

Dämpfung, Schwingkreis 421, 431 f.
Dämpfungs|grad 475
– winkel 475
Dauermagnet 179 f.
Defekt|elektron 232
– leitung 236
Dehnungsmeßstreifen 21
Dezibel 92
diamagnetisch 171
Dielektrikum 131
dielektrische Verlustleistung 138
Dielektrizitäts|konstante 130
– –, relative 131
– zahl 131
Differentialgleichung, allgemeine Lösung 474
–, homogene 474
–, inhomogene 473
Diffusion 237
Diffusions|länge 244
– kapazität 245
– spannung 238, 244
– strom 238
– transistor 258
Diode 17, 290
–, lichtemittierend 269
Donator 236
dopen 235
Doppelbasisdiode 257
Doppel-Gate-FET 266
dotieren 235
Drain 262
– schaltung 266
Drehfaktor 337

Dreh|feld 444
- stromsystem 446
- zeiger 337
Dreieckschaltung 57, 369 f.,
 438, 442, 449
Dreileiternetz 438, 449
Dreiphasen|generator 436
- system, symmetrisches
 440
Drift|geschwindigkeit 103,
 227
- transistor 256
Drossel 362, 364
duales Verhalten 33, 47
Dualität 367
Dunkelentladung 295
Dünnfilm-Feldeffekttran-
 sistor 266
Durchbruch-Feldstärke 296
- spannung 241
Durchflutung 150, 155
- satz 155 ff.
Durchlaßspannung 246
Durchtrittszeit 491 f.

ECL-Schaltung 273
Effektivwert 306
-, komplexer 338
Eigen|-Kreisfrequenz
 475 ff., 492
- leitung 231
Einheiten 502 f.
-, Vorsatz 503
Einschaltvorgang 478 ff.
Eintor 21
Eisen|drossel 468
- feilspanbilder 144
Elektrizitäts|menge 5
- teilchen 3
Elektroden im elektrischen
 Feld 131
Elektrolyse 274
Elektrolyt 274
- kupfer 275
Elektron 2, 276
-, freies 226
Elektronen|befreiung 288
- bewegung 283
- energie 286
- gas 3
- geschwindigkeit 286
- laufzeit 285
- leitung 236, 275, 283

Elektronen||linse 289
- röhre 290
- strahl 284
- - röhren 289
- strom 3
- übergang 232, 246
- -Volt 286
elektrostatisches Feld 178
Elementar|erregungen, ma-
 gnetische 170
- ladung 2
Emission aus der Kathode
 288
-, nichtkohärente 297
-, thermische 288
Emitter 254
- folger 256
- schaltung 255
- wirkungsgrad 254
Energie|bänder, erlaubte
 225
-, verbotene 225
- dichte, elektrisches Feld
 140, 220
-, magnetisches Feld
 209, 220
- differenz 229
-, elektrische Strömung
 221
-, elektrostatisches Feld
 138 ff.
-, magnetisches Feld
 208 ff.
- niveau 223 f.
- quelle 86
- technik 1
- term 223
- übertragung 90
- verteilung 447
- wert 223 f.
Entladung, selbständige
 294
-, Stabilisierung 294
-, unselbständige 294
Entladungsformen 295
Epitaxi 258
Erholzeit 259
Erreger|spulen 181
- strom, magnetischer 173
Ersatz|leitwert, innerer
 komplexer 378 f.
- schaltung 360 ff.
- -, Transformator 374 ff.

Ersatz|-Spannungsquelle
 68, 378 ff.
- -Stromquelle 70, 378 ff.
- widerstand 39, 378 ff.
- -, komplexer 378 f.
Erzeuger-Zählpfeil-System
 (EZS) 24
Erzeugung elektrischer
 Energie 83
- von Ladungsträgern
 138 f., 292
Esaki-Diode 247

Farad 503
Faradaysche Gesetze 275
Fehlanpassung 100
Feld|bilder 144
- effekt 262
- - transistor 261
- - emission 288
- konstante, elektrische 131
- -, magnetische 152
- linien 104 f., 111 ff., 157 f.
- - bild 104 f., 111 ff., 121,
 157 f.
- - - einer Spule 145
- - - eines geraden Lei-
 ters 157 f., 218
- - dichte 104
- platte 21, 271
- stärke, elektrische 109 ff.,
 119 ff.
- -, induzierte 188 f.
- -, magnetische 150 f.
Fermi-Niveau 231
Fernseh-Bildröhre 290
Festigkeit, elektrische 296
Festzeiger 338 f.
ferromagnetisch 171, 173 ff.
FET 261
Flächen|integral der In-
 duktion 162
- - der Verschiebungs-
 dichte 127 f.
- transistor 253
Fluoreszenz 290
Flußdichte, elektrische
 125 ff.
-, magnetische 163
Fluß, elektrischer 126 ff.
-, magnetischer 161 ff.
Fokussierung 289
Formelzeichen 502 f., 506 ff.

Sachverzeichnis

Formfaktor 307
Fourier|-Analyse 454
– -Koeffizient 453
– -Reihe 452
freie Weglänge 293
Freiwerdezeit 259
Frequenz 302 f.
– gang 419
Funkenentladung 296

Galvano|plastik 277
– technik 277
Gasentladung, elektrische 293
Gasentladungslampe 297
Gate 261
– schaltung 266
Gatter 273
Gaußscher Satz 128
Gefährlichkeit elektrischer Anlagen 14
Gegeninduktivität 204, 375
Generation 233
Generator 87
Germanium 228
– -Photoelement 268
Gesamtleitwert 44
– widerstand 38
Gitter|ionen 228
– absorption 267
Glättungsdrossel 460
Gleichrichter 465
Gleichrichtwert 305
Gleichstrom 8
– glied 486
Gleichungssystem, komplexes 335 f.
Gleit|entladung 296
– funke 296
Glimmentladung 295
Grenzfrequenz, obere 432 f.
–, untere 432 f.
Größengleichung 7
Grund|schaltungen 253
– schwingung 452
– schwingungsgehalt 458
GTO-Thyristor 261
Gütefaktor des Schwingkreises 431 f.
Gunn-Diode 252

Halbkugel-Erder 116

Halbleiter|diode 239
– triode 253
Halbleitung 228
Hall|-Generator 148, 270
– -Konstante 271
– -Spannung 148, 271
Haltestrom 260
Harmonische 452
hartmagnetisch 175
Heißleiter 19
Heißwasserspeicher 96
Henry 152, 503
Hochspannungs-Gleichstrom-Übertragung HGÜ 92
Höckerstrom 247
Hot-carrier-Diode 249
Hüllenfluß, elektrischer 128
Hystereseschleife 173 ff.

IC 272
IG-FET 264
I-Halbleiter 233
I-Leitung 233
I^2L-Technik 273
Imaginärteil 331 ff.
Impatt-Diode 251
Impedanzwandler 256
Indiumantimonid 234
Induktion, magnetische 146 ff.
Induktionsgesetz 195 ff.
Induktivität 202 f., 319 ff., 329
Influenz, elektrische 126
Informationsgehalt 92
Injektion von Ladungsträgern 244
Innenwiderstand 69 f.
integrierte Schaltung 272
Intrinsiczahl 233
inverse Größe 416 f.
inverser Zeiger 417
Inversion 416 ff.
Inversionsdichte 233
Ionen 275
– implantation 235, 258
– strömung 3
Ionisation 292
Ionisierung 226
– von Gasen 292
Ionisierungsarbeit 292

Ionisierungsspannung 292
Isolator 226
Isolierschicht-Feldeffekttransistor 264

Joule 83, 502
Joulesche Stromwärme 95
J-FET 261

Kapazität 132 f., 322 ff., 329
– der Zelle 282
Kapazitäts|änderung eines PN-Übergangs 239
– diode 239
Kaltleiter 19
Kathode 275, 284
Kation 275
Kelvin 6, 502
Kenn|-Kreisfrequenz 423 ff., 475, 492
– frequenz 425 ff.
– leitwert 427 ff.
– linienfeld 33
– wert, Wechselgröße 304 ff.
– widerstand 424 ff.
Kettenschaltung 22
Kilo|gramm 6, 502
– pond 94
– wattstunde 83
Kippspannung 259
Kirchhoffscher Satz, erster 25
– –, zweiter 26
Kirchhoffsches Gesetz 21, 344
Klemmenspannung 10
Klirrfaktor 458
Knopfzelle 280
Knotenpunkt 22, 60
– potentialverfahren 75
– -Satz 25
– –, komplexer 352 f.
Koerzitivfeldstärke 174 f.
Kohle-Zink-Zelle 279
Kollektor 254
– schaltung 256
Kommutierung 267
Kommutierungskurve 174 f.
Kompensationsschaltung 51
komplexe Rechnung 330 ff.
komplexes Gleichungssystem 335 f.

komplexe Wechselgröße 336 f.
- Zahl 331 f.
Komponentenform 331 ff.
Kondensator 131 ff., 322 ff.
konjugiert komplex 331
Konstantstromquelle 32
Kontakt|fläche, sperrschichtfrei 248
- potential 87
Korkenzieherregel s. Rechtsschraubenregel
Körperwiderstand 14
Kraft 94
- wirkung 9
Kreisfrequenz 300 ff.
Kurzschluß 28
- leistung 99
- strom 28
- - stärke 90

Ladungs|erhaltungssatz 25
- strömung 103 ff.
Längsfeld 288
Laufzeiteffekte 286
Lawinen|durchbruch 240
- -Laufzeit-Diode 251
Lebensdauer der Ladungsträger 244
LED 268
Leerlauf 28, 69
- spannung 28, 69
Legierungstransistor 258
Leistung 83, 326 ff.
-, Drehstrom 444
-, induktive 321 f.
-, kapazitive 324 f.
-, komplexe 339, 346, 361
Leistungs|abgabe 85
- anpassung 97, 381 ff.
- aufnahme 85
- halbwert 92
- faktor 327
- kennlinie 98
- verlust 90
- - bei Fehlanpassung 99
Leiter 3
Leitfähigkeit 14, 226
Leitung, elektrolytische 274
- im Halbleiter 228
- im Vakuum 283
- in metallischen Körpern 223

Leitungen 90
Leitungs|band 226, 229
- mechanismus 226, 229
Leitwert 12
-, innerer 31
-, komplexer 353 ff.
-, magnetischer 166 f.
Leucht|röhre 297
- schirm 289
- stofflampe 297
Lenzsche Regel 201
Licht|bestrahlung 20
- bogen 296
- emitter 268
- geschwindigkeit 10
linearer Mittelwert 304 f.
lineare Maschennetze 396 ff.
Linienintegral s. Wegintegral
Lithium-Zelle 281
Loch 232
Löcherstrom 3, 232
Lorentzkraft 188
Löschen 259
Lösungsdruck 279
LSI-Schaltung 272
Lumineszenz-Diode 268

magnetische Erregung 150
- Feldstärke 146
- Induktion 147 f.
- Spannung 153 f.
magnetischer Fluß 161 ff.
magnetisches Feld, Richtung 147
Magnetisierungs|kurve 174 ff.
- strom 372, 468
Majoritätsträger 237
Mangelleitung 236
Masche 22
Maschen|gleichung 61
- -Satz 27
- -, komplexer 344 f.
- stromverfahren 72, 401 ff.
Maßsystem 6
Matrizengleichung 74
Maxwellsche Gleichungen 221
Maxwell-Wien-Brücke 406
Meter 6, 502

Miniaturisierung 273
Minoritäts|strom 240
- träger 237
Mischstrom 8, 452, 457
Mittel|leiter 438
- wert 304 ff.
- -, linearer 304
MKSA-System 6
Molekulargewicht 276
Molekülmasse 277
MOS-Feldeffekttransistor 264
MOS-FET 264
MOS-Technik 273
Multichip 272

Nachrichten|inhalt 92
- technik 1
Naturmagnete 171
Nennspannung 89
Neper 93
Netz|spannung 40
- umformung 359 ff.
- werk 48
Neukurve 173 f.
Newton 7, 94, 502
Nichtleiter 3
nichtlineares Verhalten von Quelle und Verbraucher 36
Nickel-Cadmium-Akkumulator 283
Niedertemperaturplasma 293
N-Kanal-Typ 261
N-Leitung 236
Nordpol, magnetischer 146 f.
Normblatt 501
NPN-Transistor 255
Nullphasenwinkel 301
Nutz|fluß, magnetischer 205 f.
- leistung 97

Oberflächenwiderstand 137
Oberschwingung 453
Ohm 12, 503
Ohmsches Gesetz 12, 316, 326, 338
- - des magnetischen Kreises 166 f.

Optoelektronischer Koppler 269
Ortskurven 410 ff.
Oszilloskop 290

Parallel-Ersatzschaltung 362 ff.
- -, Blindleitwert 363 ff.
- -, Wirkleitwert 363 ff.
Parallelschaltung 352 ff.
paramagnetisch 171
Pegel 92
Periodendauer 298
Permeabilität 152
-, differentielle 178
-, reversible 178
Permeabilitätszahl 152
Permittivität 130 f.
Permittivitätszahl 131
Phasen|winkel 319 ff., 348 ff.
- zahl 439
Photo|diode 267
- effekt 267
- element 88, 267
- emission 288
- -Halbleiter 267
- strom 268
- thyristor 268
- transistor 268
- widerstand 267
Pinch-off-Spannung 262
PIN-Diode 251
P-Kanal-Typ 261
Planartechnologie 258
Plasma 293
Plattenkondensator 125 f., 133, 136
P-Leitung 236
PN-FET 261
PN-Halbleiter 237
PNP-Flächentransistor 255
PNPN-Thyristor 260
PNP-Zonenfolge 255
PN-Übergang 237
- -, gesteuert 253
- -, hochdotierter 246
- -, Kennlinie 245
Polarisation 277
-, magnetische 179
Polarisationsspannung 278
Pole, magnetische 146
Potential 26

Potential, elektrisches 113 ff., 123 f.
- verteilung (Atomgitter) 226
Primärzellen 279
Proton 2
Pulszahl 466

Quecksilberoxid-Zelle 280
Quellen elektrischer Feldlinien 119 ff.
- feld, elektrisches 221
- kennlinie 29
-, rückwirkungsfreie 68
- spannung 32, 68, 189
- strom 70
Querfeld 288

Raumladung 290
Realteil 331 ff.
Rechenregel, komplexe Zahl 331 ff.
Rechnung, komplexe 330 ff.
Rechtsschraubenregel 147
Referenz-Diode 242
Register 273
Reihen-Ersatzschaltung 360 ff.
- -, Blindwiderstand 361 ff.
- -, Wirkwiderstand 361 ff.
Reihenschaltung, allgemeine 348
Rekombination 233, 293
Relativitätstheorie 286
Remanenzinduktion 174 f.
Resonanz 356
- frequenz 424 ff.
- kreisfrequenz 421 f.
- kurve 432
- strom 424 ff.
- verstärkung 432
Ringschaltung 440
Röntgenröhre 291
Ruhe|energie 287
- masse 286

Sättigung des Eisens 175
Sättigungsstrom 289
Schaltbilder 2
Schalter, elektronischer 265
Schaltwinkel 486 ff.

Schalttransistor 257
Schaltung, bedingt äquivalente 367
-, gemischte 385 ff.
-, bedingt gleichwertige 365
-, zusammengesetzte 48
Schaltzeichen 2, 505
Schein|leistung 327 f.
- leitwert 326
- widerstand 326
Scheitel|faktor 307
- wert 300 ff.
- -, komplexer 338
Schering-Brücke 406
Schleusenspannung 246
Schmelzsicherung 90
Schottky-Diode 249
Schrittspannung 117
Schwellspannung 246
Schwingkreis 420 ff.
Schwingung, aperiodischer Grenzfall 494 f.
-, gedämpfte 421
-, erzwungene 422 ff.
-, freie 421 f.
-, -Kriechfall 493 f.
-, ungedämpfte 421
Schwingungsgehalt 458
Sekundärzelle 281
Sekunde 6, 502
Selbst|induktion 202 ff.
- induktivität 202 ff.
Selen-Photoelement 268
Senken elektrischer Feldlinien 119
Serienschaltung 38
Siebglied 461
SI-Einheiten 6, 502
Siemens 12, 503
Silberoxid-Zelle 280
Silicium 228, 234
- -Photoelement 268
- produkt 106
Sinus|antwort 486
- strom 8
- stromglied 486
Snap-off-Diode 250
Solarzelle 88
Sonnenbatterie 267
Source 262
- schaltung 266
Spannung 110 ff., 121 ff.

Spannung in Durchlaß-
  richtung 243
– in Sperrichtung 239
–, magnetische 153 f.
Spannungs|anpassung 100
– bilanz 27
– gleichgewicht 26
– gleichung 61
– messer 13
– quelle 29
– -Referenzelement 242
– resonanz 424
– stabilisierung 242
– teiler 38, 42
– –, komplexer 385 f.
Speicher-Schaltdiode 250
Spektrum, komplexes 455
Sperr|richtung 239
– schicht 238
– – -Feldeffekttransistor 261
– spannung 239, 259
– strom 240
Sprungantwort 478 ff.
Spulenfluß 199
stationäre Vorgänge 470
Steilheit 263
Step-recovery-Diode 250
Stern|punkt 438
– schaltung 57, 437, 441, 450
Steuergitter 291
Stör|leitung 236
– stellenleitfähigkeit 235
Stoß|ionisation 292 f.
– kurzschlußstrom 487
Strahlerzeugungssystem 289
Strang 438
– spannung 438
– strom 438
Streu|blindwiderstand 377
– fluß, magnetischer 205 f.
Strömung, elektrische 2
–, homogene 5
Strömungs|feld 103 ff.
– geschwindigkeit der Elektronen 5
Strom 105 ff.
– anpassung 100
– dichte 5, 105 ff.
– gleichung 61
– messer 13

Strom|quelle 32
– richtung 3
– stärke 5, 11
– teiler 43, 46
– –, komplexer 385 f.
– verhältnis 99
– verstärkung 254
Substrat 263
Südpol, magnetischer 146 f.
Superpositionsgesetz 65
Supraleitung 19
Suszeptibilität 179

Talspannung 248
Teilchenbild 230
Teilspannung 39
Temperatur|beiwert 18
– einfluß 18
– spannung 245
Tesla 152, 503
TF-FET 266
Thermistor 19
Thermo|element 88
– spannung 87
Thyristor 258
–, bidirektionaler 260
Tor 261
Topologie 60
Townsend-Entladung 295
Träger|leitung 275
– strömung 2
Transformation in komplexe Ebene 330, 336
–, Sekundärgrößen 373
Transformator 371 ff.
–, Ersatzschaltung 374 ff.
–, Kenngrößen 374 f.
Transistor 253
–, bipolarer 253
–, unipolarer 261
Triac 260
Triode 291
TTL-Schaltung 273
Tunnel|diode 37, 246
– effekt 246
– wahrscheinlichkeit 247

Überanpassung 100
Übergangs|vorgänge 470
– widerstand 21
– zustände 470
Überlagerung magnetischer Felder 168 f.

Überlagerungsgesetz 65, 396 ff.
Überschußleitung 236
Überschwing|weite 491
– zeit 492
Übertrager 371
–, idealer 372 ff.
Übertragungs|spannung 91
– verhältnis 269
Übertragung von Nachrichten 92
ULSI-Schaltung 272
Umlauf|spannung 26
– – der magnetischen Feldstärke 154 ff.
– integral der elektrischen Feldstärke 196
– – – magnetischen Feldstärke 115
Umrechnungsfaktoren der Energieeinheiten 94
– – Leistungseinheiten 94
Umwandlung elektrischer Energie 83
– von Ladungsträgern 293
Unijunction-Transistor 257
Unipolarmaschine 189 f.
Unteranpassung 100

Valenz|band 229
– elektron 224
Vektorprodukt, skalares 106
–, vektorielles 148
Verarmungs-IG-FET 264
Verbraucher 28
– kennlinie 33
– -Zählpfeil-System (VZS) 24
Verlust 85
–, dielektrischer 137 f.
– wärme 85
Verschiebung, elektrische 125
Verschiebungsdichte 125
Verschwinden von Ladungsträgern 293
Versorzeichen 332, 506
Verstimmung des Schwingkreises 432
Verzerrung, lineare 460
– nichtlineare 464
Verzerrungsleistung 463
Vier|leiternetz 447
– schichttriode 258

VLSI-Schaltung 272
Volt 7, 503
Vorsatz für Einheit 503
Vorstromentladung 295

Watt 7, 82, 502
– sekunde 83
Weber 503
Wechselgröße, Kennwert 304 ff.
–, komplexe 336 ff.
–, sinusförmige 300 ff.
– –, Addition 311 ff.
– –, Subtraktion 311 ff.
– –, Zeigerdarstellung 309 f.
Wechsel|spannung, Erzeugung 299 f.
– strom 8, 459
– – kreis, nichtlinearer 464
Wegintegral der elektrischen Feldstärke 111 ff., 122 ff.
– – magnetischen Feldstärke 154 ff.
Wehnelt-Zylinder 289
weichmagnetisch 174 f.

Wellencharakter des Elektrons 230
Welligkeit 466
Widerstand 12
–, innerer 29
–, komplexer 346 ff.
–, linearer 17
–, magnetfeldabhängiger 271
–, magnetischer 166
–, nichtlinearer 17, 464
–, spezifischer 14, 110 f.
Widerstands|gerade 33
– matrix 74
– messung 53
Wien-Kapazitäts-Meßbrücke 406
Windungsübersetzungsverhältnis 372 f.
Winkelgeschwindigkeit 94
Wirbelfeld, elektrisches 187 ff., 221
–, magnetisches 221
Wirbelströme 206
Wirk|faktor 329, 346 ff.
– leistung 317 ff., 346 ff.
– leitwert 316 ff.

Wirkwiderstand 316 f., 329
Wirkungsgrad 85, 98

Zahlenebene, komplexe 330 ff.
Zahl, komplexe 331 ff.
Zählpfeil 33, 310 ff.
– richtung 23
– systeme 24
Z-Diode 241
Zeiger 308 ff.
– diagramm 313 ff.
Zeit|konstante elektrischer Kreise 474, 493
– wert 304
Zellen, galvanische 87, 279
Zener-Effekt 240
– -Spannung 241
Zersetzungsspannung 277
Zugspannung, mechanische 212
zünden 294
Zündsteuerstrom 259
Zweig 22
Zweiphasensystem 439
Zweipol 21
Zweitor 21